utb 2166

Eine Arbeitsgemeinschaft der Verlage

Böhlau Verlag · Wien · Köln · Weimar
Verlag Barbara Budrich · Opladen · Toronto
facultas · Wien
Wilhelm Fink · Paderborn
A. Francke Verlag · Tübingen
Haupt Verlag · Bern
Verlag Julius Klinkhardt · Bad Heilbrunn
Mohr Siebeck · Tübingen
Nomos Verlagsgesellschaft · Baden–Baden
Ernst Reinhardt Verlag · München · Basel
Ferdinand Schöningh · Paderborn
Eugen Ulmer Verlag · Stuttgart
UVK Verlagsgesellschaft · Konstanz, mit UVK/Lucius · München
Vandenhoeck & Ruprecht · Göttingen · Bristol
Waxmann · Münster · New York

Grundriss Allgemeine Geographie

herausgegeben von Heinz Heineberg
begründet von Paul Busch

Bisher sind erschienen:

Geomorphologie von Harald Zepp
Klimatologie von Wilhelm Kuttler
Einführung in die Anthropogeographie / Humangeographie von Heinz Heineberg
Stadtgeographie von Heinz Heineberg
Wirtschaftsgeographie von Elmar Kulke
Globalisierung der Wirtschaft von Ernst Giese / Ivo Mossig / Heike Schröder
Verkehrsgeographie von Helmut Nuhn / Markus Hesse
Geographiedidaktik von Gisbert Rinschede
Bevölkerungsgeographie von Norbert de Lange / Martin Geiger / Vera Hanewinkel / Andreas Pott

Heinz Heineberg

unter Mitarbeit von Frauke Kraas und Christian Krajewski

Stadtgeographie

254 Abbildungen, 7 Tabellen, 91 Kästen

5., überarbeitete Auflage

Ferdinand Schöningh

Die Autoren:
Prof. em. Dr. Heinz Heineberg, geb. 1938, war zunächst am Geographischen Institut der Ruhr-Universität Bochum, sodann von 1976 bis 2003 als Lehrstuhlinhaber für Geographie/Anthropogeographie und Leiter des Arbeitsgebietes „Stadt- und Regionalentwicklung" am Institut für Geographie der Westfälischen Wilhelms-Universität zu Münster tätig. Seit 2009 Lehraufträge zur „Stadtentwicklung" bzw. „Allgemeinen und Regionalen Stadtgeographie" am Geographischen Institut der Philosophisch-Naturwissenschaftlichen Fakultät der Universität Basel. Aktuelle Hauptforschungsgebiete: Anthropogeographie/ Schwerpunkt Stadtgeographie sowie Regionale Geographie Mitteleuropas

Prof. Dr. Frauke Kraas, geb. 1962, Lehrstuhl für Anthropogeographie am Geographischen Institut der Universität zu Köln. Hauptarbeitsgebiete: Stadt- und Sozialgeographie, Entwicklungs- und Transformationsforschung, Migration; regionale Schwerpunkte: Südostasien (Myanmar, Thailand, Vietnam, Indonesien), Indien, China und Schweiz.

Dr. Christian Krajewski, geb. 1970, arbeitet als Akademischer Oberrat am Institut für Geographie der Westfälischen Wilhelms-Universität zu Münster. Seine Schwerpunkte in Forschung und Lehre sind neben der Geographischen Stadtforschung die Geographische Wohnungsmarktforschung, die ländliche Raumforschung sowie die Tourismusgeographie. Regionale Schwerpunkte bilden Deutschland, Mitteleuropa und Lateinamerika.

Umschlagabbildung:
Frankfurt am Main/Innenstadt: Hochhausagglomeration mit Messeturm (links) und Finanzzentrum von nationaler und internationaler Bedeutung (Bildmitte)

Copyright: Geobasisdaten: © Stadtvermessungsamt Frankfurt am Main, 2009; Liz.-Nr. 623-1313-D

Online-Angebote oder elektronische Ausgaben sind erhältlich unter **www.utb-shop.de**

Bibliografische Information Der Deutschen Nationalbibliothek

Die Deutsche Nationalbibliothek verzeichnet diese Publikation in der Deutschen Nationalbibliografie; detaillierte bibliografische Daten sind im Internet über http://dnb.d-nb.de abrufbar.

5., überarbeitete Auflage 2017

© 2000 Ferdinand Schöningh, Paderborn
(Verlag Ferdinand Schöningh GmbH & Co. KG, Jühenplatz 1, D-33098 Paderborn)
Internet: www.schoeningh.de

Printed in Germany.
Layout und Digitalsatz: Heinz Heineberg, Münster
Herstellung: Ferdinand Schöningh, Paderborn
Einbandgestaltung: Atelier Reichert, Stuttgart

UTB-Band-Nr: 2166
ISBN 978-3-8252-4708-9

Inhalt

Vorwort 10

1 Stadtgeographie und interdisziplinäre Stadtforschung 11

1.1 Stadtgeographie/Geographische Stadtforschung 12
1.2 Stadtforschung/Kommunalwissenschaften 12
1.3 Forschungsrichtungen der Allgemeinen Stadtgeographie 13
    1.3.1 Morphogenetische Stadtgeographie 13; 1.3.2 Funktionale Stadtgeographie 15;
    1.3.3 Zentralitätsforschung 17; 1.3.4 Städtesystemforschung 17; 1.3.5 Kulturgene-
    tische Stadtgeographie 17; 1.3.6 Sozialgeographische Stadtforschung 18;
    1.3.7 Quantitative (und theoretische) Stadtgeographie 20; 1.3.8 Verhaltens- und
    handlungsorientierte Stadtgeographie 21; 1.3.9 Angewandte Stadtgeographie 22;
    1.3.10 Kritische Stadtgeographie 22
1.4 Räumliche Bezugssysteme und Raum-Zeit-Bezüge 22

2 Stadtbegriffe und Dimensionen der Verstädterung/ Urbanisierung 25

2.1 Der mehrdimensionale Stadtbegriff 26
    2.1.1 Der umgangssprachliche Stadtbegriff 26; 2.1.2 Der statistisch-administrative
    Stadtbegriff 26; 2.1.3 Der historisch-juristische Stadtbegriff 26; 2.1.4 Der sozio-
    logische Stadtbegriff 27; 2.1.5 Andere nicht-geographische Stadtbegriffe 27;
    2.1.6 Der geographische Stadtbegriff 27
2.2 Stadtgrößenklassen/-typen 28
2.3 Verstädterung/Urbanisierung 31
    2.3.1 Demographische Verstädterung 33; 2.3.2 Verstädterung als Städtever-
    dichtung 39; 2.3.3 Physiognomische Verstädterung 41; 2.3.4 „Counterurbani-
    zation" 49; 2.3.5 Soziale Verstädterung 50; 2.3.6 Funktionale Verstädterung 52

3 Städtische Agglomerationen - Begriffe, Raumkategorien, Analysen 55

3.1 Analyse von Agglomerationsräumen 56
    3.1.1 (Städtische) Agglomeration 56; 3.1.2 Phasenmodell von Agglomerations-
    räumen nach W. Gaebe 56
3.2 Agglomerationsraumkategorien in Deutschland 59
    3.2.1 Ballungsgebiete 59; 3.2.2 Stadtregionen 59; 3.2.3 Verdichtungsräume 62;
    3.2.4 Siedlungsstrukturelle Gebietstypen des Bundesinstituts für Bau-, Stadt- und
    Raumforschung (BBSR) 63
3.3 Städtische Agglomerationen und Metropolregionen in der europäischen
    und nationalen Raumordnung 72

4 Stadttypen, Städtesysteme und zentralörtliche Systeme 77

4.1 Stadttypen 78
    4.1.1 Lagetypen von Städten 78; 4.1.2 Regionale Stadttypen 78; 4.1.3 Funktionale
    Stadttypen 78; 4.1.4 Historische oder historisch-genetische Stadttypen 79;
    4.1.5 Kulturraumspezifische Stadttypen 79

4.2 Analyse von Städtesystemen (Städtesystemforschung)   79
4.2.1 Bedeutung der Städtesystemforschung 79; 4.2.2 Städtesystem und Systembeziehungen zwischen Städten 80; 4.2.3 Stadtgrößen-Rangfolgen 80;
4.2.4 Grundformen der Struktur von Städtesystemen 84; 4.2.5 Struktur des Städtesystems der Bundesrepublik Deutschland vor und nach der Vereinigung 84;
4.2.6 Städtenetze und -verbünde als raumordnungspolitischer Handlungsansatz 85

4.3 Analyse zentralörtlicher Systeme (Zentralitätsforschung)   90
4.3.1 Klassische Theorie der Zentralen Orte 90; 4.3.2 Kritik am Modell der Zentralen
Orte 94; 4.3.3 Zentralörtlicher Bereich 95; 4.3.4 Zentralörtliche Gliederung (zentralörtliches System) 95; 4.3.5 Empirische Erfassung zentralörtlicher Systeme 97;
4.3.6 Jüngere Diskurse zur Fortentwicklung des Zentrale-Orte-Konzepts (ZOK)
in der Raumordnung 103

**5 Allgemeine Theorien und Modelle der Stadtstruktur
und -entwicklung**   **105**

5.1 Theorien zu Städtesystemen (Standortstrukturtheorien)   106
**5.2 Wachstums- und Entwicklungstheorien in Bezug auf städtische
Siedlungen**   107
5.2.1 Exportbasis-Theorien 107; 5.2.2 Polarisationstheorien 109; 5.2.3 Zentrum-
Peripherie-Modelle 109

**5.3 Sozialökologische Theorien und Modelle: Die drei klassischen Modelle
der sog. Chicagoer Schule**   113
5.3.1 Chicagoer Schule der Sozialökologie 113; 5.3.2 Ringmodell der Stadtentwicklung 114; 5.3.3 Sektorenmodell 117; 5.3.4 Mehrkerne-Modell 118;
5.3.5 Kritik an den klassischen Stadtentwicklungsmodellen bzw. -theorien 118

5.4 Bodenrentenmodelle   121
5.5 Modelle der Stadt- und Verkehrsentwicklung   123
5.6 Modelle der Stadtentwicklung und Wanderungsmobilität   125
5.7 Strukturmodelle, Konzepte und Leitbilder des Städtebaus   126
5.7.1 Historische Idealstadtmodelle und Leitbilder der Stadtstruktur 126; 5.7.2 Reformvorstellungen im Städtebau 127; 5.7.3 Konzepte kompakter Stadtanlagen 130;
5.7.4 Konzept der Nachbarschaftseinheit 133; 5.7.5 Stern- und Bandstadtkonzepte 133;
5.7.6 Charta von Athen: Funktionalismus im Städtebau als Leitbild 137; 5.7.7 Leitbild
„Gegliederte und aufgelockerte Stadt" 137; 5.7.8 „Orientierung am historischen Erbe"
als Leitbild des frühen Wiederaufbaus und der Stadterhaltung 137; 5.7.9 Leitbild
„Autogerechte Stadt" 138; 5.7.10 Leitbild „Urbanität durch Dichte" 139; 5.7.11 Leitbild
„Erhaltende Stadterneuerung/behutsamer Stadtumbau" 140; 5.7.12 Leitbild „Ökologischer Städtebau" 141; 5.7.13 Das Leitbild „Nachhaltige Stadtentwicklung" 141;
5.7.14 Leitbilder des Stadtumbaus in Deutschland unter Schrumpfungsbedingungen 147

6 Stadtgliederungen – Ansätze und Methoden   **151**

6.1 Morphogenetische Stadtgliederungen   152
6.1.1 Grundrissgestaltung 152; 6.1.2 Aufrissgestaltung 153; 6.1.3 Historische Raumstrukturen (oder Raumbildungen) und Sichtbeziehungen 155; 6.1.4 Erhaltungszustand oder Gestaltqualität eines (historischen) Gebäudes 156; 6.1.5 Grundtypen
neueren Wohnungsbaus 156

6.2 Stadtgliederungen nach der Flächen- und Gebäudenutzung   156
6.2.1 Flächen- und Gebäudenutzung 156; 6.2.2 Charakterisierung der baulichen
Nutzung mittels Maßzahlen der Bauleitplanung 158

6.3 Sozialräumliche Stadtgliederungen 158
6.3.1 Sozialräumliche Gliederung 158; 6.3.2 Statistische Grundlagen und Probleme der sozialräumlichen Stadtgliederung 159; 6.3.3 Sozialraumanalyse 164; 6.3.4 Faktorialökologie 165

6.4 Funktions- und aktionsräumliche Stadtgliederungen 169
6.4.1 Funktionsräumliche Stadtgliederungen 169; 6.4.2 Aktionsräumliche Stadtgliederungen 171

6.5 Wahrnehmungsräume städtischer Strukturen 172
6.5.1 Perzeptionsforschung 172; 6.5.2 Wahrnehmungsraum 173; 6.5.3 Kognitive Karten oder *Mental Maps* 173; 6.5.4 Kritik am Wahrnehmungsansatz, speziell der *Mental Maps* 174

7 Innerstädtische Zentren - zwischen City und "Grüner Wiese" 177

7.1 Innerstädtisches Zentrensystem 178
7.2 Zentrum oder zentraler Standortraum 178
7.3 Die City: Entwicklung und Merkmale 178
7.3.1 Ableitung des Citybegriffs 178; 7.3.2 Citybildung 179; 7.3.3 Citydefinition 179; 7.3.4 Citygliederungen u. -abgrenzungen 181; 7.3.5 Citygebundenheit von Funktionen 184

7.4 Funktionale Zentrenausstattung: Merkmale und Typisierung 185
7.4.1 Tertiärer und quartärer Sektor - begriffliche Differenzierung und Wachstumsdynamik 185; 7.4.2 Funktionale Betriebstypen der Einzelhandels- und Dienstleistungsausstattung 186

7.5 Standortbedingungen und -tendenzen des tertiären (u. quartären) Sektors 191
7.5.1 Die Standortwahl privatwirtschaftlicher Einrichtungen 191; 7.5.2 Standortdezentralisierung (oder -dekonzentration) zentraler Funktionen 194; 7.5.3 Vergleich mit der Standortentwicklung des Einzelhandels in Ostdeutschland im Rahmen des postsozialistischen Transformationsprozesses 205

8 Städte in Mitteleuropa vor der Industrialisierung 211

8.1 Historisch-geographische Analysen im Rahmen der Stadtgeographie 212
8.2 Vielfalt historischer Stadttypen und Stadtentstehungsphasen im Überblick 213
8.3 Römische Städte 215
8.4 Mittelalterliche Stadtentwicklung und Stadttypen 217
8.4.1 Frühmittelalterliche Keimzellen 217; 8.4.2 Mutterstädte 217; 8.4.3 Gründungsstädte älteren Typs 219; 8.4.4 Territoriale Klein- und Zwergstädte 220; 8.4.5 Minderstadt 221

8.5 Frühneuzeitliche Stadtentwicklung und Stadttypen 221
8.5.1 Bergstädte 223; 8.5.2 Exulantenstädte (Flüchtlingsstädte) 223; 8.5.3 Fürstenstädte 224; 8.5.4 Stadterweiterungen des 16.-18. Jh.s 227; 8.5.5 Regionale Städtetypen nach dem Baucharakter 227; 8.5.6 Schleifungen von Stadtbefestigungen 229; 8.5.7 Bäder- und Kurstädte 230

9 Stadtentwicklungsprozesse im Industriezeitalter 231

9.1 Industrielle Revolution und Städtewachstum in Großbritannien 232

9.2   Gründerzeitliche Stadtentwicklung in Mitteleuropa   234
9.2.1 Die Gründerzeit und Jugendstilepoche und ihre Architektur 234; 9.2.2 Mietskasernenbau und Planung 237; 9.2.3 Villensiedlungen 239; 9.2.4 Werkskolonien 239
9.3   Reformbewegungen im Städtebau bis zum 2. Weltkrieg   240
9.3.1 Frühe Reformbewegungen in Großbritannien 240; 9.3.2 Gartenstadtbewegung in Deutschland 241; 9.3.3 Genossenschaftlicher Wohnungsbau in
Deutschland 241

10   Stadtentwicklung in Deutschland im West-Ost-Vergleich   243

10.1   Wiederaufbauphase bis ca.1960   244
10.2   Wandlungen im Städtebau seit ca.1960 bis zur politischen Vereinigung   247
10.2.1 Ehemalige Deutsche Demokratische Republik 247; 10.2.2 Frühere Bundesrepublik Deutschland 250
**10.3   Stadtentwicklung und (nationale) Stadtentwicklungspolitik
seit der Vereinigung   256**
10.3.1 Entwicklung städtischer Strukturen und der nationalen Stadtentwicklungspolitik 256; 10.3.2 Städtebauliche Großvorhaben und Projekte in der jüngeren Stadtpolitik 268; 10.3.3 Die Hauptstadtplanung in Berlin als städtebauliche Herausforderung 271; 10.3.4 Stadtmarketing und imageorientierte Stadtentwicklung 272;
10.3.5 Integrierte Stadtentwicklungsplanung und Stadtentwicklungsmanagement 275
10.4   Stadtentwicklung im demographischen und sozialen Wandel   276

**11   Städte in ausgewählten Kulturräumen
- Entwicklung, Strukturen, Stadtmodelle   281**

11.1   Das Kulturerdteilkonzept   282
11.2   Die US-amerikanische Stadt   282
11.2.1 Grundriss- und Aufrissgestaltung 282; 11.2.2 Funktionsverluste der *CBDs* 284;
11.2.3 Entwicklung von Ghettos und Slums 285; 11.2.4 Die neuen Enklaven des
gehobenen Lebensstils 286; 11.2.5 Modelle der Stadtentwicklung in den USA 287;
11.2.6 Jüngere Entwicklungstendenzen in der Suburbia: *„Edgeless Cities"* 295
11.3   Die lateinamerikanische Stadt   296
11.3.1 Kolonialzeitliche Stadtentwicklung 297; 11.3.2 (Groß-)Stadtentwicklung in
Lateinamerika bis ca. Mitte der 1990er Jahre anhand von Stadtmodellen 299;
11.3.3 Jüngere Entwicklungsprozesse der lateinamerikanischen Stadt, insbesondere
der Metropolen und Megastädte, seit den 1990er Jahren 304; 11.3.4 Probleme und
Folgen des Wachstums der großen lateinamerikanischen Metropolen 310
11.4   Die islamisch-orientalische Stadt   312
11.4.1 Das Idealschema der islamisch-orientalischen Stadt nach K. DETTMANN 313;
11.4.2 Die orientalische Stadt unter westlich-modernem Einfluss 315; 11.4.3 Modell
der Stadt des islamischen Orients nach E. EHLERS 316; 11.4.4 Charakteristika der
orientalischen Stadt nach E. WIRTH 2001 316; 11.4.5 Bewachte Wohnkomplexe für
Wohlhabende als neue Stadtfragmente 318
11.5   Die Städte Indiens   320
11.5.1 Gegensätze in Verstädterung, Stadtstrukturen und Städtesystem 320;
11.5.2 Epochen der Stadtentwicklung in Indien 323; 11.5.3 Strukturen sowie jüngere
Umgestaltungen und Probleme indischer Städte 328
11.6   Die japanische Stadt   331
11.6.1 Merkmale und Probleme der Verstädterung und städtischen Verdichtung 331;
11.6.2 Traditionelle Stadtstrukturen in Japan 335; 11.6.3 Veränderungen der traditionel-

len Stadtstukturen in Japan seit 1868 336

11.7   Die chinesische Stadt   342
11.7.1 Traditionelle Merkmale der chinesischen Stadt 342; 11.7.2 Einflüsse ausländischer Mächte seit Mitte des 19. Jh.s 344; 11.7.3 Die sozialistische Transformation der
chinesischen Stadt von 1949 bis in die 1980er Jahre 344; 11.7.4 Stadtentwicklung seit
Beginn der Reform- und Öffnungspolitik 346; 11.7.5 Modell einer chinesischen Großstadt 347; 11.7.6 Hongkong mit dem Perlflussdelta, Shanghai und Beijing (Peking) 348

11.8   Die Städte Südostasiens (*Frauke Kraas*)   350
11.8.1 Traditionelle, vorkoloniale Charakteristika der Städte Südostasiens 351;
11.8.2 Kolonialzeitlicher Umbau der Städte und Städtesysteme 353; 11.8.3 Aufbruch
in die Unabhängigkeit: Eigene Entwicklungspfade 354; 11.8.4 Rapide Urbanisierungsprozesse im Wirtschaftsboom 355; 11.8.5 Governance und Steuerungsprozesse 357;
11.8.6 Aktuelle Entwicklungsdynamiken: Probleme und Chancen 357

11.9   Die südafrikanische Stadt   364
11.9.1 Phasen der Stadtentwicklung in Südafrika vor der „Apartheid-Stadt" 364;
11.9.2 Die Apartheid-Stadt 364; 11.9.3 Die Post-Apartheid-Stadt 366

**12   Metropolen im Globalisierungsprozess
und postmoderne Stadtentwicklung**   **375**

12.1   „Metropolen" im Globalisierungsprozess   376
12.1.1 Der Metropolenbegriff zwischen Antike und Gegenwart 376; 12.1.2 Jüngere
„Konjunktur der Metropolen" 376; 12.1.3 Messung von Metropolfunktionen, der
sog. Metropolität 380

12.2   Der internationale Diskurs der Weltstadt- bzw. *Global City*-**Forschung -
Entwicklung und Ansätze**   381
12.2.1 Der funktionale Charakter von Weltstädten 381; 12.2.2 Weltstadthypothesen
nach J. Friedmann 381; 12.2.3 Der *Global City*-Ansatz nach S. Sassen 382;
12.2.4 Analyse des „Weltstadt-Netzwerkes" 383; 12.2.5 Innere Gliederung einer
Global City-Region nach Sir P. Hall 389; 12.2.6 Das Phänomen der *Globalizing
Cities* 390; 12.2.7 Theorie der „fragmentierenden Entwicklung" nach F. Scholz 391

12.3   Metropolen und *Global Cities* **im Rahmen postmoderner Stadtentwicklung**   396
12.3.1 „Theorie postmoderner Urbanisierung" nach E. W. Soja 396; 12.3.2 Moderne
versus postmoderne Stadtentwicklung 399; 12.3.3 Die fragmentierte Stadtlandschaft
als Resultat aus Globalisierung und anderen Einflussfaktoren 401

12.4   Ausblick   403

13   Städtetourismus und Stadtkultur (*Christian Krajewski*)   **405**

13.1   Städtetourismus oder Tourismus in den Städten   406
13.1.1 Entwicklung, Arten und Ausprägungen des Städtetourismus 406;
13.1.2 Städtetourismus in Deutschland 409; 13.1.3 Städtetourismus in Europa und
international 415

**13.2   Kultur sowie Kultur- und Kreativwirtschaft – ihre Bedeutung für die Stadt-
entwicklung**   416
13.2.1 Bedeutungswandel von Kultur für die Stadtentwicklung 416; 13.3.2 Kultur-
und Kreativwirtschaft 419; 13.2.3 Die „Kulturhauptstadt Europas" 422

Literatur - im Lehrbuch zitierte Veröffentlichungen und weitere Standardwerke   424
Sachregister - hierarchisch gegliedert, zur thematischen Erschließung des Lehrbuchs   469
Kein Lehrbuch ohne **Danksagungen** ...   504

Vorwort

zur 5. überarbeiteten Auflage

Die Stadtgeographie ist eines der bedeutendsten Teilgebiete der Anthropo- bzw. Humangeographie sowie der interdisziplinären Stadtforschung. Dieses Lehrbuch führt in wichtige Themenfelder der Stadtgeographie ein und stellt diese auf unterschiedlichen räumlichen Maßstabsebenen dar: von der globalen Verstädterung über städtische Agglomerationen oder Metropolen, Städtesysteme und Zentrale Orte auf den nationalen und regionalen Ebenen bis hin zu innerstädtischen Gliederungen und Funktionen. Behandelt werden dabei nicht nur Gegenwartsstrukturen, sondern auch die Dynamik der Stadtentwicklung. Diese reicht von historischen Epochen der Stadtbildung bis zu jüngeren Prozessen und zur Verwirklichung unterschiedlicher Leitbilder, Maßnahmen und Tendenzen der Stadtplanung und Stadtpolitik, des Stadtmarketings, des Städtetourismus etc. Einen besonderen Schwerpunkt machen die Verstädterung und Stadtentwicklung, auch im Rahmen der Globalisierung, in insgesamt acht ausgewählten großen Kulturräumen der Erde aus.

Ähnlich wie die vorangegangenen, seit 2000 erschienenen vier Auflagen dieses Lehrbuchs wendet sich auch die fünfte vor allem an Studierende der Geographie sowie auch benachbarter Fächer in verschiedenen Studiengängen (Bachelor- und Master-Studierende, Doktoranden) an Universitäten und Hochschulen. Das Buch hat bislang auch vielfältige Anwendungen in Geographiekursen an Gymnasien (Leistungs- und Grundkurse) gefunden.

Besonderer Wert wurde auch in der - in vielfältiger Weise überarbeiteten und aktualisierten - 5. Aufl. auf die gute Verständlichkeit des Textes, auf wichtige Begriffsdefinitionen, theoretische Ansätze und Modelle sowie insbesondere auch auf anschauliche kartographische und graphische Darstellungen gelegt, von denen eine Reihe neuer im Mehrfarbendruck wiedergegeben werden konnte. „Kästen" zur inhaltlichen Ergänzung und Vertiefung des normalen Textes sind weitere Lernhilfen. Kennzeichnend für dieses Lehrbuch ist auch die Berücksichtigung zahlreicher Literaturquellen zur individuellen Ergänzung und Vertiefung im Rahmen von Studienarbeiten oder für Examensvorbereitungen: bibliographische Kurzhinweise am Ende eines jeden

Kapitels sowie als relativ umfassendes, aktualisiertes Literaturverzeichnis am Schluss des Bandes. Wie bislang so wird auch diese 5. Aufl. durch ein differenziertes Sachregister thematisch-begrifflich detailliert erschlossen.

Ich freue mich, dass dieses Lehrbuch in mehr als eineinhalb Jahrzehnten eine große Verbreitung gefunden hat. Besonders froh bin ich auch darüber, dass ich bereits für die 4. Auflage Frau Univ.-Prof. Dr. FRAUKE KRAAS (Geographisches Institut der Universität zu Köln) für die Neubearbeitung eines Teilkapitels über „Städte in Südostasien" sowie Herrn Akad. Oberrat Dr. CHRISTIAN KRAJEWSKI (Institut für Geographie der Westfälischen Wilhelms-Universität zu Münster) für die Verfassung des neuen Lehrbuch-Kapitels 13 über „Städtetourismus und Stadtkultur" mit ihrer Bedeutung für die Stadtentwicklung gewinnen konnte. Beiden danke ich auch für die Aktualisierungen und vielfältigen Anregungen.

Mein besonderer Dank gilt auch wiederum dem Verlag Ferdinand Schöningh GmbH, Paderborn, mit seiner Redaktion Wissenschaft - vor allem Frau DR. NADINE ALBERT - für die gewährte Freizügigkeit und die sehr kooperative Unterstützung bei der Bandvorbereitung.

Es würde den Rahmen dieses Vorworts sprengen, den vielen Persönlichkeiten und Institutionen zu danken, die die bisherigen und nun auch die neueste(n) Auflage(n) dieses Lehrbuchs so maßgeblich unterstützt haben (s. auch frühere Vorworte sowie meine Danksagungen am Schluss dieses Bandes)

Ich freue mich, wenn diese neue Auflage des Stadtgeographie-Lehrbuches in der Fachwelt und insbesondere bei den Studierenden, für die es in erster Linie geschrieben ist, eine freundliche Aufnahme findet. Für Verbesserungsvorschläge sind die drei Autoren jederzeit aufgeschlossen und besonders dankbar.

Ich widme dieses Buch, wie bereits frühere Auflagen, in großer Dankbarkeit meiner lieben Frau OSTR'. i. R. BARBARA HEINEBERG, die auch Geographin ist und mich stets tatkräftig unterstützt hat.

Univ.-Prof. em. Dr. rer. nat. HEINZ HEINEBERG
Mail-Kontakt: *heinz.heineberg@uni-muenster.de*
Münster/Westf., im August 2016

1 Stadtgeographie und interdisziplinäre Stadtforschung

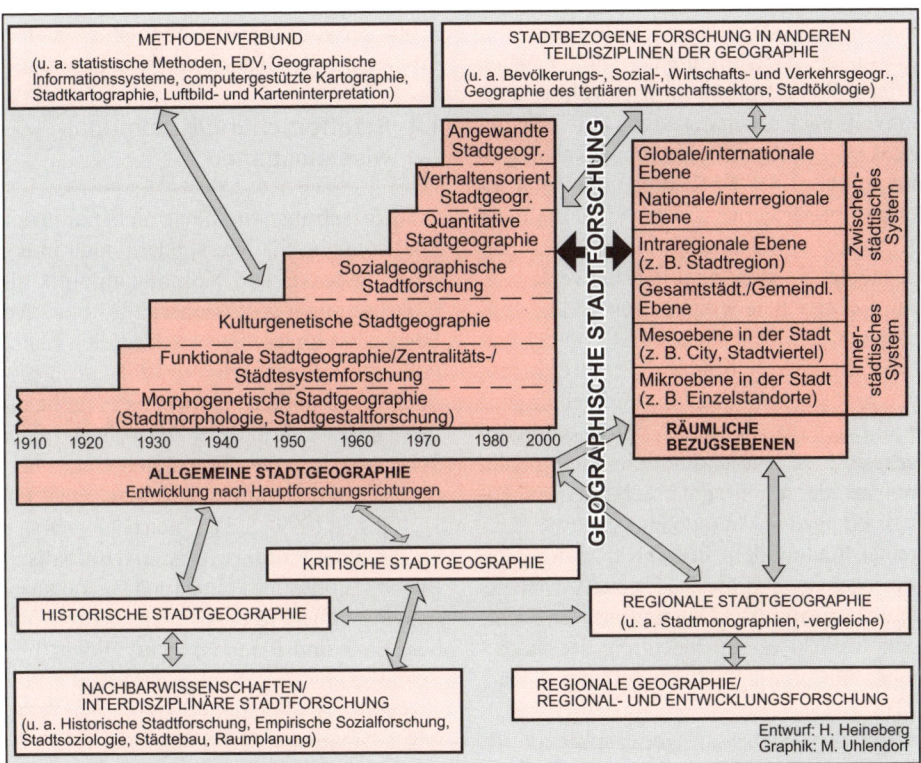

Abb. 1.1 Die Stadtgeographie im Rahmen der interdisziplinären Stadtforschung

Städte, größere städtische Agglomerationen bis hin zu sog. Megastädten und *Global Cities* sind heute - mehr denn je - Untersuchungsgegenstände mehrerer Wissenschaften. Dazu zählt seit langem vor allem die raumbezogene **Stadtgeographie**, - eine der traditionsreichsten, inhaltlich differenziertesten und wichtigsten Teildisziplinen der Anthropo- oder Humangeographie.

Die sog. **Allgemeine Stadtgeographie** überschneidet sich zugleich mit anderen **geographischen Teilgebieten**; sie hat insbesondere enge Beziehungen zur **Historischen** und **Regionalen Stadtgeographie**. Hinzu kommt ein komplexer **Methodenverbund** (Abb. 1.1).

Bezug nehmend auf die interdisziplinäre Stadtforschung ist es sinnvoll, auch die übergreifende und zugleich integrierende Bezeichnung **Geographische Stadtforschung** zu benutzen.

Das Kapitel 1 dieses Lehrbuchs widmet sich der inhaltlichen Differenzierung stadtgeographischer Untersuchungsansätze - und dies im Rahmen der Wissenschaftsentwicklung seit Anfang des 20. Jh.s; sämtliche der in Abb. 1.1 unterschiedenen Hauptforschungsrichtungen sind heute noch gültig.

1.1 Stadtgeographie/ Geographische Stadtforschung

Ziel der Stadtgeographie ist die raumbezogene Erforschung städtischer Strukturen, Funktionen, Prozesse und Probleme. Sie analysiert, systematisiert, erklärt und prognostiziert Stadtstrukturen, -funktionen und urbane Prozesse, und zwar sowohl quantitativ als auch qualitativ sowie auf verschiedenen räumlichen Ebenen (von lokal bis global, s. Abb. 1.4). Die Stadtgeographie ist interdisziplinär vernetzt, - auch innerhalb der Anthropo- bzw. Humangeographie. So überschneidet sie sich inhaltlich teilweise u. a. mit folgenden geographischen Teildisziplinen, soweit sich diese ebenfalls an der Untersuchung von Städten, Stadtregionen, Metropolen, *Global Cities* etc. beteiligen:
- mit der Bevölkerungs- und Sozialgeographie (z. B. sozialräumliche Stadtgliederungen oder sog. Fragmentierungen und Polarisierungen in Metropolen, vgl. etwa zahlreiche Stadtmodelle in den Kap. 5 und 11),
- mit der Geographie des Freizeitverhaltens und Tourismus (u. a. Ausstattung von Fremden- verkehrsorten, Bedeutung des Städtetourismus für die Stadtentwicklung, s. Kap. 13),
- mit der Wirtschaftsgeographie (z. B. Wachstums- und Entwicklungstheorien in Bezug auf städtische Siedlungen, s. Kap. 5.2, immobilienwirtschaftliche Standort- und Marktanalysen; vgl. u. a. S. HEEG 2003, M. DZIOMBA/C. KRAJEWSKI 2012, K. KLEIN 2013), darunter insbesondere
- die Geographie des tertiären Wirtschaftssektors (z. B. Standortfragen des Einzelhandels/von Bürodienstleistungen, s. Kap. 7);
- mit der Verkehrsgeographie (Stadtentwicklung und -funktionen in Abhängigkeit vom Verkehr, z. B. in Kap. 5.5),
- mit der Angewandten Geographie (u. a. Stadtmarketing, s. 10.3.3, oder etwa nach-

haltige Stadtentwicklung , s. 5.7.13),
- mit der stark naturwissenschaftlich ausgerichteten Stadtökologie, die das anthropogen beeinflusste Ökosystem Stadt zum Forschungsgegenstand hat (s. W. ENDLICHER 2012, S. HENNINGER 2011, W. KUTTLER 2013[2]),
- mit der Regionalen Geographie/Landeskunde und der Historischen Geographie.

1.2 Stadtforschung/Kommunalwissenschaften

Stadtforschung wird heute nicht nur in den Sozialwissenschaften, sondern auch in der Planungspraxis und Kommunalpolitik als interdisziplinäres Wissenschafts- bzw. Arbeitsgebiet angesehen, das zugleich raum- und anwendungsbezogen, d. h. auch planungs- und politikorientiert ist. Die Stadtgeographie ist „in jüngerer Zeit mehr und mehr zum integrierenden Bestandteil einer interdisziplinären Stadtforschung geworden" (B. HOFMEISTER 1999[7], S. 8). Daran beteiligen sich auch mehrere **andere Wissenschaftsdisziplinen**, darunter die Politik- und Verwaltungswissenschaften, Rechtswissenschaften (insbes. Bau- und Planungsrecht), Stadt- und Sozialgeschichte, Stadtarchäologie, Stadtökonomie, Stadtplanung, Architektur, Städtebau, Urbanistik, Stadtsoziologie, Verkehrswissenschaft oder etwa auch die Volkskunde. Mit diesen und weiteren Wissenschaften, die sich großenteils auch als **Kommunalwissenschaften** zusammenfassen lassen (vgl. J. J. HESSE 1989), steht die Stadtgeographie bzw. Geographische Stadtforschung in mehr oder weniger enger Beziehung, d. h. sie nutzt deren wissenschaftliche Erkenntnisse; zugleich gibt aber die Stadtgeographie auch anderen Disziplinen vielseitige Anregungen zur raumbezogenen Stadtforschung (vgl. z. B. das Gutachten des Wiss. Beirats der Bundesregierung Globale Umweltveränderungen - WBGU 2016).

1.3 Forschungsrichtungen der Allgemeinen Stadtgeographie

Die **Allgemeine Stadtgeographie** ist heute durch eine Reihe von **Hauptforschungsrichtungen** geprägt, die sich in der Wissenschaftsentwicklung seit Ende des 19. Jh.s herausgebildet haben (Abb. 1.1). Über die Anzahl und Benennungen einzelner Forschungszweige bestehen unterschiedliche Auffassungen; vgl. z. B. die zum Teil abweichenden Gliederungen stadtgeographischer Forschungsansätze in K. Zehner 2001, R. Paesler 2008 oder H. Fassmann 2009[2]. Die einzelnen Forschungsfelder sind nicht nur durch vielfältige Beziehungen untereinander, sondern auch durch erhebliche inhaltliche Überlappungen gekennzeichnet: In stadtgeographischen Untersuchungen stellt die Kombination unterschiedlicher Betrachtungs- oder Forschungsansätze bzw. -aspekte heute eher die Regel als die Ausnahme dar. Letzteres gilt z. B. für inhaltlich umfassende Stadtmonographien (Beispiel Stadt Münster, hg. von T. Hauff/H. Heineberg 2011), komplexere Gesamtdarstellungen größerer Verdichtungsräume, Metropolen, Megastädte etc. (z. B. sog. Metropole Ruhr, hg. von A. Prossek u. a. 2009) oder etwa auch für Untersuchungen regionaler, nationaler oder sogar globaler Städtesysteme (**Regionale Stadtgeographie**). Hinzu kommt, dass sämtliche der in Abb. 1.1 aufgeführten Forschungsrichtungen auch einen historisch-genetischen Ansatz oder Raum-Zeit-Bezüge beinhalten können (**Historische Stadtgeographie**, s. D. Denecke 1984), z. B. in Bezug auf die Stadtmorphologie (1.3.1).

In Kasten 1.1 sind die Beziehungen zwischen den im Folgenden unterschiedenen Hauptforschungsrichtungen und den **Möglichkeiten der innerstädtischen Gliederung** aufgezeigt (vgl. Kap. 6). Die Abb. 1.2 verdeutlicht anhand ausgewählter Merkmale

und zentraler Probleme von Städten in Entwicklungsländern die vielschichtigen Untersuchungsaspekte stadtgeographischen Arbeitens - von naturräumlichen bzw. stadtökologischen Problemen über demographische und sozialräumliche Prozesse (z. B. Segregation der Bevölkerung, Entwicklung von sog. *Gated Communities* als abgeschottete Wohneinheiten) bis hin zu funktionalen und planungsbezogenen Themen (z. B. Innenstadtverfall, Cityerneuerung), auf die in diesem Lehrbuch in den verschiedensten Zusammenhängen eingegangen wird.

1.3.1 Die morphogenetische Stadtgeographie (auch **Stadtmorphologie** oder **Stadtgestaltforschung** genannt)

hat die Analyse der Grundriss- und Aufrissgestaltung der Städte sowie die Genese der Formelemente zum Forschungsgegenstand (morphogenetisch = gestaltbildend). B. Hofmeister (1999[7], S. 9) bezeichnet diese Arbeitsrichtung als die erste disziplingeschichtliche Phase.

Diesem Ansatz lässt sich zunächst die frühe Forschungsfrage nach der Lage von Städten und verbunden damit nach ihrer Genese zuordnen (vgl. A. Hettner 1895, F. Ratzel 1903). Von besonderem Einfluss auf eine morphologische Richtung innerhalb der Stadtgeographie, die in den 1920er Jahren einen ersten Höhepunkt erfahren hat, waren die Arbeiten von O. Schlüter (1899), W. Geisler (1924) und R. Martiny (1928) über die Grundrissgestaltung deutscher Siedlungen bzw. Städte. Ab den 1950er Jahren bis zur Gegenwart ist eine Reihe beachtlicher morphogenetischer stadtgeographischer Arbeiten erschienen (s. Kasten 1.4, B. Hofmeister 2004, H. Heineberg 2006, H. Popp 2015).

Die morphogenetische Stadtgeographie beteiligt sich u. a. an der Grundlagenforschung zur Stadterneuerung, Stadterhaltung sowie der Stadtimagepflege (s. auch 1.3.9), wobei unterschiedliche Untersuchungsas-

Kasten 1.1 Forschungsrichtungen der Allgemeinen Stadtgeographie (links), vgl. 1.3 und **Möglichkeiten der inneren Gliederung von Städten** (rechts), vgl. Kap. 6

Morphogenetische Stadtgeographie (Stadtmorphologie) auch: **Stadtgestaltforschung**	**morphogenetische (o. morphologische) Stadtgliederungen** = räumliche Gliederungen nach Aufriss- und Grundrissstrukturen oder **Gliederung nach der Stadtgestalt/Baukultur**
Funktionale Stadtgeographie	**Gliederungen nach Gebäude-/Flächennutzungen** oder **funktionale Stadtgliederung** = räumliche Gliederungen nach den jeweils vorherrschenden Nutzungen oder Raumfunktionen bzw. Funktionsvergesellschaftungen (z. B. Bankenviertel, City, Gewerbegebiete)
Zentralitätsforschung (Analyse innerstädtischer Zentralität)	**Funktionsräumliche Stadtgliederungen** = räumliche Gliederungen nach Funktions- oder Kommunikationsbereichen (beispielsweise Schuleinzugsbereiche)
Kulturgenetische Stadtgeographie	**Innere Gliederungen (auch Modelle) kulturraumspezifischer Stadttypen** (z. B. der lateinamerikanischen Stadt)
Sozialgeographische Stadtforschung (Sozialraumanalyse)	**Sozialräumliche Stadtgliederungen** = räumliche Gliederungen nach sozialen, sozioökonomischen o. demographischen Merkmalen
Quantitative Stadtgeographie	Räumliche Gliederungen mittels sog. multivariater statistischer Methoden (Faktorialökologie)
Verhaltensorientierte Stadtgeographie	**Aktionsräumliche Stadtgliederungen** = räumliche Gliederungen nach den Aktivitäten einzelner Individuen (oder Gruppen) zwischen Wohnstandort(en) und anderen Funktionsstandorten (z. B. Arbeitsplätze, Einkaufsorte, Vereinsstandorte) **Stadtgliederungen nach der subjektiven Raumwahrnehmung** (*mental maps*)
Angewandte Stadtgeographie	**Planungsbezogene Stadtgliederungen** z. B. Abgrenzung sanierungsbedürftiger Gebiete, entsprechend Flächennutzungsplänen
Weitere spezielle Gliederungsmöglichkeiten:	z. B. nach Boden-/Gebäudewerten, Mietpreisen, oder nach Verkehrsdichten, -volumen

(handschriftlich am linken Rand: + Städtesystemforschung)

pekte und Methoden, häufig kombiniert mit Ansätzen und Methoden aus der sozial- oder angewandt-geographischen Stadtforschung, zum Tragen kommen.

Ein interessantes neues, auch anwendungsorientiertes Themenfeld, das in einem deutlichen Zusammenhang mit der Stadtgestaltforschung steht, bildet die sog. **Baukultur**,

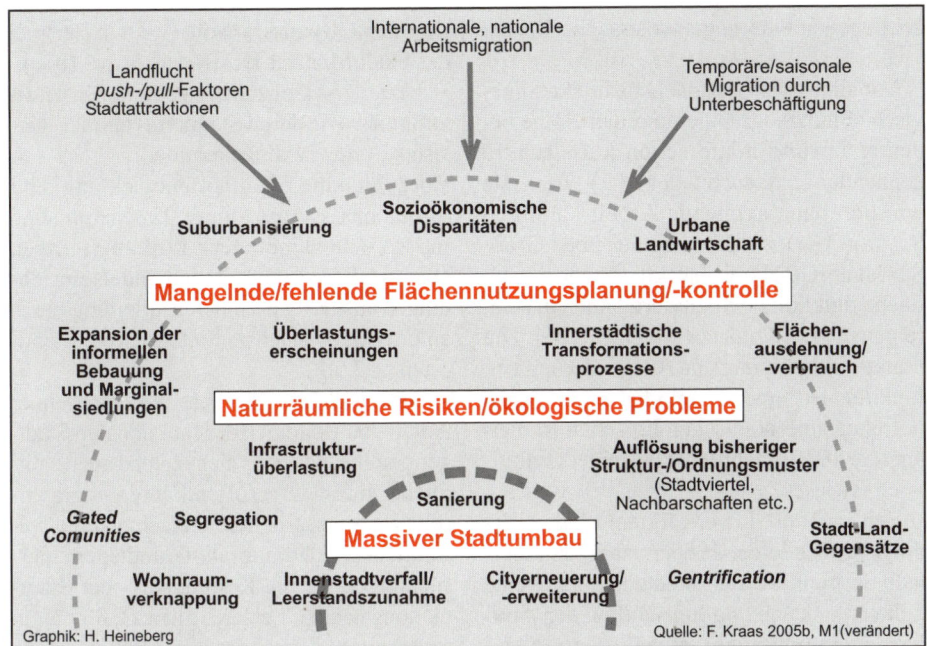

Abb. 1.2 Merkmale und zentrale Probleme von Städten in Entwicklungsländern

worunter nach C.-C. Wiegandt (2003, S. 201) „zum einen die Herstellung und Produktion unserer gesamten gebauten Umwelt und zum anderen die Nutzung und Wahrnehmung dieser gebauten Umwelt" zu verstehen ist. Bei der Analyse des **baukulturellen Erbes** geht es nicht nur um Kontinuität und Veränderungen historischer Baustile, sondern vor allem auch um Fragen der städtebaulichen Integration, des Denkmalschutzes und der Denkmalpflege sowie um aktuelle und zukünftige Nutzungspotenziale (StadtBauKultur NRW 2010, R. Ruland 2011).

Im englischsprachigen Raum ist der von dem britischen Stadtgeographen J. W. R. Whitehand (Birmingham) 1994 gegründete internationale und interdisziplinäre Arbeitskreis zur Stadtmorphologie, das *International Seminar on Urban Form (ISUF)*, mit jährlichen Tagungen und der Zeitschrift „*Urban Morphology*" herausragend. Whitehand hat in seinen eigenen stadtmorpho-

logischen Arbeiten insbesondere die Akteure der Stadtgestaltung wie *Developers* oder Architekten, aber auch Bodenpreise etc. zur Erklärung der Stadtgestaltung berücksichtigt (z. B. J. W. R. Whitehand 1984, 2003); J. W. R. Whitehand (2009, 2012) stellte die Leistungen, aber auch Defizite der bisherigen stadtmorphologischen Forschung heraus.

Die Bedeutung der Stadtmorphologie zeigen auch Hand- und Lehrbücher aus dem In- und Ausland: z. B. L. Lötscher/K. Kühmichel 2016a, b; E. Lichtenberger 2002/2011, E. Raith 2000/Österreich; R. Allain 2004/Frankreich; J. W. R. Whitehand 1992/Großbritannien; H. Capel 2002, 2005/Spanien.

1.3.2 Die funktionale Stadtgeographie besitzt ebenfalls eine längere Tradition. Bereits in den 1920er und 1930er Jahren wurden sog. **funktionale Raumeinheiten** innerhalb der Städte (z. B. City, Wohnviertel, Industrie- und Gewerbegebiete) und deren raumzeitliche Veränderungen untersucht (Kasten 1.1).

Vor allem war es zunächst „die skandinavische Stadtgeographie mit einer Reihe bedeutender und heute schon klassisch zu nennender Untersuchungen" (...) „Als erste wirklich bahnbrechende Arbeit kann (...) STEN DE GEERS Untersuchung über Groß-Stockholm (1923) mit ihrer Gliederung in zahlreiche funktionale Stadtviertel und Quartiere gelten" (P. SCHÖLLER 1953, S. 166). Die Funktionskartierung und Ausgliederung von funktionalen Stadtvierteln haben sich auch in frühen amerikanischen Forschungsarbeiten (der 1930er Jahre) als besonders erfolgreich erwiesen.

Seit ca. 1960, in verstärktem Maße allerdings seit Ende der 1960er Jahre, ist innerhalb der funktionalen Stadtgeographie eine Schwerpunktsetzung hinsichtlich der **Analyse innerstädtischer Geschäftszentren und -straßen** (einschließlich ganzer Citygebiete und innerstädtischer Zentrensysteme) erfolgt (Kap. 7). Bei der Untersuchung von Standorträumen, -strukturen und -veränderungen des tertiären Sektors innerhalb von Städten standen u. a. zunächst
• Fragen zur **Methodik der Abgrenzung und Darstellung der inneren Differenzierung** von Innenstädten sowie speziell von verschiedenrangigen Geschäfts-, Nebenzentren etc. im Vordergrund (z. B. Indexberechnungen bzgl. der Flächennutzung einzelner Geschäftsstraßen und neue Formen der Nutzungsdarstellung). Zudem wurden
• einzelne Hauptgeschäftsstraßen, dabei vor allem deren Einzelhandelsfunktionen, analysiert.

Neuere Untersuchungen innerhalb der funktionalen Stadtgeographie haben sich z. B. den folgenden Problemstellungen und Aspekten gewidmet:
• der historischen Dimension der gesamten Cityentwicklung und der komplexen funk-

tionalen **Cityausstattung** (vgl. am Beispiel der Stadt Münster H. HEINEBERG 2011b, c),
• speziellen Dienstleistungs- und **Büronutzungen** sowie deren Standortdynamik, -persistenz und -dekonzentration,
• der Planung, Standortentwicklung und -problematik, Ausstattung, Typisierung und Inanspruchnahme neuer **Einkaufszentren** oder großflächiger Einzelhandelseinrichtungen an häufig peripheren, allerdings auch an city- oder innenstadtintegrierten Standorten (s. 7.5.2).

Grundsätzlich gilt, dass ein wachsender Anteil von Beiträgen der funktionalen Stadtgeographie, darunter nicht zuletzt auch zahlreiche, meist unveröffentlichte geographische Examensarbeiten, Gutachten etc., wesentliche Bedeutung als Grundlagenuntersuchungen für die Kommunal- oder Stadtplanung besitzt. Letzeres gilt z. B. für jüngere Arbeiten, die schwerpunktmäßig auf die innerstädtische Zentrenplanung oder etwa auf die Analyse der Anlage und Ausweitung städtischer Fußgängerzonen ausgerichtet sind. So wurde etwa auch untersucht, inwieweit fußläufige *Shopping Malls* in neuen cityintegrierten Einkaufszentren und/oder auch in jüngerer Zeit gegründete sog. *Business Improvement Districts (BIDs)* zur Belebung bzw. Revitalisierung innerstädtischer Geschäftszentren beitragen können (vgl. R. PÜTZ 2008 oder H. SCHOTE 2013 und I. MOSSIG/ A. DORENKAMP 2010 mit Beispielen Hamburg und Gießen; vgl. auch Kap. 7 und Kap. 10, S. 263, in diesem Lehrbuch).

Wichtige Untersuchungsobjekte innerhalb der funktionalen Stadtgeographie - zugleich auch der Zentralitäts- und Städtesystemforschung (1.3.3 , 1.3.4) - sind **Großstädte** (Metropolen, Megastädte, vor allem sog. *Global Cities*) als sog. **Knotenpunkte oder Steuerungszentren des jüngeren Globalisierungsprozesses** (Kap. 12.2).

1.3.3 Zentralitätsforschung. Bereits in dem klassischen Beitrag von H. Bobek über „Grundfragen der Stadtgeographie" (1927) finden sich Ausführungen über die Reichweiten von Funktionen. Allerdings gelang es erst W. Christaller mit seinem Werk über „Die zentralen Orte in Süddeutschland", einschließlich der theoretischen Ableitung seiner **Theorie der Zentralen Orte** (1933), die funktionalen Stadt-Land-Beziehungen, d. h. vor allem die zentralörtlichen Verflechtungen (Zentralität), in den Vordergrund stadtgeographischer Analyse zu stellen (Kap. 4.3).

Die Christallersche Theorie fand zuerst in den USA, und zwar zunächst durch E. L. Ullman (1940) und nach der englischen Übersetzung des Werkes durch C. W. Baskin 1957, große Beachtung.

Eine grundlegende Bedeutung erlangte die **empirische Zentralitätsforschung** in den 1960er Jahren durch die umfassenden Bestandsaufnahmen der hierarchisch gestuften Zentralen Orte und ihrer Verflechtungsbereiche in der gesamten Bundesrepublik Deutschland sowie speziell in Nordrhein-Westfalen durch die Gemeinschaftsarbeit des Zentralausschusses für deutsche Landeskunde und einer größeren Zahl geographischer Hochschulinstitute unter Leitung des damaligen Instituts für Landeskunde in Bad Godesberg (G. Kluczka 1970a, 1970b). Die Zentralitätsforschung wurde in der Folgezeit methodisch weiter ausgebaut (H. H. Blotevogel 2002b, c).

Nicht nur in Deutschland, sondern weltweit wurde bis heute eine Flut von (interdisziplinären) Arbeiten der Zentralitätsforschung veröffentlicht. Die Theorie der Zentralen Orte hat aber nicht nur in der Stadtforschung, sondern auch in der Raumordnung und Raumplanung - dabei nicht nur in der Landesentwicklungsplanung, sondern auch in der Regional- und Kommunalplanung - eine Schlüsselstellung eingenommen. Von der Geographie sind dazu wesentliche anwendungsbezogene Grundlagenarbeiten geleistet worden (4.3.6).

1.3.4 Städtesystemforschung. Die moderne Städtesystemforschung als Teil einer allgemeineren Siedlungssystemforschung (Kap. 4.2) hat ihre Wurzeln in der Zentralitätsforschung. Man kann ein zentralörtliches System als einen Spezialfall eines allgemeineren, arbeitsteilig organisierten Städtesystems auffassen (H. H. Blotevogel 1983). Ausgehend von dem klassischen Aufsatz von B. J. L. Berry über *„Cities as systems within systems of cities"* (1964) kommt der Analyse von Städtesystemen im Rahmen der Stadtgeographie sowie auch der interdisziplinären Stadtforschung eine besondere Bedeutung zu. Nicht nur Bestandsaufnahmen regionaler Städtesysteme, d. h. vor allem der Beziehungen zwischen den Städten, sind von besonderer Relevanz, sondern vor allem auch die Entstehung regionaler, nationaler und internationaler Städtesysteme, die prozessualen Veränderungen und zukünftige Entwicklung sowie die Bedeutung von Städtesystemen für Belange der Raumordnung; dabei kam in jüngerer Zeit dem Ausbau städtischer Vernetzungen (**Städtenetze/-verbünde**) ein besonderes Gewicht zu (4.2.6).

Eine ganze Reihe jüngerer Untersuchungen der Städtesystemforschung hat sich seit den 1980er Jahren - vor allem im englischsprachigen Raum - mit unterschiedlichen Methoden der Analyse der **Hierarchie** (Rangfolgen) **von Weltstädten** oder *Global Cities* gewidmet (Kap. 12.2).

1.3.5 Kulturgenetische Stadtgeographie. Die kulturgenetische Betrachtungsweise innerhalb der Stadtgeographie reicht mit ihren ersten wegweisenden Arbeiten in die Zwischenkriegszeit zurück; vgl. beispielsweise H. J. Fleure, 1920, über europäische Stadttypen sowie vor allem von S. PASSARGE über „Stadtlandschaften der Erde", 1930.

Die kulturgenetische Stadtgeographie hat sich allerdings - wie die Zentralitätsforschung (1.3.3) - erst seit den 1950er Jahren zu einer der bedeutendsten Arbeitsrichtungen entwickelt. Untersucht werden kulturraumspezifische Unterschiede u. a. der Urbanisierungsprozesse (Verstädterung) oder etwa der inneren Gliederung der Städte. Dem kulturgenetischen Konzept liegt nach B. HOFMEISTER (1980) „die Auffassung zugrunde, daß die von der einzelnen Kultur her gegebenen Voraussetzungen und Ausgangspositionen für die allgemein ähnlich verlaufenden Urbanisierungsprozesse einschließlich der inneren Differenzierung der Städte in jedem Kulturraum andere sind (...)" (S. 5). Von Bedeutung sind insbesondere zahlreiche Arbeiten, die die Entwicklung von Modellvorstellungen sog. **kulturgenetischer oder kulturraumspezifischer Stadttypen** zum Ziel hatten. Dieser Forschungsansatz basiert zum Teil auf den Erkenntnissen der klassischen Sozialökologie der Chicagoer Schule (sozialökologische Theorien und Modelle), die grundlegende Stadtstruktur- oder Stadtentwicklungsmodelle hervorgebracht hat (Kap. 5.3). Die von der deutschen kulturgenetischen Stadtgeographie erarbeiteten zahlreichen Modellvorstellungen für die Stadtstrukturen einzelner Kulturerdteile sowie die Einordnung der Stadtgenese und -gliederung in größere Zusammenhänge der Kulturraumentwicklung ermöglichen auch vielfältige interkulturelle Vergleiche der differenzierten Stadtentwicklungs- und Verstädterungsprozesse (Kap. 11). Allerdings ist der kulturerdteilbezogene Ansatz der kulturgenetischen Stadtgeographie mit seinen Stadtmodell-Bildungen nicht unumstritten (vgl. u. a. E. EHLERS 2011; s. auch 11.1).

1.3.6 Sozialgeographische Stadtforschung. Die sozialgeographische Ausrichtung der Anthropogeographie im deutschsprachigen Raum wurde wesentlich durch H. BOBEK mit seinem wegweisenden Aufsatz über „Stellung und Bedeutung der Sozialgeographie" (1948) sowie vor allem durch die sog. Münchener Schule (u. a. K. RUPPERT/F. SCHAFFER 1969) beeinflusst; sie hat zu der Entwicklung einer **sozialgeographischen Stadtforschung** geführt. H. BOBEK (1948) knüpfte an die von ihm bereits Ende der 1920er Jahre entscheidend mitgeprägte funktionale Betrachtungsweise an (vgl. auch funktionale Stadtgeographie, 1.3.2) und fügte die sozialgeographische hinzu: „Mit der funktionellen Betrachtungsweise, die wohl zuerst in der Siedlungsgeographie angewandt wurde und heute vor allem in der Wirtschaftsgeographie fruchtbar wird, ist der Ansatzpunkt zum entscheidenden Schritt gewonnen: Denn jede Funktion bedarf eines Trägers" (ebd., S. 120). Bei den Trägern handelt es sich „um menschliche Gruppen (...), die sich im Raum betätigen" (ebd.).

Die Berücksichtigung menschlicher oder **sozialer Gruppen** und Gesellschaften in städtischen Räumen unter prozessualem Aspekt erfolgte in der Geographischen Stadtforschung in stärkerem Maße erst ab Ende der 1960er Jahre, d. h., nachdem sich die sog. **Münchener Schule der deutschen Sozialgeographie** etabliert hatte. Zwar wurden schon in den 1950er Jahren einige erste Arbeiten zur sozialgeographischen Stadtforschung veröffentlicht, jedoch setzten die Arbeiten F. SCHAFFERS (1968a, b) über innerstädtische Mobilitätsprozesse und sozialgeographische Entwicklungen (Bedürfnis- und Lebenszyklus bzw. städtische Lebensformen bestimmter sozialer Gruppen) in Großwohnsiedlungen am Beispiel der Stadt Ulm sowie v. a. auch der Beitrag von K. RUPPERT/ F. SCHAFFER „Zur Konzeption der Sozialgeographie" (1969) wichtige Akzente.

Den Arbeiten von K. Ruppert und F. Schaffer muss eine große Innovationswirkung in der deutschen Anthropogeographie, insbesondere auch in der Stadtgeographie, zugeschrieben werden. Die aus sozialgeographischer Perspektive betriebene Stadtforschung beschäftigte sich fortan nicht nur, wie es zunächst der Fall war, mit der Daseinsgrundfunktion „Wohnen und in Gemeinschaften leben", sondern auch mit allen übrigen sog. **Grundfunktionen** innerhalb von städtisch geprägten Räumen, d. h. mit dem „Arbeiten" (u. a. Berufspendelverkehr), „Sichversorgen" (z. B. schichtenspezifisches Einkaufsverhalten), „Sichbilden" (u. a. sozialgruppenspezifische Beteiligung an bestimmten Schularten) sowie „Sicherholen" (z. B. Freizeitverhalten im Wohnumfeld), bezogen auf die Aktivitäten von sozialen Gruppen, Schichten oder anderen Merkmalsgruppen in städtischen Siedlungen.

Von erheblicher Bedeutung wurden auch die differenzierten Planungsbezüge der sozialgeographischen Stadtforschung (Angewandte Stadtgeographie, 1.3.9): z. B. sozialstrukturelle Untersuchungen als Entscheidungshilfen für die förmliche Festlegung von Sanierungsgebieten, Analyse der Entwicklung sozialräumlicher Strukturen als eine der Grundlagen für die Planung städtischer Versorgungseinrichtungen, sozialräumliche Gliederungen als Vorarbeit zur kleinräumigen Bevölkerungsprognose oder für andere Anwendungen in der Städtestatistik, Stadtentwicklungsplanung etc.

Die deutsche Sozialgeographie oder sozialgeographisch orientierte Stadtgeographie darf nicht verwechselt werden mit der sog. *Social geography* bzw. *Urban social geography* im englischsprachigen Raum, die sich zumeist aktuellen **sozialen Problemen in Städten**, wie z. B. Armut, Ghettobildung oder Rassenkonflikte in Großstädten, wid-

met. **Armut in Städten** ist seit geraumer Zeit aber auch ein Forschungsfeld der deutschen Sozialgeographie, wenngleich die Zahl größerer Studien dazu noch gering ist; vgl. als umfassende Untersuchung zu dieser Thematik B. Klagge 2005, die einen detaillierten Überblick über die interdisziplinäre Armutsforschung gibt und anhand fünf westdeutscher Großstädte auf Stadtteilebene räumliche Muster der Armut, auch in dynamischer Perspektive, empirisch analysiert.

Einen anderen Schwerpunkt bildet die Untersuchung **städtischer Lebensstile**, - ein Phänomen, das die klassische soziale Schichtung überlagert bzw. erheblich modifiziert. In Deutschland wird die **Lebensstilforschung** „vor allem in der Soziologie zur Erfassung der Segmentierung der Gesellschaft herangezogen" (A. Klee 2001, S. 12), sie hat aber auch - wie etwa A. Klee über den Raumbezug von Lebensstilen am Beispiel der Stadt Nürnberg verdeutlicht - Eingang in die sozialgeographische Stadtforschung gefunden (Kasten 1.2).

Kasten 1.2 Definitionen „Lebensstile"

„Lebensstile werden (...) definiert als „raumzeitlich strukturierte Muster der Lebensführung" und beziehen sich im Gegensatz zum Schichtbegriff nicht auf begrenzte Dimensionen des Einkommens oder Berufes, sondern umfassen das gesamte expressive (Konsumstile, Freizeitverhalten), interaktive (Mediennutzung, Geselligkeit), evaluative (Werte und Einstellungen) und kognitive (Selbstidentifikation, Zugehörigkeit, Wahrnehmung) Verhalten" (I. Helbrecht/J. Pohl 1995, S. 227 nach H.-P. Müller/M. Weihrich 1991, S. 122f.).
Nach A. Klee (2001, S. 54) bezeichnen Lebensstile ein Konstrukt, „welches sowohl die strukturellen Elemente des sozialen Lebens, z. B. Alter, Bildung oder Einkommen, wie auch die kulturellen Dispositionen im Sinne von Werten, Einstellungen und daraus resultierenden Verhaltensweisen umfasst".

Ein weiteres, mit der Lebensstilforschung in Zusammenhang stehendes jüngeres Thema der sozialgeographischen sowie v. a. auch der soziologischen Stadtforschung ist die sog. *Gentrification*, die bislang wohl am stärksten von der nordamerikanischen Stadtforschung untersucht wurde, allerdings in jüngerer Zeit auch in Deutschland besondere Beachtung gefunden hat (u. a. I. HELBRECHT 1996b, C. KRAJEWSKI 2006, 2013, J. GLATTER 2016); vgl. Kasten 1.3 u. Kap. 10.4.

Ein jüngeres wichtiges Thema der geographischen Stadtforschung ist (**Un-**)**Sicherheit und Gewalt bzw. Kriminalität in städtischen Räumen** (z. B. subjektive Unsicherheit in „Angsträumen", *No-entrance-/go areas*), zu dessen Erklärung soziale bzw. gesellschaftliche, aber auch andere Ursachen - etwa psychische (Wahrnehmung) - herangezogen werden. Es hat sich bereits eine **Kritische Kriminalgeographie** herausgebildet, die „die Prozesse, Hintergründe und Effekte dieser Verräumlichung von (Un-)Sicherheit sowie der Etablierung neuer raumorientierter Sicherheitspolitiken" analysiert (G. GLASZE 2011, S. 885). Zu den bekanntesten Untersuchungsobjekten zählen *Gated Communities* (s. Abb. 1.2), die als zugangsbeschränkte (bewachte), nach außen durch Mauern oder Zäune und Tore abgeschottete, selbst verwaltete und mit Gemeinschaftseinrichtungen ausgestattete Wohnkomplexe etwa in zahlreichen US-amerikanischen (Groß-)Städten verbreitet sind. Dies gilt auch für andere Kulturräume der Erde (z. B. in lateinamerikanischen Großstädten), selbst auch zunehmend für Europa; s. Kap. 11 sowie G. GLASZE 2003, 2011. In Deutschland gewinnt **städtebauliche Kriminalprävention** an Bedeutung, u. a. durch Beseitigung von Angsträumen, z. B. durch bessere Einsehbarkeit in öffentlichen Parkanlagen; zur Sicherheits- und Kriminalitätsforschung in der Humangeographie vgl. M. ROLFES 2015.

vgl. S. 278

Kasten 1.3   Definition „*Gentrification*"

Nach C. KRAJEWSKI (2004) ist *Gentrification* ein komplexes Phänomen (vgl. 10.4). Es betrifft v. a. Altbauquartiere, und zwar deren
„· Bauliche Aufwertung (Gebäudesanierungen und Neubauten, Wohnumfeld- u. Infrastrukturverbesserungen),
· Soziale Aufwertung (Zuzug statushöherer Bevölkerung: v. a. Besserverdienende, höher Gebildete, z. B. Yuppies, Studierende),
· Funktionale Aufwertung (Ansiedlung neuer Geschäfte u. Dienstleistungen, qualitative u. quantitative Angebotserweiterung),
· Symbolische Aufwertung ('positive' Kommunikation über die Gebiete, Medienpräsenz, Schaffung von *Landmarks*, hohe Akzeptanz bei Bewohnern und Besuchern)" (ebd., S. 103).

1.3.7 Quantitative (und theoretische) Stadtgeographie. Die Benennung dieser Forschungsrichtung - insbesondere im Vergleich mit den bisher genannten Phasen - ist strittig. Damit kann jedoch besonders herausgestellt werden, dass die jüngere Geographische Stadtforschung, vor allem beeinflusst durch die Geographie im angelsächsischen Raum, in verstärktem Maße quantitativ und theoretisch orientiert ist. Die Anwendung geostatistischer Methoden, die EDV-Realisierung und die Überprüfung bestehender Teiltheorien und Modelle zur Stadtentwicklung (Stadtentwicklungsmodelle) sowie deren Weiterentwicklung sind heute zur Selbstverständlichkeit geworden und kommen in den meisten Forschungszweigen der Stadtgeographie zur Anwendung. Dies betrifft beispielsweise die Benutzung multivariater statistischer Verfahren wie Faktoren- und Clusteranalysen zur sozialräumlichen Gliederung von Städten (Kap. 6.3) oder etwa die Anwendung Geographischer Informationssysteme (GIS) bei der Analyse unterschiedlichster Aspekte stadträumlicher Gliederung sowie der Stadtentwicklung und -planung (s. z. B. N. DE LANGE 2000a, 2003).

Im Rahmen einer **handlungstheoretischen Aktionsraumforschung**, wie sie J. SCHEINER und Mitarbeiter (1999) verstehen, wird das Individuum (Subjekt) als Akteur in den Mittelpunkt gestellt, wobei dessen „Intentionen, d. h. seinen Motiven und Absichten, eine prominente Stellung eingeräumt werden muß" (...) „Dem gegenüber stehen Strukturen der sozialen und der physischen Umwelt. Sie besitzen den Charakter von Restriktionen, aber auch von Möglichkeiten für das Handeln, stellen also Bedingungen und Mittel dar" (ebd., S. 58-59). Daraus - aus der „subjektiven" und „objektiven" Seite - ergeben sich relevante Alternativen, die quasi den „Handlungsspielraum" darstellen. „Innerhalb dieses durch das Subjekt selbst *und* seine soziale und raumzeitliche Situiertheit definierten Spielraums vollzieht sich die „Logik der Selektion": das Handeln, das sich als mit Fortbewegung verbundene Aktivität aktionsräumlich niederschlägt (...) "(S. 59). „Das Handeln produziert Folgen, die in intendierte und nicht-intendierte unterschieden werden müssen" (...) „Das Handeln wird erst durch Bedeutungszuweisung, also durch Deutung zum „Handeln". Dabei sind die Selbstdeutungen des Handelnden von Fremddeutungen zu unterscheiden" (S. 60).

1.3.8 Verhaltens- und handlungsorientierte Stadtgeographie.

Die Stadtgeographie ist seit Anfang der 1970er Jahre auch stärker verhaltenswissenschaftlich bzw. handlungstheoretisch ausgerichtet. Die **verhaltensorientierte (behavioristische) Stadtgeographie** beschäftigt sich insbesondere mit der Wahrnehmung und Bewertung städtischer Strukturen und Standorte (z. B. Geschäfte, Gebäude, Straßenräume, Stadtviertel, Ferienorte) sowie mit den Zusammenhängen zwischen Raumwahrnehmung/-bewertung (auch Raumerleben, lokale Identifikation mit einem Stadtviertel etc.) und raumrelevantem Verhalten von Individuen oder speziellen Gruppen. Letzteres betrifft beispielsweise das Einkaufs-, Wohn- und Freizeitverhalten, Wohnstandortpräferenzen oder die Wahl eines Ferienortes. Zentrale Forschungsthemen sind somit die Raumwahrnehmung, die Analyse von lokalen Images etc. (z. B. R. SCHNEIDER-

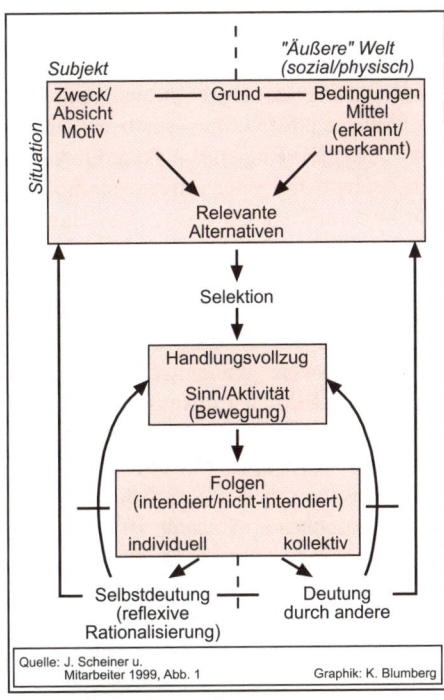

Quelle: J. Scheiner u. Mitarbeiter 1999, Abb. 1   Graphik: K. Blumberg

Abb. 1.3 Analyseschema aktionsräumlichen Handelns

SLIWA u. a. 2012 am Beispiel von Basel) sowie deren Beziehungen zur Standortwahl und zu anderen raumbezogenen Aktivitäten des Menschen. Schwierigkeiten bei der Operationalisierung liegen in der Erklärung der differenzierten subjektiven Raumwahrnehmungen/-bewertungen und der Folgen für das individuelle raumbezogene Verhalten (vgl. K. WOLF 2005[4]); zu dem Konzept, zu Forschungsfeldern, aber auch insbesondere zur Kritik an „mikroanalytischen Ansätzen" einer verhaltenswissenschaftlichen Sozialgeographie (**Wahrnehmungsgeographie**) vgl. P. WEICHHART 2008, S. 137ff. (s. 6.5.4).

Aufbauend auf der verhaltenswissenschaftlich orientierten Stadtgeographie lässt sich diese konzeptionell durch einen **handlungstheoretischen Ansatz** erweitern (B. WERLEN 1995, 2000). „Im Vergleich zu „Verhalten" wird „Handeln" als menschliche Tätigkeit im Sinne eines intentionalen Aktes begriffen, bei dessen Konstitution sowohl sozial-kulturelle, subjektive wie auch physisch-materielle Komponenten bedeutsam sind". (...) „Die Folgen einer Handlung können beabsichtigt oder unbeabsichtigt sein und sich im Rahmen zeitgenössischer Lebensbedingungen auf lokaler, regionaler oder globaler Ebene äußern" (B. WERLEN 1995, S. 520).

Basierend auf WERLENS handlungstheoretischem Ansatz und unter Berücksichtigung der **Aktionsraumforschung** entwickelten J. SCHEINER und Mitarbeiter (1999) ein **Analyseschema aktionsräumlichen Handelns** (s. Abb. 1.3). Nach diesem handlungstheoretischen Konzept ist „menschliches Handeln (...) nicht in erster Linie Reaktion, wie dies die Münchener Sozialgeographie postuliert hat (RUPPERT/SCHAFFER 1969, S. 211), sondern Aktion". Die Autoren schlussfolgern: „Die Logik des Handelns muß Bestandteil aktionsräumlicher Forschung werden" (ebd., S. 63); zu neuen Mustern aktionsräumlichen Handelns unter dem Einfluss jüngerer Informations- und Kommunikationstechnologien s. M. HESSE 2010a.

1.3.9 Angewandte Stadtgeographie. Seit ca. 1970 hat sich die **Angewandte Stadtgeographie** als eine stärker planungs- oder praxisbezogene Arbeitsrichtung entwickelt. F. SCHAFFER (1986) hat anhand unterschiedlicher stadtgeographischer Untersuchungen am Beispiel von Augsburg nicht nur die große inhaltliche Bandbreite praxisorientierter Arbeiten und Projekte dokumentiert, sondern zugleich auch zwei Schemata zur Diskussion gestellt, die die Konzeption der Angewandten Stadtgeographie beinhalten (s. dort Abbn. 20 u. 21). Nach SCHAFFER ist diese Richtung der Stadtgeographie ein „praxisbegleitender Forschungsprozeß, aus dem auch ein neuer Beitrag zu Methodologie und

Theorie des Faches erwartet wird. Hauptziel bleibt jedoch die Entwicklung von Gestaltungskonzepten für eine meist erst zu schaffende räumliche Realität" (1986, S. 183).

Waren beispielsweise in den 1980er Jahren vorbereitende Untersuchungen zur Stadtsanierung wichtige Aufgaben der Angewandten Stadtgeographie (vgl. F. SCHAFFER/ K. THIEME 1989 am Beispiel von Augsburg), so hat sich das Anwendungsspektrum (einschließlich neuer Berufsfelder für Geographen) bis zur Gegenwart ganz erheblich erweitert, z. B. in den Bereichen Immobilienwirtschaft (s. 1.1), Stadtmarketing (s. 10.3.4), Städtetourismus und Stadtkultur (Kap. 13).

1.3.10 Kritische Stadtgeographie als Teilbereich der (interdisziplinären) Stadtforschung ist ein jüngeres Konzept, das mit aktuellen Themenfeldern sämtliche bisherige Forschungsrichtungen der Stadtgeographie tangieren kann (vgl. B. BELINA u. a. 2014: „Handbuch Kritische Stadtgeographie"). Nach B. BELINA u. a. (ebd., S. 11) ist kritische Stadtforschung „eine Befassung mit Stadt und städtischen Prozessen, die diese als historisch gewordene und politisch veränderbare begreift und die in Stadt und städtische Entwicklungen mit emanzipatorischer Absicht eingreifen will".

1.4 Räumliche Bezugssysteme und Raum-Zeit-Bezüge

In Anlehnung an E. LICHTENBERGER (1998³, Abb. 1.3) lassen sich zwischenstädtische und innerstädtische **räumliche Bezugssysteme** (Maßstabsebenen oder -dimensionen) unterscheiden. Die innerstädtische Ebene kann nach E. LICHTENBERGER in Mikro- (Einzelstandort), Meso- (Stadtviertel) und Makroebenen (Gesamtstadt, Stadtregion) untergliedert werden. In den Abbn. 1.1 und 1.4 wurde in ähnlicher Weise auch das inner-

Systeme/räumliche Bezugsebenen		**Untersuchungsschwerpunkte** (Beispiele)
Zwischen-städtisches System	**globale/internationale Ebene** (z. B. Kulturerdteil)	weltweite o. internationale Verstädterung/Urbanisierung; weltweite Verbreitung von Megastädten, *Global Cities* etc.; Stadttypen/-modelle in Kulturerdteilen (auch im Vergleich); Städte in Industrie- und Entwicklungsländern
	nationale/interregionale Ebene	Regionale Stadttypen; Verdichtungsräume, Stadtregionen, Metropolregionen etc. Standortverlagerungen von Bürostandorten (Behörden etc.); Mobilitätsverhalten (einschl. Pendler-, Einkaufs-, Naherholungsverkehr etc.); Zentralörtliche Systeme; Städtenetze und -systeme
	intraregionale Ebene (einschl. Stadtregionen, größere Verdichtungsräume)	
Inner-städtisches System	**gesamtstädtische oder gemeindliche Ebene** (Gesamtstadt)	Stadtentwicklung und -gliederungen; Zentren der Städte (innerstädtisches Zentrensystem); Shopping-Center (an Stadtperipherie versus Innenstadt); Suburbanisierungsprozesse (Bevölkerung, Gewerbe etc.); sozialräumliche Segregationsprozesse/Fragmentierung; innerstädtisches Mobilitäts-/Freizeit-/Einkaufsverhalten; Stadtimage und Stadtmarketing; Stadtverkehr (ÖPNV-System etc.)
	Mesoebene in der Stadt (z. B. Stadtviertel, -teile)	stadtteilspezifische Lebensbedingungen; Wohnungsbau/-markt und Wohnstandortverhalten; Sozialstrukturen/soziale Probleme in Wohngebieten; Geschäftszentren/-straßen, Cityfunktionen, Innenstadtstrukturen, Gewerbegebiete; bauliche Strukturen/Stadtgestalt und ihre Genese; Stadtsanierung, -erhaltung, -planung (u. a. vorbereitende Untersuchungen); Umweltbelastungen (Abgase, Feinstaub, Lärm etc.)
	Mikroebene in der Stadt (z. B. Straßenabschnitte, Einzelhandelsstandorte)	

Quelle: H. Heineberg 2005b (verändert)

Abb. 1.4 Räumliche Bezugsebenen und ausgewählte Untersuchungsschwerpunkte der Stadtgeographie/Geographischen Stadtforschung

städtische Bezugssystem in die gesamtstädtische bzw. gemeindliche Ebene sowie Meso- und Mikroebenen innerhalb der Stadt differenziert. Untergliedert wurde auch das zwischenstädtische System, und zwar in die globalen bzw. internationalen, die nationalen bzw. interregionalen und die intraregionalen Ebenen (z. B. Stadtregion). Jeder dieser räumlichen Bezugsebenen lassen sich charakteristische Untersuchungsschwerpunkte der Stadtgeographie bzw. Geographischen Stadtforschung zuordnen.

Stadtgeographische Untersuchungen berücksichtigen neben dem Raum auch die **Zeit** in Gestalt von Prozessanalysen, Längs- und Querschnittstudien, Analysen zyklischer oder rhythmischer Phänomene für unterschiedlich lange Zeiträume etc.; letztere beschränken sich nicht auf die klassischen Ansätze der morphogenetischen (1.3.1) oder

auf die kulturgenetische Stadtgeographie (1.3.5), sondern betreffen auch die übrigen Forschungsrichtungen, z. B. die Historische Geographie oder neuere kritische Stadtgeographie (s. 1.3.10). Der sog. **historisch-genetische Ansatz** in der geographischen sowie auch interdisziplinären Stadtforschung findet in diesem Lehrbuch eine besondere Berücksichtigung (Kap. 2, 8-11).

In Bezug auf die jüngere, aber auch zukünftige Stadtentwicklung sind Diskurse um die „**Postmodernisierung der Stadt**" (G. WOOD 2011) von besonderer Bedeutung. Diese stehen häufig im Zusammenhang mit der „*Global City*"-Debatte, d. h. den städtischen Auswirkungen der Globalisierung auf den verschiedenen räumlichen Maßstabsebenen, z. B. in Gestalt sozialräumlicher Polarisierungs- oder Fragmentierungsprozesse innerhalb von Städten (s. 12.3.3).

Kasten 1.4 Literaturauswahl zur Ergänzung und Vertiefung des Kapitels 1

· **Forschungsrichtungen und Entwicklung der Stadtgeographie/Geogr. Stadtforschung**: H. BECKER 1996, B. BELINA u. a. 2014, D. DENECKE 1984, 1989, H. FASSMANN 2009[2], H. HEINEBERG 1988b, 1992, 2005b, 2011a, R. HENKEL 1998, B. HOFMEISTER 1989, 1999[7], E. LICHTENBERGER 1998[3], F. MEYER 2005, R. PAESLER 2008, F. SCHAFFER 1986, R. SCHNEIDER-SLIWA 2015[2], G. WOOD 2011, K. ZEHNER 2001a
· **Interdisziplinäre Stadtforschung/Nachbarwissenschaften** (Beispiele): B. SCHÄFERS 2006[2] (Architektursoziol.); G. ALBERS/J. WÉKEL 2011[2], S. WOLFRUM/W. NERDINGER 2008 (Städtebau/Stadtplanung/Urbanistik); J. J. HESSE 1989 (Kommunalwiss.); G. P. FEHRING/W. SAGE 1995 (Stadtarchäologie); H. F. GORKI/H. PAPE 1987 (Stadtkartographie); W. ENDLICHER 2012, S. HENNINGER 2011, H. LESER/K. CONRADIN 2008[2], H. SUKOPP/R. WITTIG 1998[2] (Stadtökologie); F. ECKART 2004, J. FRIEDRICHS 1995, H. HÄUSSERMANN/W. SIEBEL 2004, B. SCHÄFERS 2010[2] (Stadtsoziol.); TH. HENGARTNER 1999 (Volkskunde)
· **Morphogenetische Stadtgeographie/Stadtgestaltforschung**: B. HOFMEISTER 2004, H. HEINEBERG 2006, 2007a (Forschungsber.); R. ALLAIN 2004, H. CAPEL 2002, 2005, E. LICHTENBERGER 2002, L. LÖTSCHER/K. KÜHMICHEL 2016a, b (Lehr-/Handbücher); K.-J. KRAUSE 1995, J. LAFRENZ 1999a, b, J. W. R. WHITEHAND 2001, 2009, 2012 (Stadtgestalt/-morphologie); W. KRINGS 1984 (belgische Innenstädte); S. HÄNSEL/ST. RETHFELD 2008 (Architekturführer); L. BASTEN 2009c, BBR 2002, BVBW 2005, R. KALTENBRUNNER/ST. WILLINGER 2009, C.-C. WIEGANDT 2003 (Baukultur)
· **Funktionale Stadtgeographie**: H. H. BLOTEVOGEL/R. DANIELZYK 2009, H. H. BLOTEVOGEL/K. SCHULZE 2009 (Metropolfunktionen); H. HEINEBERG 2011b, c (City, Citygänzungsstraßen/-gebiet, Entw. v. Dienstleistungsstandorten, Bsp. Münster); H. HEINEBERG/A. MAYR 1986, 1988, 1996, E. KULKE/J. RAUH 2014 (Einkaufszentren/großflächiger Einzelhandel i. Ruhrgebiet); H. SCHOTE 2013 (BIDs); R. POPIEN 1995 (Ortszentrenplanung)
· **Zentralitätsforschung**: H. H. BLOTEVOGEL 1995, J. DEITERS 1976, 1982 (Einführungen); H. H. BLOTEVOGEL 1983, 1986 (quantit. Zentralitätsbestimmung); H. H. BLOTEVOGEL 1996a, b,c, 2004, J. DEITERS 1996a, b, H. GEBHARDT 1996a, b, J. GÜSSEFELDT 1997 (Aufgaben d. Zentralitätfors, ch. in Raumordnung u. -planung); H. H. BLOTEVOGEL, H. H. 2002b, c (Fortentwicklung d. Zentrale-Orte-Konzepts)
· **Städtesystemforschung**: BLOTEVOGEL, H. H./N. DOHMS u. a. 1990 (Städtesystementw., Beispiel Nordrhein-Westfalen); B. ADAM 1997, R. DANIELZYK/A. PRIEBS 1996, A. PRIEBS 1996a, 1996b (Städtenetze)
· **Kulturgenetische Stadtgeographie/Stadtstrukturen im interkulturellen Vergleich**: HOLZNER, L. 1981 (kulturgenetische Forsch.); B. HOFMEISTER 1982c, 1999[7], E. EHLERS 2011
· **Sozialgeographische Stadtforschung/Stadtsoziologie**: J. MAIER/R. PAESLER u. a. 1977, P. WEICHHART 2008 (Sozialgeogr.); P. L. KNOX u. a. 2010[6] (*Urban Social Geogr.*); J. S. DANGSCHAT 1996, A. FARWICK 2001, H. HÄUSSERMANN 1998, B. KLAGGE 2001, 2005 (Armut i. Städten); G. GLEBE 2002, W. TAUBMANN 1997 (Segregation); K. J. BECKMANN u. a. 2006, J. S. DANGSCHAT 2005[4], R. GROTHUES 2006, I. HELBRECHT 1997, I. HELBRECHT/J. POHL 1995, A. KLEE 2001, H.-P. MÜLLER/M. WEIHRICH 1991, H.-P. MÜLLER 1995, N. SCHNEIDER/A. SPELLERBERG 1999 (Lebensstile); J. BLASIUS/J. S. DANGSCHAT 1990, I. BRECKNER 2010, I. HELBRECHT 1996b, K. FRIEDRICH 2000, J. FRIEDRICHS/R. KECSKES 1996, 2002, J. GLATTER 2016, H. HILL/K. WIEST 2004, C. KRAJEWSKI 2003, 2004, 2006, 2013 (*Gentrification*); G. GLASZE 2003, 2004, 2011, G. MERTINS/U. MÜLLER 2008, M. ROLFES 2015, R. WEHRHAHN 2003a (Kriminalität/(Un-)Sicherheit, *Gated Communities*); M. HESSE/B. TROSTORFF 2006 (Wohnmilieus)
· **Quantitative (und theoretische) Stadtgeographie**: A. KILCHENMANN/H.-G. SCHWARZ-VON RAUMER 1999, M. KAPPAS 2012[2], N. DE LANGE 2000a, b, 2003, 2013[3], A. MATTISSEK u. a. 2013[2] (Geogr. Informationssysteme/GIS, empirische Methoden)
· **Verhaltens- u. handlungsorientierte Stadtgeographie**: H. SCHRETTENBRUNNER 1974 (Verhaltenswiss. Geogr.); K. WOLF 2005[4] (raumbezogenes Verhalten); H. KLÜTER 1994 (Raum-/Problemwahrnehmung); H. GEBHARDT u. a. 1992, 1995 (Ortsbindung/räuml. Identifikation); B.-A. STEGMANN 1997 (Image/-marketing); B. WERLEN 1997[3], S. 37-38 (Perzeptionsgeogr.); K. WIEST/S. WÖRMER 2014 (raumbez. Vorstellungsbilder u. Wohnwünsche), B. WERLEN 1995, 1997[3], 2000 (Handlungstheoret. Ansatz); P. MEUSBURGER 1999 (Kritik an handlungszentrierter Sozialgeogr.); M. HESSE 2010a, J. SCHEINER u. a. 1999, 2000, 2001 (Handlungstheoret. Aktionsraumf.)

2 Stadtbegriffe und Dimensionen der Verstädterung/Urbanisierung

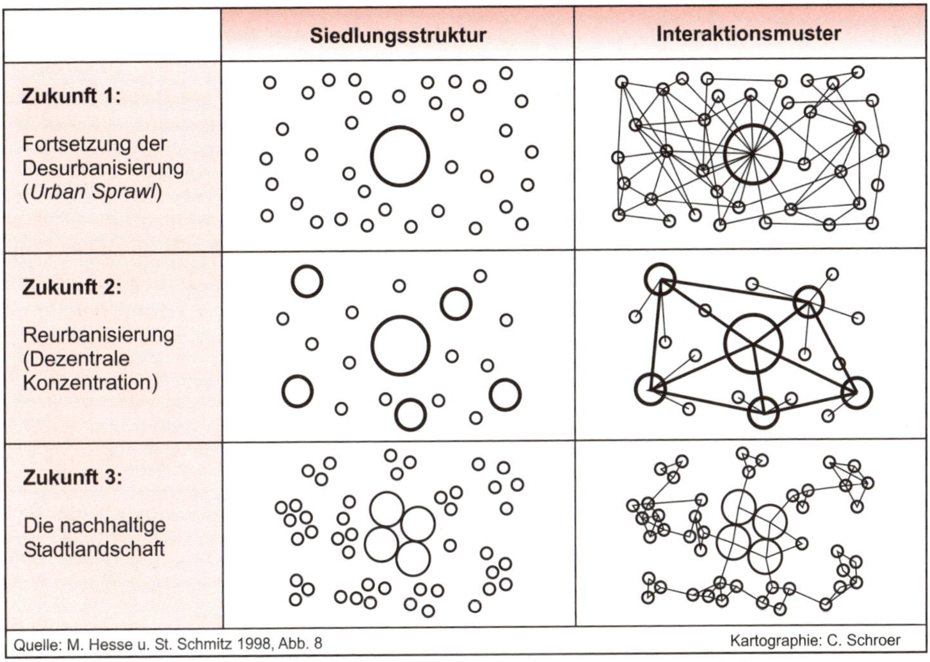

	Siedlungsstruktur	Interaktionsmuster
Zukunft 1: Fortsetzung der Desurbanisierung (*Urban Sprawl*)		
Zukunft 2: Reurbanisierung (Dezentrale Konzentration)		
Zukunft 3: Die nachhaltige Stadtlandschaft		

Quelle: M. Hesse u. St. Schmitz 1998, Abb. 8 — Kartographie: C. Schroer

Abb. 2.1 Drei Zukunftsszenarien der Siedlungsstruktur und Interaktionsmuster

Die Stadt lässt sich weder im Rahmen der Stadtgeographie noch interdisziplinär und erst recht nicht international oder global sowie historisch eindeutig definieren. Dem Stadtbegriff können, je nach Kulturraum der Erde und Entwicklungsstand, verschiedene Bestimmungskriterien zugrunde gelegt werden. Heute sind zudem - insbesondere in hochverstädterten Industriestaaten - die Übergänge zwischen städtischen und ländlichen Siedlungen fließend (sog. **Stadt-Land-Kontinuum**).

Das Kapitel 2 behandelt zunächst unterschiedliche **Stadtbegriffe** - umgangssprachlich und vor allem interdisziplinär - , unter denen der geographische besonders komplex ist. Verschiedene Auffassungen bestehen auch über **Stadtgrößenklassen und -typen** (z. B. Metropole, Megastadt, *Global City*; vgl. dazu ausführlicher Kap. 12).

Wie die Stadt so ist auch die **Verstädterung** ein sehr differenziertes Phänomen und daher ebenfalls terminologisch nicht einfach zu fassen. Sie wird in den raumbezogenen Wissenschaften in unterschiedlichster Weise definiert. Unter 2.3 werden verschiedene sog. **Dimensionen** der Verstädterung (synonym Urbanisierung) und **Ansätze der Urbanisierungsforschung** detailliert behandelt und begrifflich voneinander unterschieden.

Abb. 2.1 verdeutlicht modellartig spezielle Prozesse der Urbanisierung als Zukunftsszenarien der Siedlungsstruktur, zugleich sog. Interaktionsmuster (z. B. Verkehrsströme), vor allem zwischen Städten, im Vergleich mit einer nachhaltig geprägten Stadtlandschaft (vgl. dazu v. a. Kap. 4 und 5).

2.1 Der mehrdimensionale Stadtbegriff

Im allgemeinen Sprachgebrauch und interdisziplinär lassen sich - je nach Betrachtungsperspektive - unterschiedliche Stadtbegriffe ausmachen (vgl. R. Stewig 1983):

2.1.1 Der umgangssprachliche Stadtbegriff

ist sehr diffus. „Wir gehen/fahren in die Stadt" (gemeint ist oftmals die Innenstadt oder das Stadtzentrum), „er ist bei der Stadt (d. h. in der Stadtverwaltung) beschäftigt", „sich stadtfein machen" (für höhere Ansprüche in der Stadt) sind Beispiele für Redensarten, die sich auf die schillernde Qualität des umgangssprachlichen Stadtbegriffs beziehen.

2.1.2 Der statistisch-administrative Stadtbegriff

wird in den einzelnen Staaten der Erde sehr unterschiedlich v. a. nach **Einwohnerschwellenwerten** festgelegt. Am gebräuchlichsten sind Mindesteinwohnerwerte zwischen 2.000 und 5.000 Einw. Beispielsweise kann die „Untergrenze (...) bei lediglich 200 Einwohnern (liegen) wie in Norwegen, Island oder Spanien oder auch bei 10.000 wie in der Schweiz, Griechenland oder Malaysia" (...) „Die Veröffentlichungen der UN, auf denen raumzeitliche Analysen der Verstädterung häufig basieren, gehen von den jeweiligen nationalen Definitionen aus; dies ist bei der Dateninterpretation zu berücksichtigen" (J. Bähr 2011, S. 2; vgl. 2.3.1). So berücksichtigt die UN-Veröffentlichung *World Urbanization Prospects* (2012) als sog. *urban population* sehr unterschiedliche Daten, z. B. für Deutschland sog. *Communes* (kreisfreie Städte und Kreise) mit einer Bevölkerungsdichte von größer oder gleich 150 Einw./qkm, für den afrikanischen Staat Ghana beispielsweise den Schwellenwert von 5.000 Einw., für Frankreich dagegen u. a. Kommunen mit 2.000 Einw. und mehr, die in Häusern mit Abständen von mindestens 200 Metern leben (ebd., S. 51).

Zur internationalen Vergleichbarkeit der Stadtentwicklung bzw. Verstädterung hat P. Schöller (1983) die Mindestgrößenschwelle von 20.000 Einwohnern vorgeschlagen. Das deutsche Statistische Bundesamt (2014) setzt für sog. **städtische Gebiete** Dichten von mind. 500 Einw./km² sowie 50.000 Einw. voraus (ebd., S. 29).

Von Bedeutung ist weiterhin, dass die jeweiligen statistisch-administrativen Stadtbegriffe, die für die Industriestaaten im Zeitalter fortgeschrittener Industrialisierung und Verstädterung, d. h. häufig bereits im

um 1600 Städte ab	15.000 Einw.
1790 Städte ab	20.000 Einw.
1840 Städte ab	40.000 Einw.
1930 Städte ab	100.000 Einw.

Tab. 2.1   Großstadtdefinitionen in der Neuzeit nach F. Olbricht 1936 (zitiert nach E. Pfeil 1972², S. 5)

19. Jh., definiert wurden (für Deutschland im ehem. Deutschen Reich ab 1887 für Gemeinden ab 2000 Einw.), nicht auf vergangene historische Zeitschnitte übertragbar sind. Dies lässt sich aufgrund der stadtgeschichtlichen Untersuchungen von F. Olbricht (1936) anhand des **zeitlich variablen Großstadtbegriffs** aufzeigen (Tab. 2.1).

2.1.3 Der historisch-juristische Stadtbegriff.

Die Entstehung der mittelalterlichen deutschen und europäischen Stadt kam in der Verleihung des **Stadttitels** (Gemeinde mit Stadttitel) zum Ausdruck. Damit erhielt eine Stadt (vom Landesherren) einen Rechtstitel verliehen, mit dem sich auch wirtschaftlich bedeutsame Privilegien, wie z. B. das Abhalten eines Marktes oder die Stapelung von Waren, verbanden.

Durch die Aufhebung der Rechtsunterschiede zwischen Städten und Nichtstädten aufgrund der deutschen **Gemeindeordnung von 1935 ist das „Stadtrecht" in Deutschland zu einem inhaltsleeren Titel geworden** (H. F. Gorki 1974). Insbesondere stimmt der statistisch-administrative Stadtbegriff häufig nicht mit dem historisch-juristischen überein. Wichtig in funktionaler Hinsicht ist heute in Deutschland die Unterscheidung zwischen sog. **kreisfreien** und **kreisangehörigen Städten**, da im letzteren Fall bestimmte Verwaltungsfunktionen vom jeweiligen Kreis übernommen werden. Das deutsche Statistische Bundesamt (2014, Tab. 2.1.6) unterscheidet zwischen Kreisen (insgesamt 402, davon 107 kreisfreie Städte und 295 Landkreise) und Gemeinden (insgesamt 11.161), darunter 2064 Städte, einschl. der kreisfreien Städte (Stand 31.12.2013).

2.1.4   Der soziologische Stadtbegriff. Die soziologische Betrachtung ist grundsätzlich auf die Menschen in der Stadt gerichtet. Es ist eine facettenreiche Sichtweise, so dass es keinen einheitlichen soziologischen Stadtbegriff gibt. Die Stadt oder die Gemeinde wird als sozialer Lebensraum (mit einem sozialen Interaktionsnetz, mit lokaler Ortsbezogenheit etc.) und aus Sozialräumen zusammengesetzt gesehen. In der jüngeren sozialwissenschaftlichen Forschung wird „Stadt" auch auf der Basis kultureller Merkmale definiert (vgl. W. Siebel 2015). Argumente dafür sind die „Pluralisierung der Stadtkultur" (z. B. neue städtische Lebensweisen durch Zuwanderungen), oder auch die „Kulturalisierung der städtischen Ökonomie und Stadtpolitik" (u. a. Imagepolitik im Rahmen des Stadtmarketing, s. 10.3.4). Der Siedlungssoziologe B. Hamm bezweifelt sogar, dass es in der verstädterten Gesellschaft überhaupt möglich ist, wissenschaftlich brauchbare Definitionen für

„Stadt" und „Land" zu finden: „Die Stadt wird zur universellen Lebensform, *alle* sozialen Phänomene sind zugleich auch Stadtphänomene" (B. Hamm 1982, S. 21); vgl. auch B. Schäfers 2010[2], A. Harth u. a. 2012.

2.1.5 Andere nicht-geographische Stadtbegriffe. Zu nennen sind z. B. volkswirtschaftliche, archäologisch-prähistorische, verkehrswissenschaftliche, kommunalwissenschaftliche, architekturwissenschaftlich-kunstgeschichtliche, volkskundliche oder auch komplexere historische Stadtbegriffe mit jeweils unterschiedlichen Definitionen.

2.1.6 Der geographische Stadtbegriff ist differenzierter als die o. g. und hat sich zudem im Laufe der Zeit verändert; dabei wurden ältere Auffassungen nicht aufgegeben, sondern relativiert und durch neue ergänzt. Als quantitative und qualitative Bestimmungskriterien für den **geographischen Stadtbegriff** gibt es eine Vielzahl von Merkmalen mit unterschiedlichen Kombinationsmöglichkeiten (vgl. im Einzelnen Kasten 2.1).
    Probleme der Abgrenzung zwischen sog. städtischen und ländlichen Siedlungen ergeben sich vor allem aufgrund der zahlreichen qualitativen Merkmale, die je nach Raum und Zeit variabel sind und für die meist keine „harten" allgemeingültigen Schwellenwerte gelten (zu ländlichen bzw. dörflichen Siedlungen s. C. Lienau 1995[2], G. Henkel 2004[4], 2015[3], A. Borsdorf/O. Bender 2010).
    Inwieweit der Stadtbegriff hinsichtlich der Einzelkriterien zu modifizieren bzw. zur ergänzen ist, zeigt sich am Beispiel der Bezeichnung **Weltstadt** oder *„Global City"* (vgl. Kasten 2.2 mit einer (ersten) „Arbeitsdefinition", s. im Einzelnen Kap. 12). Nach W. Taubmann (1996a, S. 4) sind „exakte Definitionen und Abgrenzungen (...) angesichts der schillernden Bedeutung des Begriffs „Weltstadt" weder möglich noch sinnvoll".

2.2 Stadtgrößenklassen/-typen

Städte - und damit im Zusammenhang stehende städtische Räume - lassen sich nach einer Reihe von Merkmalen typisieren, etwa nach ihren Größen (Einwohner oder auch Flächen), ihren Funktionen (z. B. als Weltstadt oder *Global City,* vgl. Kasten 2.2) oder Zentralität (vgl. D. HENCKEL u. a. 2002, S. 13ff.).

Kasten 2.1 Merkmale des geographischen Stadtbegriffs

· größere Siedlung (z. B. nach der Einwohnerzahl),
· Geschlossenheit der Siedlung (kompakter Siedlungskörper),
· hohe Bebauungsdichte,
· überwiegende Mehrstöckigkeit der Gebäude (zumindest im Stadtkern),
· deutliche funktionale innere Gliederung (z. B. mit City oder Hauptgeschäftszentrum, Wohnviertel, Naherholungsgebieten),
· besondere Bevölkerungs- und Sozialstruktur (z. B. überdurchschnittlich hoher Anteil an Einpersonenhaushalten),
· differenzierte innere sozialräumliche Gliederung,
· Bevölkerungswachstum v. a. durch Wanderungsgewinn (in Entwicklungsländern allerdings auch durch z. T. sogar dominante natürliche Bevölkerungsentwicklung),
· hohe Wohn- und Arbeitsstätten-/Arbeitsplatzdichte,
· Dominanz sekundär- und tertiärwirtschaftlicher Tätigkeiten bei gleichzeitig großer Arbeitsteilung,
· Einpendlerüberschuss (positives Pendlersaldo),
· Vorherrschen städtischer Lebens-, Kultur- und Wirtschaftsformen (z. B. spezielle kulturelle Bedarfsdeckung der Bewohner),
· Mindestmaß an Zentralität, z. B. mindestens mittelzentrale (Teil-)Funktionen,
· relativ hohe Verkehrswertigkeit (Bündelung wichtiger Verkehrswege, hohe Verkehrsdichte),
· weitgehend künstliche Umweltgestaltung mit z. T. hoher Umweltbelastung.

Kasten 2.2 Merkmale einer Weltstadt oder *Global City*
- Eine „Arbeitsdefinition" -

· Steuerungs-/Kontrollzentrum innerhalb der Organisation der Weltwirtschaft (internationalisierte Wirtschaftsaktivitäten),
· strategisches Zentrum des Unternehmenssektors (Hauptquartiere/Zentralen von nationalen, internationalen, transnationalen Unternehmen),
· rasches Wachstum und herausragende Bedeutung des unternehmensorientierten Dienstleistungssektors (Hauptfinanzzentrum, Zentrum des internationalen Finanzsektors, weltweit wichtigste Börsen, Banken, Versicherungen, Immobilienunternehmen, Unternehmensberatungen etc.),
· Hauptanziehungspunkt für ausländische Direktinvestitionen und Unternehmen,
· politisches Machtzentrum,
· Publikations-, Kommunikations- und Kulturzentrum (Verlage, Telekommunikationszentrum, Rundfunk- und Fernsehanstalten, Theater, Museen etc.) von Weltrang,
· sehr günstige Verkehrslage mit großem Anteil am nationalen Verkehr und mit bedeutendem internationalen Verkehr (z. B. internationaler Flughafen, großer Hafen),
· weltweiter Bekanntheitsgrad,
· große Einwohnerzahl (meist Mio.-stadt).

Eine der gebräuchlichsten **Städtetypisierungen** ist ihre Klassifikation nach Einwohnergrößen. Bei **Stadtgrößenklassen** wird die Bevölkerungszahl zugrunde gelegt, und es werden **statistische Stadttypen** bestimmt, z. B. als Kleinstädte (bis 20.000 Einw.), Mittelstädte (20.000-100.000 Einw.) und Großstädte (ab 100.000 Einw.). „Diese Klassifikation wurde schon im 19. Jahrhundert entwickelt und führte u. a. zur Rang-Größe-Regel, die erstmals bei AUERBACH (1913) erwähnt ist (vgl. 4.2.3 in diesem Lehrbuch). Dahinter steht die These, dass die Bedeutung oder der Rang einer Stadt abhängig ist von ihrer Größe. Je mehr Einwohner eine Stadt hat, desto größer ist auch ihre nationale Bedeutung. So wesentlich Elemente dieser Theorie

sind (...), so stellt sie doch eine starke Reduktion dar, weil die Kategorisierung in Klein-, Mittel-, Groß- oder Millionenstadt funktionale und räumliche Dimensionen vernachlässigt. Gleichwohl lässt sich vermuten, dass zumindest ab einer gewissen Größe ein hohes Maß an Gemeinsamkeiten zwischen den Städten besteht, so dass in Teilen eine solche Kategorisierung sinnvoll sein kann" (D. HENCKEL u. a. 2002, S. 13).

Das BUNDESINSTITUT FÜR BAU-, STADT- UND RAUMFORSCHUNG (2012) unterscheidet jeweils vier Gruppen sog. **Stadt- und Gemeindetypen** (Groß-, Mittel- und Kleinstädte sowie Landgemeinden) und sog. **Siedlungsstrukturelle Kreistypen**, für die statistische Daten veröffentlicht werden (s. 3.2.4 , Abb. 3.8).

Neben den o. g. traditionellen Bezeichnungen wie etwa Großstadt etc. gibt es heute in der geographischen und interdisziplinären Literatur zahlreiche weitere Benennungen für große städtische Raumkategorien, unter denen die sog. **Metropole** besonders *en vogue* ist. Ähnliche, häufig undefinierte Termini sind etwa Metropolis, Metropolitangebiet, -raum oder -region, aber z. B. auch städtische oder metropolitane Agglomeration. Dabei ist zu beachten, dass dies meist keine rein statistischen Größenklassifikationen sind, sondern dass diese Bezeichnungen auch durch funktionale und andere Konnotationen gekennzeichnet sind (vgl. dazu v. a. Kap. 4). Außerdem haben diese Termini häufig im Laufe der Zeit einen Bedeutungswandel erfahren (vgl. Kap. 12.1 zu Metropolis und Metropole).

D. BRONGER (1989, 2004) hat sich um eine für Industrie- und Entwicklungsländer brauchbare statistische **Definition von Metropole** bemüht und dafür eine Mindestgröße von 1 Mio. Einw. auf einem Gesamtraum mit einer Mindesteinwohnerdichte von 2.000 Einw./km^2 und einer monozentrischen Struktur zugrunde gelegt (s. auch unter 2.3.1).

Sowohl die Einwohnerschwellenwerte als auch die Einschränkung auf sog. monozentrische Strukturen sind allerdings durchaus strittig, zumal die Metropolen neben dem Stadtzentrum häufig auch über eine Anzahl von mehr oder weniger großen weiteren Zentren, u. a. neuen großen Einkaufszentren, verfügen, nicht nur in Industriestaaten (z. B. im Ruhrgebiet), sondern auch in Entwicklungsländern.

In jüngerer Zeit hat sich die Bezeichnung **Megastadt** (engl. *Megacity*) für die größte städtische Siedlungskategorie durchgesetzt. Ähnlich wie für die Begriffe Stadt oder Metropole bestehen auch für Megastadt Probleme der Größenbewertung, vor allem in zeitlicher Perspektive. Für die Gegenwart grenzt D. BRONGER (1996a, 2004) Megastädte mit einer Einwohnerzahl von mindestens 5 Mio., einer Mindesteinwohnerdichte von 2.000 Einw./km^2 und mit einer monozentrischen Struktur ab. Die UNITED NATIONS definieren *Megacity* als ein *Metropolitan Area* mit mehr als 10 Einw. (vgl. Abbn. 2.8, 2.9). Synonym für *Megacity* werden manchmal *Megapolis* oder *Megalopolis* gebraucht.

Für die sog. **Megapolisierung** gilt, dass sie als weltumspannender Prozess ein Phänomen des 20. Jh.s ist. Wie bei der Metropolisierung bestehen charakteristische Unterschiede zwischen den Industrie- und Entwicklungsländern (s. auch 2.3.1). Gegenüber der von der Einwohnerzahl gegebenen Vormachtstellung, auch demographische *Primacy* genannt, bezieht sich nach der Auffassung von D. BRONGER (1996a) die jeweilige Überkonzentration an politisch-administrativen, wirtschaftlichen, sozialen und kulturell-wissenschaftlichen Funktionen, die sog. **funktionale** *Primacy*, in den Megastädten der „Dritten Welt" auf die nationale Maßstabsebene (ebd.) (vgl. 2.3.6); zu einer differenzierteren Bewertung der Weltstadt und Globalisierung s. 12.2.

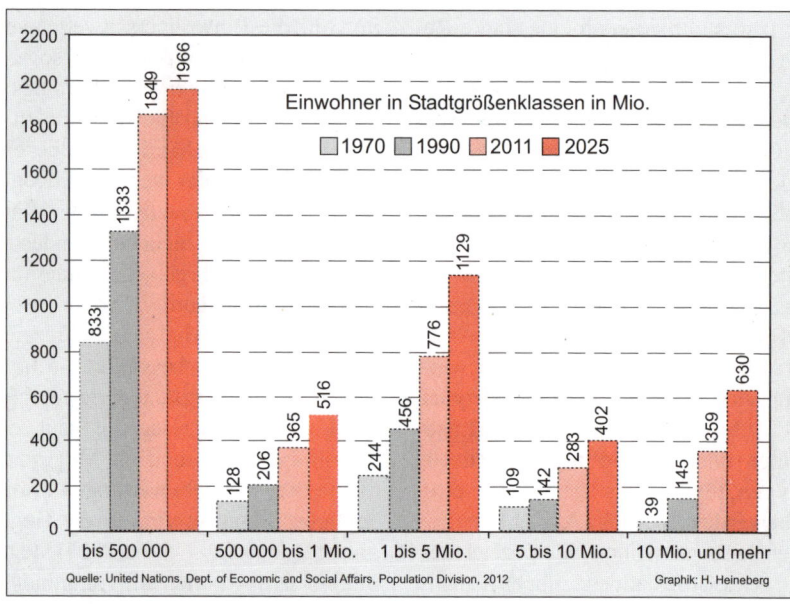

Abb. 2.2 Städtische Bevölkerung der Erde in Stadtgrößenklassen 1970-2025

Zu den entscheidenden Kriterien für die Bestimmung der Größen(klassen) von (größeren) städtischen Raumkategorien wie etwa Metropol(itan)region, metropolitane Agglomeration etc. zählen nicht nur die Einwohnergrößen, sondern auch die Angabe und Bezeichnungen der jeweiligen (städtischen) **Bezugsflächen**, denn diese werden - wie D. BRONGER (2008) zu recht herausgestellt hat - „nur in den ganz seltenen Fällen angegeben - mit die Wirklichkeit verfälschenden Folgen" (ebd., S. 41); dies gilt selbst für viele wissenschaftliche Veröffentlichungen. Wie wichtig es ist, zu den Einwohnerzahlen den jeweiligen Flächen- bzw. Raumbezug zu nennen, lässt sich beispielhaft an Santiago de Chile verdeutlichen: „Der Census von 2002 gibt die Bevölkerungszahl von Santiago de Chile mit 6.061 Mio. Einwohnern an. In der Fachliteratur wird als Bezugsflächenangabe die "Región Metropolitana" genannt, nicht jedoch deren Ausdehnung. Mit 15.403,2 qkm und einer daraus resultierenden Dichte von 393 E./qkm bezieht sie ein weites Umland von der Größe Schleswig-Holsteins mit ein - ein Gebiet, was zudem zu über 80 % aus dünnbesiedeltem (<50 E./qkm) Berg- und Gebirgsland besteht. Tatsächlich ergibt die "Provincia Santiago" mit einer Fläche von 2.030,3 qkm und einer Einwohnerzahl von 4.311.133 (2002) sowie der daraus resultierenden Dichte von 2.123 E./qkm ein sehr viel wirklichkeitsgetreueres Bild der tatsächlichen Größe der Metropole" (ebd.).

Die Abb. 2.2 zeigt auf der Grundlage der UN-Daten die Entwicklung der städtischen **Bevölkerung auf der Erde in verschiedenen Stadtgrößenklassen**, wobei das jüngere und zukünftige Wachstum nicht nur der gesamten Stadtbevölkerung, sondern insbesondere der Bewohner in den Millionenstädten verdeutlicht wird. Im Jahre 2025 werden schätzungsweise ca. 2,16 Mrd. Menschen in derartigen Metropolen leben, womit sich dieser Bevölkerungsanteil seit 2011 (rd. 1,1 Mrd.) verdoppelt haben wird.

2.3 Verstädterung/Urbanisierung

Verstädterung ist ein sehr komplexer Begriff, der zudem in unterschiedlichster Weise definiert wird. Häufig werden Verstädterung und Urbanisierung synonym gebraucht, oftmals auch verschiedenartig gekennzeichnet (vgl. Kasten 2.3); im Englischen wie auch in vielen anderen Sprachen gibt es nur jeweils eine Bezeichnung (engl. *urbanization*/auch *urbanisation*; franz. *urbanisation*, span. *urbanización* etc.). Verschiedene Inhalte haben des öfteren auch verwandte Begriffe wie Urbanität, Urbanismus, Überurbanisierung etc. Die terminologische Verwirrung bezüg-

	Stadtbevölkerung in Mio.				Verstädterungsgrad in %			
	1970	1990	2000	2010	1970	1990	2000	2010
Global	1331	2280	2864	3559	36	43	47	52
Entwicklungsländer	678	1454	1980	2601	25	35	41	46
Industrieländer	652	825	882	957	65	72	74	77,5

Quelle: United Nations 2004, 2012

Tab. 2.2 Stadtbevölkerung und Verstädterung der Erde 1970, 1990, 2000 und 2010

Kasten 2.3 Unterschiedliche Auffassungen zur Terminologie Verstädterung/ Urbanisierung

Nach R. PAESLER, einem der Vertreter der Münchener Schule der Sozialgeographie, bezeichnet **Urbanisierung** den „Prozeß der Diffusion der Urbanität", wobei der Urbanisierungsprozess nicht unbedingt - wie die Verstädterung - mit der räumlichen oder bevölkerungsmäßigen Vergrößerung von Städten verbunden sein muss; vielmehr wird Urbanisierung allgemeiner als „sozialgeographischer Prozeß" verstanden, wobei durch die von den Städten und urbanen Siedlungen diffundierenden Einflüsse andere Siedlungen an Urbanität gewinnen (1976, S. 22). K. RUPPERT/ F. SCHAFFER definierten Urbanität im sozialgeographischen Sinne als einen „integrierten Ausdruck der Gesamtheit aller Faktoren, die städtische Verhaltens-, Wesens- und Wirtschaftsweisen, also städtisches Wesen, ausmachen" (1973, S. 13). Nach einer ausführlichen Analyse der häufig unterschiedlichen Inhalte der semantisch gleichen Termini Urbanisation, Urbanisierung und Verstädterung schlug W. HELLER (1973) vor, Urbanisierung und Verstädterung synonym zu benutzen.

B. HOFMEISTER vertritt dagegen die Auffassung, dass es zu einem weitgehenden Konsens gekommen sei, „die leichter quantifizierbaren Faktoren wie Stadtbevölkerung, Anzahl und Flächenwachstum der Städte (als) *Verstädterung*, die eher qualitativen Faktoren städtischer Lebensform und deren Ausbreitung als *Urbanisierung* zu bezeichnen" (1997[7], S. 43). Etwas präziser wird diese häufiger im deutschen Sprachraum übliche Differenzierung zwischen Verstädterung und Urbanisierung von J. BÄHR herausgestellt (2010[5], S. 59): „Verstädterung meint (...) die Vermehrung, Vergrößerung und Ausdehnung von Städten nach Zahl, Fläche oder Einwohnern sowohl absolut als auch im Verhältnis zur ländlichen Bevölkerung bzw. zu den nicht-städtischen Siedlungen, während Urbanisierung auch die Ausbreitung städtischer Lebens-, Wirtschafts- und Verhaltensweisen einschließt bzw. sich (in eingeschränkter Begriffsdefinition) nur darauf bezieht". G. MERTINS (1994) verwendet in seinem Bericht über Verstädterungsprobleme in der Dritten Welt den Begriff Verstädterung, den er synonym mit Urbanisierung sieht.

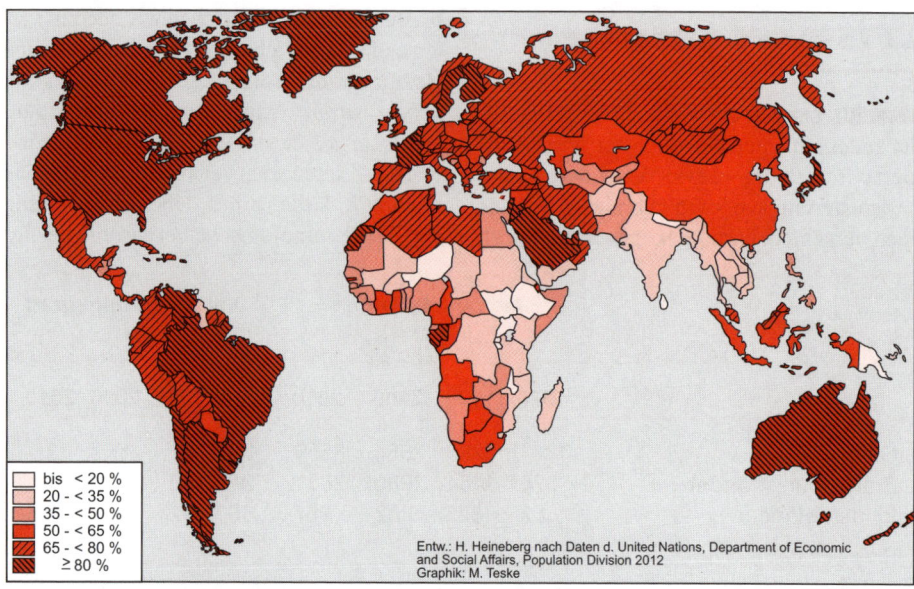

bis < 20 %
20 - < 35 %
35 - < 50 %
50 - < 65 %
65 - < 80 %
≥ 80 %

Entw.: H. Heineberg nach Daten d. United Nations, Department of Economic
and Social Affairs, Population Division 2012
Graphik: M. Teske

Abb. 2.3 Verstädterungsgrade in den Staaten der Erde um 2010

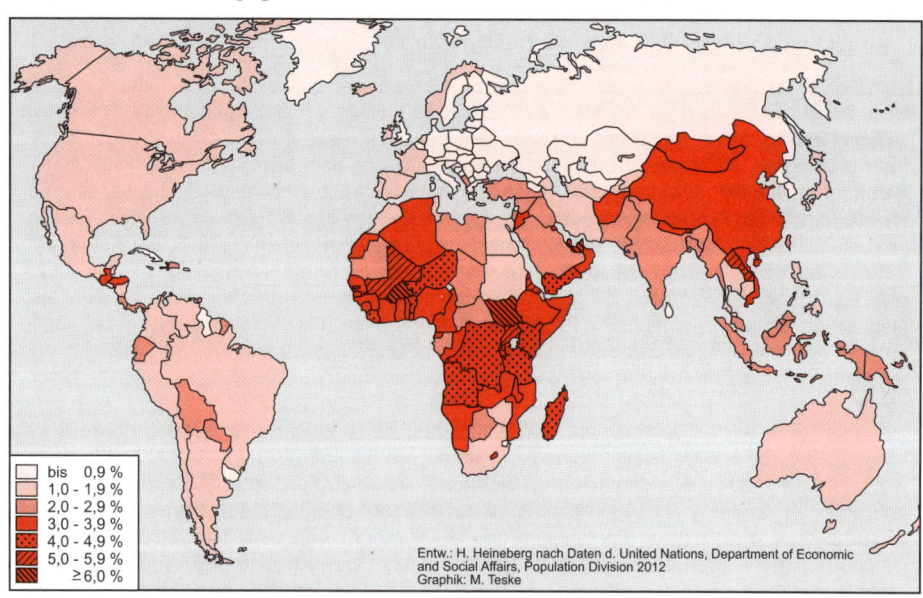

bis   0,9 %
1,0 - 1,9 %
2,0 - 2,9 %
3,0 - 3,9 %
4,0 - 4,9 %
5,0 - 5,9 %
≥ 6,0 %

Entw.: H. Heineberg nach Daten d. United Nations, Department of Economic
and Social Affairs, Population Division 2012
Graphik: M. Teske

**Abb. 2.4 Jährliche Wachstumsraten der städtischen Bevölkerung (Verstädterungs-
raten) in den Staaten der Erde 2005-2010**

Die internationale Vergleichbarkeit der Werte in Abbn. 2.3 und 2.4 wird nicht nur durch die Vielfalt der
statistischen Merkmale und Schwellenwerte für die jeweilige *urban population* (UN 2012), sondern
auch durch die verschiedenen Ländergrößen als **räumliche Bezugseinheiten** erschwert.

lich der Verstädterung (und verwandter Bezeichnungen) lässt sich dadurch beheben, dass wir - wie bereits von W. Heller (1973) vorgeschlagen (s. Kasten 2.3) - Verstädterung synonym mit Urbanisierung oder Urbanisation verwenden und die folgenden **Dimensionen der Verstädterung** oder **Ansätze der Urbanisierungsforschung** begrifflich voneinander unterscheiden:

2.3.1 Demographische Verstädterung

bedeutet die (steigenden) Anteile der in Städten lebenden Bevölkerung eines Gebietes, Landes oder Staates. Dieser statistisch-demographische Ansatz stellt ein frühe und ertragreiche Forschungsrichtung dar, die sich zunächst in der Demographie entwickelt hat. Nicht zuletzt deshalb ist die demographische Verstädterung auch ein Untersuchungsgegenstand der Bevölkerungsgeographie (vgl. J. Bähr 2010[5], N. de Lange u. a. 2014).

Da Verstädterung sowohl einen Zustand als auch einen Prozess bedeuten kann, lässt sich genauer unterscheiden zwischen Verstädterung als demographischer Zustand, Verstädterungsgrad oder -quote genannt (= Anteil der Stadtbevölkerung an der Gesamtbevölkerung eines Gebietes, Landes oder Staates), und Verstädterung als demographischer Prozess, der sog. **Verstädterungsrate** (= Zuwachsrate der städtischen Bevölkerung bzw. des Verstädterungsgrads). Der Verstädterungsgrad in der Bundesrepublik Deutschland betrug im Jahre 2010 73,8 % (weltweit 51,6 %) - er sollte bis 2015 auf 74,5 % ansteigen -, die durchschnittliche jährliche Verstädterungsrate betrug für 2005-2010 lediglich 0,07 % (global 2,14 %) (UN 2012; vgl. auch Tab. 2.2).

Da in einigen Staaten - wie in Großbritannien oder im ehemaligen Preußen - schon seit Beginn des 19. Jh.s zuverlässige flächendeckende Gemeindedaten existieren, lassen sich auch einzelne **Verstädterungsphasen** herausarbeiten.

Für den Verstädterungsgrad und die Verstädterungsrate stehen uns für aktuelle sowie zurückliegende und zukünftige weltweite Vergleiche die **statistischen Veröffentlichungen** der Vereinten Nationen (UN) zur

---

Kasten 2.4   Ursachen und Hintergründe der demographischen Verstädterung in unterentwickelten Ländern

„(1) **Allgemein hohe Bevölkerungszuwachsraten** (...) als Folge verbesserter medizinischer Versorgung (Absinken der Sterblichkeitsrate!), sich ändernder Heiratssitten (Zunahme der Eheschließungen!), teilweise gehobener Ernährung (quantitative und qualitative Verbesserung der Nahrungsmittel) u. a. m.

(2) **Allgemein hohe Abwanderung in die Städte** infolge
- vielfältiger 'push-factors' (z. B. Wandel in der Agrar- und Sozialstruktur infolge Boden- und Agrarreformen, agrare Überbevölkerung, Naturkatastrophen, Auflösung der Primärgruppen, unzureichende Ernährung, Arbeitslosigkeit, Verschuldung u. a. m.);
- vielfältiger 'pull-factors' (z. B. Erwartungsdeckung durch die „moderne Stadt-Fassade", durch die zum größten Teil extern initiierte Industrie; Vorstellung von besseren Lebens- und Arbeitsmöglichkeiten; soziale Anonymität; soziale Aufstiegschancen; bessere Bildung u. a. m.);
- gezielter Ansiedlungs- und Wohnungsbaupolitik der Regierung meist in den Hauptstädten mit dem Ziel der Hebung der Wohn- und Lebensverhältnisse, der besseren Kontrolle mobiler, innenpolitisch gefährlicher Bevölkerungsgruppen oder Vermehrung von Arbeitskräften für die z. T. die Niedrig-Lohntarife ausnützende extern initiierte Industrie;
- spät- oder postkolonialer Staatenbildung in Verbindung mit Kriegswirren oder Stammesrivalitäten"
(F. Scholz 1979, S. 350-351).

Verfügung; diese beruhen auf den individu-ellen Angaben der einzelnen Staaten mit lei-der unterschiedlichsten Kriterien und sind häufig auch Schätzungen (vgl. 2.1.2 sowie Tab. 2.2).

Abb. 2.3 verdeutlicht, dass die Spannwei-te der **regionalen und nationalen Unterschie-de des Verstädterungsgrades** ganz erheb-lich ist: Einerseits gibt es zahlreiche Staaten, vor allem in Ost- und Westasien (z. B. Japan mit mit 91,3 %, Israel mit 91,9 %), Europa (z. B. Dänemark 86,9 %, Belgien 97,5 %, Deutschland 73,9 %), aber auch in Nord- und Lateinamerika (z. B. Argentinien 92,5 %) so-wie auch in Australien und Ozeanien (Au-stralien 89,2 %) mit hoher bis sehr hoher de-mographischer Verstädterung. Andererseits sind etwa einzelne afrikanische und asiati-sche Staaten (noch) durch sehr geringe Ver-städterungsgrade (u. a. Äthiopien mit 17 %, Malawi 15,7 %, Afghanistan 23,5 %) gekenn-zeichnet (lt. UN 2012; zu den Einschränkun-gen in der Vergleichbarkeit der Daten s. 2.1.2). Die allgemein zwischen den Industrie- und Entwicklungsländern bestehenden Gegen-sätze im Verstädterungsgrad (Tab. 2.2) wer-den durch erhebliche nationale und regio-nale Unterschiede innerhalb der sog. Drit-ten Welt überlagert.

Abb. 2.4 zeigt insbesondere die erhebli-che Dynamik der **Verstädterung** (Verstädte-rungsraten) in zahlreichen **Entwicklungslän-dern.** Im Verhältnis zu einem ohnehin schon hohen durchschnittlichen jährlichen Wachs-tum (2005-2010) der städtischen Bevölkerung von rd. 3,7 % in den am wenigsten entwi-ckelten Ländern der Erde (s. unten) wird die-se derzeit von zahlreichen Staaten (vor allem in Afrika und Teilen Asiens) deutlich über-schritten (z. B. Burundi 5,4 %, Südsudan 6,1 %, Uganda 5,9 , Afghanistan 4,4 %) . Durch-schnittliche jährliche Wachstumsraten der demographischen Verstädterung von 6 % entsprechen - bei in Zukunft konstanten

Werten - einer Verdopplung der städtischen Bevölkerung innerhalb von weniger als 12 Jahren! In den stärker entwickelten Regio-nen (s. unten) nahm dagegen die Verstäd-terung mit einem durchschnittlichen jährli-chen Wachstum von lediglich rd. 0,8 % (zw. 2005 und 2010) bzw. 0,67 % (zw. 2010 und 2015) nur noch geringfügig zu (UN 2012).

Nach UN-Angaben lebten 1990 43 % der Weltbevölkerung, d. h. absolut 2,282 Mrd. Menschen, in Städten; 2010 waren es be-reits knapp 3,6 Mrd. oder rd. 52 % (Tab. 2.2). Nach UN-Schätzungen werden es im Jahre 2025 gut 4,6 Mrd. (= 58 %), 2050 mehr als 6,2 Mrd. (= 67,2 % der Bevölkerung der Erde) sein (UN 2012). Dabei sind bislang und auch für die Zukunft erhebliche **Unterschiede zwi-schen den Industrie- und Entwicklungs-ländern** insgesamt festzustellen. Das *Dept. of Economic and Social Affairs (Populati-on Division)* der *United Nations* unterschei-det zwischen *More Developed Regions* (Eu-ropa, Nordamerika. Australien/Neuseeland und Japan; in Tab. 2.2 und im Folgenden vereinfacht als Industrieländer bezeichnet, abgekürzt *MDR*) und *Less Developed Reg-ions* (alle Regionen in Afrika, Asien (außer Japan), Lateinamerika (einschl. Karibik) so-wie Melanesien, Mikronesien und Polyne-sien, in Tab. 2.2 und im Folgenden vereinfa-chend Entwicklungsländer genannt, abge-kürzt *LDR*. Innerhalb der letzt genannten Gruppe werden 49 Länder - darunter 33 in Afrika, 10 in Asien, eines in Lateiamerika (Haiti) und fünf in Ozeanien - als am wenigs-ten entwickelte Länder (*Least Developed Countries*) bezeichnet (vgl. UN 2012). Der Verstädterungsgrad der Industrieländer war 2010 mit durchschnittlich 77 % wesentlich höher als in den Entwicklungsländern mit lediglich 46 %, in den am wenigsten entwi-ckelten Ländern betrug dieser nur rd. 28 %. Auch für das Jahr 2025 werden noch be-trächtliche Abweichungen in der demographischen Verstädterung erwartet (rd. 81 % in den Industrie- bzw. knapp 54 % in den Entwicklungsländern) (UN 2012). Allerdings wird die Absolutzahl der städtischen Bevölkerung in den *LDR* in den kommenden Jahrzehnten weiter dramatisch ansteigen (bis 2025 auf rd. 3,6 Mrd. Stadtbewohner).

Der in den Entwicklungs- gegenüber den Industrieländern auch in den kommenden Jahren noch relativ geringe Verstädterungsgrad resultiert u. a. daraus, dass in den *LDR* auch die ländliche Bevölkerung - anders als in den Industrieländern - immer noch kräftig wächst. Diese **Landbevölkerung** bildet zugleich aber wiederum ein Potenzial für die weitere Verstädterung (Teufelskreis!). Vor allem Afrika ist neben den durchschnittlich hohen Wachstumsraten der städtischen Bevölkerung (z. B. 2010-2015 3,23 %) zugleich durch hohe jährliche Zuwachsraten der ländlichen Bevölkerung (2010-2015 durchschnittlich 1,63 %; im Vergleich dazu Welt insgesamt 0,12 %, *MDR* -0,9%, *LDR* gesamt 0,21 %) gekennzeichnet, so dass in diesem Kontinent ein doppelter Bevölkerungsdruck besteht (nach UN 2012)!

Von besonderem Interesse ist auch der **historische Vergleich** der demographischen Verstädterung und Stadtentwicklung **zwischen Industrie- und Entwicklungsländern**. Diesbezüglich lassen sich u. a. folgende Unterschiede feststellen (vgl. W. Taubmann 1985, H. Schrand 1992, J. Bähr 2010[5]):
• Die bedeutende demographische Verstädterung in den Entwicklungsländern verläuft nicht einfach zeitlich versetzt zu der früheren Verstädterung in den Industrieländern. Die jährlichen Zuwachsraten in den Entwicklungsländern (s. oben) sind heute mehr als doppelt so hoch wie diejenigen in den meisten europäischen Ländern in der Zeit ihres raschesten Wachstums in der zweiten Hälfte des 19. Jh.s. (vgl. 3.1.2).
• Das **Städtewachstum der Industrienationen**

im 19. Jh. war in erster Linie eine Folge der Zuwanderungen (Land-Industrie- bzw. Land-Stadt-Wanderungen), meist ausgelöst durch Strukturwandlungen in der Landwirtschaft (Agrarische Revolution) und die Ansiedlungen von Industrie in alten und neuen städtischen Zentren (Industrielle Revolution) (vgl. H. Heineberg 1997[2]). Demgegenüber spielten die Geburtenüberschüsse in den Industriestädten des 19. Jh.s eine wesentlich geringere Rolle; die Sterberaten waren noch relativ hoch. So war die Sterberate in den englischen Städten zu Beginn dieses Jahrhunderts noch um ein Drittel höher als auf dem Lande. Charakteristisch war die geringe Lebenserwartung; sie lag z. B. in Liverpool und Manchester im Jahre 1841 bei nur 26 Jahren.
• Auf den **Städten der Entwicklungsländer** liegt heute ein doppelter Druck: hohe Zuwanderungen (meist 40-50 % des Zuwachses) und hohes natürliches Bevölkerungswachstum. In den Entwicklungsländern werden natürliche Wachstumsraten erreicht, wie sie Europa und Nordamerika nie kannten, und die nationalen Durchschnittswerte werden in den Städten noch übertroffen. Letzteres resultiert daraus, dass die Sterblichkeit in den Städten i. Allg. niedriger ist als auf dem Lande und die Geburtenraten - bedingt durch die jugendliche Altersstruktur - den Landesdurchschnitt übersteigen. „Aber auch das Wanderungspotential ist - namentlich in Afrika und Asien - bei weitem noch nicht erschöpft. Das zeigt sich schon daran, daß - trotz rascher Verstädterung - die ländliche Bevölkerung ebenfalls noch wächst" (J. Bähr 1993, S. 472).
• Die Problematik liegt nun - im Gegensatz zur Situation der Industrieländer im 19. Jh. - u. a. darin, dass die Städte den vom Lande Abgewanderten i. Allg. keine oder nur sehr beschränkte wirtschaftliche Alternativen bieten können, da den hohen städtischen

Wachstumsraten meist keine entsprechende Zunahme der Arbeitsplätze, insbesondere im industriellen Sektor, entspricht.

• In den Entwicklungsländern konzentriert sich heute das Städtewachstum und damit die demographische Verstädterung sehr viel stärker auf Groß- und Millionenstädte oder sog. Megastädte (s. 2.2), als dies in den Industrieländern bei etwa gleich großem Verstädterungsgrad der Fall war. Charakteristisch für die Verstädterung in Entwicklungsländern ist daher heute die **Metropolisierung** (z. B. die Entwicklung von Millionenstädten, s. Abbn. 2.5-2.6) oder auch die **Megapolisierung** (z. B. Stadtentwicklung über 5 Mio., Abb. 2.7, oder über 10 Mio. Einw., Abbn. 2.8, 2.9; vgl. auch Kap. 2.2).

Betrachten wir etwas genauer die **Unterschiede zwischen Industrie- und Entwicklungsländern seit gut 100 Jahren** (im Folgenden in Anlehnung an D. BRONGER 1989, 1996a, 1997b, 2004, D. BRONGER/L. TRETTIN 2011, J. BÄHR 1993 und UN 1993, 1996, 2012):

• Noch um die Wende vom 19. zum 20. Jh. war die Zahl der Metropolen bzw. Millionenstädte mit nur 20 weltweit gering. Abb. 2.5 zeigt, dass sich die Anzahl der in Millionenstädten lebenden Bevölkerung von 44 Mio. im Jahre 1900 auf 990 Mio. in 2000 dramatisch entwickelt hat, wobei das Hauptwachstum nach ca. 1950 stattfand. Abb. 2.6 verdeutlicht, dass das Wachstum der Anzahl der Millionenstädte in jüngerer Zeit in den sog. Entwicklungsländern besonders stark war.

• Gravierend war bzw. ist im Rahmen des Metropolisierungsprozesses die Vergrößerung der Anzahl der Großmetropolen oder **Megastädte** (*Megacities*) über 5 Mio. oder gar über 10 Mio. Einw. (s. auch 2.2). Nach D. BRONGER (2004) ist die Zahl der Megastädte größer 5 Mio. Einw. weltweit von lediglich sechs im Jahre 1950 auf insgesamt 45 im Jahre 2000 gestiegen; dabei entfällt, wie Abb.

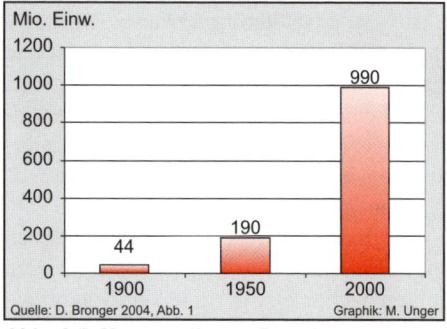

Abb. 2.5 Metropolitane Bevölkerung der Erde 1900 – 1950 – 2000

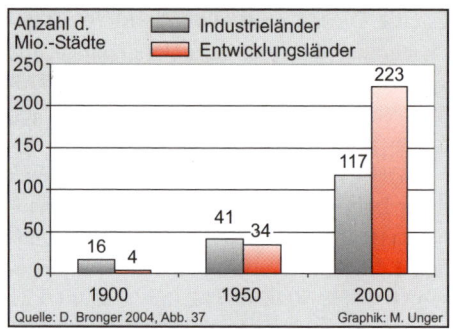

Abb. 2.6 Anzahl der Millionenstädte (Metropolen) in Industrie- und Entwicklungsländern 1900 – 1950 – 2000

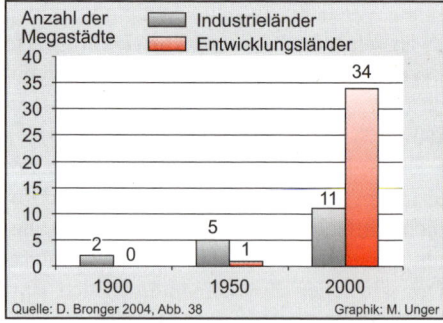

Abb. 2.7 Anzahl der Megastädte (> 5 Mio. Einwohner) in Industrie- und Entwicklungsländern 1900 – 1950 – 2000

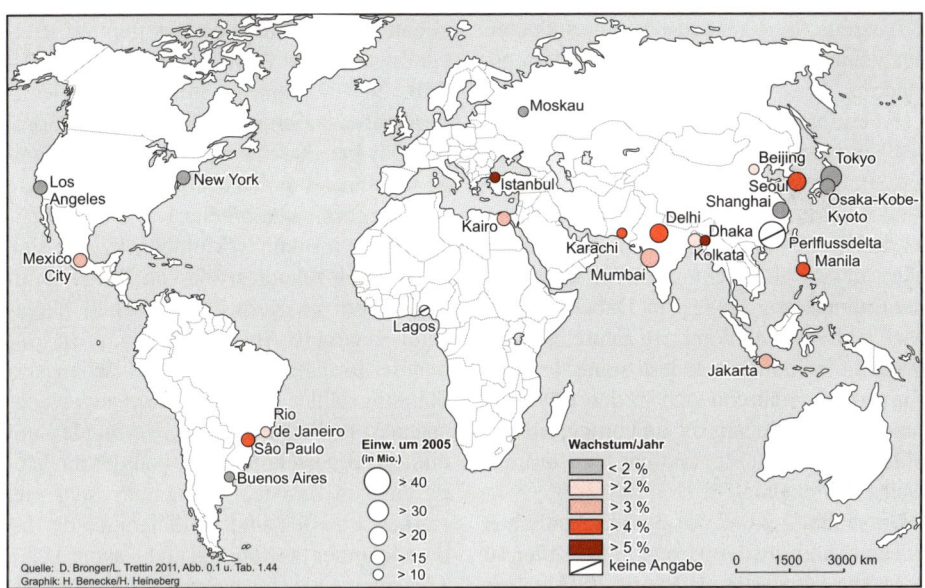

Abb. 2.8 Megastädte der Erde (> 10 Mio. Einw.) mit Wachstum/Jahr 1950-2005

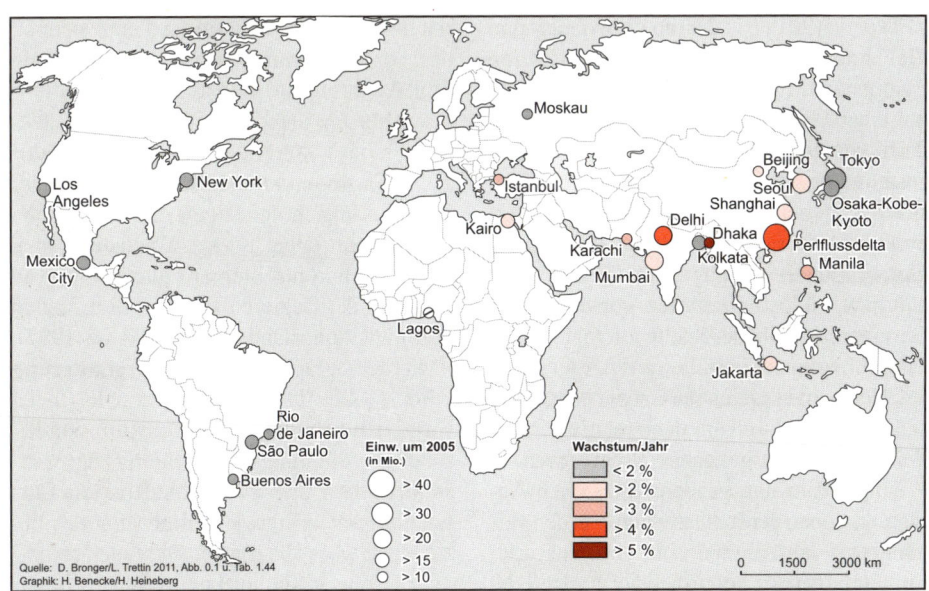

Abb. 2.9 Megastädte der Erde (> 10 Mio. Einw.) mit Wachstum/Jahr 1980-2005

2.7 bereits für 2000 (absolut 34) andeutet, der weitaus größte Teil auf Entwicklungsländer.

Es ergibt sich somit:

• Während die Metropolisierung bis weit in das 20. Jh. weitestgehend auf sog. Industrieländer beschränkt blieb, kehrte sich dieses städtische Wachstumsphänomen seit ca. Mitte des 20. Jh.s mehr und mehr zugunsten der Entwicklungsländer um. Dabei verloren nach dem Zweiten Weltkrieg zahlreiche Metropolen in Industrieländern sogar deutlich Einwohner, während sich in den Entwicklungsländern die Vergroßstädterung, Metropolisierung und Megapolisierung dramatisch entwickelte.

• Die Abbn. 2.8 und 2.9 veranschaulichen die **Entwicklung der Megastädte größer 10 Mio. Einw. zwischen 1950 und 2005** in ihrer weltweiten Verteilung; zu den Daten für 2005 vgl. im Einzelnen die Tab. 1.27 in D. BRONGER/ L. TRETTIN (2011), in der die Einwohner- und Flächenangaben der Megastädte für den Beginn des 21. Jh.s, gegliedert nach Metropolitanen Agglomerationen und Regionen, detailliert auf der Basis von Länderstatistiken zusammengestellt sind. Es zeigt sich, dass sich das jüngere Wachstum und die Schwerpunkte der Verteilungen dieser Riesen-Agglomerationen auf das südliche und östliche bzw. südöstliche Asien konzentrieren. Geringere Anteile der Städte mit mehr als 10 Mio. Einwohnern entfallen auf Afrika sowie auf Nord- und Lateinamerika, die in der Phase 1980-2005 durch nur noch relativ geringe Wachstumsraten gekennzeichnet waren.

• Während in den großen städtischen Agglomerationen der Industrieländer in den vergangenen Jahrzehnten eine Umstrukturierung in Form der Suburbanisierung und der darüber hinausgehenden Exurbanisierung stattfand (s. 2.3.3), ist die Mehrzahl der Metropolen in Entwicklungsländern durch einen bis heute anhaltenden **innerstädti**schen **Verdichtungsprozess** geprägt. Beispielsweise übertrifft nach D. BRONGER (2004, Tab. 24) die durchschnittliche Einwohnerdichte im Kerngebiet von Greater Bombay City (um 2000 19.759 Einw./km²) diejenige von Inner-London (7.329 Einw./km²) um fast das Zweieinhalbfache. Die hohen Dichtewerte von Bombay/Mumbai steigern sich noch durch zehntausende von Bürgersteigbewohnern im Kern der indischen Megastadt-Region (s. Abb. 11.22/I). Zu den Folgen der fortlaufenden innerstädtischen Verdichtung zählen etwa die enorm angewachsenen Verkehrsbelastungen, verbunden mit hoher Luftverschmutzung, von der die Megastädte in Entwicklungsländern sehr viel stärker betroffen sind als diejenigen der Industrieländer (s. Abb. 1.2 und Kasten 11.7).

• Gleichzeitig waren vor allem die Großstädte, Metropolen und Megastädte in den Entwicklungsländern durch ein **enormes städtisches Flächenwachstum** gekennzeichnet, das vor allem mit der raschen Entstehung und Ausbreitung randstädtischer Hütten- bzw. Marginalsiedlungen verbunden war (vgl. 2.3.5). Darauf und auf die innerstädtischen *Slums* entfallen heute rd. 40-50 % der Bevölkerung in derartigen großstädtischen Agglomerationen. Dieses Wachstum ist i. Allg. kaum kontrollierbar (zum komplexen Problem der Regierbarkeit von Metropolen in Entwicklungsländern vgl. F. KRAAS 1997).

• Mit (demographischer) **Überverstädterung** wird i. Allg. das überproportionale (meist wanderungsbedingte) Wachstum städtischer Bevölkerung im Verhältnis zum wirtschaftlichen und gesellschaftlichen Entwicklungsstand des jeweiligen Landes bezeichnet, wobei häufig der führenden Haupt- oder Großstadt(region) eines Staates (unter diesen Voraussetzungen **Primatstadt** genannt, aus dem englischen Begriff *„Primate City"* abgeleitet) ein besonderes Gewicht zukommt. Dieses Phänomen der Über-

Die drei *New Town*-Generationen Großbritanniens unterscheiden sich hinsichtlich ihrer jeweiligen Größenordnungen (Ausgangsbevölkerung, geplante und erreichte Einwohnerzahlen) und räumlichen Anordnungen (z. B. in der Nähe von Verdichtungsräumen zu deren Entlastung), ihrer Zusammenhänge mit der übrigen Raumordnung und -planung (z. B. Stadtsanierung, Bevölkerungsdekonzentration, regionale Entwicklungspole), ihrer jeweiligen Stadtplanung oder auch ihres örtlichen Entwicklungspotenzials deutlich voneinander. Die Neuen Städte Großbritanniens, die zu der letzten Stadtentstehungsschicht in Europa zählen, bilden mit einer Gesamtbevölkerung von rd. 2,24 Mio. Einw. (1991), was in dem Jahr rd. drei Prozent der britischen Gesamtbevölkerung entsprach, nicht nur einen wesentlichen Bestandteil des heutigen britischen Städtesystems; sie sind mit ihrer Größenordnung zudem gegenüber ähnlichen Planungen in anderen vergleichbaren Industriestaaten herausragend.

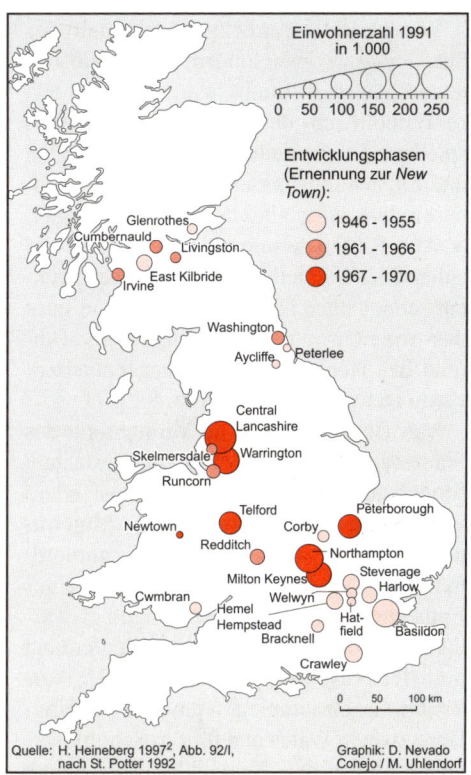

Abb. 2.10 Verteilung, Entwicklungsphasen und Einwohner der britischen *New Towns*

Quelle: H. Heineberg 1997², Abb. 92/I, nach St. Potter 1992 — Graphik: D. Nevado Conejo / M. Uhlendorf

verstädterung (engl. *overurbanization* oder *hyperurbanization*) gilt in besonderem Maße für Entwicklungsländer. Zu der wachsenden demographischen Vormachtstellung der großen Metropolen und Megastädte, d. h. ihrer sog. **demographischen *Primacy*** (vgl. 2.2), kommt hier deren noch sehr viel ausgeprägtere **funktionale *Primacy***, d. h. ihre funktionale Überkonzentration (s. auch 2.2 und 2.3.6).

Im Rahmen der demographischen Verstädterung wurde bereits ein weiteres Phänomen angesprochen, und zwar die

2.3.2 Verstädterung als Städteverdichtung; diese bedeutet die **Verdichtung des Siedlungs- bzw. Städtesystems** oder einfach die Zunahme der Städtezahl in einem bestimmten Raum. So können sich etwa ländliche oder teilstädtische Siedlungen durch Bevölkerungszunahme und bauliche Expansion zu Städten entwickeln. Häufig erfolgt „eine **Umklassifizierung** bisher als „ländlich" eingestufter Siedlungen nach Überschreiten einer bestimmten Einwohnerzahl bzw. als Folge von Eingemeindungen" (J. Bähr 1993, S. 472). Eine derartige Verstädterung durch Bevölkerungszunahme lässt sich auf eine Reihe von Ursachen zurückführen. Dazu zählen u. a. Wanderungen, die zudem häufig - wie vor allem in Entwicklungsländern - mit bedeutendem natürlichen Bevölkerungswachstum verbunden sind (s. 2.3.1).

Ein anderer Erklärungsansatz berücksichtigt die Wirtschaft als Hauptausgangspunkt der Entwicklung und Verdichtung von Städtesystemen (s. auch 4.2).

Wie stark die Verdichtung innerhalb des Städtesystems, insbesondere in unserem mitteleuropäischen Raum, historisch (und territorialpolitisch) determiniert ist, zeigt beispielhaft die Darstellung der Flächengrößen und Entstehungsphasen westfälischer Städte seit dem Mittelalter nach C. HAASE 1984[4] (s. Abb. 8.11 in diesem Band). Deutlich wird anhand der Darstellung der Stufen der Stadtentstehung nach H. STOOB (1990), wie stark das mitteleuropäische Städtesystem während des Hochmittelalters ausgebaut bzw. verdichtet worden ist (s. Abb. 8.2).

Von Bedeutung für die Verdichtung des Städtesystems nicht nur in Industriestaaten, sondern häufig auch in Entwicklungsländern sind auch **neuere planmäßige Stadtgründungen** (**Neue Städte**), die oftmals raumordnungspolitisch in bestimmten Zeitphasen zur Entlastung von Metropolen angelegt wurden. Als Beispiel dafür können die Planung und der Ausbau von insgesamt 28 *New Towns* Großbritanniens - davon 21 in England, zwei in Wales und fünf in Schottland - gelten, die in drei Entwicklungsphasen ab 1946 entstanden sind (Abb. 2.10 mit Erläuterung).

In Frankreich entstanden lediglich neun Neue Städte (*Villes Nouvelles*), von denen allein fünf im Großraum von Paris (Cergy-Pontoise, Évry, Mélun-Sénart, Marne-la-Valleé und St.-Quentin-en-Yvelines) errichtet, die übrigen bei Lille (Lille-Est), östlich von Rouen (Le Vaudreuil), im Osten von Lyon (L'Isle d'Abeau) und westlich von Marseille (Fos-Étang de Berre) zur Entlastung der jeweiligen Großstadt angelegt wurden. „Vor allem an der Peripherie von Paris haben sich die Villes Nouvelles rasch entwickelt, wenngleich die ursprünglichen Planungen (2 Mio. Einwohner im Jahr 2000) heute als utopisch gelten. Immerhin beherbergten sie 1990 über 650.000 Menschen" (A. PLETSCH 1997, S. 142).

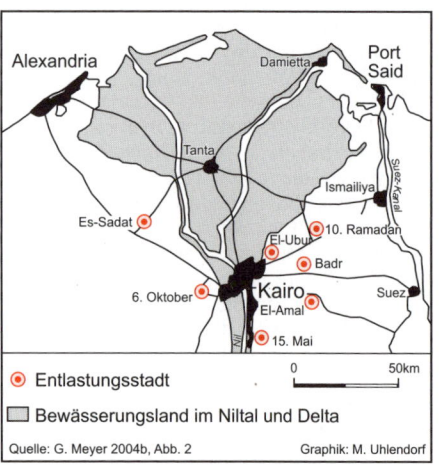

Abb. 2.11 Neue Entlastungsstädte von Kairo

Gegenüber Großbritannien und Frankreich hat es in der früheren **Bundesrepublik Deutschland** kein übergreifendes Planungskonzept für die Errichtung Neuer Städte gegeben; hier ist es nur vereinzelt zu derartigen Stadtneugründungen mit unterschiedlichsten Voraussetzungen gekommen: „Der Ausbau von Wolfsburg und Salzgitter knüpfte noch an Vorkriegsplanungen an. Für Espelkamp, Traunreut und Waldkraiburg bot das Gelände ehemaliger Munitionsanstalten, das von Straßen und Versorgungsleitungen erschlossen war, den Anreiz für Wohnsiedlungen; die Orte konnten später durch die Ansiedlung von Industrie- und Gewerbebetrieben und den Ausbau zentraler Dienste abgerundet werden. Von Anfang an als wirtschaftlich selbständige Orte wurden Sennestadt bei Bielefeld, Neu-Gablonz bei Kaufbeuren und Wulfen bei Dorsten geplant. Die städtebauliche Konzeption von Sennestadt, das im Sommer 1965 Stadtrechte erhielt, entspricht am ehesten den Vorstellungen einer "Modellstadt"" (P. SCHÖLLER 1967, S. 84). Jedoch verloren die bekanntesten Neuen Städte in den 1970er Jahren ihre Selbständigkeit: Wulfen wurde nach Dorsten,

Sennestadt nach Bielefeld eingemeindet.

Ausbau und Verdichtung des Städtesystems durch Planung und Errichtung Neuer Städte spielten in den (ehemaligen) **sozialistischen Ländern** im Einflussbereich der früheren Sowjetunion eine bedeutende Rolle (vgl. G. Schwarz 1989[4], S. 612ff.). Sie wurden, insbesondere zur Stärkung der Grundstoffindustrien, als **Industriestädte** geplant, wie es die Beispiele Eisenhüttenstadt, Schwedt (petrochemisches Zentrum mit Erdölpipeline-Verbindung zur ehemaligen Sowjetunion), Halle-Neustadt (Chemiestandort von Leuna) und Neu-Hoyerswerda (neue Wohnstadt zum Ausbau des früheren Braunkohlenkombinats „Schwarze Pumpe" in der Niederlausitz) in der ehemaligen DDR zeigen (vgl. H. J. Buchholz 1985).

Nicht nur in westlichen Industrieländern und in (ehemaligen) sozialistischen Staaten, sondern auch in **Ländern der sog. Dritten Welt** wurde das Städtesystem durch Neue Städte verändert bzw. verdichtet. Dies betrifft beispielsweise die Gründung neuer Industriestädte in Mexiko (z. B. Ciudad Sahagún als Automobilindustriestandort und Entlastungsstadt nahe México D. F.) oder Brasilia als völlig neu geplante Verwaltungs- und Regierungsmetropole Brasiliens; Brasilia wurde zunächst nicht als Entlastungsstadt für die großen Verdichtungsräume an der Küste gegründet, erhielt jedoch später aufgrund der dynamischen Entwicklung die Funktion eines Wachstumspols für den brasilianischen Mittelwesten.

Ein anderes Beispiel bildet der Bau von sieben selbstständigen Wüstenstädten als **Entlastungsstädte von Kairo** (Abb. 2.11). „Um ein unkontrolliertes Ausufern der Metropole durch Squatter-Siedlungen und illegale Überbauung von Bewässerungsland zu verhindern und statt dessen eine Dezentralisierung des metropolitanen Wachstums zu erreichen, wurde 1977 mit dem Bau von Entlastungsstädten in der Wüste begonnen. Während die näher an Kairo gelegenen Siedlungen primär als „Schlafstädte" konzipiert waren, sollten die Stadt des 10. Ramadan und die Stadt des 6. Oktober (...) im Endausbau jeweils bis zu 500000 Einwohner beherbergen und 80000 industrielle Arbeitsplätze aufweisen" (G. Meyer 2004b, S. 138). Zwar wurden in den beiden genannten Städten die Planungsziele hinsichtlich der Dezentralisierung der Industrie bereits übertroffen, jedoch blieb die Bilanz hinsichtlich der angestrebten Dekonzentration der Bevölkerung in der Hauptstadtregion zunächst deutlich hinter den Erwartungen zurück. Mitte der 1990er Jahre standen in den neuen Entlastungsstädten noch Hunderttausende von Wohnungen leer; erst seit der zweiten Hälfte der 1990er Jahre stieg deren Einwohnerzahl kräftig an (vgl. G. Meyer 1996a, 2004b).

Auf der globalen Ebene sind die Entstehung und das starke Wachstum der Metropolen mit ihrer Entwicklung zu Megastädten, z. T. auch mit sog. *Edge Cities*, ein besonderes Kennzeichen für den Prozess der Städteverdichtung (s. 2.3.1, 7.5.2).

2.3.3 Physiognomische Verstädterung, d. h. Verstädterung als **Städtewachstum und Städteumstrukturierung**.

Diese beinhaltet die arealmäßig-bauliche Expansion städtischer Siedlungsformen bei häufig gleichzeitiger Umstrukturierung und Erneuerung bestehender Städte. Die physiognomische Verstädterung hat in den verschiedenen **historischen Phasen der Stadtentwicklung** bis hin zur Gegenwart unterschiedlichste Formen angenommen (s. Kap. 8-10), u. a.:

• Die **antike griechisch-römische Stadtkultur** in Kleinasien/Mittelmeerraum und weiten Teilen Westeuropas mit - nach 450 n. Chr. - der Entwicklung vor allem regelmäßig-rechteckig strukturierter Grundrissmuster der geplanten Städte (s. 8.3).

• Mittelalterliches Städtewachstum in Mitteleuropa (**Typ der mittelalterlich gewachsenen Stadt**): frühmittelalterliche Keimzellen (Kloster- und Domburgen, Kaufmannssiedlungen mit Märkten als zweiter Keimzelle) mit frühen (Stadt-)Erweiterungen der Marktsiedlung, häufig auch im Zusammenhang mit der Anlage eines neuen Befestigungssystems; in Köln erreichte die Stadt durch die Errichtung einer großen Stadtmauer ab 1180 n. Chr. eine Fläche von 400 ha (in Münster z. B. „nur" 103 ha, s. Abb. 8.6).

• Besondere Formen mittelalterlicher Stadterweiterungen entstanden durch Gründung einer zweiten oder sogar mehrerer (zunächst selbstständiger) Städte, häufig auch als **Alt- bzw. Neustadt** bezeichnet, z. B. Berlin-Cölln

als mittelalterliche **Doppelstadt** (s. Abb. 9.6), Braunschweig oder Bremen als mittelalterliche **Gruppenstädte** (Abb. 3.1); Bremen wurde im 17. Jh. durch eine südlich der Weser planmäßig angelegte Neustadt als Brückenkopf und Festungswerk erweitert, ähnlich auch Lüneburg, Hildesheim oder Osnabrück.

• Umfangreiche systematische **Stadterweiterungen im 19. Jh.** (als frühe Form der Suburbanisierung); beispielsweise entstand in Berlin um die mittelalterliche Doppelstadt und drei frühneuzeitliche Städte auf der Grundlage des Hobrecht-Plans von 1862 der sog. Wilhelminische Ring als stark verdichtetes **Mietskasernenviertel** mit einer maximalen Dichte von 130.000 Einw./qkm und hoher Einwohner-Arbeitsplatzdichte (Abb.

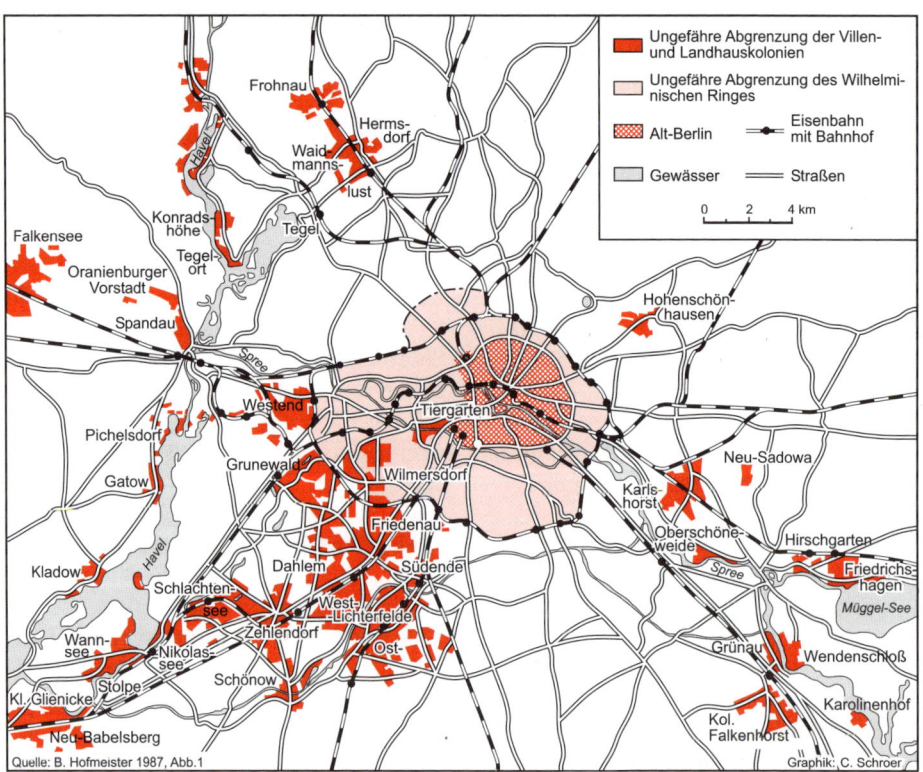

Abb. 2.12 Lage des Wilhelminischen Rings und von Villenkolonien im Raum Berlin

2.12, vgl. auch 9.2.2 mit Abbn. 9.5-9.7). Städtebauliches Vorbild des Hobrecht-Plans war der Umbau von Paris (u. a. Boulevards, Sternplätze mit vielen Eckgrundstücken). Die Voraussetzungen für die starke Verdichtung waren aber andere: Wohnungsnot, Bau- und Bodenspekulation, geringes regulatives Planungsinstrumentarium (Baupolizeiordnungen zur Festlegung der Innenhofgrößen, der Traufhöhe; ab 1875: preußisches Fluchtliniengesetz). Zeitgleich zur Entwicklung des Wilhelminischen Rings entstanden außerhalb der Stadt (zw. 1863 und 1913) ausgedehnte **Landhaus- oder Villenkolonien** als neues (suburbanes) Stadtrandphänomen (Abb. 2.12 und Kap. 9.2.3). Während die Mietskasernenviertel vorwiegend für die Unterschicht gebaut wurden, entstanden die Villenvororte als gehobene, im gartenstädtischen Stil errichtete Wohnsiedlungen für vorwiegend einkommenskräftige Schichten (Kaufleute, Bankiers, Offiziere, Ärzte etc.). Diese neuen Vororte, die die erste Phase einer Bevölkerungssuburbanisierung (s. unten) repräsentierten, waren zunächst durch Reitwege, später durch Vorortbahnen gut mit der Kernstadt verbunden (hohe Auspendleranteile!).

• In Großbritannien kam es „in der Zwischenkriegszeit in vielen Städten zum sog. *Urban Sprawl*, d. h. zum weitgehend ungegliederten Flächenwachstum in Form reiner Wohnsiedlungen mit gartenstadtähnlicher Bebauung und Durchgrünung, jedoch ohne Gartenstadt-Konzeption" (H. HEINEBERG 1997[2], S. 280). Diese Art der physiognomischen Verstädterung mit den gegenüber der Vorkriegszeit stark reduzierten Wohndichten („Gartenstadtdichte") machte den Städtebau enorm flächenaufwändig; zum Gartenstadtmodell s. 5.7.2 mit Abb. 5.19. In Deutschland wurden im Rahmen des **genossenschaftlichen Wohnungsbaus** der Zwischenkriegszeit höhere Wohndichten reali-

siert, wenngleich in der baulichen Gestaltung der neuen Mietshausviertel ebenfalls Einflüsse der Gartenstadtbewegung deutlich wurden (s. 9.3.2).

• In Nordamerika wird das - bereits in der Zwischenkriegszeit unter dem Einfluss der frühen Verbreitung des Kraftfahrzeugs, aber auch der allgemeinen Wohlstandsentwicklung eingetretene - starke Ausufern der Kernstädte innerhalb der Stadtregionen (sog. *Metropolitan Areas*) in die Randgemeinden

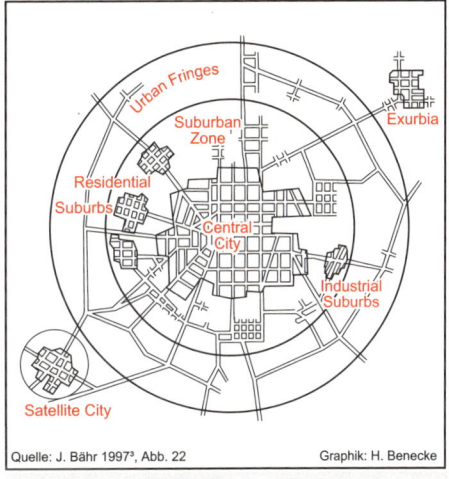

Quelle: J. Bähr 1997³, Abb. 22   Graphik: H. Benecke

Central City = administratives Gebiet der Kernstadt
Suburban Zone = **suburbaner Raum**
Residential Suburbs = Wohnvororte (mit hohen Auspendleranteilen)
Industrial Suburbs = "Arbeitsvororte" (mit niedrigen Auspendleranteilen)
Urban Fringes = dünner besiedelte, noch städtisch, d. h. von der Kernstadt beeinflusste Randzonen (verstädterte Randzonen)
Satellite City = Satellitenstadt/Trabantenstadt
Exurbia = **Exurbane Gemeinde**, d. h.kleine, entfernter gelegene Gemeinde mit zunehmender Einwohnerzahl und Arbeitsplätzen sowie mit hohem Anteil an statushohen Auspendlern in die Kernstadt

Abb. 2.13 Modell eines US-amerikanischen Metropolitangebietes nach A. Boskoff 1970

in Gestalt großflächiger **Vororte** (*suburbs*) oder **Vorortzonen** (*suburban zones*) mit **Suburbanisierung** (*suburbanization*) bezeichnet (Abb. 2.13, s. 11.2.5).

• Der Wiederaufbau nach den Zerstörungen des 2. Weltkriegs war in deutschen Städten mit häufig umfassenden Umstrukturierungen in der Innenstadt verbunden; der Prozess der Stadterweiterung in Gestalt der modernen Suburbanisierung setzte im westlichen Deutschland ab ca. 1960 ein, in den östlichen Bundesländern dagegen erst nach der politischen Vereinigung (s. unten).

Wenngleich sich **Suburbanisierung** nach K. BRAKE (2001, S. 15) allgemein als ein Prozess bezeichnen lässt, „in dem sich Städte über die Grenzen ihrer bislang erreichten Besiedlung ausdehnen" (in Deutschland seit dem 18./19. Jh.; vgl. T. HARLANDER 2001), so lässt sich darunter in Anlehnung an J. FRIEDRICHS/H.-G. v. ROHR (1975) eingeschränkter auch die jüngere Phase der Expansion der Städte in ihr jeweiliges Umland in hochindustrialisierten Ländern definieren (vgl. Abbn. 2.14, 2.15 sowie auch 3.1.2 mit Kasten 3.1). Dieser Prozess schließt gleichzeitig die intraregionale Dekonzentration von Bevölkerung (**Bevölkerungs- oder Wohnsuburbanisierung**), Produktion (**Gewerbe- oder Industriesuburbanisierung**) sowie Handel und Dienstleistungen (**tertiäre Suburbanisierung**), darüber hinaus auch von Infrastruktur ein. Tertiäre Suburbanisierung bedeutet z. B. die Dezentralisierung des Einzelhandels (in jüngerer Zeit vor allem durch den sog. großflächigen Einzelhandel), von Bürobetrieben (Bürostandortdekonzentration) oder auch von Freizeiteinrichtungen (**Freizeitsuburbanisierung**, s. U. HATZFELD 2001).

Während innerhalb des ab ca. 1960 einsetzenden modernen Suburbanisierungsprozesses in der alten Bundesrepublik Deutschland i. Allg. die Bevölkerungssuburbanisierung der tertiären Suburbanisierung voran-

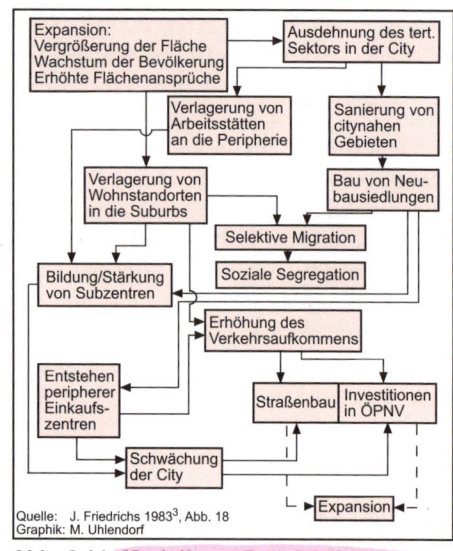

Abb. 2.14 **Modell zur Beschreibung des Verlaufs der Suburbanisierung**

schritt, war dies in den neuen Bundesländern nach der Wende im Rahmen einer „**nachholenden Suburbanisierung**" umgekehrt der Fall (vgl. 7.5.3, 10.3.1).

Zusammenfassend lässt sich Suburbanisierung auch als intraregionale Dekonzentration von Bevölkerung, Arbeitsplätzen und Infrastruktur in städtisch verdichteten Regionen (mit einer oder mehreren Kernstädten) hochindustrialisierter Länder kennzeichnen. Nach H. P. GATZWEILER/K. SCHLIEBE (1982, S. 894) handelt es sich bei der Suburbanisierung „um einen räumlich begrenzten Veränderungsprozeß, der grundsätzlich mit einer absoluten oder zumindest relativen Bedeutungsabnahme der jeweiligen Kernstadt in bezug auf einzelne Funktionen, wie Wohnen oder Arbeiten, verbunden ist. Darüber hinaus können interregionale Wanderungen oder Verlagerungen die Suburbanisierung unterstützen. Entscheidend ist, daß sowohl intraregionale als auch interregionale Austauschprozesse zu positiven Salden, zu einer Bedeutungszunahme des suburbanen

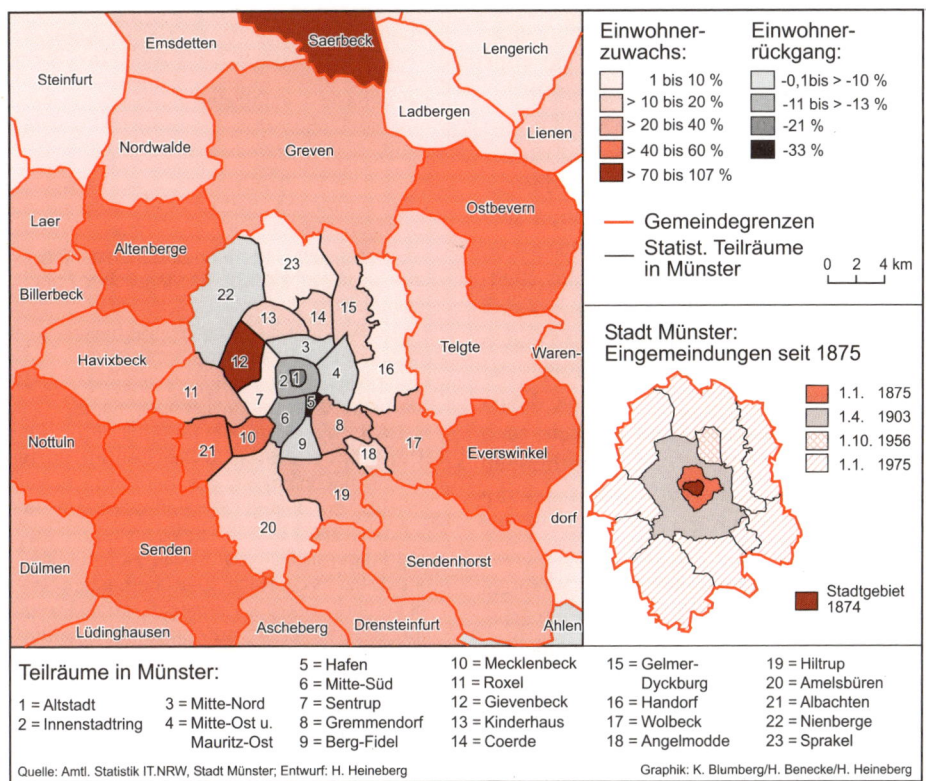

Abb. 2.15 Bevölkerungssuburbanisierung und -exurbanisierung in der Stadtregion Münster/Westfalen: Einwohnerentwicklung 1980-2010 sowie Wachstum der Stadt Münster durch Eingemeindungen

Raums führen. Der positive Saldo ist das wichtigste Kriterium der Suburbanisierung".

Wie es das Beispiel der Großstadt Münster mit den vor allem im Jahre 1975 erfolgten Eingemeindungen eines Ringes suburbaner Vororte zeigt (Abb. 2.15), ist die Suburbanisierung generell nicht auf die „Verlagerung von Bevölkerung und Wirtschaftsbetrieben über die administrativen Grenzen einer Kernstadt in das Umland" (H. FASSMANN 2004, S. 223) beschränkt, sondern kann auch die Randzonen innerhalb der Grenzen einer Kernstadt betreffen.

Die Suburbanisierung ist nicht nur i. e. S. durch eine physiognomische oder stadtmorphologische Verstädterung gekennzeichnet,

sondern hat auch andere Facetten und Implikationen, d. h.

• funktionale (Neuansiedlungen von Gewerbe, Wohn- u. a. Nutzungen auf häufig preisgünstigen Flächen auf der „grünen Wiese"),

• stadtökologische (übergroße Flächeninanspruchnahmen und -versiegelung, überdurchschnittliche Zuwächse des motorisierten Individualverkehrs anstelle eines umweltverträglicheren ausgewogeneren *modal split* etc.),

• infrastrukturelle (z. B. Ausbau von Straßenverkehrstrassen mit hohen Kosten bei gleichzeitiger Unterauslastung der zentrenorientierten Infrastrukturen, insbesondere des ÖPNV),

• **soziale** (beispielsweise sind periphere Standorte i. Allg. sozialselektiv) etc. (vgl. dazu auch U. HATZFELD/W. ROTERS 1998).

Die Dekonzentration von Bevölkerung, wirtschaftlichen Funktionen und Infrastruktur geht heute in vielen westlichen Industriestaaten bereits weit über den engeren suburbanen Raum (bzw. die Suburbanisierung) hinaus. Findet die Verlagerung des Siedlungs- und Bevölkerungswachstums von Großstadtregionen in benachbarte, noch überwiegend ländlich strukturierte oder „zwischenstädtische" Regionen statt, die jedoch durch den Berufspendlerverkehr noch mit einer (Groß-)Stadtregion verbunden sind, so spricht man von **Exurbanisierung** (vgl. Exurbia in Abb. 2.13). Gründe für die Exurbanisierung sind vor allem in der Bevorzugung derartiger Räume für das Wohnen, zunehmend auch bereits für das Gewerbe, zu suchen. Exurbane Gemeinden sind z. B. innerhalb der Stadtregion der Großstadt Münster (1980: rd. 270.000 Einw., 2010: rd. 280.000 Einw.) die außerhalb des engeren, 1975 eingemeindeten Vorortrings gelegenen Gemeinden Nottuln, Senden, Everswinkel etc. (s. Abb. 2.15). So ist beispielsweise Nottuln (1980 gut 13.000 Einw., 2010 knapp 20.000 Einw.) durch ein starkes jüngeres Bevölkerungs- und Siedlungswachstum sowie bedeutende Pendlerbeziehungen zur Großstadt Münster, aber auch durch eine eigenständige Entwicklung in Bezug auf wichtige Grundfunktionen gekennzeichnet (Ausbau des Ortskerns als Geschäftszentrum, Gewerbegebiete, neues Gymnasium).

Suburbanisierung und Exurbanisierung mit dem Bedeutungszuwachs nicht nur des Wohnens, sondern auch anderer städtischer, insbesondere wirtschaftlicher Funktionen an peripheren Standorten standen in den vergangenen Jahrzehnten häufig auch in einem Zusammenhang mit differenzierten **Veränderungen im Stadtinneren** (der Kernstadt):

Kasten 2.5 Periurbane Gemeinden/ Zonen oder Gebiete

Periurbane Gemeinden (*communes périurbaines*) sind nach P. AYDALOT/A. GARNIER (1985, S. 54) gekennzeichnet durch:
• unzusammenhängend bebaute Flächen,
• das Eindringen städtischer Wohnweisen in ländliches Milieu,
• eine räumliche Trennung zwischen der (periurbanen) Wohnfunktion und ländlichen Funktionen,
• eine Ausbreitung über nicht-urbane Räume. Derartige Gemeinden bestehen
• hauptsächlich aus mehr oder weniger räumlich begrenzten Einfamilienhauszonen.

Nach M. SCHULER (1985, S. 60) gilt: „**Periurbane Zonen oder Gebiete** sind Räume mit Einfamilienhauszonen im landwirtschaftlichen Umfeld. Sie sind gekennzeichnet durch niedere Bebauungsdichte, Bebauung jüngeren Datums, innere Homogenität und allenfalls die Nähe zu unüberbautem Gelände. Ihre Lage zur Kernstadt ist dabei sehr variabel: teilweise auf deren Territorium selbst oder in den Erweiterungszonen suburbaner Gemeinden, teilweise im weiteren Stadtumland oder gar in bedeutender Distanz zum Zentrum gelegen".

---

z. B. Attraktivitätssteigerung von Citygebieten durch verschiedenste städtebauliche Maßnahmen (u. a. Passagen, cityintegrierte Shopping-Center, s. 7.5.2), Verbesserung der Wohnbedingungen in Altbauvierteln durch Stadtsanierung und -erhaltung, Wohnumfeldverbesserung einschließlich Verkehrsberuhigung etc.

Zur Kennzeichnung der baulichen und auch sozio-ökonomischen Umformung des heute in Industriestaaten i. Allg. über den suburbanen Raum hinausgehenden weiteren Stadtumlandes ist seit den 1960er Jahren in der Stadtforschung Frankreichs, später auch der Schweiz und Belgiens, der Begriff **Periurbanisierung** (*périurbanisation*) eingeführt worden (Kasten 2.5 u. Abb. 2.16 mit Erläuterung; zur Verteilung periurbaner Gemeinden in der Schweiz s. L. MATTHEY 2011,

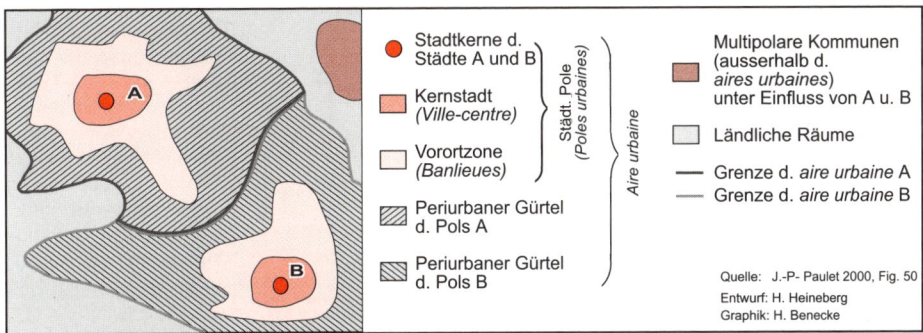

Abb. 2.16 Gliederung städtischer Räume in Frankreich nach INSEE/J.-P. Paulet 2000

Die vom französischen *Institut National de la Statistique et des Etudes Economiques* (INSEE) im Jahre 1997 getroffene Gliederung städtischer Räume (*espaces urbains*) mit einer Zonierung städtischer Gebiete (ZAU = *le zonage en aires urbaines*) bezieht sich vor allem auf die Beziehungen der Bevölkerung zu Arbeitsorten, d. h. sie ist vorrangig funktional konzipiert (s. Abb. 2.16). So ist eine *aire urbaine* (in Frankreich insgesamt 361) definiert als ein Ensemble räumlich miteinander zusammenhängender Kommunen (ohne Enklaven), das aus einem städtischen Pol (*pôle urbain*) und seinem randlichen periurbanen Gürtel (*couronne périurbaine*) besteht und dessen Wohnbevölkerung starke Arbeitsbeziehungen (zu mindestens 40 %) zum *pôle urbain* aufweist. Der *pôle urbain* selbst gliedert sich in die Kernstadt (*ville-centre*) und eine randliche Vorortzone (*banlieues*). Die außerhalb des städtischen Gebietes gelegenen periurbanen *communes multipolarisées* sind städtische und ländliche Gemeinden ohne größere Beschäftigungspole; ihre aktive Wohnbevölkerung arbeitet zu mindestens 40 % in der *aire urbaine* (nach J.-P. PAULET 2000, S. 17f.).

Abb. 73). Diese Bezeichnung deckt sich inhaltlich großenteils mit Sub- und Exurbanisierung. R. ALLAIN (2004, S. 190) bestätigt, dass der Begriff *périurbain* aus stadtmorphologischer Sicht nicht präzise zu bestimmen ist; charakteristisch in der Art der Bebauung ist das absolute Vorherrschen von Eigenheimen.

Der sich seit jüngerer Zeit in städtischen Agglomerationen abzeichnende Dezentralisierungs- oder auch Transformationsprozess wurde von dem Städtebauer T. SIEVERTS (1999[3], 2003) – in Bezug auf Europa - als „Auflösung der kompakten historischen europäischen Stadt" zugunsten „einer ganz anderen, weltweit sich ausbreitenden neuen Stadtform: Der verstädterten Landschaft oder der verlandschafteten Stadt" gekennzeich-

---

Kasten 2.6 Deutungen des Terminus „Zwischenstadt"

Der von T. SIEVERTS (1999[3]) kreierte, inzwischen – auch international - viel diskutierte Terminus „Zwischenstadt" lässt sich nach M. HESSE (2004) in verschiedener Hinsicht deuten: „Er meint sowohl die klassischen suburbanen Räume am Agglomerationsrand als auch solche Teile Suburbias, die zwischen den Kernstädten liegen und eher hybriden Charakter aufweisen, schließlich ländliche Räume mit Verstädterungsansätzen, die bisher eher als >Peripherie< tituliert wurden. Gelegentlich sind Stadtregionen als Ganzes adressiert. Damit hat der Autor eine erhebliche definitorische Unschärfe hinterlassen, die nur zum Teil Ausdruck der vielfältigen Erscheinungsformen suburbaner Räume ist. Auch hinsichtlich einer Verallgemeinerung der Aussagen blieb die Zwischenstadt eher vage: Sie wurde vor allem anhand des Ruhrgebiets und der Region Rhein-Main konzeptualisiert, zweier prototypisch polyzentrischer Räume, die dem klassischen Bild von Stadt und Umland ferner sind als die meisten anderen Stadtregionen Deutschlands" (ebd., S. 71).

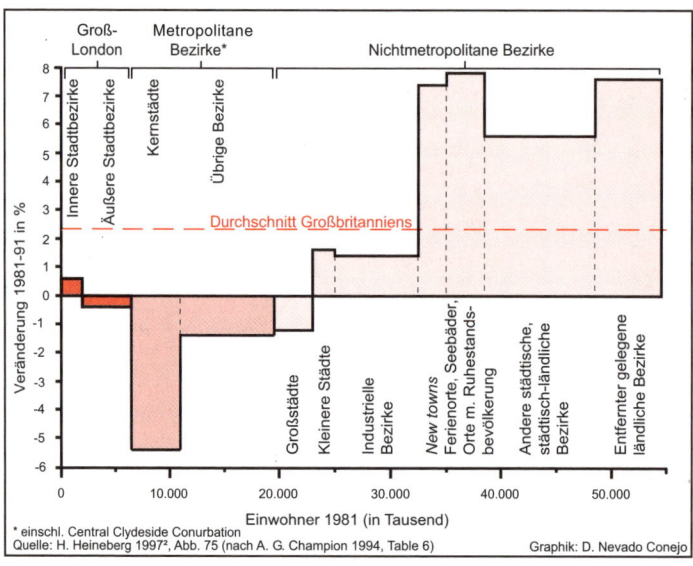

Das Beispiel Großbritannien zeigt für den Zeitraum 1981-1991, dass die positive Bevölkerungsentwicklung der nichtmetropolitanen Bezirke zu Lasten der Großstadtkerne und der größeren Metropolitangebiete sehr ausgeprägt war.

Abb. 2.17 Einwohnerveränderungen in Großbritannien nach Raumkategorien 1981-1991

*einschl. Central Clydeside Conurbation
Quelle: H. Heineberg 1997², Abb. 75 (nach A. G. Champion 1994, Table 6)   Graphik: D. Nevado Conejo

---

net. Diesen neuartigen, dezentralisierten Siedlungstyp beschrieb SIEVERTS zur Vereinfachung mit „**Zwischenstadt**" (vgl. Kasten 2.6); letztere wurde nicht als Leitbild, sondern als - von der Planung bislang vernachlässigte - Realität bezeichnet. SIEVERTS hat ganz maßgeblich die jüngere Debatte um die zukünftige Siedlungsstrukturentwicklung und deren Leitbilder mit beeinflusst.

In den Entwicklungsländern ist der jüngere Prozess der Stadtexpansion, vor allem der großen Metropolen und Megastädte, häufig auf das rasche Wachstum von randstädtischen Hütten- oder Marginalsiedlungen unterer Einkommens- und Sozialschichten begrenzt, die durch legale, semilegale oder auch nicht-legale Landbesetzungen entstehen. „Das informelle, kaum kontrollierbare und kaum mehr überschaubare Flächenwachstum mit der informellen, kaum kontrollierbaren Bebauung ist ein ganz entscheidendes Kriterium der Großstädte in der Dritten Welt" (G. MERTINS 1994, S. 7). Das Bauen sowie auch die spätere sog. Konsolidierung der Hüttenviertel (Um- und Ausbau-

ten, inbes. zwecks Untervermietung) geschieht i. Allg. ohne Baugenehmigung, dabei unter Nichtbeachtung von Baunormen. Dieser Prozess ist jedoch - anders als in den Industriestaaten - meist nur wenig mit einer Industriesuburbanisierung, beschränkt mit einer tertiären Suburbanisierung und sehr defizitär mit einem Infrastrukturausbau verbunden. Hinzu kommen erhebliche stadtökologische Probleme, und zwar nicht nur durch fehlende Abwasserleitungen, sondern i. Allg. auch durch ebenfalls nicht vorhandene öffentliche Müllentsorgung und andere Umweltbelastungen (s. Kasten 11.7).

Im Gegensatz dazu sind - wie es etwa die Stadtentwicklungsmodelle für die lateinamerikanische Großstadt (s. 11.3.2) zeigen - in vielen Metropolen der Entwicklungsländer ausgedehnte Oberschichtviertel mit hervorragender Infrastruktur, häufig ausgestattet mit modernen Shopping-Centern und z. T. auch mit gehobenen Arbeitsplätzen (Bürostandortdekonzentration), entstanden und zur Stadtperipherie hin gewachsen; zu Suburbanisierungsprozessen am Rande von

Megastädten in der „Dritten Welt" im Vergleich zur „Ersten Welt" vgl. D. Bronger 2001.

Die Erscheinungsformen der physiognomischen Verstädterung stehen - wie bereits oben angedeutet - häufig in engem Zusammenhang mit der sozialen und funktionalen Verstädterung (s. 2.3.5, 2.3.6).

2.3.4 „Counterurbanization" (engl. auch Counterurbanisation, dt. Counterurbanisierung oder ungenau mit „Gegenurbanisierung" übersetzt).

In den 1970er Jahren hat sich in den hoch entwickelten westlichen Industrieländern, zunächst beobachtet in den USA, eine Tendenz zur Stagnation bzw. zu Bevölkerungs- und Arbeitsplatzverlusten der größeren Verdichtungsräume zugunsten des Wachstums von Mittel- und Kleinstädten sowie auch von ländlichen Gemeinden in häufig peripherer Lage oder zwischen den Verdichtungsräumen durchgesetzt. In der englischen Literatur spricht man diesbezüglich auch von einem *nonmetropolitan population growth*.

Die erstmals für die USA von dem Geographen B. J. L. Berry (1976a, b) beobachtete und begrifflich neu bezeichnete *Counterurbanization* sollte nach B. Butzin (1986) eng gefasst werden und sowohl die Suburbanisierung als auch Exurbanisierung und Desurbanisierung sowie darüber hinaus auch Umverteilungen zwischen den Großstädten ausschließen. Der Begriff *Counterurbanization* kann nach B. Butzin definitorisch auf einen großräumigen (inter-regionalen), auf zwischenstädtische Regionen oder nationale Peripherräume (periphere Regionen) gerichteten Umverteilungsprozess von Bevölkerung und Arbeitsplätzen beschränkt bleiben, der überdies im Städtesystem hierarchieabwärts weist und primär wanderungsbedingt ist: **strukturelle interregionale** *Counterurbanization*. Es ist auch eine Unterscheidung zwischen den

seit längerem bekannten sinkenden Wachstumsraten der Verdichtungsräume oder Großstadtregionen (**relative** *Counterurbanization*) und dem erst in den 1970er Jahren verstärkt eingetretenen absoluten Verlust (**absolute** *Counterurbanization*) möglich.

Das **Beispiel Großbritannien** (Abb. 2.17) verdeutlicht, dass in den 1970er, teilweise auch noch in den 1980er Jahren, vor allem die Bevölkerungsentwicklung in dem peripheren Wachstumsring um London (im nichtmetropolitanen Südostengland) von besonderer Bedeutung war. Hinzu kamen auch Bevölkerungszunahmen in entfernter gelegenen, größtenteils ländlich geprägten Räumen. In den 1980er Jahren ergab sich „bei Mäßigung der Wachstumsraten in den nichtmetropolitanen Gebieten eine überproportionale Zunahme in Ferienorten, Seebädern und Gebieten mit hohen Anteilen an Ruhestandsbevölkerung, in entfernter gelegenen ländlichen Bezirken, aber auch in gemischt städtisch-ländlichen Räumen mit guter Erreichbarkeit. Darüber hinaus zeichneten sich New Towns als besondere Wachstumsorte aus" (H. Heineberg 1997[2], S. 250). Als Erklärungsansätze für das nichtmetropolitane Einwohnerwachstum bzw. die *Counterurbanization* kommen in Frage: Zunahme der Ruhestandswanderungen und der Fernpendler (vor allem nach London), die Dezentralisation von Arbeitskräften zugunsten der Beschäftigung in ländlichen Räumen (u. a. *High Tech*-Beschäftigung, insbesondere im Wachstumsgebiet des sog. *Western Crescent* um London).

Nach A. J. Fielding (1989, s. Abb. 2.18) ergibt sich für den Prozess der **Counterurbanisierung in** einer ganzen Reihe von **westeuropäischen Ländern** (z. B. neben England auch Frankreich) ein positiver Befund. G. Tönnies (1993, S. 341-342) fasste die Ergebnisse von Fielding wie folgt zusammen: „Allgemein lassen sich im Zeitraum 1950-1980 folgende Trendlinien des Siedlungsentwicklungsprozesses in Europa erkennen:

• Urbanisierung im Sinne einer positiven Korrelation zwischen Wanderungsrate und Siedlungsgröße ist in den 1950er Jahren in allen untersuchten Ländern der dominierende räumliche Bevölkerungsverteilungtrend;

• der Zusammenhang lockert sich in den 1960er Jahren zuerst in den Ländern NW-Europas, wo er seit Mitte des Jahrzehnts nicht mehr gilt; die Länder der südlichen und westlichen Peripherie Europas unterliegen jedoch weiterhin der Urbanisierung;

• in den 1970er Jahren hat sich die Richtung des Zusammenhangs gewandelt, und es herrschen in den meisten Ländern Counterurbanisierungstendenzen vor, am intensivsten in den Staaten NW-Europas sowie des westeuropäischen Kernraums;

• eine gewisse Trendabschwächung der Counterurbanisierung ist Anfang der 1980er Jahre festzustellen; diese ist zwar nicht von Urbanisierung abgelöst worden, jedoch hat sich die Beziehung zwischen Migration und Siedlungsgröße - mit Ausnahme von Italien und der Bundesrepublik, wo die Counterurbanisierung andauert - deutlich gelockert".

Bisherige Forschungen zusammenfassend ergibt sich nach G. TÖNNIES (1993, S. 346), dass sich - übereinstimmend mit dem globalen Counterurbanisierungstrend - „seit 1970 in vielen Ländern Europas eine Zunahme der Bedeutung der kleineren und mittleren Städte in ländlichen - auch in peripherländlichen - Gebieten feststellen (lässt). Trotz stagnierender oder rückläufiger Agglomerationswirkung (Urbanisierungsrate) vollzieht sich in den europäischen Ländern jedoch nach wie vor auch auf intraregionaler Ebene ein Trend zur Dezentralisation bzw. Suburbanisierung, so daß die ländlich-suburbanen und agglomerationsnahen Räume einem teilweise beträchtlichen Siedlungsdruck und Strukturwandlungsprozeß ausge-

setzt sind. Der Rückgang des Urbanisierungsprozesses geht also mit auf Dezentralisation/Dekonzentration gerichteten inter- und intraregionalen Umverteilungsprozessen einher".

2.3.5 Soziale Verstädterung umfasst qualitative Merkmale der Verstädterung und bedeutet Adaption und räumliche Ausbreitung städtischer Sozial-, Wohn-, Lebens- und/oder Wirtschaftsformen. In der Sozialgeographie der Münchener Schule (Kasten 2.3) wird die Gesamtheit aller Faktoren, die städtische Lebens-, Wirtschafts- und Verhaltensweisen ausmachen, bzw. der Zustand hoher Intensität **städtischer Lebensformen** mit **Urbanität** schlechthin bezeichnet (im Gegensatz zu „**Ruralität**"). Unter Urbanisierung wird im sozialgeographischen Zusammenhang der Prozess der Ausbreitung (Diffusion) der Urbanität verstanden. Dieser (eingeschränkten) Begriffsdefinition von Urbanisierung entspricht der Terminus **soziokulturelle Urbanisierung** in der Soziologie.

Indikatoren sozialer Verstädterung können etwa Bevölkerungsdichte, Berufsstruktur, Stadt-Land-Wanderungen, Berufspendlerverkehr, aber auch (in negativer Hinsicht, meist in Entwicklungsländern) Slumbildung, soziale Marginalität der Bevölkerung (Marginalsiedlungen), Massenarmut, Kinderkriminalität etc. sein.

„**Marginal**" ist nach G. MERTINS (1984, S. 435) „einerseits im bausubstantiellen und im räumlichen Sinne zu verstehen, als randstädtische, minderwertige Siedlungsflächen, wobei dieser Begriff stets die sozio-ökonomische Situation mit einbezieht".

Marginalsiedlungen in Entwicklungsländern sind Elendssiedlungen mit mangelhafter Bausubstanz, hohen Einwohnerdichten, unzureichender Wohn- und öffentlicher Infrastruktur sowie mit hohen Anteilen an Erwerbspersonen mit niedrigen und/oder un-

In Bezug auf die Untersuchung von 14 westeuropäischen Ländern hat A. J. FIELDING (1989) Urbanisierung als positiven und Counterurbanisierung als negativen Zusammenhang zwischen Nettomigrationsrate und Siedlungsgröße definiert.

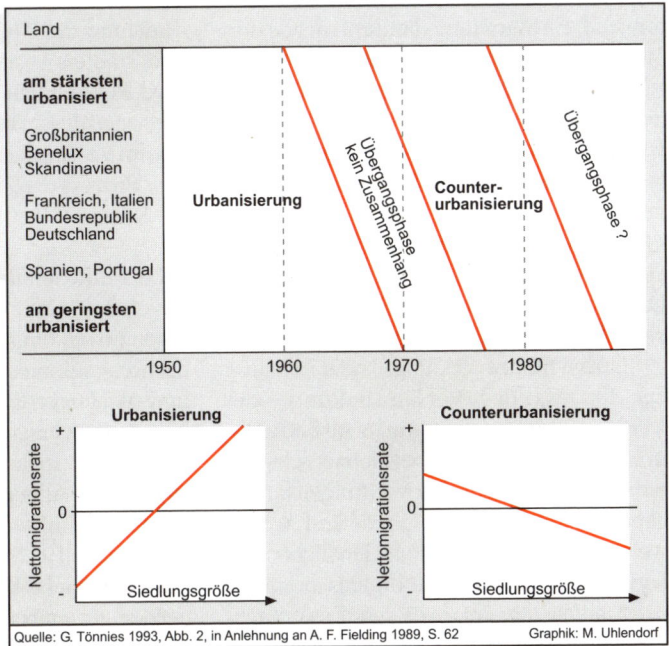

Abb. 2.18
Phasenmodell der Urbanisierung/ Counterurbanisierung

Quelle: G. Tönnies 1993, Abb. 2, in Anlehnung an A. F. Fielding 1989, S. 62   Graphik: M. Uhlendorf

regelmäßigen Einkommen (ebd., S. 434f.; vgl. ausführlicher auch J. BÄHR/G. MERTINS 1995).

In Bezug auf großstädtische Marginalsiedlungen bestehen prinzipiell deutliche Unterschiede zwischen sog. *Slums* sowie **rand- und innerstädtischen Hüttenvierteln**. „Letztere lassen sich nach Boden- und Baurechtformen in illegale, semilegale und legale Ansiedlungen gliedern"(...) (s. auch 11.3.2) „Als *Slums* werden allgemein die degradierten ehemaligen Wohnviertel der Ober-, Mittel- und - vielfach ehemalige Arbeiterquartiere umfassend - der Unterschicht im Innenstadtbereich bezeichnet". Zu den **Kriterien** für *Slums* zählen die „zimmerweise Aufteilung der Wohnungen oder Häuser und der größtenteils nachträglich erstellten Hinterhofbehausungen", die „zimmerweise Vermietung oder Untervermietung, oft auch nur von Schlafstätten", ein „starkes Auftreten sozialer Anomien (Diebstahl, Raub, Überfall, Schmuggel, Rauschgiftdelikte, Prostitution etc.)" (G. MERTINS 1984, S. 437). In den latein-

amerikanischen Großstädten waren *Slums* „bis in die sechziger Jahre hinein die wichtigsten Auffangquartiere für Zuwanderer aus unteren Sozialschichten" (ebd.).

„'Marginal' bezieht sich andererseits aber auch auf die unzureichende, eben marginale Beteiligung der Bevölkerung dieser Siedlungen an politischen und ökonomischen Entscheidungen. Dies schließt eine sehr geringe Partizipation am Wirtschaftswachstum ein. Darüber hinaus ist der Begriff „marginal" ein Kennzeichen für Unterprivilegierung, allzu häufig auch für Diskriminierung im soziokulturellen Bereich" (ebd., S. 435).

Einher mit der **(sozialen) Marginalisierung** geht in den Großstädten der Dritten Welt die zunehmende **soziale Polarisierung**, vor allem zwischen Unter- und Oberschichten; diese äußert sich i. Allg. auch in ausgeprägter räumlicher Trennung der entsprechenden Wohnviertel (**Wohnsegregation**). Interne Polarisierungen lassen sich für Metropolen (bzw. Weltstädte) in Industriestaaten und Entwicklungsländern in Gestalt „wirtschaftliche(r) und soziale(r) Polarisierung zwischen den internationalisierten und den lokalen Stadtquartieren und ihrer Bewohner" nachweisen. „Man könnte diese Polarisierung auch zugespitzt als das Eindringen der Dritten Welt in die Erste Welt in den Metropolen der alten Industrienationen und als das Eindringen der Ersten Welt in die Dritte Welt in den Metropolen der Semi-Peripherie bezeichnen" (W. TAUBMANN 1996a, S. 8).

Speziell für Entwicklungsländer ist häufig der Prozess der **Verländlichung** oder **Verdörflichung der Städte** (auch als **intraurbane Ruralisierung** bezeichnet) charakteristisch; damit sind das Vordringen ländlicher Wirtschafts-, Siedlungs- und Wohnweisen sowie die Ausbreitung ländlicher Verhaltensformen und Sozialorganisationen in den Städten gemeint. In diesem Zusammenhang steht auch der Begriff *Pseudo-urbanization*; darunter versteht T. G. MCGEE (1971), „daß sich Zuwanderer in den Städten der Dritten Welt nicht notwendigerweise assimilieren, sondern hier eher noch im Ländlichen verhaftete Subkulturen entstehen können, so daß ganze Stadtteile von diesen geprägt werden" (B. HOFMEISTER 1999[7], S. 47). **Verstädterung als Detribalisierung** kennzeichnet demgegenüber die allmähliche Loslösung der in die Stadt abgewanderten Gruppen von den sozialen und wirtschaftlichen Bindungen an das Herkunftsland (Stamm etc.) in diesen Ländern.

Eine sinkende (soziale) Urbanität, z. B. durch Bevölkerungsentleerung großstädtischer Agglomerationen, wird als **Desurbanisierung** bezeichnet.

Der seit jüngerer Zeit zu beobachtende Wandel in der Nutzung innerstädtischer Altbaugebiete, der ein Resultat veränderter Berufssituationen, neuer Lebensstile etc. bestimmter (neuer) Haushaltstypen (z. B. beruflich erfolgreiche *Yuppies*, Alternativer,

Zunahme der *Single*-Haushalte) in vielen Großstädten westlicher Industriestaaten ist, wird **Reurbanisierung** genannt (vgl. allgemeiner auch K. BRAKE/G. HERFERT 2012); damit im Zusammenhang steht auch der jüngere Prozess der sog. *Gentrification* (s. 1.3.6 mit Kasten 1.3; 10.4). Auch die Dimension

2.3.6 Funktionale Verstädterung ist vielschichtig. So kann dies die Abhängigkeit der Stadtentwicklung oder der Entstehung städtischer Agglomerationen von der Entwicklung wichtiger Funktionen bedeuten. Dies beinhaltet verschiedene Teilaspekte (und -prozesse): So bezeichnet **industrielle Verstädterung** allgemein das Städtewachstum unter dem Einfluss der Industrialisierung (v. a. seit dem 19. Jh.). **Tertiäre** oder **tertiärwirtschaftliche Verstädterung** kennzeichnet demgegenüber die Abhängigkeit der Entwicklung städtischer Verdichtung vom tertiären Sektor, d. h. von Handel und Dienstleistungen (und nicht mehr in erster Linie von der Industrie). Aber auch die industriellen und tertiärwirtschaftlichen Verstädterungen lassen sich wiederum in Teilprozesse bzw. -begriffe aufgliedern, beispielsweise - bezüglich des tertiären Sektors - in Citybildung (s. 7.3.2), tertiäre Suburbanisierung (vgl. 2.3.3), Bürostandortdekonzentration (s. 7.5.2) etc. Selbst der primäre Wirtschaftssektor ist funktional von der Verstädterung beeinflusst („**urbanisierte Landwirtschaft**" wie Reiterhöfe, Treibhauskulturen etc. am Rande von Großstädten).

Die funktionale Verstädterung äußert sich z. B. in den Entwicklungsländern durch die ausgeprägte **funktionale *Primacy* von Metropolen und Megastädten** v. a. nationaler Bedeutung (s. 2.2). Es scheint zwischen funktionaler *Primacy* und dem jeweiligen wirtschaftlichen Entwicklungsstand ein Kausalzusammenhang zu bestehen - nach D. BRONGER (1996a) unabhängig von dem jeweiligen ökonomisch-politischen System (vgl. z. B. VR China).

D. BRONGER (1996a) hat eine Reihe von Indikatoren der funktionalen *Primacy* für Metro Manila/Philippinen einschließlich ihrer Entwicklung für rd. 30 Jahre berechnet. Dabei ergab sich, dass sich die *Primacy* von Metro Manila auf einem hohen Niveau gehalten, sich in Bezug auf eine Reihe von Indikatoren sogar noch weiter gesteigert hatte; dies gilt beispielsweise für den Außenhandelswert, das Bruttoinlandsprodukt, den Pkw-Besitz, für Telefonanschlüsse etc.

Funktionale Verstädterung hat unter dem **Aspekt städtebaulicher Funktions- oder Nutzungsmischung** im Rahmen des **Leitbildes einer nachhaltigen Stadtentwicklung** einen neuen Stellenwert erhalten (s. auch 5.7.13). Bis in die jüngere Vergangenheit hinein galten im deutschen Städtebau noch die Leitideen der sog. **funktionellen Stadt** oder des **Funktionalismus im Städtebau** (Charta von Athen, s. 5.7.6). Dieses Leitbild hat sich u. a. auf die Baugesetzgebung und den Städtebau der Nachkriegszeit im westlichen Deutschland, aber etwa auch in der ehem. DDR ausgewirkt. Im Rahmen des rasanten Flächenwachstums unserer Städte und Stadtregionen konnten sich Entmischungsprozesse ungebremst entwickeln (Abb. 5.28). Es handelte sich dabei um die zunehmende räumliche Desintegration der einst eng verflochtenen Funktionsstandorte für Wohnen, Arbeiten, Versorgen und (in Abb. 5.28 nicht dargestellt) Freizeit. Beispiele dafür sind: Einfamilienhausviertel ohne Versorgungs- und Arbeitsfunktionen sowie insbesondere Einkaufszentren auf der „Grünen Wiese", Bürostandortdekonzentration, industrielle bzw. gewerbliche Entwicklung an peripheren Standorten (häufig auch unter dem Ideal „Fabrik im Grünen" oder „Arbeiten im Park"), Freizeit- und Vergnügungsparks oder kommerzielle Sportangebote (Squash, Schwim-

men, Tennis etc.), die in der Regel für den Nutzer nur mit dem Pkw erreichbar sind (J. JESSEN 1995, S. 395); zur dezentralen Standortentwicklung s. 7.5.2.

In jüngerer Zeit wurden im Rahmen nachhaltiger Stadtentwicklung (s. 5.7.13) immer mehr Forderungen nach **Funktions- oder Nutzungsmischung im Städtebau** gestellt. „Nutzungsmischung umfaßt dabei:

• funktionale Durchmischung von Stadtquartieren (Verflechtung von Wohnstandorten und Arbeitsplätzen, Versorgungs- und Freizeiteinrichtungen),

• Durchmischung verschiedener sozialer Schichten, Haushaltstypen und Lebensstilgruppen sowie

• baulich-räumliche Durchmischung (J. ARING/S. SCHMITZ/C.-C. WIEGANDT 1995, S. 510)".

Nutzungsmischung gründet in einer ganzen Reihe von Erwartungen, die an dieses neue Leitbild gebunden sind, u. a. (nach J. JESSEN 1995, S. 391):

• „Minderung des Verkehrszuwachses, gleichmäßige Auslastung der Verkehrsinfrastruktur, Förderung des Fuß- und Fahrradverkehrs,

• Reduzierung der Schadstoffbelastung, des Flächen- und Energieverbrauchs,

• soziale Absicherung des städtischen Wachstums durch parallele Entwicklung von Wohn- und Arbeitsstätten,

• Stabilisierung von Stadtteilen durch Vermeidung und Ausgleich großer sozialräumlicher Ungleichgewichte,

• Schaffung lebendiger, „urbaner" Stadtquartiere."

J. ARING/S. SCHMITZ/C.-C. WIEGANDT (1995, S. 510) fassten die **Ziele der Nutzungsmischung** wie folgt zusammen: „Schaffung von Urbanität, Erhöhung städtischer Qualitäten, Begünstigung urbaner Vielfalt, Abbau von Segregation, Integration benachteiligter Sozialgruppen und Vermeidung von Verkehr". Anmerkung: Der in diesem Zitat sowie im übrigen Kapitel mehrfach benutzte Terminus 'Urbanität' lässt sich heute auch im Zusammenwirken mit Informations- und Kommunikationstechnologien, d. h. mit der virtuellen Realität als 'neue, ergänzende Urbanität' verwenden (vgl. S. Schmitz 2010).

Auf die funktionale Verstädterung lassen sich auch „**Postsuburbia**" oder „postsuburbane" Entwicklung als Leitbegriffe eines neuen Diskurses (J. Aring 1999, S. 20ff.) beziehen. „Diese Phase ist nicht mehr nur durch quantitatives Wachstum, sondern zunehmend auch durch qualitatives Wachstum geprägt, durch eine funktionale Aufwertung der Peripherie mit einem breiteren Spektrum qualifizierter Tätigkeiten" (J. Burdack 2005, S. 9; vgl. auch 12.3.2 mit Abb. 12.12).

Kasten 2.7 Literaturauswahl zur Ergänzung und Vertiefung des Kapitels 2

· **Der Stadtbegriff in der Stadtgeographie und in Nachbarwissenschaften**:
J. Bähr/U. Jürgens 2009, C. Dittrich 2012, H. Fassmann 2009[2], H. Heineberg 2017a, B. Hofmeister 1999[7], R. Paesler 2008, W. Schenk 2004, K. Zehner 2001a (Stadtgeogr.); UN 2012 (m. nationalen Definitionen); B. Hamm 1982, B. Schäfers 2010[2], A. Harth u. a. 2012, W. Siebel 2015 (Stadtsoziologie); T. Hengartner 1999 (Volkskunde); P. Johanek/F.-J. Post 2004, T. Vogtherr 2011 (Stadtgeschichte); H. Steuer 2004 (Stadtarchäologie d. Mittelalters)
·**Stadtgrößenklassen/Metropolen/Metropolisierung/Megastädte/Megapolisierung**
(s. auch Kasten 12.9 in Kap. 12): D. Bronger 2004, 2006, 2008, D. Bronger/L. Trettin 2011, E. Ehlers 2006, F. Kraas 1997, 2005d, F. Kraas u. a. 2002, F. Kraas/U. Nitschke 2006, G. Mertins/F. Kraas 2008, R. Wehrhahn/D. Haubrich 2010
· **Zur Terminologie und Theorie der Verstädterung/Urbanisierung**:
J. Bähr 2010[5], J. Bähr/U. Jürgens 2009, H. Heineberg 1983c, B. Hofmeister 1999[7], F. Kraas 2010; S. Schmitz 2010 (neue Urbanität); J. Reulecke 1985, W. Schenk 2004 (Stadtgeschichte); J. Burdack 2005 (metropolitane Peripherie zw. sub-/posturbaner Entw.); M. Coy/F. Kraas 2003 (Entw.-länder)
· **Demographische Verstädterung** (s. auch oben unter Stadtgrößenklassen etc.):
J. Bähr 1993, 2010[5], J. Bähr u. a. 1992, H. Schrand 1992 (demogr. Verstädterung); UN 1993 u. weitere Jahrgänge bis 2012 (weltweite Daten); P. Gans 1997 (Bevölker.-entwickl. dt. Großstädte)
· **Verstädterung als Städteverdichtung**:
C. Haase 1984[4] (Histor. Städteverteilung, Westfalen); H. Stoob 1970, 1990 (Stufen d. Stadtentstehung, Mitteleuropa); H. Heineberg 1996, 1997[2] (*New Towns*, UK); A. Pletsch 1997 (*Villes Nouvelles*, Frankreich); G. Meyer 1996a, 2004b (Neue Städte im Umland v. Kairo)
· **Physiognomische Verstädterung**:
B. Hofmeister 1987, B. Grzywatz 1997 (Landhaus-/Villenkolonien); H. Heineberg 1997[2], I. Leister 1970 (*urban sprawl*, UK); J. Aring 1999, K. Brake u. a. 2001, D. Bronger 2001, J. Burdack/M. Hesse 2006, K. Friedrich u. a. 2014, G. Herfert 2002, M. Hesse/R. Kaltenbrunner 2005, M. Hesse/S. Schmitz 2000 (Sub-/Desurbanis.); BBSR 2016, darin: u. a. M. Hesse u. a., P. Lütke/G. Wood (Zukunft d. suburbanen Raums, auch sozialräuml./Nutzungswandel); L. Matthey 2011 (Periurbansierung in d. Schweiz)
· **Counterurbanization**:
B. Butzin 1986, G. Tönnies 1993; D. F. W. Cross 1990, R. Lindemann 1990, D. Schmied 2000 (Beispiele)
· **Soziale Verstädterung**:
J. Maier u. a. 1977 (städt. Lebensformen, Urbanität); J. Bähr/G. Mertins 1995, 2000, D. Bronger 2005, 2007, G. Mertins 1992a (Marginalisierung, Marginalsiedl. i. Metropolen d. Dritten Welt); W. Taubmann 1996a (Polarisierungen i. Metropolen/Weltstädten); T. Aussheuer 2014, R. Wehrhahn 2014 (Ghettos/Slums: Begriffe, Konzepte, Diskurse); K. Brake/G. Herfert 2012, P. Engler 2014, S. Frank 2012, H. Häussermann/W. Siebel 1987, G. Herfert 2009, M. Hesse 2010b, K. Wiest 2005 (Reurbanisierung)
· **Funktionale Verstädterung**:
D. Bronger 1996a (Funktionale *Primacy* von Metropolen); J. Aring/S. Schmitz/C.-C. Wiegandt 1995, BfLR 1995b, J. Jessen 1995, 1999, 2000 (städtebauliche Funktions- o. Nutzungsmischung)

3 Städtische Agglomerationen - Begriffe, Raumkategorien, Analysen

Abb. 3.1 Bremen: Metropole mit historischer Tradition an der Weser © WFB, Foto: D. Schmoll

Bremen ist die Hauptstadt des Landes Freie Hansestadt Bremen (insges. rd. 548.000 Einw.). Mit der ab Ende des 8. Jh.s entstandenen Bischofsstadt bzw. mittelalterlichen Altstadt (Gruppenstadt) sowie als Hafen- und ehem. Hansestadt verfügt Bremen über eine lange Tradition. Die Altstadt ist durch einen breiten Gürtel sog. Wallanlagen (ab 1802 geschleifte Stadtbefestigung, heute Erholungsfläche) begrenzt.

Die Verstädterung bzw. Urbanisierung (s. Kap. 2) hat weltweit zur Entstehung sog. **städtischer** (oder urbaner) **Agglomerationen oder Verdichtungen unterschiedlichster Größenordnungen, räumlicher Strukturen und Funktionen** geführt. Diese haben eine Vielzahl von oftmals von Land zu Land voneinander abweichenden, häufig auch zeitlich wechselnden Benennungen und Definitionen erfahren, z. B. Agglomerationsräume, Ballungsräume, Verdichtungsgebiete und -räume, Metropolitangebiete oder -räume, Metropolregionen, Metropolen (z. B. die Metropole Bremen im Nordwesten Deutschlands, Abb. 3.1), Stadtregionen, Stadt-Umland-Räume, *Global City*. Derartige und andere Raumkategorien dienen insbesondere in der Landesplanung „in vielen Fällen der räumlichen Konkretisierung von normativen Vorgaben in Form von Zielen und Grundsätzen der Raumordnung" (BBSR 2012b, S. 94). In diesem Kapitel werden vor allem für Deutschland wichtige Bezeichnungen und Begriffsdefinitionen sowie deren Bedeutung für die Raumforschung und Raumordnung, auch in Bezug auf Europa, behandelt.

Auch für eine Reihe weiterer Lehrbuch-Kapitel sind - i. Allg. über einzelne Städte hinaus reichende - (größere) Agglomerations- oder Verdichtungsräume und ähnliche Raumkategorien relevant.

3.1 Analyse von Agglomerationsräumen

3.1.1 (Städtische) Agglomeration bedeutet im internationalen Sprachgebrauch allgemein ein verstädtertes Gebiet mit einer gewissen Kernbildung, einer bestimmten Flächenausdehnung und einer größeren Mindestbevölkerungszahl (von z. B. 250.000 Einwohnern); vgl. engl. *urban agglomeration*, franz. *agglomération urbaine*, niederl. *stedelijke agglomeratie* oder span. *aglomeración urbana*. Bisher haben sich jedoch keine allgemein gültigen Schwellenwerte für die einzelnen verwendeten Abgrenzungskriterien - wie Flächengröße, Einwohnerzahl etc. - durchsetzen können, und daher gibt es auch keine endgültige Definition. Das Wort Agglomeration wird in verschiedenen Zusammensetzungen meist recht vage benutzt, z. B. **Bevölkerungsagglomeration, Siedlungsagglomeration, städtische Agglomeration, Industrieagglomeration,** oder einfach als **Agglomerationsraum** (vgl. Definitionen unter 3.1.2 und 3.3). Größere städtische Agglomerationen werden häufig auch als **Metropolitangebiete, Metropolregionen** o. ä. bezeichnet (vgl. auch Europäische Metropolregionen unter 3.3).

Während in den Raumordnungsplänen der deutschen Bundesländer die Gebietskategorie Agglomeration nicht vertreten ist (s. BBSR 2012b, Karte 41), findet diese etwa in der Schweiz, zusammen mit Metropolitanraum, innerhalb des 2012 zwischen den drei Staatsebenen vereinbarten sog. „Raumkonzepts Schweiz" Anwendung (vgl. www.raumkonzept-schweiz.ch).

Im Folgenden werden städtische Agglomeration oder **Agglomerationsraum** synonym als allgemeinere (quasi-neutrale) Bezeichnungen für Verdichtungs-, Metropolräume und ähnliche Benennungen benutzt.

3.1.2 Phasenmodell von Agglomerationsräumen nach W. GAEBE (Abb. 3.2). Das ursprünglich von britischen und niederländischen Regionalwissenschaftlern ausgearbeitete Modell beschreibt Veränderungstendenzen der Bevölkerungs- und Beschäftigtenentwicklung in Agglomerationsräumen; diese werden als „städtische Räume mit mindestens einer halben Million Einwohner bezeichnet, die durch mehrere politisch-administrative Raumeinheiten (Gemeinden oder Kreise) gebildet werden, also über die Fläche einer Stadt im administrativen Sinne hinausgehen. Diese städtischen Räume werden (...) in Kernstadt und Umland gegliedert (strukturell unterschiedliche, funktional aber zusammengehörige und vielfach verflochtene Räume)" (W. GAEBE 1991, S. 3).

Nach W. GAEBE (1987, 1991) lassen sich **vier Veränderungsphasen von Agglomerationsräumen** unterscheiden (Abb. 3.2):

(1) Urbanisierungsphase. Diese ist durch starkes Bevölkerungs- und Beschäftigtenwachstum in der Kernstadt aufgrund intraregionaler Konzentration von Bevölkerung und Arbeitsplätzen charakterisiert. Diesen Zeitraum, in dem die Bevölkerung der Kernstadt wuchs, hat es in verschiedenen Kulturen (Kulturräumen) zu verschiedenen Epochen gegeben. Zuerst in Großbritannien, im 19. Jh. auch in anderen Staaten Europas und in den USA waren die Städte durch starke Bevölkerungszunahmen (rd. 1-2 % pro Jahr) gekennzeichnet, die vor allem durch Zuwanderungen bedingt waren; dieser Bevölkerungszuwachs ist heute in den großen Städten der Schwellen- und Entwicklungsländer mit etwa 3-6 % pro Jahr noch wesentlich größer (vgl. 2.3.1)! „Im Unterschied zur Urbanisierung in diesen Ländern war im 19. Jahrhundert Urbanisierung mit wirtschaftlichem Wachstum verbunden. Bevölkerung und Wirtschaft waren stark konzentriert, da

Einkommen und Verkehrsnetz nur arbeitsplatznahe Wohnungen zuließen" (W. GAEBE 1991, S. 4).

(2) **Suburbanisierungsphase.** Diese ist durch eine relativ stärkere Bevölkerungs- und Beschäftigungszunahme im Umland als in der Kernstadt aufgrund innerregionaler Dekonzentration von Bevölkerung und Arbeitsplätzen gekennzeichnet (vgl. auch 2.3.3 und Kasten 3.1). Generell erfolgt **Suburbanisierung** durch: „Zu- und Fortzüge, Unterschiede in der natürlichen Bevölkerungsentwicklung (höhere Geburten- und niedrigere Sterberaten im Umland als in der Kernstadt), durch Stillegung und Neugründung von Unternehmen und Betrieben, Verlagerungen und innerbetriebliche Beschäftigungsänderungen" (W. GAEBE 1991, S. 6).

Der Prozess der Suburbanisierung setzte nach W. GAEBE in den Industrieländern bereits im 19. Jh. ein, und zwar als wellenförmige Standortverschiebung von Haushalten und Betrieben; in den USA zogen etwa ab 1830, in Europa ab der 2. Hälfte des 19. Jh.s wohlhabende Haushaltungen aus der Innenstadt an den Stadtrand, zunächst noch als räumlich und soziologisch sehr begrenzte Umzüge (Abb. 2.12). Mit der weiteren Zunahme von Arbeitsplätzen in den Innenstädten der Kernstädte stiegen hier die Nutzungsdichte und -mischung zunächst noch an. Der Ausbau der Verkehrswege bewirkte auch den Umzug von Mittel- und Unterschichten in die Vororte und Vorstädte. Bereits im 19. Jh. erfolgten schon Industrie-Standortverlagerungen an den Stadtrand, da neue Betriebe meist nur dort Flächen fanden. Die Suburbanisierung des tertiären Sektors setzt(e) im Rahmen des Dekonzentrationsprozesses in den Agglomerationsräumen i. Allg. am spätesten ein.

„Hauptgründe für Fortzüge aus der Kernstadt sind das unzureichende Wohnungsangebot, Mängel in der Bausubstanz und der Wohnumwelt, für Zuzüge ins Umland günstigere Wohnbedingungen und die geringere Bebauungs- und Wohndichte. Ein wichtiger Grund für Zuzüge in die Kernstadt ist die Infrastruktur, für junge Menschen u. a. Bildungseinrichtungen, für Erwerbstätige kulturelle und Freizeiteinrichtungen.

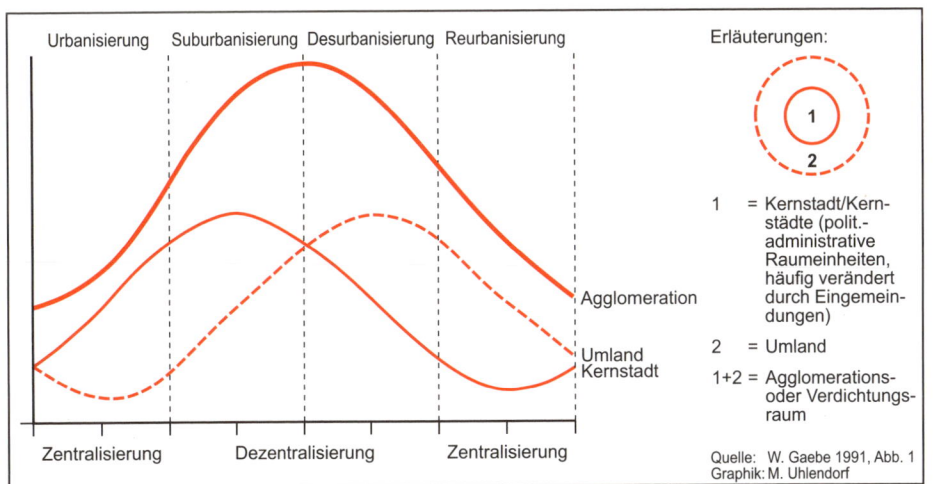

Abb. 3.2 Modell der Bevölkerungs- und Beschäftigungsentwicklung in Agglomerationsräumen

---

Kasten 3.1 Suburbanisierung und Teilprozesse städtischer Entwicklung

Die **Suburbanisierung** ist mit einer Reihe von Teilprozessen verbunden, und zwar nach W. Gaebe (1991, S. 6-7) im Einzelnen mit:
1. einer **Reorganisation der Bevölkerungsverteilung und der Flächennutzung im Agglomerationsraum**, d. h.
· mit einer **demographischen Segregation**
(Zunahme der Anteile mittlerer Altersgruppen, von Kindern, Jugendlichen und Mehrpersonenhaushaltungen im Umland sowie der Anteile alter Menschen, von Ausländern, Einpersonenhaushalten und ethnischen Minderheiten in der Kernstadt),
· mit einer **sozio-ökonomischen Segregation** (Wachstum des Anteils der Mittelschichthaushalte im Umland und einkommensschwacher Bevölkerung in der Kernstadt),
· mit einer **funktionalen Segregation** (neue Standorte von Industriebetrieben, flächenextensiven und verkehrsintensiven Funktionen, z. B. Großhandels- oder Speditionsunternehmen, im Umland; Konzentration höher- und höchstrangiger Funktionen, u. a. Leitungs-, Finanz-, Handels-, Beratungs- und Vermittlungseinrichtungen, in der Kernstadt, d. h. überwiegend informations- und flächenintensive Tätigkeiten; Abnahme des sekundären Sektors in der Kernstadt),
· mit **Nutzungsveränderungen** (Entstehung von Großwohnsiedlungen, ausgedehnten Eigenheimsiedlungen, neuen Industrie-, Handels- und Dienstleistungsstandorten im Umland; eine stärkere Funktionsdifferenzierung bei gleichzeitiger Verdrängung weniger rentabler Nutzungen in der Kernstadt; die Kernstadt ist zugleich ein Raum großer sozialer Heterogenität und Konflikte: einerseits Verfall, Ghetto- und Slumbildung, andererseits Entwicklungsdruck, Bauboom und *„gentrification"*;
2. einer **Zunahme des Siedlungs- und Verflechtungsraumes** bei gleichzeitigem Auseinanderfallen der (für die Urbanisierungsphase charakteristischen) engen räumlich-funktionalen Einheit von Wohnen und Arbeiten, Versorgung und Produktion;
3. einer **Abnahme der Bevölkerungsdichte** im Hauptgeschäftszentrum (Kernstadt) und in den Sekundärzentren;
4. einem **Wirtschaftskraftgewinn** im Umland, dagegen Verluste der Wirtschaftskraft, der Steuereinnahmen und Kaufkraft in der Kernstadt; zugleich steigen hier die Sozialleistungen und Kosten für die auch vom Umland stark genutzte Infrastruktur.

Steigender Flächenbedarf, hohe Grundstückskosten und Mietforderungen veranlassen Industrie-, Handels- und Dienstleistungsunternehmen zur Aufgabe in der Kernstadt oder zu Verlagerungen. Große, preiswerte und gut erreichbare Gewerbe- und Industrieflächen, neue Angebotsformen im Handel, u. a. Verbraucher- und Fachmärkte, Einkaufszentren und die veränderte Kunden- und Kaufkraftverteilung (Bevölkerungssuburbanisierung), sind andererseits Hauptgründe für Ansiedlungen im Umland. Für höchstrangige quartäre und tertiäre Tätigkeiten blieb zumindest in Westeuropa das Hauptzentrum der beste Standort (Agglomerationsvorteile)" (W. Gaebe 1991, S. 8).

(3) Desurbanisierungsphase. Des- oder De-Urbanisierung bedeutet „absolute Bevölkerungs- und Beschäftigungsabnahme im gesamten Agglomerationsraum, da die Zunahme im Umland die Verluste in der Kernstadt nicht mehr ausgleicht. (...) Eine Reihe ehemals wachstumsstarker Räume verliert nicht nur in der Kernstadt, sondern insgesamt Bevölkerung und Arbeitsplätze" (W. Gaebe 1991, S. 8). Dies gilt vor allem für Agglomerationsräume mit industrieller Monostruktur (z. B. Bergbau, Montanindustrie). „Als ein Hauptgrund dafür wird die geringe Erneuerungsfähigkeit strukturschwacher Räume angesehen, auch die geringe Bereitschaft, sich in hoch belasteten Räumen anzusiedeln und zu investieren. Jüngere und weniger industrialisierte Städte (mit geringeren Altlasten) erscheinen für hochqualifizierte Arbeitskräfte und „moderne" Betriebe attraktiver" (W. GAEBE 1991, S. 9).

(4) **Reurbanisierungsphase. Reurbanisierung** bedeutet nach W. GAEBE (1991, S. 9) relative Bevölkerungs- und Beschäftigtenzunahme in der Kernstadt (vgl. auch 2.3.5). „Seit den 70er Jahren nehmen in vielen Industrieländern, aber auch in Schwellenländern, private und öffentliche Erhaltungs- und Erneuerungsinvestitionen in den Kernstädten zu (Sanierung und Rekonstruktion historischer Stadtstrukturen), sowohl in Agglomerationsräumen mit Bevölkerungs- und Arbeitsplatzverlusten als auch in wachsenden Räumen der Urbanisierungs- und Suburbanisierungsphase. Ein besonders aufwendiger Umbau, meist verbunden mit der Verdrängung einkommensschwacher Bevölkerung, wird als „*gentrification*" (Veredelung) bezeichnet" (ebd.); vgl. auch 1.3.6 mit Kasten 1.4 sowie 2.3.5 u. 10.4.

„Die vier Entwicklungsphasen der Verdichtungsräume müssen (...) nicht aufeinander folgen. Zwar folgt häufig der Urbanisierungsphase eine Suburbanisierungsphase. Urbanisierung, Suburbanisierung und Desurbanisierung können in einem Land zeitgleich auftreten, ebenso Desurbanisierung und Reurbanisierung (Beispiel USA)" (W. GAEBE 1991, S. 15).

3.2 Agglomerationraumkategorien in Deutschland

3.2.1 Ballungsgebiete. Diese wurden seitens der Raumforschung (G. ISENBERG 1957) definiert als Gebiete mit einem großstädtischen Kern und einer Konzentration von über 500.000 Einw. in einem Gebiet von ca. 500 km^2 bei einer durchschnittlichen Bevölkerungsdichte von 1.000 Einw./km^2. Es wurden also recht schematisch bestimmte Strukturschwellenwerte zugrunde gelegt, sog. Verflechtungsmerkmale (z. B. Pendlerräume) blieben gänzlich unberücksichtigt.

Nach der o. g. Definition gibt es in der alten Bundesrepublik Deutschland neun Ballungsgebiete (**Großballungen**), die sich wiederum in zwei unterschiedliche Typen gliedern lassen:

• **Einkernballungen** oder **monozentrische Ballungsgebiete** (Hamburg, Bremen, Hannover, Stuttgart, Nürnberg und München) und

• **Mehrkernballungen** oder **polyzentrische Ballungsgebiete** (Rhein-Ruhr-Gebiet, s. Abb. 3.3, Rhein-Main-Gebiet und Rhein-Neckar-Raum).

Der Begriff Ballungsgebiet wurde wegen seiner Belastung mit negativen Wertinhalten, wie hohe Bodenpreise, Wohnungsnot, Luftverschmutzung, schlechte Verkehrsverhältnisse etc., die man i. Allg. mit „Ballung" verknüpft, in der Landesplanung der deutschen Bundesländer meist durch die vermeintlich neutralere Bezeichnung Verdichtungsraum ersetzt (vgl. BBSR 2012b, Karte 41). Eine Ausnahme bildet Nordrhein-Westfalen, wo lt. Landesentwicklungsplan von 1995 noch die Begriffe „Ballung" (Ballungskerne und -randzonen) sowie Solitäre Verdichtungsgebiete verwendet wurden (vgl. Abb. 3.3). Im Bundesraumordnungsbericht (vgl. BBRa 2005) wurde - unter dem Einfluss der Globalisierung (s. Kap. 12 in diesem Band) - die Bezeichnung Metropole (oder Metropolraum) bevorzugt (vgl. auch 3.3).

3.2.2 Stadtregionen wurden in der Bundesrepublik Deutschland seitens der Raumforschung definiert und auch modellartig gegliedert: Das **Modell der Stadtregion von O. BOUSTEDT** (1970^2, s. Abb. 3.4 mit Erläuterung) wurde in Anlehnung an Modelle und Stadtregionsgliederungen aus den USA mit einer

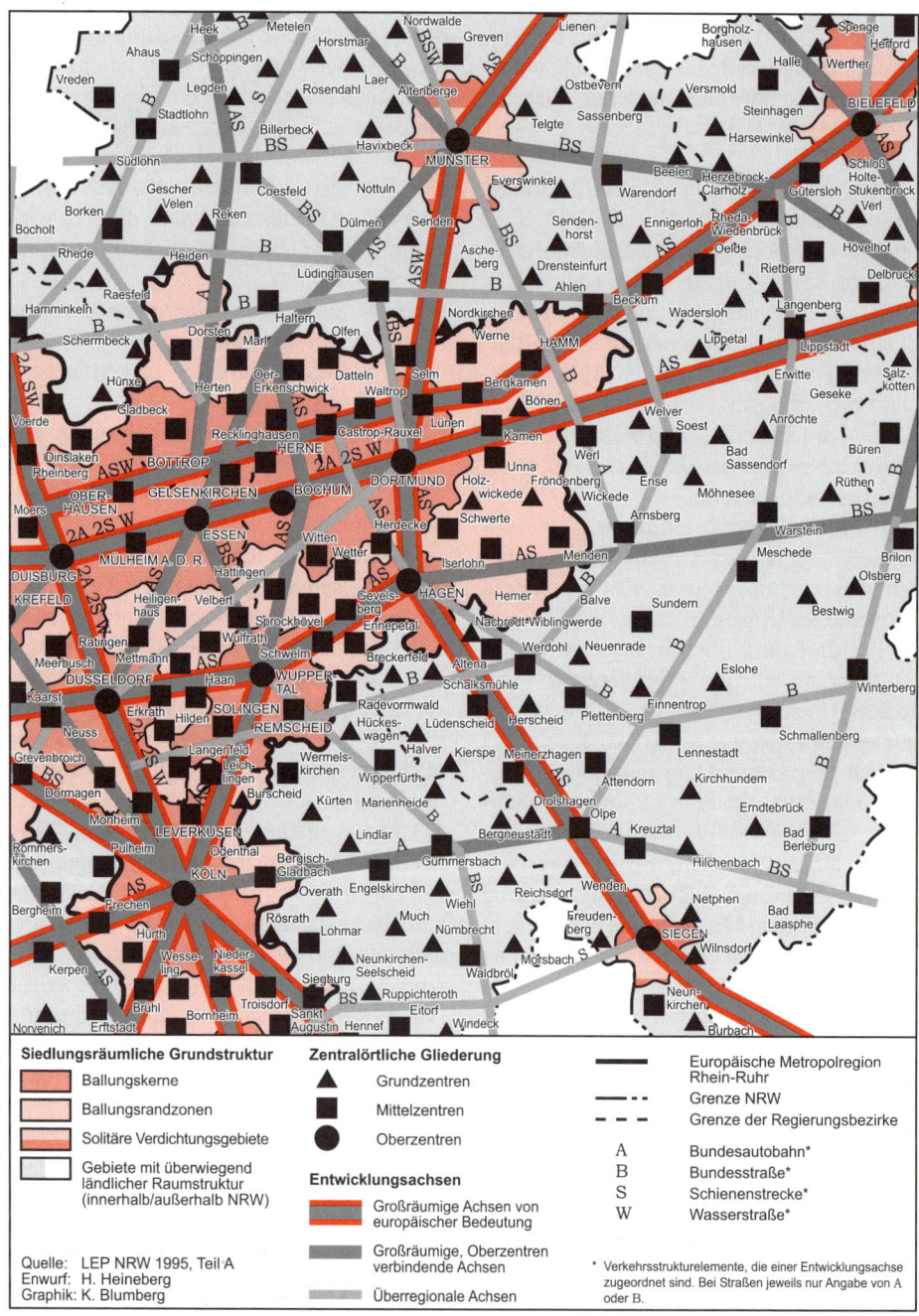

Siedlungsräumliche Grundstruktur

- 🟥 Ballungskerne
- 🟧 Ballungsrandzonen
- 🟥 Solitäre Verdichtungsgebiete
- ⬜ Gebiete mit überwiegend ländlicher Raumstruktur (innerhalb/außerhalb NRW)

Quelle: LEP NRW 1995, Teil·A
Enwurf: H. Heineberg
Graphik: K. Blumberg

Zentralörtliche Gliederung

- ▲ Grundzentren
- ■ Mittelzentren
- ● Oberzentren

Entwicklungsachsen

- Großräumige Achsen von europäischer Bedeutung
- Großräumige, Oberzentren verbindende Achsen
- Überregionale Achsen

Europäische Metropolregion Rhein-Ruhr
Grenze NRW
Grenze der Regierungsbezirke

A Bundesautobahn*
B Bundesstraße*
S Schienenstrecke*
W Wasserstraße*

* Verkehrsstrukturelemente, die einer Entwicklungsachse zugeordnet sind. Bei Straßen jeweils nur Angabe von A oder B.

Abb. 3.3 Landesentwicklungsplan Nordrhein-Westfalen 1995
(Ausschnitt, kartographisch veränderte Darstellung)

In **Abb. 3.4** bedeuten:
· **Kernstadt** = Verwaltungsgebiet der zentralen Stadtgemeinde(n),
· **Ergänzungsgebiet** = um die Kernstadt gelegene Gemeinden, die der Kernstadt im Siedlungscharakter, in struktureller und funktionaler Hinsicht weitgehend ähneln. Kernstadt und Ergänzungsgebiet wurden als
· **Kerngebiet** der Stadtregion zusammengefasst. Daran schließt sich im Nahbereich der Umlandgemeinden die
· sog. **Verstädterte Zone** an, die bereits eine erheblich aufgelockerte Siedlungsstruktur, jedoch noch eine ausgesprochen gewerbliche Erwerbsstruktur der Wohnbevölkerung aufweist, die zum überwiegenden Teil im Kerngebiet arbeitet (Pendler).
· Die **Randzone** umfasst weitere Umlandgemeinden in der äußeren Zone der Stadtregion; in ihr nimmt der Anteil landwirtschaftlicher Erwerbspersonen zur Peripherie hin allmählich zu. Der Pendlerverkehr ist auch von der Randzone aus noch überwiegend auf das Kerngebiet ausgerichtet.

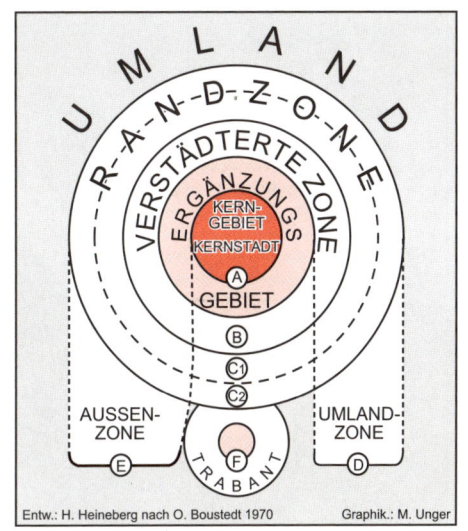

Entw.: H. Heineberg nach O. Boustedt 1970   Graphik.: M. Unger

Abb. 3.4 Modell der Stadtregion von O. Boustedt

Differenzierung in Raumeinheiten bzw. Zonen entwickelt (vgl. Ähnlichkeiten mit dem Modell von A. Boskoff, 1970, s. Abb. 2.13).

Auf der Grundlage des Boustedt-Modells wurden vergleichbare Volkszählungsdaten (umfangreiche Tabellen) für die Jahre 1950 und 1961 veröffentlicht, die uns wesentliche Einsichten in die Entwicklungsdynamik innerhalb der städtischen Verdichtungsgebiete in der ehemaligen Bundesrepublik Deutschland vermitteln. Für die zugrunde gelegten sog. Verdichtungs-, Struktur- und Verflechtungsmerkmale wurden ausgewählte Schwellenwerte bestimmt, deren Größenordnungen jedoch für das Jahr 1970 (Volkszählung) etwas verändert wurden, so dass die Stadtregionsgliederung von 1970 mit derjenigen von 1961 und 1950 nicht ganz vergleichbar ist.

Das Boustedtsche Stadtregionskonzept hat nach 1970 zunächst keine Fortsetzung mehr gefunden. Auf diesem Ansatz beruhen allerdings die Abgrenzungen sog. **Großstadtregionen** durch das (heute sog.) Bun-

desinstitut für Bau-, Stadt- und Raumforschung (BBSR) (s. Abb. 3.6), deren Kriterien seit den 1990er Jahren immer wieder etwas angepasst wurden; seit 2000 konnte dafür auf der Ebene der Gemeindeverbände erstmals eine gesamtdeutsche Pendlererhebung der Bundesanstalt für Arbeit (von 1996) genutzt werden, ohne dass die Regionsbegrenzungen durch administrative Einheiten wie Kreise, Regierungsbezirke oder Länder eingeschränkt wurden (vgl. BBSR 2012b, S. 72-75). Ähnlich wie bei O. Boustedt gliedern sich um die **Zentren von Großstadtregionen** sog. **Ergänzungsgebiete** mit hoher Tagesbevölkerungsdichte und engen, wechselseitigen Pendlerbeziehungen zum jeweiligen Zentrum; der Außenbereich der Stadtregion ist nach dem Grad der Pendlerverflechtung in zwei Zonen unterteilt worden, in den **engeren und weiteren Pendlerverflechtungsraum** (s. Abb. 3.6 und Legendenerläuterung in Kasten 3.2).

Gesamtwerte ausgewählter Indikatoren zeigen, dass ca. die Hälfte aller Gemeinde-

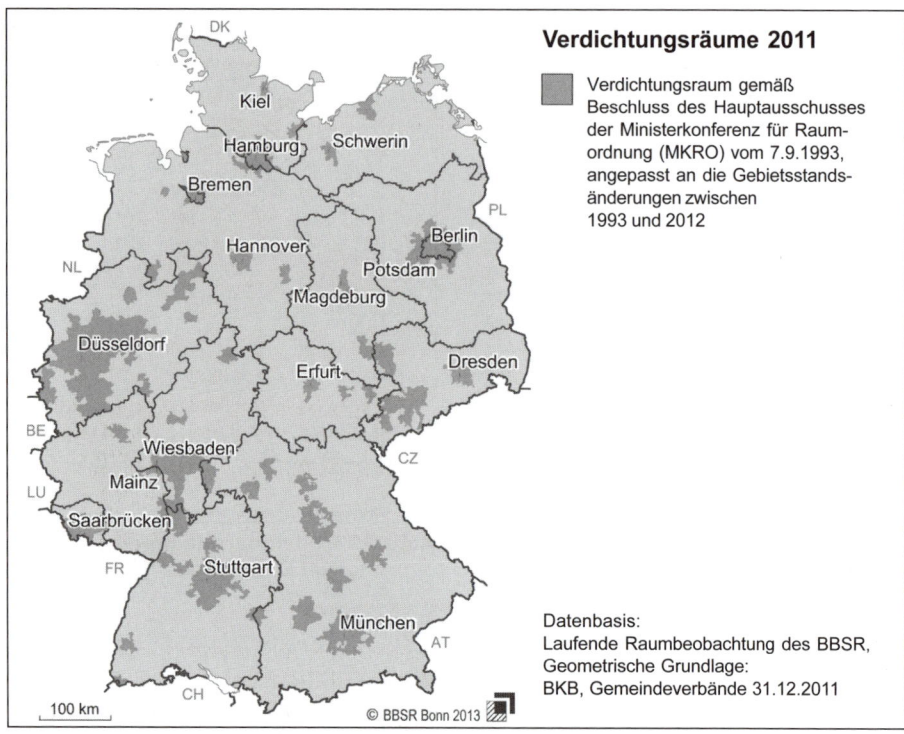

Abb. 3.5 Verdichtungsräume in der Bundesrepublik Deutschland

verbände und der Fläche in Deutschland auf die Großstadtregionen entfällt (BBSR 2012b, S. 74), in denen zugleich etwa drei Viertel aller Einwohner leben und arbeiten. „Bei tendenziell schrumpfender Bevölkerung befinden sich hier noch häufiger Gebiete mit Bevölkerungswachstum als außerhalb der Großstadtregionen" (ebd., S. 74, s. dort auch Tab. 22; vgl. auch Abb. 3.6 mit Abb. 3.8).

In der früheren amtlichen Raumordnung der ehemaligen Bundesrepublik Deutschland wurde nicht der Terminus Stadtregion, sondern der Begriff Verdichtungsraum als verbindlich erklärt:

3.2.3 Verdichtungsräume wurden speziell in der BRD in den 1960er Jahren durch die MINISTERKONFERENZ FÜR RAUMORDNUNG (MKRO) definiert bzw. abgegrenzt. „In den Verdich-

tungsräumen soll(t)en Maßnahmen zur Strukturverbesserung ergriffen werden, wenn Nachteile der Verdichtung zu ungesunden Lebensbedingungen oder unausgewogenen Wirtschafts- und Sozialstrukturen führen. Instrumentenbezogen sind sie allerdings weniger auf Bundesebene, sondern in den Konzepten und Festlegungen der Landesplanung berücksichtigt. Die letztgültige Abgrenzung basiert auf dem Beschluss der MKRO vom 7. September 1993" (BBSR 2012b, S. 36). Die Abb. 3.5 zeigt den aktuellen Stand mit Anpassung an die seit 1993 erfolgten Gebietsänderungen.

„Die **Abgrenzung** ist für die alten Länder annähernd vergleichbar und basiert auf zwei Merkmalen, die zusammen Verdichtung kennzeichnen sollen: **Siedlungsdichte** (Einwohner je km² Siedlungsfläche 1987/1985,

>= 3.620,2 E/km²) und **Anteil der Siedlungs- und Verkehrsfläche** an der Gesamtfläche (1985, >= 11,65 %). Zu den Verdichtungsräumen gehören (damit) Gemeinden, deren Fläche im Vergleich zum Bundeswert überdurchschnittlich für Siedlungs- und Verkehrszwecke genutzt wird und die gleichzeitig eine über dem Bundeswert liegende Siedlungsdichte haben" (BBSR 2012b, S. 36). Es handelt sich jeweils um ein zusammenhängendes Gebiet mit mehr als 150.000 Einw. „Einige der von der MKRO ausgewiesenen Verdichtungsräume erfüllen Letzteres jedoch nicht. Es sind meist kleinere, solitär gelegene Verdichtungsräume wie Oldenburg und Schwerin oder Teile von grenzüberschreitenden Verdichtungsräumen wie Lörrach/Weil als Teil des Verdichtungsraumes Basel" (ebd.).

Die jüngeren Einwohnerdaten der insgesamt 45 Verdichtungsräume (Gebietsstand 31.12.2009) zeigen, dass unter den ersten 10 größten Rhein-Ruhr mit gut 11 Mio. Einw. hinsichtlich der Bevölkerungszahl absolut führend ist, und zwar mit großem Abstand zu den nächst folgenden: Berlin (4,2 Mio.), Rhein-Main (2,9 Mio.), Stuttgart knapp 2,9 Mio.), Hamburg (2,2 Mio.), München (2,1 Mio.), Rhein-Neckar (knapp 1,4 Mio.), Nürnberg/Fürth/Erlangen (rd. 1,18 Mio,), Halle/Leipzig (0,96 Mio.) und Chemnitz/Zwickau (0,93 Mio.) (zu den Daten für die übrigen Verdichtungsräume vgl. BBSR 2012b, Tab. 7). Allerdings ist Hamburg der Verdichtungsraum mit der größten durchschnittlichen Bevölkerungsdichte von gut 1.600 Einw./km², während Rhein-Ruhr hinsichtlich der Dichte von knapp 1.230 Einw./km² nicht nur hinter Berlin (gut 1.500 Einw./km²), sondern auch hinter einigen wesentlich kleineren Verdichtungsräumen rangiert (z. B. Kiel mit rd. 1.500 oder Oldenburg mit sogar rd. 1567 Einw./km²) (BBSR 2012b, Tab. 7).

Nach BBSR (2012b, Tab. 7) lebte Ende 2008 mit 50,5 % fast genau die Hälfte der Bevölkerung der BRD in Verdichtungsräumen, der Flächenanteil dieser Gebietskategorie am Bundesgebiet betrug allerdings nur 11,9% (ebd.). Hinsichtlich der zentralen Indikatoren „Siedlungsdichte" und „Anteil der Siedlungs- und Verkehrsfläche" zeigten sich lt. BBR 2000b (S. 49) „keine gravierenden Unterschiede zwischen den alten und neuen Ländern. Während die Siedlungsdichte in den ostdeutschen Verdichtungsräumen mit 1.100 Einwohnern je km² Siedlungsfläche etwas höher als in den alten Ländern (ausfiel), (lag) der Siedlungs- und Verkehrsflächenanteil im Westen mit 30 % knapp über dem ostdeutschen Vergleichswert mit 29 %. Die Verdichtungsräume sind also bundesweit vergleichbar" (ebd.).

3.2.4 Siedlungsstrukturelle Gebietstypen des Bundesinstituts für Bau-, Stadt- und Raumforschung (BBSR). „Ende der 1970er Jahre gründete die Bundesforschungsanstalt für Landeskunde und Raumordnung (BfLR) die **Laufende Raumbeobachtung**, um die Entwicklung der Teilräume zu beobachten und zu analysieren. Dafür wurden die siedlungsstrukturellen Gebietstypen entwickelt, die als zentrales Analyseinstrument in den Raumwissenschaften breit angewendet werden" (BBSR 2012b, S. 3). Für die Bundesrepublik Deutschland wurde erstmals im Raumordnungsbericht der Bundesregierung von 1986, hrsg. vom BMBau, eine Karte veröffentlicht, die derartige Gebietstypen beinhaltet. Für dieses neue „Beobachtungsraster" zur Analyse der differenzierten und sich ständig wandelnden Entwicklungen der Bevölkerungs- und Siedlungsstruktur wurden drei räumliche Grundtypen definiert und jeweils weiter untergliedert, und zwar die sog. siedlungsstrukturellen Regions-, Kreis- und Gemeindetypen.

Die Ende der 1970er Jahre entwickelten **siedlungsstrukturellen Regionstypen** wurden unterschieden in Regionen mit großen Verdichtungsräumen (Typ I), Regionen mit Verdichtungsansätzen (Typ II) und ländlich geprägte Regionen (Typ III). Mit dem ersten gesamtdeutschen Raumordnungsbericht (1993) wurden diese umbenannt in Agglomerationsräume (I), Verstädterte Räume (II) und Ländliche Räume (II) und so bis 2008 beibehalten (BBSR 2012b, S. 86f.); die siedlungsstrukturellen Regionstypen wurden in der 3. Aufl. dieses Stadtgeographie-Lehrbuchs (2006) in Kasten 3.3 mit ihren jeweiligen differenzierten Untergliederungen definiert (vgl. auch BUNDESAMT FÜR BAUWESEN UND RAUMORDNUNG/BBR 1999a, S. 2). Inzwischen wurden jedoch die Kriterien und zum Teil auch die räumlichen Zuordnungen (Anpassungen an ganze Raumordnungsregionen) verändert. Das dafür inzwischen zuständige BUNDESINSTITUT FÜR BAU-, STADT- UND RAUMFORSCHUNG (BBSR) im BBR hat für die Typisierung folgende sog. **Siedlungsstrukturmerkmale** berücksichtigt:

• „Bevölkerungsanteil in Groß- und Mittelstädten,
• Vorhandensein und Größe einer Großstadt,
• Einwohnerdichte der Raumordnungsregionen,
• Einwohnerdichte der Raumordnungsregionen ohne Berücksichtigung der Großstädte" (BBSR 2012b, S. 86).

Auf diese Weise wurden (mittels einer Reihe von Schwellenwerten) die folgenden siedlungsstrukturellen Regionstypen unterschieden: Städtische Regionen, Regionen mit Verstädterungsansätzen und Ländliche Regionen (vgl. mit Definitionen und Karte: BBSR 2012b, S. 86-87).

Für intraregionale, insbesondere siedlungs- bzw. stadtgeographische Fragestellungen (z. B. für Vergleiche) ist die zweite Untergliederung, und zwar nach sog. **sied-**

Kasten 3.2
Definitionen großstadtregionaler Zuordnungen in Abb. 3.6

· **Zentrum einer Großstadtregion**:
Stadt-/Gemeindetyp = Großstadt, Oberzentrum, Einpendlerüberschuss (Einpendler/Auspendler >=1), (Tag-)Bevölkerung 100.000 Einw., Hauptpendlerstrom kommt nicht aus benachbartem Zentrum
· **Ergänzungsgebiet**:
Tagesbevölkerungsdichte > 500, Einpendlerüberschuss und/oder 50 % der Auspendler pendeln in eine Kernstadt
· **engerer Pendlerverflechtungsraum**:
mind. 50 % der Auspendler pendeln in ein Zentrum/Ergänzungsgebiet
· **weiterer Pendlerverflechtungsraum**:
25 % bis 50 % der Auspendler pendeln in ein Zentrum/Ergänzungsgebiet
Nach: BBSR 2012b, S. 73

---

lungsstrukturellen Kreistypen, geeignet(er), zumal sich die amtliche Regionalstatistik zumeist auf Stadt- und Landkreise bezieht. Auch für diesen Grundtyp sind neue Benennungen und Kriterien für die Untergliederungen eingeführt worden. Wurden diese früher untergliedert in sog. Agglomerationsräume (I), Verstädterte Räume (II) und Ländliche Räume (III) mit insgesamt neun weiteren Untergliederungen (vgl. 3. Aufl. dieses Stadtgeographie-Lehrbuchs von 2006 mit Kasten 3.4, Abb. 3.6 und Tab. 3.1), so unterscheidet das BBSR heute **vier Grundtypen** oder Gruppen: sog. kreisfreie Großstädte, städtische Kreise, ländliche Kreise mit Verdichtungsansätzen und dünn besiedelte ländliche Kreise (s. Abb. 3.7 und die Definitionsmerkmale in Kasten 3.3); die räumliche Ebene zur Bildung von Kreistypen sind nicht die 412 Stadt- und Landkreise selbst, sondern sog. Kreisregionen (BBSR 2012b, S. 50).

Die für die Typisierung berücksichtigten sog. **Siedlungsstrukturmerkmale** sind:

vgl. S. 61

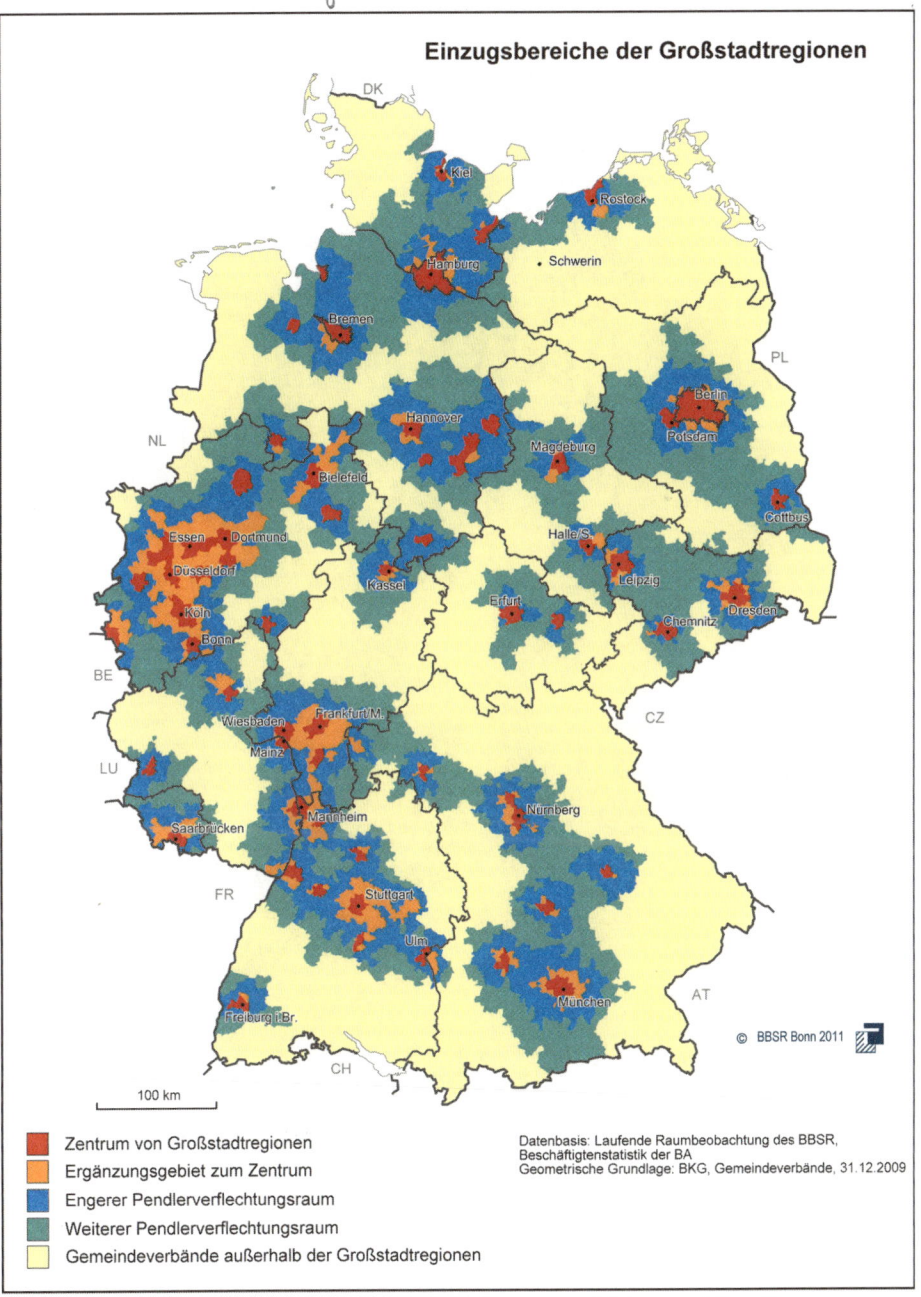

Einzugsbereiche der Großstadtregionen

Datenbasis: Laufende Raumbeobachtung des BBSR,
Beschäftigtenstatistik der BA
Geometrische Grundlage: BKG, Gemeindeverbände, 31.12.2009

© BBSR Bonn 2011

- Zentrum von Großstadtregionen
- Ergänzungsgebiet zum Zentrum
- Engerer Pendlerverflechtungsraum
- Weiterer Pendlerverflechtungsraum
- Gemeindeverbände außerhalb der Großstadtregionen

Abb. 3.6 Großstadtregionen mit Zentren, Ergänzungsgebieten und Pendler-verflechtungsräumen in Deutschland (Quelle: BBSR 2012b, Karte 28)

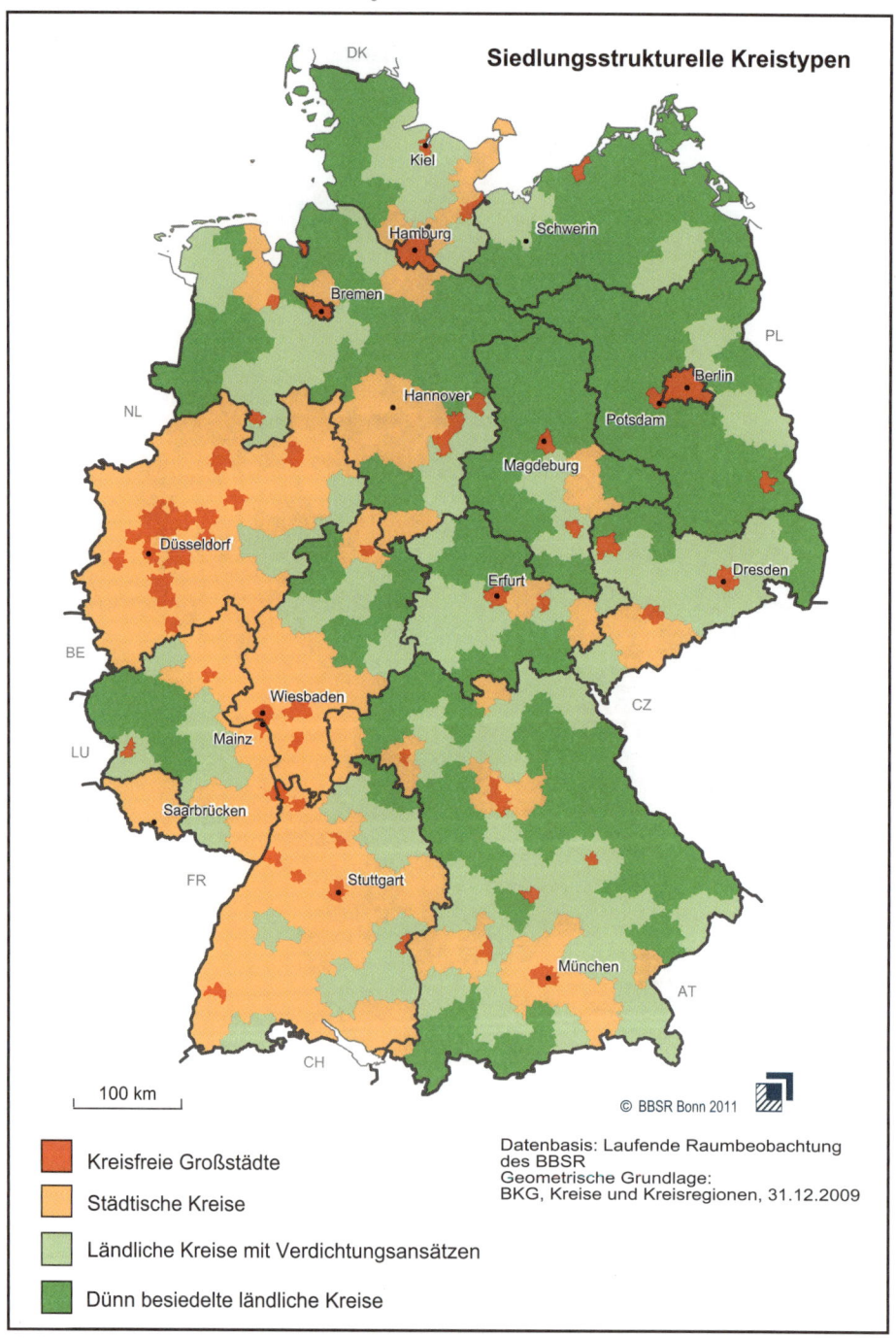

Abb. 3.7 Siedlungsstrukturelle Kreistypen in Deutschland (Quelle: BBSR 2012b, Karte 17)

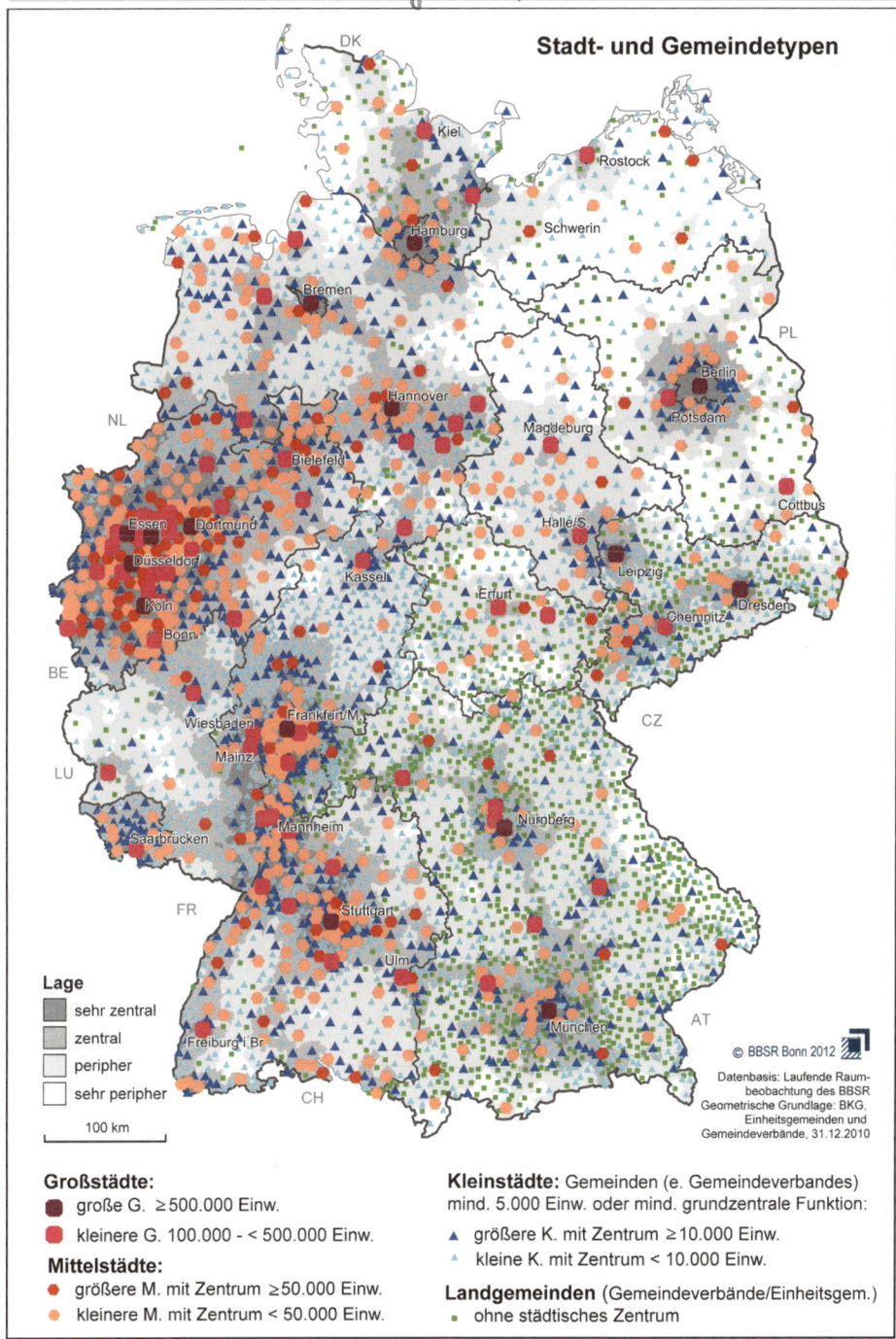

Stadt- und Gemeindetypen

Lage
- sehr zentral
- zentral
- peripher
- sehr peripher

100 km

© BBSR Bonn 2012

Datenbasis: Laufende Raum-
beobachtung des BBSR
Geometrische Grundlage: BKG,
Einheitsgemeinden und
Gemeindeverbände, 31.12.2010

Großstädte:
- große G. ≥ 500.000 Einw.
- kleinere G. 100.000 - < 500.000 Einw.

Mittelstädte:
- größere M. mit Zentrum ≥ 50.000 Einw.
- kleinere M. mit Zentrum < 50.000 Einw.

Kleinstädte: Gemeinden (e. Gemeindeverbandes)
mind. 5.000 Einw. oder mind. grundzentrale Funktion:
- größere K. mit Zentrum ≥ 10.000 Einw.
- kleine K. mit Zentrum < 10.000 Einw.

Landgemeinden (Gemeindeverbände/Einheitsgem.)
- ohne städtisches Zentrum

Abb. 3.8 Stadt- und Gemeindetypen in Deutschland (Quelle: BBSR 2012)

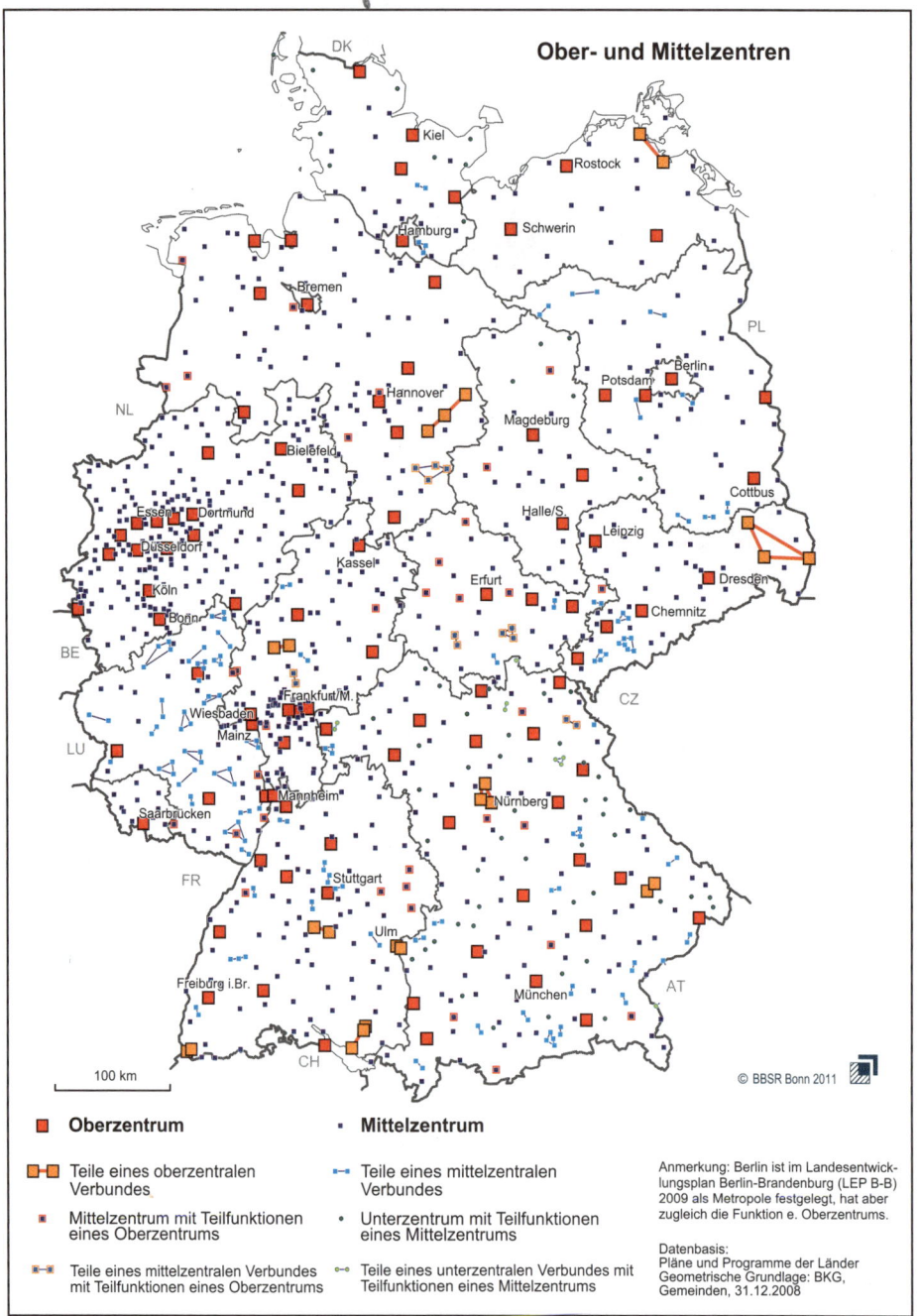

Abb. 3.9 Ober- und Mittelzentren in Deutschland (Juni 2010) (Quelle: BBSR 2012b, Karte 11)

• „Bevölkerungsanteil in Groß- und Mittelstädten,
• Einwohnerdichte der Kreisregion,
• Einwohnerdichte der Kreisregion ohne Berücksichtigung der Groß- und Mittelstädte" (BBSR 2012b, S. 50).

Wie Abb. 3.7 zeigt, häufen, d. h. agglomerieren sich in Deutschland die kreisfreien Großstädte, zusammen mit den städtischen Kreisen, v. a. in einer westlichen Flanke zwischen Nordrhein-Westfalen, dem südlichen Hessen (v. a. im Rhein-Main-Gebiet) und großen Teilen von Baden-Württemberg, insbesondere im Rhein-Neckar-Dreieck. Herausragend in Abb. 3.7 sind u. a. auch die kreisfreien Großstädte, meist umgeben von Mittelstädten im Norden (v. a. Hamburg und Bremen), im Osten (u. a. Berlin, Dresden, Leipzig) und Süden (v. a. München und Nürnberg), d. h. es sind kreisfreie Großstädte und städtische Kreise nach der Definition des BBSR stärker inselhaft vertreten, denn es dominieren im Norden, Osten und Südosten Deutschlands ländliche Kreise mit Verdich-

Kasten 3.3
Siedlungsstrukturelle Kreistypen
(nach BBSR 2012b, S. 50), vgl. Abb. 3.7)

Kreisfreie Großstädte:
kreisfreie Städte >= 100.000 Einw.

Städtische Kreise:
Kreise mit Bev.-anteil in Groß- u. Mittelstädten >= 50 % und
einer Einw.-dichte >= 150 Einw./km²;
Kreise mit einer Einw.-dichte ohne Groß- u. Mittelstädte >= 150 Einw./km²

Ländliche Kreise mit Verdichtungsansätzen:
Kreise mit Bev.-anteil in Groß- u. Mittelstädten >= 50 %,
aber einer Einw.-dichte < 150 Einw./km²;
Kreise mit Bev.-anteil in Groß- u. Mittelstädten < 50 % mit einer Einw.-dichte ohne Groß- u. Mittelstädte >= 100 Einw./km²

Dünn besiedelte ländliche Kreise:
Kreise mit Bev.-anteil in Groß- u. Mittelstädten < 50 % u. einer Einw.-dichte ohne Groß- u. Mittelstädte < 100 Einw./km²

	Bevölkerungs-entwicklung 2000-2009 in %	Wanderungs-saldo 2000-09 je 1.000 E. 2009	Beschäftigten-entwicklung 2000-2009 in %	Entw. d. Siedl.- u. Verkehrsfläche 2000-2008 in %	Mietpreise (Angebotsmieten) in Euro/m²
kreisfreie Großstädte	1,69	29,04	-0,57	4,28	6,71
städtische Kreise	0,05	15,63	-0,88	6,56	6,03
ländl. Kreise m. Verdichtungsansätzen	-2,35	-2,27	-2,41	7,66	5,14
dünn besiedelte ländliche Kreise	-4,14	-13,79	-5,44	9,35	4,99
städtischer Raum insges.	**0,73**	**21,19**	**-0,72**	**5,95**	**6,44**
ländlicher Raum insges.	**-3,21**	**-7,82**	**-3,86**	**8,58**	**5,07**
Bund insges.	**-0,56**	**11,74**	**-1,60**	**7,28**	**6,12**

Tab. 3.1 Ausgewählte Indikatoren nach siedlungsstrukturellen Kreistypen in Deutschland (jeweils Mittelwerte), Quelle: BBSR 2012b, Tab. 15

tungsansätzen oder - wie vor allem in den östlichen Bundesländern - dünn besiedelte ländliche Kreise.

Das Analyseinstrument der siedlungsstrukturellen Kreistypen des BBSR erlaubt insbesondere aufschlussreiche Aussagen über die Raumentwicklung anhand wichtiger **Einzelindikatoren**, z. B. auf Bundesebene insgesamt (s. Tab. 3.1). So bestehen etwa signifikante Unterschiede zwischen den sog. städtischen Räumen, vor allem den kreisfreien Großstädten, gegenüber den ländlichen Gebieten - hier vor allem den dünn besiedelten ländlichen Kreisen - bezüglich der jüngeren Bevölkerungsentwicklung, und zwar mit einem erheblichen Einwohnerwachstum in den Großstädten von durchschnittlich 1,69 % zwischen 2000 und 2009. Diese zeichnen sich auch durch die höchsten positiven Wanderungssalden, geringsten durchschnittlichen Beschäftigungsverluste, jedoch durch geringere prozentuale Entwicklungen der Siedlungs- und Verkehrsflächen, allerdings auch durch die höchsten Mietpreise aus.

Die dritte Kategorie der siedlungsstrukturellen Gebietstypen, die sog. siedlungsstrukturellen Gemeindetypen mit insgesamt 17 Ausprägungen, wurden in jüngerer Zeit vom BBSR durch die neuen sog. **Stadt- und Gemeindetypen** abgelöst; letztere wurden erstmals 2003 im Rahmen einer Untersuchung zum Stadtumbau entwickelt. Es handelt sich um eine stark vereinfachte und in ihrer Untergliederung wesentlich 'handlichere' Typisierung, die lediglich nach Groß-, Mittel- und Kleinstädten (mit jeweiligen Unterteilungen in große und kleine Städte) und Landgemeinden unterscheidet (vgl. im Folgenden Abb. 3.8 und Kasten 3.4). „Grundlage für die Festlegung des Stadt- und Gemeindetyps sind die 4.627 Einheitsgemeinden und Gemeindeverbände. Kriterien sind die Größe der Gemeinde (Bevölkerungszahl)

Kasten 3.4 Stadttypen
nach BBSR 2012b, S. 30; vgl. Abb. 3.8

Großstadt:
Gemeinde e. Gemeindeverbandes o. Einheitsgemeinde mit >= 100.000 Einw.,
mit meist oberzentraler Funktion,
mind. jedoch mit mittelzentraler F.;
15 große Großstädte mit >= 500.000 Einw.,
kleinere Großstädte mit < 500.000 Einw.

Mittelstadt:
Gemeinde e. Gemeindeverbandes o. Einheitsgemeinde mit >= 20.000 - <100.000 Einw.,
mit überwiegend mittelzentraler Funktion;
große Mittelstädte mit >= 50.000 Einw.,
kleine Mittelstädte mit < 50.000 Einw.

Kleinstadt:
Gemeinde e. Gemeindeverbandes o. Einheitsgemeinde mit >=5.000 - < 20.000 Einw.
oder mit mind. grundzentraler Funktion;
größere Kleinstädte mit >= 10.000 Einw.,
kleine Kleinstädte mit <10.000 Einw.

---

und ihre zentralörtliche Funktion. Hat eine Gemeinde innerhalb eines Gemeindeverbandes oder die Einheitsgemeinde selbst mind. 5.000 Einwohner oder mind. grundzentrale Funktion, dann wird diese als „**Stadt**" bezeichnet. Trifft eine dieser Bedingungen auf den Gemeindeverband bzw. die Einheitsgemeinde nicht zu, dann handelt es sich um eine **Landgemeinde**. Von den 4.627 Einheitsgemeinden sind 1.495 Landgemeinden und 3.132 Städte" (BBSR 2012b, S. 30).

Die Abb. 3.8 mit der lagegetreuen und damit räumlich sehr differenzierten **Darstellung der Stadt- und Gemeindetypen** sowie die Abb. 3.9 mit den Standorten Zentraler Orte in Deutschland (vgl. dazu auch Kap. 4.3) konkretisieren wesentlich deutlicher als die „gröbere" Verbreitung der siedlungsstrukturellen Kreistypen in Abb. 3.7 die erheblichen Disparitäten in der Dichteverteilung der unterschiedlichen Siedlungstypen zwischen den alten und neuen Bundesländern bzw. auch innerhalb dieser beiden Teile Deutschlands. Besonders herausragend ist Nordrhein-Westfalen mit der Häufung bzw. Agglomeration

	Bevölkerungs-entwicklung 2000-2009 in %	Wanderungs-saldo 2000-09 je 1.000 E. 2009	Beschäftigten-entwicklung 2000-2009 in %	Entw. d. Siedl.- u. Verkehrsfläche 2000-2008 in %	Mietpreise (Angebotsmieten) in Euro/m²
Großstädte	1,58	27,68	-0,86	4,26	6,65
große Großstädte	2,86	37,57	0,36	3,23	7,10
kleinere Großstädte	0,12	16,14	-2,29	5,15	6,03
Mittelstädte	-0,95	8,65	-1,86	6,77	5,74
große Mittelstädte	-1,33	4,68	-2,77	6,25	5,73
kleine Mittelstädte	-0,77	10,51	-1,37	6,96	5,75
größere Kleinstädte	-0,81	13,26	-1,03	7,60	5,68
kleine Kleinstädte	-2,46	-2,04	-2,79	8,43	5,23
Landgemeinden	-2,59	-12,18	-5,02	8,44	5,16
Bund insges.	**-0,56**	**11,79**	**-1,60**	**7,28**	**6,12**

Tab. 3.2 Ausgewählte Indikatoren nach Stadt- und Gemeindetypen in Deutschland (jeweils Mittelwerte), Quelle: BBSR 2012b, Tab. 5

von Groß- und Mittelstädten (vor allem im Rhein-Ruhr-Gebiet). Im Norden bzw. Westen Deutschlands ragen vor allem auch die Groß-räume Hamburg, das Rhein-Main-Gebiet und das Rhein-Neckar-Dreieck sowie der Groß-raum München heraus. Auch der Großraum Berlin sowie die Städtedichte in Sachsen sind besonders prägnant dargestellt. Von Bedeu-tung ist auch, dass Kleinstädte und Land-gemeinden vor allem die nördlichen Teile der neuen Bundesländer kennzeichnen, die Häu-figkeit von Landgemeinden ohne städtische Zentren insbesondere in Bayern, aber auch in Rheinland-Pfalz, im nördlichen Hessen sowie in Thüringen sehr ausgeprägt ist. In Kap. 10 werden zudem mit Abb. 10.11 auch die Städte und Gemeinden hinsichtlich ihrer jüngeren Wachstums- und Schrumpfungs-merkmale differenziert dargestellt, wodurch detaillierte Vergleiche mit Abb. 3.8 in diesem Kapitel möglich sind.

Die Daten für die Entwicklung ausge-wählter Indikatoren auf Bundesebene für das Jahrzehnt 2000-2009 verdeutlichen für die Stadt- und Gemeindetypen ähnliche Trends wie für die siedlungsstrukturellen Kreistypen (vgl. Tab. 3.1 und 3.2). Gewonnen haben be-züglich der **Bevölkerungsentwicklung** vor allem die größeren Großstädte, bedingt durch massive Zuwanderungen (herausragend positive Wanderungssalden). Starke Ein-bußen kennzeichneten dagegen die kleine-ren Kleinstädte und Landgemeinden auf-grund erheblicher Einwohnerrückgänge zu-sammen mit negativen Wanderungssalden sowie deutlicheren Beschäftigungsverlus-ten; vgl. auch BBSR 2012b, Abb. 8, in der die Bevölkerungs- und Beschäftigtenentwick-lung der Stadt- und Gemeindetypen im Deutschland für 1995-2009 in Kurvenver-läufen dargestellt sind. Dennoch waren die relativen Zuwächse der Siedlungs- und Ver-kehrsflächen in den letztgenannten, gerin-ger verdichteten Siedlungstypen am größ-ten.

Die Abb. 3.10 zeigt das Verhältnis zwi-schen **Flächen- und Bevölkerungsanteilen** der Stadt- und Gemeindetypen auf Bundes-ebene. Größte Flächen von gut 60 % neh-men die kleinen Kleinstädte und Landge-meinden ein, dagegen entfallen auf die Groß- und Mittelstädte knapp 60% der Einwohner.

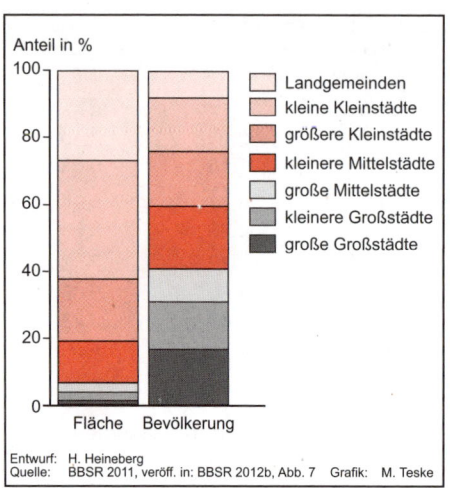

Abb. 3.10 Flächen- und Bevölkerungsanteile der Stadt- und Gemeindetypen in Deutschland

3.3 Städtische Agglomerationen und Metropolregionen in der europäischen und nationalen Raumordnung

Bereits in dem im Jahre 1992 von der Ministerkonferenz für Raumordnung (MKRO) beschlossenen „Raumordnungspolitischen Orientierungsrahmen" wurden **Agglomerationen mit internationaler bzw. großräumiger Ausstrahlung** ausgewiesen (s. Abb. 3.11). „Sie wurden dort als „räumliche Leistungsträger" bezeichnet, die sich wachsender internationaler Standortkonkurrenz ausgesetzt sehen und maßgeblich zur Finanzierung des räumlichen Ausgleichs in Deutschland beitragen. Im Raumordnungpolitischen Handlungsrahmen (HARA) wurde zwei Jahre später das **Konzept der „europäischen Metropolregion"** aus der Taufe gehoben. Metropolregionen werden dort als die „Motoren der gesellschaftlichen, wirtschaftlichen, sozialen und kulturellen Entwicklung" beschrieben, die als räumliche und funktio-

nale Standorte gelten können, deren „herausragende Funktionen im internationalen Maßstab über die nationalen Grenzen hinweg ausstrahlen". Sieben Regionen in Deutschland wurde von der MKRO das Potenzial einer „Europäischen Metropolregion" zugeschrieben" (B. ADAM u. a. 2005, S. 417). Im April 2005 sind durch die MKRO auch die Regionen Nürnberg, Hannover-Braunschweig-Göttingen, Rhein-Neckar-Dreieck und Bremen in den Kreis der „Europäischen Metropolregionen" aufgenommen worden (ebd. 2005, S. 418); vgl. Abb. 3.12.

Nicht nur auf europäischer Ebene - z. B. durch das sog. *Metrex*-Netzwerk (*The network of European Metropolitan Regions and Areas*), das der Förderung des Erfahrungsaustausches und der Kooperation zwischen den Regionen dient -, sondern zunehmend auch in der **Bundesraumordnung** und innerhalb der **Raumordnung der Länder** hat das Thema Metropolregionen oder Metropolräume seit den 1990er Jahren eine besondere Politikrelevanz. Vgl. z. B. die bereits 1995 im Landesentwicklungsplan (LEP) von NRW erfolgte Ausweisung der sog. Europäischen Metropolregion Rhein-Ruhr (Abb. 3.3); allerdings ist diese große Metropolregion heute nicht mehr politisch relevant, und es ist fraglich, ob sie Eingang in einen neuen LEP erfährt.

Metropolregionen sind damit in Deutschland seit gut zwei Jahrzehnten eine „neue politische Raumkategorie" (B. ADAM/A. WACKER 2009, S. 11). Sie überlagern zudem analytische Raumtypen bzw. -abgrenzungen, z. B. die siedlungsstrukturellen Gebietstypen des BBSR (s. 3.2). Mit ihren aktuellen Abgrenzungen ragen sie großenteils weit in ländliche Gebiete hinein (Abb. 3.13 mit Erläuterung). „Die Metropolregionen nach MKRO werden von den Akteuren in den Regionen abgegrenzt. Sie bilden damit normativ abgegrenzte Kooperationsräume". (...)

BBSR = Bundesinstitut für Bau-, Stadt- & Raumforschung

Die relative Ausgewogenheit im System der großen Agglomerationen und Verdichtungsräume, insbesondere auch hinsichtlich der Ranggrößengliederung nach Einwohnerzahlen, ist nicht nur eine Folge des historischen Städtewachstums auf der Basis einer in Deutschland sehr differenzierten Territorialentwicklung mit der Entstehung zahlreicher früherer Haupt- oder Residenzstädte, sondern vor allem auch der föderalen Struktur der Bundesrepublik Deutschland. Die Ausgeglichenheit in der Verteilung der Siedlungsstruktur wird besonders im Vergleich mit anderen, vor allem zentralistisch regierten Staaten deutlich, in denen meist die Hauptstadtregionen stark dominieren (z. B. Frankreich). Veranschaulicht werden zugleich jedoch auch die beträchtlichen Flächenanteile sog. agglomerationsferner Räume, die sich auf nationale Peripherräume, den ehemaligen Grenzraum zwischen den früheren beiden deutschen Staaten (vor allem auf der Seite der ehem. DDR) sowie in besonderem Maße auf den nördlichen, stark ländlich strukturierten, dünn besiedelten Teil der neuen Bundesländer verteilen.

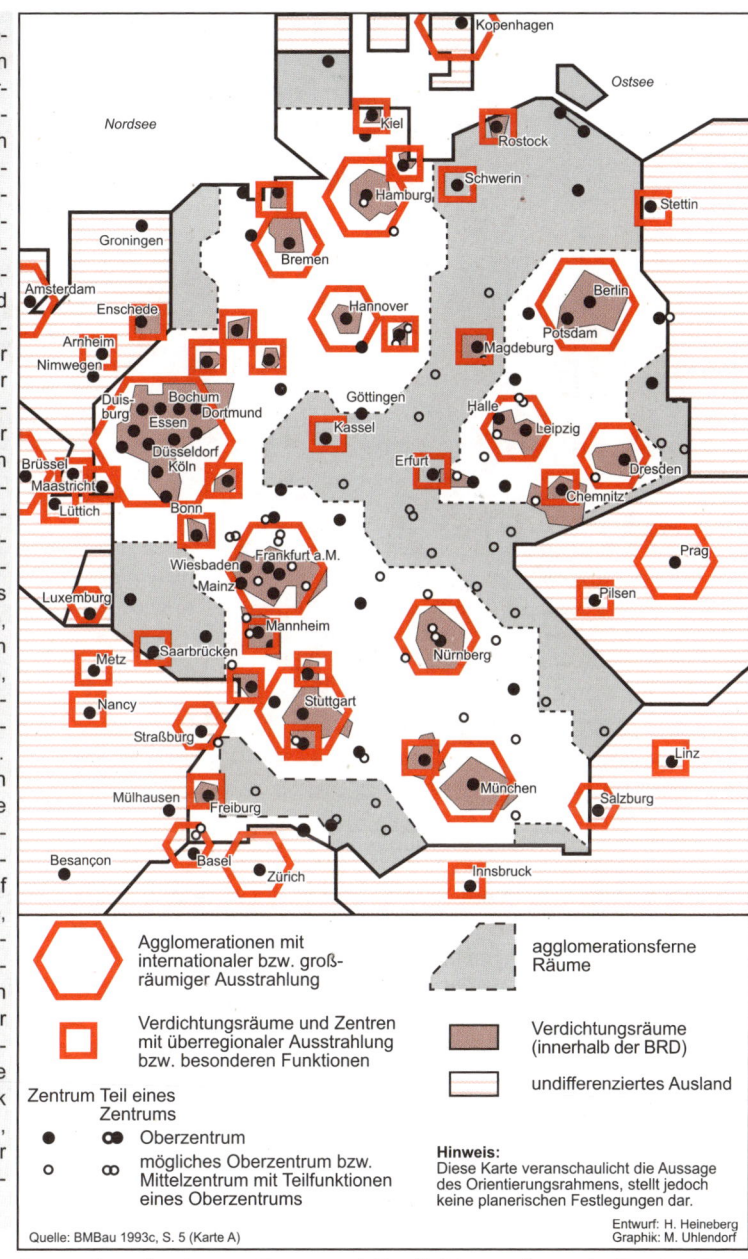

Quelle: BMBau 1993c, S. 5 (Karte A)

Entwurf: H. Heineberg
Graphik: M. Uhlendorf

Abb. 3.11 Verteilung der großen Agglomerations- und Verdichtungsräume in Deutschland nach dem „Raumordnungspolitischen Orientierungsrahmen" der Ministerkonferenz für Raumordnung 1992

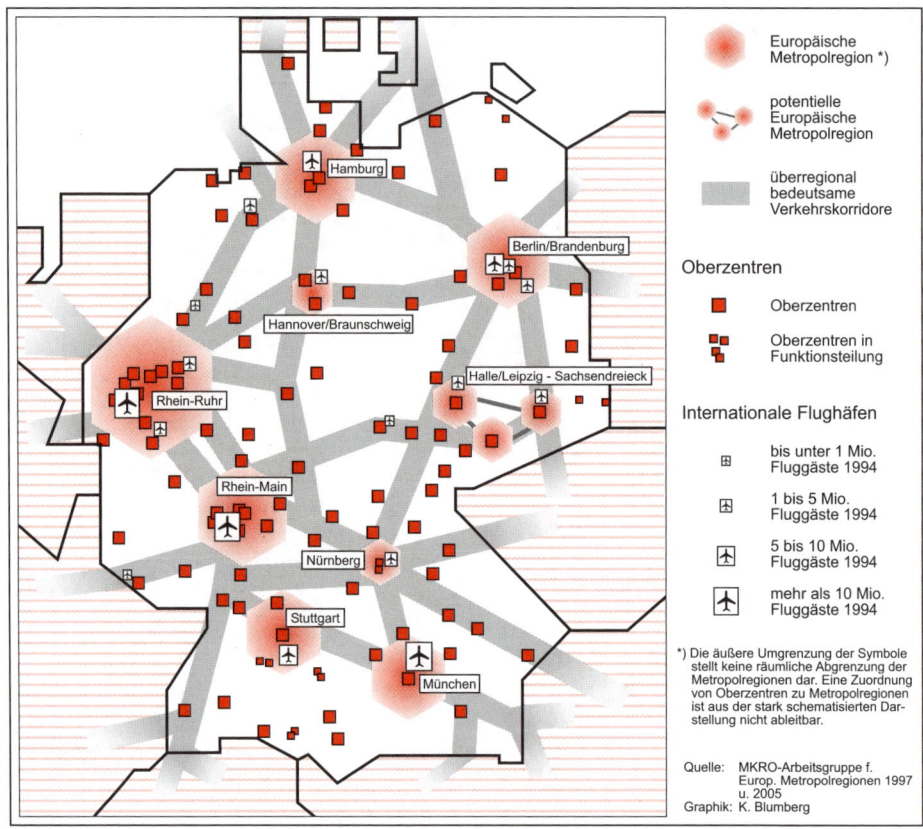

Abb. 3.12 Europäische Metropolregionen in Deutschland gemäß MKRO 1997/2005

Damit beruhen „die räumlichen Abgrenzungen der Metropolregionen"(...) „eher auf politischen Entscheidungen und der Entscheidung zur interkommunalen Kooperation in dieser Konstellation, als dass sie auf Analysen zu funktionalen Abhängigkeiten zurückgehen" (ebd., S. 15).

Die Untersuchung der viele Funktionen auf sich vereinigenden **Metropolkerne** (meist Großstädte) innerhalb von Metropolregionen ergab, dass die Entwicklung von Metropolfunktionen (gemessen mittels eines komplexen Metropolindex) bei Kernstädten außerhalb dieser Regionen (z. B. Regensburg, Paderborn, Münster) sogar teilweise bedeutender ist (u. a. für das Beschäftigten-

wachstum) als für Kernstädte innerhalb der Metropolregionen (z. B. für Dortmund, Mainz oder Wiesbaden); vgl. B. ADAM/A. WACKER 2009, S. 20ff. sowie zu neueren Metropolindex-Berechnungen Kap. 12.1.3.

Der herausragenden Stellenwert, den Metropolen, Metropolregionen oder -räume nicht nur in der Raumordnungspolitik, sondern auch in der interdisziplinären Raumforschung (einschließlich der Geographie) heute besitzen, ergibt sich vor allem wohl aus der - von Politik, Wirtschaft und Wissenschaft mehr und mehr wahrgenommenen - bedeutenden **Rolle der Metropolen im Rahmen des Globalisierungsprozesses**: „Mit der wachsenden Flexibilisierung von Pro-

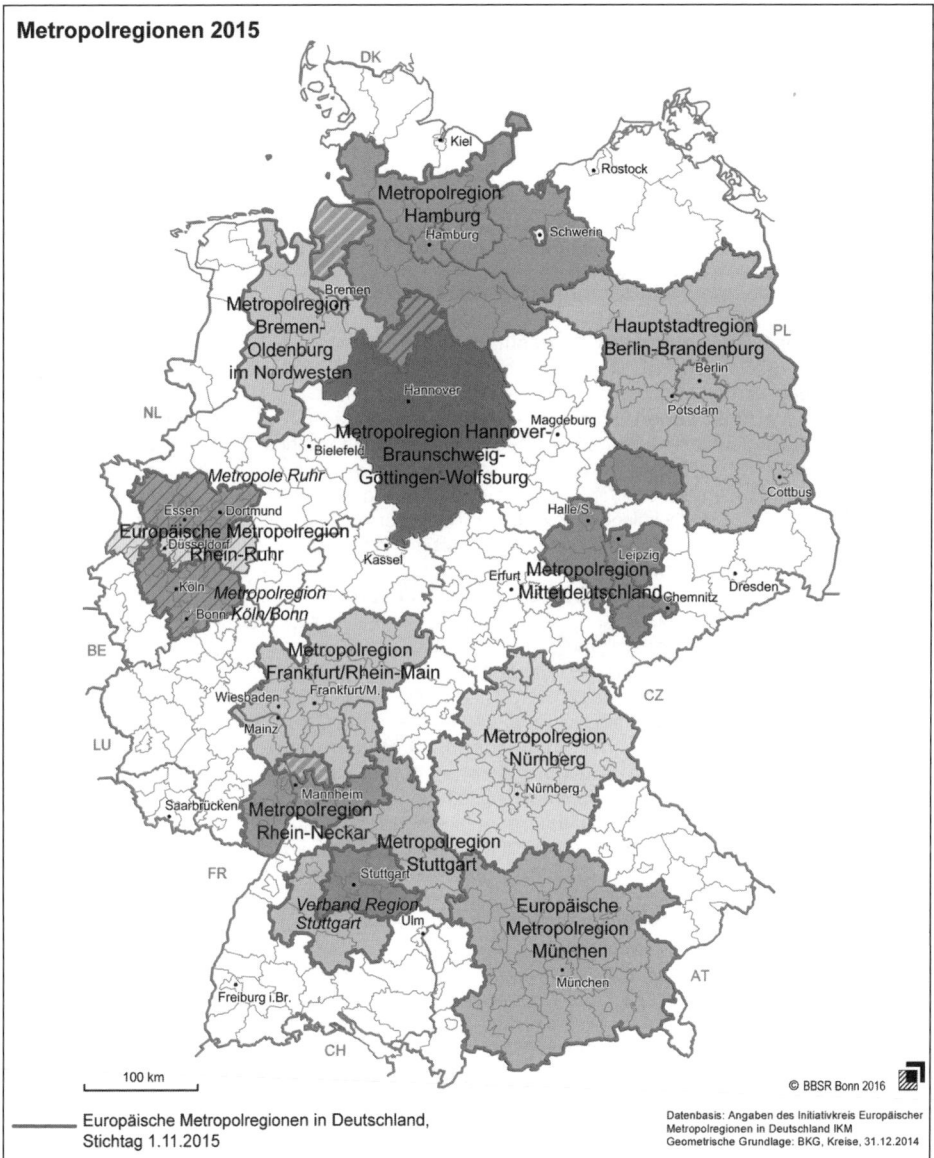

Abb. 3.13 Europäische Metropolregionen in Deutschland, Stand 1.11.2015 (Quelle: BBSR 2016)

„Der Ansatz der Metropolregion wird im Wesentlichen aus den Regionen selbst heraus entwickelt. Dabei werden je nach struktureller und administrativer Ausgangslage unterschiedliche Wege bestritten". (...) „Da Metropolregionen aber in der Regel nicht als neue Verwaltungseinheiten, sondern als gemeinsamer Bezugsrahmen für Projekte und Positionierungen gesehen werden, verändert sich die Abgrenzung ständig, bzw. es gelten für einzelne Metropolregionen je nach Projekt und Problemstellung unterschiedliche Geometrien" (BBSR 2012b, S. 90).

duktionsprozessen und -kreisläufen auf der einen Seite und der Konzentration globaler Steuerungskompetenzen auf der anderen Seite gewinnt die Frage nach der Wettbe- werbsfähigkeit der jeweiligen Metropol- standorte eines Landes ihre Brisanz" (BMBAU 2005, S. 177); vgl. auch Kap. 12 in diesem Band.

Kasten 3.5 Literaturauswahl zur Ergänzung und Vertiefung des Kapitels 3

· **Phasenmodell von Agglomerationsräumen**:
W. GAEBE 1987, 1991
· **Modell der Stadtregionen in Deutschland**:
O. BOUSTEDT 1970[2] (Modell d. Stadtregionen); M. BAHLBURG 1975 (Methodik und Ergebnisse der Stadtregionsgliederung in der BRD mit differenzierter Farbkarte)
· **Agglomerationsräume/Stadtregionen/Verdichtungsräume in Deutschland**:
ARL 1996 (Agglomerationsräume); BMBAU 1994a (Raumordnungsbericht 1993 m. Kartendarstellung, Einwohnerzahlen, Flächen- u. Bevölkerungsdichtewerten sämtlicher 45 Verdichtungsräume d. BRD für 1991); R. DANIELZYK 2003, D. WIKTORIN 2007 (Stadtregionen in d. Raumordnung); P. GANS 2005, A. PRIEBS 2003 (Stadt-Umland-Kooperation in Agglomerationsräumen/Stadtregionen); G. HERFERT/ M. SCHULZ 2002, M. SCHÖNERT 2003 (Wohnsuburbanisierung in Verdichtungsräumen); G. BAHRENBERG 1999 (Bsp. Stadtregion Bremen)
· **Siedlungsstrukturelle Gebietstypen in Deutschland**:
BBSR 2012b (Raumabgrenzungen u. Raumtypen d. Bundesinstituts f. Bau-, Stadt- und Raumfor- schung einschl. d. siedlungsstrukturellen Gebietstypen, ab 2006 neuere Daten unter INKAR auf CD-ROM erhältlich); F. BÖLTKEN/G. STIENS 2002, S. SIEDENTOP u. a. 2003 (Siedlungsstruktur und Gebietskategorien); H.-P. GATZWEILER 2000a, M. HESSE/ST. SCHMITZ 1998 (Datenanalysen f. siedlungs- strukturelle Gebietstypen); K. FRIEDRICH u. a. 2004 (suburbane Gemeinden, Wohnstandorttypen)
· **System und Probleme der städtischen Agglomerationen und Metropolräume/- regionen in der nationalen und europäischen Raumordnung**:
BMBAU 1993 (Raumordnungspolit. Orientierungsrahmen d. MKRO, Leitbilder für d. räuml. Entwick- lung d. BRD); BMBAU 1995 (Raumordnungspol. Handlungsrahmen d. MKRO); BMBAU/EMPIRICA 1998 (Zukunft v. Stadtregionen); B. ADAM u. a. 2005, B. ADAM/A. WACKER 2009, H. H. BLOTEVOGEL 2005, 2010, H. H. BLOTEVOGEL/K. SCHULZE 2009 (Metropolregionen als Forschungsgegenstand); B. ADAM/J. GÖDDECKE-STELLMANN 2002, BBR 2005a, H. H. BLOTEVOGEL 1998a, 2005[4]a, J. KNIELING 2009 (Metropo- len/Metropolräume als Gegenstand d. Raumordnungspolitik); BBR 2005b (Themenheft 'Metropol- regionen'); H. FASSMANN 1999 (Eurometropolen im Vergleich); H. H. BLOTEVOGEL 2000a, S. PASSLICK/A. PROSSEK 2010 (Entwicklung d. dt. Städtesystems u. Raumordnungskonzept „Europäische Metropol- regionen"); H. H. BLOTEVOGEL 2002d, T. CHILLA u. a. 2010, H. J. KUJATH 2005, D. MICHEL 1998 (Netz d. europäischen Metropolregionen in Deutschland/Europa); BBSR 2016b (Europäische Metropol- regionen in Kooperation u. Wettbewerb); H. HEINEBERG/T. HAUFF 2012 (europäische Regionalmetropole, Bsp. Münster/Westf.); M. HESSE 2010c (Metropolitane Peripherien in Deutschl.); H. H. BLOTEVOGEL 1998b, 2006, R. DANIELZYK 2012, A. KEIL/B. WETTERAU 2013, K. SCHULZE/T. TERFRÜCHTE 2010 (Europäi- sche Metropolregion Rhein-Ruhr/Metropole Ruhr); K. ECKART/K. BIRKHOLZ 1999 (Metropolregion Ber- lin u. Brandenburger Umland); C. FISCHER u. a. 2005 (Rhein-Main als polyzentrische Metropol- region); H. E. MEGERLE 2010 (Metropolregionen in Südwestdeutschland); K. P. SCHÖN 1996 (Agglomerationsräume/Metropolen/Metropolregionen Deutschlands im statist. Vergleich m. Daten bis 1993/94); A. PRIEBS 2000, 2010 (stadtregionale Gebietskörperschaften, Kooperationsformen, Planungs- u. Verwaltungsinstitutionen in Deutschland); J. ARING u. I. REUTHER (Regiopole); J. LÉONARDI 2001 (Hemmnisse nachhaltiger Entwicklung in europäischen Metropolen); J. BORCHERT/E. WEBER 1996, S. MUSTERD/W. OSTENDORF 1996, I. TAUTE 2004 (Randstad Holland in d. nationalen Raumord- nung u. Raumplanung); M. PERLIK 2001, G. TOBLER 2002, EIDGENÖSSISCHES DEPARTEMENT FÜR UMWELT, VERKEHR, ENERGIE UND KOMMUNIKATION UVEK u. a. 2012 (Metropolisation/Agglomerationen in d. Schweiz)

4 Stadttypen, Städtesysteme und zentralörtliche Systeme

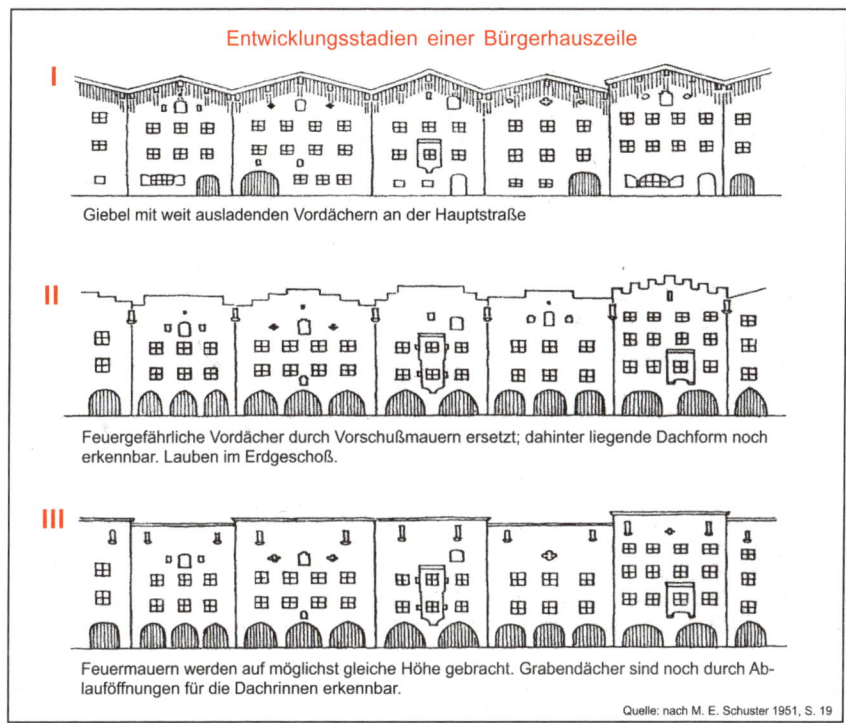

Entwicklungsstadien einer Bürgerhauszeile

I Giebel mit weit ausladenden Vordächern an der Hauptstraße

II Feuergefährliche Vordächer durch Vorschußmauern ersetzt; dahinter liegende Dachform noch erkennbar. Lauben im Erdgeschoß.

III Feuermauern werden auf möglichst gleiche Höhe gebracht. Grabendächer sind noch durch Ablauföffnungen für die Dachrinnen erkennbar.

Quelle: nach M. E. Schuster 1951, S. 19

Abb. 4.1 Die Inn-Salzach-Stadt als Beispiel eines regionalen Stadttyps

Städte lassen sich nach unterschiedlichsten Merkmalen und Methoden typisieren. Das gilt für **Stadttypen** (oder Städtetypen) auf der zwischenstädtischen (z. B. nationalen) Ebene (4.1), insbesondere hinsichtlich ihrer Größe (Stadtgrößentypen, s. 2.2), Lage (Lagetypen, 4.1.1), regionalspezifischen Besonderheiten (regionale Stadttypen, 4.1.2 und Abb. 4.1), Funktionen (funktionale Stadttypen, 4.1.3), Entstehung (historische Stadttypen, 4.1.4, s. auch Kap. 8 bis 10) oder ihrer Kulturraumbezüge (kulturraumspezifische Stadttypen, 4.1.5 und Kap. 11). Es sind auch Kombinationen verschiedener Kriterien möglich wie etwa die bereits unter unter 3.2.4 definierten sog. siedlungsstrukturellen Stadttypen nach Einwohnergrößen und zentralörtlichen Funktionen.

Von besonderer Bedeutung ist die Berücksichtigung der Beziehungen, der sog. **Systembeziehungen,** zwischen Städten, beispielsweise von Pendlerverflechtungen. Dies führt hin zu sog. **Städtesystemen** (4.2) auf intra-, interregionalen und sogar globalen Ebenen. Wichtig sind dabei etwa auch spezielle interkommunale Kooperationsformen, z. B. als sog. **Städtenetze oder -verbünde** (4.2.6). Die in diesem Kapitel ebenfalls behandelten **zentralörtlichen Systeme mit ihren Zentralen Orten** (4.3) bilden quasi Teilsysteme von Städtesystemen. Städtesysteme sind von besonderer Relevanz für die Raumordnung, z. B. auf der europäischen und nationalen Ebene (3.3), aber auch für die Landes-, Regional- und Kommunalentwicklung bzw. -planung (4.3.6).

4.1 Stadttypen

4.1.1 Lagetypen von Städten. Eine traditionelle Form und einer der frühesten Ansätze der Stadt- oder Städtetypisierung ist die Charakterisierung der Städte nach ihrer jeweiligen geographischen oder topographischen Lage, auch Lagetypisierung von Städten genannt. W. GEISLER (1924) - ein Vertreter der klassischen morphogenetischen Stadtgeographie (s. 1.3.1) - unterschied diesbezüglich als **topographische Lagen der Stadt:**

• Oberflächenlage (z. B. Hochflächenlage, Hanglage, Mulden- und Kessellage),
• Flusstallage (u. a. Talstraßenlage, Flussinsellage),
• Seenlage (z. B. Halbinsel-/Insellage),
• Urstromtallage (u. a. Terrassenlage, Niederungslage),
• Meerlage (z. B. Küsten-, Buchten-, Förden-, Hafflage)

Andere Autoren sprechen bezüglich der Lage von Städten beispielsweise von Passstädten, Talmündungsstädten, Städten in Brückenlage, in politischer Grenzlage, in Verkehrsmittelpunktlage. Diese deskriptiven geographischen und topographischen Lagecharakterisierungen, für die sich noch zahlreiche weitere Einzeltypen in den verschiedenen Kulturräumen der Erde finden lassen, liefern häufig wichtige Erklärungsansätze für die Entstehung von Städten, aber auch für deren spezielle Funktionen im Rahmen des Städtesystems sowie für die innere Gliederung von Städten.

4.1.2 Regionale Stadttypen. Neben Lagetypen lassen sich sog. regionale Städte- oder Stadttypen, d. h. Charakterisierungen der Städte nach ihren regionalspezifischen Besonderheiten, dabei meist nach dem Baucharakter, unterscheiden. P. SCHÖLLER hat

diesem Aspekt der Stadttypisierung in seinem 1967 veröffentlichten Buch über „Die deutschen Städte" eine besondere Beachtung geschenkt. SCHÖLLER unterschied mehrere eigenständige **städtebauliche Formenkreise**, z. B. fränkische Städte, bayrische und alpenländische Städte, westniederdeutsche Städte, deutsche Küstenstädte (vgl. dazu Abb. 4.1 und 8.5.5 mit Kasten 8.4).

4.1.3 Funktionale Stadttypen sind **Städte mit besonderen Funktionen** oder - im Sinne der Städtesystemforschung (s. 4.2.4) - mit einer **Funktionsspezialisierung im Städtesystem**. Dazu zählen:

• **Städte mit besonderen politischen Funktionen**. In der historischen Stadtentwicklung sind dies z. B. Residenz- und Burgstädte (diese stehen in Europa am Beginn der Entwicklung des Städtewesens überhaupt), Festungs- und Garnisonsstädte oder territoriale Zentren; heute unterscheiden wir Hauptstädte (u. a. auch von Bundesländern), Stadtstaaten (z. B. Singapur) bzw. jegliche Verwaltungsmittelpunkte.
• **Städte mit besonderen kulturellen Funktionen** (vgl. 13.2). Dazu zählen u. a. Tempelstädte, Bischofsstädte, Wallfahrtsstädte, Klosterstädte, Universitätsstädte.
• **Städte mit besonderen Wirtschafts- und Verkehrsfunktionen**, z. B. (ehemalige) Ackerbürgerstädte, Agrarstädte (Agrostädte im Mittelmeerraum), Handels-/Fernhandelsstädte (u. a. ehem. Hansestädte, Karawanenstädte, Zentrale Orte bestimmter Hierarchie, s. 4.3), Industrie- oder auch Verkehrsstädte, beispielsweise mit dominanten Hafenfunktionen, Eisenbahnstädte etc.

Funktionale Klassifikationen von Städten lassen sich somit nach einer Vielzahl ökonomischer oder sozio-ökonomischer und anderer funktionaler Merkmale vornehmen, z. B. nach statistischen Merkmalen der Volks- und Arbeitsstättenzählungen. Dazu zählen spezielle **Gemeindetypisierungen** nach so-zio-ökonomischen Merkmalen. Eine metho-disch interessante Beispielarbeit unter Be-nutzung von Volkszählungsdaten (1961 und 1970) wurde von N. DE LANGE (1980) als em-pirische Städtesystemanalyse mit dem Titel „Städtetypisierung in Nordrhein-Westfalen" veröffentlicht. Das Ergebnis der Typisierun-gen mit Hilfe multivariater Faktoren- und Clusteranalysen (vgl. dazu auch 6.3.4) sind **komplexe funktionale Städtetypen** (Grup-pierungen ausgewählter Städte), z. B. Dienstleistungs- und Verwaltungszentren, multifunktionale Dienstleistungs- und In-dustriemetropolen, Industriestädte singulä-rer Wirtschaftsstruktur.

Die bisher genannten Klassifikationen stehen auch in einem inhaltlichen Zusam-menhang mit einem weiteren Typisierungs-ansatz:

4.1.4 Historische oder historisch-geneti-sche Stadttypen lassen sich nach sog. **Stadt-entstehungsphasen** oder **-schichten** diffe-renzieren, die je nach Kulturraum der Erde sehr verschieden sein können. Bezogen auf Mitteleuropa können z. B. historische Stadt-typen vor der Industrialisierung nach der in Kap. 8.2 aufgeführten Reihenfolge unter-schieden werden. Was innerhalb der Stadt-geographie an derartigen Klassifizierungen besonders interessiert, ist nicht nur die dif-ferenzierte Charakterisierung einzelner phy-siognomischer, funktionaler und sozial-räumlicher Merkmale früherer historischer Stadttypen; wichtig ist auch deren Bedeu-tung für die Stadterhaltung und den (städ-tebaulichen) Denkmalschutz. Außerdem nutzen viele Städte ihr historisches Erbe für die Identitäts- und Imagebildung. Dies gilt beispielsweise für zahlreiche ehemalige **Han-sestädte**, die sich auf ihr hansisches Erbe (vor allem auch auf die Baukultur der Gotik, s. auch 8.5.5) besinnen und sich seit 1980

großenteils zu dem neuen Städtebund „DIE HANSE" als „grenzübergreifende Lebens- und Kulturgemeinschaft ehemaliger Hanse-städte" (M. WIENEKE 2012) zusammenge-schlossen haben; vgl. dazu V. DENZER u. a. 2011 mit Verteilungskarten alter und neuer Hansestädte.

4.1.5 Kulturraumspezifische Stadttypen. Im Rahmen der Geographischen Stadtfor-schung auf der internationalen oder globa-len Ebene wurden insbesondere seitens der Stadtgeographie im deutschsprachigen Raum auch sog. kulturraumspezifische Stadt- oder Städtetypen unterschieden, de-nen i. Allg. die kulturgenetische Betrach-tungsweise zugrunde liegt (vgl. 1.3.5, 11.1).

4.2 Analyse von Städtesystemen (Städtesystemforschung)

4.2.1 Bedeutung der Städtesystemfor-schung. Der in Ansätzen bereits in den 1960er und 1970er Jahren entstandenen Städtesystemforschung ist in jüngerer Zeit eine wachsende Bedeutung zugekommen; ein wichtiger Teilbereich, die Zentralitäts-forschung (s. 4.3), wurde allerdings bereits seit längerer Zeit bearbeitet (vgl. auch 1.3.3). Im Rahmen der heutigen Städtesystemfor-schung sind nicht nur Bestandsaufnahmen regionaler, nationaler oder auch interna-tionaler Städtesysteme, d. h. vor allem der Beziehungen zwischen den Städten, von be-sonderer Relevanz. Wichtig sind auch die Entstehung des jeweiligen Städtesystems, die prozessualen Veränderungen und zu-künftige Entwicklung sowie die Bedeutung der Städtesysteme bzw. z. B. sog. Städte-netze und ähnlicher freiwilliger interkommu-naler Kooperationsformen für Belange der Raumordnungspolitik, gemeinsame Projekt-planungen, Stärkung der dezentralen Sied-lungsstruktur, Verbesserung regionaler Standortbedingungen etc. (s. 4.2.6).

4.2.2 Städtesystem und Systembeziehungen zwischen Städten. Der Ausdruck **Städtesystem** (oder **städtisches Siedlungssystem**) bezeichnet die Gesamtheit der Städte eines Raumes, z. B. eines Staates, einschließlich der Beziehungen (Systembeziehungen) zwischen den einzelnen Städten (als Elemente des Systems). Die Beziehungen zwischen Städten „umfassen vor allem materielle und immaterielle Ströme - Waren-, Personen-, Geld- und Informationsströme - sowie organisatorische Verflechtungen" (H. H. Blotevogel 2002a, S. 40). In Anlehnung an den wegweisenden Beitrag von D. Bartels (1979) lassen sich zwei Gruppen von **Systembeziehungen** unterscheiden: sog. **Interrelationen und Interaktionen zwischen Städten**; diese können einzeln oder kombiniert mit verschiedenen Untergliederungen Berücksichtigung finden (Kasten 4.1).

Für die Analyse von Städtesystemen im Rahmen der Städtesystemforschung ist eine Reihe von Einzelansätzen entwickelt worden, z. B. in Bezug auf:

4.2.3 Stadtgrößen-Rangfolgen. Ein einfaches deskriptives Verfahren zum Vergleich des Entwicklungsstandes von Städtesystemen auf der Grundlage von Bevölkerungsdaten ist die Analyse von **Stadtgrößen-Rangfolgen** oder die Analyse der Beziehungen zwischen Einwohnergrößen und Rangplätzen von Städten eines Raumes (Land, Staat etc.); vgl. auch 2.2. Zur graphischen Darstellung der Stadtgrößen-Rangfolgen werden in einem Diagramm auf der y-Achse die Einwohnerzahl und auf der x-Achse der Rangplatz (entsprechend der Einwohnerrangfolge) der jeweiligen Stadt eingetragen (Abb. 4.3A). Werden diese x- und y-Werte logarithmiert (Abb. 4.3C) und die einzelnen „Punkte" im Diagramm, d. h. die Städte, mit-

---

Kasten 4.1   Systembeziehungen in Städtesystemen
(nach D. Bartels 1979)

(1) Interrelationen zwischen den Städten:
· **räumliche Lagebeziehungen**, gemessen in verschiedenen Distanzen, z. B. metrische in Kilometern, aber auch Zeit- oder Kostendistanzen;
· **Größen- oder Teilhabe-Relationen**, z. B. als Einwohneranteile, Wirtschaftskraftverhältnisse, bezogen auf das nationale Ganze; sie sind i. Allg. abgeleitet aus oder überführbar in absolute(n) Größenkennzeichnungen der Elemente wie Einwohnergrößen der Städte;
· **Strukturrelationen**, z. B. Unterschiede der strukturellen Dimensionen, wie etwa Beschäftigtenanteile der einzelnen Städte in verschiedenen Wirtschaftssektoren, oder in der zentralörtlichen Ausstattung.

(2) Interaktionen zwischen den Städten:
· **Interaktionswege** als Verkehrswege jeder Art wie auch als Informationskanäle jeglicher Funktion zwischen den Systemelementen, z. B. von Intercity-Eisenbahnverbindungen, Breitband-Kabelvernetzungen (Abb. 4.2 mit Erläuterung), Telefonverbindungen;
· **Interaktionsströme** als tatsächliche Austausch- und Kommunikationsbeziehungen jeder Art wie z. B. Güteraustausch, Kapitaltransfers, Wanderungen, Personenverkehrsströme oder Pendlerverflechtungen, Informations- oder Datenflüsse, Innovations- und Ausbreitungsbewegungen;
· **Machtbeziehungen** als Ausdrucksformen der gesellschaftlich-organisatorischen Abhängigkeiten einzelner Städte voneinander, z. B. „Hauptstädte", „Landesmetropolen", kreisangehörige Stadt.

---

einander verbunden, so erhält man für das jeweilige Städtesystem eine Kurve. Bei einem ausgewogenen Städtesystem, wie es z. B. annäherungsweise hinsichtlich der USA der Fall ist (s. Abb. 4.4), liegen im doppeltlogarithmischen Diagramm alle „Punkte" auf einer Geraden mit der Steigung -1 (Abb. 4.3B). Man spricht in diesem Fall von einer **idealtypischen Ranggrößenverteilung**. Die Ranggrößenverteilung im Städtesystem des

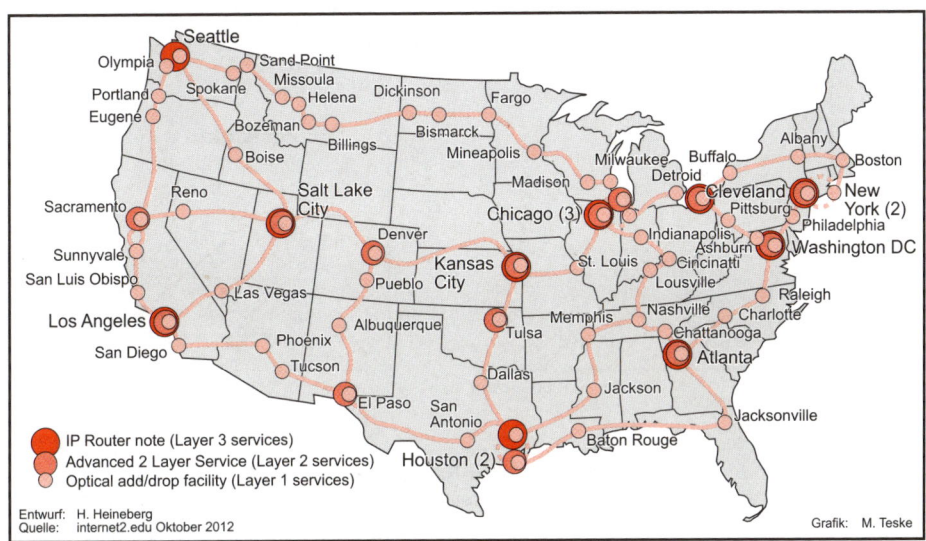

Abb. 4.2 Topologie des Internet2 Network in den USA:
Hochgeschwindigkeits-Breitbandnetzwerk als Beispiel für neue schnelle
Interaktionswege für große Datenströme im Städtesystem

Das seit 1996 bestehende Internet2-Glasfaser-Netzwerk (Abb. 4.2) wurde ursprünglich für die rasche Kommunikation mit großen Datenmengen zwischen Forschungs- und höheren Ausbildungseinrichtungen geschaffen, steht aber auch anderen Nutzergruppen (für hohe Gebühren) zur Verfügung und ist global "verlinkt". Im Jahr 2007 wurde eine 100-Gigabit/s-Verbindung zwischen der West- und Ostküste der USA in Betrieb genommen; zu den wichtigsten Stationen zählen Washington, Chicago, Kansas City, Salt Lake City und Seattle. Zudem wurde eine Ringverbindung zwischen Washington und Atlanta sowie zwischen Atlanta und Kansas City eingerichtet.

vereinigten Deutschland ist dieser angenähert (Abb. 4.5). Bei der Dominanz einer einwohnermäßig absolut führenden Haupt- oder Großstadt, einer sog. Primatstadt (s. Abb. 4.3C), wie es vor allem für zahlreiche Entwicklungs- und Schwellenländer typisch ist, ergibt sich eine herausragende Spitze im Kurvenverlauf (vgl. Chile aufgrund der Do-

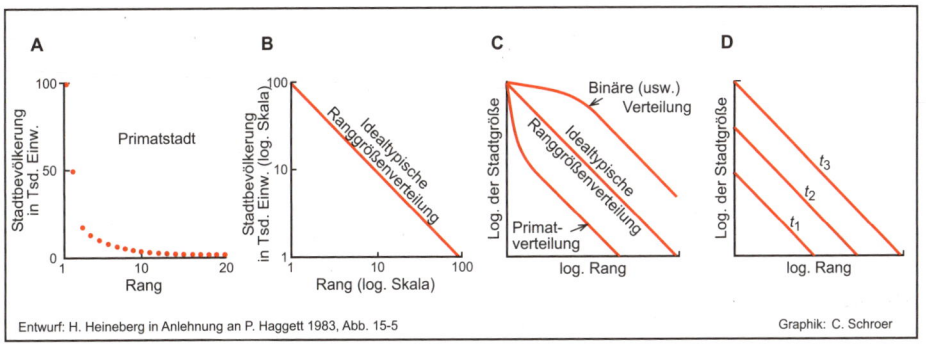

Abb. 4.3 Darstellungen der Stadtgrößen-Rangfolgen

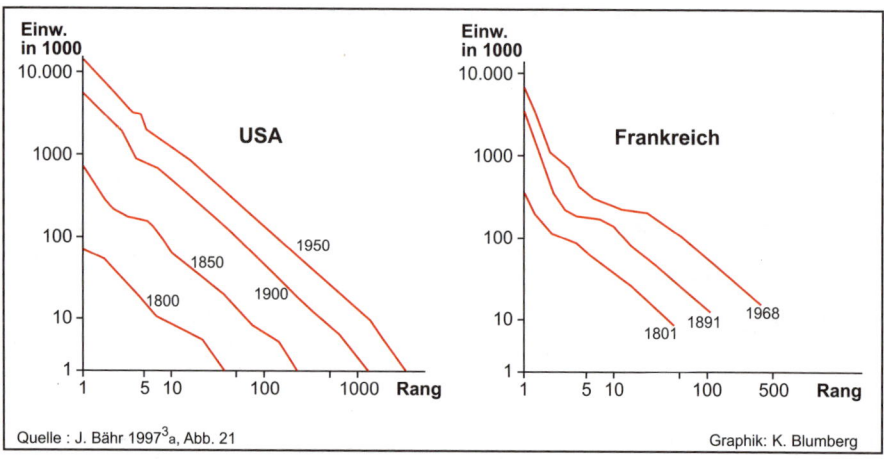

Quelle : J. Bähr 1997[3]a, Abb. 21   Graphik: K. Blumberg

Abb. 4.4 Veränderungen von Stadtgrößen-Rangfolgen im zeitlichen Verlauf: USA und Frankreich als Beispiele

minanz der Hauptstadt Santiago de Chile, s. Abb. 4.5). Falls in einem Städtesystem eine übergeordnete Primatstadt fehlt und relativ viele Großstädte mittlerer Größenordnung (z. B. zwischen rund 200.000 und 500.000 Einw.) vorhanden sind, so geht die Ranggrößen-

Einwohner

| 10 Mio. |
| 5 Mio. |
| 3 Mio. |
| 2 Mio. |
| 1 Mio. |

Bundesrepublik Deutschland 1999

| 500.000 |
| 200.000 | **Chile 2000** |
| 100.000 |

1   2 3   5   10   20 30 50   100 **Rang**

Quelle: J. Bähr 2004[4], Abb. 20   Graphik: H. Benecke

Abb. 4.5 Ranggrößenverteilungen von Städten: BRD und Chile

kurve in eine annähernd konvexe Form über. Letzteres gilt in etwa für die Städteverteilung in den alten Bundesländern.

Wie die Abb. 4.4 zeigt, eignet sich die Ranggrößendarstellung auch für die Darstellung der Entwicklung von Städtesystemen: Während Frankreich zu einer Verstärkung der „Primatstadtverteilung" (Übergewicht der Hauptstadt Paris) tendiert, zeichnet sich die Ranggrößenverteilung der US-amerikanischen Städte auch in der historischen Entwicklung durch eine bemerkenswerte Stabilität bzw. Ausgeglichenheit aus.

Die Ranggrößendarstellung von Städten ist schon früh, zuerst von E. AUERBACH (1913), dazu benutzt worden, um regelhafte Beziehungen zwischen der Einwohnerzahl einer Stadt und ihrem Rangplatz festzustellen (s. auch 2.2). Ein derartiger Zusammenhang wird als **Ranggrößen-Regel** (engl. *rank-size rule*) bezeichnet. Die Ranggrößen-Regel besagt, dass in annähernd ausgewogenen Städtesystemen die Einwohnerzahl P_r einer Stadt vom Rang r annähernd dem r-ten Teil der Einwohnerzahl P_1 der größten Stadt des Systems entspricht, d. h. es gilt:

$$P_r = P_1 : r$$

vgl. S. 84

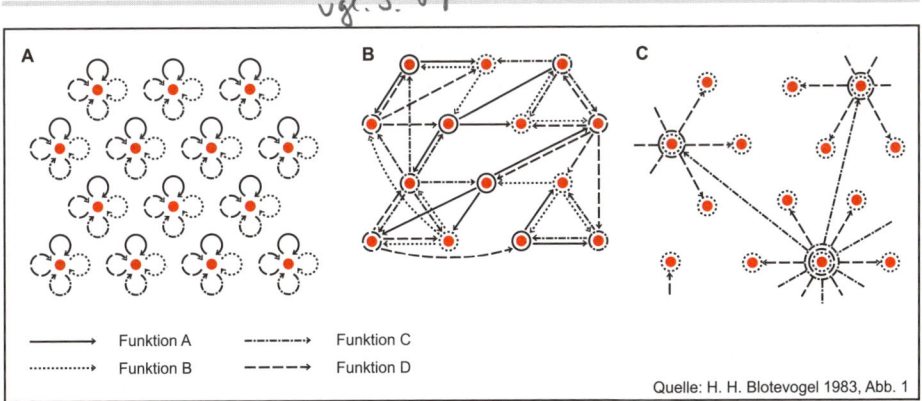

A   B   C

→ Funktion A   ⋯→ Funktion C
⋯→ Funktion B   ----→ Funktion D

Quelle: H. H. Blotevogel 1983, Abb. 1

Abb. 4.6 Grundformen der Struktur von Städtesystemen (vgl. Kasten 4.2)

vgl. S. 84

oder $P_r \times r = P_1$

oder $\log P_r = \log P_1 - \log r$,

wobei alle Städte in absteigender Reihe 1, 2, ... , r, ... nach ihrer Einwohnerzahl geordnet sind.

Die obige Gleichung besagt, dass das Produkt aus der Einwohnerzahl einer Stadt (mit dem Rangplatz r) und dem Rang r der Einwohnerzahl der rangersten Stadt entspricht.

Um die unterschiedlichen Steigungen der Geraden der Ranggrößenverteilung (im Ranggrößendiagramm) berücksichtigen zu können, kann man die o. g. Ranggrößen-Regel-Gleichung um eine Konstante q erweitern, d. h. es gilt dann:

$$P_r = P_1 : r^q$$

oder $P_r \times r^q = P_1$

oder $\log P_r = \log P_1 - q \times \log r$

Die Ranggrößen-Regel kann aber wegen der teilweise sehr starken Abweichungen einzelner nationaler oder regionaler Städtesysteme von dem idealen Ranggrößen-Kurvenverlauf nur mit Vorbehalt als allgemein gültige Regelhaftigkeit bezeichnet werden. Eingeschränkt wird die Aussagekraft der Ranggrößendarstellung auch dadurch, dass sie stark abhängig von den jeweiligen statistischen Bezugseinheiten (Stadt, Stadtregion, Verdichtungsraum) ist. Zu beachten

---

Kasten 4.2   Modelle von Städtesystemen (s. Abb. 4.6)
(nach H. H. BLOTEVOGEL 1983)

● **'Städtesystem' ohne Funktionsspezialisierung** (Abb. 4.6A); dieses kann im eigentlichen Sinne nicht als System bezeichnet werden. Es handelt sich hierbei um Städte, in denen jeweils alle Funktionen lokalisiert sind. In einem solchen nur theoretisch denkbaren Extremfall fehlen die Beziehungen zwischen den Städten gänzlich: Die Städte sind funktional nur auf ihr jeweiliges Umland bezogen.

● Idealtypisches Partialmodell der **sektoralen Funktionsspezialisierung** (Abb. 4.6B): Die (beispielsweise) vier Funktionen A, B, C und D sind in jeweils verschiedenen Städten lokalisiert, so dass sich die Städte gegenseitig funktional ergänzen (extrem arbeitsteilige Struktur); jede Stadt verfügt jeweils nur über eine der vier Funktionen, für die fehlenden Funktionen müssen entsprechende Leistungen der Nachbarstädte in Anspruch genommen werden.

● Als **hierarchische Funktionsspezialisierung** (Abb. 4.6C) wird eine andere spezielle Form überörtlicher Arbeitsteilung bezeichnet: Die Städte bieten eine jeweils unterschiedliche Zahl von Funktionen an, so dass hierarchische Über- oder Unterordnungen im Städtesystem bestehen: Dies ist ein **zentralörtliches System** (vgl. 4.3.1) als Partialmodell des Städtesystems.

ist weiterhin, dass die jeweilige Städteverteilung im Raum unberücksichtigt bleibt.

Von Bedeutung in der modernen Städtesystemforschung ist auch die Analyse der

4.2.4 Grundformen der Struktur von Städtesystemen (Abb. 4.6 und Kasten 4.2). Die

Systembeziehungen zwischen den Städten sind u. a. Ausdruck einer arbeitsteiligen Organisation innerhalb des Städtesystems, wobei einzelne Städte bestimmte Leistungen (z. B. Spezialkrankenhäuser, Universität, Hafenfunktionen, Landesbehörden) für andere Städte erbringen, denen entsprechende Funktionen fehlen. Dieser Sachverhalt wird als **arbeitsteilige oder sektorale Funktionsspezialisierung** der entsprechenden Stadt bzw. Städte bezeichnet (H. H. BLOTEVOGEL 1983, 2002a). Man spricht bei dominanter Funktionsspezialisierung etwa von folgenden **funktionalen Städtetypen**: Universitätsstadt, Hafenstadt, Landeshauptstadt etc. (s. 4.1.3).

Ein zweites Grundmuster von Städtesystemen ist deren **hierarchischer Aufbau** (Hierarchie), der „idealtypisch durch den politisch-administrativen Staatsaufbau vorgezeichnet (ist), (...) sich aber auch im privatwirtschaftlichen Bereich nachweisen (lässt), wie an der Konzentration von ökonomischen Steuerungs- und Kontrollfunktionen in den großen Zentren deutlich wird" (H. H. BLOTEVOGEL 2002a, S. 40).

4.2.5 Struktur des Städtesystems der Bundesrepublik Deutschland vor und nach der Vereinigung. Als Strukturrelationen (Interrelationen zwischen den Städten) werden im Folgenden zunächst die räumlichen Unterschiede in der Städtegrößenverteilung und der Wirtschaftsstruktur der Städte in der ehemaligen Bundesrepublik vor der Vereinigung (in Anlehnung an H. H. BLOTEVOGEL/M. HOMMEL 1980, S. 156-158) charakterisiert; zur

Genese des deutschen Städtesystems seit dem 19. Jh. s. H. H. BLOTEVOGEL 2002a.

Die **Städtegrößenverteilung in der alten Bundesrepublik Deutschland** vor der Vereinigung lässt sich wie folgt kurz kennzeichne; s. Abb. 3.8 mit heutiger Städteverteilung:

● Aufgrund der früheren politischen Teilung Deutschlands und Berlins fehlte eine mit Abstand größte Stadt im Städtesystem.

● Die Großstädte zeigten in ihrer großräumigen Verteilung eine relativ große Ausgewogenheit. Die beiden größten Städte der früheren Bundesrepublik Deutschland, die Millionenstädte Hamburg und München, standen sich im relativ städtearmen Nordosten und Südosten gegenüber.

● Bezüglich der Klein- und Mittelstädte, die am Einwohner- und Industriewachstum in der Nachkriegszeit einen überproportionalen Anteil hatten, gab es regionale Unterschiede im Städtesystem der früheren Bundesrepublik Deutschland: „Sie häufen sich in den beiden städtereichen Großräumen im Nordwesten und Südwesten, und zwar nicht nur im Umland der dortigen Großstädte, sondern auch in den relativ großstadtarmen Gebieten Westfalens sowie des südlichen und östlichen Baden-Württemberg" (H. H. BLOTEVOGEL/M. HOMMEL 1980, S. 157).

● Im Nahbereich vieler Großstädte häufen sich Klein- und Mittelstädte (über 20.000 Einw.). Zahlreiche Kleinstädte sind erst in der Nachkriegszeit in diese Größenordnung gewachsen. Bei den Mittelstädten „handelt es sich dagegen meist um ältere Städte in historisch erklärbarer Konkurrenzlage, die z. T. ausgeprägte Komplementärfunktionen entwickelt haben. Sie bilden mit den Kernstädten strukturell und funktional hochgradig differenzierte Stadtregionen (z. B. Nürnberg mit Fürth und Erlangen)" (ebd.).

● Einen Gegensatz dazu bilden die **monozentrischen Stadtregionen** (monozentrische Ballungsgebiete, s. 3.2.1). Diese set-

HH. Bremen, Hannover, Stuttgart, Nürnberg, Rhein...

zen sich lediglich aus der dominierenden Kernstadt und kleineren Städten oder suburbanisierten Gemeinden zusammen.

• Der Verdichtungsraum Rhein-Ruhr bildet als größter städtischer Agglomerationsraum in der Bundesrepublik Deutschland, bestehend „aus mehreren miteinander zusammengewachsenen, jedoch unterschiedlich strukturierten Stadtregionen" (ebd.), einen Sonderfall (s. 3.2.3).

Für das **Städtesystem der neuen Bundesländer** gilt, dass dieses räumlich nicht ausgeglichen ist:

• einem städtereicheren, stärker industrialisierten Süden mit den Großstädten bzw. Agglomerationen von Leipzig-Halle, Dresden und Chemnitz steht ein städteärmerer und insgesamt dünner besiedelter sowie zudem wirtschaftsstrukturell schwacher Norden gegenüber; lediglich Rostock als wichtigste Hafenstadt der ehemaligen DDR nimmt dort eine überragende Rolle ein;

• die durch die deutsche Vereinigung sehr gestärkte (neue) Hauptstadtregion Berlin überragt eindeutig das übrige Städtesystem Ostdeutschlands.

Insgesamt gilt jedoch für das Städtesystem Deutschlands (vgl. Abb. 3.8), dass nicht eine einzige Großstadt (Primatstadt) oder Metropole das Siedlungssystem dominiert, sondern über das Gebiet der Bundesrepublik eine Vielzahl von Agglomerationsräumen und größeren Städten oder Metropolen relativ ausgewogen verteilt ist. So bildet die Ranggrößenverteilung des Städtesystems im doppelt-logarithmischen Diagramm annähernd eine Gerade und ist damit als „idealtypisch" bzw. als sehr ausgewogen zu bezeichnen (vgl. 4.2.3 u. Abb. 4.5). „Das städtische Siedlungssystem stellt aus sozioökonomischer und funktionaler Sicht ein eng vernetztes, polyzentrisches Gefüge von Städten und ihren jeweiligen Einzugsgebieten dar, in das die ländlichen Gebiete wirtschaftlich, sozial und kulturell mehr oder weniger stark eingebunden sind" (BMBAU 1996, S. 19).

Aufgrund der räumlich unterschiedlichen Städteverteilung lässt sich die Bundesrepublik Deutschland auch grob in die folgenden drei Raumkategorien untergliedern: **periphere Regionen** (z. B. Emsland, Niederbayern, Mittelgebirgsregionen), **zwischenstädtische Regionen** als zwischen den großen Metropolen (oder Stadtregionen bzw. Verdichtungsräumen) gelegene Gebiete sowie **Verdichtungsräume oder Metropolregionen** (vgl. 3.2 und 3.3).

4.2.6 Städtenetze und -verbünde als raumordnungspolitischer Handlungsansatz. „Der in der angelsächsischen Literatur gebräuchliche Terminus „*urban networks*" ist insbesondere seit Anfang der 90er Jahre über die Regionalpolitik der Europäischen Gemeinschaft diffundiert und eröffnete ein neues Tätigkeitsfeld für innovative Planer und Kommunalpolitiker" (A. PRIEBS 1996a, S. 35). Die Anwendung des Städtenetz-Konzepts ist bereits in mehreren Staaten früh diskutiert worden, z. B. in Frankreich oder in den Niederlanden, dort vor allem in Bezug auf die Randstad Holland. In Deutschland wurden sog. Städtenetze vor allem erst seit Veröffentlichung des „Raumordnungspolitischen Orientierungsrahmens. Leitbilder für die räumliche Entwicklung der Bundesrepublik Deutschland" (ORA) Ende 1992, an dessen Bearbeitung das Bundesminsterium für Raumordnung, Bauwesen und Städtebau (BMBau) zuammen mit den Ländern mitgewirkt hat, von zunehmendem Gewicht im Rahmen der Raumordnung (vgl. 3.3 sowie B. ADAM 1994, 1997). So heißt es in der Schrift des BMBAU (1993c) im Abschnitt 1.3 „Städtenetze: Synergieeffekte nutzen und ausbauen": „Der Ausbau der städtischen Vernetzungen gewinnt in der neueren raumordnungspolitischen Diskussion - auch im europäischen Maßstab - an Bedeutung: Verdichtungsräume/„Stadtregionen" stehen in einem zunehmenden Leistungsaustausch und spezialisieren sich in ihren Funktionen mit dem Vorteil gegenseitiger Verstärkung von ökonomischen und infrastrukturellen Effekten (s. Synergieeffekte)".

Nach A. PRIEBS (1996a) lassen sich (in Anlehnung an K. R. KUNZMANN 1995) unterscheiden:

(1) **Funktionales Städtenetz** (deskriptiver Ansatz); diese Bezeichnung bezieht sich auf ein System von in vielfältiger Weise funktional untereinander verknüpften Städten in einem Raum (vgl. Definition Städtesystem unter 4.2.2).

(2) **Strategisches Städtenetz**. „Bei diesem Typ von Städtenetzen handelt es sich im wesentlichen um strategische Allianzen, die von mehreren Städten eingegangen werden, um netzinterne Vorteile zu erreichen und/oder die gemeinsame Außendarstellung zu verbessern" (ebd., S. 36). Dabei steht die gemeinsame, selbstorganisierte Bewältigung eines alle beteiligten Städte betreffenden Problems, z. B. ein gemeinsames Auftreten gegenüber der Landesregierung, dem Bund oder der EU, im Vordergrund (ebd., nach K. R. KUNZMANN 1995); wichtig ist die „bewußte, tendenziell auf Dauer angelegte Zusammenarbeit zur Erreichung raumwirksamer Ziele" (A. PRIEBS 1996a, S. 36).

Strategische Städtenetze lassen sich nach K. R. KUNZMANN (1995) einteilen in **intraregionale und interregionale/internationale Städtenetze**; letztere betreffen etwa die mit dem raumordnungspolitischen Orientierungsrahmen des Bundes (s. oben) angestrebte verstärkte großräumige Vernetzung von Städten. Bei **intraregionalen Städtenetzen** handelt es sich um „Vernetzungen solcher Städte, die einen gemeinsamen raumstrukturellen Kontext besitzen und meist

nahe beieinander liegen" (A. PRIEBS 1996a, S. 36); häufig sind die Städte auch von gleicher oder ähnlicher Größenordnung wie im grenzübergreifenden Städtedreieck Enschede/Hengelo - Münster - Osnabrück (s. Abb. 4.7), inzwischen Städtedreieck MONT (Münster - Osnabrück - Netwerkstad Twente) genannt (s. H. KREFT-KETTERMANN 2011).

(3) **Normative Städtenetze**. Sachsen war das erste Bundesland, das auf ober-, mittel- und unterzentraler Ebene sog. **Städteverbünde** als „Sonderformen" Zentraler Orte unterschieden hat (s. Abb. 3.9 und Kasten 4.3 mit Erläuterung). Sachsen wollte damit „Städtenetze bzw. -verbünde nicht alleine „von unten" wachsen (lassen), sondern in der Landesplanung Zielaussagen zur Vernetzung und kooperativen bzw. komplementären Wahrnehmung zentralörtlicher Funktionen (vorgeben)" (A. PRIEBS 1996a, S. 37).

Die **Zielsetzung der Bildung von Städtenetzen** ist nach P. JURCZEK/M. WILDENAUER (2002, S. 70; vgl. Kasten 4.3 mit Erläuterung): „Städtenetze sollen unter dem Leitbild der „dezentralen Konzentration" der Stabilisierung der polyzentrischen Raum- und Siedlungsstruktur dienen. Dabei werden die - im Vergleich zu den europäischen Nachbarn - relativ ausgeglichenen räumlichen Verhältnisse der bundesdeutschen Regionen als wichtiger Standort- und Wettbewerbsvorteil erkannt. Auch hofft man, dass durch die Nutzung netzinterner Vorteile endogene Potenziale mobilisiert sowie sozial und räumlich verträgliche Entwicklungsprozesse in Gang gesetzt werden. Durch die ökonomisch und ökologisch nachhaltige Nutzung von lokalen Ressourcen will man somit neue Standortqualitäten schaffen. Kommunale Kooperationen werden als eine Strategie zur Erzielung von ökonomischen und infrastrukturellen Synergieeffekten verstanden. In Verdichtungsräumen verfolgt man darüber hinaus Ordnungs- und Entlastungsziele, z. B.

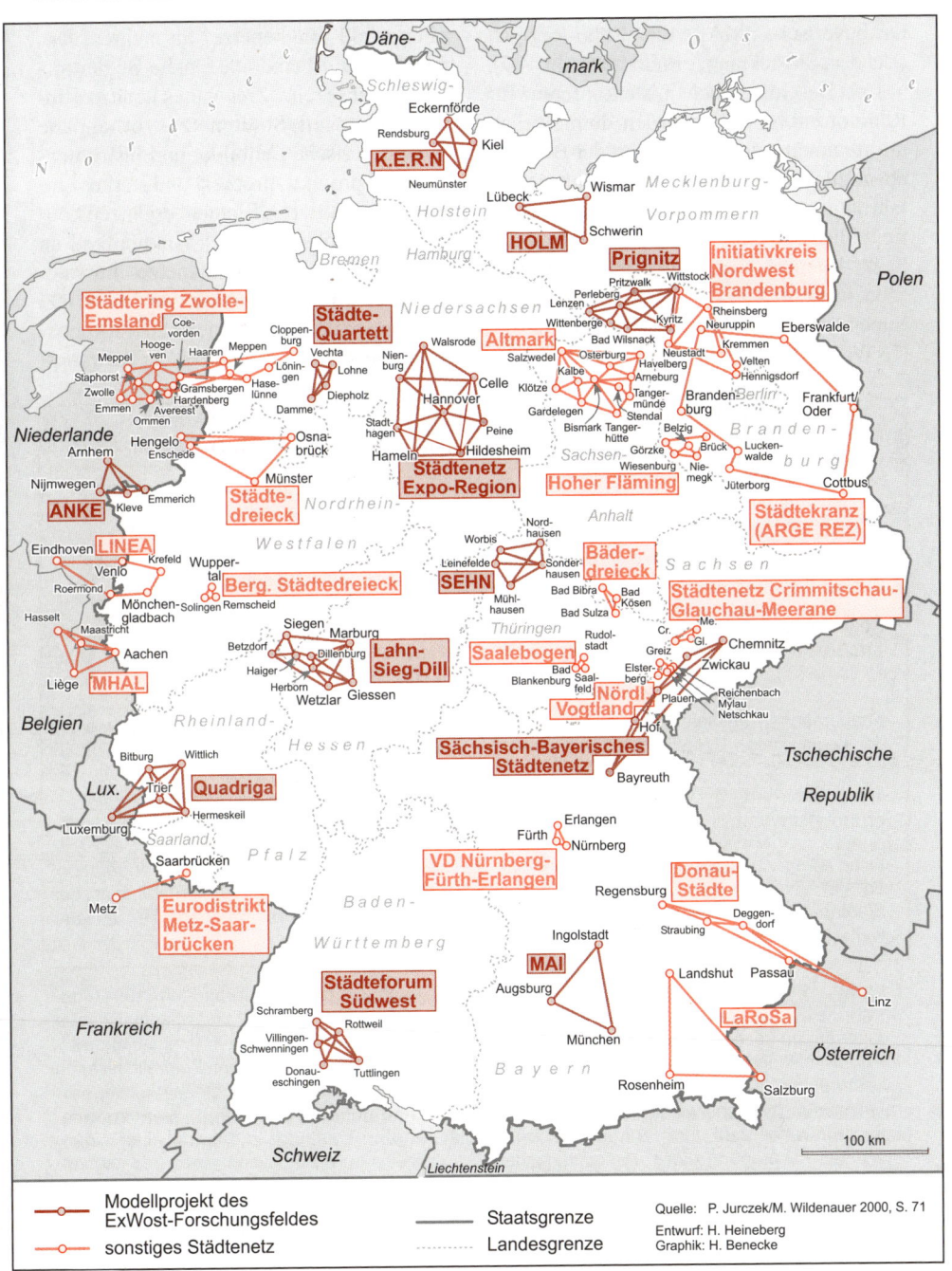

Abb. 4.7 Städtenetze in Deutschland 1999

das bayerische „MAI", die „Expo-Region" oder der „Städtekranz" um Berlin" (Abb. 4.7).

Laut Beschluss der Ministerkonferenz für Raumordnung 1995 wurden dem Aufbau intraregionaler Städtenetze auf der Bundesebene zunächst in **elf „Modellregionen"** Erfahrungen gesammelt, hinzu kamen weitere freiwillige Städtenetze sowie HOLM mit Lübeck, Wismar und Schwerin als zwölfte Modellregion (Abb. 4.7); im Rahmen des sog. Experimentellen Wohnungs- und Städtebaus (ExWoSt) des BMBau wurde in dem For-schungsfeld „Städtenetze" für mehrere Jahre (1994-1998) eine praxisnahe Begleitforschung betrieben. „Ziel war es herauszufinden, inwieweit Städtenetze vorhandene raumordnerische Leitbilder und Instrumente um ein projekt-, prozess- und stärker umsetzungsorientiertes Element ergänzen können" (www.bbsr.bund.de). Anknüpfend an das Forschungsfeld „Städtenetze" im städtebaulichen ExWoSt wurde von 1998-2003 im Rahmen des raumordnerischen Aktionsprogramms „Modellvorhaben der Raumord-

Kasten 4.3 Unterschiede zwischen Städtenetzen und Städteverbünden (nach H. BATHELT/J. GLÜCKLER 2012, Tab. 5-2, in Anlehnung an S. GREIVING 2006)	
Städtenetz	**Städteverbund**
Kooperation von unten: Eigeninitiative zu freiwilliger interkommunaler Kooperation	Kooperation von oben: normatives planerisches Konzept der Landes- o. Regionalplanung
Kooperation über Gemeinden hinweg (große „Maschenweite")	Kooperation v. a. von benachbarten Gemeinden (enge „Maschenweite", außer bei Oberzentren)
Kooperationen ausschließlich zu Themen der kommunalen Selbstverwaltungshoheit	ursprüngliche Zwecksetzung auf gemeinsame Wahrnehmung zentralörtlicher Funktionen
keine Beteiligung der Landesplanung erforderlich	Beteiligung der Landes- oder Regionalplanung mit eigenen Zielvorstellungen
keine zwingende Formalisierung u. keine dauerhafte Verstetigung erforderlich; Städtenetze können sich zu Städteverbünden weiterentwickeln	zwingende Formalisierung der Kooperation zur Sicherstellung der Konformität zwischen kommunalen und raumordnerischen Zielen

Seit den 1990er Jahren sind - zunächst in Sachsen (Landesentwicklungsprogramm 1994), danach in fast allen deutschen Bundesländern - **Städteverbünde** als qualitativ und quantitativ neue Sonderformen kooperierender Zentraler Orte entstanden (s. 4.2.6 und Kasten 4.3 mit ausgewählten Unterschieden zu Städtenetzen). Diese sind in Abb. 3.9 für die verschiedenen Zentralitätsstufen mit Stand Juni 2010 berücksichtigt. „Sie bezeichnen Verbünde von zentralen Orten gleicher Hierarchiestufen (typischerweise Ober- oder Mittelzentren), die aufgrund ihrer Lage, ihrer vergleichbaren Einwohnerzahl, ihrer zentralörtlichen Ausstattung und Leistungskraft sowie einer eigenständigen Ausprägung eines Verflechtungsbereichs gemeinsam die Funktion eines bedeutenderen Zentrums ausüben können. Im Unterschied zu Städtenetzen folgen Verbünde normativen planerischen Vorgaben der Landesplanung und fungieren somit als direkte Ergänzung der Instrumente des Zentrensystems. Durch Kooperationen sollen Städteverbünde gemeinsam die Tragfähigkeit hochwertiger Versorgungsfunktionen sichern und die notwendige Erreichbarkeit im Verflechtungsbereich gewährleisten" (H. BATHELT/J. GLÜCKLER 2012, S. 143).

Kasten 4.4 Das Sächsisch-Bayerische Städtenetz (Auszüge aus: www.saechsisch-bayerisches-staedtenetz.de, aufgerufen u. ergänzt 01.12.12)

„Die Städte Chemnitz, Zwickau, Plauen, Hof und Bayreuth haben sich 1995 über die Grenzen Bayerns und Sachsens hinweg zum Sächsisch-Bayerischen Städtenetz zusammengeschlossen. Die fünf Oberzentren erfüllen wichtige Funktionen als Wirtschafts-, Dienstleistungs- und Kulturzentren.

Die Städtenetzpartner sehen in ihrer freiwilligen Kooperation einen geeigneten Ansatz, den Herausforderungen unserer Zeit durch intensiven Erfahrungsaustausch, kontinuierliche Information und die Entwicklung gemeinsamer Strategien zu begegnen. Eine starke Allianz der Städtenetzpartner soll helfen, im Wettbewerb mit anderen Zentren zu bestehen und das Bewusstsein als eigenständiger Lebens- und Wirtschaftsraum zu stärken.

Das Sächsisch-Bayerische Städtenetz knüpft an historische Gemeinsamkeiten zwischen den beteiligten Regionen an und bietet so die Chance, nach allen Seiten zukunftsträchtige Beziehungen aufzubauen. (...)

Aufgaben und Ziele

Die fünf Kommunen des Sächsisch-Bayerischen Städtenetzes konzentrieren ihre Zusammenarbeit vor allem auf die Verkehrsinfrastruktur sowie auf den Tourismus und die Kultur. Ein besonderes Anliegen des Städtenetzes ist die Begegnung der Menschen aus der Region und über die Landesgrenzen hinweg. In folgenden Aufgabenfeldern wird an der Lösung aktueller Fragen gearbeitet:

· Verbesserung der Schienenverbindung (Ausbau der sog. Sachsen-Franken-Magistrale zwischen Nürnberg - Bayreuth - Hof - Plauen - Zwickau - Chemnitz - Dresden/Zwickau - Leipzig)

· Kulturelle Zusammenarbeit (u. a. Ausstellung JugendKunstTriennale 2012)

· Förderung des Städtetourismus (u. a. thematische Reiseangebote zu stadtspezifischen Themen)

Weitere Felder der Zusammenarbeit

Die fünf Städte des Sächsisch-Bayerischen Städtenetzes fördern die Begegnung der Menschen auch in weiteren Bereichen und betreiben gemeinsam Öffentlichkeitsarbeit. Jedes Jahr finden ein Frauenfußball- und ein Jugendfußballturnier um die Pokale des Sächsisch-Bayerischen Städtenetzes statt. Außerdem treffen sich jugendliche Skater zu einem alljährlichen Städtenetz-Skate-Contest. (...)

Im Bereich Öffentlichkeitsarbeit kooperieren die Städtenetzpartner ebenfalls eng. Die Städte präsentieren sich und das Städtenetz jedes Jahr auf den wichtigsten Regionalmessen, auf Fachmessen sowie bei speziellen Veranstaltungen zu Fragen der Raumordnung und Landesplanung.

Organisation der Zusammenarbeit

Die Arbeitsgemeinschaft Sächsisch-Bayerisches Städtenetz als informelle Form einer kommunalen Kooperation gründet sich auf die gemeinsame Willenserklärung ihrer Oberbürgermeister. Durch regelmäßige Treffen auf drei Ebenen sind die Entscheidungsträger aller Städtenetzpartner gleichberechtigt in die Kooperation eingebunden.

Mitglieder im Lenkungsausschuss sind die fünf Oberbürgermeisterinnen und Oberbürgermeister der Netzstädte und Vertreter der Landesplanung der beiden Freistaaten Sachsen und Bayern. Der Lenkungsausschuss bestimmt die Richtlinien der Zusammenarbeit.

Zur Arbeitsgruppe gehören die fünf Städtenetzbeauftragten als verantwortliche Mitarbeiter der Städte und die Regionalplaner der zwei beteiligten Planungsregionen Oberfranken-Ost und Südsachsen. In der Arbeitsgruppe der Städtenetzbeauftragten werden die inhaltlichen Schwerpunkte bestimmt und die organisatorischen Aufgaben wahrgenommen. Die konkrete Gestaltung und Umsetzung der einzelnen Projekte wird unter Beteiligung von Fachleuten aus verschiedenen Einrichtungen in den Facharbeitskreisen geleistet. (...)

Zur Verfestigung und langfristigen Sicherung ihrer Kooperation haben die Netzpartner im März 2003 die "Kooperationsvereinbarung Sächsisch-Bayerisches Städtenetz" abgeschlossen, in der Ziele und Aufgaben sowie die Organisations- und Arbeitsstrukturen geregelt sind. (...) Seit 2003 präsentiert sich das Städtenetz mit seiner aktuellen Homepage: www.saechsisch-bayerisches-staedtenetz.de".

nung" (MORO) ein „Forum Städtenetze" durchgeführt, das den Erfahrungsaustausch zwischen den bereits bestehenden oder hinzu kommenden Städtenetzen organisieren sollte (vgl. ebd.).

Wie Abb. 4.7 veranschaulicht, fand das Konzept der „Städtenetze" als neuer raumordnungspolitischer Handlungsansatz zur Verbesserung interkommunalen Kooperationen bundesweit eine große Resonanz, und dem o. g. ExWoSt-Forschungsfeld kam eine bedeutende Initialwirkung zu. Wie das DEUTSCHE INSTITUT FÜR URBANISTIK/ DIFU (2004, S. 22) herausstellte, wurde dem Aufbau von Städtenetzen insbesondere in den neuen Bundesländern „als 'Städtenetze mit besonderem Entwicklungsbedarf' bzw. als 'Verbindungsnetze' zwischen alten und neuen Ländern grundlegende Bedeutung beigemessen".

Mit dem Auslaufen von Projektförderungen im ExWoSt-Forschungsfeld sowie aufgrund neuer Vorgaben in Plänen und Programmen einzelner Bundesländer und neuer Herausforderungen, z. B. Positionierungen und Entwicklung von Kommunikationsstrukturen in neu entstandenen Metropolregionen (vgl. 3.3 mit Abb. 3.13), hat sich das Städtenetz-Konzept in Deutschland - so wie es z. B. in Abb. 4.7 veranschaulich ist - verändert. Nach wie vor besteht eine Reihe der in den 1990er Jahren entstandenen interkommunalen Kooperationen, z. B. das grenzüberschreitende Sächsisch-Bayerische Städtenetz (s. im Einzelnen Kasten 4.4). Außerdem sind - wie bereits oben genannt - inzwischen in 11 von 13 Bundesländern sog. **Städteverbünde** als qualitativ und quantativ neue Sonderformen koopierender Zentraler Orte entstanden (s. Kasten 4.3).

Wichtig ist zudem, dass gegenwärtig für die Förderung kleiner Städte und Gemeinden im Rahmen des zwischen Bund und Ländern vereinbarten Städtebauförderungspro-

gramms die „überörtliche Zusammenarbeit und Netzwerke" wesentliche Voraussetzungen sind. In der „Verwaltungsvereinbarung Städtebauförderung 2012" (BMVBS 2011/ 2012, 6. Abschn., Art. 9) heißt es diesbezüglich: „Förderfähig sind vorrangig überörtlich zusammenarbeitende oder ein Netzwerk bildende Städte oder Gemeinden in funktional verbundenen Gebieten bzw. kleinere Städte in Abstimmung mit ihrem Umland" (zur Städtebauförderung vgl. 10.3 mit Kasten 10.2 u. Abb. 10.12).

4.3 Analyse zentralörtlicher Systeme (Zentralitätsforschung)

4.3.1 Die Klassische Theorie der Zentralen Orte geht auf den Geographen WALTER CHRISTALLER (1933) zurück. Die Theorie basiert auf der ökonomischen Überlegung, dass Güter und Dienste nicht in gleicher Weise und Häufigkeit von den Bewohnern eines Raumes in Anspruch genommen werden. Manche, wie z. B. Lebensmittel für den täglichen Bedarf, werden ständig benötigt, müssen also leicht erreichbar sein; andere, beispielsweise Luxusartikel der Bekleidung, werden nur selten oder nicht von allen nachgefragt. Entsprechendes gilt für die Inanspruchnahme unterschiedlicher Dienste. Je seltener ein Gut oder ein Dienst benötigt wird, um so größer muss das Absatzgebiet (**zentralörtlicher Bereich**) sein, um ein derartiges Angebot wirtschaftlich erbringen zu können. Es handelt sich bei dem Angebot von Gütern oder Diensten um Leistungen des **tertiären Sektors** (Handel, Verwaltung, Gesundheits-, Rechtswesen-, einfache Serviceleistungen etc.), die man häufig auch allgemeiner als **Dienstleistungen** (i. w. S.) zusammenfasst. Der Erreichbarkeit wegen häufen sich Dienstleistungen i. Allg. in zentraler oder verkehrsgünstiger Lage.

Hauptanliegen W. CHRISTALLERS war es, mit Hilfe einer ökonomischen Theorie die räumliche Verteilung unterschiedlich großer Siedlungen bzw. Zentraler Orte zu erklären und Regelhaftigkeiten ihrer räumlichen Anordnung nach Größenkategorien zu erfassen. Neben dieser Zielstellung dient die Zentrale-Orte-Theorie auch „als Standorttheorie absatzorientierter Betriebe, d. h. insbesondere des tertiären Wirtschaftssektors, und ihrer Marktgebiete" (Doppelcharakter der Zentrale-Orte-Theorie) (H. H. BLOTEVOGEL 1995, S. 1117). Außerdem fand das aus der Theorie abgeleitete Modell der Zentralen Orte seit den 1960er Jahren Eingang in die Raumordnung, Landes- und Regionalplanung, und dies nicht nur in Deutschland, sondern nahezu weltweit. „Seine wichtigsten Anwendungsfelder liegen in der Infrastrukturplanung sowie in der planmäßigen Entwicklung von innerstädtischen Zentrensystemen und regionalen und nationalen Städte- und Siedlungssystemen" (ebd., S. 1123).

Der Begriff **Zentraler Ort** wurde von W. CHRISTALLER neu geprägt, um damit zunächst ganz neutral einen Standort zu bezeichnen, der tertiäre Einrichtungen mit zentralen Funktionen aufweist, d. h. einen Standort „zentraler Gewerbe, die notwendig an eine zentrale Lage gebunden sind". Bei der Anwendung seiner Theorie auf Süddeutschland übertrug W. CHRISTALLER jedoch den Begriff Zentraler Ort auf ganze Siedlungen, insbesondere auf ganze Städte, wodurch bereits einer Begriffsverwirrung Vorschub geleistet wurde. Bezeichnet man mit Zentralen Orten nämlich ganze Siedlungen oder Gemeinden (letzteres geschieht heute im Allgemeinen auch in der Raumordnung und Landesplanung), so besteht grundsätzlich die Schwierigkeit darin, Zentrale Orte oder Zentralörtliche Systeme innerhalb größerer Verdichtungsräume oder auch innerhalb

einzelner Großstädte sinnvoll zu definieren (sog. **innerstädtische Zentrensysteme**). Entsprechend der heutigen unterschiedlichen Anwendung des grundlegenden Begriffs in der Raumforschung (Geographie, Raumordnung, Ökonomie etc.) lässt sich Zentraler Ort in zweifacher Weise definieren, und zwar „(a) im allgemeinen Sinn (als) eine Standortkonzentration (Cluster) von Einrichtungen, die Güter und Dienste für räumlich begrenzte Marktgebiete anbieten sowie (b) im speziellen Sinn (als) eine Siedlung oder Gemeinde hinsichtlich ihrer Versorgungsfunktion und Dienste insbesondere für ihr Umland" (H. H. BLOTEVOGEL 1995, S. 1117).

Nicht unproblematisch ist in diesem Zusammenhang auch die ursprüngliche Begriffsbestimmung von **Zentralität**, worunter W. CHRISTALLER den „**Bedeutungsüberschuss**" verstand, den ein Zentraler Ort (aufgrund seiner Ausstattung mit zentralen Einrichtungen) über die Versorgung der eigenen Einwohner hinaus besitzt (auch **relative Zentralität** genannt). H. BOBEK (1969) hat darauf hingewiesen, dass die Zentralität heute nicht mehr als Bedeutungsüberschuss, sondern nur absolut, d. h. als Gesamtbedeutung aller an einem Standort konzentrierten zentralen Einrichtungen, verstanden werden kann (sog. **absolute Zentralität**).

heute

W. CHRISTALLER hat das **Zentrale-Orte-System (Modell der Zentralen Orte)** geometrisch abgeleitet (Abbn. 4.8 und 4.9). Dabei hat er außerordentlich restriktive Annahmen bzgl. des Verhaltens der Konsumenten wie Anbieter der Güter und Dienste sowie auch in Bezug auf die räumlichen Ausgangsbedingungen zugrunde gelegt. So ging W. CHRISTALLER von dem **Verhalten eines „homo oeconomicus"** aus, d. h. (im Folgenden nach J. DEITERS 1976):

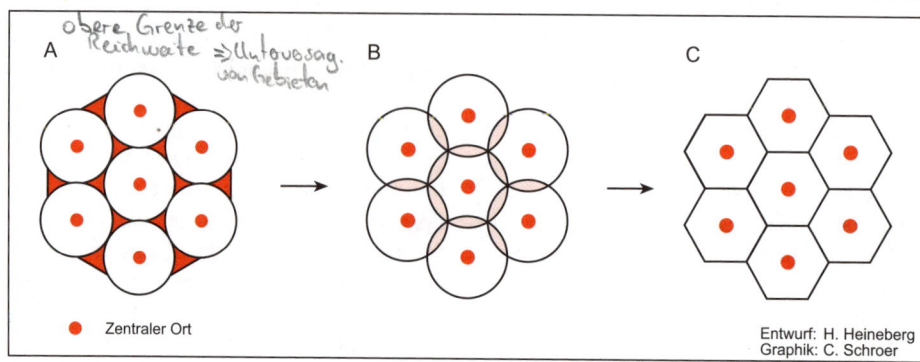

obere Grenze der Reichweite ⇒ Untovosag. van Gebieten

● Zentraler Ort

Entwurf: H. Heineberg
Graphik: C. Schroer

Abb. 4.8 Entwicklung des Hexagonalschemas zentralörtlicher Bereiche

homo oeconomicus

(1) von einem wirtschaftlich völlig rational handelnden Menschen, der
(2) über vollständige Gewissheit und Informationen bezüglich des wirtschaftlichen Erfolgs seiner Handlungen und über alle Handlungsalternativen verfügt (Annahme vollkommener Konkurrenz und vollständiger Information).
(3) Letzteres ist mit der Annahme der optimalen Gewinnmaximierung durch die Anbieter zentraler Güter und Dienste und
(4) der Annahme der optimalen Minimierung der Ausgaben der Bedarfsdeckung durch die Konsumenten gekoppelt.

Schließlich wird vorausgesetzt, dass (5) die Summe dieser individuellen Optimierungen auch gesamtgesellschaftlich optimal ist, d. h. im Raum soll eine minimale Anzahl Zentraler Orte so verteilt sein, dass kein Gebietsteil unversorgt bleibt.

Als **räumliche Ausgangsbedingungen** werden in der Theorie der Zentralen Orte eine äußerst vereinfachte Wirtschaft und ein homogener Raum angenommen, in dem nahezu alles als konstant angesehen wird (wie gleichmäßige Verteilung der Bevölkerung, der Einkommen und Konsumbedürfnisse, gleichförmige Gestaltung des Verkehrsnetzes etc.). Lediglich die Kosten für den Transport (Fahrtkosten) werden als variabel vorausgesetzt; letztere werden vereinfachend

als direkt proportional zur kürzesten Distanz zwischen Wohnstandort und Zentralem Ort angenommen.

W. Cʜʀɪsᴛᴀʟʟᴇʀ benutzte außerdem Begriffe der **Reichweite zentraler Güter**: Die sog. **obere Grenze der Reichweite** (oder räumlich gesehen die äußere Grenze) wird durch die Entfernung von einem Zentralen Ort bestimmt, jenseits der das betreffende zentrale Gut nicht mehr aus diesem Zentralen Ort bezogen wird; jenseits dieser Grenze wird das Gut wegen zu hoher Fahrtkosten entweder überhaupt nicht mehr erworben oder in einem anderen, näher gelegenen Zentralen Ort günstiger eingekauft. Die sog. **untere Grenze der Reichweite** (oder innere Grenze) bezeichnet das Gebiet um einen Zentralen Ort, der gerade so viele Konsumenten enthält, wie zum rentablen Angebot eines Gutes (**ökonomische Tragfähigkeit**) erforderlich sind.

Aufgrund der sehr vereinfacht angenommenen Ausgangsbedingungen sind die **Reichweitegrenzen einzelner Güter** kreisförmig mit konstanten Radien je zentralem Gut angelegt (im folgenden wird nur die obere Grenze der Reichweite berücksichtigt, Abb. 4.8A).

Da aber kein Gebietsteil unversorgt bleiben soll, müssen die Kreise so angeordnet werden, dass sie sich wie in Abb. 4.8B überlappen. Aufgrund des Bestrebens der Kon-

„ Abb. 4.9
? wie sind die Flächen
? um C-Orte
da diese erst bei
36 km von A
und B Orte entfernt sind

1 + 6 × ⅓ = 3 ⇒ k=3 ⇒ Versorg- od. Marktprinz.

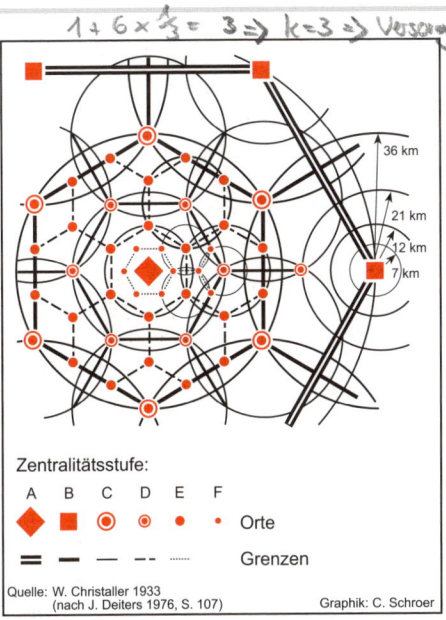

Zentralitätsstufe:

A B C D E F

◆ ■ ◉ ⊙ ● · Orte

═ ▬ ▬ ▭ ····· Grenzen

Quelle: W. Christaller 1933
(nach J. Deiters 1976, S. 107)   Graphik: C. Schroer

Abb. 4.9 Geometrische Ableitung des Zentrale-Orte-Systems nach W. Christaller

sorgung mit Gütern der Reichweite 35 km nicht mehr aus, da sonst kleine Gebietsteile unversorgt blieben. Es sind dafür neue Angebotsstandorte erforderlich. Da die Anbieter zentraler Funktionen Gewinne maximieren wollen, sind diese möglichst weit von ihren jeweiligen Konkurrenten, d. h. in der Mitte des gleichseitigen Dreiecks (dessen Endpunkte die bereits vorhandenen Standorte sind), zu lokalisieren. An diesen (neuen) Standorten, den C-Orten, können nun Güter bis herunter zu einer niedrigsten oberen Reichweite von 21 km angeboten werden. B-Orte sind nun auch C-Orte. Da aber ein A-Ort auch zugleich B-Ort ist, werden Güter bis zu einer oberen Reichweite von minimal 21 km in den A-, B- und C-Orten angeboten. Entsprechend ergeben sich die unteren Größenordnungen Zentraler Orte.

(2) Die geometrische Ableitung mit Hilfe der oberen Reichweite zentraler Güter ergibt eine vollständig reguläre, symmetrische räumliche Verteilung der Zentralen Orte und ihrer Ergänzungsgebiete, wobei die Zentralen Orte höherer Ordnung regelmäßig weiter voneinander entfernt sind als Zentrale Orte niederer Ordnung.

(3) Die Zentralen Orte niederer Ordnung sind mit ihren Ergänzungsgebieten in den Ergänzungsgebieten der Zentralen Orte höherer Ordnung gemäß einer bestimmten Zuordnungsregel enthalten: Auf jeder Zentralitätsstufe enthält ein Ergänzungsgebiet drei Ergänzungsgebiete der nächstniederen Stufe; aufgrund dieser Zuordnungsregel spricht W. Christaller vom **Zuordnungsfaktor** $K = 3$. Christaller hat über das o. g. Versorgungsmodell hinaus noch zwei weitere Modelle *x = 4* nach dem sog. Verkehrsprinzip und dem sog. Verwaltungsprinzip entwickelt. *K = 7*

Vergleicht man nun diese knapp skizzierte Theorie bzw. das Modell der Zentralen Orte mit der empirischen Wirklichkeit bzw. mit den Ergebnissen der empirischen Erfassung zen-

sumenten, die Einkaufswege zu minimieren, d. h. immer den nächstgelegenen Zentralen Ort zu wählen, ergibt sich die Abgrenzung durch hexagonale **Marktgebiete** (zentralörtliche Bereiche oder Ergänzungsgebiete, s. auch 4.3.3) (Abb. 4.8C).

Ordnet (gruppiert) man die zentralen Güter nach oberen Grenzen der Reichweite (vgl. J. Deiters 1976, S. 108) und stellt man diese geometrisch dar, so ergeben sich drei weitere wesentliche Eigenschaften des Systems der Zentralen Orte (Abb. 4.9):

(1) Die Zentralen Orte stufen sich in hierarchisch geordneten Größenklassen (sog. **Zentralitätsstufen**) ab. Diese Größenklassen ergeben sich aus der Bündelung unterschiedlicher zentraler Funktionen in den Zentralen Orten und nach den oberen Grenzen der Reichweite. So versorgen z. B. die Orte der Zentralitätsstufe B flächendeckend mit dem zentralen Gut der Reichweite 36 km. Die Standorte der B-Orte reichen jedoch zur Ver-

K=3
↳ Versorgungs-
modell

1 + 6 × ⅓ = 3

tralörtlicher Systeme, so ergeben sich zwar eine Reihe prinzipieller Ähnlichkeiten mit dem Modell, jedoch auch erhebliche Abweichungen. Dabei ist zu beachten, dass nicht das Modell der Zentralen Orte als solches falsch ist, denn es ist ja unter Zugrundelegung ganz spezifischer Verhaltensannahmen und räumlicher Ausgangsbedingungen geometrisch konzipiert worden. Auch ist das Modell von grundsätzlicher Bedeutung für die Entwicklung der funktionalen Stadtgeographie bzw. der daraus erwachsenen spezielleren interdisziplinären Zentralitätsforschung (s. 1.3.2 und 1.3.3).

4.3.2 Die Kritik am Modell der Zentralen Orte

bezieht sich insbesondere darauf, dass die zugrunde gelegten Annahmen bzw. räumlichen Bedingungen zu restriktiv sind, so dass das Modell bzw. die Theorie nicht die wirklichen komplexen Strukturen und Prozesse zentralörtlicher Systeme hinreichend abbilden bzw. erklären kann. So ging W. CHRISTALLER von zwei Prämissen aus, „nämlich (1) der Prämisse des *homo oeconomicus* und (2) der Prämisse des vollkommenen Marktes. Damit sind im Kern der Theorie der Zentralen Orte zwei gravierende Defizite angelegt: Erstens liegt ihr ein unzureichendes Menschenbild zugrunde, das menschliches Handeln auf die Intention der Nutzenmaximierung reduziert, und zweitens klammert sie Organisationsformen aus, die nicht dem Marktmodell entsprechen. Dies bedeutet insbesondere eine Ausklammerung der Verwaltung und Politik, wo hierarchische und kooperative Organisationsformen vorherrschen. Durch diese beiden Defizite bietet die Theorie der Zentralen Orte kaum 'Anschlußstellen' für die moderne wirtschafts- und sozialgeographische Theoriebildung, in deren Zentrum gerade das Handeln der Menschen in seinem Verhältnis zu raumstrukturellen Möglichkeiten und Restriktionen

steht" (H. H. BLOTEVOGEL 1996a, S. 13).

Hinzu kommt, dass in Wirklichkeit die existierenden räumlichen Inhomogenitäten erhebliche Unregelmäßigkeiten in der Verteilung und Größenstruktur Zentraler Orte verursachen. Für die Nachfrage durch die Konsumenten sind nicht die einfachen Fahrtkosten (bezogen auf jeweils ein zentrales Gut) bestimmend. So werden die von W. CHRISTALLER angenommenen oberen Reichweiten in der Realität vor allem durch die sog. **Kopplung von Besorgungen** (oder **Aktivitätenkopplung**, beispielsweise von Einkauf und Facharztbesuch) verzerrt. Daraus ergibt sich i. Allg., dass den niederrangigen Zentralen Orten in stärkerem Maße Kaufkraft zugunsten der höherrangigen Zentralen Orte entzogen wird; damit besitzt der jeweils höhere Zentrale Ort eine größere Bedeutung, als es W. CHRISTALLER angenommen hat.

Neben der Kopplung von Besorgungen ist auch die empirisch feststellbare **Mehrfachausrichtung der Konsumenten** auf mehrere Zentren bzw. Zentrale Orte unterschiedlichster Rangstufe von Bedeutung. Diese differenzierten Zentrenausrichtungen oder Aufspaltungen der Zentrenbeziehungen bzw. die **Variabilität der Zentrenbezogenheit** sind vor allem für das Konsumentenverhalten in großstädtischen Verdichtungsräumen, insbesondere in polyzentrischen Ballungsgebieten (z. B. Ruhrgebiet), charakteristisch. Sie haben in den letzten Jahrzehnten auch in ländlichen Räumen ohne Zweifel erheblich zugenommen, - wohl als Folge des gestiegenen Lebensstandards, der Entwicklung des motorisierten Individualverkehrs und der dadurch bewirkten Vergrößerung der Aktionsreichweiten.

Auch ist zu beachten, dass die räumliche Verteilung der Zentralen Orte nicht allein ökonomisch zu erklären ist (vgl. beispielsweise die Errichtung landesfürstlicher Residenzen im 17. und 18. Jh. mit zumeist bis heu-

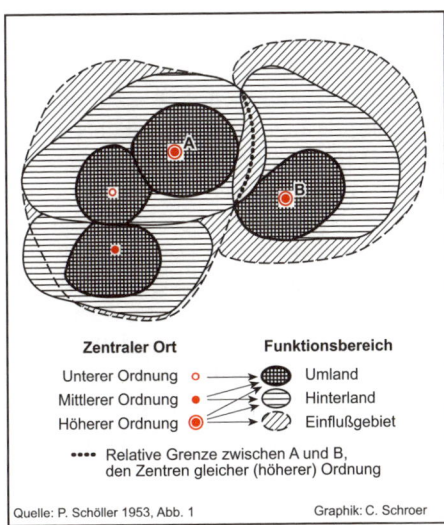

**Abb. 4.10 Dreigliederung des zentralört-
lichen Systems**

te bedeutenden kulturellen Einrichtungen wie Theater, Museen etc.; s. Fürstenstädte unter 8.5.3).

Schließlich ist die **allgemeine Attraktivität** (auch Aufenthaltsqualität) **Zentraler Orte** zu berücksichtigen, die sich beispielsweise aufgrund eines bedeutenden historisch geprägten Stadtbildes mit besonderem Flair ergibt (vgl. z. B. Hameln, Abb. 6.1).

4.3.3 Zentralörtlicher Bereich kann als Oberbegriff für die (verwirrende) Vielzahl an Bezeichnungen für die **Ergänzungsgebiete Zentraler Orte** verwendet werden. Die Vielfalt diesbezüglicher Begriffsbildungen in der Literatur sei nur beispielhaft angedeutet: Marktgebiet (s. 4.3.1), Ausstrahlungsgebiet und Absatzgebiet (schon bei W. CHRISTALLER 1933), Umland, Hinterland, Einflussgebiet oder -bereich, Einzugsgebiet, Funktionsbereich etc.

4.3.4 Zentralörtliche Gliederung (zentralörtliches System). Um eine eindeutige Begriffsbildung hat sich bereits P. SCHÖLLER

(1953) bemüht (Abb. 4.10). Er schlug eine **Dreigliederung des zentralörtlichen Systems**, d. h. des Systems der Zentralen Orte und ihrer korrespondierenden zentralörtlichen Bereiche (**Funktionsbereiche**), vor. Der Funktionsbereich eines Zentralen Ortes höherer Ordnung wurde - entsprechend der Abstufung und Intensität der Verflechtungen durch einfache, mittelwertige und gehobene Dienste - hierarchisch in **Umland, Hinterland** und **Einflussgebiet** gegliedert. Einem Zentralen Ort mittlerer Ordnung fehlt ein Einflussgebiet, da er keine höheren Dienste anbietet. Ein Zentraler Ort unterer Ordnung verfügt lediglich über ein Umland. Dieses System einer Dreigliederung wurde von anderen Autoren modifiziert oder weiter differenziert.

So wurde in der deutschen **empirischen Zentralitätsforschung** der 1960er Jahre, die in Gemeinschaftsarbeit des Zentralausschusses für deutsche Landeskunde und einer größeren Zahl geographischer Hochschulinstitute unter Leitung des damaligen Instituts für Landeskunde in Bad Godesberg (Hauptbearbeiter G. KLUCZKA) durchgeführt wurde und in einer flächendeckenden Bestandsaufnahme des zentralörtlichen Systems in der Bundesrepublik Deutschland resultierte, eine **Viererstufung Zentraler Orte** zugrunde gelegt (vgl. G. KLUCZKA 1970a/1970b). Als Haupt- oder Normalstufen wurden definiert:

- **Zentrale Orte unterer Stufe** = Orte zur Deckung des allgemeinen täglichen oder kurzfristigen Bedarfs;
- **Zentrale Orte mittlerer Stufe** = Orte zur Deckung des allgemeinen periodischen und des normalen gehobenen Bedarfs;
- **Zentrale Orte höherer Stufe** = Orte zur Deckung des allgemeinen episodischen und des speziellen Bedarfs;
- **Zentrale Orte höchster Stufe** = überregionale Verwaltungs-, Wirtschafts- und Kultur-

zentren im Range von Metropolen.

Um diese Gliederung der Wirklichkeit noch besser anzupassen, wurden ergänzend zu diesen Haupt- oder Normalstufen noch drei **Zwischenstufen Zentraler Orte** unterschieden, z. B. Zentraler Ort unterer Stufe mit Teilfunktion eines Zentralen Ortes mittlerer Stufe. Außerdem wurde noch der Begriff des sog. **Selbstversorgerortes** für diejenigen Orte gewählt, die ihrer Ausstattung nach wohl Zentrale Orte sein könnten, die aus ihrer Nachbarschaft jedoch nur in geringem Umfang aufgesucht werden (hier bildete das problematische Prinzip des Bedeutungsüberschusses die Grundlage der Begriffsbestimmung).

Den in Farbkarten für die Bundesrepublik Deutschland (1 : 1 Mio.) sowie für Nordrhein-Westfalen (1:250.000) dargestellten differenzierten Bestandsaufnahmen zentralörtlicher Systeme kamen in den 1970er Jahren eine grundlegende Bedeutung für die Landeskunde, Raumordnung und Raumplanung (insbesondere für die kommunalen Gebietsreformen) zu, wenngleich die Methodik der empirischen Erfassung nicht unumstritten war.

In der nordrhein-westfälischen Landesplanung beispielsweise ist der Zentralität eine Schlüsselstellung zugekommen. Gemäß dem Landesentwicklungsprogramm (LEPro NRW) und dem Landesentwicklungsplan (LEP NRW) wurde die zentralörtliche Gliederung für das gesamte Landesgebiet festgelegt (vgl. Abb. 3.3). Dabei wurde von einer Stufung in **Grundzentren**, **Mittelzentren** und **Oberzentren** ausgegangen, die, falls erforderlich, auch durch Zwischenstufen ergänzt werden können. Als **Versorgungsbereiche** dieser Zentren wurden unterschieden:

- „Nahbereiche um jedes Zentrum zur Deckung der Grundversorgung,
- Mittelbereiche um jedes Mittel- und Ober-

zentrum zur Deckung des gehobenen Bedarfs,
- Oberbereiche um jedes Oberzentrum zur Deckung des spezialisierten, höheren Bedarfs" (LEPro NRW 1989, § 22 (2)). Die genannte Gliederung der Zentralen Orte und ihrer Versorgungsbereiche entspricht grundsätzlich der von P. SCHÖLLER (1953) konzipierten Dreigliederung des zentralörtlichen Systems (Abb. 4.10).

Ausgehend von der im LEPro NRW (1989, § 23) und im LEP NRW herausgestellten zentralörtlichen Gliederung sollte die Gesamtentwicklung des Landes auf ein System von **Entwicklungsschwerpunkten** und **Entwicklungsachsen** ausgerichtet werden (Abb. 3.3). So sollten beispielsweise die großräumigen Entwicklungsachsen „den bedarfsgerechten Leistungsaustausch zwischen Oberzentren und Verdichtungsgebieten des Landes und vergleichbaren Zentren, Regionen und Gebieten außerhalb der Landesgrenzen ermöglichen. Ihre Verkehrsinfrastruktur soll ein möglichst breites, anforderungsgerechtes Angebot an Verkehrsträgern beinhalten (Schiene, Straße, Wasserstraße)" (LEP NRW 1995, S. 22).

Die **praktische Bedeutung des Zentrale-Orte-Konzepts** einschließlich der zentralörtlichen Gliederung für die Raum- und Siedlungsentwicklung wurde seit den 1980er Jahren in der Forschung kontrovers diskutiert (s. auch 4.3.2 und 4.3.6). Trotz wachsender Kritik, z. B. an dem zu starren bzw. unflexiblen Zentrale-Orte-Modell, erlebte das - auch im Bundesraumordnungsgesetz als Grundsatz der Raumordnung verankerte - Konzept der Förderung Zentraler Orte seit Beginn der 1990er Jahre eine gewisse Renaissance, und zwar „aufgrund der deutschen Vereinigung und der Dynamik der europäischen Raumentwicklung" (...) „Nach dem Muster der alten Bundesländer fand es Eingang in die Programme und Pläne der neuen Bundesländer, wo es insbesondere als Leitlinie für die weitreichenden Infrastrukturplanungen dient. Neue Aufgaben stellen sich auch auf der europäischen Ebene. Hier bildet der hierarchische Aufbau des Städtesystems einen wesentlichen Ausgangspunkt für erste Ansätze einer europäischen Raumordnungspolitik" (H. H. Blotevogel 1996b, S. 625; s. auch 3.3).

In der vom Bundesinstitut für Bau-, Stadt- und Raumforschung im Jahre 2011 entwickelten Karte der **Verteilung Zentraler Orte in Deutschland** (Abb. 3.9) sind die in den Plänen und Programmen der einzelnen Bundesländern ausgewiesenen Orte (mit zentralörtlichen Festlegungen der ober- und mittelzentralen Stufe, Stand Juni 2010) dargestellt. „Bei der Erfassung landesplanerischer Festlegungen (wurde) eine Systematik nach den vier MKRO-Grund- und Zwischenstufen (funktionsteilige Zentren und teilfunktionale Zentren) angewendet" (BBSR 2012b, S. 34), z. B. Oberzentrum und Mittelzentrum mit Teilfunktionen eines Oberzentrums. Aufgenommen wurden auch die inzwischen in den meisten Bundesländern ausgewiesenen, bereits 230 zentralörtlichen Städteverbünde (vgl. auch Kasten 4.3).

4.3.5 Empirische Erfassung zentralörtlicher Systeme. Zur Ermittlung der hierarchischen Stufung von Zentralen Orten und zentralörtlichen Bereichen können vor allem drei Untersuchungsansätze dienen: die Analyse der Ausstattung Zentraler Orte, Bestimmung der Zentralität mittels Beschäftigtenzahlen und Erfassung der Inanspruchnahme Zentraler Orte:

- **Ausstattung der Zentralen Orte mit zentralen Einrichtungen**. Auf der Grundlage von empirischen Erhebungen bzw. Kartierungen zentraler Einrichtungen kann die Ausstattung Zentraler Orte hinreichend genau ermittelt werden. Da Totalerhebungen i. Allg. jedoch zu arbeitsaufwändig sind, wird meist ein Katalog repräsentativer zentraler Einrichtungen zugrunde gelegt, die als **Zentralitätsindikatoren** gelten können (**Katalogmethode**, Mindestausstattung Zentraler Orte). Problematisch sind jedoch die Auswahl und Vergleichbarkeit bzw. Übertragbarkeit der für eine bestimmte Zentralitätsstufe als repräsentativ anzusehenden Einrichtungen.

Ausstattungskataloge typischer Einrichtungen für die jeweilige Zentralitätsstufe sind heute im Rahmen der Landesplanungen von besonderer Relevanz. „Die Raumordnungspläne der Länder enthalten überwiegend ei-

Zentralörtliche Grundstufe	Typische Ausstattung	Versorgungsbereich (Mindesteinwohnerzahl)
Oberzentrum	Fachhandel, größere Banken, (Fach-)Hochschule, Schwerpunktkrankenhaus, wissenschaftl. Bibliothek, Fernbahnhof	Oberbereich (200.000 - 300.000 Einw.)
Mittelzentrum	Warenhaus, Krankenhaus, Fachärzte, Hotel, Theater, Museum, weiterführende Schulen, Bibliothek, größere Sportanlage, Bahnhof	Mittelbereich (30.000 - 40.000 Einw.)
Grundzentrum/ Kleinzentrum	Postfiliale, Bank, Einzelhandel, Allgemeinarzt, Zahnarzt, Apotheke, Kindertageseinrichtung, Grundschule, Sportstätte	Nahbereich (7.000 - 10.000 Einw.)

Abb. 4.11 Typische Ausstattungen und Versorgungsbereiche zentralörtlicher Grundstufen (nach BBSR 2012b, S. 34)

gene Auflistungen, die sich an den MKRO-Ausstattungskatalogen orientieren" (BBSR 2012b, S. 34). Letztere sind von der Ministerkonferenz für Raumordnung bereits 1968 aufgestellt sowie 1972 und 1983 weiter differenziert und ergänzt worden (ebd.). Die Übersicht in Abb. 4.11 zeigt beispielhaft typische Versorgungsfunktionen Zentraler Orte in der Dreiergliederung Ober-, Mittel- und Grund- oder Kleinzentren; Grundzentren sind i. Allg. synonym mit Unterzentren (s. Abb. 3.9).

• **Beschäftigtenzahlen zur Zentralitätsbestimmung** sind ebenfalls mit erheblichen Operationalisierungsproblemen verbunden, denn es lassen sich weder absolute noch relative Beschäftigtenzahlen aus der amtlichen Statistik direkt als Indikatoren zur Zentralitätsbestimmung verwenden. Bei der Benutzung von Absolutwerten wird etwa die Zentralität großer Industriestädte, die zur Versorgung der eigenen Bevölkerung auch eine größere Zahl an Beschäftigten im tertiären Sektor ausweisen, jedoch häufig keine große zentralörtliche Bedeutung besitzen, überschätzt; auf der anderen Seite wird die Zentralität ausgeprägter Dienstleistungsstädte i. Allg. unterschätzt. Die Verwendung relativer Beschäftigungszahlen (Beschäftigte im tertiären Sektor in Prozent der Gesamtbeschäftigten) besitzt demgegenüber den Nachteil, dass die jeweilige Größe der Stadt gänzlich unberücksichtigt bleibt (H. H. BLOTEVOGEL 1983).

H. H. BLOTEVOGEL hat ein Konzept zur Zentralitätsbestimmung auf der Basis von Beschäftigtendaten entwickelt und empirisch erprobt, mit dem versucht wurde, „die durch die Siedlungsgröße verursachte Verzerrung, d. h. den allein durch die Größe der Stadt bedingten Anteil an den Beschäftigten im tertiären Sektor, herauszufiltern" (ebd. 1983, S. 80). Letztere sind die Beschäftigten, die für die niederrangige Selbstversorgung der

jeweiligen Stadt tätig sind; wird die Zahl von der Gesamtzahl der Beschäftigten des tertiären Sektors subtrahiert, so können die restlichen Beschäftigten als Indikator für die höhere Zentralität der jeweiligen Stadt dienen.

Auch dieses Verfahren ist mit methodischen Problemen verbunden, die sich u. a. aus dem Fehlen aktueller umfassender Beschäftigtendaten ergeben; so stand H. H. BLOTEVOGEL lediglich die Statistik für sozialversicherungspflichtig beschäftigte Arbeitnehmer, die nicht den gesamten tertiären Sektor repräsentiert, zur Verfügung. Diese Methode lieferte aber dennoch recht aussagekräftige Ergebnisse, insbesondere zur sektoralen Aufgliederung und Abstufung der höheren Zentralität nach **sektoralen Teilzentralitäten** am Beispiel Nordrhein-Westfalen (s. H. H. BLOTEVOGEL 1983, Abb. 4b und 4d, für die Teilzentralitäten Einzelhandel und Kreditinstitute sowie Abb. 4.12 in diesem Band). Innerhalb der Gruppe der höheren Zentren konnten drei Größentypen unterschieden werden, für die die Begriffe **Metropole** (Düsseldorf und Köln), **Regionalmetropole** (Essen, Bonn, Dortmund und Münster) sowie **Oberzentrum** (Aachen, Bielefeld, Duisburg etc.) verwendet wurden. In einer jüngeren Untersuchung von H. H. BLOTEVOGEL u. a. (1990) für Nordrhein-Westfalen wurden neben der Sozialversichertenstatistik auch Ergebnisse der Handels- und Gaststättenzählung (Beschäftigte, Umsatz) als Zentralitätsindikatoren herangezogen.

Abb. 4.12 zeigt die auf die **höheren Zentren der Bundesrepublik Deutschland** bezogenen sektoralen Teilzentralitäten nach der o. g. quantitativen Bestimmungsmethode von H. H. BLOTEVOGEL. Deutlich wird u. a., dass die Bundesrepublik Deutschland zwar insgesamt über eine relativ ausgeglichene räumliche Verteilung höherer Zentren verfügt, allerdings mit z. T. recht unter-

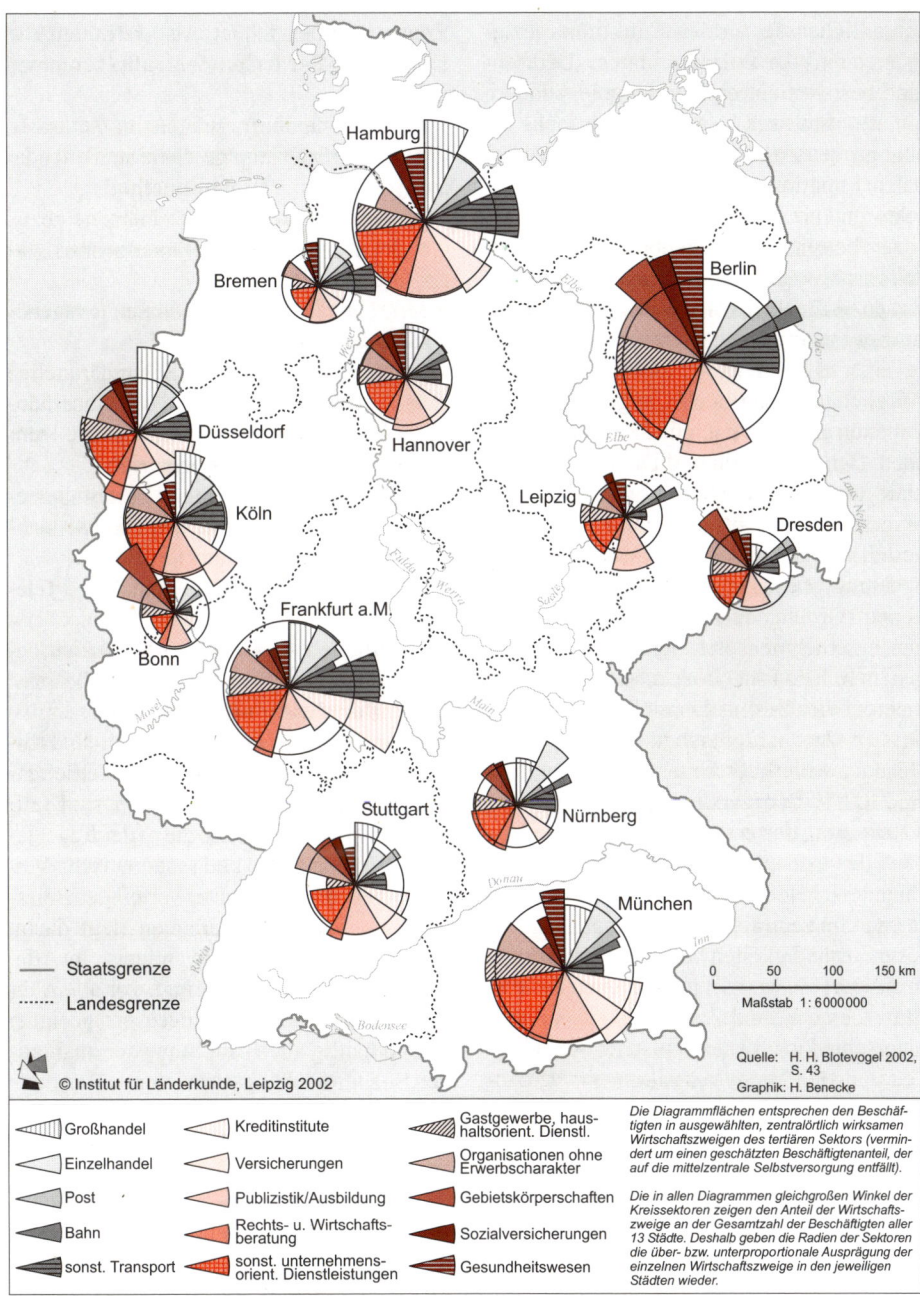

Abb. 4.12 Sektorale Teilzentralitäten der höheren Zentren Deutschlands 1995 nach H. H. Blotevogel

schiedlichen sektoralen Funktionsspezialisierungen oder Teilzentralitäten. „Deutschland besitzt nicht eine Metropole, sondern ein arbeitsteiliges Netz von etwa sechs bis acht großen Zentren, die neben ihrer regionalen Funktion in bestimmten Funktionssektoren eine metropolitane Bedeutung besitzen, beispielsweise Hamburg im Großhandel, Frankfurt im Luftverkehr und im Finanzwesen, München und Köln im Versicherungswesen". (...) „Gleichwohl zeigen sich bei einer näheren Betrachtung der sektoralen Aufgliederung der höchstrangigen Teilzentralitäten einige gravierende Strukturschwächen. Berlin, Leipzig und Dresden besitzen klare Funktionsschwerpunkte insbesondere in den von der öffentlichen Hand bereitgestellten Funktionssektoren, während die hochrangigen privatwirtschaftlichen Funktionen (Großhandel, Banken, Versicherungen, unternehmensorientierte Dienstleistungen) in Relation zur Größe dieser Städte krass unterentwickelt sind. Damit korrespondiert, dass in den ostdeutschen Zentren kaum Headquarter großer Unternehmen ansässig sind" (H. H. BLOTEVOGEL 2002a, S. 42).

● **Erfassung der zentralörtlichen Bereiche** bzw. der Inanspruchnahme Zentraler Orte. Zu unterscheiden sind zunächst Einzugsbereiche von zentralen Einrichtungen, für die feste Zuständigkeiten bestehen; man spricht in diesem Falle von der **gebundenen Zentralität**. Gemeint sind Zuständigkeitsbereiche unterschiedlicher hierarchischer Abstufungen von Behörden, Verwaltungen, Verbänden etc., deren Grenzen i. Allg. leicht zu ermitteln sind. Diese bündeln sich häufig entlang bestimmter (übergeordneter) Verwaltungsgrenzen. Daraus ergeben sich oftmals relativ klare Bereichsgliederungen.

Weitaus schwieriger ist dagegen die Erfassung der sog. freien zentralörtlichen Bindungen (Einkaufs- und sonstige Dienstleistungsbeziehungen), die man auch als **freie**

Zentralität bezeichnet. Als **Methoden zur Ermittlung der freien Zentralität** kommen in Betracht:
- Konsumentenbefragungen im Zentralen Ort (z. B. in den Hauptgeschäftsstraßen) oder am Wohnort (sog. **Umlandmethode**),
- Befragungen von Schlüsselpersonen bzw. Gewährsleuten (wie z. B. Bürgermeister, Lehrer, Geschäftsleute) oder
- Befragungen über Schulklassen (Fragebögen für die Eltern),
- Auswertung bestimmter Sekundärquellen (wie Auslieferungsbücher von Möbelhäusern, Änderungskarteien, vorliegende Kundenbefragungen in Warenhäusern),
- Auswertung bestimmter Verkehrsbeziehungen (v. a. des öffentlichen Personennahverkehrs) als Zentralitätsindikator,
- Auswertung von Telefonkontakten (**Telefonmethode**).

Sämtliche der genannten Methoden besitzen besondere Vor- und Nachteile bzw. **Operationalisierungsprobleme**. Da z. B. Konsumentenbefragungen aus Zeit- und Kostengründen meist nicht als Totalerhebungen durchgeführt werden können, sind Teilerhebungen erforderlich, die in der Regel jedoch zufallsbedingte und systematische Verzerrungen aufweisen. Der Vorteil der Befragung von Schlüsselpersonen liegt darin, dass sie wenig kostenaufwändig ist, im Allg. hohe Antwortquoten erbringt, vor allem für großräumige Untersuchungen gut geeignet ist und häufig auch - im Sinne der qualitativen Sozialforschung - vertiefende Resultate im Rahmen der „wissenschaftlichen Spurensuche" liefert. Das auf diese Weise gewonnene Datenmaterial kann jedoch meist massenstatistisch nicht behandelt werden (z. B. falls pro Gemeinde nur wenige Gewährspersonen befragt wurden); die Daten sind auch oft stark subjektiv geprägt bzw. durch einseitige Gruppenzugehörigkeit der Befragten verzerrt. Sozialgruppenspezifische Differen-

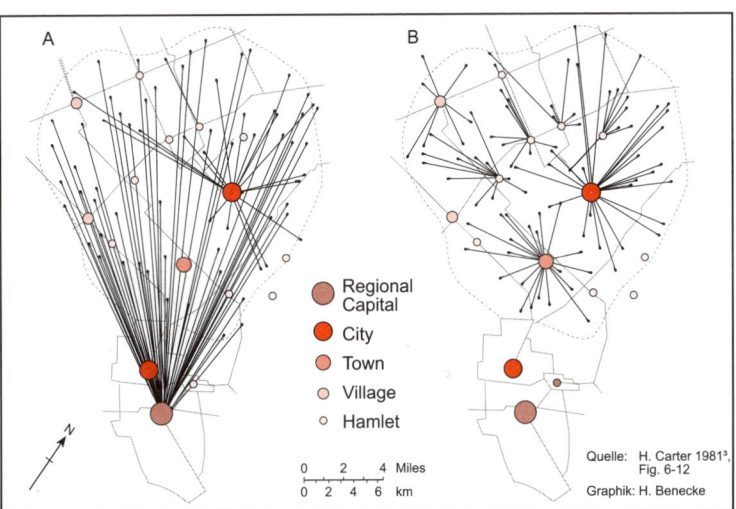

Abb. 4.13 Einkaufs-beziehungen von modern eingestellten Kanadiern (A) sowie von Mennoniten (B) in Südwest-Ontario (Kanada) am Beispiel des Einkaufs von Bekleidung und Arbeits-materialien (aus: H. Carter 1981[3], Fig. 6-12)

zierungen im Versorgungsverhalten sind daher über Schlüsselpersonen häufig nur in beschränktem Maße zu ermitteln. Befragungen über Schulklassen (bei Examensarbeiten beliebt!) sind ebenfalls wenig kostenaufwändig und ermöglichen relativ hohe Antwortquoten. Durch dieses Verfahren wird eine relativ breite Streuung von Sozialschichten erfasst, wenngleich einige Haushaltstypen („*Single*-Haushalte", kinderlose (Ehe-)Paare, Rentner) nicht repräsentiert sind.

Demgegenüber ist die Analyse von Sekundärquellen nur selten möglich. Die Interpretation von Verkehrsfrequenzkarten des öffentlichen Personennahverkehrs bietet oft aufschlussreiche Hinweise auf bestehende zentralörtliche Bereichsabgrenzungen. Die Auswertung von Telefonkontakten ist bisher nur selten vorgenommen worden; sie zählt zu der ursprünglich von W. CHRISTAL-LER angewendeten empirischen Methode, ist jedoch heute mit erheblichen Operationalisierungsproblemen verbunden.

Selbst wenn es gelingt, ein annähernd optimales Auswahlverfahren durchzuführen, so ergeben sich bei der Erfassung der zentralörtlichen Bereiche noch weitere metho-

dische Probleme, die in den bisherigen empirischen Beiträgen der Zentralitätsforschung nur teilweise gelöst sind: So bestehen **Probleme bei der Außenabgrenzung zentralörtlicher Bereiche** beispielsweise in der Festlegung der überwiegenden Ausrichtung oder bestimmter Schwellenwerte, falls aufgrund der Art des Erhebungsverfahrens Quantifizierungen überhaupt möglich sind. Auch ergibt sich die Frage, wie die administrativen Grenzen von Behörden, Verwaltungen und Organisationen gegenüber bestimmten Beziehungen der freien Zentralität gewichtet werden müssen.

Hinzu kommt das **Problem der Aufspaltungen der Zentrenbeziehungen** bezüglich verschiedener Sozialgruppen (s. Mehrfachausrichtungen der Konsumenten unter 4.3.2), die auch in kulturellen Unterschieden begründet sein können, wie es das Beispiel der Einkaufsbeziehungen modern eingestellter Kanadier im Gegensatz zur stark traditionsverhafteten Gruppe der Religionsgemeinschaft der Mennoniten in Südwest-Ontario beim Einkauf von Bekleidung und Arbeitsmaterialien verdeutlicht (s. Abb. 4.13). Die Darstellungen der Abb. 4.13A und 4.13B zei-

102   **4** STADTTYPEN, STÄDTESYSTEME UND ZENTRALÖRTLICHE SYSTEME

gen die gleichen Verteilungen hierarchisch abgestufter Zentraler Orte mit der Regionalhauptstadt im Süden. Während nun die Mennoniten aufgrund ihrer gemeinsamen traditionellen trachtenähnlichen Bekleidung kein Interesse an der Mode besitzen und daher ihre Bekleidung vornehmlich in den kleineren, schnell erreichbaren Zentren einkaufen, sind die modern eingestellten Kanadier in ihrem Einkaufsverhalten in starkem Maße auf die Regionalhauptstadt ausgerichtet; denn neueste Modeströmungen erreichen i. Allg. das Zentrum der Regionalhauptstadt als erstes (= **Innovationszentrum**). Von dort aus folgt dann eine räumliche Ausbreitung (= **Diffusion**) neuerer modischer Angebote auf die darunter gelegenen Zentren, die allerdings dann von einem geringeren Teil der Konsumenten in Anspruch genommen werden.

Diese zuletzt gemachte Feststellung deutet an, dass auch die **Probleme der Erfassung unterschiedlicher Intensitäten** in der Nutzung zentraler Einrichtungen für die Abgrenzung zentralörtlicher Bereiche von besonderer Relevanz sind. W. MESCHEDE (1971) hat empirisch nachgewiesen, dass innerhalb eines Einzugsgebietes eines Zentralen Ortes aufgrund sprunghafter Zu- oder Abnahme des **Intensitätsgefälles** Grenzen auftreten, „die viel größere Bedeutung haben und dementsprechend stärker bewertet werden müssen als die eventuell nur schwach

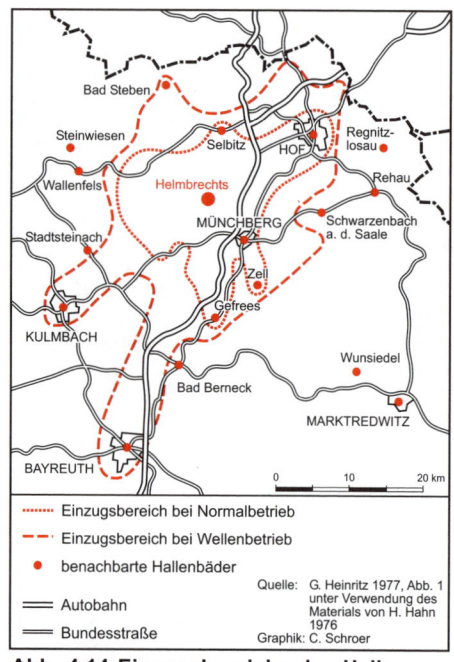

······· Einzugsbereich bei Normalbetrieb

‑ ‑ ‑ Einzugsbereich bei Wellenbetrieb

● benachbarte Hallenbäder

Quelle: G. Heinritz 1977, Abb. 1 unter Verwendung des Materials von H. Hahn 1976

═══ Autobahn

════ Bundesstraße

Graphik: C. Schroer

Abb. 4.14 Einzugsbereiche des Hallenbades in Helmbrechts

ausgebildeten Außengrenzen" (ebd., S. 265).

Ein weiteres Problem besteht darin, dass es rhythmische Veränderungen von zentralörtlichen Bereichen, kurz-, mittel- oder langfristige Zentralitätsschwankungen gibt (vgl. W. MESCHEDE 1974). Derartige Veränderungen eines Einzugsgebietes können sich im Tages- oder Wochengang, ja sogar im saisonalen Wechsel ergeben. So ist bei-

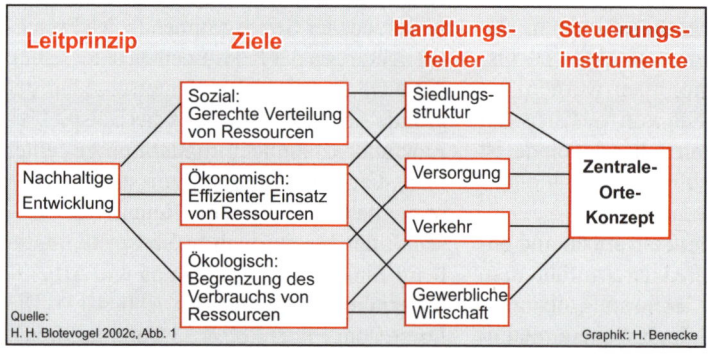

Abb. 4.15
Das Zentrale-Orte-Konzept als Mittel zur Erreichung raumordnungspolitischer Ziele nach
H. H. Blotevogel

spielsweise die durchschnittliche Distanz zwischen Wohnstandorten und Einkaufsorten zur Zeit von Schlussverkäufen i. Allg. erheblich größer als an normalen Einkaufstagen. Ein gutes Beispiel für die zeitlichen Attraktivitäts- und damit auch Einzugsbereichsschwankungen von bestimmten Einrichtungen ist z. B. die Veränderung des Einzugsbereichs eines Hallenbades zwischen Normal- und Wellenbetrieb (Abb. 4.14).

Es ergibt sich, dass die an bestimmten Beobachtungs- bzw. Befragungstagen vorgenommenen Zentralitätserhebungen leicht statische Grenzverläufe vortäuschen können, die im Zeitverlauf in dieser Form teilweise gar nicht bestehen. Daraus resultiert, dass die jeweilige **Wahl des Befragungszeitpunktes oder -zeitraumes** wohl begründet sein muss.

Von Bedeutung für die empirische Zentralitätsforschung ist auch die **Analyse neuer Lebens- und Konsumstile** mit ihren Veränderungen des aktionsräumlichen Verhaltens und Auswirkungen auf zentralörtliche Systeme (vgl. H. GEBHARDT 2002a).

4.3.6 Jüngere Diskurse zur Fortentwicklung des Zentrale-Orte-Konzepts (ZOK) in der Raumordnung.

Seit den 1980er, vor allem den 1990er Jahren geriet das ZOK, das in den 1960er und 1970er Jahren als Raumordnungskonzept entwickelt wurde, mehr und mehr in die Kritik, insbesondere auch seitens der Geographie (vgl. H. H. BLOTEVOGEL 1996a, b, c, J. DEITERS 1996a, b, H. GEBHARDT 1996a, b). Allerdings blieb in der Raumordnungspraxis der Stellenwert des ZOK unverändert hoch (H. H. BLOTEVOGEL 2002e, S. 19; s. auch Abb. 4.15), nicht zuletzt dadurch, dass „mit der Übertragung von Rechtsgrundlagen, Organisationsformen und Instrumenten der Raumordnung auf die neuen Länder und der Hilfe beim Aufbau der dortigen Landes- und Regionalplanung (...)

die Zentrale-Orte-Konzeption eine erhebliche Aufwertung erfahren (hat)" (J. DEITERS 1996a, S. 26). Allerdings entstand auch in der Ministerkonferenz für Raumordnung (MKRO) „eine Debatte über die Frage, ob und in welcher Form das ZOK künftig in der Raumordnungspolitik der Bundesländer ausgestaltet werden sollte" (H. H. BLOTEVOGEL 2004, S. 33).

Angesichts der vielen offenen Fragen wurde im Jahre 1998 von der Akademie für Raumforschung und Landesplanung (ARL) ein Arbeitskreis aus Wissenschaftlern und Praktikern unter der Leitung des Geographen H. H. BLOTEVOGEL eingerichtet, „der sich um eine Klärung der wissenschaftlichen Grundlagen eines zeitgemäßen ZOK bemühen sollte" (ebd.); vgl. die von H. H. BLOTEVOGEL (2002b) in einem Sammelband publizierten Diskussionsvorschläge zur Fortentwicklung des ZOK (s. auch H. H. BLOTEVOGEL 2002c, 2002e, 2004).

In Österreich, wo das „System der Zentralen Orte" ebenfalls seit langem ein wichtiger Grundsatz der Raumordnung und Raumplanung ist (vgl. die Landesentwicklungs- oder eigenen Raumordnungsprogrammen der meisten Bundesländer), wurde das Zentrale-Orte-Konzept in einem von dem Humangeographen PETER WEICHHART geleiteten Forschungsprojekt „Zentralität und Raumentwicklung" (ZORE) auf den Prüfstand gestellt (P. WEICHHART/H. FASSMANN/ W. HESINA 2005). Zu den Zielen des Projektes zählte einerseits die kritische Bewertung der Zentrale-Orte-Theorie vor dem Hintergrund veränderter (aktueller) gesellschaftlicher und ökonomischer Rahmenbedingungen; dies betrifft u. a. die gestiegene(n) Mobilität, Reichweiten und Mehrfachausrichtungen (Polyorientierung) der Kunden beim Einkauf, die heute wesentlich differenzierteren Lebensstile, jüngere Wandlungen im Einzelhandel (Unternehmenskonzentrationen, Filialisierung und zugleich Rückgang der Einzelgeschäfte etc.) sowie etwa auch Umstrukturierungen öffentlicher Dienste. Andererseits wurden die Anwendung und Anwendbarkeit des Zentralitätskonzepts in der Raumordnung Österreichs überprüft. Neben eigenen Handlungsempfehlungen wurden für eine zeitgemäße Zentralitätspolitik u. a. die Bedeutung der Zentralen Orte als „Gegenkonzept zur dispersen Siedlungsentwicklung" sowie als „Steuerungsinstrument zur Umsetzung von Nachhaltigkeit" herausgestellt (H. FASSMANN in: ebd., S. V-de).

Kasten 4.5   Literaturauswahl zur Ergänzung und Vertiefung des Kapitels 4

· **Stadttypen/Stadtlandschaften**:
H. HEINEBERG 2017b (Stadttypen); P. SCHÖLLER 1967 (regionale Stadttypen in Deutschland); BBSR 2012b (Stadt- und Gemeindetypen in Deutschland); D. HENCKEL u. a. 2002 (Städtetypen in Nordrhein-Westfalen); J. BURDACK 2007 (Kleinstädte in Mitteldeutschland); E. SABELBERG 1984, 1986 (regionale Stadttypen, Italien); G. SCHWARZ 1989[4] (funktionale Stadttypen); A. MAYR 1979 (Universitätsstädte); G. RINSCHEDE 1999 (religiös beeinflusste Stadttypen); W. SCHENK 2004, A. SIMMS 2004, J. W. R. WHITEHAND 1992, J. W. R. WHITEHAND/P. J. LARKHAM 1992 (Historisch-geogr. Erforschung von Stadt-/Städtelandschaften/*urban landscapes*); V. DENZER u. a. 2011, M. WIENEKE 2012 (Hansestädte)
· **Städtesystemforschung**:
B. J. L. BERRY 1964 (klass. Aufsatz zur Städtesystemforschung); D. BARTELS 1979 (Definition u. Theorien nationaler Siedlungssysteme); H. H. BLOTEVOGEL 1983, 1986, H. H. BLOTEVOGEL u. a. 1990 (Struktur v. Städtesystemen, Bsp. Nordrhein-Westfalen); H. MÖLLER 1989 (Grundformen räuml. Organisation in Städtesystemen); H. H. BLOTEVOGEL 1982, 1997, 2000a, 2002a, H. H. BLOTEVOGEL/M. HOMMEL 1980, H. H. BLOTEVOGEL u. a. 1982, K. BRAKE 1993 (Städtesystem d. BRD); K. R. KUNZMANN 1992, ST. KRÄTKE 2000 (Städtesystem in Europa); I. BRADE/F.-D. GRIMM 1998, E. GARDEMANN/J. STADELBAUER 2012, H. RINGLI 1997 (Städtesysteme u. Regionalentw., Beisp. frühere UdSSR, Ukraine, Polen, Mongolei, Schweiz); B. ADAM 1994, 1997, BMBAU 1993c, K. BRAKE u. a. 1996, R. DANIELZYK/A. PRIEBS 1996, K. R. KUNZMANN 1995, A. PRIEBS 1996a, 1996b, 2000, P. SCIBBE 2000, V. SPANGENBERGER 1996 (Städtenetze in Forschung u. Raumordnung/Regionalentwicklung); BBR 1999a (Endbericht der Begleitforschung Städtenetze); K. STRAUSS 1999 (Städtenetze aus ökologischer Sicht); P. JURCZEK/M. WILDENAUER 2000 (Städtenetze in Deutschland mit Farbkarte); H. KREFT-KETTERMANN 2011 (Bsp. 'Städtedreieck Enschede/Hengelo-Münster-Osnabrück'; heute: MONT); P. JURCZEK u. a. 1999 (Sächsisch-Bayerisches Städtenetz); P. W. PETRUS 1995 (Städtenetz Randstad Holland); H. FASSMANN 1996 (Entwicklung d. Siedlungssystems i. Österreich 1961-1991); J. GARCÍA-BELLIDO 1995 (Städtenetz Spaniens); H. J. KUJATH/W. PEIKER 2014 (internationales Städtesystem u. Wissensökonomie)
· **Zentralitätsforschung**:
J. DEITERS 1976, 1982, H. H. BLOTEVOGEL 2005[4]b, I. LIEFNER/L. SCHÄTZL 2012[10] (Einführungen in die Theorie d. Zentralen Orte); H. H. BLOTEVOGEL 1983, 1986 (Konzept z. quantitativen Zentralitätsbestimmung m. Beschäftigtendaten); E. GIESE 1996 (Methodik d. Zentralitätsmessung anhand d. Einzelhandelszentralität); G. HEINRITZ 1999 (method. Probleme d. Einzugsbereichsmessung); K. ZEHNER 1989 (Klassifikation innerstädt. Zentren mittels d. Clusteranalyse); J. WALDHAUSEN-APFELBAUM/R. GROTZ 1996 (Entw. innerstädt. Zentralität, Bsp. Bonn); G. BAHRENBERG/N. MEVENKAMP/R. MONHEIM 1998 (Stadt-Umland-Verflechtungen v. Einkaufsstandorten in Bremen); H. GEBHARDT 2002a (Neue Lebens- und Konsumstile mit Auswirkungen auf das zentralörtliche System); R. MONHEIM 1999 (Methoden d. Zählung/Befragung v. Innenstadtbesuchern); H. H. BLOTEVOGEL 1995, 1996a, b, c, 2000b, 2004, J. DEITERS 1996a, b, H. GEBHARDT 1996a, b, J. GÜSSEFELDT 1997, P. WEICHHART u. a. 2005 (Defizite u. neue Aufgaben d. Zentralitätsforschung, Fortentwicklung d. Zentrale-Orte-Konzepts in Raumordnung bzw. Landes-/Regionalplanung); G. STIENS/D. PICK 1998 (Zentrale-Orte-Systeme d. Bundesländer); H. BATHELT/J. GLÜCKLER 2012[3], S. 129ff. (optimale Versorgung im System Zentraler Orte); S. GREIVING 2006 (Städteverbünde)

5 Allgemeine Theorien und Modelle der Stadtstruktur und -entwicklung

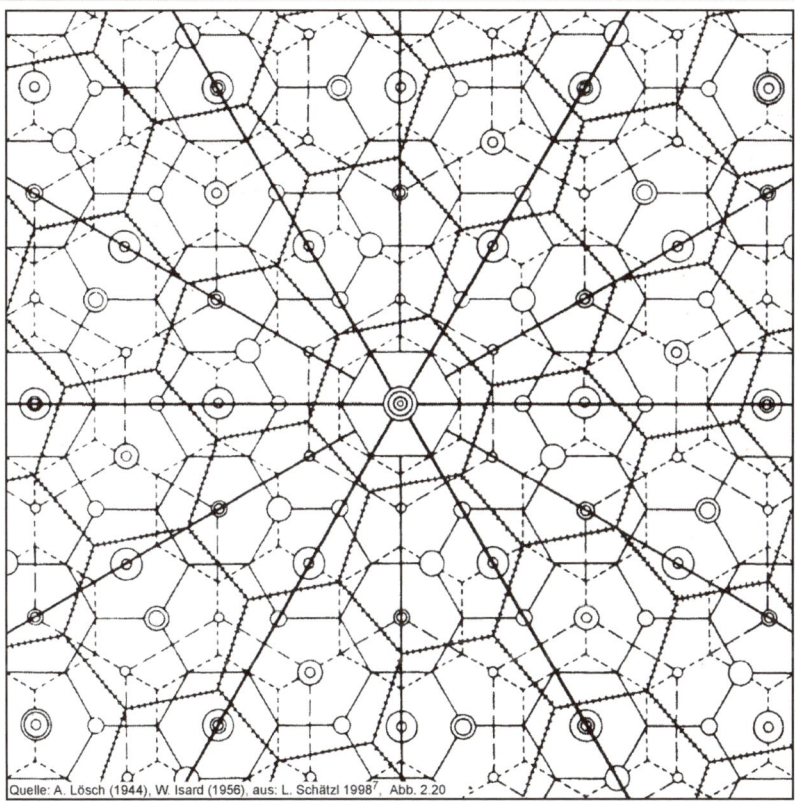

Quelle: A. Lösch (1944), W. Isard (1956), aus: L. Schätzl 1998[7], Abb. 2.20

Abb. 5.1 System der Marktnetze nach A. Lösch und W. Isard

„Eine geschlossene Theorie der Stadtentwicklung ist bis heute nicht erstellt worden. Vielmehr wird die Stadtentwicklung unter partialanalytischen Gesichtspunkten von verschiedenen Disziplinen aus betrachtet. Meistens wird sie als wirtschaftliche Entwicklung verstanden, zu der Aufschlüsse über die Einflußgrößen auf den Entwicklungsgang gesucht werden" (I.-H. HOLZ 1994, S. 17). Hinzu kommt, dass auch über die relevanten Teiltheorien und Modelle in Bezug auf die Stadtstrukturen und -entwicklung unterschiedliche Auffassungen bestehen.

Dieses Kapitel behandelt grundlegende Theorien, Modelle und auch Leitbilder der Stadtstruktur und -entwicklung, und zwar Standortstruktur-, Wachstums- und Entwicklungstheorien (5.1-5.2), klassische sozialökologische Theorien und Modelle (5.3), Bodenrentenmodelle (5.4), Modelle der Stadt- und Verkehrsentwicklung (5.5) sowie Modelle der Stadtentwicklung und Wanderungsmobilität (5.6) bis hin - und dies großenteils ausführlicher - zu Strukturmodellen, Konzepten und Leitbildern des Städtebaus seit der griechischen Antike bis zur Gegenwart mit Zukunftsperspektiven (5.7).

5.1 Theorien zu Städtesystemen (Standortstrukturtheorien)

Zu dieser Gruppe zählt die **Theorie der Zentralen Orte** von WALTER CHRISTALLER (1933); dabei ist zu beachten, dass W. CHRISTALLER seinen Ansatz selbst als eine „ökonomisch-geographische Untersuchung über die Gesetzmäßigkeit der Anzahl, Verteilung und Größe der städtischen Siedlungen" (ebd., S. 3) verstand. CHRISTALLER leitete theoretisch eine Städtehierarchie im Raum ab (vgl. im Einzelnen, auch zu den Restriktionen des Zentrale-Orte-Modells, Kap. 4.3); dieser Ansatz kann grundsätzlich auch auf innerstädtische Zentrensysteme angewendet werden. Das Zentralitätskonzept wurde zudem von genereller Bedeutung für die Raumordnung und Landesentwicklungsplanungen in Deutschland.

Den Standortstrukturmodellen lässt sich auch die **Theorie der Marktnetze** von A. LÖSCH (1944) zuordnen. Diese zielt darauf, „die räumliche Verteilung der Produktionsstandorte und die räumliche Produktionsspezialisierung zu erklären" (L. SCHÄTZL 2003[9], S. 84); sie liefert dabei zugleich Aussagen zur theoretischen Verteilung von Städten im Raum. Auch A. LÖSCH geht von relativ restriktiven Annahmen aus (u. a. homogener Raum). Für jedes Gut wird die „produktionsspezifische Größe" eines Marktgebietes angenommen. Dabei gibt es unterschiedliche Zuordnungsfaktoren (= K), je nachdem, wie viele Siedlungen von einem zentralen Gut kostendeckend versorgt werden. So enthält das Marktgebiet für das Gut G_1 drei Siedlungen (d. h. den Produktionsstandort selbst sowie sechs Siedlungen an der Grenze des Marktgebietes zu je einem Drittel, also K = 3; vgl. L. SCHÄTZL 2003[9], Abb. 2.19: Hexagonale Marktgebiete unterschiedlicher Größe und Siedlungszuordnung). „Im System der Marktnetze werden im Mittelpunkt - und nur dort - alle Güter produziert" (ebd., S. 85). LÖSCH hat nun alle unterschiedlichen Marktnetze „so übereinandergelegt, daß sie einen gemeinsamen Mittelpunkt bilden"; dann wurden sie um diese zentrale Großstadt solange rotiert, „bis sich die größtmögliche Zahl von Produktionsstandorten überlagert(e) und jeweils sechs Sektoren mit hoher bzw. niedriger Standortdichte (entstanden)" (ebd., S. 83-84; s. Abbn. 5.1 und 5.2). Somit existieren im System der Marktnetze „städtereiche" und „städtearme" Sektoren, „wobei sich die Sektorengrenzen als Hauptverkehrslinien herausbilden" (ebd.,

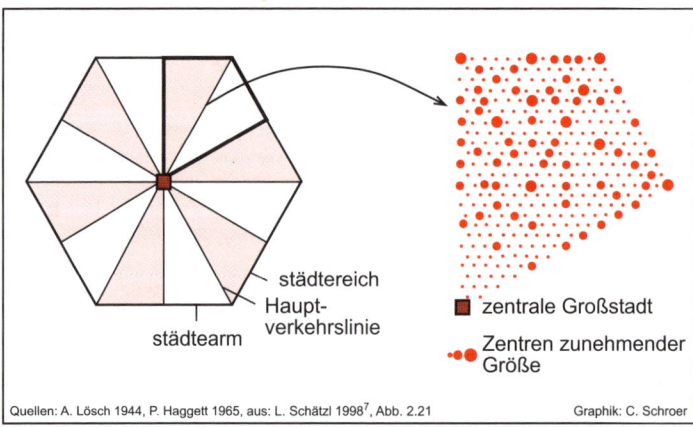

städtereich
Hauptverkehrslinie
städtearm

■ zentrale Großstadt
●■● Zentren zunehmender Größe

Quellen: A. Lösch 1944, P. Haggett 1965, aus: L. Schätzl 1998[7], Abb. 2.21   Graphik: C. Schroer

Abb. 5.2
Städtearme und städtereiche Sektoren in der Theorie der Marktnetze nach A. Lösch

S. 86). Dieses Modell enthält eine Reihe weiterer wichtiger Aussagen: So variieren „innerhalb eines Sektors die Produktionsstandorte unterschiedlicher Bedeutung". Dabei lässt sich als Tendenz „erkennen, daß mit zunehmender Entfernung von der zentralen Großstadt die Größe der zugeordneten Zentren zunimmt" (ebd.).

LÖSCH gelang der empirische Nachweis einer räumlichen Differenzierung in städtereiche und städtearme Sektoren am Beispiel der US-amerikanischen Stadt-Umland-Regionen von Indianapolis und Toledo. LÖSCH wies auch darauf hin, dass dieses „'Idealbild einer Wirtschaftslandschaft' durch Annäherung der vereinfachenden Annahmen an die Wirklichkeit verändert (werden kann)", z. B. durch Berücksichtigung von politischen Einflussfaktoren, durch Unterschiede in der Verteilung natürlicher Ressourcen, der Frachtraten, in der Verkehrserschließung, im Verhalten der Anbieter und Nachfrager etc. (L. SCHÄTZL 2003[9], S. 90).

5.2 Wachstums- und Entwicklungstheorien in Bezug auf städtische Siedlungen

5.2.1 Exportbasis-Theorien.
Man kann das in der Nationalökonomie entwickelte makroökonomische „Exportbasis-Konzept" auf die Stadtwirtschaft übertragen (vgl. Abb. 5.3). Danach lässt sich der „Exportsektor als der entscheidende Motor des Stadtwachstums" ansehen (s. R. HARTMANN/H. HITZ u. a. 1986, S. 19). In dem 'Ein-Regionen-Modell' werden neben den Exporten (gemessen an „exogenen" Einkommensströmen) und Importen auch die Ersparnisse als unabhängige Variablen berücksichtigt. „Der Ausgangspunkt (...) dieses Modells sind die 'Exporte', die einen primären Einkommensfluß in die Stadt erwirken" (ebd., S. 133). Ein erheblicher Teil

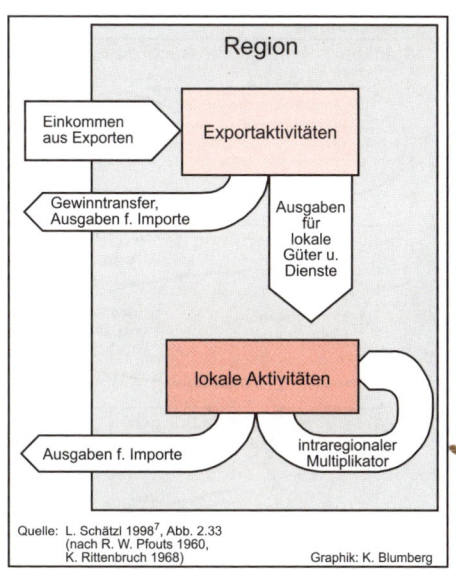

Quelle: L. Schätzl 1998[7], Abb. 2.33
(nach R. W. Pfouts 1960,
K. Rittenbruch 1968)   Graphik: K. Blumberg

Abb. 5.3 Einkommenskreislauf nach dem Exportbasis-Modell (Ein-Regionen-Modell)

dieses Kapitalstroms geht als Einkommen an die Werktätigen (im Exportsektor); diese geben den größten Teil davon in der Stadt selbst wieder aus. Davon geht wiederum ein Teil als Einkommen an die Service-Beschäftigten, die ebenfalls lokale Güter konsumieren und dadurch das städtische Einkommen vermehren, - womit der Multiplikatoreffekt umschrieben ist (ebd., S. 134). Wenn allerdings der Servicebereich einer Stadt ungenügend entwickelt ist, werden entsprechend mehr Güter und Dienstleistungen importiert, d. h. es entstehen Kaufkraftverluste oder -abflüsse zugunsten anderer Städte; damit werden nicht nur Kapital, sondern auch Arbeitskräfte in andere Städte abgezogen. Die städtische Wirtschaft, d. h. der Kreislauf des Kapitals zugunsten einer Stadt, wird auch dann behindert oder reduziert, wenn die Stadtbewohner Ersparnisse anhäufen (durch Bankeinlagen, Versicherungen, Bargeld etc.).

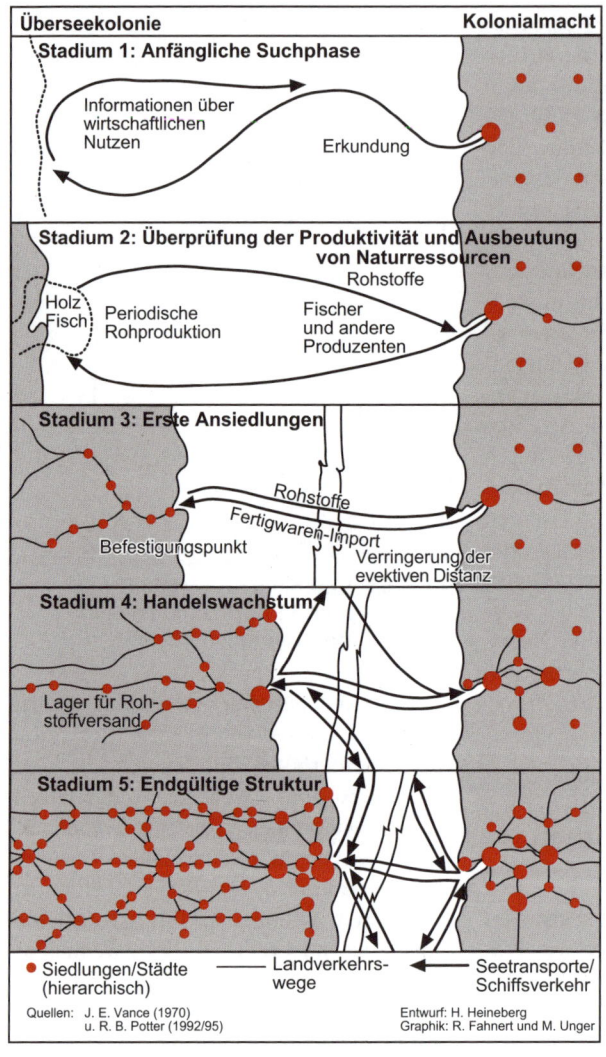

Das auf frühere Kolonialmächte und Überseekolonien bezogene sog. **Handelsmodell der Siedlungsentwicklung** zählt zu den Stufenmodellen einer exportorientierten Siedlungsstruktur. Es zeigt einen ähnlichen phasenhaften Ablauf der Handelsbeziehungen, wobei auch das „Zusammenrücken" der Kontinente durch vermehrte und schnellere Verkehrsverbindungen sowie die Entwicklung und Verdichtung von hierarchisch gegliederten Städtesystemen verdeutlicht werden.

Kritisch ist anzumerken, dass in dem Modell die hierarchisch gestuften Siedlungs- bzw. Städtesysteme in der Überseekolonie im Verhältnis zum Territorium der Kolonialmacht hinsichtlich räumlicher Verteilung und Dichte stark überrepräsentiert dargestellt sind.

Abb. 5.4
Vereinfachtes 'Handelsmodell der Siedlungsentwicklung'

In dem Exportbasis-Modell fehlt jedoch noch eine ganze Reihe von Variablen, d. h. von weiteren Faktoren für die Stadtwirtschaft und deren Bedeutung für die Stadtentwicklung; dies sind beispielsweise Einflüsse der Stadtverwaltung in Bezug auf Einnahmen (u. a. durch Steuern) und Ausgaben (z. B. für städtische Infrastrukturverbesserungen) oder auch die Rolle des Kredit-wesens hinsichtlich der Finanzierung steigender Investitionskosten für Produktion, Zirkulation und „Infrastruktur".

In Bezug auf Entwicklungsländer, und zwar auf die ehemaligen überseeischen Kolonisationsgebiete der europäischen Staaten, werden die Stadtentstehung und Städteverdichtung häufig durch **Stufenmodelle einer exportorientierten Siedlungsstruktur**

- aufbauend auf der Exportbasis-Theorie - beschrieben. „Die meisten Städte der betreffenden Länder, oftmals nur eine einzige Hafenstadt, wurden allein zum Zwecke des Exports von Europäern angelegt. Ihre Beziehungen zum Umland und zu anderen Städten spielten keine Rolle. Ihr Wachstum vollzog sich in mehreren Phasen, an deren Anfang das ursprüngliche Stadium der reinen Exportspezialisierung stand. In einem zweiten Stadium weitete sich die Produktion auf mehrere Produkte aus, in einem dritten kamen die Produktion bis dahin importierter Waren, also Importsubstitution, und einige Dienstleistungen hinzu, in einem vierten entwickelte sich eine solche Stadt zur regionalen Metropole, die dann auch über Nachbarstädte in einem größeren Teil des Landes die Kontrolle ausübte" (B. HOFMEISTER 1982a, S. 9) (s. auch Abb. 5.4).

5.2.2 Polarisationstheorien lassen sich ebenfalls auf die Stadtentwicklung beziehen. Hauptthese dieser Gruppe innerhalb der regionalen Wachstums- und Entwicklungstheorien ist: Aufgetretene wirtschaftliche Ungleichgewichte setzen einen (sog. zirkulär verursachten) **kumulativen Entwicklungsprozess** in Gang, der zu einer Verstärkung der Ungleichgewichte, d. h. zu einer **Polarisation**, führt. Dabei unterscheidet man zwischen einer sektoralen und einer regionalen Polarisation.

Zu dem sektoralen Polarisationsansatz gehört die **Theorie der Wachstumspole** nach F. PERROUX (1952). PERROUX benutzte einseitig die Industrialisierung „als Erklärungsansatz für die Entwicklungsbedingungen von Agglomerationszentren" (I.-H. HOLZ 1994, S. 23). „Danach werden die Chancen eines Verdichtungsraums, sich zu einem Wachstumspol zu entwickeln, vergrößert, je vielseitiger und flexibler die Struktur der Industrie ist und das besonders in Hinsicht der maxi-

malen Ausnutzung der Kopplungseffekte" (ebd.). D. h. im Einzelnen: Es wird angenommen, dass von dominierenden, wachstumsstarken Schlüsselindustrien weitreichende Polarisierungseffekte ausgehen. Diese Schlüsselindustrien (z. B. ein neuangesiedeltes großes Automobilwerk) haben sog. Rückkoppelungseffekte (engl. *backwardlinkages*) in Bezug auf die Ansiedlung von Zulieferindustrien. Diese wiederum können durch sog. *forward-linkages* Impulse für die Entwicklung neuer Endverbraucher-Produkte (Produktionen) geben (ebd., S. 22). Diese Theorie hat vor allem in den 1960er Jahren Anwendung in der regionalen Wirtschaftsförderung erfahren; dies gilt z. B. für Großbritannien. In der Praxis sind allerdings häufig die erwarteten Multiplikatoreffekte ausgeblieben.

Die regionalen Polarisationsansätze beruhen vor allem auf der Hypothese bzw. dem **Modell der zirkulären Verursachung kumulativer sozioökonomischer Prozesse** nach G. MYRDAL (1959). Danach gibt es unter marktwirtschaftlichen Bedingungen zirkuläre Veränderungen der Variablen mit Rückkoppelungseffekten, d. h. jede Veränderung einer Variablen, u. a. lokale Investitionen für die Ansiedlung eines neuen Industriebetriebes, bewirkt die Veränderung einer anderen, z. B. Wachstum der lokalen Beschäftigung und Bevölkerung, in gleicher Richtung, so dass sich im Zeitablauf ein kumulativer Prozess ereignet (L. SCHÄTZL 2003[9], S. 161).

5.2.3 Zentrum-Peripherie-Modelle, die ebenfalls zu den regionalen Wachstums- und Entwicklungstheorien zählen, sind auch für die Erklärung der Stadtentwicklung sowie von Städtesystemen von Bedeutung. Dazu gehört das aus der Regionalforschung stammende **Zentrum-Peripherie-Modell** von J. FRIEDMANN (1966) (vgl. Abb. 5.5 mit

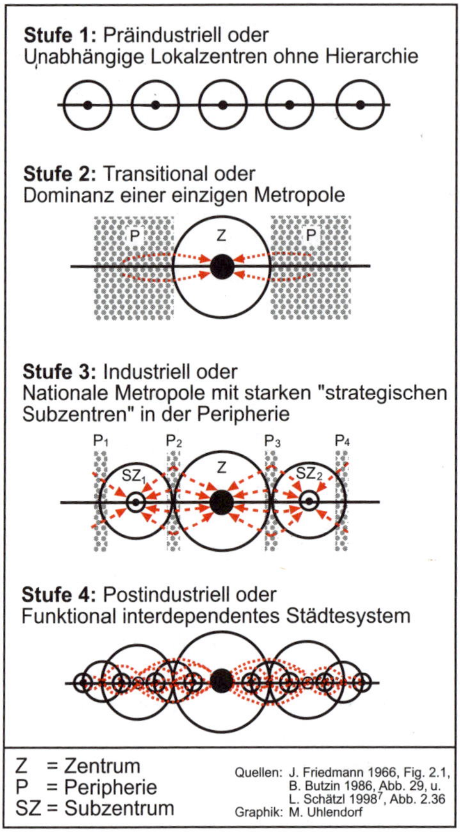

Stufe 1: Präindustriell oder
Unabhängige Lokalzentren ohne Hierarchie

Stufe 2: Transitional oder
Dominanz einer einzigen Metropole

Stufe 3: Industriell oder
Nationale Metropole mit starken "strategischen
Subzentren" in der Peripherie

Stufe 4: Postindustriell oder
Funktional interdependentes Städtesystem

Z = Zentrum
P = Peripherie
SZ = Subzentrum

Quellen: J. Friedmann 1966, Fig. 2.1,
B. Butzin 1986, Abb. 29, u.
L. Schätzl 1998[7], Abb. 2.36
Graphik: M. Uhlendorf

Stufe 1: Präindustriell
- geringe Austauschbeziehungen;
- stabile räumliche Ordnung, aber die Wirtschaft
tendiert zur Stagnation.

Stufe 2: Transitional
- Stadium der beginnenden Industrialisierung;
- das Wirtschaftswachstum konzentriert sich
auf eine Metropole oder Primatstadt
(hier: Z = Zentrum);
- im Gegensatz dazu entstehen Stagnations-
bzw. Entleerungsgebiete (P = Peripherie);
- die räumliche Ordnung ist instabil.

Stufe 3: Industriell
- die einfache Zentrum-Peripherie-Struktur verändert sich allmählich zu einer Multikern-Struktur durch Entstehung von Subzentren (SZ) als
neu entstandene Entwicklungszentren;
- große Teile der Peripherie sind bereits in den
Wirtschaftskreislauf integriert;
- da aber noch kleinere Peripherien übrig
bleiben, ist die räumliche Ordnung immer noch
instabil.

Stufe 4: Postindustriell
- es hat sich ein funktional interdependentes
Stadtsystem herausgebildet, das auf dem
Hierarchiesystem basiert;
- das System befindet sich wieder im Gleichgewicht.

Abb. 5.5 Das Zentrum-Peripherie-Modell von J. Friedmann

Erläuterungen). FRIEDMANN geht mit einem wirtschaftsstufentheoretischen Ansatz davon aus, dass sich die Entfaltung der Volkswirtschaft in Richtung einer evolutionären Höherentwicklung vollzieht, wobei für jede der - entsprechend dem Grad der Industrialisierung gekennzeichneten - Entwicklungsstufen charakteristische Raumstrukturen bestimmend sind. Dabei ist das Verhältnis zwischen städtischen Zentren und Peripherien im Zusammenhang mit der Wirtschaftsentwicklung von Bedeutung.

FRIEDMANN unterscheidet innerhalb des Entwicklungsprozesses einer Volkswirtschaft vier Stufen mit jeweils einer charakteristi-schen räumlichen Organisation oder Raumstruktur. Umstritten ist das an heutigen Industrienationen erarbeitete Modell im Hinblick auf Anwendungsmöglichkeiten in Entwicklungsländern.

Von Bedeutung ist auch ein weiterer theoretischer Ansatz: die sog. *Polarization-Reversal*-**Hypothese** von H. W. RICHARDSON (1980). Diese besagt u. a., „daß sich auch in Entwicklungsländern im Zuge des langfristigen Entwicklungsprozesses eine Trendwende in der räumlichen Konzentration vollzieht" (L. SCHÄTZL 2003[9], S. 178). Das Phasenmodell (Abb. 5.6 mit Erläuterungen) beinhaltet einerseits die Veränderungen der

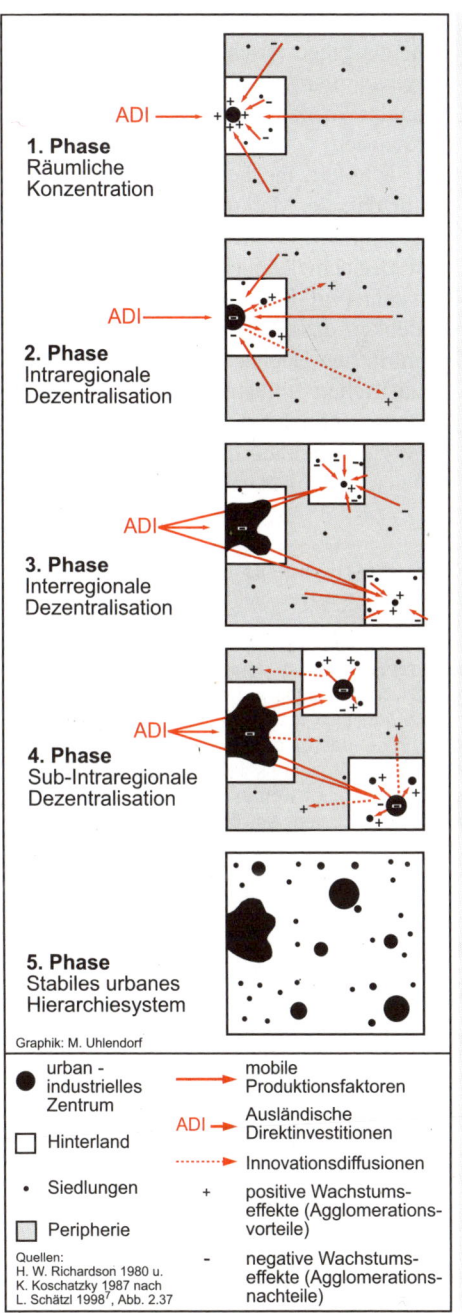

1. Phase
Räumliche
Konzentration

ADI

2. Phase
Intraregionale
Dezentralisation

ADI

3. Phase
Interregionale
Dezentralisation

ADI

4. Phase
Sub-Intraregionale
Dezentralisation

ADI

5. Phase
Stabiles urbanes
Hierarchiesystem

Graphik: M. Uhlendorf

● urban -
industrielles
Zentrum

□ Hinterland

· Siedlungen

▨ Peripherie

→ mobile
Produktionsfaktoren

ADI→ Ausländische
Direktinvestitionen

········› Innovationsdiffusionen

+ positive Wachstums-
effekte (Agglomerations-
vorteile)

- negative Wachstums-
effekte (Agglomerations-
nachteile)

Quellen:
H. W. Richardson 1980 u.
K. Koschatzky 1987 nach
L. Schätzl 1998[7], Abb. 2.37

1. Phase: Räumliche Konzentration. Inner-halb der nationalen Entwicklung beginnt der ur-ban-industrielle Prozess in einer oder mehreren Regionen mit besonderer Standortgunst (Res-sourcen, Hafen, Marktgröße etc.). Aufgrund sog. interner und externer Ersparnisse und Zuwan-derung mobiler Produktionsfaktoren (z. B. Kapi-tal, qualifizierte Arbeitskräfte) aus anderen Lan-desteilen, aber auch durch ausländische Direkt-investitionen (ADI) erfolgt ein kumulativer Wachs-tumsprozess. Agglomerationsvorteile und Entzug von Produktionspotenzial aus der übrigen Raum-wirtschaft bewirken eine Zentrum-Peripherie-Raumstruktur mit zugleich erheblichen Disparitä-ten im regionalen Pro-Kopf-Einkommen.

2. Phase: Intraregionale Dezentralisation. Aus den entstehenden Agglomerationsnachteilen (z. B. steigende Bodenpreise) resultiert im öko-nomischen Bereich eine Erhöhung der Produkti-onskosten. Dies führt zur Auslagerung beste-hender bzw. Ansiedlung neuer Betriebe im Hin-terland (z. B. in Satellitenstädten), d. h. zu einer intraregionalen Dezentralisation innerhalb der Zentralregion.

3. Phase: Interregionale Dezentralisation. Dies ist die Kernaussage der *Polarization-Reversal*-Hypothese: die Entstehung nationaler Subzentren. D. h., in einigen, vor allem größeren Städten entwickelt sich ein eigendynamisches Wachstum. Agglomerationsvorteile in den Sub-zentren und sich verschärfende Agglomera-tionsnachteile in der Zentralregion bewirken Um-lenkungen der Investitionsströme (dabei zuneh-mend auch von Auslandsinvestitionen) zuguns-ten der Subzentren. Die Folge sind Arbeitskräf-tewanderungen aus der Zentralregion und der Peripherie in die Subzentren.

4. Phase: Sub-intraregionale Dezentralisati-on. Auch im Einzugsbereich der neuen Sub-zentren wiederholt sich ein Prozess intraregiona-ler Dezentralisation, d. h. eine Verlagerung öko-nomischer Aktivitäten in das jeweilige Umland.

5. Phase: Stabiles urbanes Hierarchiesys-tem. Als Ergebnis ergibt sich ein über den natio-nalen Wirtschaftsraum verteiltes stabiles urban-industrielles Hierarchiesystem bei weitgehender Angleichung der regionalen Einkommensunter-schiede.

Abb. 5.6 Modell der *Polarization-Reversal*-Hypothese nach H. W. Richardson, K. Koschatzky und L. Schätzl

Raumstrukturen in Bezug auf urban-industrielle Zentren und deren Hinterlandgebiete, auf übrige Siedlungen und Peripherie durch mobile Produktionsfaktoren (z. B. Kapital, qualifizierte Arbeitskräfte), auf ausländische Direktinvestitionen (ADI) und Innovationsdiffusionen; andererseits wird das Pro-Kopf-Einkommen hinsichtlich der distanziellen Verteilung berücksichtigt (letzteres ist in Abb. 5.6 nicht dargestellt; vgl. L. SCHÄTZL 2003[9], Abb. 2.37, oder I. LIEFNER/L. SCHÄTZL 2012[10], Abb. 4.3).

I. LIEFNER/L. SCHÄTZL 2012[10], S. 103, bewerten die *Polarization-Reversal*-Hypothese von H. W. RICHARDSON wie folgt:

(1) Sie ist ein verdienstvoller Versuch, verschiedene theoretische Ansätze miteinander zu verknüpfen (u. a. Polarisationstheorie, regionale Wachstumstheorie, Standortstrukturtheorien).

(2) Sie liefert eine theoretische Begründung dafür, dass der Marktmechanismus - zumindest langfristig - auch in Entwicklungsländern zu einem räumlichen Gleichgewicht führen kann (vgl. Kasten 5.1). Allerdings ist zu bedenken, dass RICHARDSON sein Modell aus empirischen Beobachtungen in marktwirtschaftlichen Industrieländern entwickelt und es anschließend auf die heutige Situation von Entwicklungsländern übertragen hat. Letzteres „ist nicht unproblematisch, da zwi-

---

Kasten 5.1   Nachweis der *Polarization-Reversal*-Hypothese im Großraum São Paulo, Brasilien (nach J. BÄHR/R. WEHRHAHN 1995)

Wegen des Mangels an wirtschaftlichen Daten wurden demographische Indikatoren benutzt, und zwar die durchschnittlichen jährlichen Zuwachsraten der Bevölkerung, die Nettowanderungsraten sowie die Veränderungen in der Rang-Größen-Ordnung der Städte. Durch Kombination der bevölkerungs- und wanderungsbezogenen Merkmale ließ sich feststellen, dass sich im Großraum von São Paulo die Ballungsumkehr zwar in den 1970er Jahren bereits angedeutet hatte, sich jedoch erst in den 1980er Jahren voll durchsetzte (J. BÄHR/R. WEHRHAHN 1995, S. 226). Die *Polarization*-Hypothese konnte also auf Bundesstaatsebene bestätigt werden. „Die Subzentren, die durch den *polarization reversal*-Prozeß begünstigt werden, liegen sowohl im näheren Umland von Groß-São Paulo als auch weiter entfernt im Landesinneren. Vor allem in Richtung Norden und Osten (Paraíbatal) ist ein an die Metropolitanregion anschließendes sektorenförmiges Wachstum unverkennbar" (ebd.). „In jüngerer Zeit konnten nicht nur die Städte selbst, sondern in besonderem Maße daran angrenzende Munizipien beachtliche Wanderungsgewinne erzielen, was für einen schon verhältnismäßig weit fortgeschrittenen *polarization reversal*-Prozeß spricht". (...) „Dieser aus Bevölkerungsdaten abgeleitete Befund des *polarization reversal* mit Schwerpunkt in den 80er Jahren findet seine Entsprechung in einer industriellen Dekonzentration im Bundesstaat São Paulo (...)" (ebd., S. 226).

J. BÄHR/R. WEHRHAHN nennen u. a. folgende Faktoren, die für den *Polarization Reversal*-Prozess des Hinterlandes sowie später auch der Peripherie verantwortlich sind, und zwar als *pull*-Faktoren: Ausbau des Verkehrsnetzes, Modernisierung der Landwirtschaft mit anschließendem Aufbau einer diversifizierten Agroindustrie, die Flächenverfügbarkeit in Verbindung mit einem Ausbau der Infrastruktur in den Städten des Landesinneren, die vereinzelt gezielte Ansiedlung staatlich geförderter Unternehmen, Ausbau der Universitäten und Fachhochschulen sowie allgemein die Verbesserung des Bildungssystems in den 1970er Jahren; dadurch ergab sich eine Erhöhung der Attraktivität für Industriezweige, die auf qualifizierte Arbeitskräfte zurückgreifen müssen. Für ein stärkeres demographisches und ökonomisches Wachstum außerhalb des Großraumes São Paulo sorgten als *push*-Faktoren u. a. auch Verkehrs- und Umweltprobleme, Flächenmangel, hohe Immobilienpreise oder mittlerweile in die Wege geleitete Umweltauflagen für besonders stark verschmutzende Industrieunternehmen im Ballungsraum São Paulo; eine aktive Dezentralisierungspolitik gab es dagegen im Bundesstaat São Paulo nicht!

schen Industrieländern und den Entwicklungsländern tiefgreifende Unterschiede in der Ausstattung mit internen Wachstumsdeterminanten (z. B. Bevölkerungswachstum, Sozial- und Wirtschaftsstruktur, Siedlungssystem, Niveau des technischen Wissens) bestehen. Auch bleiben die Auswirkungen von Intensität und Struktur internationaler Wirtschaftsbeziehungen auf den räumlichen Differenzierungsprozess in den Entwicklungsländern weitgehend unberücksichtigt" (ebd.).

5.3 Sozialökologische Theorien und Modelle: Die drei klassischen Modelle der sog. Chicagoer Schule

5.3.1 Chicagoer Schule der Sozialökologie.
Daraus entstammen eine Reihe empirischer Studien und darauf basierend drei klassische Modelle und theoretische Ansätze. Diese Modelle werden häufig allgemeiner als **Stadtmodelle, Stadtstrukturmodelle** oder **Modelle der Stadtentwicklung** gekennzeichnet (s. 5.3.2-5.3.5). Dabei handelt es sich um „Versuche zur theoretischen Durchdringung des Stadtwachstums und der Stadtstruktur" (G. ALBERS 1974, S. 4).

Die Chicagoer Schule der Sozialökologie stellt einen frühen soziologischen Forschungsansatz dar, mit dem zunächst versucht wurde, Regelhaftigkeiten der wechselseitigen Abhängigkeit des sozialen und wirtschaftlichen Lebens innerhalb der Stadt zu erfassen. Der Ansatz der Sozialökologie (*Social Ecology*) wurde zu Beginn des 20. Jh.s und nach dem Ersten Weltkrieg von Soziologen der Universität Chicago - und zwar zunächst vor allem von R. E. PARK, E. W. BURGESS und R. D. MCKENZIE - verfolgt. Diese bis heute einflussreiche Forschungsrichtung hatte vor allem folgende Grundlagen (vgl. J. FRIEDRICHS 1983[3]):

(1) Die Universität Chicago erhielt 1892 als erste einen soziologischen Lehrstuhl;
(2) Chicago wies ein hohes, vor allem zu- oder einwanderungsbedingtes Bevölkerungswachstum bei gleichzeitig hohem Anteil ethnischer Gruppen mit zugleich erheblichen sozialen und ökonomischen Konflikten auf;
(3) für Chicago standen seit 1920 Volkszählungsdaten für 70 Teilgebiete (*census tracts*), seit 1930 für insgesamt 75, zur Verfügung;
(4) die klassische Sozialökologie, die als derjenige Teil der (übergeordneten) sog. Humanökologie (*Human Ecology*) zu bezeichnen ist, der sich auf Aussagen über „Aggregate" (oder „Kollektive") von Individuen bezieht, war stark beeinflusst durch die biologische Ökologie (Tier- und Pflanzenökologie) des 19. Jh.s, insbesondere den Darwinismus (Wettbewerb zwischen den Arten, nach C. DARWIN).

Ein grundlegendes Problem der Arbeiten von PARK und BURGESS war die Analyse des Verhältnisses von Konkurrenz und sozialer Kontrolle (J. FRIEDRICHS 1983[3], S. 30). Es wurde angenommen, dass der Kampf der menschlichen Individuen um soziale Positionen dem „Kampf ums Dasein" nach der DARWINSCHEN These entspräche. FRIEDRICHS interpretiert dies so: „Die natürliche Konkurrenz ist in der menschlichen Gesellschaft zu einer ökonomischen Konkurrenz um Positionen in einer arbeitsteiligen Organisation geworden" (ebd., S. 31). Neben dieser biotischen Ebene der Gesellschaft sahen die Chicagoer Soziologen eine zweite, nämlich die soziale oder kulturelle Ebene, die das Produkt sozialer Kontrolle sei. Der Gesellschaft kommt die Aufgabe sozialer Kontrolle des Wettbewerbs zu.

Die Stadt wurde als sozialräumliche Einheit angesehen, d. h. als eine räumlich organisierte Bevölkerung, deren Mitglieder in gegenseitiger Abhängigkeit (Arbeitsteilung) leben. Durch das Bevölkerungswachstum der Stadt entstehen aufgrund der unterstellten Konkurrenz Konflikte und neue Spezialisierungen unter den Individuen, was zu einer größeren Arbeitsteilung führt. Dabei lassen sich auch bestimmte Entwicklungszyklen, z. B. in der Verteilung der Bevölkerung über die städtischen Teilgebiete, nachweisen.

Die frühe sozialökologische Forschungsrichtung hat in der Zeit nach dem 2. Weltkrieg - dabei wiederum zunächst durch Soziologen in den USA - Fortsetzungen durch neuere methodische und theoretische Ansätze oder Forschungszweige erfahren, und zwar vor allem durch die stärker theoretisch ausgerichtete sog. Sozialraumanalyse (*Social Area Analysis*) und durch die auf komplizierten mathematisch-statistischen Verfahren der Faktorenanalyse aufbauende, dabei stärker induktiv arbeitende sog. Faktorialökologie (*Factorial Ecology*). Diesen beiden zuletzt genannten Forschungsrichtungen sind zwei eigene Abschnitte in diesem Lehrbuch gewidmet (s. 6.3.3 u. 6.3.4). Auch die kulturgenetische Arbeitsrichtung innerhalb der deutschsprachigen Stadtgeographie (s. 1.3.5 und Kap. 11) ist durch die von der Sozialökologie entwickelten Modellvorstellungen beeinflusst worden.

5.3.2 Ringmodell der Stadtentwicklung von E. W. BURGESS 1925/1929 (Burgess-Modell, s. Abb. 5.7 und Kasten 5.2).

Das ringförmige Stadtmodell, das bis heute zu den wichtigsten Stadtstrukturmodellen in der Stadtforschung gehört, wurde ursprünglich am Beispiel von Chicago entwickelt. Chicago wurde seit ca. 1890 von mehreren großen Einwanderungswellen überrollt und zeichnete sich durch ein hemmungsloses Bevölkerungswachstum aus (s. 5.3.1). Die Zuwanderer begannen, sich vor allem in von Ver-

fall bedrohten Wohngebieten in der Nähe des „*Loop*", d. h. des Stadtzentrums, anzusiedeln, in denen sie herkunftsmäßig homogene Gruppen bilden und ihre kulturellen Traditionen weiterführen konnten (**Wohnsegregation, Ghettobildung**).

Diese sog. **Übergangszone** (*Zone in transition*) war gleichzeitig auch durch eine Invasion von Geschäften und Leichtindustrie charakterisiert. Um sie lagerten sich weitere, halbringförmig angeordnete Zonen, Wohngebiete mit nach außen zunehmendem Sozialstatus der Bewohner, d. h. zunächst eine **Arbeiterwohnzone** (*Zone of working-men's home*), dann eine „*Residential zone*" als **Mittelschicht-Wohngebiet** und daran anschließend die sog. **Pendlerzone** (*Commuters zone*), in der höhere soziale Schichten in Vororten (*Suburbs*) und Satellitenstädten wohnen.

Die kartographisch erfassten sozialräumlichen Strukturen von Chicago verlangten nach einer theoretischen Erklärung, die E. W. BURGESS mit seiner **Theorie des konzentrischen Wachstums** der Städte anhand des Ringmodells zu entwickeln versuchte. Zur Begründung dieses Stadtmodells wurden u. a. folgende Basishypothesen aufgestellt (J. FRIEDRICHS 1983[3]):

• Hypothese konzentrischen Wachstums: Wenn eine Stadt sich ausdehnt, dann geschieht dies von innen nach außen; dabei erfolgt die Ausdehnung tendenziell in alle Richtungen gleichmäßig.

• Hypothesen eines von der City ausgehenden Wachstums- und Verdrängungsprozesses: Wenn eine Stadt sich ausdehnt, so dringen die Nutzungen und Bevölkerungsgruppen einer Zone in die jeweils nächste angrenzende äußere Zone ein; Nutzungen, die in der City vertreten sind, dehnen sich am stärksten aus. Dabei nahm E. W. BURGESS u. a. an, dass die Nutzungen und Bevölkerungsgruppen nicht gleichmäßig über die ge-

Kasten 5.2 Begriffserläuterungen zum Ringmodell der Stadtentwicklung von E. W. BURGESS (s. auch Abb. 5.7)

I. Loop (Stadtzentrum/City einschl. des *CBD*):
Dominante Zone mit Konzentration von Geschäfts-/Verwaltungseinrichtungen und höchsten Bodenpreisen sowie geringer permanenter Wohnbevölkerung. Nutzungen der City/des *CBD* dehnen sich am stärksten aus, wobei diese in die nächst angrenzende äußere Zone drängen (= Invasion), d. h. in die

II. Zone in transition:
Übergangszone mit (1) Betrieben der Leichtindustrie, (2) Geschäften und Vergnügungsbetrieben (City-Erweiterungsgebiet), vor allem jedoch (3) Wohngebiet mit einer Bevölkerung von jungen, alleinstehenden Erwachsenen, insbesondere (4) mit Angehörigen ethnischer und sozialer Minderheiten (Immigranten) mit hohen Kriminalitätsraten etc.; kennzeichnend sind schlecht ausgestattete kleine Altbauwohnungen der Unterschicht mit Slumcharakter (Konzentration der Armut, soziale Benachteiligung, fehlende Erhaltungsinvestitionen, heute typische Sanierungsgebiete). Bei Expansion der Dienstleistungs- und Geschäftsnutzungen der City/des *CBD* dehnt sich die transitorische Zone ihrerseits aus in die Zone der

III. Zone of working-men's homes:
Arbeiterwohngebiete (Arbeiterwohnzone), Facharbeiter, Mehrfamilienhäuser (in Chicago: ehemals meist zweigeschossig). Die Expansion der Arbeiterwohnzone erfolgt in Richtung der nach außen anschließenden Ausdehnung der

IV. Residential zone oder *Zone of better residences:*
Mittelschicht-Wohngebiete: ursprünglich reine Einfamilienhausgebiete mit kleinen lokalen Geschäftszentren etc. Die Ausdehnung der Mittelschicht-Wohngebiete geschieht in Richtung der

V. Commuters zone:
Suburbane Pendlerzone außerhalb des administrativen Stadtgebietes: höhere soziale Schichten, die täglich zur Innenstadt pendeln, Neubausiedlungen.

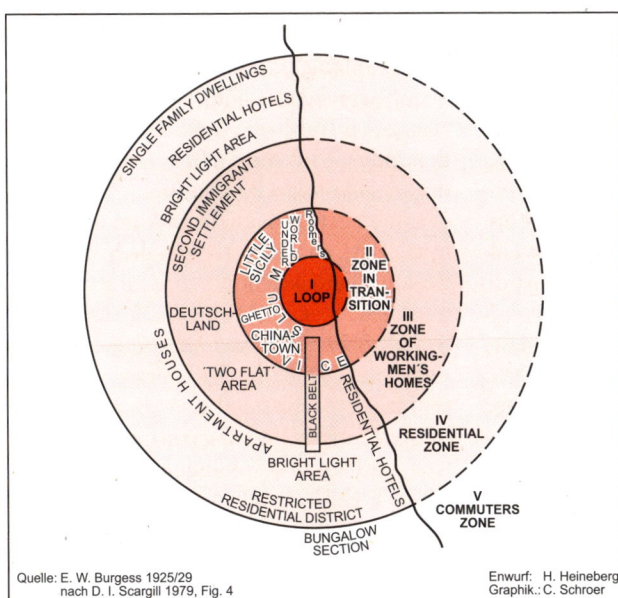

Quelle: E. W. Burgess 1925/29 nach D. I. Scargill 1979, Fig. 4
Enwurf: H. Heineberg
Graphik.: C. Schroer

BURGESS ging von zwei grundlegenden Annahmen aus:
(1) „Städte verändern sich ständig unter dem Einfluß der Konkurrenz um die Standortvorteile";
(2) „Städte sind integrale Einheiten, in denen kein Teilgebiet sich verändern kann, ohne daß daraus Folgen für alle anderen Teilgebiete entstehen" (B. HAMM 1982, S. 85).

Abb. 5.7
Ringmodell der Stadtentwicklung von E. W. Burgess
(s. auch Kasten 5.2)

samte Stadt verteilt sind, sondern dass vielmehr in jeder Zone bestimmte Nutzungen bzw. Gruppen dominieren. Die Stadtentwicklung wurde vor allem auf die Expansion der ökonomisch stärkeren gewerblichen, d. h. der tertiärwirtschaftlichen Nutzung (tertiärer Sektor) des *Central Business District* (CBD = Hauptgeschäftsbezirk) innerhalb der City zurückgeführt.

Auf der Grundlage der insgesamt sehr differenzierten Annahmen und Hypothesenbildungen werden im Ringmodell der Stadtentwicklung von E. W. BURGESS - unter Berücksichtigung auch neuerer Stadtentwicklungsprozesse in den USA (vgl. auch Kasten 5.2 und Kap. 11.2.5) - u. a. folgende **Regelhaftigkeiten städtischer Landnutzung** deutlich: In zentraler Lage, im Bereich wichtiger Verkehrskreuzungen, entwickelt sich aus dem Wettbewerb um die Standortvorteile das Hauptgeschäftszentrum (CBD). Dieser zentrale Standortraum der Stadt ist zugleich durch die höchsten Bodenpreise gekennzeichnet (s. Bodenrentenmodelle unter 5.4). Daran schließen sich nach außen hin **ringförmige Zonen** an, in denen die Intensitäten der Nutzungen mit sinkenden Bodenpreisen abnehmen. In der Übergangszone zum Hauptgeschäftszentrum, in die sich der CBD ausweitet, hat die Durchdringung von Industrie-/Gewerbebetrieben und Wohnungen geringen Standards dazu geführt, dass die ehemaligen Hausbesitzer und wohlhabenderen Schichten abwanderten, d. h. großenteils an den Stadtrand oder in Vororte gezogen sind. Um kurzfristige Gewinne zu erwirtschaften, verzichten viele Hausbesitzer (Spekulanten) auf weitere Investitionen zur Erhaltung des Baubestands. Sie vermieten statt dessen billige Kleinwohnungen an Zuwanderer bzw. Einwanderungsgruppen, die nicht in der Lage sind, höhere Mieten zu zahlen. In dieser Zone entstanden in den US-amerikanischen Städten Ghettos (Ghettobildung) und Slums.

An die Übergangszone schließen sich - ebenfalls in Form konzentrischer Ringe - die Wohngebiete der Arbeiter, gleichfalls durchmischt mit Industrie und Gewerbe, an; im nächsten Ring folgen die Wohngebiete des Mittelstandes und im äußeren Wohnring der Stadt, in dem eine aufgelockerte Bauweise mit Einfamilienhäusern überwiegt, die Zone der sozial höher stehenden Schichten (gehobenere Wohnviertel). Die sog. Vorortzone ist durch den Pendlerverkehr mit dem Stadtgebiet funktional verbunden (Pendlerzone).

Es ergibt sich: Das BURGESS-Modell ist kein statisch-strukturelles Modell, sondern ein **Prozessmodell**. Mit dem städtischen Wachstum, das vor allem durch die Expansion der ökonomisch stärksten, und zwar der tertiärwirtschaftlichen Nutzung initiiert wird, dehnen sich die einzelnen ringförmig angelegten Zonen von innen nach außen, d. h. zur Peripherie hin, aus. BURGESS nahm an, dass die Ausdehnung tendenziell in alle Richtungen gleichmäßig erfolgt. Offensichtlich spielt im Ringmodell von E. W. BURGESS die Distanz zum CBD eine wesentliche Rolle in der Verteilung einzelner Nutzungen und sozialer Schichten. Damit ist nach B. HAMM (1982, S. 69) nicht die Luftliniendistanz, sondern ein Zeit-Kosten-Maß der Erreichbarkeit, die sog. **ökologische Distanz**, gemeint.

Ein weiteres Charakteristikum des Ringmodells ist, dass BURGESS lediglich das Stadtzentrum berücksichtigt; „auf andere „Zentren" geht er gar nicht ein" (I.-H. HOLZ 1994, S. 26). Schließlich werden topographische und verkehrsbedingte (Transport-)Unterschiede vernachlässigt" (...) „Burgess differenziert dabei nicht zwischen mehreren Zentren und ihren Wirkungen aufeinander" (ebd.). I.-H. HOLZ stellt weiterhin heraus, dass das Ringmodell von BURGESS als erste Theorie den Faktor „Boden" als zentrierenden Faktor einführt (ebd., S. 24). BURGESS setzt

Typen der Wohnbebauung mit sozialen Schichten gleich. Die Segregation sozialer Schichten (soziale Segregation) in Gestalt eines konzentrischen Verteilungsmusters kann aber nur dann geschehen, „wenn die Standortqualitäten für Wohnbereiche über das gesamte städtische Gebiet annähernd gleich verteilt sind" (B. Hamm 1982, S. 73). Hier setzt die Kritik am Burgess-Modell an, die u. a. die postulierte, in der Realität aber oftmals fehlende Homogenität und Symmetrie dieser Zonen betrifft.

L. F. Schnore (1972) veränderte das Burgess-Modell in einen sog. *reverse-Burgess type*, um den umgekehrt verlaufenden Sozialgradienten in den westeuropäischen und angloamerikanischen Städten der vorindustriellen Zeit zu beschreiben (vgl. auch den Typ der lateinamerikanischen Kolonialstadt, s. 11.3.1). Danach durchlaufen die Städte weltweit bestimmte Entwicklungsphasen in Richtung auf ein für alle gleichartiges Spätstadium. So wandelt sich die lateinamerikanische Stadt mit früher großem Anteil der gehobenen Schichten im Stadtzentrum (*reverse-Burgess type*) allmählich zu einer Stadt mit der für Angloamerika charakteristischen Struktur (*Burgess type*).

5.3.3 Sektorenmodell ist die Bezeichnung für das von H. Hoyt (1939) entwickelte sozialräumliche Stadtmodell, das auf der empirischen Untersuchung der räumlichen Mietpreisstruktur 30 US-amerikanischer Städte (zwischen 1900 und 1936), dabei insbesondere auf der Lage von Wohngebieten der oberen Mittelschicht und Oberschicht, basiert (Abbn. 5.8 und 5.9). Seine empirischen Ergebnisse belegten die These, dass die Entwicklung von Wohngebieten unterschiedlicher Miethöhe einem sektoralen Muster von der Stadtmitte zur Peripherie folgt. Die Ausdehnung von Wohngebieten hoher Miete erfolgt nach den Thesen von Hoyt entlang bestehender Verkehrswege mit jeweils schnellstem Transport oder in Richtung auf freies, höher gelegenes Land oder der Wohnstandorte der statushöchsten Bewohner der Stadt etc.

H. Hoyt kam zu einer Ablehnung des Ringmodells von E. W. Burgess (s. 5.3.2). Nach dem von ihm - aufgrund der o. g. Mietpreis- bzw. Wohngebietsuntersuchungen - entworfenen Sektorenmodell gliedern sich die Städte in relativ **homogene Sektoren**; dies gilt vor allem für Industriegebiete und anschließende Arbeiterwohngebiete, die sich hauptsächlich entlang wichtiger Verkehrsleitlinien entwickeln. Umgekehrt meiden die wohlhabenden Schichten die Industrie- und Arbeiterwohnsektoren und siedeln sich ihrerseits in den dazwischen befindlichen Sektoren mit einer deutlichen Tendenz zur Peripherie hin an.

„Im Gegensatz zu E. W. Burgess führt H. Hoyt die Stadtentwicklung - zumindest überwiegend - auf die Veränderungen in den Wohnstandorten der statushohen Bevölkerungsgruppe zurück, E. W. Burgess dagegen auf die Expansion der ökonomisch stärkeren gewerblichen Nutzung im *CBD*, vor allem des tertiären Sektors. Insofern entwickelt(e) H. Hoyt eher ein Modell der Wohnstandortwahl der statushohen Bevölkerung einer Stadt" (J. Friedrichs 1983[3], S. 108) bzw. genauer: der US-amerikanischen Stadt (s. auch 11.2.5).

Eine andere Hypothese von H. Hoyt lautet: „Wenn Wohngebiete hoher Miete von ihren Bewohnern verlassen werden, dringen Bevölkerungsgruppen des nächstniedrigen Status in die leer stehenden Gebäude ein (*„filtering"*)" (J. Friedrichs 1983[3], S. 107). Durch diesen **Filtereffekt** ergibt sich nach Hoyt auch für andere Bevölkerungsgruppen ein sektorales Anordnungsmuster ihrer Wohngebiete (ebd., S. 108).

Somit ist (auch) das Hoytsche Sektoren-

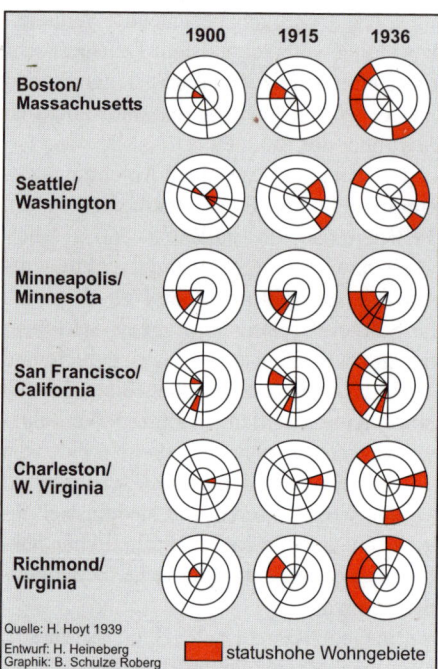

Abb. 5.8 Veränderungen in den Standorten statushoher Wohngebiete nach H. Hoyt

modell nicht statisch konzipiert, sondern (wie das Ringmodell von E. W. Burgess, s. 5.3.2) als Modell der Stadtentwicklung zu betrachten. Wie beim Burgess-Modell entwickelt sich die Stadt „um das zentrale städtische Zentrum ohne Berücksichtigung der Einflüsse anderer Zentren" (I.-H. Holz 1994, S. 28).

5.3.4 Mehrkerne-Modell wird das dritte klassische Stadtmodell von C. D. Harris und E. L. Ullman (1945) genannt (Abb. 5.9). Mit dem Mehrkerne-Modell wird u. a. versucht, die zentralörtlichen Funktionen einer Stadt zu berücksichtigen. In ihrer Mehrkerne-Theorie gehen die Autoren von der Hypothese aus, dass mit der Größe der Stadt auch die Zahl und Spezialisierung ihrer sog. **Kerne** (Stadtmitte, peripher gelegene Geschäfts-

zentren, wie Shopping-Center, Kulturzentren, Parks, kleine Industriezentren etc.) wachsen. „Harris und Ullman beachten damit in erster Linie die Standorte der Arbeitsplätze" (...) „als Kerne der städtischen Teilentwicklung" (H. Fassmann 2009[2], S. 134).

Es werden im Mehrkerne-Modell auch Unterschiede zwischen dem zentralen Stadtgebiet (vor allem *CBD*, hohe Arbeitsstättenkonzentration) und den peripher gelegenen Nutzungseinheiten - insbesondere bezüglich der Oberschichtwohngebiete, aber auch der Industriebezirke - deutlich. In dem Mehrkerne-Modell von C. D. Harris und E. L. Ullman geht es weniger darum, die räumlichen Verteilungen unterschiedlicher sozialer Strukturen darzustellen, wenngleich auch diesbezüglich eine gewisse zentral-periphere Abfolge existiert (3-4-5).

Eine grundlegende Schwäche des Modells besteht darin, dass der Begriff „Kern" nicht eindeutig definiert ist; auch sind in dem Modell nicht die einzelnen „Kerne" berücksichtigt, sondern vor allem die Gebiete verschiedener Nutzung.

Das Mehrkerne-Modell ist weniger ein Modell der Stadtentwicklung als vielmehr der Stadtstruktur, wenngleich es auch oftmals zu den Stadtentwicklungsmodellen gezählt wird. Insgesamt wird das Modell den in Wirklichkeit häufig vorkommenden „mehrkernigen" Stadtstrukturen eher gerecht als das Ringmodell von E. W. Burgess (s. 5.3.2) und das Sektorenmodell von H. Hoyt (s. 5.3.3).

5.3.5 Kritik an den klassischen Stadtentwicklungsmodellen bzw. -theorien setzte bereits früh ein. Diese bezog sich auf Theoriedefizite, aber auch auf Fragen der empirischen Überprüfung ihrer Allgemeingültigkeit (in Raum und Zeit). Wichtig ist, dass die sozialökologischen Modelle in erster Linie nur in kapitalistischen Staaten mit freier Marktwirtschaft und geringen Auswirkungen der

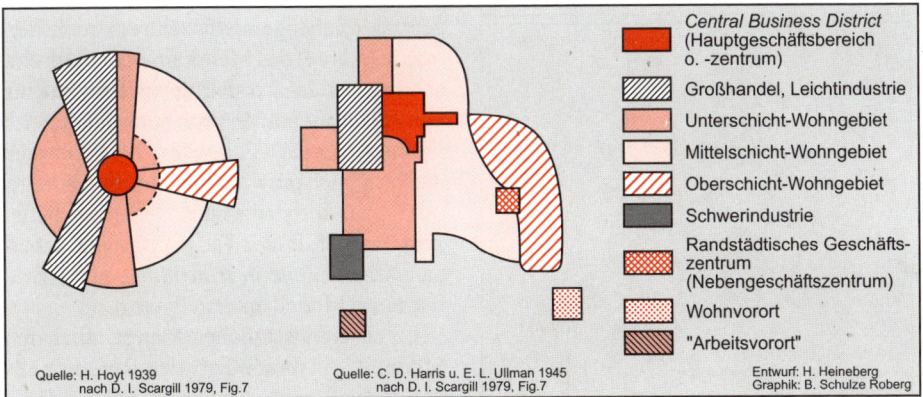

■	Central Business District (Hauptgeschäftsbereich o. -zentrum)
▨	Großhandel, Leichtindustrie
▨	Unterschicht-Wohngebiet
▢	Mittelschicht-Wohngebiet
▨	Oberschicht-Wohngebiet
▨	Schwerindustrie
▨	Randstädtisches Geschäftszentrum (Nebengeschäftszentrum)
▨	Wohnvorort
▨	"Arbeitsvorort"

Quelle: H. Hoyt 1939
nach D. I. Scargill 1979, Fig.7

Quelle: C. D. Harris u. E. L. Ullman 1945
nach D. I. Scargill 1979, Fig.7

Entwurf: H. Heineberg
Graphik: B. Schulze Roberg

Abb. 5.9 Das Sektorenmodell von H. Hoyt (links) und das Mehrkerne-Modell von C. D. Harris und E. L. Ullman (rechts)

Stadtplanung zur Erklärung von Stadtstrukturen und -entwicklungen beitragen können. Denn Stadtentwicklung wird insbesondere als ein sich selbst steuernder Prozess aufgefasst, dessen Mechanismen durch die ökonomische Konkurrenz einer arbeitsteiligen Organisation gesteuert werden (E. LICHTENBERGER 1986b, S. 55).

Wenngleich sich die drei klassischen Modelle der Stadtentwicklung bzw. -struktur vor allem auf die Situation der nordamerikanischen Städte der Zwischenkriegszeit, d. h. auf den Zeitraum vor der beginnenden massiven jüngeren Suburbanisierung, beziehen, so haben sie eine grundlegende Bedeutung für die Entwicklung neuerer - allerdings

---

Kasten 5.3 Wichtige Termini der Sozialökologie

Es wurden von der Sozialökologie zahlreiche raumrelevante Begriffe geprägt. Dazu zählen u. a.:
· **(soziale) Segregation** = das Ausmaß der ungleichen Verteilung und Trennung von Bevölkerungsgruppen oder sozialen Schichten in Bezug auf räumliche Teileinheiten der Stadt (auch **räumliche Segregation sozialer Gruppen** oder **sozialräumliche Segregation** genannt). Die soziale Segregation ist bislang wohl am intensivsten am Beispiel ethnischer Minderheiten in den USA untersucht worden. Allgemein ergibt sich: die soziale Segregation ist desto ausgeprägter, je größer die **soziale Distanz** zwischen zwei Gruppen ist (B. HAMM 1982, S. 77).
Ein weiterer (aus der Pflanzensoziologie entlehnter) Begriff ist:
· **Sukzession** = der Prozess, in dem die Wohnbevölkerung eines Gebietes (oder auch eine Nutzung) durch eine andere ausgetauscht wird (ebd.). Ähnlich:
· **Invasion** = Eindringen einer Bevölkerungsgruppe oder Nutzung in einen Teilraum der Stadt, der bislang keinen oder einen sehr geringen Anteil einer solchen Bevölkerungsgruppe oder Nutzung aufwies. Die zweite Phase des Invasionsprozesses (Anteil der eindringenden Bevölkerung oder Nutzung > 50 %) wird auch häufig als Sukzession bezeichnet.
Andere Begriffe sind z. B.:
· **Expansion** = räumliche Ausdehnung von Nutzungen/Gebieten,
· **Konzentration** = Zunahme von Nutzungen/Bevölkerung in einem Teilgebiet (der Stadt),
· **Dispersion** = Verstreuung von bislang in einem Teilgebiet konzentrierter Nutzung/Bevölkerung,
· **Dominanz** = Überwiegen einer Nutzung an der gesamten Nutzung (oder einer Bevölkerungsgruppe bezüglich der gesamten Bevölkerung).
Zu weiteren Begriffen vgl. J. FRIEDRICHS 1983[3], J. KOPP/B. SCHÄFERS 2010[10].

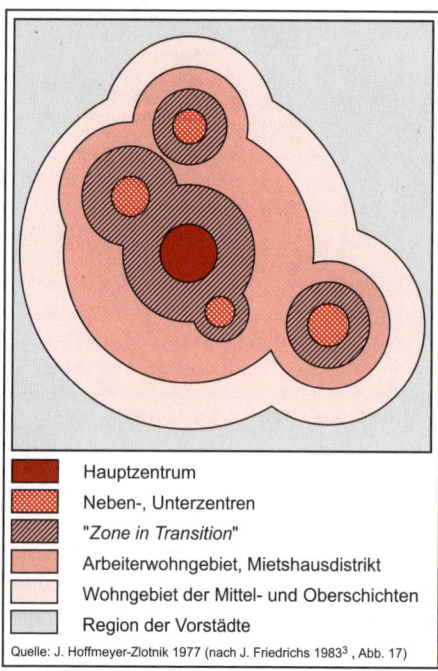

Hauptzentrum

Neben-, Unterzentren

"*Zone in Transition*"

Arbeiterwohngebiet, Mietshausdistrikt

Wohngebiet der Mittel- und Oberschichten

Region der Vorstädte

Quelle: J. Hoffmeyer-Zlotnik 1977 (nach J. Friedrichs 1983[3], Abb. 17)

**Abb. 5.10 Modell der Stadtstruktur
von J. Hoffmeyer-Zlotnik**

komplexerer - Modellvorstellungen für ganze Stadtregionen, auch in anderen Kulturerdteilen, gehabt: Sie waren Ausgangspunkte für die jüngere Erarbeitung von Stadtmodellen in einer Reihe größerer Kulturräume der Erde (Nord- und Lateinamerika, Europa, Orient, Südafrika, Südasien etc.) seitens der empirischen geographischen Stadtforschung (vgl. dazu ausgewählte Beispiele in Kap. 11). Dabei erwiesen sich i. Allg. Kombinationen der drei klassischen Stadtmodelle als relevant.

Die Modelle berücksichtigen insbesondere zwei Möglichkeiten oder Typen innerstädtischer Gliederung: die funktionale und die sozialräumliche (s. 6.2 und 6.3).

Ein modifiziertes Modell, das vor allem das Ringmodell von E. W. BURGESS hinsichtlich der Existenz eines innerstädtischen Zentrensystems ergänzt, jedoch mit den Neben-

zentren (Nebengeschäftszentren) auch Elemente (Kerne) des Mehrkerne-Modells einschließt, ist das **Modell der Stadtstruktur von J. HOFFMEYER-ZLOTNIK** (Abb. 5.10). Nach J. FRIEDRICHS (1983[3], S. 178-179) ergibt sich diesbezüglich die wichtige Forschungsfrage, ob sich um die städtischen Nebengeschäftszentren auch in der Tat jeweils eine Übergangszone (*Zone in transition*) entwickelt, wie es im Modell unterstellt wird.

Einen grundsätzlichen Mangel aller drei Modelle - insbesondere des Ringmodells von E. W. BURGESS - stellt die Nichtberücksichtigung der dritten Dimension, d. h. der **vertikalen Differenzierung bzw. Abfolge der Nutzungen**, dar. H. CARTER (1972) hat den Zusammenhang zwischen Nutzung und Gebäudehöhe in einem einfachen Modell dargestellt (Abb. 5.11). Die vertikalen Veränderungen der Nutzungen ähneln den horizontalen. „Nutzungsarten, die wegen der hohen Kosten im Wettbewerb um die erwünschten, zentral gelegenen Standorte unterliegen, werden auf die Übergangszone oder die gemischt genutzte Randzone um den *Central Business District* abgedrängt, oder sie ziehen sich auf die oberen Stockwerke zentral gelegener Gebäude zurück" (ebd., S. 171).

Den drei klassischen Modellen kommt jedoch - trotz aller Kritik - bis heute eine erhebliche (didaktische) Bedeutung zum Verständnis und zur Veranschaulichung räumlicher Stadtgliederungen und Stadtentwicklungsprozesse zu.

Eingang in die jüngere stadtsoziologische und stadtgeographische Literatur hat auch eine Reihe wichtiger Termini gefunden, die zum erheblichen Teil aus der klassischen Sozialökologie resultieren (s. Kasten 5.3).

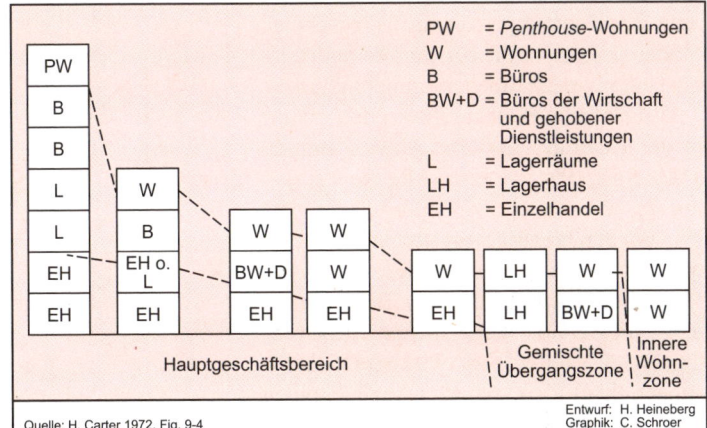

Abb. 5.11
Modell der vertikalen und horizontalen Nutzungsdifferenzierung in drei inneren Zonen der Stadt nach H. Carter

5.4 Bodenrentenmodelle

Bodenrentenmodelle können in Ländern mit freiem Bodenmarkt der Erklärung unterschiedlicher städtischer Raumnutzungen dienen (Abb. 5.12). In kapitalistischen Staaten ist der Boden i. Allg. ein spekulations- und gewinnträchtiges Handelsobjekt. Die Freigabe der **Bodenpreise** in der Bundesrepublik Deutschland durch das Bundesbaugesetz (1960) hat zu sprunghaften **Bodenpreissteigerungen**, vor allem in den Großstädten, geführt (s. 10.2.2).

In der modernen **Landnutzungstheorie** (*land use theory*) wird versucht, Beziehungen herzustellen zwischen (1) der **lagebedingten Bodenrente** oder **Lagerente**, d. h. dem Nettogewinn, den eine Fläche an einem bestimmten Standort (unabhängig von Arbeitsleistung und Kapitalaufwand) abwirft, und (2) den **Bodenpreisüberbietungen** durch konkurrierende Flächennachfrager aus dem Einzelhandel, dem Bürosektor, dem Wohnungswesen, der Industrie etc. (Abbn. 5.12, 5.13). Steigende Nachfrage lässt bei begrenztem Angebot (was beim Boden, vor allem an zentral gelegenen Standorten, der Fall ist) die Bodenpreise bzw. die Bodenrenten ansteigen und damit weniger bietende Nach-

frager ausschalten. Dadurch können bestimmte Raumnutzungen - z. B. die Wohnnutzung in zentralen Standorträumen, die dort meist der Konkurrenz durch tertiäre Nutzungen unterlegen ist (Citybildung) - verdrängt werden. In den Stadtzentren kapitalistischer Staaten befindet sich daher heute ein Großteil des Bodens im Besitz finanzkräftiger Versicherungskonzerne, Banken etc.

In der modellartigen Darstellung der lagebedingten Bodenrenten (**Bodenrentenmodell**) in Abb. 5.12 ist für eine beliebige Nutzung N (vereinfachend) eine lineare Abnahme der Bodenrenten (z. B. in Euro) in Abhängigkeit von der Distanz zum Stadtzentrum (oder Hauptgeschäftszentrum) veranschaulicht (I). Treten mehrere konkurrierende Nutzungen (beispielsweise P, Q, R) auf, so ergeben sich i. Allg. unterschiedliche Neigungen und Überschneidungen der entsprechenden Geraden, der sog. **Rentenangebotsfunktionen** (engl. *bid-rent functions*). Die jeweils höchsten Rentenangebote (obere Geradenabschnitte, II) bestimmen dann die einzelnen Raumnutzungen, die sich nach diesem einfachen Modell ringzonal um das Stadtzentrum (City) anordnen (vgl. Ringmodell von E. W. BURGESS, s. 5.3.2). Diese Ableitung der städtischen Nutzungszonierung ähnelt derjenigen im von THÜNENschen Modell (klassischer Theorieansatz zur Erklärung agrarwirtschaftlicher Raumstrukturen).

Das einfache Bodenrentenmodell erfährt in der Realität vielfache Abwandlungen (Abb. 5.12, III). So kann i. Allg. kein streng lineares Abfallen der Bodenpreise oder -renten vom Stadtzentrum zur Peripherie der jeweiligen Stadt angenommen werden. Es lassen sich „Nebenmaxima" der Bodenrenten meist im Bereich von Nebengeschäftszentren (A) feststellen, die oft an Straßenkreuzungen (häufig von radialen Ausfallstraßen und wichtigen Querverbindungen) gelegen sind. Die Einflüsse von Nutzungen in Nebengeschäftszentren oder auch in randlich angeordneten regionalen Shopping-Centern oder in noch weiter entfernt gelegenen Zentren von Satellitenstädten auf die Bodenrentenangebotskurven sind in Abb. 5.13 dargestellt.

Abb. 5.14 ist ein vereinfachtes dreidimensionales **Modell einer dreidimensionalen „Bodenwertoberfläche"**, die sich aus der Dominanz des Stadtzentrums sowie der Nebenmaxima von Bodenrenten an wichtigen Straßenkreuzungen ergibt.

Die Bodenpreise und -renten sind in der Realität von einer noch größeren Zahl von Einflussfaktoren abhängig, die die Bodenwertkurven in unterschiedlichster Weise bestimmen. Dazu zählen z. B. Haltestellen und Reichweiten innerstädtischer Nahverkehrsmittel. So zeigen die Bodenpreisprofile am äußeren Rande des Verkehrsverbundes (S-Bahn) in München bedeutende Gefällssprünge (vgl. G. HEINRITZ/E. LICHTENBERGER 1984a). Hinzu kommen weitere wichtige Determinanten für den verschiedenartigen Verlauf von Bodenpreiskurven: Der wohnattraktivere und besser bewertete Münchner Süden zeichnet sich durch wesentlich höhere Bodenwerte als der Münchner Norden aus.

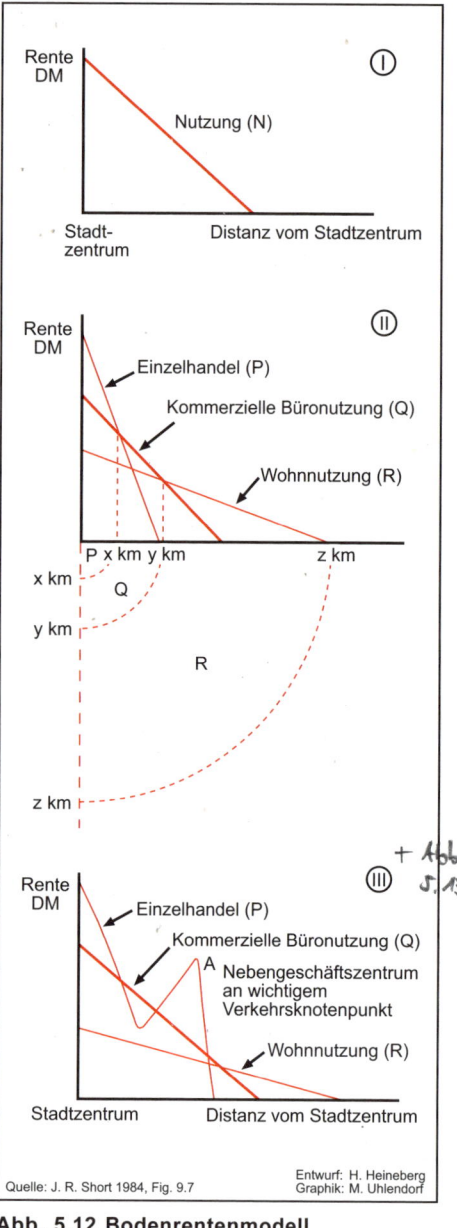

Quelle: J. R. Short 1984, Fig. 9.7   Entwurf: H. Heineberg / Graphik: M. Uhlendorf

Abb. 5.12 Bodenrentenmodell

Bodenpreise erreichen in den Zentren von großen Verdichtungsräumen i. Allg. höchste Werte mit vielfältigen ökonomischen und sozialen Folgen (vgl. das Beispiel Tôkyô mit extrem hohen Bodenpreisen in: W. FLÜCH-TER/P. J. WIJERS 1990)

Bodenpreiskurven können am Rande von Städten oder Stadtregionen recht unterschiedlich sein. Dies zeigt das Beispiel Wien, dessen Bodenmarkt entscheidend von der aktiven Bodenpolitik der Stadt bestimmt wird (40 % der Fläche in städtischer Hand). Die starke Nachfrage nach Bauland für Zweitwohnungen hat im Umland von Wien zu einem hohen und relativ einheitlichen Niveau der Bodenpreise geführt (G. HEINRITZ/E. LICHTENBERGER 1984a).

Neben der Lagerente (lagebedingte Bodenrente) lassen sich nach H. FASSMANN (2009², S. 148) zwei weitere spezifische Renten unterscheiden, und zwar (1) die sog. **Umweltrente**. Diese beruht auf der „ökologischen Qualität des Grundstücks", unabhängig von der Marktdistanz (z. B. Immobilien an attraktiven Standorten wie an See- oder Flussufern oder in revitalisierten ehemaligen Hafengebieten). (2) Die sog. **Imagerente** „entsteht bei Immobilien, die in einem Stadtteil liegen, welcher ein höheres gesellschaftliches Image besitzt", woraus allein bereits eine höhere Rendite erzielt werden kann.

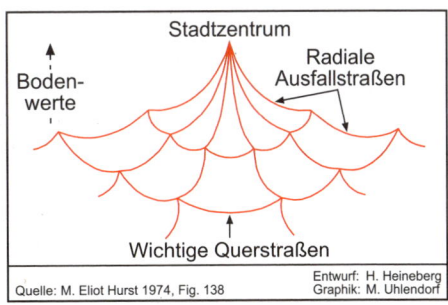

Quelle: M. Eliot Hurst 1974, Fig. 138

Entwurf: H. Heineberg
Graphik: M. Uhlendorf

Abb. 5.14 Modell einer dreidimensionalen „Bodenwertoberfläche"

5.5 Modelle der Stadt- und Verkehrsentwicklung

E. W. BURGESS stellte in seiner Theorie der konzentrischen Zonen (s. 5.3.2) bereits die Bedeutung des Aufkommens billiger öffentlicher Transportmittel für die Stadtentwicklung heraus, sowohl für die Anordnung der Bevölkerungsgruppen unteren Sozialstatus in den inneren Ringen als auch für höherrangige Wohngebiete und die Pendlerzone außen. Obwohl das Sektorenmodell von H. HOYT (s. 5.3.3) in erster Linie auf der Anordnung unterschiedlicher Wohntypen, insbesondere der Wohngebiete hochrangiger

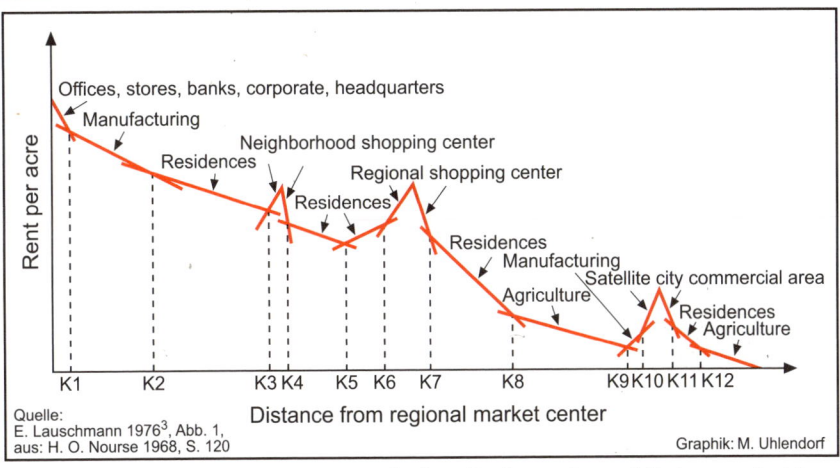

Quelle:
E. Lauschmann 1976³, Abb. 1,
aus: H. O. Nourse 1968, S. 120

Graphik: M. Uhlendorf

Abb. 5.13 Modell der Beziehungen zwischen Bodenrente und Nutzungsstrukturen

Statusgruppen, basiert, wird auch in der Verteilung der Sektoren die Bedeutung der wichtigsten Verkehrsrouten deutlich. Ähnliche Zusammenhänge zwischen der Verteilung der Hauptverkehrswege (Straßen und Eisenbahnen) sind auch in dem Mehrkerne-Modell von C. D. HARRIS und E. L. ULLMAN (S. 5.3.4) berücksichtigt. Seit der Zeit wurde eine Anzahl von Stadtentwicklungsmodellen veröffentlicht, die allerdings sehr viel expliziter die Bedeutung der Veränderungen in der Verkehrstechnologie für das Wachstum und die Gliederung von Städten beinhalten (vgl. Abb. 5.15 als Beispiel).

Vor Einführung moderner Verkehrsmittel richteten sich die Distanzen zwischen den Wohnbereichen und Arbeitsstandorten nach den Gegebenheiten der **Fußgängerstadt** (engl. *pedestrian city* oder *foot city*). Wenn man für den Weg zwischen Wohnung und Arbeitsstätte maximal eine Stunde annimmt, so bedeutete das einen maximalen Stadtdurchmesser von lediglich fünf Kilometern

oder eine Stadtfläche von rd. 15 qkm. Vor 1850 war i. Allg. jeder Punkt einer Stadt vom Zentrum aus in höchstens 30 Minuten erreichbar (s. J. BÄHR u. a. 1992, S. 849).

Kennzeichen einer derartigen *pedestrian city* waren: eine besonders kompakte Bauweise, hohe Bevölkerungsdichten und kurze Wege für alle Transporte innerhalb der Stadt; der Wagentransport mit Tieren spielte, abgesehen von wenigen Pferdekutschen der einkommensstärkeren Haushalte, für den Personenverkehr zunächst keine Rolle. Erst die Revolution im Transportwesen ermöglichte (1) ein stärkeres peripheres Wachstum der Städte und (2) eine größere distanzielle Trennung von Wohnung und Arbeitsplatz und die damit verbundene Intensivierung des Berufspendlerverkehrs. „Darüber hinaus haben die Veränderungen im Transportwesen das wirtschaftliche Wachstum begünstigt und so letztlich auch zum steigenden Wohlstand beigetragen" (J. BÄHR u. a. 1992, S. 850). „Die Revolution des Trans-

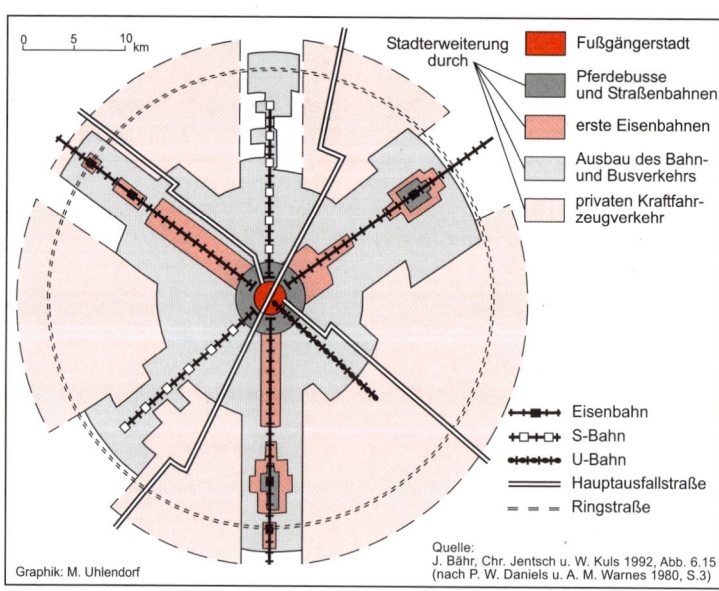

Abb. 5.15 Modell der Stadtentwicklung in Abhängigkeit von Veränderungen der Verkehrstechnologie

portwesens war in erster Linie eine Revolution des öffentlichen Verkehrs. Private Verkehrsmittel blieben, abgesehen vom Fahrrad, noch sehr lange einer kleinen Gruppe wirklich Wohlhabender vorbehalten. Hier bahnte sich erst mit der Massenfertigung des Automobils ein Wandel an" (ebd.). Die moderne autoabhängige Suburbanisierung (s. 2.3.3) setzte ab der Zwischenkriegszeit zunächst in den USA ein, ab ca. 1960 auch in Deutschland.

5.6 Modelle der Stadtentwicklung und Wanderungsmobilität

Im Kap. 2.3 wurde bereits mehrfach die Bedeutung von Wanderungen für die Stadtentwicklung angesprochen. Auch für diese Zusammenhänge bzw. Abhängigkeiten wurde eine Anzahl von Modellen entwickelt, sowohl für Industriestaaten als auch für Entwicklungsländer. In dem **Modell typischer Wanderungsvorgänge im Großstadtbereich** von W. KULS/F.-J. KEMPER (1993[2]), das für eine monozentrische Stadtregion in Deutsch-

land oder in Ländern mit vergleichbaren Grundstrukturen gültig sein soll (Abb. 5.16), wird die Abhängigkeit der Stadtentwicklung von den innerstädtischen Umzügen sowie Zu- und Abwanderungen verdeutlicht. Letztere sind - entsprechend dem jeweiligen Lebenszyklus und der Größe der Haushalte - dominant wohnorientiert. Das Modell ist heute empirisch im Einzelnen zu überprüfen.

Ein anderes Beispiel für Wanderungsmodelle in Bezug auf die Stadtentwicklung stellt das **Modell der Entwicklungsstufen innerstädtischer Wanderungen unterer Sozialschichten in lateinamerikanischen Städten** von J. BÄHR (1990) dar (Abb. 5.17). Das Phasenmodell verdeutlicht, dass die wichtigsten Zuwanderungsströme einer früheren Verstädterungsepoche auf zentrumsnahe Bereiche ausgerichtet waren, sich danach aber immer stärker auf die Stadtperipherie, d. h. auf neu entstandene oder konsolidierte randstädtische Hütten- oder Marginalviertel und auf Viertel des sozialen Wohnungsbaus verlagert haben (s. 11.3.2).

F. KRAAS und T. BORK (2012) haben an-

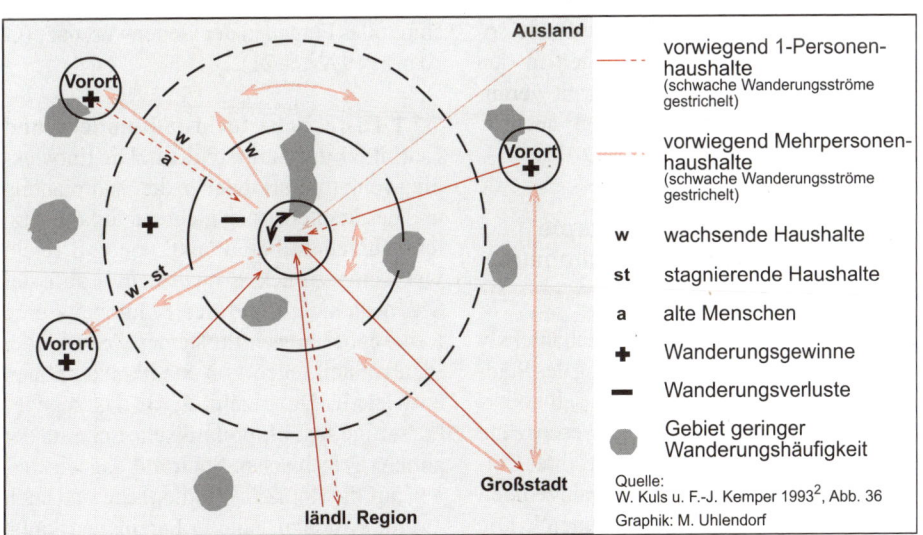

Abb. 5.16 Modell typischer Wanderungsvorgänge im Großstadtbereich

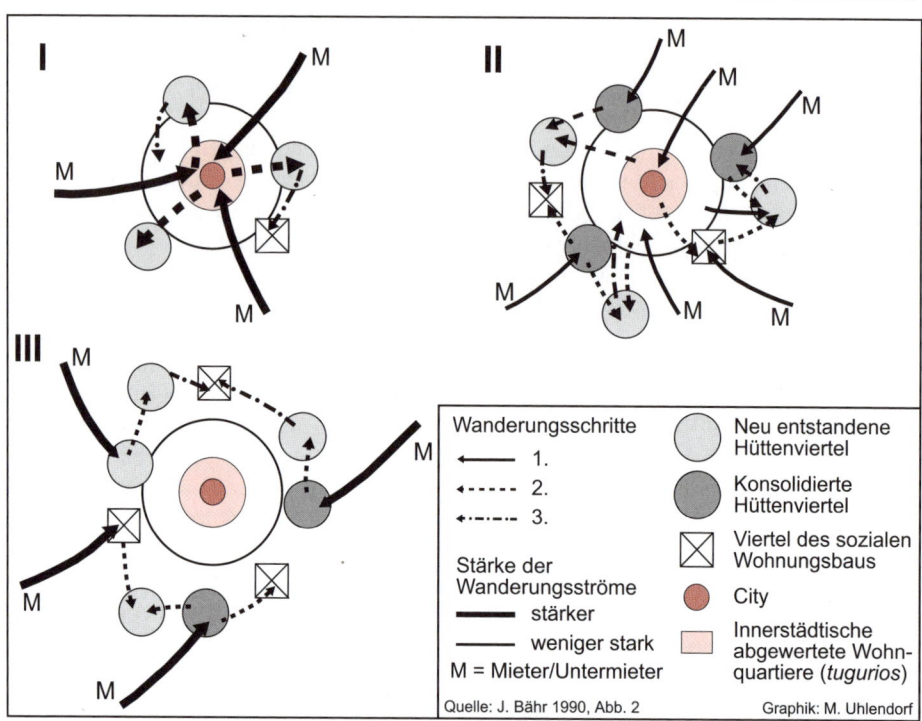

Abb. 5.17 Modell der Entwicklungsstufen innerstädtischer Wanderungen unterer Sozialschichten in lateinamerikanischen Metropolen

hand zahlreicher Untersuchungen aufgezeigt, dass bzw. wie sich die Land-Stadt- sowie die Stadt-Stadt-Wanderungen in den vergangenen Jahrzehnten weltweit verändert und diversifiziert haben (vgl. auch R. Wehrhahn/V. Sandner Le Gall 2011).

5.7 Strukturmodelle, Konzepte und Leitbilder des Städtebaus

Gerd Albers (1919-2015), der sich intensiv mit der Methodik und Entwicklung des Städtebaus bzw. der Stadtplanung auseinandergesetzt hat, betont, „daß viele Wesenszüge der heutigen Stadtplanung nur aus ihrer Entwicklung in den vergangenen Jahrzehnten heraus verstanden werden können". Die Kenntnis dieser Entwicklungsgeschichte

stellt „eine unerläßliche Voraussetzung für sinnvolles Planen in der Gegenwart dar" (G. Albers 1992[2], S. 21).

5.7.1 Historische Idealstadtmodelle und Leitbilder der Stadtstruktur. Die Entwicklung von Strukturmodellen der Stadtplanung und des Städtebaus ist nicht nur auf die letzten Jahrzehnte beschränkt, sondern reicht viel weiter zurück. So wurde im Laufe der Stadtgeschichte und des Städtebaus eine Reihe epochenbeeinflussender Modell- oder Idealvorstellungen von Stadtkonzeptionen entwickelt. Dazu zählt z. B. das schachbrettartige sog. **hippodamische Schema** der antiken griechischen Stadt mit Auswirkungen auf die römische Stadtepoche und auch auf die Kolonialstädte in Lateinamerika (s. 8.3. u. 11.3.1).

Als Beispiele für historische Modelle und Leitbilder der Stadtstruktur können auch die **Idealstadtmodelle der Renaissance** gelten; s. Kap. 8.5.3, in dem die Prinzipien der italienisch beeinflussten Renaissance im Städtebau berücksichtigt werden: symmetrisch-horizontal gegliederte Stadtgestaltung mit rational durchdachten, geometrischen Raumaufteilungen etc. Die Idealstadtkonzepte der Renaissance haben den Städtebau in der ersten Epoche der frühen Neuzeit erheblich beeinflusst: geometrische Ordnungen des landesfürstlichen Städtebaus mit Auswirkungen nicht nur auf die barocke Stadt, sondern auch auf Stadtkonzeptionen des 19. Jh.s, z. T. auch auf die sozialistische Stadt des 20. Jh.s (s. 10.1).

Gemeinsam ist den älteren Modellen, dass sie sich meist auf den Stadtgrundriss beschränken, dabei die Stellung einiger bedeutender Baukörper wie Kirche, Schloss oder Rathaus besonders herausheben, i. Allg. jedoch keine komplexen städtebaulichen Modelle sind, die eine größere Zahl an Elementen oder Funktionen berücksichtigen.

Selbst im **Städtebau des 19. Jh.s** wurde - von Ausnahmen abgesehen - der Grundrissplanung (vor allem dem Straßenbau) die größte Beachtung geschenkt. Die umfangreichen Bebauungspläne aus der zweiten Hälfte des 19. Jh.s (wie beispielsweise der sog. Hobrecht-Plan für Berlin von 1862, s. 9.2.2 u. Abb. 9.6) waren durchweg Straßenpläne, und zwar mit charakteristischen städtebaulichen Elementen wie Boulevards, bestimmten Platzformen etc.; die Nutzungen innerhalb der Straßenraster wurden aber weitgehend dem freien Spiel der Kräfte, d. h. der Bau- und Bodenspekulation, überlassen. Vorherrschend war in der zweiten Hälfte des 19. Jh.s der **technische Städtebau** (Straßen, Bahntrassen, Kanäle, Abwasserkanäle etc.), kombiniert mit einer Reihe sanitärer Vorschriften, die im 19. Jh. als erstes in Großbritannien zur Anwendung gekommen waren. Wichtig waren baupolizeiliche Anordnungen (s. 9.2.2). In den 90er Jahren des 19. Jh.s kamen in Deutschland sog. Staffelbauordnungen auf, aufgrund derer verschiedene Baugebietskategorien ausgewiesen werden konnten (**Beginn der modernen Bebauungsplanung**). Als städtebauliches Gesamtkonzept, falls überhaupt darüber nachgedacht wurde, lag im Wesentlichen die Vorstellung von einem konzentrischen und kompakten, in seiner Dichte nach außen abnehmenden Stadtkörper zugrunde, wie ihn die tatsächliche Entwicklung nahezulegen schien (G. Albers 1974, S. 6).

5.7.2 Reformvorstellungen im Städtebau.

Entscheidend für das Verständnis des Städtebaus im 20. Jh. sind die um die Jahrhundertwende verstärkt aufgekommenen Reformvorstellungen, die zum einen der Behebung der damals vorherrschenden Wohnungsnot, zum anderen aber auch der strukturellen Planung für die Gesamtstadt oder sogar der Stadtregion galten. Gemeinsam war diesen Reformbemühungen eine **Großstadtfeindlichkeit**, die sogar bis zu dem Leitbild einer romantischen Re-Agrarisierung der Gesellschaft als Gegenbewegung zu der rasch fortschreitenden und häufig unkoordinierten Industrialisierung, Verstädterung und Großstadtbildung führte.

Bei den modellhaften Konzepten für die Stadtstruktur, wie sie ab Ende des 19. Jh.s entwickelt wurden, spielte die Auseinandersetzung mit dem Stadtwachstum eine besondere Rolle, wobei der Grundgedanke der Freiflächensicherung für die wachsende Stadt im Verhältnis zu den Hauptnutzungen Wohnen und Arbeitsstätten sowie zum Verkehrssystem eine besondere Beachtung erfuhr. Wenngleich die räumliche Anordnung des innerstädtischen Zentrensystems erst später eine eingehendere Bedeutung im Rahmen von Stadtstrukturmodellen erlangte, so wurde die Stellung des Stadtzentrums auch schon in früheren Modellen berücksichtigt.

Eine der ersten, komplexeren städtebaulichen Modellvorstellungen stammt von TH. FRITSCH (1896): das **Modell der Stadt der Zukunft** (s. Abb. 5.18). FRITSCH hat verschiedene Planvarianten entwickelt. Der Grundgedanke war ein Ordnungssystem, das sektoral fortschreitend mit einer konzentrischen Anordnung verschiedener Nutzungszonen entwickelt werden sollte: in der Mitte repräsentative öffentliche Gebäude (das Stadtzentrum wurde also nicht funktionell, sondern repräsentativ gesehen), daran anschließend Villenviertel für die reichen Bürger, dann die Zone mittleren bürgerlichen Wohlstands, weiter außen die Arbeiterwohngebiete (vgl. *„reverse-Burgess type"*, s. 5.3.2); außen sollten sich der Bahnhof und Fabriken anordnen. Freiflächen wurden keilförmig im Radialsystem vorgesehen. Dieser Grundgedanke der Grünkeile zwischen verschiedenen Siedlungsbändern liegt nach G. ALBERS (1992², S. 209) noch vielen jüngeren konkreten Planungen zugrunde. Das Verkehrssystem sollte als Radialschema der Hauptstraßen, verknüpft durch ringartige Straßenzüge, konzipiert sein.

FRITSCH hatte sich zwar mit der städtebaulichen Ordnung innerhalb der Stadt, jedoch nicht mit deren Größe (bzw. optimaler Größenordnung) auseinandergesetzt.

Ein bedeutenderes und allgemein beachtetes funktionales Gesamtkonzept im Städtebau wurde zwei Jahre später von dem Briten EBENEZER HOWARD als sog. **Modell der Gartenstadt** (oder **Gartenstadtmodell**) veröffentlicht (Abb. 5.19). HOWARD, der Begründer der sog. **Gartenstadtbewegung**, forderte um die Jahrhundertwende anstelle des fortwährenden peripheren, ungegliederten Städtewachstums die Errichtung neuer **Gartenstädte** (mit max. rd. 32.000 Einw.) in einem

gewissen Abstand von einer Großstadt (Zentralstadt), deren erträgliche obere Einwohnergrenze er bei rd. 250.000 Bewohnern ansah.

Die Gartenstädte sollten von der Großstadt durch einen geschützten **Grüngürtel** getrennt sein, viel unbebautes Land mit Gärten und Grünflächen bzw. Parks enthalten, eine geringe Wohndichte aufweisen (sog. **Gartenstadtdichte** mit 12 Häusern pro *acre* = 0,4 ha), planmäßig durch Radialstraßen in **Nachbarschaften** (Nachbarschaftssegmente) gegliedert und mit allen erforderlichen Arbeitsplätzen (eigener Industrie), aber auch zentralen Einrichtungen zur Versorgung der Bevölkerung (insbesondere der Kultur und Bildung) ausgestattet sein. Randlich, also tangential, sollte die kreisförmige Gartenstadt durch die Eisenbahn (mit Industriegelände in Eisenbahnnähe) bedient werden. Nach der Errichtung sollte die Gartenstadt keine wei-

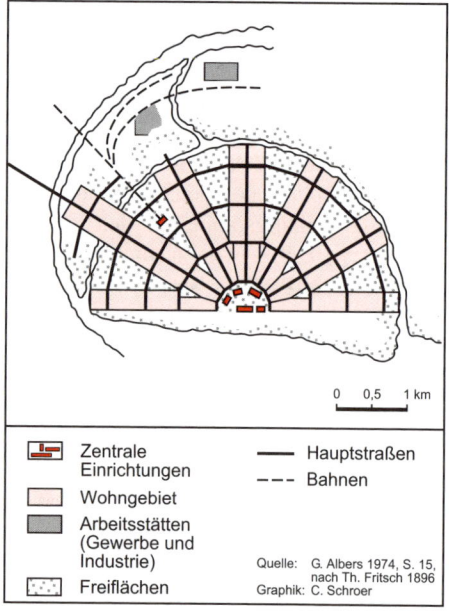

Zentrale Einrichtungen	—— Hauptstraßen
Wohngebiet	--- Bahnen
Arbeitsstätten (Gewerbe und Industrie)	
Freiflächen	

0   0,5   1 km

Quelle: G. Albers 1974, S. 15, nach Th. Fritsch 1896
Graphik: C. Schroer

Abb. 5.18 Modell der Stadt der Zukunft nach Th. Fritsch 1896

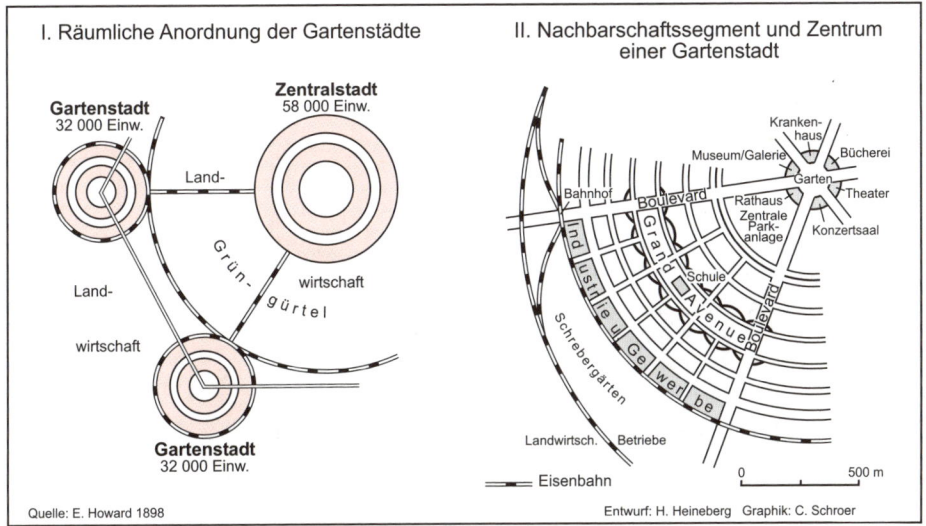

I. Räumliche Anordnung der Gartenstädte
II. Nachbarschaftssegment und Zentrum einer Gartenstadt

Quelle: E. Howard 1898

Entwurf: H. Heineberg Graphik: C. Schroer

Abb. 5.19 Das Modell der Gartenstadt von Ebenezer Howard

tere räumliche Ausdehnung erfahren; vorgesehen waren - ebenfalls durch Grüngürtel getrennte - Tochtergründungen von Gartenstädten.

Eine wesentliche Rolle spielten bei HOWARD auch Überlegungen zur Finanzbasis der Stadt: Der gesamte Grund und Boden sollte in öffentlichem bzw. genossenschaftlichem Eigentum sein, wobei Überschüsse aus den Bodenrenten der Schaffung und Instandsetzung der Infrastruktur (Straßen, Schulen etc.) dienen sollten.

Die von E. HOWARD errichteten beiden Gartenstädte Letchworth (ab 1903 rd. 50 km nördlich von London gebaut) und Welwyn Garden City (ab 1920 auf halbem Wege zwischen Letchworth und London) weichen mit ihren Grundrissstrukturen zwar deutlich von dem kreisförmigen Idealmodell der Gartenstadt ab; wesentliche Gestaltungsprinzipien konnten jedoch realisiert werden. Die vorherrschenden Wohnformen in den beiden Gartenstädten - Doppelhäuser in Gartenstadtdichte - unterschieden sich erheblich von der in England bis zum 1. Weltkrieg allgemein üblichen Bauweise des Einfamilien-

reihenhauses.

Obwohl E. HOWARD mit seinem Gartenstadtmodell ein erstes funktionales Gesamtkonzept im Städtebau entworfen hatte und die Gründung von 100 Neuen Städten in Großbritannien nach dem Gartenstadtideal gefordert worden war, blieb es in der Zwischenkriegszeit bei der Errichtung von Welwyn Garden City. Die HOWARDsche Gartenstadtidee degenerierte in Großbritannien in dieser Zeit vielmehr weitgehend zum ungegliederten Flächenwachstum der (Groß-)Städte (sog. *Urban Sprawl*) in Form reiner Wohnsiedlungen mit allerdings gartenstadtähnlicher Bebauung, jedoch ohne Gartenstadtkonzeption. Von den Gestaltungsprinzipien wurden im Wesentlichen nur die Gartenstadtdichte (1919 gesetzlich festgelegt) mit ganz überwiegender Doppelhaus-Bauweise und die starke Auflockerung der Bebauung durch Gartenflächen beibehalten (*„garden suburbs"* bzw. **Gartenvororte**); zu den Einflüssen der Gartenstadtbewegung in Deutschland s. 9.3.2.

Die HOWARDsche Idee der Dekonzentration des Großstadtwachstums durch Grün-

In Zwischenkriegstat

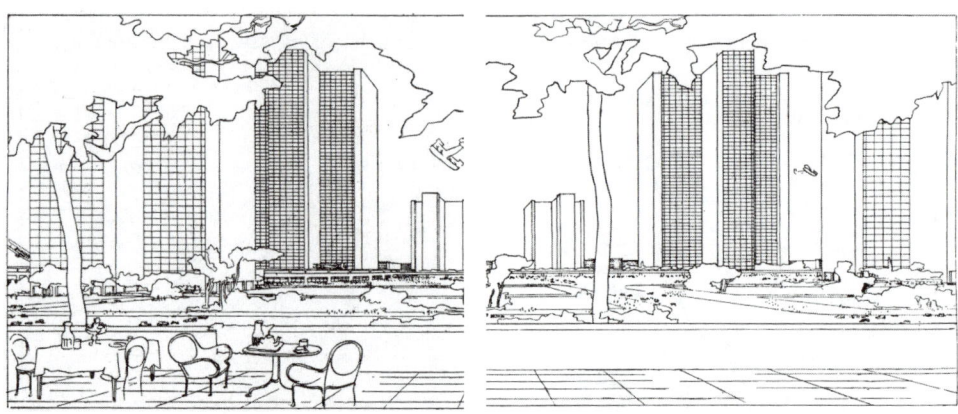

„Eine Stadt der Gegenwart: Das Zentrum der City, von der Terrasse eines der Terrassencafés gesehen, die den Bahnhofsplatz umgeben. Man sieht den Bahnhof zwischen den beiden Wolkenkratzern links, nur wenig über den Erdboden erhöht. Aus dem Bahnhof hervor kommt die Autobahn und führt rechts zu dem Englischen Garten. Wir sind im Stadtzentrum selbst, da, wo Bevölkerung und Verkehr am stärksten sind; ein ungeheurer Raum ist zu ihrer Aufnahme vorhanden. Die Terrassen der sich aufstufenden Cafés bilden besuchte Boulevards. Die Theater, öffentlichen Säle usw. befinden sich zwischen den Wolkenkratzern inmitten der Bäume" (LE CORBUSIER 1929/1979[2], S. 206-207).

Abb. 5.20 Die zentrale Zone der City einer „Stadt der Gegenwart" von Le Corbusier

dung neuer Städte an der Peripherie der Stadtregion ist in Großbritannien während des 2. Weltkrieges aufgegriffen worden, und zwar mit dem *„Greater London Plan"* von SIR PATRICK ABERCROMBIE (s. H. HEINEBERG 1997[2], Abb. 88/I); dieses Konzept wurde nach dem 2. Weltkrieg durch die Errichtung zahlreicher *New Towns* (Neue Städte) als Entlastungsstädte nicht nur in Großbritannien (Abb. 2.10), sondern etwa auch in Schweden (um Stockholm) oder Frankreich (um Paris) fortgeführt (s. auch 2.3.2).

5.7.3 Konzepte kompakter Stadtanlagen. Es war kennzeichnend für die Stadtentwicklung der Zwischenkriegszeit, dass in dieser Periode nur wenige Strukturmodelle entwickelt wurden, die an die kompakte Großstadt des 19. Jh.s anknüpften. Als eines der herausragenden Beispiele kompakter Stadtanlagen zählt die Idee einer *„Ville Contemporaine"* („Stadt der Gegenwart"), deren städtebauliches Konzepte der Architekt und Stadt-

planer CHARLES-ÉDOUARD JEANNERET-GRIS (Pseudonym LE CORBUSIER) 1922 auf dem Pariser Herbstsalon der *Société du Salon d'Automne* vorstellte. Wie Abb. 5.20 mit Erläuterung sowie eine Strukturmodellskizze für eine gesamte *„Ville Contemporaine"* in Anlehnung an LE CORBUSIER in G. ALBERS (1974, S. 17) zeigen, sollte die Nutzungsverteilung durch eine hochverdichtete zentrale Zone mit Geschäfts- und Wohnfunktionen, umgebende Wohngebiete im Mittelhochbau, Flächen für öffentliche Gebäude im Anschluss an die Zentralzone sowie räumlich davon getrennte Industriestandorte am Stadtrand gekennzeichnet sein. Das Verkehrssystem war als schematisches Rechteck- und Diagonalraster mit Trennung der Verkehrsarten in verschiedenen Ebenen geplant. Als Größenordnung bzw. Einwohnerdichte sah LE CORBUSIER 3 Mio. Einw., bis 3.000 Einw./ha Nettowohndichte in Wolkenkratzern sowie um 300 Einw./ha in den umliegenden Wohngebieten (Häuserblocks mit

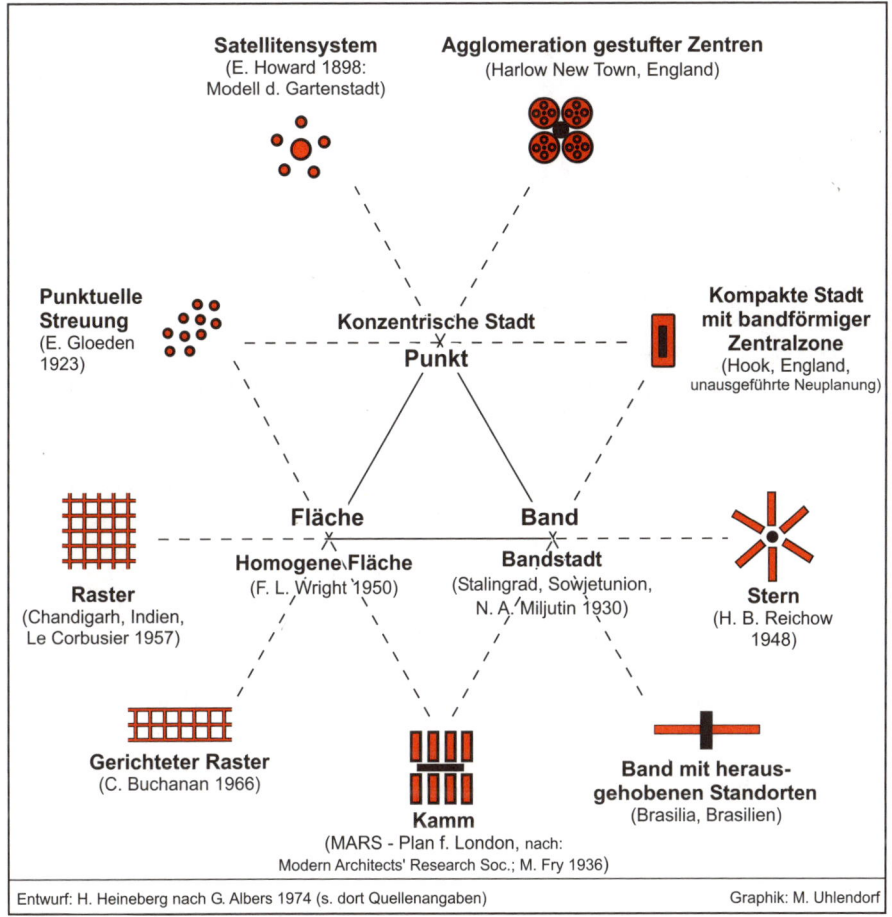

Abb. 5.21 Typologie von Stadtstrukturmodellen nach G. Albers

Luxuswohnungen in „Zahnschnitt") vor. In seinem Werk *„Urbanisme"* von 1925 (dt. Ausgabe „Städtebau" 1929, Nachdruck 1979²) macht LE CORBUSIER weitere, genauere Aussagen über seine architektonischen und städtebaulichen Vorstellungen von einer „Stadt der Gegenwart". So sollte die City von 24 Wolkenkratzern (mit Geschäften, Hotels etc.) überragt werden. „Im Zentrum selbst: Cafés, Restaurants, Luxusgeschäfte, verschiedene Säle, großartiges Forum mit ansteigenden Stufen, eingebettet zwischen riesige Parks, ein herrliches Bild der Ordnung

und der gesammelten Kraft" (LE CORBUSIER 1979², S. 139). LE CORBUSIER, der bereits 1922 (nie realisierte) Pläne für eine „vertikale Stadt" in Paris entworfen hatte, konnte erst zwischen 1947 und 1965 durch den Bau großer, langgestreckter Wohnhochhäuser, sog. *Unités d'Habitation* (Wohneinheiten), eine Anzahl wegweisender architektonischer Ideen selbst verwirklichen. Es war LE CORBUSIERS bedeutendster Beitrag zum sozialen Wohnungsbau und zum Versuch, die Wohnungsnot in der Nachkriegszeit - mit zugleich humanitärem Anspruch - zu lösen (vgl. C.

Das zwischen 1957 und 1958 nach Plänen von Le Corbusier im Rahmen der Internationalen Bauausstellung Interbau '57 in Berlin-Charlottenburg (nahe dem Olympiastadion) errichtete, 141 m lange, seit 1995 denkmalgeschützte Gebäude beinhaltet 530 Wohneinheiten für rd. 1000 Bewohner. Die Wohneinheiten gliedern sich in 173 Einzimmer-, 267 Zwei-, 85 Drei-, 4 Vier- und 1 Fünfzimmer-Wohnungen. Das 17-geschossige Gebäude mit 10 „Innenstraßen" (langgestreckte Flure) ruht im Erdgeschoss auf 66 Pfeilern. Typisch sind Maisonette-Wohnungen. Gemeinschaftseinrichtungen sind: Foyer lobby, Laden und Waschhaus (B. Högner 2008).

Abb. 5.22 Das Corbusierhaus in Berlin
Foto: W. Endlicher 2013

Haberlik 2003[2], S. 130 ff.). Die zwischen 1947 und 1967 in vier französischen Orten (in Marseille, Rezé bei Nantes, Briey und Firminy) sowie in Berlin (Abb. 5.22) nach Plänen von Le Corbusier errichteten *Unités d'Habitation* mit Längen zwischen 108 und 157 Metern zeichneten sich - nach dem **Leitbild der vertikalen Stadt** - durch „Stapelung" von Wohnen und verschiedensten Versorgungsfunktionen bzw. Gemeinschaftseinrichtungen aus. Dazu zählten z. B. Ladenstraßen mit Geschäftseinrichtungen und z. T. Dachnutzungen (Kindergärten, Spielanlagen, Freilufttheater etc.). Für die Architektur typisch waren die Verwendung von Rauhbeton, die vorgefertigte Plattenbauweise, zweigeschossige Maisonette-Wohnungen oder etwa auch Pfeiler, auf denen die Gebäude ruhen. Funktional und architektonisch unterscheiden sich die *Unités d'Habitation* deutlich von den in deutschen Städten in den 1960er und 1970er Jahren nach dem Leitbild „Urbanität durch Dichte" errichteten (monofunktionalen) Hochhausbauten in Großwohnanlagen (s. 5.7.10).

Architektonisch herausragend ist auch die Neugestaltung von Regierungsgebäuden als „monumentale, expressive Gebilde aus rohem Sichtbeton" in der **indischen *New Town* Chandigarh**, die zugleich „die einzig realisierte Stadtplanung Le Corbusiers" (F. E. Strasser 1999) darstellt. Im Jahre 1950 eröffnete sich Le Corbusier die Chance, die neue Hauptstadt Punjabs zu bauen, die auch „Symbolcharakter für die 1947 gewonnene Unabhängigkeit Indiens" (ebd.) haben sollte. Wenngleich nur ein Teil der Stadt von dem Städtebauer im Einzelnen selbst geplant wurde, so basiert jedoch das Grundkonzept - mit Übernahmen von Vorläuferplanungen durch den amerikanischen Architekten A. Mayer - auf Le Corbusier. Die kompakte *New Town* zeichnet sich durch eine schematisch-rechteckig angelegtes Hauptstraßennetz, einen nahezu rechteckigen Stadtgrundriss sowie eine Trennung der Grundfunktionen Wohnen, Arbeiten, Erholung, Verkehr - entsprechend den (1941 von Le Corbusier anonym veröffentlichten) Forderungen der Charta von Athen (s. 5.7.6) - aus. Dabei ging Le Corbusier von einem „anthropomorphen Stadtplan" (F. E. Strasser 1999), d. h. den Vorstellungen der Stadtanlage wie ein „lebender Organismus" (F. Stang 1983, S. 421), aus: „Der Kopf wird durch das Regierungsviertel (*'Capitol Complex'*), das Gehirn durch die Universität, die Hand durch das Industrieareal symbolisiert. Das Herz der Stadt ist der zentrale Geschäftsbereich. Die Lunge ist das *'Leisure Valley'*, das, im Erosionsbett eines

Baches verlaufend, als grünes Erholungsgebiet bepflanzt werden sollte. Diesen Organismus durchzieht ein nach sieben Typen abgestuftes Straßensystem als Blut- und Lymphbahnen" (ebd., S. 420, s. dort Abb. 1 sowie K.-P. GAST 2000).

Organischer Städtebau als Leitbild der Stadtentwicklung ist bereits zuvor v. a. durch H. B. REICHOW (1948) und dessen Bebauungspläne - auch im Zusammenhang mit der „autogerechten Stadt" als Leitziel und nicht identisch mit dem Konzept von LE CORBUSIER - bekannt geworden (s. 5.7.9).

5.7.4 Konzept der Nachbarschaftseinheit. Das Nachbarschaftsprinzip als Gliederungselement der Stadt war zwar grundsätzlich bereits im Modell der Gartenstadt berücksichtigt (s. 5.7.2), es wurde allerdings in der Zwischenkriegszeit von anderer Seite neu herausgestellt, vor allem seitens des amerikanischen Soziologen C. PERRY (1929). Wichtig war, dass das **Nachbarschaftskonzept** zu einer Beschäftigung mit den zentralen Einrichtungen im Städtebau führte; dazu zählten z. B. die Nachbarschaft als Versorgungsbereich eines Nachbarschaftszentrums mit Primarschule und die Gruppierung einzelner Nachbarschaften als Versorgungsbereich einer Sekundarschule. Daraus resultierte wiederum ein Grundmodell, das in verschiedenen Varianten entwickelt wurde, z. B. als das Gliederungskonzept einer „gegliederten und aufgelockerten Stadt" (s. 5.7.7).

Die britischen Neuen Städte der ersten Generation wurden weitgehend nach dem Nachbarschaftsprinzip gebaut (Beispiel: Harlow New Town, vgl. H. HEINEBERG 1996a, 1997², Abb. 91). Auch im deutschen Städtebau wurde nach dem 2. Weltkrieg das Nachbarschaftskonzept aufgegriffen. Das Nachbarschaftsprinzip für die kleineren städtebaulichen Einheiten wird allerdings heute in der strengen Form kaum noch angewendet.

Nach G. ALBERS (1992², S. 210) besteht jedoch weitgehend Konsens bezüglich der nächsthöheren Gruppierung, die sich auf ein Stadtteil- oder Stadtbezirkszentrum mit umfangreichem Ladenbesatz, Gymnasium, Verwaltungseinrichtungen etc. bezieht. Diesbezüglich geht man von etwa 30.000 bis 60.000 Einwohnern aus.

5.7.5 Stern- und Bandstadtkonzepte. Zu den verbreitetsten Modellvorstellungen für größere Städte oder Stadtregionen gehört nach G. ALBERS (1974, S. 11) die Verknüpfung verschiedener sog. Bandstadtelemente durch ein Zentrum oder zumindest eine zentrale Zone (s. Abb. 5.21). Zu den Grundformen dieses Typs zählt das radial konzipierte **Stern- oder Speichensystem**. Dieses Modell spiegelt nach G. ALBERS (1992², S. 37) die Aufbruchsatmosphäre der frühen 1920er Jahre in Deutschland wider, die sich städtebaulich in neuen systematischen Ansätzen der Planung niederschlug. Es war „vor allem das Bemühen um rationale Modelle für die städtische Nutzungsstruktur, also für die räumliche Disposition von Baugebieten und Freiflächen, von Zentren und anderen Hauptnutzungsbereichen und von den Hauptlinien der technischen Infrastruktur wie Straßen und Bahnen". Die damalige Kritik richtete sich gegen „das bisherige konzentrische Wachstum der Städte in der Art von Jahresringen; statt dessen (wurden) verschiedene Modelle entwickelt, um solches Wachstum in geordnete Bahnen zu lenken (...)" (ebd.).

Zu den radial konzipierten Sternsystemen zählt das **Stadtmodell von R. HEILIGENTHAL** von 1921, das durch einen ausgeprägten Kern (kompaktes Zentrum) mit sternförmig angeordneten bandartigen äußeren Baugebieten (Wohngebiete, davon getrennt ein großes Industriegebiet), dazwischen gelegene keilförmige Freiflächen, radiale Schienenverkehrsmittel etc. gekennzeichnet ist

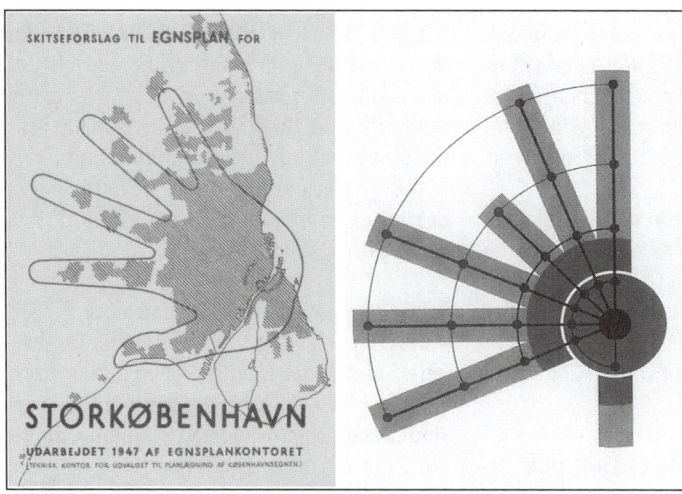

**Abb. 5.23
Der Fingerplan für
Kopenhagen**

Links:
**Titelbild des
Fingerplans
aus dem Jahr 1947**

Rechts:
**Fingerplan -
Entwurf von 2007**

Quelle: Dänisches
Umweltministerium
2007

Der Fingerplan „ist nach wie vor die städteplanerische Grundlage der dänischen Hauptstadt, auch wenn diese Finger seither länger geworden sind. Diese Herangehensweise, gekoppelt mit einer Politik der verdichteten Ansiedlung insbesondere von Büros in Gebieten innerhalb eines Umkreises von 1 km um Bahnhöfe ermöglichte es, einen hohen Marktanteil des öffentlichen Transports und alternativer Transportarten zu erhalten und einen starken Anstieg der Motorisierung der Haushalte zu vermeiden. (...) Das Fahrrad ist somit die hauptsächliche Transportart für die Personen, die bis 1,5 km von den Bahnhöfen entfernt wohnen" (EMTA 2002).

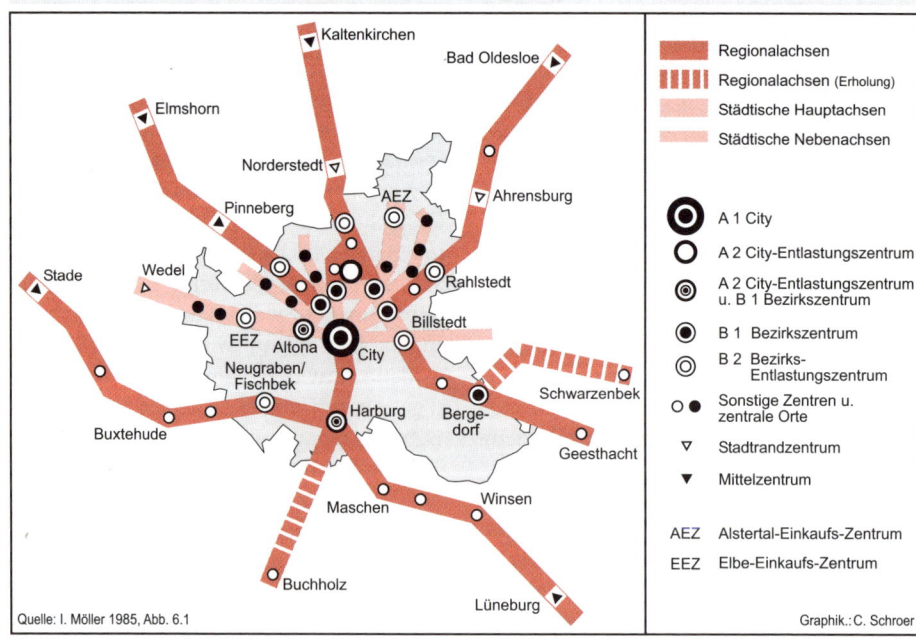

Abb. 5.24 Entwicklungsachsen, Zentrale Standorte in Hamburg und Zentrale Orte im Umland (Entwicklungsmodell 1969)

(vgl. G. Albers 1974, Abb. 9 oder G. Albers/ J. Wékel 2008, Abb. 2.9a).

Das Sternsystem hat später die Entwicklungskonzepte einer Reihe großer Städte geprägt; dazu zählt z. B. der **„Fingerplan" für Kopenhagen** von 1947 (Abb. 5.23), der das Leitbild für die Regionalplanung (trotz deren institutioneller Zersplitterung in den 1990er Jahren) blieb und mit dem eine Reihe wichtiger Grundsätze durchgesetzt werden konnte. Dies waren „die Entlastung der Kernstadt von Verkehr und störenden Gewerbe-

betrieben, die Konzentration der Siedlungsentwicklung auf die Einzugsbereiche der S-Bahnhöfe sowie die Freihaltung der siedlungsnahen Freiräume zwischen den Siedlungsfingern" (A. Priebs 2006, S. 219f.). Seit der Reform des Planungssystems „von 2007 ist die dänische Landesplanung für die Beachtung der Ziele des Fingerplans im Großraum Kopenhagen zuständig" (A. Priebs 2007, S. 271). A. Priebs (2006, S. 221) bezeichnete den Fingerplan als ein „robustes Planungskonzept", das „auch in Zukunft tra-

---

Kasten 5.4 Hamburgs Konzept der Aufbau- oder Entwicklungsachsen

Dominierende städtebauliche Leitvorstellung für die bauliche Ordnung für Hamburg und sein Umland wurde das Achsenkonzept (Abb. 5.24). Es geht auf Entwürfe F. Schumachers aus den 1920er Jahren zurück und wurde 1956 vom Landesplanungsrat Hamburg/Schleswig-Holstein aufgegriffen und modifiziert; es wurden zu der Zeit bereits sog. „Aufbauachsen" für das schleswig-holsteinische Umland festgelegt. 1969 wurde von den Hamburger Behörden ein „Entwicklungsmodell für Hamburg und sein Umland" vorgestellt, das den zunehmenden regionalen Verflechtungen Hamburgs, einschließlich des angrenzenden niedersächsischen Bereichs, gerecht werden sollte, und zwar mit Hilfe von drei Ordnungskonzeptionen: (1) Achsenkonzept, (2) System der Zentralen Orte, (3) Entwurf des Hauptverkehrsnetzes. Es wurden drei Kategorien von Achsen unterschieden: Regionalachsen, städtische Hauptachsen, städtische Nebenachsen. „Die Leitvorstellung war, auf den über die Landesgrenzen hinausführenden Regionalachsen das Siedlungswachstum bandartig zu konzentrieren. (...) Die Siedlungskonzentration auf den Achsen war zugunsten der Achsenzwischenräume gedacht, die man weitgehend unzersiedelt erhalten wollte. Vergleichbares galt für den weiteren Ausbau der städtischen Haupt- und Nebenachsen: in diesen Zonen sollte besonders der tertiäre Sektor gefördert werden, um in den Zwischengebieten die Wohnfunktion der Stadtteile möglichst unbeeinflußt zu lassen" (I. Möller 1985, S. 171). „Die Leitvorstellung von Entwicklungsachsen erfuhr ihre Steigerung in dem von Hamburg postulierten „schnellbahnbezogenen Achsensystem", für das man eigens das „Hamburger Dichtemodell" über die Abstufung von Wohndichten in den Haltestellenbereichen erarbeitete" (ebd., S. 174). Allerdings ergab sich Ende der 1960er Jahre in Hamburg ein erhebliches Missverhältnis zwischen Planung und tatsächlicher Realisierung. So wurden mehrere zur gleichen Zeit geplante Großwohnsiedlungen nicht in das Schnellbahnsystem integriert. Wichtig war bei dem Hamburger Achsenkonzept insbesondere die Einbeziehung eines in sich abgestuften Systems zentraler Orte (auch innerstädtisch!); vgl. dazu I. Möller 1999[2], Kasten 6.1.

Wie dem Erläuterungsbericht zum Flächennutzungsplan der Freien und Hansestadt Hamburg von 1997 zu entnehmen ist, haben sich die wesentlichen städtebaulichen Leitvorstellungen für Hamburg und das Umland nicht verändert. „Es handelt sich dabei um die Achsenkonzeption, das System der zentralen Standorte, die Verkehrsnetze sowie das System der Dichteverteilung" (ebd., S. 9-10). Nach dem 1996 veröffentlichten sog. Handlungsrahmen Regionales Entwicklungskonzept für die Metropolregion Hamburg bilden das Leitbild der „Dezentralen Konzentration" sowie die Prinzipien der „Siedlungsachsen" und „Innerregionalen Vernetzung" den Kern der Empfehlungen für die Siedlungsentwicklung. Entsprechend dem Prinzip achsialer Strukturen sollte das bauliche und wirtschaftliche Geschehen im Ordnungsraum Hamburg „vorrangig auf die Siedlungsachsen ausgerichtet werden. Diese sind durch eine Folge von Siedlungen im Verlauf leistungsfähiger Einrichtungen des öffentlichen Nahverkehrs gekennzeichnet" (ebd., S. 14).

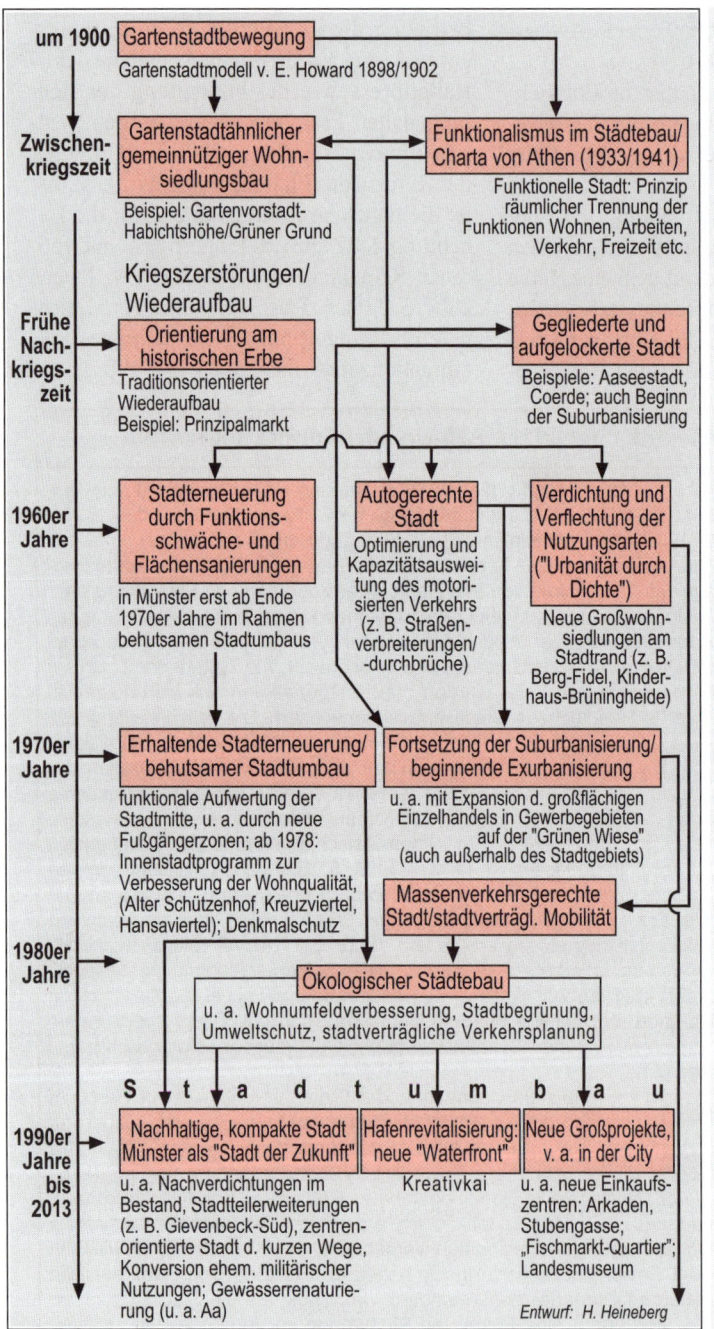

um 1900

Gartenstadtbewegung

Gartenstadtmodell v. E. Howard 1898/1902

Zwischen-kriegszeit

Gartenstadtähnlicher gemeinnütziger Wohn-siedlungsbau

Beispiel: Gartenvorstadt-Habichtshöhe/Grüner Grund

Funktionalismus im Städtebau/ Charta von Athen (1933/1941)

Funktionelle Stadt: Prinzip räumlicher Trennung der Funktionen Wohnen, Arbeiten, Verkehr, Freizeit etc.

Kriegszerstörungen/ Wiederaufbau

Frühe Nach-kriegs-zeit

Orientierung am historischen Erbe

Traditionsorientierter Wiederaufbau
Beispiel: Prinzipalmarkt

Gegliederte und aufgelockerte Stadt

Beispiele: Aaseestadt, Coerde; auch Beginn der Suburbanisierung

1960er Jahre

Stadterneuerung durch Funktions-schwäche- und Flächensanierungen

in Münster erst ab Ende 1970er Jahre im Rahmen behutsamen Stadtumbaus

Autogerechte Stadt

Optimierung und Kapazitätsauswei-tung des motori-sierten Verkehrs (z. B. Straßen-verbreiterungen/ -durchbrüche)

Verdichtung und Verflechtung der Nutzungsarten ("Urbanität durch Dichte")

Neue Großwohn-siedlungen am Stadtrand (z. B. Berg-Fidel, Kinder-haus-Brüningheide)

1970er Jahre

Erhaltende Stadterneuerung/ behutsamer Stadtumbau

funktionale Aufwertung der Stadtmitte, u. a. durch neue Fußgängerzonen; ab 1978: Innenstadtprogramm zur Verbesserung der Wohnqualität, (Alter Schützenhof, Kreuzviertel, Hansaviertel); Denkmalschutz

Fortsetzung der Suburbanisierung/ beginnende Exurbanisierung

u. a. mit Expansion d. großflächigen Einzelhandels in Gewerbegebieten auf der "Grünen Wiese" (auch außerhalb des Stadtgebiets)

Massenverkehrsgerechte Stadt/stadtverträgl. Mobilität

1980er Jahre

Ökologischer Städtebau

u. a. Wohnumfeldverbesserung, Stadtbegrünung, Umweltschutz, stadtverträgliche Verkehrsplanung

S t a d t u m b a u

1990er Jahre bis 2013

Nachhaltige, kompakte Stadt Münster als "Stadt der Zukunft"

u. a. Nachverdichtungen im Bestand, Stadtteilerweiterungen (z. B. Gievenbeck-Süd), zentren-orientierte Stadt d. kurzen Wege, Konversion ehem. militärischer Nutzungen; Gewässerrenaturie-rung (u. a. Aa)

Hafenrevitalisierung: neue "Waterfront"

Kreativkai

Neue Großprojekte, v. a. in der City

u. a. neue Einkaufs-zentren: Arkaden, Stubengasse, „Fischmarkt-Quartier"; Landesmuseum

Entwurf: H. Heineberg

Anhand der Stadt Münster in Westfalen - ein Ober-zentrum, auch Westfalen-metropole oder westfäli-sche Regionalmetropole ge-nannt (vgl. H. HEINEBERG/T. HAUFF 2012) - lässt sich für die Entwicklung seit Beginn des 20. Jh.s, aber auch für die Zukunftsperspektive eine Reihe idealtypischer städte-baulicher Leitbilder und stadt-planerischer Maßnahmen aufzeigen, wie sie auch für andere wachsende Groß-städte Deutschlands kenn-zeichnend sind. Die in der Abb. 5.25 genannten Teil-räume bzw. Stadtteile Müns-ters sind in der Abb. 2.15 aufgeführt.

Nicht berücksichtigt in der nebenstehenden Abbil-dung sind stadtregionale Ko-operationen auf den ver-schiedenen Kooperations-ebenen (im Falle der Stadt Münster: Stadtregion, Müns-terland, EUREGIO, Städte-dreieck Münster-Osnabrück-Netwerkstad Twente = MONT, s. 4.2.6 sowie Abb. 10.2 in T. HAUFF/H. HEINEBERG 2011), da es sich nicht um ein pri-märes lokales städtebauli-ches oder stadtplanerisches Leitbild für die Stadtentwick-lung handelt, wenngleich die-se letztere durchaus beein-flussen können.

Stadtpolitische Planungs-verständnisse sowie Leitbil-der des jüngeren Stadtum-baus unter den Bedingun-gen der Stadtschrumpfung, wie sie heute für viele Städ-te Deutschlands (z. B. des Ruhrgebiets), vor allem in Ostdeutschland, von Be-deutung sind, sind in Abb. 5.30 berücksichtigt und un-ter 5.7.14 behandelt.

Abb. 5.25 Leitbilder und Merkmale der Stadtentwicklung in Deutschland am Beispiel der wachsenden Stadt Münster/NRW (Quelle: H. Heineberg 2011d, Abb. 3.23, aktualisiert)

gendes Leitbild der räumlichen Entwicklung im Großraum Kopenhagen sein wird"; s. auch A. Priebs 2008.

Ein weiteres Beispiel für das Sternsystem bildet **Hamburgs Konzept der Aufbau- oder Entwicklungsachsen** (Abb. 5.24, Kasten 5.4).

Neben dem Sternmodell wurden ab der Zeit zwischen den beiden Weltkriegen auch **Bandstadtkonzepte** entwickelt, wodurch die Stadt lediglich in zwei Richtungen entlang eines Verkehrsbandes expandieren sollte (vgl. G. Albers 1992², S. 37ff. oder G. Albers/ J. Wékel 2008, S. 24 mit Abb. 2.9b).

5.7.6 Charta von Athen: Funktionalismus im Städtebau als Leitbild (s. auch Abb. 5.25).

Sowohl im Modell der Gartenstadt von E. Howard (s. 5.7.2) als etwa auch im Städtebaumodell von R. Heiligenthal (s. 5.7.5) ist ein Konzept angedeutet, das seit der Veröffentlichung der sog. Charta von Athen (1941) als sog. Funktionalismus im Städtebau bekannt geworden ist. Bei der Charta von Athen handelt es sich um ein Manifest mit einem programmatischen Thesen- oder Forderungskatalog (95 Leitsätze zum Städtebau), das 1933 auf einem internationalen Städtebaukongress in der Nähe von Athen entwickelt und 1941 anonym von Le Corbusier veröffentlicht wurde. Der Kern der Forderungen war die räumliche Trennung der vier Funktionen Wohnen, Freizeit, Arbeiten und Verkehr im Städtebau, d. h. eine systematische Aufgliederung der Stadt in räumlich klar getrennte Funktionsbereiche (funktionale Stadtgliederung, s. auch 6.2.1). Diese Zielvorstellung von einer sog. **funktionellen Stadt** hat im Städtebau der Nachkriegszeit (s. 10.1) häufig zu einer zu starren Zuordnung von Funktion und Fläche geführt; sie hat auch ihren Niederschlag in Baugesetzen, insbesondere im Bundesbaugesetz der Bundesrepublik Deutschland von 1960, gefunden (s. 10.2.2).

5.7.7 Leitbild „Gegliederte und aufgelockerte Stadt" (Abb. 5.25). Beeinflusst durch die Gartenstadtbewegung, die Charta von Athen und andere Strömungen (insbesondere das Nachbarschaftskonzept, s. 5.7.4)

entwickelte sich seit dem Zweiten Weltkrieg das neue Leitbild einer „gegliederten und aufgelockerten Stadt". Dieses war, wie es das Stadtmodell von J. Göderitz/R. Rainer/ H. Hoffmann aus dem Jahre 1957 verdeutlicht (s. Abb. 5.26), mit einer weitgehenden räumlichen Trennung der Funktionen Wohnen, Arbeiten, Verkehr etc., die störungsfrei im Raum angeordnet werden sollten, verbunden. Dieses für die Stadtentwicklung im westlichen Deutschland in der Nachkriegszeit bedeutende Leitbild hat - beeinflusst durch die Baugesetzgebung ab 1960 - allerdings noch stärker, als es in diesem Modell dargestellt ist, nicht nur häufig zu starren Zuordnungen von Funktion und Fläche, sondern auch zu großem Flächenverbrauch, insbesondere im Rahmen des vor allem seit ca. 1960 einsetzenden Suburbanisierungsprozesses, geführt (s. auch 2.3.3); außerdem kam es sehr häufig zu Schwierigkeiten der wirtschaftlichen Erschließung der weniger verdichteten Wohngebiete für den öffentlichen Personennahverkehr und damit nicht zuletzt auch zu einer Begünstigung des motorisierten Individualverkehrs.

5.7.8 „Orientierung am historischen Erbe" als Leitbild des frühen Wiederaufbaus und der Stadterhaltung (s. Abb. 5.25). Beim Wiederaufbau der im 2. Weltkrieg zerstörten

Städte, insbesondere der historischen Stadtkerne, wurden im westlichen Deutschland tiefgreifende Veränderungen der überlieferten Stadtstrukturen im Allgemeinen nicht nur durch die überkommene **Bodenordnung** (privater Grundbesitz), sondern auch durch die erhaltenen Anlagen des **unterirdischen Städtebaus** (Versorgungs- und Entsorgungs-

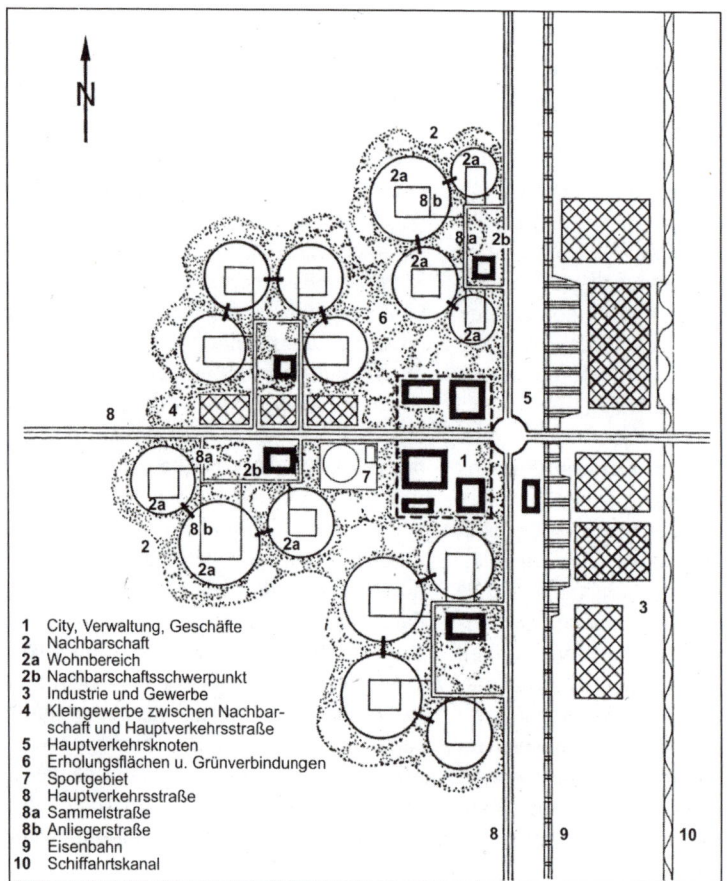

1   City, Verwaltung, Geschäfte
2   Nachbarschaft
2a Wohnbereich
2b Nachbarschaftsschwerpunkt
3   Industrie und Gewerbe
4   Kleingewerbe zwischen Nachbar-
    schaft und Hauptverkehrsstraße
5   Hauptverkehrsknoten
6   Erholungsflächen u. Grünverbindungen
7   Sportgebiet
8   Hauptverkehrsstraße
8a Sammelstraße
8b Anliegerstraße
9   Eisenbahn
10 Schiffahrtskanal

Abb. 5.26 Modell der gegliederten und aufgelockerten Stadt nach J. Göderitz u. a. 1957, Bild 10

leitungen), das bestehende Straßennetz und nicht zuletzt durch den **Traditionswillen der Bevölkerung** verhindert (s. auch 10.1). Die Orientierung am historischen Erbe als Leitbild des frühen Wiederaufbaus hat häufig zur heutigen Gestalt- und Aufenthaltsqualität vieler Stadtkerne beigetragen. Allerdings wurde in Deutschland allgemeiner erst ab Beginn der 1970er Jahre den traditionellen baulichen Qualitäten und damit auch der Erhaltung historischer Altstädte im Sinne eines neuen Zeitgeistes und eines neuen Leitbildes eine größere Bedeutung beigemessen (s. 10.2.2).

5.7.9 Leitbild „Autogerechte Stadt" (Abb. 5.25). Bereits 1948 hat der Architekt und Stadtplaner H. B. REICHOW in seinem Werk „Organische Stadtbaukunst" städtebauliche Konzepte, insbesondere auch für den beginnenden Wiederaufbau, entwickelt, die sich neben „der Propagierung eines durchgrünten Stadtraums, der Berücksichtigung der örtlichen Topographie (vor allem auch) der Ordnung der Verkehrsstrukturen nach dem Vorbild natürlicher Verästelungssysteme" widmeten (J. LUPITZ 2005). REICHOW forderte für bessere Verkehrsflüsse und die Verkehrssicherheit in der Stadt „für die Autostraßen eine Reduktion von Knotenpunkten (...), deren Gestaltung nach instinktiven Bewegungsabläufen sowie die Trennung von Fuß- und Radwegen" (ebd.). Als diesbezüglich größtes und wichtigstes städtebauliches Projekt Reichows gilt die Planung der Neuen Stadt Sennestadt ab 1954 (seit 1.1.1973 ein Stadtteil von Bielefeld, s. auch 2.3.2): „In dem kreuzungsarmen Erschließungssystem mit Stich- und Sammelstraßen sowie voneinander separierten Fuß- und Radwegen überträgt er organische Wachstumsgesetze auf die Stadtstruktur, wobei dem Verkehr die analoge Funktion natürlicher Kreislauforgane zukommt, wie Reichow sie in seinen Theorien zur einer organischen Stadtbaukunst formuliert hat" (ebd.). „Diese Erkenntnisse veröffentlicht er auch 1959 in dem Buch „Die autogerechte Stadt", dessen Titel zu einem Inbegriff der Wiederaufbauepoche wird" (ebd.).

Das neue Leitbild der „autogerechten Stadt" bei der Stadtentwicklung in Deutschland seit den 1960er Jahren wurde vor allem der Entwicklung in den USA entlehnt, wo die Motorisierung schon weit vorangeschritten war. In der Nachkriegszeit wurden in Deutschland autoorientierte Städtebaukonzepte auch für größere Stadtgebiete entwickelt. Eines der bekanntesten ist das **Regionalstadtmodell** von R. Hillebrecht von 1962 für den Raum Hannover (s. G. Albers 1974, Abb. 12, oder G. Albers/J. Wékel 2008, Abb. 5.52).

5.7.10 Leitbild „Urbanität durch Dichte"

(Abb. 5.25). Das Jahr 1960 markierte einen „Wendepunkt in der Entwicklung städtebaulicher Leitbilder" (K. v. Beyme u. a.1992, S. 21). Weniger von Architekten oder Städtebauern, sondern vielmehr von engagierten Sozialwissenschaftlern wurden damals gänzlich neue Dimensionen der Stadt- und auch Verkehrsplanung gefordert (s. 5.7.9). An die Stelle der Begeisterung für die gegliederte

Abb. 5.27 „Urbanität durch Dichte":
Märkisches Viertel in Berlin
Foto: H. Heineberg 1970

und aufgelockerte Stadt (s. 5.7.7) trat die Faszination städtebaulicher **Verdichtung und Verflechtung der Nutzungsarten**, häufig mit dem **Leitbild „Urbanität"** oder „Urbanität durch Dichte" umschrieben. Diese Leitbildvorstellung stand in starker Beziehung zu Flächensanierungen in Innenstadtgebieten. Denn ab ca. 1965 standen im westlichen Deutschland „die noch bewohnten Altbaugebiete zur Disposition, die häufig abschätzig als >Elendsquartiere< bezeichnet wurden" (K. v. Beyme 1992, S. 95). Ersatzwohnungsbau mit ganz erheblicher Wohndichte, aber häufig - und anders als die gründerzeitlichen Stadtviertel - ohne entsprechende Funktionsmischung, wurde - wie man am Bau des Großwohnsiedlungsprojekts Märkisches Viertel in West-Berlin (Abb. 5.27) beispielhaft verfolgen konnte -, „vorwiegend auf der >grünen Wiese< geplant und dort nahezu unbegrenzt gestapelt" (ebd.). Derartige neue Wohnsiedlungen mit gigantischen Größenordnungen von rd. 15.000 neuen Wohneinheiten für ca. 50.000 Einw. (Märkisches Viertel) oder auch mehr entsprachen den damaligen neuen Vorstellungen von

Urbanität durch Dichte, d. h. einer vermeintlich **neuen urbanen Lebensqualität** (s. auch 10.2.2 und K. Beckmann 2015).

Viele der in den 1960er und noch in den 1970er Jahren in westlichen Industriestaaten gebauten Siedlungsverdichtungen in Gestalt von **Großwohnsiedlungen** mit Hochhausbebauung gerieten bereits in der ersten Hälfte der 1980er Jahre in eine Krise, weil sie nicht oder nicht mehr den Wohn- und Lebensvorstellungen ihrer Bewohner entsprachen und/oder die erforderliche Infrastruktur (Geschäfte, Kneipen, Restaurants, Schulen, Kindergärten) häufig defizitär war. Die Folgen waren u. a. schlechtes Image sowie Wohnungsleerstände und Mieterfluktuationen in den Großwohnsiedlungen (s. H. Fangohr 1988, J. Bopp 2010). Zurück blieben dort häufig Alte, Arbeitslose und Ausländer. Typisch waren u. a. auch Konfliktsituationen, Verwahrlosung und somit eine fortschreitende Entwertung der Wohnanlagen, die in vielen Fällen nur durch (spätere) umfassende Sanierungsmaßnahmen eingeschränkt oder behoben werden konnten (s. 10.3).

Die mit der Errichtung dieser Baukomplexe häufig „immer weiter auseinanderrückenden Standorte für Arbeit und Wohnen im Gebiet der nun so genannten >Stadtregionen< mußten über weite Pendelstrecken verbunden" werden (K. v. Beyme 1992 u. a., S. 21), und dies geschah im westlichen Deutschland und in anderen westeuropäischen Ländern sehr häufig durch autogerechte Erschließung bzw. entsprechenden Umbau der Städte (s. 5.7.9).

Großwohnsiedlungen mit Hochhäusern in industrialisierter Plattenbauweise waren ab Beginn der 1960er Jahre ein Kennzeichen der sozialistischen Wohnungsbaupolitik und des Städtebaus in der ehem. DDR (s. 10.2.1) sowie darüber hinaus in anderen Staaten des östlichen Europa. Diese sog. **sozialistischen Wohnkomplexe** erfuhren nach der Wiedervereinigung in den östlichen Bundesländern erhebliche Veränderungen durch zunehmende Wohnungsleerstände, notwendige -modernisierungen, aber auch durch zahlreiche Abrissmaßnahmen (s. 10.3.1, zur Stadtschrumpfung s. 5.7.14).

5.7.11 Leitbild „Erhaltende Stadterneuerung/behutsamer Stadtumbau" (Abb. 5.25).

Anknüpfend an die Orientierung des Städtebaus am historischen Erbe, wie es für viele Städte in der ersten Wiederaufbauphase nach dem Zweiten Weltkrieg charakteristisch war (s. 5.7.8, 10.1), wurde in Deutschland ab Beginn der 1970er Jahre den traditionellen baulichen Qualitäten und damit auch der Erhaltung historischer Stadtstrukturen eine größere Bedeutung beigemessen. Diese Entwicklung wurde in der alten Bundesrepublik gestützt durch das 1971 erlassene **Städtebauförderungsgesetz**, in verstärktem Maße erst ab 1975 durch das damalige sog. **Europäische Denkmalschutzjahr**, das unter dem Motto „Eine Zukunft für unsere Vergangenheit" stand. Dieser Prozess, dessen Leitbild mit „erhaltender Stadterneuerung" im Sinne der Planungsterminologie oder mit „behutsamer Stadtumbau" gekennzeichnet werden kann, wurde nicht zuletzt dadurch verstärkt, dass auf Bundesebene durch die Einführung **steuerlicher Abschreibungsmöglichkeiten für Altbauten** (ab 1977 durch Veränderung des Paragraphen 7b des Einkommensteuergesetzes) und ab 1978 durch Erlass des **Wohnungsmodernisierungs- und Energieeinsparungsgesetzes** nunmehr einfache Modernisierungsmaßnahmen förderungsfähig waren. Der dadurch bedingte Erhalt eines großen Teils der historischen oder älteren Bausubstanz hat somit zur Verbesserung der Lebensqualität im Innern der Kernstädte mit beigetragen. Durch die behutsame Stadterneuerung haben nicht nur historische Altstadtkerne, sondern auch ältere Wohngebiete oder Stadtteilzentren, z. B. aus der Gründerzeit, an neuer städtebaulicher Qualität gewonnen (vgl. Abb. 9.7). Allerdings kam es - vor allem in Großstädten - nicht selten auch zur Verdrängung bestimmter Mietergruppen, z. B. durch Luxusmodernisierungen, die den Prozess der sog. *Gentrification*, d. h. vor allem des Einzugs gehobener Einkommensgruppen in sanierte Altbauten, beschleunigte (s. 1.3.6 u. Kasten 1.3 sowie Kap. 10.4).

Auch in der ehemaligen DDR, in der einerseits die gravierenden Auswirkungen des sozialistischen Städtebaus, aber auch der Stadtverfall in den Innenstädten prägend waren (s. 10.2.1), gehörten „sachgerechte künstlerische Denkmalpflege und sorgsamer Wiederaufbau teilzerstörter Bauwerke zu den besonders positiven Leistungen der Stadterhaltung" (P. SCHÖLLER 1987, S. 462).

5.7.12 Leitbild „Ökologischer Städtebau"

(Abb. 5.25). In den 1980er Jahren begann im westlichen Deutschland zeitgleich das Bestreben vieler Kommunen, die Städte ökologisch verträglicher zu gestalten; ob daraus bereits ein neues Leitbild eines ökologischen Städtebaus oder einer ökologischen Stadterneuerung abgeleitet werden konnte, wurde noch zu Beginn der 1990er Jahre von einigen Experten bezweifelt. Die Stadtsoziologen G. KÖHLER und B. SCHÄFERS konnten bereits 1986 „ein sehr starkes auf die humane, auch auf die schöne Stadt bezogenes Engagement, das weitere qualitative Verbesserungen unserer Städte erwarten läßt", feststellen (ebd., S. 39). Nach D. IPSEN (1992) handelte es sich bis dahin bei der ökologischen Stadterneuerung konkret lediglich um einzelne Projekte, die einmal das Energiesparen zum Ziel hatten, das andere Mal die Verwendung gesunder Baustoffe (ebd., S. 26). Nach F. BETKER (1992, S. 78) zog „die Stadtökologie (...) im Rahmen von Wohnumfeldverbesserung und Verkehrsberuhigung als Stadtbe-

grünung in die Planung ein und konnte somit der behutsamen Stadterneuerung zur „**ökologischen Stadterneuerung**" verschmelzen".

Ökologischer Städtebau und Landschaftsplanung als zentrale Instrumente der ökologischen Stadtentwicklung stehen heute in engem Zusammenhang mit den Prinzipien der „nachhaltigen Stadtentwicklung" in der Stadtpolitik und Planungspraxis (s. 5.7.13; vgl. B. SCHÄFERS 2010[2], W. ENDLICHER 2012).

5.7.13 Das Leitbild „Nachhaltige Stadtentwicklung" (Abb. 5.25).

Bis zur Gegenwart wuchs nicht nur in unseren Städten, sondern vor allem auch global eine Reihe gravierender Probleme, und dies insbesondere aus umweltbezogener Perspektive. Das betrifft in der Bundesrepublik Deutschland u. a. die drei im Kasten 5.6 erläuterten räumlichen Trends bzw. Probleme der Stadtentwicklung. Diese und andere, zumeist mit den Punkten (1) bis (3) verwandte Problemfelder stehen in der jüngeren und noch aktuellen Diskussion um die zukünftige Stadtentwicklung und Städtebaupolitik in Deutschland, für die sich als eines der neuen partiellen Leitbilder die sog. **Nachhaltige Stadtentwicklung**, auch sog. ressourcenschonender und umweltverträglicher Städtebau genannt, herausgebildet hat. Die diesbezüglichen Aktivitäten auf kommunaler Ebene sind in erheblichem Maße eine Antwort auf die globalen Herausforderungen, die als Folge der Diskussion um die sog. *Sustainable Development* (nachhaltige Entwicklung) bewusst wurden. Dieser vor allem durch die sog. BRUNDTLAND-Kommission in ihrem Weltbericht über Umwelt und Entwicklung aus dem Jahre 1987 (s. V. HAUFF 1987) bekannt gewordene Terminus hat in der Weltöffentlichkeit einen Prozess des Nachdenkens über die zukünftige Wirtschafts- und Lebensweise der Menschheit in Gang gesetzt.

Die Konferenz der Vereinten Nationen für Umwelt und Entwicklung im Jahre 1992 in Rio de Janeiro hat mit ihrem Aktionsprogramm „**Agenda 21**" das Umdenken in Bezug auf nachhaltige Entwicklung und die Lösung weltweiter Umweltprobleme durch die Zusammenarbeit von Industrie- und Entwicklungsländern geschärft. Auf der Grundlage der Beschlüsse von Rio de Janeiro sollte bis 1996 jede Kommunalverwaltung unter Einbeziehung aller gesellschaftlichen Kräfte, d. h. in einem Dialog mit ihren Bürgern, örtlichen Organisationen und der Privatwirtschaft, ein umfassendes Handlungsprogramm, eine sog. **Lokale Agenda 21**, für eine ökologisch, wirtschaftlich und sozial verträgliche Entwicklung erarbeiten.

Im Jahre 1994 war von den Teilnehmern der sog. Europäischen Konferenz über zukunftsbeständige Städte und Gemeinden (darunter u. a. von 80 europäischen Kommunen) die „Charta der Europäischen Städte und Gemeinden auf dem Weg zur Zukunftsbeständigkeit" - auch „**Charta von Aalborg**" genannt - unterzeichnet worden. Vier Jahre nach der Rio-Konferenz wurde sodann im Jahre 1996 auf der UN-Weltkonferenz über Menschliche Siedlungen (genannt **Habitat II**) in Istanbul der Blick nochmals verstärkt auf die nachhaltige Entwicklung, insbesondere in den Stadt- und Wohngebieten, gelenkt (vgl. Forum Umwelt & Entwicklung 1996): Stadtentwicklung und damit auch die Verbesserung der Lebensqualität in den Städten wurden als eine globale Herausforderung gesehen. Dies geschah nicht zuletzt vor dem Hintergrund der dramatisch weiter fortschreitenden weltweiten Verstädterung, insbesondere in den Entwicklungsländern, mit ihren negativen Folgen für die Umwelt und Lebensqualität.

Als **räumliche Ordnungsprinzipien der nachhaltigen Stadtentwicklung**, die im Grunde auf den Konzepten der ökologischen

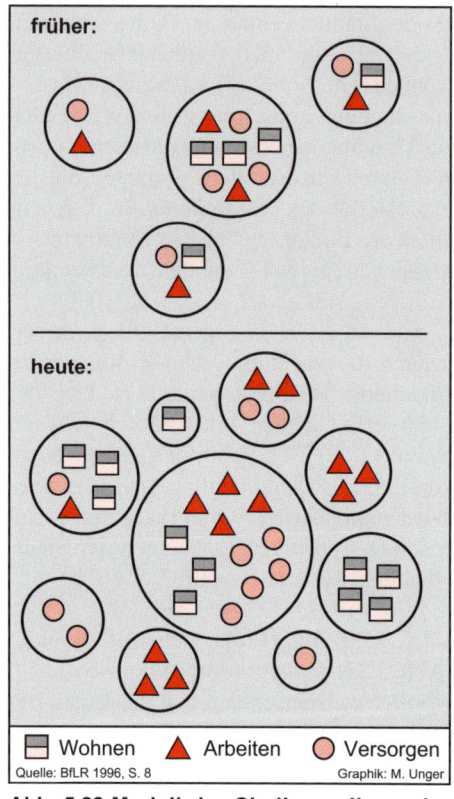

früher:

heute:

▣ Wohnen   ▲ Arbeiten   ○ Versorgen
Quelle: BfLR 1996, S. 8   Graphik: M. Unger

Abb. 5.28 Modell der Siedlungsdispersion und Entmischung nach BfLR

Stadtentwicklung aufbauen (s. 5.7.12), werden seit den 1990er Jahren u. a. drei Punkte diskutiert:

(1) Dichte im Städtebau, d. h. die Schaffung kompakterer und dennoch hochwertiger baulicher Strukturen, die ein Ausufern der Siedlungen in die Fläche verhindern sollen. Dies sollte sicherlich nicht durch Wiederbelebung des Baus neuer Großwohnsiedlungen im Stil der 1960er/70er Jahre (s. 5.7.10) geschehen, sondern durch bessere Ausschöpfung und Erweiterung von Nutzungspotenzialen im bereits bebauten Bereich der städtischen Innenentwicklung (Beispiel Abb. 5.29). Die nachhaltige Stadtentwicklung setzt also in der Flächen-, Gewerbe- und

---

Kasten 5.6 Räumliche Trends bzw. Probleme der Stadtentwicklung in Deutschland (nach BfLR 1996)

Räumliche Trends bzw. Probleme sind:

(1) die sog. **„flächenfressende" Siedlungsexpansion**. Diese äußert sich in der erheblichen und anhaltenden jüngeren Zunahme der Wohn- und auch der Verkehrsflächen sowohl in den Kernstädten der städtischen Agglomerationen und verstädterten Räume als vor allem auch in den verdichteten Umlandkreisen und sogar noch stärker im ländlichen Raum. Die Ursachen sind vielfältig: hohe jüngere Bevölkerungszuwächse, Veränderungen in den Haushaltsstrukturen, immer noch anhaltende Bedürfnisse nach einer suburbanen Lebensweise (Suburbanisierung, s. 2.3.3 und Abbn. 2.13-2.15) mit einer verstärkten Nachfrage nach Grundstücken für Ein- und Zweifamilienhäuser an den Stadträndern sowie - beeinflusst durch die hohen Bodenpreise in den Städten - auch im näheren oder weiteren Stadtumland (Exurbanisierung, s. 2.3.3 und Abbn. 2.13, 2.15), verbreitete Orientierung der Stadtplanung an traditionellen Leitbildern des Städtebaus, ein überproportionaler Anstieg der Handels-, Gewerbe- und Industrieflächen etc.

Ein weiteres generelles Problemfeld, das mit dem ersten im Zusammenhang steht, ist (2) die immer noch zunehmende sog. räumlich-funktionale **Entmischung von Wohnungen, Arbeitsstätten, Versorgungs- und Freizeiteinrichtungen**, wie es beispielsweise das einfache Modell des früheren und heutigen Zustands unserer städtischen Siedlungsstrukturen zeigt (Abb. 5.28).

Folge der Siedlungsdispersion und Entmischung ist u. a. die weitere Zunahme der Entfernungen zwischen den einzelnen Funktionsstandorten innerhalb der Städte bzw. Stadtregionen. Auch diesbezüglich lassen sich viele Ursachen nennen, die u. a. im Bodenmarkt, in den Konzentrations- und Rationalisierungsprozessen in allen Wirtschaftsbereichen, insbesondere im Einzelhandel und bei kommerziellen Freizeitangeboten, in dem Ausbau von Straßen etc. begründet sind. Zu dieser Entmischung zählt beispielsweise das Entstehen neuer großflächiger Einzelhandelseinrichtungen oder Einkaufszentren in sog. städtebaulich nicht integrierten Lagen (s. 7.5.2). Durch derartige Prozesse der Funktionsauslagerung in Verbindung mit kostenlosem großflächigen Parkraum geraten nicht nur häufig die gewachsenen städtischen Zentren in eine sehr nachteilige Konkurrenzsituation, sondern es findet meist auch eine weitere beträchtliche Zunahme des motorisierten Individualverkehrs, insbesondere an der Peripherie der Städte, statt.

Weitere jüngere Tendenzen sind:

(3) der allgemeine Anstieg und die räumliche **Ausweitung des motorisierten Individual- und Wirtschaftsverkehrs**. Dieser Prozess hat seine Gründe u. a. in den Einkommenszuwächsen, in der stark gestiegenen Freizeitmobilität, der o. g. Siedlungsexpansion, den Entmischungsvorgängen und in vielem mehr.

Wohnungspolitik auf die Entwicklung des Bestands: „Renovierung, Instandsetzung und Umwidmung vorhandener Gebäude sowie Flächenrecycling und Verdichtung werden (damit) zu Schlüsselbegriffen zukünftiger Stadtentwicklung" (R. Loske 1996, S. 7).

(2) Nutzungsmischung, d. h. Ziel der nachhaltigen Stadtentwicklung ist u. a. die funktionale Mischung innerhalb von Stadtquartieren durch Verflechtungen von Wohnen und Arbeiten, aber auch von Versorgung und Freizeit. Dazu zählt etwa auch die Entwick-lung vielfältiger Einzelhandelsfunktionen in Verbindung mit beispielsweise Büro- oder auch Wohnnutzungen in zentraler städtischer Lage und nicht etwa auf der „grünen Wiese". Von Bedeutung sind auch die Förderung sozialer Mischungen nach Einkommensklassen, Haushaltstypen und Lebensstilgruppen sowie die Planung baulich-räumlicher Mischungen (s. auch 2.3.6).

Mit Nutzungsmischung werden somit verschiedene städtebauliche und auch gesellschaftliche Ziele angestrebt. So fördert die nachhaltige Stadtentwicklung als neues partielles Leitbild die „**Kompakte Stadt**" - oder auch die „**Stadt der kurzen Wege**" - nach J. Jessen (2000, 2005[4]) das Leitbild der **kompakten und durchmischten Stadt**; darin sollten die Lebensbereiche Wohnen, Arbeiten, Sichbilden, Einkaufen und Erholen - im Gegensatz zu den früheren Forderungen der Charta von Athen (s. 5.7.6) sowie zur gegliederten und aufgelockerten Stadt (s. 5.7.7) - gut durchmischt sein. Außer der Nutzungsmischung zählen zu den Hauptmerkmalen der kompakten und durchmischten Stadt nach J. Jessen (2005[4], S. 604f.) auch eine (anzustrebende) hohe Baudichte „sowie hochwertige öffentliche und ökologisch aufgewertete Räume" (ARL 2011, S. 232). Durch Nutzungsmischung und höhere bauliche Dichten kann es auch zur Reduzierung des motorisierten Individualverkehrs bzw. zu dessen stärkerer Verlagerung auf andere umweltverträglichere Verkehrsmittel kommen.

Als drittes räumliches Ordnungsprinzip wird

(3) die sog. **Polyzentralität**, insbesondere in Gestalt der sog. **dezentralen Konzentration**, angestrebt. Dieses Prinzip ist uns schon seit der Gartenstadtidee Howards bekannt (s. 5.7.2); dadurch können der anhaltende Siedlungsdruck im Umland der Städte auf ausgewählte Siedlungsschwerpunkte gebündelt und etwa auch eine größere Tragfähigkeit des ÖPNV erreicht werden. Die dezentrale Planung hat in der Raumordnungspolitik der Bundesrepublik Deutschland durch den sog. Raumordnungspolitischen Orientierungsrahmen von 1993 (s. BMBau 1993) und den Handlungsrahmen von 1995 (BMBau 1995) an Gewicht gewonnen.

Diese und andere denkbare Strategien sowie die Vielzahl unterschiedlichster kommunaler Handlungsfelder erforderten nun - wie bereits angedeutet - im Sinne der Beschlüsse von Rio de Janeiro ein kooperatives Vorgehen im Rahmen einer neu organisierten Kommunalpolitik, d. h. eine Beteiligung bzw. **Partizipation von Akteuren** aus Politik, Verwaltung, Wirtschaft und Bürgerschaft, wie es von den Lokalen Agenden 21 seit Rio 1992 gefordert wurde.

Das BMBau hatte im Jahre 1997 im Rahmen des sog. Experimentellen Wohnungs- und Städtebaus (ExWoSt) vier **Modellstädte im sog. Bündnis „Städte der Zukunft"** (Dessau, Güstrow, Heidelberg und Münster, s. Abb. 5.25) ausgewählt. Ziel dieses Projektes war es, „durch wissenschaftlich gestützte Strategien und empfohlene Maßnahmen zu einer nachhaltigen Städtebaupolitik bei-

Der Abriss älterer Einfamilienhäuser (hier aus der frühen Nachkriegszeit) und deren Ersatz durch hochwertige Wohngebäude für mehrere Haushalte (rechts: mit vier Eigentumswohnungen zw. 77 und 125 qm) mit besseren Renditeerwartungen durch private Investoren sind in Münster ein typischer aktueller Stadtumbauprozess in suburbanen Stadtvierteln in guter Lage (hier Nähe zum Freizeitraum Aasee).

Abb. 5.29 „Nachverdichtung" im **suburbanen Raum der Stadt Münster** (Foto: H. Heineberg 2011)

zutragen und die Modellstädte in die Lage zu versetzen, innovative Projekte für eine zukunftsbeständige Entwicklung durchzuführen" (vgl. auch BfLR 1997). Die vier Modellstädte haben unmittelbar nach ihrer Ernennung mit der Bearbeitung einer größeren Zahl von z. T. anspruchsvollen Pilotprojekten begonnen. Dies erfolgt(e) innerhalb von fünf **Handlungsfeldern,** sog. **ExWoSt-Strategien,** die vom Bundesbauministerium vorgegeben wurden (s. Kasten 5.7 mit den jeweiligen Teilaspekten nachhaltiger Stadtentwicklung). Dadurch konnten in den Modellstädten und darüber hinaus wesentliche Beiträge zu einer nachhaltigen Verbesserung der Lebens-, Umwelt-, Sozial-, Wirtschafts- und Städtebauqualität realisiert werden.

Die nachhaltige Raumentwicklung hat als allgemeines Leitbild der Raumordnung in dem Raumordnungsgesetz des Bundes mit Wirkung ab 1.1.98 (s. § 1 Abs. 2) und durch gleichzeitige Novellierung des Baugesetzbuches (§1 Abs. 5 Satz 1) eine verpflichtende **Rechtsgrundlage** für die städtebauliche Entwicklung erhalten.

Die **Weltkonferenz URBAN 21** in Berlin im Jahre 2000 mit ihrem Expertenbericht über die globale Zukunft der Städte von hat u. a. deutlich gemacht, wie wichtig die Verfolgung der „Dimensionen der nachhaltigen Stadt" als Leitbild für die Gestaltung urbaner Räume im 21. Jh. ist (vgl. P. HALL/U. PFEIFFER 2000).

Angesichts zunehmender ökonomischer Veränderungen (u. a. in Folge der Globalisierung, aber auch der europäischen Integration) sowie - nicht zuletzt - des demographischen Wandels (Überalterung, Heteroge-

Kasten 5.7 Experimenteller Wohnungs- und Städtebau (ExWoSt): Städte der Zukunft - Katalog von ExWoSt-Strategien 1997 Quelle: BfLR 1997

1. Haushälterisches Bodenmanagement
- Reduzierung des Zuwachses an bebauter Siedlungsfläche
- Wiedernutzung von städtebaulichen Brachen u. leerstehenden Gebäuden
- Optimale Nutzung städtebaulicher Dichte
- Erhaltung u. Vernetzung klimawirksamer Freiflächen
- Reduzierung der Bodenversiegelung

2. Vorsorgender Umweltschutz
- Energieeinsparung u. Ausweitung des Anteils regenerativer Energien
- Minderung der Luftschadstoffe u. der Treibhausgase
- Schutz und Pflege des Grundwassers u. lokaler Wasservorkommen
- Stärkung von Stoffkreisläufen u. Reduzierung des Restmüllaufkommens

3. Stadtverträgliche Mobilitätssteuerung
- Anbindung von Wohngebieten u. Arbeitsstätten an ÖPNV
- Reduzierung des Flächenbedarfs des motorisierten Individualverkehrs
- Ausbau des Fahrradwegenetzes
- Erhöhung der Aufenthaltsqualität für Fußgänger/Innen

4. Sozialverantwortliche Wohnungsversorgung
- Ressourcenschonender, kostenreduzierter Wohnungsbau
- Versorgung von Wohnungssuchenden mit besonderem Wohnbedarf
- Förderung nachbarschaftlicher Selbsthilfe
- Sicherung wohnungsnaher Grundversorgung

5. Standortsichernde Wirtschaftsförderung
- Sicherung innerstädtischer Wirtschaftsstandorte
- Schaffung wohngebietsverträglicher Arbeitsplätze
- Stärkung und Entwicklung innerstädtischer Zentren
- Gezielte Standortförderung für umweltschonende Betriebe

nisierung, Schrumpfung der Bevölkerung etc., s. auch 10.4) ergibt sich für die **zukünftige nachhaltige Stadtentwicklungspolitik** in Deutschland eine Reihe von Trends und wichtigen Aufgabenfeldern. Diese lassen sich - in Anlehnung an den städtebaulichen Bericht 2004 der Bundesregierung (BVBW/ BBR 2005, S. 11ff.), der unter dem Thema „Nachhaltige Stadtentwicklung - ein Gemeinschaftswerk" stand - wie in Kasten 5.8 zusammengefasst skizzieren.

Neue Impulse erhielt das Leitbild nachhaltiger Stadtentwicklung auf der nationalen und europäischen Ebene durch das informelle Treffen der für Stadt- und Raumentwicklung zuständigen Minister anlässlich der deutschen EU-Ratspräsidentschaft in der ersten Jahreshälfte 2007. Durch Einigung auf gemeinsame Grundsätze und Strategien für die Stadtentwicklungspolitik in der „**Leipzig Charta zur nachhaltigen europäischen Stadt**" wurden „die gewachsenen europäischen Städte jeder Größe als ein wertvolles und unersetzbares Wirtschafts-, Sozial- und Kulturgut" betrachtet. Die Ministerinnen und Minister erklärten, „nachdrücklich die Nachhaltigkeitsstrategie der Europäischen Union (zu unterstützen). (...) Dabei sind alle Dimensionen einer nachhaltigen Entwicklung gleichzeitig und gleichgewichtig zu berücksichtigen".

„Diese „Leipzig-Charta zur nachhaltigen europäischen Stadt" beruht auf dem gemeinsam erklärten Willen:
• das Instrument der Integrierten Stadtentwicklung voranzubringen,
• besonderen Wert auf die Entwicklung benachteiligter Stadtbezirke zu legen,
• eine politische Initiative zu starten, um die Grundsätze und Strategien der Charta in die nationale, regionale und lokale Entwicklungspolitik zu transformieren,
• eine ausgeglichene räumliche Entwicklung auf Basis eines polyzentrischen Städtesys-

---

Kasten 5.8 Zukünftige nachhaltige Stadtentwicklung nach Städtebaubericht der Bundesregierung 2004

(1) „Stadtentwicklung - ein dynamisches Zusammenwirken von Stadterneuerung, Stadtumbau und Stadterweiterung": u. a. gewinnt der Stadtumbau durch Anpassung an die Erfordernisse von Bevölkerung und Wirtschaft an Bedeutung.
(2) „Soziale Stadtentwicklung": Verhinderung der Abkopplung sozial benachteiligter bzw. Reintegration bereits ausgegrenzter Stadtviertel.
(3) „Wohnen in der Stadt - Sicherung einer angemessenen Wohnungsversorgung": u. a. Wohnungsbestandserneuerung und -rückbau.
(4) „Altersgerechter Städtebau": z. B. generationsübergreifende Stadtteile als Leitbild.
(5) „Wirtschaftliche Wandlungsprozesse aktiv begleiten": u. a. Erhalt des Einzelhandels als Leitfunktion der Innenstadt.
(6) „Mobilität stadt- und umweltverträglich gestalten": Verkehrsvermeidung, Angebotsverbesserungen für den ÖPNV, konsequente Stärkung des Rad- und Fußverkehrs etc. bei gleichzeitiger Entwicklung kompakter städtebaulicher Strukturen mit Nutzungsmischung bzw. einer „Stadt der kurzen Wege" als Leitziel. Im Zusammenhang damit steht auch die:
(7) „Flächensparende Siedlungspolitik" einschl. der Innenentwicklung von Städten durch Brachenrecycling, Nachverdichtung im Bestand, Baulückenschließung oder Mehrfachnutzungen.

---

tems anzustreben" (U. Hatzfeld 2008, S. 6).

Das Instrument einer **Integrierten Stadtentwicklung** - als Selbstverpflichtung der EU-Mitgliedstaaten - bedeutet einerseits die Intensivierung der Zusammenarbeit zwischen Bund, Ländern und Kommunen, andererseits die Bündelung stadtrelevanter öffentlicher und privater Aktivitäten auf allen Ebenen (ebd.).

„Der Versuch, die Leipzig-Charta zu konkretisieren bzw. das Instrument der integrierten Stadtentwicklung noch breiter anzuwenden, führte in Deutschland zur „**Nationalen Stadtentwicklungspolitik**", deren Grundzüge vom Bundesministerium für Verkehr, Bau und Stadtentwicklung (BMVBS) unmittelbar im Anschluss an die deutsche EU-Ratspräsidentschaft entwickelt wurde (U. Hatzfeld 2008, S. 6). Dazu sollten unter dem Motto 'Gute Praxis' „ - vor allem gestützt auf eine breite Kommunikation mit allen am Prozess der Stadtentwicklung Beteiligten - vorhandene Förderprogramme weiterentwickel(t), neue Bedarfslagen in Städten identifizier(t) und die Verfahren der Städtebauförderung praxisnah" gestaltet werden. „Ein zweiter Strang der Nationalen Stadtentwicklungspolitik konzentriert sich auf die 'Projektreihe für Stadt und Urbanität' mit innovativen, beispielgebenden und partnerschaftlichen Ansätzen der Stadtentwicklung" (ebd.).

U. Hatzfeld (Leiter der Unterabtlg. Stadtentwicklung im BMVBS) nennt „sechs Handlungsbereiche, auf die sich sowohl die Projektreihe als auch die 'Gute Praxis' beziehen:
• Zivilgesellschaft - Bürger für ihre Stadt aktivieren,
• Soziale Stadt - Chancen schaffen und Zusammenhalt bewahren,
• Die innovative Stadt - Motor der wirtschaftlichen Entwicklung,
• Klimaschutz und globale Verantwortung - Die Stadt von morgen bauen,
• Baukultur - Städte besser gestalten,
• Regionalisierung - Die Zukunft der Stadt ist die Region" (ebd., 2008, S. 7).

Bis 2012 wurden bereits über 100 Pilotprojekte umgesetzt, wobei „quartiersbezogene Ansätze, gesamtstädtische und stadtregionale Maßnahmen und Konzepte sowie verschiedene thematische Netzwerke" gefördert wurden (BMVBS 2012e, S. 18, s. dort auch Projekterläuterungen).

Die Bundesregierung hat auch bereits mit ihrem **Stadtentwicklungsbericht 2008** (BMVBS 2009b) konkreten Bezug auf die Leipzig Charta genommen und jüngere Initiativen für einen Dialogprozess für die zu-

künftige Stadtentwicklung herausgestellt. Als grundsätzliche Herausforderungen für eine nachhaltige Stadtentwicklung in Deutschland wurden das räumliche Nebeneinander und die **Gleichzeitigkeit von Wachstums- und Schrumpfungsprozessen** (s. 10.4, Abb. 10.11, Kasten 10.3) gesehen, die auf einer Vielzahl von **Einflussfaktoren** beruhen, insbesondere
• Bevölkerungsrückgang und Alterung der Stadtgesellschaft,
• Heterogenisierung/soziale Polarisierung,
• Stadtentwicklung zwischen Ressourceneffizienz und ökologischen Problemen,
• Entwicklung des Wohnungsbestandes und -leerstands,
• Entwicklung von Mobilität und Verkehr,
• Funktionsänderungen und Potenziale zentraler Stadträume,
• anhaltender Verstädterungsprozess,
• Baukultur und Gestaltqualität öffentlicher Räume und Infrastrukturen (BMVBS 2009b, S. 26ff.).

Vor dem Hintergrund der Ziele und Schwerpunkte der Leipzig-Charta (s. oben) wurde im Jahr 2012 von internationalen Expertinnen und Experten in Deutschland ein **Memorandum „Städtische Energien - Zukunftsaufgaben der Städte"** verfasst, das die folgenden „aktuellen Schlüsselaufgaben nachhaltiger Stadtentwicklung benennt:
• der behutsame ökologische Umbau von Gebäuden und Quartieren,
• die technologische Erneuerung der stadttechnischen Infrastrukturen,
• die Entwicklung einer neuen Mobilität und
• die gesellschaftliche Integration" (BMVBS 2012e, S. 8).

5.7.14 Leitbilder des Stadtumbaus in Deutschland unter Schrumpfungsbedingungen.
Stadtwachstum und -schrumpfung sind nicht nur demographische Prozesse, sondern beziehen eine Vielzahl weiterer Merk-

male - wie etwa die Entwicklung der Arbeitsplätze, Realsteuerkraft etc. - mit ein (s. auch 5.7.13). Diese und andere sind in Abb. 10.11 als multidimensionale Typisierungen berücksichtigt. Die Abbildung zeigt, dass sich die wachsenden Städte mit Ausnahme einiger Problemregionen (Beispiel Ruhrgebiet) weitgehend im Westen finden, die schrumpfenden dagegen überwiegend im Osten. Dabei treten diese Prozesse, wie bereits unter 5.7.13 angedeutet, häufig kleinräumig nebeneinander auf, sogar innerhalb einzelner insgesamt stark wachsender Städte (schrumpfende Stadtteile) (s. auch Kasten 10.3).

Die interdisziplinäre Stadtforschung und die Stadtpolitik haben sich in Deutschland erst seit der zweiten Hälfte der 1990er Jahre intensiver mit der Stadtschrumpfung und deren Folgen beschäftigt, und zwar angesichts der wachsenden ökonomischen, sozialen, demographischen und städtebaulichen Probleme und deren mögliche oder absehbare negative Folgen für die Städte und deren Zukunft. Die Politik reagierte darauf mit einer Anzahl verschiedener Förderprogramme und -prioritäten; zu den Bundes- sowie Landesförderungen kamen auch EU-Mittel (s. Abb. 10.10).

Es lässt sich auch anhand der Entwicklung der städtebaulichen Leitbilder oder Konzepte (Abb. 5.25) ablesen, dass diese fast ausschließlich unter **Wachstumsoptionen** entstanden sind. Zum klassischen, auf Wachstum setzenden Planungsverständnis (Abb. 5.30) zählte in den neuen Bundesländern vor allem in den 1990er Jahren - teilweise auch heute noch - z. B. die Ausweisung monofunktionaler Wohnbauflächen auf der „Grünen Wiese" am Stadtrand oder im Stadtumland, wodurch notwendige Umbaumaßnahmen im Stadtinneren häufig konterkariert wurden bzw. werden.

Wie Abb. 5.30 zeigt, akzeptiert dagegen ein zweites grundsätzliches Planungsverständnis die Schrumpfung. Als - z. T. miteinander in Beziehung stehende - **Leitbilder, Strategien, Konzepte etc. des Stadtumbaus** lassen sich die folgenden unterscheiden, die großenteils an Leitbilder der 1990er Jahre anknüpf(t)en, teilweise allerdings neu sind (vgl. ausführlicher und anhand von Beispielen H. HEINEBERG 2008, S. 311ff.):

• **Revitalisierung, Aufwertung und Stabilisierung der Innenstädte**. Dabei geht es nicht nur um funktionale Verbesserungen, z. B. als Gegenmaßnahme zum großflächigen Einzelhandel auf der „Grünen Wiese". Die Konzentration auf die Innenstadt bedeutet auch deren strukturelle und symbolische Attraktivitätssteigerung, z. B. durch weitere Aktivierung des Potenzials historischer Stadtkerne.

• **Neue Urbanität**. Gemeint ist damit, - im Sinne der postmodernen Stadtentwicklung oder Urbanisierung (s. 12.3.2) - der aktuellen Individualisierung neuer Lebensstile spezieller Nachfragergruppen und ihren Wohnwünschen baulich und funktional besser gerecht zu werden. Für die Rück- oder Zuwanderung - insbesondere auch kleiner einkommensstärkerer, häufig jüngerer Haushalte - in die Stadt bieten sich sanierte, stadtzentrumsnah gelegene, z. B. gründer- und jugendstilzeitliche Altbauquartiere an (vgl. den Prozess der Gentrification, s. Kasten 1.3 sowie K. FRIEDRICH 2000, C. KRAJEWSKI 2006).

• **Nachhaltige und kompakte Stadt**. Das Leitbild der Nachhaltigen Stadt kann auch für den Stadtumbau in schrumpfenden Städten rahmengebend sein (vgl. E. PAHL-WEBER 2003). Das Leitbild der Kompakten Stadt (s. 5.7.13) wird in den neuen Bundesländern durch den verbreiteten Rückbau „von außen nach innen" unterstützt. Es handelt sich dabei um Abrissmaßnahmen, vor allem in Plattenbausiedlungen, die zwar häufig noch in den 1990er Jahren oder danach modernisiert bzw. saniert wurden, sich danach je-

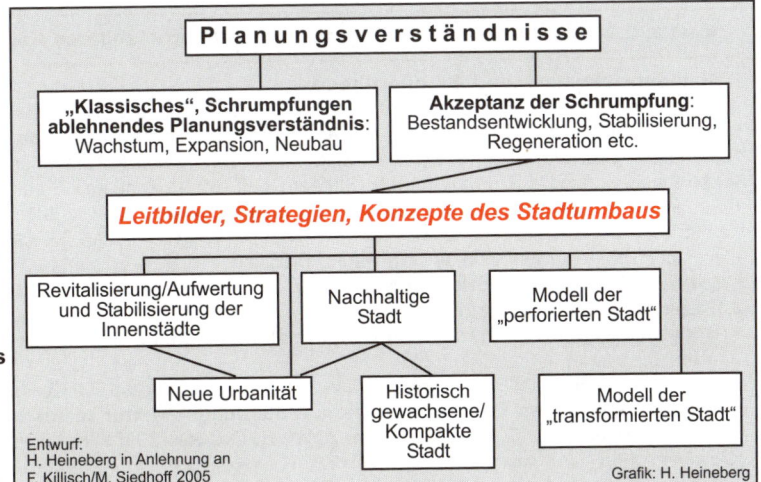

Abb. 5.30 Stadtpolitische Planungsverständnisse und Leitbilder des Städtebaus unter den Bedingungen der Stadtschrumpfung in Deutschland

doch durch zunehmende Wohnungsleerstände auszeichneten. Die Abrissgrundstücke erfahren dabei oftmals weniger verdichtete Nachnutzungen durch den Neubau von Einfamilien-, Doppel- und Reihenhäusern, wodurch vor allem auch Wohnraumalternativen zum Stadtumland geschaffen werden. Das „Schrumpfen der Stadt von den Rändern nach innen bei gleichzeitiger Aufwertung und Konzentration der Bevölkerung im (historischen Innenbereich)" entspricht dem **Leitbild der Rezentrierung** (nach P. STUBBE 2004, S. 66, K. HACKENBROCH 2007, S. 45).

• **Modell der „perforierten Stadt"** - auch als „Leipziger Modell" des Stadtumbaus bezeichnet. Es basiert ursprünglich auf dem Stadtentwicklungsplan 2000 der Stadt Leipzig (vgl. E. LÜTKE DALDRUP 2001). Dieser ist nach F. KILLISCH/M. SIEDHOFF (2005, S. 65) durch eine „fragmentierte, diskontinuierliche Bebauungsstruktur" charakterisiert, die das Ergebnis punktueller Abrisse unbewohnter Gebäude(komplexe) ist, „an deren Stelle als Nachnutzung z. B. gering verdichteter Wohnungsbau oder Flächen mit Freiraumcharakter folgen können". K. WIEST (2005, S. 240) spricht von der „perforierten Patchwork-Stadt". Dieses Konzept hat nicht nur in Leipzig erhebliche Unruhen ausgelöst - etwa mit der Gründung der Protestbewegung „Stadtforum Leipzig".

• **Modell der „transformierten Stadt"** - auch als „Horrorszenario" bekannt - ist „ein radikales Konzept, das in Städten zum Tragen kommen kann, die von so starker (demographischer und ökonomischer) Schrumpfung betroffen sind, dass ihre Existenz unmittelbar gefährdet ist" (W. KILLISCH/M. SIEDHOFF 2005, S. 66). Hierbei wird „der Weg beschritten, die Bereiche der Stadt, die nicht mehr zu halten sind, völlig aufzugeben und eine Konzentration der verfügbaren Kräfte auf die noch erhaltungsfähigen Bereiche vorzunehmen, um die gänzliche Auflösung der Stadt zu vermeiden" (ebd.).

Die jüngere Stadtentwicklungspolitik in Deutschland in Ost und zunehmend in West verdeutlicht, dass trotz des häufigen Strebens nach Wachstum in der Stadtpolitik und -planung eine Reihe von Leitbildern verfolgt wird, die „nach Wegen eines konstruktiven Umgangs mit den Auswirkungen der Schrumpfung (suchen). So bietet der Schrumpfungsprozess auch eine Reihe von Chancen für eine bessere Lebens- und Standortqualität" (ST. FÖBKER/G. THIEME 2007, S. 19).

Kasten 5.9 Literaturauswahl zur Ergänzung und Vertiefung des Kapitels 5

· **Stadtentwicklungs- und Standorttheorien**:
J. FRIEDRICHS 1995, I.-H. HOLZ 1994, B. SCHÄFERS 2010[2], J. OSSENBRÜGGE/A. VOGELPOHL 2014
· **Wachstums- und Entwicklungstheorien in Bezug auf städtische Siedlungen**:
H. BATHELT/J. GLÜCKLER 2012[3], B. BRAUN/C. SCHULZ 2012 (u. a. Wirtschaftstheorien); ST. KRÄTKE 1995
(Exportbasis-Konzept); R. POTTER 1995 (Stufenmodell exportorientierter Siedlungsstruktur); I.-H.
HOLZ 1994 (Theorie d. Wachstumspole); B. BUTZIN 1986, I. LIEFNER/L. SCHÄTZL 2012 (Zentrum-Periphe-
rie-Modell v. J. FRIEDMANN); J. BÄHR/R. WEHRHAHN 1995, R. WEHRHAHN/J. BÄHR 2001 (*Polarization-
Reversal*-Hypothese/Bundesstaat São Paulo, Brasilien)
· **Sozialökologische Theorien und Modelle**:
J. FRIEDRICHS 1983[3], I.-H. HOLZ 1994
· **Bodenrentenmodelle/Städt. Landnutzungslehre/Bodenpreisprobleme im Ballungs-
raum**:
J. ARING 2005, H. BATHELT/J. GLÜCKLER 2012[3]; W. FLÜCHTER/P. J. WIJERS 1990 (Beispiel Raum Tôkyô)
· **Modellvorstellungen des Städtebaus zur Siedlungsstruktur in histor. Entwicklung**:
G. ALBERS 1974, 1992[2], G. ALBERS/J. WÉKEL 2011[2], E. GORMSEN 1997b, R. JUCHELKA u. a. 2003, A.
KAGERMEIER 1997, M. KORDA 1999[4], E. KROSS 1975, P. LAMMERT 1997, D. REINBORN 1996
· **Reformvorstellungen im Städtebau (Gartenstadtmodell)**:
J. POSENER 1968; H. HEINEBERG 1997[2], U. VON PETZ 2008, H.-W. WEHLING 2007
· **Neuere Leitbilder des Städtebaus/der Stadtentwicklung in Deutschland und Europa**:
ARL 2011, H. BECKER u. a. 1999[2], J. BOPP 2010, F. FÜRST u. a. 1999, U. HATZFELD 1996, H. HEINEBERG
2008, 2011d, J. JESSEN 2000, 2005[4], B. SCHÄFERS 2010[2], C.-C. WIEGANDT 2009
· **Leitbild „Ökologischer Städtebau"/Stadtökologie**:
W. ENDLICHER 2012, A. KOCH u. a. 2001, R. WITTIG u. a. 1995 (ökolog. Stadtentw.); J. BREUSTE 1989,
1996 (landschafts- bzw. stadtökologische Struktur u. Bewertung v. Stadtgebieten); F. BETKER 1992
(ökologische Stadterneuerung); BMBAU 1994b (umweltverträgliches Wohnen u. Arbeiten); E. LICHTEN-
BERGER 1998[2] (Stadtökologie im Rahmen d. Geogr. Stadtforschung)
· **Leitbild „Nachhaltige Stadtentwicklung"/Nutzungsmischung im Städtebau**:
G. ALBERS 1997a, E. BERGMANN u. a. 1996, E. BERGMANN/C.-C. WIEGANDT 1996, BfLR 1997, E. BIRZER u.
a. 1997, BMBAU 1996, 1998, BVBW/BBR 2005, M. DRILLING/O. SCHNUR 2012, H.-P. GATZWEILER 1996,
1997, 2000b, H. HEINEBERG 2001, K.-H. HÜBLER 1999, J. JESSEN 1999, 2000, S. KUHN/M. ZIMMERMANN
1996, A. LINN 1999, R. LOSKE 1996, I. MASBERG 1998, M. MEURER 1998, P. NEUMANN/A. ZEIMETZ 2000, S.
NIEMANN 1997, A. PRIEBS 1999b, C.-C. WIEGANDT 2002, J. WOLF 1996, H. ZEPP/J. FLACKE 2002 (nachhaltige Stadtentw.); S. MÖSSNER 2015 (nachhaltige/neoliberale Stadtentw., Bsp. Freiburg); TH. HAUFF
1998a,b, 2000, TH. HAUFF/R. KAHNERT 1999 (Bsp. Münster); H. EICHENAUER (nachhaltige Innenstadterneuerung, Bsp. Siegen); U. HATZFELD 2008, M. ELTGES/C. HAMANN 2010, BMVBS 2012e (LEIPZIG
CHARTA zur nachhaltigen europ. Stadt, nationale Stadtentwickl.-politik in Deutschland); K. HÜLS
2016 (InnovationCity Ruhr, Bsp. Bottrop), M. SCHULTE 2012 (Stadt u. Klimaschutz/-wandel)
· **Leitbild „Dezentrale Konzentration"**:
M. ARNDT 1993, K. BRAKE 1994, 1998, K. BRAKE u. a. 1999; H.-P. GATZWEILER 1994, G. STIENS 1994; A.
H. MOTZKUS 2002 (Beispiel Rhein-Main)
· **Leitbilder und Praxis des Stadtumbaus (in Deutschland) unter Wachstums- und
Schrumpfungsbedingungen**:
U. ALTROCK/D. SCHUBERT 2004, BMVBS/BBSR 2009, H. BODENSCHATZ/H. KEGLER 2005[4], A. GÖSCHEL 2004,
M. KLEMME 2011, C. KRAJEWSKI/R. LINDEMANN 2007, H. HEINEBERG 2008, K. HACKENBROCH 2007, M. KAMP-
MURBÖCK 2009, H. LIEBMANN/M. KARSTEN 2009F. KILLISCH/M. SIEDHOFF 2005; MINISTERIUM F. LANDESENTWICKLUNG
U. VERKEHR D. LANDES SACHSEN-ANHALT 2010 (IBA Stadtumbau Sachsen-Anhalt); O. WEIGEL/ST. HEINIG
2007 (Strategien d. Stadtentwickl., Beispiel Leipzig)

6 Stadtgliederungen - Ansätze und Methoden

Abb. 6.1 Historische Bausubstanz (**Weserrenaissance**, links) **und Aufenthaltsqualität in der Altstadt von Hameln (Fußgängerbereich Osterstr.)** Foto: H. Heineberg 2000

In Kapitel 1 dieses Lehrbuchs wurden bereits Möglichkeiten der innerstädtischen Gliederung, und zwar unter Bezugnahme auf die dort behandelten Hauptforschungsrichtungen der Allgemeinen Stadtgeographie, in einem ersten Überblick gekennzeichnet (s. Kasten 1.1). In diesem Kapitel sollen wichtige Ansätze und methodische Grundlagen räumlicher Stadtgliederungen vertieft und anhand von Beispielen veranschaulicht werden.

Es zeigt sich, dass selbst traditionelle **Konzepte räumlicher Gliederung von Städten** - wie die morphogenetische (6.1) oder auf die Flächen- und Gebäudenutzung bezogene (d. h. funktionale) (6.2) - nicht nur fachwissenschaftlich, sondern auch hinsichtlich ihrer Anwendung in der Stadtplanung bzw. im Städtebau etc. nach wie vor von Bedeutung sind. Praxisbezüge weisen auch sozialräumliche Stadtgliederungen (6.3) auf; deren zum erheblichen Teil grundlegende Kenntnisse in der multivariaten Statistik voraussetzende Methoden können in diesem einführenden Lehrbuch nur z. T. abrissartig und mit Verweisen auf spezielle Fachliteratur behandelt werden. Leichter verständlich sind demgegenüber sowohl funktions- und aktionsräumliche Stadtgliederungen (6.4) als auch auf subjektive Stadtwahrnehmungen bezogene Gliederungen (Wahrnehmungsräume städtischer Strukturen, s. 6.5).

Stadtgliederungen nach verschiedenen Ansätzen sind zudem in anderen Kapiteln dieses Lehrbuchs relevant, in denen sie zum großen Teil auch in Modellen der Stadtstruktur und -entwicklung Berücksichtigung finden (vgl. z. B. Kap. 5 oder 11).

6.1 Morphogenetische Stadtgliederungen

Die Analyse räumlicher Stadtgestaltung sowie der Genese der Formenelemente (morphogenetische Stadtgeographie, s. 1.3.1), dabei insbesondere die Abgrenzung historisch einheitlich gestalteter Stadtbereiche, hat folgende Untersuchungsaspekte zu berücksichtigen:

• die Grundrissgestaltung (historisches Straßennetz und Parzellenstruktur, s. 6.1.1),
• die Aufrissgestaltung (historische Haus- oder Bautypen, s. 6.1.2),
• die historische Raumstruktur und Sichtbeziehungen (s. 6.1.3) sowie
• kulturhistorische, stadtentwicklungsgeschichtliche und bauepochale Phänomene (z. B. historische Stadtentstehung, -entwicklung und Städtetypen in Mitteleuropa, vgl. Kap. 8 und 11).

Raumbezogene Analysen morphogenetischer Stadtgliederungen können von großer Planungsrelevanz sein, z. B. als vorbereitende Untersuchungen im Rahmen der Altstadterneuerung und Stadterhaltung, für den Denkmalschutz etc. (s. auch Kasten 6.1). Dies lässt sich anhand des in der Planungsliteratur gut dokumentierten Beispiels der Stadt Hameln in Niedersachsen aufzeigen (s. Abbn. 6.1., 6.2 und 6.4).

6.1.1 Grundrissgestaltung. Jahrhunderte alt kann der **Stadtgrundriss** mit seinen wichtigsten Elementen, den Straßen und Plätzen sowie den bebauten und unbebauten Grundstücken, sein: **historisches Straßennetz** und **historische Parzellenstruktur** (vgl. Abb. 6.2). Letztere lassen sich mit Hilfe aktueller und historischer großmaßstäblicher Karten (Dt. Grundkarte oder Katasterplankarte 1:5.000, städtische Flurkarten in größeren Maßstäben, Urkatasterkarten aus dem 19. Jh. und andere historische Pläne) häufig ge-

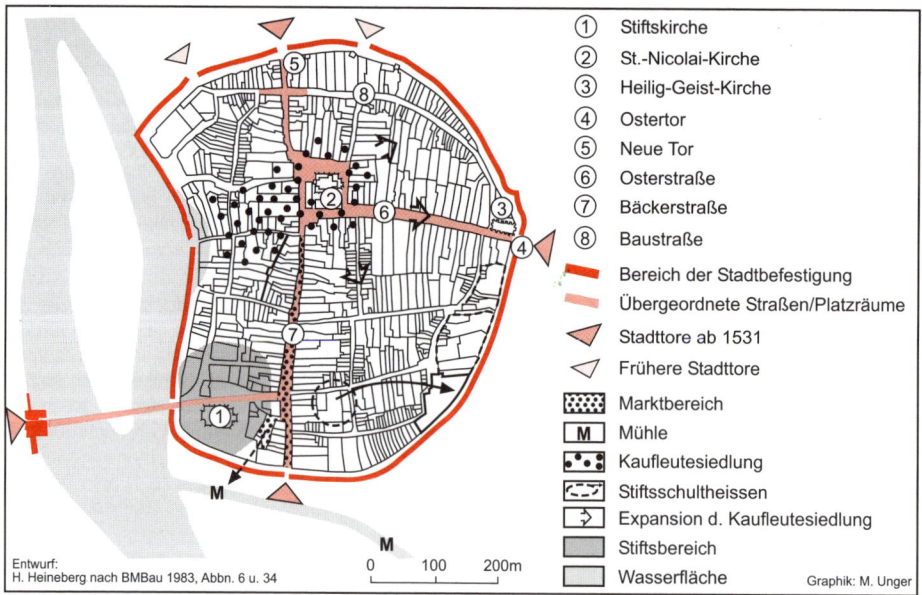

①	Stiftskirche
②	St.-Nicolai-Kirche
③	Heilig-Geist-Kirche
④	Ostertor
⑤	Neue Tor
⑥	Osterstraße
⑦	Bäckerstraße
⑧	Baustraße
	Bereich der Stadtbefestigung
	Übergeordnete Straßen/Platzräume
	Stadttore ab 1531
	Frühere Stadttore
	Marktbereich
M	Mühle
	Kaufleutesiedlung
	Stiftsschultheissen
	Expansion d. Kaufleutesiedlung
	Stiftsbereich
	Wasserfläche

Entwurf:
H. Heineberg nach BMBau 1983, Abbn. 6 u. 34

0   100   200m

Graphik: M. Unger

Abb. 6.2 Altstadt Hameln: Historische Parzellenstruktur und Stadtgrundriss

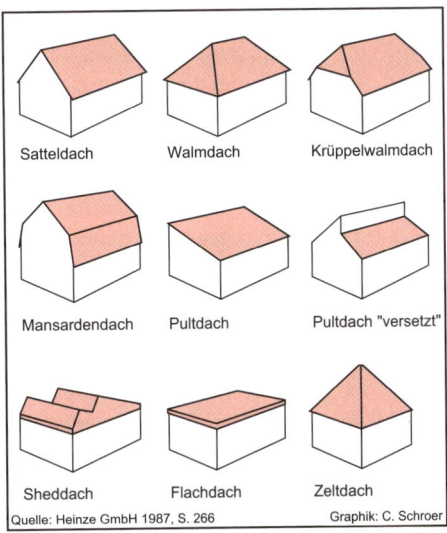

Quelle: Heinze GmbH 1987, S. 266   Graphik: C. Schroer

Abb. 6.3 Grundformen des Daches

weils in einem bestimmten Gebiet vorherrschende Parzellenstruktur in Abhängigkeit zum Straßenprofil und -verlauf steht. Darin kommt dem Straßenwinkel Oster-Bäckerstraße mit dem Markt an seinem Schnittpunkt und dem Stiftsbereich an der südlichen Bäckerstraße eine übergeordnete Bedeutung als Führung der europäischen Ost/West-Handelsstraße, des Hellweges, durch das Stadtgebiet zu" (BMBau 1983, S. 28).

Eine jüngere „parzellensprengende" große Baumaßnahme - das 2008 im nordwestlichen Bereich der Altstadt auf 13.100 m² Fläche errichtete dreigeschossige Einkaufszentrum 'Stadtgalerie Hameln' - bleibt im Folgenden unberücksichtigt.

6.1.2 Aufrissgestaltung. Diese lässt sich ebenfalls in verschiedene Einzelmerkmale (**Aufrisselemente**) mit unterschiedlichen (historischen) Ausprägungen differenzieren.

Ein wichtiges Aufrisselement ist zunächst die **Geschosszahl** (Anzahl der Geschosse), die in großmaßstäblichen Flurkarten zumeist mit römischen Ziffern für die Vollgeschosse

nau analysieren. So zeigt etwa die Stadtgestaltanalyse der Hamelner Altstadt, dass sowohl die Parzellenstruktur als auch der Stadtgrundriss seit dem späten Mittelalter bis in das späte 19. Jh. hinein, d. h. bevor um die Jahrhundertwende Umlegungen durch flächenintensive, „parzellensprengende" Bauten vorgenommen wurden, mit größter Sicherheit persistent waren, d. h. sich nicht oder nur kaum verändert haben. Dabei lässt sich „innerhalb des Stadtkörpers der Altstadt (...) eine gewisse hierarchische Ordnung des Grundrißgefüges definieren, wobei die je-

aufgeführt ist. Bei Aufrisskartierungen in Form von **Geschosszahlenplänen** sollten jedoch auch die genutzten Dachgeschosse und Kellergeschosswohnungen (Souterrains) mitberücksichtigt werden.

Trotz gleicher Geschossigkeit können aber zwischen einzelnen Gebäuden erhebliche Höhendifferenzen vorliegen. **Gebäudehöhen** lassen sich mittels Stereo-Luftbildmessung hinreichend genau bestimmen und kartieren (**Gebäudehöhenpläne**).

Die **historischen Fassadenausprägungen** lassen sich grob in **Fachwerkfassaden** und verschiedene Arten von **Massivfassaden** wie Putz, Haustein, Sichtmauerwerke etc. gliedern; sie sind wichtige Indikatoren zur Bestimmung des Baualters und der (regionalen) Baustile (historische Haus- oder Bautypen, regionale Städtegruppen nach dem Baucharakter, s. 4.1.2). Die historischen Fassadenausprägungen und **Gebäudekonstruktionen** stehen häufig miteinander in enger Beziehung: „In der Regel bedingte das innere konstruktive Gefüge sowohl die Gliederung der Fassade an sich - Verhältnis Öffnung zur Wandfläche - als auch ihre plastische Ausformung" (BMBAU 1983, S. 32). Das Beispiel der Hamelner Altstadt war hinsichtlich der historischen Fassadenstruktur zu 58 % durch Fachwerk und zu 40 % durch Massivbauweise gekennzeichnet (ebd.).

Zu der Gebäudekonstruktion gehört auch die Art der **Dachform** (Abb. 6.3), die sich im Laufe der historischen Entwicklung in Einzelfällen verändern kann. In der Hamelner Altstadt stimmen die (rekonstruierten) ursprünglichen Dachformen der Altbausubstanz (**historische Dachlandschaft**) weitgehend mit dem heutigen Erscheinungsbild, mit Ausnahme der in den letzten Jahrzehnten entstandenen Gebäude, überein.

Grundbezeichnungen zur Beschreibung der (historischen) Dachlandschaft (bzw. Gebäude) sind:

- **giebelständiges Dach** (**Giebelhaus**; mit dem Giebel zur Straße orientiert) und, falls eine Dachfläche zur Straße ausgerichtet ist,
- **traufständiges Dach** (**Traufhaus**; die **Traufe** bildet den unteren Abschluss der Dachfläche).

Normalform des Daches eines Giebel- oder Traufhauses ist das **Satteldach**. Ein **Walmdach** ist ein Satteldach mit abgeschrägten Giebeln und vier Traufen; ist nur der oberste Teil des Giebels abgeschrägt, spricht man von einem **Krüppelwalmdach**. Über diese Formen hinaus lassen sich noch weitere Dachformen (z. B. Pultdach, Flachdach, Zeltdach) benennen, die jedoch z. T. erst im 19. oder 20. Jh. stärkere Verbreitung erfahren haben. Auch sind Kombinationen verschiedener Dach- und Gebäudeformen in der neueren Zeit nicht selten (z. B. das **Vielformhaus** zur Wende 19./20. Jh.).

Typische Elemente der historischen Dachlandschaft sind - neben den oben genannten Grundformen - die traufseitig, d. h. in Querrichtung aufgesetzten Aufbauten, die **Dachgauben** (Dachfenster) oder die größeren, zum Teil mehrgeschossigen sog. **Zwerchhäuser**.

Das Beispiel Hameln zeigt, dass bestimmte Dach- bzw. Gebäudeformen in verschiedenen Städtebau- oder Stilepochen mit unterschiedlichen Anteilen vertreten sind: Während Giebelhäuser zu gleichen Teilen aus dem Spätmittelalter oder der Renaissance und aus dem Barock oder dem Klassizismus stammen, hatte das Traufhaus dort im Barock seine größte Bedeutung (42 %). Das Traufhaus mit Zwerchhaus kommt in Hameln mit geringerer Anzahl schon im Klassizismus vor; es ist jedoch erst im 19. Jh. mit rd. 70 % am stärksten verbreitet.

Die Kombination (1) der Dach- und Gebäudeformen (formale **Hausform**) mit (2) der **Bauepoche** (epochenspezifische Ornamentik- und Konstruktionsform) und (3) der

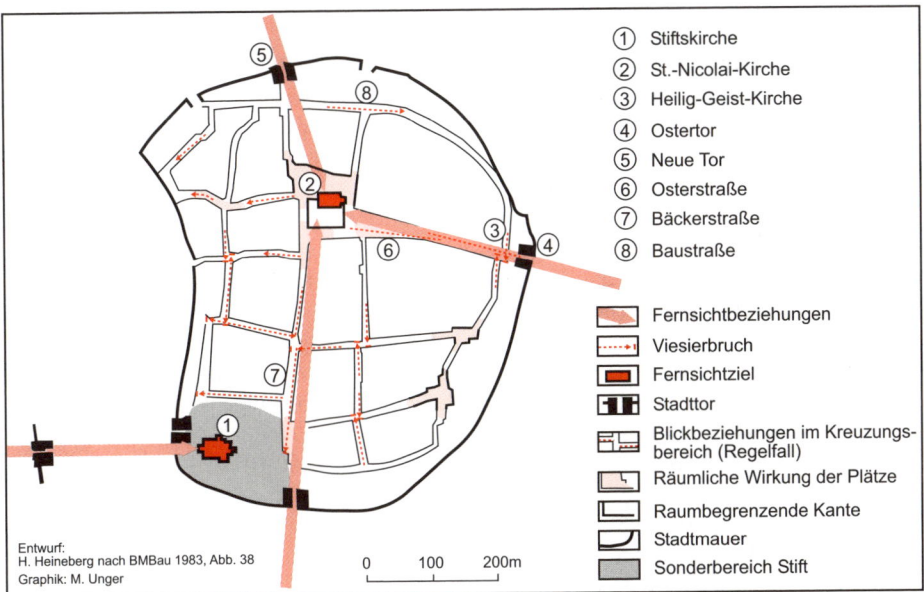

①	Stiftskirche
②	St.-Nicolai-Kirche
③	Heilig-Geist-Kirche
④	Ostertor
⑤	Neue Tor
⑥	Osterstraße
⑦	Bäckerstraße
⑧	Baustraße

Fernsichtbeziehungen
Viesierbruch
Fernsichtziel
Stadttor
Blickbeziehungen im Kreuzungs-
bereich (Regelfall)
Räumliche Wirkung der Plätze
Raumbegrenzende Kante
Stadtmauer
Sonderbereich Stift

Entwurf:
H. Heineberg nach BMBau 1983, Abb. 38
Graphik: M. Unger

0   100   200m

Abb. 6.4 Altstadt Hameln: Historische Raumbildung und Sichtbeziehungen

(historischen) **Hausnutzung** (z. B. Wohnen, Arbeiten, Lagern) ermöglicht die Festlegung einzelner **historischer Haus- oder Bautypen** (bzw. -typenreihen). So konnten in der Untersuchung der Hamelner Altstadt 10 verschiedene Bautypen zur Beschreibung des vorhandenen historischen Baubestandes analysiert werden (z. B. giebelständiges Dielenhaus, Traufhaus mit mittlerer Erschließung und Durchfahrt). Gleichzeitig wurde auch der jeweilige **Erhaltungszustand** oder die **Gestaltqualität** eines historischen Gebäudes erfasst und - zusammen mit dem historischen Bautyp - kartographisch dargestellt (**Bauzustandskarte**; s. 6.1.4). Empirische Grundlage dazu bildete die genaue Erfassung zahlreicher Einzelmerkmale der Gebäude (z. T. durch Quellen-/Bauaktenstudium etc.) mittels einer detaillierten **Gebäudekartei**; eine derartige Kartei kann auch eine wertvolle praktische Hilfe für Objektsanierungen oder für Belange des Denkmalschutzes bilden (BMBAU 1983, S. 77ff.).

6.1.3 Historische Raumstrukturen (oder Raumbildungen) und Sichtbeziehungen

in Städten, die sich aus den Grundriss- (Straßen und Plätze) und Gebäudestrukturen ergeben, haben sich z. T. seit dem Mittelalter in vielfältiger Weise verändert. D. h., es lassen sich charakteristische historische Raumbildungen und deren Umwandlungen, aber auch deren Beeinträchtigungen, insbesondere durch jüngere Baumaßnahmen, nachweisen. In historischen Stadtkernen sollten Veränderungen der Raumstrukturen möglichst nur unter Berücksichtigung der Analyse und Bewertung historischer Raumbildungen und Sichtbeziehungen erfolgen.

Daher wurde die Baustruktur der Hamelner Altstadt unter folgenden Aspekten analysiert, um daraus **Maßnahmeempfehlungen** zur Verbesserung der Raumstruktur ableiten zu können (Abb. 6.4):
• Fernwirksamkeit von Einzelgebäuden (u. a. herausragende Silhouettenwirkung der Kirchtürme von den ehemaligen vier Stadt-

toren aus) in Relation zu den überwiegend einheitlichen zwei- bis dreigeschossigen Gebäuden, wie sie für das mittelalterliche Erscheinungsbild charakteristisch ist;
• raumbildende Wände (Straßen, Plätze);
• Geschlossenheit von Straßen- und Platzräumen (großenteils mit sog. **Visierbrüchen in den Sichtbeziehungen**, die durch den geschwungenen Straßenverlauf und die Ausbildung von versetzten Straßenkreuzungen entstanden sind);
• räumlich wirksame Vegetation (Bäume) und Einfriedungen; Bäume sind erst nach der Schleifung der Befestigungsanlagen als Gestaltungsmittel (v. a. in Form von Alleen) verwendet worden.

Abgeleitet aus der Analyse und Bewertung historischer Raumstrukturen wurde für die Altstadt Hameln eine Reihe von Gestaltungsmaßnahmen vorgeschlagen, soweit sie nicht schon seit den 1960er bzw. 1970er Jahren im Rahmen der Stadterneuerung und -erhaltung realisiert worden waren (z. B. Ergänzen von Baulücken zur Wiederherstellung geschlossener Wände, Neuordnung von Platzräumen und Blockinnenflächen, Ordnen und Revitalisierung des historischen Bereichs bei den Stadtmauertürmen; vgl. BMBAU 1983, S. 42f.).

6.1.4 Erhaltungszustand oder Gestaltqualität eines (historischen) Gebäudes.
Zur Analyse des Gebäudezustands reicht die Typisierung nach äußeren Grundriss- und Aufrissstrukturen nicht aus, denn dazu sind auch die Innenstrukturen mittels Eigenerhebungen (Kartierungen) zu erfassen.

Für die Erstellung einer **Bauzustandskarte** ist, je nach Problemstellung, eine bestimmte qualitative Kategorienbildung erforderlich. Hierzu lieferte bereits das Städtebauförderungsgesetz von 1971 mit den unter § 3 Abs. 3 genannten **Kriterien für städtebauliche Missstände** (Belichtung, Besonnung und Belüftung der Wohn- und Arbeitsstätten, bauliche Beschaffenheit, Zugänglichkeit etc.) eine gewisse Grundlage. Seit 1987 werden sog. städtebauliche Sanierungsmaßnahmen nach dem neuen Baugesetzbuch (sog. BauGB, letzte Fassung vom 23.9.2004, geändert am 22.7.2011) geregelt.

In einer Bauzustandskarte können die verschiedensten Kriterien so zusammengefasst werden, dass sich z. B. eine Rangordnung nach den komplexen baulichen Mängeln ergibt; vgl. z. B. die kartographischen Darstellungen zur Wohnungsqualität mit Mängelindex in Bezug auf die Stadtsanierung in Regensburg in W. R. HEINZ u. a. (1975).

6.1.5 Grundtypen neueren Wohnungsbaus.
Bei der morphologischen Stadtgliederung sind außer den historischen Bauformen (morphogenetische Stadtgliederung) auch jüngere Baustrukturen zu berücksichtigen, die im Kasten 6.2 aufgeführt und systematisiert sind.

Darüber hinaus bestehen weitere neuere, darunter vor allem auch größere Wohnungsbautypen (z. T. nur als Prototypen errichtet). In anderen Kulturräumen als Mitteleuropa müssen teilweise gänzlich andere Kategorien zur Kennzeichnung von Grundtypen des Wohnungsbaus berücksichtigt werden.

6.2 Stadtgliederungen nach der Flächen- und Gebäudenutzung

6.2.1 Die Flächen- und Gebäudenutzung
zählt zu den wichtigsten Merkmalen der inneren Gliederung von Städten. Stadtgliederungen nach den jeweils vorherrschenden Nutzungen (Raumfunktionen), d. h. aufgrund bestimmter räumlicher Nutzungs- bzw. Funktionsvergesellschaftungen (z. B. City, Gewerbegebiete), werden häufig auch als **funktionale Stadtgliederungen** oder **funk-**

Kasten 6.2   **Gebäudetypen (Wohnformen)** nach M. KORDA 2005[5] (linke Spalte) sowie **Art der baulichen Nutzung, Bauweise etc. gemäß Baunutzungs- u. Planzeichenverordnung 1990** - Auswahl (rechte Spalte)

· **Einfamilienhäuser**:
 - Freistehendes Einfamilienhaus,
 - Doppelhäuser,
 - Gartenhofhaus (Atriumhaus),
 - Reihenhaus,
 - Kettenhaus (immer wiederkehrender Wechsel von zwei oder drei Baukörpern, z. B. Wohnteil und Garage)
 	
 · **Mehrfamilienhäuser**
 	
 · **Geschosswohnungsbau**:
 - Freistehendes Vielwohnungshaus,
 - Freistehende Hochhäuser (Punkthäuser),
 - Außenganghaus (Laubenganghaus),
 - Innenganghaus
 	
 · **Sonderformen**:
 - Terrassenhäuser am Hang,
 - Wohnhügel,
 - Wohntürme
 	
 Zur genaueren Kennzeichnung dieser Wohnformen vgl. M. KORDA 2005[5]
 	
 Anmerkung:
 Zu weiteren Kategorien der deutschen Baunutzungs- und Planzeichenverordnung (rechte Spalte) siehe Kasten 6.2 in der 4. Aufl. (2014) dieses Stadtgeographie-Lehrbuchs
	1. Art der baulichen Nutzung
	 1.1 Wohnbauflächen (W):
	     - Kleinsiedlungsgebiete (WS)
	     - Reine Wohngebiete (WR)
	     - Allgemeine Wohngebiete (WO)
	     - Besondere Wohngebiete (WB)
	 1.2 Gemischte Bauflächen (M)
	     - Dorfgebiete (MD)
	     - Mischgebiete (MI)
	     - Kerngebiete (MK)
	 1.3 Gewerbliche Bauflächen (G)
	     - Gewerbegebiete (GE)
	     - Industriegebiete (GI)
	 1.4 Sonderbauflächen (S)
	     - Sondergebiete (SO),
	     die der Erholung dienen
	     (z. B. Wochenendhausgebiete)
	     - Sonstige Sondergebiete (SO),
	     z. B. Klinikgebiete
	 2. Maß der baulichen Nutzung (s. 6.2.2)
	 3. Bauweise, Baulinien, Baugrenzen
	 3.1 Offene Bauweise (mit Untergliederungen)
	 3.2 Geschlossene Bauweise
	 3.3 Baulinie
	 3.3 Baugrenze

---

tionale **(Stadt-)Viertel** bezeichnet (funktionale Raumeinheiten, s. auch Funktionale Stadtgeographie unter 1.3.2).

Zur empirischen Erhebung der Flächen- und Gebäudenutzung bilden die amtliche sog. Verordnung über die bauliche Nutzung der Grundstücke, abgekürzt **Baunutzungsverordnung (BauNVO)**, vom 23.1.1990 (zuletzt geändert 22.4.1993) und die sog. **Planzeichenverordnung (PlanzV)**, vom 18.12.1990, die beide für die Bauleitplanung bundeseinheitlich geregelt sind, eine erste Orientierung; vgl. Kasten 6.2; zur genauen Definition der einzelnen Begriffe s. BauNVO und PlanzV (*Downloads*).

Abb. 6.5 zeigt ein Beispiel für eine Überblicksdarstellung der städtischen Flächennutzung in Kombination mit einigen stadtstrukturellen Merkmalen (z. B. Mietshausgürtel) auf der Grundlage des amtlichen Flächennutzungsplans für die Stadt Berlin.

Je nach geographischer Problemstellung müssen die in der Bauleitplanung benutzten Kategorien bei Nutzungskartierungen und -darstellungen weiter differenziert oder modifiziert werden. Unter den empirischen Flächen- und Gebäudenutzungsmethoden sind wohl diejenigen Arbeitstechniken am detailliertesten entwickelt, die sich auf die Analyse innerstädtischer Zentren beziehen (s. Kap. 7). Die Differenzierung der Gebäudenutzungen nach der unterschiedlichen sozialen Struktur der Wohnbevölkerung bildet eine wichtige Grundlage für sozialräumliche Stadtgliederungen (s. 6.3).

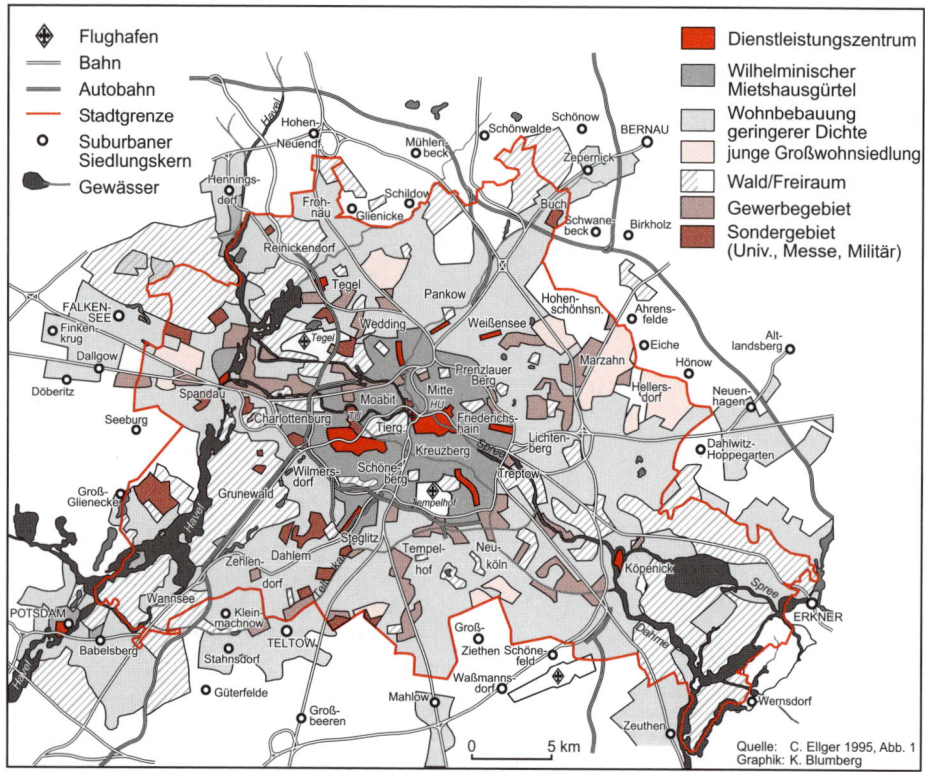

Abb. 6.5 Übersicht über die Flächennutzung und Stadtstruktur Berlins

Legend:
- Flughafen
- Bahn
- Autobahn
- Stadtgrenze
- Suburbaner Siedlungskern
- Gewässer
- Dienstleistungszentrum
- Wilhelminischer Mietshausgürtel
- Wohnbebauung geringerer Dichte
- junge Großwohnsiedlung
- Wald/Freiraum
- Gewerbegebiet
- Sondergebiet (Univ., Messe, Militär)

Quelle: C. Ellger 1995, Abb. 1
Graphik: K. Blumberg

0   5 km

6.2.2 Charakterisierung der baulichen Nutzung mittels Maßzahlen der Bauleitplanung. In der Bauleitplanung der Bundesrepublik Deutschland werden drei Maßzahlen benutzt, deren Obergrenzen - je nach Baugebietskategorie - nicht überschritten werden dürfen (s. Kasten 6.3, vgl. im Einzelnen die Baunutzungsverordnung von 1990, § 16). Diese Maßnahmen lassen sich auch für die innere Gliederung von Stadtgebieten nutzen, z. B. auch in Kombination mit funktionalen oder etwa morphogenetischen Untergliederungen.

6.3 Sozialräumliche Stadtgliederungen

6.3.1 Sozialräumliche Gliederung (einer Stadt) bedeutet die Differenzierung der Bevölkerung nach sozialen und sozio-ökonomischen Merkmalen, Statuspositionen, sozialen Gruppen oder Schichten, Lebensstilgruppen u. ä. und deren (klein-)räumliche Verteilung in der Stadt. Ein ähnlicher, vor allem in der soziologischen Stadtforschung benutzter Begriff ist **(soziale) Segregation**, worunter in Anlehnung an J. FRIEDRICHS (1983[3]) das Ausmaß der disproportionalen (ungleichen) Verteilung und Trennung von Bevölkerungsgruppen oder sozialen Schichten in

---

Kasten 6.3
Maßzahlen der Bauleitplanung

Die **Grundflächenzahl** (GRZ) gibt als Dezimalbruch das Verhältnis zwischen überbauter Fläche (Grundfläche) und Grundstücksfläche an (vgl. BauNVO § 17). Die GRZ darf in der Bauleitplanung (Bebauungsplan) z. B. in sog. allgemeinen und reinen Wohngebieten den Wert von 0,4, in Gewerbegebieten (GE) und Industriegebieten (GI) von 0,8 nicht überschreiten; in Kerngebieten (MK) beträgt sie maximal 1,0.

Die **Geschossflächenzahl** (GFZ) ist in der Bauleitplanung die wichtigste der zur Festsetzung des Maßes der baulichen Nutzung verwendeten Einheiten. Sie berechnet sich als Summe aller Vollgeschossflächen eines Gebäudes (ohne Nebenanlagen) im Verhältnis zur Grundstücksfläche. Die GFZ darf im Bebauungsplan z. B. in allgemeinen und reinen Wohngebieten den Wert von 1,2, in Gewerbegebieten (GE) und Industriegebieten (GI) von 2,4 sowie in Kerngebieten (MK) von 3,0 nicht überschreiten.

Weniger wichtig für die innere Gliederung von Stadtgebieten ist die **Baumassenzahl** (BZ), die angibt, wieviele Kubikmeter Baumasse auf je ein Quadratmeter Grundstücksfläche entfallen bzw. im Sinne der Bauleitplanung zulässig sind. Die BMZ ist dann vorteilhaft, wenn es sich um Bauten mit sehr ungleichen oder ungewöhnlichen Geschossflächen handelt (z. B. bei Kirchen, Werkshallen in Industriegebieten, Silos).

Bezug auf räumliche Teileinheiten der Stadt verstanden wird. Derartige sozialstrukturell bestimmte räumliche Teileinheiten lassen sich häufig vereinfachend modellhaft in Form von Kreisringen (vgl. Ringmodell von E. W. BURGESS, s. 5.3.2) oder Sektoren (vgl. Sektorenmodell von H. HOYT, s. 5.3.3) darstellen.

Empirische Erfassungen sozialräumlicher Gliederungen oder sozialer Segregation innerhalb einer Stadt sind abhängig von:
• den zu berücksichtigenden demographischen/sozialen/sozio-ökonomischen Merkmalen oder Indikatoren bzw. deren Kombination,
• den dafür zur Verfügung stehenden Daten der amtlichen Statistik oder auch sekundärstatistischer Quellen wie beispielsweise Adressbücher,
• den (kleinsten) räumlich-statistischen Bezugseinheiten innerhalb der Stadt und nicht zuletzt
• von dem gewählten (eventuell theoretisch abgeleiteten) Untersuchungsansatz und der Untersuchungsmethodik (z. B. Sozialraumanalyse oder Faktorialökologie, s. 6.3.4).

Die Voraussetzungen sozialräumlicher Strukturierung von Städten haben sich in den vergangenen Jahrzehnten nicht nur hinsichtlich der kleinräumigen Datenverfügbarkeit in Kommunen entscheidend gewandelt (s. 6.3.2). Hinzu kommt, dass durch die „Pluralisierung der Lebensstile" (vgl. I. HELBRECHT/J. POHL 1996) bzw. die Herausbildung neuer Sozialstrukturen die an der Schichtzugehörigkeit (als Indikator für den gesamten Gesellschaftsaufbau) orientierten Analysen sozialer Ungleichheit fragwürdig geworden sind (s. 1.3.6, 6.3.3).

6.3.2 Statistische Grundlagen und Probleme der sozialräumlichen Stadtgliederung. Die Merkmals- bzw. Variablenauswahl (amtliche oder auch nichtveröffentlichte Daten) für Zwecke sozialräumlicher Stadtgliederungen, die insgesamt methoden- und/oder problemorientiert sowie vor allem auch kleinräumig verfügbar sein sollte, unterliegt in Deutschland erheblichen Restriktionen, - nicht zuletzt wegen des Fehlens aktueller flächendeckender Großzählungen (zuletzt 1987) und des erforderlichen Datenschutzes.

Konnten etwa in der älteren, wegweisenden Arbeit zur sozialräumliche Gliederung der Stadt Karlsruhe von P. BRATZEL (1981) die Gebäude- und Wohnungszählungen von 1968 sowie Volkszählungsergebnisse von 1970 genutzt und insgesamt 24 Variablen aus der Gebäude- und Wohnungszählung und weitere 30 aus der Volkszählung verwendet werden, so verzichtete etwa R. GUTFLEISCH (2007) in seinen sozialräumlichen Untersuchungen der Stadt Frankfurt a. M. gänzlich auf die entsprechenden Daten aus dem Jahr 1987 (Volks- und Berufszählung, Gebäude- und Wohnungszählung) und nutzte stattdessen Datenfortschreibungen und Sonderauszählungen städtischer Ämter. Leider unterliegen letztere jedoch unterschiedlichsten Einschränkungen (vgl. ebd., S. 20ff.). Dies betrifft nicht nur statistische Ungenauigkeiten der demographischen Melderegister oder Lücken in den Datensätzen der Wohnungs- und Gebäudestatistik, sondern vor allem auch die häufige Benutzung unterschiedlichster kleinräumiger Bezugseinheiten städtischer Ämter innerhalb der gleichen Stadt.

Für die deutschen Kommunen gelten zudem insgesamt keine Standards oder Koordinierungen für die Festlegung von Variablen sowie für die Art oder Benennungen räumlich-statistischer Gliederungen auf kleinräumiger Ebene. In Abb. 6.6 und Kasten 6.4 ist eine Reihe von - keineswegs vollständigen - **Möglichkeiten der Einteilung von Stadtgebieten** in räumlich-statistische Bezugseinheiten in ihrer hierarchischen Gliederung dargestellt bzw. erläutert. Grundsätzlich gilt: „Je höher aggregiert wird, desto heterogener werden die Einheiten und desto ungenauer werden die Aussagen. Daher wird im Allgemeinen auf die kleinste räumlich verfügbare Einheit zurückgegriffen. Der Datenschutz muss auf allen Ebenen gewährleistet sein" (R. GUTFLEISCH 2007, S. 21).

Für sozialräumliche Analysen in Frankfurt a. M. benutzte R. GUTFLEISCH (2007) neun aussagekräftige Variable, die für die kleinräumigste (unterste) Stufe der Stadtbezirke zur Verfügung standen (vgl. Kasten 6.5 sowie Abb. 6.8 und Erläuterung für eine ausge-

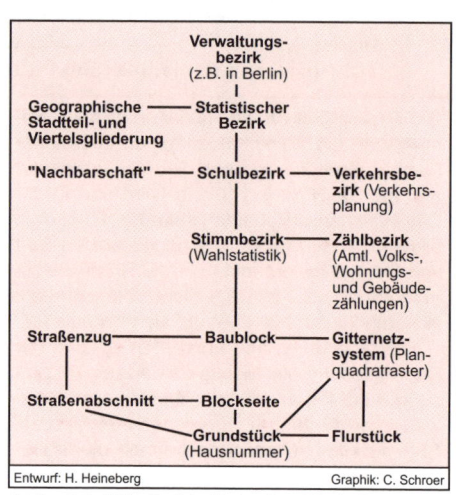

Entwurf: H. Heineberg   Graphik: C. Schroer

Abb. 6.6 Möglichkeiten der Einteilung von Stadtgebieten in räumlich-statistische Bezugseinheiten

wählte Variable); das Forschungsanliegen war der Vergleich unterschiedlicher methodische Ansätze, und zwar der Sozialraumanalyse (s. 6.3.3), Faktorenanalyse und Clusteranalyse (s. 6.3.4). R. GUTFLEISCH (ebd., S. 23) weist kritisch darauf hin, „dass der Raumbezug trotz des kleinsten räumlichen Aggregationsniveaus immer noch zu grobgliedrig ist. Disparitäten innerhalb eines Bezirks können nicht ausreichend erfasst und fließende Übergänge zwischen zwei statistischen Einheiten nicht berücksichtigt werden. Die Trennung von Industrie- und Wohnfläche ist ebenso wenig gewährleistet wie die Homogenität der Bevölkerung. Ebenfalls führen die ungleichen Größenverhältnisse der Bezirke zu so genannten Ausreißern, mit stark von der Umgebung abweichenden Strukturmerkmalen. So kann es zu Verzerrungen und Nivellierungen kommen, die die Analyse nachhaltig beeinflussen. Um dies zu verhindern, müssten statistische Einheiten gefunden werden, die ein möglichst großes Maß an innerer Homogenität ausweisen und sich eindeutig abgrenzen lassen. Eine solche Einheit wäre z. B. die Block-

Kasten 6.4 Möglichkeiten der Einteilung von Stadtgebietes in räumlich-statistische Bezugseinheiten (Auswahl, vgl. auch Abb. 6.6)

Zu den überkommenen Einteilungen von Stadtgebieten zählen bei einigen Großstädten (z. B. Berlin) **Verwaltungsbezirke** sowie sehr häufig sog. **statistische Bezirke oder Gebiete** (vgl. Abbn. 6.6, 6.8 bis 6.10). Diese Gliederungen, die sich oftmals mit früheren Gemeinden oder Gemeindeteilen decken, sind für sozialräumlichen Analyse jedoch i. Allg. zu grob abgegrenzt.

Nach geographischen Kriterien bestimmte **Stadtteile** oder **Viertelsbildungen** (z. B. City als Stadtteil) existieren für Belange der Kommunalstatistik bislang nur in seltenen Fällen.

Amtliche Einteilungen in **Verkehrsbezirke** oder **Schulbezirke** bilden für sozialräumliche Gliederungen meist keine Grundlage. **Stimmbezirke** für amtliche Wahlen (Wahlstatistik) oder die **Zählbezirke** von Volks-, Gebäude- und Wohnungszählungen besitzen den Nachteil, dass sie vornehmlich unter dem Gesichtspunkt der Zählungsorganisation abgegrenzt worden sind und daher die räumliche Struktur des jeweiligen Stadtgebietes oftmals wenig berücksichtigen.

Seit den 1960er Jahren wurden einzelne Stadtgebiete für amtliche statistische Zwecke häufig in **Baublöcke** (begrenzt von Straßen) untergliedert und die Zählbezirkseinteilung der Gliederung nach Baublöcken angepasst. Diese Baublockgliederung der Kommunalstatistik hat den Vorteil, dass sie auf die bauliche Gliederung der Stadt bezogen ist und sich eindeutige Abgrenzungen durch Straßenzüge ergeben. Sie bildete für eine Reihe geographischer Arbeiten zur sozialräumlichen Stadtgliederung (z. B. P. BRATZEL 1981) ein geeignetes räumlich-statistisches Bezugssystem.

Die Baublockgliederung der amtlichen Statistik wurde jedoch keineswegs von den Städten allgemein akzeptiert, nicht zuletzt weil Baublöcke als kleinste Bezugseinheiten auch einige Nachteile besitzen: u. a. unterschiedliche Größen und Einwohnerzahlen und damit eine z. T. geringe Vergleichbarkeit; teilweise werden durch die Baublockeinteilung Gebiete gleicher Nutzung, z. B. Geschäftsstraßen, aufgeteilt; die Nutzungsstruktur innerhalb von Baublöcken ist häufig heterogen. Daher sind einige Städte dazu übergegangen, in Verbindung mit der Baublockstatistik eine weitere Aufschlüsselung nach **Blockseiten** vorzunehmen. Daraus können dann Daten für größere **Straßenabschnitte** oder **Straßenzüge** aggregiert (zusammengefasst) werden.

Eine weitere Möglichkeit besteht darin, als kleinste räumlich-statistische Bezugseinheiten sog. **Planquadrate** vorzusehen, deren Seiten ein Koordinatengitternetz bilden: sog. **Gitternetzsystem** oder **Planquadratraster**. Zur Abgrenzung der Planquadrate verwendet man im Allg. das Gauß-Krügersche Gitternetz der Dt. Grundkarte 1: 5.000 mit Maschenbreiten von 100 oder 200 m. Derartige zeitlich unveränderliche und flächengleiche Planquadrateinteilungen von Stadtgebieten besitzen nicht nur für die amtliche Statistik, sondern auch für die Belange der modernen Stadtforschung, insbesondere der sozialräumlichen Stadtgliederung, gegenüber den unregelmäßig gestalteten Baublockaufteilungen eine Reihe von Vorteilen: Wegen der gleichen Baublockflächen sind Vergleiche (z. B. von Bevölkerungsdichtewerten) sehr gut möglich; gute Eignung für kartographische Darstellungen; universelle EDV-Anwendungsmöglichkeiten.

Allerdings besitzt das Planquadratraster auch Nachteile, z. B. durchschneiden die Gitterlinien willkürlich Straßen, Grundstücke, Parzellengrenzen etc. Vor der statistischen Analyse müssen daher z. B. die Parzellengrenzen den Planquadratrastern angepasst werden (Zuordnung angeschnittener Grundstücke zum jeweiligen Planquadrat, in dem der größte Teil der jeweiligen Grundstücksfläche liegt). Die auf diese Weise angepassten quadratähnlichen Flächengrößen weichen jedoch mehr oder weniger von den exakten, gleichen Planquadratrasterflächen ab.

In der Städtestatistik finden z. T. auch kleinsträumliche Aufbereitungssysteme Anwendung, die die Speicherung von Daten pro **Grundstück** (Straße und Hausnummer) beinhalten. Die grundstücksbezogenen Daten können beliebig für Baublöcke, Straßenzüge etc. aggregiert werden; sie lassen sich damit grundsätzlich für unterschiedlichste Raumgliederungen von Stadtgebieten verwenden. Kleinräumige grundstücks- bzw. hausnummernbezogene Darstellungen der Sozialstruktur, d. h. einer sog. **Sozialtopographie**, unterliegen in Deutschland jedoch den Restriktionen des Datenschutzes, sind allerdings für historisch zurückliegende Untersuchungen möglich und häufig sehr aussagekräftig (D. DENECKE 1980, 2005, M. SIEKMANN 1989; vgl. auch Abb. 6.7 mit Erläuterung).

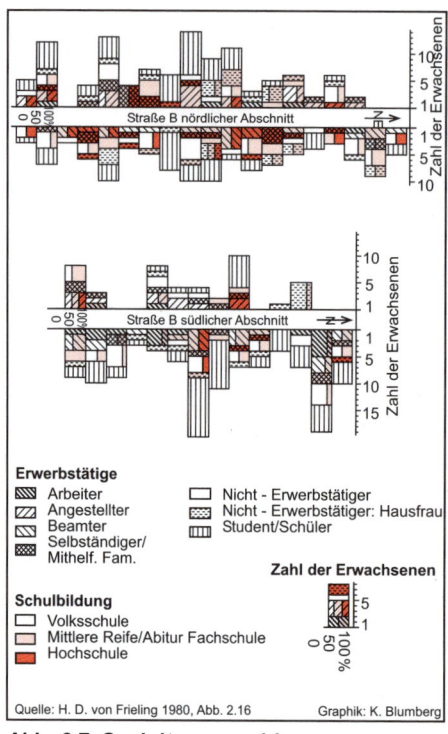

Erwerbstätige

▨ Arbeiter	☐	Nicht - Erwerbstätiger
▨ Angestellter	▨	Nicht - Erwerbstätiger: Hausfrau
▨ Beamter	▥	Student/Schüler
▨ Selbständiger/ Mithelf. Fam.		

Schulbildung

☐ Volksschule
☐ Mittlere Reife/Abitur Fachschule
☐ Hochschule

Quelle: H. D. von Frieling 1980, Abb. 2.16   Graphik: K. Blumberg

Abb. 6.7 Sozialtopographie ausgewählter Straßenabschnitte in Göttingen 1970

Abb. 6.7 zeigt eine Möglichkeit der **Darstellung der Sozialtopographie** auf der Basis der Volkszählungsdaten 1970. Wegen des Problems des Datenschutzes wurden die jeweiligen Straßen in der Stadt Göttingen anonym (z. B. Straße B) gekennzeichnet. Diese und weitere entsprechende Abbildungen in der Arbeit von H. D. VON FRIELING (1980) verdeutlichen, dass sowohl im jeweiligen Haus als auch innerhalb der Straßenabschnitte die soziale Mischung der Bevölkerung vorherrscht. Daraus ist zu folgern, dass auf der Basis der größeren räumlich-statistischen Bezugseinheiten, wie Planquadrate, Baublöcke oder Stadtteile (s. Abb. 6.6 und Kasten 6.4), i. Allg. keineswegs sozialstrukturell homogene sozialräumliche Einheiten dargestellt werden (selbst wenn sie als solche benannt sind). Es werden bei derartigen sozialräumlichen Stadtgliederungen offenbar lediglich Tendenzen bezüglich der räumlichen Verteilung der Sozialstruktur, -gruppen etc. aufgezeigt, „nämlich die Abweichung des durchschnittlichen sozialstatistischen Profils (beispielsweise) eines Planquadrates gegenüber dem durchschnittlichen Profil der Gesamtstadt" (H. D. VON FRIELING 1980, S. 206).

Kasten 6.5 Indikatoren und Variablen zur Sozialraumanalyse von Frankfurt a. M. nach Stadtbezirken von R. Gutfleisch 2007, Tab. 2

Erster Indikator:
- Arbeitslosendichte (Anteil der Arbeitslosen an der Bevölkerung von 15 bis unter 65 Jahren)
- Anteil der Sozialhilfeempfänger/innen (mit laufender Hilfe zum Lebensunterhalb außerhalb von Einrichtungen) an der Bevölkerung
- Wahlbeteiligung an der Bundestagswahl (27.09.1998)

Zweiter Indikator:
- Anteil der Einpersonenhaushalte an den Privathaushalten
- Anteil der Bevölkerung im Alter von unter 6 Jahren an der Bevölkerung
- Anteil der Mehrfamilienhäuser an den Wohngebäuden

Dritter Indikator:
- Anteil der Zu- und Wegzüge an der Bevölkerung
- Anteil der ausländischen Bevölkerung an der Bevölkerung
- Anteil der Bevölkerung im Alter von 65 Jahren und älter an der Bevölkerung

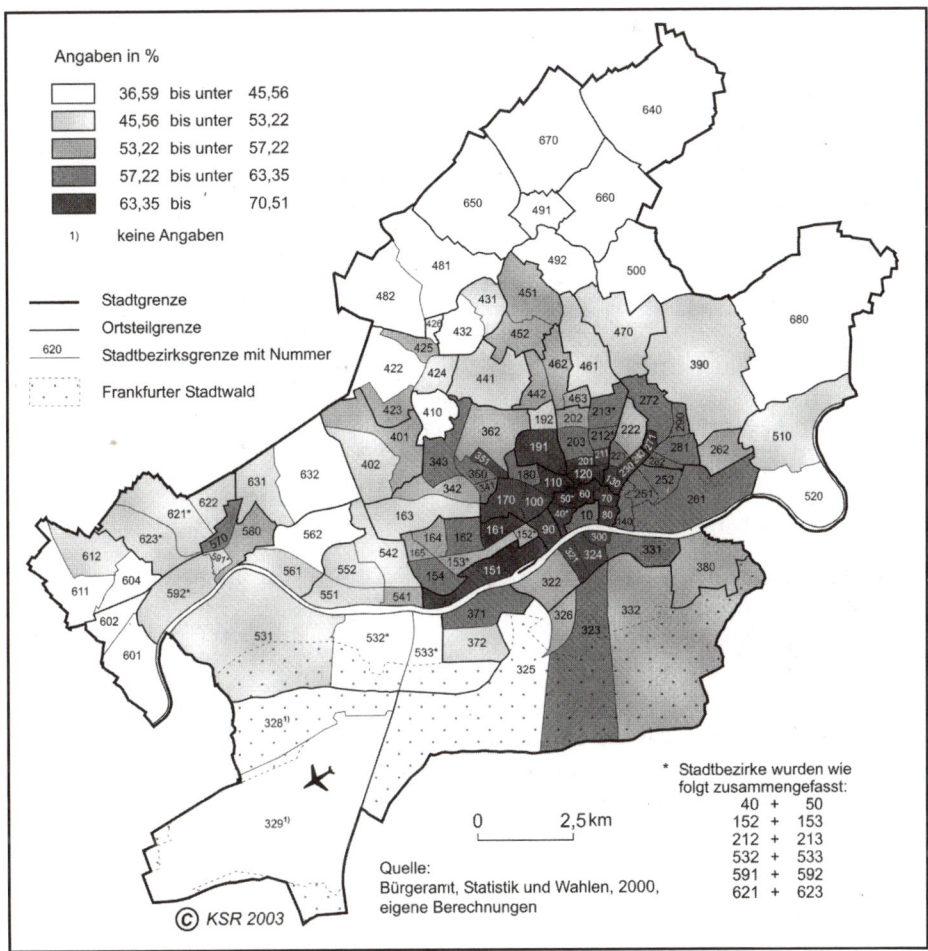

Abb. 6.8 Anteil der Einpersonenhaushalte an den Privathaushalten auf der Ebene der Stadtbezirke in Frankfurt a. M. (Quelle: R. Gutfleisch 2007, Abb. 9)

Das Frankfurter „Bürgeramt, Statistik und Wahlen" gliedert das Stadtgebiet in drei Raumkategorien: in 118 sog. Stadtbezirke als kleinräumigste Stufe und 46 historisch begründete sog. Ortsteile (s. Abb. 6.8) sowie 16 sog. Ortsbezirke. Für die Sozialraumanalyse auf Stadtbezirksebene wählte R. GUT-FLEISCH (2007) neun Variable mit gutem sozialräumlichen Aussagewert (vgl. Kasten 6.5). „Aus statistischen und datenschutzrechtlichen Gründen mussten (...) sechs sehr kleine Bezirke mit einer sehr geringen Bevölkerungszahl mit Nachbarbezirken zusammengelegt werden" (ebd., S. 23). Die Höhe des Anteils der Einpersonenhaushalte (als eine der neun Variablen) gibt „Aufschluss über die Verteilung der Haushalte über das Stadtgebiet und deren spezifische Standortansprüche. Die Variable stellt einen wichtigen Indikator für den Grad der Individualisierung der Bewohnerinnen und Bewohner dar und lässt dadurch Rückschlüsse auf das Ausmaß und die Intensität des Differenzierungs- und Pluralisierungsprozesses zu. Aufgrund der Haushaltsgröße und der Haushaltsstruktur werden von diesem Haushaltstyp urbane, innenstadtnahe Bezirke bevorzugt. Im Gegenzug sind zum Stadtrand hin größere Haushalte, überwiegend Familien, feststellbar" (ebd., S. 45f.).

struktur oder der Wahlbezirk. Da hierfür standardgemäß noch keine Daten extrahiert werden, muss dennoch auf die Stadtbezirke zurückgegriffen werden" (ebd., S. 23). Trotz dieser Restriktionen sind bereits die univariaten Darstellungen einzelner Variablen (z. B. Abb. 6.8) sehr aussagekräftig.

Die Möglichkeiten, aber auch Restriktionen für sozialräumliche Stadtgliederungen ergeben sich nicht nur aus der Verfügbarkeit amtlicher statistischer Daten und den kleinsten räumlich-statistischen Bezugseinheiten, sondern vor allem auch aus dem gewählten theoretischen und/oder methodischen Ansatz, insbesondere den Methoden zur Quantifizierung und Typisierung. Ein theoriebezogener Forschungsansatz zur sozialräumlichen Stadtgliederung bzw. der Klassifizierung städtischer Teilgebiete ist die

6.3.3 Sozialraumanalyse. Diese wurde vor allem von E. SHEVKY/M. WILLIAMS/W. BELL seit 1949 bzw. 1955 unter der Bezeichnung „*Social Area Analysis*" am Beispiel von Los Angeles begründet und basiert auf einer **Theorie des sozialen Wandels** (vgl. R. GUT-FLEISCH 2007, S. 29ff.). Diese geht von einigen wichtigen Annahmen und daraus abgeleiteten Hypothesen aus. „Die beiden grundlegenden Annahmen (...) sind, daß sich Gesellschaften auf eine größere Differenzierung und auf eine größere Komplexität hin entwickeln" (J. FRIEDRICHS 1983[3], S. 197). Die Sozialraumanalyse arbeitet mit **Indikatoren des sozialen Wandels**, die - angewendet auf die Stadt - zugleich Indikatoren der Stadtentwicklung sind.

In einer 1955 veröffentlichten klassischen Arbeit der Sozialraumanalyse hielten E. SHEVKY/W. BELL insgesamt sieben Indikatoren für die grundlegenden „**Dimensionen**" (oder „Konstrukte") sozialer Rang, Urbanisierung und Segregation für ausreichend, um die Prozesse des sozialen Wandels bzw. der

Kasten 6.6	
Dimensionen der Sozialraumanalyse nach E. SHEVKY und W. BELL (zitiert nach J. FRIEDRICHS 1983[3], S. 198)	
Dimensionen	**Indikatoren**
1. Sozialer Rang	(1) Anteil der Arbeiter und Handwerker an den Erwerbstätigen
	(2) Anteil der Personen mit Volksschulbildung an der Wohnbevölkerung über 25 Jahre
	(3) Miethöhe
2. Urbanisierung	(4) Fruchtbarkeitsquote
	(5) Anteil erwerbstätiger Frauen an allen Frauen über 14 Jahre
	(6) Anteil Einfamilienhäuser
3. Ethnische Segregation	(7) Ausländeranteil (= Nicht-Weiße, außerhalb der USA Geborene)

Stadtentwicklung zu beschreiben und städtische Teilgebiete zu typisieren (s. Kasten 6.6).

Die Werte für die Indikatoren wurden für jedes städtische Teilgebiet berechnet, anschließend wurden die Teilgebiete mittels statistischer Verfahren klassifiziert (zur Methodik vgl. J. FRIEDRICHS 1983[3], S. 198, oder R. GUTFLEISCH 2007, S. 32f.). Die Typen städtischer Teilgebiete werden in der Sozialraumanalyse als sog. unabhängige Variable verwendet, d. h. in Abhängigkeit davon werden Verhaltensmerkmale der Bewohner untersucht, wie z. B. Sozialkontakte, Kriminalität, Wahlverhalten.

Ein grundlegendes Problem dieses Forschungsansatzes besteht darin, dass E. SHEVKY/W. BELL in ihrer Theorie und unter ihren Indikatoren keine Variablen zur Raumausstattung berücksichtigten. J. FRIEDRICHS (1983[3], S. 210) kritisierte die Ergebnisse der bereits sehr zahlreichen Arbeiten der Sozialraumanalyse wie folgt: „Das Problem der Klassifikation städtischer Teilgebiete ist mit Hilfe der Sozialraumanalyse nicht hinreichend gelöst. Zwar läßt sich so theoriegeleitet die Auswahl der Variablen begründen (außer solchen der räumlichen Ausstattung), das methodische Vorgehen ist jedoch unbefriedigend. Sie erbringt nur eine grobe Klassifikation städtischer Teilgebiete: diese mag für internationale Vergleiche der Stadtstruktur - wie die Forschungstradition zeigt - ausreichen. Dabei werden auf Grund der Art der Untersuchungsgebiete städtische Teilgebiete, die interne Heterogenität der Teilgebiete und deren unterschiedliche Größe vernachlässigt". R. HARTMANN u. a. (1986) kritisieren an dem Ansatz von E. SHEVKY/W. BELL: „(...) die Verwendung von Zensusdaten (...) ist nicht nur ungenügend begründet (nämlich rein pragmatisch), sondern darüber hinaus völlig willkürlich (...)".

R. GUTFLEISCH (2007) hat versucht, „ein der heutigen Gesellschaft adäquates Analyseinstrument zu entwickeln", das zahlreiche der von ihm und anderen geäußerten inhaltlichen Kritikpunkte an dem Sozialraumanalyse-Ansatz von E. SHEVKY u. a. (insbesondere hinsichtlich der Variablenauswahl) berücksichtigt, „ohne jedoch das hypothetische Modell der sozialräumlichen Differenzierung generell in Frage zu stellen" (ebd., S. 14). So dürfen „gegenwärtige Entwicklungen, die gesamtgesellschaftliche Prozesse prägen oder verursachen, nicht ausgeblendet werden. Globalisierung der ökonomischen Strukturen, Individualisierung des Handelns, Pluralisierung der Lebensformen sowie Säkularisierung führen zu einschneidenden Veränderungen der gesellschaftlichen Strukturen, die in dem Modell der Sozialraumanalyse zu berücksichtigen sind" (ebd., S.

15). Zu den Merkmalen des - u. a. durch Globalisierung beeinflussten - jüngeren sozialen Wandels zählen z. B. die Diversifizierung des Arbeitsmarktes mit einer Zunahme beruflicher und räumlicher Mobilität, Veränderungen in den Haushaltsstrukturen (z. B. erhebliche Zunahme von Ein- und Zweipersonenhaushalten), die Herausbildung einer 'neuen Schicht' sozial Benachteiligter (ebd., S. 35ff.).

Vor dem Hintergrund dieser und anderer Überlegungen, insbesondere der Auswertungen anderer jüngerer sozialräumlicher Untersuchungen, kam R. GUTFLEISCH (2007) zu der in Kasten 6.5 dargestellten Auswahl von neun aussagekräftigen Variablen, die im Sinne des klassischen Sozialraumanalyse-Ansatzes zu drei Indikatoren (soziale Benachteiligung, Urbanismus, Migration) zusammengefasst sowie statistisch weiter „behandelt" wurden (z. B. dichotomisiert, d. h. in über- und unterdurchschnittliche Werte eingeteilt, und gruppiert; zur statistischen Analyse vgl. im Einzelnen ebd., S. 52ff.). Das Ergebnis ist die Einteilung in insgesamt acht Raumtypen (Sozialraumtypen) in der Stadt Frankfurt a. M., z. B. Raumtyp 1 mit jeweils niedrigen Indikatorenwerten für soziale Benachteiligung, Urbanismus und Migration oder - das andere Extrem - Raumtyp 8 mit jeweils hohen Werten (vgl. ebd., S. 52ff. mit Tab. 4 und Abb. 16).

6.3.4 Faktorialökologie (engl. „*Factorial Ecology*"). Bereits seit den 1960er Jahren entstand eine Reihe weiterführender Arbeiten zur Sozialraumanalyse (s. 6.3.3), in denen umfangreiche sozio-ökonomische Datensätze zur Ableitung der drei o. g. grundlegenden Dimensionen (Grunddimensionen) nach E. SHEVKY u. a. benutzt und komplexe mathematisch-statistische Verfahren in Gestalt sog. Faktorenanalysen eingesetzt wurden. „Diese Phase der Anwendung und des empirischen Tests der Sozialraumanalyse brachte mit der Anwendung der Faktorenanalyse einen wesentlichen inhaltlichen und methodischen Fortschritt und markierte so den Beginn der Faktorialökologie" (P. BRATZEL 1981, S. 60). Zu den jüngsten faktorialökologischen Arbeiten zählt - mit der Anwendung sog. Faktoren- und Clusteranalysen - die auch bereits unter 6.3.1 und 6.3.2 herausgestellte Frankfurter Untersuchung von R. GUTFLEISCH (2007), auf die in diesem Zusammenhang nochmals ausdrücklich verwiesen wird. In diesem Abschnitt 6.3.3 soll mit Berlin ein anderes Städtebeispiel Berücksichtigung finden.

Die Faktorialökologie ist gegenüber der Sozialraumanalyse (s. 6.3.3) stärker induktiv ausgerichtet; sie geht zumeist von einem größeren, nicht theoretisch abgeleiteten Variablensatz aus. Unter der Annahme, dass die Zusammenhänge zwischen den zu analysierenden sozialstrukturellen Variablen (z. B. zwischen denjenigen für Berlin in Kasten 6.7) komplex sind, wird die sog. **Faktorenanalyse als multivariate statistische Analysemethode angewendet.** „Das Hauptziel der Faktorenanalyse besteht darin, aus der vorgegebenen Menge an Variablen eine in der Regel geringere Anzahl an Faktoren zu extrahieren, die die Beobachtungen an den Objekten mit hinreichender Genauigkeit erklärt. Die Faktoren sind nicht „real" meßbar, werden aber über die Faktorenladungen (Korrelationen zwischen den Variablen und Faktoren) inhaltlich interpretiert" (S. HERMANN u.a. 1998, S. 6).

Im Rahmen von bereits mehrfach im Raum Berlin durchgeführten Sozialraumanalysen, die für planerische Zwecke als **Sozialstrukturatlas Berlin** die sozialen Ungleichheiten (insbesondere die sozialen Belastungen oder Benachteiligungen in der Stadt) kleinräumlich dokumentieren sollten, wurden etwa 60 Indikatoren aus den Bereichen „Demogra-

phie und Haushaltsstruktur", „Bildung", „Erwerbsleben", „Einkommen", „Wohnungssituation" und „Gesundheitszustand" zugrunde gelegt (vgl. die endgültige Variablenauswahl in Kasten 6.7 sowie Abbn. 6.9 und 6.10).

Als Ergebnis der faktorenanalytischen Berechnungen im Rahmen der Sozialraumanalyse Berlins kann die soziale Struktur durch einen **Sozialindex** beschrieben werden, „der die soziale Betroffenheit unter Einbeziehung der verschiedenen Variablen widerspiegelt" (ebd., S. 8). Der Interpretation des durch die Faktorenanalyse gewonnenen „Hintergrundfaktors" des Sozialindex dient das Faktorenmuster, das die Korrelationen zwischen den einzelnen Variablen mit dem Hintergrundfaktor wiedergibt (vgl. die positiven und negativen Korrelationen in Kasten 6.7). „Die Variablenkonstellation ist so zu interpretieren, daß Gebiete mit z. B. einer hohen Arbeitslosenquote, einem hohen Anteil von Sozialhilfeempfängern, ausländischen Personen usw. gleichzeitig ein geringes mittleres Einkommen und eine geringe Lebenserwartung haben" (ebd.).

Die **Sozialraumanalyse für Berlin** wurde auf der Ebene der Bezirke (Abb. 6.9), der Statistischen Gebiete (Abb. 6.10) sowie darüber hinaus auch der noch kleineren sog. Verkehrszellen durchgeführt. Die sozial belasteten Gebiete zeichnen sich durch ein negatives Vorzeichen des Sozialindex aus. Die Spannweite des Sozialindexes liegt für alle Bezirke Berlins zwischen 1,56556 (günstigster Wert) und -2,66421 (ungünstigster Wert). Die räumlichen Ausprägungen der Sozialindizes verdeutlichen die generell größten sozialen Belastungen für die zentralen und zentrumsnahen Bezirke (Abb. 6.9); von diesen zeichnet sich Kreuzberg (Sozialindex -2,66421) unter allen Berliner Bezirken durch den schlechtesten Wert aus (Rang 23). Eine ähnlich ungünstige Sozialstruktur weisen

Kasten 6.7 Sozialraumanalyse Berlin: Dimensionen und Variablenauswahl	
Demographie und Haushaltsstruktur	*Faktorladungen Sozialindex*
- Anteil der Männer an der Bevölkerung	0,67941
- Anteil der Personen im Alter von 18 bis unter 25 Jahren an der Bevölkerung	0,79110
- Anteil der Personen im Alter von 65 und mehr Jahren an der Bevölkerung	-0,45512
- Anteil der ausländischen Personen an der Bevölkerung	0,75227
- Anteil der Einpersonenhaushalte im Alter bis unter 65 Jahren an allen Haushalten	0,68105
- Haushaltsgröße	-0,21683
- Anteil der alleinerziehenden Haushalte mit Kindern unter 18 Jahren an Familien mit Kindern der entsprechenden Altersgruppe	0,34262
Bildung	
- Anteil der Personen mit Volks-/Hauptschulabschluss an der Bevölkerung	0,27038
- Anteil der Personen ohne beruflichen Ausbildungsabschluss an der Bevölkerung	0,59651
- Anteil der Personen mit (Fach-)Hochschulreife an der Bevölkerung	-0,04674
Erwerbsleben	
- Arbeitslosenquote 1996	0,95082
- Anteil der Arbeiter an der Bevölkerung	0,60712
- Anteil der Angestellten an der Bevölkerung	-0,57466
Einkommen	
- Anteil der Personen mit überwiegendem Lebensunterhalt aus Rente/Pension an der Bevölkerung	-0,46930
- Anteil der Sozialhilfeempfänger (Hilfe zum Lebensunterhalt außerhalb von Einrichtungen) an der Bevölkerung	0,82419
- Mittleres Haushaltsnettoeinkommen	-0,72281
- Anteil der Personen mit Einkommen unter 1.000 DM an der Bevölkerung	0,74727
Gesundheitszustand	
- Vorzeitige Sterblichkeit	0,93533
- Lebenserwartung	-0,82784
- Gemeldete Tbc-Fälle je 100.000 der Bevölkerung	0,77444

Quelle: S. HERMANN/U. IMME/G. MEINLSCHMIDT 1998[2], Tab. 2.1.1.1

auch die Bezirke Tiergarten und Wedding (Ränge 22, 21) mit hohen Anteilen an Sozialhilfeempfängern, Alleinerziehenden, Personen mit geringem Einkommen, hohen Arbeitslosenquoten etc. auf. Die Rangskala der sozial benachteiligten Bezirke setzt sich mit Friedrichshain und Prenzlauer Berg (Ränge 20 und 19) in Ost-Berlin sowie mit Neukölln (Rang 18) im Westteil der Stadt fort. In den fünf sozial am stärksten belasteten Berliner Bezirken wohnen rd. 28 % der Bevölkerung der Stadt.

Die Bezirke mit den günstigsten Sozialstrukturen liegen ausschließlich im Südwest-

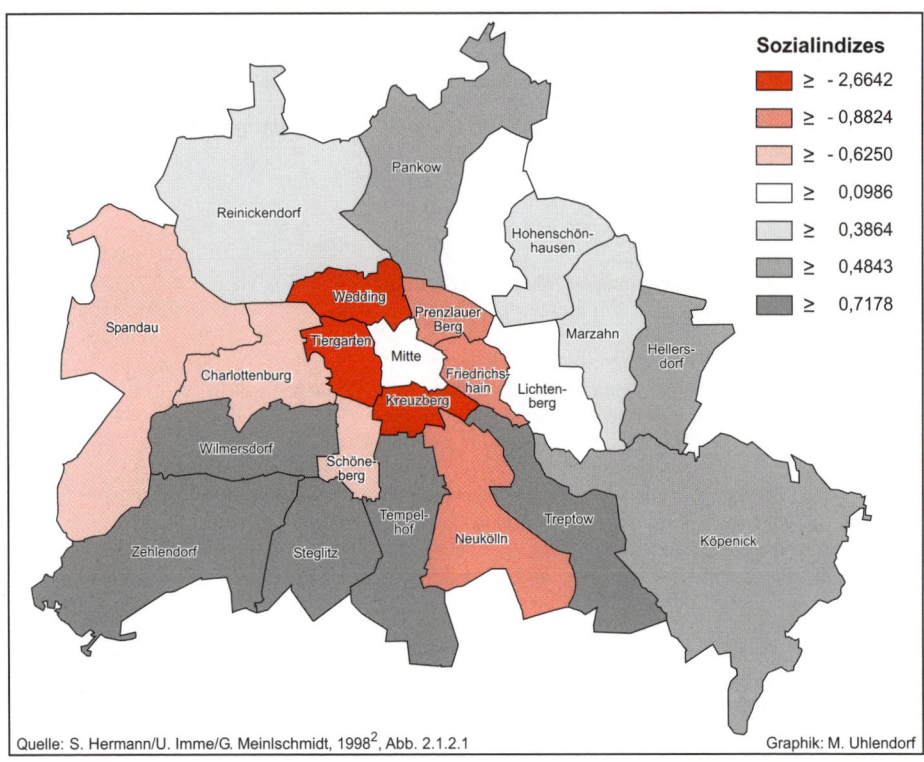

Quelle: S. Hermann/U. Imme/G. Meinlschmidt, 1998[2], Abb. 2.1.2.1   Graphik: M. Uhlendorf

Abb. 6.9 Sozialindex für Berlin nach Bezirken

teil von Berlin: die besten Indexwerte haben Zehlendorf (1,56556 = Rang 1) sowie Wilmersdorf und Steglitz (Ränge 2 und 3). In diesen drei Bezirken leben rd. 13 % der Berliner.

Bei der kartographischen Darstellung des Sozialindex für die insgesamt 195 Statistischen Gebiete Berlins (Abb. 6.10) wurde die Spannweite der Indizes in sieben gleich große Perzentile (jeweils 27 Statistische Gebiete) unterteilt; die intensivste Farbtönung symbolisiert wiederum die ungünstigsten Sozialstrukturen, die grauesten die günstigsten Indexwerte. Es zeigt sich, dass zwar - wie bei den Bezirken - der Gegensatz zwischen den sozial belastetsten Gebieten im Innern Berlins und den sozialstrukturell besseren an der Peripherie vorherrscht, aller-

dings das Mosaik benachteiligter Stadtgebiete wesentlich differenzierter ist.

Die Faktorialökologie lässt sich zusammenfassend als ein Ansatz zur „Ermittlung der grundlegenden Dimensionen innerstädtischer Differenzierung" (M. MANHART 1977, S. 12) mittels der Anwendung komplexer faktorenanalytischer Verfahren der multivariaten Statistik kennzeichnen. Der Einsatz der Faktorenanalyse ist allerdings nicht unumstritten. So hängen die Ergebnisse im einzelnen nicht nur direkt von der anfangs getroffenen bzw. durch die amtliche Statistik vorgegebenen Variablenauswahl (s. 6.3.2), von der Art der Daten (Absolut- oder Relativdaten) sowie der Größe und Struktur der städtischen Teilgebiete (vgl. 6.3.3 sowie

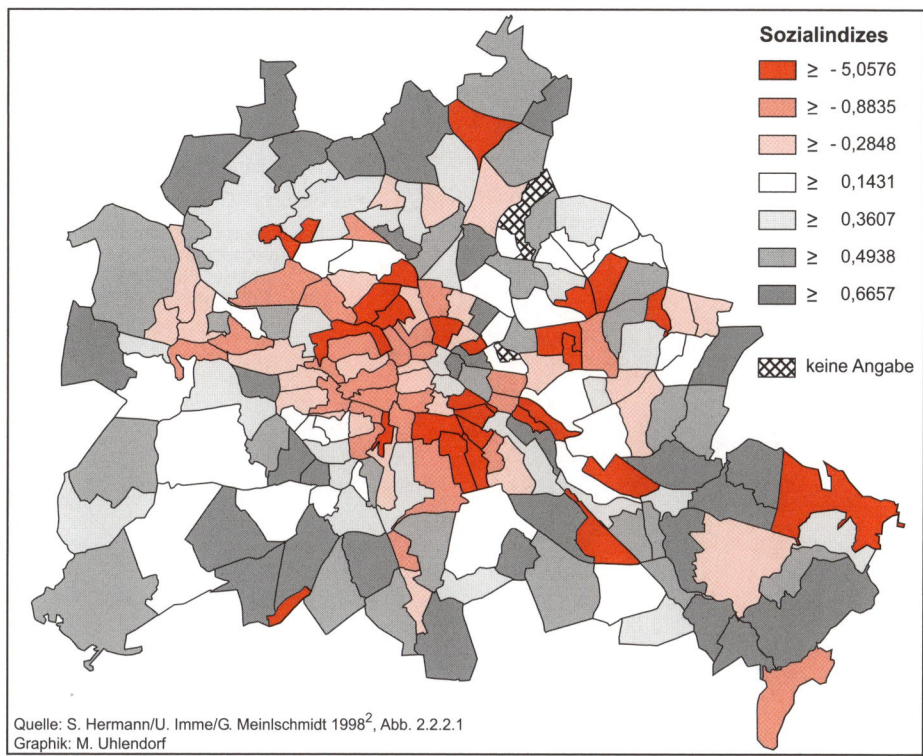

Quelle: S. Hermann/U. Imme/G. Meinlschmidt 1998[2], Abb. 2.2.2.1
Graphik: M. Uhlendorf

Abb. 6.10 Sozialindex für Berlin nach Statistischen Gebieten

Kasten 6.4, Abbn. 6.8-6.10) ab, sondern nicht zuletzt auch von den unterschiedlichen mathematischen Verfahren im komplizierten Ablauf der Faktorenanalyse oder darauf aufbauender sog. **Clusteranalysen** zur Ermittlung relativ homogener Sozialraumtypen.

Zum Einsatz der Clusteranalyse auf Baublockebene vgl. S. E. SANDTNER 2005; zum Methodenvergleich Faktoren- und Clusteranalysen s. R. GUTFLEISCH 2007.

6.4 Funktions- und aktionsräumliche Stadtgliederungen

6.4.1 Funktionsräumliche Stadtgliederungen. Damit können unterschiedliche Abgrenzungen von Funktions- oder Kommunikationsbereichen (z. B. Einzugsbereiche lokaler Geschäftszentren, Schuleinzugsbereiche, Verwaltungsbezirke bestimmter Großstädte) auf der Grundlage bestehender distanzieller Verflechtungen oder Beziehungen gekennzeichnet werden. Derartige funktionsräumliche Gliederungen dürfen nicht verwechselt werden mit der funktionalen Stadtgliederung, die sich i. Allg. auf die Flächen- oder Gebäudenutzung bezieht (Funktion im Sinne von Funktion einer Raumeinheit oder eines Standortes, s. 6.2.1). Leider hat die Mehrdeutigkeit des Begriffes Funktion in der Stadtgeographie häufig zur unscharfen Verwendung der Begriffe funktionsräumlich oder funktional geführt.

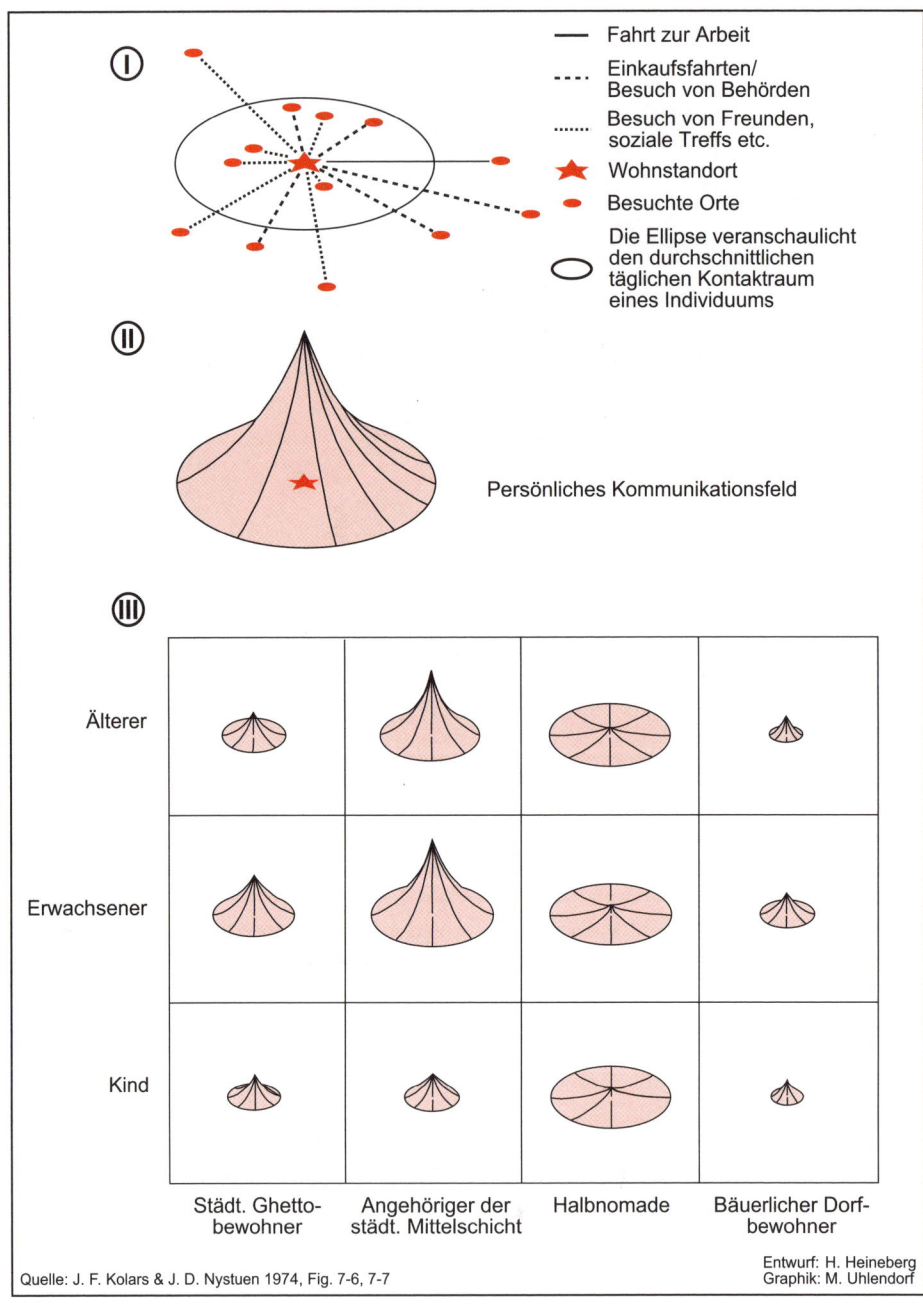

Quelle: J. F. Kolars & J. D. Nystuen 1974, Fig. 7-6, 7-7

Entwurf: H. Heineberg
Graphik: M. Uhlendorf

**Abb. 6.11 Modelle möglicher täglicher Kontakträume (I)
und persönliche Kommunikationsfelder (II/III) von Individuen**

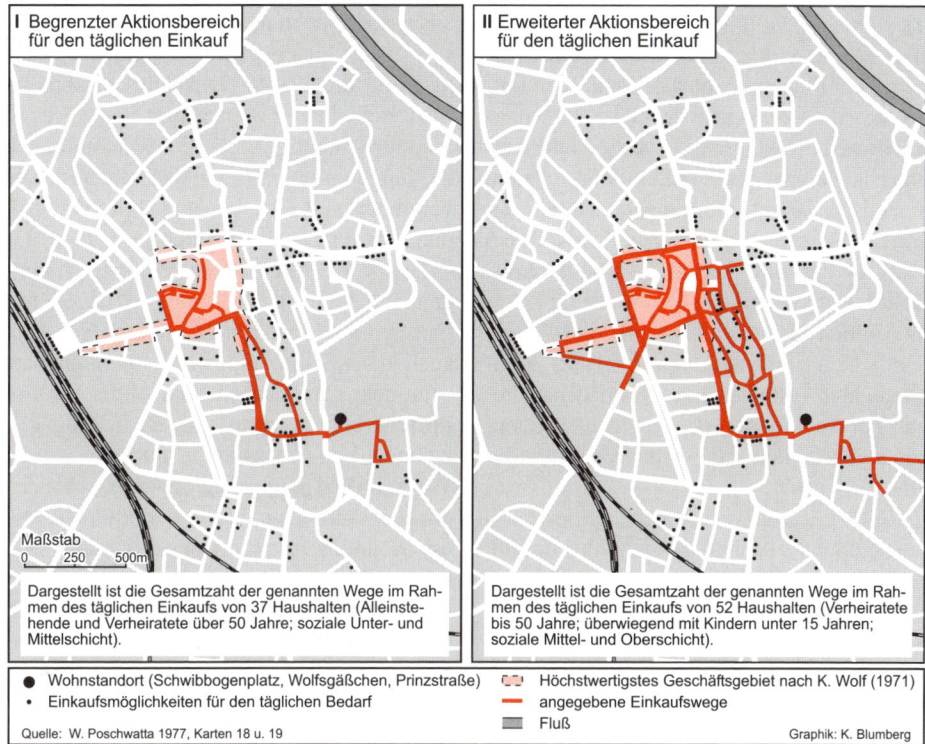

I Begrenzter Aktionsbereich für den täglichen Einkauf

II Erweiterter Aktionsbereich für den täglichen Einkauf

Maßstab
0   250   500m

Dargestellt ist die Gesamtzahl der genannten Wege im Rahmen des täglichen Einkaufs von 37 Haushalten (Alleinstehende und Verheiratete über 50 Jahre; soziale Unter- und Mittelschicht).

Dargestellt ist die Gesamtzahl der genannten Wege im Rahmen des täglichen Einkaufs von 52 Haushalten (Verheiratete bis 50 Jahre; überwiegend mit Kindern unter 15 Jahren; soziale Mittel- und Oberschicht).

● Wohnstandort (Schwibbogenplatz, Wolfsgäßchen, Prinzstraße)
· Einkaufsmöglichkeiten für den täglichen Bedarf

Höchstwertigstes Geschäftsgebiet nach K. Wolf (1971)
angegebene Einkaufswege
Fluß

Quelle: W. Poschwatta 1977, Karten 18 u. 19   Graphik: K. Blumberg

Abb. 6.12 Sozialschichtenspezifische Unterschiede von Aktionsbereichen für den täglichen Einkauf anhand von Beispielen aus Augsburg

6.4.2 Aktionsräumliche Stadtgliederungen. Ausgehend von den Aktivitäten einzelner Individuen zwischen dem Wohnstandort und anderen Funktionsstandorten (z. B. Einkaufszentrum, Arbeitsplatz, Freizeiteinrichtungen) lassen sich **aktionsräumliche Stadtgliederungen** (abgeleitet aus engl. *action space*) bestimmen. **Aktionsraum** bedeutet nach H. DÜRR (1972) die Raumeinheit, die Standorte aller „funktionierenden Stätten" umfasst, die der Mensch zur Ausübung seiner Daseinsgrundfunktionen ('Wohnen', 'Arbeiten', 'Sichversorgen', 'Sichbilden', 'Sicherholen', 'in Gemeinschaften leben') aufsucht. Bezüglich der täglichen, regelmäßig wiederkehrenden Aktivitäten (**Tag-zu-Tag-Aktivitäten**) eines Individuums spricht man vom **täglichen Kon-**taktraum (engl. *daily contact space*), auch vom **täglichen Kontaktfeld** oder **Aktivitätsfeld**. Der mögliche tägliche Kontaktraum ist in der Abb. 6.11/I schematisch dargestellt. Die Ellipse repräsentiert modellhaft den **durchschnittlichen täglichen Kontaktraum**. Durch den gesamten übrigen Bereich der Kommunikation ergeben sich für die einzelnen Individuen **indirekte Kontakträume oder -felder**. Die **persönlichen Kommunikationsfelder** (engl. *personal communication fields*) setzen sich aus täglichen und indirekten Kontakträumen oder -feldern zusammen.

Persönliche Kommunikationsfelder lassen sich modellhaft in Gestalt von Kegeln oder kegelähnlichen Zelten darstellen (Abb. 6.11/

II), wobei das Volumen des Kegels alle Kontakte des Individuums mit anderen repräsentiert. Die Höhe ist proportional zur Kommunikation mit Personen in der Nähe des Wohnstandortes; die Neigung der Kegel- oder Zeltoberfläche gibt das Verhältnis an, in dem Kontakte mit der Entfernung abnehmen. Der Durchmesser der Grundfläche (Kreis) ist ein Maß für die Fähigkeit eines Individuums, Distanzen durch eigene Mobilität und Kommunikation zu überwinden. Abb. 6.11/III verdeutlicht, dass die Kontaktradien und „Kontaktdichten" abhängig sind von dem Alter und der Sozial- bzw. Lebensformen-Gruppenzugehörigkeit des jeweiligen Individuums.

Eine spezielle verhaltensorientierte aktionsräumliche Einheit ist das **Wohnumfeld**, womit man nach W. Pᴏꜱᴄʜᴡᴀᴛᴛᴀ (1978) den räumlichen Bereich kennzeichnen kann, der die täglichen oder zumindest häufig wiederkehrenden, zu Fuß durchgeführten Aktivitäten der Mitglieder eines Haushaltes außerhalb der Wohnung umfasst. Es handelt sich somit um ein **haushaltsspezifisches Wohnumfeld**. Zu den wohnumfeldbezogenen Aktivitäten können u. a. gezählt werden: Einkaufsgänge, Spielplatzbesuche, Kindergarten- und Schulwege der Kinder, Besuche von Nachbarn oder Lokalen. Da der Weg zur Arbeit in überwiegendem Maße mittels Privat-Pkw oder öffentlicher Verkehrsmittel erfolgt, müssen Wohnstandort-Arbeitsplatz-Beziehungen weitgehend unberücksichtigt bleiben (ebd., S. 200).

W. Pᴏꜱᴄʜᴡᴀᴛᴛᴀ hat die Wohnumfelder von Haushaltungen in der Stadt Augsburg mittels Wegeprotokollen der Fußgängerwege und Reichweiten im Rahmen des täglichen Einkaufs und des regelmäßigen Spaziergangs erfasst. Es ergab sich, dass die diesbezüglichen Aktionsräume der Gesamtheit der Bewohner (mit unterschiedlichen Wohnstandorten) jeweils sektoral auf das Zentrum ausgerichtet waren, wobei sozialschichtenspezifische Unterschiede bestanden. Als typisch für die älteren Haushalte der unteren Sozialschichten erwiesen sich eng begrenzte Aktionsräume (Abb. 6.12/I), während etwa die jüngeren oberen Sozialschichten durch vergleichsweise breit ausgeprägte Aktionsräume gekennzeichnet waren (Abb. 6.12/II).

Das Wohnumfeld hat in der jüngeren Vergangenheit nicht nur in der sozialgeographisch orientierten Stadtforschung, sondern auch in der Stadtplanung bzw. im Städtebau - mit dem planerischen Leitziel der **Wohnumfeldverbesserung** - an Bedeutung gewonnen. Von G. Kɪʟᴘᴘᴇʀ u. a. (1985) wurde **Wohnumfeld** definiert als der Lebensbereich, der sich räumlich in Sicht- und Fußnähe um die Wohnung gruppiert und der durch wesentliche, dem Wohnen zugeordnete Lebensfunktionen bestimmt wird; es ist der Raum gemeinschaftlicher Aktivität, Raum der Begegnung, Freizeitraum etc. in einem. Wichtig ist, dass sich Wohnumfelder je „nach Lage, Entstehungsgeschichte und Siedlungstyp mit jeweils entsprechenden spezifischen baulich-räumlichen Qualitäten" voneinander unterscheiden (ebd., S. 9) und dass die Ansprüche an das jeweilige Wohnumfeld je nach Anforderungen der einzelnen Individuen, sozialen Gruppen oder Altersgruppen (z. B. Rentner, berufstätige Hausfrauen, Jugendliche) unterschiedlich sein können. Wohnumfeldverbesserung ist ein komplexes Vorhaben, bei dem eine größere Zahl an Kriterien oder Leitzielen zu erfüllen ist; sie hat sich an den spezifischen Bedürfnissen der ansässigen Bevölkerungsgruppen zu orientieren.

6.5 Wahrnehmungsräume städtischer Strukturen

6.5.1 Perzeptionsforschung. Die Ergebnisse der modernen Wahrnehmungs- oder Perzeptionsforschung (engl. *perception* = Wahrnehmung) zeigen, dass jedes Individuum die räumliche Umwelt subjektiv wahrnimmt und **subjektive Vorstellungsbilder** von dieser Umwelt entwickelt. Dies betrifft etwa auch die Wahrnehmung städtischer Strukturen, Probleme etc. Wichtig ist nun, dass das raumrelevante Verhalten bzw. die raumwirksamen Aktivitäten von Individuen bezüglich der Daseinsgrundfunktionen abhängig sind von wahrgenommenen oder vorgestellten Abbildern der räumlichen Realität (Umwelt, Struktur etc.). Die Ausprägung derartiger subjektiver räumlicher Vorstellungsbilder ist nicht nur eine Funktion der Informationen des Wahrnehmenden, die er über tägliche oder indirekte Konträume erlangt, sondern vor allem auch seiner persönlichen Bewertungen, Motivationen, Bedürfnisse etc. Diese sind wiederum abhängig vom Alter, der sozialen Stellung bzw. der Gruppen- und Schichtenzugehörigkeit einer Person, von dem Bildungsniveau, von persönlichen Erfahrungen etc. Aufgrund dieser Überlegungen lässt sich in Anlehnung an D. Höllhuber (1976) definieren:

6.5.2 Wahrnehmungsraum ist derjenige Ausschnitt der räumlichen Umwelt eines Individuums (bzw. einer Gruppe), der bewusst oder unbewusst wahrgenommen und bewertet wird. Den gewerteten Umweltausschnitt eines Individuums, der auf der selektiven subjektiven Wahrnehmung der eigenen Umwelt basiert, nennt man auch **Vorstellungsraum** (engl. *perceived environment*). Zur Untersuchung der Wahrnehmung bzw. eines subjektiven räumlichen Vorstellungsbildes von der Umwelt, auch **Image** genannt, sind verschiedene Techniken entwickelt worden. Kartographische Darstellungen derartiger kognitiver Vorstellungsbilder nennt man

6.5.3 Kognitive Karten oder *Mental Maps* (klassische Beispiele). Eine bahnbrechende Arbeit bezüglich kognitiver Kartierungen städtischer Strukturen stammt von K. Lynch (1960). Lynch ließ von Untersuchungspersonen die von ihnen wahrgenommene städtische Umwelt beschreiben und skizzieren, wobei zur kartographischen Auswertung der dadurch ermittelten Vorstellungsbilder wichtige Grundelemente des Stadtbildes mit Symbolen festgelegt wurden:

(1) *Paths* = Wege. Damit sind Straßen, Spazierwege, Wasserwege, Eisenbahnlinien etc. gemeint;

(2) *Districts* = Teile der Stadt, die von den Bewohnern identifiziert werden können bzw. mit Lokalbezeichnungen versehen sind (z. B. Altstadt, bestimmte Stadtviertel);

(3) *Nodes* = Knotenpunkte, d. h. wichtige Verkehrskreuzungen;

(4) *Landmarks* = bestimmte Wahrzeichen der Stadt;

(5) *Edges* = bestimmte physiognomisch wahrnehmbare Grenzlinien in der Stadt, wie die Ufer eines die Stadt durchfließenden Flusses, ein Steilhang innerhalb der Stadt, ein Eisenbahndamm als Barriere etc.

Die Abbn. 6.13–6.15 geben drei Darstellungen (*Mental Maps*) nach der Lynchschen Methode wieder, die Zusammenfassungen der Zeichnungen räumlicher Vorstellungsbilder von Angehörigen dreier unterschiedlicher ethnischer und sozialer Gruppen in Los Angeles sind. Die Angehörigen der weißen Oberschicht aus dem Stadtteil Westwood (Abb. 6.13) besitzen aufgrund ihrer hohen Bildung, ihrer relativ großräumigen Aktivitäts- und damit auch Informationsfelder ein sehr umfassendes räumliches Vorstellungsvermögen von den wichtigsten inneren Raumstrukturen der Stadt. Räumlich begrenzter sind demgegenüber die kognitiven Vorstellungsbilder, die von der überwiegend schwarzen Bevölkerungsgruppe des Stadt-

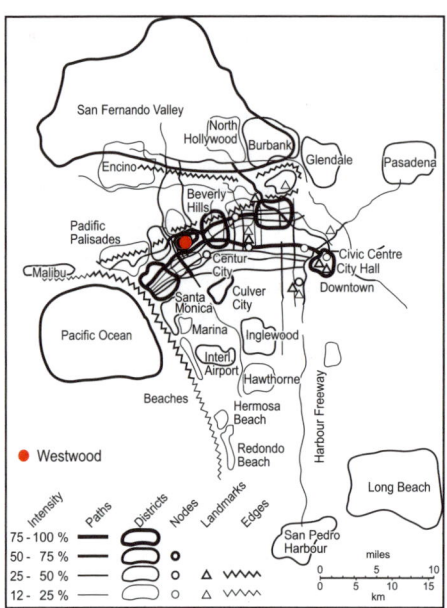

Abb. 6.13 Das räumliche Vorstellungsbild von Los Angeles der weißen Oberschicht des Stadtteils Westwood
(nach H. Carter 1981³, Fig. 14-2C)

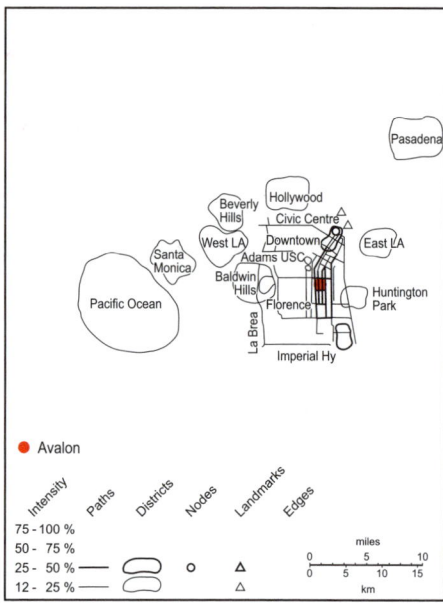

Abb. 6.14 Das räumliche Vorstellungsbild von Los Angeles der schwarzen Bevölkerungsgruppe des Stadtteils Avalon
(nach H. Carter 1981³, Fig. 14-2A)

teils Avalon entwickelt wurden (Abb. 6.14). Außerordentlich eingeschränkt, d. h. nur auf das unmittelbare Wohnumfeld bezogen, ist dagegen die *Mental Map* der ausschließlich spanischsprachigen Einwohner von Boyle Heights (Abb. 6.15).

Der Geograph J. S. ADAMS (1969) hat aufgrund empirischer Untersuchungen festgestellt, dass der Wahrnehmungsraum des normalen Stadtbewohners in amerikanischen Städten keilförmig ausgebildet ist (vgl. Abb. 6.16). Denn aufgrund der normalen Tag-zu-Tag-Aktivitäten und Informationen der Bewohner bestehen im Wesentlichen nur persönliche räumliche Kontakte mit der *Downtown* (City) und den Stadtteilen innerhalb des Sektors, kaum jedoch mit Stadtvierteln außerhalb davon, insbesondere nicht mit den jenseits der *Downtown* gelegenen. Das keilförmige Vorstellungsbild (*Mental Map*)

von der Stadt beeinflusst etwa den Verlauf der innerstädtischen Wanderungen (Umzüge zu neuen Wohnstandorten), die sich zum großen Teil innerhalb eines mehr oder weniger breiten Sektors abspielen.

Die Entwicklung bzw. Existenz derartiger räumlich begrenzter subjektiver Vorstellungsbilder von der städtischen Umwelt ist nicht nur von Relevanz bei Wanderungsentscheidungen, die daher häufig nur in einem sehr begrenzten Wahrnehmungsraum oder **Suchraum** (engl. *search space*) getroffen werden, sondern auch für andere Formen des raumrelevanten Verhaltens in der Stadt, z. B. für das Einkaufs- oder das Freizeitverhalten.

6.5.4 Kritik am Wahrnehmungsansatz, speziell der *Mental Maps*. In seinem grundlegenden und inhaltlich sehr differenzierten Werk „Entwicklungslinien der Sozialgeogra-

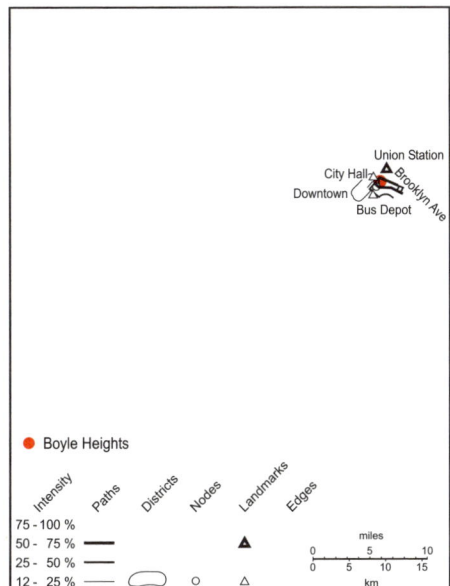

Abb. 6.15 Das räumliche Vorstellungsbild von Los Angeles der spanischsprachigen Bewohner des Stadtteils Boyle Heights (nach H. Carter 1981[3], Fig. 14-2B)

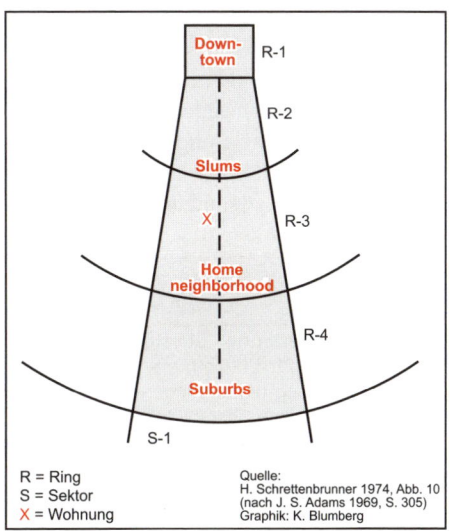

Abb. 6.16 Keilförmiger Wahrnehmungsraum eines Stadtbewohners im Mittelwesten der USA

phie" stellt P. WEICHHART (2008) anhand konkreten Ergebnisse in (auch jüngeren Beispielarbeiten) der *Mental-Map*-Forschung fest, „dass es sich bei diesen Fragen der raumbezogenen Kognition um ein spannendes und ertragreiches Thema der Sozialgeographie handelt" (S. 208). Gleichzeitig wird aber herausgestellt, „dass der zentrale Begriff 'Mental Map' doch widersprüchlich, vage und unheitlich verwendet wird", was auch „ein Anlass für massive Kritik am gesamten Forschungsansatz" war (ebd.). Eine Quelle der Verwirrung besteht nach P. WEICHHART darin, „dass unter Mental Maps einerseits singuläre Raumvorstellungen einzelner Individuen verstanden werden, andererseits bezieht sich das Konzept aber auch auf das aggregierte Muster räumlicher Informationen oder Wertzuschreibungen, das sich als gemeinsame Struktur aus den

Reaktionen mehrerer Probanden konstruieren lässt. Diese kollektiven Raumbilder entstehen eigentlich erst im Prozess der Analyse und quasi im Kopf des Forschers. Es ist keineswegs klar, ob diese Post-hoc-Konstruktionen, also die nachträgliche interpretative Deutung und Zusammenfassung, eine parallele geistige Repräsentation in der Gedankenwelt des einzelnen Probanden besitzt" (ebd.). Zu weiteren mikroanalytischen Ansätzen, Beispielarbeiten und Grundsatzkritiken (an) der Wahrnehmungsgeographie bzw. speziell der Mental-Map-Forschung vgl. im Einzelnen P. WEICHHART (2008, S. 137-246).

*

Außer den in diesem Kapitel behandelten lassen sich noch andere thematische Gliederungen einer Stadt vornehmen. Dies betrifft etwa die stärker **auf spezielle Planungsziele bezogenen Gliederungskonzepte**, z. B.

für Zwecke der Stadterneuerung, Stadtgliederungen nach Gewerbe- oder Verkehrsflächen, nach Grün- und Freiflächen, aber auch nach Naturraumpotenzialen. Derartige innerstädtische Differenzierungen lassen sich einerseits meist den Gliederungen nach der Flächen- oder Gebäudenutzung zuordnen (s. 6.2), andererseits - mit spezielleren (landschafts)ökologischen Bezügen - auch als **ökologische Gliederungen der Stadt** bezeichnen; zu den Methoden der Kartierung von „Flächenkategorien" in der Stadtökologie vgl. W. ENDLICHER 2012, S. 41 ff..

Kasten 6.6 Literaturauswahl zur Ergänzung und Vertiefung des Kapitels 6
(s. auch Kasten 1.4)

· **Morphogenetische Stadtgliederungen**:
H. HEINEBERG 2006, 2007a (Forschungsber. z. geogr. Stadtmorphologie); BMBAU 1983, S. 28ff. (Analyse u. Bewertung d. morphogenetischen Stadtgliederung am Bsp. von Hameln; STADT HAMELN 1983 (Altstadtsanierung u. Stadtbildpflege); M. KORDA 2005[5], S. 102ff. (Gebäudetypologie); P. WEBER 2002 (Beispielarbeit z. Entwicklung d. Stadttopographie); H. POPP 2015 (Stadtgestaltung in Oberfranken); K. BRZENCZEK/C.-C. WIEGANDT 2009, J.LÜCKE 2016 (Handelsarchitektur in Innenstädten); K. HACKENBERG u. a. 2014 (Baukultur, Bsp. Rathäuser)

· **Stadtgliederungen nach der Flächen- und Gebäudenutzung**:
R. WEHRHAHN 1997 (funktionaler Wandel u. bauliche Struktur in einer lateinamerik. Großstadt); C. A. BISCHOFF 2000 (Nutzungskartierungen, geschossweise, nach Trägerschaft u. Veränderung in Roseau/Dominca); S. HEEG 2003 (städt. Flächenentwicklung u. Immobilienwirtschaft)

· **Sozialräumliche Stadtgliederungen und Methodik**:
D. DENECKE 1980, 2005 (histor. Dimension d. Sozialtopographie); M. SIEKMANN 1989 (Sozialtopographie: Bevölkerung, Sozialgruppen u. Gebäude in Münster um 1770); P. BRATZEL 1981 (sozialräuml. Strukturen, Sozialraumanalyse, Faktorialökologie, Bsp. Stadt Karlsruhe), J. FRIEDRICHS 1983[3], S. 183ff. (Sozialraumanalyse/Faktorialökologie), R. KRETH 1995, F. WARMELINK/K. ZEHNER 1996 (Sozialraumanalysen Wiesbaden, Köln); S. HERMANN u. a. 1998[2], G. MEINLSCHMIDT/M. H. BRENNER 1999 (Sozialraumanalysen v. Berlin/Faktorialökologie), S. E. SANDTNER 2005 (Clusteranalyse/sozialräumliche Strukturmuster/Lebensformengruppen in Basel v. d. Hintergrund postmoderner Gesellschaftsentw.); R. GUTFLEISCH 2007 (Methodenvergleich Sozialraumanalyse, Faktoren- u. Clusteranalysen, Beisp. Frankfurt a. M.); J. KOHLBACHER/U. REEGER 2006 (ethnische Segregation in Wien 1981/2005); G. GLEBE 1998 (Segregation statushoher Migranten in dt. Großstädten); L. BASTEN/U. GERHARD 2016, J. S. DANGSCHAT 1999, A. HARTH u. a. 2000, H. HÄUSSERMANN 2002, C.-C. WIEGANDT 2015 (soziale Ausgrenzung/Ungleichheiten/sozialräumliche Differenzierung/Disparitäten/Polarisierung etc.); A. KAPPHAN 2004 (sozialräuml. Polarisierung, Segregation in Berlin; J. S. DANGSCHAT 1996a, B. KLAGGE 2005 (Armutsgebiete u. Stadtteiltypen in Düsseldorf, Essen, Frankfurt a. M., Hannover u. Stuttgart); J. FRIEDRICHS/J. BLASIUS 2000, K. ZEHNER 2012a (benachteiligte Wohngebiete); J. S. DANGSCHAT 1996b, R. WIESSNER 1999a, b (sozialräuml. Polarisierung, Bsp. Budapest); G. BAHRENBERG u. a. 2008[3] (Methodenlehre d. multivariaten Statistik); R. HARTMANN u. a. 1986, S. 75ff. (Kritik an d. Faktorenanalyse)

· **Funktions- und aktionsräumliche Stadtgliederungen**:
D. KLINGBEIL 1978 (Aktionsräume in Verdichtungsräumen), W. POSCHWATTA 1978, S. 198ff. (aktionsräumliches Verhalten, Wohnumfeld); G. KILPPER u. a. 1985 (Wohnumfeld u. -verbesserung)

· **Verhaltensorientierte Stadtgliederungen/Wahrnehmungsräume städt. Strukturen**:
D. HÖLLHUBER 1976, S. 4ff. (Grundbegriffe zum Wahrnehmungsansatz); H. SCHRETTENBRUNNER 1974 (Einführung in Methoden u. Konzepte d. Wahrnehmungsansatzes); R. ROPPELT 2002 (Wahrnehmungsviertel); P. NEUMANN 1998b (interaktiver Stadtplan f. Behinderte); P. WEICHHART 2008 (Wahrnehmungsgeographie einschl. Mental Map-Forschung mit Kritik an Forschungsansätzen)

· **Ökologische und planungsbezogene Stadtgliederungen**:
J. BREUSTE 1989, 1996, R. WITTIG u. a. 1998[2], W. ENDLICHER 2012

· **Quartiersforschung:**
O. SCHNUR 2008, V. DEFFNER/U. MEISEL 2013

7   Innerstädtische Zentren - zwischen City und „Grüner Wiese"

Abb. 7.1 Repäsentativer Eingangsbereich des Neubaus der Europäischen Zentralbank/EZB (*European Central Bank/ECB*), eröffnet am 18.3.2015 im Ostend von Frankfurt a. M. Die EZB ist ein Symbol für die Bedeutung Frankfurts als herausragende internationale Finanzmetropole (vgl. 7.5.2 mit Kasten 7.7 und 12.4.4) (Foto: ECB 16242443134_db5e2f5abc_o)

Die Analyse innerstädtischer Zentren ist eine wichtige Aufgabe der Stadtgeographie. Sie überschneidet sich zugleich mit neueren Ansätzen der **Geographie des tertiären (und quartären) Sektors**; diese untersucht vor allem die Struktur sowie die Entwicklungs- und Standorttendenzen des tertiären/quartären Sektors oder Dienstleistungssektors, aber auch die zugrunde liegenden Standortfaktoren und Auswirkungen auf den verschiedenen räumlichen Maßstabsebenen. In Bezug auf den Handel spricht man auch von der **Geographischen Handelsforschung** (G. HEINRITZ u. a. 2003). Außerdem bestehen enge inhaltliche Zusammenhänge mit der **Zentralitätsforschung** (s. 4.3), die sich ebenfalls mit tertiären bzw. quartären Funktionen und deren Angeboten in unterschiedlichsten Standorträumen, den Zentralen Orten, beschäftigt. In der Zentralitätsforschung wird jedoch neben der funktionalen Ausstattung der Zentralen Orte vorrangig die Inanspruchnahme zentraler Funktionen durch Konsumenten und Besucher untersucht, deren Bedeutung und Reichweite als Maß der Zentralität dienen.

Dieses Kapitel 7 beschäftigt sich schwerpunktmäßig mit der **City** und ihrer Entwicklung (7. 3), den allgemeinen Merkmalen und der **Typisierung funktionaler Zentrenausstattungen** (7.4) und **Standortbedingungen** sowie mit **neueren Standortgemeinschaften** (Shopping-Center, *Urban Entertainment Center* etc.) einschließlich Entwicklungs- und Ansiedlungstendenzen (7.5).

7.1 Innerstädtisches Zentrensystem

Wurden in der klassischen Zentralitätsforschung zunächst nur ganze Siedlungen, insbesondere ganze Städte, als Zentrale Orte nach ihrer hierarchischen Gliederung im zentralörtlichen System untersucht (s. 4.3.1), so wurde seit ca. 1960 (H. CAROL) in zunehmendem Maße auch die Stufung der Zentren (Geschäftszentren) innerhalb der Städte (meist Großstädte) vor allem hinsichtlich ihrer unterschiedlichen Ausstattung mit Einzelhandels- und Dienstleistungseinrichtungen analysiert (s. funktionale Zentrenausstattung unter 7.2 und 7.4). Leider hat sich die **Terminologie für innerstädtische Zentrensysteme** in uneinheitlicher Weise entwickelt: z. B. City und Nebencities, Primärzentrum und Sekundärzentren, Stadtzentrum und Nebengeschäftszentren, Hauptzentrum und Subzentren. Selbst einzelne Begriffe, wie z. B. Stadtkern, wurden z. T. sehr verschieden definiert (physiognomisch oder funktional). Vor allem für den zentralst gelegenen Standortraum einer Stadt existiert eine Reihe weiterer, teilweise unterschiedlich verwendeter Bezeichnungen: z. B. Stadtmitte, *Central Business District* (CBD), Innenstadt, Stadtzentrum, City, zentraler Standortraum (s. 7.2, 7.3 u. Abb. 7.10).

7.2 Zentrum oder zentraler Standortraum

Zentrum einer Stadt kennzeichnet ganz allgemein eine räumliche Standortkonzentration zentraler Einrichtungen, die zentrale Güter (Waren, Dienste, Informationen) anbieten. Dies kann der zentralst gelegene Standortraum innerhalb einer Stadt, d. h. das **Stadtzentrum** (bei größeren Städten meist City genannt, s. 7.3.3), sein oder auch ein

dem Stadtzentrum untergeordnetes, meist durch dominante geschäftliche Funktionen gekennzeichnetes Zentrum, d. h. ein **Nebengeschäftszentrum** (oder **Nebenzentrum, Subzentrum**).

Die zentralen Einrichtungen neigen innerhalb der Städte zu (untereinander abgestuften) räumlichen Konzentrationen, die sich, je nach der zentralen Lage bzw. verkehrlichen Erreichbarkeit, aufgrund von Agglomerationsvorteilen etc. in unterschiedlichen Standorträumen bilden oder auch neu geplant werden. Die Gesamtheit der in einem zentralen Standortraum konzentrierten Einrichtungen, die zentrale Güter für entsprechende Versorgungsbereiche anbieten, lässt sich allgemein als **funktionale Ausstattung eines Zentrums** oder **funktionale Zentrenausstattung** kennzeichnen (vgl. im Einzelnen 7.4 u. Abb. 7.8).

7.3 Die City: Entwicklung und Merkmale

7.3.1 Ableitung des Citybegriffs. Der Citybegriff, der in der Stadtforschung und darüber hinaus auch bereits im allgemeinen deutschen Sprachgebrauch bei größeren Städten für die Kennzeichnung des Stadtzentrums verwendet wird, ist unglücklich, da er im Englischen völlig anders und dabei in drei Varianten benutzt wird. Der **englische Begriff** *City* kann eine Bezeichnung (1) allgemein für eine Großstadt, (2) für eine historische Stadt mit Bischofssitz und Kathedrale (damit auch für eine kleinere Stadt) und/oder (3) für eine Stadt mit königlicher Urkunde (*Royal Charter*) und zeremoniellen Privilegien (meist repräsentiert durch einen Oberbürgermeister, den *Lord Mayor*) sein.

Der **deutsche Begriff City** leitet sich ab aus der frühen räumlichen Konzentration von Bürofunktionen in der historischen *City of London*, in der sich schon im 18. Jh. mit dem aufkommenden und sich rasch entfaltenden Banken- und Versicherungswesen der neue Typ des Bürohauses herausbildete, der den Prozess der Citybildung (s. 7.3.2) erheblich beschleunigte. London war das wichtigste frühe Innovationszentrum bezüglich der Entwicklung und Ausbreitung des Banken- und Versicherungswesens. Außerhalb der *City of London*, in der westlich davon gelegenen *City of Westminster*, konzentrierten sich - ebenfalls bereits sehr früh - die Regierungsfunktionen der britischen Hauptstadt.

In Deutschland begann die starke Entfaltung der Bank- und Versicherungseinrichtungen erst nach 1850. Wichtigster Standort wurde Berlin, wo sich nach der Reichsgründung 1871 auch alle anderen Dienstleistungsfunktionen mit nationaler Bedeutung (Regierung, Kultur etc.) in der sich rasch entwickelnden City konzentrierten (Abb. 7.2).

7.3.2 Citybildung beinhaltet also den Funktionswandel des zentralst gelegenen Standortraumes einer Stadt (meist Großstadt). Dieser Wandel ist durch eine zunehmende räumliche Konzentration von Einzelhandels- sowie öffentlichen und privaten Dienstleistungseinrichtungen mit erheblicher zentralörtlicher Bedeutung und (zumindest in der frühen Entwicklung) eine dadurch bedingte starke Abwanderung oder Verdrängung der Wohnbevölkerung gekennzeichnet. Die Bevölkerungsabnahme wird häufig als (negatives) Merkmal der Citybildung gewählt, zumal sie auch datenmäßig oft gut zu erfassen ist (Abb. 7.2). Der Citybildungsprozess ist zudem durch eine Reihe weiterer Merkmale wie Ansteigen der Bodenpreise, Zunahme der Verkehrsdichte, Verdichtung der Bebauung etc. charakterisiert (vgl. Citymerkmale unter 7.3.3).

7.3.3 Citydefinition. City (engl. *city centre* oder *downtown*) ist in erster Linie ein Funktionsbegriff. City ist der zentralst gelegene

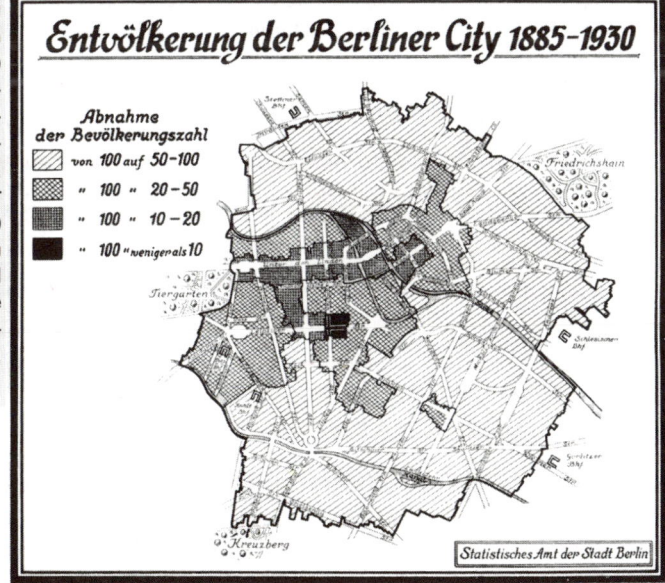

„Die Anfänge der Citybildung lassen sich nahezu bis in die Mitte des vorigen (19.) Jahrhunderts zurückverfolgen" (...) „Die Einwohnerzahl der inneren (...) historischen Stadtbezirke Berlin, Kölln, Friedrichswerder und Friedrichstadt ist (...) unter der Citybildung von 1861 bis 1921 dauernd zurückgegangen" (Aus: Die Citybildung in Berlin. Berliner Wirtschaftsber. 1932, S. 151).

Abb. 7.2
Entvölkerung der Berliner City 1885-1930 im Prozess der Citybildung
(aus: Berliner Wirtschaftsberichte 1932)

Entvölkerung der Berliner City 1885-1930

Abnahme der Bevölkerungszahl
- von 100 auf 50-100
- „ 100 „ 20-50
- „ 100 „ 10-20
- „ 100 „ weniger als 10

Statistisches Amt der Stadt Berlin

Kasten 7.1   Was ist eine „City", speziell in der Großstadt Münster/Westfalen?
(aus: H. Heineberg 2011b, Kasten 4.1)

Eine „City" (als deutscher stadtgeographischer Fachbegriff, engl. *city centre*/amerik. city center oder *downtown*) ist:

- der zentralst gelegene Standortraum einer größeren Stadt (meist Großstadt), in diesem Falle der Stadt Münster,
- mit bedeutender räumlicher Konzentration (hochrangiger) zentraler Funktionen (tertiärer und gehobener sog. quartären Sektor, u. a. sehr vielfältige, vor allem auch hochwertige Einzelhandelsangebote, bedeutende Einkaufsmagneten wie Waren- und Kaufhäuser, Einrichtungen der öffentlichen Verwaltung, z. B. der Stadtverwaltung und Regierung),
- mit charakteristischen Standort- oder Funktionsgemeinschaften (z. B. von Einzelhandel, Gastronomie, Rechtsanwaltskanzleien, s. Abb. 7.3, Facharztpraxen etc. in einer Hauptgeschäftsstraße) und
- funktionalen Vierteln (z. B. Bankenviertel).
- Die City ist durch eine differenzierte Entwicklungsdynamik gekennzeichnet, häufig auch als „Motor der Stadtentwicklung" beschrieben. Weitere Merkmale sind:
- Abnahme der Wohnbevölkerung seit Beginn des modernen Citybildungsprozesses (2. Hälfte des 19. Jh.s),
- heute geringer Anteil der Nacht- bzw. Wohnbevölkerung gegenüber der Tagesbevölkerung (Beschäftigte, Konsumenten, Touristen und andere Besucher) aus lokalen, regionalen und z. T. überregionalen Einzugsbereichen,
- eine insgesamt hohe Arbeitsplatzdichte (tertiärer/quartärer Sektor),
- eine besondere Verkehrsstellung/-belastung: gute verkehrliche Erreichbarkeit, hohe Dichten des öffentlichen Personennahverkehrs (heute in Münster mehr am Cityrand), des Fußgänger- sowie auch des Fahrradverkehrs, z. T. noch des motorisierten Individualverkehrs (z. B. Parksuchverkehre).

Hinzu kommen

- flächenbeanspruchende Einrichtungen für den ruhenden Verkehr (große Parkplätze, Parkhäuser/Tiefgaragen, Fahrradparkhäuser),
- verkehrsberuhigte Zonen oder Straßen sowie Wegeverbindungen für Fußgänger (Fußgängerzonen) und den Fahrradverkehr (in Münster z. B. Fahrradstraßen, Fahrradnutzung von Einbahnstraßen in beiden Richtungen),
- höchste Boden-, Immobilien-/Mietpreise in den „besten Lagen" (sog. 1a-Lagen in den Hauptgeschäftsstraßen) mit relativ großen Zuwachsraten.

Merkmale der Stadtgestaltung sind:

- u. a. ein in großen Teilen noch historisch geprägtes Netz von Straßen, öffentlichen Plätzen und Gassen, eine hohe Bebauungsdichte sowie ein großer baulicher Repräsentationsaufwand (städtebauliche und architektonische Qualitäten unterschiedlicher Baukultur, nicht nur bei historischen, sondern auch bei modernen Gebäuden).

Neuere funktionale Merkmale der City sind:

- moderne cityintegrierte Geschäftspassagen und Einkaufszentren (in Münster als neueste die „Arkaden" und „Stubengassen-Bebauung"), eine hohe „Schaufensterdichte"; die City zeichnet sich zudem, insbesondere in Münster, aus durch eine
- hohe Aufenthalts- und Erlebnisqualität (z. B. Nutzung öffentlicher Räume für Außengastronomie, Cityfeste und andere Veranstaltungen wie Markt auf dem Domplatz, Weihnachtsmärkte, Karnevalsumzug etc.).

Standortraum einer größeren Stadt, der sich durch eine Vielzahl von funktionalen, aber auch physiognomischen Merkmalen auszeichnet, die in Kasten 7.1 am Beispiel der Stadt Münster zusammengestellt sind (s. auch Abb. 7.3; zur Cityentwicklung und aktuellen funktionalen Cityausstattung in Münster vgl. H. HEINEBERG 2011b, c).

7.3.4 Citygliederungen und -abgrenzungen

können mittels Kombinationen verschiedener Citymerkmale (s. Kasten 7.1) erfolgen. Grundlage dazu bilden i. Allg. arbeitsaufwändige Kartierungen der Flächen- und Gebäudenutzungen (letztere geschossweise) und/oder sonstige Erhebungen (z. B. Verkehrszählungen).

Der innere Teil einer City, der durch besonders große Häufigkeiten oder Dichten citytypischer Einrichtungen bzw. durch starke Bevölkerungsabnahme, zumindest in der

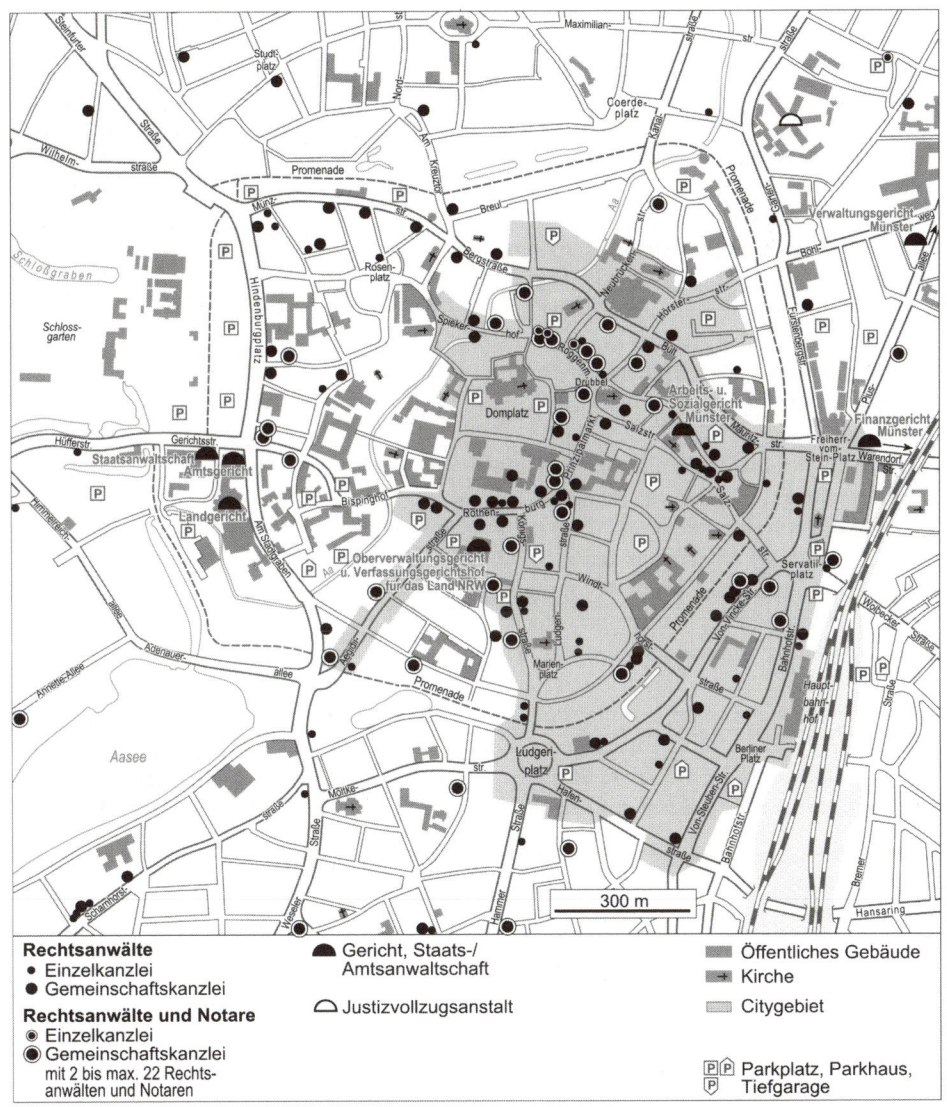

Rechtsanwälte
- Einzelkanzlei
- Gemeinschaftskanzlei

Rechtsanwälte und Notare
- Einzelkanzlei
- Gemeinschaftskanzlei
  mit 2 bis max. 22 Rechtsanwälten und Notaren

◣ Gericht, Staats-/
  Amtsanwaltschaft

⌂ Justizvollzugsanstalt

▨ Öffentliches Gebäude

✠ Kirche

▨ Citygebiet

Ⓟ Ⓟ Parkplatz, Parkhaus,
Ⓟ   Tiefgarage

Abb. 7.3 Münster-Innenstadt: City, Hauptgeschäftsbereich und ausgewählte Nutzungen (nach: H. Heineberg 2011b, Abb. 7.40)

Frühphase der Citybildung (Abb. 7.2), gekennzeichnet ist, wird häufig mit **Citykern** bezeichnet. Eindeutiger ist aber i. Allg. die Abgrenzung von **Hauptgeschäftsbereichen oder -straßen**, d. h. der vom Einzelhandel weitgehend geschlossen bzw. räumlich zusammenhängend und intensiv genutzten Teile der City. Wichtige Indikatoren für einen Hauptgeschäftsbereich sind die hohe Passantendichte sowie die Ausweisung und Gestaltung von Fußgängerbereichen; letztere sind jedoch häufig, wie in der City von Münster (Abb. 7.3), nur in Teilen des Hauptgeschäftsbereichs entwickelt.

Zur Abgrenzung von Hauptgeschäftsbereichen in US-amerikanischen Städten, den sog. *Central Business Districts* (*CBDs*), sind von R. E. MURPHY/J. E. VANCE (1954) der sog. *CBD*-Höhenindex (*CBDHI*) und der *CBD*-Intensitätsindex (*CBDII*) entwickelt worden. Zur Berechnung (s. Kasten 7.2, Abb. 7.4) wurden als kleinste räumlich-statistische Bezugseinheiten die zumeist quadratischen Baublöcke zugrunde gelegt. Als *CBD*-untypische Nutzungen wurden aus der Indexberechnung ausgeschlossen: Wohnungen, Einrichtungen der Regierung und öffentlichen Verwaltung, Einrichtungen von Organisationen (z. B. Kirchen), Industrie und Handwerk (mit Ausnahme von Zeitungsdruckereien), Großhandel und Lagerhäuser, leer stehende Gebäude und Geschosse, ungenutzte Flächen, Eisenbahntrassen und Rangier-

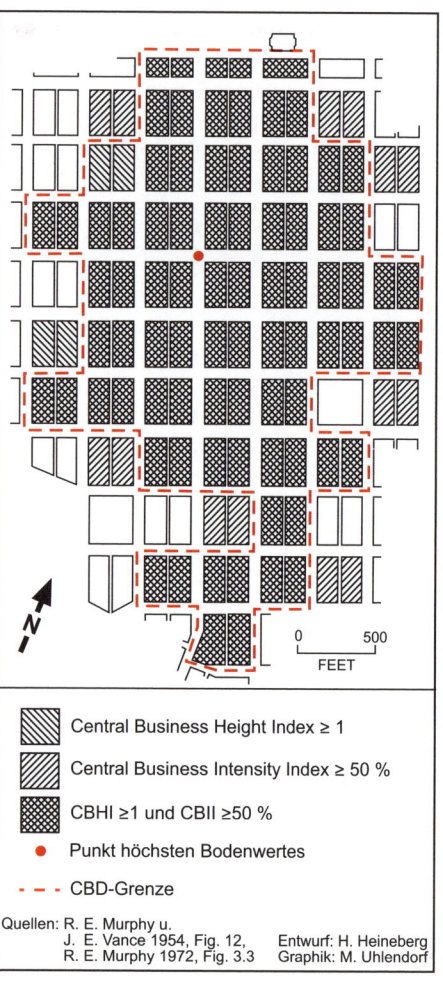

▨	Central Business Height Index ≥ 1
▨	Central Business Intensity Index ≥ 50 %
▩	CBHI ≥1 und CBII ≥50 %
●	Punkt höchsten Bodenwertes
- - -	CBD-Grenze

Quellen: R. E. Murphy u.
J. E. Vance 1954, Fig. 12,　Entwurf: H. Heineberg
R. E. Murphy 1972, Fig. 3.3　Graphik: M. Uhlendorf

**Abb. 7.4 Abgrenzung des *CBD*
in der Stadt Tulsa, USA**

Kasten 7.2 *CBD*-Indexberechnungen nach R. E. MURPHY und J. E. VANCE

$$CBD\text{-Höhenindex }(CBDHI) = \frac{\text{Gesamte Geschossflächen mit } CBD\text{-typischen Nutzungen}}{\text{Gesamte Gebäude-Grundflächen}}\,_{(\text{pro Baublock})}$$

$$CBD\text{-Intensitätsindex }(CBDII) = \frac{\text{Gesamte Geschossflächen m. } CBD\text{-typischen Nutzungen}}{\text{Gesamte Geschossflächen}}\,_{(\text{pro Baublock})} \times 100$$

Als *CBD*-Abgrenzungskriterien gelten: *CBHI* ≥ 1　und
　　　　　　　　　　　　　　　　　　CBDII ≥ 50 %

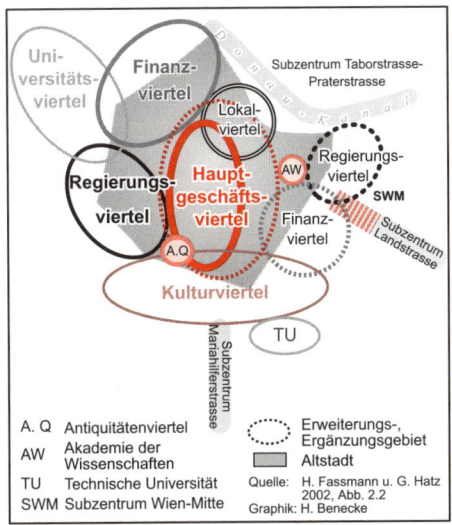

A. Q   Antiquitätenviertel
AW   Akademie der
        Wissenschaften
TU   Technische Universität
SWM   Subzentrum Wien-Mitte

⋯⋯ Erweiterungs-,
     Ergänzungsgebiet
▨ Altstadt
Quelle: H. Fassmann u. G. Hatz
       2002, Abb. 2.2
Graphik: H. Benecke

Abb. 7.5 Funktionale Viertel in Wien

bahnhöfe. Das Beispiel Tulsa (Abb. 7.4) verdeutlicht die *CBD*-Abgrenzung aufgrund der o. g. Kriterien. Lediglich im NW-Teil des *CBD* zeigt sich eine „Unregelmäßigkeit" in der Zuordnung: Es wurde ein Baublock dem *CBD* zugerechnet, obwohl er nur einen der *CBD*-Schwellenwerte erfüllt.

Die Übernahme der *CBD*-Abgrenzungsmethode für europäische Städte ist sehr problematisch, zum einen aufgrund der unregelmäßigen Baublockaufteilungen und der z. T. sehr heterogenen Nutzungen der einzelnen Baublockseiten, zum anderen wegen der unterschiedlichen Schwellenwerte für Hauptgeschäftsbereiche.

Außerhalb des Hauptgeschäftsbereichs oder des Citykerns (von einigen Autoren auch als **Wirtschaftscity** gekennzeichnet) besteht innerhalb der Cities, vor allem in Millionenstädten, eine Reihe weiterer funktionaler Viertel mit charakteristischen Standort- und Funktionsvergesellschaftungen ähnlicher oder sich ergänzender Branchen, die von E. LICHTENBERGER (1972) als sog. **Assoziationen** gekennzeichnet wurden. Wie die Beispiele der Wiener und Münchner Cities

(Abbn. 7.5 und 7.6) zeigen, sind z. B. die **Regierungscity** bzw. **-viertel** oder die **Universitätscity** bzw. **-viertel** typische Hauptassoziationen innerhalb der City bzw. der Innenstadt. Die Verbindung des Citybegriffes mit einer Leitfunktion ist jedoch nicht nötig, da die Kennzeichnung als Regierungsviertel oder Universitätsviertel eindeutiger und auch geläufiger ist; zu Wien vgl. auch die jüngere Darstellung in H. FASSMANN/G. HATZ 2009, Abb. 2.2. Die Abb. 7.6 verdeutlicht, dass die räumliche Cityentwicklung häufig asymmetrisch verläuft. Diese **Asymmetrie der Cityausdehnung**, die in München in Richtung der gehobenen Wohnviertel entstanden ist, ist auch für andere Großstädte in ähnlicher Form charakteristisch (z. B. Londoner oder Frankfurter Westend, Westberliner Zooviertel). In einigen Städten ist die City (im Verhältnis zur Altstadt) sektorartig entwickelt, so dass man von einem **Citysektor** sprechen kann (Beispiel Münster, Abb. 7.3).

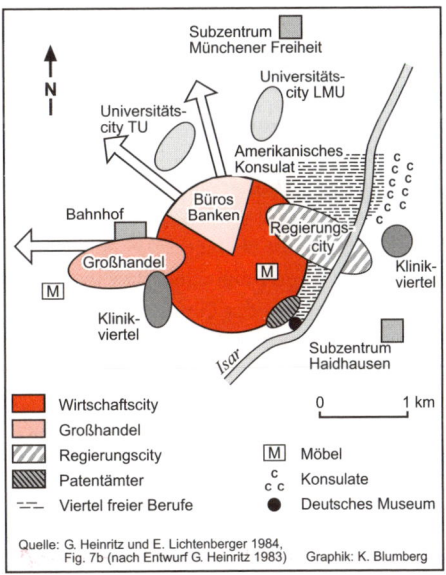

■ Wirtschaftscity
■ Großhandel
▨ Regierungscity
▨ Patentämter
=⋅= Viertel freier Berufe

M Möbel
c c
 c Konsulate
● Deutsches Museum

Quelle: G. Heinritz und E. Lichtenberger 1984,
      Fig. 7b (nach Entwurf G. Heinritz 1983)   Graphik: K. Blumberg

Abb. 7.6 „Hauptassoziationen" der Münchner City

Das um den Hauptgeschäftsbereich, den Citykern bzw. die Wirtschaftscity gelegene restliche (übrige) Gebiet (Ergänzungsgebiet) der City wird häufig zusammenfassend als **Citymantel** bezeichnet.

Die äußere Cityabgrenzung aufgrund verschiedener Merkmale oder Merkmalskombinationen ist z. T. problematisch, da die an die City anschließenden, zumeist durch höhere Anteile an der Wohnnutzung gekennzeichneten **Cityrandgebiete** aufgrund ihrer randlichen Lage zur City teilweise noch Citycharakter (vor allem im engeren Übergangssaum) besitzen können. Letzteres gilt z. B. für in der Nähe der City gelegene Geschäftsstraßen (häufig radiale Ausfallstraßen), die die City teilweise funktional ergänzen und daher als **Cityergänzungsstraßen** bezeichnet werden können (in Münster beispielsweise die nach Süden führende Hammer Straße, Abb. 7.3, vgl. auch H. HEINEBERG 2011b, dort Kasten 4.6). Die Cityrandgebiete stellen potenzielle zukünftige **Cityexpansionsgebiete** dar.

7.3.5 Citygebundenheit von Funktionen. Die Problematik der Cityabgrenzung steht im Zusammenhang mit der Frage nach der sog. Citygebundenheit von Funktionen. Diese ist für einzelne Funktionen oder Einrichtungen nicht ohne weiteres eindeutig zu bestimmen. Eine Möglichkeit besteht darin, den Anteil der Einrichtungen einer bestimmten Branche in der City an der Gesamtzahl der Einrichtungen der gleichen Branche in der Gesamtstadt in Prozent zu berechnen, falls dafür geeignetes Datenmaterial (etwa durch Nutzungskartierungen oder Branchentelefonbuchauswertungen) zur Verfügung steht. Ist der entsprechende Anteil größer als rd. 50 %, so lässt sich die Branche als **citytypische Funktion oder Einrichtung** kennzeichnen (vgl. als ältere Darstellung Abb. 7.7). Derartige citytypische Einrichtun-

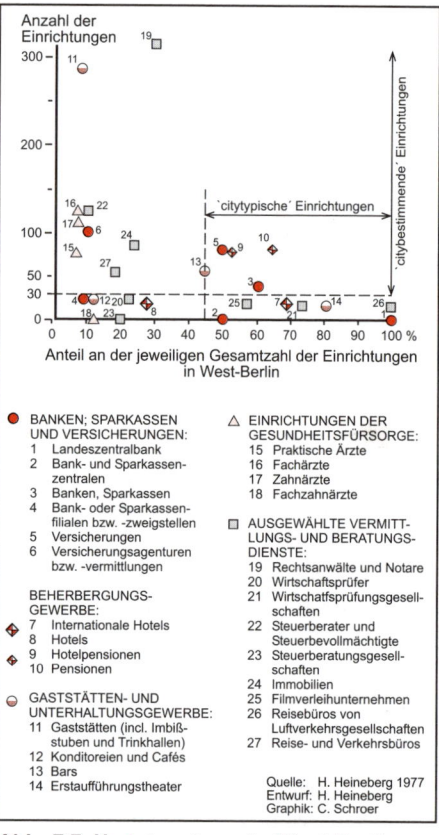

Abb. 7.7 Hauptzentrum in West-Berlin: citytypische und citybestimmende Dienstleistungsgruppen

gen können jedoch, wie etwa am Beispiel der Bank- oder Sparkassenzentralen, der Erstaufführungstheater oder der Reisebüros von Luftverkehrsgesellschaften im Westberliner Stadtzentrum aufgezeigt werden konnte, in jeweils geringer absoluter Anzahl vertreten sein. Demgegenüber gibt es Dienstleistungs- oder auch Einzelhandelsbranchen, die zwar aufgrund ihrer verhältnismäßig großen absoluten Häufigkeit „cityprägend" oder „citybestimmend" sind, jedoch aufgrund ihrer geringen Prozentwerte (im Verhältnis zur Gesamtstadt) nicht als citytypisch eingestuft werden können. Als **citybestimmende Funktionen** (dabei aber als nicht citytypisch im o. g. Sinn) wurden für das Westberliner Stadtzentrum etwa Gaststätten, Büros von Steuerberatern, Rechtsanwälten und Notaren oder Arztpraxen ermittelt. Trotz ihrer großen Anzahl innerhalb des Stadtzentrums waren diese zu erheblichen relativen Anteilen über das übrige Stadtgebiet verteilt.

Derartige Charakterisierungen der Citygebundenheit von Funktionen sind nicht mit überall anwendbaren gleichen Schwellenwerten zu bestimmen. Sie sind insbesondere abhängig von der Größe und Einwohnerzahl sowie der gesamten zentralörtlichen Bedeutung der Stadt, der Existenz und Ausstattung bedeutender Nebenzentren, nicht zuletzt aber auch von der Branchenbestimmung (Spezialisierungsgrad) und dem Erhebungszeitpunkt.

So waren in der City der Stadt Münster die Arztpraxen in der Zwischenkriegszeit noch citytypische Einrichtungen; z. B. konzentrierten sich 1932 in der City 54 % der Arztpraxen insgesamt bzw. 66 % der Fachärzte und 67 % der Zahnärzte. Im Jahre 1980 betrug der Anteil der Arztpraxen insgesamt nur noch 34 % (obwohl sich die Absolutzahl der Citypraxen um 135 % vergrößert hatte); der Anteil der Facharztpraxen machte 42 %, der Zahnarztpraxen 32 %, aber derjenige der Fachzahnarztpraxen 75 % aus (nach H. Heineberg/N. de Lange 1983).

Derartige Entwicklungstendenzen stehen im Zusammenhang mit der Bevölkerungssuburbanisierung (s. 2.3.3) und der Standortentwicklung von Arztpraxen in dezentralen Lagen. Wie die absolute Zunahme der Arztpraxen (vor allem der hochspezialisierten Einrichtungen) in der City zeigt, ist diese als Standortraum aber durchaus noch attraktiv und von großer Bedeutung.

7.4 Funktionale Zentrenausstattung: Merkmale und Typisierung

7.4.1 Tertiärer und quartärer Sektor - begriffliche Differenzierung und Wachstumsdynamik.
Anstelle der dreiteiligen Wirtschaftsgliederung hat Jean Gottmann im Jahre 1961 in seinem Werk über die nordostamerikanische *Megalopolis* eine Aufspaltung des tertiären Sektors vorgeschlagen. Gottmann kennzeichnete *quaternary occupations* als *„those supplying services that require research, analysis, judgment - in brief, brainwork and responsibility"* (ebd., S. 580). Man unterscheidet demnach in der englischsprachigen wirtschaftsgeographischen Literatur häufig zwischen dem primären, sekundären, tertiären und quartären Wirtschaftssektor. Der **tertiäre Sektor** umfasst nach dieser Aufgliederung vor allem den Einzelhandel, Großhandel, Verkehr und verschiedene einfache Serviceleistungen (z. B. Reparaturleistungen). Als sog. **quartärer Sektor** lassen sich Dienstleistungsaktivitäten ausgrenzen bzw. zusammenfassen, für deren Ausübung höhere Ausbildung und Schulung erforderlich sind und die z. T. einen großen Beitrag zu Entscheidungsprozessen leisten. Zu den quartären Dienstleistungsgruppen zählen Einrichtungen der Regierung und öffentlichen Verwaltung, der Verbände und Industrieverwaltung sowie gehobene personenbezogene private Dienstleistungen (z. B. Ärzte, Rechtsanwälte, Wirtschaftsprüfer) oder etwa Dienstleistungen, die bei Transaktionen genutzt werden (wie Banken, Börsen, Versicherungen).

Die genannte Einteilung besitzt gegenüber der klassischen Untergliederung in drei Wirtschaftssektoren den Vorteil, dass sie den Erscheinungsformen des modernen Wirtschaftsprozesses angepasst ist und auch die wirtschaftliche Gesamtentwicklung besser charakterisiert. Es ist nämlich vor allem der quartäre Sektor, dem in jüngerer Zeit innerhalb des gesamten Dienstleistungsbereiches eine stark wachsende Bedeutung zukommt. Er ist durch Tätigkeiten gekennzeichnet, die sich auf geistige Aktivitäten beziehen. Man spricht daher auch von der „**weißen Revolution**", die durch eine ungeheuere Ausweitung der Bürotätigkeiten innerhalb und außerhalb der Industrie gekennzeichnet ist. Zu den Zweigen des quartären Sektors mit raschem Wachstum zählte in den vergangenen Jahrzehnten vor allem das Bank- und Versicherungswesen. Von Bedeutung war auch das zunehmende Anwachsen der staatlichen bzw. öffentlichen Informations-, Kontroll- und Entscheidungsfunktionen. Der sog. „*Office*-(**Büro-**)*Boom*" betrifft aber auch eine Vielzahl spezieller Dienstleistungen wie Rechtsberatung, Wirtschaftsprüfung, technische Beratung, Werbeagenturen etc.

Nach E. KULKE (1995, S. 7) zeigen insbesondere die **unternehmens- und produzentenorientierten Dienstleistungen** aufgrund der sich ändernden Bedürfnisse des verarbeitenden Gewerbes starke Expansionsprozesse. Dazu zählen u. a. der erheblich steigende Bedarf an Transport- und Kommunikationsleistungen und an anderen externen Dienstleistungen der Beratung unterschiedlichster Art, der Werbung, Forschung und Entwicklung etc., die tendenziell mehr und mehr aus den produzierenden Unternehmen ausgelagert werden. Daraus ergibt sich, dass die Wirtschaftsabteilung der Dienstleistungen von Unternehmen und freien Berufen in eine zunehmende Vielzahl von Einzelberufen unterschiedlichster Qualität zu unterteilen ist.

S. STRAMBACH (2011[2], S. 972) stellt ebenfalls zum einen den starken Bedeutungszuwachs von Dienstleistungen - speziell v. a. von unternehmensorientierten Dienstleis-

tungen - sowie zum anderen die „kontinuierliche Ausdifferenzierung des Dienstleistungssektors" heraus.

Der quartäre Sektor zeichnet sich gegenüber dem tertiären Sektor i. Allg. nicht nur durch eine stärkere dynamische Entfaltung, sondern häufig auch durch bedeutende zwischenbetriebliche Interaktionen (z. B. Geschäftskontakte) sowie großenteils auch durch besondere Flächen- und Raumansprüche aus (u. a. vertikale Anordnung der Büros innerhalb der City, vgl. Abb. 5.11, oder etwa Standorte in Entlastungszentren in verkehrsgünstiger dezentraler Lage, z. B. City Nord in Hamburg). Insbesondere bieten heute urbane Agglomerationen wissensintensiven unternehmensorientierten Dienstleistungen Standortvorteile (S. STRAMBACH (2011[2], S. 972). „Dazu zählen beispielsweise die hochwertige verkehrs- und kommunikationstechnologische Infrastruktur, die schnelle Erreichbarkeit von Kunden und Absatzmärkten, vielfältige Möglichkeiten der Kommunikation sowie die flexiblen Arbeitsmärkte mit einem großen Potenzial an hoch qualifizierten Arbeitskräften. Entscheidend sind darüber hinaus dynamische Agglomerationsvorteile, die aus der Informationsdichte und aus schwer fassbaren „Wissens-Spillover-Effekten" resultieren (ebd.).

7.4.2 Funktionale Betriebstypen der Einzelhandels- und Dienstleistungsausstattung. Die funktionalen Betriebstypen der Einzelhandels- und Dienstleistungsausstattung (funktionale Zentrenausstattung) von Zentren unterschiedlichster Art (z. B. City, Nebengeschäftszentrum, Shopping-Center, periphere Bürozentren oder Entlastungszentren) ergeben sich vor allem aus der verschiedenartigen **Kombination sog. primärer und sekundärer Merkmale der funktionalen Zentrenausstattung** (vgl. im Einzelnen Abb. 7.8).

Unter den betriebswirtschaftlichen Merkmalen (innerhalb der primären Merkmale) ist die **Betriebsgröße** - meist gemessen in Quadratmetern der Geschäftsfläche (bei Einzelhandelsbetrieben häufig auch als Verkaufsfläche) oder nach Anzahl der Beschäftigten, teilweise auch nach der Umsatzhöhe - ein wichtiges Geschäftsprinzip und damit ein entscheidendes Merkmal zur Bestimmung von Betriebstypen (des Einzelhandels).

Die EH-Betriebsgröße als Geschäftsprinzip erhält erst in Verbindung mit den sog. **Sortimentsdimensionen** ein anderes Gewicht. Einzelhandelsbetriebe lassen sich nach der Sortimentsbreite und Sortimentstiefe gliedern: Unter **Sortimentsbreite** versteht man die Zahl der geführten Warengruppen (z. B. Textilien, Hausrat, Kosmetika), während die **Sortimentstiefe** die Vielfalt innerhalb einer Warengruppe nach Größe, Form, Herstellungsart, Qualität etc. kennzeichnet. Nach diesen Sortimentsdimensionen ergeben sich z. B. folgende **Betriebstypen des Einzelhandels** (vgl. Kasten 7.4):

• Geschäfte mit breitem und flachem Sortiment: z. B. kleine und mittelgroße **Warenhäuser** oder **Gemischtwarengeschäfte**,

• Geschäfte mit breitem und tiefem Sortiment: **Großwarenhäuser**, große **Versandhäuser** (Versand nach Bestellung aus Katalogen, Prospekten) und häufig auch *E-Commerce-Anbieter*,

• Geschäfte mit mittlerer Sortimentsbreite und -tiefe: kleine und mittelgroße **Fachgeschäfte** wie z. B. „normale" Lebensmittel- oder Textilgeschäfte,

• Geschäfte mit engem und tiefem Sortiment: **Spezialgeschäfte** wie Hut- oder Wollgeschäfte, i. Allg. auch **Kaufhäuser**, d. h. große Fachgeschäfte wie Bekleidungskaufhaus, Möbelkaufhaus etc.,

• Geschäfte mit engem und flachem Sortiment: z. B. kleine Nachbarschaftsläden oder **ambulanter Handel** (ohne festen Standort).

Das wohl wichtigste betriebliche Einzelmerkmal ist die **Branchenzugehörigkeit** eines Betriebes (z. B. Bekleidungsgeschäft). Zur systematischen Zusammenfassung der zahlreichen Einzelhandels- und Dienstleistungsbranchen - insbesondere für themakartographische Darstellungen - lässt sich eine übersichtliche Anzahl von **Branchengruppen**, auch **Bedarfsgruppen** oder **Konsumgruppen** genannt, bestimmen (z. B. Bekleidung/Textilien/Schuhe) (vgl. Kasten 7.3). Die Häufigkeiten der Einrichtungen in Bezug auf Bedarfsgruppen und einzelne funktionale Räume (City, Hauptgeschäftsbereich etc.) ermöglichen - wie Abb. 7.9 für die City der Stadt Münster zeigt - bereits wichtige Aussagen hinsichtlich der innerstädtischen Nutzungsdifferenzierung. Grundsätzlich können, je nach Untersuchungsziel, unterschiedliche Bedarfsgruppengliederungen der Einzelhandels- und Dienstleistungseinrichtungen entwickelt sowie auch die Raumverteilungen einzelner (spezieller) Branchen erfasst, dargestellt und analysiert werden.

Zur qualitativen Einstufung von Einzelhandelsbetrieben kann auch das Preis- und Qualitätsniveau des Warenangebotes, die **Konsumwertigkeit**, berücksichtigt werden (vgl. Preissegmentschwerpunkte in Abb. 7.10). Eine Kombination der Merkmale Konsumwertigkeit und Fristigkeit des Bedarfs bzw. **Konsumhäufigkeit** des Warenangebotes (u. a. kurzfristiger oder täglicher, mittelfristiger und langfristiger Bedarf) ermöglicht eine **Bedarfsstufenzuordnung oder -gliederung** von Einzelhandelseinrichtungen, z. B. in drei Rangfolgen (s. Kasten 7.5).

Eine entsprechende systematische Bedarfsstufengliederung des gesamten Dienstleistungsbereichs stößt u. a. wegen der z. T. sehr großen Heterogenität einzelner Branchen auf erhebliche Schwierigkeiten.

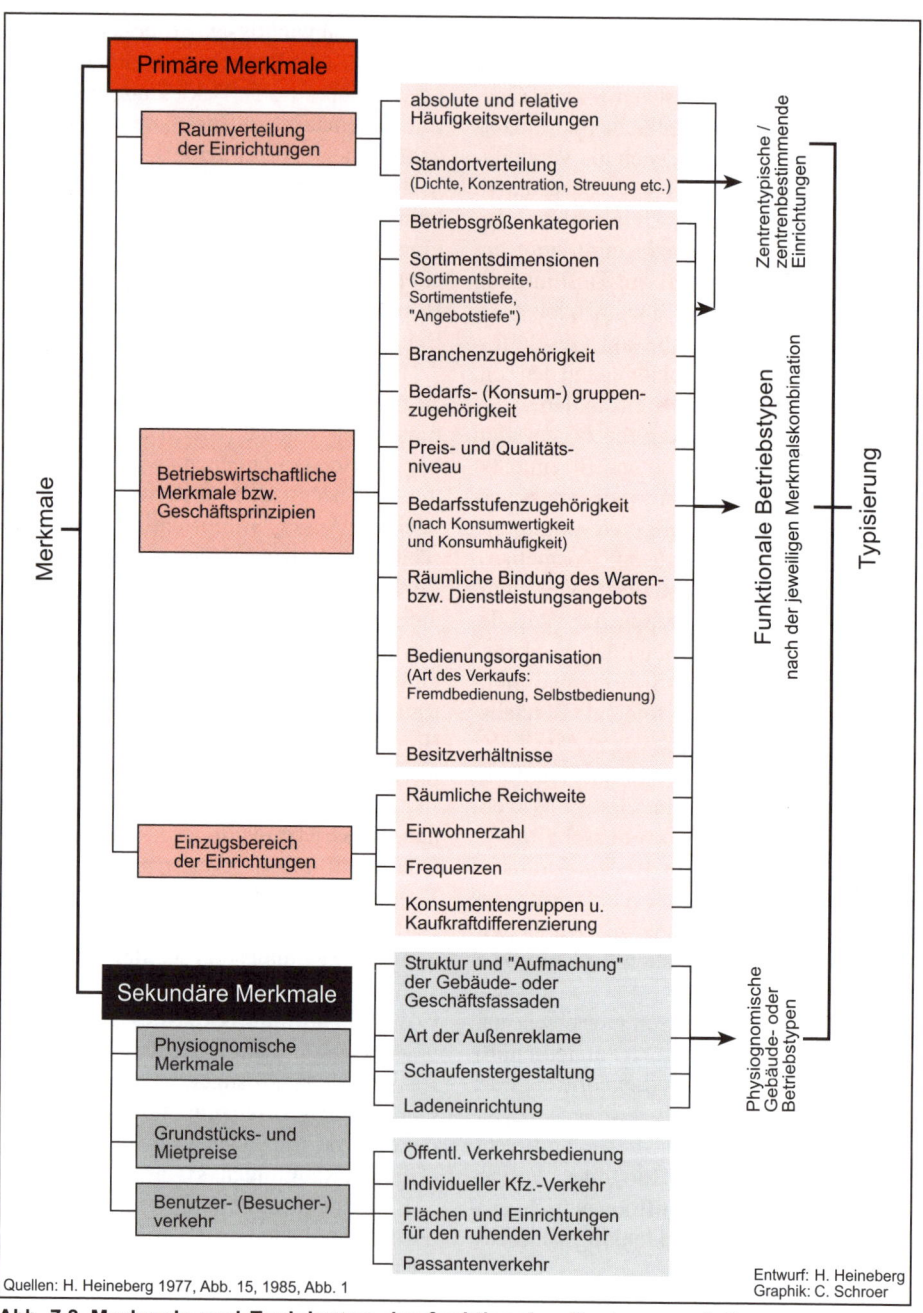

Quellen: H. Heineberg 1977, Abb. 15, 1985, Abb. 1

Entwurf: H. Heineberg
Graphik: C. Schroer

Abb. 7.8 Merkmale und Typisierung der funktionalen Zentrenausstattung

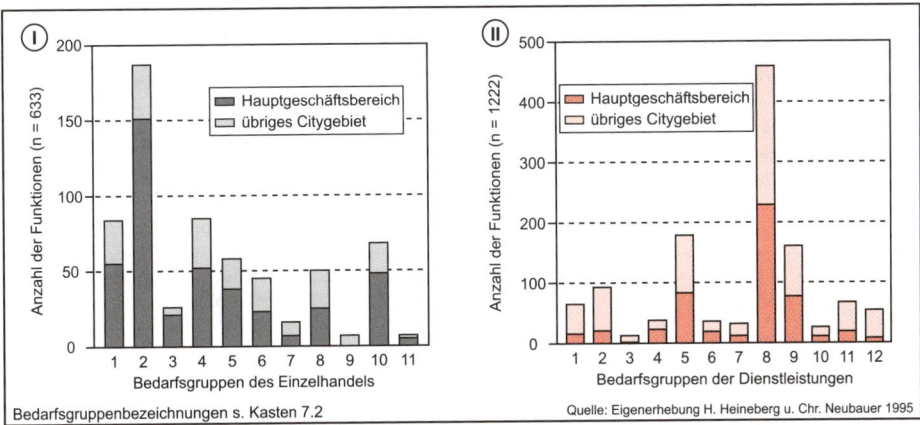

Abb. 7.9 Bedarfsgruppengliederungen der Betriebe mit Einzelhandels- (I) und Dienst-leistungsfunktionen (II) in der City der Stadt Münster (vgl. auch Abb. 7.4)

Kasten 7.3 Bedarfsgruppengliederung von Einzelhandels- und Dienstleistungs-gruppen mit Zuordnung ausgewählter Branchen
(nach H. HEINEBERG/H.-U. TAPPE 1994, s. dort im Einzelnen Anhang I und II)

Einzelhandelsbedarfsgruppen/-branchen:

1. **Lebens- u. Genussmittel**
2. **Bekleidung und Textilien**
   Bekleidung,Textilien, Schuhe, Lederwaren
3. **Hausratbedarf**
   Haushaltsartikel und -geräte, Elektroartikel, Heimwerkerbedarf, Gartenzubehör etc.
4. **Körperpflege- und Heilbedarf**
   Apotheke, Drogerie, Parfümerie, Sanitäts-waren etc.
5. **Bildung und Kunst**
   Kunstartikel, Antiquitäten, Bücher, Zeit-schriften etc.
6. **Unterhaltungsbedarf**
   Radio- u. Fernsehgeräte, Fotoartikel, Musi-kalien, Spielwaren, Sportartikel etc.
7. **Arbeits- und Betriebsmittelbedarf**
   Büroausstattung, Handwerkerbedarf etc.
8. **Wohnungseinrichtungsbedarf**
   Möbel, Lampen, Teppiche, Bettwaren etc.
9. **Fahrzeuge**
   Automobile, Fahrräder etc.
10. **Schmuck- und Zierbedarf**
    Schmuck, Blumen etc.
11. **Warenhäuser/Einzelhandelsgeschäft mit Waren aller Art**
    Kleinpreis-, normales Warenhaus, Versandhaus etc.

Dienstleistungsbedarfsgruppen/-branchen:

1. **Verbände u. Interessengemeinschaften**
   Politische Vereinigungen, Kultur-, Berufs- u. Wirtschaftsverbände etc.
2. **Versicherungs- und Bankwesen**
3. **Beherbergungswesen**
   Hotels, Pensionen, Jugendherberge etc.
4. **Vermittlungseinrichtungen des Reise- und Fremdenverkehrs**
5. **Gaststätten- und Unterhaltungsgewerbe**
   Gaststätten, Cafés, Imbiss, Bar, Diskothek, Kino etc.
6. **Öffentliche u. private Kultureinrichtungen**
   Theater, Museum, Archiv, Bibliothek, Universitätseinrichtungen etc.
7. **Private Ausbildungseinrichtungen**
   Fahr-, Sprach-, Tanzschulen etc.
8. **Weitere gehobene private Dienstleist.**
   Ärzte, Rechtsanwälte, Wirtschaftsprüfer, Ingenieurbüros, Verlage etc.
9. **Einfache Serviceleistungen und Dienst-leistungen des Handwerks**
   Reinigungsannahme, Friseur etc.
10. **Firmenverwaltungen und -vertretungen**
11. **Öffentliche Einrichtungen** (außer 6.)
12. **Kirchen u. sonst. religiöse und soziale Einrichtungen**
    Kirche, Altenheim etc.

Kasten 7.4 Betriebstypen des Einzelhandels - Beispiele
(aus: BAG 1995[5], S. 167ff., nach „Katalog E", „Begriffsbestimmungen aus der
Handels- und Absatzwirtschaft", INSTITUT F. HANDELSWIRTSCHAFT AN D. UNIV. ZU KÖLN)

· **Fachgeschäft**: branchenspezifisches oder bedarfsgruppenorientiertes Sortiment in großer Auswahl und in unterschiedlichen Qualitäten und Preislagen mit Bedienung und ergänzenden Dienstleistungen (z. B. Kundendienst); Beispiel: Bekleidungsfachgeschäft.

· **Spezialgeschäft**: das Warenangebot beschränkt sich auf einen Ausschnitt des Sortiments eines Fachgeschäftes und ist dabei tiefer gegliedert (z. B. Krawattengeschäft). Das Sortiment genügt besonders hohen Auswahlansprüchen. Charakteristisch sind neben Bedienung auch ergänzende Dienstleistungen. Eine Sonderform sind **Luxusspezialgeschäfte** (z. B. teure Brautmoden).

· **Fachmarkt**: meist großflächiger und i. Allg. ebenerdiger Einzelhandelsbetrieb mit breitem und oft auch tiefem Sortiment aus einem Warenbereich (z. B. Bekleidungsfachmarkt), einem Bedarfsbereich (z. B. Sportfachmarkt, Baufachmarkt) oder einem Zielgruppenbereich (z. B. Möbelfachmarkt für designorientierte Kunden) in übersichtlicher Warenpräsentation bei tendenziell mittlerem bis niedrigem Preisniveau. Weitere Merkmale sind: meist autoorientierter Standort, entweder isoliert oder in gewachsenen und geplanten Zentren, z. T. auch auf gewerbliche Kunden ausgerichtet (z. B. Installationsfachmarkt); i. Allg. Selbstbedienung, teilweise auch mit ergänzendem Dienstleistungsangebot. Ein **Spezialfachmarkt** führt Ausschnittssortimente aus dem Programm eines Fachmarktes (z. B. Fliesenfachmarkt, Holzfachmarkt).

· **Kaufhaus** ist ein größerer Einzelhandelsbetrieb; er bietet überwiegend mit Bedienung Warenangebote aus zwei oder mehr Branchen, davon wenigstens aus einer Branche in tiefer Gliederung, an (z. B. Bekleidungskaufhaus).

· **Warenhaus** ist ein großflächiger Einzelhandelsbetrieb (mind. 3.000 m² Verkaufsfläche); er bietet i. Allg. auf mehreren Etagen breite und überwiegend tiefe Sortimente mehrerer Branchen (meist *Non-Food*-Waren) mit tendenziell hoher Serviceintensität und eher hohem Preisniveau an. Hinzu kommen ergänzende Dienstleistungen (Gastronomie, Reisevermittlung, Finanzdienstleistungen). Die Verkaufsmethoden reichen von Bedienung (z. B. Fernsehbereich) über Vorwahlsystem (z. B. Bekleidung) bis hin zur Selbstbedienung (z. B. Lebensmittel). Die Standorte sind in der Innenstadt bzw. in größeren gewachsenen Zentren oder in Einkaufszentren.

· **Selbstbedienungs-/SB-Warenhaus** ist ein großflächiger, meist ebenerdiger Einzelhandelsbetrieb (mind. 3.000 m², international sogar mind. 5.000 m²) mit umfassendem Sortiment (v. a. Lebensmittel); ganz oder überwiegend Selbstbedienung; kein kostenintensiver Kundendienst; hohe Werbeaktivität in Dauerniedrigpreis- oder Sonderangebotspolitik; grundsätzlich autoorientierte Standorte, entweder isoliert oder in gewachsenen und geplanten Zentren.

· **Verbrauchermarkt** ist ein großflächiger Einzelhandelsbetrieb mit mind. 1000 m² Verkaufsfläche mit breiten und tiefen Sortimenten an Lebens- und Genussmitteln sowie an Gütern des kurz- und mittelfristigen Bedarfs überwiegend in Selbstbedienung. Weitere Merkmale sind: Dauerniedrigpreis- oder Sonderangebotspolitik; i. Allg. autoorientierte Standorte (Alleinlage oder in Einkaufszentren).

· **Supermarkt** bietet auf einer Verkaufsfläche von mind. 400 m² Lebens- und Genussmittel (einschl. Frischwaren, z. B. Obst, Gemüse) und ergänzenden Waren des täglichen oder kurzfristigen Bedarfs anderer Branchen vorwiegend in Selbstbedienung an.

· Andere, z. T. neue Betriebsformen sind beispielsweise **Fabrikläden** (*Factory-Outlets*), *Teleshopping/E-Commerce-Anbieter* etc.; vgl. auch als neue Standortagglomerationen unterschiedliche Betriebsformen von Shopping-Centern (s. unter 7.5.2), **Fachmarktzentren**, Galerien, Passagen u. ä.

Die Kombination der Merkmale Bedarfs-gruppen- und Bedarfsstufenzugehörigkeit und deren themakartographische Darstellung (Nutzung einzelner Geschosse, Diagramme etc.) erlaubt aufschlussreiche Charakterisierungen bzw. **Typisierungen der funktionalen Zentrenausstattung**, z. B. einzelner Straßenabschnitte oder gesamter Zentren (Abb. 7.8). Die übrigen in der Abb. 7.8 aufgeführten betriebswirtschaftlichen Merkmale sind zur ergänzenden Charakterisierung von Betriebstypen von Bedeutung: die sog. räumliche Bindung des Waren- oder Dienstleistungsangebots, das Prinzip der Bedienungsorganisation sowie die Besitzverhältnisse von Einzelhandels- und Dienstleistungsbetrieben. Je nach Kombination der in Abb. 7.8 berücksichtigten - vor allem primären - Merkmale lassen sich somit unterschiedliche **Betriebsformen oder -typen (des Einzelhandels)** bezeichnen. „Durch die Wahl der Betriebsformen legt der Handelsbetrieb seine Struktur, sein Leistungsspektrum und seinen Marktauftritt fest" (BAG 1995[5], S. 167). Betriebstypen sind jedoch nicht statisch, sondern sie können sich - je nach Einflüssen durch Veränderungen des Absatz- und Beschaffungsmarktes oder auch durch betriebsinterne Veränderungen - dynamisch entwickeln (Entstehen neuer, Weiterentwicklung oder auch Ausscheiden bestehender Betriebsformen). Beispiele aktueller Betriebstypen sind in Kasten 7.4 aufgeführt.

Die privatwirtschaftlichen Einrichtungen des tertiären Sektors unterscheiden sich im Grundsatz erheblich von denjenigen der öffentlichen Dienstleistungen (z. B. Stadtverwaltung, Bibliothek, Theater, Schulen), da letztere nicht dem marktwirtschaftlichen Preismechanismus bzw. Rentabilitätsprinzip unterliegen. Die öffentlichen Einrichtungen bleiben daher im Folgenden unberücksichtigt.

> **Kasten 7.5 Möglichkeit der Bedarfsstufengliederung des Einzelhandels**
>
> · **Bedarfsstufe 1**: Geschäfte mit ausschließlich oder größtenteils langlebigen, hochwertigen und selten verlangten Warenangeboten (z. B. hochwertige Pelzbekleidung, Brautkleider, Automobile, hochwertiger Schmuck);
>
> · **Bedarfsstufe 2**: Geschäfte mit mittelwertigen und/oder mittelfristig nachgefragten Warenangeboten (z. B. normale Damenmoden und Herrenkonfektion, Bücher, Automobilzubehör, Modeschmuck);
>
> · **Bedarfsstufe 3**: Geschäfte mit geringwertigen, kurzfristig oder täglich verlangten Warenangeboten (z. B. gewöhnliche Lebensmittel, Schreibwaren, Zeitungen, Zeitschriften, Blumen).

7.5 Standortbedingungen und -tendenzen des tertiären (und quartären) Sektors

7.5.1 Die Standortwahl privatwirtschaftlicher Einrichtungen wird - wie Abb. 7.10 am Beispiel des Einzelhandels zeigt - einerseits von der Nachfrageseite (Zeitbudget und Motive der Kunden), andererseits von der Angebotsseite (Schwerpunkte und Preissegmente, s. dazu 7.4.2) beeinflusst. Entscheidend für die Standortwahl durch den jeweiligen Betriebs- oder Unternehmensleiter sind die jeweilige Standortbewertung und Raumwahrnehmung, d. h. die **subjektive Standortpräferenz**; diese kann sich auf eine Vielzahl von Faktoren oder speziellen Bedingungen für den **Makrostandort** (z. B. in einer Stadtregion), den **Mesostandort** (beispielsweise innerhalb eines bestimmten Stadtteils) und den **Mikrostandort** (z. B. genaue Lage des Betriebes in einer Hauptgeschäftsstraße der City) beziehen.

Die in der Abb. 7.11 dargestellten Gruppierungen von **Standortbedingungen oder -faktoren** in Haupt- und Subfaktoren (vgl. auch Kasten 7.6) sollen lediglich einer über-

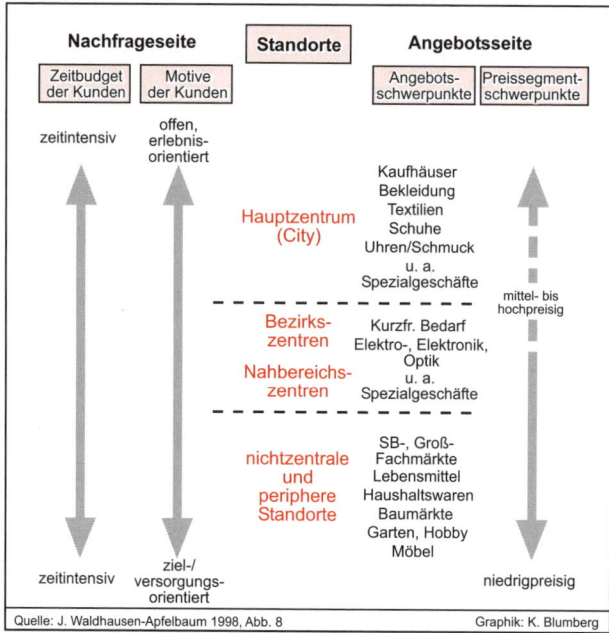

Abb. 7.10 Räumlich-funktionale Standortmuster im Einzelhandel großer Städte

sichtlichen Zuordnung zu einigen Haupt-aspekten der Standortbeeinflussung dienen; vgl. auch die von E. Kulke (1998a, Abb. 4.3 oder 2009[4], M 5-3) entworfene Systemati-sierung von Standortfaktoren für kunden-orientierte Dienstleistungen, in der mit sog. Agglomerations-/Konkurrenzfaktoren, be-schaffungsorientierten Faktoren, absatz-/nachfrageorientierten Faktoren sowie plane-rischen und individuellen Faktoren fünf Gruppierungen mit ebenfalls zahlreichen un-tergeordneten Standortfaktoren aufgeführt sind. Im speziellen Fall können derartige Ein-zelfaktoren von ausschlaggebender Bedeu-tung für die jeweilige Standortwahl sein. Aufgrund der sehr differenzierten Standort-bedingungen sowie ihrer räumlich, zeitlich, branchenstrukturell etc. unterschiedlichen Bedeutung ist die Interpretation von Stand-ortfaktoren und -zusammenhängen schwie-rig.

Die **Dienstleistungsnutzungen i. e. S.** zeichnen sich durch eine „außerordentlich

große Komplexität und Heterogenität", durch „Funktionsvielfalt", durch verschie-denartige hierarchische bzw. qualitative Glie-derungen einzelner Dienstleistungsgruppen sowie „unterschiedlichste Häufigkeiten ih-res Vorkommens" aus (H. Heineberg u. a. 1987, S. 216, 234). Damit im Zusammenhang stehen - wie in der o. g. Untersuchung so-wie auch von H. Heineberg/N. de Lange 1983 oder zeitlich noch weiter zurückgrei-fend von N. de Lange 1989 anhand ausge-wählter Dienstleistungs- bzw. Bürobranchen in mehreren westdeutschen Regionalmetro-polen empirisch nachgewiesen werden konnte - verschiedenste Standortbedingun-gen auf den Makro-, Meso- und Mikro-ebenen sowie eine z. T. sehr unterschiedli-che Standortdynamik. Häufig reicht die Wirk-samkeit von Standortfaktoren zeitlich weit zurück, so dass **tradierte oder persistente Standorte** vorhanden sind (**Standortper-sistenz**).

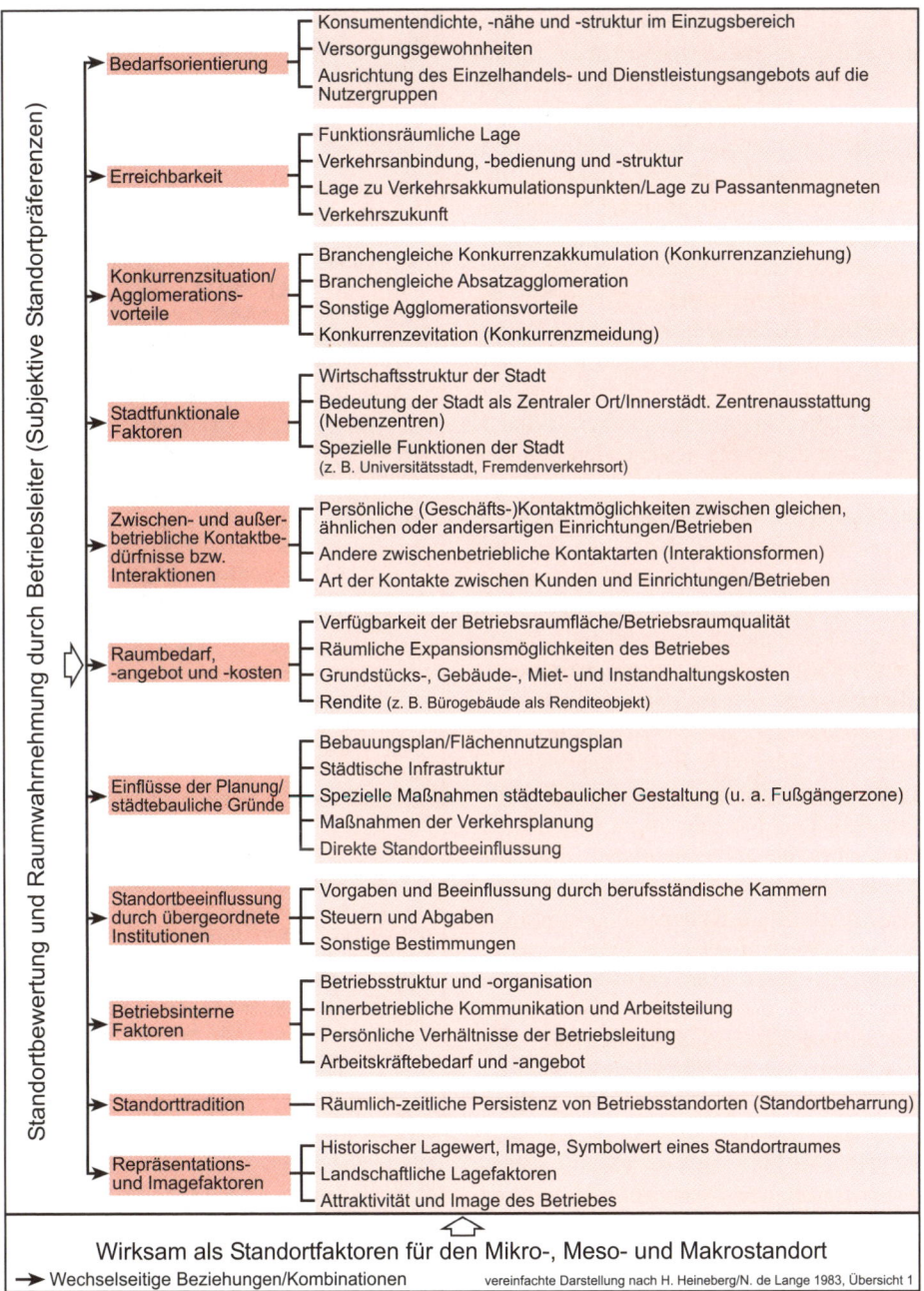

Abb. 7.11 Standortbedingungen oder -faktoren privatwirtschaftlicher Einrichtungen des tertiären (und quartären) Sektors

Wie bedeutend Dienstleistungsfunktionen und deren Standortpersistenz in zentralen Standorträumen von Großstädten sein können, zeigt das **Beispiel London,** dessen globale Funktionen u. a. als Weltfinanzzentrum seit dem 19. Jh. vor allem von der herausragenden Konzentration hochrangiger Bank-, Finanz- und Versicherungseinrichtungen, darunter z. B. zahlreiche Auslandsbanken, in der historischen *City of London* ausgehen. Zu den entscheidenden Standortbedingungen zählen die günstigen weltweiten Kommunikationsbeziehungen Londons. Außer den historisch tradierten Standorten und den heute bestehenden globalen Vernetzungen sind generell nach wie vor auch persönliche „*face-to-face*"-Kontakte und andere Gründe (z. B. ein spezialisierter Arbeitsmarkt, auch für Vorleistungsanbieter, u. a. von Kommunikationstechniken) von großer Bedeutung für die räumliche Konzentration höchstwertiger Finanzfunktionen in „Bankenvierteln" bzw. in zentral gelegenen Standorträumen großer Metropolen; vgl. auch das - u. a. von R. BÖRDLEIN (1999) und E. W. SCHAMP (2011) - untersuchte **Beispiel Frankfurt a. M.** mit der starken räumlichen Konzentration und erheblichen Standortpersistenz, aber auch mit jüngeren Standort-Dezentralisierungstendenzen des nationalen und internationalen Finanzwesens (s. Abbn. 7.1, 7.12, Kasten 7.7 sowie 7.5.2).

7.5.2 Standortdezentralisierung (oder -dekonzentration) zentraler Funktionen

betrifft Standortverlagerungen von Einzelhandels- und Dienstleistungseinrichtungen aus der City oder Innenstadt zu dezentralen bzw. peripheren Lagen (Nebengeschäftszentren, Ausfallstraßen, Vororte, neue Büro- oder Entlastungszentren etc.), aber auch dortige Neugründungen. Sie kennzeichnet z. B. den jüngeren Prozess der Stadtexpansion oder Suburbanisierung in hoch entwickelten In-

---

Kasten 7.6 Standortbedingungen des Einzelhandels nach Bedarfsstufen (vereinfachend)

Geschäfte der Bedarfsstufe 1 tendieren vorwiegend zu Standorten mit günstiger Verkehrslage, vor allem zu Standorten in den Hauptgeschäftsstraßen einer Großstadt (z. B. Pelzgeschäfte, Juweliere), z. T. aber auch zu für den motorisierten Individualverkehr besonders gut erreichbaren bzw. für den ruhenden Verkehr gut geeigneten Standorten mit großen Betriebsflächen außerhalb der Stadtzentren (z. B. große Automobilsalons oder Möbelhäuser an Ausfallstraßen; vgl. auch 7.5.2).

Auch **Geschäfte der Bedarfsstufe 2** bevorzugen i. Allg. die zentralsten Geschäftslagen einer Groß- oder Mittelstadt. Dies gilt besonders für die großen Bekleidungs- und Schuhkaufhäuser, aber auch für Spezialgeschäfte. Die relativ hohe Konsumhäufigkeit bewirkt jedoch, dass Einzelhandelsbranchen mit Waren mittlerer Konsumwertigkeit in der Regel auch noch in Geschäftsstraßen mittleren Ranges (z. B. Hauptgeschäftsstraße einer Mittelstadt) gute Absatzbedingungen vorfinden, besonders dann, wenn das Kundenpotenzial im Einzugsbereich über eine relativ hohe durchschnittliche Kaufkraft verfügt. Großflächige Einzelhandelsgeschäfte der Bedarfsstufe 2 (Fachmärkte, s. Kasten 7.4) bevorzugen heute sehr stark autoorientierte dezentrale Standorte im suburbanen Raum („Grüne Wiese", Gewerbegebiete).

Geschäfte der Bedarfsstufe 3 benötigen zur wirtschaftlichen Existenz hohe Kundenfrequenzen und Umsatzanteile. Sie tendieren daher vor allem zu lokalen Versorgungszentren in dicht besiedelten Wohngebieten oder zu größeren Nebengeschäftszentren; z. T. nutzen sie auch die großen Passantenströme in Hauptgeschäftsstraßen von Mittel- oder Großstadtzentren, aber auch dezentrale Standorte im suburbanen Raum.

---

dustrieländern (s. 2.3.3); allerdings erfolgten Auslagerungen bestimmter flächenbeanspruchender Funktionen (z. B. Krankenanstalten, Kasernen, Behörden, Villenviertel gehobener Sozialschichten) an die jeweilige Peripherie von Städten schon im 19. Jh.

Abb. 7.12 Frankfurt a. Main mit Hochhausagglomeration („*Mainhattan***"): Finanzzentrum von nationaler und internationaler Bedeutung** (Foto: ECB 15742419406_25b162f81b_o)

Die für internationale Finanzzentren charakteristische räumliche Konzentration hochrangiger Funktionen gilt insbesondere für die **Stadt Frankfurt a. M** mit ihrem großen innerstädtischen, durch zahlreiche Hochhäuser geprägten „**Finanzcluster**" (s. auch den Außenumschlag dieses Lehrbuchs sowie Abb. 7.1 und zur Standortentwicklung Kasten 7.7).

• **Bürostandortdekonzentration.** Im westlichen Deutschland entwickelten sich neben großflächigen Einzelhandelsstandorten und (teilweise auch) Freizeiteinrichtungen im suburbanen Raum oder im weiteren Stadtumland (s. unten) auch neue **periphere Bürostandorte oder -zentren.** Letztere entstanden häufig aufgrund der Verlagerung von meist flächenexpandierenden Bürobetrieben aus zentralen Standorträumen. Diese Entwicklung trug in den größeren Städten erheblich zur Entlastung der Innenstädte bei. Ein Beispiel für ein an einem peripheren Standort neu geplantes größeres sog. **Entlastungszentrum**, das größtenteils durch Bürofunktionen gekennzeichnet ist, ist die Hamburger City Nord, die ab 1966 in drei Bauabschnitten, 6 km von der Innenstadt

entfernt und 2,5 km südöstlich des Flughafens Fuhlsbüttel gelegen, ausgebaut wurde (vgl. I. MÖLLER 1999², S. 146ff. mit Abb. 2.34).

Im Raum Frankfurt entstanden auf halbem Wege zwischen dem Stadtzentrum und dem Flughafen die „Bürostadt Niederrad" sowie weiter nordwestlich, außerhalb der Stadt Frankfurt, ein zweites peripher gelegenes Entlastungszentrum in Eschborn. Auch in kleineren Großstädten wie etwa in der Stadt Münster ist der Prozess der Bürostandortdekonzentration, z. T. in Gestalt kleinerer neu geplanter, aber auch gewachsener peripherer Bürozentren, zu beobachten (s. H. HEINEBERG 2011c).

Bürostandortdekonzentrationen haben ihr größtes Ausmaß in Industriestaaten mit führenden Hauptstadtregionen (wie z. B. im

Kasten 7.7   Standortentwicklung von Kreditinstituten im Finanzzentrum Frankfurt a. M.
nach R. BÖRDLEIN (1999) und E. W. SCHAMP (2011)

„Die Etablierung von reinen Bankhäusern neben den großen Handelshäusern stellte seit dem 18. Jahrhundert die Grundlage für die Herausbildung des Finanzsektors als eigenständiger Wirtschaftssektor dar. Dabei waren die Standorte zunächst identisch mit den Wohnhäusern der Bankiersfamilien. Während der Phase des raschen Siedlungswachstums im 19. Jahrhundert wurden viele Wohnsitze von der heutigen Altstadt in repräsentativere Wohnlagen am Westrand der Stadt innerhalb und außerhalb der Wallanlagen, (...) , verlagert". (...) „In manchen Fällen blieb dabei der Firmensitz am alten Standort, häufiger wurde er an den repräsentativen Wohnsitz verlegt. Neu hinzukommende Banken siedelten sich dann ebenfalls in dem Gebiet um Neue Mainzer Straße und Taunusanlage an, so daß sich bereits das Bankenviertel des späten 19. und frühen 20. Jahrhunderts hier befand" (R. BÖRDLEIN 1999, S. 84).

„Nach dem Krieg erhielt sich dieser Standort, zumal auch die Bank deutscher Länder an der Taunusanlage angesiedelt wurde. Auch nach der Verlagerung ihrer Nachfolgerin, der Deutschen Bundesbank, in einen Neubau weit außerhalb des traditionellen Bankenviertels behielt jedoch der Bankendistrikt seine Attraktivität für neu hinzugekommene Kreditinstitute. Ein wichtiger Grund hierfür lag lange Zeit in der räumlichen Nähe zur Landeszentralbank Hessen, die den Zahlungsverkehr bis Anfang 1990 ausschließlich anhand von termingerecht eingelieferten Belegen durchführte" (...) (ebd., S. 84-85).

„Die Entwicklung der Zahl der Kreditinstitute und ihrer Beschäftigten bedeutete (...) eine erhebliche Ausweitung des Flächenbedarfs. Dem wurde mit planerischer Zustimmung in zweierlei Weise entsprochen: Zum einen erfolgte eine flächenhafte Ausweitung des Bankenbezirks in Richtung Westend und Bahnhofsviertel, vor allem der Hauptverkehrsachsen Bockenheimer Landstraße und Mainzer Landstraße. Zum anderen erfolgte bekanntermaßen auch eine Ausdehnung in der dritten Dimension, d. h. vorhandene niedrige Gebäude wurden vielfach durch Hochhäuser ersetzt. Hier können verschiedene Phasen des Höhenwachstums unterschieden werden. Die Umnutzung des Westends zu einem stark durch Büronutzung geprägten Cityerweiterungsgebiet stellte zu Beginn der 70er Jahre eines der bundesweit spektakulärsten Beispiele für innenstadtnahe Verdrängungsprozesse dar" (ebd., S. 85).

E. W. SCHAMP (2011) analysierte den „Aufstieg Frankfurts zur europäischen Finanz-Metropole" als „Europas jüngstes Finanzzentrum" (S. 53) vor dem Hintergrund historischer Ereignisse und der Entscheidungen verschiedener Finanzmarkt-Akteure (vor allem nach dem 2. Weltkrieg), die Einbettung in das europäische und globale Finanzsystem sowie Funktions- und Standortverlagerungen auf der internationalen, aber auch stadtregionalen Ebene. Dazu zählen beispielsweise die Ansiedlung der Europäischen Zentralbank in Frankfurt a. M., die Verlagerung des Investment Banking der Deutschen Bank in das größte Finanzzentrum London, die Tendenz, dass sich Auslandsbanken immer mehr außerhalb von Frankfurt ansiedeln (z. B. japanische Banken in London), sich zugleich aber auch innerhalb des Metropolregion Rhein-Main eine „neue, dezentrale Ordnung des Finanzzentrums" entwickelt (ebd. S. 63). Zwar besteht nach wie vor „das eigentliche Finanzzentrum" Frankfurts im Westend, aber „die Spezialisierung von Finanztransaktionen - wie etwa die Vermögensverwaltung, das Rating, das Spezialbanken-Geschäft - und das durch Digitalisierung ermöglichte Outsourcing - am deutlichsten bei Rechenzentren - haben eine dezentrale Geographie des Finanzzentrums in der Metropolregion bewirkt. Diese umfasst Bürogebiete am nahen Stadtrand, bereits auf nachbarschaftlichem Gebiet (Eschborn, Offenbach, Bad Vilbel, Neu-Isenburg, Dreieich, Mörfelden), wo oft back offices und outgesourcte Dienste angesiedelt sind, sowie die entfernteren attraktiven Wohnstandorte am Taunusrand wie Bad Homburg oder Oberursel, wo spezielle Finanzdienstleister sind und Frankfurter Banker ihren Wohnsitz haben. Auch die Deutsche Börse wanderte im Jahr 1999 im Zuge ihres Entankerungsprozesses von ihrem traditionellen innerstädtischen Standort zunächst an den Stadtrand in den Ortsteil Hausen und zehn Jahre später in die Nachbargemeinde Eschborn. Diese räumliche Dezentralisierung der privatwirtschaftlichen Akteure im Finanzzentrum ist im Übrigen nicht einzigartig, sondern auch für London und Paris nachweisbar" (ebd.).

Raum London oder im Raum Paris) erreicht. Eines der eindrucksvollsten Beispiele ist die Entwicklung des Bürokomplexes von Canary Wharf/Isle of Dogs im Rahmen der seit den 1980er Jahren umgestalteten ehem. Londoner Docklands, nur wenige km östlich der traditionsreichen City of London (s. H. HEINEBERG 2007c, K. ZEHNER 2016). Allerdings fanden in der Londoner City durch einen neuen Hochhausboom mit zugleich mehreren spektakulären Bürohaus-Großprojekten auch dort ein Stadtumbau und damit eine verstärkte neue Zentrierung (Rezentralisierung) gehobener Dienstleistungsfunktionen statt. Sowohl Canary Wharf als auch die City of London bestimmen heute den Rang Londons als eine der führenden *Global Cities*, insbesondere als bedeutendstes global agierendes Finanzzentrum, mit (s. 12.2.4).

Von Bedeutung sind heute Bürostandort(de)konzentrationen in den um sämtliche großen Metropolen der USA gelegenen neuen großen Außenstadtzentren oder *Edge Cities* (s. 11.2.5). Nach M. HESSE/ST. SCHMITZ (1998, S. 443) gab es in den USA in den 1990er Jahren bereits mehr als 200 *Edge Cities* mit jeweils mehr als 500.000 qm Büro- und 60.000 qm Einzelhandelsflächen. Rd. zwei Drittel aller US-amerikanischen Büroarbeitsplätze waren in solchen Randstädten angesiedelt; 80 Prozent derartiger Arbeitsplätze entstanden erst in den vorangegangenen zwei Jahrzehnten. Gemessen an diesen Größenordnungen lässt sich in Deutschland noch keine Umlandentwicklung als *Edge City* kennzeichnen (ebd., S. 444). Neu für die USA ist eine zunehmend dispersere Verteilung und Dekonzentration von Bürostandorten in der Suburbia („*Edgeless Cities*", s. 11.2.6).

• Shopping-Center zwischen „Grüner Wiese" und gewachsenen Stadtzentren. Auffällige Erscheinungsformen des funktionalen Dezentralisierungsprozesses (in Deutschland seit Mitte der 1960er Jahre) sind die neu geplanten Shopping-Center oder Einkaufszentren. Hinsichtlich der Definitionen bzw. Abgrenzung derartiger Zentren besteht in der Literatur keine einheitliche Auffassung. Als Einkaufszentrum kann sowohl eine gewachsene als auch eine als Einheit geplante Ansammlung von Einzelhandels- und Dienstleistungsbetrieben, die als zusammengehörig empfunden werden, verstanden werden (BAG 1995[5], S. 170). Häufig wird der Begriff Shopping-Center mit Einkaufszentrum oder neues Einkaufszentrum gleichgesetzt. Dabei kann man unter Shopping-Centern oder (synonym) Einkaufszentren als Einheit geplante, errichtete und verwaltete neue, i. Allg. größere Agglomerationen von selbstständigen Einzelhandels- und Dienstleistungsbetrieben verstehen, die allerdings nach ihrer Lage, Größe, Angebotsstruktur etc. weiter differenziert werden können. Sie verfügen in der Regel über umfangreiche Parkmöglichkeiten; vgl. Begriffsdefinitionen von Shopping-Center und ähnlichen Standortagglomerationen in Kasten 7.8.

Strittig ist die untere Größe eines Shopping-Centers. Während etwa die BAG (1995[5], S. 178) 10.000 m^2 als im Allg. gültige Mindest-Einzelhandels(geschäfts-)fläche aufführt, sind H. HEINEBERG/A. MAYR (1986) bei der Untersuchung von insgesamt 21 neuen Einkaufszentren im Ruhrgebiet pragmatisch von einem unteren Schwellenwert von rd. 8.000 m^2 Geschäftsfläche ausgegangen; dieser entsprach der geringsten Größe der dort bis Mitte der 1980er Jahre errichteten sog. cityintegrierten Shopping-Center. Als Regionale Shopping-Center lassen sich (nach B. FALK/INSTITUT FÜR GEWERBEZENTREN 2011a) Einkaufszentren ab einer Geschäftsfläche von 15.000 m^2 bezeichnen (vgl. Abb. 7.13 u. Kasten 7.8). Das EHI Retail Institute klassifiziert sog. großflächige Shopping-Center ab 10.000 m^2 (R. PITTROFF 2016).

**Kasten 7.8 Begriffsdefinitionen: Shopping-Center und ähnliche Standort-
gemeinschaften** (aus: B. FALK, INST. F. GEWERBEZENTREN 2011a)

Shopping-Center
Im Gegensatz zu den verschiedenen Ausprägungsformen der gewachsenen Einkaufs-/Geschäfts-
zentren in den Städten und Stadtteilen handelt es sich bei den Shopping-Centern um eine bewusst
geplante und errichtete „künstliche" räumliche Agglomeration von Einzelhandels- und sonstigen
Dienstleistungsbetrieben, die auch einheitlich verwaltet bzw. gemanagt und betrieben wird. Bei
den Shopping-Centern handelt es sich somit um ein Verbund- oder Kooperationssystem des
Einzelhandels. (...) Üblicherweise differenziert man Shopping-Center in die sogenannten Nachbarschaftszentren (neighbourhood center), die Gemeinde- oder Stadtteilzentren (community center)
und in die Regionalen Shopping-Center (regional bzw. super-regional center).

Nachbarschaftszentrum
Das Nachbarschaftszentrum versorgt ein relativ eng begrenztes Einzugsgebiet mit Gütern des
täglichen Bedarfs und ergänzenden Dienstleistungen. Als Magnetbetrieb fungiert üblicherweise
ein Supermarkt/Verbrauchermarkt. Die Größe der Nachbarschaftszentren bewegt sich in einer
Bandbreite von 3.000 bis 8.000 m².

Regionale Shopping-Center
Ein Regionales Shopping-Center ist in der Regel durch ein großes Einzugsgebiet gekennzeichnet.
Aufgrund seiner quantitativen und qualitativen Betriebszentralisation bietet ein Regionales Shopping-Center ein umfassendes Angebotsspektrum. Neben einer Vielzahl von Einzelhandels-
fachgeschäften, Dienstleistungs- und Gastronomiebetrieben sind neben Warenhäusern und Kaufhäusern auch SB-Warenhäuser und Fachmärkte als Magnetbetriebe anzutreffen. Der Standort
eines Regionalen Shopping-Centers wird besonders von der Verkehrslage, d. h. der Erreichbarkeit der Konsumenten, beeinflusst. Besondere Bedeutung besitzt die Berücksichtigung eines
ausreichenden Parkplatzangebotes. Für Deutschland werden von uns Center mit mindestens
15.000 m² als Regionale Shopping-Center eingestuft.

Einkaufs-Passagen/Galerien
Passagen und Galerien gehören zu den Spezialformen der Einkaufszentren. Sie können als
bauliche Anlagen in City-Lagen, in denen vorwiegend mittlere und kleine Handels-, Gastronomie-
und sonstige Dienstleistungsbetriebe angesiedelt sind, definiert werden. Das Sortiment und die
Einrichtung werden i. d. R. gehobenen Ansprüchen gerecht.

Der Unterschied zwischen Passagen und Galerien liegt im Wesentlichen darin, dass es sich bei
Passagen um eine für Fußgänger geschaffene, glasüberdachte Verbindung von zwei Verkehrs-
zonen handelt, die auf beiden Seiten gesäumt ist von Reihen einzelner Läden. Galerien verfügen
demgegenüber über mehrere – gewöhnlich drei bis vier – Verkaufsebenen.

Fachmarktzentrum
In den letzten Jahren erheblich an Bedeutung gewonnen haben in Deutschland sogenannte
Fachmarktzentren. Der Unterschied zu den klassischen Shopping-Centern besteht insbesondere in der Mieterstruktur und der Flächendominanz der Magnetmieter. Zu den Magnetmietern
zählen üblicherweise discount-orientierte Fachmärkte unterschiedlicher Branchen. Mit dem Ziel
einer höheren Kundenfrequenz werden oft SB-Warenhäuser integriert. Abgerundet wird das
Angebot der Fachmarktzentren durch Shop-Zeilen, Gastronomie- und Dienstleistungsbetriebe.
Fachmarktzentren sind in der Regel an stadtperipheren Standorten mit einer sehr guten Verkehrsanbindung situiert. Im Vergleich zu den traditionellen Shopping-Centern bestehen relativ
niedrige Baukosten und eine eher schlichte innere und äußere architektonische Gestaltung.
Fachmarktzentren sind überwiegend in eingeschossiger Bauweise errichtet. In der Regel besteht eine offene ebenerdige Parkierung.

Kasten 7.8 (*Fortsetzung*)

Factory-Outlet-Center
Ein Factory-Outlet-Center fasst Markenartikelhersteller in einer kumulierten größeren Anzahl in einer Einheit zusammen, wobei die Hersteller eine separate Ladeneinheit – „outlet store" – anmieten, um eigene Produkte preisreduziert direkt an den Konsumenten zu veräußern. Der Mieter- und Branchenmix ist durch einen überdurchschnittlichen Anteil an Bekleidung geprägt. Zu den angebotenen Produktarten zählen in erster Linie Auslaufmodelle/Letzt-Saison-Waren, Zweite-Wahl-Waren, Produktionsüberhänge, Musterkollektionen sowie Alt- und Retourwaren. Die Magnetfunktion wird von Markenherstellern mit einem hohen Bekanntheitsgrad übernommen.

Off-Price-Center
Eine ähnliche Philosophie wie Factory-Outlet-Center weisen Off-Price-Center auf. Auch in Off-Price-Centern werden Markenwaren zu einem reduzierten Preis an die Konsumenten distribuiert. Während bei den Factory-Outlet-Centern die Initiative eindeutig von den Herstellern ausgeht, sie also die Factory-Outlet-Ladeneinheit anmieten und im eigenen Namen betreiben, handelt es sich bei den Off-Price-Centern um Einzelhändler, die ihre Ware auch postenweise bei unterschiedlichen Herstellern einkaufen können.

Urban-Entertainment-Center
Urban-Entertainment-Center stellen eine synergetische Kombination von Unterhaltung, Erlebnis, Shopping und Kommunikation dar. Als geeignete Standorte gelten Citylagen mit touristischer Kapazität und dem erforderlichen lokalen Besucher- bzw. Kaufkraftpotenzial. Zu den Angebotsbausteinen eines Urban-Entertainment-Centers gehört neben erlebnisorientiertem Handel (Merchandising) eine Vielzahl unterschiedlicher Unterhaltungs- und Erlebnisangebote (Multiplex-Kino, Family-Entertainment-Center, Musical-Theater und thematisierte Gastronomiekonzepte).

In der alten Bundesrepublik Deutschland entstanden ab 1964 zunächst **Shopping-Center** an dezentralen Standorten, und zwar am Rande von Großstädten **auf der „Grünen Wiese"**, d. h. als städtebaulich nicht integrierte, aber verkehrsgünstig gelegene und mit großem Parkraumangebot ausgestattete Komplexe (s. Kästen 7.9 u. 7.10). Als erste Shopping-Center nach US-amerikanischem Vorbild wurden ab 1964 das sog. Main-Taunus-Zentrum in Sulzbach bei Frankfurt und das Ruhrpark-Einkaufszentrum (heute Ruhr Park genannt) in Bochum errichtet (vgl. H. HEINEBERG/A. MAYR 1986, H. HEINEBERG 2007b). Der **Ruhr Park** wurde in überwiegend offener, meist eingeschossiger Bauweise mit fußläufigen *Malls* gestaltet. Es wurde von Anfang an mit großen Magnetbetrieben (Waren- und Kaufhäusern), allerdings erst 1991 mit einem großen Kino ausgestattet sowie mehrfach baulich erweitert und funktional ergänzt (Kasten 7.10). Die rand- oder zwischenstädtische Lage zwischen zwei Oberzentren (Bochum und Dortmund) und das große kostenlose Parkplatzangebot sichern einen regionalen Einzugsbereich für allerdings ganz überwiegend autoorientierte Kunden und Besucher. Die funktionale Ausstattung des Ruhr Parks zeigt eine relative Unausgewogenheit in der Branchenvielfalt gegenüber gewachsenen Mittel- oder Großstadtzentren, z. B. in Bezug auf das Fehlen gehobener privater Dienstleistungen des quartären Sektors wie Rechtsanwaltskanzleien oder Arztpraxen, was auch für viele andere Shopping-Center gilt.

Wie Abb. 7.13 verdeutlicht, konnte ab Mitte der 1960er bis Anfang der 1970er Jahre noch nicht von einem Shopping-Center-Boom in Deutschland gesprochen werden. Es handelte sich in dieser **Inventionsphase** um die erste Generation dieser neuen, noch einfach gestalteten Einkaufszentren mit Bevorzugung dezentraler Standorte auf der

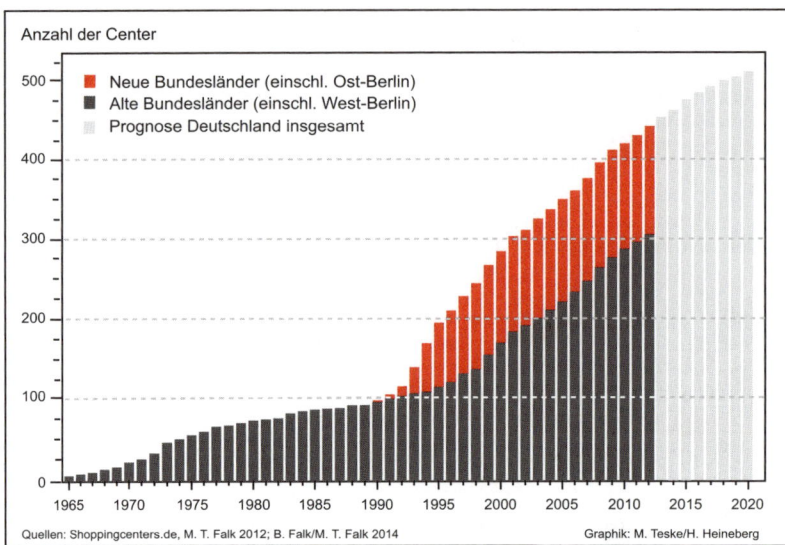

Anzahl der Center

- Neue Bundesländer (einschl. Ost-Berlin)
- Alte Bundesländer (einschl. West-Berlin)
- Prognose Deutschland insgesamt

Quellen: Shoppingcenters.de, M. T. Falk 2012; B. Falk/M. T. Falk 2014

Graphik: M. Teske/H. Heineberg

Abb. 7.13 Entwicklung der Regionalen Shopping-Center ab 15.000 m² Geschäftsfläche in Deutschland 1965-2020

Für die Entwicklung im West-Ost-Vergleich liegen ab 2013 keine entsprechenden Daten vor. Vgl. R. PITTROFF/EHI (2016): Angaben für großflächige Shopping-Center ab 10.000 m² für 2013-2016, Deutschland insges. und Bundesländer

„Grünen Wiese". Im Ruhrgebiet wurden in einer zweiten Entstehungsphase (1969-1975) unterschiedliche Standorttypen errichtet: zwei sog. cityergänzende Innenstadtrand-Einkaufszentren, zwei stadtteil- und drei city-integrierte Einkaufszentren, zwei neue Hauptgeschäftszentren sowie - als Reaktion auf den sich erweiternden Ruhr Park - ein weiteres großes Regionalzentrum in zwischenstädtischer Lage, das 1973 in Mülheim a. d. Ruhr - unmittelbar an der Essener Stadtgrenze - in geschlossener Bauweise entstandene Rhein-Ruhr-Zentrum (s. H. HEINEBERG/ A. MAYR 1988, Abbn. 1, 2). Bundesweit wurden vornehmlich innerstädtische Standorte bevorzugt (Kasten 7.9). Ab Ende der 1970er Jahre wurden im Ruhrgebiet zunächst für längere Zeit ausschließlich kleinere cityintegrierte Einkaufszentren (mit maximal 30.000 m² Geschäftsfläche) errichtet.

Mit dem Bau des **CentrO Oberhausen** entstand im Ruhrgbiet auf einer großen Industriebrache ein spektakuläres, allerdings auch umstrittenes städtebauliches Großprojekt, und zwar ein neues großes Hauptgeschäftszentrum außerhalb der gewachsenen

Stadtmitte, das sich im „Zusammenspiel von 200 Geschäften mit einer vielfältigen "Erlebnisgastronomie" und zahlreichen Freizeiteinrichtungen" zum ersten *Urban Entertainment Center (UEC)* in Deutschland entwickelte (W. BRUNE/H. PUMP-UHLMANN 2009, S. 71,76; s. Kasten 7.10 u. Abb. 7.14). Das im Rahmen der Planung einer „Neuen Mitte" Oberhausen konzipierte Shopping-Center wurde von W. BRUNE/H. PUMP-UHLMANN (ebd., S. 93) als „Worst-Practice-Beispiel" der Stadt- und Landesplanung bezeichnet. Zu den zahlreichen Kritikpunkten zählen die negativen Folgen für den innerstädtischen Einzelhandel nicht nur in Oberhausen selbst (vor allem in der Innenstadt), sondern auch in benachbarten Städten (z. B. in Bottrop), zumal das CentrO, anders als ursprünglich geplant, rasch einen regionalen Einzugsbereich entwickelte (ebd., S. 69 ff.). Zu der Grundsatzkritik, die sich sicherlich auch auf weitere, städtebaulich nicht oder gering integrierte Shopping-Center übertragen lässt, führen die Autoren weiterhin aus: „Der 'Neuen Mitte' fehlt so ziemlich alles, was die Mitte einer Stadt ausmacht.

Kasten 7.9 Die vier Generationen von Shopping-Centern in Deutschland
Quellen: R. Junker/G. Kühn 1999, S. 13f. (in Anlehnung an B. Falk 1998, S. 13-48);
B. Falk/Institut für Gewerbezentren 2011a

„- Die **erste Generation (1964-1973)** ist vor allem gekennzeichnet durch relativ große Objekte auf der Grünen Wiese in offener, architektonisch-gestalterisch eher anspruchsloser Bauweise. Als Magnetbetrieb fungieren ausschließlich Kauf- und Warenhäuser.
- In der **2. Generation (1973-1982)** werden vor allem innerstädtische Standorte entwickelt. Sie sind architektonisch ansprechender als die der 1. Generation, ohne bereits heute übliches Niveau zu erreichen.
- Auch in der **3. Generation (1982-1992)** haben innerstädtische Standorte ein deutliches Übergewicht. Eine zunehmende Bedeutung der Architektur, von Corporate Identity und Image ist deutlich spürbar.
- Die **4. Generation** (etwa seit Beginn der 90er Jahre) ist nicht mehr so eindeutig zu charakterisieren. Merkmal ist vielmehr, daß viele Entwicklungen parallel laufen. Neben einer weiteren Verbreitung von Einkaufspassagen und -galerien werden in den neuen Bundesländern regionale Shopping-Center und Fachmarktzentren vor allem auf der Grünen Wiese errichtet. Gleichzeitig gewinnt die Revitalisierung älterer Einkaufszentren mehr und mehr an Bedeutung".

In **jüngerer Zeit** sind vermehrt neue Einkaufszentren in Innenstädten bzw. Citygebieten errichtet worden, und zwar sowohl in den alten als auch in den neuen Bundesländern, während Ansiedlungen am Stadtrand anteilmäßig stark zurückgegangen sind: „Lag der Anteil der Center, die in der Innenstadt entwickelt wurden, in den Jahren 1996 bis 2000 noch bei 43,1 %, so zeigt sich im Zeitraum 2006 bis 2010 ein Anstieg auf 50,4 %. Der Anteil der Entwicklungen am Stadtrand sank demgegenüber von rd. 17,6 % auf 9,7 %" (B. Falk/Institut für Gewerbezentren 2011a).

Zwar ist das 'Centro' - wie der traditionelle Markt der europäischen Stadt - Ort, Ereignis und Funktion zugleich, doch reduziert sich die nach außen hermetisch abgeschottete Innenwelt der Shopping-Mall einzig auf das Konsumerlebnis innerhalb eines Raumes, der Privatbesitz ist. Mit dem äußerst differenzierten Beziehungsgeflecht zwischen Öffentlichkeit und Privatheit in unserer traditionellen Stadt lässt sich dieser urbane Abklatsch keineswegs vergleichen. Für eine Vielfalt des städtischen Lebens, wie sie in den öffentlichen Straßen- und Platzräumen unserer gewachsenen Städte anzutreffen ist, bietet das 'Centro' keinen Raum. Das Kernstück der Anlage, die Passage, die in Form einer kreuzförmigen Mall angelegt ist, zeigt kein Gesicht nach außen, definiert keinen wirklich städtischen Raum ...".

Aufgrund der erheblichen Kaufkraftverluste in benachbarten Städten infolge des CentrO Oberhausen entstand im Rhein-Ruhrgebiet ab ca. 2005 ein massives „Wettrüsten

mit zahlreichen neuen Einkaufszentren in den Nachbarstädten" (W. Brune/H. Pumpuhlmann 2009, S. 95). Letzteres erfolgt(e) vor allem in City- oder Innenstadtlagen, so z. B. in Essen (Limbecker Platz, 2005/2009, s. Kasten 7.10), Duisburg (Forum Duisburg, 2008, und Königsgalerie, 2011), Dortmund (Thier Galerie, 2011, s. Kasten 7.10), Leverkusen (Rathaus-Galerie, 2010) oder in Recklinghausen (Palais Vest, Eröffnung 2014 nach Abriss des 1975 entstandenen Löhrhof-Centers), zum Teil auch in stadtteilintegrierten Lagen, so in Düsseldorf-Bilk (Arcaden, 2008), Düsseldorf-Neuss (Rheinpark-Center, 2011) oder in Köln-Kalk (Arcaden, 2005).

Wie die Darstellung der **Entwicklung der Regionalen Shopping-Center in Deutschland** (Abb. 7.13) zeigt, entwickelte sich nach Beginn der 1990er Jahre ein zunehmender Boom neuer Centergründungen, der - wie bereits am Beispiel des Rhein-Ruhrgebiets aufgezeigt wurde - bis zur Gegenwart anhält. Die neue Gründungswelle war in star-

Kasten 7.10 Shopping-Center im Rhein-Ruhr-Gebiet: Standorttypen (Auswahl)

· **Zwischenstädtisches Regionalzentrum**. Beispiel: **Ruhr Park** in Bochum, in unmittelbarer Nahlage zu Dortmund an einem Autobahnkreuz 1964 errichtet und später mehrfach baulich und funktional erweitert; mit rd. 115.000 m² Mietfläche Deutschlands größtes *Open Air* Shopping-Center. Kennzeichnend für ein derartiges Regionalzentrum ist eine Agglomeration von Fach- und Spezialgeschäften einschl. mehrerer Bekleidungskaufhäuser und anderen Magnetbetrieben (zwei Warenhäuser) sowie u. a. von zahlreichen gastronomischen Einrichtungen, die über eine fußläufige *Mall* miteinander verknüpft sind. Der Ruhr Park verfügt auch über ein großes Kino sowie ein großräumiges Parkplatzangebot (über 4.000 kostenfreie Stellplätze). Die Attraktivität des Ruhr Parks wurde in jüngerer Zeit durch Umnutzungen und Umbauten noch weiter gesteigert: Dazu zählten die Modernisierung des ehem. Quelle-Warenhauses mit Neunutzung durch ein Bekleidungskaufhaus (SinnLeffers) und einen MediaMarkt, die Neueröffnung zweier weiterer großer neuer Bekleidungs-Filialbetriebe (H+M und New Yorker) und eines Drogeriemarktes (DM) sowie der Ausbau einer neuen sog. Südmall mit Rundweg und zahlreichen neuen Shops mit „Fashion Fokus". Verbessert wurde die Aufenthalts- und Gestaltqualität durch Erneuerung eines großen, weithin sichtbaren Zeltdachs als *Landmark,* durch neue Dachkonstruktionen sowie Grünflächen (vgl. auch www.ruhrpark.de).

· **Neues Hauptgeschäftszentrum/***Urban Entertainment Center.* Beispiel: das in Oberhausen entstandene **CentrO** (Abb. 7.14) als Teil des städtebaulichen Projektes „Neue Mitte Oberhausen". Das von einem britischen Investor auf einer ehem. Stahlindustrie-Brachfläche errichtete, 1996 eröffnete Center hat eine überdachte, klimatisierte zweigeschossige *Mall* mit über 250 Einzelhandelsbetrieben (Schwerpunkt Bekleidung). Magneteinrichtungen sind Waren- und Kaufhäuser sowie ein großer überdachter Gastronomiebereich (Coca-Cola Oase), der mit 1.100 Plätzen einer der größten *Food-Courts* europäischer Einkaufszentren darstellt. Das CentrO wurde 2012 um weitere 17.000 m² auf knapp 119.000 m² Brutto-Verkaufsfläche erweitert. Außerhalb des Shop-Bereichs gibt es eine außenorientierte gastronomische Promenade. Ergänzt wird der Standortkomplex in der Nähe durch eine Mehrzweckhalle für Großveranstaltungen (König-Pilsener ARENA), ein großes Multiplex Kino, ein Musical-Theater (STAGE Metronom Theater), das *SEA LIFE Centre* (größtes Süß- und Meerwasseraquarium Deutschlands), einen Marina-Yachthafen am Rhein-Herne-Kanal, das 2009 eröffnete Erlebnisbad AQUApark, den Gasometer Oberhausen als größte Ausstellungshalle Europas und Aussichtspunkt etc. Im Frühjahr 2013 wurde zudem das LEGOLAND DISCOVERY CENTRE eröffnet. Aufgrund seiner Mischung von Einkaufs- und Erlebnisbzw. Freizeitfunktionen im und außerhalb des CentrO wird dieses auch als *Urban Entertainment Center* (UEC) bezeichnet (C. KRAJEWSKI/P. REUBER 2009). Neben 12.000 kostenlosen Stellplätzen, die die erhebliche Autoorientierung des Einkaufs- und Freizeitzentrums unterstreichen, existiert auch eine neu geschaffene ÖPNV-Einbindung (Bus- und Straßenbahn-Netz) (vgl. www.centro.de).

· **City- oder innenstadtintegrierte Einkaufszentren** als weitaus vorherrschende Shopping-Center-Typen. Jüngere Beispiele sind die 1986 an der Düsseldorfer Königsallee eröffnete **Kö Galerie**, die über drei Shopping-Ebenen mit zahlreichen Shops (mit häufig hochwertigem Branchenmix) und Gastronomiebetrieben sowie über etwa 30.000 m² Büroflächen und ca. 1.000 Pkw-Stellplätze verfügt (www.kö-galerie.com). Neueren Datums ist die Standortkombination an der Königsallee mit dem im Jahr 2000 eröffneten und bis 2011 umgebauten Shopping-Center **SEVENS** mit einer großen Saturn-Filiale als Magnetbetrieb, sieben Ebenen und mehr als 15.000 m² (s. Abb. 7.15) (www.sevens.de/wp). - Neu eröffnet wurde 2005/2009 in der Essener City das Shopping-Center **Limbecker Platz** - mit über 200 Einrichtungen auf drei Ebenen (70.000 m² Verkaufsfläche) sowie 2.400 Parkplätzen eines der größten innerstädtischen Einkaufszentren Deutschlands (www.limbecker-platz.de). Im Jahr 2011 wurde in der Dortmunder City die **Thier Galerie** eröffnet, die auch mehrgeschossig gestaltet sowie mit über 160 Fachgeschäften, Cafés und Restaurants (rd. 33.000 m² Verkaufsfläche), rd. 5.000 m² für Büromieter und 730 kostengünstigen Parkplätzen ausgestattet ist (www.thier-galerie.de). Zu den jüngsten Revitalisierungen von Shopping-Centern in Innenstädten zählt das **Bero Center** in Oberhausen (zweijährige Umbauzeit, um ca. 18.000 m² Mietfläche auf 44.000 m² erweitert) (vgl. www.bero.de).

Abb. 7.14 Neue Mitte Oberhausen mit dem Einkaufszentrum CentrO (Blick von Süden), der kreuzförmigen überdachten *Mall* (Bildmitte), großem Parkraum-Angebot (vorn), der König-Pilsener ARENA und dem Gasometer als Ausstellungshalle und Aussichtspunkt (o. links), Rhein-Herne-Kanal mit Marina-Yachthafen und BAB A 42 (oben) Foto: CentrO Management GmbH, Juni 2016

Abb. 7.15 Die Düsseldorfer Königsallee ('Kö') ist - allerdings nur auf einer Straßenseite - eine der national und auch international bekanntesten Einkauf- und Flanier„meilen". Sie ist u. a. ausgestattet mit exklusiven Läden, Außengastronomie und zwei cityintegrierten Einkaufszentren.

Im Bild das Eingangsportal von 'SEVENS Home of Saturn'. Dieses im Jahr 2000 eröffnete Einkaufszentrum wurde nach Eigentümerwechsel vollkommen umgebaut (2011) und ein Jahr später im Innern mit dem 1986 entstandenen, in jüngerer Zeit ebenfalls revitalisierten Shopping-Center 'Kö-Galerie' verbunden (vgl. Kasten 7.10)

Foto: H. Heineberg, 2. Juni 2016

kem Maße durch die Wiedervereinigung mitbedingt (vgl. E. GIESE 2003, S. 126, sowie auch 7.5.3).

Anfang 2014 existierten in Deutschland rd. 700 Shopping-Center mit einer Geschäftsfläche ab 8.000 m², darunter 455 Regionale S.-C. (B. FALK/M. T. FALK 2014, S. 106). Zum 1.1.2016 erfasste das EHI Retail Institute, Köln, 476 großflächige Shopping-Center (> 10.000 m²) mit einer Gesamtfläche von 15,3 Mio. m²; das waren 13 Center mehr als noch ein Jahr zuvor. 2016 wird es in Deutschland voraussichtlich vier neue Center-Realisierungen geben, und ab 2017 für die nächsten drei Jahre weitere 25 großflächige Center (R. PITTROFF 2016).

Wie bereits angedeutet: Die Shopping-Center wurden in den vergangenen drei Jahrzehnten in Deutschland „zunehmend in Innenstadtlagen angesiedelt, (und zwar) zumeist am Rande von innerstädtischen Geschäftszentren in Anbindung an die Fußgängerbereiche der jeweiligen Stadt. (...). Von kommunalpolitischer Seite hofft man dadurch eine Aufwertung und Revitalisierung der von nachlassender Attraktivität und Anziehungskraft gekennzeichneten innerstädtischen Geschäftsbereiche zu erreichen" (E. GIESE 2003, S. 127). Dieser letztgenannte Trend „zurück in die Innenstadt" hielt auch in jüngerer Zeit - sowohl in den alten wie auch in den neuen Bundesländern - weiter an (s. Kasten 7.9, Kap. 7.5.3 mit Tab. 7.1).

Vornehmlich an **dezentralen Standorten** (Stadtrandlagen), dabei häufig an wichtigen Ausfallstraßen oder anderen Verkehrsachsen (z. B. am Ruhrschnellweg im Ruhrgebiet) entstanden ebenfalls seit 1964 in der alten Bundesrepublik Deutschland großflächige Einzelhandelsbetriebstypen, zunächst als sog. **Verbrauchermärkte** (Kasten 7.4). Hinzu kamen vor allem ab Ende der 1970er Jahre, wiederum meist in Stadtrandlagen bei guter Verkehrsanbindung, dabei teilweise in größeren Gewerbegebieten, **großflächige Fachgeschäfte und Fachmärkte** oder größere **Fachmarktzentren** (s. Kästen 7.4 u. 7.8) - u. a. für Autozubehör, Möbel, Bau- und Heimwerkerbedarf, Heimtextilien, Unterhaltungselektronik oder als sog. Gartencenter - sowie **Großmärkte für Wiederverkäufer** (z. B. sog. *Cash-and-Carry*-Großhandel, d. h. Selbstbedienungs-Großhandel).

In jüngster Zeit entstehen - insbesondere international - mehr und mehr auch Fabrikverkaufszentren, sog. *Factory-Outlet-Center* (FOC) (Kasten 7.8). „Factory-Outlet-Center (Designer-Outlets) sind Einzelhandelsgroßprojekte besonderer Prägung. Über eine Betreiberorganisation schließen sich Hersteller zusammen, um in baulich konzentrierter Form Markenartikel unter Ausschaltung des Groß- und Zwischenhandels mit erheblichen Preisnachlässen direkt dem Verbraucher anzubieten. Als Kundenmagnet wirken in den Zentren Markenhersteller mit hohem Bekanntheitsgrad" (E. GIESE 1999, S. 47). Während in den USA Ende der 1990er Jahre bereits mehr als 300 FOC mit Verkaufsflächen zwischen 5.000 und 50.000 m² und in Europa insgesamt rd. 50 derartiger Center existierten (davon allein 38 in England), war in Deutschland noch keines in Betrieb; jedoch waren ca. 30 geplant, wovon Ende 1998 ein halbes Dutzend genehmigt oder im Bau waren (z. B. in Zweibrücken, Frankfurt-Niederrath, Leipzig) (ebd., S. 47, nach FAZ 1.10.98); vgl. auch B. HAHN/P. PUDEMAT 1998.

In Nordrhein-Westfalen entstand wegen der schon 2005 geplanten Erweiterung des bereits bestehenden 'FOC Factory Outlet Center Ochtrup' von 3.500 auf 11.500 m² ein Rechtsstreit. Die frühere von der CDU geführte Landesregierung „propagierte gegen einen drohenden 'Wildwuchs auf der grünen Wiese'" (Münstersche Zeitung, 9.3.2012) und hatte 2007 die Fläche von Fabrikverkäufen in Städten unter 100.000 Einw. auf 5.000 m^2 begrenzt. „Im sogenannten 'Ochtrup-Urteil' erklärte das Oberverwaltungsgericht Münster dies (...) für nichtig" (ebd.). Im August 2012 erfolgte die Neueröffnung des FOC mit der vergrößerten Fläche von 11.500 m^2 mit insgesamt 65 Shops (110 Marken), und das FOC-Management erhoffte sich „einen Einzugsbereich von Osnabrück über das Münsterland bis ins Ruhrgebiet hinein" (ebd.). In jüngster Zeit ergab ein Fachgutachten, dass im Zuge der geplanten erneuten Erweiterung des FOC eine Aufstockung der Verkaufsfläche um 8.300 m^2 auf knapp 20.000 m^2 im System der konkurrierenden Mittel- und Grundzentren möglich sei, so dass die Stadt Ochtrup und der Objektbetreiber davon ausgehen, dass das FOC nach Vorliegen der Baugenehmigung (2017) bis 2018 erheblich erweitert werden könnte (Westf. Nachrichten 10.11.2015).

Zu den neueren Angebotsformen zählen - als Weiterentwicklung der Shopping-Center - auch sog. *Urban Entertainment Centers* (**UEC**), die sich durch eine attraktive Kopplung von (erlebnisorientierten) Einzelhandels- und Freizeiteinrichtungen (Themengastronomie, Multiplexkino etc.) auszeichnen (s. Kasten 7.10: CentrO Oberhausen; für die USA vgl. B. Hahn 2001, 2002c).

Mit der Zunahme der Freizeitansprüche und -mobilität korrespondiert auch das Entstehen einer Vielzahl (weiterer) **neuer Freizeitgroßeinrichtungen** wie Freizeitparks, Spaß- und Erlebnisbäder, Ferienzentren, Multiplexkinos etc. (vgl. am Beispiel Nordrhein-Westfalen H.-J. Ulbert 2009a, b sowie H. Heineberg 2010 zu Multiplex-Kinos in Westfalen). Zu den spezifischen Merkmalen aller Freizeitgroßanlagen gehört deren Kurzlebigkeit, d. h. sowohl die Einrichtungen selbst als auch deren Standorte hängen sehr stark von vergleichsweise kurzfristigen Trends im Vergnügungsbereich ab. Und wei-

terhin gilt, dass eine „solch hohe Veränderungsdynamik (...) an peripheren Standorten wesentlich leichter und vor allem auch kostengünstiger bewältigt werden" kann als in den Kernstädten (U. Hatzfeld/W. Roters 1998, S. 529).

7.5.3 Vergleich mit der Standortentwicklung des Einzelhandels in Ostdeutschland im Rahmen des postsozialistischen Transformationsprozesses. Im westlichen Deutschland hat sich seit ca. Mitte der 1960er Jahre eine zunehmende, starke Konkurrenz um zentrale oder periphere Einzelhandels- und Dienstleistungsstandorte (gewachsene Zentren versus großflächige Einrichtungen, vor allem im suburbanen Raum) entwickelt. Dabei erfolgten allerdings seit Ende der 1970er Jahre durch Errichtung zahlreicher cityintegrierter Shopping-Center, Passagen oder Galerien, durch Ausbau von Fußgängerzonen sowie durch andere städtebauliche und funktionale Gestaltungs-, Erneuerungs- und Revitalisierungsmaßnahmen in den Innenstädten auch Gegensteuerungen gegen die bedrohliche Entwicklung auf der „Grünen Wiese" (s. 7.5.2).

Dieser Prozess der **Standortkonkurrenz und -dezentralisierung** ist **in Ostdeutschland** im Rahmen der Umstrukturierung von dem ehemals sozialistisch-planwirtschaftlich zu einem privat- und marktwirtschaftlich geprägten tertiären Sektor nach der politischen Wende und Vereinigung anders verlaufen. So gab es in der ehemaligen DDR im Stadtumland keine nicht-integrierten und autokundenorientierten großflächigen Einzelhandelsstandorte wie Verbrauchermärkte, SB-Warenhäuser, Fachmärkte oder gar Shopping-Center (s. Abb. 7.17, oben); lediglich in randlich gelegenen Großwohnsiedlungen („sozialistische Wohnkomplexe") existierte eine jeweils minimale Grundausstattung mit Einrichtungen für den vornehmlich kurzfristigen Bedarf (z. B. „Kaufhalle" für Lebensmittel); s. Abb.10.5. In Ostdeutschland entstand erst nach der „Wende" im Rahmen einer „nachholenden Suburbanisierung" (s. 2.3.3) - zunächst weitgehend ungeplant oder unkoordiniert - in kurzer Zeit eine Vielzahl vor allem großflächiger Einzelhandelseinrichtungen und Einkaufszentren in städtebaulich nicht integrierten Lagen. Hier folgte - anders als im Westen Deutschlands - nach der hektischen Suburbanisierung des tertiären Sektors unmittelbar nach der Wende erst später die Gewerbe- und Wohnsuburbanisierung. Das Ausmaß der erst seit 1990 bis 1996 z. B. in den Stadtregionen Leipzig (Abb.

7.16) oder Dresden (s. Abb. 7.17, unten) bzw. in den neuen Bundesländern insgesamt errichteten neuen großflächigen Einzelhandelseinrichtungen verdeutlichen die vor allem im östlichen Deutschland in nur kurzer Zeit entstandene starke Konkurrenzsituation zwischen peripheren Standorten („Grüne Wiese") und den - zunächst häufig noch durch baulichen Verfall und/oder Standortschwächen gekennzeichneten - Innenstädten (s. Kasten 7.11 u. Kap. 10.3.1).

Die Auflistung der neuen Einkaufszentren (EKZ) im Raum Leipzig (einschl. des nahen Stadtumlandes, s. Abb. 7.16) in Tab. 7.1 zeigt, dass diese nach der deutschen Vereinigung

Eröff.	Name	Center-Typ	Ort	Lagetyp	Geschäftsfl. [1]	Anbieter	Pkw-Stellpl.
Leipzig (L) und Umland (U)							
1991	Nova Eventis[2]	EKZ[3]	U	Grüne Wiese	91200	214	7000
1992	Sachsenpark	FMZ[4]	L	Stadtrand	55258	50	2625
1993	Pösna Park	EKZ	U	Stadtteil	46170	60	1800
1993	Löwen Center	FMZ	L	Stadtrand	42016	35	1600
1994	Paunsdorf Center	EKZ	L	Stadtrand	119947	117	7300
1995	PEP L.-Grünau	EKZ	L	Stadtteil	9390	36	160
1996	Allee-Center	EKZ	L	Stadtteil	28800	118	1000
1997	Promenaden Hbf.	Center im Bf.	L	Innenstadt	36000	142	1300
2001	Petersbogen	E-Passage[5]	L	Innenstadt	18700	39	554
2006	Marktgalerie	E-Passage	L	Innenstadt	14882	10	450
2011	Höfe am Brühl	EKZ	L	Innenstadt	ca.30000	ca. 130	820
Dresden (DD) und Umland (U)							
1993	Gorbitz Center	EKZ	DD	Stadtteil	9076	34	285
1994	Weißeritz-Park	EKZ	U	Stadtteil	20184	67	550
1994	Seidnitz-Center	EKZ	DD	Stadtteil	22895	46	1300
1995	ELBEPARK	EKZ	DD	Stadtrand	55000	173	5000
1996	Kaufpark	EKZ	DD	Stadtteil	55513	64	3200
1996	SACHSENFORUM	EKZ	DD	Stadtteil	14751	50	420
1996	HCW Hohenbusch	EKZ	DD	Stadtrand	8960	37	580
1998	Hochland-Center	EKZ	DD	Stadtrand	28000	29	720
2000	Schiller Galerie	E-Passage	DD	Stadtteil	14640	33	525
2001	Prohliszentrum	EKZ	DD	Stadtteil	12780	41	340
2001	O.D.C. DRESDEN	EKZ	DD	Stadtteil	40000	45	800
2002	Altmarkt-Galerie	EKZ	DD	Innenstadt	52800	200	500
2006	Prager Spitze	EKZ	DD	Innenstadt	8000	20	0
2009	Centrum-Galerie	E-Passage	DD	Innenstadt	64000	120	1000

[1] Geschäftsfläche in qm, [2] Neues EKZ anstelle d. 2004 abgerissenen Saalepark-EKZ (s. Abb. 7. 16), [3] EKZ = klassisches Einkaufszentrum oder Shopping-Center, [4] FMZ = Fachmarktzentrum, [5] E-Passage = Einkaufspassage/Galerie

Tab. 7.1 **Neue Einkaufszentren in Leipzig und Dresden (jeweils einschl. stadtnahem Umland)** (Quelle: Shoppingcenters.de M. T. Falk u. Inst. f. Gewerbezentren, Prof. Dr. B. Falk, Starnberg, 2011)

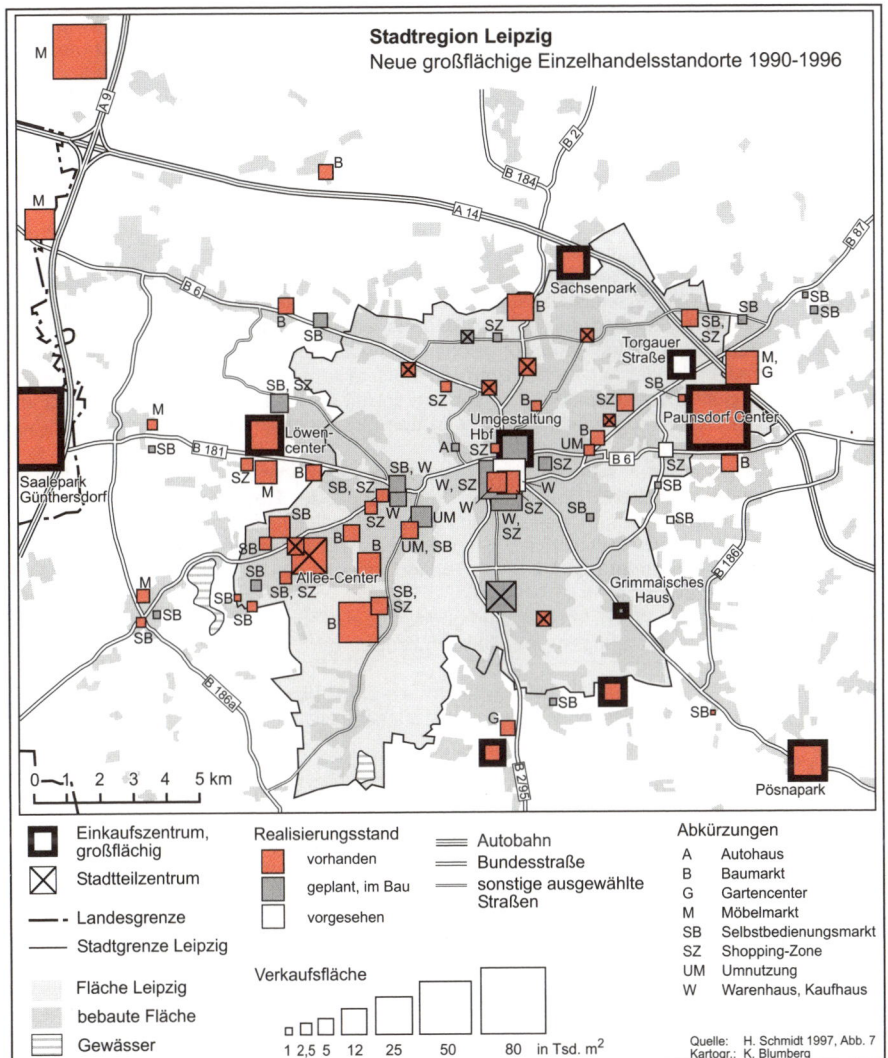

Abb. 7.16 Neue großflächige Einzelhandelsstandorte in der Stadtregion Leipzig

in wenigen Jahren als große klassische EKZ (Shopping-Center) und Fachmarktzentren an ganz überwiegend dezentralen Standorten (Grüne Wiese, Stadtrand oder in Stadtteilen) errichtet wurden. Demgegenüber zeichnen sich die jüngeren Entwicklungen durch unterschiedliche Center-Typen - entweder als bahnhofsintegriertes neues EKZ, Einkaufspassagen/-galerien (s. M. Hoppmann/M. Axtner 2005) oder als klassisches Shopping-Center - mit durchschnittlich kleineren Geschäftsflächen und Innenstadtlagen aus.

Ein ähnlicher Entwicklungstrend lässt sich auch für **Dresden** (einschl. nahem Umland) aufzeigen (vgl. Tab. 7.1, Kasten 7.11 u. Abb. 7.17), wo zwischen 1993 und 2001 ein große

Kasten 7.11
Einzelhandelsstandorte in den Großstädten der DDR (I) und in Ostdeutschland in der ersten Phase nach der Wende (II) (aus: R. PÜTZ 1997, S. 64; vgl. dazu Abb. 7.17)

(I) „- Der Einzelhandel war hierarchisch gegliedert und konzentrierte sich ausschließlich auf die klassischen Einzelhandelslagen Innenstadt, Stadtteilzentren und integrierte Streulagen in den Wohngebieten. Nichtintegrierte Standorte des „sekundären Netzes" fehlten.
- Die Innenstadt war der überragende Einzelhandelsstandort in der Stadt und wurde von Betrieben des staatlichen Handels dominiert.
- Der Einzelhandel im restlichen Stadtgebiet war vorwiegend auf die Sicherstellung der Grundversorgung der Bevölkerung ausgerichtet. Zu diesem Zweck bestand ein relativ engmaschiges Netz an Verkaufsstellen für Waren des täglichen Bedarfs. In den gründerzeitlichen Streulagen konnte sich der private Einzelhandel dabei in Restbeständen und kleinflächigen Betrieben erhalten.
- Warengruppen des mittel- und langfristigen Bedarfs waren demgegenüber unterrepräsentiert und fehlten vielfach auch in den dafür vorgesehenen Stadtteilzentren. Dies gilt vor allem für die Großwohnsiedlungen, in welchen vielfach nur Verkaufsstellen für den täglichen Bedarf verwirklicht wurden. Im Gegensatz zu den Gründerzeitzentren mit einer Vielzahl kleinflächiger Betriebe konzentrierte sich das Verkaufsflächenangebot in den Großwohnsiedlungen in wenigen größeren Kaufhallen".
(II) „Seit der Wende verändert sich die Standortstruktur des Einzelhandels in den Großstädten der neuen Bundesländer tiefgreifend. Die Privatisierungsstrategie der Treuhandanstalt und die transformationsbedingt unzureichende Ausgestaltung lokaler Regulationsmechanismen führten dazu, daß sich die Kapitalverwertungsinteressen des westdeutschen Einzelhandels in hohem Maße im Raum niederschlagen konnten und heute die Standortstruktur des Einzelhandels in den neuen Bundesländern bestimmen:
- Es findet ein massives Wachstum nichtintegrierter Lagen statt, welches auf die Ansiedlung großflächiger Handelseinrichtungen und Einkaufszentren durch westdeutsche Investoren zurückzuführen ist.
- Standortlagen mit starken Wachstumsraten sind auch die Großwohngebiete, wo sich ein hoher Nachfrageüberhang mit Freiflächenpotentialen als günstige Standortfaktoren für Investoren verbindet.
- Die City ist durch langsames Wachstum geprägt und verliert ihre Bedeutung als überragender Einzelhandelsstandort. Dies gilt vor allem, wenn auch weiterhin kaum Investitionen zum Bau von Warenhäusern, integrierten Einkaufszentren oder Galerien in die brachliegenden Flächen im Stadtzentrum fließen. Sollten sich allerdings Investoren für von der Stadtplanung vorgesehene Bauvorhaben in der Innenstadt gewinnen lassen, so dürfte sich hieraus ein erheblicher Wettbewerbsdruck auf nichtintegrierte Lagen ergeben". ...
„- Als Hauptverlierer des Transformationsprozesses im Einzelhandel der neuen Bundesländer sind die gründerzeitlichen Stadtteilzentren und vor allem die wohnungsnahen Streulagen zu identifizieren. Nachdem diese Gebiete zunächst von dem Gründungsboom durch private Einzelhändler kurz nach der Wende profitierten, sind besonders die Streulagen seit 1992 durch einen markanten Rückzug des Einzelhandels und eine Vielzahl von Betriebsschließungen gekennzeichnet. So verbesserte sich die Versorgungssituation der Bevölkerung in den ostdeutschen Städten insgesamt zwar erheblich, es entstanden allerdings neue räumliche Disparitäten vor allem hinsichtlich der wohnungsnahen Versorgung".

Zahl von ausschließlich stadtrand- und stadtteilorientierten Einkaufszentren neu entstand, während zwischen 2002 und 2012 ausschließlich Innenstadtstandorte von neuen Shopping-Centern und einer Einkaufspassage/Galerie gewählt wurden.

War ab Anfang der 1990er Jahre in zahlreichen Städten Ostdeutschlands - wie sich am Beispiel von Leipzig und Dresden auch anhand der neu entstandenen Geschäftsflächen der EKZ bzw. der zahlreichen Anbieter (Einzelhandels- und Dienstleistungsbetriebe) und auch enormen Pkw-Stellplatzzahlen zeigen lässt - die Konkurrenzsituation zwischen stadtperipheren Standorten und Innenstadt- bzw. Citylagen ganz erheblich

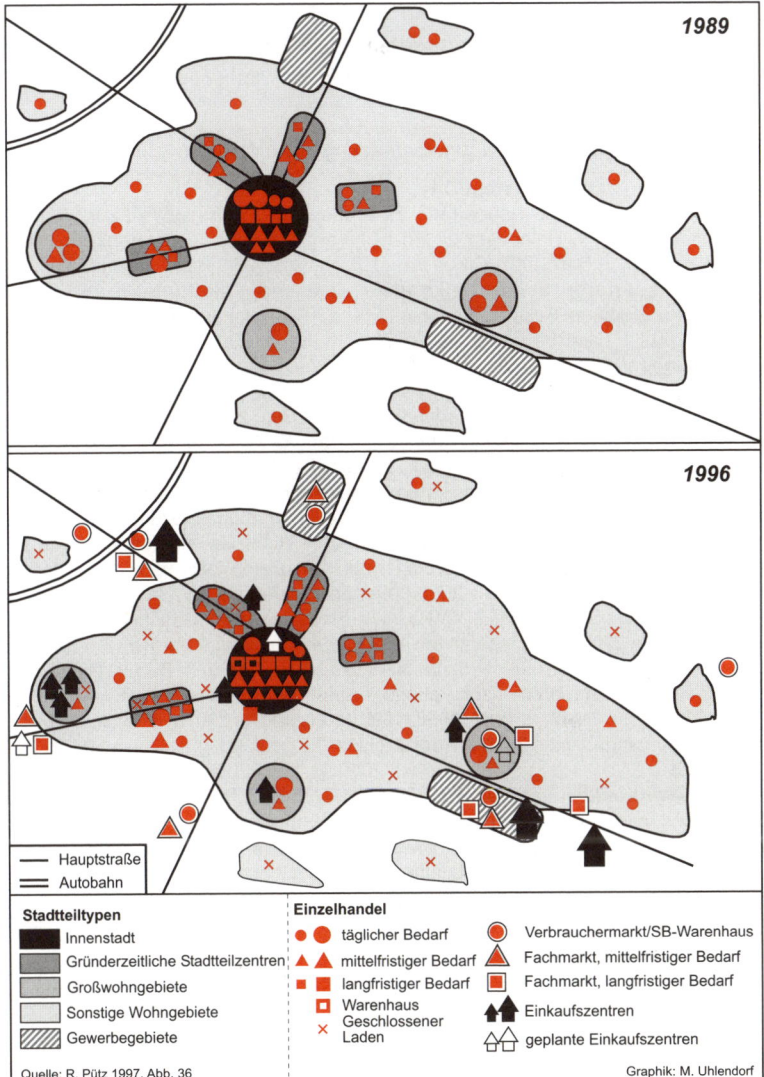

Abb. 7.17 Modell der Transformation von Einzelhandelsstandorten in den Großstädten der neuen Bundesländer nach R. Pütz (Beispiel Dresden)

bis bedrohlich, so haben letztere in jüngerer Zeit durch die neuen Einkaufsfunktionen deutliche Attraktivitätssteigerungen erfahren. Dies gilt auch für Städte in Westdeutschland. Allerdings haben neue Einkaufszentren - auch in Innenstädten - häufig Verdrängungseffekte für den traditionellen privaten, nicht-filialisierten Einzelhandel zur Folge.

Häufige Besitzerwechsel und Mieterfluktuationen, die steigende Konkurrenz zwischen gewachsenen und neuen Einkaufszentren sowie (anderen) großflächigen Handelseinrichtungen am Stadtrand, stetig anstei-

gender Online-Handel *E-Commerce*) und　Druck. Dies äußert sich insbesondere in viel-
sich rasch ändernde Konsumbedürfnisse　fachen Umbau- und Revitalisierungsmaß-
setzen auch Shopping-Center unter steten　nahmen - selbst neuerer Center.

Kasten 7.12 Literaturauswahl zur Ergänzung und Vertiefung des Kapitels 7

· **Innerstädtisches Zentrensystem/City**:
J. WALDHAUSEN-APFELBAUM 1998 (innerstädt. Zentrensystem, Bonn); E. SHERIDAN-QUANTZ 1997
(Citybildung, Hannover); H. Heineberg 2011b (City-/ergänzungsstraßen/-gebiet in Münster); H.
FASSMANN/G. HATZ 2009, G. HATZ 2007 (City in Wien); E. KROSS 2003 (Geschäftsstraßen im Unterricht)
· **Tertiärer und quartärer Sektor/funktionale Zentrenausstattungen**:
P. WITTKAMPF 2016c (tertiärer Sektor); E. KULKE 2009[4] /2013[5] (Standorte/-systeme v. Dienstleistun-
gen); B. FREUND 2002, H. HEINEBERG/C. NEUBAUER 2002, E. KROSS 2003, R. MONHEIM 2002 (funktionale
Zentrenausstattungen/Nutzungsanalysen v. Cities/Innenstädten); N. DE LANGE 2000b (Standort-
analyse tertiärer Nutzungen mit GIS; H. HEINEBERG 1977, 1979, 1985 (Analysen v. Zentrenausstat-
tungen im West-Ost-Vergleich vor d. Wiedervereinigung, Bsp. Berlin); J. HÖHNE/K. JAENSCH 1998
(Zentrenentwicklung in d. alten u. neuen Bundesländern); E. KULKE 1995, 1998b (räuml. Veränderungen im Dienstleistungssektor); G. HEINRITZ/F. SCHRÖDER 2000, J. JESSEN 2010 (Stadtteilzentren)
· **Einzelhandel: Standortwahl/Konsumentenverhalten/Innenstadt versus periphere Stand-
orte/neue Einkaufszentren/großflächiger Einzelhandel/Internationalisierung/Online-Handel**:
G. HEINRITZ u. a. 2003, G. HEINRITZ/M. POPP 2011[2], K. KLEIN 2013 (Geogr. Handelsforsch.); E. KULKE
1998a, G. MEYER/R. PÜTZ 1997 (Einzelhandel in Deutschl./Transformationsprozess, O-Deutschl.); U.
GERHARD/B. HAHN 2011, B. HAHN/M. POPP 2006 (Internationalisierung); W. BRUNE u. a. 2006, E. GIESE
1999, U. JÜRGENS 1994a, b, 1995, 1998, C. KAISER/K. FRIEDRICH 2000 (City/Innenstadt vs. periphere
Standorte); R. MONHEIM 2000 (Fußgängerzonen als Einkaufs-/Erlebnisräume); M. HOPPMANN/M. AXTNER
(Passagen, Leipzig); W. BRUNE 1996, W. BRUNE/H. PUMP-UHLMANN 2009, D. BULLINGER 2013, EHI RETAIL
INSTITUTE: shopping-center-report.de (jährl., print u. online); U. GERHARD/U. JÜRGENS 2002, B. FALK/M.
T. FALK 2014, H. HEINEBERG/A. MAYR 1986, 1988, 1996, H. HEINEBERG 2007b, E. KULKE/J. RAUH 2016, R.
PITTROFF 2016 (Shopping-Center/Galerien/großflächiger Einzelhandel); B. HAHN 2002c, 2007, 2011
(Shopping-Center, USA); I. MOSSIG/A. DORENKAMP 2010, R. PÜTZ 2008, H. SCHOTE 2013 (Shopping-
Malls, *Business Improvement Districts*); B. HAHN/P. PUDEMAT 1998, H. GÜTTLER/J. WILL 1998 (*Factory-
Outlet-Center*); A. PRIEBS 1999a (Einzelhandel/neue Zentrenkonzepte in Verdicht.-räumen); M.
LANGSENKAMP 2014, C. NEIBERGER 2015, M. FRANZ/I. GERSCH 2016 (Online-Handel, E-Commerce); A.
JENNE 2005, 2006, A.-K. KUSCH 2014 (Stadtmarketing/Einzelhandel/Wochenmärkte); BBSR 2014a
(aktuelle Trends/Zukunftsperspektiven des Einzelhandels, insbes. in der Innenstadt, u. innerstäd-
tischer Einkaufszentren); R. Ruland 2014 (Einzelhandel in historischen Stadtkernen)
· **Urban Entertainment Centers (UECs)/Freizeitgroßanlagen**:
J. FRANCK 2000 (*UECs*/Freizeit-Einkaufs-Center); B. HAHN 2001, F. ROOST 2000 (*UECs* in den USA);
H.-D. QUACK/H. WACHOWIAK 1999, W. BRUNE/H. PUMP-UHLMANN 2009 (*Urban Entertainment Centers*,
Bsp. Neue Mitte Oberhausen); C. BECKER 2000, U. HATZFELD 1997, U. HATZFELD/W. ROTERS 1998, G.
HENNINGS/S. MÜLLER 1998, A. STEINECKE 2000, H.-J. ULBERT 2009a, b (Freizeitgroßanlagen, *UECs* in
Deutschland/Nordrhein-Westfalen); H. HEINEBERG 2007/2010 (Multiplexkinos, Bsp. Westfalen)
· **Bürostandortforschung**:
H. HEINEBERG/G. HEINRITZ 1983 (Empir. Bürostandortforsch.); G. ENXING 1999 (Standortanforderungen
hochwertiger unternehmensorient. Dienstleist.-betriebe); H. POPP/K. WIEST 1993 (Standortansprüche
öffentl. Einrichtungen); N. DE LANGE 1983, 1989, H. HEINEBERG/N. DE LANGE 1983, H. HEINEBERG 1987a,
H. HEINEBERG u. a. 1987 (Standortentwickl./-bedingungen in Regionalmetropolen/Oberzentren); B.
KLAGGE/S. DÖRRY 2015, H.-M. ZADEMACH 2014 (Geogr. d. Finanzwirtschaft); S. DÖRRY/R. MUSIL 2015, W.
GAEBE 1989, H. HEINEBERG 2007c, K. ZEHNER 2011, 2016 (nationale u. internationale Bank-/Finanz-
zentren); R. BÖRDLEIN 1999, S. HEEG 2011, E. W. SCHAMP 2011 (Frankfurt: Zentrum hochrangiger
Dienstl./Bsp. Kreditinstitute); H. HEINEBERG 2011c (Dienstleistungsfunktionen, Bsp. Münster); I. MÖLLER
1999[2] (City Nord/HH); S. HEEG/R. PÜTZ 2009 (Büroimmobilienmärkte); G. HATZ/E. WEINHOLD 2009 (neue
urbane Zentren in Wien mit Bürostandorten): P. WITTKAMPF 2016d (Technologie-/Gründerzentren)

8 Städte in Mitteleuropa vor der Industrialisierung

Abb. 8.1 „Sehen lernen" historischer und jüngerer Baukultur in Münster/Westf.

„**Sehen lernen**" war 2008-2010 eine Baukulturkampagne des Landes Nordrhein-Westfalen, veranstaltet vom Europäischen Haus der Stadtkultur (heute StadtBauKultur NRW) (Abb. 8.1, Kasten 8.1). Ziel der Kampagne war es, die Öffentlichkeit für die gebaute Umwelt zu sensibilisieren und die Bevölkerung stärker für die Belange der **Baukultur** zu gewinnen. Die forcierte Berücksichtigung der Baukultur zur qualitativ besseren Gestaltung unserer Städte ist seit 2007 auch ein wichtiger Handlungsbereich der nationalen Stadtentwicklungspolitik in Zusammenarbeit zwischen dem Bund, den Ländern und Kommunen (s. 5.7.13).

Unsere heutigen Städte sind das Ergebnis einer langen Genese und ein „Puzzle" aus verschiedenen Epochen. Diese sollen in Kap. 8 - zugleich bezugnehmend auf ältere Stadtentstehungs- und -entwicklungsprozesse in anderen Kulturräumen der Erde - mit dem Schwerpunkt „Mitteleuropa vor der Industrialisierung" hinsichtlich wesentlicher **Stadtentstehungsphasen**, einzelner historischer **Stadttypen** und charakteristischer **Merkmale der Städtebaus** einführend behandelt werden.

8.1 Historisch-geographische Analysen im Rahmen der Stadtgeographie

Historisch-geographische Analysen im Rahmen der Stadtgeographie (s. 1.3.1: morphogenetische Stadtgeographie, 6.1: morphogenetische Stadtgliederungen) sind in mehrfacher Hinsicht von Bedeutung. So sind die heutige regionale Städteverteilung bzw. die räumliche Anordnung des Städtesystems, aber auch wichtige Unterschiede in der funktionalen Bedeutung einzelner Städte (s. 1.3.2: funktionale Stadtgeographie, 1.3.3: Zentralitätsforschung) oder Verdichtungsräume nicht ohne die Kenntnis einzelner historischer Stadtentstehungsphasen erklärbar. Nicht nur hinsichtlich der räumlichen Verteilung der Städte, sondern auch bezüglich ihrer Grund- und Aufrissgestaltungen (mittelalterliche Straßenführungen, alte Grundstücksparzellierungen, historische Gebäudetypen etc.) besteht ein hohes Maß an Beharrung, d. h. an **räumlich-zeitlicher Persistenz**. Daher besitzen zahlreiche Städte, vor allem deren Stadtkerne, noch den Charakter oder wesentliche Einzelmerkmale historischer Stadttypen (s. 6.1 und 8.2).

Nachdem in Deutschland in der Wieder-aufbauphase nach dem Zweiten Weltkrieg vielfach versucht wurde, das historische Erbe in den Städten zu überwinden, weil es vermeintlich den neuen Anforderungen des Verkehrs und der städtischen Flächennutzung nicht mehr gewachsen war (Straßenverbreiterungen, Errichtung neuer Durchgangsstraßen, Abriss älterer Bausubstanz etc., s. 5.7.9), besinnt man sich seit einigen Jahrzehnten, vor allem seit dem Europäischen Denkmalschutzjahr 1975, wieder der unersetzlichen Werte historischer Stadtkerne (s. 5.7.11). Die Unverwechselbarkeit und **Individualität historischer Stadtstrukturen**, das überkommene **Stadtimage**, die einheitliche Maßstäblichkeit, die Kleinteiligkeit oder Vielfalt städtebaulicher Räume, die „atmosphärischen Qualitäten" historischer Städte sind Schlagworte, die immer wieder seitens der neueren Stadtplanung zur Begründung der Stadterhaltung und zur Rechtfertigung von umfassenden Altbaurenovierungen oder -sanierungen und selbst zum originalgetreuen Wiederaufbau von historischen Gebäuden genannt werden. Eine Gefahr in diesem Bewusstseinswandel besteht jedoch z. B. darin, dass im Stadterneuerungs- bzw. -gestaltungsprozess oftmals zu sehr die Einzelbedeutung historischer Bauwerke gesehen wird, ohne dabei auch die (historische) Ge-

---

Kasten 8.1 „Baukultur" bewahren nach der Landesinitiative StadtBauKultur NRW 2010

In Nordrhein-Westfalen wurde als „Baukultur 2010" eine neue Landesinitiative der StadtBauKultur NRW gestartet, in der neben „Baukultur sehen" (s. oben die vorausgegangene Kampagne „Sehen lernen" mit Abb. 8.1 sowie http://www.sehenlernen.nrw.de/) u. a. auch „Baukultur bewahren" ein wichtiges Thema wurde.

„'Baukulturelles Erbe bewahren' ist mehr als pure Vergangenheitspflege. Dahinter steckt ein komplexes Geflecht von Identitätsstiftung, ökologischer und ökonomischer Erneuerung sowie städtischer Regeneration. Unsere Denkmäler und unsere historische Bausubstanz prägen unser Stadtbild und erzählen Geschichten aus der Vergangenheit. Daher kann der Abriss dieser Zeitzeugen keine Lösung sein, was jedoch unter dem Eindruck von Erneuerungsprozessen immer wieder gefordert wird. Stattdessen muss herausragendes, historisches Erbe geschützt, weitergestaltet und gepflegt werden. Insbesondere die Sakralbauten sind Abbild baukünstlerischer Geschichte. Daher bilden die Chancen (...) der veränderten Nutzung historischer Gebäude und Kirchen einen wichtigen Themenschwerpunkt in den Projekten von StadtBauKultur NRW" (StadtBauKultur NRW 2010, S. 11)

samtgestaltung des umgebenden Straßenraumes oder Stadtviertels zu berücksichtigen; man spricht daher auch von der **Ensemble-Denkmalpflege** im Denkmalschutz sowie auch allgemeiner von der **Bewahrung des baukulturellen Erbes** (Kasten 8.1) oder der Rolle des **historischen Erbes** in der Stadtentwicklung (R. RULAND 2011). Der Bedeutung des sog. **städtebaulichen Denkmalschutzes** für die Stadtentwicklung wurde auch durch Einführung neuer Denkmalschutz-Programme (Ost seit 1991/ West seit 1999) durch die Bundesregierung Rechnung getragen (s. Kasten 10.2).

Die an der Stadtforschung und Stadtplanung beteiligte Stadtgeographie kann zum Verständnis bzw. zur genauen Kenntnis städtebaulicher Leitvorstellungen bzw. Stadtgestaltungsprinzipien in der Vergangenheit beitragen (s. auch 5.7), damit z. B. Stadterneuerungs- und Stadterhaltungskonzepte in der gegenwärtigen Stadtplanung nicht nur besser beurteilt, sondern auch aktiv mitbeeinflusst werden können.

8.2 Vielfalt historischer Stadttypen und Stadtentstehungsphasen im Überblick

„Ein großer kulturgeographischer Reichtum Deutschlands liegt in der Vielfalt und Stärke seines Städtewesens. Wohl kein Land der Erde hat eine nach historischem Erbe, Größenaufbau und Aufgabenverteilung gleichermaßen gegliederte Fülle unterschiedlicher Stadtcharaktere und regionaler Stadttypen hervorgebracht" (P. SCHÖLLER 1967, S. 1). Trotz der historischen Tiefe und „Vielgestaltigkeit des zentraleuropäischen Städtewesens", das im Westen und Süden Mitteleuropas auf die - von den Griechen beeinflusste - römische Epoche zurückreicht, zählt dieses nicht zum ältesten auf der Erde. Denn „in der griechisch-römischen Welt

entwickelten sich Städte erst spät" (F. KOLB 1997, S. 72, vgl. Kasten 8.2), wenngleich mit nachhaltiger Bedeutung.

In Anlehnung an H. STOOB (1956, 1990) lassen sich für **Mitteleuropa** die folgenden historischen Stadttypen mit Epochen unterscheiden (vgl. ab dem Mittelalter Abb. 8.2):

(1) **Römische Städte** (ab ca. Chr. Geb. bis ca. Mitte des 5. Jh.s; s. 8.3)

(2) **Mittelalterliche Stadttypen** (s. 8.4), d. h.

- frühmittelalterliche Keimzellen (ab 8. Jh.),
- „Mutterstädte" (bis ca. 1150),
- ältere Gründungsstädte des Hochadels (ca. 1150-1250),
- territoriale Klein- und Zwergstädte (ca. 1200 bis 1300),
- Minderstädte (ca. 1300-1450),

(3) **Frühneuzeitliche Stadttypen** (s. 8.5), d. h. vor allem

- Ausläufer der mittelalterlichen Minderstadt,
- Kolonisationsstädte (Endphase der deutschen Ostkolonisation),
- Bergstädte (15.-16. Jh.),
- Exulantenstädte (16.-18. Jh.),
- Fürstenstädte, d. h. Residenz-, Festungs- und Garnisonsstädte der Renaissance (16.-17. Jh.) und des Barock (Ende 17.-18. Jh.).

Die unterschiedlichen historischen Stadttypen lassen sich nicht durch einen einheitlichen historischen, sondern nur durch eine Folge von epochenspezifisch definierten **historischen Stadtbegriffen** charakterisieren. Nach C. HAASE (1958, 1984[4]) war der Stadtbegriff (im westfälischen Raum) im Hochmittelalter, d. h. um 1200 n. Chr., am umfassendsten (s. 8.4: mittelalterliche Stadtentwicklung); Merkmale waren: autonome Verwaltung, Bedeutung als Handels- und Wirtschaftsmittelpunkte, Geschlossenheit der städtischen Siedlungsweise einschließlich der Befestigung. Dieses Konzept eines auf

Kasten 8.2 Exkurs: Frühe, vorrömische Stadtkulturen (Auswahl)

Älteste Stadtkulturen der Menschheit
Wesentlich älter als die Städte der griechisch-römischen Welt sind Stadtkulturen, die sich in den drei frühesten Hochkulturräumen außerhalb Europas entwickelt haben. „Sie entstanden im Zweistromland zwischen Euphrat und Tigris in Westasien, im Niltal in Nordafrika und im Tal des Indus in Südasien" (J.-F. JARRIGE/R. H. MEADOW 1997, S. 16). So zählten die Städte Mohenjo-Daro und Harappa der Indus-Kultur „zu den größten des dritten vorchristlichen Jahrtausends" mit ausgedehnten Handelsbeziehungen und einer insgesamt hochstehenden Stadtkultur (ebd., S. 16, 23, 25).
   Älter als das Städtewesen der griechisch-römischen Antike ist etwa auch die bronzezeitliche **Kultur Kretas**, die zwischen 1930 bis 1450 v. Chr. prächtige minoische Paläste monumentalen Charakters hervorbrachte. „Jeder Palast stand inmitten einer Stadt, die groß und hochentwickelt war. In Knossos, der größten Palaststadt, bedeckte die dicht bevölkerte Siedlung zur Zeit der Paläste etwa 75 ha" (P. M. WARREN 1997, S. 66). Von Hafenstädten Kretas wurde ein weitreichender Überseehandel bis zum griechischen Festland, nach Zypern, zur Küste der Levante oder etwa nach Ägypten betrieben (ebd., S. 70-71.). P. M. WARREN (ebd. S. 62) geht davon aus, dass man in gewisser Hinsicht sogar den Ursprung „einer europäischen Tradition in der minoischen Kultur sehen (kann)", was allgemein den Griechen zugeschrieben wird. Die minoische Kultur wurde um 1450 v. Chr. durch eine Katastrophe (vermutlich durch Vulkanismus) vernichtet (ebd., S. 71).

Die griechische Stadt in der Antike
Die klassische griechische Epoche (5. und 4. Jh. v. Chr.) war gekennzeichnet durch die **Polis**, die sich selbst verwaltende autonome Bürgergemeinde mit jeweils einem fest umgrenzten Territorium (F. KOLB 1997, S. 72, H. CALLIES 2011, S. 47), - was bis heute zu den wesentlichen Merkmalen der europäischen Stadt zählt. Allerdings verfügten die griechischen Poleis - H. CALLIES (ebd.) nennt für die klassische Zeit eine Anzahl von ca. 500 bis 700 - „mit ihren wenigen hundert oder etwas mehr als tausend Einwohnern"(...),allenfalls über eine kleine, eher ärmliche dörfliche Siedlung als Zentralort, welcher die für eine Stadt notwendige berufliche Arbeitsteilung fehlte" (F. KOLB 1997, S. 72). Athen, das Ende des 5. Jh.s v. Chr. „etwa 35.000 bis 50.000 Einwohner auf 215 Hektar Wohnfläche innerhalb seiner Mauern (zählte)" (ebd., S. 75), aber auch Sparta, Korinth und Theben waren eher Sonderfälle (H. CALLIES, ebd.). Selbst Sparta, „die zusammen mit Athen bedeutendste griechische Polis", (...) „war ohne städtisches Zentrum; erst in der römischen Kaiserzeit verfügte Sparta über eine Stadt als zentrale Siedlung" (F. KOLB 1997, S. 73). „Dennoch gab es in der griechisch-römischen Welt Städte, sogar Großstädte. Aber sie entstanden spät, rund zweieinhalb Jahrtausende nach den frühesten urbanen Siedlungen Mesopotamiens" (ebd., S. 73-74).
   Früher als in der klassischen Zeit im Mutterland setzte nach F. KOLB (1997, S. 75f.) die städtische Entwicklung im griechischen Kolonisationsgebiet, d. h. während der sog. Großen Griechischen Kolonisation vom 8. bis 6. Jh. v. Chr., ein, als im Mittelmeer- und Schwarzmeergebiet zahlreiche geschlossene Siedlungen (Handelsniederlassungen und Ackerbausiedlungen) errichtet wurden, die durch Export von Agrarprodukten, Handwerk und Handel über mehr Kapital für eine „monumentale Architektur" verfügten. „Schon in der zweiten Hälfte des 7. Jahrhunderts vor Christus entstanden im Kolonisationsgebiet Siedlungen von städtischem Zuschnitt mit repräsentativen öffentlichen Bauten wie Stadtmauern, Tempeln, Säulenhallen und Rathäusern. (...) „Insbesondere bot sich auf 'Neuland' die Möglichkeit einer planvollen Siedlungsanlage, die in engem Zusammenhang zu sehen ist mit der systematischen Landverteilung. (...) „Die eigentliche Stadtplanung nahm ihren Anfang, als Theoretiker und Philosophen des 5. und 4. Jahrhunderts vor Christus die im Kolonisationsgebiet vorgegebene Praxis systematisierten" (ebd., S. 76). Außer diesbezüglichen Überlegungen der Philosophen Platon (427-347 v. Chr.) und Aristoteles (384-322 v. Chr.) war es vor allem der Staatstheoretiker Hippodamos von Milet, dessen Stadtplanungsidee einer rechtwinkligen kolonialen Stadtanlage im Schachbrettsystem, zusammen mit klaren sozialräumlichen und funktionalen Gliederungen, für die Folgezeit vorbildlich wurde und auch den späteren römischen Städtebau im Kolonisationsgebiet des Römischen Reichs nachhaltig beeinflusst hat (s. 8. 3). Zum bedeutendsten Beispiel im griechischen Einflussbereich wurde das 332/331 v. Chr. gegründete Alexandria, nach F. KOLB (ebd., S. 78) die erste echte Stadt Ägyptens und Großstadt (Megalopolis) der Antike, deren hippodamisches Schema gewaltige Dimensionen (auch hinsichtlich der städtischen Funktionen) annahm.

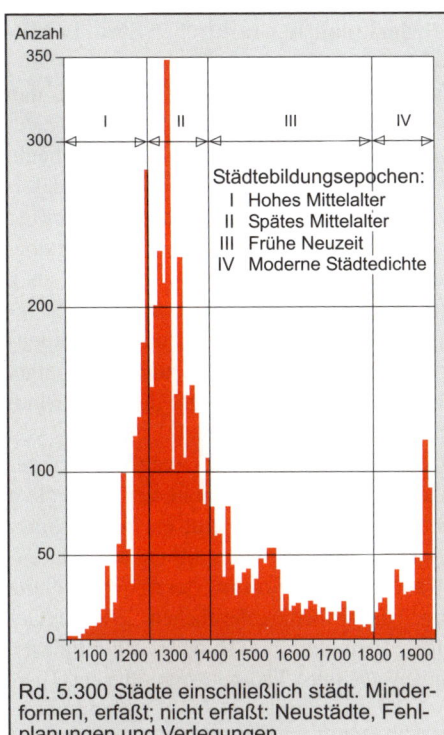

Rd. 5.300 Städte einschließlich städt. Minder-
formen, erfaßt; nicht erfaßt: Neustädte, Fehl-
planungen und Verlegungen

Entwurf: H. Heineberg
nach H. Stoob 1990, Abb. im Anhang   Graphik: M. Unger

Abb. 8.2 Stadtentstehung und Städtebildungsepochen in Mitteleuropa

einem Kriterienbündel basierenden Stadtbegriffs wurde konsequent in einer Anzahl
stadthistorischer Arbeiten umgesetzt, z. B.
von C. HAASE (1984[4]) mit Kartendarstellung
über Entstehungsphasen und Flächengrößen westfälischer Städte (vgl. Abb. 8.11 in
diesem Band) oder von E. ENNEN (1982) mit
ihrer Karte „Rheinisches Städtewesen bis
1250".

8.3 Römische Städte

Römische Städte haben ihren Ursprung in
der **antiken griechischen Stadt** (polis), die
sich seit dem 7. Jh. v. Chr. vor allem in
Kleinasien, Unteritalien und Sizilien, seit dem
6. Jh. v. Chr. auch an der (heutigen) spanischen und südfranzösischen Mittelmeer-
küste ausgebreitet hat (Abb. 8.3 und Kasten 8.2).

Städteneugründungen im Mittelmeerraum
erfolgten nach ca. 450 v. Chr. großenteils im
regelmäßigen **Rechteckraster** in Anlehnung an das von HIPPODAMOS beim Wiederaufbau der von den Persern zerstörten Stadt
Milet in Kleinasien ab 479 v. Chr. entwickelte geometrische Straßenraster (**Hippodamisches Schema**). „Nach der Festlegung des
Straßenrasters als Rechteckraster erfolgte
die Zuweisung bestimmter Nutzungen zu gewissen Bereichen; es gab solche für öff. Gebäude, Hafengebiete, Wohnflächen, militärische Einrichtungen" (J. HOTZAN 2004[3], S.
25; vgl. H. HEINEBERG 2011[2]a, Abb. 21.2.1).

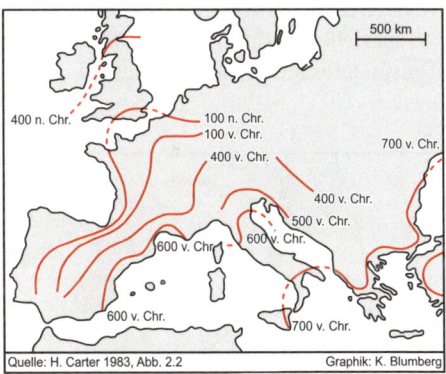

Abb. 8.3 Diffusion der griechisch-römischen Stadtkultur

Es dauerte bis zum 1. Jh. n. Chr., bis sich
auch in ganz Gallien, im nordwestlichen Ger-
manien und in England das römische Städtesystem ausbreitete. Städte römischen Ur-
sprungs verteilten sich im Gebiet des späteren Deutschen Reichs entlang des ganzen
Rheinlaufs (größtenteils auf der linken
Rheinseite: u. a. Köln, Mainz, Worms, Straß-
burg) sowie des rechten Donauufers (u. a.
Regensburg; Abb. 8.4). Zur bedeutendsten
römischen Stadt auf deutschem Boden ent-

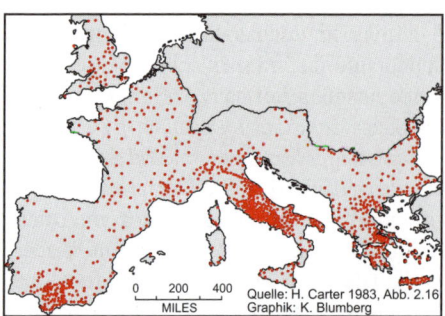

Abb. 8.4 Städteverteilung im römischen Reich

wickelte sich Trier (ab 275 n. Chr. Hauptstadt des römischen Westreichs; Abb. 8.5). Die römischen Städte hatten sich z. T. an Militärsiedlungen, d. h. an Lager und Kastelle, angelehnt (**Lagerstädte**), teilweise waren sie - wie Köln und Trier - aus rein bürgerlichen Motiven erwachsen (**bürgerliche Städte**). Einen speziellen Stadttyp bildeten **Bäderstädte** (Beispiele: Aachen und Wiesbaden).

Merkmale der römischen Stadt in Mitteleuropa waren:

Lagesituation: meist in der Ebene, an den römischen Heerstraßen angelegt;

Grundriss (Abb. 8.5): Das Normalschema war (der griechisch-römischen Tradition folgend) die quadratische oder rechteckige Grundrissgestaltung in Gitternetzanordnung; allerdings gab es, meist geländebedingt, auch erhebliche Abweichungen von diesem Schema. Die durch die rechtwinklige Straßeneinteilung geschaffenen **Quartiere** hießen **insulae**. Regelmäßig führte durch die Stadt eine Nord-Süd-Achse (**cardo**), die i. Allg. von einer Ost-West-Achse (**decumanus**) gekreuzt wurde. Mittelpunkt der römischen Stadt bildete das **Forum**, ein rechteckiger Platz, der meist am Schnittpunkt der Hauptstraßen lag. Am Forum oder in dessen Nähe lagen die größeren öffentlichen Gebäude (Gericht, Verwaltung, z. B. in Trier der Palast); andere (Tempel, Theater, Amphitheater, Ther-

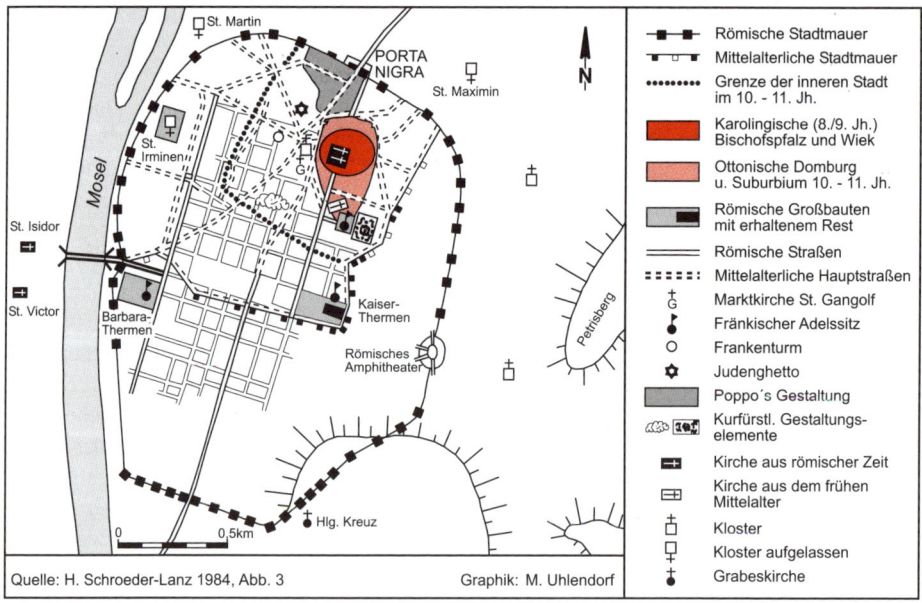

Abb. 8.5 Römische und mittelalterliche Gestalteelemente Triers

men) hatten ihre Standorte oft außerhalb des von Wall, Graben und vier befestigten Toren eingerahmten engeren Stadtbereichs.

Die Epoche der größten Blüte der römischen Stadt in Mitteleuropa war die spätrömische Zeit, d. h. 3. bis 4. Jh. n. Chr.; in dieser Phase wurden beispielsweise in Trier die großartigsten Bauwerke errichtet (Abb. 8.5). Mit der Eroberung der Römerstädte durch die Alemannen und Franken begann deren Verfall. Für zahlreiche Städte ist eine **siedlungsgeschichtliche Kontinuität** in nachrömischer Zeit nachweisbar, wenngleich die ehemaligen römischen Stadtgebiete im Mittelalter i. Allg. nur zu einem kleinen Teil besiedelt waren (Beispiel: Trier) und das Straßennetz großenteils von dem römischen Schachbrettschema abwich. Häufig wurden im Mittelalter auch neue Siedlungen bzw. Städte in unmittelbarer Nähe zerstörter römischer Städte oder Kastelle errichtet (Beispiel: Bonn).

Wenngleich die römische Epoche für die Entwicklung des mitteleuropäischen Städtesystems nur im Westen und Süden von Bedeutung war, so hat sie in anderen europäischen Ländern (z. B. in Frankreich oder England) nachhaltig die heutige Städteverteilung mitgeprägt.

Auch wurden die Städte (Mittel-)Europas in verschiedenen jüngeren Städtebauepochen (frühe Neuzeit, Industriezeitalter, z. T. noch im 20. Jh.) durch die Übernahme architektonischer Stilelemente (z. B. Säulen) der antiken griechischen und römischen Stadt, insbesondere bei öffentlichen Repräsentationsbauten, geprägt.

8.4 Mittelalterliche Stadtentwicklung und Stadttypen

Stadtentwicklungen und -typen des Mittelalters lassen sich nach Stadtentstehungsphasen oder -bildungsepochen gliedern.

8.4.1 Frühmittelalterliche Keimzellen (8./ 9. Jh.) für die Stadtentwicklung waren zum einen (karolingische) **Königshöfe**, die entlang der Heer- und Handelsstraßen angelegt wurden; sie waren befestigt und galten als Burgen oder Pfalzen (z. B. in Dortmund). Gründungskerne waren zum anderen die **Domburgen** der Bischofssitze (in Sachsen waren das z. B. Bremen, Hamburg, Minden, Münster, Osnabrück, Paderborn) oder **Klosterburgen** (u. a. in Hameln oder Helmstedt). Daneben traten - meist in Anlehnung an eine Burg - **kaufmännische Siedlungen**, die **Wiks**. Burg und Kaufmannssiedlung waren zunächst i. Allg. getrennte Raumgebilde, wie es das Beispiel Münster mit der (ehemals) befestigten Domburg und der daneben gelegenen ersten Markt- bzw. Kaufmannssiedlung zeigt (Abb. 8.6). Die Entfaltung des eigentlichen gemeindlichen Lebens des Wik begann erst in der Ottonischen Zeit (ab 10. Jh.), als sich die Kaufleute zu Gilden zusammenschlossen (**Kaufmannsgilden**).

8.4.2 Mutterstädte (bis ca. 1150). Dieser Begriff wurde von dem Stadthistoriker H. STOOB (1956, S. 33) geprägt als die „neben Fürstenpfalz oder Kirchenburg erwachsene, mühsam mit ihr verschmolzene, vielgliedrige und vielgestaltige Siedlung der königlichen Kaufleute". Die Mutterstädte hatten sich bis ca. 1150, ausgehend vom Maas-Schelde-Raum (Gent, Antwerpen etc.), über das Rheinland bis in die Ostmarken an Elbe und Saale, Main und Donau ausgebreitet.

Im 11. Jh. war schon die Entwicklung des gewerblichen **Marktwesens** erfolgt, was die Entstehung einer breiten Schicht für den Markt arbeitender, selbstständiger Handwerker voraussetzte. Der Markt wurde zum Kern der mittelalterlichen Bürgerstadt. Die Individualität der mittelalterlichen Stadt fand ihren Ausdruck insbesondere in der **Gestaltung der zentralen Markt- und Platzräume**,

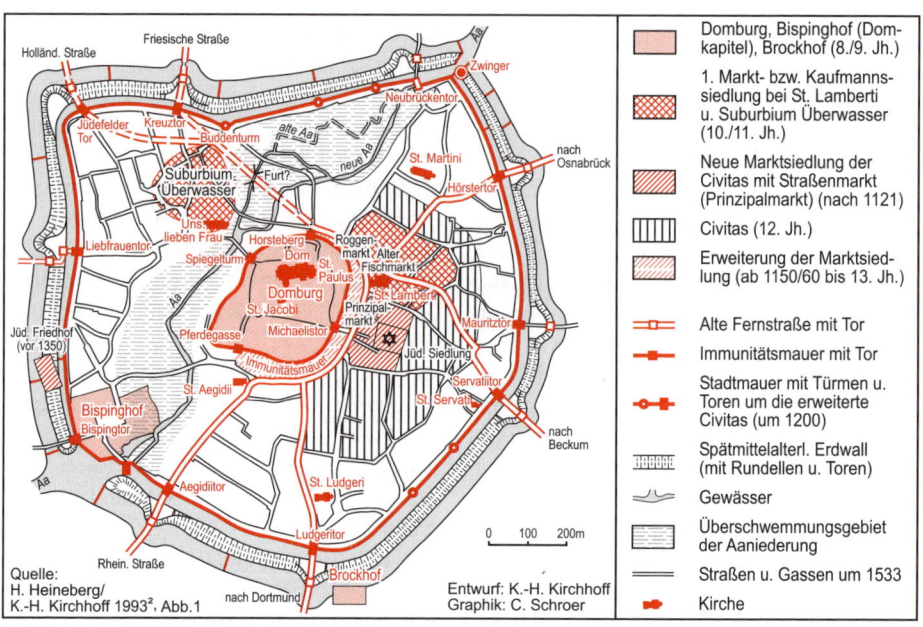

Domburg, Bispinghof (Dom-
kapitel), Brockhof (8./9. Jh.)

1. Markt- bzw. Kaufmanns-
siedlung bei St. Lamberti
u. Suburbium Überwasser
(10./11. Jh.)

Neue Marktsiedlung der
Civitas mit Straßenmarkt
(Prinzipalmarkt) (nach 1121)

Civitas (12. Jh.)

Erweiterung der Marktsiedlung (ab 1150/60 bis 13. Jh.)

Alte Fernstraße mit Tor

Immunitätsmauer mit Tor

Stadtmauer mit Türmen u.
Toren um die erweiterte
Civitas (um 1200)

Spätmittelalterl. Erdwall
(mit Rundellen u. Toren)

Gewässer

Überschwemmungsgebiet
der Aaniederung

Straßen u. Gassen um 1533

Kirche

Quelle:
H. Heineberg/
K.-H. Kirchhoff 1993², Abb.1

Entwurf: K.-H. Kirchhoff
Graphik: C. Schroer

Abb. 8.6 Münster: Mittelalterliche Stadtentwicklung

für die sich in Mitteleuropa auch zeitliche
und regionale Differenzierungen nachweisen
lassen. Im Prinzip gehen die Marktanlagen
des 11. und 12. Jh.s (v. a. langgestreckte rechteckige Platzformen, planmäßige Straßen-
marktanlagen in Rechteck-, Dreieck- und
Keilform) auf die alte Handelsstraße zurück.

In Münster (Abb. 8.6) war neben den älteren Märkten (Roggenmarkt, Alter Fisch-
markt) nach 1121 ein neuer größerer Straßenmarkt (Prinzipalmarkt) als Mittelpunkt einer erweiterten, befestigten Civitas entstanden, die die Domburg halbkreisförmig um-
schloss. Mit Aufhebung der Wehranlagen
der Domburg (ab ca. 1150/60) und der Stadterweiterung durch Errichtung einer neuen
Stadtbefestigung in einem größeren Abstand um die frühmittelalterlichen Kerne
konnten das Gelände auf der Westseite des
Prinzipalmarktes sowie dessen bogenför-
mige Verlängerungen von Kaufleuten (meist
Patriziern) besiedelt werden. Die beiden
Keimzellen (Domburg und Kaufmanns-

siedlung) waren damit verschmolzen. Die
schmale Parzellierung dieses (schon damals
wertvollen) Geländes hat sich bis heute erhalten; sie wird durch die geschlossene Auf-
reihung schmaler Bogenhäuser (s. Abb. 13.7/
I) deutlich.

Wie es das Beispiel Münster zeigt, veränderten die Städte im Mittelalter durch **Stadterweiterungen** (vor allem seit der zweiten
Hälfte des 11. Jh.s und im 12. Jh.) häufig ihre
ursprüngliche Form. Das Extrembeispiel ist
Köln, das im Jahre 1106 zunächst von 120
auf 236 ha anwuchs. Mit der Errichtung der
großen Stadtmauer ab 1180 erreichte Köln
dann 400 ha, eine Größe, die keine der anderen mittelalterlichen Städte Mitteleuropas
aufweisen konnte (zum Vergleich Münster
um 1200: 103 ha). Dies blieb auch die Maxi-
malgröße Kölns bis zum 19. Jh.

Die Stadterweiterungen vollzogen sich im
Prinzip durch Anfügung neuer Siedlungen
oder zur Besiedlung vorgesehener Räume
an die Altstadt. Die auf diese Weise vergrö-

ßerten Städte gliederten sich dann in der Regel in einzelne Stadtteile (in Form von **Kirchspielen, Nachbarschaften** etc.), die zumeist auch bestimmte Kompetenzen (z. B. Vertretung im Rat) erhielten.

Besondere Formen der Stadterweiterungen (früh-)mittelalterlicher Städte bestanden darin, dass sich neben der städtischen Ansiedlung eine zweite oder sogar mehrere (zunächst) selbstständige Städte entwickelten; d. h. es entstanden sog. **Doppelstädte** (häufig wurde die ältere bzw. jüngere der beiden Städte mit Altstadt bzw. Neustadt bezeichnet; Beispiele: Hamburg, Brandenburg) oder sog. **Gruppenstädte** (z. B. Hildesheim, Bremen, Abb. 3.1, Braunschweig, Abb. 8.7).

8.4.3 Gründungsstädte älteren Typs entstanden nach dem Vorbild der Mutterstädte

teilweise bereits ab ca. 1120 (i. Allg. zwischen 1150 und 1250) als planmäßig angelegte Stadtanlagen. Ihre räumliche Verteilung zeigt, dass sie jeweils in günstiger Verkehrslage errichtet wurden; es waren - wie die Mutterstädte - überwiegend Fernhandelsstädte, die von Kaufleuten getragen wurden. Die Städtegründungen waren v. a. „Instrumente kaiserlicher und fürstlicher Machtpolitik" (H. STOOB 1956, S. 33). Ein bedeutendes Beispiel ist Freiburg i. Breisgau, das 1120 durch die Zähringer gegründet wurde. Freiburg wurde so geplant, dass es in seiner gesamten Länge von einer überall gleich breiten Handelsstraße durchschnitten wurde. Das gewerbliche Leben entfaltete sich in dieser Straße in Gestalt von drei Hauptmärkten. Der zähringische Stadtplan ist nicht nur im Südwesten des Reiches nachgeahmt worden (z. B. Breisach, Worms, Dinkelsbühl), sondern auch in Norddeutschland (Beispiele: Lippstadt, Lemgo).

Bei der Neugründung der Kaufmannssiedlung Lübeck durch Heinrich den Löwen (1158) wurden zur Entlastung des Marktes

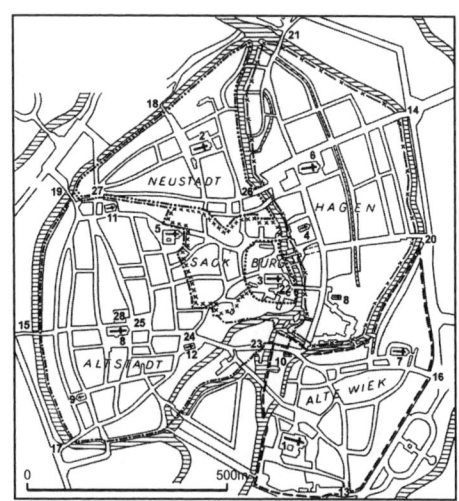

BRAUNSCHWEIG. 1 St. Ägigien 1115. 2 St. Andreas um 1150. 3 Dom St. Blasii um 1030. 4 Dominikaner 1307. 5 Franziskaner 1232. 6 St. Katharinen um 1200. 7 St. Magni 1031. 8 St. Martini 1180-90. 9 St. Michaelis um 1150. 10 St Nikolai spätestens 11.Jh. 11 St. Petri nach 1150. 12 St. Ulrich vor 1038. 13 Ägidientor. 14 Fallerslebener Tor. 15 Hohes Tor. 16 Magnitor. 17 Michaelistor. 18 Neustadttor. 19 Petritor. 20 Steintor. 21 Wendentor. 22 Burg Dankwarderode 10. Jh. 23 Damm. 24 Kohlmarkt. 25 Altstadtmarkt. 26 Wollmarkt. 27 Radeklint. 28 Rathaus.

Burg Dankwarderode 10. Jh. ···· / Alte Wiek vor 1031 ‒·‒/ Altstadt nach 1100 ‒··‒ / Hagen um 1160 ×‒×/ Neustadt 12. Jh. Ende ‒···‒/ Sack 1300 ××× / Stadtreinigung 1269.

Abb. 8.7 Braunschweig: Mittelalterliche Gruppenstadt (aus: H. Planitz 1975[4])

schmale Parallelstraßen angelegt (Abb. 8.8). Durch die Anlage von Längs- und Querstraßen (**Rückgrat- und Rippenstraßen**) um den Markt herum wurde dieser nun mehr und mehr zum eigentlichen Mittelpunkt der Stadt erhoben. Damit wurde ein neues Stadtplansystem eingeleitet, das im 13. Jh. zahlreiche Stadtgründungen nicht nur im Westen, sondern vor allem auch im neu kolonisierten Osten beherrschen sollte: das System der **Zentralanlage des Marktes**.

Mit dem Übergang zum quadratischen Markt wurde die Regelmäßigkeit der Stadtanlage noch gesteigert, besonders in den deutschen Gründungsstädten östlich der Elbe (**Kolonisationsstädte**). Bei diesen i. Allg.

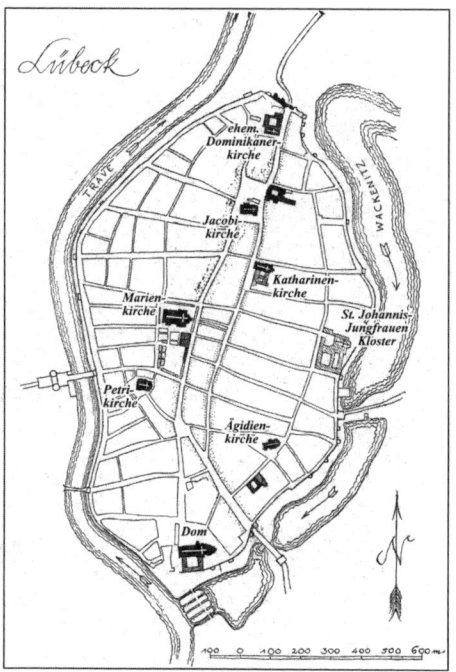

Abb. 8.8 Lübeck: Mittelalterliche Stadtanlage in Rippenform (aus: K. Gruber 1976[2], mit eigenen Ergänzungen)

in schematischer Grundrissgestaltung angelegten Städten sind zwei Haupttypen von Marktanlagen zu unterscheiden: Einmal der freie, annähernd quadratische **Marktplatz** (v. a. in Mecklenburg, Pommern und Westpreußen verbreitet) und als zweiter Typ der größere, mit einem Mittelblock (insbesondere Rathaus) bebaute sog. **Ring**, wie man ihn in Breslau und im übrigen Schlesien findet (Abb. 8.10).

8.4.4 Territoriale Klein- und Zwergstädte entstanden als bescheidenere Gründungen jüngeren Typs zwischen 1200 und 1300, vor allem nach 1250, in einer großen Dichte über das gesamte Reichsgebiet wie auch über den Kolonialraum verteilt. Daraus resultiert in erster Linie die maximale Häufigkeit der Stadttitelverleihungen in Abb. 8.2. Es handelte sich vorwiegend um landesherrliche Gründungen zur Stärkung der jeweiligen Territorialmacht (Kasten 8.3). Die neu gegründeten Klein- und Zwergstädte (mit i. Allg. unter 20 ha, vielfach sogar nur unter 10 ha Fläche) entstanden daher häufig in den Grenzzonen rivali-

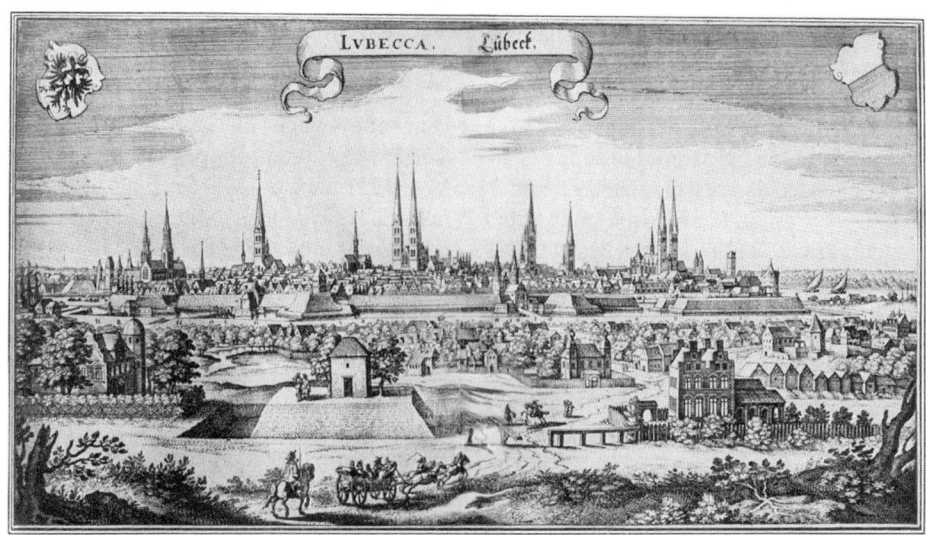

Abb. 8.9 Lübeck um 1640-1645. Kupferstich von Matthäus Merian

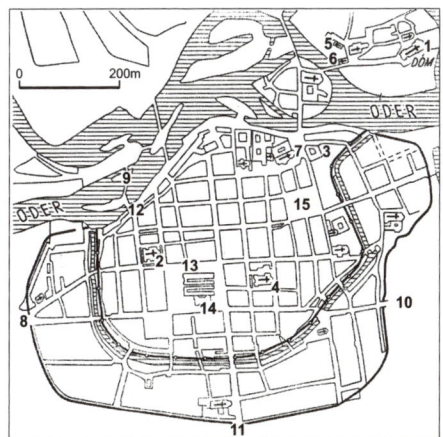

BRESLAU. **1** Dom St. Johannis um 1000. **2** St.-Elisabeth-Pfarrkirche um 1245. **3** Heiliger-Geist-Pfarrkirche der Neustadt 1214. **4** St.-Maria-Magdalena-Pfarrkirche 1226. **5** St. Martin um 1150. **6** St.-Peter-und-Paul-Stift vor 1175. **7** St.-Vinzenz-Stift 1149. **8** Nikolaitor 1304. **9** Odertor 1304. **10** Ohlauer Tor 1299. **11** Schweidnitzer Tor 1304. **12** Burg auf der Dominsel 1017. **13** Ring. **14** Rathaus 1299. **15** Neumarkt 1263.

10. Jh. auf der Dominsel; 1000 Bischofssitz. / 1241 Aussetzung als Stadt zu deutschem Recht. / 1260 erste Ummauerung der Stadt mit sieben Toren ⌐: / 1291 zweite Ummauerung mit zehn Toren ⌐.

Abb. 8.10 Breslau: Mittelalterliche Stadtanlage (aus: H. Planitz 1975⁴)

sierender Territorien, und zwar oft in Schutzlage auf Hochflächen und Berghöhen, am Fuße von Burgen, dabei meist in schlechter Verkehrslage. Die Befestigung wurde weitgehend zum Selbstzweck, hinter der die wirtschaftliche Funktion (Fernhandel) stark zurücktrat. Beispiele für historische Festungskleinstädte in Westfalen sind Eversberg im Sauerland oder Haltern und Dorsten an der Lippe, jeweils in ehemals territorialer Grenzlage errichtet (Abb. 8.11).

8.4.5 Minderstadt - in den historischen Quellen „als **Freiheit** (*liberté, ville libre*), Flecken, Wikbold/Weichbild, Tal, Städtlein, in Franken, Bayern und Österreich bevorzugt als Markt bezeichnet" (F. Irsigler 1999, S. 29) - wurde von H. Stoob 1956 als Begriff eingeführt, um damit spätmittelalterliche Stadtgründungen (ca. 1300-1450) zu benen-

nen, die vorwiegend in kleinen, territorial zersplitterten Gebieten erfolgten. Kennzeichnend waren das Fehlen einer Befestigung, ihre Beschränkung auf lokale Nahmarktfunktionen sowie oft auch die Verkürzung ihrer Privilegien. Minderstädte waren damit i. Allg. städtische Siedlungen minderen Rechts.

8.5 Frühneuzeitliche Stadtentwicklung und Stadttypen

Um ca. 1450 hatte die Stadtentwicklung in Mitteleuropa einen gewissen ersten Abschluss gefunden. Die Zahl der Städtegründungen war - im Vergleich zum Hochmittelalter - bereits stark zurückgegangen und nahm auch in der Folgezeit bis ca. 1800 kontinuierlich weiter ab (Abb. 8.2).

Ursachen für den Rückgang waren die seit dem „Schwarzen Tod" (um 1350) grassie-

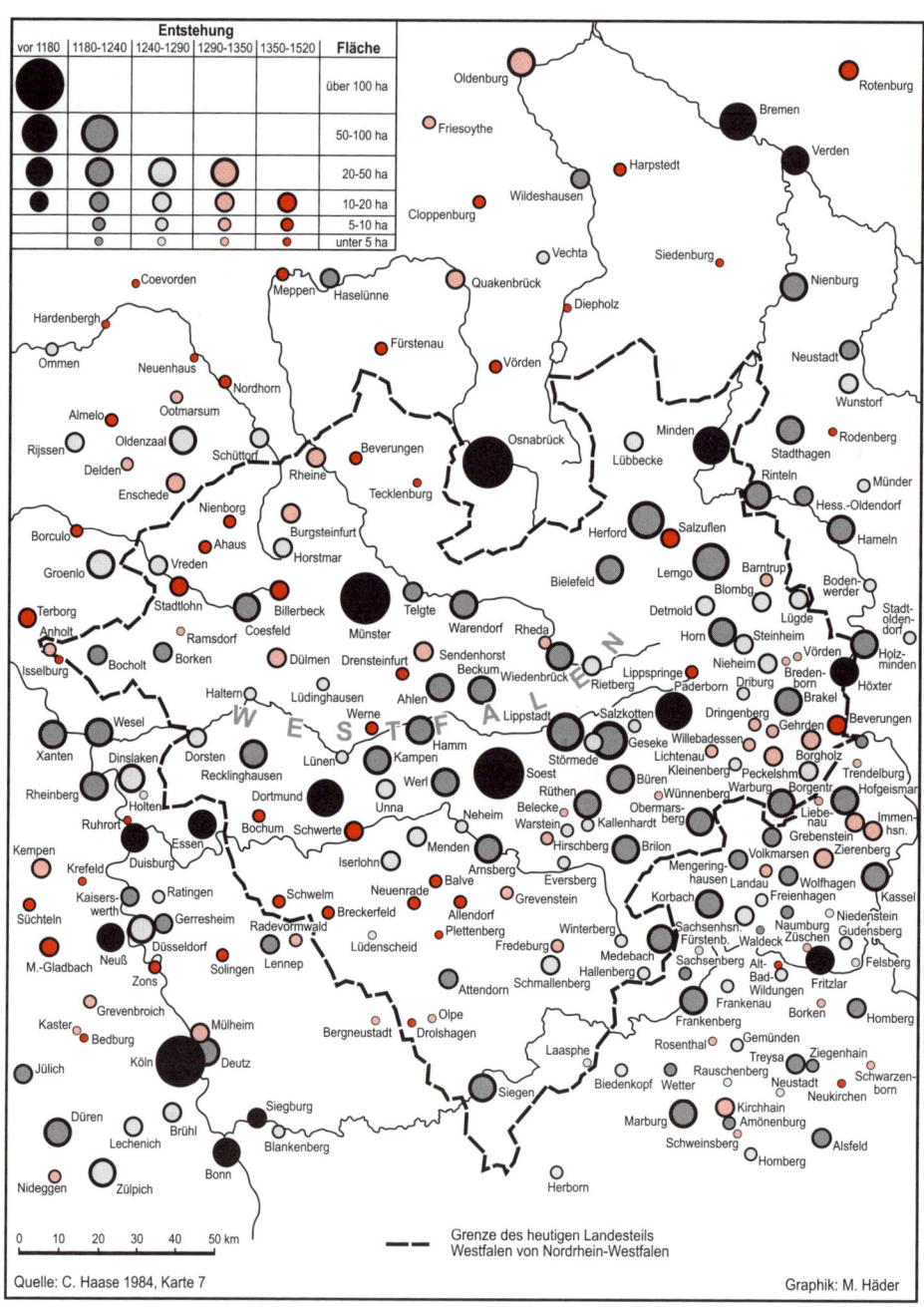

Abb. 8.11 Entstehungsphasen und Flächengrößen westfälischer Städte im Mittelalter

renden Seuchen, die Agrarkrisen und Kriege, deren Folge u. a. ein starker Einwohnerrückgang war. Hinzu kamen der Verfall der Städtebünde, darunter die Hanse (17. Jh.), und die revolutionäre Veränderung im Kriegswesen durch die Entwicklung mauerbrechender Schusswaffen, so dass die Stadt weitgehend ihre Schutzfunktion verlor oder diese nur durch den Bau kostspieliger Verteidigungsanlagen erhalten konnte. Die Stadtzerstörungen erreichten ihren Höhepunkt im 30jährigen Krieg (1618-48).

Trotz der geringen Zahl an Städtegründungen lässt sich doch eine Reihe bedeutender frühneuzeitlicher Stadttypen unterscheiden. Neben den Ausläufern der mittelalterlichen Minderstadt und den Kolonisationsstädten aus der Endphase der deutschen Ostkolonisation (östliches Mitteleuropa und Osteuropa) waren es vor allem die Berg-, Exulanten- und Fürstenstädte:

8.5.1 Bergstädte (v. a. 15. und 16. Jh.) waren an Erzfunde gebunden; sie waren landesfürstliche Gründungen mit gewissen Rechten bürgerlicher Autonomie. Es hatte schon im Mittelalter Gründungen von Bergstädten gegeben. Ein Beispiel dafür ist die am Nordrand des Harz gelegene Stadt Goslar, wo bereits um 970 n. Chr. mit dem Abbau bedeutender Silbererzlager begonnen wurde; die Stadt entwickelte sich nach 1000 n. Chr. zur Residenz der Sachsenkaiser (1005/15 unter Heinrich II. Standort einer Kaiserpfalz).

Bei den Bergstädten des 15. und 16. Jh.s handelte es sich somit um die zweite Welle derartiger Gründungen, die u. a. im Harz, im Erzgebirge (s. K. ROTHER 2006), in den Sudeten, im Böhmerwald und in den Alpen erfolgten. So wurden erst in der ersten Hälfte des 16. Jh.s, d. h. im Zeitalter des Landesfürstentums, im Oberharz Bergstädte gegründet. Beispiele: Zellerfeld wurde ab 1526 von dem Landesherrn des Herzogtums Braunschweig-

Abb. 8.12 Die Bergstadt Clausthal-Zellerfeld (verkleinerter Ausschnitt aus der Topographischen Karte 1:25.000)

Wolfenbüttel planmäßig angelegt; unmittelbar an Zellerfeld angrenzend errichtete der Herzog von Grubenhagen ab 1530 die Bergbaustadt Clausthal (erst 1924 Vereinigung zu Clausthal-Zellerfeld; Abb. 8.12).

8.5.2 Exulantenstädte (Flüchtlingsstädte), die in mehreren Wellen zwischen dem 16. und 18. Jh. entstanden, waren räumlich an landesfürstliche Gebiete mit protestantischem Glaubensbekenntnis gebunden; Triebkraft zur Gründung derartiger Städte war die Flucht aus dem Machtbereich der Gegenreformation (H. STOOB 1956). Die Flüchtlingsgruppen, die häufig in Neustädten oder neuen Stadtgründungen angesiedelt wurden, kamen z. B. aus Böhmen (Böhmische Brüder) in den Raum Schlesiens und Polens, aus Flandern in das Niederrhein- und das nordwestdeutsche Küstengebiet, aus Frankreich (Hugenotten) in das Rheingebiet, über Hessen nach Sachsen bis in die Mark.

Beispiele für Exulantenstädte sind Altona (bei Hamburg), Friedrichsdorf, Homburg,

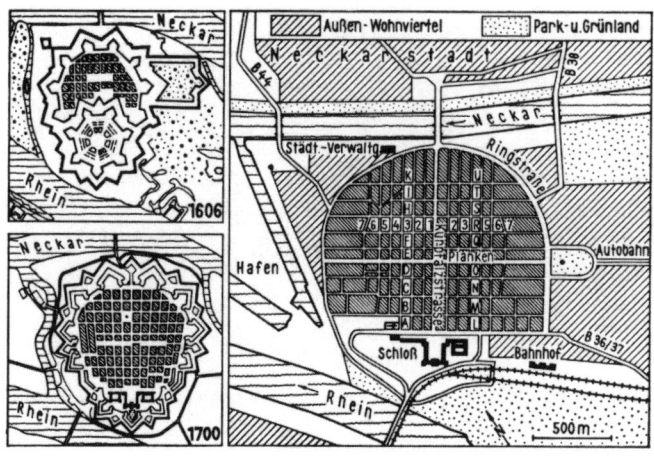

Abb. 8.13
Drei Pläne aus der Entwicklung Mannheims
(aus: F. Fezer und U. Muuß 1971, S. 24)

Neu-Hanau, Neu-lsenburg und weitere Gründungen, die in einem förmlichen Ring um die alte Kaiserstadt Frankfurt entstanden sind. Die Exulantenstädte wurden häufig nach dem fördernden Fürsten benannt (z. B. Friedrichsstadt an der Eider, Karlshafen an der Weser oder Christian-Erlang in Franken); z. T. hat sich in den Städtenamen das „Gefühl neugewonnener Sicherheit" niedergeschlagen wie bei Freystadt in Posen, Glückstadt an der Elbe oder Freudenstadt im Schwarzwald (H. STOOB 1956, S. 38).

Von Exulantenstädten, bei denen sich der jeweilige absolute Fürst „wirtschaftliche und geistliche Tendenzen der Zeit" zunutze machte, sind die Fürstenstädte zu unterscheiden, die (von Fürsten) „ganz aus eigenem Antrieb" geschaffen wurden (ebd., S. 39).

8.5.3 Fürstenstädte entstanden entweder als rein administrative Zentren (**Residenzstädte**) oder aus militärischen Gründungen (**Festungs- oder Garnisonsstädte**). Beispiele für Residenzstädte sind Karlsruhe, Pyrmont, Wolfenbüttel oder Neustrelitz bzw. für Festungs- oder Garnisonsstädte Rendsburg in Schleswig-Holstein oder Neu-Breisach im Oberelsaß. Die Bürger dieser Fürstenstädte waren vor allem Beamte, Soldaten oder Hof-

und Heereslieferanten (H. STOOB 1956, S. 39).

Waren die Merkmale der Stadt des Mittelalters (s. 8.4) u. a. die abwechslungsreiche, d. h. zumeist unsymmetrisch gegliederte, dichte sowie durch Burgbauten und Türme vertikal betonte Bebauung (s. Abb. 8.9), so begann in Deutschland ab ca. 1520 mit dem Stilwandel von der Spätgotik zur italienisch beeinflussten **Renaissance** eine Zuwendung zur symmetrisch-horizontal gegliederten, weitläufigeren Stadtgestaltung. Derartige rational durchdachte, geometrische Raumaufteilungen (Straßensystem im Quadratnetz, Rechteckschema etc. mit rechteckigen Plätzen und Verbindungsachsen) sind nicht nur für die Stadterweiterungen des 16. bis 18. Jh.s, sondern vor allem für die gänzlich neu geplanten Fürstenstädte charakteristisch, die im Geist des Absolutismus (17./18. Jh.) entstanden und in dessen zweiter Phase insbesondere nach dem großen Vorbild von Versailles (ab 1661 Bau eines gewaltigen Schlosses und Anlage eines riesigen Parks, ab 1682 Residenz Ludwigs XIV.) errichtet wurden.

Die stark horizontale Betonung im Aufbau der Fürstenstadt ergab sich auch aus den veränderten Kriegs- bzw. Befestigungstechniken. Vor allem das von dem Franzosen

Vauban (1633-1707) in der zweiten Hälfte des 17. Jh.s weiterentwickelte, sternförmig vorgeschobene **Bastionssystem** mit dem Prinzip des flankierenden Schutzes und freiem Schussfeld bedingte eine weitgestaffelte horizontale Anlage des gesamten Befestigungsgürtels einer Stadt (**Vaubansches System**).

Die innere Gliederung der Fürstenstadt zeigt in der Renaissancestadt (16./17. Jh.) und in derjenigen des Barocks (Ende des 17. - 18. Jh.s) voneinander abweichende Grundkonzeptionen. Idealtyp einer **Renaissancestadt** war in Deutschland das frühere, nach dem **Zitadellenkopfschema** angelegte Mannheim (Abb. 8.13, oben links). Die Talebene mit dem Zufluss des Neckars in den Rhein kam dem Bau einer modernen Festung, wie sie zu der Zeit vor allem auch von Holländern errichtet wurde, sehr entgegen. Die Rationalität als Grundsatz einer allumfassenden Planung zeigt sich nicht nur in der Anlage der Bastionssysteme, sondern auch in den Grundrissstrukturen der beiden selbstständigen Baukörper, der **Zitadelle** und der **Bürgerstadt**: Das kreisförmig angelegte Innenfeld der sternförmigen Zitadelle wurde um einen großen freien (Alarm-)Platz in ein System rautenförmiger Baublöcke aufgeteilt, während die ebenfalls befestigte Bürgerstadt in rechteckige Baublöcke gegliedert wurde (letztere sind bis heute erhalten).

Der symmetrisch geplante Grundriss der Idealstadt des 16. und 17. Jh.s war mit einer einheitlichen Gestaltung der Baukörper verbunden: geschlossene, i. Allg. traufenständige Bebauung (traufständiges Dach), wobei die individuelle Ausgestaltung der einzelnen Fassaden in den Hintergrund trat.

„Die starke territoriale Zersplitterung Deutschlands in Bistümer, Fürstentümer und freie Reichsstädte trug dazu bei, dass sich, anders als z. B. in Frankreich, keine königlich-herrschaftlich geförderte, nationale Stil-

ausbildung durchsetzen konnte. Eine regional, aber auch zeitlich z. T. stark abweichende Gebäudegestaltung ist kennzeichnend" (B. Bornemeier 2002, S. 148). Die von B. Bornemeier erstellte Verbreitungskarte der regionalen Baustile und von Bauwerken der Renaissance in Deutschland zeigt besondere Verdichtungen von Gebäuden aus der Zeit zwischen 1500 und 1650 entlang bedeutender Fernstraßen und Wasserwege, die z. T. auch namenprägend für regionale Baustile waren (z. B. Rheinische Renaissance-Region, Weserrenaissance, s. Abb. 8.16/II).

Die anschließende **Epoche des Barock** „begann Ende des 16. Jahrhunderts in Italien und breitete sich von dort in Europa aus". (...) „Architektur wurde zum Bühnenbild des demonstrativen Repräsentierens der weltlichen und kirchlichen Fürsten". (...) „Die barocke Epoche fand mit dem Aufkommen des Klassizismus im letzten Viertel des 18. Jhs. ihr Ende" (S. Pröpper/M. Spantig 2002).

In der **Barockstadt** trat zu der symmetrischen Ordnung der Stadtfläche nach geometrischen Figuren, wie sie schon in der Renaissanceplanung zu finden ist, die Ausrichtung der Grundrissstruktur auf die Schlossanlage des absoluten Fürsten. Die Macht des Fürsten sollte sich in der Stadtgestaltung widerspiegeln: „Alleinige Aufgabe des Straßennetzes und der Freiflächen der idealtypischen barocken Residenzstadt war die Hinführung zum absoluten Richtpunkt der Stadt, zum Schloss (Abb. 8.14). Eine annähernde Verwirklichung dieser Forderungen war nur bei einer Neuanlage möglich" (H. Friedmann 1968, S. 27). Ein herausragendes Beispiel dafür bildet Karlsruhe, das wohl das vollendetste Schema einer barocken Stadt in Deutschland aufweist (Abb. 8.15): Die Mitte wird vom Barockbau des fürstlichen Schlosses beherrscht, der ab 1715 in der neuen Stadt Karlsruhe (vom Markgrafen Karl Wilhelm) errichtet wurde. Vom Kreis um den Schlossturm als Zentrum strahlten 32 Wege aus, davon 23 als Alleen in den Hardtwald, der als fürstliches Jagdrevier diente (die Ost-West verlaufende Straße, die das Fächermuster quert, ist älter als die Radialstraßenplanung).

Um in Mannheim, das (nach zweimaligen Zerstörungen im 17. Jh.) im Jahre 1720 kurpfälzische Residenzstadt geworden war, dem barocken Ideal entgegenzukommen, wurde der große Schlossbau (auf dem Gelände der ehemaligen Zitadelle) so gestaltet, dass dieser von allen Längsachsen der Stadt aus einsichtig war; dies war eine städtebauliche Kompromisslösung, denn das Straßennetz (Rechteckschema) der älteren Bürgerstadt konnte nicht mehr abgeändert werden (vgl. Abbn. 8.13 und 8.14).

Im barocken Städtebau waren i. Allg. strenge **Bauvorschriften** gültig, die nicht nur die Grundriss-, sondern auch die Aufrissstruktur festlegten: Die meist einheitliche Gestaltung der Baukörper bestimmter Räume, insbesondere der Fenster-, Gesims- und Dachformen bis hin zum einheitlichen Anstrich, führten zu einer Gleichförmigkeit des Stadtbildes. Gegenüber den dominierenden fürstlichen Profanbauten traten die bürgerlichen, aber auch die sakralen und kommunalen Gebäude in den Hintergrund. Durch die Art der baulichen Staffelung (Stockwerkszahlen) wurde auch die ständische Gliederung der Bevölkerung zum Ausdruck gebracht. Die Bauordnungen waren stets begleitet von einem weitreichenden Enteignungsrecht, das der jeweilige Landesfürst aus der „Eigentumshoheit" an allen Grundstücken herleitete.

Die aufgezeigten Gestaltungsmerkmale des barocken Städtebaus finden sich z. T. auch in den von Fürsten errichteten Exulantenstädten (s. 8.5.2).

Die **räumliche Verteilung barocker Bauprojekte in Deutschland** (vgl. die Verbreitungskarte in S. Pröpper/M. Spantig 2002,

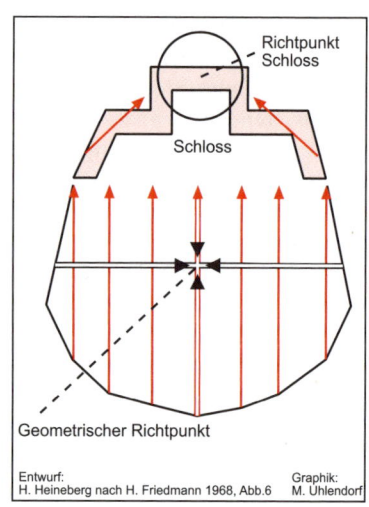

Richtpunkt
Schloss

Schloss

Geometrischer Richtpunkt

Entwurf:
H. Heineberg nach H. Friedmann 1968, Abb.6

Graphik:
M. Uhlendorf

Abb. 8.14 Richtpunkte und Längsachsen im barocken Mannheim

S. 151) „resultierte aus der Verlagerung der Macht- und Wirtschaftszentren nach dem Dreißigjährigen Krieg (1618-1648). Beispielsweise verlagerte sich die Intensität des Bauwesens von der Rheinschiene weg, die in den Epochen der Romanik und der Gotik einen weit größeren Stellenwert gehabt hatte. Vor allem in katholisch geprägten Räumen, die sich nach dem Krieg wirtschaftlich relativ schnell erholen und politisch stabilisieren konnten, wurden in der Barockzeit **Sakralbauten** in Auftrag gegeben. Durch den regen künstlerischen Austausch in einer Region und die Beauftragung derselben wandernden Künstler wie Schlaun im Münsterland oder die Brüder Asam und Zimmermann südlich der Donau kam es zu eigenständigen Stilformen, wie z. B. dem süddeutschen Rokoko" (ebd., S. 150).

Von Bedeutung ist, dass sich die deutschen ehemaligen Fürstenstädte nicht nur durch ihre geplanten, rational gestalteten Grundriss- und Aufrissstrukturen und ihre Bauwerke hervorheben, sondern insbesondere auch durch ihre **kulturellen Funktio-**

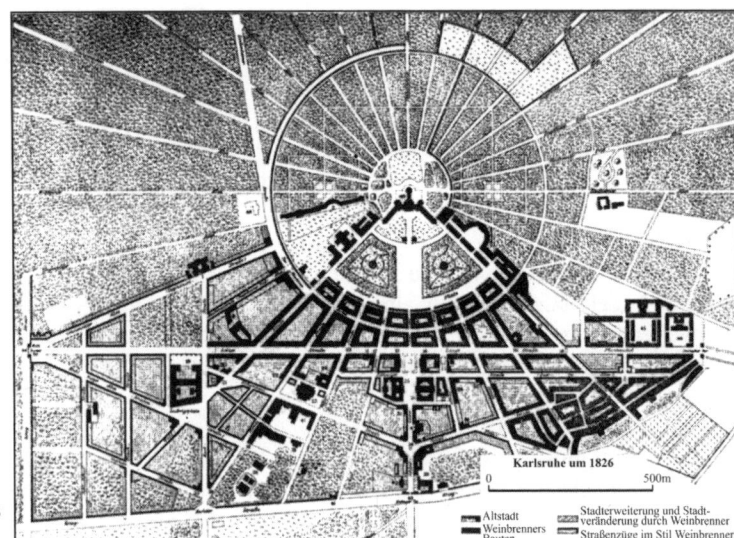

Abb. 8.15
Die Barockstadt
Karlsruhe 1826
(aus: A. E. J. Morris
1972, Fig. 7.16)

Karlsruhe um 1826

0   500m

Altstadt   Stadterweiterung und Stadt-
Weinbrenners   veränderung durch Weinbrenner
Bauten   Straßenzüge im Stil Weinbrenners

nen, die sie oftmals bis heute ausüben: „Durch seine vielen und durchaus eigenständigen kleinen Kulturzentren auf der Grundlage des territorialen Partikularismus unterscheidet sich das deutsche Städtewesen charakteristisch von dem der Nachbarstaaten. Über die Anlage der Residenzstädte und ihre Ausgestaltung mit Schlössern, Gärten und Parks hinaus wirken kulturelle Funktionen bis in die Gegenwart hinein: Akademien, Theater und Museen und eine künstlerische Tradition, die vom Bürgertum übernommen wurde. Denn nicht nur die weiterbestehenden Einrichtungen allein sind entscheidend für die Kontinuität der kulturellen Potenz. Fast immer blieben die Residenzen auch später Verwaltungszentren und Beamtenstädte" (P. SCHÖLLER 1967, S. 39).

8.5.4 Stadterweiterungen des 16.-18. Jh.s waren, wie die neu geplanten Städte dieser Periode, häufig durch geometrische Raumaufteilungen (quadratische oder rechteckige Grundrissstrukturen) gekennzeichnet. Dies gilt insbesondere für die Anlage von

Neustädten im Anschluss an die mittelalterliche Stadt. Beispiel: Bremen, wo südwestlich der mittelalterlichen Gruppenstadt (jenseits der Weser) in der ersten Hälfte des 17. Jh.s (1623-27) die Neustadt als Brückenkopf und Festungswerk entstand; sie war in Anlehnung an eine Gitterform schematisch aufgeteilt worden. Neustädte mit ähnlichem planmäßigen Aufbau wurden etwa auch in Lüneburg, Hildesheim oder Osnabrück errichtet.

8.5.5 Regionale Stadttypen nach dem Baucharakter. Bereits im Mittelalter, vor allem aber in der frühen Neuzeit, haben sich im deutschen Städtewesen regionale Typen herausgebildet, die sich aufgrund jeweils relativ einheitlicher (landschaftsgebundener) Baustoffe, „autochthoner Hausformen" bzw. regionaler „Sonderstile" voneinander unterscheiden lassen. P. SCHÖLLER (1967, S. 39-56) hat diesbezüglich sieben Städteregionen bzw. **Städtegruppen** abgegrenzt, die jedoch z. T. wiederum mehrere eigenständige **städtebauliche Formenkreise** umfassen (Kasten 8.4).

So unterscheiden sich etwa die individuell gestalteten, vor allem durch leichten und dekorativen Fachwerkbau gekennzeichneten mainfränkischen Städte ganz erheblich von den stärker einheitlich, im wuchtigen Steinbau errichteten bairischen Städten. Innerhalb des bairischen Siedlungsraumes bilden die Inn-Salzach-Städte mit ihren charakteristischen Bogen- und Laubengängen, die kolonnadenartig den Marktplatz und die Hauptverkehrsstraßen begleiten, und ihren Grabendächern eine wichtige Sondergruppe (Abb. 4.1). Südwestdeutschland besitzt eine viel größere Städtedichte als der früh zentralisierte Flächenstaat Bayern, wobei es sich in mehrere eigenständige städtebauliche Formenkreise gliedern lässt (Oberschwaben, Neckarschwaben, die Bodenseeregion und das Oberrheingebiet). Im Oberrheingebiet, vor allem in den elsässischen Städten, hat „der südwestliche Fachwerkbau seine vollendetste Durchformung erfahren" (P. SCHÖLLER 1967, S. 47). In der mitteldeutschen Gebirgsregion, die durch ihre „natürliche Kleinkammerung", (frühere) „territoriale Zersplitterung" und „instabile Wirtschaftskraft" gekennzeichnet ist, dominieren kleinstädtische Strukturen, wobei die Übergänge zwischen Stadthaus und Bauernhaus fließend sind (ebd., S. 48-49).

In der westniederdeutschen Zone vollzieht sich im Baumaterial „ein mehrstufiger Übergang vom unverputzten Lüneburger Backsteinbau über das Osnabrücker Strukturfachwerk mit Backsteinfüllung bis zum südlichen Schmuckfachwerk mit weißverputzten Gefachen über massivem Sockel und zu örtlich gebundenen Materialkreisen von Bruch- und Werksteinen (P. SCHÖLLER 1967, S. 52). Im Wesergebiet sowie insbesondere im Harzvorland, das über eine hohe Städtedichte verfügt (ehemaliger politischer Kernraum des Reiches!), sind die Städte durch besonders reichhaltig dekorierte Fachwerk- und z. T. auch repräsentative Steinbauten gekennzeichnet, wobei sich die Sonderform der **Weserrenaissance** (seit ca. 1570 bis ca. 1670) mit Stilelementen aus dem Harzgebiet (Figurenknaggen), aus Braunschweig (Treppenfriese) und Hildesheim (Rosetten) vermischt (Abb. 8.16/II). Hinzu kommen Fachwerkstrukturen aus dem Barock (mit schwächerem Balkenwerk und geringeren Vorkragungen), der Zeit des Rokoko (ohne Vorkragungen, z. T. verputzt) und des Klassizismus (ganz schlichte Bauweise mit noch schmaleren Balken). Wie stark die Altstädte im Harzvorland durch die frühneuzeitliche Baukultur geprägt sind (falls keine größeren Kriegszerstörungen oder Stadtbrände erfolgt sind), zeigt etwa das Beispiel der Stadt Wolfenbüttel (s. K.-W. OHNESORGE 1974, Tab. 7 und Karte 4). Die unterschiedlichen Anteile der Gebäude aus den verschiedenen Bauperioden deuten bereits an, dass die baukünstlerisch wertvolle Stadtgestalt der einzelnen Straßen- und Platzräume in der Wolfenbütteler Altstadt durch eine abwechslungsreiche Mischung historischer Baustile - mit allerdings ähnlichen Hausformen - geprägt wird. Daraus ergibt sich u. a. im Allgemeinen die „Unverwechselbarkeit" (Individualität) historischer Stadtkerne.

Die deutschen Küstenstädte stehen aufgrund ihrer Lagefunktion und ihres historischen Baucharakters (Backsteinbauten der

---

Kasten 8.4
Regionale Stadttypen nach dem Baucharakter (nach P. SCHÖLLER 1967)

· Fränkische Städte (vgl. Abb. 8.16/I),
· Bairische und alpenländische Städte,
· Südwestdeutsche Städtegruppen,
· Mitteldeutsche Städtegruppen (Hessen, Thüringen, Obersachsen),
· Westniederdeutsche Städte (Niederrhein, Westfalen, Niedersachsen),
· Deutsche Küstenstädte,
· Städte im ostelbischen Binnenland und in Schlesien

Spätgotik und Renaissance) miteinander in Beziehung, wobei die ehemals führende Hansestadt Lübeck über den reichsten Baubestand verfügt.

„Der Übergang zwischen den gewachsenen und gegründeten Städten im westdeutschen Altsiedelland und den planmäßig angelegten Städten des ostdeutschen Kolonialgebietes vollzieht sich nicht scharf, sondern in stufenhaften Übergängen", wobei sich die Städte des ostelbischen Binnenlandes nach ihrem Baucharakter in mehrere Hauptgruppen gliedern lassen (P. SCHÖLLER 1967, S. 55). Dies gilt z. B. für die Städtegruppe mit „märkischer Backsteingotik", die bis in die norddeutsche Region ausstrahlt, oder für schlesische Städte mit ihren planmäßigen Grundrissen, Giebelhäusern und Lauben sowie der freien Mittelstellung des Rathauses auf dem zentral gelegenen Marktplatz, dem sog. Ring (s. Abb. 8.10).

8.5.6 Schleifungen von Stadtbefestigungen, die im Mittelalter und/oder in der frühen Neuzeit errichtet worden waren, wurden in deutschen Städten teilweise schon nach dem Siebenjährigen Krieg (1756-1763) durchgeführt, als die Festungswerke den mauerbrechenden Schusswaffen nicht mehr standhalten konnten und in der Unterhaltung zu kostspielig wurden. Ein frühes Beispiel dafür ist die Stadt Münster, deren mittelalterliche Befestigung in der frühen Neuzeit mehrmals erweitert bzw. modernisiert worden war; der Fürstbischof ließ 1764 die Festungswerke und die (1661 im Westen der Altstadt errichtete) Zitadelle schleifen. Der Befestigungsgürtel wurde zu einer ringförmigen Grünanlage mit Promenadenweg umgestaltet; der Raum der Zitadelle wurde Standort eines barocken Schlossbaus (1767-87) und eines Lustparks nach französischem Vorbild (heute Botanischer Garten).

Die Schleifung der in 8.5.3 erwähnten Befestigung Mannheims und die Neugestaltung des Festungsterrains erfolgten ab 1789 (mit mehreren Unterbrechungen) bis 1821 (H. FRIEDMANN 1968, S. 47). In anderen Städten wurden die Festungswerke teilweise sehr viel später geschleift (z. B. in Dortmund erst im dritten Viertel des 19. Jh.s).

Die Gelände ehemaliger Befestigungsringe dienten später nicht nur, wie beispielsweise in Münster oder Bremen (Abb. 3.1), der Anlage von Promenaden und Grünzonen, sondern, wie im Falle Dortmunds, sehr häufig auch der Errichtung breiter Ringstraßen und öffentlicher Gebäude (Abb. 10.2).

 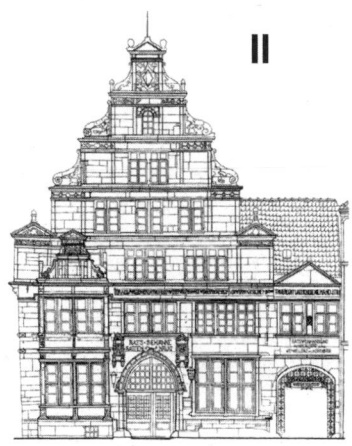

Abb. 8.16
Beispiele frühneuzeitlicher Bauformen:
I. Fränkischer Fachwerkbau
(aus: G. Binding u. a. 1977, S. 109);
II. Weserrenaissance: Rattenkrug in Hameln
(aus: BMBau 1983, S. 173)

8.5.7 Bäder- und Kurstädte zählen zu den frühneuzeitlichen städtischen Sonderformen in Europa (V. E<small>IDLOTH</small> 2010), die sich nach A. Z<small>IEGLER</small> (2004) im 19. Jh. sogar zu einem Idealtypus entwickelten. V. E<small>IDLOTH</small> (ebd., S. 157) stellt parallel dazu die Ausdifferenzierung „in Kur- und Badeorte mit lokaler und regionaler Bedeutung bis hin zu Kurstädten und Modebädern von internationalem Rang" heraus. Letztere zeichn(et)en sich aus z. B. durch repräsentative bauliche Gestaltungen, typische Kureinrichtungen wie Kurhäuser und -parks, Bäder, Trink- und Wandelhallen sowie durch stetige Ausweitungen des Unterhaltungs- und Vergnügungsangebots (z. B. Spielbanken und Konversationshaus in Baden-Baden, Kurtheater in Bad Kissingen oder Franzensbad/Tschechien, Konzertplätze und Kurorchester bis hin zu Pferderennbahnen wie in Karlsbad oder im 1823 entstandenen ersten deutschen Seebad Doberan-Heiligendamm), des Übernachtungsangebots und 'moderner' technischer Infrastruktur (z. B. Bahnanschluss im 19. Jh.).

Kasten 8.4 Literaturauswahl zur Ergänzung und Vertiefung des Kapitels 8

· **Stadtbegriffe/typologische Probleme der Stadtgeschichts/-archäologieforschung**: C. H<small>AASE</small> 1958,1984[4] (histor. Stadtbegriff u. Stadtentstehungsschichten am Bsp. v. Westfalen); P. J<small>OHANEK</small>/F.-J. P<small>OST</small> 2004 (Stadtbegriffe in d. Stadtgeschichtsforschung); L. S<small>CHÜTTE</small> 1993 („Weichbilde" u. „Freiheiten" in Westfalen); H. S<small>TEUER</small> 2004 (Stadtbegriffe in d. Stadtarchäologie d. Mittelalters)

· **Historische Stadttypen im Überblick/Städtelandschaften**: W. H<small>OEPFNER</small> 1997 (frühe Stadtkulturen); H. S<small>TOOB</small> 1956 (klassischer Beitrag zu Stufen d. Stadtentstehung u. historischen Stadttypen in Mitteleuropa); H. F. G<small>RÄF</small>/K. K<small>ELLER</small> 2004, F. I<small>RSIGLER</small> 1999 (kleine Städte, Städtelandschaften); H. P<small>OPP</small> 2002, 2015 (Stadtgründungsphasen, Luftbilder); K. G<small>RUBER</small> 1976[2], B. H<small>AHN</small> 2002a, b (histor. Stadtgestaltung in Deutschland); K. R<small>OTHER</small> 2006 (Bergstädte); J. H<small>OTZAN</small> 2004[3], A. J. E. M<small>ORRIS</small> 1994[3], L. L<small>ÖTSCHER</small>/K. K<small>ÜHMICHEL</small> 2016a,b (Geschichte d. Architektur/Städtebaus m. zahlreichen Beispielen); M. K<small>ORDA</small> 2005[5] (histor. Siedlungsformen m. Skizzen)

· **Stadtentstehung, -entwicklung und Stadttypen in einzelnen historischen Epochen**: H. C<small>ARTER</small> 1983 (Lehrbuch z. Histor. Stadtgeogr.); R. E<small>ATON</small> 2001 (Leitbilder histor. Stadtentwicklung von d. Antike bis zur Gegenwart); H. C<small>ALLIES</small> 2011, T. P<small>EKÁRY</small> 1985[2], M. W<small>EGNER</small> 1985[2], K.-W. W<small>ELWEI</small> 1996 (Städte d. griechisch-römischen Antike); E. E<small>NNEN</small> 1975[2] (europäische Stadt d. Mittelalters); H. P<small>LANITZ</small> 1975[4] (römisches Städtewesen/mittelalterl. Stadtentwicklung); F. I<small>RSIGLER</small> 2001, 2004 (Stadt im Mittelalter); H. S<small>CHROEDER</small>-L<small>ANZ</small> 1984, C. M<small>EYER</small> 2005 (Entwicklung d. Stadtgestaltung seit d. Römerzeit, Bsp. Trier); H. H<small>EINEBERG</small> 1993[2] (Auswirkungen histor. Stadtentwicklung seit d. Römerzeit, Bsp. York/England); E. E<small>NNEN</small> 1982 (Stadtentwicklung/-verbreitung im Rheinland bis 1250, mit Verbeitungskarte); G. I<small>SENBERG</small>/B. S<small>CHOLKMANN</small> 1997 (mittelalterl. Stadtbefestigungen/Mittelalterarchäologie); E. L<small>ICHTEN-</small><small>BERGER</small> 1977 (Wiener Altstadt, Entw. seit d. Mittelalter); H. S<small>TOOB</small> 1985[2] (hochmittelalterl. Städtebildung/Stadtformen u. städt. Leben im späten Mittelalter/frühneuzeitl. Stadttypen); P. J<small>OHANEK</small> 1994 (landesherrl. Städte, kleine Städte u. Territorien im Mittelalter); B<small>ADISCHES</small> L<small>ANDESMUSEUM</small> K<small>ARLSRUHE</small> 1990 (Planstädte d. Neuzeit, 16.-18. Jh., mit zahlreichen histor. Stadtplänen); H. G<small>ÜNTHER</small> 2009 (Renaissance-Architektur); A. G<small>EBESSLER</small> 1996 (Freudenstadt als "Idealstadt"); H. F<small>RIEDMANN</small> 1968 (idealtyp. Gestaltungsprinzipien d. Renaissance- u. Barock-Städtebaus, Bsp. Alt-Mannheim); K.-W. O<small>HNESORGE</small> 1974 (bauliche, wirtschafts- u. sozialstrukturelle Entwickl. d. ehem. Residenzstadt Wolfenbüttel); V. E<small>IDLOTH</small> 2010, A. Z<small>IEGLER</small> 2004 (Bäder- u. Kurstädte); V. D<small>ENZER</small> u. a. 2010, M. W<small>IENEKE</small> 2012 (alte u. neue Hansestädte)

· **Regionale Stadttypen nach dem Baucharakter/regionale Baustile**: H. P<small>OPP</small> 2005, P. S<small>CHÖLLER</small> 1967 (historische u. regionale Stadttypen Deutschlands); B. B<small>ORNEMEIER</small> 2002 (Regionale Baustile d. Renaissance in Deutschland); S. P<small>RÖPPER</small>/M. S<small>PANTIG</small> 2002 (barocke Bauwerke in Deutschland)

· **Die Rolle des historischen Erbes/Städtebaul. Denkmalschutz u. Stadtentwicklung**: R. R<small>ULAND</small> 2011; M. V<small>OSS</small> 2011 (Beispiel Münster/Westf.)

9 Stadtentwicklungsprozesse im Industriezeitalter

Abb. 9.1 Oldham in Lancashire/England 1936: viktorianisches Erbe (aus A. Briggs 1963)

Das Industriezeitalter - beginnend in Großbritannien mit der Industriellen Revolution - hat wesentliche kompakte bauliche Strukturen der Städte West- und Mitteleuropas nachhaltig geprägt, wenngleich durch jüngere Stadterneuerungsmaßnahmen etc. erhebliche negative Auswirkungen der frühen Industrialisierung, wie schlechte Wohnbedingungen, Durchmischung von Wohngebieten mit stark emittierender Industrie (Abb. 9.1), weitgehend verschwunden sind.

Nach einem knappen Überblick über **Entwicklungsphasen der britischen Stadt** im Industriezeitalter (9.1 mit Kasten 9.1) widmet sich dieses Kapitel der **gründerzeitlichen Stadtentwicklung in Mitteleuropa** (9.2) sowie wichtigen - zum erheblichen Teil von Großbritannien mit beeinflussten - **Reformbewegungen im Städtebau** bis zum 2. Weltkrieg (9.3, vgl. auch 5.7.2).

9.1 Industrielle Revolution und Städtewachstum in Großbritannien

Der frühe Beginn der Industriellen Revolution in Großbritannien (ab ca. 1760-80) hat dort das **Städtewachstum im Industriezeitalter** am ehesten und wohl am nachhaltigsten beeinflusst (Abb. 9.1). In den ersten Jahrzehnten des 19. Jh.s waren die Gemeinden in den Bergbau- und Industrierevieren (Mittelschottland, Nordost-England, Industriegebiete beiderseits der Penninen, Raum Birmingham mit dem Black Country, Süd-Wales) rechtlich und verwaltungsmäßig überhaupt nicht auf die rasch voranschreitende Industrialisierung und auf die zunehmende **Land-Industrie-** bzw. **Land-Stadt-Wanderung** vorbereitet. Die bauliche

Abb. 9.3 *„Back-to-back"*-Reihenhäuser in Birmingham in einem Stadterneuerungsgebiet vor dem Abriss (Foto: H. Heineberg 1975)

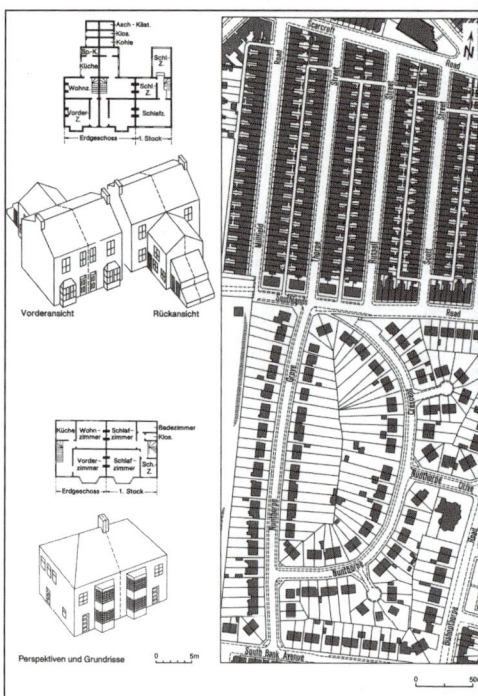

Abb. 9.4 Spätviktorianische *„bye-law"*-Reihenhäuser (oben) und Doppelhäuser der Zwischenkriegszeit in England (unten)
(verkleinert aus: H. Heineberg 1997[2], Abb. 84, nach M. R. G. Conzen 1978 und City of York 1975)

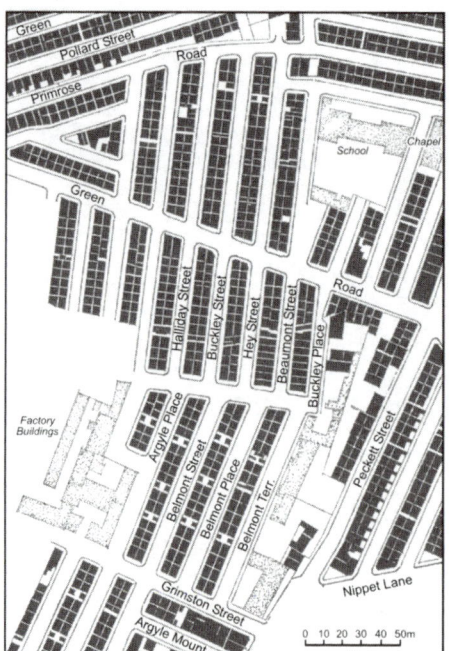

Abb. 9.2 *„Back-to-back"*-Häuser in Leeds 1890
(aus: R. Hartog 1962, Abb. 5)

Kasten 9.1   Entwicklungsphasen der britischen Stadt im Industriezeitalter
(nach I. LEISTER 1970 und H. HEINEBERG 1997[2])

Erste Entwicklungsphase: Das **Wachstum nach Innen**. Dies betraf vor allem die Altstadt-bereiche vieler historischer Städte (wie z. B. Glasgow), in denen sich die Wohn- und Gewerbe-funktionen außerordentlich stark vermischten und „durch Ausbau der Dachgeschosse, Nebenge-bäude und Keller, durch progressive Überbauung der Altstadt-Grundstücke und Überbelegung des Wohnraums" (I. LEISTER 1970, S. 24) ganz erheblich verdichteten. Die von der paläotechnischen Industrialisierung erfassten Altstädte verloren in dieser Phase jedweden Wohnwert und sanken zu **Wohnnotstandsgebieten** ab.

Zweite Phase: Beginn des **Außenwachstums** der Städte ab ca. 1835 (± 10 Jahre), das bis ca. 1840 das Wachstum nach innen ergänzte und es dann ablöste (**Entwicklung der älteren In-nenstadt**). Vorherrschende Bauform in den englischen Industriegemeinden waren die sog. „**Back-to-back**"-Reihenhäuser (an der Firstlinie zusammengebaute Doppelhäuser in Reihenhaus-bauweise, die somit „Rücken an Rücken" standen), die durch außerordentlich schlechte hygie-nische und sanitäre Bedingungen, fehlende Durchgrünung und hohe Wohndichten (bis zu 150 Häuser pro ha) gekennzeichnet waren (s. Abbn. 9.2 und 9.3 sowie H. HEINEBERG 1997[2], Abb. 83). Im mittelschottischen Industriegebiet herrschte dagegen eine Mietskasernenbauweise mit ebenfalls starker Wohnverdichtung vor.

Dritte Phase: Fortsetzung des Außenwachstums (**Entwicklung der jüngeren Innenstadt**) ab ca. 1872 (± 8 Jahre) in neuer Einfamilien-Reihenhausbauweise (sog. „**Bye-law**"-Häuser) mit geringeren Wohndichten (rd. 50-75 Häuser pro ha). Grundlage für die Entwicklung dieser neuen Wohnformen, die die Bauentwicklung in den englischen und walisischen Industriestädten bis zum 1. Weltkrieg beherrschte, war eine Reihe von Gesetzen, die zwischen 1848 und 1875 erlassen worden waren (v. a. *Public Health Act* von 1875) und wichtige sanitäre Bestimmungen sowie darauf ausgerichtete Ortsstatute („*bye-laws*") für den Wohnungsbau zugrunde legten. Das be-zeichnende Planmerkmal der „*Bye-law*"-Häuser waren die sägenartig gezackten Rückseiten, be-dingt durch die nach hinten angebauten kleinen Flügel, die im Erdgeschoss als Haushaltsräume, im Obergeschoss als zusätzliches Schlafzimmer genutzt wurden (s. Abb. 9.4, oben, sowie H. HEINE-BERG 1997[2], Abb. 84). In den schottischen Industriestädten, vor allem in Glasgow, wurde (trotz des Erlasses eines *Public Health Act* für Schottland im Jahre 1897) bis zum 1. Weltkrieg unvermindert an der Mietskasernenbauweise (mit hoher Belegungsdichte) festgehalten.

Vierte Phase: Entwicklung der **älteren Außenstadt** in flächenextensiver, gartenstadtähnlicher Bauweise (Gartenvororte) ab 1915-18 (± 5 Jahre). Im Wohnungsbau dominierten freistehende **Doppelhäuser** (*semi-detached houses*) (s. Abb. 9.4, unten).

Fünfte Phase: Entwicklung der **jüngeren Außenstadt** nach dem 2. Weltkrieg auf der Grundlage einer umfassenden Stadtplanungsgesetzgebung (u. a. *Town and Country Planning Acts* ab 1944) mit kontrollierter Stadtentwicklungsplanung an der Peripherie der Städte. Hinzu kamen die Errich-tung Neuer Städte (auf der Grundlage des *New Towns Act* von 1946) u. a. zur Entlastung von Groß-London und anderen (Industrie-)Großstädten, die Entwicklung von sog. **Ausbaustädten** (*expanding towns*) sowie umfangreiche Maßnahmen zur **Stadterneuerung** (*urban renewal*) bzw. **Slumsanierung**, vor allem in den Städten der Altindustriegebiete, aber auch zur **Stadt-erhaltung** (*conservation*), insbesondere in historischen Stadtkernen (vgl. H. HEINEBERG 1996, 1997[2]).

Entwicklung erfolgte weitgehend planlos und unkoordiniert. Dies äußerte sich vor al-lem in den weit verbreiteten **heterogenen Nutzungsstrukturen**, in hohen Wohndich-ten, aber auch in **Zersiedlungserschei-nungen**, die die späteren Raumordnungs-probleme (insbesondere die umfassenden Stadterneuerungsmaßnahmen bzw. Slum-sanierungen) in den Altindustriegebieten mit bedingt haben.

Das Wachstum der britischen Stadt im Industriezeitalter lässt sich nach I. LEISTER

(1970) in fünf Phasen mit jeweils relativ einheitlichen städtebaulichen Strukturen gliedern (s. Kasten 9.1 und Abbn. 9.2-9.4).

9.2 Gründerzeitliche Stadtent--wicklung in Mitteleuropa

Im Vergleich zu Großbritannien begann eine durch die Industrialisierung und Verkehrsentwicklung beeinflusste bedeutende Flächenexpansion der deutschen Städte 40-50 Jahre später, in verstärktem Maße erst seit den 70er Jahren des 19. Jh.s, als die Entschädigungszahlungen durch Frankreich in Milliardenhöhe (nach dem deutsch-französischen Krieg) und die Gründung des Deutschen Reiches (1871) entscheidende Impulse bewirkt hatten.

9.2.1 Die Gründerzeit und Jugendstilepoche und ihre Architektur. In den sog. **Gründerjahren**, mit denen man wirtschaftlich nur die kurze Zeitperiode von 1871 bis 1873 kennzeichnet, wurde eine außerordentlich große Zahl neuer industrieller und gewerblicher Unternehmen gegründet. Die nun vor allem wegen der besseren Verdienstmöglichkeiten in der Industrie einsetzende große **Land-Stadt-Wanderungswelle** (Land-Industrie- bzw. Land-Stadt-Wanderungen) bewirkte - wie mehrere Jahrzehnte zuvor in England (s. 9.1) - nun auch in deutschen Städten eine große **Wohnungsnot**. Die erste Hochkonjunktur der Industrie und auch der Bauwirtschaft ging jedoch nach den frühen Gründerjahren schnell zu Ende. Eine zweite Hochkonjunkturwelle entwickelte sich ab ca. 1890; sie dauerte bis ca. 1905 an.

Die industriell bedingte Stadtentwicklung seit den 70er Jahren des 19. Jh.s war jedoch nicht nur in den neuen **Montanrevieren**, wie dem Ruhrgebiet, von großer Bedeutung, sondern auch in den Städten wie Berlin, Hamburg, München, Leipzig, Frankfurt,

Stuttgart etc., die als **Verkehrsknotenpunkte** im neuen Eisenbahnnetz eine besonders starke Wirtschaftsentfaltung erfuhren.

Innerhalb des kurzen Zeitraums von 1870 bis 1890 verdoppelte, ja verdreifachte sich die Einwohnerzahl in den meisten deutschen Städten. Auf die Gemeinden kamen damit schlagartig Aufgaben bislang nicht gekannten Ausmaßes zu: Ermöglichung des Wohnungsbaus für die zuströmenden „Menschenmassen", Entwicklung der **Infrastruktur**, insbesondere der Kanalisation und Wasserversorgung, des Straßenbaus, der öffentlichen Verkehrsmittel etc.

Der Städtebau und **die Architektur der Gründerzeit** sind, entgegen der oben genannten engen Bestimmung der Gründerjahre, jedoch wesentlich weiter zu fassen: Ihre Anfänge sind in Deutschland und im übrigen Mitteleuropa bereits ca. 1835/40 zu erkennen, ihre Ausklänge im 1. Weltkrieg. Im Folgenden soll die wesentliche Periode zwischen 1871 und ca. 1905 betrachtet werden.

Die Gründerzeit war neben der raschen Entwicklung von Industrie und Wohnungsbau (s. 9.2.2) insbesondere durch einen Bau-Boom **öffentlicher Gebäude**, d. h. des Staates, der Gemeinden und auch der Kirche, gekennzeichnet. In zumeist repräsentativer Gestaltung entstanden in kurzer Zeit eine große Zahl neuer Bahnhöfe, Regierungs- und Gerichtsgebäude, Postämter, Theater, Rathäuser, Kirchen, Wassertürme etc., aber etwa auch Denkmäler (für Kaiser und Nation), die ebenfalls meist mit großem Aufwand errichtet wurden.

Die Architektur der Gründerzeit ist nicht einheitlich: „Einen Gründerzeitstil gibt es nicht, ja gerade die Stillosigkeit ist typisch für diese Zeit. Die Wiener Ringstraße zeigt dies deutlich. In der etwa 30jährigen Gründerzeit der Donaumonarchie von etwa 1860-1890 baute man in der Ringstraße eine gotische Kirche, die Votivkirche, und ein goti-

Mietskasernen ohne Seitenflügel

Abb. 9.5 Ausschnitt aus dem Wilhelmini-schen Wohn- und Gewerbering
(aus: B. Hofmeister 1975, S. 348)

Kasten 9.2
Gründe für den Mietskasernenbau in der Gründerzeit:

(1) Das umfangreiche **Privateigentum am Boden** (z. B. besaß die Stadt Berlin kaum eigenes Bauland),
(2) die **Bau- und Bodenspekulation**; durch die hohe bauliche Ausnutzung der Grundstücke ergaben sich hohe Renditen (Lagerenten). Die Bodenspekulation wurde begünstigt durch
(3) die völlig unzureichenden Bauordnungen (**Baupolizeiordnungen**), aber auch durch
(4) das Aufkommen einer Vielzahl von sog. **Terraingesellschaften**, die nach 1870 vornehmlich im östl. Deutschland, vor allem in Berlin, entstanden und als selbstständiges Gewerbe neben die Bauunternehmen traten (u. a. Verteuerung des Geländes durch Zwischenhandel mit Baugrundstücken). Die Bodenspekulation wurde überdies erleichtert durch
(5) die Entwicklung des **Bankwesens** nach 1870 (neue Möglichkeiten der Hypotheken- und Kreditaufnahme). Das große Ausmaß der Bau- und Bodenspekulation wäre nicht ohne
(6) eine starke Nachfrage möglich gewesen, die nicht nur aus dem großen Bevölkerungszustrom (vor allem von Bevölkerungsgruppen der Unterschicht) in die aufstrebenden Industriestädte resultierte, sondern sich auch aus der **Wohnsitte und -tradition** ergab, für die die oberen Schichten im 19. Jh. ein Vorbild gaben: Nach R. HARTOG (1962) erfolgte der Zuzug in die Mietskasernen verhältnismäßig bereitwillig, da man das Vorbild der großbürgerlichen oder herrschaftlichen Wohnung - die i. Allg. auch eine Mietwohnung war - vor Augen hatte.
(7) Aufgrund des gering entwickelten öffentlichen Nahverkehrs waren eine dichte Wohnbebauung und eine möglichst geringe Distanz zwischen den Wohnstandorten und den Arbeitsstätten erforderlich, woraus sich die starke **Durchmischung der Wohn- und Gewerbefunktionen** in den Mietshausvierteln ergab (Beispiel: Wilhelminischer Wohn- und Gewerbegürtel oder -ring in Berlin, s. Abbn. 2.12, 9.5 und 9.6).
Die dichte Bebauung wurde durch
(8) die revolutionäre Entwicklung der Stadthygiene bzw. des **technischen Städtebaus** ermöglicht (städtischer Tiefbau für Druckwasser- und Gasversorgung, Abwasserentsorgung; Straßenplanung etc.; daraus resultierte auch die Dominanz einseitig technisch ausgebildeter Ingenieure in der Stadtplanung).

sches Rathaus, ein klassizistisches Parlamentsgebäude, zwei Museen im Neo-Renaissancestil sowie ein Universitätsgebäude mit deutlichen Anklängen an den französischen Barock" (...) „Doch es ist möglich, die Gebäude aus der Gründerzeit zu erkennen. Es gibt Gemeinsamkeiten, beispielsweise an dem Berliner Reichstag, der Frankfurter Oper, dem Münchener Justizpalast, Frankfurter Hauptbahnhof, Mannheimer Wasserturm, Hamburger Rathaus, Niederwald-Denkmal oder der Semper-Oper in Dresden. Das vorwiegende Kompositionselement ist das der italienischen Renaissance. Vorbilder sind eindeutig die Feudalpaläste, Kirchen und Verwaltungsgebäude der norditalienischen Renaissance. Die Gliederung der Häuser in horizontale Bereiche mit starken Gesimsen, die übereinanderliegenden Fenster mit run-

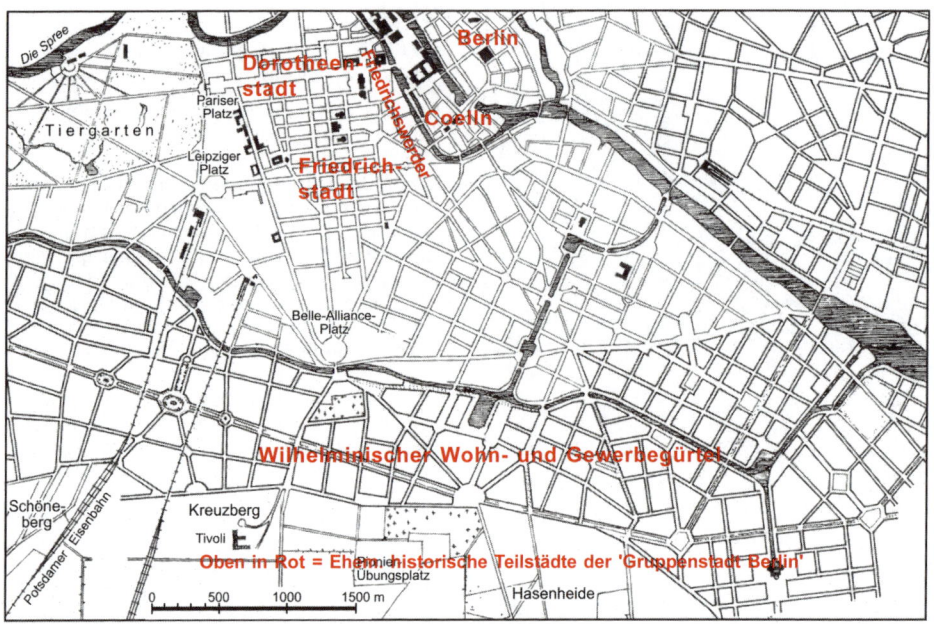

Abb. 9.6 Ausschnitt aus dem Berliner Bebauungsplan von 1862 (Hobrecht-Plan)
(nach R. Hartog 1962, Abb. 11, mit eigenen Ergänzungen in Rot)

den Bögen sind typische Merkmale dieser Bauzeit" (M. S. CULLEN 1984, S. 11).

Der um die Jahrhundertwende aufgekommene, allerdings kurzlebige **Jugendstil** brach mit der Nachahmung historischer Stilelemente, d. h. mit dem Historismus. „Die Jugendstilepoche dauerte in Deutschland lediglich von 1894 bis 1910, prägte jedoch die städtebauliche Entwicklung und das künstlerische Schaffen in vielen Städten Deutschlands, Europas und in einigen außereuropäischen Ländern. Die kulturgeographische Besonderheit der Epoche besteht darin, dass das Verhältnis von Natur und Kultur eine neue Bestimmung erfuhr. Von der mit Stuck und Zierrat überladenen Architektur Ende des 19. Jhs. richtete sich der Blick wieder auf den Naturraum". (...) „So sind besonders die Anfangsjahre gekennzeichnet durch geschwungene Formen, üppige pflanzliche Dekorelemente, Mädchenköpfe mit langen Haaren, Masken und neue Formen für Giebel, Fens-

ter und Türen. Im weiteren Verlauf der Entwicklung folgte eine eher geometrische Phase mit schlichterem Dekor, die hauptsächlich von der Glasgower Gruppe und der Wiener Sezession ausging" (A. GOORMANN 2002, S. 152).

Die neue Kunstströmung des Jugendstils, die sich nicht allein auf die Architektur beschränkte, sondern auch die Malerei, das Möbeldesign, Gebrauchsgegenstände und Schmuck betraf, entstand „in mehreren voneinander unabhängigen Zentren, wobei besonders Paris, Brüssel, London, Glasgow, Nancy, Darmstadt, Barcelona, Wien, München, Prag und Budapest hervorzuheben sind" (ebd.). Von großer Bedeutung ist etwa auch die Jugendstilarchitektur in Riga/Lettland (S. GROSA 2004); vgl. auch die Verbreitungskarten für Europa und Deutschland in A. GOORMANN 2002.

Abb. 9.7
Gründerzeitliche
Mietshäuser in Berlin-
Prenzlauer Berg
(Sanierungsgebiet)
(Foto: H. Heineberg,
Okt. 1998)

9.2.2 Mietskasernenbau und Planung. Die umfassenden **Stadterweiterungen**, d. h. die Ausdehnung der städtischen Bebauung innerhalb und außerhalb der Kommunalgrenzen, in der gründerzeitlichen Phase erfolgten in den sich rasch entwickelnden Industriestädten Deutschlands (abgesehen von gering verdichteten Werkssiedlungen in Montanrevieren wie den Zechenkolonien im Ruhrgebiet) vor allem in Gestalt des **Mehrfamilien-Mietshausbaus ("Mietskasernenbebauung")**; dieser erreichte in der Reichshauptstadt Berlin seine größten Ausmaße. Die Mehrfamilienhausformen entwickelten sich in Deutschland in verschiedenen regionalen Typen. Die Gründe für den Mietskasernenbau waren vielfältig (s. Kasten 9.2).

Für die **Straßenplanung** in den mitteleuropäischen Städten waren in der zweiten Hälfte des 19. Jh.s die von GEORGES EUGÈNE BARON HAUSSMANN (unter NAPOLEON III. Präfekt von Paris) in Paris (1852-71) durchgeführten bedeutenden Straßenbaumaßnahmen (Durchbrüche) das große Vorbild. Im Gegensatz zur Grundrissgestaltung der Städte in der landesfürstlichen Periode des 17. und 18. Jh.s (Fürstenstädte), die vor allem der Symbolisierung der Macht, der Ästhetik und

einer rationellen Grundstücksaufteilung diente (s. 8.5.3), traten bei der großzügigen Modernisierung von Paris jetzt stärker Verkehrsgesichtspunkte in den Vordergrund: Anlage breiter Boulevards (die in Paris die Verbindungen der Kopfbahnhöfe untereinander und mit dem Stadtzentrum herstellen sollten), Ausbau von **Diagonalstraßenverbindungen** (häufige Verknüpfung von Rechteck- und Diagonalstraßensystemen), insbesondere zwischen wichtigen öffentlichen Gebäuden und Plätzen, sowie Anlage sternförmiger Straßenkreuzungen (**Sternplätze**). Das neue Straßennetz im Innern von Paris sollte dort zugleich bei Aufständen den Barrikadenbau verhindern.

Die Übernahme städtebaulicher Planungsprinzipien von HAUSSMANN wird z. B. im Straßennetzsystem des Berliner Bebauungsplanes von 1862, des sog. **Hobrecht-Planes** (nach dem Berliner Baurat JAMES HOBRECHT), deutlich (Abb. 9.6). Dieser Bebauungsplan, der für einen Zeitraum von 100 Jahren und eine Maximalbevölkerung von 4 Mio. Einwohnern aufgestellt wurde, war lediglich ein **Straßenfluchtlinienplan** (ohne Angabe der Bebauung!). Die Grundrissstruktur mit den boulevardartigen Achsen, Sternplätzen und

Diagonalverbindungen hebt sich deutlich gegen das Rechteckschema der ehemaligen Fürstenstädte (Dorotheen- und Friedrichstadt) aus dem 17. und 18. Jh. und die mittelalterlich geprägten Straßenführungen der ehemaligen Doppelstadt Berlin-Cölln ab. Die Bebauung innerhalb der durch den Straßenverkehr bestimmten Baublöcke erfolgte auf der Grundlage von Bauordnungen (von 1853 bzw. 1887). Diese beinhalteten jedoch allein sog. **Baupolizeiordnungen**, die sich (anders als in England, s. 9.1) im wesentlichen nur auf Bestimmungen zur Sicherheit der Bevölkerung vor Feuergefahr beschränkten. So wurde in der Bauordnung von 1853 z. B. nicht die jeweilige zulässige Geschosszahl festgelegt, sondern vor allem die Mindestgröße des umbauten Innenhofes nach der Größe eines aufgespannten Feuerwehrsprungtuches (d. h. mindestens 5,30 m x 5,30 m) bestimmt. In der Bauordnung von 1887 wurden die Bebaubarkeit unbebauter Grundstücke auf 2/3, die Zahl der dauernd bewohnbaren Geschosse auf fünf mit einer maximalen Höhe von 22 m festgelegt und eine Mindestabmessung der Innenhöfe von 60 qm gefordert. Für die städtebauliche Entwicklung war darüber hinaus auch das preußische **Fluchtliniengesetz** von 1875 maßgebend (s. Abb. 9.7).

Um die Grundstücke soweit wie möglich baulich auszunutzen, fügte man den **Vorderbauten** nach hinten **Seitenflügel** und **Quergebäude** hinzu, die jeweils um einen kleinen Innenhof gruppiert waren (Abb. 9.5). Die häufig hintereinander aufgereihten Innenhöfe waren durch Toreinfahrten miteinander verbunden.

Kennzeichnend für die geschlossene Mietskasernenbebauung waren die schlechte Belichtung, Besonnung und Durchlüftung sowie eine außerordentlich enge Verzahnung von Wohnen und gewerblicher Tätigkeit, einschließlich lärm- und immis-sionserzeugender Betriebe.

Die Berliner Mietskasernenviertel hatten die höchsten Anteile an **Klein- und Kleinstwohnungen** (z. B. 1875: 53 % Einzimmer- und 25 % Zweizimmerwohnungen) in Deutschland. Die **sanitären Ausstattungen** der Massenmietshäuser ergaben sich aus dem jeweiligen Stand der Technik: ab 1875 Kanalisation; ab 1885 Wasserspülklosetts, vorwiegend von den Treppenhauspodesten zugänglich und von mehreren Mietparteien benutzt; verbreitet waren außerdem Hoftoiletten.

Die städtebauliche Entwicklung in Mietskasernenbauweise wurde im Raum Berlin im wesentlichen erst 1914 abgeschlossen. Größere Teile des **Wilhelminischen Wohn- und Gewerbegürtels** (oder -ringes, s. Abbn. 2.12 u. 9.6), der sich von der (ehemaligen) Berliner City bis zur Ringbahn (1871-77 eröffnet) erstreckt, wurden im Westteil Berlins ab 1963 zu innerstädtischen Sanierungsgebieten erklärt, nachdem aufgrund der wohnungsstatistischen Feststellungen im Rahmen der Volkszählung 1961 das volle Ausmaß der Sanierungsbedürftigkeit festgestellt wurde (neben verbreiteten Flächensanierungen auch Objekterneuerungen). Aufgrund sehr eingeschränkter Stadterneuerungsmaßnahmen und Erhaltungsinvestitionen verfiel der Wilhelminische Wohngürtel im Ostteil Berlins mehr und mehr. Im Rahmen eines vom Berliner Senat am 31.8.1993 beschlossenen Stadterneuerungsprogramms für das wiedervereinigte Berlin wurde ein Investitionsbedarf von ca. 43 Mrd. DM für die Erneuerung der überwiegenden Zahl der rd. 315.000 Altbauwohnungen in den östlichen Bezirken (gegenüber 167.000 im Westteil Berlins) festgestellt.

In der Phase der Industrialisierung war die städtische Siedlungsentwicklung in Mitteleuropa jedoch nicht auf die Mietskasernenbauweise beschränkt. Im Gegensatz da-

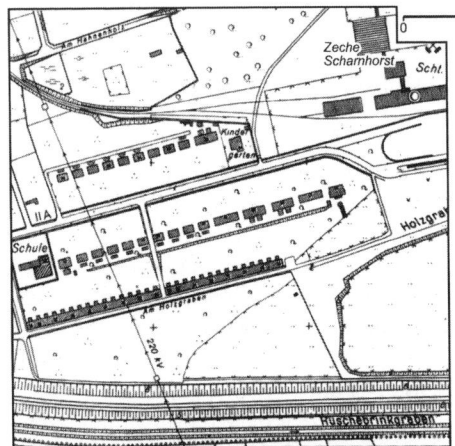
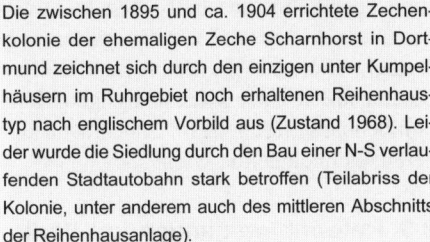
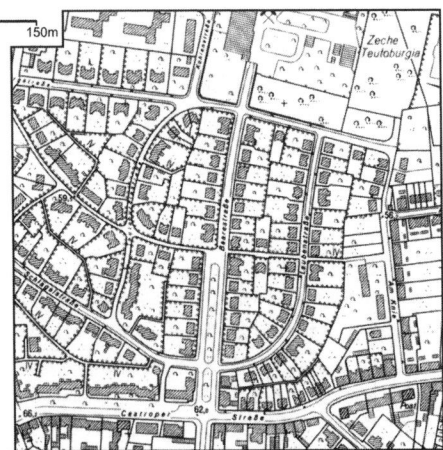

Die zwischen 1895 und ca. 1904 errichtete Zechenkolonie der ehemaligen Zeche Scharnhorst in Dortmund zeichnet sich durch den einzigen unter Kumpelhäusern im Ruhrgebiet noch erhaltenen Reihenhaustyp nach englischem Vorbild aus (Zustand 1968). Leider wurde die Siedlung durch den Bau einer N-S verlaufenden Stadtautobahn stark betroffen (Teilabriss der Kolonie, unter anderem auch des mittleren Abschnitts der Reihenhausanlage).

Die Zechenkolonie der 1909 eröffneten, aber bereits 1925 wieder geschlossenen Schachtanlage Teutoburgia in Herne repräsentiert den zu Beginn des 20. Jh.s im Ruhrgebiet mehrfach errichteten Typ gartenstadtbeeinflusster Werkssiedlungen. Die um eine alleeartige, N-S verlaufende Hauptachse gruppierte Kolonie zeichnet sich u. a. durch individuelle Bautypen (verschiedene Grund- und Aufrissformen) im Landhausstil, große Hausgärten und geschwungene Straßenführungen aus.

Abb. 9.8 Beispiele von Zechenkolonien im Ruhrgebiet
(aus: H. Heineberg/A. Mayr 1983, Abbn. 4, 12; verkleinerte Ausschnitte der DGK 1:5000)

zu stand die Errichtung anderer Wohnformen.

9.2.3 Villensiedlungen (Villenviertel, Villenkolonien) wurden für die gehobenen Einkommensschichten gebaut. In Deutschland entwickelten sie wohl ihr größtes Ausmaß in den Berliner Vorortgemeinden (z. B. in Lichterfelde oder Zehlendorf) um die ab 1868 entstandenen Haltestellen des Vorort-Bahnverkehrs. Neben Großvillen wurden hier auch „Mietvillen" (Mehrfamilienhäuser) errichtet (s. 2.3.3 mit Abb. 2.12).

9.2.4 Werkskolonien entstanden ab 1844 im Ruhrgebiet nicht nur im Zusammenhang mit dem Bergbau (**Zechenkolonien**), sondern z. T. auch mit anderen Industriezweigen (z. B. als Stahlarbeiter-Kolonien). Werkskolonien sind von einem Werk (meist einer Zeche) für Betriebsangehörige gebaute Wohnsiedlungen; für die Mieter waren Miet- und Arbeitsverträge gekoppelt, was nicht nur die Anwerbung auswärtiger Arbeiter begünstigte, sondern auch die Fluktuation der Belegschaft verringerte. Kolonien waren - dem patriarchalischen Denken der Unternehmer entsprechend - auch Bestandteile sozialer Fürsorge. Die Ausstattung mit Hausgärten und Ställen zeigt die Anpassung an die Bedürfnisse der meist aus ländlichen Gebieten stammenden Arbeitskräfte. In der jüngeren Vergangenheit haben sich die Besitzverhältnisse der Werkskolonien durch

Privatisierung teilweise geändert.

Hinsichtlich der städtebaulich-architektonischen Gestaltung lassen sich mehrere Zeitphasen und **Bautypen von Werkskolonien** unterscheiden: Ein früher Reihenhaustyp wurde bis ca. 1850 in Anlehnung an die englische Arbeiterwohnungsbau-Tradition als ein- bis anderthalb-geschossige langgestreckte Häuser (im Volksmund auch D-Zug genannt) mit rd. 100-200 m Länge errichtet. Ein spätes Beispiel für diese Bautradition ist die um 1900 in Dortmund-Scharnhorst gebaute Kolonie Am Holzgraben (Abb. 9.8, links).

Gereihte Einzelhäuser für zwei bis vier Familien entstanden - an die Tradition des Landarbeiterhauses anknüpfend - ab ca. 1850 bis ca. 1870 zunächst als kleinere Kolonien in streng linearer oder rasterartiger Anordnung gleicher Baukörper. Die meist in Backstein ausgeführten Häuser weisen geometrische Strukturen (z. B. in Form von Kreuzgrundrissen für vier Familien) auf. In der 2. Konjunkturphase ab 1871 entstanden mit dieser Bauform größere zusammenhängende Siedlungskomplexe. Aufgrund der großen Wohnungsnachfrage wurde oft eine höhere Ausnutzung des Geländes (kleinere Bauabstände, höhere Stockwerkszahlen) erforderlich. Die Koloniehäuser waren i. Allg. jedoch zweigeschossig. In der Periode von ca. 1890-1900 erhöhten sich die Ansprüche an die architektonische und ornamentale Gestaltung (Wechsel von Putz- und Ziegelfeldern, von verschiedenfarbigem Ziegelstein, von Lage, Breite, Form und Farbe schlechthin, Anwendung von sichtbarem und verschaltem Fachwerk an einer Fassade etc.). „Durch den Wechsel von bisweilen 15 verschiedenen Grundriß- und Aufrißtypen entstand ein wechselvolles Straßenbild" (F. BOLLEREY/ K. HARTMANN 1975a, S. XII). In der Periode ab 1900 bis ca. 1905/06 erfolgten Reihungen von Koloniehäusern in großem Maßstab; auf-

grund der Wohnungsnachfrage wurden auch 2½- bis 3½-geschossige gereihte Anlagen gebaut.

Als Gegenreaktion auf die Mietskasernenbauweise, aber auch auf die Reihen- und Rasterformen der Werkskolonien wurden im Ruhrgebiet ab ca. 1905 (vor allem von Krupp) gartenstadtähnliche Zechenkolonien mit „gestalterisch ansprechenden wechselwirksamen Straßenbildern und Platzanlagen", geschwungenem Straßenverlauf etc. errichtet (ebd.); s. Abb. 9.8, rechts, und Gartenstadtbewegung unter 5.7.2.

Ab 1920 wurde der Arbeiterwohnungsbau im Ruhrrevier von gemeinnützigen staatlichen oder genossenschaftlichen Institutionen übernommen (s. 9.3.3). Die gartenstadtähnliche Bauweise wurde bis ca. 1926 fortgesetzt, als sie einer 3-4geschossigen Mehrfamilienhaus-Bebauung mit zunehmend kleineren Wohneinheiten wich.

9.3 Reformbewegungen im Städtebau bis zum 2. Weltkrieg

9.3.1 Frühe Reformbewegungen in Großbritannien reichen bis zum Beginn des 19. Jh.s zurück. Zunächst gingen von einer Gruppe „sozialer Utopisten" sozialreformerische Vorstellungen (utopische Entwürfe von Gesellschaften) aus, für die entsprechende Siedlungsformen ersonnen wurden: z. B. Planung kleinerer Industriesiedlungen oder -dörfer als Gegenbewegung zu den stark angewachsenen Industriestädten; die erste dieser Verwirklichungen war das Arbeiterdorf New Lanark (Mittelschottland) des Unternehmers R. OWEN zu Beginn des 19. Jh.s.

Eine zweite Reformbewegung wurde ab der Jahrhundertmitte von einigen philanthropisch und paternalistisch orientierten Industriellen getragen, die als praktische Wohltäter zur Verbesserung der Wohnbedingungen der Industriearbeiter beitragen wollten: z. B. der Textilfabrikant T. Salt mit der Arbeitersiedlung Saltaire bei Bradford, ab 1851 errichtet; der Schokoladenfabrikant G. Cadbury mit der Siedlung Bournville bei Birmingham, ab 1879; oder der Seifenfabrikant W. H. Lever mit der Arbeitersiedlung Port Sunlight bei Birkenhead, nahe Liverpool, ab 1888 (vgl. H. Heineberg 1997[2], S. 275ff.).

Diese Reformer hatten einen großen Einfluß auf E. Howard, den Begründer der **Gartenstadtbewegung**; sein Gartenstadtmodell hat den Städtebau in Europa im 20. Jh. wesentlich beeinflusst (s. 5.7.2 und 9.3.2).

9.3.2 Gartenstadtbewegung in Deutschland. Die Gartenstadtidee wurde auch in Deutschland aufgenommen. Sie fand beispielsweise einen frühen Niederschlag in einer Reihe von gartenstadtbeeinflussten Werkskolonien (**Gartenkolonien**), die im Ruhrgebiet (ab 1905) errichtet worden waren. Beispiele: Wohnsiedlung Margarethenhöhe in Essen oder die Zechenkolonie Teutoburgia in Herne (Abb. 9.8). Echte Gartenstädte im Sinne E. Howards - vergleichbar mit Welwyn Garden City in England - sind jedoch in Deutschland nicht entstanden. Obwohl schon 1902 eine Deutsche Gartenstadtgesellschaft gegründet worden war, entwickelten sich in der Folgezeit, vor allem zwischen den beiden Weltkriegen, lediglich **gartenumgebene Kleinhaus- oder Villensiedlungen** in den Stadtrandzonen, d. h. gartenstadtähnliche randstädtische Wohnsiedlungen ohne zugeordnete Arbeitsstätten, ohne funktionale Selbstständigkeit, insbesondere ohne eigene Selbstverwaltung und ohne städtisches Leben, zumeist ohne eigene Versorgungszentren. Beispiel: die Siedlung Frohnau im Norden des heutigen West-Berlin, die ab 1908 um einen Haltepunkt der Berliner S-Bahn als durchgrünter, mit geschwungenem Straßenverlauf gestalteter Villenvorort für gehobene Sozialschichten errichtet wurde (s. 9.2.3).

Wenngleich somit von der ursprünglichen Gartenstadtidee E. Howards im Städtebau der Zwischenkriegszeit sowohl in Großbritannien als auch in Deutschland nur wenige Grundsätze realisiert werden konnten, so sind die aus dem Gartenstadtkonzept erwachsenen Gestaltungsprinzipien - insbesondere die Planmäßigkeit der Wohnsiedlungsanlagen, die Offenheit und Durchgrünung der Bebauung, die räumliche Trennung wichtiger Funktionen (Wohnen, Arbeiten, Sicherholen) - nicht als zu geringfügig einzuschätzen; denn sie standen im krassen Gegensatz zu der stark verdichteten Mietskasernenbebauung, wie sie noch bis zum 1. Weltkrieg in Deutschland üblich gewesen war.

9.3.3 Genossenschaftlicher Wohnungsbau in Deutschland. Während in Großbritannien als Gegenbewegung zu der vor dem 1. Weltkrieg vorherrschenden Bau- und Bodenspekulation seit 1919 die Gemeinden als Träger des Wohnungsbaus dominierend und für die Anlage weiträumiger Doppel- und Reihenhausviertel (*council housing estates*) verantwortlich wurden, entwickelte sich in Deutschland nach dem 1. Weltkrieg das Genossenschaftswesen in Form **gemeinnütziger Wohnungsbaugenossenschaften** als weitere Reformbewegung im Städtebau. Die Wohnungsbaugenossenschaften förderten nicht den Villen- oder Eigenheimbau, sondern hielten an der in Deutschland traditionellen Mietshausbauweise fest. Die Mietshausviertel der Zwischenkriegszeit, die sich jedoch erheblich von den Mietskasernen des 19. und beginnenden 20. Jh.s unterschieden, wurden in den 1920er Jahren in den Großstädten zum großen Teil in Gestalt der **Blockrandbebauung** (randliche Bebauung der durch Straßen begrenzten Baublöcke mit großen Innenhöfen) errichtet. Seit Mitte der

1920er Jahre wurden daneben auch zahlreiche gemeinnützige Siedlungskomplexe mit einzeln stehenden Mehrfamilienhäusern, auch in Einfamilien-Reihenhausformen, verbunden mit kleineren Gartenanlagen und z. T. größeren Grünflächen, gebaut. Lehrbuchbeispiele dafür sind etwa die ab 1924 erbaute Gartenvorstadt-Süd in Münster (vgl. H. HEINEBERG 2011d, Abb. 3.24) oder die von den Architekten B. TRAUT und M. WAGNER errichtete Großsiedlung in Berlin-Britz, die sog. Hufeisensiedlung (die Mietshausbebauung wurde in Hufeisenform um einen vorhandenen Teich angelegt).

In der Zwischenkriegszeit war man in Deutschland auch dazu übergegangen, die Bebauung mit detaillierten **Bebauungsplänen** zu regeln und nicht - wie in der gründerzeitlichen Phase - mit einfachen Straßenfluchtlinienplänen und/oder Baupolizeiordnungen (s. 9.2.2). So waren beispielsweise mit dem preußischen **Wohnungsbaugesetz** von 1918 Rechtsgrundlagen für eine Abstufung der baulichen Ausnutzbarkeit, für eine Trennung nach reinen Wohn- und Gewerbegebieten, für das Verbot der Errichtung von störenden gewerblichen Anlagen in bestimmten Gemeindeteilen geschaffen worden. Dieses neue Rechtsinstrument ermöglichte die Entwicklung von **Bauzonenplänen** und damit den Übergang zur modernen Bauleitplanung.

Kasten 9.3 Literaturauswahl zur Ergänzung und Vertiefung des Kapitels 9

· **Stadtentwicklung z. Z. der Industriellen Revolution und danach in Großbritannien**: M. P. CONZEN 2004, M. R. G. CONZEN 1978 (klass. Beitr. z. Morphologie englischer Städte); I. LEISTER 1970 (Bauentwicklung d. Industriegroßstädte im 19. Jh.); H. HEINEBERG 1997², H.-W. WEHLING 2007 (Urbanisierung, Städtebau u. Stadtentwicklung im Industriezeitalter)
· **Verstädterung/Urbanisierung im 19. Jh. in Deutschland**: J. REULECKE 1985, W. R. KRABBE 1989, H. J. TEUTEBERG 1983, H. J. TEUTEBERG/C. WISCHERMANN 1985 (historische u. geogr. Aspekte d. Urbanisierung/Wohnverhältnisse etc.)
· **Stadtentwicklung, Stadtplanung/Städtebau und Architektur in Mittel- und Westeuropa** (im 19. Jh., insbes. zur Gründerzeit, und im 20. Jh. bis zum 2. Weltkrieg): H. STOOB 1985² (Städtebildung im industriellen Zeitalter); P. SCHÖLLER 1985² (Großstadtentwicklung im 19. Jh.); H. STOOB 1990 (Leistungsverwaltung u. Städtebildung zw. 1840 und 1945, mit Stadtverteilungskarte d. Städtebildung in Mitteleuropa bis 1945); H. MATZERATH 1984, H. POPP 2005 (verschied. Aspekte d. Städtewachstums u. innerstädt. Strukturveränd. im 19. u. 20. Jh.); H. HEINEBERG 1987b (innerstädtische Differenzierung u. Prozesse im 19. u. 20. Jh.); G. ALBERS 1997b (Entwicklung der Stadtplanung in Europa/europäischen Ländern seit Beginn d. 19. Jh.s); G. ALBERS/J. WÉKEL 2011² (geschichtl. Entwicklung von Städtebau u. Stadtplanung); G. ALBERS 1996 (Städtebau im 20. Jh.); M. S. CULLEN 1984 (Architektur d. Gründerzeit); G. FAHR-BECKER 2004 (Jugendstil); A. GOORMANN 2002 (Städte u. Regionen d. Jugendstils); R. HARTOG 1962 (Stadterweiterungen im 19. Jh./regionale Typen des Mietshausbaus/Stadtgrundriss/Entwicklung des Städtebaurechts); B. HOFMEISTER 1990² (Hobrechtplan u. Mietskasernenbebauung in Berlin); B. HOFMEISTER 1987, B. GRZYWATZ 1997 (Landhaus- u. Villenkolonie-Entwicklung im Raum Berlin); F. BOLLEREY/K. HARTMANN 1975a, 1975b, H. M. BRONNY 1984 (Entwicklungsphasen u. Typen d. Arbeitersiedlungen/Werkskolonien im Ruhrgebiet); H.-W. WEHLING u. a. 1990 (Werks- u. Genossenschaftssiedlungen im Ruhrgebiet 1844-1939); D. DROSTE 2007 (Bauhaus-Architektur); T. HARLANDER 2001 (Entwicklung d. suburbanen Städtebaus in Deutschland); L. LÖTSCHER/K. KÜHMICHEL 2016a, b (Entwicklung von Architektur/Städtebau mit zahlreichen Beispielen: Hand- und Feldbuch)
· **Reformvorstellungen im Städtebau bis zum 2. Weltkrieg**: J. POSENER 1968, H. HEINEBERG 1997², U. VON PETZ 2008, H.-W. Wehling 2007 (Reformbewegungen im britischen Städtebau: vom Paternalismus zur Gartenstadtidee)

10   Stadtentwicklung in Deutschland im West-Ost-Vergleich

Abb. 10.1 Moderne Architektur (Frank O. Gehry) im MedienHafen von Düsseldorf
(im Hintergrund: Rheinturm) Quelle: www.duesseldorf.de/touristik/bildarchiv/

Stadtentwicklung ist - wie bereits in den vorangegangenen Kapiteln verdeutlicht wurde - i. Allg. vielfältig und vielschichtig. Dieses Kapitel widmet sich Prozessen in Deutschland seit der ersten Wiederaufbauphase nach den Kriegszerstörungen des 2. Weltkriegs bis zur Gegenwart, und zwar vorrangig unter stadtpolitischen und -planerischen sowie städtebaulichen Aspekten. Es zeigt sich, dass die ehemals **unterschiedlichen Stadtpolitiken im geteilten Deutschland** bis heute eine große Zahl an verschiedenen städtischen Strukturen hinterlassen haben (10.1. und 10.2). Berücksichtigt werden vor allem auch die Entwicklung und Auswirkungen der (nationalen) **Stadtentwicklungspolitik seit der deutschen Wiedervereinigung** (10.3) einschließlich jüngerer städtebaulicher Großprojekte (s. 10.3.2 und Abb.10.1), die Herausforderungen der Hauptstadtplanung in Berlin (10.3.3) sowie die Bedeutung des modernen **Stadtmarketing**s im Zusammenhang mit einer **imageorientierten Stadtentwicklung** (10.3.4).

Abschließend wird der Frage nach der Stadtentwicklung unter den Rahmenbedingungen des jüngeren und zukünftig zu erwartenden **demographischen und sozialen Wandels** nachgegangen (10.4).

10.1 Wiederaufbauphase bis ca. 1960

Die unterschiedlichen Stadtentwicklungsprozesse in den früheren beiden Teilen Deutschlands (BRD bzw. DDR, zuvor Sowjetische Besatzungszone, SBZ) waren vor allem systembedingt, denn sie resultierten seit der ersten Nachkriegszeit bis zur sog. Wende bzw. politischen Vereinigung (bis 1989/90) in erheblichem Maße aus den verschiedenartigen (antagonistischen) **Gesellschafts- und Wirtschaftssystemen in West und Ost** (kapitalistisch-marktwirtschaftlich bzw. sozialistisch-planwirtschaftlich). Dies wurde bereits in der **ersten Wiederaufbauphase** nach dem 2. Weltkrieg sehr deutlich: Während auf der westlichen Seite der privaten Aufbauinitiative nicht nur im Wohnungsbau, sondern auch im Geschäftsleben freie Entfaltung gelassen wurde, wurde im Juni 1948 in der ehemaligen SBZ auf Befehl der zonalen Wirtschaftskommission jegliche private Bautätigkeit untersagt.

Hinzu kam das riesige, aber zugleich auch unterschiedliche Ausmaß der **Kriegszerstörungen**: „Die schärfste und folgenschwerste Zäsur in der Geschichte des deutschen Städtewesens bilden bis heute die Zerstörungen des Zweiten Weltkrieges" (U. H<small>OHN</small> 1991, S. 1). Diese war jedoch regional, von Stadt zu Stadt, innerhalb der Größenhierarchie des Städtesystems sowie auch innerstädtisch sehr verschieden. So war in den Städten der westlichen Zonen der Grad der Kriegszerstörungen insgesamt höher als im östlichen Deutschland. Gemessen am Bestand von 1939 wurden auf dem Gebiet der früheren BRD 18,5 % der Wohnungen total zerstört, auf dem Territorium der SBZ/DDR waren es lediglich 9,1 % (J. N<small>IPPER</small>/M. N<small>UTZ</small> 1993, S. 12-13). Von den Großstadtwohnungen war in der alten BRD schätzungsweise fast die Hälfte zerstört, während die Klein-

städte (zwischen 10.000 und 20.000 Einw.) durchschnittlich mehr als ein Viertel und die Mittelstädte mehr als ein Drittel des Wohnungsbestandes eingebüßt hatten. Eine von U. H<small>OHN</small> (1990, Abb. 2) erstellte Karte der Zerstörung deutscher Groß- und Mittelstädte (Stand 1945) zeigt, dass die Industriegebiete Mittel- und Süddeutschlands wesentlich weniger betroffen waren als etwa das Rhein-Ruhr-Gebiet oder Küstenstädte. Eine Abbildung der Zerstörung deutscher Kleinstädte (ebenfalls Stand 1945) weist als Hauptschadensgebiete vor allem die westlichen und nordöstlichen Flanken der heutigen BRD, z. B. das westliche Münsterland oder das östliche Mecklenburg-Vorpommern, aus (ebd., Abb. 3).

Innerhalb der Städte wurden einzelne Teile unterschiedlich stark zerstört. „Meistens waren vor allem die Innenstadt und die daran angrenzenden, dicht bewohnten Viertel betroffen" (K. H<small>EWITT</small> u. a. 1993, S. 438).

Das Problem der starken Kriegszerstörungen, insbesondere der Wohnungen, wurde im westlichen Deutschland verschärft durch die Problematik der Aufnahme der Vertriebenenbevölkerung und Flüchtlinge, v. a. hinsichtlich der **Wohnraumbeschaffung**. Es ist daher verständlich, dass in der (alten) Bundesrepublik Deutschland in der ersten Nachkriegsphase die **Wohnungsbaupolitik** gegenüber einer umfassenderen Städtebaupolitik vorherrschte. Wichtige Grundlage dafür bildete das erste Wohnungsbaugesetz von 1950 (Novellierung 1953), durch das der Bau von **Sozialwohnungen** gefördert wurde. Bis zum Jahre 1956 sollten von Bund, Ländern und Gemeinden zwei Millionen Sozialwohnungen geschaffen werden. „Das Ziel wurde erreicht; seitdem stieg der jährliche Zugang an Wohneinheiten über die Halbmillionengrenze, während die auch relativ bedeutend geringeren Planzahlen der DDR mit 40.000 bis 80.000 Wohnungen pro

Jahr selten voll erreicht wurden. Im Jahre 1955 wurden in der Bundesrepublik bereits 562.600, in der DDR jedoch nur 32.800 Neubauwohnungen fertiggestellt" (P. SCHÖLLER 1967, S. 77). Der soziale Wohnungsbau erfolgte in der Bundesrepublik als einfacher Mietshausbau in zumeist offener Zeilenbauweise.

Das zweite Wohnungsbauförderungsgesetz der BRD von 1956 räumte dem **Eigenheimbau** - z. T. aus politisch-ideologischen Gründen - einen besonderen Vorrang ein. In der Stadtplanung wurde in dieser Zeit zu sehr an der Trennung der Funktionen Wohnen, Arbeiten und Versorgen festgehalten (s. Charta von Athen unter 5.7.6), was sich z. B. in der Errichtung von ersten neuen Wohnvierteln im sozialen Wohnungsbau an den Stadträndern äußerte. Als **Leitbild des Städtebaus** galt i. Allg. die Idee der „gegliederten und aufgelockerten Stadt" (s. 5.7.7), im Rahmen der konzeptionellen Überlegungen bestand die grundsätzliche Kontroverse in der Frage „Neubau oder Wiederaufbau" (K. HEWITT u. a. 1993, S. 439).

Eine grundlegende Neugestaltung der kriegszerstörten Innenstadtgebiete wurde beim Wiederaufbau nur in den wenigsten Fällen angestrebt bzw. ermöglicht. In einer Reihe von (Groß-)Städten (z. B. in Dortmund ab ca. 1950) wurden mittels umfassender **Baulandumlegungen** (u. a. Zusammenfassungen kleinerer Parzellen und Parzellentausch) und großzügiger Erweiterungen des Verkehrsraumes durch Errichtung breiter Durchgangsstraßen, Verbreiterung von Ringstraßen, Anlage von Parkplätzen etc. erhebliche Umgestaltungen der historischen Stadtkerne vorgenommen, um damit vor allem dem modernen Stadtverkehr gerecht zu werden (Abb. 10.2, s. auch 5.7.9: Leitbild „Autogerechte Stadt"). Ein anderes Beispiel ist die - wie es K. HEWITT u. a. 1993, S. 442-443, dokumentiert haben - fast komplette

Stadtkern vor der Umlegung

Stadtkern nach der Umlegung

■ Öffentliches Gebäude   0 ____ 450m

Abb. 10.2 Der Dortmunder Stadtkern vor und nach der Baulandumlegung (nach Stadt Dortmund)

Bodenneuordnung der sehr stark kriegszerstörten Innenstadt von Gießen.

Tiefgreifende Veränderungen der überlieferten Stadtstruktur wurden im westlichen Deutschland i. Allg. jedoch nicht nur durch die überkommene **Bodenordnung** (privater Grundbesitz), sondern auch durch die erhaltenen Anlagen des **unterirdischen Städtebaus** (Versorgungs- und Entsorgungsleitungen), das bestehende Straßennetz und nicht zuletzt durch den **Traditionswillen** der Bevölkerung verhindert.

Demgegenüber wurden in der SBZ bzw. der DDR in der ersten Wiederaufbauphase - nach den notdürftigen Instandsetzungen der verbliebenen Altbausubstanz und den umfassenden Enttrümmerungsarbeiten - andere Prioritäten gesetzt: Eine entscheidende Grundlage für die städtebaulichen Umgestaltungen und Neuplanungen war das veränderte Bodenrecht, die sog. **sozialistische Bodenordnung**, die im sog. Aufbaugesetz des Jahres 1950 verankert war und u. a. das Recht auf Inspruchnahme von Baugelände für sog. **volkseigene Bauvorhaben** beinhaltete. Die für den Aufbau benötigten Grundstücke wurden in der Regel enteignet. Das Grundeigentumsrecht war damit stadtplanerisch belanglos.

Die Enteignung betraf insbesondere die stark kriegszerstörten Zentrenbereiche der wichtigsten Städte der DDR. Für den **sozialistischen Neuaufbau der** (Groß-)**Stadtzentren** waren vor allem die frühen städtebaulichen Zielvorstellungen bestimmend; diese basierten auf den 1950 veröffentlichten sog. Sechzehn Grundsätzen des Städtebaus, die den Leitlinien des damaligen sowjetischen Städtebaus der Stalin-Periode entsprachen. Danach sollte das Zentrum als bestimmender Kern und politischer Mittelpunkt der **sozialistischen Stadt** die wichtigsten politischen, administrativen und kulturellen Einrichtungen erhalten. Von Bedeutung waren dabei allein die Repräsentation und Demonstration, d. h. die Symbolisierung des Staates und seiner neuen sozialistischen Gesellschaftsordnung, und zwar durch Anlage von
• **Hauptmagistralen** (für Demonstrationszüge organisierter Massen und Paraden),
• mindestens eines großen **Zentralen Platzes** (als Konzentrationspunkt für Aufmärsche, Volksfeste etc.) und
• die Errichtung **städtebaulicher Dominanten** in Gestalt zentraler Partei-, Verwaltungs- und Kulturhochhäuser (als monumentaler Ausdruck der Staatsmacht und des sozialistischen Gesellschaftssystems).
Diese Leitlinien, die im Grundsatz weitgehend den Prinzipien des Städtebaus des

Abb. 10.3 Berlin-Ost: Blick auf den sozialistischen Wohnkomplex beiderseits der Karl-Marx-Allee, 1959-ca. 1965 errichtet (vgl. Abb. 10.4)
Foto: H. Heineberg 1980

Absolutismus (vgl. Fürstenstädte, 8.5.3) entsprachen, wurden nicht nur seit 1950/51 beim Aufbau von Eisenhüttenstadt (ehemals Stalinstadt), der ersten neuen sozialistischen Stadt der DDR, verwirklicht, sondern blieben bis in die 1970er Jahre hinein die konzeptionelle Grundlage beim Wiederaufbau der Stadtzentren in der DDR (s. 10.2.1).

In Berlin (Ost), der ehemaligen sog. Hauptstadt der DDR, entstand in den 50er Jahren (1952-58) als einziger größerer verwirklichter Komplex der frühen Zentrumsplanung lediglich der erste Bauabschnitt der Ost-West-Magistrale Karl-Marx-Allee (zunächst Stalin-Allee genannt), deren Gesamtkonzeption nach dem Vorbild sowjetischer Architektur der Stalinzeit bis in alle Details der klassizistischen Fassadenstruktur und der Innenarchitektur geplant wurde; s. Abb. 10.3 (Hintergrund oben rechts) sowie Abb. 10.4, in der u. a. ein Teil der Bebauung der 1950er Jahre um den Strausberger Platz dargestellt ist, an den sich nach Osten der ältere Abschnitt der Karl-Marx-Allee anschließt.

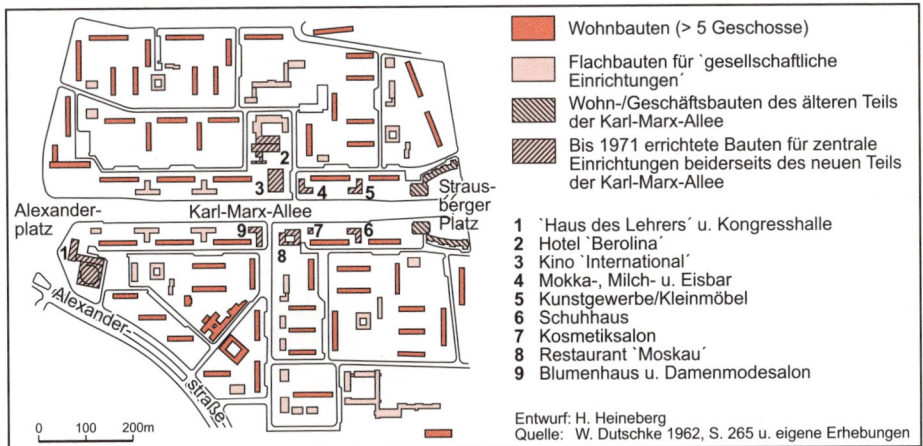

Abb. 10.4 Berlin-Ost: Plan des (ehem.) sozialistischen Wohnkomplexes beiderseits des 2. Bauabschnitts der Karl-Marx-Allee (nach H. Heineberg 1977, Abb. 7)

10.2 Wandlungen im Städtebau seit ca. 1960 bis zur politischen Vereinigung

10.2.1 Ehemalige Deutsche Demokratische Republik.

Bis ca. 1960 war der Wiederaufbau der kriegszerstörten Städte in der Bundesrepublik und vor allem in der ehemaligen DDR noch keineswegs abgeschlossen. Ab dieser Zeit stellten sich in beiden Teilen Deutschlands im Städtebau jedoch strukturelle Veränderungen ein, die in der DDR mit den Stichworten **Industrialisierung und Typisierung des Bauens** ('Plattenbau') gekennzeichnet wurden. Die bereits durch die 1. Baukonferenz der DDR im Jahre 1955 eingeleitete Konzentration des sozialistischen Städtebaus auf großindustrielle Fertigungsmethoden, durch die mittels Standardtypen des Fertigmietshausbaus vor allem der Wohnungsmangel beseitigt und darüber hinaus auch der Aufbau der Stadtzentren beschleunigt werden sollte, wurde erst ab ca. 1960 in größerem Ausmaß wirksam; diese Standardisierung hat bis zur Wiedervereinigung die Stadtentwicklung in der ehemaligen DDR in ganz entscheidendem Maße geprägt. Ein herausragendes Beispiel für diese Planungsphase ist der zwischen 1959 und ca. 1965 beiderseits des zweiten Bauabschnitts der Ostberliner Karl-Marx-Allee in moderner Großplattenmontage errichtete **sozialistische Wohnkomplex**, der in Gestalt vorwiegend zehngeschossiger, z. T. auch acht- und fünfgeschossiger, durch Grünanlagen voneinander getrennter Einzelwohnblocks mit insgesamt rd. 4.700 Wohneinheiten errichtet wurde (Abbn. 10.3, 10.4). Dies entsprach der auf einer Richtlinie für sozialistische Wohnkomplexe von 1959 basierenden allgemeinen Größenordnung von ca. 4.000 bis 5.000 Einw., d. h. dem Einzugsbereich einer Schule (B. HUNGER 1994). In den geplanten sog. **Wohnkomplexzentren** entstand eine stets wiederkehrende Ausstattung mit einer minimalen Anzahl von Einrichtungen des Gemeinbedarfs (s. Abb. 10.5).

Die Entwicklung des standardisierten Wohnungsbaus wurde vor allem seit den 1970er Jahren durch die Errichtung **neuer Mietwohnungsbautypen** (insbes. der ab 1973 eingeführten, gestalterisch relativ flexiblen sog. Wohnungsbauserie 70, WBS 70) qualitätsmäßig wesentlich verbessert (Abbn.

Wohngebäude (WBS 70)
Zentrale Einrichtungen
Kikri = Kinderkrippe
Kiga = Kindergarten

1 Sporthalle
2 Gaststätte
3 Kaufhalle
4 Dienstleistungen
5 Ambulatorium

Quelle: S. Kress 1979, S. 358, veränd.　　Entw.: H. Heineberg

Abb. 10.5 Sozialist. Wohnkomplex (DDR) mit der Wohnungsbauserie 70

Abb. 10.6 Berlin-Ost: Wohnungsbauserie 70 in Marzahn
Foto: H. Heineberg 1980

10.5, 10.6). Aufgrund der unterschiedlichen Gebäudeverbindungen und -formen setzten sich in den Neubauprojekten der 1980er Jahre differenziertere Raumbildungen anstelle der früheren schematischen Zeilenbauweisen durch. Die in den 1980er Jahren geplanten sozialistischen Wohnkomplexe hatten gegenüber denjenigen der 1960er Jahre andere Größendimensionen erreicht. Beispiel: Errichtung eines Wohngebietes in Berlin-Marzahn für rd. 100.000 Einw. (Abb. 10.6).

Während in den 1980er Jahren in der alten Bundesrepublik Deutschland nur noch wenige Großwohnsiedlungen in Angriff genommen, in zahlreichen Fällen sogar nicht mehr realisiert oder hinsichtlich der projektierten Planzahlen reduziert wurden (M. FUHRICH/H. MANNERT 1994, S. 574), wurde in der ehemaligen DDR die industrialisierte 'Plattenbauweise' fortgesetzt. Die **sozialistische Wohnungspolitik der DDR** hat zwar quantitativ eine respektable Aufbauleistung hinsichtlich der Wohnungsversorgung erreicht - dies betraf auch die Versorgung mit sozialen Einrichtungen - , allerdings traten erhebliche qualitative Defizite in der Konzeption und Ausführung der Neubaugebiete,

einschließlich der Wohnungen, des Wohnumfeldes und der Versorgungsinfrastruktur, mit gravierenden Folgelasten für jüngere Sanierungsmaßnahmen auf (s. 10.3.1).

Trotz der beachtlichen Steigerung der Neubautätigkeit in moderner Montagebauweise wurde eine geringe durchschnittliche Wohnungsgröße (z. B. um 1980 von nur rd. 58 qm pro Wohneinheit) realisiert. Diese bewirkte - zusammen mit der Nichtberücksichtigung der Eigenheimbauweise in den meisten größeren Wohnkomplexen - eine sozialräumliche Nivellierung in den Städten der ehemaligen DDR.

Die Stadtentwicklung in der DDR war seit Ende der 1960er Jahre nicht nur durch eine deutliche Zunahme des sozialistischen Wohnungsbaus, sondern auch durch Ansätze grundlegender Erneuerungen der wichtigsten Städte von „innen heraus", d. h. der **Stadtzentren**, gekennzeichnet. Grundlage für die Umgestaltung der Städte bildeten sog. Generalbebauungs- und Generalverkehrspläne. Als Beispiel sei wiederum Berlin-Ost genannt, dessen zentral gelegene Magistralen und Plätze seit 1967 in dem Abschnitt zwischen dem Alexanderplatz und dem Marx-

Engels-Platz auf der Basis des Generalbebauungsplanes von 1968 (bis 1978 gültig) durch die Errichtung sog. städtebaulicher Ensembles und Dominanten in moderner Hochbebauung gestaltet wurden. Die bezweckte und durch die sozialistische Bodenpolitik (vgl. sozialistische Bodenordnung unter 10.1) ermöglichte Weiträumigkeit der neuen städtebaulichen Komplexe und die erheblichen Freiflächenanteile haben zu einer insgesamt relativ geringen Dichte zentraler Einrichtungen im damaligen Ostberliner Stadtzentrum, vor allem im Verhältnis zu westlichen Groß- oder Hauptstadtcities, geführt; dies war auch durch die erheblichen **Rationalisierungs- und Konzentrationsmaßnahmen im tertiären Sektor** innerhalb der Entwicklung des ehemaligen sog. **ökonomischen Systems des Sozialismus** in der DDR mitbedingt (s. Kasten 7.11).

Unter den für das sozialistische Hauptstadtzentrum in Berlin-Ost sowie auch für andere Stadtzentren der DDR vorgesehenen Leitfunktionen wurde - im Gegensatz zur kapitalistischen Cityentwicklung - von Anfang an der **Wohnfunktion** (v. a. in 'Plattenbauweise') eine besondere Bedeutung beigemessen. Entsprechend dem Generalbebauungsplan von 1968 nahm diese insbesondere für die Randzonen des Ostberliner Stadtzentrums vorgesehene Funktion sogar den größten Flächenanteil ein, gefolgt von den Nutzungen für zentrale Organe des Staates, der Parteien, der sozialistischen Massenorganisationen und der Wirtschaft (vgl. H. Heineberg 1977, 1985).

In der ehemaligen DDR gewann in den 1980er Jahren auch die dringend erforderliche **Sanierung der Wohnaltbausubstanz** Beachtung. Allerdings gab es nur punktuell Aktivitäten zur „Modernisierung und Rekonstruktion von Altbaugebieten" (vgl. M. Renner 1997, S. 530), z. B. in Ost-Berlin in den kleinen „Rekonstruktionsgebieten" Arnim-

platz und Arkonaplatz. Stattdessen kam es zu einer folgenschweren allgemeinen Vernachlässigung bis hin zum verbreiteten **Verfall älterer Wohngebiete** als „Kehrseite der Förderung des Wohnungsbaus in meist randstädtischen, großen Neubaugebieten". (...) „Während nämlich im Westen zu Beginn der 70er Jahre die umfassende Erneuerung der innerstädtischen Wohnquartiere begann, blieb die DDR-Wohnungspolitik einseitig auf den Neubau von Wohnungen fixiert" (M. Fuhrich/H. Mannert 1994, S. 575).

In den Städten der DDR beschränkten sich Sanierungsmaßnahmen im Wesentlichen auf „den Ersatzwohnungsbau durch Neubauten, die häufig weder in der Gestalt noch in der Dimension den innerstädtischen Standorten entsprachen. Die Wohnungsbauproduktion erwies sich als zu wenig flexibel bzw. sensibel gegenüber den differenzierten Anforderungen einer behutsamen Stadterneuerung. Die quantitativen Sollvorgaben ließen sich erfolgreicher auf der grünen Wiese in großen Wohnkomplexen erreichen als in kleinteiligen, langwierigen Stadterneuerungsmaßnahmen" (ebd.).

Vor allem der konzentrierte Wohnkomplexbau bewirkte, dass die Städte der DDR in den Größengruppen oberhalb 50.000 Einw. und insbesondere über 100.000 Einw. seit den 1960er Jahren z. T. bedeutende Bevölkerungsgewinne zu verzeichnen hatten. Trotz der starken Konzentration der Neubautätigkeit auf die sog. **Hauptballungsgebiete** der DDR (um Leipzig und Halle, Karl-Marx-Stadt und Zwickau, um Dresden und im Berliner Raum, s. Abb. 10.8) ereignete sich jedoch selbst in der Nähe der Ballungskerne - außerhalb der jeweils verdichteten, räumlich eng begrenzten randstädtischen Neubausiedlungen (sozialistische Wohnkomplexe) - praktisch keine flächenhafte Suburbanisierung wie in der alten Bundesrepublik Deutschland (s. 2.3.3).

Zwar waren die kleineren Städte und Landgemeinden, sogar in der Nähe der Ballungskerne, meist von erheblichen Bevölkerungsabnahmen betroffen. Allerdings waren - wie Abb. 10.8 zeigt - große sozialistische Neubausiedlungen, anders als Großwohnsiedlungen im westlichen Deutschland, in der DDR selbst in zahlreichen Mittel- und Kleinstädten errichtet worden und hatten wegen ihrer „großen Anteile an den lokalen Siedlungsflächen und Wohnungsbeständen entscheidende Bedeutung für die Stadtentwicklung. Hier mach(t)en die Großwohnsiedlungen häufig größere Anteile am örtlichen Wohnungsbestand aus als die Altbauquartiere und Eigenheimgebiete, so z. B. in Schwedt mit nahezu 100 %, in Dranske mit ca. 75 %, in Stendal und Ludwigsfelde mit jeweils über 60 %" (B. BREUER 1997, S. 594).

10.2.2 Frühere Bundesrepublik Deutschland. Mit Beginn der 1960er Jahre traten auch im Städtebau bzw. in der Stadtentwicklung der Bundesrepublik erhebliche Veränderungen ein. Diese basierten z. T. auf dem mit dem Bundesbaugesetz (BBauG) von 1960 neugeschaffenen **rechtlichen Rahmen der Stadtplanung** (Stadtplanungsrecht). Mit diesem Gesetz wurde auf Bundesebene die **Bauleitplanung**, die innerhalb der Zuständigkeit der Gemeinden liegt, einheitlich geregelt. Es wurden dabei zwei Plankategorien geschaffen: der für das gesamte Gemeindegebiet aufzustellende **Flächennutzungsplan** (auch vorbereitender Bauleitplan genannt), der jedoch gegenüber dem Bürger keine unmittelbaren Rechtswirkungen besitzt, und der **Bebauungsplan** (verbindlicher Bauleitplan); letzterer wird nur für bestimmte Teile der Gemeinde aufgestellt, er enthält rechtsverbindliche Festsetzungen für die städtebauliche Ordnung. Das BBauG beinhaltete weiterhin vor allem **Bestimmungen zur eigentumsrechtlichen Regelung** bzw. Bodenord-

nung (z. B. Vorkaufsrecht der Gemeinde; Grunderwerb für öffentliche Zwecke durch Enteignung; Umlegungen als rechtlich geregelte Grundstückstauschverfahren, d. h. Baulandumlegungen). Das Gesetz verlangte außerdem die Anpassung der Bauleitplanung an die Ziele der übergeordneten **Raumordnung und Landesplanung**, die in dem Bundesraumordnungsgesetz von 1965 und den jeweiligen Landesplanungsgesetzen (Aufstellung von Landesentwicklungsprogrammen und -plänen, Regionalplänen etc.) enthalten waren bzw. sind. Die Stadtplanung wurde außerdem den **Bauordnungen der einzelnen Bundesländer** untergeordnet: diese „regeln die grundsätzlichen Anforderungen, die an einzelne Bauwerke, Baustoffe und das Baugrundstück im Interesse der öffentlichen Sicherheit und Ordnung zu stellen sind" (H. DYONG 1974, S. 362).

Das BBauG war noch durch eine weitere inhaltliche Lücke gekennzeichnet: Die planungsbedingten Wertsteigerungen von Grundstücken (**Bodenpreissteigerungen**), die vor allem durch Infrastrukturleistungen der öffentlichen Hand wie Straßenbau, Errichtung von Kanalisation etc. verursacht werden, wurden nicht mit Wertsteigerungsabgaben durch die Grundstücksbesitzer an die öffentliche Hand verbunden. Hinzu kam, dass durch das BBauG der seit 1936 geltende Preisstopp für Grundstücke aufgehoben wurde. So zeichnete sich die Bodenpreisentwicklung in der Bundesrepublik seit 1960 durch ganz erhebliche Steigerungsraten aus. Nach Untersuchungen von M. TIEMANN (1970) sind die Bodenpreise (Preise für baureifes Land) in 18 von ihm erfassten Städten zwischen 1960 und 1969 um rd. 400 % gestiegen. In der Bundesrepublik sind allein durch die Umwandlung von Ackerland in Bauland zwischen 1960 und 1969 den Eigentümern leistungslose, lediglich durch Widmungsänderung hervorgerufene Wertzuwachsgewinne von rd. 50 Mrd. DM zugeflossen. Zwischen Mitte der 1970er und Anfang der 1980er Jahre hat sich der Baulandpreis in der Bundesrepublik nicht nur verdoppelt, sondern es fand auch eine Ausweitung der Räume mit hohem Preisniveau statt. Diese Bodenpreisentwicklung stand im krassen Gegensatz zur sozialistischen Bodenordnung der ehemaligen DDR, innerhalb der dem Bodenwert eine völlig untergeordnete Bedeutung zukam (s. 10.1).

Das starke Ansteigen der Bodenpreise und das einseitig eigentumsorientierte und schlecht handhabbare Bodenrecht bestimmten auch in erheblichem Maße die **Standorte städtischer Nutzung**. Der Profitzwang (profitabelste Nutzung) bewirkte in den zentralen Standorträumen der Städte (City, s. 7.3) i. Allg. die Verdrängung von Wohnungen und kleineren Gewerbebetrieben zugunsten der starken Ausweitung von Geschäfts- und Bürogebäuden, Banken, Versicherungen etc. (s. 5.4: Bodenrentenmodelle). Dieser dynamische **Prozess der Cityentwicklung** wurde vor allem auch durch das rasche allgemeine Wirtschaftswachstum bzw. durch die enorme Entwicklung des Lebensstandards in der Bundesrepublik beschleunigt.

In den Randzonen der Städte und Stadtregionen wurden in Westdeutschland mehr und mehr landwirtschaftlich genutzte Flächen in Wohn- und Gewerbegebiete umgewandelt (Suburbanisierung, s. 2.3.3), deren Entwicklung wiederum durch das starke Anwachsen der privaten Motorisierung beschleunigt wurde. Die bedeutende **Entwicklung des suburbanen Raumes** durch den Eigenheimbau, teils in Anlehnung an bestehende ländliche Siedlungskerne (Vororte), teils als Zersiedlung, stand in deutlichem Kontrast zu einer fehlenden (entsprechenden) Suburbanisierung in der früheren DDR. Im Vergleich zur Entwicklung der Wohnbevölkerung und der Erwerbstätigen wuchs die

Siedlungsfläche innerhalb der Bundesrepublik in den 1960er und 1970er Jahren überproportional an.

Nachdem in der ersten Nachkriegszeit im westlichen Deutschland ganz überwiegend nach den städtebaulichen Konzepten der abgewandelten Gartenstadtvorstellung (s. 5.7.2 und 9.3.2) und der Charta von Athen (5.7.6) gebaut worden war, die sich in der aufgelockerten und nach Funktionen gegliederten Stadt (5.7.7) dokumentierten, und neben Eigenheimvierteln auch bereits erste größere Wohnsiedlungen, zum großen Teil im sozialen Mietwohnungsbau, an den Stadträndern entstanden waren, kam ab Beginn der 1960er Jahre erhebliche Kritik an der oftmals eintönigen, meist nur ausschließlich auf das Wohnen ausgerichteten Expansion der Städte auf. Anstelle von „Gliederung und Auflockerung" der Stadt traten mehr und mehr neue Leitbilder: die **städtebauliche Verdichtung** (oder Dichte) und **Verflechtung der Nutzungsarten** - häufig mit „**Urbanität durch Dichte**" umschrieben (s. 5.7.10, Abb. 5.25).

Die neuen Leitbilder konkretisierten sich in den Städten und Verdichtungsräumen der Bundesrepublik seit ca. Mitte der 1960er Jahre in verschiedenster Weise. Zunächst einmal wurden zahlreiche **Großwohnsiedlungen** (**Trabantensiedlungen**) - zumeist in den Randbereichen der größeren Stadtregionen - errichtet, wobei relativ hohe Verdichtungen der oft in Großserien erstellten Hochhausbauten und große Einwohner-Planzahlen angestrebt wurden (Kasten 10.1). Beispiele dafür sind etwa das Märkische Viertel und die Gropiusstadt in Berlin (West), beide zu Beginn der 1960er Jahre in der Größenordnung von rd. 16.000 Wohneinheiten und ca. 60.000 Einwohnern geplant (Abbn. 5.27 u. 10.7). Ein weiteres Beispiel stellt der neue Münchener Stadtteil Perlach dar, der mit rd. 80.000 erwarteten Einwohnern im Endausbau (erster Bauabschnitt 1968 bezogen) eines der

---

Kasten 10.1 „Die 'Großwohnsiedlung', das unbekannte Wesen"
(aus: M. FUHRICH/H. MANNERT 1994 und B. BREUER 1997)

„'Großwohnsiedlung', 'Großwohnanlage', 'Trabantenstadt', 'Satellitenstadt', 'Entlastungsstadt', 'großes Wohngebiet', 'Neubaugebiet', 'neuer Stadtteil' sind Begriffe, die häufig synonym für ein und dasselbe städtebauliche 'Phänomen' verwendet werden und die doch stets etwas Unterschiedliches bedeuten. Seit 1990 wird die Begriffsverwirrung noch ergänzt durch die in der ehemaligen DDR üblichen Bezeichnungen 'Wohnkomplex', 'Plattensiedlung' und 'randstädtische Wohnsiedlung'. Dementsprechend pauschal geht die öffentliche Kritik mit verallgemeinernden Bezeichnungen wie 'menschenverachtende Hochhausarchitektur', 'Sozialghettos', 'Wohnmaschinen', 'Betonburgen' um. Leider hat auch die im Westen umfassende Diskussion im Laufe der 80er Jahre wenig zur Klärung des Begriffs und zur Versachlichung der Erörterung dieser Wohnform beigetragen.

Der erste Städtebauliche Bericht der Bundesregierung „Neubausiedlungen der 60er und 70er Jahre - Probleme und Lösungswege" verwendet überwiegend den Begriff 'Großsiedlung'. Tatsächlich lautet der konkrete Berichtsauftrag, „dem Bundestag einen Städtebaulichen Bericht über Trabantenstädte und Großwohnsiedlungen zur Beratung vorzulegen". Unter dem **städtebaulichen Typ 'Großsiedlung'** wird hier verstanden: nach dem Zweiten Weltkrieg, vorwiegend in der zweiten Hälfte der 60er und in den 70er Jahren erbaut, überwiegend aus Mietwohnungen des sozialen Wohnungsbaus bestehend, in der Regel einheitlich nach einem Bebauungsplan mit Infrastruktur, Grün- und Verkehrsflächen gebaut, relativ homogen im Charakter der Bebauung und damit eindeutig abgrenzbar gegenüber der Umgebung" (M. FUHRICH/H. MANNERT 1994, S. 567).

Nach B. BREUER (1997, S. 593) werden „unter dem städtebaulichen Gebietstyp der **Großwohnsiedlungen** solche Teilräume verstanden, die eine Größe von mehr als 1.000 Wohnungen haben, nach dem Zweiten Weltkrieg gebaut worden sind, auf einheitlichen Städtebaukonzepten basieren"; vgl. auch Abb. 10.8.

Abb. 10.7 Großwohngebiet „Gropiusstadt" in Berlin-West (im Hintergrund oben links die „Berliner Mauer" als ehemalige DDR-Grenze) Foto: H. Heineberg 1984

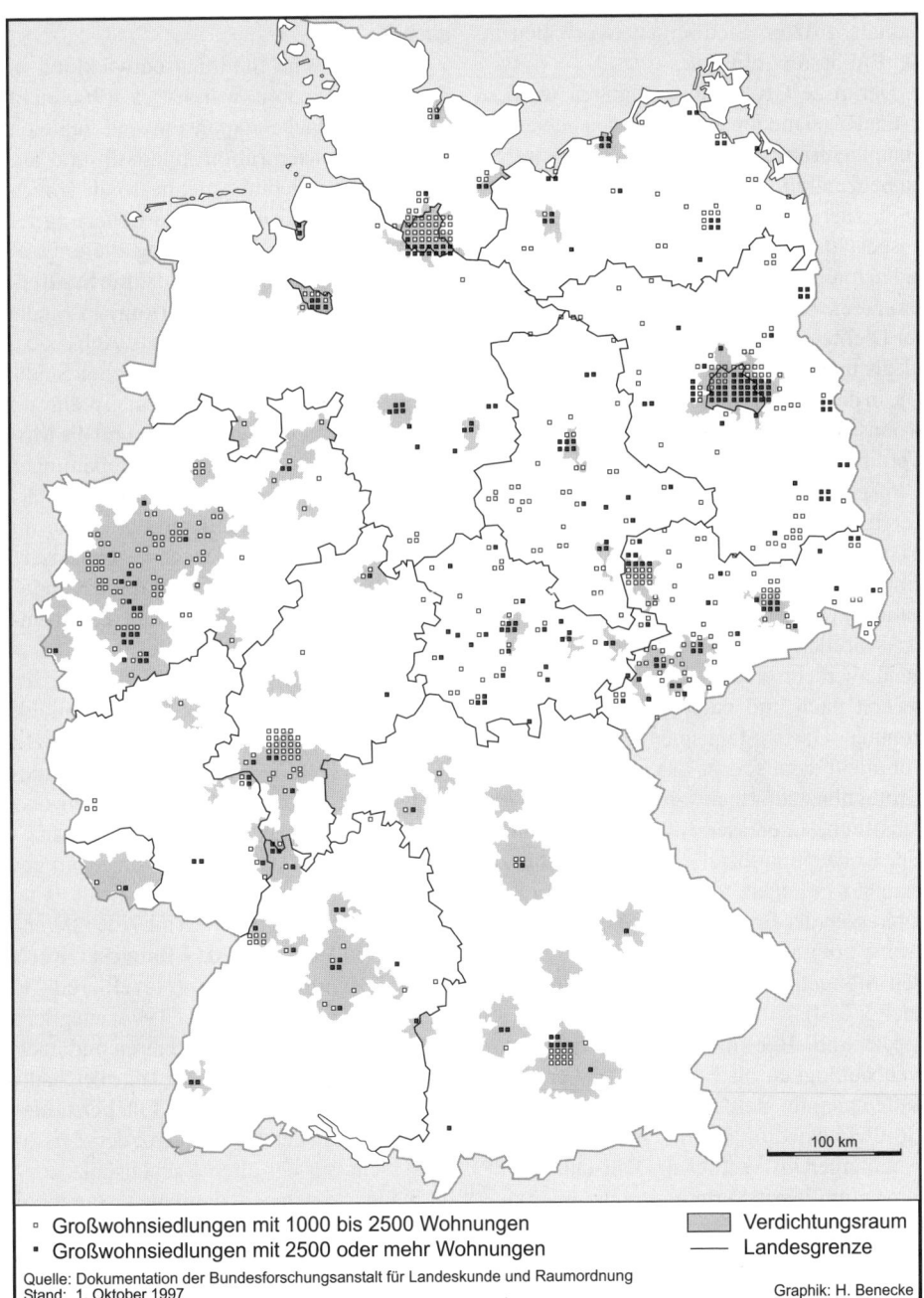

Quelle: Dokumentation der Bundesforschungsanstalt für Landeskunde und Raumordnung
Stand: 1. Oktober 1997

□ Großwohnsiedlungen mit 1000 bis 2500 Wohnungen

▪ Großwohnsiedlungen mit 2500 oder mehr Wohnungen

Verdichtungsraum

—— Landesgrenze

Graphik: H. Benecke

Abb. 10.8 Großwohnsiedlungen mit mehr als 1.000 Einw. in Deutschland im Jahre 1997

damals größten Siedlungsbauvorhaben in der Bundesrepublik war.

Derartige Großwohnsiedlungen wurden in der Regel mit jeweils einem neu geplanten Hauptzentrum sowie häufig auch mehreren Nebenzentren, i. Allg. jedoch nicht mit einem ausreichenden Arbeitsplatzangebot ausgestattet. Diesen neuen Wohntrabanten lagen mit der meist angestrebten Funktionstrennung, Durchgrünung etc. - trotz höherer Dichte - die Prinzipien des Gartenstadtideals und der Charta von Athen zugrunde. Die in den 1970er Jahren entstandenen Großwohnsiedlungen entsprachen - trotz hoher Verdichtung - aber meist nicht der schon um 1960 geforderten Vorstellung von einer größeren Urbanität. Hinzu kamen soziale Anpassungsschwierigkeiten der Bewohner, eine oftmals mangelhafte zeitliche Koordination zwischen Wohnungsbau und infrastrukturellen Folgeeinrichtungen, ungenügende Verkehrserschließung etc., die teilweise erst nach und nach gemildert werden konnten. Die „Anfangsmängel" resultierten vor allem daraus, dass das Entstehen neuer Großwohnsiedlungen „primär durch wirtschaftliche Interessen (...) und nicht durch eine Konzeption sozialer Stadtentwicklungsplanung gesteuert wurde, die sich an den Interessen der Bewohner der Verdichtungsräume orientiert" (K. Heil 1974, S. 196; zu den Mängeln der Großwohnsiedlungen s. auch 5.7.10).

Die Abb. 10.8, die im Wesentlichen die Neubautätigkeit bis Ende der 1980er Jahre widerspiegelt, verdeutlicht, dass sich die Großwohnsiedlungen mit mehr als 1.000 Wohnungen im westlichen Deutschland mit ihrer räumlichen Verteilung ganz überwiegend auf die größeren Verdichtungsräume konzentrier(t)en, während in der ehemaligen DDR bzw. in den neuen Bundesländern auch zahlreiche Klein- und Mittelstädte durch größere Wohnkomplexe geprägt wurden (s.

auch 10.2.1).

Die städtische Siedlungsentwicklung in der Bundesrepublik war seit ca. 1960 nicht nur durch Flächenexpansion und zugleich Siedlungskonzentration innerhalb und am Rande der Verdichtungsräume, sondern auch durch **Stadtsanierung** bzw. -erneuerung sowie Maßnahmen der Erhaltung älterer Bausubstanz (**erhaltende, behutsame Stadterneuerung** oder **Stadterhaltung**) in Stadtinnenbereichen gekennzeichnet (s. Abb. 5.25).

Unterschieden wird auch zwischen Stadterneuerung und **Stadtumbau**: „Während Stadterneuerung auf den Erhalt und die Modernisierung vorhandener städtebaulicher Substanzen abzielt, soll Stadtumbau die Stärkung der Funktionsfähigkeit der Städte im Bestand bewirken und geht im Gegensatz zur Stadterneuerung mit Nutzungsänderungen qualitativer und quantitativer Art einher" (M. Renner 1997, S. 529).

Eine wesentliche rechtliche Grundlage für die Stadtsanierung in der Bundesrepublik bildete das **Städtebauförderungsgesetz** (StBauFG) vom 27.7.1971. Es galt für Sanierungs- und Entwicklungsmaßnahmen und schuf dafür zugleich einen größeren finanziellen Rahmen. Das StBauFG wurde mit gewissen Änderungen - zusammen mit dem Bundesbaugesetz von 1960 (mit Novellierungen 1976, 1979) - in das **Baugesetzbuch** (BauGB) vom 8.12.1986 (Novellierung v. 27.8.1997 mit Wirkung z. 1.1.1998) integriert.

Nachdem in den 1960er Jahren und noch in der ersten Hälfte der 1970er Jahre bei Stadterneuerungen vorrangig sog. **Flächensanierungen** - mit der Konsequenz der Zerstörung nicht nur der alten Bausubstanz, sondern auch sozialer Beziehungen - durchgeführt wurden, hat sich später, und zwar bereits seit dem Europäischen Denkmalschutzjahr von 1975, eine stärkere Hinwendung zu **Objektsanierungen** (kein Abriss, sondern Instandsetzung und Modernisierung von Einzelgebäuden) im Rahmen des **Denkmalschutzes** und der Stadterhaltung ergeben. Die Gesetzgebungsbefugnis für den Denkmalschutz liegt bei den Bundesländern (eigene Denkmalschutzgesetze).

Stadtsanierung und -erhaltung wurden seit Erlaß des StBauFG (1971), vor allem jedoch seit 1977, in vielfältiger Weise finanziell gefördert: ab 1977 steuerlicher Anreiz für den Erwerb von Altbauten; **Wohnungsmodernisierungsgesetz** des Bundes von 1977, ab 1978 unter der Bezeichnung Wohnungsmodernisierungs- und Energieeinsparungsgesetz; ab 1977 **Förderung „Historischer Stadtkerne"** im Rahmen des „Programms für Zukunftsinvestitionen" des Bundes (s. auch Abb. 10.10). Hinzu kamen Landes-, Kreis- und Gemeindemittel. Von wachsender Bedeutung waren auch die privat finanzierten Modernisierungen der Altbausubstanz.

Seit den 1960er, verstärkt seit den 1970er Jahren wurden in den Stadtzentren der früheren Bundesrepublik Maßnahmen der Stadtsanierung und -erhaltung mit speziellen Planungen zur **funktionalen Aufwertung der Stadtkerne** verknüpft. Dies äußerte sich ab Mitte der 1960er Jahre insbesondere in der Ausweisung und Gestaltung von **Fußgängerbereichen**, deren Ausbreitung in den 1970er Jahren außerordentlich rasch voranschritt. „Die beschleunigte Bedeutungszunahme der Fußgängerbereiche in den 70er Jahren wurde einerseits durch die zunehmende Konkurrenz nicht integrierter Einkaufszentren am Stadtrand, andererseits durch erweiterte Zielsetzungen der Stadtentwicklungsplanung (Stadtbildpflege, Freizeitwert, Umweltschutz, Imageverbesserung, "Urbanität", Innenstadtwohnen) bewirkt" (R. MONHEIM 1980, S. 270). Vor allem Mittel- und Grundzentren haben in den 1970er und

1980er Jahren „durch attraktive Einkaufszentren mit leicht erreichbaren, ansprechenden Fußgängerzonen und ausreichenden Parkmöglichkeiten an Standortqualität gewonnen." (...) „Dagegen dämpfen in Oberzentren die für den privaten Verkehr erschwerte Erreichbarkeit der Geschäfte sowie Parkplatzmangel den Käuferzustrom", stellte der DEUTSCHE INDUSTRIE- UND HANDELSTAG (1985, Anlage S. 3-4) fest. Seit den 1970er Jahren wurde auch auch die **Attraktivitätssteigerung der Großstadtcities** seitens der Stadtplanung häufig konsequent verfolgt, und zwar durch Errichtung moderner cityintegrierter Einkaufszentren (Shopping-Center), von Passagen und überdachten Ladenstraßen, durch Vergrößerung oder Neubau von Warenhäusern, Ausweitung von Fußgängerbereichen, umfassende Fassadenrenovierungen (Stadterhaltung), den Ausbau des (unterirdischen) Öffentlichen Personennahverkehrs (z. B. der Stadtbahn im Ruhrgebiet) etc. (s. 7.5.2).

Aber auch die Wohngebiete der Städte der alten Bundesrepublik Deutschland erfuhren einen fortlaufenden Wandel, wozu nicht zuletzt die seit Ende der 1970er Jahre ständig an Bedeutung zugenommenen kommunalen Maßnahmen der **Wohnumfeldverbesserung** (z. B. Begrünungsmaßnahmen, Pkw-Verkehrsberuhigung in öffentlichen Straßenräumen) im Rahmen eines beginnenden ökologischen Städtebaus (s. 5.7.12 und Abb. 5.25) sowie umfassende **Wohnungsmodernisierungen** in Altbauquartieren beigetragen haben. Probleme ergaben sich jedoch insbesondere durch die z. T. beträchtliche Zunahme nicht genutzten Wohnraums (Wohnungsleerstände) in den Großwohnsiedlungen der 1960er und 1970er Jahre.

10.3 Stadtentwicklung und (nationale) Stadtentwicklungs--politik seit der Vereinigung

10.3.1 Entwicklung städtischer Strukturen und der nationalen Stadtentwicklungspolitik.

• **Stadtpolitik und Städtebau der ehemaligen DDR** (s. 10.1 und 10.2.1) haben mit ihren vielfältigen Auswirkungen früherer sozialistischer Leitbilder der politischen, ökonomischen und gesellschaftlichen Entwicklung eine Vielzahl spezieller Strukturen im städtischen Raum hinterlassen. Hinzu kamen die mit der „Wende" und politischen Vereinigung beider Teile Deutschlands gegebenen gravierenden Veränderungen (**Transformationen**) im Wirtschafts-, Gesellschafts- und Planungssystem sowie auch „die spezifischen Rahmenbedingungen, die durch eine erhebliche Problemdichte und Problemkomplexität gekennzeichnet waren. Hinzuweisen ist auf den Zusammenbruch ganzer Wirtschaftszweige, die stark rückläufigen Einwohnerzahlen insbesondere in den ersten Jahren nach der Wende, die massiven Arbeitsplatzverluste und die hohe Arbeitslosigkeit, gravierende städtebauliche Probleme, massive Suburbanisierungsprobleme, das "Ausbluten" von Innenstädten sowie eine breite Palette von Umweltbelastungen und sonstigen Problemen der Sanierung und Entwicklung" (B. MÜLLER 1998, S. 389).

Bereits unmittelbar nach der Wende entwickelte sich zwischen den - gegenüber Westdeutschland durchschnittlich sehr viel kleineren, finanz- und verwaltungsschwächeren - Gemeinden ein scharfer Konkurrenzkampf um die geringen Entwicklungspotenziale, wobei „die Umlandgemeinden großer Städte zunächst entscheidende Wettbewerbsvorteile gegenüber den Kernstädten hatten, denn sie verfügten in der Regel über größere, schnell aktivierbare Flächen-

potentiale, hier war der Zugang von Investitionswilligen zu den kommunalen Entscheidungsträgern leichter, und Entscheidungen wurden schneller getroffen. Renditeerwartungen von Investitionsmaßnahmen waren daher leichter zu realisieren" (ebd.).

• **Die Wiedereinführung der kommunalen Selbstverwaltung und der rechtlichen Grundlagen der Raumplanung in Ostdeutschland** erfolgte bereits ab 1990: Auf der Grundlage des Einigungsvertragsgesetzes vom 23.09.1990 wurde das Baugesetzbuch der alten Bundesrepublik Deutschland (s. 10.2.2) mit Wirkung vom 3.10.1990 auch für das Gebiet der ehemaligen DDR verbindlich. Zur Erleichterung des Neuaufbaus der städtebaulichen Ordnung und aufgrund der spezifischen Besonderheiten in den neuen Ländern wurde eine Reihe von Sonderregelungen mit Befristung bis zum 31.12.1997 eingeführt. Relativ zügig wurden innerhalb der neuen Bundesländer auch rechtliche Grundlagen für die übergeordnete Raumplanung (Regional- und Landesplanungen) geschaffen. „Programme auf Landesebene gab es im Rahmen von Vorschaltgesetzen bereits seit 1991/92 bzw. als erste Generation von Programmen in den Jahren 1993 und 1994". (...) „Allerdings lagen Mitte 1998 dennoch nur fünf verbindliche Regionalpläne als räumliche Gesamtpläne vor" (B. MÜLLER 1998, S. 391).

Zu den **'postsozialistischen' Strukturen und Problemen in den Städten** der neuen Bundesländer und zu den Lösungsansätzen der Raumordnung und -planung zwecks Angleichung städtischer Lebensbedingungen an das westliche Deutschland zähl(t)en:

• Der hohe „**Instandsetzungs- und Modernisierungsbedarf**" bzw. der „nahezu flächendeckende Erneuerungsbedarf" (M. RENNER 1997, S. 534) in ostdeutschen Städten. Dies betraf nicht nur die jahrzehntelang vernachlässigten und zum großen Teil ver-

Abb. 10.9 Stadtverfall zur DDR-Zeit und Auswirkungen jüngerer Stadtsanierung in Berlin-Ost (Prenzlauer Berg): oben links und unten links baulicher Zustand 1977, oben rechts und unten rechts nach erfolgten Sanierungen 1998 (*Gentrification*)
Fotos: H. Heineberg

fallenen Altbaugebiete der Innenstädte (s. beispielhaft Abb. 10.9, links), sondern auch die durch zahlreiche bauliche und andere planerische Mängel beeinträchtigten Großwohnsiedlungen (10.2.1).

• **Die nationale Städtebauförderung** des Bundes wurde bereits kurz nach der politischen Vereinigung schwerpunktmäßig auf die ostdeutschen Städte und Gemeinden verlagert (Abbn. 10.10, 10.12, s. auch Kasten 10.2): Dies betraf außer den Finanzhilfen für städtebauliche Sanierungs- und Entwicklungsmaßnahmen (in den neuen Ländern ab 1991) insbesondere ein Sofortprogramm (1990) sowie auch die Unterstützung städtebaulicher Modellvorhaben, des Denkmalschutzes und von Planungsleistungen. Ab 1993 wurde die „städtebauliche Weiterentwicklung großer Neubaugebiete" speziell gefördert (M. RENNER 1997, S. 532). Hinzu kamen Landes-, Gemeinde- und Privatmittel für umfassende Stadterneuerungen.

Anhand von Berlin lässt sich der immense Erneuerungs- und Entwicklungsbedarf verdeutlichen. So entfielen über 90 % der im Jahre 1993 vom Berliner Senat neu festgelegten „**Sanierungskulisse**" (22 Sanierungsgebiete mit rd. 81.000 Wohnungen und 116.000 Einw.) auf den Ostteil der Stadt. Dies betraf überwiegend innerstädtische Gründerzeitquartiere in Stadtbezirken wie Friedrichshain oder Prenzlauer Berg, die sich durch großflächigen baulichen Verfall (s. Abb. 10.9) auszeichneten und - wie die Abbn. 6.9 und 6.10 verdeutlichen - durch große soziale Belastungen gekennzeichnet waren.

Während in westdeutschen **Großwohnsiedlungen** bereits seit Anfang der 1980er

Kasten 10.2   Übersicht über die aktuellen Städtebauförderungsprogramme des Bundes als wichtiges Instrument staatlicher Struktur- und Stadtentwicklungspolitik (nach BMVBS/Länderminister 2011/12 u. BMVBS 2012e)

Die nationale Städtebauförderung wurde in Deutschland seit 1971 kontinuierlich weiterentwickelt (vgl. Abb. 10.10). An der Finanzierung beteiligen sich in der Regel Bund, Länder und Kommunen zu je einem Drittel. „Unterstützt werden keine isolierten Einzelvorhaben, sondern umfassende städtebauliche Gesamtmaßnahmen in räumlich abgegrenzten Gebieten. Die Erarbeitung von integrierten Stadtentwicklungskonzepten gewinnt dabei immer mehr an Bedeutung" (BMVBS 2012e, S. 9). Wie auch Abb. 10.10 verdeutlicht, bestehen die folgenden Programme, von denen die jüngeren im Folgenden knapp erläutert werden (s. auch Text):

· **Städtebauliche Sanierungs- und Entwicklungsmaßnahmen** (1971-2012).

· **Städtebaulicher Denkmalschutz (Ost)** (seit 1991) / **(West)** (seit 1999):
Ziel des Programms ist, schützenswerte historische Stadtkerne und Stadtquartiere mit ihren städtebaulich bedeutenden Bauwerken, Ensembles, Straßenzügen und Plätzen (einschl. stadtbildprägender Stadterweiterungs- und Gründerzeitgebiete, Siedlungen des 19./20. Jh.s) zu erhalten, zu erneuern und zu entwickeln. Außerdem fördert der Bund ab 2009 mit dem **Investitionsprogramm nationale UNESCO-Welterbestätten** „zusätzlich die Weiterentwicklung und Pflege des deutschen Weltkultur- und Weltnaturerbes" (BMVBS 2012e, S. 10).

· **Soziale Stadt** (seit 1999)/**Soziale Stadt - Investitionen im Quartier** (seit 2012):
Durch das von Bund und Ländern 1999 gestartete, ab 2012 weiterentwickelte Städtebauförderungsprogramm werden in den Quartieren großer und kleiner Kommunen, in denen sich städtebauliche, wirtschaftliche und soziale Probleme konzentrieren (Stadtteile mit besonderem Entwicklungsbedarf) „städtebauliche Investitionen in Gebäude und Wohnungen, das Wohnumfeld und in die Infrastruktur gefördert. Sie werden mit Maßnahmen weiterer Politikfelder, z. B. zu Förderung von Bildung und Beschäftigung, Integration, Gesundheit und lokaler Ökonomie, ergänzt". (...) Ziele sind „die Stabilisierung und ganzheitliche Aufwertung der Quartiere und damit die Verbesserung der Lebensqualität der Bewohnerschaft, des gesellschaftlichen Miteinanders und der Integration" (BMVBS 2012e, S. 11). „Mit dem ergänzenden **ESF-Bundesprogramm „Bildung, Wirtschaft, Arbeit im Quartier (BIWAQ)"** werden insbesondere in den Programmgebieten der Sozialen Stadt mit Mitteln des Europäischen Sozialfonds (ES) und des BMVBS bundesweit Projekte gefördert, die die Qualifikation und die soziale Situation der Bewohnersschaft verbessern und somit zur Stärkung des gesellschaftlichen Zusammenhalts in den Quartieren beitragen" (ebd.).

· **Stadtumbau Ost** (seit 2002) / **West** (seit 2004):
Angesichts des demographischen und wirtschaftlichen Rückgangs in verschiedenen Regionen Ost-, aber auch Westdeutschlands, die die Kommunen vor erhebliche - insbesondere städtebauliche - Herausforderungen stellen, kommt diesem Programm in der jüngeren bzw. gegenwärtigen Phase des Stadtumbaus eine besondere Bedeutung zu. „Auf Basis gesamtstädtischer Konzepte werden in einer Doppelstrategie Rückbau- und Aufwertungsmaßnahmen verbunden. In ostdeutschen Städten wird die Zahl dauerhaft leer stehender Wohnungen zur Stabilisierung der städtebaulichen Strukturen und zur Marktkonsolidierung reduziert, die städtische Infrastruktur wird entsprechend angepasst. Gleichzeitig werden Innenstädte, erhaltenswerte Quartiere und wertvolle Altbauten aufgewertet.

In westdeutschen Kommunene liegt der Handlungsschwerpunkt in Innenstädten, Wohnquartieren unterschiedlicher Baualtersklassen sowie Industrie-, Gewerbe- und Militärbrachen. Allen gemein ist, dass ein erfolgreicher Stadtumbau den Einsatz eines integrierten Strategiebündels erfordert. Dementsprechend muss für Programmgebiete ein integriertes städtebauliches Entwicklungskonzept erarbeitet und fortgeschrieben werden" (BMVBS 2012e, S. 12).

· **Aktive Stadt- und Ortszentren** (seit 2008) (*Fortsetzung nächste Seite*):
Durch dieses „Zentrenprogramm" soll in einem integrierten Ansatz die Vielfalt der Zentren (Innenstädte, Stadtteilzentren, Ortskerne) unterstützt und diese als „Orte zum Arbeiten und Wohnen, für

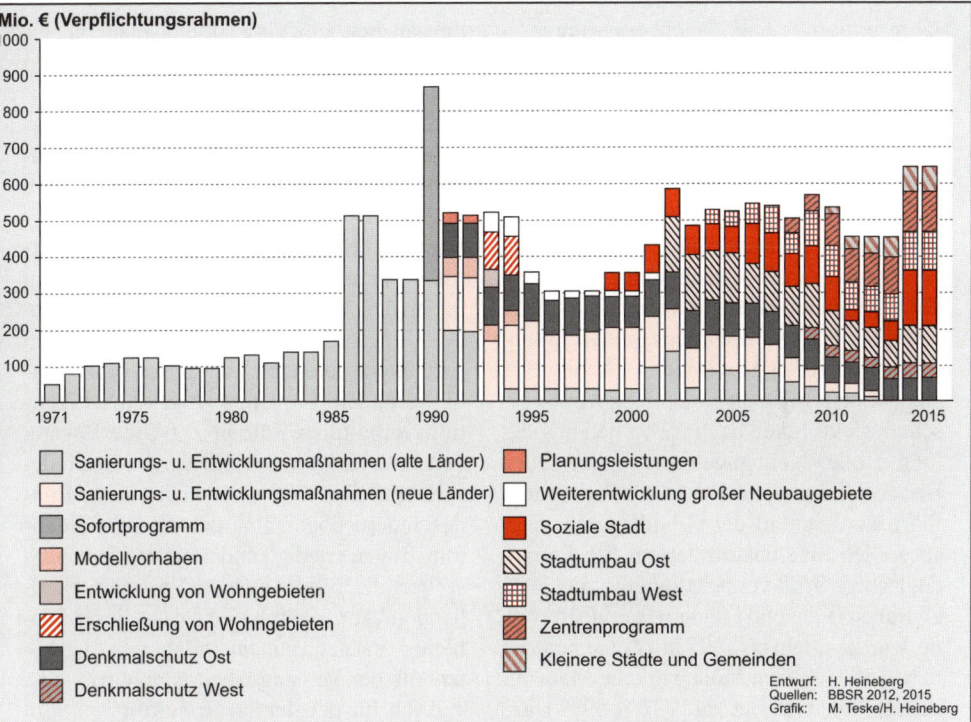

Mio. € (Verpflichtungsrahmen)

Legende:
- Sanierungs- u. Entwicklungsmaßnahmen (alte Länder)
- Sanierungs- u. Entwicklungsmaßnahmen (neue Länder)
- Sofortprogramm
- Modellvorhaben
- Entwicklung von Wohngebieten
- Erschließung von Wohngebieten
- Denkmalschutz Ost
- Denkmalschutz West
- Planungsleistungen
- Weiterentwicklung großer Neubaugebiete
- Soziale Stadt
- Stadtumbau Ost
- Stadtumbau West
- Zentrenprogramm
- Kleinere Städte und Gemeinden

Entwurf: H. Heineberg
Quellen: BBSR 2012, 2015
Grafik: M. Teske/H. Heineberg

Abb.10.10 Verpflichtungsrahmen des Bundes zu den Finanzhilfen der Städtebauförderung nach Programmen 1971 bis 2015

(*Fortsetzung von S. 258*): Wirtschaft und Kultur, für Versorgung und Freizeit - und nicht zuletzt als Identifikationsorte des Alltagslebens (gestärkt werden)". (...) „Ein Schwerpunkt des Programms liegt darin, zivilgesellschaftliche Akteure und die lokale Wirtschaft umfassend einzubinden. Durch das gemeinsame Handeln von Bürgerschaft, Wirtschaft und öffentlicher Hand sollen nachhaltige Wirkungen ausgelöst werden" (BMVBS 2012e, S. 13).

· **Kleinere Städte und Gemeinden** (seit 2010). „Zur Sicherung der Daseinsvorsorge und zur Schaffung von Zukunftsperspektiven für ländliche Räume", die häufig durch natürlichen Bevölkerungsrückgang und Abwanderung betroffen sind, „wurde 2010 die „Initiative Ländliche Infrastruktur" ins Leben gerufen. Sie setzt auf die regionalen Stärken und auf die Ideen und Mitwirkung der Bürgerinnen und Bürger vor Ort. Ein Kernbestandteil ist das Programm „Kleinere Städte und Gemeinden - überörtliche Zusammenarbeit und Netzwerke", das ebenfalls 2010 gemeinsam mit den Ländern gestartet wurde. Ziel des Programms ist es, Klein- und Mittelstädte als wirtschaftliche, soziale und kulturelle Zentren zu stärken und als Ankerpunkte der Daseinsvorsorge für die Zukunft handlungsfähig zu machen. Ihre zentralörtliche Versorgungsfunktion soll dauerhaft, bedarfsgerecht und auf hohem Niveau gesichert und gestärkt werden". (...) „Das Programm trägt damit zur Innenentwicklung und Stärkung der Ortskerne als lebendige Orte zum Wohnen, Arbeiten und Leben bei" (BMVBS 2012e, S. 13).

Im Zusammenhang mit dem Städtebau steht darüber hinaus auch das neue **KfW-Förderprogramm „Energetische Stadtsanierung"**, mit dem „umfassende Maßnahmen in die Energieeffizienz der Gebäude und der Infrastruktur angestoßen und umgesetzt (werden sollen)" (ebd., S. 15).

Jahre umfangreiche „Nachbesserungen" - insbesondere im Rahmen von 20 Modellprojekten des vom BMBAU geförderten sog. Experimentellen Wohnungs- und Städtebaus (ExWoSt) - durchgeführt wurden, wurden gleichzeitig in der ehemaligen DDR große Neubausiedlungen in Plattenmontage weitergebaut. „Die städtebauliche Erneuerung bestehender Großwohnsiedlungen spielte in der DDR praktisch keine Rolle" (B. BREUER 1997, S. 597). Aufgrund des großen Erneuerungsbedarfs sind zwischen 1992 bis 1995 elf Modellvorhaben in dem ExWoSt-Forschungsfeld „Städtebauliche Weiterentwicklung großer Neubaugebiete in den neuen Bundesländern und Berlin-Ost" durchgeführt worden. Auf der Grundlage der o. g. speziellen Städtebauförderung für die ostdeutschen Großwohnsiedlungen, die 1993 zwischen Bund und Ländern vereinbart wurde, wurden allein bis 1997 in 127 Gemeinden bzw. 158 Gebieten städtebauliche Maßnahmen gefördert (B. BREUER 1997, S. 598). Dazu zählten vorbereitende Untersuchungen und die ganzheitliche Entwicklungsplanung einschließlich umfassender Verbesserungen des Wohnumfeldes, gebäudebezogener Außenanlagen und der Versorgungsinfrastruktur sowie städtebauliche Nachverdichtungen (Wohnen, Handel, Dienstleistungen und Gewerbe).

• **Die häufig ungeklärten Eigentumsverhältnisse** waren ein weiteres spezielles Problem in den neuen Ländern. So stellte M. RENNER (1997, S. 535) fest: „Die innerstädtischen Altbauquartiere sind von dieser Problematik besonders getroffen. Ungeklärte Eigentumsverhältnisse führen zur Unterlassung von Investitionen in den Erhalt der Gebäudesubstanz". Bis 1996 waren in den neuen Bundesländern über 72 % der offenen Eigentumsfragen erledigt, und bis zum Jahre 2000 sollten die Eigentumsverhältnisse weitgehend geklärt sein (ebd.), so dass dieses Problem - erst nach gut einem Jahrzehnt - größtenteils der Vergangenheit angehört.

• Auch für den **tertiären Sektor** und - in Verbindung damit - für das **innerstädtische**

Kasten 10.3 Räumliches Nebeneinander von Wachstums- und Schrumpfungsprozessen in Deutschland (mit Erläuterungen zur Abb. 10.11)

„Welche Städte in Deutschland wachsen, welche schrumpfen? Zur Beantwortung dieser Frage wurde ein Modell entwickelt, das aus sechs Indikatoren besteht: Bevölkerungsentwicklung, Gesamtwanderungssaldo, Arbeitsplatzentwicklung, Arbeitslosenquote, Realsteuerkraft und Kaufkraft (s. Legende in Abb. 10.11). Wachstum und Schrumpfung werden dabei als multidimensionale systemische Prozesse verstanden, bei denen sich einzelne Elemente gegenseitig beeinflussen oder verstärken können: Bevölkerungsabnahme z. B. ist auf Wanderungsverluste zurückzuführen, hohe Arbeitslosigkeit auf starke Arbeitsplatzverluste, Rückgang von Bevölkerung und Arbeitsplätzen führen zu Kaufkraft- und Realsteuerkraftverlusten" (BMVBS 2009b, S. 22).

„Im Osten finden sich weit überwiegend die schrumpfenden, im Westen die noch wachsenden Städte. Die Analyse zeigt, dass jenseits der augenscheinlichen Ost-West-Unterschiede Wachstum und Schrumpfung kleinräumig nebeneinander stattfinden. Rund 35 % der insgesamt in Groß-, Mittel- und Kleinstädten lebenden 58 Mio. Einwohner - d. h. rd. 21 Mio. Menschen - leben in Städten, die mit Schrumpfungsprozessen konfrontiert sind. Besonders betroffen sind dabei die Großstädte sowie die Mittelstädte außerhalb der Stadtregionen.

Die Gleichzeitigkeit und das räumliche Nebeneinander von Wachstum und Schrumpfung sind nicht nur im Vergleich der Städte und Gemeinden festzustellen. Auch innerhalb wachsender Städte gibt es zahlreiche schrumpfende Stadtteile und innerhalb schrumpfender Städte sind wachsende Stadtteile zu finden. Dabei zeigt sich, dass in den schrumpfenden Großstädten der Innenstadtrand und vor allem der Stadtrand schrumpfen. In den Innenstädten finden sich dagegen in der jüngeren Vergangenheit, seit 2000, nur relativ wenige Stadtteile mit Bevölkerungsrückgang" (ebd.).

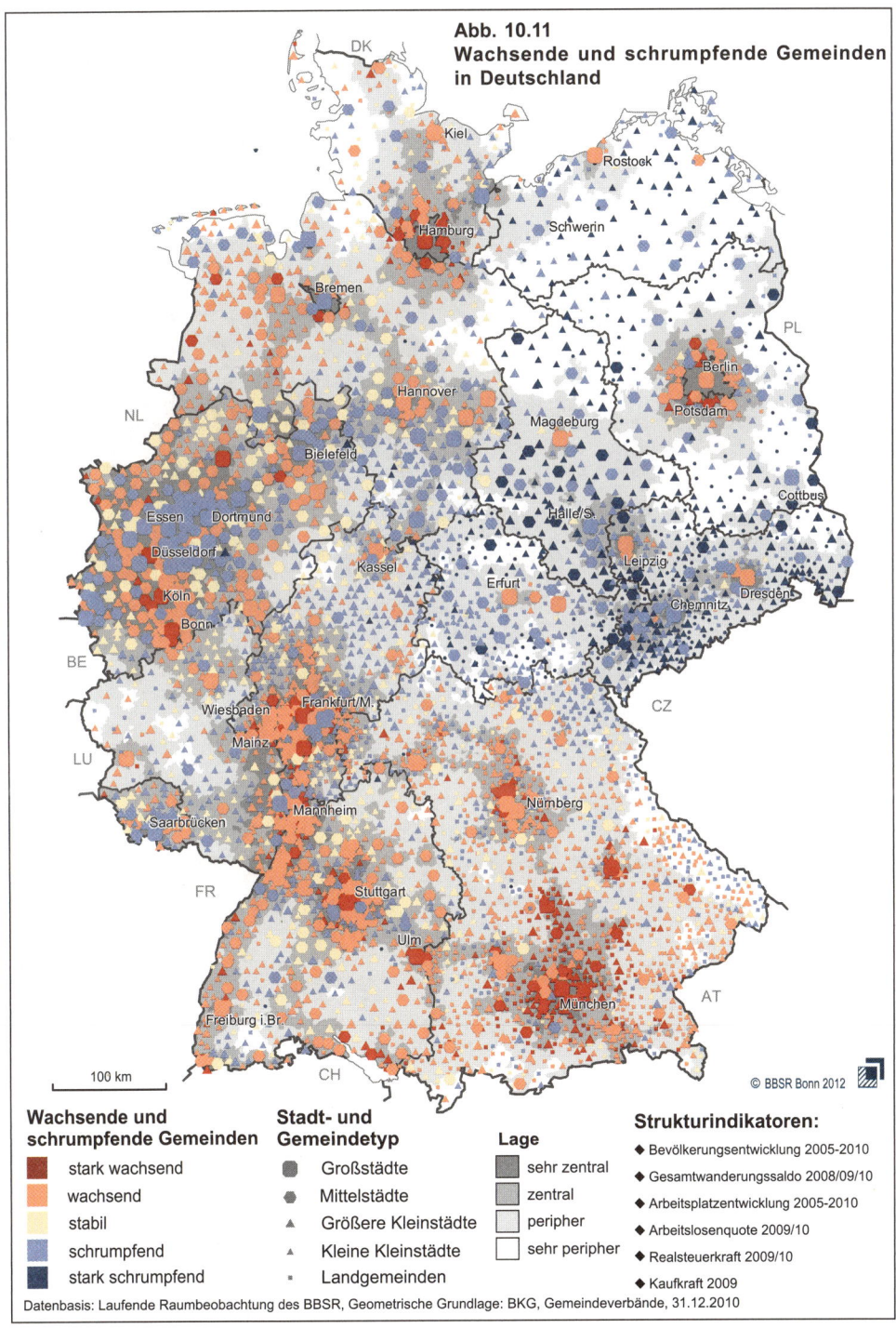

Abb. 10.11
Wachsende und schrumpfende Gemeinden in Deutschland

100 km

© BBSR Bonn 2012

Wachsende und schrumpfende Gemeinden

- █ stark wachsend
- █ wachsend
- █ stabil
- █ schrumpfend
- █ stark schrumpfend

Stadt- und Gemeindetyp

- ⬡ Großstädte
- ⬡ Mittelstädte
- ▲ Größere Kleinstädte
- ▲ Kleine Kleinstädte
- ▪ Landgemeinden

Lage

- ▪ sehr zentral
- ▪ zentral
- ▪ peripher
- ▫ sehr peripher

Strukturindikatoren:

- ◆ Bevölkerungsentwicklung 2005-2010
- ◆ Gesamtwanderungssaldo 2008/09/10
- ◆ Arbeitsplatzentwicklung 2005-2010
- ◆ Arbeitslosenquote 2009/10
- ◆ Realsteuerkraft 2009/10
- ◆ Kaufkraft 2009

Datenbasis: Laufende Raumbeobachtung des BBSR, Geometrische Grundlage: BKG, Gemeindeverbände, 31.12.2010

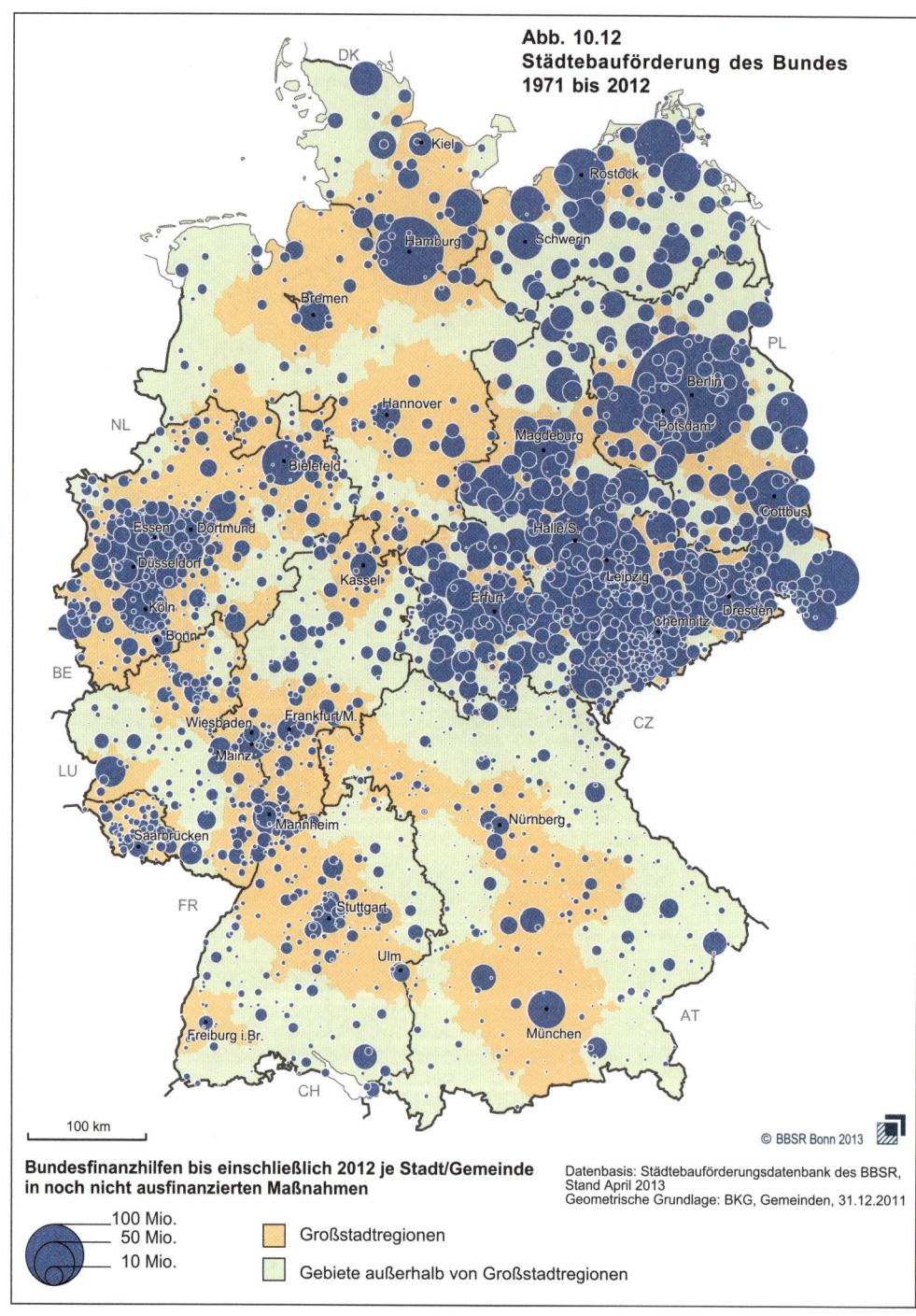

Abb. 10.12
Städtebauförderung des Bundes 1971 bis 2012

100 km

© BBSR Bonn 2013

Bundesfinanzhilfen bis einschließlich 2012 je Stadt/Gemeinde in noch nicht ausfinanzierten Maßnahmen

- 100 Mio.
- 50 Mio.
- 10 Mio.

Großstadtregionen

Gebiete außerhalb von Großstadtregionen

Datenbasis: Städtebauförderungsdatenbank des BBSR, Stand April 2013
Geometrische Grundlage: BKG, Gemeinden, 31.12.2011

Foto: Christian Ohde

Abb. 10.13 *Business Improvement District* Sachsentor, **Hamburg-Bergedorf, mit grün-**
derzeitlichem Baubestand und neugestalteter attraktiver Fußgängerzone

Zu den neueren Konzepten, mit denen dem Bedeutungsverlust oder Problemen innerstädtischer
Geschäftszentren entgegengewirkt werden kann, zählen sog. *Business Improvement Districts*
(BIDs), - ein Konzept, das ursprünglich seit 1970 erfolgreich gegen *trading-down*-Effekte in einem
Stadtteil von Toronto/Kanada entwickelt wurde und sich von dort nach und nach in andere Länder
ausbreitete. So bestanden bereits vor rd. fünf Jahren nach I. MOSSIG/A. DORENKAMP (2010, S. 14) in
Kanada ca. 300, in den USA ca. 1400 BIDs. In Deutschland kommen dem 2005 in Hamburg-Bergedorf - einer ehemals selbstständigen historischen Stadt - ausgewiesenen BID Sachsentor (mit der
Fußgängerzone, auch in Seitenstraßen) und dem BID Neuer Wall (Hamburg-Mitte) sowie seit 2006
der Stadt Gießen mit vier direkt benachbarten BIDs im nahezu gesamten innerstädtischen Fußgängerbereich Pionierrollen zu, wozu in Hamburg wie auch in Hessen zunächst spezielle rechtliche Grundlagen geschaffen werden mussten. Eine Reihe weiterer Bundesländer folgte. Mit zehn BIDs, davon
vier in der Innenstadt, vier in Stadtbezirks- sowie je einem BID in Stadtteil- und Nahversorgungs-
zentren ist Hamburg heute in Deutschland führend; für zwei BIDs (u. a. Sachsentor) wurden Folge-
BIDs eingerichtet, fünf weitere waren in Vorbereitung (vgl. www.hamburg.de/bid-projekte sowie
H. SCHOTE 2013 zur BID-Entwicklung in Hamburg und Deutschland insgesamt).

In BIDs „entschließen sich Eigentümer mehrheitlich, gemeinsam ihr Quartier aufzuwerten, indem
sie ihre Immobilien erneuern und das Viertel verschönern. Die Städte unterstützen zum Teil die
Projekte mit eigenen Maßnahmen. (...) Die Inhaber der Immobilien, größtenteils auch selbst Betreiber
der Ladengeschäfte, investierten mit Bänken und Grünpflanzen in die Verschönerung des öffentlichen Raums" (R. HAIMANN 2013). Im Falle Bergedorfs wurde die Fußgängerzone komplett neu
gestaltet (Abb. 10.13), der BID Sachsentor ist für die Pflege sowie Marketing- und Management-
leistungen verantwortlich (H. SCHOTE 2013). Entscheidend ist, dass - anders als bei (früheren) „auf
freiwilliger Basis initiierten Interessen- und Werbegemeinschaften der lokalen Einzelhändler" - in
einem neuen BID die selbst auferlegten und zeitlich befristeten Abgaben „über die Grundsteuer von
allen Grundstückseigentümern in dem Bereich eingezogen" werden, so dass damit das „Problem
der Trittbrettfahrer gelöst und eine ausreichende finanzielle Ausstattung für die erforderlichen
Handlungsmaßnahmen sichergestellt (ist)" (I. MOSSIG/A. DORENKAMP 2010, S. 1, 13).

Abb. 10.14 Das Projekt HafenCity Hamburg (Bildmitte) **mit der Altstadt** (im Vordergrund)
Quelle: HafenCity Hamburg GmbH

In der Größen- und Planungsdimension herausragend ist die mit einem Masterplan konkret gewordene Umstrukturierung des 157 ha großen Areals an weitgehend brach gefallenen Hafenflächen (davon rd. 60 ha Nettobauland) südlich der Hamburger Innenstadt als „**HafenCity Hamburg**" (Abb. 10.14). Dieses innerstädtische Stadtentwicklungsprojekt - eines der bedeutendsten *Waterfront*-Entwicklungsprojekte weltweit - ist als Planungs- und Realisierungsprozess über ca. 25 Jahre angelegt. Geplant und in weiten Teilen bereits realisiert ist eine 'feinkörnig' gemischte Nutzung aus Wohnen (bis zu 7000 Wohnungen), Büros, Kultur, Freizeit, Tourismus, Handel und Gewerbe; anvisiert sind insgesamt rd. 45.000 Arbeitsplätze. Die HafenCity ist „kein beliebiges Stadterweiterungsprojekt, sondern soll integrativer Bestandteil der Hamburger Innenstadt werden", zumal auch eine „Metropolregion (…) im internationalen Wettbewerb auf ein wachsendes und identitätsbildendes Zentrum angewiesen (ist)" (GHS 2002, S. 15).

Die Planung der HafenCity durch eine neue gegründete Gesellschaft für Hafen- und Standortentwicklung (GHS), seit 2004 unbenannt in HafenCity Hamburg GmbH als 100 %-ige Tochter der Freien Hansestadt Hamburg, profitiert von einer Reihe von (strategischen) Vorteilen. Dazu zählen die innenstadtnahe Lage an der Elbe (die Innenstadtfläche wird durch die HafenCity um 40 % erweitert), die Verbesserung der Anbindung an die Innenstadt durch eine in weiten Teilen fertig gestellte U-Bahnlinie, die günstigen Eigentumsverhältnisse (99 % der bebauten Grundstückflächen befanden sich vor der Veräußerung in öffentlichem Eigentum: Sondervermögen „Stadt und Hafen", vertreten durch die HafenCity Hamburg GmbH), die Verlagerung hafenbezogener gewerblicher Nutzungen aus dem Planungsgebiet, die ungebrochen positive Büroflächennachfrage bzw. die insgesamt günstigen Bedingungen für die Investorenaquisition. Hinzu kommen zwei gut akzeptierte Besucherzentren (Kesselhaus und Osaka9) oder auch ein inzwischen hoher allgemeiner Bekanntheitsgrad der neu entstehenden HafenCity durch eine Vielzahl von Veranstaltungen und durch die Medien; dazu zählen auch Presseberichte über das im Januar 2017 eröffnende 'Leuchtturmprojekt' der Elbphilharmonie (im Bild rechts) als neues Wahrzeichen der Stadt („als Freiheitsstatue des hanseatischen Bürgertums", D<small>ER</small> S<small>PIEGEL</small> 3/2006, S. 140), deren spektakuläre Errichtung auf einem alten Kaispeicher - einschließl. eines Fünf-Sterne-Hotels, von Restaurants, Luxuswohnungen, Cafés und einer Plaza in 37 m Höhe - sich allerdings deutlich verzögert und erheblich verteuert hat.

oder -gemeindliche Zentrensystem ergaben sich tiefgreifende Veränderungen im Rahmen des Transformationsprozesses von der sozialistischen Planwirtschaft zur Marktwirtschaft. Herausragendes Merkmal waren die raschen Ansiedlungsinteressen westdeutscher Investoren unmittelbar nach der Wende und politischen Vereinigung, und zwar zunächst vor allem durch zahlreiche neue großflächige Einzelhandelseinrichtungen vornehmlich in nicht integrierten Lagen am Stadtrand auf der „Grünen Wiese". Im Gegensatz zu dem Dekonzentrationsprozess in der alten Bundesrepublik, in dem seit ca. 1960 zunächst der Wohn- oder Bevölkerungssuburbanisierung die Gewerbe- und tertiäre Suburbanisierung folgten, war die Reihenfolge in Ostdeutschland im Rahmen der sog. nachholenden Suburbanisierung umgekehrt (s. 2.3.3, 7.5.3, Abb. 7.17 und Kasten 7.11). Der Trend zur Suburbanisierung hat seit der Wende ganz wesentlich zum Funktionsverlust von Innenstädten (in den Kernstädten) beigetragen. Von dem Transformationsprozess im Einzelhandel waren auch wohnorientierte Streulagen von Geschäften (negativ) betroffen. Trotz einer gegenüber den Verhältnissen in der sozialistischen Planwirtschaft grundsätzlich weitaus besseren Versorgung der Bevölkerung durch den tertiären Sektor entstanden diesbezüglich auch neue räumliche Disparitäten.

• „Seit 1997 setzte die (...) Bundesregierung aufgrund des anhaltenden Trends zur Wohnsuburbanisierung in Ostdeutschland verstärkt auf die **Modernisierung der ostdeutschen Innenstädte**. Die Modernisierung erhielt gegenüber dem Wohnungsbau Priorität. Die Förderung sollte sich darauf konzentrieren, die gewachsenen Stadtteile, insbesondere die Innenstädte, zu stabilisieren. Deshalb wurden die Stadtsanierungsprogramme fortgesetzt und die steuerliche Förderung des Wohnungsneubaus auf die In-

nenstädte konzentriert" (P. ECHTER/K. MITTAG 1999, S. 13).

Seit der zweiten Hälfte der 1990er Jahre haben in Stadtzentren der neuen Bundesländern die **Erhaltung und Umgestaltung von Straßen und Plätzen von historischer, künstlerischer und städtebaulicher Bedeutung** an Gewicht gewonnen (BVBW/BBR 2005, S. 95). Dabei wurde (z. B. in Leipzig, vgl. A. MAYR 2003, Magdeburg oder Potsdam) in verstärktem Maße damit begonnen, die meist durch starke Kaufkraftverluste betroffen Cities bzw. Innenstädte durch neugeplante Einkaufszentren, Passagen, attraktive Gestaltung von Fußgängerzonen etc. aufzuwerten (s. auch 7.5.3). Allerdings ist - vor dem Hintergrund des demographischen Wandels und zugenommener wirtschaftlicher Strukturschwächen - in vielen Innenstädten und darüber hinaus die Nutzung alter Bausubstanz aufgrund von Leerständen und Verfallserscheinungen häufig zu einem Problem geworden (s. unten).

• Um der Gefahr des Verlustes kulturell bedeutsamer Gebäudeensembles (Kulturerbe) zu begegnen, hat der Bund (gemeinsam mit den neuen Ländern) im Jahr 1991 das **Programm Städtebaulicher Denkmalschutz (Ost)** auf den Weg gebracht; dieses wurde 1999 auch in den alten Bundesländern eingeführt (s. Kasten 10.2, Abb. 10.10).

• „Um besser auf die drängenden sozialen Herausforderungen in benachteiligten Quartieren eingehen zu können, wurde ab 1999 bundesweit das **Bund-Länder-Programm „Die soziale Stadt"** eingeführt", das 2012 weiterentwickelt wurde (Kasten 10.2, Abb. 10.10). In den zahlreichen, über das gesamte Bundesgebiet verteilten Programmgebieten stehen städtebauliche Maßnahmen für die Wohnumfeldverbesserung, den Ausbau der sozialen Infrastruktur und die Qualität des Wohnens im Vordergrund. Das Programm gab bislang zugleich Impulse für neue Steuerungsformen in der Stadtentwicklungs-politik (Einbeziehung verwaltungsexterner Akteure in den Entscheidungsprozess, Einsetzung eines Quartiersmanagements, neue Allianzen und Vernetzungen in den Quartieren etc.), d. h. zu einer **sozialen Stadtteilentwicklungspolitik**.

• Zu den jüngeren großen Maßnahmen der Städtebauförderung zählt das 2002 von der Bundesregierung eingeführte **Programm "Stadtumbau Ost"** als wichtiger „Beitrag für die Zukunftsfähigkeit der Städte und des Wohnungsmarktes in den neuen Ländern" (BVBW/BBR 2005, S. 101; vgl. Kasten 10.2, Abb. 10.10). Konkret geht es dabei um Finanzhilfen für „den Rückbau dauerhaft leerstehender Wohnungen, für die Aufwertung von Stadtquartieren, insbesondere der Innenstädte, sowie für die Stärkung des Wohnens in den innerstädtischen Altbauquartieren" (ebd.). An dem Bundeswettbewerb 2002 für das Stadtumbau-Programm haben sich in Ostdeutschland insgesamt 269 Städte mit integrierten Stadtentwicklungskonzepten als Voraussetzung für die Förderung von Rückbau und Abriss beteiligt (BVBW/BBR 2002, 2003a, b). Nach BVBW/BBR (2003b, S. 70) befanden sich die Städte und Gemeinden im östlichen Deutschland somit in einer zweiten „intensiven Umbauphase".

Zu den **Hintergründen für das Programm** „Stadtumbau Ost" zählten, dass die Stadtentwicklung in Ostdeutschland (vor allem bis 1996/97) durch zunehmende Abwanderungen in das Stadtumland - z. B. in den „Berliner Speckgürtel", d. h. in den „engeren Verflechtungsraum" um Berlin im Land Brandenburg aufgrund des „Hauptstadteffektes" - mit Auswirkungen auf wachsende sozialräumliche Unterschiede in den Stadtregionen negativ beeinflusst wurde. Hinzu kamen bedeutende arbeitsmarktbedingte Ost-West-Migrationen, insbeson-

dere junger, qualifizierter Bevölkerungsgruppen, in die alten Bundesländer sowie stark rückläufige Geburtenraten mit daraus resultierenden erheblichen Bevölkerungsrückgängen (s. auch 10.4). So ging die Zahl der Einwohner in den neuen Bundesländern von 18,6 Mio. im Jahre 1989 auf 17,3 Mio. Anfang 2000 zurück. Aus der rückläufigen Bevölkerungsentwicklung bei gleichzeitig immensem Wohnungsneubau resultierten stark wachsende Wohnungsüberschüsse und vor allem auch Wohnungsleerstände (s. unten). Das HANDELSBLATT stellte am 7.3.2000 die „fatale Kombination von massiver Förderung von Mehrfamilienhäusern und der Sehnsucht der Ostdeutschen nach den lange vermißten Ein- und Zweifamilienhäusern" heraus. Hinzu kamen die hohen finanziellen Belastungen der Wohnungsgesellschaften infolge von Altschulden aus der früheren DDR-Zeit und Krediten für Sanierungen nach der politischen Vereinigung (mit entsprechenden Mietsteigerungen in den weniger begehrten Plattenbauten) etc. Eine weitere Schrumpfungsbedingung war der „allgemeine wirtschaftliche Strukturabbau", von C. HANNEMANN (2003, S. 19) treffend als „Deökonomisierung" bezeichnet. Folgen waren Funktionsverluste der Städte bei zugleich geringen Steuereinnahmen mit der Zunahme einkommensschwacher Haushalte sowie hoher Arbeitslosigkeit und Sozialleistungen und damit wachsender Abhängigkeit von staatlichen Transferleistungen.

Es stellten sich somit zehn Jahre nach der politischen Vereinigung, nach massiver Förderung der Wohnungssanierungen sowie lukrativen Abschreibungsmöglichkeiten in Ostdeutschland die in jüngerer Zeit stark zugenommenen **Wohnungsleerstände** als gravierendes Problem heraus. So stand beispielsweise im Sommer 2000 nach Expertenschätzungen rd. eine Mio. Wohnungen leer; bis zum Jahre 2015 sollten rd. 350.000 Wohnungen rückgebaut werden (BVBW/BBR 2005, S. 101). Zum **Abriss** kamen auch solche Gebäude - v. a. Plattenbauten aus der DDR-Zeit (Abb. 10.15) -, die zuvor mit Hilfe von Krediten der Kreditanstalt für Wiederaufbau (KfW) und Investitionszulagen instand gesetzt wurden. Die Wohnungsleerstandsquote schwankt(e) im Ostdeutschland von Land zu Land sowie auch von Stadt zu Stadt.

Abb. 10.15 Abriss eines Plattenbaus in Halle-Silberhöhe
Foto: S. MÜLLER 2002

In der Stadt Schwedt wie etwa auch in Hoyerswerda - beide in der DDR als Industriestädte gefördert und mit hohen Anteilen an Plattenbauten ausgestattet - hatten sich die ungünstigen sozio-ökonomischen Bedingungen (Deindustrialisierung, hohe Arbeitslosigkeit, Abwanderung und Überalterung) dermaßen verstärkt, dass in Hoyerswerda im März 2000 jede fünfte der etwa 26.000 Wohnungen der Stadt unvermietet war (DIE WELT 3.3.2000). In Schwedt mit ähnlichen Strukturproblemen wurde bis Mitte 2000 bereits eine Reihe von Plattenbauten abgerissen; von Leerstand (mit möglichem Abriss) waren rd. 3.000 Schwedter Wohnungen betroffen.

Mit dem o. g. Programm „Stadtumbau Ost" sollten „**räumliche Schwerpunkte für Rückbau- und Aufwertungsmaßnahmen** innerhalb des Gemeindegebiets gesetzt werden. Dabei verdient das Leitbild der kompakten Stadt im Sinne einer nachhaltigen Stadtentwicklung eindeutig den Vorzug (s. 5.7.14 u. Abb. 5.30). Denn die Städte, die von innen nach außen gewachsen sind, sollten sich jetzt wieder grundsätzlich von außen nach innen entwickeln. Dies gilt vor allem dort, wo die gewachsene städtische Struktur dies zulässt" (BVBW/BBR 2005, S. 103). „Für die **Stärkung der Innenstädte** ist es (...) bedeutsam, dass wesentliche Investitionen beispielsweise für die Erhaltung von stadtbildprägenden Gebäuden, für Wohnungsmodernisierungen sowie für die Aufwertung des öffentlichen

Raums in den innerstädtischen Bereichen getätigt werden. Entscheidend ist, dass der Stärkung der Innenstädte in der Stadtentwicklung oberste Priorität eingeräumt wird, ohne andere Stadtgebiete, deren Erhaltung dauerhaft zu einer nachhaltigen Stadtentwicklung beiträgt, zu vernachlässigen" (BVBW/BBR 2005, S. 103).

• Trotz der Abrissmaßnahmen (Abb. 10.15) betrug nach S. KABISCH/K. GROSSMANN (2009, S. 34) in vielen ostdeutschen Städten der Anteil an Wohnungen in Großwohnsiedlungen noch bis zu 70 %, in Ost-Berlin ca. 40 %. Die inzwischen erfolgten Abrisse und Aufwertungsinvestitionen haben aber dazu geführt, dass deren Infrastrukturausstattung inzwischen oft hervorragend ist (z. B. Durchgrünung öffentlicher Flächen) und die Wohnbedingungen bzw. die Wohnzufriedenheit aus Sicht der verbleibenden Bewohner als sehr hoch eingeschätzt werden. Damit ist nach S. KABISCH/K. GROSSMANN mittelfristig von einer Stabilisierung ostdeutscher Großwohngebiete auszugehen.

• Die Problematik der Stadtschrumpfung und des deraus resultierenden Stadtumbaus betrifft nicht nur die östlichen Bundesländer, sondern angesichts des demographischen Wandels zunehmend auch den Westen Deutschlands (s. Abb. 10.11). „In altindustrialisierten Regionen wie dem Ruhrgebiet oder dem Saarland, aber auch in einigen Küstenregionen gibt es im Westen bereits seit einigen Jahren schrumpfende Städte. Wohnungsleerstände und gewerblich-industrielle Brachflächen sind Kennzeichen dafür" (C.-C. WIEGANDT 2012, S. 48). Wenngleich sich im Gegensatz zu den neuen Bundesländern in weiten Teilen Westdeutschlands noch wachsende Städte finden (s. Abb. 10. 11 und Kasten 10.3), so zeigten jedoch Prognosen, „das sich dies in Zukunft aufgrund des demographischen Wandels verändern wird" (ebd.). Daher wurde von der Bundesregierung bereits Ende 2001 im Rahmen des Experimentellen Wohnungs- und Städtebaus (ExWoSt) ein **Forschungsfeld „Stadtumbau West"** mit Pilotvorhaben in elf Projektstädten ins Leben gerufen; damit sollte geprüft werden, ob angesichts sich abzeichnender langfristiger demographischer und wirtschaftlicher Schrumpfungstendenzen in Städten Westdeutschlands auch hier ein Handlungsbedarf gezielter Bundesförderung bestand. Seit 2004 ist der „Stadtumbau West" auch ein Bund-Länder-Städtebauförderungsprogramm (s. Kasten 10.2 und Abb. 10.10).

Die Abb. 10.12 zeigt die räumliche Verteilung der gesamten **Städtebauförderungsmittel des Bundes zwischen 1971 bis 2012**, d. h. die Bundesfinanzhilfen je Stadt/Gemeinde in noch nicht ausfinanzierten Maßnahmen (laufende und ruhende Maßnahmen zum Programmstand 2012). „Der Großteil (rd. 90 %) dieser Maßnahmen wurde ab 1990 in die Städtebauförderung aufgenommen. Über 50 % der Maßnahmen sind nicht älter als 10 Jahre (Mitt. d. BBSR v. 19.4.2013). Abb. 10.12 vermittelt ein sehr aussagekräftiges Bild über die Verteilung der Bundesfinanzhilfen, insbesondere im Vergleich zwischen Ost und West. So machte der Anteil der Bundesförderung bis einschließlich 2012 für Ostdeutschland rd. 62 %, für West-

deutschland rd. 38 % der Gesamtmittel aus, während die Bevölkerungsanteile zwischen Ost- und Westdeutschland rd. 20 % bzw. 80 % betragen (Mitt. d. BBSR v. 22.4.2013). Deutlich wird auch, dass neben einigen Großstädten, wie Berlin und Hamburg, vor allem eine Vielzahl von Mittel- und Kleinstädten - mit einer besonderen Dichte im südlichen Teil von Sachsen-Anhalt, in Thüringen und Sachsen - sowie etwa auch zahlreiche Städte im Rhein-Ruhr-Gebiet von den Finanzhilfen des Bundes besonders profitiert haben.

10.3.2 Städtebauliche Großvorhaben und Projekte in der jüngeren Stadtpolitik. In vielen deutschen Städten sind seit Ende der 1980er/Anfang der 1990er Jahre „städtebauliche Großvorhaben unterschiedlichster Art und Nutzung geplant, begonnen und zum Teil auch bereits realisiert worden. Dabei sind umfangreiche Potentiale für neue Nutzungen entstanden: ob auf innerstädtischen Brach- und Umstrukturierungsflächen wie Industrie-, Hafen- und Konversionsflächen, ehemaligen Schlachthöfen oder Bahngeländen, aber auch durch die Verlagerung bisheriger Nutzungen wie Flughäfen und Messen und schließlich auch als Neuentwicklungen auf der 'grünen Wiese'." (...) „Städtebauliche Großvorhaben sind wegen ihrer ökonomischen, stadtstrukturellen, ökologischen, sozialen und zum Teil auch regionalen Auswirkungen von herausragender Bedeutung für die Stadtentwicklung. Insoweit stecken in solchen Vorhaben sowohl große Chancen als auch Risiken. Die Chancen bestehen vor allem darin, untergenutzte oder brachgefallene innerstädtische Flächen einer neuen Nutzung zuzuführen und für das städtebauliche Nutzungsgefüge wiederzugewinnen. (...) Aufgabe städtebaulicher Großvorhaben ist hier primär eine qualitative Verbesserung der städtebaulichen Struktur und damit der Attraktivität eines städtischen Raumes" (A. BUNZEL/R. SANDER 1999, S. 10).

Insbesondere wurde in den vergangenen Jahren versucht, die Attraktivität und wirtschaftliche Entwicklung deutscher Metropolregionen durch städtebauliche Großprojekte zu steigern. Dabei entstanden neue Quartiere bzw. „ganze **Stadtteile neuen Typs**" (BMVBS 2011, S. 1). „In den neuen Stadtteilen oder Quartieren werden Ansiedlungen von expandierenden Unternehmen und Arbeitsplätze für Hochqualifizierte sowie neue, attraktive Wohnformen eng mit Einrichtungen für Dienstleistungen, Handel, Kultur und Freizeit verbunden. Auf diese Weise soll über den erhofften ökonomischen Impuls hinaus der neue Teil der Stadt vital und attraktiv sein, eine vorbildliche und imageprägende Bedeutung im öffentlichen Leben der Region und möglichst auch eine überregionale Wahrnehmung erhalten. Diese Entwicklung steht damit im Kontrast zu den monofunktionalen Strukturen, die im Zuge der Suburbanisierung über Jahrzehnte entstanden sind" (ebd.). „Die Entwicklung neuer Stadtteile bietet den Städten (damit) die Möglichkeit, sich grundlegend neu zu positionieren und einen Imagewandel einzuleiten oder zu unterstützen" (ebd., S. 2), was in einer vom BMVBS (2011) herausgegebenen Studie anhand von Fallbeispielen schwerpunktmäßig untersucht wurde. Die in dieser Veröffentlichung berücksichtigten, insgesamt zehn nationalen **Beispiele städtebaulicher Großprojekte** sind sehr vielfältig, denn sie unterscheiden sich hinsichtlich ihrer Planungs- und Realisierungsphasen, Projektgrößen (ha), Verkehrs- und Lagesituation im jeweiligen Stadtgebiet (City-Lage, innerstädtisch, z. T. *Waterfront,* peripher), Funktionen (überwiegende Büronutzungen bis zu breiter Funktionsmischung) oder etwa auch als Planungstypen z. T. deutlich voneinander. Ähnliches gilt für die in einem vom BMVB u. a. (2009) herausgegebenen Sam-

melband dargestellten neuen *Waterfront*-Projekte, Stadtumbaubeispiele und Stadtteile. Während etwa das Projekt Adlershof in Berlin mit 420 ha das größte der in BMVBS (2011) berücksichtigten neuen städtebaulichen Projekte ist und durch neue wissenschaftliche Einrichtungen (Campus der Humboldt-Universität), einen großen Technologiepark etc. (insges. rd. 15.000 Arbeitsplätze) in peripherer Lage gekennzeichnet ist (s. E. KULKE 2013), ist die Neubebauung Potsdamer Platz in Berlin nur 12,6 ha groß und zeichnet sich durch eine neue City-Lage (auf einer ehem. „Grenzbrache" nach Kriegszerstörung und politischer Teilung der Stadt) sowie durch einen breiten Funktionsmix (Arbeiten, Wohnen, Freizeit und rd. 20.000 Wohneinheiten) aus (s. auch K. ADELHOF 2004). Verschiedenartig sind - trotz innerstädtischer Lage - auch die folgenden „*Waterfront*-Beispiele": Während das neue Projekt Duisburg-Innenhafen auf 89 ha Fläche durch eine Nutzungsmischung von Arbeiten (rd. 4.000 Arbeitsplätze), Wohnen (700 Wohneinheiten) und Freizeitfunktionen aufweist, ist das Planungsgebiet des neuen MedienHafens in Düsseldorf nur rd. 26 ha groß und durch überwiegende Büronutzung gekennzeichnet. Das Projekt HafenCity Hamburg ist demgegenüber mit 157 ha (davon 123 ha Landfläche) deutlich größer; angestrebt wurde ein breiter Funktionsmix mit Arbeiten, Wohnen, Bildung (u. a. Universität), Versorgung und Freizeit (s. Abb. 10.14 mit Erläuterung).

Typisch ist, dass sich sämtliche der in der o. g. BMVBS (2011)-Studie untersuchten Fallbeispiele auch durch herausragende **'Leuchtturmprojekte'** hervorheben: u. a. durch das Sony-Center und den BahnTower am Potsdamer Platz in Berlin, Eurogate (Architekt Norman Foster) im Duisburger Innenhafen, den Neuen Zollhof (Architekt Frank O. Gehry) im Düsseldorfer MedienHafen

(Abb. 10.1), die im Bau befindliche Elbphilharmonie in der Hamburger HafenCity (Abb. 10.14). Die meisten der zehn analysierten städtebaulichen Projekte befanden sich noch in der Umsetzungsphase; abgeschlossen waren beispielsweise das Projekt Neumarkt um die wiedererrichtete Frauenkirche in Dresden und der MediaPark in Köln.

Unterschiedlich sind auch die städtebaulichen Projekte als sog. **Planungstypen**, in der o. g. BMVBS (2011)-Studie charakterisiert als 'investorenorientiert', 'konzeptionell-städtebaulich', 'konzeptionell-strukturpolitisch' und 'kooperativ' (ebd., Tab. 5). „Eine wachsende Bedeutung gewinnen (...) Vorhaben, die von einem privaten Investitionsinteresse initiiert und getragen werden und die wegen ihrer Größenordnung, ihrer spezifischen Nutzung (z. B. Freizeit und/oder Konsum) sowie ihrer räumlichen Auswirkungen als Großvorhaben einzuordnen sind (z. B. CentrO Oberhausen). Zum Teil gelingt es, diese großen Sondernutzungsvorhaben auf Standorten mit Erneuerungsbedarf anzusiedeln und diese dann als Motor für die Umstrukturierung zu nutzen (z. B. Neue Messe in München)"(A. Bunzel/R. Sander 1999, S. 11).

In jüngerer Zeit von zunehmender Bedeutung ist ein ähnlicher Trend: die **Planung durch große Ereignisse** (z. B. Bundesgartenschauen oder EXPO Hannover 2000). H. Häussermann und W. Siebel (1993) sprechen diesbezüglich von der **Festivalisierung der Stadtpolitik**. Die beiden Autoren führen die Notwendigkeit einer derartigen Stadtentwicklung insbesondere auf den verstärkten internationalen und sogar globalen Wettbewerb zwischen den großen Städten zurück. Die Planung durch herausragende Projekte scheint eine - mit den Instrumenten der traditionellen Stadtentwicklungspolitik weniger zu beeinflussende - Lösung der unübersichtlichen Problemlage im transnationalen Wettbewerb zu sein. „Neben den unmittelbaren

Wirkungen des Projekts selber (Investitionsschub, Ausbau der Infrastruktur, Einnahmen aus dem Tourismus) verspricht man sich Anstoß- und Ausstrahlungseffekte von nicht genau benennbarer Wirkung auf Standortqualität und Image und damit Folgeinvestitionen" (ebd., S. 14). Das Großereignis in einer Stadt ist nicht das eigentliche Ziel - schließlich dauert z. B. eine EXPO nur wenige Monate -, sondern „die heutige Stadtpolitik bedient sich seiner vielmehr als eines Vehikels, als eines Mittels zu anderen Zwecken. Mit dem Schub des Großereignisses hofft man, die Verkehrsmisere in den Griff zu bekommen, Betriebe anzulocken, Wohnungen zu bauen etc. Hannover möchte keine Weltausstellung einfach als ein großes Festival veranstalten, Hannover möchte die Weltausstellung, um damit Stadtentwicklungspolitik zu betreiben: nicht Stadtpolitik für ein Festival, sondern Festivalisierung der Stadtentwicklung" (ebd., S. 14-15).

Während man sich durch ein Großereignis - wie etwa mit der Auszeichnung Weimars zur 'Kulturstadt Europas' 1999 oder im gleichen Jahr mit der Bundesgartenschau in Magdeburg - Entwicklungsimpulse nicht nur für die jeweilige Stadt, sondern häufig auch für die Region erhofft, stellt nach H. Häussermann/W. Siebel (1993, S. 14) „das andere Extrem einer Planung durch Projekte (...) die Politik der Mobilisierung endogener Potentiale mit einer **'Strategie der tausend Blumen'** dar". D. h., „an verschiedenen Orten innerhalb einer Region werden verschiedene Projekte initiiert, in denen beispielhafte Lösungen der Region entwickelt werden sollen, und von denen man hofft, daß sie über eine Art 'Propaganda der guten Tat' die Region und ihre Akteure allmählich durchdringen und zu einer nachhaltigen Erneuerung, zu einer Umkehrung des ökonomischen Niedergangs führen. Die Internationale Bauausstellung Emscher-Park ist der ausgeprägteste Fall einer solchen Strategie" (ebd.). Auch mit der EXPO Hannover im Jahre 2000 war eine Vielzahl von Projekten in einer größeren Region Niedersachsens (im sog. Städtenetz EXPO-Region, s. Abb. 4.7, und darüber hinaus) verbunden.

10.3.3 Die Hauptstadtplanung in Berlin als städtebauliche Herausforderung.
Die frühere politische Teilung Deutschlands in der Nachkriegszeit fand nirgendwo einen deutlicheren Niederschlag als in der Aufteilung Berlins und der Zuordnung beider Teilstädte zu zwei antagonistischen Wirtschafts-, Gesellschafts- und Planungssystemen, die durch den Mauerbau von 1961 zudem räumlich scharf voneinander getrennt waren. Durch die Teilung Berlins wurde der Bezirk Berlin-Mitte zum neuen Hauptstadtzentrum der DDR nach den Prinzipien des sozialistischen Städtebaus mit eingeschränkter Vielfalt des tertiären Sektors gestaltet (s. 10.1 und 10.2.1), während sich im Westberliner Zooviertel um Kurfürstendamm und Tauentzienstraße eine kapitalistisch geprägte „West-City" mit großer Funktionsdichte entwickelte (vgl. H. HEINEBERG 1977, 1985).

Die politische Vereinigung Berlins 1990, der Beschluss des Deutschen Bundestages vom 20.6.1991, Berlin erneut zum Sitz von Parlament und Regierung werden zu lassen, der Hauptstadtvertrag von 1992 und weitere Berlin-Vereinbarungen bildeten die politischen und rechtlichen Grundlagen für vielfältige Planungsdiskussionen und -konzepte, die vor allem zu zahlreichen Neugestaltungs- und Umbaumaßnahmen in der Berliner Stadtmitte führ(t)en.

Zu den Rahmenbedingungen für die **Gestaltung des „neuen Zentrums von Berlin"** (M. SCHULZ 2000) zählten die Privatisierung des Volkseigentums in Berlin-Ost entsprechend dem Einigungsvertrag, der rasche Anstieg der Bodenpreise und das Interesse privater Investoren an verschiedenen Großprojekten (u. a. auf einer großen Brachfläche im Bereich eines früheren breiten Grenz- bzw. Mauerstreifens um den historischen Potsdamer Platz, s. auch 10.3.2). Hinzu kamen die Überführung von Immobilien von Einrichtungen der früheren DDR-Regierung an die Bundesregierung sowie das internationale Interesse zahlreicher Staaten zur Errichtung ihrer diplomatischen Vertretungen in zentraler Lage (z. T. in ehem. Botschaftsgebäuden, insbesondere im Vorkriegs-Diplomatenviertel südlich des Tiergartens) etc.

„Leitbild für die Gestaltung der Innenstadt wurde die Strategie der kritischen Rekonstruktion, deren Ziel die Bewahrung der Elemente des europäischen Städtebaus wie Dichte, Raumgefüge, Horizontalität sowie Durchmischung und Vielfalt der Funktionen ist".(...) „Typische Berliner Elemente der Stadtstruktur wie die Parzelle, der Block und die bei 22 m liegende gründerzeitliche Traufhöhe sollen in den historischen Stadträumen bewahrt werden. Entgegen den Orientierungen der 60er und 70er Jahre wird eine Mischung und Vielfalt der Funktionen angestrebt. Das schließt auch in zentralen Gebieten eine Wohnnutzung ein" (M. SCHULZ 2000, S. 30).

Neben der Wiedernutzung ehemaliger Regierungsbauten sind in einem ca. 1 km langen und 100 m breiten „**Band des Bundes**" (Bundeskanzleramt, Tagungsstätten der Fraktionen und Bundespräsidialamt) neue Einrichtungen der Bundesregierung entstanden, deren Anordnung die beiden ehemals getrennten Stadthälften symbolisch miteinander verbindet.

Mit dem vom Berliner Senat 1999 beschlossenen „**Planwerk Innenstadt**" sollten durch Innenverdichtung neue Funktionen mit Nutzungsmischung und -vielfalt im Sinne der nachhaltigen Stadtentwicklung angesiedelt werden. Berlins Stadtmitte entwickelt sich zunehmend von einer „bipolaren" zu einer „polyzentrischen Zentrumsstruktur" (M. SCHULZ 2000, S. 32).

10.3.4 Stadtmarketing und imageorientierte Stadtentwicklung.

Seit den 1990er Jahren ist in deutschen Städten eine zunehmende Marktorientierung zu beobachten, d. h. die Philosophie einer marktorientierten Unternehmensführung im Sinne einer ressortübergreifenden Führungskonzeption und einer integrierten Gesamtsicht der Bedürfnisse der Anspruchsgruppen wurde in die kommunale Praxis übertragen (vgl. T. HAUFF u. a. 2007).

Stadtmarketing - auf die Stadtmitte/City bezogen auch als **Citymarketing** bezeichnet, auf einzelne Stadtteile ausgerichtet als **Stadtteilmarketing**, in der regionalen Einbindung als **Regionalmarketing** - ist auch eine Reaktion auf die wachsenden Probleme (z. B. Haushaltsengpässe, Alterung der Stadtbevölkerung, Abwanderungstendenzen, s. auch 10.4) und die verstärkte Wettbewerbssituation zwischen den Städten, zwischen Metropolen und Regionen etc., wie sie sich in der Marktwirtschaft mehr und mehr auch im Internationalisierungs- bzw. Globalisierungsprozess ereignet.

Nach I. Kuron (1997, S. 1) ist „Stadtmarketing (...) ein modernes Managementinstrument für eine **ganzheitliche Stadtentwicklung**". Es ist damit ressortüberreifend (s. oben), hat aber viele Berührungspunkte mit den traditionellen Verwaltungsaufgaben der Stadtentwicklung und Wirtschaftsförderung, aber etwa auch mit der Umweltplanung oder der Presse- und Öffentlichkeitsarbeit, geht jedoch - was die heutigen Themenfelder und Aktivitäten anbetrifft (s. Abb. 10.16) - weit darüber hinaus. Das mit dem Stadtmarketing verbundene Kooperationsprinzip zwischen verschiedenen Akteuren bzw. Partnergruppen bildet zugleich auch ein wesentliches Element des Konzeptes der nachhaltigen Stadtentwicklung (s. 2.3.6, 5.7.13). Zu den heutigen Aktivitäten zählen beispielsweise das Management von Veranstaltungen und Events ebenso wie etwa die Unterstützung von Immobilien- und Standortgemeinschaften (ISGs) oder das neuere Konzept sog. *Business Improvement Districts* (BIDs) (s. Abb. 10.13 u. H. SCHOTE 2013), das Stadtteil- bzw. Quartiersmanagement (s. O. SCHNUR 2013, Beispiel Berlin) sowie die Image- und Öffentlichkeitsarbeit. Da Stadtmarketing heute als offener Prozess verstanden wird und Öffentlichkeit benötigt, ist die Mitarbeit von Presse und Medien bei der Kommunikation entscheidend. Zugleich bedarf es eines Initiators von Stadtmarketing; der Anstoß dazu geht häufig von der Stadtverwaltung (z. B. Wirtschaftsförderung), aber oftmals auch von der lokalen Wirtschaft, vor allem vom Einzelhandel, aus (Abb. 10.17).

Zu den charakteristischen **Handlungs- oder Themenfeldern des Stadtmarketings** zählen nach I. KURON (1997, S. 6) der Einzelhandel in der Innenstadt, die Wirtschaftsförderung, der Verkehr, Tourismus, die Kultur, Umwelt, Soziales u. v. m. Beispielsweise ist der in der Stadt Münster verfolgte sog. Integrierte Stadtentwicklungs- und Stadtmarketingprozess (ISM) inhaltlich noch deutlich umfangreicher, etwa durch Berücksichtigung von Wissenschaft und Forschung mit einem eigenem Wissenschaftsbüro sowie als Kongressmarketing in Ergänzung zum Tourismusbereich (B. SPINNEN/T. HAUFF 2006, T. HAUFF/B. SPINNEN 2007).

In der kommunalen Praxis haben sich mehrere **Stadtmarketingtypen**, z.T. mit Untertypen, herausgebildet (B. GRABOW/B. HOLLBACH-GRÖMIG 1998/2006 lt. Difu-Umfragen 1995/2004), so anhand der Umfrage 2004: Umfassendes Stadtmarketing (20 %), Stadtmarketing mit Einzelschwerpunkten (z. B. Einzelhandelsmarketing) (22 %), Stadtmarketing mit mehreren Schwerpunkten (5 %), Partielles Stadtmarketing (53 %); zur Stadtmarketingpraxis, insbesondere mit ihrem Spannungsverhältnis zwischen strategischem ganzheitlichen Anspruch einerseits und vorwiegend werbe- und veranstaltungsorientierten Ansatz andererseits, vgl. I. HELBRECHT 2006, T. HAUFF u. a. 2007, BSCD 2011.

Im Rahmen des Stadt- oder Städtemarketing sollten die Hauptziele definiert und auch in einem **städtischen Leitbild** konkret formuliert werden. Der **Stadtmarketingprozess** bedarf eines bestimmten Ablaufs: von einer Situationsanalyse (vor allem mit einer Stärken-Schwächenanalyse) über eine Konzeptionsphase (mit Leitbild- und Zieldiskussion), eine Maßnahmenplanung und deren Umsetzung bis (möglichst auch) zu einer anschließenden Kontrollphase mit u. a. einer Erfolgskontrolle (vgl. Ablaufschema in I. KURON 1997, Abb. 2, oder in BAG 2000; zum strategischen Controlling s. A. JENNE 2005).

„Neben den innerstädtischen Verbesserungs- und Entwicklungszielen strebt das Stadtmarketing danach, die Stadt nach außen als einzigartig und unverwechselbar darzustellen (USP: *unique selling position*), sie mit Hilfe individueller Alleinstellungsmerk-

male so zu positionieren, daß sie sich von anderen Städten und Mitbewerbern vorteilhaft abhebt" (I. KURON 1997, S. 4). So gewinnt etwa „im Rahmen der Stadtentwicklung in den Metropolkernen vor allem die überregionale **Imagebildung** von Städten und Regionen (Makrostandort) an Bedeutung" (...), „um im zunehmenden europäischen und weltweiten Standortwettbewerb zu bestehen" (BMVBS 2011, S. 10).

Abb. 10.18 verdeutlicht, dass nach H. MEFFERT (1989, S. 5) eine einheitliche **Stadtidentität** (engl. *corporate identity* bzw. *town identity*) drei wesentliche Bausteine umfasst: **Stadtdesign** (*corporate design*), **Stadtkommunikation** (*corporate communication*) und **Stadtkultur** (*corporate culture*). „Das **Stadtimage** setzt sich aus subjektiven Vorstellungsbildern (u. a. Vorurteilen) zusammen". (...) „Es drückt eine gefilterte, mentale Repräsentation der städtischen Wirklichkeit aus. (...) Daraus erklärt sich auch die große Bedeutung von Images für das Städtemarketing" (ebd., S. 4).

Die „Ausrichtung städtischen Handelns nach marktwirtschaftlichen Kriterien" (s. oben) kann nach A. MATTISSEK (2008, S. 9) „als Ausdruck einer generellen Neolibera-

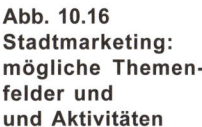

Stadtmarketing ist i. Allg. auf die längerfristige **Zusammenarbeit von Akteuren** angelegt und bezieht sich auf einen Vielzahl von **Aktivitäten in öffentlich-privater Partnerschaft**.

Abb. 10.16
Stadtmarketing:
mögliche Themenfelder und
und Aktivitäten

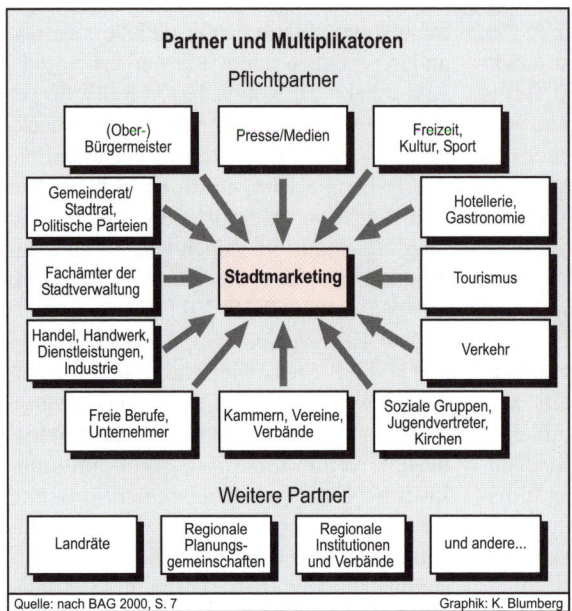

Partner und Multiplikatoren

Pflichtpartner

(Ober-)Bürgermeister · Presse/Medien · Freizeit, Kultur, Sport · Gemeinderat/Stadtrat, Politische Parteien · Hotellerie, Gastronomie · Fachämter der Stadtverwaltung · **Stadtmarketing** · Tourismus · Handel, Handwerk, Dienstleistungen, Industrie · Verkehr · Freie Berufe, Unternehmer · Kammern, Vereine, Verbände · Soziale Gruppen, Jugendvertreter, Kirchen

Weitere Partner

Landräte · Regionale Planungsgemeinschaften · Regionale Institutionen und Verbände · und andere...

Quelle: nach BAG 2000, S. 7   Graphik: K. Blumberg

„Stadtmarketing wird (...) verstanden als kooperative Stadtentwicklung mit dem Ziel, eine Stadt und ihre Angebote und Leistungen für Bürger, Wirtschaft und Besucher aufzuwerten. Die Betonung des ganzheitlichen Ansatzes findet Bestätigung in der Praxis: In der Bewertung erreicht er die meisten positiven Effekte für Stadtentwicklung, für Bürger und andere 'Kunden' der Stadt. Unverzichtbare Mittel der Verständigung sind dabei Kommunikation und Kooperation zwischen den Akteuren, die an der Gestaltung des Lebensraumes mitwirken. Es geht darum, gemeinsam Projekte zu entwickeln und umzusetzen, auf der Grundlage partnerschaftlich erarbeiteter Leitlinien und offensiver, aber konsensorientierter Diskussion von Zielkonflikten" (B. GRABOW/B. HOLLBACH-GRÖMIG 1998, S. 179).

Abb. 10.17
Akteure im Stadtmarketing

lisierung der Gesellschaft interpretiert werden. Insbesondere die Außenwirkung von Städten, deren Image, gilt dabei als zentraler Dreh- und Angelpunkt sowohl der Vermarktung nach außen als auch der Formierung einer >Corporate Identity< nach innen."

Laut BMVBS (2011, S. 9-10) lässt sich u. a. eine Reihe aktueller **Strategien und Konzepte einer imageorientierten Stadtentwicklung** insbesondere in Bezug auf neue städtebauliche Großprojekte benennen, die z. T. - auch begrifflich - die bisherigen Lehrbuchausführungen ergänzen und zudem eine Beziehung zum Abschnitt 10.3.2 herstellen:

• **Festivalisierung der Stadtentwicklung** durch Großprojekte (u. a. Internationale Bauausstellungen IBA, große kulturelle Events, Internationale Gartenschauen) „zur Inszenierung und Präsentation der Stadt auf nationaler und internationaler 'Bühne' sowie als Vehikel für Stadtentwicklung und Stadterneuerung" (vgl. H. HÄUSSERMANN/W. SIEBEL 1993 sowie 10.3.2).

• *Urban Branding* (*brand* = Marke) durch

Prestigeobjekte (u. a. Wiederaufbau der Frauenkirche in Dresden oder des Stadtschlosses in Berlin) „zur Schaffung einer Unverwechselbarkeit mit klaren Unterscheidungsmerkmalen von anderen Städten und Regionen"; vgl. auch V. REMY 2006.

• **Realisierung von *Brandhubs*** (u. a. VW ErlebnisWelt in Wolfsburg) „als Unternehmenspräsentationen zur Vermittlung der Corporate Identities in einer urbanen Umgebung (räumliche Markenlandschaften)" (vgl. K. HÖGER 2007, F. ROOST 2008).

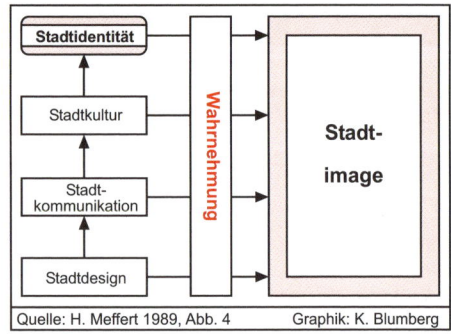

Stadtidentität · Stadtkultur · Stadtkommunikation · Stadtdesign · Wahrnehmung · **Stadtimage**

Quelle: H. Meffert 1989, Abb. 4   Graphik: K. Blumberg

Abb. 10.18 Komponenten des Stadtmarketing

Kasten 10.4 Typische Ziele des Stadtmarketings nach I. Kuron 1997, S. 4-5)

„- Steigerung der Attraktivität einer Stadt/Innenstadt,
- bessere Positionierung einer Stadt gegenüber Wettbewerbern,
- Verbesserung und Verbreitung des Stadtimages,
- Steigerung der Zufriedenheit städtischer 'Kunden',
- erhöhte Identifikation der Bürger mit 'ihrer' Stadt,
- Steigerung der Innenstadtbelebung und der Kaufkraftbindung,
- Steigerung der Effektivität von Einrichtungen und Maßnahmen der Stadtentwicklung,
- Erschließung der innerstädtischen Entwicklungspotentiale,
- bessere Nutzung und Lenkung städtischer Ressourcen,
- Verbesserung der Zusammenarbeit zwischen wichtigen Handlungsträgern in der Stadt,
- Aufbau innerstädtischer Netzwerke,
- Einbindung öffentlicher und privater Akteure in die Stadtentwicklung im Rahmen einer Public-Private-Partnership".

• *Neighbourhood Branding* „im Rahmen der Erneuerung von Wohngebieten, z. B. von Großsiedlungen zur Verbesserung des Images und zur Präsentation von Resultaten der Stadtteilentwicklung und -erneuerung" (vgl. R. Zimmer-Hegmann/J. Fasselt 2006).

10.3.5 Integrierte Stadtentwicklungplanung und Stadtentwicklungsmanagement.

Wie bereits unter 10.3.2 (u. a. neue Planungstypen, städtebauliche Großprojekte) sowie unter 10.3.4 am Beispiel des Stadtmarketings und insbesondere des von der Stadt Münster verfolgten sog. Integrierten Stadtentwicklungs- und Stadtmarketingprozesses ausgeführt wurde, kommen in Deutschland in jüngerer Zeit neue Formen von Stadtentwicklungsplanung und -konzepten zur Anwendung. „Im Gegensatz zur Stadtentwicklungsplanung der 1960er und 1970er Jahre ist sie heute wesentlich projekt- und umsetzungsorientierter, gesamtstädtisch und/oder teil-

räumlich ausgerichtet, eher an der Verknüpfung sektoraler Ziele in einem integrativen Umfeld orientiert und von einer Vielzahl unterschiedlicher 'Governance'-Formen geprägt" (Dt. Städtetag 2011, S. 7). Es gibt generell keine verbindlichen organisatorischen Zuordnungen und auch keine gesetzlich vorgeschriebenen Verfahren für eine neue integrierte Stadtentwicklungsplanung; so fehlt auch eine klare Verankerung im Baugesetzbuch (BauGB). Sie stellt somit auch keine zusätzliche formelle Planungsebene dar (s. Abb. 10.19). Die integrierte Stadtentwicklungsplanung ist ein „informelles, ziel- und umsetzungsorientiertes strategisches Steuerungsinstrument" (ebd., S. 8), d. h. „sie leistet die strukturierte Erarbeitung von Leitbildern, Leitlinien und Handlungsprogrammen und bietet" (...) „Instrumente für eine zielorientierte Umsetzung an" (ebd., S. 7). „Mit ihren kooperativen Verfahren erweitert integrierte Stadtentwicklungsplanung das System der hoheitlichen Planung und eröffnet es sowohl für bürgerschaftliches Engagement und Partizipation als auch für marktorientierte Handlungsformen" (ebd., S. 8).

Es lässt sich eine Vielzahl von Aspekten und **Handlungsfelder**n aufzeigen, die in der Praxis in Konzepte der Stadtentwicklung integriert werden (Dt. Städtetag 2011), z. B.
• räumliche Ebenen vom Stadtquartier bis zur Region (europäische Städtekooperation, Stadt-Umland-Kooperation, Metropolregionen, s. 3.3, etc.),
• vielfältige Handlungsfelder (z. B. Stadt- und Baukultur, Zentrenentwicklung und Einzelhandel, Stadtmarketing),
• private und öffentliche Finanzierungs- und Förderinstrumente mit
• unterschiedlichen Akteuren und Organisationsstrukturen (z. B. städtebauliche Verträge, Public-Private-Partnerships).

Zu der Umsetzung der integrierten Stadtentwicklungsplanung „ist ein strategisches

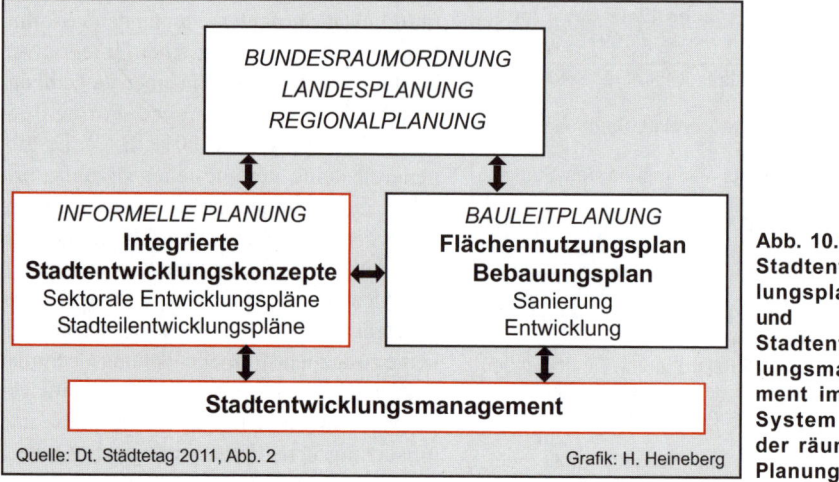

Abb. 10.19 Stadtentwicklungsplanung und Stadtentwicklungsmanagement im System der räumlichen Planung

und kooperatives **Stadtentwicklungsmanagement** notwendig. Das beinhaltet im Wesentlichen die systematische Verknüpfung von Leitlinien und Konzepten mit knappen Ressourcen (Ziel, Geld, Personal, Recht, Fläche) durch räumliche und/oder thematische Handlungsprogramme" (DT. STÄDTETAG 2011, S. 15), z. B. im Rahmen des Stadtmarketing oder etwa des Stadtteil- oder Quartiersmanagements (s. 10.3.4 mit Abb. 10.16).

10.4 Stadtentwicklung im demographischen und sozialen Wandel

In diesem Lehrbuch wird mehrfach auf das „Nebeneinander von bevölkerungswachsenden und -schrumpfenden Städten" (G. STURM/K. MEYER 2008, S. 51) verwiesen; dieses hat in Deutschland „zum einen eine Ost-West-Dimension. Zum anderen zeigt es sich auf der Stadtteilebene in allen Städten und unabhängig vom innerstädtischen Lagetyp - in schrumpfenden wie in wachsenden Städten. Entgegengesetzte Dynamiken finden sich also dicht beieinander" (J. FISCHER u. a. 2008, S. 8); vgl. auch Abb. 10.11, Kasten 10.3.

   Hinter diesen Prozessen steht ein vielfältiges **Ursachenbündel**, das im Folgenden nur

angedeutet werden kann, und zwar
• zum einen als **Dimensionen des demographischen Wandels** (vgl. P. GANS 2006, H. D. LAUX 2012). Die Parallelität von Wachstum und Rückgang der jeweiligen Einwohnerzahl auf verschiedenen räumlichen Ebenen ist abhängig von der
- **natürlichen Bevölkerungsentwicklung und -struktur** (Geburten- und Sterberaten, Altersaufbau und Alterung mit steigender Lebenserwartung etc.) sowie der
- **Wanderungsmobilität** (Stadt-Umland-Wanderungen, Binnen-/Außenwanderungen, darunter insbesondere die erheblichen jüngeren Zuwanderungen v. a. auch von durch Bürgerkriege und fundamentalistischen Terrorismus bedrohten Flüchtlingen und Asylsuchenden aus Syrien, dem Irak etc.).
• Zum anderen sind die Zusammenhänge mit dem **gesellschaftlichen bzw. sozialen Wandel** (Entwicklung neuer Lebensformen/-stile und Haushaltstypen, unterschiedliche Wohnpräferenzen etc.) von Bedeutung.
• Hinzu kommen weitere Einflüsse wie
- die **Stadtgrößen** mit ihrer verschiedenen **urbanen und kulturellen Vielfalt** (z. B. in Metropolen gegenüber ländlichen Räumen),
- (kostengünstige) Angebote, aber auch Res-

triktionen auf dem **städtischen Wohnungs-markt** einschl. der Mietpreisniveaus, alternativer Wohnformen (u. a. altersgerechtes Wohnen, s. R. G. HEINZE 2013, V. LIHS 2013),
- **Freizeiteinrichtungen/-möglichkeiten**,
- die jeweilige **wirtschaftliche Situation** bzw. der **ökonomische Strukturwandel** (Arbeitsmarkt, neue Wirtschaftscluster, s. E. KULKE 2013),
- die **städtebaulichen Qualitäten**, z. B. historische Altstädte (s. Kap. 8) mit besonderer Stadtidentität und Atmosphäre,
- herausragende neue **Großprojekte** (10.3.2) und in Verbindung damit
- das jeweilige **Stadtimage** (10.3.4).

Es zeigt sich z. B., dass die ostdeutschen Städte in der Mehrzahl von **Bevölkerungsverlusten** betroffen sind, die fast „gleichermaßen aus Sterbeüberschüssen und Wanderungsdefiziten (resultieren). In nahezu allen westdeutschen Städten konnten die ausgeprägten Sterbeüberschüsse dagegen durch hohe Außen- und/oder Binnenwanderungsgewinne kompensiert werden, so dass diese per Saldo noch Bevölkerungszuwächse realisierten"; diese Trends werden sich bis 2020 fortsetzen (J. FISCHER u. a. 2008, S. 10). In den neuen Bundesländern konzentrierten sich die stärksten Bevölkerungsverluste auf Mittel- und Kleinstädte außerhalb der Stadtregionen (H.-P. GATZWEILER/ST. MARETZKE 2008, S. 18); s. auch Abb. 10.11.

„Die starken Geburteneinbrüche in der ersten Hälfte der 1990er Jahre, hohe Binnenwanderungsverluste an die alten Länder sowie an das eigene Umland, infolge der sich nun erstmals frei entfaltenden Suburbanisierungsprozesse, brachten gerade für die ostdeutschen Städte eine massive **demographische Alterung** mit sich, die man in dieser regionalen Breite und Intensität bislang kaum kannte" (J. FISCHER u. a. 2008. S. 10).

Ein weiteres wichtiges Merkmal der demographischen Entwicklung ist die **Zunahme** der Zahl jüngerer Erwachsener in den Großstädten als Folge beträchtlicher Wanderungsgewinne der Altersgruppe 18- bis unter 30-Jahre (H.-P. GATZWEILER/ST. MARETZKE 2008, S. 25). Daraus erklären sich auch die hohen, z. T. bereits überwiegenden Anteile von Single-Haushalten in den großen Städten, z. B. in der Universitätsstadt Münster mit 53% (2012). Allerdings wurde davon ausgegangen, dass städtische Wanderungsgewinne durch diese Altersgruppe künftig abnehmen, „im Westen nach 2012 eher langsam und stetig, im Osten dagegen massiv ab circa 2008", so dass „vor allem den ostdeutschen Städten die Hauptquelle ihrer Wanderungsgewinne (wegbricht)" (J. FISCHER u. a. 2008, S. 13) .

• Ein entscheidender Steuerungsfaktor für das Wanderungsverhalten und damit insbesondere für die (zukünftige) städtische Einwohnerentwicklung sind auch das jeweilige **Wohnungsangebot und Mietpreisniveau.** So stehen sich zwischen den Städten in West und Ost eher angespannte bzw. entspannte Wohnungsmärkte gegenüber. Aber es bestehen auch deutliche Unterschiede auf stadtregionaler Ebene. Da das Wohnungsangebot einschließlich -neubau in den großen wachsenden Städten i. Allg. nicht ausreicht und wegen der beträchtlichen Unterschiede in den Mieten und Immobilienpreisen sind in den wachsenden Städten bzw. Stadtregionen die Wanderungsverluste an das jeweilige Stadtumland mit der Möglichkeit des Eigenheimbaus (Suburbanisierung, Exurbanisierung) ungebrochen hoch. „Zwischen den Polen des klassischen Einfamilienhauses und dem verdichteten Geschosswohnungsbau fehlt es an Angeboten, die den ausdifferenzierten Lebensstilen und den unterschiedlichen Anforderungen im Lebenszyklus gerecht werden" (J. FISCHER u. a. 2008. S. 13).

• Zum **sozialen Wandel** der Städte im west-

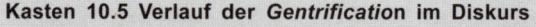

Kasten 10.5 Verlauf der *Gentrification* im Diskurs

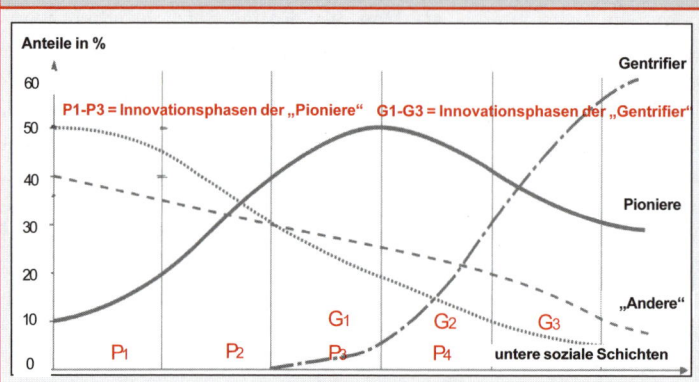

Anteile in %

P1-P3 = Innovationsphasen der „Pioniere" | G1-G3 = Innovationsphasen der „Gentrifier"

Gentrifier

Pioniere

„Andere"

untere soziale Schichten

G₁ G₂ G₃
P₁ P₂ P₃ P₄

Abb. 10.20 Doppelter Invasions-Sukzessions-zyklus der *Gentrification* nach J. S. Dangschat

Quellen:
J. S. Dangschat
1988, Abb. 2,
K. Friedrich 2000,
Abb.1, verändert

Gentrification - als Bezeichnung für Aufwertungsprozesse innerstädtischer Wohnviertel von der Engländerin RUTH GRASS (1963) eingeführt - wurde in der Folgezeit in der englischsprachigen Stadtforschung, ab Ende der 1980er Jahre in Deutschland zunächst vor allem seitens der Stadt-soziologie (u. a. J. S. DANGSCHAT 1988) insbesondere auf Veränderungen der Sozial- und Bau-strukturen untersucht. Dies zeigt ein von DANGSCHAT entwickeltes Verläufsdiagramm der *Gentrification* (Abb. 10.20) mit zwei getrennten, zeitlich gegeneinander verschobenen sog. **Invasions- und Sukzessionszyklen**, und zwar einem der sog. **Pioniere** (z. B. Studierende mit geringen Einkom-men, Hausbesetzerszene) und einem der **Gentrifier** (statushöhere, besser verdienende Grup-pen). Damit lassen sich auch Einflüsse von außen, insbesondere auf die Bausubstanz, in Zusam-menhang bringen, z. B. durch "Developer", Makler, Modernisierung, Umwandlung von Miet- in Eigen-tumswohnungen. Neuere Forschungen, insbesondere auch seitens der Stadtgeographie im deutsch-sprachigen Raum, zeigen, dass *Gentrification* in der dargestellten idealtypischen Form als sozialer Transformationsprozess nicht unbedingt so "ablaufen" muss und darüber hinaus auch multidimen-sionaler ist. Dies verdeutlichen z. B. stadtgeographische Arbeiten von K. FRIEDRICH 2000 und vor allem auch von C. KRAJEWSKI (2004, 2006), der *Gentrification* als ein komplexes Phänomen im Zusammenspiel von sozialen, baulichen, funktionalen und symbolischen Aufwertungen mit einer Vielzahl möglicher Variablen definiert (s. Kasten 1.3) und empirisch in Berlin untersucht hat.

Wenngleich Abb. 10.20 nur einen Teil der Veränderungsprozesse durch *Gentrification* berück-sichtigt und die Verlaufsformen (Phasen) in einem Wohnviertel im Einzelnen sehr unterschiedlich sein können, so kommt dem Modell zumindest eine didaktische Funktion zu, und es lassen sich in der Tat, wie K. FRIEDRICH (2000) am Beispiel von Halle aufgezeigt hat, einige mögliche prozessuale Zusammenhänge aufzeigen: In der Phase P₁ nutzen Pioniere die niedrigen Grundstücks- und Miet-preise und ergänzen den bisherigen statusniedrigen Bewohnerstand. In P₂ wächst der Anteil der Pioniere. Es beginnen, da das Stadtviertel auch für Quartiersexterne interessant wird, Modernisie-rungen in der Bausubstanz und Grundstücksspekulationen. In G₁ und G₂ bzw. P₃ und P₄ beteiligen sich Gentrifier nicht nur an der Verdrängung der alteingesessenen Bewohner, sondern mehr und mehr auch der Pioniere. Nach K. FRIEDRICH bleiben allerdings die ursprünglichen Pioniere nach sozialem Aufstieg häufig im Quartier und können damit gleichzeitig zu Gentrifiern avancieren. In einer fünften Phase (G₃) kann sich der Transformations- bzw. Aufwertungsprozess dadurch beschleunigen, dass sich verstärkt statushöhere Gruppen in das Stadtquartier einziehen. „Daraus re-sultieren spekulativ begründete Fluktuationen auf dem Immobiliensektor (Umwandlungen von Miet-in Eigentumswohnungen)" (ebd., S. 35). Es lassen sich auch typische Veränderungen der funktio-nalen Ausstattung kennzeichnen: Entwickelt sich anfangs (z. B. in P₂) ein auf die 'Subkultur' ausge-richtetes Einzelhandels- und Dienstleistungsangebot (z. B. Secondhand-Läden, Kneipen) eines 'Szene-Viertels', so ziehen nach und nach auch Geschäfte und Dienstleistungen mit hochwertige-ren Angeboten (z. B. Modeboutiqen, Galerien, Medienbranchen) ein. Zugleich finden, wie Untersu-

Fortsetzung v. S. 278:
chungen in gründerzeitlichen Quartieren in Berlin (C. KRAJEWSKI 2006, 2013, 2015) zeigen, einerseits Imageveränderungen, d. h. symbolische Aufwertungen (durch Politik, Medienberichte, Besucher etc.) statt, andererseits gibt es auch räumliche Verlagerungen von Gentrifizierungsprozessen; dies gilt nicht nur für Berlin, s. A. HOLM 2011, sondern etwa auch für London, s. J. GLATTER 2016). Gentrifizierung als mehrdimensionale Aufwertungs- bzw. Transformationsprozess mit komplexen räumlichen Veränderungen ist nicht nur von wissenschaftlichem Interesse, sondern auch für die Stadtpolitik bedeutsam. Denn die Aufwertungen durch *Gentrification* werden zunehmend als Problem registriert (und in jüngerer Zeit von Bürgerprotesten begleitet, z. B. in Berlin, s. J. DOHNKE 2015, oder Hamburg, s. M. HELTEN 2015), da sie u. a. mit erheblichen Wohnkostensteigerungen verbunden sind. „Nicht wenige Erwerber von Eigentumswohnungen nutzen diese als Kapitalanlage, um ihr Geld im Zuge der Niedrigzinspolitik sicher und gewinnbringend anzulegen" (S. HEEG 2015, S. 33). Zugleich fehlt es, v. a. in Großstädten, an bezahlbarem Wohnraum, vor allem für Geringverdienende.

lichen Deutschland zählt auch die zunehmende **Internationalisierung und Heterogenisierung der Bevölkerung** (nach Herkunftgebiet, Sprache, ethnischer Zugehörigkeit), verbunden mit wachsenden öffentlichen und - während der jüngeren Flüchtlingskrise - auch ehrenamtlichen zivilgesellschaftlichen Integrationsleistungen. Heute beträgt der Ausländeranteil in einer Reihe westdeutscher Großstädte bereits mehr als 25 % der Wohnbevölkerung; in ostdeutschen Städten sind die Anteile wesentlich geringer (z. B. in Dresden knapp 5 %)(C.-C. WIEGANDT 2012, S. 52). Einwohner mit Migrationshintergrund sind in den Großstädten oftmals ungleich verteilt. So konzentriert sich die ausländische Bevölkerung (mit Anteilen von über 20 %) in Köln „vor allem in den dichten innerstädtischen Arbeiterquartieren und in den Großwohnsiedlungen der 1960er und 1970er Jahre" (ebd., s. dort Abb. 5).

Die Zunahme sozialräumlicher Ungleichheiten (Fragmentierung, Polarisierung, Segregation) zeigt sich seit den 1990er Jahren einerseits - vor allem in Großstädten - in der Herausbildung **sozial benachteiligter Stadtviertel** (mit hohen Anteilen an Arbeitslosen, Geringqualifizierten, Transferleistungsempfängern, Bewohnern mit Migrationshintergrund, Wohnumfeldmängeln etc.); damit kontrastieren andererseits **Gentrifizierungsprozesse** in innenstadtnah gelegenen Altbauvierteln mit baulichen, sozialen, funktionalen und symbolischen Aufwertungen infolge von Stadterneuerungsmaßnahmen, Luxusmodernisierungen von Geschosswohnungen, Einzug neuer einkommensstarker Bevölkerungsgruppen, - zugleich verbunden mit Verdrängungen einkommensschwacher und statusniedrigerer Wohnbevölkerung, mit neuen attraktiven Nutzungsmischungen etc. (s. Kästen 1.3 und 10.5 mit Abb. 10.20). Derartige, durch Gentrifizierung veränderte Stadtquartiere finden sich in - eher wachsenden und prosperierenden - Großstädten (typisch für Universitätsstädte) sowohl in West- wie auch in Ostdeutschland. Beispielsweise steuert Berlin „immer weiter auf eine mit anderen Metropolen vergleichbare fragmentierte Struktur von 'Wohlhabenden-Enklaven' und 'benachteiligten Quartieren' zu, welche eine zunehmende Polarisierung der Gesellschaft abbildet" (O. SCHNUR 2013, S. 28).

• Ungleichheiten in Städten wurde in den vergangenen Jahrzehnten mit zahlreichen Förderprogrammen der nationalen Stadtentwicklungspolitik, u. a. 'Soziale Stadt' (10.3.1), durch neue (imagefördernde) städtebauliche Großvorhaben (10.3.2) und unterschiedlichste Formen kommunaler und von privat(wirtschaftlich)en Akteuren mitgetragener Handlungsfelder (u. a. Stadt-, City-, Stadtteilmarketing, Quartiersmanagement, Interessen- und Werbegemeinschaften des lokalen Einzelhandels) entgegengewirkt (10.3.4).

Kasten 10.6 Literaturauswahl zur Ergänzung und Vertiefung des Kapitels 10

· **Entwicklung und Wandel der Leitbilder des Städtebaus und der Stadtpolitik**:
J. DÜWEL u. N. GUTSCHOW 2001, H. HÄUSSERMANN u. a. 2008, T. GROSSBÖLTING/R. SCHMIDT 2015
· **Kriegszerstörungen und Wiederaufbau deutscher Städte**:
K. V. BEYME 1987, V. BODE 2002, W. DURTH/N. GUTSCHOW 1993, U. HOHN 1990, 1991, K. HEWITT/J. NIPPER/
M. NUTZ 1993, J. NIPPER/M. NUTZ u. a. 1993
· **Sozialistische(r) Stadtentwicklung/Städtebau der ehemaligen DDR bis zur Wende**:
H. HEINEBERG 1977, M. NUTZ 1998 (städtebaul. Entwickl.-phasen); B. HUNGER 1994 (Neubaugebiete);
C. HANNEMANN 2000² (industrialisierter Wohnungsbau); P. SCHÖLLER 1987 (Städtepolitik/Stadtumbau/
-erhaltung/Wohnaltbausubstanz); H. HEINEBERG 1977, 1979, 1985 (West-Ost-Vergleich großstädt.
Zentren am Bsp. Berlins); M. PAULI 2005 (Steuerung d. Stadtentwicklung)
· **Städtebau und Stadtentwicklung in der alten BRD bis zur politischen Vereinigung**:
H. HEINEBERG 1988a (innerstädt. Struktur-/Funktionsveränderungen); R. MONHEIM 1980 (Fußgänger-
bereiche u. Stadtentwickl.); R. WIESSNER 1988 (Stadterneuerung u. Wohnungsmodernisierung); T.
SIEVERTS/I. IRION 1994 (Neue Städte, Großwohnsiedlungen 1950-1975); D. VOLL 1983, 1995, M. PIRCH
1995 (Großwohnsiedlungen in Berlin: Märkisches Viertel, Gropiusstadt); BMBAU 1988 (Probleme v.
Großwohnsiedlungen); A. KILPPER u. a. 1985 (Wohnumfeldverbesserung in Altbauvierteln)
· **Aspekte der Stadtentwicklung und -politik seit der Wiedervereinigung**:
BVBW 2005, BMVBS 2009b (städtebaul./Stadtentw.-Ber. d. Bundesregierung); H. HÄUSSERMANN
1995 (v. d. „sozialist." zur „kapitalist." Stadt); J. BREUSTE/I. BREUSTE 2002, J. GÖDDECKE-STELLMANN/T.
WAGENER 2010, H. HÄUSSERMANN/R. NEEF 1996, H. HÄUSSERMANN 1997a, C. HANNEMANN 2002², R. LESSMEIER
2005, A. MAYR 2003, M. NUTZ 1998, W. STRUBELT u. a. 1996 (ostdt. Stadtentw./Transformationsprozess/
Nachhaltigkeit); P. ECHTER/K. MITTAG 1999, A. HOHN/U. HOHN 2002, M. RENNER 1997 (Stadterneuerung/
Wohnungsmodernisierung); BBSR 2014b, T. DÖRFLER 2010, H. HÄUSSERMANN u. a. 2002, A. HOLM 2011,
C. KRAJEWSKI 2004, 2006, 2013, D. MÜLLER-MAHN 2005 (Stadterneuerung, Aufwertung, Gentrification);
G. HERFERT 2009, K. WIEST 2005 (Reurbanisierung, Revitalisierung d. Innenstadt/Leipzig); R. KÜPPERS
1998, K. WIEST 2001 (Probleme d. Stadtentw., Bsp. Magdeburg/Leipzig); BMBAU 1994c, B. BREUER/
E. MÜLLER 2002, M. FUHRICH/H. MANNERT 1994 (Großwohnsiedlungen); K. FRIEDRICH/S. MÜLLER 2000, H.-
P. GATZWEILER/A. MILBERT 2009, C. HANNEMANN 2003, 2004, H. HEINEBERG 2004, 2008, G. HERFERT 2004a,
b, B. HUNGER 2003, S. KABISCH u. a. 2004, 2009, W. KILLISCH/M. SIEDHOFF 2005, S. KNABE 2008, MINIST.
F. LANDESENTW. U. VERKEHR D. LANDES SACHSEN-ANHALT 2010, I. REUTHER 2003, A. STEINFÜHRER 2015, W.
WALLRAF 2003, K. WIEST 2001b (Stadtschrumpfung/-umbau in (Ost-)Deutschland); BBR 2003, BMVBS
2012f, BVBW/BBR 2002, 2003a, b, E. GODERBAUER/M. KARSTEN 2003, M. KAMP-MURBÖCK 2009, H.
LIEBMANN/M. KARSTEN 2009 („Stadtumbau Ost"/„Stadtumbau West"); BVBW/BBR 2005, R. KUNZE/D.
SCHUBERT 2001, R. STEGEN 2006 (Programm 'Soziale Stadt'); L. LÖTSCHER/R. WIESSNER 2008, K. SACHS
2004, C.-C. WIEGANDT 1997b (Stadtumbau: Brachflächen); D. SCHUBERT 2001c (Revitalisierung v.
Hafenflächen/Uferzonen); U. BODEMANN 2001, J. BRUNS-BERENTELG 2004, 2005, GHS 2000, 2002,
HAFENCITY HAMBURG 2005, B. PENZLIEN/J. BRUNS-BERENTELG 2007, M. PRIES 2006, W. SANDER 2009 (HafenCity
Hamburg); B. ADAM/J. FUCHS 2012, L. BASTEN 1998, BMVBS u. a. 2009, BMVBS 2011, G. HENNINGS/
S. MÜLLER 1998, H. HÄUSSERMANN/W. SIEBEL 1993 (Großvorhaben/-projekte, 'künstl. Erlebniswelten',
'Festivalisierung' d. Stadtpolitik); H. FAUST 1999 (IBA Emscherpark/Erneuerung d. Ruhrgebiets);
K. ADELHOF 2004, C. ELLGER 1996, E. KULKE 2013, K. LENHART 2001, B. LEUPOLD 2002, M. SCHULZ 2000
(Hauptstadtentw./-planung Berlin); H. BENECKE 2007, F. BIRK u. a. 2006, BMVBS 2011, B. GRABOW/B.
HOLLBACH-GRÖMIG 2006, T. HAUFF 2003, T. HAUFF u. a. 2007, I. HELBRECHT 1994, 2006, K. HÖGER 2007,
C. KRAJEWSKI u. a. 2011, A. JENNE 2005, A. MATTISSEK 2008, I. MOSSIG/A. DORENKAMP 2010, R. PÜTZ 2008,
V. REMY 2006, F. ROOST 2008, O. SCHNUR 2013, H. SCHOTE 2013, B. SPINNEN/T. HAUFF 2006, R. ZIMMER-
HEGMANN/J. FASSELT 2006 (Kommunal-/Stadtmarketing, Quartiersmanagement, imageorientierte
Stadtentwickl.); H. BRÜHL u. a. 2005, R. DANIELZYK u. a. 2014, R. G. HEINZE 2013, C. KRAJEWSKI 2016,
V. LIHS 2013, ST. MARETZKE 2008, A. MILBERT/G. STURM 2015, F. RINGEL/B. WARNER 2015, K. SANDFUCHS
2009, P. WITTKAMPF 2016a, b (Städte im demogr./sozialen Wandel); BBR 1999b, B. BUTZIN 2003, A.
GROWE u. a. 2010, L. HATZELHOFFER u. a. 2012, E. PAHL-WEBER 2003, D. SAUBERZWEIG u. a. 1998, C.-C.
WIEGANDT 2012 (Stadtentwickl. in Deutschl., Renaissance/Zukunft d. (großen) Städte); J. DOHNKE
2015, S. HEEG 2015, M. HELTEN 2015 (stadtpolitische Konflikte)

11 Städte in ausgewählten Kulturräumen - Entwicklung, Strukturen, Stadtmodelle

Abb. 11.1 Kuala Lumpur/Malaysia: Der Merdeka Square (Merdeka = Unabhängigkeit)
als kolonialzeitlich geprägter Stadtkern mit modernen Dienstleistungsfunktionen
(Bürohochhäuser im Hintergrund)   Foto: F. Kraas 2009
Vor dem *Sultan Abdul Samad Building* wurde um Mitternacht des 31.8.1957 zum ersten Mal
die malaysische Flagge anstelle der britischen *Union Flag* gehisst.

Die Analyse von Stadtstrukturen und -entwicklungsprozessen in diesem Kapitel basiert vor allem auf der kulturgenetischen Betrachtungsweise (vgl. 1.3.5). Bezugsräume bilden ausgewählte größere **Kulturräume** oder **(Kultur-)Erdteile** in den meisten Kontinenten, für deren kulturgenetische Stadttypen insbesondere eine Vielzahl von Modellvorstellungen (Stadtentwicklungs- oder -strukturmodelle) entworfen worden ist.

Neben der Darstellung und Erläuterung stärker abstrahierender **Stadtmodelle** werden auch komplexe **Beziehungen zwischen Kulturraum und Stadt** berücksichtigt, - insbesondere in historischer, sozialer (z. B. religiöser, ethnischer), politischer (d. h. auch rechtlicher), ökonomischer und technischer Hinsicht. Hinzu kommen auch die internationalen Einflüsse der **„Verwestlichung"** (verwestlichte Stadt) und **Globalisierung**. Alle diese Merkmale und Prozesse sind zum Verständnis der unterschiedlichen Strukturen, Funktionen und Probleme sowie zukünftigen Entwicklungstendenzen der Städte und (regionalen) Stadttypen bzw. der Verstädterung in den verschiedenen (größeren) Kulturräumen - auch in globaler Perspektive - von Bedeutung; zur Globalisierung in Bezug auf die Stadtentwicklung vgl. vor allem Kap. 12.

11.1 Das Kulturerdteilkonzept

Das von A. Kolb (1962) vertretene Konzept der Kulturerdteile als Räume „subkontinentalen Ausmaßes" (10 Kulturerdteile) wurde von B. Hofmeister (1982c, 1996[3]) für den interkulturellen Vergleich von Stadtstrukturen modifiziert; unterschieden wurden von B. Hofmeister (1996[3], S. 75ff.) der europäische, russische, chinesische, orientalische (und israelische), indische, südostasiatische, tropisch-afrikanische, lateinamerikanische, anglo-amerikanische, südafrikanische, australisch-neuseeländische und japanische Kulturraum.

Wohl wissend, dass das Konzept der sog. Kulturerdteile und deren räumliche Abgrenzungen im jüngeren fachlichen Diskurs sehr strittig sind (vgl. H. Popp 2003, E. Ehlers 2011) und im Sinne einer neuen Kulturgeographie heute z. B. stärker die Beziehungen zwischen „globalen und lokalen Kräften" im Vordergrund stehen (F. Meyer 2003, S. 65), so können größere Kulturräume doch als „Raumkonstrukte" zur Orientierung dienen. Für die Stadtstrukturen und -entwicklung in verschiedenen Kulturerdteilen bzw. größeren Kulturräumen (z. T. für einzelne Staaten) liegt zudem eine Vielzahl von - vor allem auch deutschsprachigen - stadtgeographischen Veröffentlichungen vor, die im Folgenden anhand ausgewählter Räume Berücksichtigung finden sollen. Vgl. auch die Literaturhinweise in Kasten 11.21, insbesondere für die in diesem Kapitel nicht behandelten Kulturerdteile bzw. größeren Kulturräume der Erde; zu den Merkmalen der sozialistischen Stadt am Beispiel der ehem. DDR s. 10.1 und 10.2.

11.2 Die US-amerikanische Stadt

Die USA zählen mit einem Anteil von über 80 % ihrer Bevölkerung, die in urbanen Räumen leben (2010: 80,7 % , B. Hahn 2014, S. 5), zu den am höchsten verstädterten Gebieten der Erde. Die amtlich benutzten Stadt- und Urbanierungsbegriffe sind differenziert (Kästen 11.1, 11.2).

Kennzeichnend ist zunächst das **junge Alter der US-amerikanischen Städte**, deren Entwicklung im 17. und 18. Jh. an der Atlantikküste einsetzte und erst nach 1820 mit der großflächigen Ost-West-gerichteten Landerschließung durch Zuwanderer aus Europa ein größeres Ausmaß erlangte; zu den einzelnen Stadtentwicklungsphasen vgl. zusammenfassend R. Hahn 2002[2], S. 34-35.

Bei einem vergleichsweise geringen Alter der US-amerikanischen Städte zählen bestimmte historische Grundstrukturen zu den kulturgenetisch prägenden Merkmalen. Dies betrifft die

11.2.1 Grundriss- und Aufrissgestaltung. Die US-amerikanische Stadt wird neben dem starken flächenhaften Ausufern der 'Stadtlandschaften' oder des 'Stadtlandes' (vgl. 11.2.5) vor allem durch zwei physiognomische Merkmale gekennzeichnet:

(1) das schachbrettartige **orthogonale Straßennetz**, das den Städten eine Einförmigkeit verleiht, und

(2) die Hochhaus- oder **Wolkenkratzerbebauung** in den Großstadtkernen (*Downtowns* mit *Central Business Districts*) sowie in jüngerer Zeit auch in den Außenstadtzentren bzw. *Edge Cities* (s. 7.5.2 und 11.2.5). Nach B. Hofmeister (1996[3], S. 128) kann der Wolkenkratzer „als die erste eigenständige Leistung der amerikanischen Architektur und als Symbol für die amerikanische Gesellschaft und ihren way of life angesehen

Kasten 11.1 Städtische Gemeinden in den USA

Die USA gliedern sich unterhalb der Ebene der 50 Bundesstaaten in 3034 *counties*, 35.886 Gemeinden unterschiedlicher Rechtsformen sowie in weitere 50.087 Verwaltungsbezirke für besondere Aufgaben; Letztere - z. B. Schulbezirke - sind jedoch nicht deckungsgleich mit Gemeindegrenzen (Zahlen für 2012 nach B. HAHN 2014, S. 3). „In den USA werden Gemeinden *incorporated* und somit zur Stadt erhoben, wenn sie eine bestimmte Einwohnerzahl und -dichte erreicht haben. Die Werte variieren von Bundesstaat zu Bundesstaat und wurden im Lauf der Zeit mehrfach verändert" (ebd.). Auch wurde die Definition von *„urban"* (städtisch) vom U.S. Bureau of the Census mehrmals modifiziert. „Bis 1950 klassifizierte man die Bevölkerung aller *incorporated* **Gemeinden** mit mehr als 2500 Einwohnern als städtisch". ...„Da die Einwohnerdichte außerhalb der Städte mit fortschreitender Suburbanisierung zunahm, wurde 1950 der Begriff *„urbanized area"* (urbanisierter Raum) eingeführt" (ebd., S. 5). Die urbanisierten Räume setzen sich heute aus „dicht besiedelten Regionen mit einer Bevölkerung ab 50.000 und *„urbanized clusters"* (UCs), die ebenfalls dicht besiedelt sind, zusammen" (ebd.). Die größeren urbanisierten Räume werden in den USA als **Metropolitangebiete** *(metropolitan areas*, MAs) klassifiziert; die MAs sind häufig durch eine erhebliche kommunale Zersplitterung gekennzeichnet (s. Kasten 11.2).

werden".

Das orthogonale Straßennetz ist genetisch uneinheitlich: Einerseits wurde das Schachbrettmuster, das in Europa schon in der antiken griechischen Stadt (Hippodamisches Schema, s. 8.3) entwickelt worden war, auf Ortsgründungen durch frühere Siedlergruppen übertragen, d. h. vor allem durch die Spanier im Südwesten der USA, häufiger auch durch die Franzosen im Süden und gelegentlich durch die Engländer im Nordosten; andererseits wurde die Anlage des orthogonalen Straßennetzes in den US-amerikanischen Städten durch die Einführung des **quadratischen Landvermessungssystems** (Vermessung in quadratmei-

Kasten 11.2 Metropolitangebiete (*metropolitan areas*) der USA

„Im *census* 1990 haben erstmals ***metropolitan areas*** (MAs) die frühere Unterscheidung in (MSA) *(metropolitan statistical areas)*, CMSAs *(consolidated metropolitan statistical areas)* und PMSAs *(primary metropolitan statistical areas)* abgelöst und zu einer Vereinfachung bei der Klassifizierung von Raumordnungskategorien beigetragen. Die Abgrenzung der MAs erfolgt aufgrund rund 2000 verschiedener Indikatoren und ist nur von Experten nachvollziehbar. Vereinfacht ausgedrückt setzen sich die MAs aus Kernstädten und aus dem funktional eng verflochtenen Umland, das als suburbaner Raum bezeichnet wird, zusammen.Die MAs können eine oder mehrere Kernstädte haben und entsprechen weitgehend den Verdichtungsräumen der deutschen Raumordnung. Alle Regionen außerhalb der MAs werden als *rural* (ländlich) bezeichnet. 2010 gab es in den USA 51 MAs mit mehr als einer Mio. Einwohnern"; ... „diese sind insbesondere aufgrund großer Bevölkerungsgewinne im suburbanen Raum gewachsen" (B. HAHN 2014, S. 7).

„New York und das Umland der Stadt bilden mit knapp 19 Mio. Menschen die einwohnerstärkste *metropolitan area* der USA"....„Die MA New York umfasst 23 *counties* und ist in zehn Jahren um 574.000 Einwohner gewachsen. Die *suburbs* waren zu 71% am Wachstum der Region beteiligt" (ebd., S. 8). Die kommunale Zersplitterung in US-amerikanischen MAs wird besonders deutlich am Beispiel der MA Los Angeles, auch Greater Los Angeles genannt, das sich aus dem Los Angeles County und dem südlich angrenzenden Orange County zusammensetzt (vgl. G. THIEME/H. D. LAUX 1996, Abb. 1). „Auf rund 10.600 km² leben hier heute fast 13 Mio. Menschen. Los Angeles County ist in 88 selbstständige Gemeinden wie die Städte Los Angeles, Santa Monica, Inglewood, Pasadena und Long Beach sowie weitere rund 140 unselbstständige Gemeinden untergliedert und ist mit knapp 10 Mio. Einwohnern die bevölkerungsreichste *county* der USA. Das kleinere Orange County mit den Städten Anaheim und Irvine ist ähnlich fragmentiert" (B. HAHN 2014, S. 119).

Die Tendenz des Zusammenwachsens von *metropolitan area* zu größeren **Städtebändern** wird besonders deutlich an der 1.000 km langen Städteagglomeration der sog. **Megalopolis** (nach J. GOTTMANN 1961) zwischen Boston und Washington (sog. Boswash).

lengroße sog. *sections*) gefördert, das ab 1785 in allen Gebieten der sog. Öffentlichen Landreserve westlich der älter besiedelten Gründerstaaten Anwendung fand. In zahlreichen Städten wurde jede Quadratmeile in 12 Baublöcke mit Seitenlängen von jeweils rd. 100 m aufgeteilt. Die quadratischen Blöcke wurden in fast allen Städten durch schmale **Hintergassen** (sog. *alleys*), die heute u. a. der oberirdischen Anlage von Versorgungsleitungen, der Müllabfuhr usw. dienen, zweigeteilt (s. Beispiel Tulsa, Abb. 7.4).

Von dem Gitternetz- bzw. Rechteckschema gibt es in den US-amerikanischen Städten auch Abweichungen: vor allem durch verschiedene Schachbrett-Texturen mit unterschiedlicher Ausrichtung (besonders bei See- und Flussuferstädten durch gewisse Anpassungen an die topographischen Verhältnisse) und schiefläufige Straßen oder Diagonalverbindungen. Ein herausragendes Beispiel für die Kombination von Rechteck- und Diagonalsystemen im amerikanischen Städtebau stellt die Bundeshauptstadt Washington D. C. dar, die von dem Franzosen L'Enfant nach dem Vorbild der Haussmannschen Straßenplanung in Paris (s. 9.2.2) gestaltet wurde. Von besonderer Bedeutung sind in Washington D. C. die diagonal verlaufenden **Avenuen**, in deren Schnittpunkten das Kapitol und das Weiße Haus gelegen sind.

Die überkommenen Gitternetz- und Diagonalsysteme bedingen erhebliche **Probleme für den heutigen motorisierten Verkehr**, die nur teilweise durch Ausweisung von Einbahnstraßen behoben werden konnten. Ein weiteres Problem ergibt sich aus der außerordentlichen **Flächenbeanpruchung des ruhenden Verkehrs**. In vielen Hauptgeschäftsbezirken (*CBDs*) und in *CBD*-nahen Innenstadtgebieten US-amerikanischer Großstädte nehmen Parkplätze heute zwischen rd. einem und zwei Dritteln der jeweiligen Gesamtfläche

ein. Diese Freiflächen entstanden vielfach durch Flächensanierungen (*slum clearance*, v. a. zwischen 1954 und 1974) in der durch früheren baulichen und sozialen Verfall gekennzeichneten *Zone in transition* im Sinne von Burgess (Ringmodell der Stadtentwicklung, Abb. 5.7), in der sich noch keine hochwertigeren Nutzungen angesiedelt haben (vgl. das Kernstadtmodell von R. Schneider-Sliwa 1999, Abb. 11.4 in diesem Band).

Die Verkehrsprobleme in US-amerikanischen Großstadtkernen stehen außer mit dem überkommen Straßennetz sowie dem hohen Motorisierungs- und Mobilitätsgrad der Bevölkerung auch in engem Zusammenhang mit der **Aufrissgestaltung**, d. h. mit der **Konzentration von Wolkenkratzern** im *CBD*, die eine enorme Massierung von Arbeitsplätzen in Büros und (Folge-)Einrichtungen für Besucher und Angestellte in Hotels, Restaurants, Spezialgeschäften etc. mit sich gebracht hat.

Aufgrund ganz erheblicher Dezentralisierungstendenzen des Bürosektors, des Einzelhandels (Shopping-Center) und Großhandels zugunsten von Standorten an Schnellstraßen in den Rand- und Vorortzonen von Städten bzw. Metropolitangebieten (s. 7.5.2, 11.2.5, 11.2.6) wurden in den vergangenen Jahrzehnten jedoch große Teile der Stadtzentren funktional entleert.

11.2.2 Die Funktionsverluste der *CBDs*, die u. a. durch die Überalterung ihrer (historischen) Bausubstanz, durch die allgemeine starke Bevölkerungssuburbanisierung, das Entstehen autofreundlicher Shopping-Center oder neuer großer *Edge Cities* an peripheren Standorten etc. hervorgerufen wurden (s. 11.2.5) und in zahlreichen *CBDs* deren wirtschaftlichen Verfall (*commercial blight*) und räumliche Schrumpfung ausmachten, stellten in den vergangenen Jahrzehnten ein charakteristisches Merkmal der

US-amerikanischen Stadtentwicklung und ein bedeutendes Stadtplanungsproblem dar.

Zwar erweckt die Hochhausbebauung in den *CBDs* bzw. *Downtowns* US-amerikanischer Großstädte immer noch den Eindruck, als seien dies „Zonen höchster Wirtschaftskraft" (R. Schneider-Sliwa 1999, S. 49), allerdings verbergen sich „seit den 80er Jahren signifikante Leerstandsraten hinter den neuen Wolkenkratzern" (ebd.). R. Hahn (1991), der in seinem früheren Stadtmodell (ebd., Abb. 20; s. auch Abb. 11.3 in diesem Band) das Zentrum der US-amerikanischen Stadt u. a. durch einen Bürogebäude-Boom gekennzeichnet hat, erklärt dies durch die Spekulation mit Hochhausbauten, wodurch „es immer wieder zu einem Überangebot von neuem Büroraum kommt; in einigen Städten gibt es zwischen 7 und 23 % leerstehende Neubauflächen" (ebd., S. 63). Demgegenüber verweist L. Holzner (1996) auf das enorme Ausmaß von Arbeitsplatzverlagerungen zugunsten der sich rasch entwickelnden Außenstadtzentren (11.2.5, Abb. 11.2/II).

In jüngerer Zeit wurden in den USA allerdings insbesondere durch die Großstadt- bzw. Sanierungspolitik der Bundesregierung und der Kommunen sowie durch „die Stadtentwicklungsprioritäen lokaler Planungsallianzen und ihrer jeweiligen Macht- und Planungsstrukturen (*Urban Regimes*)" (R. Schneider-Sliwa 1999, S. 47) vielfältige neue bauliche Strukturen und funktionale Ausstattungen geschaffen. Diese reichen von einem neuen Hochhausboom (*office building boom*) (R. Hahn 2002[2], S. 38) über *Entertainment*-Komplexe bis hin zu Megaprojekten wie etwa große Sportarenen in *CBD*-Nähe. In Kasten 11.3 ist eine Reihe von vorgenommenen (oder noch geplanten) **Maßnahmen zur Attraktivitätssteigerung der CBDs** (oder *Downtowns*) in US-amerikanischen Städten aufgeführt.

Kasten 11.3 Maßnahmen zur Attraktivitätssteigerung US-amerikanischer *CBDs*/ Downtowns (vgl. Abb. 11.4)

- Planung einer größeren Kompaktheit, d. h. einer reduzierten Ausdehnung bzw. einer höheren wirtschaftlichen Ausnutzung auf einer kleineren Gesamtfläche, z. B. durch Beschränkung des Einzelhandels auf nur wenige Baublöcke (u. a. Errichtung moderner Shopping-Center bzw. geschlossener *Shopping Galerías*); in jüngerer Zeit erfolgte auch eine

- Konzentration auf punktuelle Strategiegebiete (*urban enterprise zones*) in *downtown*-nahen Bereichen (R. Schneider-Sliwa 1999, S. 47);

- Errichtung öffentlicher Bauten in einem neuen *Civic Center*, Bau moderner Kongresszentren, von Museen oder Theatern, Hotels bzw. *Downtown Motels*, von Luxus-Wohnanlagen (auch als nach außen abgeschlossene sog. *Gated Communities*) oder etwa von großen Sportarenen in *CBD*-Nähe, häufig in Form von **Megaprojekten**;

- Imageverbesserung durch interessante architektonische Gestaltungen (Individualisierung der Aufrissgestaltung der Städte);

- Aufwertung des Stadtimage zu einer *„first class American city"* und einem *Corporate Center*. „Als *Corporate Center* gelten die Städte, die eine Konzentration von Konzernhauptverwaltungen aufweisen" (ebd.);

- Umgestaltungen des veralteten gitterförmigen Verkehrsnetzes (Bau von Erschließungsstraßen, Abweichen von geraden Linienführungen, Errichtung von Fußgängerzonen etc.);

- Prägung der Stadtstrukturen nach den Vorstellungen von **public-private partnerships**, die ab ca. Mitte der 1980er Jahre die traditionellen Stadtentwicklungsbehörden fast gänzlich abgelöst und „neue Entscheidungsstrukturen, Formen und Mechanismen der Planung" entwickelt haben (ebd.).

11.2.3 Die Entwicklung von Ghettos und Slums in den an die *CBDs* bzw. *Downtowns* anschließenden Wohnvierteln der Innenstädte (*Zone in transition* nach dem Ringmodell von E. W. Burgess, s. Abb. 5.7) war bzw. ist ein weiteres Kennzeichen der US-amerikanischen Stadt. Die inselartig angeordneten **Ghettos** oder **Minderheitenviertel**, vor allem die Ghettos der farbigen Bevölkerung (rassische Segregation), wachsen in vielen Städten trotz zahlreicher früherer Flächensanierungen immer noch und sind zum erheblichen Teil durch **Slumbildung**, d. h. durch baulichen Verfall und Verwahrlosung sowie ein hohes Ausmaß an sozialem Verfall, z. B. Kriminalität, gekennzeichnet. „Heutige Städte zeigen, daß vernachlässigte Stadtviertel räumliche Ausmaße erreicht haben, die mit dem Begriff 'Viertel' nicht mehr ausreichend erfaßt werden können. 'Hyper-Ghettos' der *urban underclass* dehnen sich stetig aus. (...) In der Kernstadt Atlanta mit einer Süd-Nord- und Ost-Westausdehnung von rd. 28 km nehmen diese Gebiete die Hälfte des Stadtgebiets ein, in Washington D. C. knapp 40 %. Das *Hyper-Ghetto* von Los Angeles, der Stadtteil South Central Los Angeles, hat eine Nord-Südausdehnung von 15 Meilen" (R. SCHNEIDER-SLIWA 1999, S. 50)

Ghetto- und Slumbildung in US-amerikanischen Städten, vor allem in Großstädten, sind offensichtlich langfristig angelegt und durch eine Reihe von Gründen zu erklären (vgl. E. LICHTENBERGER 1975 S. 4 und R. HAHN 1991, S. 66ff.), u. a. durch

● Einwanderung unterschiedlicher Nationalitäten und frühe Wohnsegregation (**Sozialsegregation**) während der Industrialisierungsphase des 19. Jh.s;

● Wanderung schwarzer Bevölkerungsgruppen aus dem Süden der USA in die Industriestädte (seit ca. 1910) mit rassischer Segregation in den Städten, die z. T. auch durch Invasion der Farbigen in ehemals „weiße" Wohnviertel hervorgerufen wurde;

● ab ca. 1960 Zuwanderung von Puertorikanern nach New York und Chicago sowie durch Mexikaner in Städte der Pazifikküste, ab 1970 von kubanischen Flüchtlingen, vor allem nach Miami/Florida;

● fehlende soziale Absicherung und die Armut der unterprivilegierten Gruppen (häufig der Minderheiten).

● Da in den USA der Anteil des **sozialen Mietwohnungsbaus** (gegenüber dem umfassenden Einfamilienhausbau) gering ist, musste die einkommensschwache Bevölkerung stets in die vom Mittelstand freigegebene ältere Bausubstanz in den inneren Stadtteilen umziehen.

● Für die im Verhältnis zu Deutschland sozial wenig geschützte US-amerikanische Mittelstandsgesellschaft spielen Mieteinnahmen aus dem Hausbesitz eine große Rolle; begünstigend für die Vermietung von Altbauten, die zumeist in kleinere Wohneinheiten unterteilt wurden, ist die Art der Besteuerung, die nach dem Hauswert (**Eigentumsbesteuerung**, *property tax*) und nicht nach dem Mieteinkommen erfolgt. Sie ist in den älteren Stadtteilen infolge des geringen Hauswertes relativ niedrig; aufgrund dieser Besteuerung unterbleiben umfassende Erhaltungsinvestitionen durch die Eigentümer, wodurch sich ein relativ rasches „Abwohnen" der Häuser ergibt.

Die Altbaugebiete der Kernstädte sind in den USA somit zu Auffangquartieren für einkommensschwache, z. T. arbeitslose Bevölkerungsgruppen der sog. *urban underclass* geworden, die sich heute jedoch nicht nur aus Farbigen zusammensetzt.

11.2.4 Die neuen Enklaven des gehobenen Lebensstils, „die sozialräumlich ebenso ausgegrenzt sind wie die Armen-Ghettos" (R. SCHNEIDER-SLIWA 1999, S. 50), sind in US-amerikanischen Städten gegenüber den Ghettos der städtischen Unterschicht i. Allg. vergleichsweise klein. Mit der Aufwertung der Innenstädte (zumindest punktuell) wurde „das Wohnen in der Downtown für bestimmte Bevölkerungsgruppen wieder attraktiv, insbesondere für Mittel- und Oberschichtgruppen, meist kinderlose Ein- und Zweipersonenhaushalte („Yuppies", *young urban professionals,* oder die „Dinks", *double-income-no-kids*-Haushalte). Man spricht seit 20-30 Jahren vom Prozess der *gentrification*" (R. HAHN 2002[2], S. 40).

Seit den 1980er Jahren entstanden in US-amerikanischen Städten zahlreiche *„Gated Communities"* (s. Abbn. 11.3 u. 11.4). „Im Rahmen der allgemeinen Maßnahmen zur *Downtown*-Aufwertung verwirklichen sie auf ausgewählten *city*-nahen Arealen das *In-Town-Living-Konzept*, das den oberen Einkommensgruppen im Downtown-Arbeitsmarkt ein suburbanes und abgeschottetes Milieu bietet. Der Zugang zu diesen Wohnvierteln ist häufig nur mit elektronischer Kennkarte möglich. In den USA leben schätzungsweise schon 4 Mio. Menschen in solchen Privatgemeinden. Sie sind die Antwort der gehobenen weißen Mittelschicht auf *Hyper-Ghettos* und die Multikulturalisierung der Gesellschaft" (R. SCHNEIDER-SLIWA 1999, S. 50).

11.2.5 Modelle der Stadtentwicklung in den USA. Stadtentwicklung und Verstädterung haben in den USA vor allem seit den 20er und 30er Jahren des 20. Jh.s, d. h. seit dem Beginn flächenextensiver Suburbanisierungs- und später auch darüber hinausgehender Urbanisierungsprozesse (Exurbanisierung, *Counterurbanization*, s. 2.3.3, 2.3.4), ein enormes Ausmaß und eine erhebliche (funktionale) Komplexität erfahren. Dies spiegelt sich auch in einer Reihe von Stadtstruktur- bzw. Stadtentwicklungsmodellen wider, deren Ursprung in den - noch einfachen - drei klassischen Modellvorstellungen der älteren sog. Chicagoer Schule der Sozialökologie liegt (vgl. 5.3). Letztere beinhalten zwar schon jeweils wesentliche, sich ergänzende Ansätze zur Beschreibung und Erklärung von Regelhaftigkeiten der funktionalen und

sozialräumlichen Entwicklung sowie Gliederung der US-amerikanischen Stadt, beschränken sich jedoch auf den Zeitraum von den 1920er Jahren bis ca. 1945. Jüngere Stadtmodelle für die USA sind zudem wesentlich komplexer.

Jüngere Modelle der US-amerikanischen Stadtentwicklung beziehen sich vor allem auf Großstädte, Metropolitangebiete bzw. großflächig verstädterte Räume. Dazu zählen das

• **Modell der Viertelsbildung amerikanischer Städte** (Abb. 11.2/I) sowie das **Modell 'Stadtland USA'** von L. HOLZNER (Abb. 11.2/II), das

• **Modell der US-amerikanischen Stadt** nach R. HAHN (Abb. 11.3) sowie das

• **Strukturmodell der US-amerikanischen Kernstadt** von R. SCHNEIDER-SLIWA (Abb. 11.4).

Weitere Modelle wurden u. a. von A. BOSKOFF (1970[2]) für US-amerikanische Metropolitangebiete (s. Abb. 2.13) und von E. LICHTENBERGER (1975) zur Entwicklung der Metropolitangebiete im NO der USA veröffentlicht.

Entsprechend dem in Abb. 11.2/I dargestellten **Modell der Viertelsbildung amerikanischer Städte** von L. HOLZNER (1972) ist die Kernstadt (Zentralstadt) - wie auch im Ringmodell von E. W. BURGESS (Abb. 5.7) - von einem geschlossenen Ring selbstständiger Vororte umgeben. Innerhalb der Stadt oder Stadtregion gibt es - entsprechend dem Sektorenmodell von H. HOYT (Abb. 5.9) - (1) ununterbrochene Industriesektoren, die sich vom Zentrum der Stadt entlang von Eisenbahn- und anderen Verkehrslinien bis in die äußeren Stadtrandgebiete und Vororte hinziehen, sowie (2) auch sektorartige sozialräumliche Wohnviertelsbildungen. Letztere sind im Modell durch untere, mittlere und hohe Einkommen gekennzeichnet; in den USA wird das Einkommen als wichtigstes Kennzeichen des **Sozialstatus** angesehen. Weitere Statusmerkmale, die zur Abgrenzung von sozialen Schichten oder Gesellschaftsgruppen dienen, sind das Wohnniveau (insbesondere der Hausbesitz), die Schulbildung und übrige Ausbildung sowie auch der Berufsstand. In den Vororten US-amerikanischer Städte wird häufig die **Sozialsegregation** durch spezielle Bauvorschriften (z. B. Vorschreiben des Einfamilienhausbaus), hohe Besteuerung der Grundstücke und Häuser (Eigentumsbesteuerung), Verbot der Errichtung subventionierter Sozialwohnungen (sozialer Mietwohnungsbau) etc. forciert. Damit werden bestimmte Gruppen, insbesondere untere Einkommensschichten, oft von vornherein als Käufer ausgeschaltet.

Über dem Sektorschema, das also großenteils sozialschichtenspezifisch ist, liegt in dem Modell von L. HOLZNER eine ringzonale Anordnung, die sich insbesondere aus wichtigen **demographischen Unterschieden** herleitet. Denn innerhalb der Stadt erfolgt idealtypisch eine Wohnsegregation der Familien entsprechend den verschiedenen Bedürfnissen der **Phasen im Lebenszyklus**. Das konzentrisch-ringzonale Schema, das dem Ringmodell von E. W. BURGESS ähnelt, ist vor allem durch folgende Merkmale gekennzeichnet: In den Außenbezirken aller Wohnsektoren mit unteren, mittleren und oberen Einkommen (Zone 3) leben vorwiegend jüngere Familien mit Kindern, allerdings - aufgrund der durchschnittlich großen Grundstücke - mit einer geringen Einwohnerdichte. In dieser Zone sind relativ wenige Frauen berufstätig. In der mittleren Zone (Zone 2) sind das Durchschnittsalter der Bevölkerung höher, die Zahl der unversorgten Kinder geringer und ein größerer Prozentsatz der Frauen berufstätig. Entsprechend dem höheren Wert des Bodens (vgl. Bodenrentenmodelle, s. 5.4) sind die Grundstücke meist kleiner und die Bevölkerungsdichte größer. In der innersten Zone (Zone 1) mit größter Bevölkerungsdich-

te und höchstem Durchschnittsalter der Bewohner in allen Einkommenssektoren ist ein relativ großer Anteil der Frauen berufstätig. Hier ist auch die Appartement-Wohnweise stark vertreten.

Das zweifache Gliederungssystem, d. h. das sektorale und konzentrisch-ringzonale Schema, wird schließlich durch ein drittes überlagert, das man am ehesten mit dem Mehrkerne-Modell von C. D. HARRIS und E. L. ULLMAN vergleichen kann (s. 5.3.4 mit Abb. 5.9): Zunächst werden einige Wohnsektoren rings um den *Central Business District* von einer inselartig angeordneten Zone der Slums oder Ghettos der untersten Sozialschichten mit einem hohen Anteil an Farbigen und Einwanderern unterbrochen. Hinzu kommen **(kommerzielle) Sekundärkerne**: In den Vororten gibt es zahlreiche neu entstandene große Shopping-Center (zur Shopping-Center-Entwicklung in den USA vgl. im Einzelnen B. HAHN 2002c), Industrie- oder Gewerbeparks, **Campusanlagen großer Universitäten** etc.

In dem von L. HOLZNER rd. zwei Jahrzehnte später veröffentlichten neuen **Modell 'Stadtland USA'** (Abb. 11.2/II) steht dem früher dominanten *Central Business District* der Kernstadt eine Vielzahl sog. **Außenstadtzentren** gegenüber. Diese bestehen aus Shopping-Centern und in der Regel an diese angrenzenden neuen Industrie-, Großhandels- und Lagerkomplexen, die oftmals auch als *Industrial Parks* bezeichnet werden. Daran schließen sich häufig Büro- sowie auch Wohnfunktionen an (vgl. im Modell: gemischte Wohn- und kommerzielle Viertel). Von dem enormen Wachstum tertiärer und quartärer Arbeitsplätze in den USA haben nach L. HOLZNER in jüngerer Zeit vor allem die Außenstadtzentren profitiert. Waren beispielsweise im Jahre 1980 noch 57 % der gesamten Bürofläche der USA in den *Downtowns* zu finden und nur 43 % in den Außen-

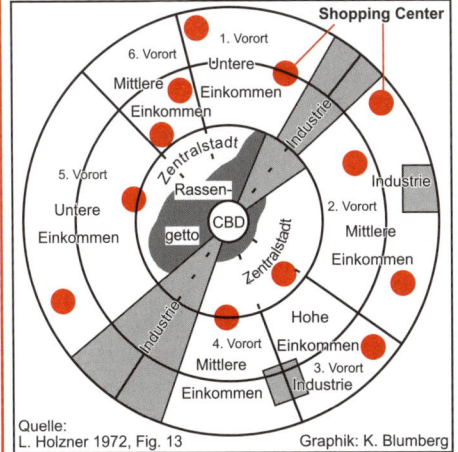

Das generalisierende Stadtgliederungsmodell wurde anhand der Großstadtregion von Milwaukee/Wisconsin entwickelt. Es stellt im Grunde eine Kombination der drei klassischen Stadtentwicklungsmodelle (Ring-, Sektoren- und Mehrkerne-Modelle) der Chicagoer Schule der Sozialökologie (s. Kap. 5.3), mit allerdings einigen sozialgeographisch relevanten Unterschieden, dar. Im ringzonalen Muster stehen lediglich die Bezeichnungen *CBD* und Rassengetto innerhalb der Zentralstadt; die übrigen beiden Ringe wurden vom Autor im Modell nicht erläutert. Es handelt sich um jeweils dominante demographische Merkmale in zentral-peripherer Abfolge entsprechend dem Lebenszyklus von Familien (s. textliche Erläuterung).

Abb. 11.2/I Modell der Viertelsbildung amerikanischer Städte nach L. Holzner

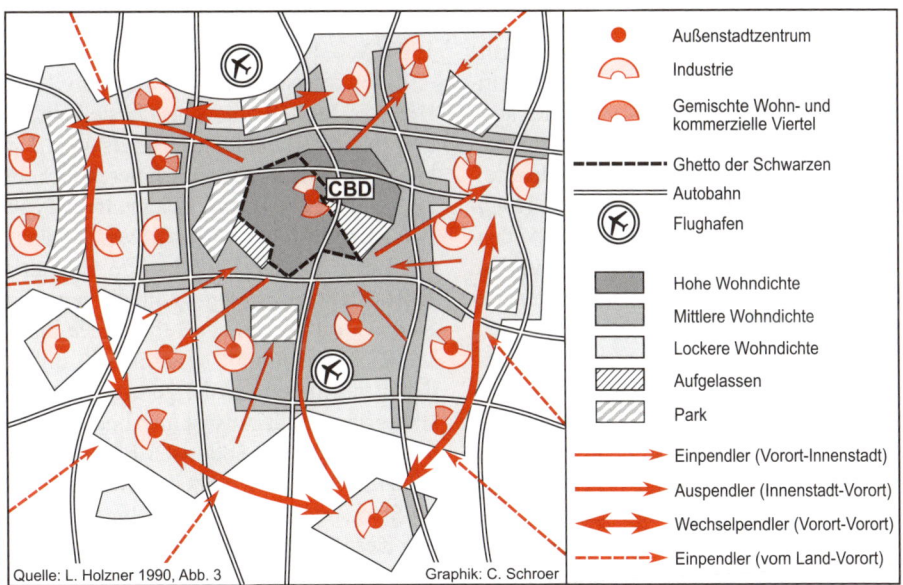

Abb. 11.2/II Modell 'Stadtland USA' nach L. Holzner

Das **Modell 'Stadtland USA'** von L. Holzner (Abb. 11.2/II) bezieht sich insbesondere auf die massive Suburbanisierung der Wohnbevölkerung vorwiegend weißer Bevölkerungsgruppen, die in den USA bereits vor dem 2. Weltkrieg, in verstärktem Maße allerdings erst in den späten 1940er Jahren begann. Dieser Prozess hat bis zur Gegenwart eine enorme Veränderung der Stadtlandschaft sowie der Raumfunktionen und -beziehungen zur Folge gehabt. Wie das ältere Modell der US-amerikanischen Stadt (Abb. 11.2/I) benötigt auch dieses zusätzliche Erläuterungen (s. Text).

stadtzentren, so hatte sich 1989 das Verhältnis bereits umgekehrt (L. HOLZNER 1990, S. 469). Wichtig ist zudem, dass viele der Außenstadtzentren bereits überregionale, sogar kontinentale Bedeutung erlangt haben; damit haben sie häufig schon die *Downtowns* überflügelt. Insbesondere haben viele Großbanken, Versicherungen, Kreditinstitute und Investmentbetriebe bereits seit den 1970er Jahren ihre täglich anfallenden arbeitsintensiven Routinetätigkeiten in die Außenstadtzentren verlagert. Hinzu kommen etwa auch viele *corporate headquarters* von Großfirmen, die seit den 1980er Jahren samt ihrem mittleren und oberen Management aus den *Downtowns* zu derartigen peripheren Standorten verlegt wurden (L. HOLZNER 1996, S. 101-102).

Von Bedeutung ist nicht nur das enorme Wachstum von Büroflächen (Bürostandortdekonzentration) im suburbanen oder auch exurbanen Raum (s. 7.5.2), sondern etwa auch das starke Ansteigen der Bodenpreise, was wiederum zum verstärkten **Hochhausbau** (mit eigener *Skyline*) in den Außenstadtzentren geführt hat (Beispiel Southfield bei Detroit: 7 Mio. qm Bürofläche gegenüber 6 Mio. in der *Downtown* von Detroit).

Die neuen Außenstadtzentren sind somit multifunktional und aufgrund der stark angewachsenen Zahl und Vielfalt der Arbeitsplätze zu bedeutenden Beschäftigungszentren geworden. „Für diese 'neuen' urbanen Gebilde mit ihrem vielfältigen Angebot, die die Bindungen zur Kernstadt gelöst haben und funktional betrachtet sämtliche Merkmale einer eigenständigen Stadt aufweisen, prägte JOEL GARREAU den Begriff *Edge City"* (M. HESSE/ST. SCHMITZ 1998, S. 443; s. auch 7.5.2). Nach der Wohnsuburbanisierung als der ersten Welle des Suburbanisierungsprozesses, der Entstehung von Shopping-Centern oder *shopping malls* der 1960er und 1970er Jahre als zweiter machen die seit An-

fang der 1980er Jahre gebauten *Edge Cities* nach C.-C. WIEGANDT (1997a, S. 13) die dritte Welle der Suburbanisierung in den USA nach dem Zweiten Weltkrieg aus (vgl. 11.2.6).

Die Darstellung des dichten **Autobahnnetzes** im Modell von L. HOLZNER (1990) deutet an, dass die neuen multifunktionalen Außenstadtzentren bzw. *Edge Cities* von vornherein und praktisch ausschließlich autoorientiert konzipiert sind. Sie verfügen jeweils über ein außerordentlich großes und zudem kostenloses Parkraumangebot. Innerhalb der Zentren fährt man häufig mit dem Auto von Geschäft zu Geschäft. Die Anlage der großen Parkplätze bedingt eine enorme Weiträumigkeit der Außenstadtzentren, deren Flächen sehr oft diejenigen der traditionellen *Downtowns* weit übertreffen (vgl. L. HOLZNER 1990, Abb. 1).

Einen wesentlichen Bestandteil des HOLZNER-Modells bildet die Darstellung ausgewählter Zirkulationen: Berufs- und Einkaufsfahrten (der Begriff Pendler ist nicht exakt benutzt!). Es lassen sich mehrere **Typen von Zirkulationsströmen** unterscheiden: (1) Berufspendlerverkehr und Einkaufsfahrten von den *suburbs* in die jeweilige Kernstadt. Das Verkehrsaufkommen in dieser Richtung nimmt beständig ab und ist daher im Modell mit der geringsten Strichstärke dargestellt. Ausnahmen bilden bedeutende *Downtowns* nationaler Bedeutung (z. B. in Chicago, New York oder Washington). (2) Stark angewachsene Verkehrsströme von den Kernstädten in die Vororte. (3) Die bedeutendsten Zirkulationen im Berufs- und Einkaufsverkehr finden in den USA nach HOLZNER zwischen den Vororten und den Außenstadtzentren statt (sog. *crosstown circumferential traffic*). Die Umgehungsautobahnen (*beltways*), die ursprünglich zur Entlastung der Kernstädte angelegt wurden und dem Durchgangsfernverkehr dienen sollten, sind zu - häufig überlasteten

- Routen für den täglichen *crosstown circum-ferential traffic* geworden.

Nach HOLZNER arbeiten bereits 75 % aller in den Außenstädten (*outer cities*) wohnhaften Berufstätigen dort und nicht in der Kernstadt. Durchschnittlich werden 90 % aller Einzelhandelsumsätze in den Außenstadtzentren und nicht in der Kernstadt getätigt.

Ein weiteres Element in der US-amerikanischen Stadtlandschaft sind **Unterschiede in der Wohndichte** mit einer zentral-peripheren Abstufung (Abb. 11.2/II). Dargestellt sind auch größere aufgelassene Flächen in der Nähe des *CBD* sowie das erhebliche räumliche Ausmaß von Schwarzen-Ghettos in der Kernstadt.

Das auf größere Stadtregionen bezogene Modell von L. HOLZNER (1990) konnte eine ganze Reihe weiterer demographischer, sozialgeographischer oder auch struktureller Charakteristika der US-amerikanischen Städte nicht berücksichtigen. Dazu zählt etwa die „immer kleingekammertere Wohnsegregation der Bevölkerung" (ebd., S. 470). So ist in dem „motorisierten extrem mobilen Stadtland" USA ein „verwirrendes kleingekammertes Zellenmosaik von '*Neighborhoods*', also von Wohnbezirken mit unterschiedlichen Bevölkerungsmerkmalen entstanden, von denen 6.500 sogar unabhängige Gemeinden geworden sind" (ebd.). L. HOLZNER erklärt dies einerseits mit der typischen freizügigen Mobilität und mit dem sozialgeographischen Verhalten: „Menschen gleichen oder ähnlichen sozio-ökonomischen, ethnisch-kulturellen oder demographisch-altersmäßigen Status haben in der heterogenen Gesellschaft der USA die Tendenz, zusammenzuziehen. Wo man wohnt, möchte man unter seinesgleichen sein, um leichter gleiche Werte und Vorstellungen, auch auf politischem Gebiet, zu erhalten und diese den Kindern in der zuständigen Gemeindeschule, in der Kir-che und in der Freizeit mitzugeben" (ebd.).

Das in Abb. 11.3 dargestellte **Modell der US-amerikanischen Stadt nach** R. HAHN (2000²) zeigt zum einen typische räumliche Strukturen (vor allem ringzonale und Mehrkern-Merkmale) auf, wobei die einzelnen Zonen in der oberen Leiste inhaltlich ergänzt bzw. stichwortartig erläutert werden. Zum anderen werden auch Expansions- und Verlagerungstendenzen von Nutzungen und Bevölkerungsgruppen in der Stadtregion veranschaulicht. Zu den **jüngeren Expansions- (und auch Revitalisierungs-)prozessen des *Central Business District* bzw. der *Downtown*** zählen nicht nur der - bereits unter 11.2.2 erwähnte - Hochhausboom, sondern auch zahlreiche andere Maßnahmen zur Attraktivitätssteigerung (Kasten 11.3) einschließlich der seit den 1980er Jahren betriebenen *waterfront*-Entwicklungen „mit der Erschließung attraktiver Promenaden entlang von Wasserflächen, Marinas, spektakulären Museen und hochwertigen Wohnanlagen" (R. HAHN 2002², S. 39), z. B. in Baltimore. Jüngere Rand-Kern-Verlagerungen der Wohnbevölkerung in Richtung *Downtown*-Rand oder -Nähe werden im Modell durch den Prozess der ***gentrification*** angedeutet. „Gründe für die wachsenden Aufwertungsprozesse durch *gentrification* sind:
- ökonomische Aspekte wegen der im Vergleich zu den teuren Umlandhäusern niedrigeren Kauf- oder Mietpreise,
- demographische Gesichtspunkte wie Einpersonenhaushalte oder kinderlose Zweipersonenhaushalte,
- soziokulturelle Aspekte mit 'zentrumsorientierten Lebensstilen" (R. HAHN 2002², S. 40-41).

Das Modell der US-amerikanischen Stadt nach R. HAHN veranschaulicht aber auch gegenläufige **Prozesse von Kern-Rand-Verlagerungen**. Dazu zählen nicht nur die Suburbanisierung von Industrie und Dienst-

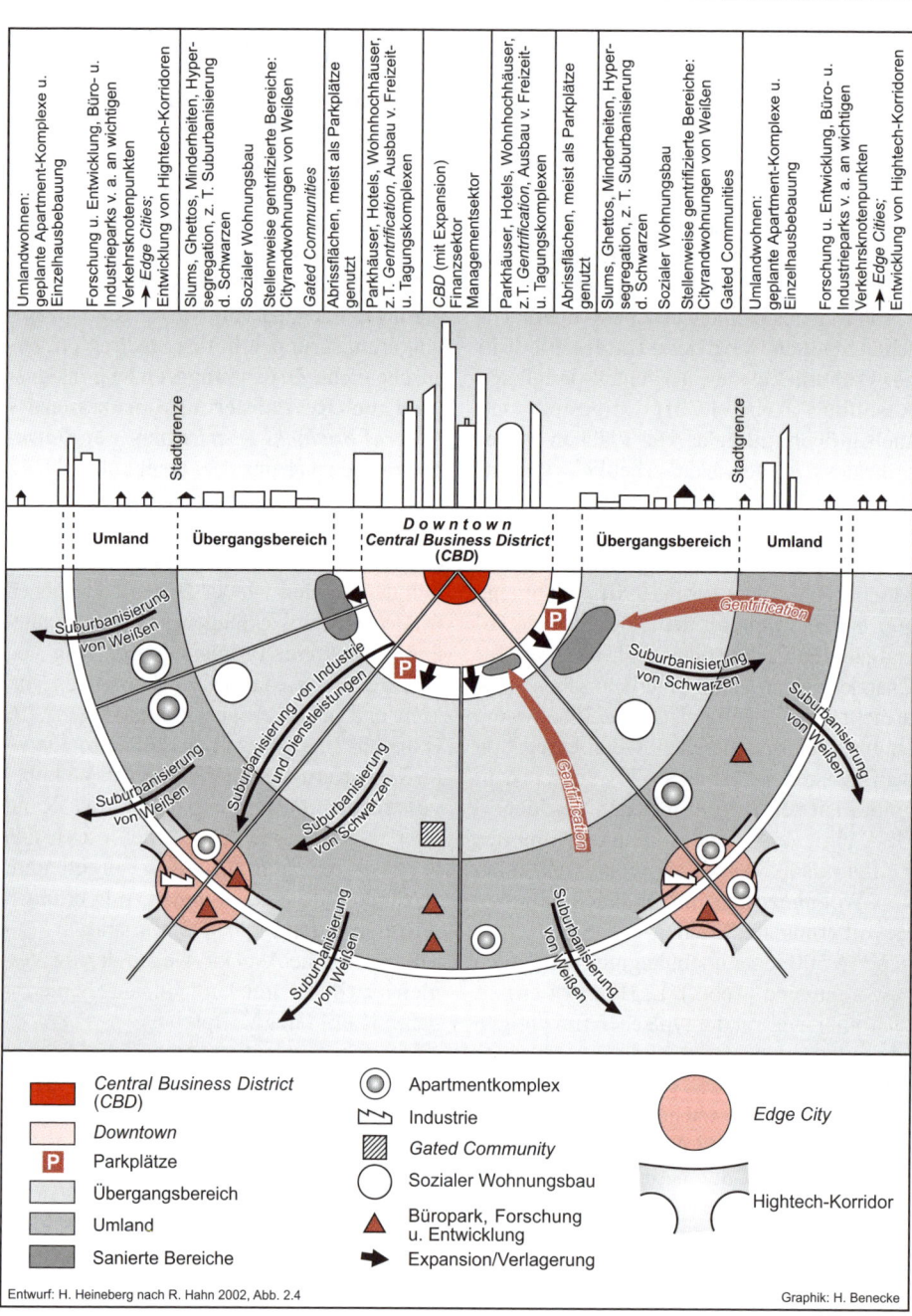

Abb. 11.3 Modell der US-amerikanischen Stadt nach R. Hahn

leistungen in Richtung der neuen *Edge Cities* (s. oben) mit Hightech-Korridoren, sondern auch die Wohnsuburbanisierung oder sogar -exurbanisierung vor allem weißer, in geringerem Maße auch schwarzer Bevölkerungsgruppen. „Die postmoderne Stadtentwicklung wird immer noch durch die Flucht der Weißen, der *affluent-middle-* und *-upperclass*-Familien aus der Kernstadt ins Umland geprägt. Nach der Lebenszyklusthese ziehen junge Familien in eine der Umlandsiedlungen. Meist arbeiten die Eltern in *professional jobs*, sind gut ausgebildet und verdienen gut. Man spricht von den *dual-career-couples*. Die Kosten für ein neues Haus betragen inzwischen mehr als das siebenfache des Jahreseinkommens. Für viele Mittelschichthaushalte ist dies nicht mehr finanzierbar. Deshalb zieht man weiter ins Exurbangebiet und nimmt Pendlerwege von mehr als einer Stunde in Kauf. Die gut ausgestattete Appartementwohnung oder ein Wohnhaus mit Garten und weiteren *amenity*-Einrichtungen wie Parkanlagen, Pools und die sozial und ethnisch homogene Nachbarschaft werden bevorzugt". (...) „Das Wohnen im weit entfernten suburbanen Umland ist durch die Verfügbarkeit von Landflächen, durch die private Mobilität sowie durch Finanz- und Baugesellschaften möglich. Ganz wichtig für die Familien sind die gut ausgestatteten Umlandschulen, denn diese erzielen bei vergleichenden Schultests bessere Ergebnisse als die Innenstadtschulen" (R. Hahn 2002[2], S. 43).

Das Modell der US-amerikanischen Stadt, genauer: **das Strukturmodell der US-amerikanischen Kernstadt, von R. Schneider-Sliwa** (Abb. 11. 4) geht differenzierter als die bisher genannten Stadtmodelle auf die jüngere Entwicklung der *Downtowns* und *downtown*-naher Ergänzungsgebiete ein, vernachlässigt demgegenüber allerdings die außerhalb der Kernstadt gelegenen Prozesse im sub- und exurbanen Raum. Wesentlich für R. Schneider-Sliwa ist vor allem die Herausstellung der Einflüsse der Bundes- und lokalen Planungspolitik auf die Nutzungen und Probleme in der US-amerikanischen Kernstadt. So spiegeln „aktuelle Kernstadtstrukturen die Großstadtpolitik des Bundes der USA mehrerer Jahrzehnte sowie die Stadtentwicklungsprioritäten lokaler Planungsallianzen und ihrer jeweiligen Macht- und Planungsstrukturen (Urban Regimes)" wider (R. Schneider-Sliwa 2002b, S. 403-404).

R. Schneider-Sliwa (1999, 2002b) unterscheidet u. a. folgende **Einflussnahmen des Bundes und der Kommunen** in den USA: Waren etwa die ersten beiden Jahrzehnte nach Erlass der Wohnungs- und Städtebaugesetze des Bundes (1954, 1956) noch - unter Einsatz von *public-private partnerships* - durch 'Kahlschlagsanierungen' in innerstädtischen Verfallsgebieten (*Slum*-Ghettos, v. a. Farbigen-Ghettos) gekennzeichnet, um auf den frei gewordenen Flächen Einkaufszentren, Büroparks oder auch neue Wohnanlagen mit höherem Steueraufkommen durch Investoren zu errichten, so ist seit Mitte der 1970er Jahre (...) eine andere Sanierungspolitik des Bundes und der Kommunen zu beobachten. Diese neue Politik rückte von flächendeckenden Sanierungen verfallener Stadtteile ab und konzentrierte sich auf *Downtowns* sowie auf punktuelle *downtown*-nahe Strategiegebiete (*urban enterprise zones*) mit entsprechenden Renditeerwartungen. Durch die Ablösung der traditionellen Stadtentwicklungsbehörden als Hauptakteure der Stadtentwicklung seit den 1980er Jahren durch *public-private partnerships* wurden diese entscheidend wichtig für die Stadtstrukturen. Dazu zählte einerseits die Vernachlässigung der Sanierung bestehender Verfallsgebiete zugunsten der dort wohnhaften Unterschichtbevölkerung (*urban underclass*); andererseits war es das

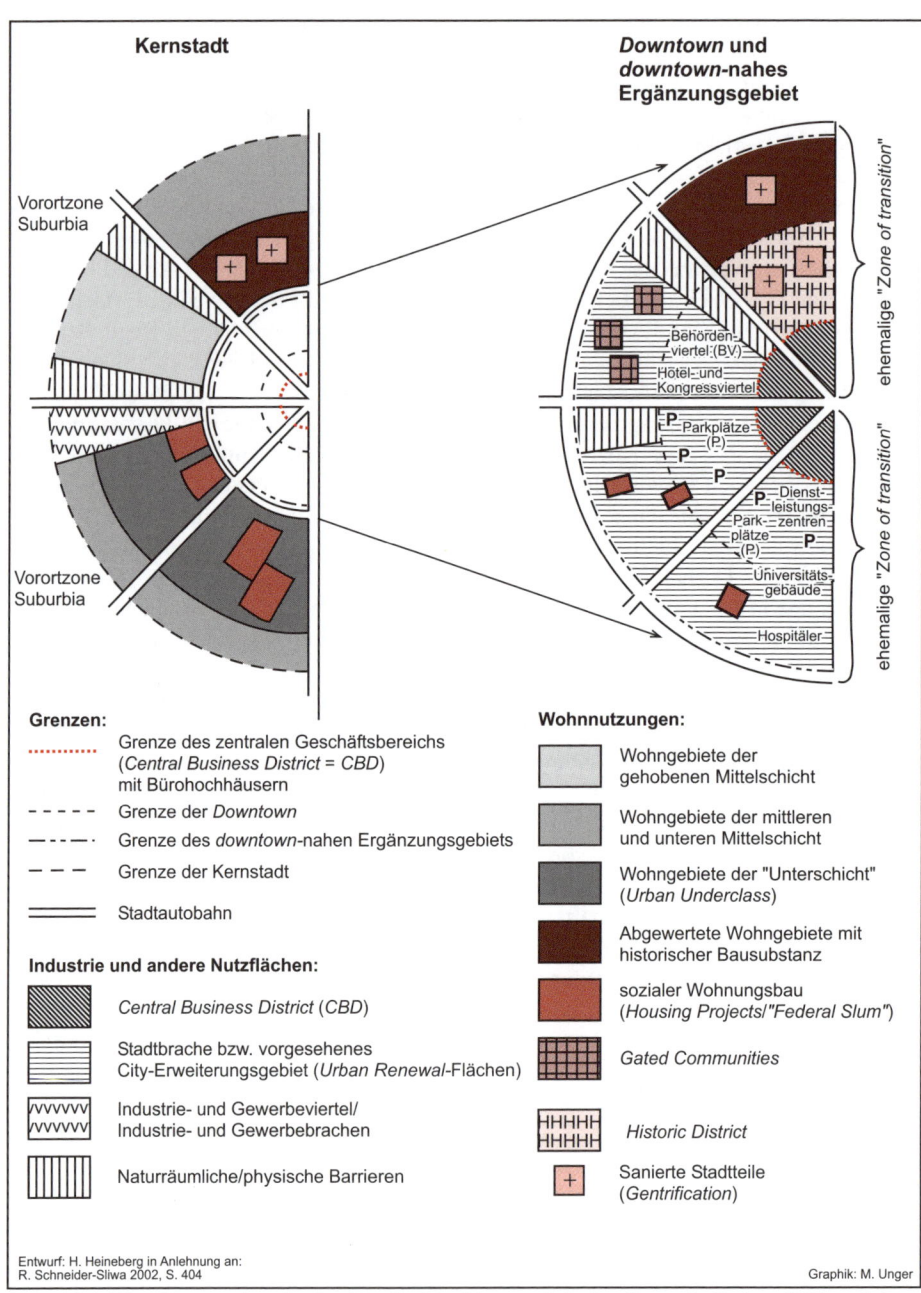

Grenzen:

········· Grenze des zentralen Geschäftsbereichs
(*Central Business District* = *CBD*)
mit Bürohochhäusern

- - - - - Grenze der *Downtown*

- · - · - · Grenze des *downtown*-nahen Ergänzungsgebiets

- - - Grenze der Kernstadt

════ Stadtautobahn

Industrie und andere Nutzflächen:

Central Business District (*CBD*)

Stadtbrache bzw. vorgesehenes
City-Erweiterungsgebiet (*Urban Renewal*-Flächen)

Industrie- und Gewerbeviertel/
Industrie- und Gewerbebrachen

Naturräumliche/physische Barrieren

Wohnnutzungen:

Wohngebiete der
gehobenen Mittelschicht

Wohngebiete der mittleren
und unteren Mittelschicht

Wohngebiete der "Unterschicht"
(*Urban Underclass*)

Abgewertete Wohngebiete mit
historischer Bausubstanz

sozialer Wohnungsbau
(*Housing Projects*/"*Federal Slum*")

Gated Communities

Historic District

Sanierte Stadtteile
(*Gentrification*)

Entwurf: H. Heineberg in Anlehnung an:
R. Schneider-Sliwa 2002, S. 404

Graphik: M. Unger

**Abb. 11.4 Die US-amerikanische Stadt: Strukturmodell der Kernstadt der 1990er Jahre
nach R. Schneider-Sliwa**

häufige Bestreben von *public-private part-nerships*, „das Image einer Stadt zu einer *'first-class American city'* und einem *Corporate Center* aufzuwerten" (R. SCHNEIDER-SLIWA 1999, S. 47) (Kasten 11.3). Kennzeichnend waren die Ausweitung der Büroflächen (trotz signifikanter Leerstände), die Errichtung von Hotel- und Kongress- sowie Behördenzentren (s. Abb. 11.4, rechts), von Shopping-Centern, Luxus-Wohnanlagen, Sportarenen, Konzerthallen, Theatern, Museen etc. auf Sanierungsbrachen. Typisch war dabei die Errichtung von Megaprojekten durch wenige führende Unternehmer (ebd.). Trotz dieser baulichen Maßnahmen, die allerdings wegen ihres „erheblichen Verdrängungs- und Verödungseffekts" (R. SCHNEIDER-SLIWA (2002b, S. 405) nicht unumstritten sind, sind häufig große *downtown*-nahe Freiflächen übriggeblieben, die als Parkplätze (oft als Zwischennutzungen) dienen. „Bis heute hat die als <Federal Bulldozer> bezeichnete Ära des urban renewal der 1950er-und 60er Jahre daher größere Baulandreserven hinterlassen, als durch neue Nutzer nachgefragt wurden" (ebd.).

R. SCHNEIDER-SLIWA hat in ihrem Modell der US-amerikanischen Kernstadt u. a. auch die jüngeren Strukturveränderungen in *downtown*-nahen Wohngebieten berücksichtigt. Diese waren zwar durch Verfallserscheinungen gekennzeichnet, wurden jedoch während der *Urban Renewal*-Ära nicht zwecks *Downtown*-Erweiterung abgetragen. „Seit den 1970er Jahren sind diese Stadtviertel von Gentrification, d. h. Luxussanierung ihrer Altbausubstanz, erfasst worden", allerdings wurden die „sozialen Strukturen zumeist völlig verändert".(...) „Um ein entsprechendes Ambiente bieten zu können, erfahren diese Stadtteile eine lebensstilorientierte Stadtraumgestaltung, die auf Lebensstilpluralismus und die Lebensstilkonkurrenz der höheren Sozialschichten eingeht" (R.

SCHNEIDER-SLIWA 2002b, S. 405).

11.2.6 Jüngere Entwicklungstendenzen in der Suburbia: „*Edgeless Cities*". Untersuchungen von R. E. LANG u. a. zeigen, „dass zwar einerseits der Trend zur Suburbanisierung von Bürotätigkeiten in den Metropolregionen der USA auch in den letzten Jahren ungebrochen ist (R. E. LANG u. a. 2006). Zugleich stellen sie aber fest, dass dabei die Standorte im suburbanen Raum eine größere Bandbreite als bisher an stadträumlichen Typologien aufweisen: Während der Begriff *Edge Cities* sich vor allem auf Bürokonzentrationen an günstig gelegenen Standorten in der Suburbia bezieht, die vor allem in den 1980er und 1990er Jahren wuchsen (s. 7.5.2), gibt es seit 2000 ein Wachstum von Büroarbeitsplätzen vor allem an diffus verteilten Standorten in der Suburbia: In Gebieten entlang von Ausfallstraßen, in den älteren Kleinstadtzentren im suburbanen Raum, in sog. „*Boomburbs*" (das sind kleinere neue *Mini-Edge Cities*, R. E. LANG/J. B. LeFURGY 2007) und an „exurbanen" Standorten am äußersten Rand der Agglomeration ohne gute Anbindung. R. LANG u. a. stellen dem Begriff der *Edge Cities*, der für Bürokonzentrationen in der Suburbia steht, daher den Begriff der „*Edgeless Cities*" gegenüber, der für eine zunehmend disperse Verteilung und Dekonzentration von Bürostandorten in der Suburbia steht (vgl. R. E. LANG 2003)" (F. ROOST, schriftl. Mitt.v. 9.4.2013).

B. HAHN (schriftl. Mitt. 1.2.2013) stellt heraus, dass „*Edgeless Cities* nur vage definiert sind, (daher) sind sie häufig nur schwer im Raum zu finden und ihre Grenzen kaum exakt festzulegen. *Edgeless cities* verändern ständig ihre Form, weswegen R. E. LANG sie als *elusive cities* (*elusive* = flüchtig, schwer fassbar) bezeichnet. *Edgeless cities* definieren sich weniger über ihre äußere Form als über ihre Funktion, d. h. über die große Zahl von Büroarbeitsplätzen. In den von LANG untersuchten *Metropolitan Areas* befanden sich die Büros überwiegend in den Innenstädten oder in *Edgeless Cities*. In elf der 13 Fallstudien konnte in den *Edgeless Cities* sogar mehr Bürofläche nachgewiesen werden als in den zentralen Bereichen der Kernstädte. Nur in New York und Chicago stellten die *Downtowns* noch die bedeutendsten Bürostandorte der Region dar. (...) *Edgeless Cities* wachsen ohne ein bestimmtes Muster und scheinbar völlig planlos. Traditionelle Formen wie ein Wachstum in konzentrischen Ringen gibt es nicht mehr. Die US-amerikanische Stadt, wie sie seit Generationen bekannt war, löst sich zunehmend auf" (vgl. im Einzelnen B. HAHN 2014, S. 24ff. sowie R. E. LANG u. a. 2009).

11.3 Die lateinamerikanische Stadt

„Lateinamerika ist heute der am stärksten verstädterte Kontinent der Dritten Welt und weist zugleich den höchsten Metropolisierungsgrad auf" (J. BÄHR/G. MERTINS 1995, S. XI) (vgl. 2.3). Der Verstädterungsgrad betrug in Lateinamerika im Jahr 2010 rd. 79 % (im Vergleich dazu: Entwicklungsländer insgesamt rd. 46 %, Afrika rd. 39 %, Europa knapp 73 %, Nordamerika 82 %, Australien 89 %) (nach UN 2012).

„Lateinamerika unterscheidet sich von den anderen Großregionen der Dritten Welt nicht nur aufgrund des deutlich höheren Anteils in Städten lebender Menschen, sondern auch dadurch, daß der Verstädterungsprozeß besonders früh einsetzte und mit enormer Intensität ablief" (J. BÄHR/G. MERTINS 1995, S. 21). So sind in dem relativ kurzen Zeitraum von ca. 1520/30 bis ca. 1570/80 bereits die Hauptgründungen kolonialzeitlicher Städte - sowohl im spanischen Machtbereich Lateinamerikas als auch im portugiesischen Ko-

Kasten 11.4 Der kolonialzeitliche Urbanisierungsprozess in Lateinamerika (aus: E. GORMSEN/H. HAUFE 1992, S. 148)

„Drei Jahrhunderte Kolonialherrschaft haben Struktur und Erscheinungsbild der lateinamerikanischen Städte geprägt. Die Gründung von Städten spielte eine prioritäre Rolle in der spanischen Politik. Sie hatte folgende Zielsetzung: Eine relativ geringe Zahl von Europäern sollte von hier aus die eroberten Gebiete beherrschen, missionieren und neu ordnen; zur besseren Kontrolle sollte die indianische Bevölkerung in neuen Siedlungen (*reducciones*) im Einflußbereich dieser Städte konzentriert werden; schließlich sollten sie als Zentren der wirtschaftlichen Erschließung und Ausbeutung dienen.

Der koloniale Urbanisierungsprozeß verlief in mehreren Phasen:
1. Als Vorstufe entwickelten sich an günstigen Landplätzen kleine Stützpunkte. Sie dienten den Expeditionen als Basis und wurden durch einfache Befestigungen geschützt.
2. In der experimentellen Phase entstanden bis etwa 1520 einige Städte im karibischen Raum. Sie waren Ausgangspunkte zur Eroberung des Festlandes und des ihnen zugeordneten Territoriums. In ihnen wurden die Institutionen der kirchlichen und weltlichen Macht angesiedelt.
3. Zwischen 1521 und 1572 war die aktivste Epoche der Stadtgründung. In dieser Zeit entstanden etwa 20 der wichtigsten Städte und zahlreiche Ordensniederlassungen. Daneben wurden allein in Mexiko etwa 2.000 indianische Siedlungen angelegt.
4. Auf der Grundlage neuerer Gesetze der Stadtplanung erfolgten 1573 bis 1750 die Konsolidierung der bestehenden Strukturen und die Erschließung weit entlegener Gebiete, bis hin nach Kalifornien.
5. Ende des 18. Jahrhunderts wird das Baugeschehen im Rahmen der bourbonischen Reformen neuen Normen unterworfen. Der Barockstil wird durch den Neoklassizismus abgelöst, mit dem sich nach der Unabhängigkeit die jungen Staaten Lateinamerikas identifizieren."

lonialgebiet an der brasilianischen Atlantikküste - abgeschlossen (ebd., S. 9) und damit wesentliche Elemente nicht nur des heuti-

Kasten 11.5 Spanische und portugiesische Stadtgründungen in Lateinamerika
(aus: J. BÄHR/G. MERTINS 1995)

„Die Aufteilung Lateinamerikas in einen spanischen und in einen portugiesischen Machtbereich und dementsprechend wirtschaftlich, sprachlich, kulturell, aber auch städtebaulich-architektonisch geprägten Raum (...) spiegelte den realen Eroberungsgang wider". (...)
„Hinsichtlich der Standortwahl gab es allerdings weitreichende Unterschiede zwischen Spaniern und Portugiesen, was z. T. auch Ausdruck ihrer unterschiedlichen Intentionen bei der Eroberung ist. So gründeten die Spanier ihre „Haupt"städte als Zentren ihrer politischen, militärischen und kirchlichen Macht symbolhaft vor allem dort, wo sich die Mittelpunkte indianischer Hochkulturen befanden (z. B. Mexiko-Stadt, Bogotá, Quito), d. h., der „kontinentale Standort" wurde aus Gründen der Zentrumsidentität und -kontinuität zum bestimmenden Lagefaktor für bedeutende kolonialspanische Städte. Ausnahmen bildeten wenige, für den Verkehr mit dem Mutterland wichtige Hafenstädte (z. B. Havanna, Cartagena, Callao, Veracruz, Valparaíso, Santo Domingo) oder binnenwärtige Etappenstationen auf dem Weg Küste-Hauptstadt, z. B. Mompóx/Kolumbien. Hingegen entstanden die bedeutendsten portugiesischen Städte als Handelsniederlassungen und als Plantagenzentren (Zuckerrohr, weniger: Kakao, Tabak) mit Ausnahme von São Paulo entlang der Atlantikküste, und der Lagefaktor „Küste" (bzw. Verkehrs- und Handelsgunst) spielte bis in die jüngste Vergangenheit eine sehr wichtige Rolle für die wirtschaftsräumliche Entwicklung Brasiliens.
Diese Zweiteilung Lateinamerikas führte in der Kolonialphase zur Herausbildung von stadtmorphologischen, -strukturellen und z. T. auch funktionalen Unterschieden, vor allem bei den bedeutenderen Kolonialstädten" (ebd., S. 10-11). Allerdings wurden die „kolonialportugiesischen Städte - nicht jedoch die kleineren, meistens spontan-planlos entstandenen Siedlungen (aldeias, povados etc.) - „im Prinzip wie im spanischen Kolonialreich nach dem Schachbrettschema" gebaut (ebd., S. 15, nach H. WILHELMY/A. BORSDORF 1984, S. 105). Es gab jedoch keine Vorschrift zur Anwendung des Schachbrettmusters.

gen Städtesystems (v. a. in Bezug auf die Hauptstädte), sondern auch der Grundstrukturen der Städte geschaffen worden.

11.3.1 Kolonialzeitliche Stadtentwicklung. Die heutigen lateinamerikanischen Städte, vor allem die Klein- und Mittelstädte (s. Abb. 11.6), sind in ihrer strukturellen und sozialräumlichen Gliederung noch stark von der Entwicklung in der früheren Kolonialzeit geprägt. Diese hat in den ehemals spanischen Gebieten einen **Idealtyp der spanischen Kolonialstadt** hervorgebracht, der sich an europäischen Vorbildern (aus Spanien, der italienischen Renaissance, beeinflusst durch die antike griechisch-römische Stadtkultur, s. 8.3), wahrscheinlich aber auch an Grundformen in den indianischen Hochkulturreichen orientierte (J. BÄHR/G. MERTINS 1995, S. 14). Durch die auf königliche Anordnungen (*ordenanzas*) (vor allem die sog. *Ordenanzas de Descubrimiento y Población*, das umfassendste Werk der spanischen Stadtplanung von 1573 unter Philipp II.) zurückgehenden Bauvorschriften ergaben sich folgende Merkmale der spanischen Kolonialstadt in Lateinamerika (s. Abb. 11.5I/II, H. WILHELMY/A. BORSDORF 1984, S. 58, oder J. BÄHR/G. MERTINS 1995, Abb. 2):

● regelmäßiger Schachbrettgrundriss mit Seitenlängen der Quadrate (der sog. *cuadras* oder *manzanas*) von gut 100 Metern;

● die quadratischen Baublöcke im Kern der spanischen Kolonialstadt waren in (gleich große) sog. *solares* als jeweils vierter Teil einer *cuadra* aufgeteilt;

● Mittelpunkt der Stadt war immer eine *plaza mayor*, d. h. ein Hauptplatz als unbebautes Quadrat;

● an den vier Seiten der *plaza* wurden die wichtigsten öffentlichen Repräsentationsbauten (Kathedrale, Rathaus, Regierungs-, Gerichtsgebäude, Schulen und Klöster) und daran anschließend die Wohnhäuser der

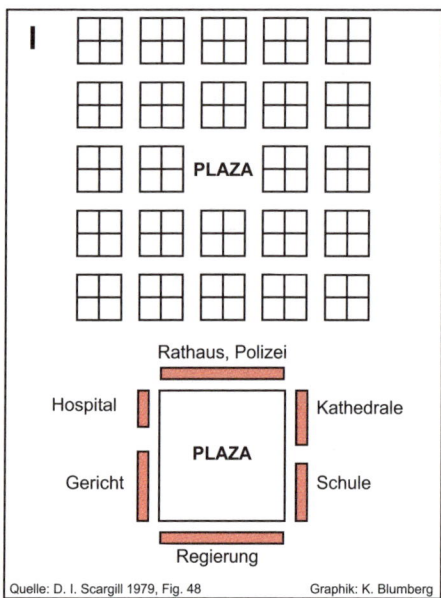

Rathaus, Polizei

Hospital | Kathedrale

PLAZA

Gericht | Schule

Regierung

Quelle: D. I. Scargill 1979, Fig. 48   Graphik: K. Blumberg

Abb. 11.5/I (links) **Grundriss und Stadtkern einer geplanten spanischen Kolonialstadt in Lateinamerika** (nach D. I. Scargill 1979, Fig. 48)

Abb. 11.5/II (oben) **Das Beispiel der kolonialzeitlichen Plaza von Cusco/Peru** Foto: W. Döhrmann

führenden Familien (Oberschicht) errichtet, die oft prunkvolle **Adelspaläste** oder vornehme Bürgerhäuser mit großen Innenhöfen (*Patio*-**Häuser** = Hofhäuser aus dem Mittelmeerraum) darstellten (bzw. -stellen);

• mit zunehmender Entfernung vom Zentrum nahmen Größe und Ausstattung der Häuser und damit auch der Sozialstatus ab; damit war die spanische Kolonialstadt hinsichtlich ihres sozialräumlichen Gefüges (Sozialgefälle vom Stadtkern zum -rand) Musterbeispiel eines vorindustriellen Stadttypus (vgl. *reverse-Burgess type* unter 5.3.2 sowie J. BÄHR/G. MERTINS 1981, S. 2);

• Handel und Gewerbe konzentrierten sich in der Nähe randlich angesiedelter Märkte;

• weiter außerhalb lagen die Hüttensiedlungen der Indianer und z. T. auch der Sklaven, d. h. der untersten Sozialschichten, die meist durch unbebautes Land von der eigentlichen Stadt getrennt waren.

„Die Klein- und Mittelstädte Lateinamerikas (...) zeigen bis heute diese ringförmige Anordnung sozialbestimmter Stadtviertel

(...), die rein äußerlich dem BURGESS'schen Modell der konzentrischen Kreise entspricht, allerdings durch ihr Gefälle vom Zentrum zur Peripherie einen umgekehrten Sozialgradienten aufweist" (J. BÄHR 1976, S. 126).

Ein klassisches Musterbeispiel für einen kolonialzeitlichen Stadttyp stellt etwa die Stadt Popayán in Kolumbien (Abb. 11.6) dar.

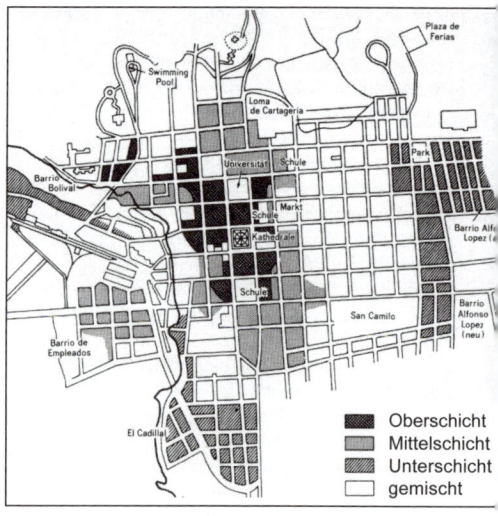

Oberschicht
Mittelschicht
Unterschicht
gemischt

Abb. 11.6 Sozial bestimmte Stadtviertel in Popayán/Kolumbien (J. Bähr 1976, Abb. 1)

11.3.2 (Groß-)Stadtentwicklung in Lateinamerika bis ca. Mitte der 1990er Jahre anhand von Stadtmodellen.

Die differenzierte Stadtentwicklung lässt sich in konzentrierter und einprägsamer Form anhand von Stadtmodellen erläutern. Insbesondere wurde von der deutschen Stadtgeographie eine Anzahl von Modellen zur strukturellen, funktionalen und sozialräumlichen Gliederung der lateinamerikanischen Großstadt bzw. Metropole und Mittelstadt entwickelt, von denen in diesem Abschnitt zunächst eine Auswahl bereits 'klassischer' Entwürfe berücksichtigt werden soll, die für die Entwicklungsphase bis ca. Mitte der 1990er Jahre zutreffen (Abbn. 11.7, 11.8). „Danach „sprengten" zwar nicht völlig neue Faktoren die Modellstrukturen, aber die entsprechenden Prozesse sind durch eine viel größere Dynamik gekennzeichnet, weisen eine viel stärkere räumlich-strukturelle Dimension auf und sind schließlich durch viel rigorosere sowie rigidere sozioökonomische Konsequenzen geprägt" (G. MERTINS 2003, S. 46; zu dieser jüngsten Stadtentwicklung s. 11.3.3 mit Abbn. 11.9 bis 11.12)

Eines der aussagekräftigsten 'klassischen' Modelle ist das **Idealschema der lateinamerikanischen Großstadt** von J. BÄHR/G. MERTINS aus dem Jahre 1981. Dieses Schema oder Stadtmodell wurde zunächst in einem ersten, viel beachteten Entwurf von J. BÄHR (1976) entwickelt, sodann von J. BÄHR und G. MERTINS (1981) verändert (Abb. 11.7/ 1) sowie durch ein Modell der spanischamerikanischen Stadtentwicklung von A. BORSDORF (1982) erweitert (Abb. 11.7/2); es wurde inhaltlich ergänzt durch ein zeit-räumliches Entwicklungsmodell der Strukturwandlungen lateinamerikanischer Städte seit der Kolonialzeit (mit Aufrissdarstellung) von E. GORMSEN (1981) (Abb. 11.8). Diese Stadtmodelle verdeutlichen wichtige Grundprinzipien der innerstädtischen Differenzierung

lateinamerikanischer (Groß-)Städte bis ca. 1995.

Das **Idealschema von J. BÄHR/G. MERTINS** (Abb. 11.7/1) besitzt einen mehrschichtigen Aufbau durch Überlagerung von drei Ordnungsmustern in Anlehnung an die klassischen Stadtstrukturmodelle der Sozialökologie (Ring-, Sektoren- und Mehrkerne-Modelle, s. 5.3). Danach besteht die lateinamerikanische Großstadt aus:

„1. Einer älteren, schon in der Kolonialzeit angelegten, jedoch mehr oder weniger stark abgewandelten ringförmigen Anordnung im Stadtkern, die von der City über eine Wohn-Geschäfts-Industrie-Mischzone bis hin zu den zentrumsnah gelegenen Slums reicht;

2. sektorenförmigen Erweiterungen mit den Oberschichtvierteln und den neuen, entlang von Eisenbahnlinien oder Ausfallstraßen entstandenen Industriegebieten als wichtigsten Orientierungsachsen, die sich seit den 30er Jahren (in einigen Staaten auch erst nach dem 2. Weltkrieg) mit der zunehmenden Hochhausüberbauung der Altstadt und den verstärkten Bemühungen um den Auf- und Ausbau einer nationalen Industrie abzuzeichnen beginnen;

3. einer zellenförmigen Gliederung an der Peripherie mit genormten Siedlungen des sozialen Wohnungsbaus und den verschiedenen Hüttenvierteln als Haupttypen, die erst seit den 60er Jahren das Bild der großen Städte so entscheidend prägen" (J. BÄHR/G. MERTINS 1981, S. 17).

Das Idealschema der lateinamerikanischen Großstadt verdeutlicht weiterhin, dass die funktionale und sozialräumliche Gliederung der lateinamerikanischen Großstadt ganz erheblich durch **Zuwanderungen** und **intraurbane Wanderungen** beeinflusst wurde. Die meist aus ländlichen Räumen stammenden Zuwanderungen unterer Sozialschichten waren offenbar auf alle Wohngebiete der Unterschicht, z. T. auch der unte-

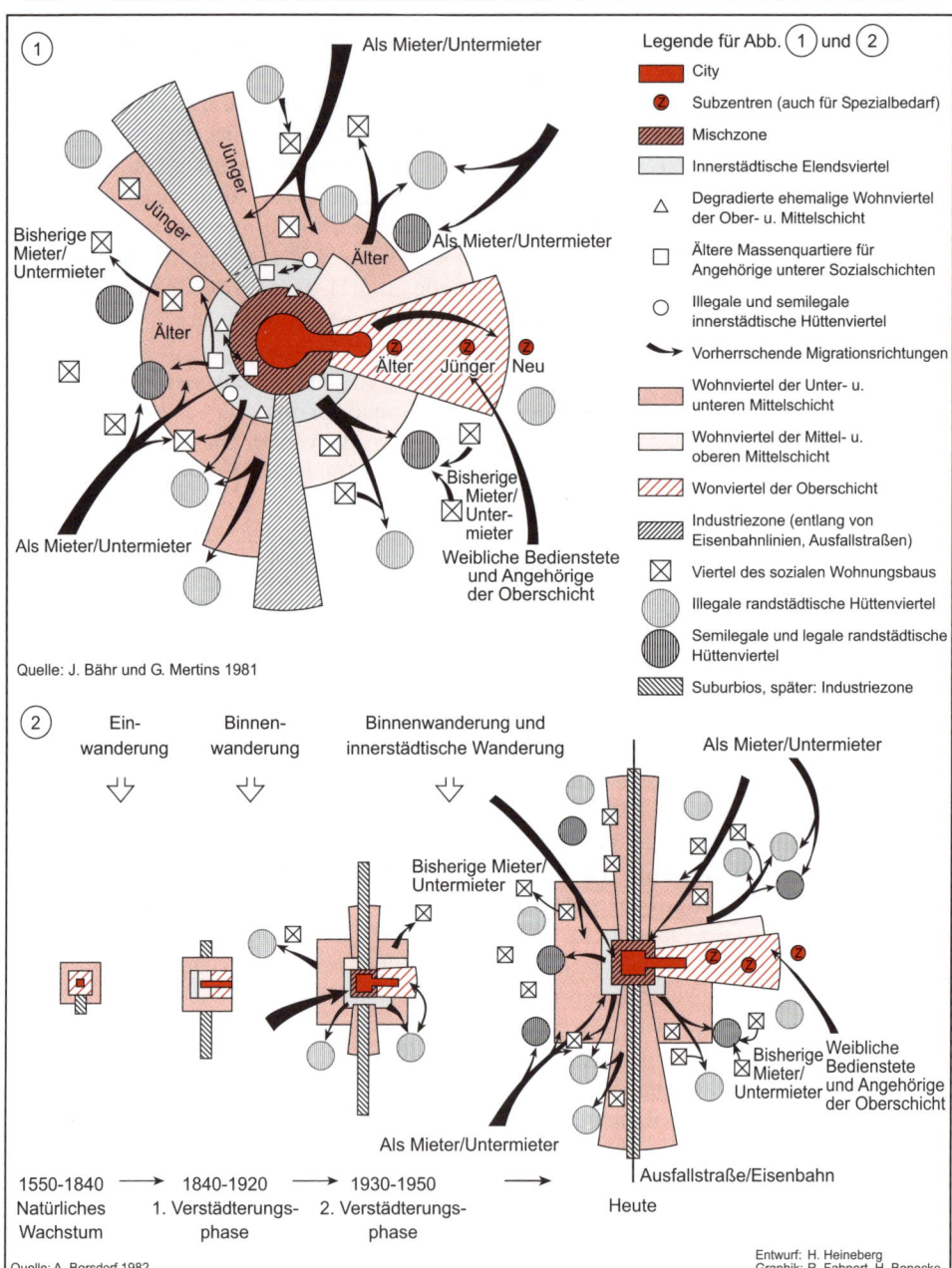

Abb. 11.7 Idealschema der lateinamerikanischen Großstadt von J. Bähr/G. Mertins (1) und Modell der spanisch-amerikanischen Stadtentwicklung von A. Borsdorf (2)
Anm.: 'Heute' im Modell von A. Borsdorf (rechts) bezieht sich auf den Zustand Anfang der 1980er Jahre

ren Mittelschicht, ausgerichtet.

Der Zuzug von Angehörigen der Oberschicht und auch weiblicher Bediensteter erfolgte nach dem Idealschema von J. BÄHR/G. MERTINS meist in den **Sektor der gehobenen Wohnviertel**. Dieser nach außen hin wachsende Wohnsektor der Oberschicht entstand in den lateinamerikanischen Großstädten durch Abwanderungen aus den ehemals hochbewerteten Altstadtbereichen, die in den 1920er Jahren einsetzten, sich z. T. aber erst nach dem 2. Weltkrieg entwickelten und zu einer etappenartigen **Randverlagerung der vornehmen Villenviertel** führten.

Mit dieser Kern-Rand-Wanderung der gehobenen Sozialschichten wandelten sich gleichzeitig die innerstädtischen Gebiete in der Nähe der *plaza mayor* zum Hauptgeschäftsbereich bzw. zur **City**. Hier entstand (seit Ende der 1920er Jahre) nach US-amerikanischem Vorbild häufig eine Hochhaus- bzw. Wolkenkratzerbebauung für Einrichtungen des expandierenden tertiären Sektors. Dabei wurde das enge gitterförmige Straßennetz oftmals durch neu durchgebrochene breite Straßenachsen mit Boulevardcharakter (teilweise Diagonalverbindungen) oder moderne Hochstraßen ergänzt. Durch die fortwährende Randwanderung der Oberschicht trat häufig eine erhebliche wirtschaftliche Degradierung der City der lateinamerikanischen Großstadt auf, da i. Allg. die gehobenen Geschäftsfunktionen (u. a. in neuen Einkaufszentren) sowie auch hochrangige öffentliche und private Dienstleistungen den neu entstandenen Villenvierteln nachgezogen sind (vgl. Subzentren in Abb. 11.7/1).

In den Randbereichen der Altstädte bzw. der Hauptgeschäftsbereiche kam es zur **sozialen Degradierung**, indem die ehemaligen Wohnviertel der Ober- und Mittelschicht zu übervölkerten Quartieren der ärmeren Bevölkerungsschichten wurden. Diese **innerstädtischen Elendsviertel** (nach E. KROSS

Kasten 11.6 Hüttensiedlungen in Entwicklungsländern

Hüttensiedlungen zeichnen sich aus durch

- mangelhafte Bausubstanz (Hütten und Häuser aus Matten, Holz, Blech, Karton etc., z. T. auch einfache Ziegelbauweise),
- hohe Wohndichte (Personen/Wohnung) sowie
- unzureichende Wohn- und öffentliche Infrastruktur (fehlende öffentliche Ver- und Entsorgung etc.) (J. BÄHR/G. MERTINS 1981, S. 7); sie entstehen vornehmlich durch
- spontane Kollektivaktionen.

Es lassen sich unterscheiden:
- **illegale Hüttenviertel** (mittels Landbesetzungen oder „Invasionen" errichtet),
- **semilegale Hüttenviertel** (durch nicht genehmigte Bebauung parzellierter Fläche) und
- **legale Hüttenviertel** (rechtmäßiges Eigentum und genehmigte Bebauung, z. T. einfachste Baumaßnahmen staatlicher Gesellschaften) (ebd., S. 8). Die „de-jure- wie de-facto-Eigentümer bemühen sich, so schnell wie möglich die initiale Hüttenphase zu überwinden, ein einfaches Haus zu erstellen und dieses so auszubauen, daß Raum zur Vermietung an Neuzuwanderer zur Verfügung steht" (ebd., S. 14).

Nach A. BORSDORF u. a. (2002, S. 304) ist allerdings die früher (in der 2. Verstädterungsphase, s. Abb. 11.7/2) wichtige Unterscheidung von illegalen und semilegalen Hüttenvierteln „angesichts der neoliberalen Deregulierung heute nicht mehr bedeutsam".

Die für Hüttenviertel in Lateinamerika gebräuchlichen Bezeichnungen sind vielfältig und wechseln oft von Ort zu Ort; z. B. *barrio de invasión, barriada* oder *callampa* für illegale Hüttensiedlungen, *barrio pirata* für semilegale, *operación sitio* für legale. In Rio de Janeiro werden Hüttensiedlungen als *favelas*, in São Paulo als *vilas* bezeichnet (vgl. J. BÄHR/G. MERTINS 1981, S. 8, sowie H. WILHELMY/A. BORSDORF 1984, S. 149 ff.).

1992, S. 4, treffender **„Wohnsiedlungen der Armen"**) wurden „aufgrund der Dominanz mangelhafter bzw. degradierter Bausubstanz, der hohen Wohndichte, der unzureichenden

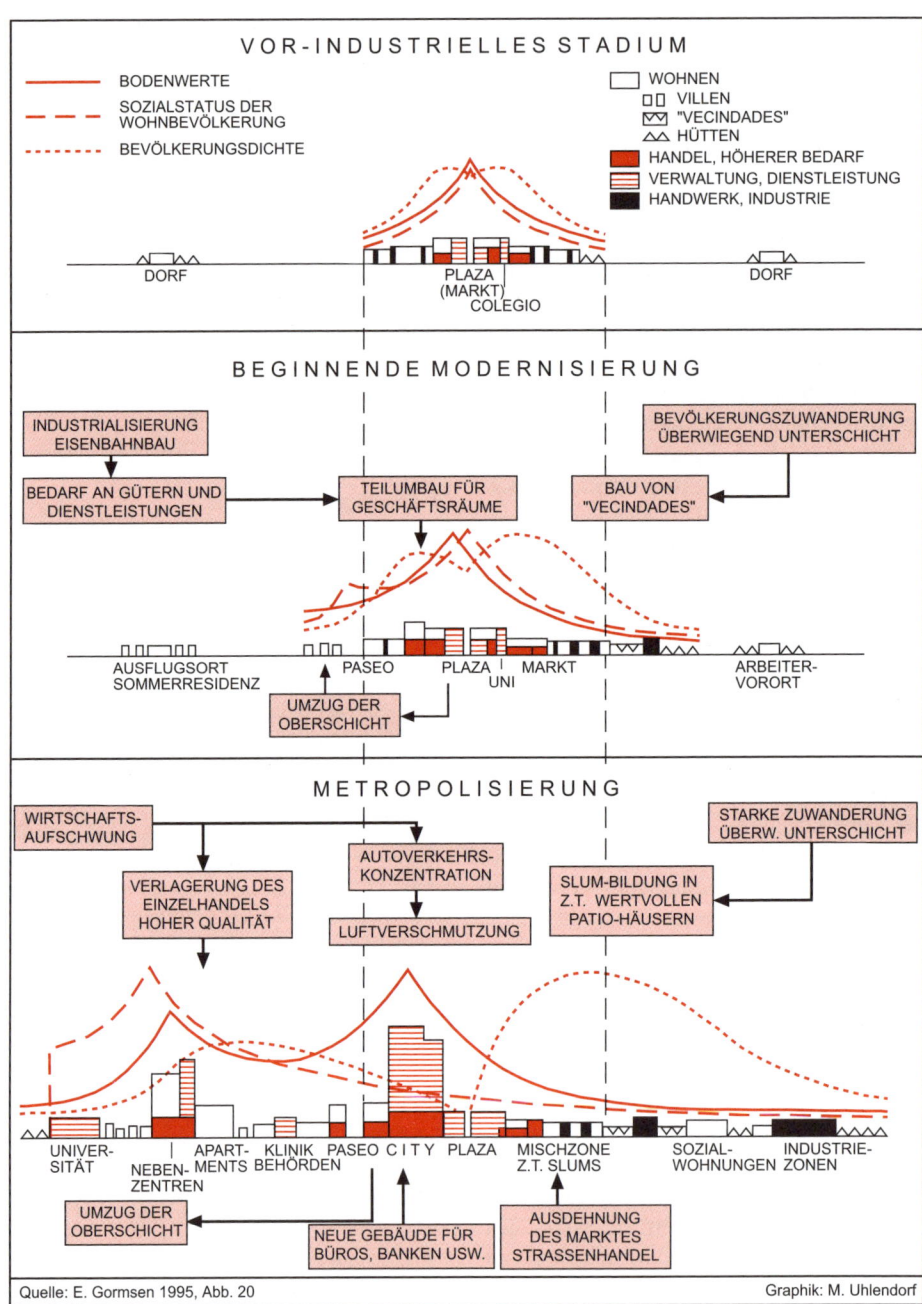

Abb. 11.8 Zeit-räumliches Entwicklungsmodell der Strukturwandlungen lateinamerikanischer Städte seit der Kolonialzeit nach E. Gormsen

Wohninfrastruktur, sozialer Anomien etc." von J. BÄHR/G. MERTINS (1981, S. 8) als *Slums* bezeichnet (s. auch 2.3.5). „Der größte Teil der hier lebenden Haushalte bewohnt als Mieter oder Untermieter nur eine - oft durch Aufteilung größerer Wohneinheiten entstandene - Einzimmerunterkunft. Sanitäre Einrichtungen, Küchen, Wasserzapfstellen etc. werden meistens gemeinsam genutzt" (ebd.).

Von den innerstädtischen Elendsvierteln, aber auch von den nach außen hin angrenzenden, sektorartig oder ringzonal angeordneten Wohnvierteln der Unterschicht (z. T. auch der unteren Mittelschicht) aus erfolgten innerstädtische Wanderungen, die teilweise auf neu entstandene **Viertel des sozialen Wohnungsbaus**, in stärkerem Maße jedoch auf **randstädtische Hüttensiedlungen** (Kasten 11.6) bzw. **Marginalsiedlungen** ausgerichtet waren. Wie Abb. 5.17 verdeutlicht, lassen sich aufgrund neuerer Forschungen für lateinamerikanische Metropolen die Enwicklungsstufen innerstädtischer Wanderungen unterer Sozialschichten in Bezug auf abgewertete innerstädtische Wohnquartiere, Viertel des sozialen Wohnungsbaus und auf Hüttenviertel noch differenzierter in einem Phasenmodell darstellen.

Der Bevölkerungsanteil sog. **Marginalsiedlungen** (s. 2.3.5) ist in den lateinamerikanischen Metropolen bereits seit mehreren Jahrzehnten ganz erheblich. Er betrug z. B. im Jahre 1980 in Bogotá (Kolumbien) 49 %, im Großraum Caracas (Venezuela) 46 %, in der Agglomeration von Mexiko-City sogar 55 % (ebd., S. 436). Nach G. MERTINS (2003, S. 48) leben zwischen 50 und 60 % der städtischen Bevölkerung Lateinamerikas in inner- und randstädtischen Marginalvierteln.

Das **Modell der spanisch-amerikanischen Stadtentwicklung** von A. BORSDORF (1982) berücksichtigt einzelne Entwicklungsbzw. Verstädterungsphasen seit der spanischen Kolonialzeit und verdeutlicht damit

das enorme Flächen- und Bevölkerungswachstum der Großstädte (Abb. 11.7/2). In dem Modell wird - im Gegensatz zu dem Idealschema der lateinamerikanischen Großstadt von J. BÄHR/G. MERTINS (1981) - die rechtwinklige Grundrissanlage als strukturbestimmendes Merkmal betont. Von J. BÄHR/ G. MERTINS wurde „die in der Graphik klar hervortretende Ablösung des konzentrischen Raummusters der Kolonialzeit durch die sektoral und später zellenförmig erfolgenden Stadterweiterungen übernommen, ferner die Darstellung der innerstädtischen Migration durch Pfeile sowie die Differenzierung der Marginalviertel" (A. BORSDORF 1982, S. 501).

E. GORMSEN hat 1981 ein **zeit-räumliches Entwicklungsmodell der spanisch-amerikanischen Stadt in Profildarstellung** veröffentlicht, das die 'klassischen' Modelle von J. BÄHR/G. MERTINS und A. BORSDORF in mehrfacher Hinsicht ergänzt. Es wurde von GORMSEN ab 1983 weiter vervollständigt und bis 1995 mehrmals publiziert (Abb. 11.8). Das Modell verdeutlicht nach E. GORMSEN (1981, S. 292) „die wichtigsten sich gegenseitig beeinflussenden Strukturelemente der spanisch-amerikanischen Stadt und ihre Veränderungen mit Hilfe von drei historischen Querschnitten (...)".

E. GORMSEN begründete in einem Diskussionsbeitrag über Modelle der Stadtstruktur (1983, S. 300) diese Art der Modelldarstellung u. a. wie folgt: „Der Vorteil der Querschnitte liegt nicht nur in einer Verdeutlichung der Baumassen, sondern v. a. in der Möglichkeit, mit Hilfe von Kurven, die über dem Aufrißbild angeordnet sind, die Zusammenhänge zwischen physiognomischen, funktionalen und sozio-ökonomischen Elementen graphisch zu veranschaulichen. Es werden also in einer Art Kausalprofil verschiedene Faktoren direkt „überlagert", was im Grundriß nur sehr viel begrenzter möglich ist und daher die Anfertigung mehrerer Karten nebeneinander notwendig macht. Dabei lassen sich neben den Kategorien Bevölkerungsdichte, Sozialstatus und Bodenwert durchaus noch weitere Aspekte, etwa der Umweltproblematik, der Miet- und Eigentumsverhältnisse usw. in solchen Profilen unterbringen, (...)".

Das in Abb. 11.8 wiedergegebene Modell hat eine große Aussagekraft in Bezug auf die Entwicklung von Metropolen in Lateinamerika. Die Datierung der drei Entwicklungsstadien legte Gormsen bewusst nicht genauer fest, da die zeitlichen Einschnitte im Verstädterungs- bzw. Metropolisierungsprozess von Land zu Land verschieden sein können. Sehr eindrucksvoll wird der - z. B. in mexikanischen Metropolen (u. a. Mexiko-Stadt, Guadalajara, s. Abb. 11.10) nachweisbare - charakteristische Dualismus (oder die Zweiteilung) in stärker durch untere Sozialschichten geprägte Stadtgebiete einerseits (rechte Profilhälfte) bzw. durch höhere soziale Schichten andererseits (linke Hälfte) anhand einer größeren Zahl von sozialen, baulichen und funktionalen Merkmalen veranschaulicht.

Angedeutet werden auch negative Umweltfolgen der Metropolisierung (Autoverkehrskonzentration, Luftverschmutzung), vor allem in der Innenstadt einer Metropole. Zu den Konsequenzen der Metropolisierung und Megapolisierung in Lateinamerika zählt jedoch eine Vielzahl weiterer Merkmale und Probleme (s. 11.3.4 mit Kasten 11.7).

11.3.3 Jüngere Entwicklungsprozesse der lateinamerikanischen Stadt, insbesondere der Metropolen und Megastädte, seit den 1990er Jahren. Um die Mitte der 1990er Jahre entsprachen die unter 11.3.2 aufgeführten Stadtmodelle nach A. Borsdorf, J. Bähr und M. Janoschka (2002, S. 300) „schon nicht mehr den prinzipiellen Strukturmustern

vieler lateinamerikanischer Städte". Als entscheidende neue Einflussfaktoren führen die Autoren an: die Globalisierung und ökonomische Transformation sowie auch endogen bedingte sozioökonomische Veränderungen, wodurch sich „die Tendenz zur Polarisierung zwischen den klar voneinander getrennten Vierteln der Reichen (*ciudad rica*) und den Vierteln der Armen (*ciudad pobre*) ab(schwächt). Der Trend weist paradoxerweise auf eine sozialräumliche Mischung in großräumiger Betrachtung bei akzentuierter Entmischung (Segregation) auf der Mikroebene" (ebd.). (...) „Gemeint ist die **Fragmentierung** der Stadtorganismen, die sich auf allen Ebenen der Stadtentwicklung durchzusetzen scheint. Fragmentierung ist eine neue Form von Entmischung von Funktionen und sozialräumlichen Elementen, aber nicht, wie früher, im kleinen Maßstab (*ciudad rica - ciudad pobre*; Wohngebiet - City), sondern im großen, wobei sich kleinere und größere, oft hermetisch abgeschottete funktions- oder sozialräumliche Elemente in einer völlig gegensätzlich strukturierten Umgebung ansiedeln" (ebd., S. 303).

Diese jüngere Entwicklungsdynamik wurde von J. Bähr, A. Borsdorf und M. Janoschka in ihrem neuen **Modell der Struktur und Entwicklung der lateinamerikanischen Stadt** berücksichtigt (s. Abb. 11.9 rechts, heutige Stadtstruktur: Die fragmentierte Stadt, ca. 2000; vgl. dazu auch die ältere Darstellung des Stadtmodells von A. Borsdorf, Abb. 11.7/2). Dies basiert auf der Auswertung zahlreicher jüngerer Untersuchungen, die insbesondere die folgenden „neuen, erst in den letzten 30 Jahren entstandenen Strukturelemente" (A. Borsdorf u.a. 2002, S. 301) herausgestellt haben, und zwar

• „die Verbreitung von **bewachten Wohnkomplexen** für die wohlhabenden Schichten über den gesamten Metropolenraum, die einen klaren Bruch zu der bisherigen sek-

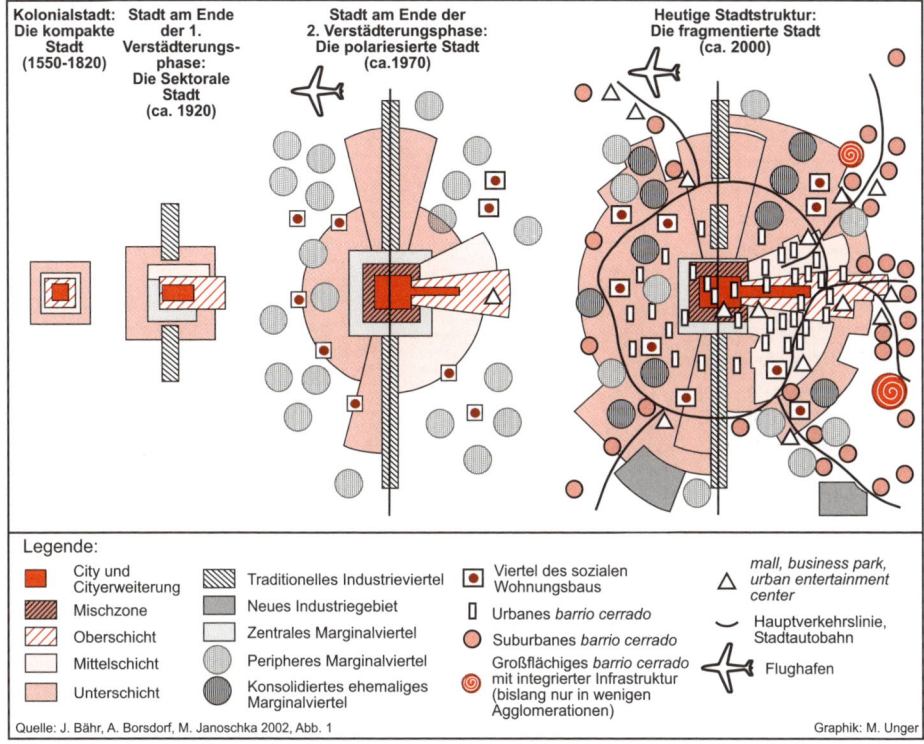

Abb. 11.9 Modell der Struktur und Entwicklung der lateinamerikanischen Stadt nach J. Bähr, A. Borsdorf und M. Janoschka

toralen Anordnung der Oberschichtsviertel darstellen" (ebd., S. 301). In dem Stadtmodell (Abb. 11.9) unterscheiden die Autoren (ebd., S. 304) nach jeweiliger Größe, Struktur und Lage drei Typen von bewachten (abgeschlossenen) Wohnkomplexen (in Lateinamerika mit unterschiedlichsten Bezeichnungen, international als *Gated Communities*):

(1) sog. **urbane** *barrios cerrados* als „ummauerte, dicht verbaute, oft in standardisierter (Reihenhaus-)Architektur errichtete Wohnkomplexe, aber auch mit einer Mauer umgebene Appartementhausgruppen oder schließlich nachträglich eingefriedete Straßenzüge", deren Bewohner meist der Mittel- und oberen Unterschicht angehören.

(2) **Suburbane** *barrios cerrados*, die weit weniger dicht verbaut und mit großzügigen Grünanlagen sowie Freizeiteinrichtungen ausgestattet sind; Bewohner sind meist Angehörige der Oberschicht.

(3) Seltener, nur in wenigen lateinamerikanischen Megastädten, sind **großflächige** *barrios cerrados* **mit integrierter Infrastruktur** (z. B. Alphaville in São Paulo oder das Nordelta in Buenos Aires). Die tendenziell immer größer werdenden bewachten Wohnkomplexe können die Größe von Kleinstädten übertreffen; vgl. dazu als Beispiele die Größenordnungen von bewachten Luxus-Wohnkomplexen (*urbanizaciones de lujo cerradas*) im Metropolitangebiet von Guadalajara (Mexiko) (Abbn. 11.10, 11.11).

Charakteristisch für die lateinamerikanische Stadtentwicklung ist nach A. BORSDORF u. a. (2002, S. 301) zudem „die zuneh-

Die Abb. verdeutlicht das enorme Flächenausmaß der Luxus-*Gated Communities* in dem Metropolitangebiet von Guadalajara (Zona Metropolitana de Guadalajara), dem mit rd. 3.46 Mio. Einw. (2000) zweitgrößten städtischen Agglomerationsraum Mexikos. Bereits seit Ende der 1960er Jahre entstanden hier großflächige ummauerte, bewachte Wohnanlagen an peripheren Standorten, z. B. 1970 Bosques de San Isidro mit 567 ha und 2000 Parzellen und Bugambilias mit 708 ha und 4.475 Parzellen oder 1990 Jardín Real mit 112 ha und 2.673 Parzellen (L. F. Cabrales Barajas/E. Canosa Zamora 2002). Die (immer noch wachsende) Gesamtzahl der *Gated Communities* (hier *urbanizaciones cerradas* oder *fraccionamientos cerrados* genannt) ist in der Zona Metropolitana de Guadalajara wesentlich größer (vgl. W. Ichx 2002)

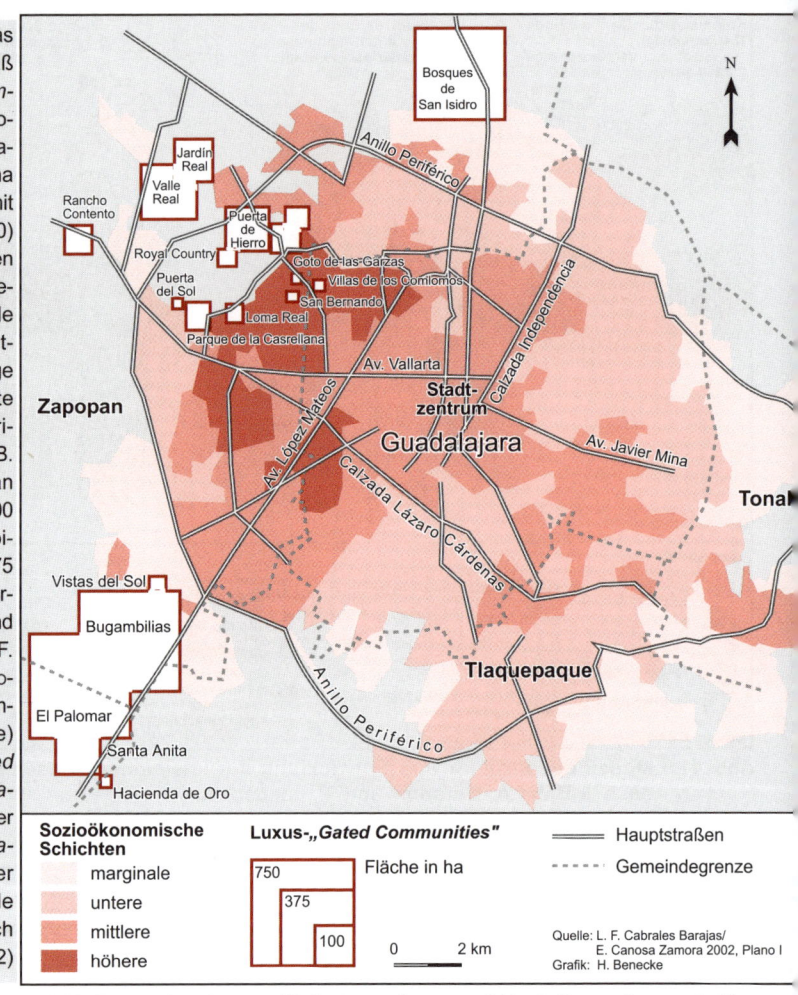

Abb. 11.10 **Bewachte Luxus-Wohnkomplexe und Verteilung der sozioökonomischen Schichten im Metropolitangebiet von Guadalajara (Mexik**

mende Abgeschlossenheit und Unbetretbarkeit von Vierteln der Unterschicht und in wachsendem Maße auch der Marginalschicht durch Mauern und Zäune".

Kennzeichnend für die jüngere Stadtentwicklung in Lateinamerika ist weiterhin
• „die Streuung von **Einkaufszentren**, *shopping malls* und *urban entertainment centers* im gesamten Großraum und nicht nur in den traditionellen Sektoren der Ober-

schicht" (ebd., S. 301). Im Stadtmodell (Abb. 11.9, rechts) sind *malls*, *urban entertainment centers*, aber auch *business parks*, die ähnliche Standortpräferenzen (vor allem eine gute Erreichbarkeit mit dem privaten Pkw) besitzen, vereinfachend mit einer Signatur dargestellt. Die Pkw-Orientierung ist auch für die Anlage neuer Wohnkomplexe, insbesondere für die Oberschicht, von großer Bedeutung. Daher haben J. Bähr u. a. in ihrem

Abb. 11.11 *Gated Communities* **und Marginalviertel in Mexiko:**
    I: Geschlossene, bewachte Wohnsiedlung südl. Guadalajara (am Chapala-See),
    II: Geplante Wohntürme mit Luxuswohnungen als neue bewachte Wohnform (Werbeplakat)
      in Zapopan/Metropolitangebiet Guadalajara (Fotos I/II: H. Heineberg 2004)
    III: Marginalviertel, Guadalajara, im Entstehen (Foto: C. Schäfers 1987)
    IV: Marginalviertel, Metropolitangebiet Guadalajara, illegale 'Stromversorgung'
      (Foto: H. Heineberg 1987)

Stadtmodell auch

• die gestiegene **Bedeutung der Verkehrsinfrastruktur** für die Anordnung jüngerer funktionaler und sozialräumlicher Elemente durch Eintragung von Hauptverkehrslinien etc. angedeutet. Besonders wichtig sind diesbezüglich heute Stadtautobahnen, während die Eisenbahn vor allem im 19. Jh. von Bedeutung war. Im Gegensatz zum häufigen Verfall alter Industriegebiete „bilden sich in manchen Städten an den Flughäfen neue Wirtschaftsschwerpunkte heraus, die an die *edge cities* der USA erinnern. Neben dem exklusiven Beherbergungsgewerbe umfassen sie auch großflächigen Einzelhandel, Erlebnisinfrastrukturen, Logistik und hochwertige, international handelbare Dienstleistungen" (ebd., S. 304).

• Die „Suburbanisierung der industriellen Produktion durch die Neuansiedlung von Betrieben des sekundären Sektors an der Peripherie (geschieht) oft in Form von geschlossenen **Industrieparks**" (ebd., S. 301).

Bei der Ableitung seines neuen **Modells der sozialräumlichen Differenzierung lateinamerikanischer Metropolen zu Beginn des 21. Jh.s** (Abb. 11.12) betont G. MERTINS (2003), dass in diesen großen städtischen

Agglomerationen „seit den 1990er Jahren ein rasanter Transformationsprozess statt(findet), der auf globale Umstrukturierungen und neoliberale Wirtschaftspolitiken zurückzuführen ist und der zu einer stärkeren Polarisierung urbaner Ökonomien geführt hat (formell - informell, reich - arm)" (ebd. S. 46) (vgl. 12.3.3 mit Abb. 12.13). Ähnlich wie A. BORSDORF u. a. (2002) stellt G. MERTINS (2003, S. 46) heraus, dass es „in diesem Zusammenhang (...) auch zu einer immer stärkeren sozialräumlichen Fragmentierung und Segregation (kommt). Typische Beispiele dafür sind die gated communities der Ober-, Mittel- und z. T. auch der Unterschicht im urbanen sowie suburbanen Raum und die schichtenspezifisch orientierten Einkaufszentren, die immer mehr zu aktionsräumlichen Knoten in der fragmentierten Stadt werden". Bezug nehmend auf H.-R. KORFF (1996) ergänzt G. MERTINS (2003, S. 47), dass, beeinflusst durch die Globalisierung, „die "heterogenisierenden" sozialräumlichen Prozesse in allen Metropolen des "Südens" auftreten und - bei vergleichbaren strukturellen Kriterien - einen immer größeren Umfang einnehmen." Allerdings wird nach G. MERTINS „mit der Fragmentierung die bestehende, auch räumliche Polarisierung zwischen Stadtvierteln der Reichen und Armen nicht aufgehoben. Im Gegenteil: Durch die entsprechenden Maßnahmen werden sie stärker gegeneinander abgeschottet und zusätzlich in sich fragmentiert/unterteilt" (ebd.).

Wichtige **Phänomene des jüngeren intrametropolitanen Transformationsprozesses** in Lateinamerikas sind nach G. MERTINS (2003, S. 48f.; s. Abb. 11.12 u. Abb. 11.7/1) u. a.:
• Die Ausdehnung bestehender und Entstehung **neuer Central Business Districts** (*CBDs*) **und Subzentren** in verkehrsgünstiger Lage, teilweise in Anlehnung an exklusive Einkaufszentren, überwiegend in der Nä-

he von Oberschichtvierteln;
• die deutliche **Zunahme von Einkaufszentren** (teilweise in Kombination mit *urban entertainment*-Einrichtungen) in Mittel- und (allerdings weniger) in Unterschichtvierteln;
• eine wachsende Anzahl von **Hochhäusern** (Büros, Hotels), meist im Innenstadtbereich, sowie von 'geschlossenen' Apartment-Hochhäusern (*gated towers, torres cerradas, condominios verticales*) für Ober- und obere Mittelschichten, die sowohl innenstadtnah als auch stadtperipher und verkehrsgünstig gelegen sind (Abb. 11.11/II);
• die **Sanierung** (z. T. unter Luxusstandards als *gentrification*) **von Altstadtvierteln** (s. Übergangszone in Abb. 11.12) für Wohn- und Geschäftszwecke; in Verbindung damit erfolgt häufig die Erneuerung bzw. Revitalisierung öffentlicher Räume, d. h. von Plätzen, Parks etc. (auch verkehrsberuhigte Straßenabschnitte); hinzu kommen
• eine bauliche Verdichtung durch **Abrisse älterer Bausubstanz** und nachfolgenden Hochhausbau, aber auch
• **Verslumungsprozesse** (z. T. Entstehung von *urban underclass*-Ghettos) im Innenstadtbereich sowie
• die **bauliche und infrastrukturelle Degradierung** von Vierteln der Mittel- und Unterschichten (z. T. mit Abriss);
• die sehr starke Zunahme von großflächigen, **geschlossenen** (ummauerten oder umzäunten und ständig bewachten) **Wohnvierteln für Ober- und Mittelschichthaushalte**; s. Abbn. 11.10 und 11.11);
• ein starker Verdichtungsprozess in informellen (peripheren) Marginalvierteln (Grundstücksteilungen, Neubauten, Auf- und Anbauten);
• eine signifikante Zunahme der meist ökonomisch verursachten sog. *Constraints-Wanderungen* (aus Mittel-/Unterschichtvierteln in jeweils statusniedrigere Viertel);
• „der erhebliche Ausbau des Stadtauto-

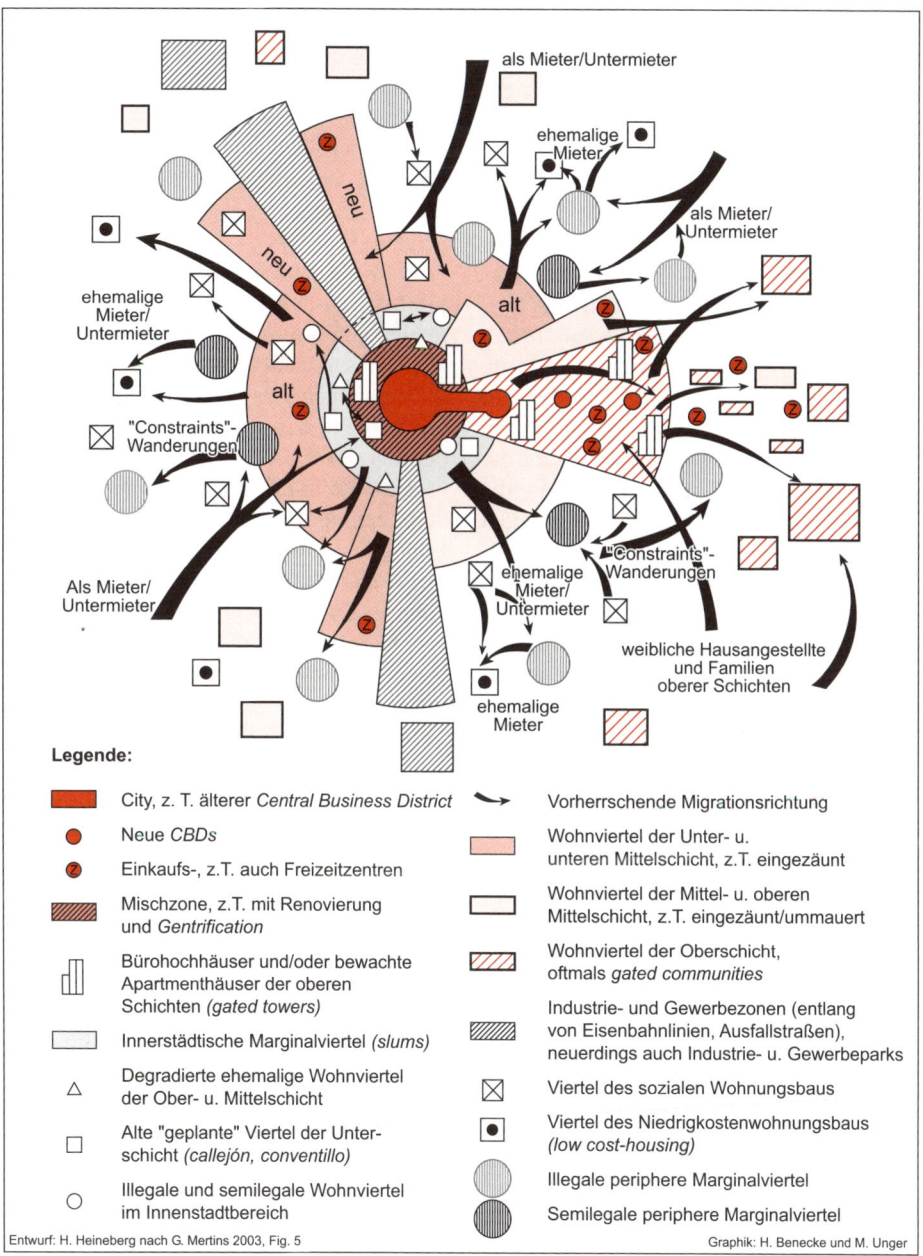

Legende:

🟥	City, z. T. älterer *Central Business District*	↝	Vorherrschende Migrationsrichtung
🔴	Neue *CBDs*		Wohnviertel der Unter- u. unteren Mittelschicht, z.T. eingezäunt
ⓩ	Einkaufs-, z.T. auch Freizeitzentren		Wohnviertel der Mittel- u. oberen Mittelschicht, z.T. eingezäunt/ummauert
▨	Mischzone, z.T. mit Renovierung und *Gentrification*		
⏸	Bürohochhäuser und/oder bewachte Apartmenthäuser der oberen Schichten *(gated towers)*	▨	Wohnviertel der Oberschicht, oftmals *gated communities*
⬜	Innerstädtische Marginalviertel *(slums)*	▨	Industrie- und Gewerbezonen (entlang von Eisenbahnlinien, Ausfallstraßen), neuerdings auch Industrie- u. Gewerbeparks
△	Degradierte ehemalige Wohnviertel der Ober- u. Mittelschicht	⊠	Viertel des sozialen Wohnungsbaus
▢	Alte "geplante" Viertel der Unterschicht *(callejón, conventillo)*	⊡	Viertel des Niedrigkostenwohnungsbaus *(low cost-housing)*
◯	Illegale und semilegale Wohnviertel im Innenstadtbereich	◍	Illegale periphere Marginalviertel
		⬤	Semilegale periphere Marginalviertel

Entwurf: H. Heineberg nach G. Mertins 2003, Fig. 5   Graphik: H. Benecke und M. Unger

Abb. 11.12 Modell der sozialräumlichen Differenzierung lateinamerikanischer Metropolen zu Beginn des 21. Jh.s nach G. Mertins

bahn-/Schnellstraßen- und des Schnellbahn-netzes, das erst das weitere Ausgreifen der gated communities in den suburbanen Raum ermöglichte" (G. MERTINS 2003, S. 54).

Die meisten der genannten Phänomene wurden bereits in dem von A. BORSDORF u. a. (2002) veröffentlichten Modell der Struktur und Entwicklung der lateinamerikanischen Stadt berücksichtigt (s. Abb. 11.9). Allerdings fehlen dort die Pfeile für vorherrschende Migrationsrichtungen. Außerdem stimmt G. MERTINS zum einen nicht damit überein, dass A. BORSDORF u. a. das Ende der zweiten Verstädterungsphase (der 'polarisierten Stadt') für ca. 1970 angeben. „Es wird der Eindruck erweckt, dass danach bereits die Prozesse einsetzten, die zur 'fragmentierten Stadt' führen. Dem ist nach einer gründlichen Revision der vorliegenden Literatur kaum zuzustimmen. Vielmehr gibt es eine längere, von Metropole zu Metropole unterschiedliche Übergangsphase, und die sozialräumliche Fragmentierung setzt verstärkt erst in den 1990er Jahren ein" (G. MERTINS 2003, S. 54). Zum anderen widerspricht G. MERTINS den Aussagen von A. BORSDORF u. a. (2002) in Bezug auf die Polarisierung: „Die Polarisierung zwischen Arm und Reich ist nicht nur - verstärkt - ökonomisch vorhanden, sondern, wenn auch mit Auflösungserscheinungen, ebenfalls stadtstrukturell" (G. MERTINS 2003, S. 54).

11.3.4 Die Probleme und Folgen des Wachstums der großen lateinamerikanischen Metropolen, d. h. der in den einzelnen Staaten Lateinamerikas meist geringen Zahl von Führungsstädten (Primatstädte, s. auch 2.3.1), sind vielfältig. Insbesondere aufgrund der bedeutenden Land-Stadt-Wanderungen (Landflucht), aber auch der natürlichen Bevölkerungsentwicklung war das Wachstum vor allem der führenden Stadtregionen innerhalb des vergangenen halben Jahrhun-

derts gravierend.

Die daraus resultierenden Probleme betreffen u. a. nicht nur die starke und immer noch wachsende Konzentration unterer Sozialgruppen in inner- und randstädtischen Marginalvierteln (z. T. zu mehr als 50 %), sondern zugleich auch der Bevölkerungsgruppen mit höchstem Einkommen, Bildungsniveau bzw. Sozialstatus sowie auch von Kapital, öffentlichen und privaten Investitionen, hochwertigen Dienstleistungen, des Verkehrs etc. in den großen städtischen Agglomerationen. Das Beispiel Lateinamerikas verdeutlicht, dass das Wachstum vor allem der führenden Großstädte bzw. Metropolen/ Megastädte in den Entwicklungsländern in den vergangenen Jahrzehnten bedrohliche Formen angenommen hat und sich zunehmend der Steuerung entzieht (**Metropolisierung als Entwicklungsproblem**).

„Die Folgen dieser Entwicklung in den Metropolen sind Arbeitslosigkeit, Wohnungsnot, mangelnde schulische und medizinische Versorgung, Verkehrschaos und Umweltschäden; Auswüchse, auf die Politiker und Planer bald eine Antwort finden müssen", forderten G. HENNINGS u. a. bereits 1980, S. 1; zu den vielfältigen stadtökologischen Folgen vgl. Kasten 11.7. Hinzu kommt, dass sich das regionale Entwicklungsgefälle zwischen den großen städtischen Agglomerationen und den ländlichen Räumen weiter verschärft. Gleichzeitig wächst aber häufig auch das Gefälle von Entwicklung und Einwohnerzahl, Ausstrahlung und Attraktivität zwischen den Führungs- bzw. Primatstädten und den nächst größeren Städten weiter.

Die Dekonzentration bzw. Dezentralisierung von Bevölkerung und Wirtschaft zugunsten kleinerer Großstädte sowie auch von Mittel- und Kleinstädten in peripheren Regionen ist daher eine der größten Notwendigkeiten innerhalb der staatlichen Entwicklungsplanung in den unterent-

---

Kasten 11.7 Stadtökologische Probleme in lateinamerikanischen Großstädten
(nach R. WEHRHAHN 1993)

· Dazu zählen: Der in den vergangenen drei bis vier Jahrzehnten rasch zugenommene, insgesamt enorme **Flächenverbrauch** durch i. Allg. unkontrolliert entstandene informelle Unterschicht- oder Marginalsiedlungen, häufig „an erosionsgefährdeten Hängen (z. B. in Rio de Janeiro), in überschwemmungsgefährdeten Flussniederungen (z. B. in Manaus) oder in Sümpfen und anderen gesundheitsgefährdenden Gebieten (z. B. in der Meeresbucht von Salvador de Bahia)" (R. WEHRHAHN 1993, S. 82). Dieser starken Flächenexpansion in den Außenbereichen der Großstädte und Metropolen, häufig auch von bereits schnell wachsenden größeren Mittelstädten, stehen
· **intensiv genutzte Stadtkerne** mit einem hohen Ausmaß an Flächenversiegelung und wenigen städtischen Grünflächen, mit häufig kanalisierten oder überbauten, zu „Abwasserrinnen" verkommenen Wasserläufen gegenüber (ebd.).
· **Auswirkungen der Flächenversiegelungen**:
- „Der Lebensraum von Pflanzen und Tieren wird großräumig zerstört. Ökologische Ausgleichsflächen oder auch nur in die besiedelte Fläche hineinreichende Grünflächen sind kaum vorhanden. Somit reduziert sich auch die Zahl der tatsächlichen und potentiellen Erholungsflächen, was wiederum nicht ohne Auswirkungen auf das menschliche Befinden bleibt.
- Das Stadtklima wird verändert. Es kann zur Ausbildung einer Wärmeglocke wie z. B. in São Paulo, México-Ciudad oder Santiago de Chile oder zu einer Änderung der Wind- und Niederschlagsverhältnisse kommen. Der Wandel des Stadtklimas kann wiederum die lufthygienischen Bedingungen beeinflussen.
- Weitere negative Auswirkungen der Versiegelung sind Veränderungen und Zerstörungen im Boden- und Wasserhaushalt, was sich in einem Mangel an Grundwasser (z. B. in México-Ciudad), in Hangrutschungen (z. B. in Rio de Janeiro) oder in ständig wiederkehrenden Überschwemmungen infolge des erhöhten Oberflächenabflusses und/oder der Überlastung des Kanalisationssystems (z. B. in São Paulo) äußern kann" (R. WEHRHAHN 1993, S. 83).
Die lateinamerikanischen Metropolen sind zudem - auch im internationalen Vergleich - durch
· **extrem hohe Luftschadstoffkonzentrationen** belastet. Als Folge der starken Konzentration des motorisierten Individualverkehrs, aber auch der Industrieproduktion als Hauptemissionsquellen werden oft alarmierende Werte bei gesundheits- und häufig auch vegetationsgefährdenden Schadstoffen (Kohlenmonoxid, Stickoxide, Kohlenwasserstoffe, Schwefeldioxid, Ozon, Staub) erreicht.
· Der **Problembereich Wasser** betrifft zum einen den „Komplex **Wasserversorgung/-verbrauch** mit seinen Folgen für die Umwelt und zum zweiten den der **Wasserentsorgung** und, damit verbunden, auch der **Wasserqualität**, die wiederum nicht ohne Rückwirkungen auf die Trinkwassersituation bleibt" (ebd., S. 88). Die Anteile der Haushalte, die an die öffentliche Wasserversorgung angeschlossen sind, schwanken unter den lateinamerikanischen Großstädten zwischen 60 und 95 %, sind jedoch auch innerhalb der Städte sehr unterschiedlich, und zwar mit nach außen zu den randlichen Hüttenvierteln abnehmendem Versorgungsgrad (ebd.). Auch beim Wasserverbrauch macht sich die soziale Differenzierung erheblich bemerkbar, „denn in México-Ciudad nehmen z. B. 9 % der Verbraucher 75 % der Wassermenge in Anspruch. Die Bevölkerung in reicheren Vierteln benötigt so bis zu 650 l pro Kopf und Tag, wohingegen in anderen nur 40 l verbraucht werden" (ebd.).
Besonders gravierend ist auch die mangelhafte **Abwasserentsorgung**. Dies betrifft nicht nur die Anschlussraten der Haushalte an das Kanalisationsnetz, die in den lateinamerikanischen Städten zwischen 30 und 90 % schwanken, sondern auch die häufig geringe oder völlig fehlende Klärung der Abwässer. Viele der Millionenstädte, z. B. Guadalajara/Mexiko oder auch selbst einzelne Hauptstädte wie Montevideo, Santiago de Chile, Bogotá oder Caracas, verfügen über keinerlei Kläreinrichtungen (ebd., S. 89). Viele Fließgewässer (Abwasservorfluter) und auch Trinkwasserreservoire sind hochgradig verschmutzt.
· Die i. Allg. **unzureichende Müllentsorgung** ist ein gravierendes Umwelt- bzw. Altlastenproblem durch weit verbreitete unkontrollierte Ablagerungen von Haus- und Industriemüll, Sondermüll etc. (u. a. wilde Müllkippen, verunreinigte Flüsse, Wälder). Eine echte Abfallwirtschaft (mit Recycling) und Ansätze von Müllvermeidung sind bislang völlig unterentwickelt (ebd., S. 90-91).

wickelten Ländern. Das Beispiel Mexiko verdeutlicht, dass auch 'Mittelstädte' - hier bestimmt in der Größendimension zwischen 100.000 und 500.000 oder sogar bis zu 1 Mio. Einw.- einer erheblichen Entwicklungsdynamik mit bedeutenden demographischen Zuwachsraten unterliegen können und z. T. dabei sind, sich zu Metropolen zu entwickeln (vgl. H. HEINEBERG 1999). Dabei treten zahlreiche der in den großen Metropolitangebieten (Mexiko-Stadt, Guadalajara, Monterey) zu beobachtenden stadtstrukturellen, sozialen und auch ökologischen Probleme zutage, z. B. überproportionales Flächenwachstum, starke sozialräumliche Segregation bzw. Fragmentierung, hohes Ausmaß an Bodenspekulation, starkes Wachstum des motorisierten Individualverkehrs und (andere) Umweltprobleme (Kasten 11.7).

11.4 Die islamisch-orientalische Stadt

Der Orient verfügt mit seiner mindestens 5.000 Jahre alten Stadtgeschichte über die ältesten Stadtkulturen der Erde. Diese wurden seit dem 7. Jh. durch den islamischen Kulturkreis sowie ab der zweiten Hälfte des 19. Jh.s auch durch Prozesse der 'Verwestlichung' geprägt. Die Merkmale der sog. islamisch-orientalischen Stadt (auch orientalisch-islamische, islamische oder orientalische Stadt bzw. Stadt des Islamischen Orients genannt) werden häufig an den traditionellen Altstädten aufgezeigt (s. 11.4.1). In neueren Arbeiten wurde vor allem auf den Dualismus zwischen Alt- und den unter westlichem Einfluss entstandenen Neustädten verwiesen (11.4.2). Vor diesem Hintergrund des „Dualismus zwischen traditioneller Altstadt und moderner Neustadt" besteht die Stadt des Islamischen Orients „aus einer Vielzahl innerurbaner Zentren und Kerne unterschiedlichster Formen und Funktionen" (E.

Abb. 11.13 Grabmoschee der Fatima in Ghom/Iran, einem der wichtigsten Wallfahrtsorte der Schiiten
Foto: W. Döhrmann

EHLERS 1993, S. 35), wie sie in einem komplexen Stadtmodell nach E. EHLERS berücksichtigt sind (vgl. 11.4.3). Über die Erarbeitung und (kritische) Diskussion von Modellvorstellungen zur islamisch-orientalischen Stadt weit hinausgehend beschäftigt sich nach F. MEYER (2003, S. 85) der „weitaus überwiegende Teil der stadtgeographischen Forschung in Nordafrika und im Vorderen Orient (...) mit aktuellen Problemen wie beispielsweise sozialen Disparitäten (Armutsviertel versus Villenviertel; fragmentierte Stadt), Wohnungsnot, Möglichkeiten der Stadtplanung bei rasantem Wachstum, Erhalt und Revitalisierung der Altstädte etc.".

Nicht berücksichtigt sind im Folgenden die gravierenden Auswirkungen jüngerer politischer und gesellschaftlicher Umwälzungen, kriegerischer und fundamentalistisch-terroristischer Zerstörungen, Vertreibungen etc., von denen zahlreiche Städte in Staaten Nordafrikas (u. a. in Libyen) und Vorderasiens (v. a. im Irak und Syrien) betroffen oder noch bedroht sind. Dies gilt insbesondere auch für **Weltkulturerbestätten** aus der Antike (z. B. Sprengung des römischen Triumphbogens in Palmyra in Syrien durch die IS-Miliz) und für zahlreiche islamisch-orientalisch geprägte Altstädte mit ehem. wertvoller Baukultur (z. B. Zerstörung der Omajjaden-Moschee in Aleppo/Syrien).

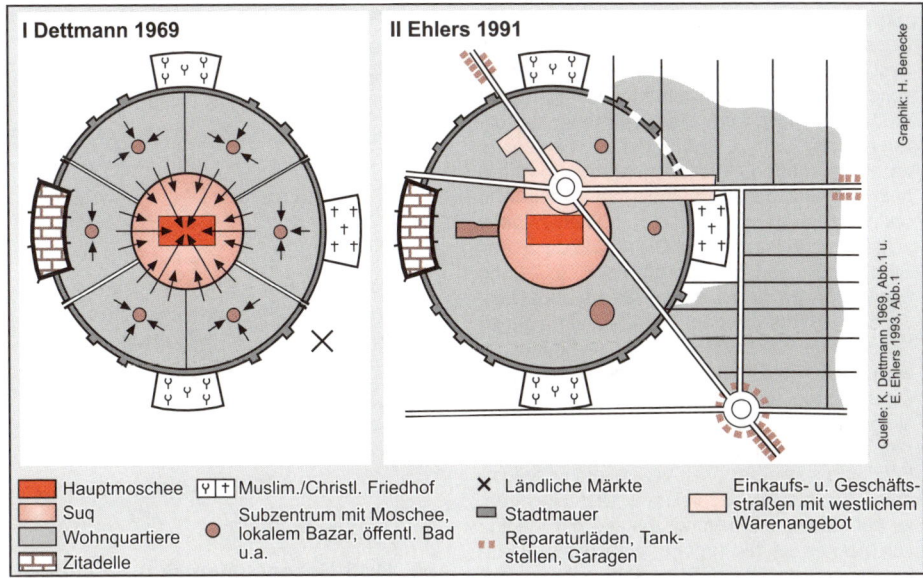

Abb. 11.14/I Idealschema des Funktional-
gefüges der islamisch-
orientalischen Stadt (Altstadt)

Abb. 11.14/II Modell der Stadt im islamischen Orient
nach E. Ehlers 1991

11.4.1 Das Idealschema der islamisch-orientalischen Stadt nach K. DETTMANN

(1969) - entworfen im Rahmen einer Dis-
seration über Damaskus/Syrien - kennzeichnet wesentliche traditionelle Elemente
des Aufbaus sowie der funktionalen und
sozialräumlichen Grobgliederung der Alt-
stadtbereiche in den Städten Nordafrikas
und Vorderasiens (vgl. auch E. WIRTH 1975,
1982, 2001[2]).

Charakteristisch sind (Abb. 11.14/I):
• eine große **Moschee** (Freitagsmoschee der
Muslime) als geistlicher, intellektueller und
gleichzeitig öffentlicher Kern der Altstadt;
zu den religiösen Bauwerken als „Meister-
leistungen islamischer Kunst" vgl. E. WIRTH
2001[2], 2004b (s. auch Abb. 11.13),
• der **Sûq** (auch **Souk** geschrieben) oder **Bazar** als „traditioneller" wirtschaftlicher Mittelpunkt der orientalischen Stadt (Einkaufs-
und Gewerbezentrum); hinzu kommen nach
E. WIRTH (1974/75, 2004a) wichtige Funktio-

nen als wirtschaftliches Organisations- und
finanzielles Steuerungszentrum der großen
traditionellen orientalisch-islamischen Städte mit Vielfalt und funktionalem Zusammenspiel der Wirtschaftssektoren (stationärer
Einzelhandel und ambulanter Handel, öffentliche und private Dienstleistungen, Groß-
und Zwischenhandel, Außen- und Fernhandel, Finanz- und Kreditwesen, Gewerbe
und Handwerk, Warenlager u. a.), mit Anordnung der einzelnen, meist räumlich sor-
tierten Branchen in Ladenstraßen (überdeck-
te Gassen für Einzelhandel und Handwerk),
überdachten Hallen oder arkadengesäumten
Innenhofkomplexen (sog. Khane für Großhandel und Gewerbe) etc. Der Bazar stellt
nach E. WIRTH (1982, S. 78) „das eindrucks-
vollste und charakteristischste Kennzeichen
und Unterscheidungsmerkmal der Städte im
islamischen Kulturbereich überhaupt" dar.
Derartige Hauptgeschäftszentren hat die islamisch-orientalische Stadt der abendländi-

„Stadtmauer und randlich angelagerter Palast-
bezirk umgeben bzw. begrenzen die Altstadt.
Fast genau in ihrem Zentrum liegt die große Moschee, die allseits von einem zwar nicht sehr
großen, dennoch aber branchenmäßig klar differenzierten und zentral-periphere Gegensätze aufweisenden Souk umgeben wird. Innerhalb der Altstadtmauern finden sich zahlreiche
und auch heute noch oft durch einen Zugang
zu betretende Stadtviertel. Diese sind durch das
Straßennetz und die ihm folgende Bebauung
deutlich gegen die Nachbarquartiere abgesetzt.
Jedes von ihnen verfügt (...) über ein eigenes
Subzentrum mit Moscheen, Back- und Badehäu-
sern sowie Geschäften, die sich stellenweise
sogar zu kleinen Viertelsbazaren verdichten.
Umgeben wird das Ensemble der Altstadt von
den ausgedehnten Arealen der muslimischen
Friedhöfe sowie der noch verbreiteten Ölbaum-
haine im Wadi des Boufekrane. Dies alles trägt
zu dem idealen Erhaltungszustand der Medina
von Meknes bei, die ihrer Form nach dem Prototyp der orientalischen Stadt sehr nahekommt"
(E. EHLERS 1984, S. 199).

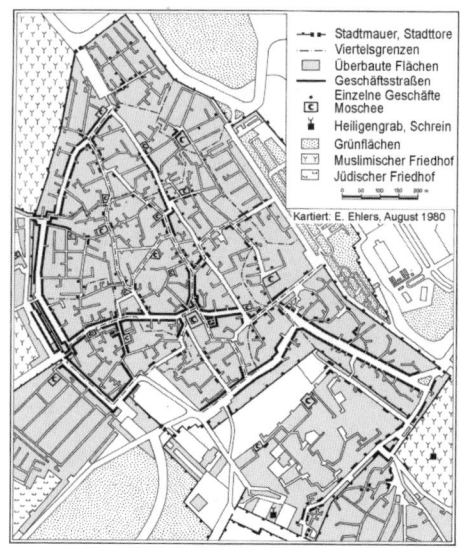

**Abb. 11.15 Meknes (Marokko): Grundriss
und funktionale Gliederung
der Medina nach E. Ehlers 1984**

schen um mehrere hundert Jahre voraus. „Der
„souk" ist eine der ganz großen eigenständigen Kulturleistungen des islamischen Mittelalters; Geschäftszentren dieser Art gibt es
weder im Alten Orient noch in der klassischen Antike oder im europäischen Mittelalter".
Die traditionelle islamisch-orientalische
Altstadt wird außerdem geprägt durch
• zahlreiche **Wohnquartiere** (Trennung von
Wohnen und Wirtschaft) mit jeweils durch
Religion, Nationalität, Sprachgemeinschaften und Sippen vorgegebenen strengen Se-
parierungen voneinander (ethnische Segregation, Wohnsegregation); diese Gliederung
in völkisch und religiös bestimmte Stadtviertel (*Hara*) - deren Bevölkerungsgruppen früher durch mittels Tore abschließbare Stadtquartiere abgesondert waren - besteht seit
den islamischen Eroberungen Nordafrikas
und Vorderasiens (E. WIRTH 1982, S. 76-77).
Die Wohnquartiere sind jeweils mit einem
kleinen **Subzentrum** (lokaler Sûq, Moschee,

Bad etc.) ausgestattet. Hinzu kommen
• **Stadtmauer** und randliche Anordnung von
Burg oder Palast (*Ark*) als ehemaliger Sitz
der stadtfremden Herrschaft sowie von Fried-
höfen (letztere außerhalb der Stadtmauer). Sie
bilden den äußeren Abschluss der konzen-
trisch-ringzonalen Anordnung der islamisch-
orientalischen Altstadt.
In dem Idealschema nicht dargestellt ist
• das charakteristische **Grundrissmuster
der Straßen**: „(...) Hauptverbindungsachsen
und Verkehrsleitlinien, welche in einem verhältnismäßig weitmaschigen, durchgängi-
gen Netz das Stadtzentrum mit den Toren
verbinden und (...) die einzelnen Quartiere
der Stadt erschließen. Dem stehen die oft
abgewinkelten Sackgassen gegenüber, welche in den Wohnquartieren die Flächen innerhalb der weiten Maschen des Hauptstra-
ßennetzes ausfüllen" (E. WIRTH 1975, S. 75).
Sowohl der **Sackgassengrundriss** als auch
• das dominante abgeschlossene **Innenhofhaus** sind der strengen Abschließung und

Das Modell der islamisch-orientalischen Stadt unter westlich-modernem Einfluss - auch Modell der Europäisierung einer orientalischen Stadt genannt -, das von M. Seger (ab 1975, zuletzt 1997) am Beispiel Teherans (um 1970) entwickelt wurde, zeigt, dass die neue orientalische Stadt zweipolig aufgebaut und durch eine klare Wohnsegregation der einzelnen Sozial- bzw. Einkommensschichten gekennzeichnet ist.

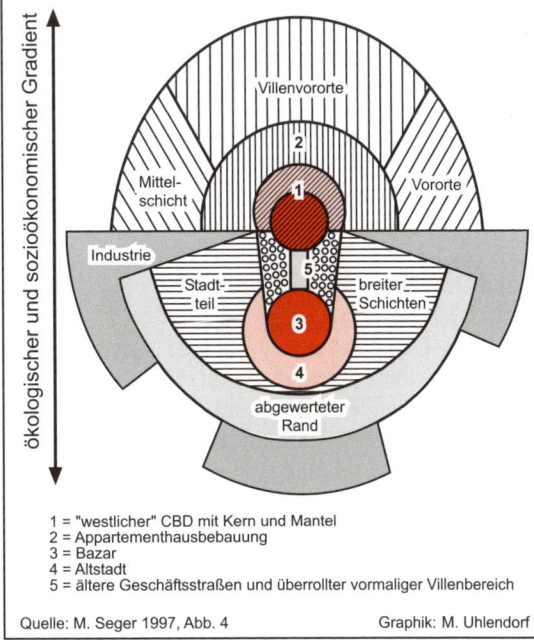

Abb. 11.16
Die islamisch-orientalische Stadt unter westlich-modernem Einfluss: Modell der zweipoligen Stadt am Beispiel von Teheran/Iran um 1970 nach M. Seger

1 = "westlicher" CBD mit Kern und Mantel
2 = Appartementhausbebauung
3 = Bazar
4 = Altstadt
5 = ältere Geschäftsstraßen und überrollter vormaliger Villenbereich

Quelle: M. Seger 1997, Abb. 4   Graphik: M. Uhlendorf

Zurückgezogenheit des Familienlebens im Islam sowie darüber hinaus dem Bestreben nach Sicherheit angepasst. E. Wirth (1991) stellte die „**Privatheit** im islamischen Orient versus Öffentlichkeit in Antike und Okzident" als eine der prägenden Dominanten der islamischen Stadt heraus.

Ein eindrucksvolles Beispiel und „als ein äußerlich vollkommen intaktes Abbild jenes von K. Dettmann (1969) entworfenen Idealtyps der orientalischen Stadt" (E. Ehlers 1984, S. 199) gilt die *Medina* (= Altstadt) von Meknes (Abb. 11.15 mit Erläuterung).

11.4.2 Die islamisch-orientalische Stadt unter westlich-modernem Einfluss. Der Idealtypus der islamisch-orientalischen Stadt (s. 11.4.1) unterlag bereits im 19. Jh., teilweise (z. B. in Marokko) erst seit Beginn des 20. Jh.s, erheblichen westlichen Einflüssen, die zunächst durch die jeweilige Kolonialmacht geprägt wurden; aber auch die Städte in den

nichtkolonialisierten Ländern (z. B. Persien) wurden von Innovationen des Städtebaus, der Wirtschaft, des Verkehrs etc. des Westens beeinflusst („Verwestlichung"). Nach F. Meyer (2003, S. 82) „handelt (es) sich nunmehr um moderne Städte, die hinsichtlich ihrer Planung, Anlage und ihres Baustils weitgehend europäischen bzw. westlichen Vorbildern folgen, in die allerdings weiterhin auch Elemente „orientalischer Tradition" eingeflossen sind. Aber der Idealtypus „orientalische Stadt" ist nur noch in Rudimenten in den vielfach durch moderne Einflüsse und damit verbundenem Veränderungsdruck aufgebrochenen Altstädten anzutreffen, die zudem im Gesamtgefüge der Stadt nur noch eine untergeordnete Rolle spielen."

Das von E. Ehlers 1991 entworfene (1993 veröffentlichte) **Modell der Stadt im islamischen Orient** (Abb. 11.14/II; s. auch 11.4.3) zeigt - im Vergleich zum 'klassischen' Modell von K. Dettmann (Abb. 11.14/I) - deutlich

„das „Aufbrechen" der traditionellen „orientalischen Stadt" durch moderne Stadterweiterungen" (F. MEYER 2003, S. 78).

Von Bedeutung für das Verständnis moderner Veränderungen ist auch das **Modell der islamisch-orientalischen Stadt unter westlich-modernem Einfluss** von M. SEGER (Abb. 11.16). Danach besitzt das Zentrum der Stadt zwei Kerne: die „traditionelle" Mitte mit dem Bazar und dem neuen *Central Business District* als Gegenpol, die beide durch ein Gebiet älterer Geschäftsstraßen (entstanden als Folge der Cityverlagerung im Verlauf der ersten westlich-modernen Bebauung) miteinander verbunden sind. Der *CBD*-Kern entstand innerhalb einer älteren Entwicklungsphase im Bereich des früheren gehobenen Wohngebietes. „Die neuesten und modernsten Geschäfte befinden sich aber im peripheren *CBD*-Rand, wo (...) als jüngster Cityvorstoß ein Hotel- und Managementdistrikt, verbunden mit Oberschicht-Einkaufsstraßen, entstand. Der zentrumsseitige und ältere CBD-Rand dagegen ist altes Oberschichtviertel und als solches mit Regierungs- und Verwaltungsfunktion, mit Botschaften und älteren Einrichtungen westlicher Provenienz (höhere Schulen, Krankenhäuser) besetzt" (M. SEGER 1975, S. 37).

In der neuen orientalischen Stadt sind nicht nur die Zentren, sondern auch die Wohngebiete zweigeteilt: Die Mittel- und Oberschichten bewohnen die landschaftlich bzw. ökologisch bevorzugten Gebiete. Zwischen den randlichen **Villenvororten** und dem *Central Business District* erstreckt sich eine Zone mit modernen mehrgeschossigen Mietshäusern. Unterschicht-Wohngebiete sind demgegenüber die Altstadt und benachbarte jüngere Viertel mit zumeist ganz erheblicher Bevölkerungsverdichtung. Daran schließt sich nach außen hin eine **Slumzone** (abgewerteter Rand) an.

Wegen der späten Industrialisierung des Orients sind industrielle Großbetriebe i. Allg. von den dicht bebauten Wohngebieten getrennt. Die **Industrie** orientiert sich meist an den Ausfallstraßen. Die Altstadt und die angrenzenden Wohngebiete sind jedoch von Kleinindustrie und Gewerbe durchsetzt.

11.4.3 Modell der Stadt des islamischen Orients nach E. Ehlers (Abb. 11.17). Aufbauend auf dem Modell der zweipoligen islamischen Stadt am Beispiel Teherans von M. SEGER (s. 11.4.2, Abb. 11.16) und in Fortführung eigener Vorstellungen (s. E. EHLERS 1992) hat E. EHLERS (1993) ein komplexes Modell der Stadt des islamischen Orients entwickelt. In dem Modell wird die (a) sozioökonomische, (b) baulich-formale sowie auch (c) funktionale Differenzierung des gesamten Stadtgebiets berücksichtigt. Dabei wird vor allem auch der Dualismus zwischen Altstadt (mit Moschee und Bazarwirtschaft) und Neustadt (mit *Central Business District* und neuem Einkaufszentrum als Merkmale der 'westlichen Wirtschaft' bzw. 'Modernisierung'/'Verwestlichung') deutlich. „Bemerkenswert und den dualen Charakter der Stadt überhöhend sind die (in Abb. 11.17c) angedeuteten Waren-, Verkehrs- und Kommunikationsströme. Die Pfeile weisen auf das de facto-Nebeneinander nicht nur der verschiedenen Bevölkerungsgruppen, sondern auch von deren wirtschaftlichen Aktivitäten, ihren raumrelevanten Verhaltensmustern und denen ihn entsprechenden urbanen Formen und Funktionen hin" (E. EHLERS 1993, S. 36).

11.4.4 Charakteristika der orientalischen Stadt nach E. WIRTH 2001. In seinem voluminösen Werk über die orientalische Stadt hat E. WIRTH (2001[2], S. 517ff.) aus der Sicht der Geographie sieben Merkmale zusammenfassend herausgestellt, die - unter beson-

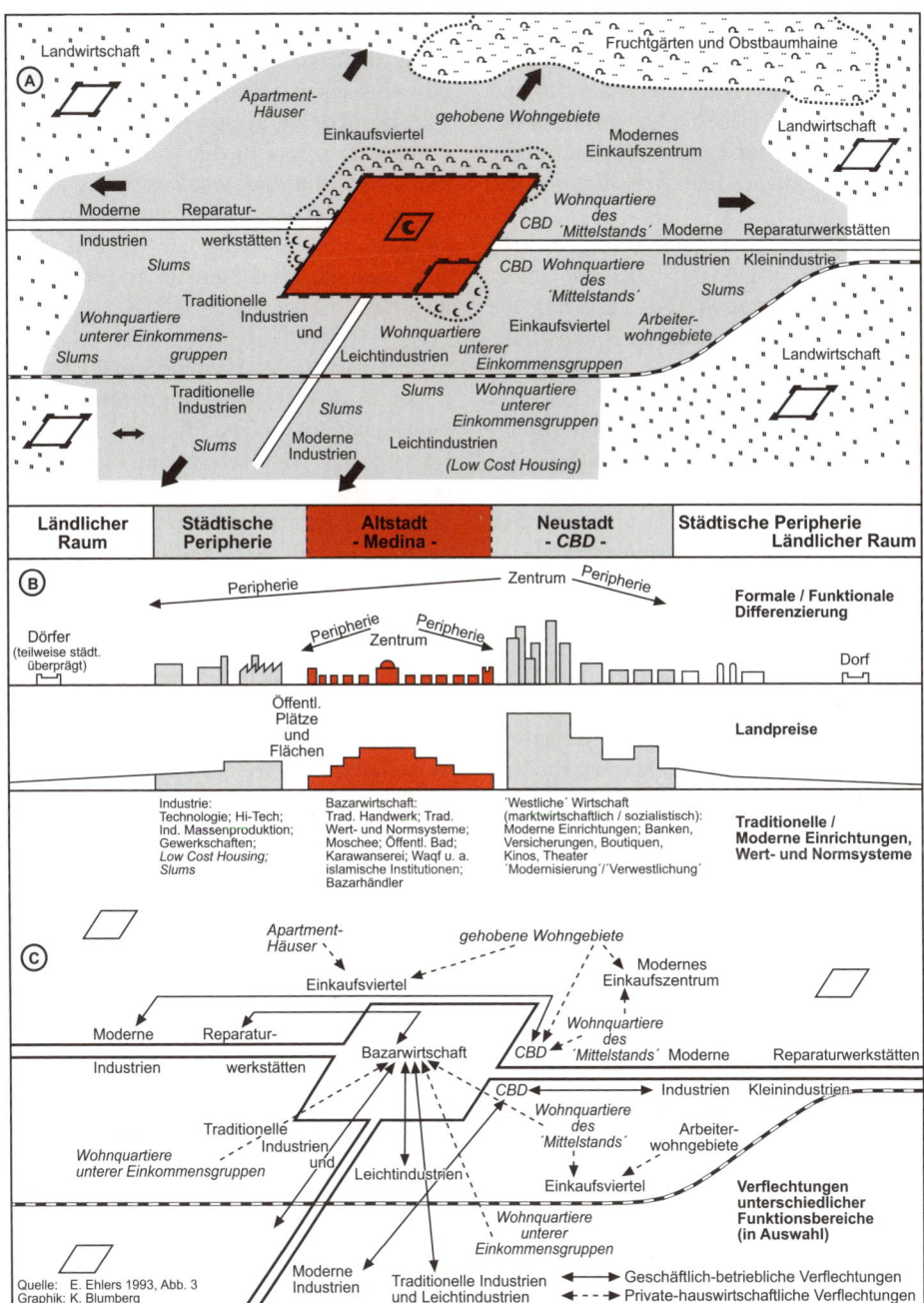

Abb. 11.17 Modell der Stadt des islamischen Orients nach Form, Funktion, Wachstumstendenzen und Verflechtungsbereichen von E. Ehlers

derer Berücksichtigung der traditionellen Altstädte - als „gemeinsame Kennzeichen der Städte Nordafrikas und Vorderasiens" die orientalische Stadt, insbesondere im Gegensatz zu den Städten der klassischen Antike oder des mittelalterlichen Europa, bestimmen, und zwar:

• die **„Degenerierung des Stadtgrundrisses"**, d. h. der „ursprünglich regelhafte Grundriss der Gründungszeit ist (...) im Laufe der Jahrhunderte stärker durch Wachstumsprozesse überprägt worden (...)" (S. 518);

• die **Sackgassenstruktur**, die sich allerdings schon für Städte des Alten Orients nachweisen und sich damit nach E. WIRTH „nicht als ein „islamisches" Stadtelement" (ebd.) bezeichnen lässt;

• das **Innenhofhaus**, das sich ebenfalls bereits im Alten Orient fand und damit als Element nicht islamisch ist;

• die **Quartierstrennung**, d. h. die Gliederung der Städte „in je getrennte Wohnquartiere verschiedener Nationen, Religionen, Konfessionen, Sprachgemeinschaften, Gruppen" (S. 519), – eine Quartiersstruktur, die nach E. WIRTH vermutlich „nicht als ein islamisches Element angesehen werden kann", da sie wahrscheinlich älter ist;

• die **innerstädtische Unsicherheit**, die sich durch „die Gliederung des privaten Bereichs" in absperrbare Türen und Tore zwischen den einzelnen Quartieren gegen Übergriffe etc. von innen ausdrückt(e) (ebd.);

• die **zentralen Geschäftsviertel des Sûq (Bazar)**, wodurch „sich die Städte des Orients seit dem klassischen Mittelalter (...) von den Städten aller anderer geschichtlicher Perioden und Kulturkreise abheben" (S. 520). Der Sûq verkörpert „mit seiner monumentalen Handelsarchitektur und seinem institutionalisierten sozioökonomischen Netzwerk eine der großen eigenständigen Kulturleistungen des Mittelalters" (...) und wird damit „möglicherweise zum einzigen grundlegen-

den Abgrenzungskriterium der orientalischen Stadt, welches als islamisches Kulturerbe angesehen werden kann" (S. 520).

• **„Vielgliedrige architektonische Großkomplexe"** unterschiedlicher Zweckbestimmung und Multifunktionalität (Wirtschaftsbauten, um herausragende religiöse Bauwerke oder um Zitadellen- und Palastbezirke) sind ebenfalls charakteristische Merkmale der orientalischen Stadt (S. 520).

11.4.5 Bewachte Wohnkomplexe für Wohlhabende als neue Stadtfragmente. Wie in vielen anderen größeren Kulturräumen der Erde, so entwickeln sich auch im islamischen Orient bzw. in der arabischen Welt, vor allem in größeren Städten und deren Umland, ausgeprägte **räumliche Fragmentierungstendenzen**, die nicht zuletzt durch das Entstehen zahlreicher bewachter Wohnanlagen oder -komplexe beeinflusst sind. Deren Entstehungsbedingungen können jedoch nicht einfach - z. B. von *Gated Communities* in den USA - übertragen oder allein aus dem Sicherheitsbestreben der Nachfrager erklärt werden. So zeigt G. GLASZE (2004) für den Libanon auf, dass die im Umland der Hauptstadt **Beirut** und der nordlibanesischen Metropole **Tripoli** seit den 1980er Jahren entstandenen bewachten Wohnkomplexe zwar zunächst durch die Nachfrage von Familien entstanden sind, die vor dem Hintergrund des Bürgerkrieges (1975-1990) Versorgungs- und persönliche Sicherheit in derartigen abgeschotteten Wohnformen suchten. „Der Bauboom in den 1990er Jahren wurde hingegen in erster Linie von Investoren ausgelöst, die nach dem Ende des Krieges luxuriöse Wohnimmobilien im Libanon als vielversprechende Investitionen betrachteten. Die Konzeption ihrer Projekte orientierten sie am vermeintlich erfolgreichen Vorbild „bewachter Wohnkomplex", das sie im Ausland kennen gelernt hatten, und vermarkteten ihre

---

**Kasten 11.8 Bewachte Wohnkomplexe für Wohlhabende in der
Hauptstadtregion von Kairo nach G. Meyer 2004b**

„Ende des Jahres 2000 waren zwei Projekte bereits bezogen, 18 befanden sich im Bau und waren erst teilweise verkauft. Das größte Projekt ist Dreamland mit einem ursprünglich geplanten Investitionsvolumen von 3,3 Mrd. US-Dollar, das im Endausbau 5000 Villen und Apartments mit ausgedehnten Park- und Sportanlagen umfassen soll. Die Investitionen für Beverly Hills, Royal Hills, Utopia, Mena Garden City und andere bewachte Wohnkomplexe für die einkommensstarken Bevölkerungsgruppen stiegen bis 1998 auf die Rekordhöhe von 12 Mrd. US-Dollar - finanziert in der Regel durch nicht abgesicherte Kredite, die von staatlichen Banken an rund ein Dutzend einflussreiche Unternehmen gewährt wurden und schließlich zu einer staatlichen Liquiditätskrise führten.

Die Vermarktung dieser Projekte erfolgte mit einer aggressiven Werbung in den Zeitungen und vor allem im Fernsehen, wo ein westlicher Lebensstil in Hollywood-artigen Villen unmittelbar vor den Toren Kairos angepriesen wurde. Unter den Wohlhabenden, darunter zahlreiche Remigranten aus der Golfregion, fiel die Werbung auf fruchtbaren Boden. Vielfach werden die Villen und Apartmentwohnungen auch als Kapitalanlagen erworben, um sie an Ausländer - Botschaftsangehörige, Vertreter multinationaler Unternehmen u. a. - zu vermieten" (G. Meyer 2004b, S. 143-144).

Produkte als Enklaven eines „globalen Lebensstils. Dennoch kann die Enstehung der bewachten Wohnkomplexe während des Bürgerkrieges nicht allein aus Sicherheitsbestreben der Nachfrager erklärt werden, und es würde zu kurz greifen, den Bauboom bewachter Wohnkomplexe im Nachkriegslibanon aussschließlich als Effekt einer kulturellen Globalisierung zu begreifen" (ebd. S. 126). G. Glasze rekonstruierte für beide Phasen den jeweiligen sozialen Kontext zur Erklärung dafür, „warum bewachte Wohnkomplexe für die beteiligten Akteure zur individuell sinnvollen Option wurden" (ebd.); dies betrifft insbesondere das komplexe Zusammenspiel vor allem zwischen den Bauherren und den Akteuren der Milizen während des Bürgerkriegs und nach dem Ende des Krieges zwischen der liberalen öffentlichen Stadtplanung (*laissez-faire*) und den Akteuren (Investoren) des Angebots von Wohnkomplexen.

Für die ägyptische Hauptstadt **Kairo** konnte G. Meyer (2004b) das Entstehen der inzwischen zahlreichen bewachten Wohnkomplexe seit Anfang der 1990er Jahre am Rande der Metropole aufzeigen. Diese wurden „anfangs als reine Villenviertel, inzwischen auch als Mischung zwischen Villen und mehrstöckigen Apartmenthäusern (gestaltet)" (ebd.). Nach dem ersten erfolgreichen Pionierprojekt auf einem Wüstengrundstück an der östlichen Ringstraße folgten weitere ähnliche Projekte. Auch in Kairo waren enge Verbindungen der Bau- und Immobilienunternehmen zur Regierung von Bedeutung. Dadurch wurde erreicht, „dass eine ausgedehnte Pufferzone zwischen der metropolitanen Ballung und der neuen Stadt des 6. Oktober (s. Abb. 2.11 in diesem Band sowie Abb. 4 in G. Meyer 2004b) nicht in Form von Parks oder Grünanlagen genutzt, sondern in hochwertige Wohngebiete umgewidmet wurde. Dank vielfältiger staatlicher Subventionen in Form von niedrigen Bodenpreisen sowie großzügiger Kredite zu extrem günstigen Konditionen von staatlichen Banken und einer in Rekordzeit errichteten Schnellstraße, welche die Fahrtzeit ins Stadtzentrum von bis zu zwei Stunden auf 20 Minuten verkürzte, boten sich hier ideale Investitionsmöglichkeiten, die höchste Gewinne für den Privatsektor versprachen" (ebd., S. 143); s. auch Kasten 11.8.

11.5 Die Städte Indiens

11.5.1 Gegensätze in Verstädterung, Stadtstrukturen und Städtesystem. In Anlehnung an D. Bronger 1996b, J. Mistelbacher 2005 u. a. lassen sich in Indien folgende Gegensätze feststellen:

(1) Mit einer **geringen demographischen Verstädterung** von nur 30,9 % (2010, lt. UN 2012) ist Indien ein „Land der Dörfer"; laut *Census of India* (2001) leben immer noch rd. drei von vier Bewohnern des Landes in den mehr als 587.000 Dörfern. „Berücksichtigt man ausschließlich Städte mit mehr als 20.000 Einwohnern - dies empfiehlt sich, da die Stadtdefinition zwischen den Volkszählungen und innerhalb der Bundesstaaten unterschiedlich interpretiert wird -, so fällt der Grad der Urbanisierung weiter auf etwa 25 %" (J. Mistelbacher 2005, S. 20). Es gilt also: „Der ländliche Raum ist nach wie vor der typische Lebensraum der Inder" (D. Bronger 1996b, S. 121). „Der äußerst geringe Verstädterungsgrad Indiens muss im Zusammenhang mit der nach wie vor hohen natürlichen Wachstumsrate (...) der ländlichen Bevölkerung besonders in den bevölkerungsreichen, gering verstädterten und sozioökonomisch wenig entwickelten nordindischen Flächenbundesstaaten gesehen werden" (J. Mistelbacher 2005, S. 21).

(2) Der geringen Verstädterung, die sich zudem in jüngerer Zeit statistisch gesehen im Tempo verlangsamt hat, steht jedoch ein oft zu **schnelles Städtewachstum** gegenüber: Während die Gesamtbevölkerung Indiens von 1901 bis 2001 von rd. 233 Mio. auf ca. 1,027 Mrd. Einw., d. h. um etwa die 4,4fache Zahl anstieg, vergrößerte sich die städtische Bevölkerung von rd.13,5 Mio. auf 285,4 Mio., d. h. um mehr als das 21fache (Daten nach D. Bronger 1996b, Tab. A 4.12, und *Census of India* 2001).

Die indische Volkszählung von 2001 verdeutlicht das enorme **Wachstum der Millionenstädte**. So waren unter den zahlreichen Großstädten > 100.000 Einw. im Jahre 2001 bereits 27 Millionenstädte bzw. 35 *Urban Agglomerations/Cities*, deren Anteile an der städtischen Bevölkerung auf 25,6 % bzw. 37,8 % angestiegen waren. Im Jahr 2001 waren sechs *Urban Agglomerations/Cities* auf jeweils über fünf Mio. Einw. angewachsen, und zwar Groß-Bombay (Greater Mumbai) auf 16,37 Mio., Kalkutta (Kolkata) auf 13,2 Mio., Delhi auf rd. 12,8 Mio., Madras (Chennai) auf 6,4 Mio., Bangalore auf ca. 5,7 Mio. und Hydarabad auf rd. 5,5 Mio. Einw.; nahe der Fünfmillionengrenze lag schon Ahmadabad mit gut 4,5 Mio. Einw. (*Census of India* 2001). Nach H. Nissel (1999, S. 354) ergab sich für die Metropolitanregion von Bombay für das Jahr 2011 eine Bevölkerungsextrapolation von 22,4 Mio. Einwohnern. „Damit würde sich Bombay, das in der Rangordnung der Weltmetropolen immer weiter nach oben klettert, in einem absehbaren Zeitraum hinter Tokio und vielleicht noch vor São Paulo an die zweite oder dritte Position der Megastädte der Welt schieben" (ebd.). Die indische Hauptstadt Delhi dürfte nach UN-Prognose bis 2015 die 20-Millionen-Einwohnermarke übersprungen haben und dann die drittgrößte Megastadt der Welt sein (J. Mistelbacher 2005, S. 25).

„Die Metropolen, in denen mittlerweile zwischen einem Drittel und der Hälfte der Einwohner in Slumquartieren leben müssen, tragen damit einen erheblichen Anteil an der Urbanisierungsdynamik und sind in besonderem Maße von den damit verbundenen infrastrukturellen Problemen betroffen" (T. Krafft 1996, S. 104). Laut *Census of India* von 2001 beträgt der **Anteil der *Slum*-Bewohner** an der Gesamtbevölkerung in den Millionenstädten Indiens durchschnittlich 23,4 %, in Groß-Bombay sogar 49 % (= abs.

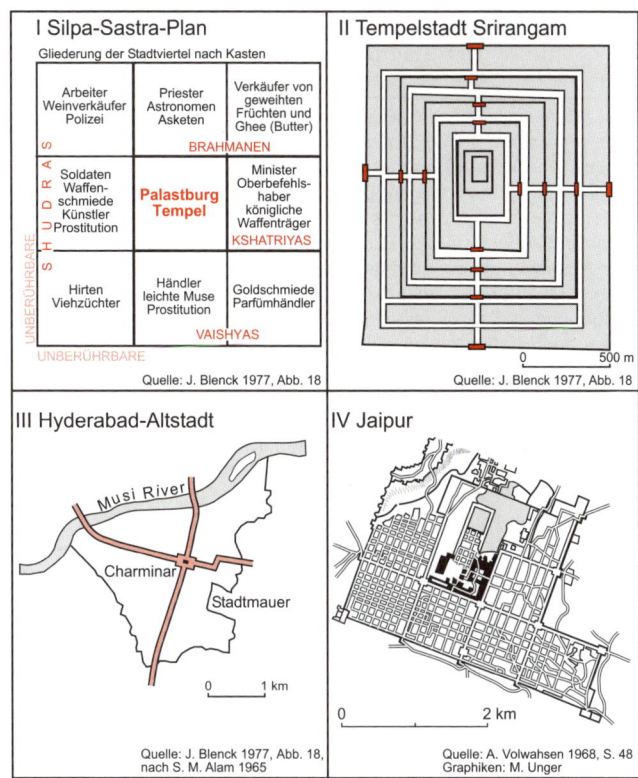

I Silpa-Sastra-Plan			
Gliederung der Stadtviertel nach Kasten			

**Abb. 11.18
Grundrisstypen
und soziale Gliederung
indischer Städte**

5,8 Mio. Einw.)!

(3) Der jungen und zugleich problembehafteten Stadtentwicklung stehen **alte, hochentwickelte Stadtstrukturen** gegenüber. Dabei kontrastieren ältere hinduistische und muslimische Gestaltelemente auch heute noch unvermittelt mit **kolonialzeitlich-britischen Strukturen** (11.5.2).

(4) „Als Folge existiert, besonders ausgeprägt in der indischen Großstadt, bis in die Gegenwart ein sichtbares Nebeneinander traditioneller und moderner Lebensweisen - verstärkt durch die überkommenen Kasten- und neuzeitlichen Klassengegensätze" (D. BRONGER 1996b, S. 132). Die **gesellschaftliche Polarisierung und sozialräumliche Fragmentierung** verschärfen sich - vor allem in den großen Metropolen bzw. Megastädten, beeinflusst durch den Globalisierungsprozess - zunehmend (C. DITTRICH 2003 für die Hightech-Kapitale Bangalore, J. MISTELBACHER 2005 für Delhi, H. NISSEL 1999, 2004 für Mumbai/Bombay) (s. auch 11.5.3).

(5) Die rasche städtische Einwohnerentwicklung, vor allem der Großstädte, bewirkte „eine starke **Bevölkerungsverdichtung** vornehmlich **der Innenstadtbereiche** mit nachfolgenden erheblichen Entwicklungsproblemen (Wohnungsnot, Verslumung, Luftverschmutzung etc.)" (D. BRONGER 1996b, S. 132). Um 2000 belief sich die durchschnittliche Bevölkerungsdichte von Greater Bombay auf rd. 20.000 Einw./km^2 (zum Vergleich New York City rd. 10.000 Einw./km^2) (D. BRONGER 2004, Tab. 24). J. BLENCK stellte bereits 1977 (S. 146) für indische Großstädte fest, dass sich

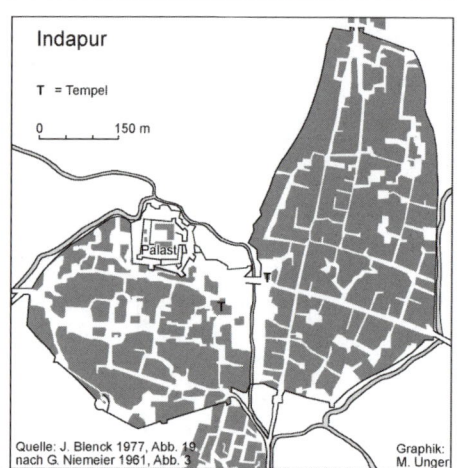

**Abb. 11.19 Indapur
(hinduistischer Stadtplan)**

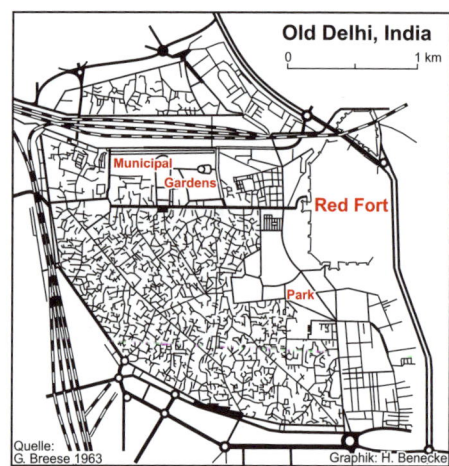

**Abb. 11.20 Old Delhi
(muslimischer Stadtplan)**

„Flächen äußerst dichter Besiedlung und
traditioneller Lebensweise" (z. B. in Old Delhi oder in Bombay) (....) „von solchen geringerer Bevölkerungsdichte" (z. B. in New
Delhi) „und modernerer Lebensweise deutlich voneinander ab(heben)".
(6) „Das **zentralörtliche Gefüge** Indiens
manifestiert sich in einem Dualismus zwischen Zentralitätsballung in den Großstädten, Überkonzentration sämtlicher höchstrangiger Funktionen in wenigen Großmetropolen und einer dezentralisierten
zentralörtlichen Struktur auf dem Lande -
hauptverantwortlich für den bis heute exis-
tenten Gegensatz zwischen Stadt und Land"
(D. BRONGER 1996b, S. 132).

11.5.2 Epochen der Stadtentwicklung in Indien. J. BLENCK (1977) unterscheidet vier Entwicklungsstadien bzw. Stadtplanungsideen, D. BRONGER 1996b dagegen insgesamt fünf Epochen in der Entwicklungsgeschichte indischer bzw. südasischer Städte (vgl. auch F. STANG 2002, S. 107ff.):

(I) Frühgeschichtliche, vor-hinduistische Stadtkulturen. Südasien verfügt über „eine der ältesten Stadtkulturen der Menschheit" (D. BRONGER 1996b, S. 132). Die - heute nur noch in Ausgrabungen oder Museen in Resten erhaltene - sog. **Industalkultur** oder Indus-Kultur - reichte vom siebten bis zum zweiten Jahrtausend vor Chr. mit einer Blütezeit zwischen 2400 und 1700 v. Chr. Zu den bekanntesten der inzwischen über tausend nachgewiesenen Siedlungen der Industalkultur zählen die Städte Mohenjo-daro und Harappa (daher auch: Harappa-Kultur) im heutigen Pakistan (vgl. Kasten 8.2). Die Städte waren planmäßig angelegt mit Zita-

dellen (Hallen und Residenzen für Adlige und Priester), Bädern, Wasserversorgung (gemauerte Brunnen) und unterirdischen Abwasserleitungen entlang von Hauptstraßen. „Zusammen mit der schachbrettartigen Anordnung und proportionsgeregelter Breite ihrer Straßen läßt dies auf Planung und zentralisierte Verwaltung schließen" (ebd., S. 133).

(II) Hinduistische Epoche (300 v. Chr. bis 1800 n. Chr.), deren Stadtplanungsideen in Indien heute v. a. in den **Residenz- und Tempelstädten** fortwirken (ebd., S. 132).

Mit der Dynastie der Mauryas (322-185 v. Chr.) entstand - rund tausend Jahre nach Untergang der Harappa-Kultur - das erste Großreich im heutigen Indien (s. D. BRONGER 1996b, Abb. 1.4). „Auch die Mauryas entwickelten eine neue städtische Kultur, deren Zentrum am Ganges lag" (ebd., S. 132).

„Die Grundelemente der indischen Stadt zeigen, auch wenn sie später in mohammedanischer oder britischer Zeit erbaut wurde, den **Hindu-Stil**". In zahlreichen altindischen „theoretischen Schriften zur Stadtplanung (z. B. Kautilya's Arthasastra, ca. 300 v. Chr.; Silpa-Sastra-Schriften, so das Manasara, ca. 400 v. Chr.) sind Physiognomie, Struktur und Funktion der Stadt bis ins Detail geregelt" (J. BLENCK 1977, S. 150f.); s. Abb. 11.18/I.

Die in Kasten 11.8 erläutern **Prinzipien hinduistischer Stadtplanung** stellen nach J. BLENCK (1977, S. 153) „idealisierte Abstraktionen dar, die in keiner indischen Stadt voll und ganz verwirklicht wurden". So ist etwa die Form des Quadrats selten zu finden, allerdings „ist das nach den Himmelsrichtungen orientierte Hauptstraßenkreuz für eine große Zahl indischer Städte charakteristisch", selbst etwa für die muslimische Altstadtanlage von Hyderabad (Abb. 11.18/III). „Ungeklärt ist noch die zwischen 13° und 15° starke, in Uhrzeigerrichtung verlaufende Abweichung des Hauptstraßenkreuzes von den Himmelsrichtungen, die allenthalben bei indischen Stadtanlagen, auch jüngeren Datums (z. B. Jaipur, gegründet 1727, Abb. 11.18/IV), feststellbar ist. Abgesehen vom geradlinigen Hauptstraßenkreuz weisen die Nebenstraßen der indischen Stadtanlage der vorindustriellen Zeit einen netzförmigen Grundriß mit kurzen Sackgassen auf, der regulär oder irregulär ausgebildet sein kann (Abb. 11. 20) und den G. Niemeier (1961) auf den Einfluß dörflich-indischer Siedelweise mit der Trennung nach Kasten zurückführt" (J. Blenck 1977, S. 153).

Nach J. Blenck (1977) ist die indische Stadt - trotz allmählicher Auflösungserscheinungen - in **Kasten** gegliedert, allerdings nicht in der perfekten Weise eines Silpa-Sastra-Plans. Ökonomische Gründe oder die jeweilige Funktion der Stadt haben dabei zu Abweichungen geführt. „Aus der Kastengliederung, die ja gleichzeitig eine Berufsgliederung darstellt, resultiert die Struktur der Geschäfts- und Einkaufsstraßen. In jeder Straße ist jeweils nur ein Handwerk (z. B. Goldschmiede) bzw. nur ein Handel (z. B. Gewürze) konzentriert (Kasten 11.9). Eine Trennung von Wohn- und Geschäftsfunktionen wie im Orient ist in der indischen Stadt nicht zu finden" (ebd., S. 153). Nach D. Bronger (1996b, S. 134) existiert allerdings - im Unterschied zu Dorfuntersuchungen - noch keine einzige „Analyse einer indischen Stadt, die uns z. B. die Frage nach der tatsächlichen Kastenordnung für die heutige Zeit schlüssig beantworten könnte". C. Dittrich (2003) konnte am Beispiel von Bangalore aufzeigen, dass die „herkunftsbedingte und religionsgemeinschaftliche Trennung (...) zunehmend von einkommensbedingten Faktoren überlagert (wird)".

(III) Die muslimische Epoche (1300-1800 n. Chr.) begann im Norden Indiens (Kernland der muslimischen Reiche). „Zwar hatten indische Städte schon früher fremde, vor allem griechische und persische Einflüsse erfahren, aber Moscheen, Festungen und Paläste gaben der indischen Stadt eine neue Prägung, umso mehr, als sich die Muslims anfänglich auf die größeren Städte konzentrierten, während die Dörfer im Hinduismus verwurzelt blieben" (F. Stang 2002, S. 108f.). Allerdings wurden auch unter islamischen Herrschern hinduistische Stadtkonzepte in ihren Grundzügen beibehalten. D. Bronger (1996b, S. 134) nennt unter den vielen Beispielen die Städte Bidar (1480 gegründet) und Hyderabad (1589) auf dem Deccan sowie auch Alwar (1771) in Rajasthan als Hauptstädte muslimischer Reiche, die jeweils über ein ausgeprägtes **Hauptstraßenkreuz** verfügen (Abb. 11.18/III). „Das für die islamisch-orientalische Stadt so charakteristische **Sackgassenprinzip** findet sich sowohl in den (heutigen) Altstädten der Moghulresidenzen Hyderabad, Ahmedabad (gegründet 1441) als auch in kleineren Städten wieder" (ebd., vgl. dort Abb. 5.9). „Nur wenige Städte Indiens sind nach Muslim-Ideen entstanden, wie z. B. die Residenzstadt Fatehpur Sikri bei Agra oder Old Delhi, das die Form eines Halbmondes zeigt (Abb. 11.20). Weitaus größeren Einfluß hat die Muslim-Zeit auf die architektonische Gestaltung der Städte gehabt (Palastanlagen, Moscheen, Mausoleen). Zu den Verbrennungsstätten der Hindus treten jetzt vor den Toren der Städte mohammedanische Friedhöfe (...) " (J. Blenck 1977, S. 154).

(IV) Die **Kolonialepoche** zwischen 1498 (Landung Vasco da Gamas an der Malabarküste) bis 1947 (Unabhängigkeitserklärung) lässt sich in zwei Phasen gliedern. In der ersten Phase der **portugiesischen Herrschaft** (seit 1505 erste systematische Niederlassungen) entstanden an der Malabarküste zahlreiche **Hafenstädte**, die nach einem einheitlichen Schema im sog. **luso-indischen Siedlungsstil** erbaut wurden (vgl. N. Gut-

SCHOW/J. PIEPER 1983, S. 168ff.). Alle portugiesischen Stadtgründungen liegen auf Inseln vor der Küste, strategisch an wichtigen Punkten ausgestattet mit Außenwerken und einer Wasserfestung. „Die Stadt selbst lagert sich amphitheatralisch um das Hafenbecken (Porto Interior), an das sich getreu dem Vorbild des Mutterlandes der große öffentliche Platz (Praça do Commercio) anschließt. Das Straßennetz ist ähnlich wie in Portugal und anders als bei den spanischen Kolonialgründungen unregelmäßig gewunden und so angelegt, daß es, der Topographie folgend, die wichtigsten Gebäude der Stadt verbindet, also den Gouverneurspalast, die Kirchen und Klöster, den Hauptplatz am Hafen und die Tore und Befestigungen" (ebd., S. 169).

Beispiel für eine portugiesische Küstenstadt ist Diu (1536 vor der Südküste Kathiawars erbaut), das allerdings als relativ unbedeutende Niederlassung keine spektakulären Bauten aufweist. Anders dagegen Goa, das bereits 1565 auf rd. 200.000 Einw. angewachsen war und als eine der großartigsten Städte der Welt galt (u. a. mit großen Kirchen und eindrucksvollen Retablen). Die alte Stadt Goa wurde Anfang des 19. Jh.s wegen der Malariaverbreitung aufgegeben; weiter flussabwärts wurde Panjim als neue Niederlassung gegründet.

Nachhaltiger als die portugiesische Epoche war für die Stadtentwicklung in Indien die **britische Kolonialzeit**. Nach Beendigung der englisch-französischen Kriege (1746-1799) und der siegreichen Feldzüge gegen die indischen Moguln (1818) wurde die britische Ostindienkompanie zur bei weitem größten Territorialmacht des indischen Subkontinents. Die Kolonialgesellschaft errichtete ein straff zentralistisch ausgerichtetes System: „Das gesamte Land wurde in Distrikte unterteilt, mehrere Distrikte zu Provinzen zusammengefaßt, die wiederum dem Generalgouverneur in Calcutta mit Sekretariat, Board of Revenue und Board of Trade unterstanden" (N. GUTSCHOW/J. PIEPER 1983, S. 173).

„Um 1800 wies Indien 16 Städte mit über 100 000 Einwohnern und 1500 kleinere Städte auf. Den Grad der Verstädterung schätzt RAMACHANDRAN (1989, S. 60f.) auf 11 %. Varanasi war die größte indische Stadt, gefolgt von Calcutta. Surat, Patna, Madras, Bombay und Delhi zählten über 150 000 Einwohner. Nur die Häfen Calcutta, Bombay und Madras waren Neugründungen" (F. STANG 2002, S. 110). Gleichzeitig erfuhren im Binnenland „die alten Handelsstädte an den Flüssen Nordindiens und viele städtische Gewerbezweige einen Niedergang durch die Neuorientierung des Handels" an der Küste (ebd.). Stark mitbeeinflusst durch die Konsolidierung der britischen Herrschaft sowie durch den Eisenbahnbau in der zweiten Hälfte des 19. Jh.s entwickelten sich bis zum Beginn des 20. Jh.s die britischen Hafenstädte zu den größten und führenden Städten Indiens (ebd., S. 111).

Kennzeichnend für das indische Städtesystem waren nicht nur die neuen Hafenstädte bzw. Metropolen, sondern insbesondere auch die über 200 **Distrikthauptstädte** mit teilweise überregionaler Bedeutung. Hinzu kam, dass „von den 600 Fürsten-Staaten aus der Zeit vor der britischen Herrschaft noch über die Hälfte als Vasallenstaaten mit einer Haupt- bzw. Residenzstadt übrig geblieben (war). Aber die meisten dieser Staaten waren kleiner als ein Distrikt, und der Hauptort bestand oft nur aus dem Palast und einem Basar. In einigen der größeren **Fürstenresidenzen** verfügten die Herrscher allerdings über ausreichende Mittel, um ihre Hauptstadt zu gestalten. Vadodara (Baroda) oder Mysore gehörten damals zu den schönsten indischen Städten" (F. STANG 2002, S. 111).

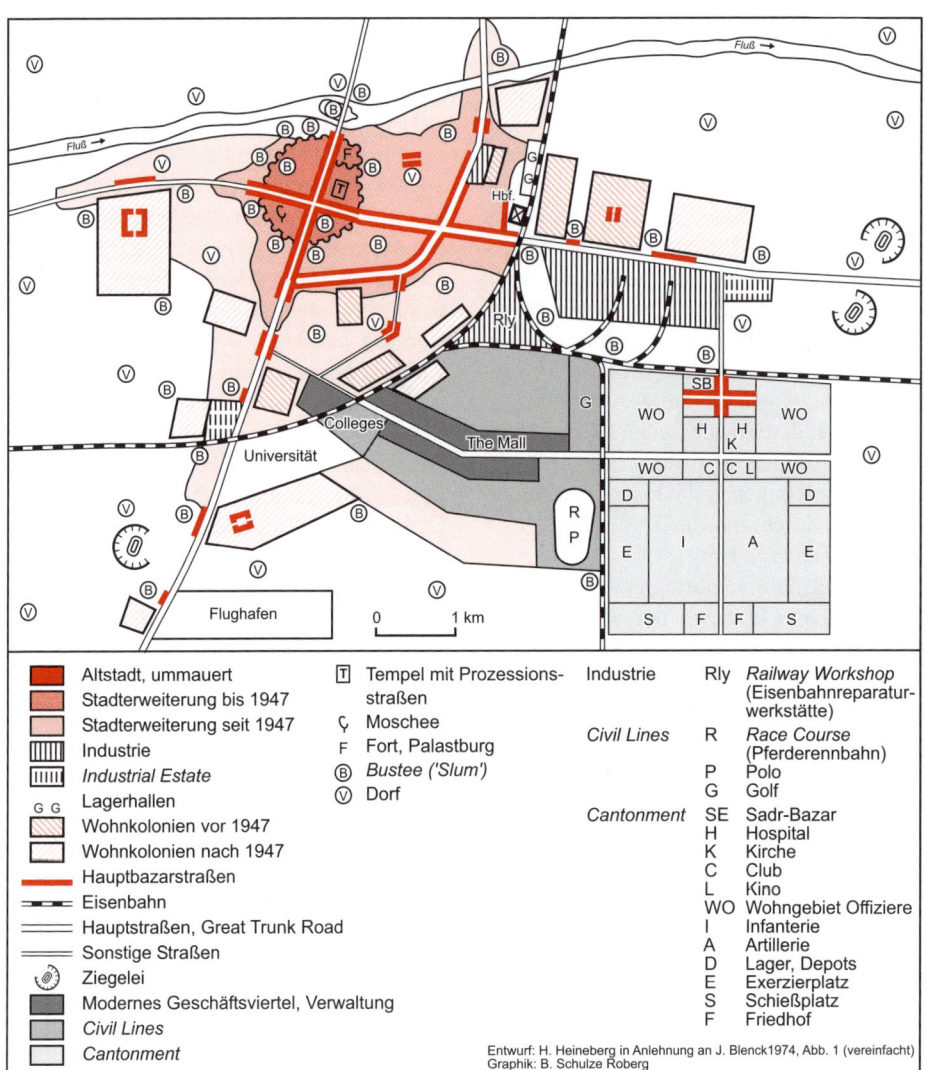

Abb. 11.21 Idealtypische Strukturskizze der indischen Großstadt nach J. Blenck 1977

Relativ spät, erst ab den 1860er Jahren, und zwar nach Ausbruch einer Pestepidemie in Bengalen, kümmerten sich die Briten durch eine Städteordnung (Einführung von Steuern für den Unterhalt der Städte) um die *native town*. „Jetzt wurden überfüllte Viertel und die Stadtmauern abgerissen und breite Straßen zur besseren Durchlüftung und zur Verkehrserleichterung durch die Altstadt geschlagen sowie neue Baufluchtlinien festgesetzt. In einer zweiten Phase bemühte man sich um eine Verschönerung der Städte mit Anlage von Parks, Avenuen und Prachtbauten" (F. STANG 2002, S. 111). Die Kerne der stark angewachsenen größeren Hafenstädte waren durch repräsentative Verwaltungsbauten (öffentliche Gebäude, Firmen, Banken etc.) gekennzeichnet. Neben dem europäischen Kern bestand die 'indische' Stadt mit ihren engen Straßen und zahlreichen Geschäften.

„Der Einfluss der Briten zeigte sich außer in der Entwicklung der drei Hafenstädte und der Sanierung größerer binnenländischer Städte durch die Verbreiterung von Straßen und der Anlage von großen Plätzen insbesondere in der Anfügung neuer Teile der Stadt: *Civil Lines* und *Cantonments*, die man zusammenfassend als 'Stationen' (*Stations*) bzw. *Civil & Military Stations* (C & M) bezeichnete. Sie entstanden neben der indischen Stadt, um die britischen Administratoren und das Militär aufzunehmen" (F. STANG 2002, S. 112). *Stations* als typische anglo-britische Siedlungsformen finden sich in Indien in der Nachbarschaft sämtlicher Städte mit den Funktionen eines regionalen Zentrums. „Als Sitz der Disktriktverwaltungen beherbergten sie die notwendigen Amtsgebäude, das feste Lager der Garnison, die Wohngebäude der Offiziere und Beamten und alle Einrichtungen zur Repräsentation und Unterhaltung der Gesellschaft" (N. GUTSCHOW/J. PIEPER 1983, S. 175). „Die britischen Kolonialherren, auf physische und soziale Distanz bedacht, errichteten sich, von der indischen Stadt durch einen *'cordon sanitaire'* (z. B. Fluß, Hügel, unbebaute Flächen, Eisenbahn) getrennt, nach britischen Ideen gestaltete, geradlinig ausgerichtete Verwaltungs-, Armee-, Handels- und Wohnsiedlungen. Die Hausform übernahmen sie teilweise von Indien und bereicherten damit unsere Sprache mit zwei indischen Worten: Bungalow und Veranda. Britische Züge weisen die breit angelegten, geradlinigen Hauptstraßen und die Straßenkreuzungen mit Kreisverkehr auf" (J. BLENCK 1977, S. 154).

Abb. 11.21 verdeutlicht modellhaft die differenzierte Gliederung der Stadterweiterungen aus britischer Zeit, die in scharfem Gegensatz zu den dicht besiedelten Altstädten standen (s. im Einzelnen J. BLENCK 1977):

• „Auf britischen Einfluß gehen teilweise ummauerte Wohnkolonien mit monotonen Reihenhäusern und Ein- bis Zweiraumwohnungen zurück", die anfänglich für das Eisenbahnpersonal konzipiert waren (J. BLENCK 1977, S. 159-160). **Werkssiedlungen und Company Towns** nach diesem Muster sind durch die im Anschluss an den Eisenbahnbau entstandenen Industriebetriebe errichtet worden. Derartige Stadterweiterungen aus britischer Zeit (bis 1947) standen somit vor allem in Verbindung mit dem Bau der Eisenbahn. Außerhalb der Altstadt entstand damit auch ein neues Geschäftszentrum für vorwiegend modernere Warenangebote.

• Die sog. **Civil Lines** wurden als Wohn- und Geschäftsstadt der britischen Zivilbeamten errichtet, ausgestattet mit einer breiten, baumbestandenen Hauptstraße (*The Mall*) mit Geschäften für den europäischen und den gehobenen indischen Bedarf, mit Behörden der britischen Zivilverwaltung (heute der indischen Regierung) sowie mit zahlreichen weiteren Nutzungen wie Kasino, Clubs, Kirchen, Missionen, Polizei, Gefängnis, *Colleges* etc.; hinzu kamen als Sportanlagen Pferderennbahn, Polo- und Golfplätze.

• Die sog. **Cantonments**, in weiträumiger Ausdehnung geometrisch geplant und häufig an die *Civil Lines* anschließend, dienten der jeweiligen britischen Garnison als Militärlager. Sie lagen nach F. STANG (2002, S. 112) meist bei den größeren Städten, und zwar hauptsächlich im Norden Indiens. In den *Cantonments* lebten die britischen Offiziere in Bungalows, die meist aus unteren sozialen Schichten stammenden britischen Soldaten dagegen - durch Freiflächen davon getrennt - in Kasernen sowie die indischen Soldaten - wiederum separat - in kleinen Hütten (ebd.). „Die Tendenz zur selbstgenügsamen Einheit mit nur geringen Außenkontakten wird durch den Hauptbazar indischer Prägung (Sadr-Bazar) unterstrichen. Den indischen Soldaten war früher der Einkauf in den Altstadtbazaren untersagt" (J. Blenck 1977, S. 160).

Ein weiterer Typ britischer Siedlungen waren die sog. *Hill Stations* als Zufluchtsorte der heißen Sommermonate in Höhenlagen mit kühleren Temperaturen (in 1500 bis 3000 m Höhe). Die Briten gründeten zwischen 1820 und den 1880er Jahren über 80 *Hill Stations*, die sich allerdings auf wenige Gebiete konzentrierten (s. F. Stang 2002, S. 112). In diesen Siedlungen entstanden auch Krankenhäuser, Internatsschulen und Clubs. „Nach Abzug der Briten kam es zunächst zu einem Niedergang, aber inzwischen sind die Hill Stations zu einem Ferien- oder sogar Wochenendziel reicher Städter geworden, was zu einer erdrückenden Bautätigkeit führt" (ebd.).

(V) Indische Epoche: Seit der Unabhängigkeit (1947) wird die Planung der indischen Städte durch britische, aber auch europäisch-amerikanische Konzeptionen und Stilelemente weitergeführt. Nach D. Bronger 1996b wurden „anfangs (und später) gutgemeinte Planungen" durch die Bevölkerungsexplosion vielfach zunichte gemacht. „Die Großstädte lassen in ihrem Aufriß mit ihren vielgeschossigen Häusern aus Beton und Glas, ihren Neonreklamen und Umgehungsstraßen die historischen Bauelemente mehr und mehr verwischen; die europäischen Verkehrsmittel tragen ihr übriges dazu bei. Die Millionenstädte, insbesondere die Großmetropolen, verändern sich in Struktur und Funktion mehr und mehr zu kosmopolitanen Städten" (ebd., S. 137).

11.5.3 Strukturen sowie jüngere Umgestaltungen und Probleme indischer Städte. Aufgrund der Größe und kulturellen Vielfalt des Subkontinents gibt es 'die indische Stadt' nicht (D. Bronger 1996b, S. 137). „Modell und Wirklichkeit klaffen hier, anders als bei den chinesischen Städten, weit auseinander" (ebd.). Dennoch lässt sich eine Reihe von für viele indische Städte bestimmenden Strukturmerkmalen benennen (vgl. im folgenden auch die auf indische Großstädte bezogene Abb. 11.21, in der allerdings jüngste Stadtstrukturen noch nicht berücksichtigt sind):

(1) Bei zahlreichen indischen Städten wirken die unter 11.5.2 aufgezeigten historischen Phasen II-V noch nach. Dies gilt z. B. innerhalb der **Altstadt** für das auf die hinduistischen Prinzipien der Stadtplanung zurückgehende **Hauptstraßenkreuz**, das „in einer größeren Zahl von älteren, insbesondere Residenz- und/oder Verwaltungs-, d. h. planmäßig angelegten Städten, ja selbst im muslimischen Alt-Hyderabad deutlich erkennbar ist" (D. Bronger 1996b, S. 137). Die Hauptstraßen sind zugleich die **Hauptbazarstraßen** (Kasten 11.9). „Eine Moschee und der Haupttempel, mit Prozessionsstraßen und Bazar, unterstreichen die Sozialstruktur der Altstadt. Abgesehen von Tempeln, Moscheen und Straßen gibt es in der Altstadt kaum öffentliche Flächen" (J. Blenck 1977, S. 158).

(2) Wie Abb. 11.21 verdeutlicht, befinden sich vor, teils auch innerhalb der Altstadt, oftmals an die Stadtmauer angelehnt, die **Bustees** (Lehmhüttensiedlungen ländlicher Art), „in denen Dienstleistungspersonal niederer Kasten, Viehhalter und Harijans (= Kinder Gottes, Ausdruck Ghandis für die Unberührbaren) untergebracht sind. In der Nähe des Flusses siedeln meist die Dhobis (Wäscherkaste)" (ebd., S. 159).

Abb. 11.22 Sozialräumliche Disparitäten in der Metropolregion Mumbai (Bombay)
I: Pavement Dwellers (Foto: H. Heineberg),
II: Gated Community Hiranandani (Foto: K. Klatte)

(3) „Im scharfen Gegensatz zur dichtbesiedelten Altstadt mit ihren Erweiterungen steht die in britischer Zeit angelegte Wohn- und Geschäftsstadt der englischen Zivilbeamten, die *'Civil Lines'*" (J. BLENCK 1977, S. 160). Hinzu kam das weiträumige Stadtgebiet der ehemaligen britischen Garnison, das *'Cantonment'*, das nach 1947 in den Besitz der indischen Zentralregierung überging und weiterhin militärischen Zwecken dient (ebd., S. 161) (vgl. 11.5.2). Die **Stadtentwicklung nach 1947**, d. h. seit der politischen Unabhängigkeit Indiens, zeichnet sich nach J. BLENCK „durch einen allmählichen Wandel zur Überwindung des Gegensatzes von indischen und britischen Stadtteilen aus. In den *Civil Lines*, die in Staatseigentum übergegangen sind, nehmen hohe indische Regierungsbeamte die Bungalows der Engländer ein". (...) „In der Nähe der *Civil Lines* werden Bungalow-Wohngebiete für wohlhabende Inder erschlossen, die durch europäischen Lebensstil und gemischte Kastenstruktur charakterisiert sind. Zu den Geschäften der *'Mall'* treten kleine Läden für den täglichen und periodischen indischen Bedarf. Aus den *Colleges* der *Civil Lines* entwickelt sich die Universität, an die sich eine Wohnsiedlung anschließt" (ebd., S. 161).

Zu den staatlichen Förderungsmaßnahmen zählt die Gründung weiterer Industriebetriebe, von *Industrial Estates* und Wohnkolonien für Arbeiter entlang von Eisenbahnlinien und Überlandstraßen.

„Während sich die Stadt der britischen Zeit in Richtung Bahnhof entwickelte, sind (...) die Hauptausfallstraßen zu Ausdehnungsachsen geworden" (ebd.).

(4) Bereits während der britischen Kolonialzeit (Ende 19. Jh.s) wurde mittels erster **Slumsanierungen** versucht, die Wohnsituation, insbesondere der sanitär absolut unzureichenden Lehmhütten, zu verbessern, wozu - zunächst für Bombay und Calcutta, später auch für andere Städte - *Town Improvement Trusts* eingesetzt wurden. So führte in den 1930er Jahren der *Delhi Improvement Trust* Flächensanierungen in Quartieren mit höchsten Bevölkerungsdichten und schlechtester Bausubstanz durch (T. KRAFFT 1996, S. 108). Die spätere Kritik an diesen frühen Sanierungsmaßnahmen bezog sich u. a. darauf, dass keine ausreichenden Ersatzwohnraumbeschaffungen für die betroffene Bevölkerung vorgenommen worden waren.

Aufgrund des von der Zentralregierung 1956 erlassenen *Slum Areas (Improvement and Clearance) Act*, der landesweit die rechtliche Grundlage für Slumsanierungen wurde, wurden in der nationalen Hauptstadt Delhi zwei Drittel der Altstadt sowie auch der Großteil der im übrigen Stadtgebiet zumeist illegal entstandenen Hütten- bzw. hüttenähnlichen Siedlungen (*Jhuggies*) zu *Clearance Areas* erklärt (T. KRAFFT 1996, S. 108). Die neu zu errichtenden sog. *Resettlement Colonies*, die zunächst wegen unzureichender Finanzmittel, vor allem aber wegen des massiven Widerstands der Betroffenen nur zögernd umgesetzt wurden, nahmen ab Mitte der 1970er Jahre durch von Polizei und Militär massiv forcierte Massenumsiedlungen jährlich mehrere 10.000 Familien auf. Deren Infrastruktur reichte allerdings bereits für die umgesiedelten Familien nicht aus. Die *Resettlement Colonies* unterlagen „durch unkontrollierten Zuzug und die Entwicklung neuer *Jhuggie-Cluster* einem rasant (fortgeschrittenen) Degradierungsprozeß, der die Bewohner nur wenige Jahre nach der Umsiedlung in die Ausgangssituation zurückgeführt (hat) mit nunmehr (z. B. durch die größere Distanz zum Arbeitsplatz) erheblich verschlechterten wirtschaftlichen Rahmenbedingungen" (ebd., vgl. dort Abb. 2 mit Darstellung der räumlichen Verteilung von *Resettlement Colonies*, *Slum Clusters* und Stadtteilen mit unzureichender Wasserversorgung in Delhi).

(5) Für Mitte der 1990er Jahre wurde der Anteil der Stadtbewohner Delhis, die in **Slums oder slumähnlichen Siedlungen** leben, auf 35 % bis 50 % geschätzt. Dramatisch angewachsen ist vor allem die Anzahl der illegalen und ohne jeden Anschluss an städtische Ver- und Entsorgungseinrichtungen errichteten Hüttensiedlungen, häufig entlang von Eisenbahnlinien oder Hauptstraßen, oftmals auch auf tiefer gelegenen, von Überflutungen während der Monsunzeit bedrohten Flächen entstanden (T. KRAFFT 1996, S. 108).

Noch problematischer erscheint die Wohnsituation in der größten indischen Megastadt Bombay (Mumbai), wo nach H. NISSEL (1999, S. 347) mehr als die Hälfte der *'Bombayites'* in Slums (offizielle Bezeich-

nung) vegetiert (geschätzte 6 Mio. Einw.). Neben diesen mehr als 1700 Marginalsiedlungen hat die große Zahl der amtlich nicht erfassten illegalen Klein- und Kleinst- „Elends"siedlungen mit provisorischen Hütten oder einfachsten Unterkünften der *pavement dwellers* (Abb. 11.22/I) in jüngerer Zeit erheblich weiter zugenommen. Die Anzahl der auf Bürgersteigen, auf Bänken oder in Hauseingängen „Wohnenden" wird für das Kerngebiet von Bombay (je nach Quelle) auf zwischen 500.000 und 1,2 Mio. Menschen geschätzt (J. WAMSER 2005, S. 35). Der Anteil der in informellen Tätigkeiten Arbeitenden liegt in Mumbai zwischen 60 und 75 %. Hinzu kommen weitere - für Megastädte in Entwicklungsländern - typische Problemindikatoren wie „Unterernährung, mangelhafte Wasserversorgung, weit gehend fehlende Entsorgung, Krankheiten und soziale Anomien" (…), hohe Säuglingssterblichkeit, Tuberkulose, Lepra, Malaria, Kriminalität, Prostitution, Alkoholismus, Drogenabhängigkeit etc. (H. NISSEL 2004, S. 57-58).

(6) Die „frühere sozialräumliche Segregation zwischen Armen und Reichen in verschiedenen Bezirken weicht immer mehr einer **mosaikhaften Formierung fragmentierter städtischer Räume**, in denen inmitten von Slums oder Industriearealen bis zu 50 Stockwerke hohe Wolkenkratzer mit Luxusappartements wie Pfähle im Fleisch wurzeln" (H. NISSEL 2004, S. 58). Hinzu kommen neue „Einkaufstempel", Freizeitzentren etc. In jüngster Zeit entstehen „die ersten Gated Communities als Business- und Wohnparks, in denen, völlig losgelöst vom städtischen *Mainstream*, die Globalisierungsgewinner ihre eigene Lebens- und Arbeitswelt inszenieren" (ebd., S. 58). Als herausragendes Beispiel für den letztgenannten Prozess kann die seit 1987 im Nordosten Mumbais im neoklassizistischen Stil errichtete Vorstadt Hiranandani Gardens gelten, deren exklusiver Charakter

sich durch zahlreiche vielgeschossige, bewachte Apartmenthäuser, hohen Grünflächenanteil (40 % der Fläche), exklusive Freizeitangebote (z. B. Klubhäuser, Swimming Pools), einen *business park* mit über 70, darunter auch international bekannten Unternehmen (z. B. Nestlé, Palmolive, Bayer) oder etwa auch durch die moderne Shopping-Arkade „Galeria" mit gehobenen Einkaufs- und Unterhaltungseinrichtungen (mit *entertainment center*) sowie auch Büronutzungen und ausreichend Parkraum von den übrigen Stadtstrukturen von Greater Mumbai abhebt (K. KLATTE 2004); vgl. Abb. 11.22/II.

Ähnliche zugenommene gesellschaftliche Polarisierungen sowie sozialräumliche und stadtstrukturelle Fragmentierungen, die in erheblichem Maße durch die transnationale Globalisierung (s. Kap. 12) und die mit ihr verbundene Neue Ökonomische Politik des Landes (seit 1991) mit bedingt sind, gelten auch für die anderen Millionenstädte, vor allem für die Megacities, Indiens, wo „diese Einflüsse bereits zu tiefgreifenden Wandlungen der städtischen Ökonomie, einer zunehmenden Aufbrechung des städtischen Raumes und zu wachsenden sozialen Disparitäten geführt (haben)" (H. NISSEL 2004, S. 64).

11.6 Die japanische Stadt

11.6.1 Merkmale und Probleme der Verstädterung und städtischen Verdichtung. Japan ist eines der dichtest besiedelten sowie am stärksten und raschesten verstädterten Länder der Erde. Der Anteil der Stadtbevölkerung an der Gesamtzahl der Einwohner Japans betrug im Jahre 2010 90,5 % (Verstädterungsgrad nach UN 2012). Kennzeichnend ist die räumliche Ungleichverteilung der (städtischen) Bevölkerungsdichte bzw. der jüngeren demographischen Verstädterung: Der **Überbevölkerung** Japans in den

Küstenebenen, vor allem an der Pazifikküste und um die Inlandsee, steht ein nur dünn besiedelter Gebirgsraum gegenüber.

Das Ausmaß der Bevölkerungskonzentration und -verdichtung lässt sich anhand der seit 1960 in der amtlichen Statistik abgegrenzten „*Densely Inhabited Districts*" **(DIDs)** kennzeichnen. Ein DID umfasst im wesentlichen ein Gebiet mit einer Mindestbevölkerungsdichte von 4.000 Einw./qkm bei einer Mindestbevölkerung von 5.000 Einw./qkm im statistischen Zählbezirk (W. FLÜCHTER 1978, S. 16). Die räumliche Ungleichverteilung der Verstädterung wird durch die hohen bzw. stark angewachsenen Einwohneranteile in den DIDs gekennzeichnet: z. B. konzentrierten sich im Jahre 2010 rd. 67% der Gesamtbevölkerung Japans auf lediglich rd. 3,4 % der Gesamtfläche mit einer hohen durchschnittlichen (!) Dichte von 6.758 Einw./qkm, für Tôkyô betrug der Wert rd. 12.000 Einw./qkm innerhalb der DIDs (Japan Statist. Yearbook 2015); s. auch Erläuterung zu Abb. 11. 23.

Wichtiges Merkmal der Verstädterung in Japan ist außerdem die hohe Konzentration der Bevölkerung auf die drei größten **Ballungsräume und Industrieregionen** Tôkyô (größte urbane Agglomeration der Erde, vgl. die unterschiedlichen Abgrenzungsmöglichkeiten in Abbn. 11.23-11.25), Ôsaka und Nagoya, deren Anteil an der Gesamtbevölkerung Japans 1980 bereits 45 % betrug (2000: 49 %). Im 50 km-Radius um Tôkyô, Ôsaka und Nagoya lebten im Jahre 2000 44 % der Gesamtbevölkerung Japans. In Ôsaka und Tôkyô betrug in 2010 die Konzentration der Einwohner in DID-Gebieten 95,8 bzw. 98,2 %. Das waren durchschnittliche Flächendichten von 9.366 bzw. 12.000 Einw./qkm innerhalb der DIDs (Japan Statist. Yearbook 2015).

Das hohe Ausmaß der Verstädterung bzw. der Bevölkerungsverdichtung und der Großstadtentwicklung ergab sich aus dem starken Wachstum und den Standortkonzen-

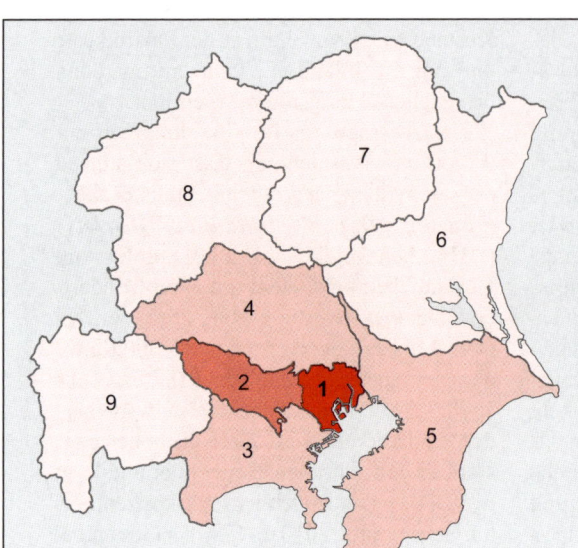

„Legt man den Einwohnerschwellenwert für eine Megastadt mit 8 Mio. fest, dann erfüllt bereits das eigentliche Stadtgebiet von Tôkyô dieses Kriterium. Es ist mit 621 qkm flächenmäßig kleiner als Berlin (890 qkm), zählt jedoch weit mehr als doppelt so viele Einwohner, so dass sich eine Dichte von 13.650 Ew./qkm ergibt. In den 23 Stadtbezirken Tôkyôs lebten am 1.12.2004 8.476.813 Einwohner und damit nahezu 350.000 mehr als noch zum Zeitpunkt der letzten Volkszählung im Oktober 2000". (...) „Grenzt man Tôkyô administrativ auf der Basis der Präfekturgrenzen ab, wird der aktuell von den UN für Megastädte festgelegte Schwellenwert von 10 Mio. Einwohnern bereits deutlich überschritten. Auf einer Fläche, die mit 2.187 qkm nur etwa halb so groß ist wie das Ruhrgebiet in den Grenzen des RVR, lebten am 1.12.2004 12.512.731 Menschen, ca. 450.000 mehr als im Oktober 2000 (Ausländeranteil: 2,8 %). Fragt man dagegen nach der Einwohnerzahl der Metropolregion Tôkyô, dann erreicht diese mehr als 33 Mio., was etwa einem Viertel der Gesamtbevölkerung Japans entspricht, die sich hier auf nur 4 % des Landes konzentriert. Zu dieser Metropolregion zählen neben der Präfektur Tôkyô auch die Nachbarpräfekturen Saitama, Chiba und Kanagawa mit den beiden Millionenstädten Yokohama und Kawasaki, wobei die Fläche etwas größer ist als die der europäischen Metropolregion Rhein-Ruhr. Die funktionale Verflechtung ist eng, denn täglich pendeln mehr als 3 Mio Berufspendler aus den Nachbarpräfekturen nach Tôkyô ein. Etwas größer als NRW ist (...) die Hauptstadtregion. Im Umkreis von ca. 100 km um das Stadtzentrum von Tôkyô leben mehr als 40 Mio. Menschen" (U. Hohn 2005, S. 70).

		Bevölkerung (1000)	Fläche (km²)	Bevölkerungsdichte (Einw./km²)
1	Tôkyô-ku (23 Stadtbezirke)	8 140	621	13 100
2	Tôkyô, Westregion Santama*	3 934	1 481	2 656
1+2	**Präfektur Tôkyô (Tôkyô-to)**	12 074	2 102	5 744
3	Kanagawa-ken	8 489	2 415	3 515
4	Saitama-ken	6 938	3 767	1 841
5	Chiba-ken	5 926	4 996	1 186
1-5	**Metropolregion Tôkyô**	33 427	13 280	2 571
6	Ibaraki-ken	2 989	6 095	490
7	Tochigi-ken	2 004	6 408	313
8	Gunma-ken	2 024	6 363	318
9	Yamanashi-ken	888	4 201	211
1-9	**Hauptstadtregion**	41 332	36 347	1 137

* Eingeschlossen die bis über 1000 km südlich vom Festland entfernten, zur Präfektur Tôkyô gehörenden Inseln mit ca. 60000 Einw.

Quelle: W. Flüchter 2001, Abb.1　　　　　　　　　Kartographie: H. Krähe

Abb. 11.23 Hauptstadtregion Tôkyô nach W. Flüchter und U. Hohn

trationen der Industrie sowie des tertiären und quartären Sektors in den Küstenräumen, die eine außerordentlich bedeutende, langanhaltend konstante **großstadtorientierte Binnenwanderung** der Bevölkerung (**Landflucht**) auslösten, wobei Zuwanderungen in die **Hauptstadtregion** um Tôkyô bereits in den 1960er Jahren diejenigen in das ältere Wirtschaftszentrum Ôsaka klar übertroffen

hatten. „Die Zentralisierung des gesamten Landes auf die Hauptstadtregion schreitet weiter fort. Sie hat heute bereits ein Maß erreicht, das wohl in keinem anderen großen Industriestaat der Erde übertroffen wird", formulierte P. Schöller bereits 1968 (ebd., S. 24). Neben der demographischen *Primacy* (s. Erläuterung zu Abb. 11.23) „zeichnen sich die japanische Hauptstadt und ihre Region

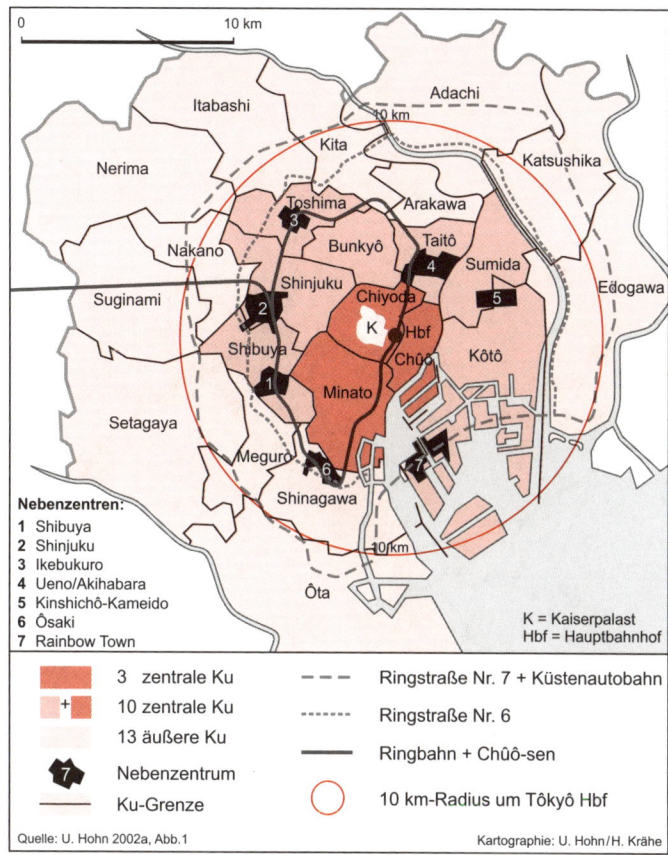

**Abb. 11.24
Die 23 Stadtbezirke
und 7 Nebenzentren
Tôkyôs im Überblick
nach U. Hohn**

durch eine ausgeprägte **funktionale Vor-
rangstellung im japanischen Städtesystem**
aus. In der Metropolregion Tôkyô konzentrieren sich 60 % der Hauptverwaltungen der
größten japanischen Unternehmen, 88 % der
Japanzentralen ausländischer Unternehmen,
74 % der ausländischen Banken, 41 % der
Studierenden sowie 46 % der japanischen
IT-Unternehmen. Hinzu kommen die Haupt-
stadtfunktionen und die nationale Symbolwirkung als Kaiserresidenz" (U. HOHN 2005,
S. 71).

Die sich in Japan aus dem hohen Ausmaß
der Verstädterung und des Großstadtwachstums ergebenden oder mit diesen im Zusammenhang stehenden Probleme, die großen-

teils die Stadtstrukturen der Gegenwart prägen, lassen sich nur andeuten (im Folgenden nach W. FLÜCHTER 1978 und U. HOHN
2000, 2005; s. auch Kasten 11.11), u. a.:
• **Hohe Verdichtung**, z. B. in den Problemgebieten der großräumigen Holzhausgürtel um
die metropolitanen Zentren (U. HOHN 2000,
S. 109-110). Der Holzhausgürtel Tôkyôs „um-
schließt den Stadtzentrumsbereich und wird
nach innen in etwa von der Yamamote-Ring-
bahn, nach außen von der Ringstraße Nr. 7
begrenzt" (U. HOHN 2005, S. 73; vgl. Abb.
11.24 in diesem Band); er umfasst mit 282
qkm etwa ein Drittel des Stadtgebietes, darin leben mit ca. 4,5 Mio. Menschen 60 % der
Stadtbevölkerung (ebd.). Im Kontrast dazu

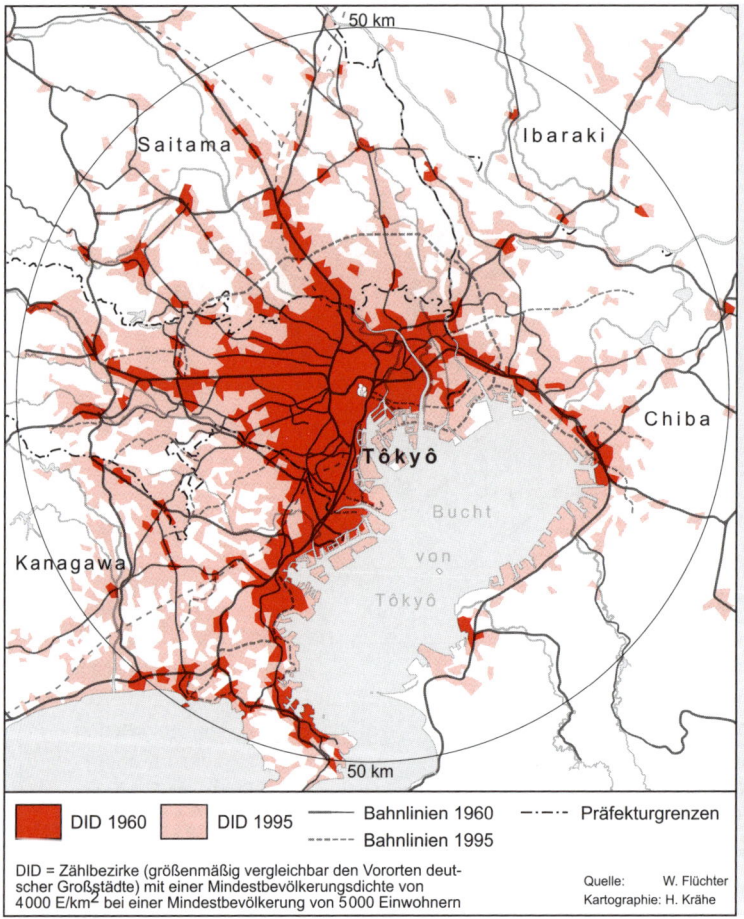

„Das Ausufern der Verstädterung, ablesbar an der Ausdehnung der *Densely Inhabited Districts* im Vergeich der Jahre 1960 und 1995, zeigt (für den Ballungsraum Tôkyô) fingerförmige Umrisse, die in etwa Linien gleicher Bodenpreise und Pendelzeiten widerspiegeln. Ein Spinnennetz schienengebundener Massenverkehrsmittel, deren Trassen vom Zentrum und der Ringbahn Tôkyôs ausgehen, markiert die Leitlinien des Pendelverkehrs, der Bodenpreisspitzen und der Verstädterung" (W. FLÜCHTER 2001, S. 38).

Abb. 11.25 Ballungsraum Tôkyô: *Densely Inhabited Districts* (DIDs) 1960 und 1995 nach W. Flüchter

besteht die
• **städtische Zersiedlung**, d. h. vor allem als ungeordnetes Wachstum von Wohnsiedlungen in den Vorstadtgebieten, „das Grundproblem der japanischen Stadtlandschaft" (W. FLÜCHTER 1978, S. 26);
• **heterogene Landnutzung** und erhebliche **Umweltbelastung**, die sich insbesondere aus der starken Durchmischung von Wohnen, Gewerbe und Industrie ergeben;
• die enorme **Nachfrage nach Grundstücken**, vor allem für den Einfamilienhausbau, hat zu außerordentlich hohen jährlichen **Bodenpreissteigerungen** und zu einer starken Besitzzersplitterung geführt (in den Vororten Tôkyôs beispielsweise waren Bodenpreise von mehreren 1.000 DM/qm schon in den 1970er Jahren durchaus normal); Anfang der 1990er Jahre ereignete sich jedoch ein abrupter Einbruch im hohen Bodenpreisniveau (s. Kasten 11.11);
• gemessen an dem raschen Wirtschafts- und Siedlungswachstum war der **Ausbau städtischer Infrastruktur** unzureichend (z. B. zu enge Straßen, lange Zeit noch offene Abwasserkanäle in den Städten, oberirdische Verlegung der Strom- und Telefonleitungen) oder auch radikal (u. a. Trassenfüh-

rung aufgeständerter Hochstraßen durch dicht besiedelte Stadtteile);
• die Einschränkung bzw. **Schwächen der Stadtplanung**, die vor allem für die Unausgewogenheit von Industrie- und Stadtentwicklung verantwortlich sind; trotz der neuen Stadtplanungsgesetze von 1968/69 reichten „weder planerische Vorstellungen noch Instrumentarien im einzelnen aus, um ein zufriedenstellendes Ergebnis zu erzielen" (W. FLÜCHTER 1978, S. 111). Daran haben auch die Stadtplanungsgesetze von 1992 und 2000 grundsätzlich nichts geändert; so ist die Stadtplanung zu zentralistisch und zu stark von den Planungsproblemen Tôkyôs dominiert, und es besteht immer noch keine kommunale Planungshoheit (U. HOHN 2000);
• es gibt keine effektive **Regionalplanung** oder überkommunale bzw. -präfekturale Planungs- und Zweckverbände zur Lösung der Verstädterungs- und Ballungsprobleme.
• Eine neue Entwicklung mit weit reichenden Folgen ist die jüngere **landesweite demographische Schrumpfung**, die in Japan - als Folge der niedrigen Geburtenrate und geringer Einwanderungen - begann und sich auch in Zukunft fortsetzen wird und gepaart ist mit einer **alternden Gesellschaft** (O. MAYER 2011); s. auch 11.6.3.

11.6.2 Traditionelle Stadtstrukturen in Japan. Bei aller Modernisierung und expansiven Verstädterung zeigen die Kerne der heutigen Stadtregionen häufig noch wesentliche Merkmale älterer Stadtstrukturen, die vor allem aus der japanischen Feudalzeit (2. Hälfte des 16. Jh.s bis 1867) stammen. Diese Periode schuf den in Japan zahlenmäßig führenden historischen Stadttyp der **Burgstadt** *(jôka-machi)* (vgl. N. GUTSCHOW 1976). Rund 50 % der im Jahre 1950 bestehenden Städte Japans (ohne Hokkaidô) sind ehemalige Burgstädte (P. SCHÖLLER 1969, S. 35), die seit Ende des 16. Jh.s von rd. 260 Feudalherren

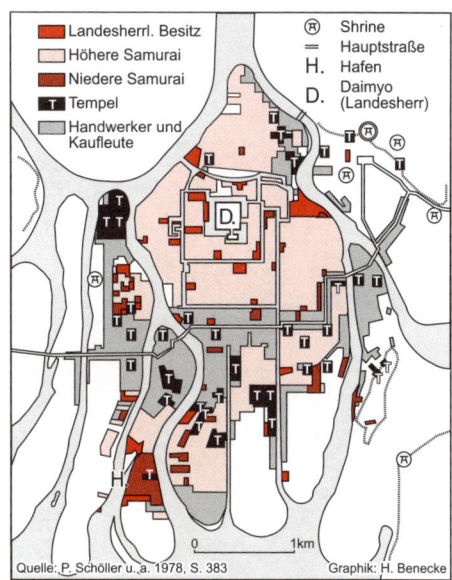

Abb. 11.26   Innere Gliederung einer japanischen Burgstadt: Hiroshima um 1785

(den Daimyô), jeweils zur Sicherung ihrer administrativ und ökonomisch autonomen territorialen Einheiten, angelegt wurden (vergleichbar mit den Städtegründungen deutscher Landesherren im 17. Jh., den Fürstenstädten).

Damit erhielt das japanische Städtesystem ein Netz Zentraler Orte, das das Grundgerüst für die Stadtentwicklung auch im jüngeren Zeitalter der Industrialisierung war.

Der Aufbau sowie die funktionale und sozialräumliche Differenzierung der japanischen Burgstadt lassen sich nach P. SCHÖLLER (1978, S. 381) wie folgt kennzeichnen (vgl. Abbn. 11.26 und 11.27):

„Die alte Raumgliederung einer typischen Burgstadt orientierte sich auf den Herrensitz des Daimyos. Der zentrale Burgbezirk, in der Ebene oft erhöht auf einem Terrassensporn gelegen, wurde von einem mehrfachen System von Wassergräben und Wällen geschützt. Rings um den Palast lagen die Wohngebiete der Samurai-Klasse; dabei be-

Abb. 11.27 Traditionelle Strukturen in japanischen Städten   Fotos: H. Heineberg 1982
I: Burgbezirk mit Parkanlage in Matsuyama, II: Ehem. Samurai-Wohnhaus in Ako,
III: Kannon-Tempel in Tôkyô-Asakusa, IV: Traditionelles Holzhausviertel, Takayama

stimmte der soziale Rang die konzentrische Lokalisation; innen wohnten die höheren Vasallen, außen die niederen Krieger. Die bürgerliche Unterstadt der Handwerker und Händler, das Choninmachi, blieb ganz oder teilweise außerhalb des äußeren Grabensystems. Meist folgte die Bürgerstadt dem aus Verteidigungsgründen in häufigen Knicken geführten Hauptverkehrsweg. Auch Tempelareale und Tempelstraßen übernahmen am Rand der Siedlungen Sicherungsaufgaben".

Die anhand von Abb. 11.26 verdeutlichten Grundstrukturen der japanischen Burgstadt Hiroshima (nach einem Stadtplan von 1785) zeigen insgesamt eine vorherrschende Anordnung nach dem Muster des Ringmodells der Stadtentwicklung von E. W. BURGESS (s. 5.3.2 und Abb. 5.7), ergänzt durch einige „Kerne" wie buddhistische Tempel

und shintoistische Schreine. Im Gegensatz zum amerikanischen BURGESS-Modell herrschte jedoch beim japanischen Burgstadttyp ein von innen nach außen abnehmender Sozialgradient vor.

11.6.3 Veränderungen der traditionellen Stadtstrukturen in Japan seit 1868 (vgl. auch Kasten 11.11). Mit der Auflösung der Feudalordnung, der sog. Meiji-Restauration, in Japan im Jahre 1868, dem Beginn der bürgerlich-kapitalistischen Stadtentwicklung, insbesondere der Citybildung, der Entwicklung der mehrgeschossigen oder Hochhausbebauung, dem starken Flächenwachstum der Städte, die sich zu größeren Stadtregionen und Städtebändern weiterentwickelten, veränderte sich die innere funktionale und sozialräumliche Gliederung der japanischen Stadt, insbesondere der Burgstadt, z. T. erheblich.

Die Kerne der alten Burgstädte mit ihren weitgehend erhaltenen **Palastbauten** geben diesen japanischen Städten heute noch eine ausgeprägte Individualität. Sie sind Anziehungspunkte für den Fremden- und auch Naherholungsverkehr. Die Palastbezirke wurden nach 1868 in der Regel allgemein zugänglich; sie befinden sich meist in öffentlicher Hand (Abb. 11.27/I). Es sind heute oft die einzigen größeren innerstädtischen Parkgelände und oftmals zugleich Standorte von Bildungseinrichtungen, Tagungs- und Begegnungszentren sowie öffentlichen Verwaltungen. Die in unmittelbarer Umgebung der Burg entstandene ringförmige, wenig verdichtete **Zone der Samurai** (*Samurai-machi* oder *buke-chi*) hat sich bis zur Gegenwart teilweise als gehobenes Wohngebiet behauptet (Abb. 11.27/II). Die innerstädtischen **Tempel- und Schreinbereiche** (*tera-machi* oder auch *monzen-machi*) sind oft wichtige Anziehungspunkte für den modernen Massentourismus oder Vergnügungsverkehr geworden (Abb. 11.27/III).

Grundlegende Wandlungen traten nach dem 2. Weltkrieg vor allem in den übrigen Bereichen der Stadtkerne sowie in den Stadtrandzonen auf:

• bedeutendes Wachstum der **Hauptgeschäfts- und Vergnügungsviertel**, insbesondere in Tôkyô (Ginza als vornehmste Geschäftsstraße Japans); neuere Entwicklungen stellen die überdachten fußläufigen Geschäftsstraßen sowie **Untergrund-Passagen und -Geschäftsstraßen** dar (P. SCHÖLLER 1976);

• Ausbau von **Stadtautobahnen** nach amerikanischem Vorbild (sie stehen in starkem Kontrast zu dem vorherrschenden überkommenen Straßennetz);

• Errichtung von **Mietshausneusiedlungen** im westlichen Stil in größeren geschlossenen Projekten (sog. *Danchi*), gekennzeichnet durch Wohnungen im gemischten japa-

nisch-westlichen Stil;

• Bau neuer **Satellitenstädte** oder *New Towns* zwecks Dezentralisierung des Großstadtwachstums bzw. zur Entlastung der stark verdichteten Kernstädte, vor allem in der Stadtregion Tôkyô.

• Trotz derartiger Dezentralisierungsmaßnahmen ist das rasche **suburbane Flächenwachstum** (Suburbanisierung) der japanischen Städte und Stadtregionen in Gestalt des unkoordinierten Ausuferns in **traditioneller Eigenheimbebauung** charakteristisch, bestimmt durch das ungebrochene Streben der Japaner nach dem Eigenbesitz.

• Die Hafen- und Industrieentwicklung vollzog sich in Japan seit den 1960er Jahren in zunehmendem Maße auf **Neulandgewinnungsgebieten** (*umetatechi*) durch Aufspülung und Aufschüttung an den unmittelbaren Küstenzonen der Großstädte, vor allem an Buchten der Metropolregionen von Tôkyô, Ôsaka/Kôbe und Nagoya sowie darüber hinaus an anderen Standorten der Inlandsee (vgl. W. FLÜCHTER 1975, 1985, U. HOHN 2001). Allerdings haben sich in den vergangenen Jahrzehnten die Funktionszuweisungen für die Neulandareale verändert: „Während die Schaffung von Flächen für Hafenerweiterung und -modernisierung eine Zielkonstante bildet, beendeten seit Mitte der 70er Jahre die Strukturkrise der Altindustrien und Konsequenzen aus Umweltskandalen die für die 60er Jahre typische Ansiedlung von Großindustriekomplexen der Eisen-, Stahl- und Petrolchemieindustrie auf eigens hierfür geschaffenem Neuland. In einer nun einsetzenden Phase gemäßigten ökonomischen Wachstums und aufkeimenden ökologischen Bewusstseins der Bevölkerung erlangte die Idee, Flächen an der Waterfront zumindest inselhaft durch die Umwandlung in Parks und Grünzonen oder die Aufschüttung künstlicher Strände für die Bürger zurückzugewinnen, eine Realisie-

---

Kasten 11.11 Die moderne japanische Stadtplanungsgeschichte im Überblick nach U. HOHN (2000, S. 41-110), 2009, 2013

● **Von der Meiji-Restauration (1868) bis 1918**
- Planungen der repräsentativen Umgestaltung der ehemaligen Burgstadt Edo, die (nach Verlagerung der kaiserlichen Residenz von Kyôto 1868) zur neuen Hauptstadt Tôkyô wurde; Anlehnung an Leitbilder der Hauptstadtplanungen in den USA und Westeuropa.
- 1888: Satzung zur Reform der Stadtbezirke Tôkyôs (Beginn der modernen japanischen Stadtplanungsgesetzgebung); 1918 wurde per Gesetz die Möglichkeit geschaffen, diese auch auf andere größere Städte (Ôsaka, Kyôto etc.) anzuwenden.
- Stadtplanung war in dieser ersten Phase eine vor allem auf die Schaffung öffentlicher Infrastruktur ausgerichtete Anpassungsplanung.

● **Vom Erlass des ersten Stadtplanungsgesetzes (1919) bis Ende des 2. Weltkriegs**
- 1919 Stadtplanungsgesetz und Baugesetz für städtische Gebiete als Planungs- und Kontrollinstrumente als Reaktion auf die seit der Jahrhundertwende verstärkt einsetzende Siedlungsexpansion der großen Städte ins Umland, die zunehmende bauliche Verdichtung innerhalb der Städte (insbes. in Wohngebieten armer Bevölkerungsschichten in Holzbauweise) sowie auf die durch Industrialisierung und Militarisierung (Entwicklung der Textil-, Schwer-, Rüstungsindustrien und des Bergbaus) ausgelösten Flächennutzungskonflikte.
- Stadtplanung wurde als Staatsaufgabe festgeschrieben (= Wurzel der in Japan bis heute im Grundsatz bestehenden zentralisierten Planungsbürokratie mit Genehmigungsbefugnissen des Bauministeriums). Das Stadtplanungs- und Baugesetz führte westliche Planungsinstrumente ein (Bodenumlegung, Fluchtlinienbestimmung, Flächennutzungszonen).
- Die grobkörnige Flächennutzungszonierung (u. a. Wohnen, Handel, Industrie) bezog sich auf städtisch überbaute Gebiete und kam damit nicht flächenhaft in weiträumig abgegrenzten Stadtplanungsgebieten zur Anwendung, begünstigte jedoch feinkörnige Funktionsmischungen.
- 1.9.1923: Großes Kantô-Erdbeben mit mehr als 100.000 Toten; der Katastrophen- und insbesondere der Brandschutz bildeten fortan einen Schwerpunkt japanischer Stadtplanung.
- Ab 1940 diente die Stadtplanung fast ausschließlich Maßnahmen zur Verbesserung des Luftschutzes (Verlagerungen von Industriebetrieben in das Umland großer Städte, Standortzuweisungen für Militäreinrichtungen, Ausweisung spezieller Luftschutzzonen etc.). Bis 1945 wurden 215 Städte von Kriegszerstörungen mit Schadensgebieten von insgesamt 64.350 ha Fläche betroffen, darunter mit den höchsten Schadenssummen Tôkyô, Yokohama, Nagoya, Ôsaka, Kôbe sowie die von Atombomben getroffenen Städte Hiroshima und Nagasaki.

● **Vom Wiederaufbau nach dem 2. Weltkrieg bis Ende der 1960er Jahre**
- 1946: Sonder-Stadtplanungsgesetz für die 115 am schwersten kriegszerstörten Städte (u. a. umfangreiche Sonderrechte für Bodenumlegung, vor allem für die Schaffung und Verbesserung der öffentlichen Infrastruktur wie z. B. Hauptverkehrsstraßen; Bebauung der neu geordneten Flächen blieb der privaten Bautätigkeit überlassen).
- Ab 1949: Lebhafte Bautätigkeit im privaten Einfamilienhausbau (Gründung der staatlichen Wohnungsbaukreditanstalt).
- 1954: Erlass eines speziellen Bodenumlegungsgesetzes (Abschaffung des Sonder-Stadtplanungsgesetzes).
- 1956-67: Die Stadtplanung stand „im Zeichen von Modernisierung und Ökonomisierung unter dem Primat des hohen Wirtschaftswachstums" (U. HOHN 2000, S. 72); damit trat Japan „ohne angemessenes Planungsrecht in die ökonomische Hochwachstumsphase ein, die vor allem die großen Städte an der Pazifikküste und der Inlandsee zwischen Tôkyô und Fukuoka einem enormen Entwicklungsdruck durch Zuwanderungen und die Ansiedlung von Industrie aussetzen sollte. Letztere war politisch gewollt und wurde durch entsprechende Investitionsoffensiven in öffentliche Infrastrukturprojekte wie Straßen- und Eisenbahnbau, Hafenausbau und Neulandgewinnung initiiert und gesteuert" (ebd.). Beispiel für ein großes Neulandprojekt (*umetatechi*) ist Port Island in Kôbe (ab 1966). Das Stadtwachstum betraf vor allem die Expansion der durch Autobahnen und Schnellzugstrecken miteinander verbundenen drei Metropolregionen Tôkyô, Ôsaka und Nagoya;

Fortsetzung von Kasten 11.11

so wuchs die Metropolregion Tôkyô zwischen 1955 und 1965 um 42% oder 5,58 Mio. auf absolut 8,86 Mio. Einw. an. Im Innenbereich Tôkyôs erfolgten Verdichtungen durch Holzhausgürtel mit einer hohen Konzentration einfachster Mietwohnungen (*mokuchin-apâto*).
- Versuche, der gleichzeitigen Zersiedlung oder dem *urban sprawl* an den Stadträndern durch regionale Raumordnungsgesetze und Entwicklungspläne zu begegnen, scheiterten weitgehend wegen des Fehlens eines entsprechenden regulativen Stadtplanungs- und Baugesetzes.

● **1968-1982 „Stadtplanung im Zeichen neu- oder wiederentdeckter Werte wie Kultur, Tradition, Umweltschutz, Lebensqualität und beginnender Partizipation"** (ebd., S. 82)
- 1968: ein neues Stadtplanungsgesetz sollte v. a. als „Instrument gegen das zunehmende städtebauliche Chaos im innerstädtischen Bereich sowie gegen die Zersiedlung im suburbanen Raum" dienen (ebd., S. 80), das 1969 eingeführte Stadterneuerungsgesetz „eine effizientere Flächennutzung, einen besseren Katastrophenschutz, eine leistungsfähigere Infrastrukturerschließung und eine Aktivierung privaten Kapitals für Zwecke der Stadterneuerung" (ebd.) ermöglichen.
- Die Flächennutzungszonierung innerhalb sog. Verstädterungsförderungsgebiete wurde verpflichtend, allerdings ermöglichte das Stadtplanungsgesetz eine ganze Reihe von (kleineren) Bauprojekten gerade in sog. Verstädterungskontrollgebieten, so dass damit die Zersiedlung nicht vollständig kontrolliert werden konnte. Insbesondere der starke Bodenpreisanstieg zu Beginn der 1970er Jahre führte vor allem in den Metropolregionen zu einer räumlichen Ausdehnung der Zersiedlung. Um die Mitte der 1970er Jahre erfolgten – u. a. als Folge der Ölkrise von 1973 – eine Trendwende mit Rückgang der Bodenpreise sowie etwa auch Abwanderungen aus den drei Metropolregionen, die erstmals die Zuwanderungen übertrafen.
- Basispläne für die Hauptstadtregion Tôkyô von 1976 bzw. 1986 setzten auf Dezentralisierung (Förderung des Ausbaus weiterer sog. Ringzentren, neben Shinjuku, Shibuya und Ikebukuro) und auf das Konzept eines aus mehreren Kernstädten (z. B. mit Tachikawa-Hachiôji als Dienstleistungskernstadt) bestehenden Städtebundes. Damit sollte die einseitige funktionale Ausrichtung auf Tôkyô überwunden werden.
- Erst im Jahre 1975 wurde durch Änderung des Denkmalschutzgesetzes der Ensembleschutz durch Ausweisung sog. „Bedeutender Erhaltungsgebiete historischer Gebäudeensembles" gesetzlich verankert. Die Wiederentdeckung des kulturhistorischen Wertes traditioneller Bauensembles bildete zugleich häufig ein Potenzial zum Zwecke der Wirtschaftsförderung und der Fremdenverkehrsentwicklung.
- 1970er Jahre: Erste Ansätze des *Machizukuri* als einer partizipativen *Bottom-up*-Planung auf Quartiersebene, das sich seither zu einem wichtigen Element japanischer Planungskultur entwickelt hat (vgl. auch U. HOHN 2005).

● **1983-1991 „Stadtplanung in einer Zeit der Deregulierung und extremer Bodenpreissteigerungen bis zum Zusammenbruch der *Bubble Economy*"** (ebd., S. 89)
- 1983 wurde eine neue Deregulierungspolitik im Stadtplanungsrecht durch einen Bericht des Bauministeriums über „Maßnahmen zur Förderung der Stadterneuerung durch Deregulierung" eingeleitet. „Dadurch sollten Investitionsoffensiven des Privatsektors in Projekte des Stadtumbaus und der Stadterneuerung im Innenbereich gefördert sowie Stadterweiterungen durch Baulanderschließungen im Außenbereich erleichtert werden" (ebd., S. 90-91).
- Zeitgleich setzte im Zentrumsbereich Tôkyôs ein rapider Anstieg der Bodenpreise ein; die Bodenpreisexplosion diffundierte „von dort in die Außenbereiche der Hauptstadt und sprang dann den Stufen der Städtehierarchie folgend auf andere Städte – allen voran Ôsaka und Nagoya – über. Die extreme Büroflächennachfrage löste eine Verdrängung der Wohnfunktion aus zentralen innerstädtischen Lagen aus, die wiederum die Nachfrage nach Wohnbauland in den Außenbereichen und damit den dortigen Preisauftrieb verschärfte" (ebd., S. 93-94).
- In dieser Epoche kam es neben Stadtumbauprojekten, vor allem im Zuge aufgegebener Industrie- und Hafen- sowie etwa auch ehem. Güterbahnhofsflächen, zur Entwicklung großer Wohnbauprojekte, von *New Towns* (mit hohen Wohn- und Wohnumfeldqualität wie z. B. Seishin-Minami in Kôbe oder Minami-Ôsawa in Tama), zu *Waterfront- und Riverside-Redevelopment*-Projekten (z. B.

Fortsetzung von Kasten 11.11

das Wohnungsbauprojekt „Ôkawabata River City 21" auf einer ehemaligen Industriebrache in der Mündung des Sumida-Flusses in Tôkyô) oder etwa auch stadtökologische Projekte im Bereich alter Industriekanäle mit heute wichtigen Naherholungsfunktionen (vgl. U. HOHN 2000, Abbn. 2-24, sowie Abb. 11.28 in diesem Band).

- **Reformen des Stadtplanungs- und Baunormengesetzes/Stadtplanung unter veränderten Rahmenbedingungen: Globalisierung, demographischer und gesellschaftlicher Wandel**

- Die Gesetzesreform von 1992 erfolgte zu einem Zeitpunkt, als „Zersiedlung, Umweltzerstörung, Wohn- und Wohnumfeldprobleme und die Vernichtung historischer Bausubstanz" ein großes Ausmaß erreicht hatten (ebd., S. 104). Mittels neuer Flächennutzungszonen zur stärkeren Differenzierung von Wohngebietstypen sollte „vor allem der Verdrängung von Wohnfunktionen und damit einhergehend von Wohnbevölkerung aus den zentralen Stadtbereichen der Metropolen entgegengewirkt werden, die durch die extreme und spekulativ übersteigerte Nachfragen nach Büroflächen ausgelöst worden war" (ebd., S. 104).

- Der Gesetzeserlass erfolgte zu einer Zeit des Beginns der nationalen wirtschaftlichen Rezession (Zusammenbruch der „*Bubble Economy*", die in den 1990er Jahren u. a. einen starken Rückgang der Bodenpreise – vor allem in den drei Metropolregionen – bewirkt hatte). Damit wurde auch der Entwicklungsdruck von den innerstädtischen Wohngebieten der Metropolen genommen.

- Der starke Einbruch bei der Büronachfrage, zusammen mit dem Rückgang der Preise für Wohnungsgrundstücke, hatte z. B. in Tôkyô einen jüngeren Boom des innerstädtischen (vertikalen) Wohnungsbaus und damit in einigen zentralen Stadtbezirken zwischen 1996 und 2000 erstmals seit langer Zeit deutliche Zuwächse der Wohnbevölkerung im Sinne einer Reurbanisierung zur Folge (vgl. im Einzelnen U. HOHN 2002a).

- Die größte soziale und städtebauliche Aufgabe in den japanischen Metropolen stellen nach U. HOHN (2000, S. 109) die o. g. großräumigen Holzhausgürtel um die metropolitanen Zentren dar, die u. a. durch Überalterung der Bevölkerung mit zugleich niedrigem Einkommen, mit Enklaven ausländischer Arbeitskräfte (aus Staaten Süd- und Südostasiens), geringem endogenen Erneuerungspotenzial und Katastrophengefährdung (z. B. starke Zerstörung derartiger Holzhausviertel durch das Hanshin-Erdbeben in Kôbe in 1995) gekennzeichnet sind.

- Reform des Stadtplanungs- und Baunormengesetzes im Jahr 2000 (s. U. HOHN 2000, S. 612-615):

- Reaktion auf die Forderung nach einem Paradigmenwechsel in der Stadtplanung durch die zentrale Beratungskommission für Stadtplanung 2000 angesichts der Herausforderungen durch den demographischen Wandel (Bevölkerungsrückgang und Überalterung) und die Intensivierung des internationalen Städtewettbewerbs. Forderung der Kommission: mehr Bürgerpartizipation, Stärkung der kommunalen Planungsbefugnisse, Betonung lokaler Individualität, mehr Umweltschutz, Stärkung der Zentren und Siedlungskonsolidierung im suburbanen Raum (vgl. Konzept der Ring-Megalopolis Tôkyô). „Das reformierte Stadtplanungs- und Baunormengesetz vom Juni 2000 wird diesen Ansprüchen allerdings nur in Ansätzen gerecht" (ebd., S. 612).

- **Neue *Urban Renaissance*-Politik seit 2002 (nach U. Hohn 2009, 2013)**

Mit dem Erlass (2002) eines zunächst auf 10 Jahre befristeten Sondergesetzes zur sog. *Urban Renaissance* (2011 Reform des UR-Gesetzes mit Verlängerung bis 2017) wurden neue Weichen gestellt, um die ökonomische Restrukturierung der wichtigsten Metropolen Japans, allen voran die Hauptstadt und *Global City* Tôkyô, zwecks Steigerung ihrer internationalen Wettbewerbskraft durch Ausweisung neuer Sonderzonen/-distrikte und repräsentative Großprojekte (*toshikeikaku*) zu fördern. Wichtig ist dabei die strategische Steuerung der Stadtentwicklung durch die Politik und deren Umsetzung durch den Privatsektor auf der Basis umfangreicher Deregulierungen und finanzieller Anreizsysteme. Zu den Zielen der UR-Politik zählen der Ausbau der *Gateway*-Funktionen (als Knoten einer globalen Netzwerkökonomie), der gezielte Aufbau neuer Cluster der Wissensökonomie, der durch Deindustrialisierungsprozesse ausgelöste Stadtumbau auf Industrie- und Verkehrsflächenbrachen (einschl. *Waterfront Redevelopment*), Verbesserung des Katastrophenschutzes sowie auch weicher Standortfaktoren (Anziehung wissensintensiven 'Humankapitals').

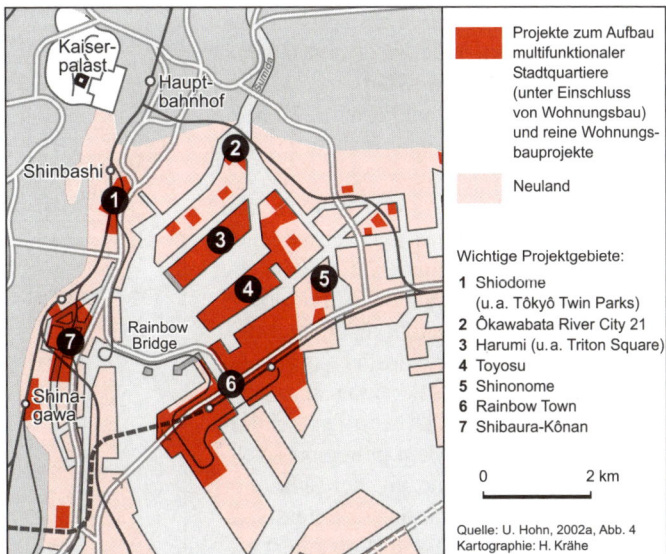

Abb. 11.28
Stadtumbau- und
Stadterneuerungs-
projekte auf Neuland
an der *Waterfront*
Tôkyôs mit
integriertem
Wohnungsbau
nach U. Hohn

Erläuterung zu Abb. 11.28: „Während in den 80er Jahren die Neulandgewinnung vor allem in den Buchten von Ôsaka Stadt und Tokio weiter vorangengetrieben wurde, erfuhren zugleich viele ursprünglich für Zwecke der Industrieansiedlung vorgesehene Neulandflächen wegen fehlender Nachfrage aus diesem Wirtschaftssektor und neuer wirtschaftspolitischer Zielsetzungen eine Umzonierung, die vor allem die Ansiedlung von tertiär- und quartärwirtschaftlichen Funktionen, aber auch den Bau von Wohnungen ermöglichen sollte. Gleichzeitig wurden durch Schließung oder Verlagerung von Industriebetrieben und Lagerflächen auf dem von Kanälen durchzogenen und relativ innenstadtnah gelegenen „alten" Neuland Areale für den Stadtumbau frei" (U. HOHN 2001, S. 452). Ôkawabata River City 21, ein Wohnungsbau-Großprojekt auf ehem. Werftgelände mit Wohnungen für verschiedene Einkommensschichten, ist ein Beispiel für einen „auf Inselplanung konzentrierten Stadtumbau" (ebd.), der jedoch zugleich dem strategischen Ziel einer Reurbanisierung der zentralen Stadtbezirke verpflichtet ist. - Zur jüngeren Erweiterung und Ergänzung der *Waterfromt Revelopment* in Tôkyô als neue *Urban-Renaissance*-Zone mit Leitprojekten s. U. Hohn 2009 (insbes. Abb. 10) sowie allgemeiner Kasten 11.11 in diesem Band.

rungschance. Dominant blieben weiterhin ökonomische Ziele, allen voran die Schaffung von Umschlags- und Lagerflächen für den expandierenden Containerverkehr" (U. HOHN 2001, S. 451). Das Beispiel wichtiger Stadtumbau- und Stadterneuerungsprojekte an der *Waterfront* Tôkyôs (Abb. 11.28 mit Erläuterung) zeigt, dass auf neuen Flächen im *Waterfront*-Bereich auch tertiär- und quartärwirtschaftliche Funktionen angesiedelt sowie auch moderner (integrierter) Wohnungsbau betrieben werden.

• Der dynamische, bisher zum erheblichen Teil ungeplante Stadtentwicklungsprozess in Japan hat bereits zu der Entwicklung von **Städtebändern** gigantischen Ausmaßes - einschließlich der weltgrößten *Megacity* Tôkyô - geführt, deren Zusammenwachsen insbesondere durch den modernen Schnellbahn- und Autobahnbau beeinflusst wurde. Die bedeutende Konzentration städtischer Entwicklung und Ökonomien, vor allem an der japanischen Pazifikseite und um die Inlandsee, wird durch die jüngere Förderung sog. ***Urban Renaissance*-Zonen in zahlreichen Metropolen**, dabei vorrangig in Tôkyô, unterstützt (s. U. HOHN 2009 mit Abb. 3, 2013 und Kasten 11.11 in diesem Band).

• **Neue Herausforderungen** ergeben sich durch Bevölkerungsrückgang und Überalterung („**schrumpfende Städte**"): 2005 betrug die Bevölkerungszahl Japans 127,7 Mio. Einw.; diese wird auf prognostizierte 95 Mio. in 2050 und bis 2100 auf 47 Mio. Einw. zurückgehen (O. Mayer 2011, S. 113). Von Schrumpfung waren in den vergangenen Jahren vor allem periphere Hafenstädte wie Nagasaki und Hakodate, monostrukturierte Industriestädte wie Kitakyûshû, Sasebo, Hitachi und Muroran, Kleinstädte in ehemaligen Kohlerevieren Hokkaidôs, aber auch eine Metropole wie Ôsaka betroffen. Zukünftig wird sich auch die Metropolregion Tôkyô neben der Überalterung mit der Schrumpfung in ihrer stadträumlichen Selektivität auseinandersetzen müssen. Populäre Leitbilder sind in diesem Kontext die „kompakte Stadt" und die „dezentrale Konzentration" (U. Hohn, schriftl. Mitt. 28.8.2005). Besonders stark von der demographischen Alterung gekennzeichnet sind nach O. Mayer (2011) insbesondere japanische *New Towns*, die zwischen den 1960er und Anfang der 1980er Jahre entstanden sind; zur Schrumpfung japanischer Städte vgl. im Einzelnen auch W. Flüchter 2008.

Im Kasten 11.11 sind wesentliche stadtstrukturelle Veränderungen in Japan seit der Meiji-Restauration im Kontext der Entwicklung der modernen Stadtplanung nach U. Hohn zusammengefasst.

11.7 Die chinesische Stadt

Die chinesische Stadt nimmt insofern eine Sonderstellung ein, als sie nach rund einem halben Jahrhundert planwirtschaftlich-sozialistisch geprägter Stadtplanung durch „massive staatliche Eingriffe geprägt wird, jedoch gleichzeitig den Bedingungen eines Entwicklungslandes unterworfen ist" (W. Taubmann 1993, S. 420). Allerdings wurde die

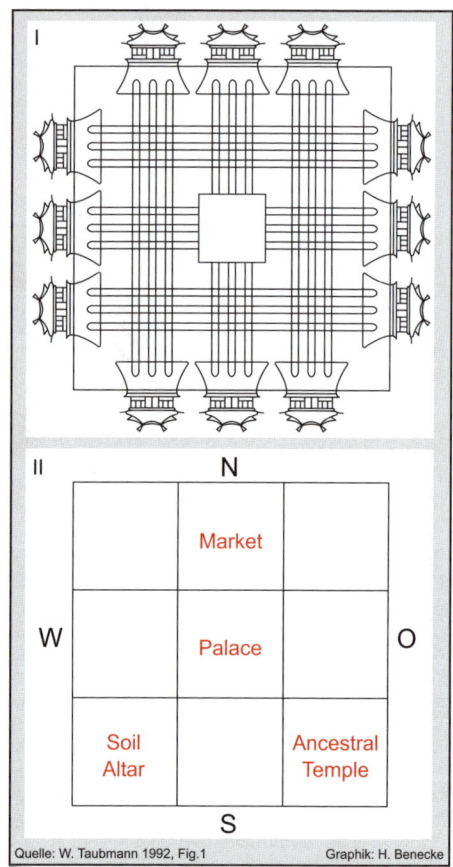

Quelle: W. Taubmann 1992, Fig.1   Graphik: H. Benecke

Abb. 11.29 Modell der Idealstadt der älteren Zhou-Dynastie

Stadtentwicklung in der VR China seit Beginn der Reform- und Öffnungspolitik auch zunehmend durch die Globalisierung beeinflusst, z. B. im stark expandierenden sog. Perlflussdelta (s. 11.7.6).

11.7.1 Traditionelle Merkmale der chinesischen Stadt sind nach W. Taubmann (1993, S. 420) nur noch in Einzelbauten und häufig im Grundriss des Stadtkerns zu erfassen. Die rund 3.500 Jahre alte chinesische Stadt wurde offenbar von Anfang an geplant angelegt. Nach W. Taubmann (1992, S. 108) ergeben sich die ersten und bedeutendsten Hinwei-

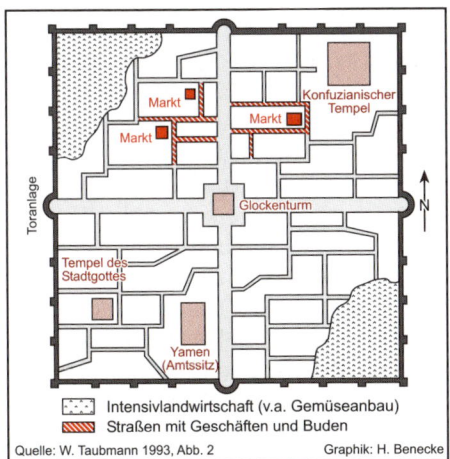

Abb. 11.30 Typischer Grundriss einer kaiserzeitlichen chinesischen Kreisstadt

se auf den Grundriss und die Größe chinesischer Städte aus den ältesten städtischen Bauregeln (*Zhou li*), die vermutlich in der Han-Periode erlassen wurden; sie beschreiben die **Idealstadt der älteren Zhou-Dynastie** (seit 8. Jh. vor Chr.). Wie Abb. 11.29 andeutet, wurde die Idealstadt als ummauertes Quadrat errichtet. Jede Seite hatte drei Tore, die auf die einzelnen quadratischen Quartiere ausgerichtet waren. Von den Toren aus kreuzten jeweils drei Straßen die Stadt, und zwar von Norden nach Süden und von Westen nach Osten. In der Mitte - offen nach Süden hin - lag der Palast des Herrschers, im Südosten der Tempel der Ahnen, und im Südwesten befanden sich die Altäre des Bodens und des Getreides. Auf der Rückseite des Palastes im Norden erstreckte sich der Markt (nach ebd.).

Die **Gestaltungselemente** der traditionellen chinesischen Stadt „wie Achsialität, Symmetrie oder die Orientierung des Stadtgrundrisses nach den Himmelsrichtungen verweisen auf sehr unterschiedliche Bedeutungsebenen, in denen konfuzianisch geprägte Gesellschaftsideologien, kosmologische und

naturmagische Vorstellungen zusammenfließen". (...) „Die Stadt ist ein Abbild des Kosmos, des kreisförmigen Himmels und der quadratischen Erde. Der Palast des Fürsten oder des Kaisers liegt im Zentrum, denn nach dem hierarchischen Gefüge der konfuzianisch bestimmten Gesellschaft repräsentiert der Kaiser den Himmel, er ist der Himmelssohn (*tianzi*). Um den Palast gruppieren sich wiederum in quadratischer oder rechteckiger Anordnung, von innen nach außen abgestuft, Wohnviertel und schließlich Wohnhöfe - in klarer Abhängigkeit von der sozialen Stellung der Bewohner".

„Im Mikrokosmos wiederholte sich also der Makrokosmos: Im Großen wie im Kleinen wird ein klares hierarchisches Gefüge der Über- und Unterordnung sichtbar. Die Stadt war damit Ort der Kontrolle, die u. a. durch die Zusammenfassung in Nachbarschaftseinheiten erleichtert wurde" (W. TAUBMANN 1993, S. 421). „Beispielsweise war Changan (heute X'ian) in 100 ummauerte Nachbarschaftseinheiten gegliedert (*fang* oder *li*) - ein deutlicher Hinweise auf die Stadt als gesellschaftliche Kontrollinstanz. Herausragende bauliche Bezugs- und Orientierungsmarken der chinesischen Städte waren also Mauern - Stadtmauern, Mauern innerhalb der Stadt um Wohnanlagen, um die innere Stadt oder um den Palast" (W. Taubmann 1999, S. 183).

„Die Stadt als Abbild des geordneten Kosmos spiegelt auch naturmagische Vorstellungen wider. Beispielsweise finden sich in der geomantischen Lehre des *feng-shui* (Wind-Wasser) die Ideen der dualen Kräfte (*yin-yang*). Die Süd-Nord-Achse ist die dominierende Leitlinie der meisten Städte. Der Süden ist der Sitz des *yang* - des männlich-aktiven, hellen Prinzips -, der Norden der Ort des *yin* - des weiblich-passiven, dunklen Prinzips. An der nach Süden verlaufenden Hauptachse sind die wichtigsten Gebäude gruppiert - besonders gut an der rd. 8 km langen N-S-Achse in Beijing zu erkennen. Alle Gebäude sind nach Süden ausgerichtet. Daß der Markt im Norden lag, wird durch die niedrige Stellung des Handels im offiziellen Wertesystem der Kaiserzeit bestimmt. Kaufleute galten als unproduktiv, sie handelten nur mit den Produkten anderer Gruppen. Also mußte auch der Markt an dem Ort des geringsten *yang*-Einflusses liegen" (W. TAUBMANN 1993, S. 422-423).

Diese genannten traditionellen normativen städtebaulichen Vorstellungen wurden vor allem im Kernraum der chinesischen Zivilisation (nordchinesische Ebene und deren westliche Ausläufer) verwirklicht, wo bis heute rechteckige oder quadratische Stadtgrundrisse besonders häufig anzutreffen sind. Südlich des Changjiang ist der Formenreichtum wegen Anpassungen an das Relief oder an das bestehende Gewässernetz größer. Auch wurden häufig nur bestimmte Merkmale der Idealstadt übernommen. Besonders deutlich wurde die traditionelle chinesische Idealstadt in Dadu (Vorläufer des heutigen Beijing) verwirklicht (W. TAUBMANN 1993, S. 423).

Abweichungen von dem Plan der Idealstadt sind insbesondere für die knapp 2000 **chinesischen Kreisstädte** (unterste Verwaltungshierarchie) festzustellen, wie Abb. 11.30 zeigt. Diese waren zwar meist ummauert, allerdings „besaß die Mehrzahl der Kreis-Hauptstädte nur vier Tore. Die reich differenzierten Kennzeichen der großen Städte wie Tempel, Märkte, Prüfungshallen u. ä. fanden sich nur in beschränkter Zahl. Der *Yamen* war der Amtssitz des siegelberechtigten kaiserlichen Beamten, es gab einen Konfuziustempel und einen Tempel des lokalen Stadtgottes. In einigen Straßenzügen und Plätzen fanden sich Geschäfte, Gasthäuser und kleinere periodische Märkte. Auch heute noch läßt beispielsweise der Grundriss

von Huinan/Shanghai traditionelle Elemente einer kaiserlichen Kreisstadt erkennen. Zudem sind zahlreiche Betriebe und Schulen von eigenen Mauern umgeben" (W. TAUBMANN 1993, vgl. dort auch Abb. 3: Chinesische Landstadt Huinan/Shanghai).

11.7.2 Einflüsse ausländischer Mächte seit Mitte des 19. Jh.s im chinesischen Küstenbereich und in den Unterläufen der Flüsse führten durch den halbkolonialen Status dort zum Zerfall der traditionellen Gesellschafts- und auch Stadtstrukturen. „In Städten wie Shanghai, Tianjin, Dalian, Qingdao, Amoy (heute Xiamen), Ningbo, Guangzhou oder auch Hankou (Wuhan) entstanden zunächst räumlich abgegrenzte und von den chinesischen Städten getrennte Siedlungen bzw. Konzessionsgebiete. Später jedoch drangen moderne Industriebetriebe, europäisch geprägte Wohngebäude, Banken, Kaufhäuser oder Hotels auch in die chinesischen Altstädte vor. Sie repräsentieren eine bunte Ansammlung der jeweils gängigen europäischen oder nordamerikanischen Stilepochen" (W. TAUBMANN 1993, S. 423-424). „In den verkehrsmäßig nicht erschlossenen zentralen und westlichen Landesteilen hielten sich dagegen - wie es das Beispiel Chengdu zeigt - ungebrochen die traditionellen Stadtstrukturen" (ebd., S. 423).

11.7.3 Die sozialistische Transformation der chinesischen Stadt von 1949 bis in die 1980er Jahre erfolgte seit Gründung der Volksrepublik China (1949) unter dem
• **„Diktat der städtisch-staatlichen Industrialisierung":** d. h. einseitige Betonung der Schwerindustrie (zunächst) nach dem Vorbild der ehemaligen Sowjetunion mit Konzentration aller staatlichen Mittel auf die sog. produktiven Sektoren mit erheblichen Folgen in Bezug auf jahrzehntelange Vernachlässigung des Wohnungsbaus (monotoner

Plattenbau, sehr geringe Wohnfläche pro städtischer Einwohner, z. B. von lediglich 3,6 m^2 im Jahre 1977), Defizite in den Verkehrs- und Dienstleistungseinrichtungen und hinsichtlich Umweltbelastungen (nach W. TAUBMANN 1993, S. 424, 1999). Hinzu kam die
• „**Nivellierung sozialräumlicher Unterschiede**", u. a. durch den standardisierten Wohnungsbau (W. TAUBMANN 1993, S. 424).
Zu den
• **städtebaulichen Prinzipien der sozialistischen Stadtplanung** zählten die „Symmetrie und schachbrettartige oder radiale Straßenführungen" (...) ebenso „wie die monumentale Heraushebung und Betonung wichtiger Gebäude (Ausstellungshallen im sowjetischen „Zuckerbäckerstil", z. B. in Beijing oder Shanghai, „Große Halle des Volkes" in Beijing u. a.) oder zentraler Platzanlagen" (nach ebd.). Ein weiteres Ziel der Stadtgestaltung war häufig auch
• die **Umformung von Symbolen früherer feudaler Stadtgestaltung**. V. a. bedeutete
• die „**Flächensanierung ganzer Altstadtviertel mit anschließender Neubebauung**" (...) „in vielen Fällen die Zerstörung unwiederholbarer städtebaulich-architektonischer Substanz" (ebd., S. 424-425).
Allerdings sind auch
• viele **traditionelle Elemente des chinesischen Städtebaus** - wenngleich unter anderen ideologischen Voraussetzungen - **in neuem Gewand** entstanden (ebd., S. 425), z. B. die Heraushebung der Stadtmitte (beispielsweise hat der Tiananmen Platz in Beijing die Funktion des früheren Kaiserpalastes übernommen) oder etwa ummauerte Wohn- und Arbeiterquartiere in der Stadt.
• Die **zellulare Grundstruktur der „Stadt in der Stadt"** in Gestalt sog. *Danweis* (städtische Arbeitseinheiten, z. B. Fabrik, Schule, Krankenanstalten, als grundlegende gesellschaftliche Einheiten in den Städten) hebt sich durch deren Ummauerungen hervor.

„Die Danwei als Lebensgemeinschaft hat einen Doppelcharakter: sie stellt das gesamte soziale Netz für ihre Mitglieder, übt zugleich strenge soziale Kontrolle, Bevormundung oder Konformitätsdruck aus" (ebd., S. 425).
Die Dezentralisierung durch Arbeitseinheiten führte „zu einer Fraktionierung der städtischen Gesellschaft in zahlreiche mehr oder minder geschlossene Zellen" (...) „Die Städte wurden nicht nur nach innen fraktioniert, sondern sie mußten auch nach außen abgeschlossen werden" (W. TAUBMANN 1999, S. 184). D. h., es wurde ein Migrationsdruck (Land-Stadt-Wanderung) auf die Städte durch eine Vielzahl von staatlichen Verordnungen (bis zu Beginn der 1980er Jahre) wirksam eingeschränkt. Dies erfolgte durch ein mehr und mehr ausgebautes System der Haushaltsregistrierung (striktes polizeiliches Meldesystem), das „zum institutionellen Schlüsselinstrument (wurde), um ländliche und städtische Räume zu trennen bzw. jede unerwünschte Wanderung zu verhindern"; außerdem wurde der städtische Arbeitsmarkt durch eine vom Staat gelenkte Arbeitsplatzzuweisung reguliert (ebd.).
Charakteristisch für die Stadtentwicklung (schon seit Ende der 1950er Jahre) ist - mitbedingt durch den Flächenmangel in den Innenstädten - die
• Errichtung sog. **Arbeiterdörfer am engeren Stadtrand** (häufig in Verbindung mit neuen Industrieanlagen). Daran haben sich seit Ende der 1970er Jahre
• neue Ringe von **Großwohnanlagen** und **Industriezonen**, vor allem in den Großstädten, angelagert (W. TAUBMANN 1993, S. 425).
Ein Suburbanisierungsprozeß wie in westlichen Industriestaaten findet nach W. TAUBMANN (ebd., S. 420) nicht statt, auch gibt es in den meisten Städten der Volksrepublik China so gut wie keine private Bautätigkeit, allerdings ist

• ein neues „Phänomen einer **'ländlichen Urbanisierung'** zu beobachten, das seine Ursachen in dem wachsenden Wohlstand der stadtnahen ländlichen Gemeinden hat" (ebd.). Zur Entlastung der Kernstädte sind
• **neue Satellitenstädte** (z. B. um Shanghai oder Beijing/Peking) errichtet worden (vgl. Abb. 11.31).

11.7.4 Stadtentwicklung seit Beginn der Reform- und Öffnungspolitik (s. auch 11.7.6).

„War die urbane Entwicklung bis zur Einführung der Wirtschaftsreformen Ende der 70er Jahre durch interne Zellularisierung und Isolierung nach außen zu charakterisieren, so hat die wirtschaftliche Liberalisierung auch zu einer partiellen Öffnung der Städte geführt" (W. TAUBMANN 1999, S. 185). Zentrale Elemente der wirtschaftlichen Reformpolitik der VR China, die sich generell in ländliche und städtische Reformen sowie die sog. Öffnung nach außen untergliedern lassen, waren nach W. TAUBMANN (1993, S. 426, 2003, S. 5) u. a. die
• Öffnung von fünf **Sonderwirtschaftszonen** (Shenzhen, Zhuhai und Shantou in Guangdong, s. auch 11.7.6, Xiamen in Fujian und einige Jahre später die Insel Hainan), errichtet zwischen 1980 und 1988 mit dem Ziel, ausländische Direktinvestitionen für die Exportindustrie anzuziehen;
• die Ausweisung von 14 **Küstenstädten** (April 1984), die eine entsprechend flexible Wirtschaftspolitik ermöglichen sollte.
    Siedlungsstrukturelle Auswirkungen in diesen und weiteren Wirtschaftszonen (s. W. TAUBMANN 2001, Tab. 4) waren
• die **Errichtung neuer Städte** (Beispiel Shenzhen, s. 11.7.6),
• die Einrichtung neuer **Industriezonen** (*Economic and Technological Development Zones, ETDZ*) innerhalb der offenen Küstenstädte oder etwa
• die Übernahme westlicher bzw. **internatio-**

naler Stilelemente als „baulicher Ausdruck eines weltmarktzugewandten Modernisierungskonzepts" (W. TAUBMANN 1993, S. 427).
    Allerdings wurden neben städtebaulich-architektonischen Gestaltungen internationalen Standards auch
• **Einkaufsstraßen** in den Innenstädten wieder im traditionellen chinesischen Baustil renoviert oder gar neu erbaut, insbesondere mit Blick auf westliche Touristen. Beispiele sind die sog. Kulturstraßen in Tianjin und Nanjing oder etwa die Antiquitätenstaße Liulijiang in Beijing (ebd.).
• Durch eine flexiblere Handhabung des Haushaltsregistrierungssystems, insbesondere durch vorläufige Aufenthaltsgenehmigungen, entstand in den Städten neben dem dauerhaft registrierten offiziellen Einwohnern auch eine große Zahl an „**temporären Einwohnern**" (*floating population*). Z. B. wurden 1997 in Beijing neben den rd. 12,6 Mio. offiziell gemeldeten Dauereinwohnern rd. 2,6 Mio. „nicht-einheimische Personen" gezählt; davon waren 1,81 Mio. in der Hauptstadt beschäftigt (W. TAUBMANN 1999, S. 186).
• Die aus ländlichen Räumen stammende Wanderbevölkerung ist meist in Arbeitsteilmärkten tätig (z. B. als Bauarbeiter, Kleinhändler, Reparaturhandwerker), die von der Stadtbevölkerung weniger angenommen werden. Die Mehrheit der **Arbeitsmigranten** nimmt innerhalb der städtischen Gesellschaft eine marginale Position ein (fehlende soziale Absicherung oder Arbeitsschutz). Charakteristisch ist deren Ansiedlung in spontan und informell entstandenen Migranten-Enklaven („Dörfern") an den Rändern zahlreicher Großstädte; diese können mehrere Hundert bis zu 90.000 Einwohner umfassen (ebd., S. 187).
• Die wirtschaftlichen Reformen haben insgesamt nicht nur eine **stärkere Integration zwischen Stadt und Land** bewirkt, sondern auch zu (weiteren) erheblichen **innerstädti-**

schen Veränderungen geführt: u. a. wachsende Segmentierung des Arbeitsmarktes, Bedeutungsrückgang der staatlichen Arbeitseinheiten (Danwei-System) oder etwa auch Entwicklung eines freien Teilwohnungsmarktes (neben dem staatlichen Wohnungsbau). „Städtische Entwicklungsgesellschaften oder Bauunternehmen nehmen bei der Errichtung neuer Wohnanlagen kaum noch Rücksicht auf das traditionelle räumliche Zellenprinzip. Gebaut wird ohne jede Anbindung an Danweis, wo sich freier Raum befindet, häufig ohne die Vereinbarkeit mit anderen Flächennutzungen zu beachten". (...) „Generell gewinnen „westliche" Merkmale der Urbanisierung auch in chinesischen Städten Einfluß. Dazu zählen etwa der Wandel von der Groß- zur Kernfamilie, die Differenzierung der Lebensstile, das Entstehen neuer gesellschaftlicher Gruppierungen in Gefolge zunehmender privater Wirtschaftsaktivitäten oder eine wachsende Polarisierung zwischen privater und öffentlicher Sphäre" (ebd., S. 188, 189).

„Folge der aktuellen Entwicklung sind einmal eine wachsende innere Differenzierung bzw. Heterogenisierung der küstennahen Städte selbst und zum anderen zunehmende Entwicklungsunterschiede zwischen den Städten des Landes" (W. Taubmann 1993, S. 427); zu den regionalen Konsequenzen der Öffnungpolitik vgl. A. Bünger u. a. 2014.

11.7.5 Modell einer chinesischen Großstadt. Die Stadtstrukturen, die erheblich durch die unter 11.7.4 erläuterte Reform- und Öffnungspolitik mitgeprägt wurden, lassen sich anhand der Abb. 11.31 wie folgt charakterisieren:

• Um den **alten Stadtkern** ordnen sich **Wohn- und Gewerbemischgebiete** an, die „durch das administrativ-politische System der sog. Straßenbüros bzw. der Einwohnerkomitees in Subeinheiten gegliedert (werden), die

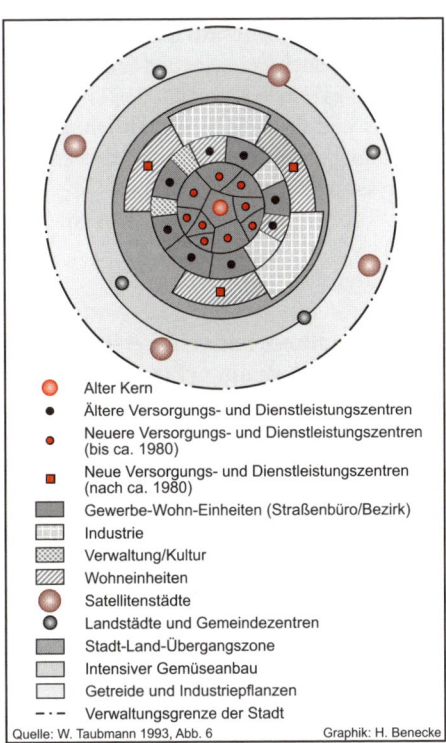

Alter Kern
Ältere Versorgungs- und Dienstleistungszentren
Neuere Versorgungs- und Dienstleistungszentren (bis ca. 1980)
Neue Versorgungs- und Dienstleistungszentren (nach ca. 1980)
Gewerbe-Wohn-Einheiten (Straßenbüro/Bezirk)
Industrie
Verwaltung/Kultur
Wohneinheiten
Satellitenstädte
Landstädte und Gemeindezentren
Stadt-Land-Übergangszone
Intensiver Gemüseanbau
Getreide und Industriepflanzen
Verwaltungsgrenze der Stadt
Quelle: W. Taubmann 1993, Abb. 6   Graphik: H. Benecke

Abb. 11.31 Modell einer chinesischen Stadt: Form und Flächennutzung

häufig ein eigenes Versorgungs- und Dienstleistungszentrum aufweisen" (W. Taubmann 1993, S. 428). Daran schließen sich
• **Außenzonen mit großflächigen monofunktionalen Einheiten** (z. B. Industriegebiete, Großwohnanlagen, Universitäten) mit neueren Verwaltungs- und Dienstleistungszentren an; am schnellsten wachsen in den Randbereichen die Industriequartiere (ebd.). „Da seit Beginn der sog. Öffnungs- und Reformpolitik in den stadtrandnahen Gemeinden ein Boom der ländlichen Industrie einsetzte, bildete sich häufig ein ungeplanter, sehr heterogener und von Nutzungsmischungen (Industrie, Gewerbe, Lager, Landwirtschaft, Transporteinrichtungen) bestimmter Stadt-Land-Übergangsraum heraus" (ebd.). Daran schließt sich ein

• **Ring intensiver Landwirtschaft** (Versorgung der Städte überwiegend mit Gemüse) an. „Die begrenzte Kapazität des Transportsystems und die landwirtschaftliche Intensivnutzung bestimmen damit auch die kompakte Form der Städte" (ebd.).

Am äußeren Rand und jenseits des Gemüsegürtels wurden

• **Satellitenstädte** errichtet.

11.7.6 Hongkong mit dem Perlflussdelta, Shanghai und Beijing (Peking) zeichnen sich durch höchst eindrucksvolle jüngere funktionale und strukturelle Veränderungen aus, die aufgrund ihrer Komplexität im Folgenden nur angedeutet werden können (vgl. die weiterführende Literatur in Kasten 11.21). Zu den Gründen zählen

• die **Öffnungspolitik, marktwirtschaftlichen Reformen und Dezentralisierung** (mit größerer Eigenständigkeit lokaler Staatlichkeit) in der VR China seit den 1980er Jahren (C. WUTTKE 2012, S. 17; s. auch 11.7.4),

• die Übertragung der **Souveränität** der ehem. britischen Kronkolonie **Hongkong** (einschl. Kowloon und der sog. *New Territories*) an die VR China am 1.7.1997 (s. W. BREITUNG/R. SCHNEIDER-SLIWA 1997). Hongkong hat zumindest für 50 Jahre einen Sonderstatus und Rechtssicherheit (mit eigener Regierung, einem eigenen Rechts- und Wirtschaftssystem) erhalten, ist von der VR China durch einen Grenzzaun getrennt und nach wie vor eine der führenden *Global Cities* (s. unten und 12.2.4). Von Bedeutung ist zudem

• die zunehmende **Standortkonkurrenz** zwischen Hongkong und den rasch wachsenden Megastädten Shanghai und Beijing, innerhalb Ost- und Südostasiens, etwa auch mit Singapur (s. W. BREITUNG 2003). Hongkong stand also insbesondere seit 1997 „vor neuen Herausforderungen" (W. BREITUNG/R. SCHNEIDER-SLIWA 1997). Dies betrifft auch die Konkurrenz Hongkongs mit anderen

Standorten innerhalb der Perlflussregion, in der sich - im Zentrum der südchinesischen Provinz Guangdong - bis zur Gegenwart eine **„Highspeed-Urbanisierung"** (P. HERRLE u. a. 2008, S. 39) aufgrund eines rapiden Wirtschaftswachstums und der dadurch verursachten starken Bevölkerungszuwanderungen ereignete. Das Perlflussdelta weist heute, einschließlich Hongkong, knapp 50 Mio. Einw. auf (nach D. BRONGER/L. TRETTIN 2011, Tab. 1.27, rd. 47,3 Mio.). Die mega-urbane Region spielt zudem „als Vorreiterregion eine zentrale Rolle im chinesischen Transformationsprozess" (C. WUTTKE 2012, S. 19). Die nördlich von Hongkong gelegene - als erste im Jahre 1979 in der VR China eingerichtete - Sonderwirtschaftszone **Shenzhen** erzielte mit einem extremen Bevölkerungswachstum von 14,72 % pro Jahr (1982-2005) den höchsten jemals ermittelten Wert unter allen Megastädten der Erde (D. BRONGER/L. TRETTIN 2011, S. 159). Während etwa Shenzen (gegenüber Hongkong) u. a. von niedrigeren Löhnen und geringeren Steuersätzen und der raschen Entwicklung des sekundären Sektors profitiert(e) (mit Abzug zahlreicher Arbeitsplätze aus Hongkong) (W. BREITUNG/R. SCHNEIDER-SLIWA 1997, S. 443), ist die 150 km nördlich von Hongkong im Perlflussdelta gelegene **Megastadt Guangzhou** (Kanton) „eines der traditionell bedeutendsten Handelszentren Chinas mit wesentlich besseren Verkehrsanschlüssen ins Hinterland, einem noch niedrigeren Lohnniveau, räumlich besseren Expansionsmöglichkeiten sowie einer bedeutenden Messe" (ebd.). Der zwischen Shenzhen und Guangzhou entstandene „Industriekorridor ist heute wohl das bedeutendste Industriegebiet der Welt" (W. BREITUNG 2003, S. 41).

„Der Hauptnachteil **Hongkong**s sind die die hohen Kosten. Vor allem die Bodenpreise und Mieten, aber auch die Lohnkosten liegen erheblich über denen in der Volksrepublik" (W. Breitung 2003, S. 41). Hinzu kommt, dass aufgrund der aufgekommenen Konkurrenz durch Shenzhen, Shanghai und Peking der Sonderverwaltungszone Hongkong das Monopol im Chinahandel abhanden gekommen ist (ebd., S. 39). „Neben dem Wirtschafts- und Rechtssystem ist Hongkongs Hauptvorteil die internationale Einbindung. Es ist eine der bedeutendsten Drehscheiben Asiens für Telekommunikation, Luftverkehr, Medien und Finanzen. Hongkong hat eine freie Presse sowie eine große Auswahl von Flugverbindungen in alle Welt. Der Flughafen hat den weltweit größten Luftfrachtumschlag. Er ist 34 km von der Stadt entfernt, aber durch eine gute Schnellbahnanbindung in ca. 25 Minuten vom Zentrum aus erreichbar. Die Flughafenbahn endet direkt im *International Finance Center (IFC)*." (...) „Dort ist das Herz der Finanzmetropole mit der zweitwichtigsten Börse Asiens und den meisten Banken. 133 Banken haben eine Niederlassung in Hongkong, darunter 76 der 100 größten der Welt. Hongkong ist auch für Firmen der Volksrepublik noch der bevorzugte Ort, um Geld anzulegen oder aufzunehmen" (ebd. S. 41; vgl. auch die Abb. 12.1 in diesem Band, in der u. a. auch das neue *International Commerce Centre* in Hongkong zu sehen ist). Aufgrund der *Global Network Connectivity*-Untersuchungen von P. J. Taylor u. a. (2011) nimmt Hongkong heute den jeweils dritten Rang unter den *Global Cities* bzw. als internationale Finanzmetropole ein, und zwar hinter London und New York (s. 12.2.4 mit Tab. 12.1).

J. Fan/W. Taubmann (2004), aber auch W. Breitung (2003, 2008) geben wichtige Hinweise in Bezug auf die Stellung der chinesischen Megastädte Beijing und Shanghai im Rahmen des Globalisierungsprozesses. **Beijing** hat aufgrund der sozialistischen Überformung seit 1949 (s. 11.7.3), aber insbesondere seit der Öffnungspolitik der

VR China (11.7.4) sowie etwa auch durch Bewerbungen um die Asienspiele 1990 und Olympischen Spiele 2008 als „Strategie der Profilierung durch internationale Großveranstaltungen" ganz erhebliche Strukturwandlungen und dabei vor allem eine große Stadtexpansion mit dramatischen Bau- und Nutzungsentwicklungen im Bereich des Wohnungsbaus, der Industrie, der Hochtechnologie sowie des tertiären Sektors erfahren. Erst seit 1992 durfte ausländisches Kapital in einzelne Unternehmen investiert werden, und erst 1995 wurde es internationalen Handelsunternehmen erlaubt, Kettenbetriebe in China zu errichten. Seit dieser Zeit wuchsen besonders ausländische Unternehmen und auch solche aus Hongkong sehr rasch. Fan und Taubmann (2004) erwähnen das Beispiel McDonald's mit einer ersten Filiale im Jahre 1992, die erstaunliche Umsätze erzielte. Ab 1995 stieg die Anzahl der McDonald's-Filialen in Beijing in kurzer Zeit auf 80 an (ebd., S. 51).

Fan und Taubmann charakterisieren die Hauptstadt Beijing als „das politische und kulturelle Zentrum des Landes mit internationalen Funktionen, dem intensivsten Ausbildungs- und Erziehungssystem, insbesondere im Bereich der Technologie"; Beijing verfügt über „das höchste Potenzial für den Ausbau der Hightech-Industrie" (ebd., S. 49). Auch W. Breitung (2008) sieht den Standortvorteil Beijings „in den dort ansässigen politischen Funktionen und dem herausragenden Niveau seiner Hochschulen begründet." (...) „Pekings wirtschaftliche Rolle wird hingegen unterschätzt - insbesondere hinsichtlich der globalstadtrelevanten Leitungs- und Steuerungsfunktionen. In Peking haben mehr Weltfirmen (Fortune Global 500) ihre Regionalzentralen und Vertretungen als in dem meist als kommende Weltstadt Chinas gehandelten Shanghai. Gleichzeitig ist Pekings internationaler Flughafen mit über 60

Mio. Passagieren (2007) unter den zehn meist frequentierten Flughäfen der Welt." (…) „Seit 2005 hat er sogar das internationale Drehkreuz Hongkong überholt" (W. Breitung 2008, S. 52). „Wie auch am Yangtse-Delta um Shanghai wachsen Peking und umliegende Städte zu einer Megastadtregion zusammen. Die funktionale Verflechtung als Globalstadtregion mehrerer sich komplementär ergänzender Städte wird auch als Strategie gesehen, um in der Konkurrenz um die Regionen bestehen zu können. Wie für Shanghai erfordert das auch für Peking eine Zusammenarbeit über Provinzgrenzen hinweg, in dem Fall mit der regierungsunmittelbaren Hafenstadt Tianjin und der Provinz Hebei" (ebd., S. 54-55). (…) „Insbesondere von dem neuen Flughafen (…) wird ein starker Impuls zum weiteren Zusammenwachsen Tianjins mit Peking ausgehen" (ebd., S. 55).

Im Stadtinneren Pekings zeigen sich unterschiedliche bauliche und funktionale Entwicklungstendenzen. Einerseits ist es - dank einer Bauhöhenbegrenzung (seit 1985) - gelungen, den Charakter der Altstadt mit seinen engen Gassen und tradionellen Hofhäusern zu erhalten. Andererseits strebte die Stadtregierung eine Modernisierung an, „um mit Shanghai und Hongkong mithalten zu können" (W. Breitung 2003, S. 43). Zur Modernisierung zählte die Planung (Masterplan von 1992) eines neuen *Central Business District* (CBD) östlich der Altstadt und einer 1996 begründeten Finanzstraße westlich der Innenstadt (W. Breitung 2008, S. 54, 2003, S. 43).

Shanghai, dessen Einwohnerzahl in der Metropolitanregion (mit knapp 17,8 Mio. Einw. im Jahr 2005) noch deutlich größer ist als diejenige von Beijing (mit knapp 13,6 Mio. Einw. im Jahr 2005, nach D. Bronger/L. Trettin 2011, Tab. 1.27), wurde seit den 1990er Jahren zum Wachstumszentrum der VR China und entwickelte sich zur „moder-

nen Weltstadt". In Pudong, östlich des Flusses Huang Pu, entstand mit Hilfe massiver staatlicher und privater Investitionen ein sehr großer neuer Stadtteil mit modernster Infrastruktur (u. a. mit einer Transrapid-Anbindung an den neuen Flughafen), einem neuen Finanz- und Handelsviertel, Fernsehturm und dem höchsten Hochhaus Chinas. Von Bedeutung für Shanghai sind auch der neue Hafen mit einem rasch wachsenden Containerumschlag, mehrere Technologieparks („einer der Hauptstandorte der boomenden Hightech-Industrie Chinas") und nicht zuletzt auch die erste Aktienbörse-Ansiedlung der Volksrepublik (W. Breitung 2003, S. 42).

11.8 Die Städte Südostasiens
Frauke Kraas

Südostasien kann angesichts sehr unterschiedlicher historischer Entwicklungspfade sowie großer sozioökonomischer und politischer Heterogenität nicht als einheitlicher Kulturraum angesprochen werden, – es ist vielmehr eine eng verflochtene Großregion von Vielvölkerstaaten mit dominanten Mehrheitsbevölkerungen und hoher ethnischer Diversität, ein „**Kulturenraum**".

Die mit Ausnahme des Stadtstaats Singapur bis dato ländlich geprägten Staaten Südostasiens erfuhren mit dem Einsetzen kräftigen Wirtschaftswachstums in den 1980er Jahren deutliche **Urbanisierungsschübe**, ausgelöst durch (inter-)nationale Investitionen in Industrie und Infrastrukturen sowie Bevölkerungsverschiebungen: Landflucht bzw. Stadtattraktion, Arbeitsmigration sowie saisonale Migration infolge Unterbeschäftigung in ländlichen Regionen. Der Urbanisierungsgrad in Südostasien stieg dabei von 15,4 % (1950) über 25,5 % (1980) auf 47,6 % (2014) deutlich, in Indonesien sprunghaft von 12,4 % über 22,1 % auf 53,7

%, ebenso auf den Philippinen von 27,1 % über 37,5 % auf 44,4 % und in Malaysia von 20,4 % über 42,0 % auf 74,7 % (UN 2015). Damit einher ging eine Ausdifferenzierung der nationalen **Städtesysteme** in entweder zunehmend primastadtdominierte (Thailand, Laos, Kambodscha) oder multipolare, aber hierarchisch organisierte Städtesysteme (Philippinen, Malaysia, Indonesien, Vietnam, Myanmar).

11.8.1 Traditionelle, vorkoloniale Charakteristika der Städte Südostasiens. Traditionell war Südostasien geprägt von wenigen

präkolonialen Tempel-, Palast- und Stadtanlagen als Zeugnissen steingewordener kosmogonischer Prinzipien in den hinduistisch-buddhistischen, von sakrosankten Königen beherrschten Hochkulturen. Städte waren in erster Linie **religiöse Zentren und Herrschaftssitze**, kaum jedoch Handels- und Wirtschaftszentren. Im kontinentalen Südostasien lagen sie im Binnenland - so etwa die Kultursysteme von Angkor (s. Kasten 11.12 mit Abb. 11.32) und Bagan. Hinzu traten chinesisch beeinflusste Hauptstädte und Herrschersitze - z. B. Hué/Vietnam und Müang Sing/Laos - sowie wichtige Hafen-

---

Kasten 11.12 Angkor/Kambodscha: Tempelanlage, Kultursystem, kosmisches Prinzip

Die im 12./13. Jahrhundert im klassischen Khmerstil erbaute **Tempelanlage von Angkor** war zugleich steingewordenes Prinzip der kosmischen Ordnung und Zentrum eines einzigartigen Kultursystems. Während die binnenwärtige Lage strategisch vor dem Zugriff von Seemächten schützte, bot der 20-30 m über dem Meeresspiegel liegende Standort im Berührungsraum dreier Landschaftstypen (Berge, Schwemmlandebene, Binnensee) eine ideale Ausgangslage für einen ökonomisch prosperierenden Stadtstaat. Architektonisches Charakteristikum ist die mehrgeschossige Pyramide mit fünf in sog. Quinkunxstellung angeordneten Türmen; dieser künstlich errichtete Tempelberg symbolisierte nach indi-

Abb. 11.32 Tempelanlage Angkor Wat
Foto: F. Kraas 2007

schem Vorbild den Berg Meru. Typisch waren weiterhin Stadtmauern und Deiche, Wasserbecken, verzweigte Kanalsysteme mit separaten Trink- und Abwasserkanälen, Naga-(= Wasserschlangen-)Balustraden und aufwändige Steinmetzarbeiten in den Arkadengängen.

Angkor Wat als größte Tempelanlage war zugleich eine Satellitenstadt innerhalb der weitaus größeren Hauptstadt Yasodharapura. Hier dürften bis zu 20.000 Menschen gelebt haben, im Gebiet von Angkor Thom vermutlich bis zu einer Mio. Einw. (J. WAGER 1995, S. 140) auf 40-50 km² (D. EVANS 2016). Zugrunde lag ein kosmisches Prinzip: Die Bauwerke der Tempelstadt waren steingewordene Manifestationen greifbarer und begreifbarer Kosmologie: Die Welt war auf den Göttersitz, den heiligen Berg Meru (den zentralen Tempelberg), ausgerichtet. Die bewohnte Erde war durch zwei Achsen in die vier Himmelsrichtungen geteilt und von einem in Sphären geteilten Urmeer begrenzt (SUMET 1988, S. 10ff.). Die Stadtanlage wurde so zum Ausdruck der Hierarchien geistiger und weltlicher Herrschaft, denn auch die Gesellschaft war räumlich verstandortet: Hof, Beamte, Architekten, Künstler und Handwerker siedelten abgestuft im Stadtkern; randlich befanden sich die Wohnbereiche der Bauern und Arbeiter. Zudem etablierten die Khmer unmittelbar angrenzend ein Kultursystem für intensiven Bewässerungsfeldbau. Ein System von Gräben und Rinnen, kontrolliert durch Schleusen, kombinierte den Nass- und den (bewässerten) Trockenreisbau (E. EVANS 2016). Wasserbautechnische und zivilisatorische Innovationen erzeugten einen Produktionsüberschuss, der epochale bauliche und künstlerische Leistungen ermöglichte sowie den Unterhalt einer schlagkräftigen Armee, die ein großes Territorium kontrollierte.

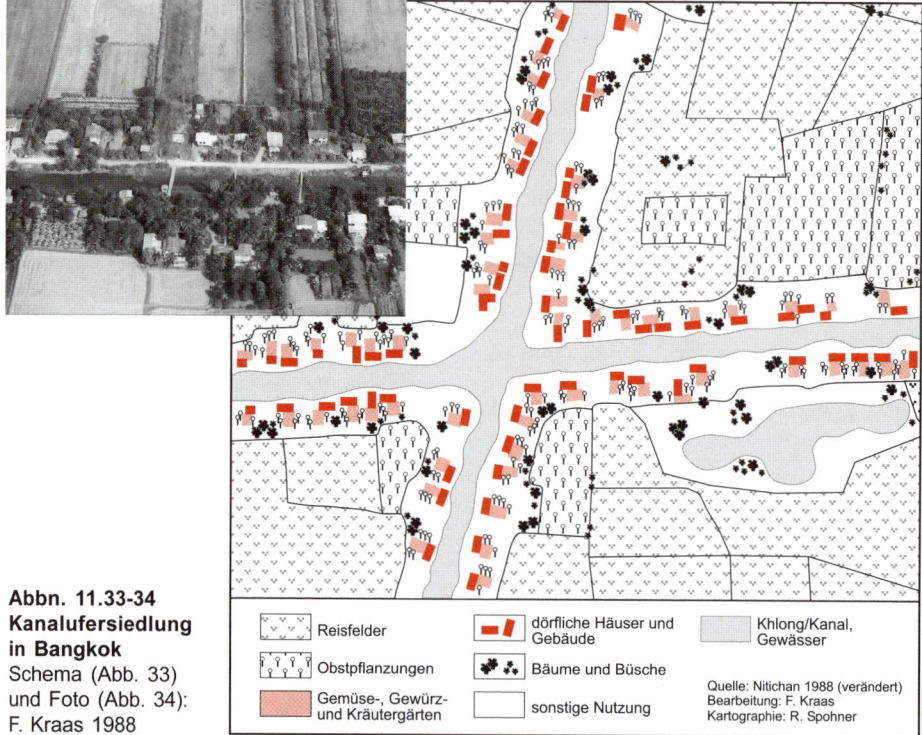

Abbn. 11.33-34
Kanalufersiedlung
in Bangkok
Schema (Abb. 33)
und Foto (Abb. 34):
F. Kraas 1988

˅ ˅ ˅ Reisfelder	▬▬	dörfliche Häuser und Gebäude	Khlong/Kanal, Gewässer
♀♀♀ Obstpflanzungen	🌿🌿	Bäume und Büsche	
Gemüse-, Gewürz- und Kräutergärten		sonstige Nutzung	

Quelle: Nitichan 1988 (verändert)
Bearbeitung: F. Kraas
Kartographie: R. Spohner

Bei der Gründung Bangkoks 1782 im Mündungsbereich des Maenam Chao Phraya war die aquatische Lage strategisch ideal: Im Westen durch den Fluss und im Osten durch den Bau eines großen Kanals geschützt, entstand auf der künstlich geschaffenen Insel Krung Rattanakosin das politische und kulturelle Zentrum Siams inmitten eines weitverzweigten Systems von Kanälen (Khlongs) als Hauptarterien des Verkehrs- und Kommunikationsnetzes. Der überwiegende Teil des täglichen Lebens spielte sich auf dem oder direkt am Wasser ab, die Khlongs bedeuteten Wege und Orte gesellschaftlichen und wirtschaftlichen Lebens schlechthin. Zu Zeiten König Ramas III. (1824-1851) bis Ramas V. (1868-1910) wurde fast die gesamte Deltaregion durch massiven Ausbau des Khlongsystems verkehrstechnisch an die Hauptstadt angebunden und wirtschaftlich integriert. Ende des 19. Jh.s begann man - entsprechend europäischen Vorbildern - die großen Kanäle zuzuschütten und von Wasserwegen zu Boulevards (nach dem Vorbild der HAUSSMANNschen Straßenplanung in Paris, s. 9.2.2) und Straßen umzufunktionieren, wodurch der an die natürlich-ökologischen Gegebenheiten angepasste ursprüngliche Charakter der „wasserbürtigen" Stadt zugunsten von landbasierten Prinzipien verschwand (F. KRAAS 2012).

und Handelsstützpunkte des insularen Südostasien. Die meisten Städte waren vom Leben am und mit dem Wasser geprägt: Die **Grundrisse alter Stadtanlagen** wiesen oft ringförmige Wassergräben auf, von denen ein weitverzweigtes Netz von natürlichen und gegrabenen Kanälen in die urban-ländliche Umgebung reichte. Die auf Stelzen stehenden Häuser lagen bandartig am Fluss oder Kanal, welche die Hauptarterien des Transports von Gütern und Personen sowie zentrale Orte der gesellschaftlichen Kommunikation darstellten. Auch ökonomischer Austausch, das soziale Leben, Riten und Feste richteten sich nach dem Wasser (F. KRAAS 2012; s. Abbn. 11.33-34).

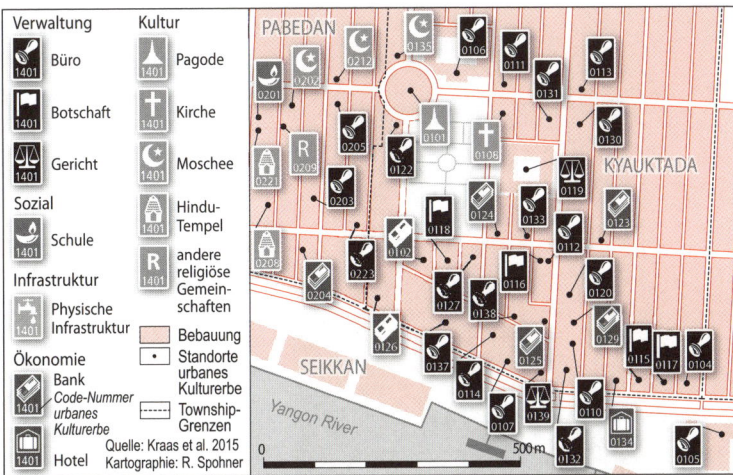

Abb. 11.35 Urbanes Kulturerbe im Stadtzentrum von Yangon/ Myanmar

11.8.2 Kolonialzeitlicher Umbau der Städte und Städtesysteme.

Während der Kolonialzeit - von 1511 n. Chr., der Begründung des portugiesischen Forts von Malakka, bis nach dem 2. Weltkrieg - standen die Städte Südostasiens mit Ausnahme Thailands unter unterschiedlicher Fremdherrschaft (Großbritannien, Frankreich, Niederlande, Portugal, Spanien und die USA), wodurch sehr unterschiedliche Entwicklungspfade eingeschlagen wurden. Auf den Philippinen stand z. B. eine stadtorientierte Regionalentwicklung mit einer Vielzahl von kleinen Städten im Vordergrund, in Kambodscha und Vietnam wurden die Metropolen Hanoi, Saigon und Phnom Penh mit repräsentativen Innenstädten und breiten Boulevards ausgestaltet, in Singapur, Malaysia und Myanmar (s.

Kasten 11.13 Kolonialzeitliches Stadtzentrum von Yangon/Myanmar (s. Abbn. 11.35-37)

Auf Grundlage der präkolonialen Siedlung Dagon errichteten die Briten William Montgomerie und Alexander Fraser ab 1852 eine neue Hauptstadt, Rangoon, die unter Integrierung der bestehenden Pagoden- und Tempelanlagen einen **konsequenten Schachbrettgrundriss** mit parallel zum Fluss Ost-West-verlaufenden Haupt- und kleineren Nord-Süd-Straßen erhielt. Der zügige Ausbau von Hafen, Straßensystem, administrativen Funktionalbauten und mehrgeschossigen Wohnquartieren erfolgte mit Hilfe von vor allem aus Indien eingeführten Arbeitskräften. Nördlich des Stadtzentrums wurden Villenviertel, Cantonments (Militärsiedlungen), Wasserreservoire, Parks und Erholungsgebiete eingerichtet. Ursprünglich für 36.000 Einwohner geplant, wuchs Rangoon innerhalb kurzer Zeit von 46.000 (1856) über 98.000 (1872) auf 342.000 Einwohner (1921). Da gleichzeitig das umliegende Irrawaddy-Delta systematisch für den Anbau von Reis und Hülsenfrüchten erschlossen wurde, verlagerte sich mit Hunderttausenden von Arbeitskräften, die aus Zentralbirma ins Delta wanderten, auch der räumliche Schwerpunkt des burmesischen Städtesystems in die neue Hauptstadt und Deltaregion (F. Kraas 2016).

Die britische Stadtanlage stellt heute den Kern der historischen Altstadt von (dem 1989 umbenannten) Yangon dar, welcher als **urbanes Kulturerbe** seit der marktwirtschaftlichen Öffnung Myanmars (1988) unter erheblichem **Transformations- sowie Globalisierungsdruck** steht. Erhalt und Schutz der Repräsentations- und Wohngebäude aus der Kolonialzeit sind aufgrund ihrer fremdherrschaftlichen Genese durchaus umstritten, doch in dem Maße, in dem die Städte Asiens unter Globalisierungseinfluss an Individualität verlieren, beginnt die Kolonialgeschichte zur Authentizität und Identität beizutragen (F. Kraas u. a. 2015).

Abbn. 11.36 (oben) **und 11.37** (unten):
Städtebauliche und architektonische Kontraste in der Altstadt von Yangon/ Myanmar Fotos: F. Kraas 2012

Abbn. 11.35-36, Kasten 11.13) wurden hafenbasierte neue Städte gebaut, um die Kolonien über funktional gut ausgestattete Häfen an das „Mutterland" anzubinden.

Die neuen Stadtgründungen bzw. massiven Überprägungen vormaliger Siedlungen wurden mit allen seinerzeit üblichen urbanen Standards ausgestattet: Infrastrukturen (befestigte Straßen, Eisen- und Straßenbahn, Hafenanlagen), Verwaltungen (Repräsentationsbauten mit einer großen Zahl von Ämtern), Gesundheitswesen (Krankenhäuser und -stationen), Sozial- und Bildungseinrichtungen (Schulen, Universitäten, Museen, Waisenhäuser, Altenheime) sowie Freizeiteinrichtungen (Theater, Sportanlagen, Clubs), die je nach Herrschaft allein den Kolonialherren oder auch den Einheimischen offenstanden.

11.8.3 Aufbruch in die Unabhängigkeit: Eigene Entwicklungspfade. Nach der Unabhängigkeit schlugen die einzelnen südostasiatischen Staaten je nach politischer (kommunistischer, sozialistischer, „neutraler" oder demokratischer) und (markt- oder zentralverwaltungs-)wirtschaftlicher Orientierung sehr unterschiedliche eigene Entwicklungspfade in Bezug auf urbane Schwerpunktsetzungen ein: Stadt- und industriefokussierter nationaler Aufbruch mit systematischer Entwicklungsprogrammatik kennzeichnet den Entwicklungsweg Singapurs (Kasten 11.14). Konsequente Urbanisierung industrieorientierter Entwicklungskorridore mit frühen Suburbanisierungstendenzen sowie dem Aufbau dezentraler Städtesysteme charakterisieren die Entwicklungen in Malaysia (z. B. Petaling Jaya) und Indonesien (etwa Tangerang) (D. KÜHNE 1986). In den Jahren kommunistischer Untergrundarbeit und Bürgerkriegsunruhen stellten die Städte vergleichsweise sichere Zufluchtsorte dar, was sprunghaft steigende urbane Bevölkerungszahlen zu einer typischen Begleiterscheinung staatlicher Unabhängigkeit machte (z. B. in Indonesien, Malaysia und Myanmar). Dezidiert antiurbane Politik, im Kontext teils von Kriegs- und Bürgerkriegshandlungen, teils von ideologischen Orientierungen, führte zu zunächst sinkenden Bevölkerungszahlen in Städten (so etwa in Vietnam und Kambodscha). Eigene städtebauliche Akzente einer postkolonialen oder national inspirierten Moderne setzten Architekten wie z. B. Vann Molyvan in Kambodscha oder Sumet Jumsai in Thailand.

11.8.4 Rapide Urbanisierungsprozesse im Wirtschaftsboom. Mit Beginn eines ab Mitte der 1980er Jahre zeitversetzt in den Staaten Südostasiens beschleunigten, zuletzt boomenden Wirtschaftswachstums wurden die Städte massiv überformt: Innerhalb kürzester Zeit entstanden z. b. in Bangkok, Jakarta und Manila neue innerstädtische Zentren mit international austauschbarer Architektur, Tausenden von Büro- und Wohnhochhäusern, Einkaufszentren und Freizeitparks, Autobahn- und ÖPNV-Netzen – bei gleichzeitig massiver Verdrängung der angestammten Wohnbevölkerung. Angesichts schwacher administrativer Ordnungsstrukturen sowie geringer Kontrollkompetenz,

fehlender integrierender Raum- und Flächennutzungsplanung und -kontrolle sowie geregelten Baustandards (wie etwa Geschosshöhen, Infrastrukturausstattung oder Sicherheitsmaßnahmen) entstanden vor allem im sog. *urban fringe* und dem Stadtumland weitgehend unkontrollierte, heterogene Flächennutzungsmosaike mit direktem Nebeneinander verschiedenster Nutzungsarten. Die Konsequenzen des Wirtschaftsbooms waren ein enormer innerstädtischer Strukturwandel und eine weitflächige räumliche Expansion, denen die vorhandene Verkehrs-, Versorgungs- und Entsorgungsinfrastruktur trotz einer Vielzahl neuer großer Infrastrukturprojekte nicht gewachsen ist. Schwerwiegende Überlastungserscheinungen (Verkehrsstaus, Luft-, Wasser- und Bodenverschmutzung), Ver- und Entsorgungsprobleme, Defizite in der Notfall- und Katastrophenvorsorge, Verdrängungsprozesse

---

Kasten 11.14: Programmatische Urbanisierung im Stadtstaat Singapur

Als Singapur im August 1965 aufgrund politischer Provokation und ethnischer Sonderstellung über den staatsrechtlichen Akt des Ausschlusses aus der Malaysischen Föderation zur unabhängigen Republik wurde, fehlte es ihm an allem, was einen Staat ausmacht: Es war eine kleine, überbevölkerte, malariaträchtige Insel mit einem Territorium von der Größe des ehemaligen West-Berlin, ohne natürliche Rohstoffe, ohne einheitliches Staatsvolk, mit geringem Lebens- und Bildungsstandard, hoher Arbeitslosigkeit, belastet von gespannten Beziehungen zu den islamisch geprägten Nachbarstaaten. Vorteile waren eine günstige Lage, arbeitswillige und Entbehrungen gewöhnte Bevölkerung, eine gute Infrastruktur mit funktionsfähigem Hafen, Führungskraft, internationale Beziehungen und ein unter britischer Kolonialherrschaft exzellent ausgebildeter öffentlicher Dienst. Eine beispiellose Umstrukturierung vom kolonialen Stützpunkt zum prosperierenden Industriestaat wurde eingeleitet (H. HEINEBERG 1986). Motor und Gestalter der industriellen Entwicklung sind die aggressive unternehmerische Betätigung des Staates im hochtechnologischen Fertigungsbereich, in Import- und Exportgeschäften und im Rohstoffhandel sowie die gezielte Steuerung ausländischer Investitionnen, bei der mittels einer staatlich forcierten Hochlohnpolitik nur noch Unternehmen mit höherer Technologie und Wertschöpfung zugelassen werden, vor allem im Elektronik-, Chemie-, Pharma- und Biotechnologiesektor sowie der Mineralölproduktion. Investitionen im Bereich der Forschungs- und Entwicklungsaktivitäten drängen arbeitsintensive Fertigung in die Nachbarländer ab. Zudem erfolgt ein gezielter Ausbau Singapurs zum Finanz- und Dienstleistungszentrum für internationale Banken und Großunternehmen. Hinter diesen Entwicklungen stehen ein nahezu perfekt durchorganisierter Staat, eine optimierte Ressourcen- und Raumkontrolle sowie eine weitgehende Reglementierung selbst des privaten Lebens seiner Bewohner. Unter straffer politischer Führung wird der wirtschaftliche Strukturwandel ebenso wenig freien Markt- und Gestaltungskräften überlassen wie die soziale Entwicklung. Auch die Arbeits- und Bildungsmigration von Gering- und Hochqualifizierten wird staatlich streng reglementiert und gesteuert (B. S. A. YEOH/T. LAM 2016, T. BORK-HÜFFER 2016).

am Boden-, Wohnungs- und Kapitalmarkt sowie steigende Anteile von Bevölkerung in Marginalsiedlungen waren die Folge.

Im Zuge des Wirtschaftsbooms wurden in **Bangkok** (wie auch in fast allen anderen Metropolen Südostasiens) zahllose neue Gebäude errichtet, darunter viele Hochhäuser, so dass ein massiv die Nachfrage übersteigendes Überangebot entstand (Abb. 11.38):

• Gab es in Bangkok Mitte der 1970er Jahre weniger als 25 Gebäude mit mehr als sechs Stockwerken, 1985 dann 120 Hochhäuser, so zählte die Feuerwehr 1995 über 1.000 Hochhäuser mit mehr als 10 Stockwerken (A. W. HOPKINS/J. HOSKIN 1995, S. 13f.).

• Zwischen 1987 und 1997 wurden etwa 1,25 Mio. neue Wohneinheiten im Großraum Bangkok errichtet. Mit einer Wachstumsrate von 34 % stieg die Zahl der jährlich entstandenen Wohneinheiten von 30.000 (Mitte der 1980er Jahre) über 130.000 (1991) auf 172.000 neue Wohneinheiten (1995). 1999 standen allerdings mehr als 350.000 Wohneinheiten leer, d. h. die Leerstandsrate lag bei 28 % für nach 1988 errichtete Gebäude.

• Das Angebot an Büroflächen in Bangkok vervierfachte sich, und die Leerstandsrate für Büroflächen stieg von 20 % (1997) auf 40 % (1999) (F. KRAAS 2000).

Im Jahr 1997 überstieg der Gesamtwert der nach 1988 errichteten Immobilien das Bruttoregionalprodukt Bangkoks und umfasste etwa 45 % des gesamten Bruttoinlandsprodukts von Thailand. Konkurse von Immobilienunternehmen und Finanzierungsinstituten in Thailand leiteten im Frühjahr 1997 bekanntlich die sog. **Asienkrise** ein. Massive Liquiditätsprobleme durch festgelegtes Kapital und Wertverfall waren die Folgen.

11.8.5 Governance und Steuerungsprozesse. Angesichts großer Unterschiede in der urbanen Dynamik lassen sich keine gemeinsamen Entwicklungslinien für Südostasien identifizieren. Dabei können näherungsweise **vier Entwicklungstypen** unterschieden werden (F. KRAAS 2004):

(1) **Städte mit stark reglementierter Stadtplanung**: Konsequente Flächennutzungs- bzw. Territorialplanung, enge Nutzungsauflagen, kohärente Planungstiefe, zielge-

Die in Bezug auf die Gebäudealter und -höhe sowie die Architektur heterogene Stadtlandschaft zeigt traditionelle Tempelanlagen inmitten von Bebauung aus den 1960/70er Jahren (Bildvordergrund), moderne Nachverdichtungen sowie Hochhäuser aus den 1990er Jahren (Hintergrund).

Abb. 11.38
Bangkok/Thailand,
südwestliche
Altstadt
Foto: F. Kraas 2010

richtete Umsetzung klarer Planungs- und Realisierungsschritte sowie mittel- und langfristige Planungshorizonte sind charakteristisch. Visionen großflächiger Cityerweiterungen, aufwändig angelegte Sanierungsvorhaben, moderne *flagship developments* und futuristische Planungskonzepte werden umgesetzt. Die zentrale Steuerung aller Projekte liegt in der Hand des Staates oder starker Stadtverwaltungen - so vor allem in Singapur, Kuala Lumpur und Putrajaya/Malaysia sowie Nay Pyi Taw/Myanmar.

(2) **Teilgeplante Stadtentwicklung unter dominanter administrativer Steuerung**: Eine intensive Verflechtung zwischen Verwaltung und Wirtschaft steuert die Prozesse von Cityerneuerung, Gentrification und Suburbanisierung; *public-private partnerships* und Privatisierung des öffentlichen Raums sind charakteristisch. Daneben existieren heterogene Entwicklungsdynamiken in städtischen Teilräumen – so etwa in Penang, Chiang Mai/Thailand, Cebu/Philippinen, Kuching und Kota Kinabalu/Malaysia.

(3) **Entwicklungen steuerungsarmer Stadtdifferenzierung**: Schwache politisch-administrative Steuerung und Kräfte des freien Marktes führen zu massiver Stadtexpansion, der Entstehung inhomogener Flächennutzungsmosaike bei gleichzeitiger Auflösung bisheriger Struktur- und Ordnungsmuster, rapidem funktionalen Stadtumbau mit der Entstehung disperser Zentralität, sozialer Fragmentierung und innerurbaner sozioökonomischer Disparitäten sowie der Ausdehnung informeller Bebauung und *Gated Communities*. Angesichts erheblichen Überangebots privatwirtschaftlich errichteter Immobilien kommt es zu Leerstand von Gebäuden im hochpreisigen Marktsegment bei gleichzeitiger Unterversorgung mit Wohnraum, Marginalisierung und Exklusion weiter Bevölkerungsteile. Infrastrukturelle Überlastung und ökologische Probleme beeinträchtigen die Lebensqualität. Derartige Prozesse finden sich besonders in den Megastädten Bangkok, Jakarta und Manila, abgeschwächt aber auch in zahlreichen Sekundär- bzw. Regionalstädten, z. B. Yogyakarta und Surabaya/Indonesien, Khon Kaen und Phuket/Thailand.

(4) **Transformationsgetragener Stadtumbau**: Charakteristisch für den Übergang zur Marktwirtschaft sind die Entstehung eines urbanen Boden- und Immobilienmarktes, die Entfaltung modernen Einzelhandels und privatwirtschaftlicher Dienstleistungen, raumdifferenzierende Mietpreisentwicklungen mit Verdrängungsprozessen und Wohnraumverknappung. Globalisierungsprozesse, massive Modernisierung, veraltete Infrastrukturen und geschwächte soziale Auffangnetze führen zu verstärkten sozioökonomischen Disparitäten - so etwa in Hanoi/Vietnam, Phnom Penh/Kambodscha, Vientiane/Laos und Yangon/Myanmar.

11.8.6 Aktuelle Entwicklungsdynamiken: Probleme und Chancen. In den letzten 25 Jahren finden in den Städten Südostasiens eine massive Stadtexpansion und ein tiefgreifender innerurbaner Strukturumbau statt, unter Beteiligung einer zunehmenden, oft unkoordiniert handelnden Vielzahl von Akteuren mit unterschiedlichsten Motiven und Interessen auf lokaler, regionaler, nationaler und globaler Ebene. Vor allem die folgenden Prozesse treten dominant hervor:

• **Flächenexpansion und *Extended Metropolitan Regions* (EMR)**. Mit Einsetzen des Wirtschaftsbooms expandierten vor allem die großen Städte und Megastädte weit über ihre administrativen Grenzen hinaus, zumeist amöbenartig in Form von *ribbon development* entlang von Infrastrukturlinien. Dieser Prozess der Entstehung von „*Extended Metropolitan Regions* (EMR)" (T. G. McGee 1989, 1991) oder „*mega-urban regions*" (T.

G. McGee/I. M. Robinson 1995), in denen städtische und ländliche Elemente und Strukturen eng miteinander verzahnt sind, wird auch mit dem indonesischen Wort „desakota" bezeichnet, das die Einheit von „town and village" ausdrückt. Diese finden sich in allen mega-urbanen Regionen Südostasiens. Mit Ausnahme des hochverdichteten Singapur greifen alle Metropolen Südostasiens gering verdichtet, band- bzw. sektorartig in das Umland aus, wobei dazwischen Agrarlandschaften bestehen bleiben. Angesichts der Tatsache, dass im Umfeld der Städte seit vielen Generationen intensiver Reisbau und marktnaher Gemüsefeldbau betrieben wurden und somit seit Jahrhunderten bereits dichtbesiedelte Stadtumlandregionen bestanden, finden auch heute in Südostasien eher Prozesse einer „region-based" als solche einer „city-based urbanization" statt (T. G. McGee 1995, S. 10).

Die mega-urbanen Regionen weisen in ihrem Umland eine erhebliche Dekonzentration mit urbanen Subsystemen auf. Durch traditionell intensive Stadt-Umland-Verflechtungen in fruchtbarer Agrarlandschaft stellt die Versorgung großer, selbst rapide wachsender Bevölkerungszahlen wenig Schwierigkeiten dar, wodurch sich der parasitäre Charakter der Agglomerationen wie auch die Ausprägungen städtischer Armut von vergleichbaren Phänomenen anderer Entwicklungsländer unterscheiden. Problematisch sind linienhaftes Ausgreifen der Städte und Flächennutzungsmosaike: Oft kaufen private Investoren einzelne langgestreckte (ehem. Reisbau-)Parzellen auf, die als schmale *Housing* oder *Industrial Estates* erschlossen werden (Abb. 11.39), aber kaum an die urbane Infrastrukturversorgung angeschlossen sind.

● **Fragmentierungsprozesse und** *Gated Communities*. Zahlreiche neue Stadtelemente, wie moderne Bürostädte, Hochhaus-

komplexe, Shopping-Center und *Gated Communities* entstehen als inselartige Fragmente in der Nähe traditioneller innerstädtischer Geschäfts- und Bürozentren (z. B. Quezon City und Makati in Manila oder Bangsar in Kuala Lumpur) oder in innenstadtferneren Gebieten und Stadtrandlagen (z. B. Muang Thong Thani in Bangkok oder Lippo Karawaci in Jakarta). Die neuen Bürostädte repräsentieren die Vorposten der Globalisierung in den Metropolen der Entwicklungsländer, doch unterscheiden sich die globalisierten Hochhausensembles von ihren Vorbildern aus den Industrieländern oft durch ihre funktionale Abhängigkeit von der Innenstadt sowie fehlende Urbanität.

Ansatzweise beginnen erste urbane Teilräume in Südostasien zu exterritorialen Enklaven zu werden: Hierzu gehören Shopping-Center - wie das flächengrößte Projekt Seacon Square in Bangkok oder die großen Einkaufszentren entlang der Orchard Road in Singapur - ebenso wie Freizeit- und Themenparks (z. B. Sentosa Island in Singapur, Genting Highlands in den Cameron Highlands von Malaysia) und Komplexe mit *serviced apartments* und *Gated Communities*, in denen sich Angehörige der Ober- und Mittelschichten abgrenzen sowie zuverlässige Versorgungsinfrastrukturen suchen. Dadurch, dass diese Enklaven von zumeist privaten Projektentwicklern und Betreiberfirmen geplant, gebaut, vermarktet und verwaltet werden, entziehen sie sich einer öffentlichen Regulierung und belegen die Bedeutungszunahme privatkapitalistisch gesteuerter Stadtproduktion nach globalen Mustern. Die Entwicklung derartiger „Modernisierungs- und Sanierungsinseln" liegt mit an der Bedeutungszunahme privatwirtschaftlicher Initiativen, die das durch neoliberale Rahmenbedingungen mitverursachte stadtpolitische Vakuum auszufüllen beginnen.

• **Verdrängungsprozesse und informelle Siedlungen**. Im Zuge des transformationsgetragenen und globalisierten Stadtumbaus werden untere Einkommensgruppen aus innerstädtischen Lagen verdrängt. Ihr Anteil an der städtischen Gesamtbevölkerung Südostasiens ist schwer bezifferbar, was vor allem mit unterschiedlichen Definitionen von „Marginalsiedlung" und „Slum" sowie den weitgefächerten Erscheinungsformen einfacher Behausung zusammenhängt, die nicht summarisch als Marginalsiedlungen klassifiziert werden dürfen (Kasten 11.15). Typisch ist, dass die Marginalsiedlungen - von wenigen großflächigen Ausnahmen wie Khlong Toey in Bangkok oder Tondo in Manila abgesehen - als inselhafte Kleinsiedlungen, fragmentartig in die formellen Stadtbereiche eingelagert, existieren und der Anteil der illegalen *squatter*-Siedlungen vergleichsweise gering ist.

Abb. 11.39 Bangkok - *urban fringe*   Foto: F. Kraas 2016

• **Cityerweiterungen und neue Städte**. In vielen Städten entstanden symbolträchtige Prestigeobjekte (z. B. der Fernsehturm oder die Petronas Towers in Kuala Lumpur), großflächige neue Stadtteile und *New Towns* (z. B. in Singapur, Kuala Lumpur, Ho Chi Minh City, Bangkok oder Jakarta) und neue Städte (z. B. Putrajaya/Malaysia oder Nay Pyi Taw, Myanmar). Zudem wurden Großprojekte geplant, wie etwa Flughafenneubauten (Kuala Lumpur, Singapur, Bangkok) oder der Ausbau leistungsfähiger Verkehrsinfrastruktur durch Hochbahn-, U-Bahn- und Eisenbahnausbau (z. B. Singapur, Bangkok, Kuala Lumpur, Jakarta) mit dem Ziel besserer Teilhabe am steigenden Passagier- und Frachtaufkommen im Wirtschaftsraum.

• **Erhalt urbanen Kulturerbes**. Nachdem bis zum Beginn der 1990er Jahre zumeist eine ahistorische und undifferenzierte Modernisierung vieler Innenstädte verfolgt wurde (H. HEINEBERG 1986), erfuhren urbanes Kulturerbe in den historischen Altstädten und die Revitalisierung von Innenstadtbereichen in den letzten Jahren eine Neubewertung. Von der Rückbesinnung auf urbanes Kulturerbe verspricht man sich positive Effekte, wie den baulichen Erhalt authentischer Zeugnisse historischer Epochen mit zugleich identitätsstiftender, nationenbildender Wirkung für die Zivilgesellschaft. Auch die imageträchtige Attraktivitätssteigerung der Innenstadtbereiche für ausländische Investoren und Touristen sowie verbesserte Chancen eines auf Basis historisch-baulicher Alleinstellungsmerkmale gründenden Stadtmarketings spielen im globalen Wettbewerb der Metropolen eine wichtige Rolle (L. M. LEE/Y. M. LIM/ Y. NOR'AINI 2008). Viele Elemente urbanen Kulturerbes, darunter das nicht-materielle *intangible heritage* und gelebte Traditionen, sind jedoch auch durch die weitverbreitete Ignoranz bzw. das Unwissen einer zunehmend globalisierungsorientierten Zivilgesellschaft gegenüber ihren historischen Werten und Wurzeln bedroht. Hierzu zählen urbane Handwerkstraditionen, langjährige soziale Nachbarschaftsverbindungen oder Feste, die zur Stärkung „kollektiven Gedächtnisses" sowie von lokaler Identität, Identifikation und Verantwortung beitragen.

• **Innerurbane Transformationsprozesse.** In den Städten der Transformationsstaaten Kambodscha, Laos, Myanmar und Vietnam sind teilweise ähnliche Prozesse wie nach der „Wende" in Ost- und Ostmitteleuropa zu beobachten: Durch Gründungsboom im privaten Sektor - allem voran Handel, Finanzwesen und touristische Dienstleistungen - initiierte nachholende Tertiärisierung und Citybildung, die Entstehung von Boden- und Immobilienmärkten, marktwirtschaftlicher Umbau innerstädtischer Markt- und Verteilungssysteme, eine boomende ungeregelte

Bautätigkeit privater Träger, soziale Polarisierungs- und Verdrängungsprozesse innerhalb der sich ausdifferenzierenden sozioökonomischen Bevölkerungsgruppen, nachholende Massenmotorisierung, beginnende Suburbanisierungsprozesse besonders der „Transformationsgewinner", Aufstockung oder Neubau mehr- und vielgeschossiger Häuser sowie Ausdifferenzierung, Privatisierung und Internationalisierung städtischer Funktionen. Am dynamischsten sind die Prozesse in den Städten von Vietnam und Myanmar (M. GARSCHAGEN u. a. 2012, F. KRAAS u. a. 2010, D. HUYNH 2015), langsamer in Kambodscha und Laos zu beobachten.

• **Urbane Risikovorsorge.** Mehrere massive natürliche und vom Menschen (mit-)verursachte Katastrophen führten in den letz-

---

Kasten 11.15 Informelle Siedlungen in Bangkok/Thailand: Langfristige Sozialgemeinschaften

Eine unkritische Gleichsetzung von Slums und Squattern ist problematisch. Über zwei Drittel etwa der Marginalsiedlungen Bangkoks, zu denen alle Gemeinschaften von mehr als 15 Haushalten mit hoher Belegungsdichte und provisorischer Bausubstanz auf nicht oder teilerschlossenen Flächen gerechnet werden, befinden sich auf privatem Land, das von den Besitzern über zumeist mittelfristige Absprachen und Verträge parzellenweise verpachtet wird. Illegale Landnahme - zumeist auf öffentlichen Flächen - erfolgt nur bei etwa einem Zehntel der Siedlungen. In den offiziell 1604 Marginalsiedlungen (Bangkok Metropolitan Area) lebten 2001 knapp 284.000 Haushalte mit ca. 1,1 Mio. Menschen (K. S. YAP/ K. DE WANDELER 2010). Die größte zusammen-

Abb. 11.40 Informelle Siedlung in Bangkok
Foto: F. Kraas 2008

hängende Fläche, Khlong Toey, liegt in Hafennähe; ungezählte kleine und kleinste Unterkünfte befinden sich entlang der Khlongs (Kanäle), unter Brücken sowie auf Bauerwartungs- oder Brachland. Die meisten Gebiete verfügen über gemeinschaftlich genutzte eigene Wasser- und zumeist über Stromversorgung. Viele Gemeinschaften bestehen trotz grundsätzlicher Unsicherheit hinsichtlich der Nutzungsdauer über viele Jahre oder gar Jahrzehnte hinweg. Trotz hoher Belegungsdichte, begrenzter Möglichkeiten für die Wahrung der Privatsphäre und unterhalb üblicher Standards liegenden Wohn- und Lebensbedingungen kann nicht schlechthin von Elendsvierteln gesprochen werden. Starke, oft komplizierte soziale Netze, Nachbarschaftsvereinigungen, Kredit- und Siedlungsgenossenschaften tragen zur Versorgung der Bevölkerung bei. Die größten Probleme liegen dennoch in der unsicheren Wohn-, Aufenthalts- und Arbeitssituation (D. ARCHER 2012) sowie dem geringen Anspruch auf öffentliche Dienstleistungen und Verluste durch Überschwemmungen.

Kasten 11.16 Singapur - Cityerweiterung für den Aufstieg zur *Global City*

Abb. 11.41 Blick auf Singapur-*Downtown*   Foto: F. Kraas 2013

Vorbildcharakter für den politischen Willen zum Aufstieg in die Liga der *Global Cities* besitzt die ambitionierte Cityerweiterungsvision von Singapur. Die Planungen verfolgen vier übergeordnete Ziele: (1) Verbesserung der internationalen Wettbewerbsfähigkeit, (2) Revitalisierung des historischen Zentrums zur Touristenattraktion und Festigung nationaler Identität, (3) Steigerung der Attraktivität für internationale Führungskräfte und (4) architektonische Unterstreichung der Weltbedeutung Singapurs: "Towards a Tropical City of Excellence" (G. L. Ooi/Y. C. Kog 1999). Neulandgewinnung an der Mündung des Singapore River erweitert die Fläche der City (Abb. 11.41) für miteinander verschränkte Wohn- und Arbeitsgebiete sowie ein neues Hafenbecken, Marina Bay, für die "Weltstadt am Meer". Der Marina South City Park, Gardens by the Bay, das Singapore Science Center oder das Asian Civilisations Museum sowie eine gute ÖPNV-Anbindung schaffen gehobenes städtisches Ambiente. Die aufgelockerte, vielgliedrige und futuristisch anmutende Hochhausarchitektur unterstreicht das hohe architektonisch-ästhetische Niveau der zukünftigen Weltstadt. Besonderer Wert wird auf die optische Ausgestaltung der meerwärtigen Häuserfront mit Küstenpromenade gelegt. Auf mehreren Ebenen der Hochhauslandschaft locken weitflächig miteinander vernetzte, glasüberdachte Passagen zum Shoppen, Flanieren und Erholen in modernem urbanen Ambiente in angenehmer Kühle der Aircondition im ansonsten von tropischer Schwüle gekennzeichneten Singapur (T. C. Chang/S. Huang 2011).

ten Jahren zu gravierenden Konsequenzen – direkt für die städtische Bevölkerung und Wirtschaft sowie indirekt für die gesamten sozialen und wirtschaftlichen Entwicklungen der Staaten. Zu den Schadensereignissen zählen Erdbeben, Vulkanausbrüche und Tsunami (2004: Aceh, Phuket; 2006: Yogyakarta), Wirbelstürme (2008: Yangon, 2013: Tacloban City) sowie Überschwemmungen (2007 und 2013: Jakarta, 2011: Bang-

kok). Viele Städte verstärken seither die Katastrophenschutzbemühungen auf Verwaltungs-, aber auch Nachbarschaftsebene. Als Erklärung für die schweren Konsequenzen reicht der Verweis allein auf ein ungewöhnlich schweres Naturereignis nicht mehr aus, denn längst ist bekannt, wie stark menschliches Versagen - etwa unzureichender Katastrophenschutz, unterlassene Vorsorgepolitik oder verfehlte Stadtplanung -

Anteil an fatalen Folgen von Naturereignissen hat (Zivilisationsfolgenkatastrophe, vgl. Kasten 11.18).

• **Tourismusgetragene Urbanisierung.** Steigende Touristenzahlen in herausragenden Destinationen Südostasiens förderten die Entstehung hochspezialisierter urbaner Infrastrukturen - etwa den Bau großer Hotel-, Resort- und Apartmentkomplexe (inter-)nationaler Immobilieninvestoren an Küsten und Stränden (z. B. Pattaya oder Phuket/ Thailand, Kuta auf Bali/Indonesien) oder in der Nähe kultureller Sehenswürdigkeiten (z. B. Siem Reap bei Angkor/Kambodscha oder Nyaung-Oo bei Bagan/Myanmar). Freizeit- und Erholungseinrichtungen, darunter

(inter)nationale Restaurants, Cafés und Bars, Sport- und Wellnesszentren oder Etablissements des Sextourismus, tragen zu einer zumindest saisonal attraktiven Urbanität solcher hochspezialisierten Städte bei. Erste „Viertelsbildung" für Touristen verschiedener Nationalitäten mit unterschiedlichen touristischen Ansprüchen und Vorlieben sind zu beobachten, vor allem in küstennahen Tourismusorten. Zu den jüngeren Trends tourismusgetragener Urbanisierung zählen etwa die Spezialisierung auf Medizintouristen (z. B. in Bangkok/Thailand), auf Alterswohnsitze oder Pflegepatienten (u. a. in Pattaya/Thailand; E. COHEN/M. NEAL 2012) sowie auf urbanen Kulturerbe-Tourismus (z.

Kasten 11.17 Erhalt urbanen Kulturerbes in Luang Prabang, Laos

Abb. 11.42 Luang Prabang, Laos Foto: F. Kraas 2010

Luang Prabang (Laos) entwickelte sich als Hauptstadt des Königreichs Lan Chang (1354-1560) zu einem Zentrum des Buddhismus: Zahlreiche Tempel- und Klosteranlagen – mit typischen Gebäudeensembles von Schrein, Steinsäule, Bibliothek und Refektorium – sowie vor allem die Buddhastatue Phra Bang legitimierten die Bedeutung der Stadt als kultureller Mittelpunkt. Unter französischer Herrschaft (1893-1953) wurden repräsentative Kolonialbauten errichtet. Als Sitz des letzten laotischen Königs (1946-1975) fiel die Stadt unter folgender sozialistischer Herrschaft in eine Art „Dornröschenschlaf", bis mit den 1991 beginnenden Reformen eine touristische Erschließung einsetzte (THONGMALA u. a. 2015).

Heute weist die knapp 50.000 Einw. zählende Stadt eine einzigartige Kombination von Gebäuden traditioneller laotischer und kolonialzeitlicher Architektur des 19./20. Jh.s auf (Abb. 11.42). Seit 1995 gehört sie zu den wichtigsten UNESCO-Weltkulturerbestätten Südostasiens: Der Königspalast wurde zum Nationalmuseum umgewandelt, 32 Klöster sowie alle französischen Gebäude wurden unter Denkmalschutz gestellt. Zudem verhindert eine restriktive Stadtplanungspolitik die unkontrollierte Überformung, urbane Nachverdichtung und funktionale Veränderungen. Die Altstadt steht damit fast komplett unter Veränderungsschutz, und auch in den rasch wachsenden Außenbezirken werden angepasste Planungskonzepte implementiert.

Kasten 11.18 Überschwemmungen in Jakarta als Zivilisationsfolgenkatastrophe

Am Beispiel Jakartas treten die anthropogenen Defizite deutlich zutage, die die massiven Folgen der Überschwemmungen 2007 und 2013 verursachten: Das urbane Entwässerungssystem konnte die Wassermengen nicht auffangen: Dimensionierung und Zustand der Kanalisationssysteme, Verschmutzung, Verlandung und Verengung der Abwasserkanäle durch Siedlungs- und andere menschliche Aktivitäten (Vermüllung und Vernachlässigung) verringerten die existierenden Abflusskapazitäten massiv (Abb. 11.43). Ferner liegen die informellen und illegalen Siedlungen, die etwa 20% der Bebauung Jakartas ausmachen, vornehmlich in Gewässerrandlagen (G. L. Ooi 2008). Vor allem aber wur-

Abb. 11.43 Jakarta-Muara Angke
Foto: F. Kraas 2011

de, über diese eher „technischen Defizite" hinaus, das natürliche und anthropogene Abflussregime durch die an die lokalen Gegebenheiten unangepasste Überformung der Umwelt (Versiegelung, Vegetationszerstörung, Landaufschüttung etc.) bis weit ins städtische Umland massiv verändert. Konnte sich der zentrale Fluss, der Ciliwung, in den 1960er Jahren noch ca. 60 km vor der Stadt weitflächig ausbreiten, ist dieses Gelände heute dicht bebaut (Bogor und Depok). Außerdem wurden an der durch Neulandgewinnung weiter nach Norden verschobenen Küste in jüngster Zeit zahlreiche hochpreisige Wohnkomplexe errichtet – auf hoch aufgeschüttetem Land, das nun wie eine bandartige Barriere den Abfluss der Wassermassen aus der Kernstadt zur Küste nach Norden blockiert. Die Überschwemmungen sind somit buchstäblich „hausgemacht". Anthropogen verursacht sind zudem das komplexe Ineinandergreifen von hohem Grad an Informalität, politischem System und das Konkurrieren unterschiedlicher Akteursgruppen um die Erschließung und Sicherung präferierter Standorte (G. PETERS u. a. 2015).

B. in Luang Prabang/Laos, s. Kasten 11.17, oder Battambang/Kambodscha). Alle solche Städte unterliegen den Problemen schwer einschätzbarer Eigendynamik wechselnder touristischer Trends, politischer Sicherheit und globalen Wettbewerbs der Tourismusdestinationen untereinander.

• **Regionalstädte, Dekonzentration, Dezentralisierung.** Die enorme Konzentration von Stadt- und Wirtschaftswachstum in wenigen Megastädten und Metropolen, zumeist den Hauptstädten, verstärkt innerhalb der Staaten Südostasiens die regionalen Disparitäten. Oft wird übersehen, dass aber auch zahlreiche Mittel- und Kleinstädte, zumeist durch Migrationsgewinne aus dem unmittelbaren Umland, wachsen und sich modernisieren. Ihre Bedeutung für eine ausgewogenere Regionalentwicklung im gesamten Staat weist auf ein bisher erst selten gezielt gefördertes Potenzial: Als regionale Zentren von Verwaltung, Produktion und Handel, Bildung und Gesundheitsfürsorge erbringen die Mittel- und Kleinstädte wichtige Dienstleistungen auch für die umgebenden ländlichen Regionen. Eine Dekonzentration durch gezielte Förderung und Aufwertung, vor allem der Infrastrukturen und Dienstleistungen, kann urbane Überlastungserscheinungen verringern. Weitergehend kann eine erfolgreiche, von Regionalstädten getragene Dezentralisierung durch Beteiligung der Entscheidungsträger vor Ort zur besseren Entfaltung lokaler Potenziale und zur Konfliktreduzierung beitragen, wie etwa in Indonesien oder den Philippinen zu sehen (T. FIRMAN 2009, T. BUNNELL 2013).

11.9 Die südafrikanische Stadt

Afrika ist im Sinne des von A. Kolb (1962) vertretenen Konzeptes der Kulturerdteile als Räume subkontinentalen Ausmaßes kein einheitlicher „Kulturerdteil" (vgl. auch B. Hofmeister 1996[3], U. Jürgens/J. Bähr 2002). Der Typ der südafrikanischen Stadt (Republik Südafrika) hat vor allem durch die ehemalige Rassentrennungspolitik der Apartheid sowie durch die jüngere Periode der Postapartheid eine besondere Prägung erlangt. Hinzu kommt der europäische Charakter aufgrund der früheren Gründungs- und Entwicklungsphasen. „Die südafrikanische Stadt machte binnen weniger Jahrzehnte einen Zyklus von der kolonialstadtähnlichen segregierten Stadt über die Apartheid-Stadt mit ihrer institutionalisierten Rassensegregation und eine spätapartheidliche Übergangsphase bis zur Post-Apartheid-Stadt durch" (B. Hofmeister 1996[3], S. 133).

11.9.1 Phasen der Stadtentwicklung in Südafrika vor der „Apartheid-Stadt". Nach B. Wiese (1999) gab es in Südafrika vor der im Jahre 1652 erfolgten Gründung der Versorgungsstation und des Stützpunktes der sog. Vereinigten Ostindischen Handelskompanie (VOC) keine Städte. Diese stellen somit „ein von außen herangetragenes, allochthones Kulturelement" dar (ebd., S. 207). Die „Expansion der Städte europäischen Charakters und ihre spezifische südafrikanische Ausprägung" lassen sich in folgende Phasen gliedern (ebd., S. 207) :

• **Gründung kapholländischer Städte** im engeren westlichen Kapland von Mitte des 17. Jh.s bis ins 18. Jh., und zwar als Verwaltungs-, Kirch- und Handelsorte (Kapstadt 1652, Paarl 1657, Stellenbosch 1679);
• **englische Gründungen von Hafenorten** von Anfang bis Mitte des 19. Jh.s an der Ost-

küste als Handels-, Umschlags- und Verwaltungsstützpunkte (Port Elizabeth 1820, Durban 1824, East London 1845);
• **Gründungen durch burische Siedler** (Kirch- und Schulorte mit ergänzenden Verwaltungs- und Handelsfunktionen) ab ca. Mitte des 19. Jh.s im Binnenhochland (Bloemfontein 1846, Lydenburg 1847, Pretoria 1855, Ermelo 1880);
• **Entstehung von Bergbaustädten** im Binnenhochland aufgrund der Diamantenfunde von Kimberley (1867) und der Goldfunde von Witwatersrand (1886) bei gleichzeitigem Wachstum der Hafenorte durch Importe;
• **starkes städtisches Wachstum** zwischen ca. 1900 und Ende der 1930er Jahre. B. Wiese führt als Gründe einerseits Push-Effekte an (Verwüstungen durch den Burenkrieg von 1899-1902, Dürreperioden und Armut, wodurch ehemalige weiße Kleinfarmer und Schwarze aus Reservaten in Städte abwanderten), andererseits wirkte die in der zweiten Hälfte der 1930er Jahre einsetzende Industrialisierung als Pull-Effekt (ebd., S. 107); die starke Zuwanderung in die Städte durch Schwarze in den 1940er und 1950er Jahren stand im Zusammenhang mit der stark angewachsenen Zahl industrieller Arbeitsplätze. Auch wurde die Gründung von Industriestädten (z. B. Welkom 1947, Sasolburg 1954) vom Staat gefördert.

11.9.2 Die Apartheid-Stadt. Die Rassentrennungspolitik geht in Südafrika bereits auf eine Reihe von **Regelungen zur wohnräumlichen Trennung** im 19. Jh., insbesondere auf Gesetze ab dem 2. Jahrzehnt des 20. Jh.s, zurück (vgl. B. Hofmeister 1996[3], S. 133ff.). So galt für Afrikaner mit Erlass des *Native Land Act* im Jahre 1913 das Verbot von „Grunderwerb außerhalb der ihnen zugewiesenen Gebiete (ursprüngliche Reservate, später „*homelands*") . Die Städte wurden als Domäne der Weißen angesehen. Der >*Na-*

tives< oder *>Urban Act<* 1923 erschwerte Afrikanern den Dauerzuzug in Städte. Er belegte sie mit einer Aufenthaltsbeschränkung von 72 Stunden, soweit sie nicht legal in der Stadt lebten. Letztere durften, soweit sie nicht als Hausgehilfen in Haushalten der Weißen lebten oder unter andere Ausnahmen fielen, nur für sich, von den Weißen getrennt in sog. Lokationen wohnen oder in eigens für sie eingerichteten Herbergen (*Hostels*) oder anderen genehmigten Einrichtungen nahe ihren Arbeitsstätten. Ergänzungen des *>Natives Act<* brachten immer mehr Restriktionen" (ebd., S. 135).

Die offizielle **Apartheid-Politik** wurde nach dem Sieg der burischen Nationalpartei 1948 zur Staatsdoktrin erhoben. Die „Ideologie einer wohnräumlichen Trennung auf rassischer Grundlage" (U. Jürgens/J. Bähr 2002, S. 241) fand mit dem Erlass des *Group Areas Act* von 1950 (Proklamierung rassenbestimmter Wohngebiete auch für Weiße, Asiaten, vornehmlich Inder, und Mischlinge oder *Coloureds*), des *Population Registration Act* von 1950 (amtliche Klassifizierung der Bevölkerung in Weiße, Schwarze und *Coloureds*) und des *Reservation of Separate Amenities Act* von 1953 (sog. *petty apartheid* mit getrennter Nutzung öffentlicher Einrichtungen) eine sehr viel weitreichendere gesetzlich abgesicherte Anwendung als in der Vergangenheit (ebd., S. 241f.).

In Südafrika kam es seit Mitte der 1960er Jahre auch zu zahlreichen „**Stadtgründungen in den Homelands/Autonomstaaten**, um die Abwanderung in die Städte des „weißen Gebietes" einzudämmen, in der Theorie sogar umzukehren, und Kerne für zentrale Orte zu schaffen (z. B. Bisho, Mmbabatho, Thoyohandu). Gleichzeitig wurden mit staatlichen Mitteln **Township-Wohngebiete für Nicht-Weiße** an der Peripherie der Städte bzw. Agglomeration angelegt" (B. Wiese 1999, S. 207).

Hinzu kam die Gründung neuer Bergbaustädte zur exportorientierten Steinkohlen- und Eisenerzförderung (z. B. Sishen-Kathu und Aggeneys in der Provinz Nord-Kap), von Industriestädten (u. a. Atlantis in West-Kap) und neuen Seehafenorten (z. B. KwaZulu/Natal oder Saldanha nördlich Kapstadt) (ebd.).

In Anlehnung an J. Western (1981) gliedert sich die **ideale Apartheid-Stadt** „in verschiedene rassenspezifische Sektoren, die durch *buffer zones* in Form von physischen Barrieren, Verkehrsanlagen, Industriegelände oder unbebauten Grundstücken voneinander getrennt sind. Dadurch wird die Eigenständigkeit dieser Gebiete als Planungsziel unterstrichen und ihre Ausstattung mit getrennten Verwaltungs- und Versorgungseinrichtungen erleichtert. Die sehr unterschiedlichen Rechte der einzelnen Bevölkerungsgruppen spiegeln sich in der Flächenausdehnung der jeweiligen Wohngebiete wider. Nach dem Stand von 1991 sind 71 % aller städtischen Flächen der weißen Bevölkerung zugewiesen worden und nur 14 % den Schwarzen. Der Rest von 15 % war für *Coloureds* und Asiaten bestimmt. Während für die „weiße" Stadt eine sozioökonomische Viertelsbildung charakteristisch war, hatte man die *townships* der Schwarzen ursprünglich nach ethnolinguistischen Gesichtspunkten aufgeteilt". (...) „Im Zentrum der Apartheid-Stadt lag der („weiße") CBD, dessen Angebot an Waren und Dienstleistungen sich an alle Bevölkerungsgruppen richtete, nicht zuletzt deshalb, weil die *townships* mit Versorgungseinrichtungen aller Art unterausgestattet waren" (U. Jürgens/J. Bähr 2002, S. 242).

Allerdings stimmte „die gewachsene Struktur der südafrikanischen Stadt (...) in den seltensten Fällen mit den ausgewiesenen *group areas* überein"; dies betraf z. B. „gemischtrassige Quartiere, die z. T. schon

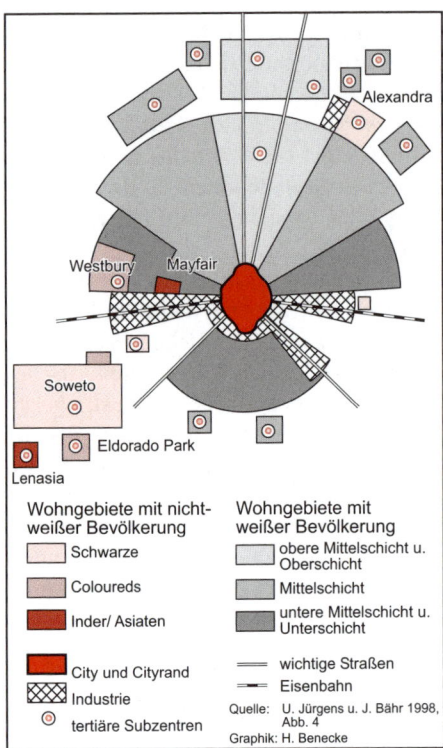

Wohngebiete mit nicht-
weißer Bevölkerung

☐ Schwarze

☐ Coloureds

■ Inder/ Asiaten

■ City und Cityrand

▨ Industrie

⊙ tertiäre Subzentren

Wohngebiete mit
weißer Bevölkerung

☐ obere Mittelschicht u.
Oberschicht

☐ Mittelschicht

☐ untere Mittelschicht u.
Unterschicht

═══ wichtige Straßen

═‑═ Eisenbahn

Quelle: U. Jürgens u. J. Bähr 1998,
Abb. 4
Graphik: H. Benecke

**Abb. 11.44 Modell der Apartheid-Stadt
Johannesburg**

auf die frühe Industrialisierungs- und Verstädterungsphase zurückgingen" (U. JÜR-
GENS/J. BÄHR 2002, S. 242). Zur Neuordnung
der südafrikanischen Stadt wurden in den
1950er und 1960er Jahren - auf der Basis des
Natives Resettlement Act von 1954 - umfangreiche **Umsiedlungsaktionen** als Zwangs-
umsiedlungen (*forced removals*), häufig unter dem Vorzeichen von Slumsanierungen,
durchgeführt; dies betraf z. B. in Durban oder
Johannesburg jeweils über 10.000 Afrikaner-
familien (B. HOFMEISTER 1996³, S. 135).
Wesentliche Elemente der Apartheid-Stadt
werden durch das **Modell der Metropolitan
Area von Johannesburg** verdeutlicht (s. Abb.
11.44 mit Erläuterung sowie im Einzelnen U.
JÜRGENS/J. BÄHR 2002, S. 242). Das Modell
zeigt einerseits schon in der Gründungszeit

„Die großen *townships* für die schwarze (Sowe-
to), Mischlings- (Eldorado Park) und indische Bevölkerung (Lenasia) liegen an der südwestlichen
Peripherie, vom größten Teil der "weißen" Stadt
nicht nur durch Freiflächen, sondern auch durch
den quer durch die gesamte Stadt verlaufenden
Bergbau- und Industriegürtel getrennt. Gewisse
Kompromisse wurden mit der Ausweisung der
township Alexandra (für Schwarze) im Nordosten (unmittelbar an hochrangige Wohngebiete
anschließend) sowie von Westburys (für *Coloureds*) und Mayfair (für Inder) in den westlichen Stadtgebieten gemacht" (U. JÜRGENS/J. BÄHR
1998, S. 4).

angelegte Grundstrukturen, z. B. die Zweiteilung in einen nördlichen und südlichen
Sektor: nördlich des Stadtzentrums wohnten
Ober- und Mittelschichten, südlich und westlich der Minenfelder aus der ersten Zeit der
Goldfunde, d. h. der heutigen Industrieachse,
lagen die Wohnquartiere der schwarzen Ar-
beiterschaft. Andererseits veranschaulicht
das Modell die nach 1948 erfolgte Veränderung von einer *segregation city* zur *apartheid
city*: „Von nun an wurde die räumliche Stadtstruktur zum einen durch Prozesse der sozioökonomischen Viertelsbildung (auf der
Seite der Weißen), zum anderen durch die
zwangsweise Zuweisung von Wohnquartieren auf ethnischer Basis (auf der Seite der
Nicht-Weißen) gesteuert" (ebd., S. 243).

11.9.3 Die Post-Apartheid-Stadt. Die jüngste Phase der Stadtentwicklung in Südafrika -
von der Spät- zur Post-Apartheid-Stadt - ist
nach den Soweto-Unruhen von 1976 durch
grundlegende politische Reformen eingeleitet worden (Phase der Reform-Apartheid, s.
U. JÜRGENS/J. BÄHR 2002, S. 245). Dazu zählt
z. B. die Einrichtung sog. *free trading areas*
(1984) in bestimmten Zonen der Städte (einschl. des *CBD*), in denen für Angehörige aller Bevölkerungsgruppen Gewerbe oder
Dienstleistungen offiziell zugelassen wurden.
Davon machten vor allem Inder Gebrauch,

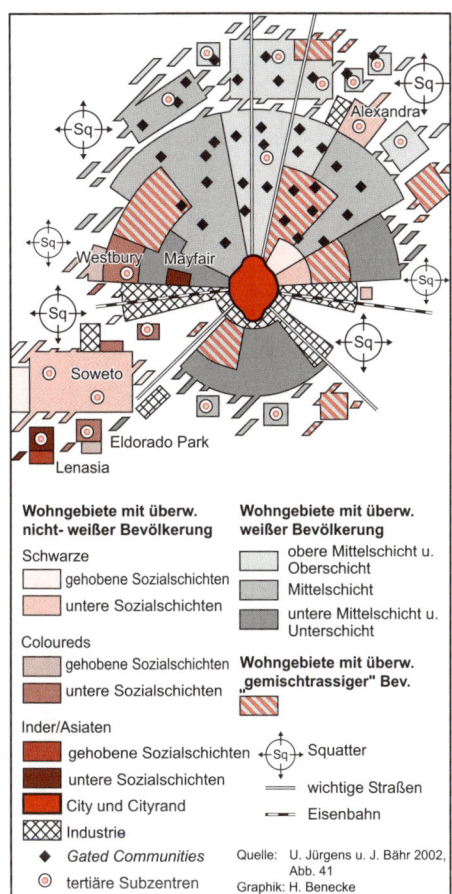

Wohngebiete mit überw.
nicht- weißer Bevölkerung

Schwarze
- gehobene Sozialschichten
- untere Sozialschichten

Coloureds
- gehobene Sozialschichten
- untere Sozialschichten

Inder/Asiaten
- gehobene Sozialschichten
- untere Sozialschichten
- City und Cityrand
- Industrie
- ◆ Gated Communities
- ◎ tertiäre Subzentren

Wohngebiete mit überw.
weißer Bevölkerung
- obere Mittelschicht u. Oberschicht
- Mittelschicht
- untere Mittelschicht u. Unterschicht

Wohngebiete mit überw.
„gemischtrassiger" Bev.

- ⊹Sq⊹ Squatter
- ——— wichtige Straßen
- ⊷⊶ Eisenbahn

Quelle: U. Jürgens u. J. Bähr 2002, Abb. 41
Graphik: H. Benecke

Abb. 11.45 Modell der Post-Apartheid-Stadt Johannesburg

während es den meisten Schwarzen an Kapital, Ausbildung im Management oder auch an ausreichenden englischen Sprachkenntnissen mangelte. Im Jahre 1986 wurden die Passgesetze aufgehoben, wodurch die Zuzugskontrolle für Schwarze entfiel. Die endgültige Aufhebung des Apartheid-Konzeptes erfolgte jedoch erst nach Wahl von F. W. DE KLERK zum Staatspräsidenten (1989), und zwar durch Aufhebung des *Group Areas Act* im Jahre 1991. „Damit hatten sich die Rahmenbedingungen der Stadtentwicklung entscheidend verändert, und die Apartheid-

Stadt begann sich zur Post-Apartheid-Stadt zu wandeln, in der sich persistente, aus der Vergangenheit ererbte und neue Strukturen überlagern" (U. JÜRGENS/J. BÄHR 2002, S. 245).

Merkmale der Überformung der Apartheid-Stadt sind in Anlehnung an U. JÜRGENS/ J. BÄHR 2002, S. 246 ff., vor allem die folgenden (vgl. Abb. 11.45 mit dem Beispiel der „Post-Apartheid-Stadt" Johannesburg sowie Abb. 11.46 mit Erläuterung in Kasten 11.19):

(1) „**Veränderungen der ethnischen Struktur einzelner Viertel oder größerer Stadtbereiche** und deren Auswirkungen auf das städtische Umfeld" (ebd. S. 246). Bis in die jüngste Vergangenheit waren die größeren Städte Südafrikas - sowie darüber hinaus auch der gesamten Region des südlichen Afrika -„durch eine ausgeprägte ethnische Segregation bestimmt und sind es teilweise noch heute. In den meisten Fällen haben Verordnungen und gesetzliche Regelungen der Kolonialmächte bestehende Segregationstendenzen verstärkt, auch wenn die Bestimmungen nicht immer so lückenlos waren und so rigide gehandhabt wurden wie in der Apartheid-Stadt Südafrikas" (ebd., S. 248).

Die anschließende (frühe) **Phase der Desegregation** begann für die südafrikanischen Städte mit der „Durchlöcherung" des *Group Areas Act* bereits vor seiner endgültigen Abschaffung: „Seit Ende der 1970er Jahre kam es vor allem in Johannesburg (in eingeschränktem Umfang auch in Durban, Kapstadt und Port Elizabeth) zu einem informellen „Einsickern" von Nicht-Weißen in rechtlich als „weiß" proklamierte Wohngebiete. In der südafrikanischen Öffentlichkeit hat sich dafür der Begriff der *grey areas* eingebürgert. Damit sollten sowohl die Veränderung in der rassischen Zusammensetzung der Bevölkerung als auch der illegale bzw. mit Hilfe eines weißen Strohmannes „scheinlegale" Rechtsstatus angesprochen werden.

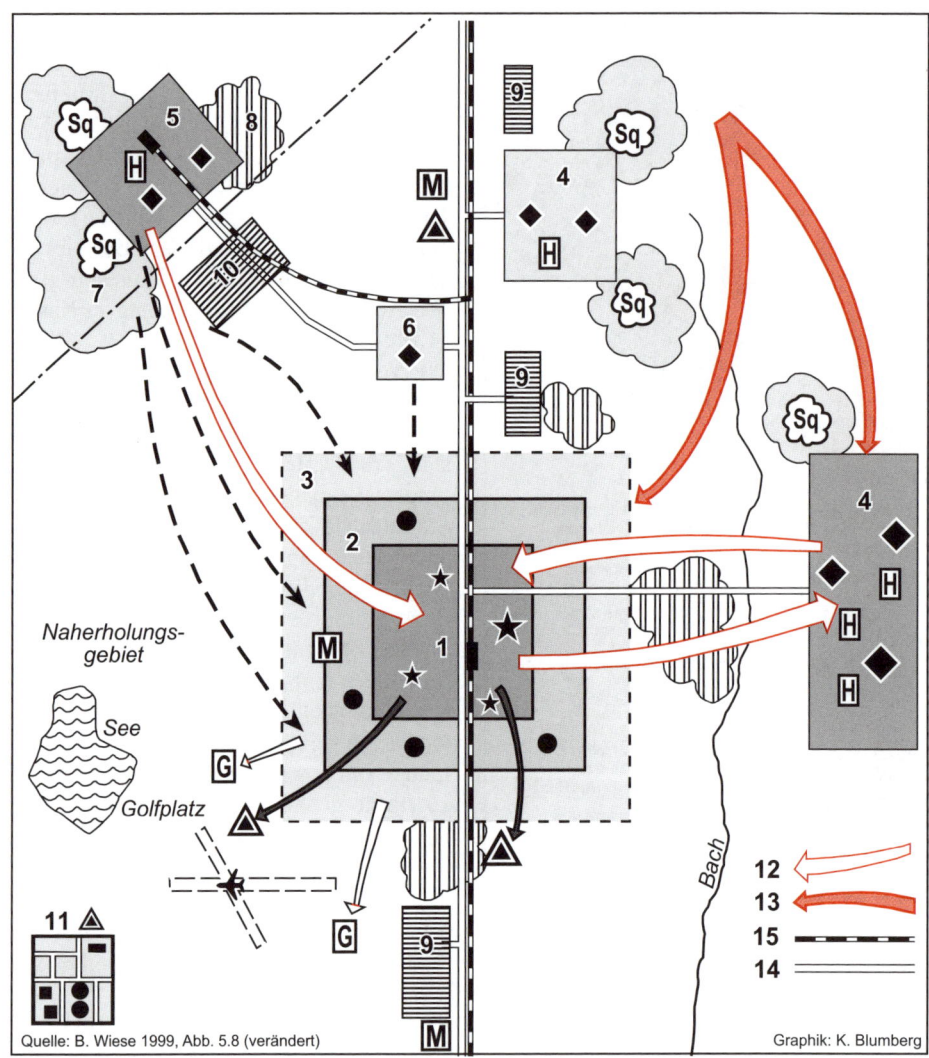

Quelle: B. Wiese 1999, Abb. 5.8 (verändert)

Graphik: K. Blumberg

Abb. 11.46 Modell eines Verdichtungsgebiets in Südafrika - Prozesse in der Spät- und Postapartheidphase - nach B. Wiese (vgl. auch Kasten 11.19)

Auslösender Faktor der „Vergrauung" war die sehr unterschiedliche Entwicklung von Angebot und Nachfrage auf den Wohnungsteilmärkten für die weiße und nichtweiße Bevölkerung. Dem gravierenden Wohnungsmangel in den *townships* stand ein Überangebot in vielen überwiegend citynah gelegenen „weißen" *group areas* gegen-

über" (...) (ebd., S. 251). Nach U. Jürgens/J. Bähr 2002 zeigt „die Dynamik des ethnischen Wandels (...) in Johannesburg und abgeschwächt auch in anderen südafrikanischen Ballungszentren Ähnlichkeiten mit dem **Invasions-Sukzessions-Zyklus**, wie er für US-amerikanische Städte beschrieben worden ist. Insbesondere heißt dies, dass Ge-

Kasten 11.19 Verdichtungsgebiet in Südafrika, Prozesse in der Spät- und Postapartheidphase - Erläuterung zu Abb. 11.46 (aus: B. WIESE 1999, S. 233, z. T. verändert)

1 City: Expansion des informellen Sektors, Straßenhandel, Kleingewerbe, Bettelei, Straßenkinder, Kleinkriminalität(★),Obdachlose,Verlagerung(⟶)hochrangigerDienstleistungseinrichtungeninSubzentren(▲).

2 Cityrandzone: Appartementhäuser durch Spekulanten überbelegt, Zuzug aus Zentral- und Westafrika: Ghettoisierung (●) und urban decay wie in den USA, sanierungsbedürftige Wohngebäude von neuer Elite (Inder, Farbige) oder von Zuwanderern gekauft und erneuert: Gentrification, Expansion von Gewerbebetrieben und Industrie in ehemaligen Lager- und Bürohäusern.

3 Wohngebiet, bis Anfang der 1990er Jahre Weißen vorbehalten, soziale Viertelbildung unter dem Einfluß von Topographie, Bioklima und Grundstückspreisen. Selektive Migration in geringem Umfang: Abwanderung (⇨) von wohlhabenden Weißen in neue Eliteviertel (gated communities (Ⓖ)), Zuwanderung (⟶) von neuer nichtweißer Elite in beste Wohnlagen, von nichtweißem Mittelstand in der Nähe von Townships, allgemeine „Einmauerung" aus Sicherheitsbedürfnis.

4 Township, planmäßige Wohnsiedlung für Schwarze bis Beginn der 1990er Jahre. Einfamilien-Reihenhäuser in Massenwohnungsbau. Raumbelegung und Parzellenbebauung durch Untervermietung stark steigend, teilweise Verslumung; Renovierung in Mittelklasseviertel, Erweiterung von Elite-Wohnviertel, starke Entwicklung des informellen Sektors (Märkte, fliegende Händler, Handwerk (Ⓗ)), Ausbau des formellen Handels und Gewerbes (Gewerbeparks (◆)), Infrastrukturverbesserung (Elektrifizierung, Wasserversorgung, Abwasseranlagen) in „Problemgebieten" im Rahmen staatlicher Programme oder in Eigeninitiative der Bewohner, hohe Kriminalität.

5 Satellitenstadt, bis Anfang der 1990er Jahre nur für Schwarze; Prozesse wie in 4.

6 Township, bis Anfang der 1990er Jahre für Inder bzw. Farbige, bereits erhebliche soziale Segregation. Verdichtung der Wohnbebauung, weitere soziale Segregation (neue Elite, Mittelschicht, Zuwanderer); steigende Kriminalität, Ausbau der Infrastruktur.

7 Kerne von Squattersiedlungen/Hüttenvierteln (Ⓢq); sie wachsen seit Ende der 1980er Jahre stark an (◯).

8 Neue Squattersiedlungen seit den 1990er Jahren

9 Industriegebiet der 1970er bis 1980er Jahre

10 „Grenzindustrie" der 1970er bis 1980er Jahre (▤), Erweiterung bei Zufluß von Auslandsinvestitionen.

11 Edge city/Außenstadt (Konferenzzentrum, Messegelände).

12 tägliche Pendlerbewegungen

13 allgemeine Zuwanderung   aus dem In- und Ausland.

14 Hauptstraße (häufig car hijacking)

15 Eisenbahn, Schnellbahn (häufig Raubüberfälle, Vergewaltigungen)

16 Mall/Einkaufszentren (Ⓜ).

mischtrassigkeit lediglich eine Übergangserscheinung darstellte und auf die Invasions- und Desegregationsphase eine Sukzessions- und Resegregationsphase folgte" (ebd., S. 251).

Der für den Innenstadtbereich von Johannesburg festgestellte Sukzessionsprozess wird nach U. JÜRGENS/J. BÄHR 2002 (S. 252) von einem neuen Zyklus überlagert, bedingt durch die arbeitsorientierten (illegalen) Zuwanderungen zahlreicher Afrikaner aus den Nachbarstaaten des Südlichen Afrika sowie aus West- und Zentralafrika in die südafrikanischen Städte, und zwar mit einer besonderen Konzentration auf Hochhausquartiere am Rande der City. Charakteristisch für den Invasions- und Sukzessionsprozess sind eine starke Bevölkerungsverdichtung, bauliche Abwertungen (*residential blight*) sowie auch deutliche Verfallserscheinungen im Bereich der Infrastruktur (Wasser- und Stromversorgung, Kanalisation etc.). „Kontrovers diskutiert wird, ob die ethnischen Cluster innerhalb der ehemaligen „weißen" *group areas* als (neue) Ghettos zu bezeichnen sind" (ebd., S. 252). In Verbindung mit der baulichen Degradierung stehen auch ein *commercial blight* - ähnlich wie in der City

(s. unten) - und die Ausdehnung des informellen Sektors (ebd., S. 254).

(2) „**Wirtschaftliche und soziale Probleme und deren stadtstrukturelle Konsequenzen**" (U. JÜRGENS/J. BÄHR 2002, S. 254). Die sozio-ökonomische Probleme äußern sich für den größten Teil städtischer Bevölkerung insbesondere in der Armut, wodurch lebensnotwendige private Grundbedürfnisse (Ernährung, Kleidung etc.) nicht oder nur unzureichend erfüllt werden können.

„Neben der Ernährungssicherung stellt die Versorgung mit einer angemessenen Wohnung, die zumindest über eine Basisinfrastruktur verfügt, ein zentrales Grundbedürfnis dar". (...) „Seit langem sind ärmere Bevölkerungsgruppen vom „normalen" Wohnungsmarkt weitgehend ausgeschlossen, weil sie nicht über die notwendigen Einkünfte verfügen, sich zu Marktpreisen eine Wohnung mieten oder kaufen zu können" (U. JÜRGENS/J. BÄHR 2002, S. 258). Durch die volle Bewegungsfreiheit seit endgültiger Abschaffung der Apartheid - mit massiven Zuwanderungen von „Landflüchtigen"/„Armutsflüchtlingen" aus ehemaligen *Homelands* bzw. Autonomstaaten Südafrikas in Verbindung mit den zahlreichen Migranten aus Armutsländern Afrikas - haben sich zudem die Wohnungsdefizite verschärft (B. WIESE 1999, S. 207). Es setzte eine „**Dritte Welt-Verstädterung" mit Squattersiedlungen** (d. h. mit vom Staat nicht autorisierten, illegalen Wohnnutzungen) ein, die sich nach B. WIESE zunehmend auf die drei dominanten metropolitanen Gebiete Pretoria-Witwatersrand-Vaaldreieck (PWV), Durban und Kapstadt konzentrierte (ebd., S. 208). Mit wenigen Ausnahmen gab es bis Mitte der 1980er Jahre in Südafrika noch keine großflächigen Squattersiedlungen aus freistehenden Hütten (U. JÜRGENS/J. BÄHR 2002, S. 258). „Erst nach Aufhebung der Apartheid änderte sich die Situation schlagartig:

Bestanden z. B. in der Region Pretoria-Witwatersrand (heute Region Gauteng) 1990 erst 47 informelle Siedlungen mit ca. 49.000 Bewohnern, so schnellte diese Zahl bis 1998 auf 180 mit über 1 Mio. Menschen empor. Heute werden alle größeren südafrikanischen Städte von einem Ring aus *squatter settlements* und anderen informellen Vierteln umgeben" (ebd., S. 260; vgl. auch Abb. 11.35).

Zu den **sozialen Problemen** in Südafrika sowie darüber hinaus auch in anderen Staaten des Südlichen Afrika zählt die Zunahme gesellschaftlicher Spannungen bzw. sich verschärfender sozialer Disparitäten in Verbindung mit Gewalt und Kriminalität, dem Autoritätsverlust staatlicher Institutionen, Korruption etc. (U. JÜRGENS/J. BÄHR 2002, S. 264). „In Südafrika kommt hinzu, dass seit Aufhebung der Apartheid die „weißen" Wohngebiete nicht mehr länger von der Masse der armen und zumeist schwarzen Bevölkerung abgeschottet sind, weil sich die *buffer zones* zwischen den einzelnen Sektoren der Apartheid-Stadt aufzulösen beginnen. Die sozialen Kontraste zwischen „reichen" Weißen und „armen" Schwarzen treten daher heute sehr viel auffälliger in Erscheinung" (ebd.).

Wegen der stark zugenommenen Bedeutung von Sicherheitsfragen in Bezug auf die Wohnstandortwahl entstanden in Südafrika seit Ende der 1980er Jahre zahlreiche bewachte, durch Mauern, Zäune und Kontrollpunkte abgeschottete Wohnviertel (***Gated*** bzw. ***Walled Communities*** oder ***security villages***) (vgl. Abbn. 11.45 u. 11.46). Dies betrifft, wie U. JÜRGENS und M. GNAD (2000) anhand von Untersuchungen von *Gated Communities* im Großraum Johannesburg nachweisen konnten, auch die Absperrung älterer Wohngebiete vom Durchgangsverkehr durch Straßenblockaden (*road closures*), z. B. durch „bemannte" Straßensperren mit Schlagbäumen oder in Gestalt massiver Metallzäune. Anfang 1998 waren im Norden und Osten von Johannesburg von diesen Sicherheitsmaßnahmen mehr als 200 Straßen betroffen, deren Absperrungen im Nachhinein gesetzlich (*Road Closures Act*) legalisiert werden sollten (U. JÜRGENS/ J. BÄHR 2002, S. 266). Nach U. JÜRGENS/M. GNAD (2000, S. 206) bzw. U. JÜRGENS/J. BÄHR (2002, S. 267) ist noch unklar, ob in diesen neuen abgeschotteten Wohnformen die soziale Segregation von einer neuen Form rassischer Segregation (*neo-apartheid-city*) entsprechend unterschiedlicher Preisniveaus und Images einzelner Wohngebiete ergänzt oder überlagert wird. Die bisherigen Untersuchungen deuten schon darauf hin, dass sich in Südafrika „die verschiedenen ethnischen Gruppen ihre jeweils „eigenen" *gated communities* schaffen und so die Auflösung der Stadt in einzelne „Inseln", die wenig miteinander vernetzt sind, fortschreitet" (U. JÜRGENS/J. BÄHR 2002, S. 267; vgl. auch N. BACKHAUS 2009, Abb. 8.2.2/1).

(3) „**Wandel der Versorgungsstrukturen**" (U. JÜRGENS/J. BÄHR 2002, S. 267). Innerhalb der Region des südlichen Afrika, in der die Kaufkraft der Bevölkerung insgesamt relativ gering ist, bildet Südafrika „nicht nur deshalb einen Sonderfall, weil die weiße, kaufkräftige Bevölkerung gerade in den Städten besonders hoch ist, sondern auch weil die Wohnbereiche der schwarzen Bevölkerung als Folge der Apartheid-Politik bewusst mit Versorgungs- und Dienstleistungseinrichtungen unterausgestattet waren und so Kaufkraft von den *townships* in den (weißen) *CBD* gelenkt wurde. Vor allem der *CBD*-Mantel entwickelte sich vielfach zu einer Ersatz-City für schwarze Berufspendler". (...)„Nicht nur das unzureichende Angebot in den *townships* förderte die Bereitschaft, sich im „weißen" *CBD* zu versorgen, sondern auch dessen größere Warenvielfalt, ein niedrigeres Preisniveau und die

---

Kasten 11.20
Einflussgrößen des Niedergangs der City von Johannesburg seit den 1990er Jahren
(aus: U. JÜRGENS/J. BÄHR 2002, S. 274-275)

„Vor allem fünf Einflussgrößen sind dabei wirksam:
1. In den meisten citynahen Wohngebieten ist die weiße Bevölkerung auf eine zahlenmäßig unbedeutende Minderheit zusammengeschrumpft, die außerdem stark überaltert ist. Damit ändern sich auch die Käuferschichten und deren Präferenzen.
2. Während der Apartheid-Zeit waren die *townships* (bewusst) nur unzureichend mit Versorgungseinrichtungen ausgestattet worden, so dass die dortige Bevölkerung ihren Bedarf überwiegend in der City decken musste. Das ist heute nur noch eingeschränkt der Fall.
3. Als Folge hoher Arbeitslosigkeit sind insbesondere viele Schwarze darauf angewiesen, ein Auskommen im informellen Sektor zu suchen. Dieser hat sich daher innerhalb weniger Jahre enorm ausgeweitet, und er bestimmt heute in zunehmenden Maße das Wirtschaftsleben der City.
4. In der Perzeption vieler weißer, aber auch nicht-weißer Südafrikaner gilt die City von Johannesburg als besonders unsicher. Die Verbindung von *„crime and grime"* verstärkt diese Wahrnehmung noch. Deshalb werden die hier gelegenen Geschäfte und Büros nicht mehr gern aufgesucht, und auch für die Beschäftigten hat der Standort seine Vorteile verloren.
5. Für viele Unternehmen ist eine Verlagerung an den Stadtrand, wo sich z. T. *edge city*-artige Strukturen herausbilden (z. B. Midrand, internationaler Flughafen), weit prestigeträchtiger als ein Verbleiben im Zentrum".

---

kleinräumige Kopplung von Arbeit und Einkaufen" (ebd., S. 268).

Durch die Rassentrennung im gewerblichen Bereich (Einführung der *free trading areas* 1984, s. oben), wodurch nunmehr auch andere ethnische Gruppen in den „weißen" *CBD*s Läden eröffnen konnten, die „weitgehende Deregulierung des informellen Sektors" Ende der 1980er Jahre sowie - nach dem offiziellen Ende der Apartheid - das Interesse an den *townships* als Investitionsstandort ergaben sich erhebliche Veränderungen in den Versorgungsstrukturen (ebd., S. 268).

Anhand der südafrikanischen Metropole Johannesburg haben U. JÜRGENS und J. BÄHR (2002, S. 274ff.) den **Niedergang der City in Metropolen** erläutert, der sich zwar bereits seit längerer Zeit andeutete, sich allerdings erst seit den 1990er Jahren stark beschleunigte und durch vielfältige *urban blight*-Erscheinungen (u. a. Schließungen und Abwanderungen traditioneller Läden im Gegensatz zur Entwicklung großer Einkaufszentren an der Peripherie, hohe Leerstandsquoten in Bürogebäuden, starke Zunahme der Kriminalität und Unsicherheit in der City etc.), gekennzeichnet ist (zu den Einflussgrößen vgl. Kasten 11.20). „Das Vakuum, das durch die Verlagerung überwiegend von Weißen geführter Geschäfte und Firmen entstanden ist, konnte wenigstens teilweise von neu gegründeten Klein- und Kleinstbetrieben schwarzer Unternehmer aufgefüllt werden, wenn auch der Anteil Schwarzer an der Gesamtzahl der Mieter im CBD selbst Mitte der 1990er Jahre noch unter 20 % lag". (...) „Begleitet werden die Trends im formellen Wirtschaftssektor von einer enormen Ausdehnung des informellen Sektors. Dabei handelt es sich nicht nur um Händler im engeren Sinne, sondern auch um Schuster, Frisöre und Betreiber von Garküchen, die auf den Straßen ihre Arbeit verrichten. Für ganz Johannesburg wird 1994 von ca. 10000 *hawkers* gesprochen im Vergleich zu ca. 300 Anfang der 1980er Jahre. Bis 1997 soll deren Zahl auf mehr als 20000 angewachsen sein" (ebd., S. 277).

(4) „**Belastung der städtischen Infrastruktur und Umweltprobleme**" (vgl. U. JÜRGENS/J. BÄHR 2002, S. 278ff.). Dazu zählen in den Städten Südafrikas weniger die aus Industriestaaten oder vielen Schwellenländern bekannten Verkehrsprobleme, sondern eher die Gegensätze zwischen der ausschließlich autoorientierten Bevölkerung der geringer verdichteten, mit großzügigen Straßen ausgebauten hochwertigen Wohngebiete (mit allerdings fehlendem ÖPNV) einerseits und den *high density*- und *squatter*-Stadtgebieten unterer Einkommensgruppen andererseits. Aufgrund der Weitflächigkeit der Stadtanlagen (ehemalige *buffer zones* zwischen den nach ethnischen Kriterien entstandenen Wohngebieten, jüngerer *urban sprawl* mit weiten Wegen), der geringen Autoverfügbarkeit der unteren Einkommensschichten, der charakteristischen Trennung von Wohn- und Arbeitsorten, der - außerhalb der CBDs - fehlenden Bürgersteige und staubigen Straßen etc. sind weite Teile der (fußläufigen) Bevölkerung aus den *squatter settlements* stark benachteiligt. Wegen der Reduzierung von Subventionen für den ÖPNV, aber auch der wirtschaftlichen Liberalisierung ist in Südafrika der öffentliche Busverkehr stark zurückgegangen, und zwar zu Gunsten des Minitaxi-Gewerbes.

Erhebliche Umweltbeeinträchtigungen und -zerstörungen werden vor allem durch den sich ausweitenden Bergbau und Industrieansiedlungen (Bodenvergiftungen, Abwässerbelastungen der Flüsse, Abgase etc.), durch unzureichende Entsorgungen von Armutsgebieten in Bezug auf Abwasser und Müll oder etwa auch durch die verbreiteten Kohleöfen verursacht (U. JÜRGENS/J. BÄHR 2002, S. 281ff.). In Südafrika sind „die Flüsse im Umkreis großer Verdichtungsräume „tot" und die Küstengewässer in der Nähe von Kapstadt oder Durban teilweise extrem belastet" (ebd., S. 285).

Kasten 11.21 Literaturauswahl zur Ergänzung und Vertiefung des Kapitels 11

· **Das Kulturerdteilkonzept/Stadtstrukturen im interkulturellen Vergleich**:
J. BÄHR/U. JÜRGENS 2009, W. GAEBE 2004, B. HOFMEISTER 1996[3] (Stadtstrukturen im interkulturellen Vergleich); E. EHLERS 2011, C. MEYER 2011, H. POPP 2003 (Kulturerdteilkonzept in der Diskussion)
· **Die europäische/westeuropäische Stadt**:
D. SCHUBERT 2001a, W. SIEBEL 2004 (Begriff/Merkmale); J. BÄHR/U. JÜRGENS 2009, S. HEEG 2011a, E. LICHTENBERGER 1984, A. PRIEBS 2011, W. RIETDORF 2001, M. RODENSTEIN 2002, 2003 (Stadtentw./-politik); E. ENNEN 1975[2], P. JOHANEK 2012, H. STOOB 1970, R. ROTH 2009 (Stadtgeschichte); A. BORSDORF/M. PAAL 2000, H. ELSASSER u. a. 2011, M. PERLIK 2001, G. TOBLER 2002 (Alpenstädte); C. LIENAU 2013 (griechische Städte); J. BURDACK u. a. 2005 (Peripherien europ. Metropolen); ST. KRÄTKE 2000, 2009, K. R. KUNZMANN 1992, 1995, C. MEYER 2011 (Metropolisierung, Städtesysteme)
· **Die sozialistische/post-sozialistische Stadt**:
I. BRADE u.a. 2008, H. FASSMANN/W. MATZNETTER 2005, H. FÖRSTER 1986, D. GÖLER/H. LEHMEIER 2011, A. KARGER/F. WERNER 1982, Z. KOVÁCS/R. WIESSNER 1997, R. PÜTZ 1998, U. SAILER-FLIEGE 1999, H. STANDL 1998 (sozialist. Stadt, Stadtentw./Transformation in Ost(mittel)europa); I. BRADE 1998, 2002, I. BRADE/ F.-D. GRIMM 1998, I. BRADE/M. SCHULZE 2003, J. BURDACK/A. KRISZAN 2013, G. M. LAPPO/F. M. HÖNSCH 2000, S. LENTZ 1997a,b, 2000, J. RADVANYI/O. VENDINA 2011, R. RUDOLPH 2001, J. STADELBAUER 1994, 1996a,b (Städtesysteme/Stadtentwickl./Transformation in ehem. UdSSR; Ukraine u. Polen)
· **Die US-/angloamerikanische Stadt**:
H. FRÖHLICH 2005, B. HAHN 2014, M. HARDINGHAUS 2004, R. SCHNEIDER-SLIWA 1996b, 2005, C.-C. WIEGANDT 1997a (Stadtentw.); R. HAHN 2002[2], R. SCHNEIDER-SLIWA 1999, 2002b (Modelle d. US-amerikan. Stadt/ Kernstädte); ST. SCHMITZ 1995, U. GERHARD 2015 (ökon. Strukturwandel, Stadtstrukturen, Verkehrs-/Umweltprobleme); J. GARREAU 1991, R. E. LANG/J. B. LEFURGY 2007 (*Edge Cities, Mini-Edge Cities);* R. E. LANG 2003, R. E. LANG u. a. 2007 (*Edgeless Cities);* E. W. SOJA 2000 ('Postmetropolis'); K. FRANTZ 2001, J. WEHRHEIM 1999 (*Gated Communities);* B. HAHN 2001, 2002c, 2006, B. HAHN/P. PUDEMAT 1998, F. ROOST 2000 (Shopping-Center, *Urban Entertainment*-Projekte, Einzelhandel*);* U. GERHARD 2014 (Ghettos); I. HELBRECHT 1996a (Stadtstrukturen Kanada/USA); B. HOFMEISTER 1982b (Vergleich mit australischen Städten); Städtebeispiele: W. GAMERITH 1999, 2000, A. MATUSCHEWSKI 2005, M. PRIES 2001, 2005 (New York), B. HAHN 2004, 2015 (Chicago, New York, Los Angeles), R. SCHNEIDER-SLIWA 1995 (Boston), R. SCHNEIDER-SLIWA 1996a (Atlanta), H. FRÖHLICH 2003, 2004, H. KARRASCH 2000, G. THIEME/H. D. LAUX 1996 (Los Angeles); B. HAHN 2008 (Calgary); L. BASTEN/U. GERHARD 2008 (Toronto)
· **Die lateinamerikanische Stadt**:
J. BÄHR/G. MERTINS 1995, M. COY/M. PÖHLER 2002a, b, K. FISCHER/C. PARNREITER 2002, C. PARNREITER 2003, 2007, R. WEHRHAHN 2004, H. WILHELMY/A. BORSDORF 1984 (Stadtentw./Metropolisierung/ Globalisierung/Fragmentierung); A. HUFFSCHMID/K. WILDNER 2013 (Stadtforsch. aus Lateinamerika), A. BORSDORF u. a. 2002, G. MERTINS 1992b, 2003 (Idealschemata/Modelle d. lateinam. Kolonialstadt/ Stadt); G. MERTINS 1992a (städt. Marginalität); A. BORSDORF 2002, G. MERTINS/J. M. MÜLLER 2008 (Kriminalität/Unsicherheit in (Mega-)Städten), R. WEHRHAHN 1993, 1994 (Umweltprobleme in Großstädten); Verstädterung/Metropolis.-probleme, Beispiele: E. GORMSEN 1995, H. HEINEBERG 1999, G. SOMMERHOFF/C. WEBER 1999, S. 182-218 (Stadtentw. in Mexiko); E. GORMSEN 1997a, S. KANITSCHEIDER 2002, J. MALIK u. a. 2001, C. PARNREITER 2000b, 2007, C. PARNREITER u. a. 2013 (Mexiko-Stadt); M. FAESEL 2005, H. HEINEBERG u. a. 1993, W. ICHX 2002 (Metropolitangebiet Guadalajara/Mexiko, auch *Gated Communities);* G. MERTINS/M. PAAL 2010 (Bogotá u. a.); J. BÄHR 1990, A. BORSDORF/R. HIDALGO 2005, J. BÄHR/K. MEYER-KRIESTEN 2007, K. MEYER-KRIESTEN 2004, K. MEYER-KRIESTEN u. a. 2004 (Santiago de Chile/Lima), E. KROSS 1992 (Lima, v. a. *Barriadas*), M. FRIEDRICH 1999 (Regionalzentren/ Brasilien), COY, M. 2007, R. WEHRHAHN 1994, 1997, 1998, 2000b (São Paulo, Santos/Urbanisierung, Stadtentw. Brasilien), M. JANOSCHKA 2002a, b (Buenos Aires, *Gated Communities*/Fragmentierung)
· **Die Stadt des islamischen Orients (islamisch-orientalische Stadt)**:
G. MEYER 2004 (Arabische Welt); E. EHLERS 1992, 1993, F. MEYER 2003, G. SCHWEIZER/G. WINKELHANE 1990, M. SEGER 1975, 1979a,b, 1997 E. WIRTH 1975, 1982, 2001[2], 2004a, b (Merkmale d. orient. Stadt, Modelle d. Stadt d. islamischen Orients); E. EHLERS/M. MOMENI 1989 (Religiöse Stiftungen u. Stadtentw.); A. DITTMANN u. a. 1990 (traditionelle/moderne Stadt-Umland-Beziehungen); E. GIESE

1980 (islamisch-orient. Stadt in Sowjet-Mittelasien); Städtebeispiele: V. Höhfeld 1995 (Istanbul, Ankara u. a.); J. Gertel 2002, 2004, G. Meyer 1989, 1996, 2004b, c (Kairo); H. K. Barth/K. Schliephake 1998 (Städte in Saudi Arabien/Pilgerzentrum Makka); F. Meyer 2008 (Stadtentw. in Marokko u. Tunesien), A. Escher/E. Wirth u. a. 1992, A. Escher 2001, 2004, A. Escher u. a. 2001 (Altstädte/ Medinas in Marokko); H.-G. Wagner 1996, A. Escher/M. Schepers 2008 (Medina v. Tunis); C. Pfaffen-bach 2004 (Damaskus); H. Gebhardt/O. Kögler 2004, G. Glasze 2004, H. Schmid 2004 (Wiederauf-bau/Stadtumbau im Libanon/Beirut); F. Scholz 2004b (Muscat/Oman); F. Scholz 2005 (Dubai)

· **Die südasiatische/indische und pakistanische Stadt**:
J. Blenck u. a. 1977, D. Bronger 1996b, D. Bronger/L. trettin 2011, F. Stang 2002 (Stadtentw./ -strukturen, Metropolen, Megastädte); H. Nissel 2001 (Globalisierung u. urbanes System Indiens); F. Scholz 1979 (Verstädterung/Pakistan, Modelle d. anglo-indischen Stadt/brit. Kolonialstadt); A. Zimmer 2015 (Konflikte in informellen Siedlungen); Städtebeispiele: T. Krafft 1996, J. Mistelbacher 2005 (Delhi), H. Nissel 1999, 2004, M. Pacione 2006, J. Wamser 2005 (Bombay/Mumbai), L. Trettin/ S. C. Chakraborty 2001 (Calcutta/Kolkata), C. Dittrich 2003, 2004 (Bangalore Hightech-Kapitale), K.-P. Gast 2000, F. Stang 1983 (*New Town* Chandigarh); F. Scholz 2003b (Karachi); T. Assheuer 2015, Scholz, F. u. a. 2001 (Dhaka); N. Gutschow/H. Kreutzmann 2012 (Kathmandu/Nepal)

· **Die japanische Stadt**:
W. Flüchter 2008, O. Mayer 2011, P. Schöller 1969, 1978 (Merkmale d. Stadtentw.); N. Gutschow 1976, S. Satoh 2008 (Burgstädte); W. Flüchter 1975, 1978, U. Hohn 2000, 2001 (Neulandgewinnung, Stadtplanung/-umbau, *Urban Renaissance*); R. Lützeler 2013 (sozialer Wohnungsbau); N. Thummes 1996 (Technopolis); Städtebeispiele: W. Flüchter 1985, 1997a, b, 2000, 2001, W. Flüchter/P. J. Wijers 1990, U. Hohn 2001, 2002a,b, 2004, 2005, 2009, P. Meusburger 2000, H. Poppinga 2015 (Megastadt/*Global City* Tôkyô, Stadterneuerung/-umbau); U. Hohn 2013 (Osaka)

· **Die chinesische/ostasiatische Stadt** (ohne Japan):
R. Kaltenbrunner 2008, P. Li/P. Gauthier 2014, J. W. R. Whitehand u. a. 2016, W. Wu/P. Gaubatz 2013, C. Wuttke 2012 (Städte i. China); W. Breitung 2014 (Raumo., China); Städtebeispiele: W. Breitung 2008, J. Fan/W. Taubmann 2004, Y. Tang/K. R. Kunzmann 2008 (Beijing/Peking); Y. Lin u. a. 2011, R. Wehrhahn/A. L. Bercht 2008 (Guangzhou); W. Breitung 2008, G. Kuhn 2008, E. Kaltenbrunner 2002, D. Schubert 2001b, U. Tagscherer 2000 (Shanghai); W. Breitung 2001, 2003, 2008, W. Breitung/R. Schneider-Sliwa 1997, W. Taubmann 1996b (Hongkong); F. Kraas 1998 (Macau); E. Dege 2000 (Seoul)

· **Die südostasiatische Stadt**:
M. Garschagen 2014, F. Kraas 2004a, 2005a, T. G. McGee/I. M. Robinson 1995, I. Morley 2012, M. Stark 2015, K. S. Yap 2010, Yap, K.S. u. Moe Thuzar 2012 (Stadtentwicklung/-strukturen, aktuelle Urbani-sierungsprozesse); Städtebeispiele: D. Archer 2012, F. Kraas 2000, 2012 (Bangkok); F. Kraas u. a. 2006, 2010 (Yangon); T. C. Chang/S. Huang 2011, H. Heineberg 1986, F. Kraas 2004b, G. L. Ooi 2004, G. L. Ooi/Y. C. Kog 1999 (Singapur); M. Heintel/G. Spreitzhofer 2009 (Manila); H. Leisch 2000, G. Spreizhofer 2000 (Jakarta); B. v. Horen 2005 (Hanoi); D. Huynh, D. 2015, M. Waibel 2009, 2016 (Ho Chi Minh City); H. Schneider 2016 (Phnom Penh); S. Moser 2010 (Putrajaya)

· **Die nordafrikanische/tropisch-afrikanische Stadt** (s. auch Stadt des islamischen Orients):
W. Gaebe 1994, D. Müller-Mahn/M. Abdelghani 2006 (Urbanisierung); K. Vorlaufer 2001, B. Wiese 1997 (regionale Verstädterung/Stadttypen); J. Bisson/V. Bisson 2001 (Wüstenstädte); W. Manshard 1977, 1992 (Stadtentw. in Tropisch-Afrika m. Stadtmodell); Städtebeispiele: K. Vorlaufer 1992, W. Gaebe 1992 (Lusaka); V. Kreibich u. a. 2008 (Dar es Salaam)

· **Städte in Afrika südlich der Sahara/südafrikanische Stadt**:
J. Bähr 2005, B. Lohnert 2005 (Stadtentw. südl. d. Sahara); J. Bähr/U. Jürgens 1993, J. Bähr u. a. 1998, C. Haferburg 2010, U. Jürgens 2010, U. Jürgens/J. Bähr 2002, B. Lohnert 2010, B. Wiese 1999 (Stadtentw., Modelle d. Spät-/Postapartheid); Beispiel Johannesburg: J. Bähr 2000, M. Gnad 2002, U. Jürgens/J. Bähr 1998, 2002, U. Jürgens/M. Gnad 2000, U. Jürgens 2005, C. Parnreiter u. a. 2013

· **Die australische/neuseeländische Stadt**:
B. Hofmeister 1988, 1982b, 1995, G. Searle/B. Braun 2012 (Stadtentw. u. -strukturen, Metropolen); B. Braun 1995, 1996 (Suburbanisierung, Neue Cities in Australien); R. Grotz 1987, B. Braun u. a. 2001, B. Braun u. a. 2004, F. Fischer 2004, A. Schüttemeyer 2005 (Agglomerationen Sydney, Melbourne); K. Blumberg 2003 (neuseeländ. Städte/Nachhaltigkeit)

12 Metropolen im Globalisierungsprozess und postmoderne Stadtentwicklung

Abb. 12.1 Die *Global City* Hongkong   Foto: C. Saalfrank 2013

Blick vom Victoria Peak (Hong Kong Island) auf den *Central District* mit dem aus drei Wolkenkratzern bestehenden *International Finance Centre/IFC* (der höchste, rechts, wurde 2003 mit 415 m Höhe fertiggestellt), auf die sehr hohe Wohndichte der Hochhausbebauung am Stadtzentrumsrand (Vordergrund) und auf West-Kowloon mit Hafen und dem 2010 eröffneten *International Commerce Centre* (mit 118 Stockwerken und 484 m das höchste Gebäude Hongkongs) im Hintergrund.

Das Wachstum und die damit verbundene weltweite Ausbreitung von Metropolen und *Megacities*, die sog. **Metropolisierung und Megapolisierung** (s. 2.2 und 2.3.1), sowie die **Globalisierung** sind Phänomene, die sich vor allem innerhalb des vergangenen halben Jahrhunderts mehr und mehr dynamisch entwickelt haben, die Globalisierung insbesondere in den vergangenen drei Jahrzehnten. Allerdings reicht der Metropolenbegriff historisch weit bis in die Antike zurück und die 1. Welle der modernen Globalisierung bis in das 19. Jh.

Die Schwerpunkte dieses Kapitel bilden die Entwicklung und Ansätze nationaler und internationaler **Metropolen- und *Global City*-Forschung** (12.1 und 12.2) und deren Einordnung in jüngere Diskurse zur **postmodernen Urbanisierung** bzw. Stadtentwicklung (12.3).

12.1 „Metropolen" im Globalisierungsprozess

12.1.1 Der Metropolenbegriff zwischen Antike und Gegenwart. Zur Zeit der griechischen Antike war **Metropolis** die Bezeichnung für eine „Mutterstadt" (z. B. Athen), die die mittelmeerische Welt mit einem Netz von Kolonialstädten, d. h. neuen Tochterstädten, überzog (s. auch L. BASTEN 2009a, S. 8). Im christlichen Mittelalter wechselte der Begriff zur Bischofsstadt (vgl. das Beispiel der Stadt Münster/Westfalen als „Metropolis Westphaliae" in H. HEINEBERG/T. HAUFF 2012, S. 83ff.). Diese kirchliche Zuordnung blieb bis weit in die frühe Neuzeit erhalten (F. J. KEMPER 2006, S. 2). Zugleich schmückten sich in „der frühen Neuzeit, unter dem Einfluß neuer kolonialer Expansion und erster Formen der „Weltwirtschaft", (…) die Zentren kolonialer Weltreiche wie London, Amsterdam und Paris mit diesem Ehrentitel" (H. REIF 2006, S. 6).

Im 19. Jh. ging die kirchliche Konnotation verloren, und **Metropole** bezeichnete seitdem besonders die Hauptstadt eines Landes/Provinz oder eine besonders große Stadt (H. J. KEMPER 2006, J. BÄHR/U. JÜRGENS 2009). Derartige Großstädte – wie beispielsweise London, Paris, Wien oder (im letzten Viertel des 19. Jh.s) auch Berlin - waren u. a. gekennzeichnet durch

- ein bedeutendes Bevölkerungswachstum (v. a. durch Land-Stadt-Wanderungen) und
- Bevölkerungsverdichtungen (z. B. Mietskasernen in Berlin, Abb. 9.7 u. Kasten 9.2) in Verbindung mit einer
- enormen Bautätigkeit (auch Stadtumbau, vgl. Paris, Wien, s. 9.2),
- repräsentative bauliche Gestaltungen (öffentliche Gebäude, s. 9.2.1, Boulevards nach Pariser Vorbild, 9.2.2),
- starkes industrielles und gewerbliches Wachstum, zusammen
- mit besonderen Verkehrsfunktionen (Eisenbahn, Entwicklung von Industrie- und Hafenstädten),
- Citybildung (s. 7.3.2) mit der Herausbildung einer
- bedeutenden „Metropolenkultur" (Theater, Vergnügungskultur etc., s. P. NOLTE 2016).

In den Zentren großer Städte wurden
- Straßen zu bedeutenden Räumen der öffentlichen Begegnung und Mobilität, ausgestattet mit breiten Bürgersteigen und mit zunehmendem Straßen- und öffentlichem Verkehr (ÖPNV). Neu und anziehend waren auch die
- modernen „Großstadtreize" (künstliche Helligkeit wie Leuchtreklame etc.)

Einige Metropolen, allen voran London, entwickelten sich zu
- wichtigen Finanzmetropolen mit z. T. bedeutenden Vernetzungen als Weltstädte („Zentren des globalen Kapitalismus", erste Welle der Globalisierung Ende des 19. Jh.s).

Heute werden Metropolen in den raumbezogenen Wissenschaften vorrangig mit ihrer inter- oder supranationalen Bedeutung im Rahmen der (ökonomischen) Globalisierung in Zusammenhang gebracht; vgl. auch die Ableitung eines mehrdimensionalen Metropolenbegriffs in Kasten 12.3 sowie in K. VOLGMANN 2013, Abb. 4.

12.1.2 Jüngere „Konjunktur der Metropolen". In Deutschland setzte ein Metropolen-Diskurs mit einer Vielzahl interdisziplinär verankerter Themen verstärkt vor rund zwei Jahrzehnten ein. Paradigmatisch dafür ist etwa das von G. FUCHS u. a. (1995) herausgegebene Taschenbuch mit dem Titel „Mythos Metropole" mit interdisziplinären Beiträgen, u. a. mit der amerikanischen Autorin S. SASSEN über „Metropole: Grenzen eines Begriffs" und E. W. SOJA über „Postmoderne Urbanisierung" (vgl. 12.3.1 in diesem Band).

Kasten 12.1
Rahmenbedingungen für die Diskurs-
Konjunktur in Deutschland in Bezug auf
Metropolen nach H. H. BLOTEVOGEL 1998a

• Umwertungen im deutschen Städtesystem
(als Folge der deutschen Einheit),
• die Integration der deutschen Städte in das
europäische Städtesystem (als Folge der europäischen Einigung),
• die fortschreitende Globalisierung und
• damit einhergehende flexible Spezialisierung
d. Ökonomie („flexible Netzwerk-Ökonomie"),
• der Bedeutungsverlust der Nationalstaaten
und
• die Krise traditioneller staatlicher Steuerungsformen (Flexibilisierung staatlichen Handelns),
• die anhaltende Finanz- und Arbeitsmarktkrise
sowie die
• daraus resultierende Umgewichtung zugunsten wirtschaftspolitischer Entwicklungsziele.

„Seit einigen Jahren hat das Thema „Metropolen" sowohl in den raumbezogenen
Wissenschaften als auch in der Raumordnungspolitik eine bemerkenswerte Konjunktur. Die großen Städte und Stadtregionen versuchen, sich im Standortwettbewerb des europäischen und globalen Systems der Metropolen zu positionieren" (H.
H. BLOTEVOGEL 1998a, S. 62). Ausgangspunkt dieser Konjunktur in Deutschland war
insbesondere der von der MINISTERKONFE-
RENZ FÜR RAUMORDNUNG (MKRO) im Jahre
1995 verabschiedete sog. Raumordnungs-
politische Handlungsrahmen, in dem das
Konzept und die Bedeutung sog. **europäi-**
scher Metropolregionen herausgestellt
wurden (s. 3.3). In ihrem Entschluss vom
3.6.1997 zur „Bedeutung der großen Metropolregionen Deutschlands für die Raumentwicklung in Deutschland und Europa"
sah es die MKRO „als notwendig an, das
Konzept der europäischen Metropolregionen innerhalb Deutschlands wie auch auf
europäischer Ebene und in Zusammenarbeit
mit den Mitgliedstaaten weiterzuentwickeln
und abzustimmen. Europäische Metropolre-

gionen sollen Bestandteil des in Vorbereitung befindlichen europäischen Raument-
wicklungskonzepts sein" (MKRO 1997, S.
52; s. Abb. 3.12). Damit wurde die Kategorie
der „Europäischen Metropolregionen" zum
Bestandteil des Instrumentariums der deutschen Raumordnung und fortan von den
Bundesländern in ihren Plänen und Programmen konkretisiert (H. H. BLOTEVOGEL 1998a,
S. 62). Zum Beispiel führte Nordrhein-Westfalen in der Neufassung des Landesentwick-
lungsplans (1995) für das Rhein-Ruhr-Gebiet
die Kategorie „Europäische Metropolregion
Rhein-Ruhr" ein (Abb. 3.3). Zu Gemeinsamkeiten und Unterschieden von „Eurometropolen" anhand sieben europäischer Städte
vgl. H. FASSMANN 1999. Wesentliche Rahmenbedingungen für die Diskurs-Konjunktur in
Deutschland in Bezug auf Metropolen sind
in Kasten 12.1 nach H. H. BLOTEVOGEL 1998a
zusammengefasst; vgl. auch H. H. BLOTE-
VOGEL 1998b, S. 27ff..

Einige Aspekte dieses ab ca. 1995 in die
Raumordnung und Raumforschung in
Deutschland eingebrachten Metropolen-
Diskurses sind besonders bemerkenswert:
(1) Zwar existierte bereits zuvor in der deutschen Stadtforschung der **Begriff Metro-**
pole (vgl. z. B. die Bemühungen von D.
BRONGER 1989 um eine für Industrie- und Entwicklungsländer brauchbare Definition; s.
auch 2.2). Dieser bezeichnete aber im Allg. -
und dabei oftmals unpräzise - die „große
Stadt" (E.-H. RITTER 1998, S. 51); allerdings
beschäftigten sich die Raumordnung und
Raumforschung in Deutschland bis dahin
nicht explizit mit Metropolen, sondern mit
(ähnlichen) räumlichen Konstrukten wie Ballungsgebiete, Stadtregionen, Verdichtungs-
oder auch (städtische) Agglomerationsräume (s. 3.2).
(2) Metropolen wurden nunmehr stärker als
zuvor die Ballungsgebiete, Verdichtungsräume und andere Kategorien im „suprana-

tionalen Wettbewerb" (E.-H. RITTER 1998) bzw. im Rahmen einer „supranational verflochtenen Wirtschaft" (H. H. BLOTEVOGEL 1998a, S. 63) gesehen.

(3) Hinzu kam, dass in Deutschland spätestens ab Mitte der 1990er Jahre die inter- bzw. supranationale Wirtschaftsentwicklung mehr und mehr als Prozess der Globalisierung - nach E. W. SCHAMP 1997 „als neue Phase der Integration der Weltwirtschaft" - eingestuft wurde und in Bezug auf Metropolen in der jüngeren Zeit „eindeutig die ökonomischen Konnotationen" überwogen (H. H. BLOTEVOGEL 1998a, S. 63; s. auch D. W. REBITZER 1995).

(4) Der Metropolen-Diskurs wurde auf internationaler Ebene - verstärkt ab Anfang der 1990er Jahre - vor allem in Bezug auf sog. Weltstädte (*World Cities* oder *Global Cities*) geführt, worauf dieses Kapitel stärker eingeht (vgl. vor allem 12.2).

(5) Im Raumordnungsbericht 2005 der Bundesregierung wurde herausgestellt, dass die verstärkte Beschäftigung mit Metropolen seitens Politik, Wirtschaft und Medien - nicht nur in Deutschland - „wesentlich mit dem als „Globalisierung" bezeichneten weltweiten wirtschaftlichen und politischen Integrationsprozess zu tun (hat)" (BBR 2005a, S. 177).

Für große Metropolen hat sich im vergangenen Jahrzehnt - auch international - der Begriff **Megastadt (*Megacity* oder *Mega-City*)**, allerdings mit unterschiedlichen Einwohnerschwellenwerten, durchgesetzt (s. 2.2). Je nachdem, welch einen Schwellenwert man für die Abgrenzung von Megastädten zugrunde legt - z. B. 10, 8 oder 5 Mio. Einwohner - , so bestanden im Jahre 2000 weltweit bereits 16, 24 oder 39 *Mega-Cities*. Im Jahre 2015 konnten es eventuell insgesamt 58 sein (F. KRAAS 2003, S. 9). Zur Entwicklung der metropolitanen Bevölkerung sowie der in Megastädten lebenden Einwohner, d.

Kasten 12.2
Merkmale von *Mega-Cities* nach F. KRAAS 2003

- Große Einwohnerzahlen bzw.
- Bevölkerungskonzentration,
- hohe Einwohnerdichte mit z. T. extremen Werten,
- größtenteils unkontrollierte Siedlungsexpansion,
- hohes Verkehrsaufkommen,
- teilweise erhebliche Infrastrukturdefizite,
- hohe Konzentration industrieller Produktion,
- ökologische Be- und Überlastung,
- ungeregelte und disparate Boden- und Eigentumsmärkte,
- unzureichende Wohnungsversorgung,
- teilweise extreme sozio-ökonomische Disparitäten,
- große Dynamik in allen demographischen, sozialen, politischen, wirtschaftlichen und ökologischen Prozessen.

---

h. der demographischen Metropolisierung und Megapolisierung, auch mit ihren Unterschieden zwischen Industrie- und Entwicklungsländern, vgl. 2.3.1.

Während vor dem 2. Weltkrieg die Megastadt noch ein Phänomen der sog. Industrieländer war, so entfällt heute die bei weitem größte Zahl auf die sog. *Newly Industrializing Countries* (*NICs*) innerhalb der sog. Entwicklungsländer. Auf die Entwicklungsländer insgesamt verteilten sich im Jahre 2000 zwei Drittel aller Megastädte (F. KRAAS 2003, S. 9). Wachstum und Bedeutung der Megastädte werden in der Zukunft noch weiter stark zunehmen.

Während im Jahre 2000 knapp 400 Mio. Menschen auf der Erde in Megastädten wohnten, konnten es im Jahre 2015 voraussichtlich gut 600 Mio. sein. Zugleich werden einige Megastädte die 20 Mio.-Einwohnergrenze überschreiten; für diese Größe wird z. T. auch die Bezeichnung *Metacity* oder *Hypercity* benutzt. War es im Jahre 2000 lediglich Tôkyô mit gut 26 Mio. Einwohnern, so sind bis 2015 in diese oberste Größen-

Kasten 12.3 Funktionen und Merkmale von Metropolen nach H. H. BLOTEVOGEL 2004, 2006, 2010, H. H. BLOTEVOGEL/R. DANIELZYK 2009	
Funktionen von Metropolen	**Abgeleitete Merkmale**
• **Entscheidungs- und Kontrollfunktionen**	
- Privatwirtschaft/Unternehmen	Headquarter großer nationaler und transnationaler Unternehmen, Finanzwesen: Banken, Börsen etc., breites Spektrum hochspezialisierter Dienstleister
- Staat	Regierung, Behörden
- sonstige Organisationen	Supranationale Organisationen (EU, UN etc.), internationale NGOs
• **Innovations- und Wettbewerbsfunktionen** Generierung und Verbreitung von Wissen, Einstellungen, Werten, Produkten	
- Wirtschaftlich-technische Innovationen	F&E-Einrichtungen, Universitäten, wissensintensive Dienstleister
- Soziale und kulturelle Innovationen	Kulturelle Einrichtungen, Orte sozialer Kommunikation (Gaststätten, Sport etc.), neue Lebensformen etc.
• *Gateway*-Funktionen	
- Zugang zu Menschen	Fernverkehrsknoten, insbes. Luftverkehr, ICE- und Autobahnknoten
- Zugang zu Wissen	Medien (Fernsehen, Printmedien etc.), Kongresse, Bibliotheken, Internet-Service
- Zugang zu Märkten	Messen, Ausstellungen
• **Symbol-Funktionen**	Kultur, Medien, Events, Stadtgestalt, Image etc.

klasse wahrscheinlich auch Mumbai (Bombay), Lagos, Dhaka und São Paulo als neue Supermegastädte hineingewachsen. Hinzu kamen 2015 zahlreiche weitere *urban agglomerations* über 10 Mio. Einwohner.

F. KRAAS (2003, S. 9) beschreibt *Mega-Cities* - aus weltweiter Perspektive, insbesondere unterentwickelter Länder - nicht nur hinsichtlich demographischer, sondern auch zahlreicher anderer Merkmale und aktueller Probleme (s. Kasten 12.2). Allerdings fehlen in diesem Merkmalskatalog Hinweise auf Globalisierungsprozesse. Oder anders gefragt: Inwieweit resultieren die in Kasten 12.2 genannten Merkmale (bzw. einige dieser) aus der (jüngeren) Globalisierung?

Demgegenüber definiert H. H. BLOTEVOGEL (1998a, 2004, 2006) die Funktionen und daraus abgeleitete **Merkmale von Metropolen** eher **aus der Sichtweise des jüngeren** *Global City*-**Diskurses**. Die Einwohnergröße wird nicht als das wichtigste Kriterium angesehen, sondern die „Konzentration von politischen und vor allem wirtschaftlichen Steuerungsfunktionen, eine hohe Dichte spezialisierter, unternehmensnaher Dienstleistungsunternehmen sowie eine hoch entwickelte Infrastrukturausstattung. (...) Vor allem die Lokalisation und die internationale Verflechtung höherwertiger unternehmensorientierter Dienstleister werden in neueren Arbeiten als zentrale Indikatoren für die Integration von Metropolen in das globale Städtesystem herangezogen" (H. H. BLO-TEVOGEL 2004, S. 41). In Kasten 12.3 sind die Funktionen von Metropolen entsprechend jüngerer Arbeiten von H. H. BLOTEVOGEL und R. DANIELZYK nach sog. Entscheidungs- und Kontrollfunktionen, Innovations- und Wettbewerbsfunktionen, *Gateway*- und Symbol-Funktionen klassifiziert und weiter untergliedert. Mit diesen charakteristischen Merkmalen sind Metropolen praktisch schon im Rang von *Global Cities* angesiedelt. *Global Cities* **oder Weltstädte** als höchste Stufe der Städtehierarchie sind nach H. H. BLOTEVOGEL (1998a, S. 65) „Organisations- und Kontrollzentren der transnational verflochtenen Ökonomie" und „Knotenpunkte des weltweiten Handels- und Verkehrssystems" und nach dieser Auffassung in erster Linie ökonomisch determiniert. Zu *Global Cities* mit erweiterter Definition s. auch 12.2.3; zu weiteren Begriffsdifferenzierungen bzw. unterschiedlichen Auffassungen in Bezug auf Metropolfunktionen vgl. die von H. H. BLOTEVOGEL (1998b) zitierten und in Kasten 12.9 aufgeführten Veröffentlichungen.

12.1.3 Messung von Metropolfunktionen, der sog. Metropolität. Im Raumordnungsbericht 2005 des Bundesamtes für Bauwesen und Raumordnung wurden erstmals auf der Grundlage eines neuen Messkonzeptes Metropolfunktionen auf Städtebasis quantifiziert (BBR 2005, S. 185, ähnlich auch in B. ADAM/A. WACKER 2009, Karte 3). Dem Konzept der Indexmessung lagen 24 Einzelindikatoren aus drei Funktionsbereichen für Metropolen zugrunde, die bereits zuvor von H. H. BLOTEVOGEL mit jeweils einer Reihe charakteristischer Einzelmerkmale benannt wurden (H. H. BLOTEVOGEL 2004), und zwar (1) Entscheidungs- und Kontrollfunktionen, (2) Innovations- und Wettbewerbfunktionen

und (3) sog. *Gateway*-Funktionen (vgl. Kasten 12.3 in diesem Band). Das Verfahren der Messung von Metropolfunktionen wurde von H. H. BLOTEVOGEL/K.SCHULZE 2009 (basierend auf einer eigenen Untersuchung von 2007) unter Berücksichtigung eines größeren Sets von 50 Indikatoren aus den drei o. g. Funktionsbereichen verfeinert. Für eine Veröffentlichung von H. H. BLOTEVOGEL (2010) konnte - erstmals einschließlich zahlreicher statistischer Merkmale für die schwer quantifizierbaren Symbol-Funktionen (s. Kasten 12.3) - neue Berechnungen zur Metropolitätsmessung mit Daten für 2008-2010 für 439 Kreise und kreisfreien Städte Deutschlands durchgeführt werden. Die mit

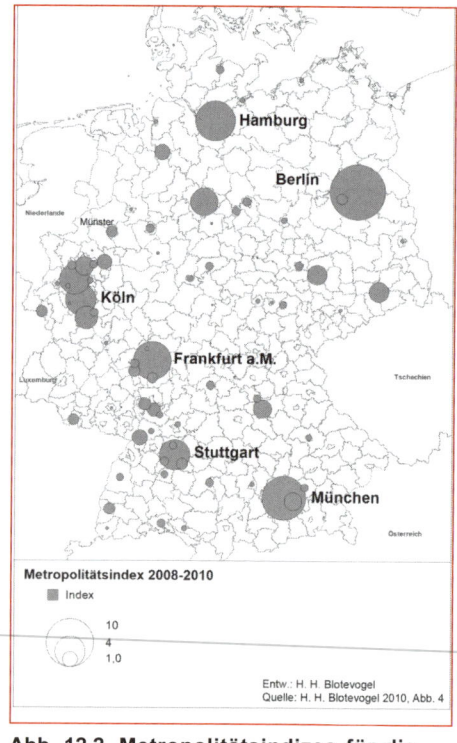

Abb. 12.2 Metropolitätsindizes für die kreisfreien Städte und Kreise Deutschlands nach H. H. Blotevogel

Hilfe einer multivariaten sog. Hauptkomponentenanalyse gewonnenen Metropolitätsindizes (sog. **Metropolität**, eine neue Wortschöpfung) zeigen, dass Berlin, München, Hamburg und Frankfurt an der Spitze des deutschen Städtesystems stehen, gefolgt von Köln, Stuttgart, Düsseldorf und der Region Hannover auf den Rangplätzen 5 bis 8 (s. Abb. 12.2). Von Bedeutung sind auch separate Berechnungen für die von H. H. BLOTEVOGEL (2010) unterschiedenen Entscheidungs- und Kontrollfunktionen, Wissens- und Innovationsfunktionen, *Gateway*-Funktionen und Symbolfunktionen. Es zeigt sich, dass auch kleinere Großstädte, z. B. die Stadt Münster, über Metropolfunktionen verfügen (vgl. auch H. HEINEBERG/T. HAUFF 2012).

In der Untersuchung von K. VOLGMANN (2013) werden Metropolen in Deutschland sowohl mit ihren kulturellen und symbolischen Bedeutungszunahmen als auch als Standorträume mit metropolitanen Funktionen aufgefasst und sowohl theoretisch als auch empirisch(-quantitativ) detailliert analysiert.

12.2 Der internationale Diskurs der Weltstadt-/*GlobalCity*-Forschung - Entwicklung und Ansätze

12.2.1 Der funktionale Charakter von Weltstädten ist relativ früh von dem Geographen PETER HALL (1966, 1984[3]) anhand von London, Paris, New York, Tôkyô, Moskau, der Randstad Holland und der Metropolregion Rhein-Ruhr herausgestellt worden. Diese Städte oder städtischen Agglomerationen wurden von HALL aufgrund der globalen Reichweite ihres Einflusses in Wirtschaft, Finanzwesen, Kommunikation, Politik und Kultur als Spitzengruppe der weltweiten Städtehierarchie betrachtet. Während HALL vor allem den „kosmopolitischen" Charakter von Weltstädten betont hat, haben nachfolgende Untersuchungen eher die ökonomisch-funktionale Hierarchie des internationalen Städtesystems in den Mittelpunkt ihrer Analyse gestellt (ST. KRÄTKE 2002, S. 46).

Durch die einflussreiche Arbeit von J. FRIEDMANN/G. WOLFF (1982) mit dem Titel *„World city formation"* ist der **funktionale Charakter von Weltstädten** besonders gewürdigt worden (U. GERHARD 2004, S. 5). Das Verdienst der Autoren bestand zum einen darin, dass sie einen Zusammenhang zwischen dem Urbanisierungsprozess und der Integration der Städte in die globale Wirtschaft herstellten; zum anderen wurde auch die Polarisierung zwischen unterschiedlichen sozialen Klassen als direkte Folge der Weltstadtbildung besonders betont (ebd.).

12.2.2 Weltstadthypothesen nach J. FRIEDMANN. J. FRIEDMANN veröffentlichte 1986 in seinem innovativen Beitrag *„The world city hypothesis"*, der sich auf die räumliche Organisation einer neuen internationalen Arbeitsteilung bezieht, sieben miteinander in Beziehung stehende Thesen (sog. Weltstadthypothesen), die in erster Linie als Rahmen für die Weltstadtforschung gedacht waren und auch heute noch von grundlegender Bedeutung sind (s. Kasten 12.4, wiedergegeben z. T. in Anlehnung an U. GERHARD 2004).

Zur empirischen **Ableitung einer „world city hierarchy"** benutzte J. FRIEDMANN (1986) die Kriterien Hauptfinanzzentrum, *Headquarters* transnationaler Unternehmen, internationale Institutionen, rasches Wachstum des unternehmensorientierten Dienstleistungssektors, wichtiges Produktionszentrum, Haupttransportknotenpunkt und Bevölkerungsgröße. J. FRIEDMANN unterschied sog. *Primary Cities* und *Secondary Cities* in Kerngebieten (*cores*) und Semiperipherien, und zwar bezogen auf Asien

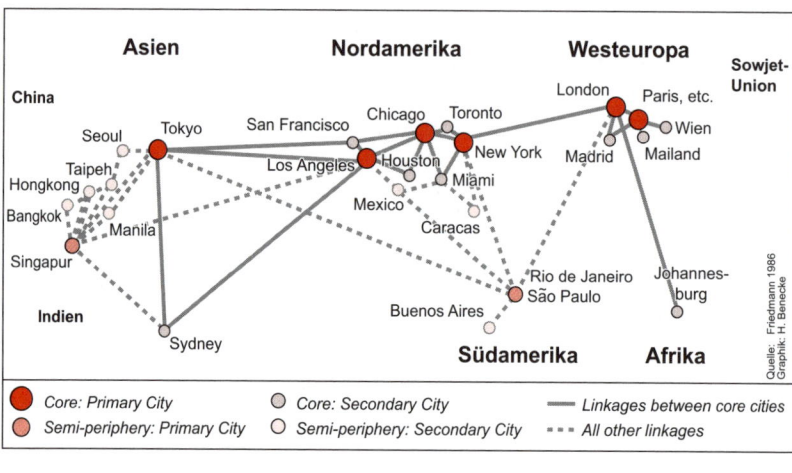

Abb. 12.3
„*World City Hierarchy*"
nach
J. Friedmann

Quelle: Friedmann 1986
Graphik: H. Benecke

Core: Primary City
Semi-periphery: Primary City
Core: Secondary City
Semi-periphery: Secondary City
Linkages between core cities
All other linkages

(ohne China und die damalige Sowjetunion), Nordamerika und Westeuropa (Abb. 12.3). Wenngleich die von J. Friedmann abgeleitete Hierarchie der Weltstädte auf einer noch sehr schwachen empirischen Basis beruhte, so hat sie jedoch die interdisziplinäre Forschung erheblich zu weitergehenden Untersuchungen angeregt (R. Wehrhahn 2004, S. 40). In einem weiterführenden Beitrag von J. Friedmann (1995) wurden 30 Weltstädte v. a. nach wirtschaftlichen Kriterien, ergänzt durch Bevölkerungsgröße und Hauptmigrationszielen, untersucht. Der Autor verzichtete jedoch auf einer graphischen Anordnung mit „*linkages*" zwischen den Weltstädten wie in der Darstellung von 1986 (vgl. die Erläuterungen in H. Heineberg 2005a, S. 73-75).

12.2.3 Der *Global City*-Ansatz nach S. Sassen. Mit ihrer stark ökonomisch ausgerichteten *Global City*-Forschung hat Saskia Sassen in mehreren international stark beachteten Buchpublikationen - „*The Global City*" (1991, 2001[2]) und „*Cities in a World Economy*" (1994, dt. Übersetzung 1996, 1997[2]) - die Friedmannschen Weltstadthypothesen prominent weiterentwickelt (M. Hoyler 2004, S. 26). Eine zentrale These von S. Sassen (1997[2]) „lautet, daß die in den letzten beiden Jahrzehnten eingetretene Veränderung in der Zusammensetzung der Weltwirtschaft, die von einer Verlagerung hin zum Dienstleistungs- und Finanzgewerbe begleitet wurde, dazu führte, daß die größeren Städte als Schauplatz bestimmter Aktivitäten und Funktionen erneut an Bedeutung gewinnen. Unter Bedingungen fortschreitender Konzentration von Eigentum und wirtschaftlicher Kontrollmacht trägt im derzeitigen Entwicklungsabschnitt der Weltwirtschaft gerade das Zugleich von globaler Steuerung und globaler Integration der Wirtschaftstätigkeit dazu bei, daß bestimmte größere Städte, die ich als *Global Cities* (S. SASSEN 1991) bezeichne, nunmehr eine **strategische Rolle** spielen. Einige dieser Städte fungieren bereits seit mehreren Jahrhunderten als Zentren des Welthandels und Bankgeschäfts, aber abgesehen von diesen althergebrachten Funktionen dienen die Global Cities heute erstens als Steuerungszentralen innerhalb der Organisation der Weltwirtschaft, zweitens als wesentliche Standorte und Marktplätze für die derzeit führenden Wirtschaftszweige, d. h. für das unternehmensorientierte Finanz- und Dienstleistungsgewerbe, und drittens als wesentliche Produktionsstandorte dieser Gewerbezweige, wozu auch die Produktion von Innovationen gehört. Manche Städte erfüllen im kleineren geographischen Maßstab trans- und subnationaler Regionen ähnliche Funktionen" (S. SASSEN 1997[2], S. 20). S. SASSEN konzentrierte sich mit ihren Untersuchungen, die sie vor allem anhand von Analysen innerhalb der Finanz- und Dienstleistungssektoren (Finanzen, Versicherungen, Immobilienwirtschaft) in den führenden Weltstädten New York, London und Tôkyô durchführte (vgl. S. SASSEN 1991), auf J. FRIEDMANNS Hypothesen (U. GERHARD 2004, S. 6). S. SASSENS Veröffentlichung von 1997[2] berücksichtigt weitere Finanzzentren (Toronto, Sydney etc.).

Ähnlich wie bereits J. FRIEDMANN (12.2.2) so hat auch S. SASSEN (1991) auf die zunehmende **sozialräumliche Polarisierung,** den **wachsenden informellen Sektor und** die **Spaltung des Arbeitsmarktes in** *Global Cities* hingewiesen. „In ihrer Neuauflage von *„The Global City"* hat sie die zunehmenden Einkommensdisparitäten in den untersuchten Städten hervorgehoben und die Infrastruktur von niedrig bezahlten Dienstleistungen als Begleiterscheinung der Weltstadtbildung unterstrichen. Hypothesenartig formuliert sie, dass die zunehmende Zahl hochqualifizierter Berufe zu einer räumlichen und sozio-ökonomischen Ungleichheit in den Städten führe" (U. GERHARD 2004, S. 7, nach S. SASSEN 2001[2], S. XXI).

Die **Kritik an S. SASSEN** richtet sich zum einen darauf, dass sich ihre empirische Basis und deren Interpretationen in erster Linie auf die „*Global City*-Triade" London, New York und Tôkyô beziehen und damit wenig ausgesagt wird über alle anderen Weltstädte und deren Einfügung in das „Weltstadtsystem" (vgl. P. J. TAYLOR/D. R. F. WALKER 2001, S. 24). Auch viele jüngere Arbeiten, die sich konzeptionell häufig an S. SASSEN anlehnen, berücksichtigen nur wenige Weltstädte im Vergleich oder auch lediglich einzelne *Global Cities* wie etwa der Aufsatz von J. BURDACK (2004) über Paris (vgl. dazu H. HEINEBERG 2005a, S. 77-79 sowie Übersicht 1, mit zahlreichen weiteren Literaturbeispielen). Zum anderen ist die *Global City*-Analyse nach S. SASSEN sehr stark auf ökonomische Variablen reduziert.

12.2.4 Analyse des „Weltstadt-Netzwerkes". „Das „*Global City*"-Konzept stellt den Zusammenhang zwischen Stadtentwicklung und weltweiter wirtschaftlicher Entwicklung heraus, insbesondere mit der These, daß sich das mit der Globalisierung umschriebene weltweite System von Pro-

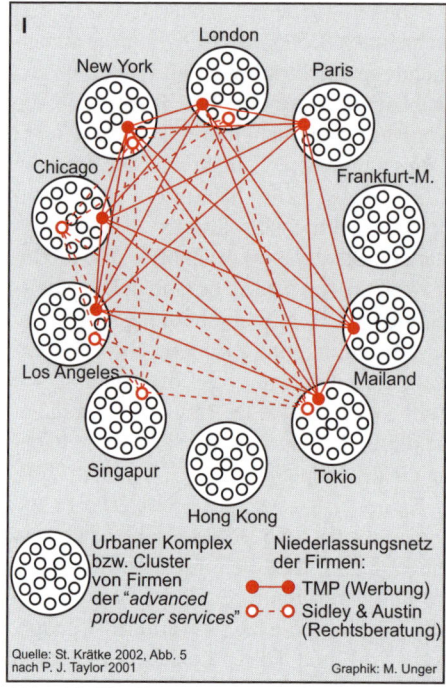

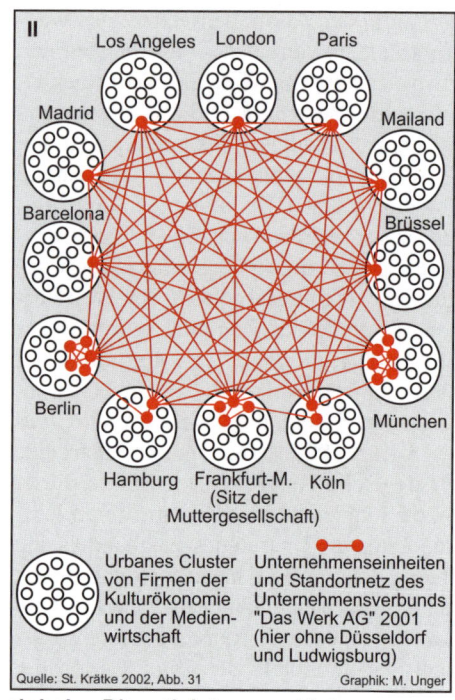

Abb. 12.4/I **Netzwerk der Niederlassungen globaler Dienstleistungsanbieter (Werbung, Rechtsberatung) in ausgewählten Weltstädten** nach P. J. Taylor

Abb. 12.4/II **Netzwerk der Tochter- und Beteiligungsfirmen eines globalen Medienunternehmens („Das Werk AG") in nationalen und internationalen Medienstädten** (28 Unternehmenseinheiten an 7 Inlands- und 7 Auslandsstandorten) **nach St. Krätke**

duktion und Märkten *räumlich* in Form eines **globalen Netzwerks von Städten** artikuliert: Die fortgeschrittene Internationalisierung und Globalisierung des Kapitals benötigt „Knotenpunkte" zur Koordination und Kontrolle der weltweiten ökonomischen Aktivitäten". (…) „Basis des Global-City-Konzepts ist die Neuauflage eines Modells der funktional-räumlichen Arbeitsteilung im Kontext des internationalen Städtesystems" (ST. KRÄTKE 1997, S. 144-145).

Nun gab es jedoch bis dahin - wenn man etwa von dem frühen, empirisch allerdings noch unzulänglichen Versuch J. FRIEDMANNS (1986) absieht (s. 12.2.2) - keine weltumspan-

nenden Arbeiten, die derartige Netzwerk-*Linkages* im globalen Städtesystem analysiert haben. Den früheren Studien mangelte es entweder an Belegen, oder es wurden (wie z. B. von S. SASSEN 1991, 1994) empirische Daten nur für wenige Städte präsentiert; die Einordnung derartiger Städte in den globalen Kontext konnte damit nur unzureichend erfolgen (s. auch R. WEHRHAHN 2004, S. 40).

Hier setzt ein langjähriges Forschungsprojekt an der University of Loughborough in England unter der Leitung von PETER J. TAYLOR an, in dessen Mittelpunkt einer Weltstadtforschung erstmals die bislang vernachlässigte **empirische Erfassung von „*in-***

ter-city relations" bzw. *„network connectivities"* rückte; zu den ersten Forschungsarbeiten ab ca. dem Jahr 2000 der sog. *Globalization and World Cities (GaWC) Study Group and Network* zählen P. J. TAYLOR 2001, 2004, J. TAYLOR/G. CATALANO 2002 sowie etwa auch J. V. BEAVERSTOCK u. a. 1999, 2000, 2003[2]. Die Analyse des „Weltstadt-Netzwerkes" durch diese Forschergruppe begann mit Untersuchungen ausgewählter sog. *global service firms*, die in mindestens 15 verschiedenen Städten mit zumindest je einem Büro in den drei Haupt-Globalisierungsschauplätzen Nordamerikas, Westeuropas und des Pazifischen Asien vertreten waren. Es wurden Daten gesammelt über die *office networks* von insgesamt 100 führenden *financial* und *business firms*.

Die Abb. 12.4./I zeigt beispielhaft anhand des Niederlassungsnetzes zweier global aktiver Dienstleistungsanbieter aus den Bereichen Werbung und Rechtsberatung deren Netzwerke in Bezug auf ausgewählte hochrangige Weltstädte (sog. *„Alpha World Cities"*, s. Kasten 12.5 und Abb. 12.5/I).

Die Abb. 12.5/I beinhaltet die Klassifizierung und Verteilung von Weltstädten bzw. *Global Cities* auf der o. g. Datenbasis der englischen *GaWC*-Gruppe (vgl. Erläuterung in Kasten 12.5). Eine differenziertere Farbbeilage im Themenheft „Global Cities" der Geographischen Rundschau 2004/4 beruht auf der gleichen Quellengrundlage (vgl. U. GERHARD 2004). Es zeigt sich, dass die identifizierten Weltstädte in der überwiegenden Anzahl in der Europäischen Union, in Nordamerika sowie in Ost- und Südostasien angesiedelt sind. Lateinamerika weist nur fünf *world cities* in „Beta"- und „Gamma"-Rängen und Afrika lediglich eine „Gamma"-Weltstadt auf.

Das *o. g. Globalization and World Cities (GaWC) Research Network* von P. J. TAYLOR u. a. wurde ab 2007 durch Kooperation mit der Universität Gent/Belgien und dem sog.

Kasten 12.5
Klassifizierung von Weltstädten nach der *GaWC*-Gruppe (J. V. BEAVERSTOCK/ P. J. TAYLOR/ R. G. SMITH 1999), vgl. Abb. 12.5

Berücksichtigt wurden die Rangfolgen von 122 Städten als (1) *Global accountancy service centres* (Wirtschaftsprüfung), (2) *Global advertising service centres* (Werbung), (3) *Global banking centres* (Banken) und (4) *Global legal service centres* (Rechtswesen), die jeweils als *prime, major* oder *minor centres* klassifiziert wurden. Diese *centres* wurden mit den Werten 3, 2 und 1 abgestuft. In Bezug auf die vier o. g. Sektoren ergaben sich demnach in Abb. 12.5/I Rangfolgen zwischen 12 und 1 für die jeweilige sog. *world-cityness* („Weltstadtheit" nach U. GERHARD 2004). Die Autoren unterteilten die Weltstädte in

sog. *Alpha world cities:*
Rang 12: London, Paris, New York, Tokyo
Rang 10: Chicago, Frankfurt a. M., Hong Kong, Los Angeles, Mailand und Singapur
Beta world cities:
Rang 9: San Francisco, Sydney, Toronto, Zürich
Rang 8: Brüssel, Madrid, Mexiko-Stadt, São Paulo
Rang 7: Moskau, Seoul
Gamma world cities:
Rang 6: Amsterdam, Boston, Caracas, Dallas, Düsseldorf, Genf, Houston, Jakarta, Johannesburg, Melbourne, Osaka, Prag, Santiago de Chile, Taipei, Washington
Rang 5: Bangkok, Beijing, Rom, Stockholm, Warschau
Rang 4: Atlanta, Barcelona, Berlin, Buenos Aires, Budapest, Kopenhagen, Hamburg, Istanbul, Kuala Lumpur, Manila, Miami, Minneapolis, Montreal, München, Shanghai
Hinzu kommen als Rangfolgen 3 bis 1 **Städte mit Globalisierungsansätzen** (*evidence of world city formation*) (vgl. Abb. 12.5/II).

Global Urban Competitiveness Project (GUCP) an der chinesischen *Academy of Social Sciences (CASS)*, Beijing, fortgesetzt und auf eine erheblich breitere empirische Basis gestellt. Untersucht wurden u. a. - insbesondere unter Nutzung der Online-Datenbank von *Forbes Global 2000* - führende Firmen mit ihren Hauptsitzen und Beziehungen zu bzw. zwischen 525 größeren Städten

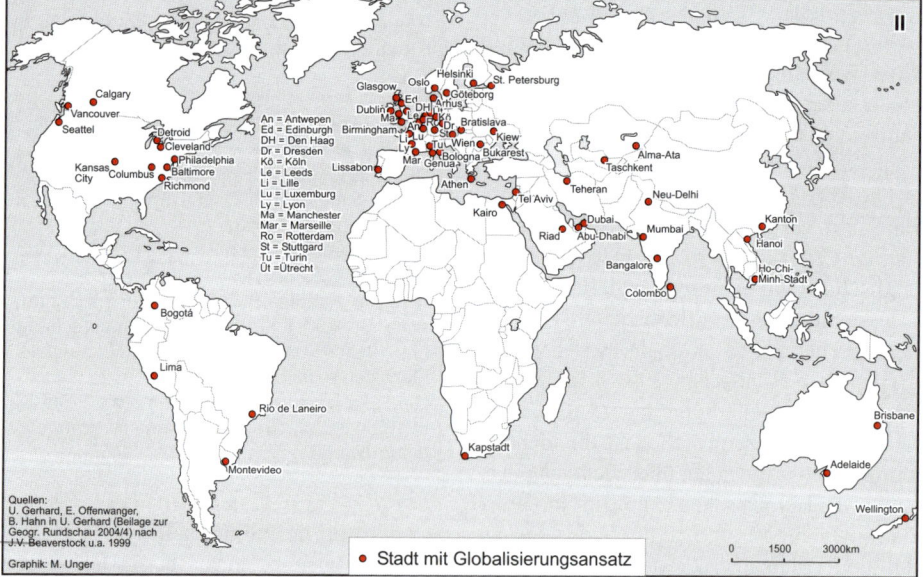

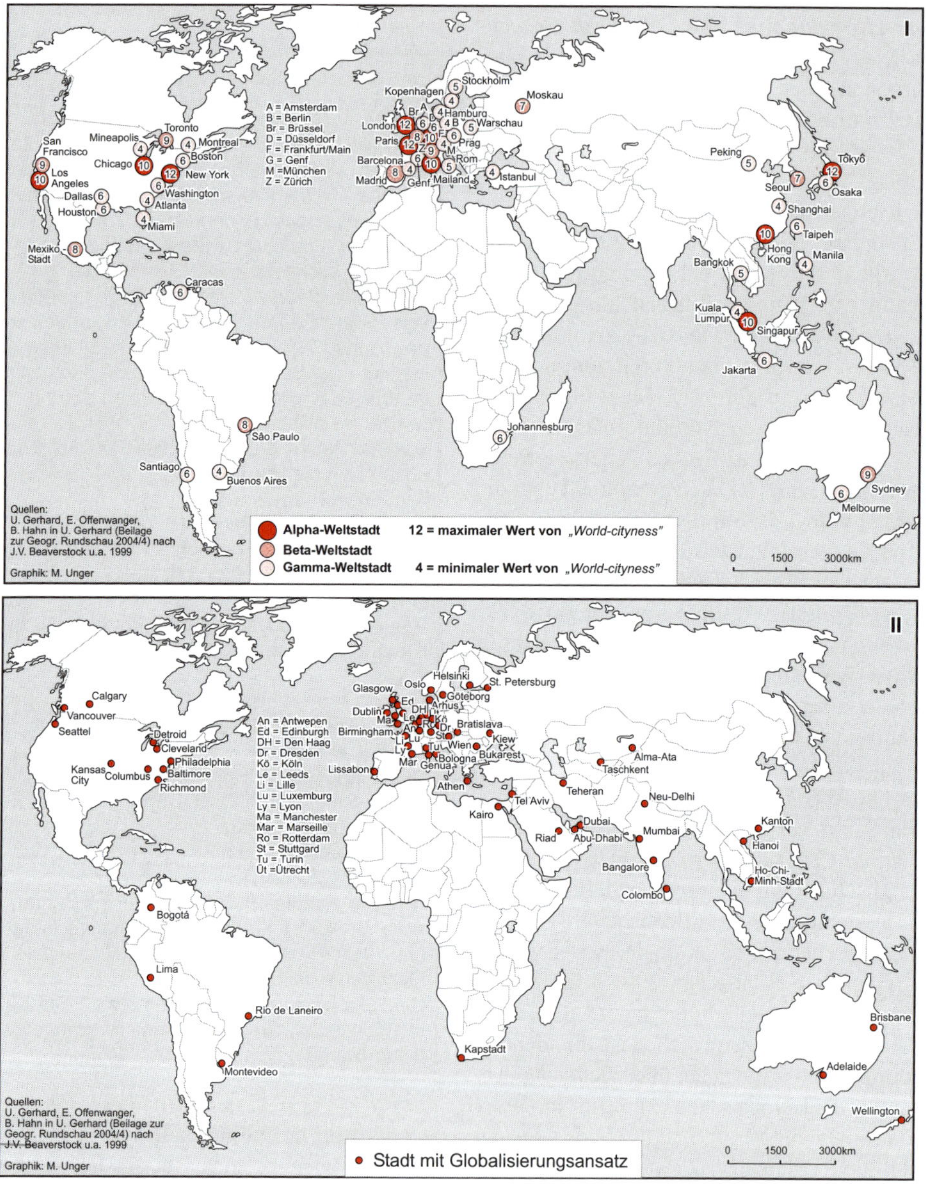

Abb. 12.5 **Klassifikation und Verteilung von *Global Cities* (I) sowie von Städte mit Globalisierungsansätzen (II) nach der *GaWC*-Gruppe**

weltweit, wobei die Einwohnergrößen nicht entscheidend waren, sondern die *intercity business connections* von *top ranking firms*. Gesammelt und untersucht wurden Daten zu *headquarters* von Firmen (und deren Rangfolgen) in den Kategorien

- *banking, insurance* und *diversified finance* (top 75 *ranked firms*),

Rang	Overall network connectivity		Financial network connectivity	
1	London	1.00	London	1.00
2	New York	1.00	New York	0.96
3	Hongkong	0.83	Hongkong	0.93
4	Paris	0,78	Tôkyô	0.82
5	Singapur	0.75	Singapur	0.82
6	Tôkyô	0.74	Paris	0.79
7	Sydney	0.71	Shanghai	0.77
8	Mailand	0.69	Sydney	0.77
9	Shanghai	0.69	Seoul	0.70
10	Beijing	0.68	Madrid	0.70
11	Madrid	0.65	Mailand	0.70
12	Moskau	0.64	Beijing	0.69
13	Seoul	0.63	Taipei	0.64
14	Toronto	0.63	Toronto	0.64
15	Brüssel	0.63	Moskau	0.61
16	Buenos Aires	0.60	Frankfurt	0.61
17	Mumbai	0.60	Zürich	0.60
18	Kuala Lumpur	0.60	Mumbai	0.59
19	Chicago	0.57	Brüssel	0.57
20	Warschau	0.56	Kuala Lumpur	0.57
21	São Paulo	0.55	Chicago	0.56
22	Zürich	0.55	Amsterdam	0.56
23	Amsterdam	0.55	Dublin	0.56
24	Mexico City	0.55	Jakarta	0,54
25	Jakarta	0.55	São Paulo	0.54
26	Dublin	0.54	Bangkok	0.54
27	Bangkok	0.54	Buenos Aires	0.51
28	Taipei	0.54	Warschau	0.50
29	Istanbul	0.53	Los Angeles	0.49
30	Rom	0.53	Istanbul	0.49
31	Lissabon	0.52	Mexico City	0.46
32	Frankdurt	0.50	Stockholm	0.44
33	Stockholm	0.49	Dubai	0.44
34	Prag	0.48	Manila	0.43
35	Wien	0.48	Genf	0.43
36	Budapest	0.48	S. Francisco	0.42
37	Athen	0.38	Luxemburg	0.41
38	Caracas	0.47	Prag	0.40
39	Los Angeles	0.46	Athen	0.39
40	Auckland	0.46	Lissabon	0.39
41	Santiago	0.46	Guangzhou	0.38
42	Washington	0.44	Melbourne	0.38
43	Melbourne	0.44	Santiago	0.37
44	Johannesburg	0.43	Rom	0.35
45	Atlanta	0.43	Washington	0.35
46	Barcelona	0.42	Johannesburg	0.34
47	S. Francisco	0.42	Atlanta	0.34
48	Manila	0.42	Caracas	0.33
49	Bogotá	0.42	Budapest	0.33
50	Tel Aviv	0.41	Boston	0.33

- *accountancy firms/groups ranked by revenue* (top 25),
- *advertising agencies by revenue* (top 25),
- *law firms* (top 25),
- *management consultancy firms* (top 25),
- *media firms* (top 25). Diese Daten dienten der Berechnung von *general network connectivities* für alle 175 Firmen und spezifischen *sector network connectivities.*

Die Untersuchungsmethodik des *GUCP/GAWC*-Projekts, das auch das *Ranking* von Steuerungs- und Kontrollzentren in der Weltwirtschaft zum Ziel hatte, mündete in der **Berechnung von Indexwerten**, sowohl als absolute als auch als relative Daten; diese wurden von P. J. TAYLOR u. a. (2011) in zahlreichen Tabellen und jeweils knappen Erläuterungen (jedoch leider nur wenigen, zudem dürftigen Themakarten) veröffentlicht. Die Tabelle 12.1 in diesem Lehrbuch zeigt die Rangfolgen der Top 50 aller untersuchten 525 Städte in Bezug auf ihre *global network connectivities (GNC)* aller o. g. Dienstleistungsbranchen (links) sowie beispielhaft für das Finanzwesen (rechts), wobei der GNC-Indizes pro Stadt nicht mit absoluten, sondern mit relativen Werten (Maximum 1.00) angegeben sind. Demnach ergibt sich, dass London und New York sowohl als *world cities* (oder *global cities*) als auch als *international financial centres* die ersten beiden Rangplätze einnehmen. Hongkong als *economic gateway* zu China (s. auch 11.7.6) - dem am raschesten wachsenden Dienstleistungsmarkt der Welt - nimmt in beiden Kategorien den dritten Rang ein. Demgegenüber stellte etwa Tôkyô zwar das viertwichtigste Finanzzentrum dar, in der

Tab. 12.1 Hierarchie der Top 50-*Global Cities*: „*Global Network Connectivities (GNC)*" (gesamt: links und Finanzwesen: rechts) nach P. J. Taylor u. a. 2011, Tab. 3.1 und 3.2

Gesamtbewertung aller untersuchten Dienstleistungsbranchen entsprechend des Netzwerk-Beziehungen belegte es aber lediglich den sechsten Rang - nach Paris und Singapur. Bezüglich der Ränge in den beiden Kategieren gibt es auch für andere Städte z. T. erhebliche Unterschiede. So steht Frankfurt a. M. hinsichtlich der *overall network connectivity* weit abgeschlagen an 32. Stelle, als internationales Finanzzentrum jedoch an 16ter. Von Bedeutung als Ergebnis ist u. a. weiterhin, dass sich in der Tab. 12.1 auch die führenden Megastädte bzw. *Global Cities* Ost- und Südostasiens auf vorderen Rangplätzen befinden.

Die **Kritik** an den Untersuchungen der britischen *GaWC Study Group and Network* bezieht sich vor allem auf deren „ökonomischen Reduktionismus" in der Analyse (vgl. J. ROBINSON 2002, H. NISSEL 2004). Dies gilt auch für das neue, noch wesentlich umfassendere neue kooperative internationale Forschungsprojekt von *GUCP/GAWC*. H.

NISSEL (2004) kommt in seiner Untersuchung von Mumbai/Indien als *„Megacity"* zu verschiedenen interessanten allgemeinen Folgerungen in Bezug auf den jetzigen, weitgehend auf ökonomische Prozesse orientierten *Mainstream* der Weltstadt- oder *Global City*-Forschung: „Eine Hierarchisierung von World Cities durch Messung spezifischer Firmen, Branchen und global network connectivity ist reizvoll, aber nur eine Seite der Medaille. Der ökonomische Reduktionismus entlarvt sich zunehmend als eurozentrisches oder pro-westliches Konstrukt". In Bezug auf Indien bzw. Mumbai schreibt er weiter: „Filme aus „Bollywood" sind in weiten Teilen Afrikas populär, Hindi-Pop befreit sich aus den Subkulturen indischer Exilanten von London bis Vancouver und wird zum Mainstream globaler Jugendkultur. Und was spricht dagegen, Mumbai als hinduistischen Kosmos zu deuten, in dem die Branchenzugehörigkeit, die ökonomischen Netzwerke, die Wohnstandorte und Formen des

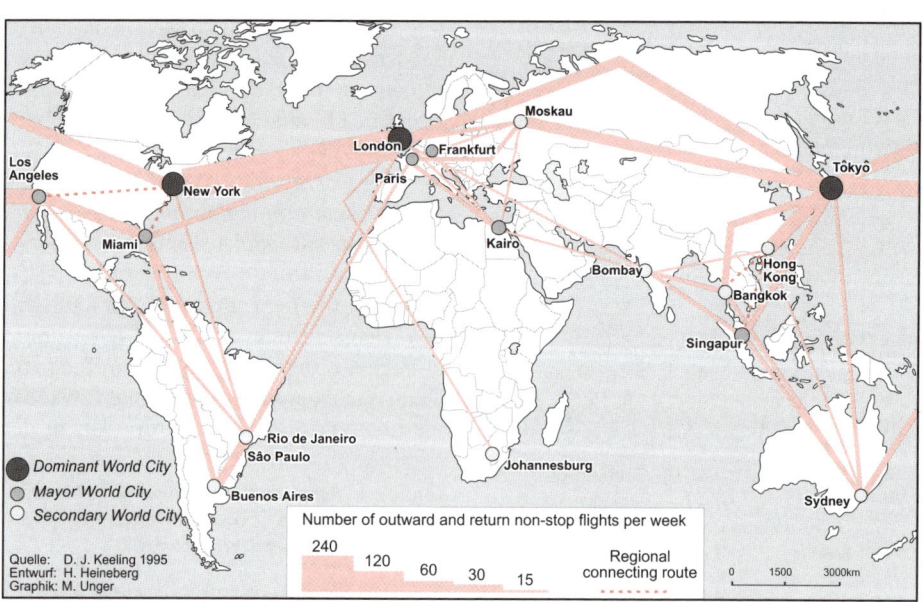

Abb. 12.6 Dominante Verbindungen im globalen Luftverkehrsnetz nach D. J. Keeling

Alltagslebens als Resultate der „unzerstörbaren" Kastenordnung gesehen werden können? Ganz zu schweigen von den vielen anderen Religions- und Sprachgruppen, die alle zusammen die unverwechselbare Polyphonie Mumbais bestimmen?" (ebd., S. 60).

Grundsätzlich gilt, dass sich über den erläuterten Forschungsansatz von P. J. TAYLOR u. a. oder der - bislang wenig berücksichtigten - internationalen kulturellen Einflüsse und Verflechtungen hinaus auch andere Beziehungsnetze im System der *Global Cities* nachweisen lassen, wie etwa bereits D. KEELING (1995) anhand der globalen Non-stop-Flüge zwischen 20 dominanten Städten aufzeigen konnte (s. Abb. 12.6); vgl. auch SIR P. HALL, Fig. 5.2, und P. J. RIMMER 1998.

12.2.5 Innere Gliederung einer *Global City*-Region nach SIR P. HALL.

HALL (2001, S. 73-74) beschreibt idealtypisch die komplexe Gliederung einer *Global City-Region*. Grundsätzlich sind die hochrangigen Intelligenz- und Kontrollfunktionen von *Global Cities* nach HALL zunehmend dispers über weiträumige geographische Gebiete verteilt, die lediglich durch geographische Zeit-Distanz-*constraints* beschränkt sind. Obwohl traditionelle *face-to-face*-Standorte noch von Gewicht sind, werden diese mehr und mehr ergänzt durch neue Arten von Knotenpunkten für *face-to-face activities*. Daraus resultieren für *Global City-Regions* polyzentrische geographische Strukturen:

• Das **traditionelle „*downtown center*"**, basierend auf fußläufigen Distanzen und einem radial verlaufenden ÖPNV-System. Dieses dient den ältesten *informational services* wie Bank- und Versicherungswesen oder Regierungsfunktionen. Beispiele sind die City of London, Downtown Manhattan.

• Ein **neueres „*business center*"**, das sich oftmals in einem älteren repräsentativen Wohngebiet entwickelt und Standorten neue-

rer Dienstleistungsfunktionen dient, die sich im 20. Jh. ausgebreitet haben. Solche Dienstleistungen sind Unternehmens-*Headquarters*, die Medienwirtschaft, neue *business services* wie Werbung, *public relations* oder Design. Beispiele: Londoner West End oder Midtown Manhattan.

• Eine **„*internal edge city*"**, die durch Ansiedlungsdruck auf traditionelle Zentren und spekulative Entwicklung auf alten Industrie- oder Verkehrsflächen in der Nähe traditioneller Zentren entstanden ist. Beispiele: Londoner Docklands, La Défense in Paris, World Financial Centre in Shinjuku/Japan.

• Eine **„*external edge city*"**, die oftmals an einer Verkehrsachse zum Hauptflughafen, seltener an einem Bahnhof für Hochgeschwindigkeitszüge gelegen ist. Beispiele: London Heathrow, Paris Charles de Gaule, Amsterdam Schiphol, Stockholm Arlanda, Washington Reagan/Dulles-Korridor.

• **„*Outermost edge complexes*"** für *back offices* sowie *research and development (R&D)*, typischerweise an Bahnhöfen von Haupteisenbahnlinien in einer Entfernung von 20 bis vierzig Meilen vom Hauptzentrum gelegen. Beispiele: Reading (westl. London), St Quentin-en-Yvelines, Greenwich (Connecticut).

• **„*Specialized subcenters*"**, gewöhnlich für Ausbildungs-, Vergnügungs- und Sportfunktionen, Messe- und Kongresszentren. Beispiele: Royal Docks (London), Milton Keynes (*Open University*), Tôkyô *Waterfront*. Diese spezialisierten Subzentren haben vielfältige Gestalt und Standorte. Einige bestehen auf ehemaligen Brachflächen in der Nähe traditioneller Kerne, andere sind ältere Zentren, die ehemals getrennt und unabhängig waren, allerdings zunehmend in ein größeres metropolitanes Gebiet einbezogen worden sind. Beispiele: Oxford, Cambridge, Uppsala oder New Haven. Andere haben neue Funktionen übernommen, z. B. seit 1970

Kasten 12.6 Das Beispiel Berlin im Rahmen des Globalisierungsprozesses nach St. Krätke 2002, 2004

Das Beispiel Berlin zeigt, dass die Stadt (noch) nicht das für hochrangige *Global Cities* charakteristische Kriterium eines strategischen Zentrums des Unternehmenssektors erfüllt. So kann Berlin zwar seit 1990 eine Reihe neuer *Headquarters* von Unternehmen (z. B. Zentrale von DEBIS, Vertriebszentrale von Daimler-Benz, Deutschland-Zentrale von *Coca Cola* oder die Europa-Zentrale von *Sony*) aufweisen, allerdings stellen derartige Neuansiedlungen „keine übergeordneten Zentralen global agierender Konzerne dar, sondern sekundäre Direktionszentren im Sinne der Führungsetagen spezieller Geschäftsbereiche oder Marktgebiete" (St. Krätke 2004, S. 21). Hinzu kommt, dass der überwiegende Anteil von in Berlin ansässigen Großunternehmen extern kontrolliert wird, vor allem von Unternehmenszentralen in Frankfurt a. M. und München aus. Auch ist die Produktion von Industriegütern in Berlin deutlich unterrepräsentiert (ebd.).

Wenngleich somit „Berlin nicht als „strategisches" Zentrum der Wirtschaft der Bundesrepublik fungiert" (ebd.), so verfügt die Stadt jedoch über spezielle global vernetzte Wirtschaftsaktivitäten sowie Funktionen der Forschung und Entwicklung (z. B. im Bereich der Medizin- und Biotechnologie, der Software-Industrie oder der Medienwirtschaft) mit bedeutenden Clusterbildungen im Berliner Wirtschaftsraum (ebd., S. 24). Innerhalb des Raumes Berlins betrifft letzteres insbesondere die Biotechnologie (mit einer Konzentration von mehr als 150 spezialisierten Firmen mit zugleich hochrangigen medizinischen Forschungseinrichtungen in ihrem Umfeld) sowie vor allem den „Bereich der Kulturindustrie und Medienwirtschaft (Film, TV, Radio, Multimedia, Musikproduktion, Printmedien, Designagenturen und Werbewirtschaft)" mit der stärksten Clusterbildung von mehr als 7000 Unternehmen im Berliner Raum (ebd.; vgl. auch St. Krätke 2002 sowie Abb. 12.4/II in diesem Beitrag). Damit kann nach St. Krätke (2004, S. 25) „die Medienstadt Berlin heute bereits in den Kreis der erstrangigen globalen Zentren der zeitgenössischen Kulturindustrie eingereiht werden, denn Berlin ist unter den Städten in Deutschland der bevorzugte bzw. stärkste Verankerungspunkt der Organisationsnetze von globalen Unternehmen der Medienwirtschaft".

Berlin ist auch ein Beispiel für die sozialen und demographischen Dimensionen von *Global Cities* bzw. *Globalizing Cities*. Dies betrifft die Armutsentwicklung mit einer Tendenz sozialräumlicher Spaltung, wie sie heute für die „Problematik sozialer Stadtentwicklung in sog. Global Cities" charakteristisch ist (St. Krätke 2004, S. 25). *Globalizing Cities* sind insbesondere auch Zielorte internationaler Migranten. Diese „bilden zugleich das Reservoir für die Ausbreitung informeller Beschäftigungssektoren im Produktions- und Dienstleistungsbereich. Berlin ist dabei ein bevorzugter Zielort für Migranten aus den Ländern Osteuropas. Im Blick auf die zunehmende Internationalisierung seiner Bevölkerung und die Vervielfältigung von Kulturen in der Stadt ist Berlin zweifelsohne als „Weltstadt" zu betrachten" (ebd.).

---

die Cambridge-Region als ein Hauptzentrum für Hochtechnologie („*Silicon Fen*").

Innerhalb einer derartigen polyzentrischen Struktur entwickeln sich zunehmend Spezialisierungen (z. B. neue *Headquarters*-Komplexe, große *Entertainment-Center*) an neuen dezentralen Standorten. Z. T. haben sich – wie im Falle von Singapur – schon Staatsgrenzen überschreitende *city-regions* gebildet, die extern weltweit vernetzt sind und sich intern über tausende von Quadratkilometern erstrecken können. Hall bezeichnet dies als einen Vorläufer einer neuen *urban organization*.

12.2.6 Das Phänomen der *Globalizing Cities*. St. Krätke (2004, S. 20) vertritt die These, „dass die Global City nicht so sehr als Klassifizierungskategorie im Rahmen von „Rangordnungen" im internationalen Städtesystem interessant ist, sondern vielmehr als Konzept, die Rolle von Städten im Prozess der Globalisierung zu erfassen. Von diesem Prozess sind nicht nur ein paar herausragende Zentren wie New York, London, Tokio usw., sondern im Prinzip alle Städte (mit unterschiedlichen Konstellationen) betroffen, so dass heute vor allem das Phänomen der Globalizing Cities, der Städte im

Globalisierungsprozess, zu thematisieren ist". Ein wesentliches Merkmal der *Globalizing Cities* ist nach KRÄTKE deren globale Vernetzung (ebd., S. 24); vgl. das Beispiel Berlin in Kasten 12.6. Ähnlich haben bereits P. MARCUSE und R. VAN KEMPEN (000) bei der Konzeption ihres Sammelbandes *„Globalizing Cities. A new spatial order?"* argumentiert. Der Band berücksichtigt in Einzelbeiträgen sowohl echte *Global Cities* als auch Städte, die (noch) nicht zu dieser Kategorie zählen. Globalisierung wird von den Herausgebern als Prozess, nicht als Zustand, gesehen, *„a process that affects all cities in the world, if to varying degrees and varying ways, not only those at the top of the „global hierarchy"* (ebd., S. XVII).

Wie sich insbesondere anhand zahlreicher empirischer Fallstudien zeigen lässt, sind nicht nur die Metropolen in Industrie-, sondern auch in den sog. Entwicklungsländern in unterschiedlichster Weise und Intensität sowie mit verschiedenartigen Aus-

wirkungen von der Globalisierung betroffen. Bereits in Kap. 11 dieses Bandes wurde anhand mehrerer „Kulturerdteile" auf den Globalisierungsprozess Bezug genommen.

12.2.7 Theorie der „fragmentierenden Entwicklung" nach F. SCHOLZ.

F. SCHOLZ hat eine Theorie „einer durch Wettbewerb bestimmten, höchst gegensätzlich verlaufenden „fragmentierenden Entwicklung"" (F. SCHOLZ 2002, S. 8) abgeleitet (vgl. im Folgenden Abb. 12.7). Dabei ging er aus vom jüngeren Globalisierungs-Diskurs, speziell vom *Global City*-Konzept nach S. SASSEN (1991, 1997) (s. 12.2.3), von bisherigen modernisierungstheoretischen Ansätzen u. a. Entwicklungstheorien bzw. -konzepten sowie von O. SUNKEL'S (1972) „Modell der nationalen Desintegration"; vgl. F. SCHOLZ 2000b, S. 8f. mit Abb. 2).

Ähnlich den *„Global Cities"* nach S. SASSEN bezeichnet F. SCHOLZ (2000b, S. 10) die Schaltstellen des „wettbewerbsgesteu-

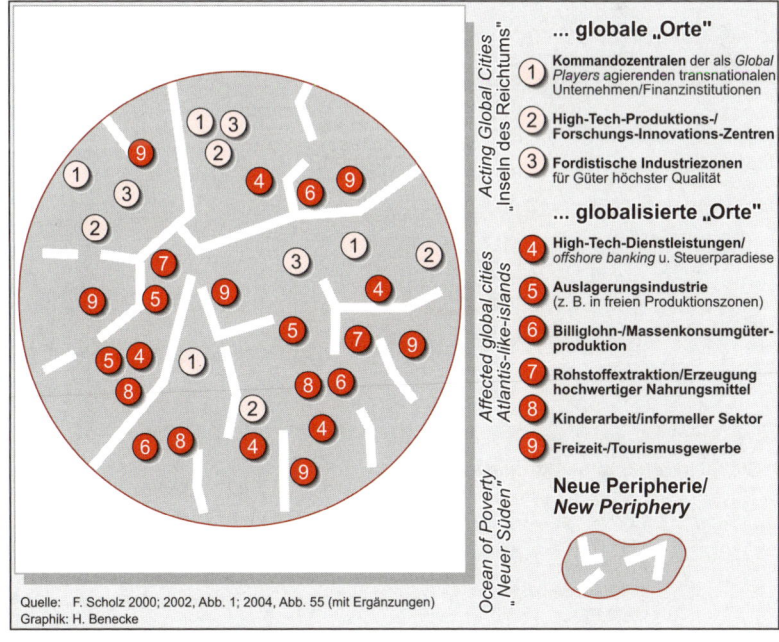

Abb. 12.7 Modell globaler Fragmentierung nach F. Scholz

Quelle: F. Scholz 2000; 2002, Abb. 1; 2004, Abb. 55 (mit Ergänzungen)
Graphik: H. Benecke

erten Weltgeschehens" als *globale "Orte"* oder auch als *"Acting Global Cities"*. „Dabei handelt es sich um

• die Kommandozentralen der als *global players* agierenden transnationalen Unternehmen und Finanzinstitutionen, um

• die High-Tech-Produktions- und Forschungs-Innovationszentren (z. B. Regionen/Orte innovativer Milieus/kreativer Netzwerke ...) sowie um

• die vereinzelt überkommenen fordistischen Industriezonen für Güter höchster Qualität, die z. Z. noch bestehende Produktionsüberlegenheit besitzen" (F. Scholz 2004a, S. 222-223).

Die in Annäherung an J. S. Dangschat/B. Diettrich (1999) als *"Affected Global Cities"* benannten *globalisierten "Orte"* (oder „Hinterhöfe der Metropolen") sind mit den *globalen "Orten"* virtuell eng verbunden und

diesen funktional hierarchisch nachgeordnet (F. Scholz 2000b, S. 11). Bei den *globalisierten "Orten"* „handelt es sich um

• Regionen der High-Tech-Dienstleistungen (z. B. „wissensbasierte regionale Cluster", „neue industrielle Räume", ...), des *offshore bankings* und der Steuerparadiese,

• der Auslagerungsindustrie (z. B. Exportproduktionszonen),

• der Billiglohn- und Massenkonsumgüterproduktion,

• der montanen und agraren Rohstoffextraktion sowie der Erzeugung hochwertiger Nahrungsmittel. Hierzu zählen die Orte der aus vermeintlichen Wettbewerbszwängen

• unverzichtbaren Kinderarbeit und des global funktionalisierten informellen Sektors sowie

• des Freizeit- und Tourismusgewerbes" (F. Scholz 2004a, S. 223-224).

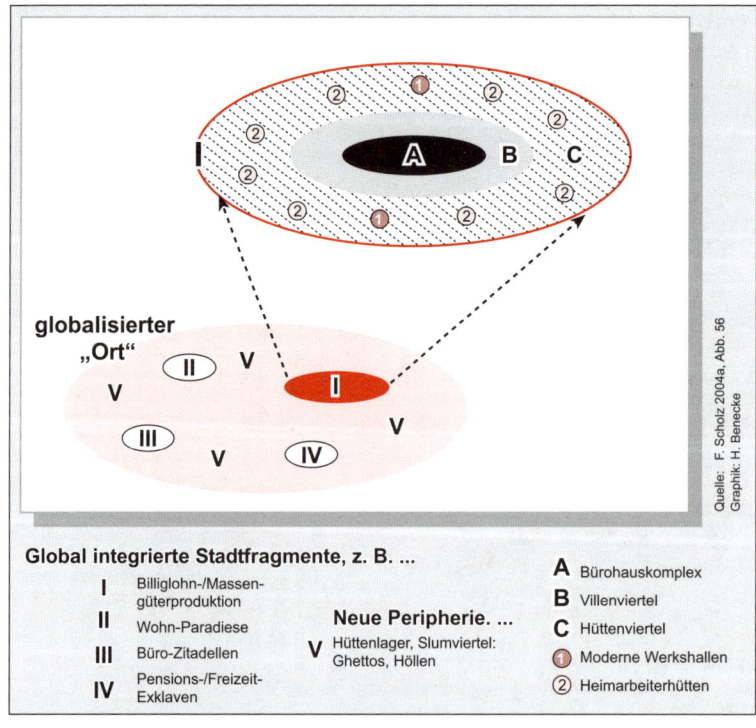

Quelle: F. Scholz 2004a, Abb. 56
Graphik: H. Benecke

Global integrierte Stadtfragmente, z. B. ...

I	Billiglohn-/Massen- güterproduktion
II	Wohn-Paradiese
III	Büro-Zitadellen
IV	Pensions-/Freizeit- Exklaven

Neue Peripherie. ...

V — Hüttenlager, Slumviertel: Ghettos, Höllen

A Bürohauskomplex
B Villenviertel
C Hüttenviertel
① Moderne Werkshallen
② Heimarbeiterhütten

Abb. 12.8 Modell lokaler Fragmentierung nach F. Scholz

Abgesondert, d. h. fragmentiert, ist in dem Modell globaler Fragmentierung die ausgegrenzte „**Neue Peripherie**" (*new periphery*), auch „Ozean der Armut", „Meer des Elends" oder „Neuer Süden" genannt. „Dabei kann es sich um die Peripherien (Regionen, Teilregionen) oder auch um die Totalität der entgrenzten, um Standortqualität streitenden, um Territorialität, Machtkompetenz und Legitimität ringenden nominellen Nationalstaaten handeln. In ihrer Gesamtheit bildet die *neue Peripherie* ganz oder teilweise den sich weltweit erstreckenden, virtuell oder auch physisch begreifbaren Lebensraum der ausgegrenzten, überflüssigen Mehrheit der Weltbevölkerung. Diese *new periphery* ist in sich durch Ethnoregionalismen, Fundamentalismen, Neotribalisierung und Kryptonationalismen bruchhaft und widersprüchlich vielfältig fragmentiert. Sie wird durch alle jene Merkmale bestimmt, die für die bisherige Dritte Welt als typisch erachtet wurden. Und dazu gesellt sich jetzt noch Ausgrenzung und Abkopplung" (F. SCHOLZ 2004a, S. 224).

Die angesprochenen **Fragmente** zeichnen sich nach F. SCHOLZ zudem dadurch aus, dass sie keine starren raumstrukturellen Cluster oder etwa dauerhaft dynamische innovative Netzwerke sind, sondern dass „sie ganz konkret exzessiver Konkurrenz ausgesetzt und fortwährend von Verdrängung bedroht [sind]" (ebd., S. 227).

Wichtig zum Verständnis der „Theorie der fragmentierenden Entwicklung" ist weiterhin, dass die *globalen* oder *globalisierten* *Orte* beispielsweise „von den Entscheidungen des entgrenzten Wettbewerbs, des globalen Handels", (…) „höchst selten als Ganze erfasst [sind]" (F. SCHOLZ 2000b, S. 11). Vielmehr profitieren davon nur bestimmte Teile derselben, die F. SCHOLZ als „*global integrierte Stadtfragmente*" bezeichnet (Abb. 12.8). Diese „bestehen - und damit sei

nur eine mögliche raumfunktionale Variante ausgezeigt - aus den zentralen Schaltstellen, den Kommandozentralen mit den dafür als typisch erachteten Bürokomplexen und der notwendigen und faktischen internationalen Infrastruktur- und Informationsvernetzung (A). Von hier aus werden - gemäß der neuen globalen Arbeitsteilung - Produktionsaufträge an formale, lokale Unternehmen in Auftrag gegeben oder über jointventure-Kooperation abgewickelt. Häufig lagern diese (...) Unternehmen - wiederum aus Kosten- und nicht selten aus Zeitgründen - Teile der Produktion zu informellen, lokalen Kleinstunternehmern und Heimarbeitern aus - quasi dem letzten Glied von *global sourcing*. Auf diese Weise wird das Massenangebot billigster Arbeitskräfte, überwiegend Frauen und in Heimarbeit nicht selten auch Kinder, für den globalen Markt auszuschöpfen versucht" (F. SCHOLZ 2004a, S. 225-226).

Wie Abb. 12.8 weiterhin zeigt, schließen an die zentralen Schaltstellen - aus Sicherheits-, Zeit- oder Verkehrsgründen meist räumlich direkt - „die parkartigen Villenviertel (Paradiese/Zitadellen) der zugehörigen Akteure, der ausländischen Repräsentanten und ihrer lokalen Agenten an (B)" (F. SCHOLZ 2004a, S. 226). Häufig unmittelbar daran angrenzend bestehen in den niederen Wohngebieten (ausgedehnte Quartiere aus dürftigen Schutzschirmen, Hütten, Not- und Massenunterkünften sowie trostlose Wohnsilos) (C) moderne Werkshallen (z. B. für Hightech-Produkte) oder Billigproduktionsstätten (Heimarbeiterhütten).

Die oben knapp erläuterte Theorie der fragmentierenden Entwicklung versteht F. SCHOLZ (2004a, S. 215) als „eine erklärende Beschreibung und Analyse der Entwicklungsrealität in der Ära der Globalisierung". F. SCHOLZ wendet sich mit diesem Ansatz insbesondere auch gegen die in der Entwicklungspolitik praktizierte „These von dem Paradigma einer durch den Konsens der 'Ersten Moderne' getragenen *nachholenden Entwicklung* der Länder als Ganze" (...) „In dem Zeitalter jedoch von Globalisierung, d. h. von Liberalisierung, Deregulierung, Privatisierung, entgrenzter Märkte und exzessivem Wettbewerb (Washington Konsens) - eben dem Credo der 'Zweiten Moderne' - besitzt dieses Entwicklungsverständnis

strukturell und faktisch eigentlich keine tragende Bedeutung mehr. Vielmehr muss, so die hier vertretene *These*, in der Ära eines globalen Kapitalismus von einer durch Wettbewerb bestimmten, höchst gegensätzlich verlaufenden, einer *fragmentierenden Entwicklung* ausgegangen werden" (ebd., S. 216).

Die in den Kästen 12.7 und 12.8 knapp skizzierten und durch die Abbn. 12.7 und 12.8

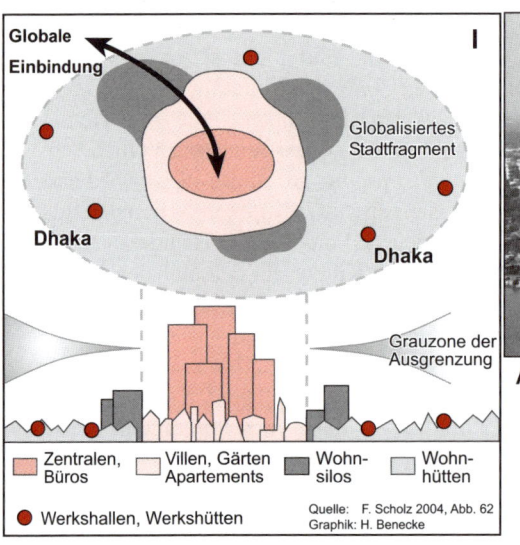

Quelle: F. Scholz 2004, Abb. 62
Graphik: H. Benecke

Abb. 12.9   Dhaka-Banani/Bangladesh: Globalisiertes Stadtfragment
I: Modell n. F. Scholz 2004, Abb. 62
II: Foto F. Scholz 1999,
aus: F. Scholz 2001 u. a., Foto1

Kasten 12.7   Das Beispiel Dhaka/Bangladesh als „globalisierter Ort" n. F. SCHOLZ 2001 u. a.

Dhaka, Hauptstadt von Bangladesh, ist mit ca. 10 Mio. Einwohnern eine der am schnellsten wachsenden Megastädte Asiens. Die explosionsartige Entwicklung Dhakas – verbunden mit einer massenhaften Zuwanderung aus dem Hinterland, einer extremen Verdichtung und Verslumung bestehender Wohngebiete, der flächenhaften Expansion von Hüttenvierteln (*Bustees*), mit provisorischen Notunterkünften auf freien Plätzen, Bürgersteigen etc. – fand erst nach der Trennung von West-Pakistan und dem Beginn der Eigenstaatlichkeit statt (F. SCHOLZ 2001 u. a., S. 57). Die Zahl der sich in allen Teilen der Stadt verteilenden Slums beträgt über 3000; deren durchschnittliche Wohndichte liegt bei 260.000 Einw./km² (mit Extremwerten von 500.000 Einw./km²) (ebd., S. 58).

Die Stadt Dhaka erfreut sich als Billiglohnstandort des Interesses global agierender Unternehmen (ebd., S. 56). „Transnationale Unternehmen begannen in den 80er Jahren das riesige Angebot billigster, verlässlicher und geschickter Arbeitskräfte von Bangladesh für die Fertigung von textilen Massen-, aber auch Qualitätsprodukten zu erschließen" (ebd., S. 63). In Dhaka-Banani (s. Abb. 12.9) hat sich ein Hochhauskomplex als Standort transnationaler Unternehmen mit zugehörigen umgebenden Villenvierteln und umliegenden Werkshallen bzw. -hütten (Billiglohn-Produktionsstätten) inmitten von *Bustee*-Vierteln entwickelt. „Dabei handelt es sich um die für globalisierte Städte typisch gewordenen global integrierten Stadtfragmente" (ebd., S. 58). Vgl. zu Dhaka-Banani als „globalisierter Ort" ausführlicher F. SCHOLZ (2004a, S. 237-238).

veranschaulichten Beispiele der Metropolen Dhaka/Bangladesh und Karachi/Pakistan nach F. SCHOLZ bilden ein sehr gutes Anschauungsmaterial für die von F. SCHOLZ konzipierte Theorie der „fragmentierenden Entwicklung".

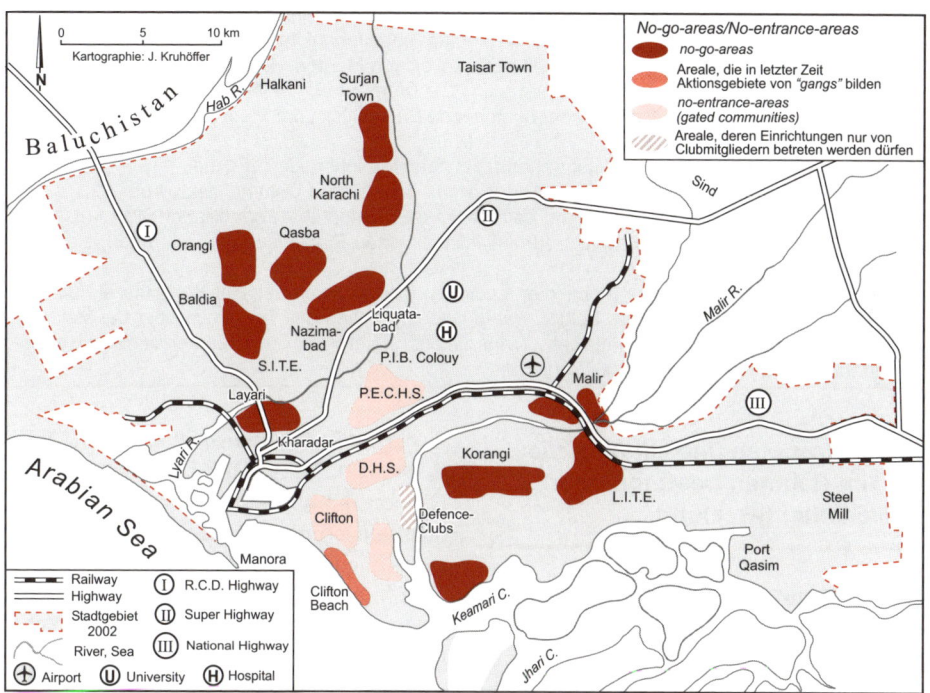

Abb. 12.10 Karachi/Pakistan: Verbreitung der *no-go-* und *no-entrance-areas* 2002
(aus: F. Scholz 2003b, Abb. 5, verändert)

Kasten 12.8 Globalisierungseffekte in Bezug auf Karachi/Pakistan nach F. SCHOLZ 2003b

Karachi, Pakistans größte und zugleich außerordentlich rasch wachsende Stadt (für das Jahr 2000 zwischen 12 und 15 Mio. Einw. geschätzt), ist nach F. SCHOLZ (2003b) ein „globalisierter Ort" und damit zugleich ein Beispiel dafür, wie „Megacities der weniger entwickelten Länder" (...) „durch die Globalisierung funktional eine neue Dimension und interne Fragmentierung (erlangen)" (ebd., S. 20).

Als Globalisierungseffekte in Bezug auf Karachi lassen sich in Anlehnung an SCHOLZ u. a. die folgenden herausstellen bzw. zusammenfassen:

(1) Entgrenzter, unkontrollierbarer globaler Markt und Finanztransfers durch:
• Rauschgift-/Waffenhandel,
• Schmuggel von hochwertigen Konsumgütern etc.,
• US-Militär- und Entwicklungshilfe für den „Frontstaat" Pakistan,
• Auslandsinvestitionen (u. a. von Auslandspakistanern),
• (illegales) Auslandskapital durch freien globalen Finanztransfer.

(2) Herstellung billiger Massengüter/hochwertiger Erzeugnisse für den Weltmarkt (Textilien, Teppiche etc.),

Fortsetzung s. nächste Seite

Fortsetzung von Kasten 12.8:

• u. a. durch Nutzung von BilliglohnarbeiterInnen, lasche Umweltauflagen, Umgehung nationaler Export- und Finanzregeln.

(3) Unkontrollierbare, grenzübergreifende „zerstörerische Gewalt" (mafiose und jugendliche Banden mit extrem hoher krimineller Energie; fundamentalistischer Terror etc.). Die sog. *no-go-areas* (s. Verbreitung in Abb. 12.10) sind übervölkerte Wohngebiete unterer und unterster Einkommensgruppen (vor allem Migranten aus Indien, Bangladesh, Afghanistan etc.), in denen es keinen sicheren öffentlichen Raum gibt (u. a. große Häufigkeit von Morden). Deren Areale sind allerdings nicht eindeutig abgrenzbar und verändern sich. Die *no-go-areas* „stellen regelrechte städtische Fragmente, unverbunden nebeneinander bestehende Bruchstücke der Stadt dar" (F. SCHOLZ 2003b, S. 24).

(4) Die *no-go-areas* kontrastieren mit anderen Fragmenten innerhalb der Stadt, insbesondere mit den nach außen abgeschotteten *no-entrance-areas* oder *Gated Communities* (Abb. 12.10) der (neuen) Reichen mit riesigen villen- und palastartigen Prachtbauten, kontrollierten Parks, exklusiven Clubs, Luxusrestaurants, hochmodernen, klimatisierten Einkaufszentren mit internationalen Warenangeboten etc..

(5) Durch *Global Players* der Nachrichtenmedien wuchs weltweit der Ruf Karachis als extrem unsichere und gewalttätige Stadt. Folgen waren das Ausbleiben des Tourismus oder die Meidung durch die internationale Geschäftswelt. Transnational agierende Unternehmen fanden Ersatzstandorte in Bangladesh, Sri Lanka, Indien etc..

12.3 Metropolen und *Global Cities* im Rahmen postmoderner Stadtentwicklung

12.3.1 „Theorie postmoderner Urbanisierung" nach E. W. SOJA.

Es stellt sich die Frage, inwiefern sich die bisherigen Metropolen- und/oder *Global City*-Debatten in den jüngeren Diskurs bzw. eine „Theorie postmoderner Urbanisierung" einordnen lassen, soweit sich diese mit dem Aufstieg und der sog. Restrukturierung postmoderner Metropolen beschäftigt. Dies ist in den 1990er Jahren insbesondere von E. W. SOJA anhand von Los Angeles/USA thematisiert und untersucht worden (vgl. E. W. SOJA 1995a, 1995b, 2000).

E. W. SOJA unterscheidet sechs „Geographien der Restrukturierung" von Los Angeles bzw. als **Dimensionen für eine Postmetropolis**:

(1) Veränderungen der ökonomischen Grundlagen der Urbanisierung, d. h. „Übergang von der fordistischen zur postfordistischen Urbanisierung" (E. W. SOJA 1995a, S. 149) bzw.

die „*Postfordist industrial metropolis*" (E. W. SOJA 2000, S. 156ff.). Dies lässt sich auch „als ein kombinierter Prozeß von Deindustrialisierung und Neuindustrialisierung (kennzeichnen), oder in postmoderner Terminologie als Dekonstruktion der fordistischen Stadt und als Beginn der Rekonstitution eines neuen Regimes urbaner Industrieentwicklung, die unterschiedlich als flexible Produktion, flexible Akkumulation, Postfordismus oder einfach als nicht mehr fordistisch wie früher gekennzeichnet werden kann" (E. W. SOJA 1995a, S. 150). Dies zeigt sich in Los Angeles u. a. durch neue „Technopolen", d. h. beispielsweise durch Industrieparks mit hochtechnologischen Unternehmen, oder durch neue Zentren der Medienwirtschaft, den wachsender Sektor der Finanz-, Versicherungs- und Immobiliendienstleistungen, durch eine Dominanz kleinerer und mittelgroßer Unternehmen etc..

(2) „Die zweite Geographie der Restrukturierung erwächst aus den inzwischen bekannten Internationalisierungsprozessen, der Expansion des globalisierten Kapitals und der Herausbildung eines globalen Sys-

tems von >Weltstädten<" (E. W. SOJA 1995a, S. 152). SOJA umschreibt dies 2000, S. 189ff., als *„Cosmopolis: The globalization of cityspace"*. Los Angeles stellt nicht nur ein besonders dynamisches Beispiel für die wachsende Bedeutung als globales Finanz- und Handelszentrum dar, sondern ist heute auch durch die kulturell heterogenste Bevölkerung gekennzeichnet. Durch die enorme internationale Zuwanderung entstand eine „Dynamik des urbanen Multikulturismus", die SOJA ebenso als Auswirkung der Globalisierung interpretiert wie auch die Tatsache, dass Los Angeles aufgrund der zahlreichen Elendsviertel von vielen sogar als eine Dritte Welt-Stadt angesehen wird. Los Angeles ist nach SOJA zugleich eine >duale Stadt<, „die aus einer wachsenden globalen Bourgoisie und einem wachsenden Proletariat besteht" (1995a, S. 153).

(3) Der dritte Aspekt postmoderner Metropolisierung wurde von SOJA (2000, S. 233ff.) als *„Exopolis: The restructuring of urban form"* charakterisiert. Dies lässt sich kennzeichnen „als eine Kombination von Dezentralisierung und Rezentralisierung, als Peripherisierung des Zentrums und Zentralisierung der Peripherie" (E. W. SOJA 1995a, S. 154), deren Auswirkungen bzw. Phänomene z. B. mit *outer cities*, *edge cities*, *postsuburbia*, *heteropolis*, *exopolis* u. a. Ausdrücken beschrieben werden. E. W. SOJA (1995a, S. 154) schreibt, dass vielleicht die deutlichsten Veränderungen in der Urbanisierung der Vorstädte stattfinden; er betont jedoch auch, dass sich ebenfalls Wandlungen in den alten Stadtzentren ausmachen lassen, z. B. als deutliche Abnahmen der Dichten (gewöhnlich von einer *gentrification* begleitet) wie in New York oder Chicago, aber auch „die Entwicklung von neuen, mit Hochhäusern bestückten Innenstädten" (ebd.). Derartige Prozesse sind mit einer komplexen Umverteilung von Arbeitsplätzen verbunden

und werden „beträchtlich durch Einkommens-, rassische und ethnische Differenzierung modifiziert" (ebd., S. 155).

(4) Beim vierten Aspekt der postmodernen Urbanisierung geht es „um die Veränderungen der Sozialstruktur des Urbanen, vor allem die Entwicklung neuer Muster sozialer Fragmentierung, Segregation und Polarisierung" oder um das Anwachsen neuer Formen sozialer, ökonomischer und kultureller Ungleichheit (E. W. SOJA 1995a, S. 156), von SOJA (2000, S. 264ff.) als *„Fractal city: Metropolarities and the restructured social mosaic"* umschrieben. SOJA spricht von der Ausweitung der Einkommensunterschiede, die - mehr als in der spät- und frühmodernen Stadt - „beim Einkommen, in Kultur und Sprache, in den Lebensstilen deutlich im Alltagsleben der postmodernen Stadt sichtbar [sind]" (E. W. SOJA 1995a, S. 157). Er benennt extreme soziale Gruppen wie Yuppies, Dinks, Händler riskanter Geldanlagen oder Unternehmer aus verschiedenen ethnischen Gruppen einerseits und andererseits die stark angewachsene Zahl von Obdachlosen (allein in der Region Los Angeles jede Nacht 80.000 Menschen ohne Bleibe), der neuen Sklaven (als „illegal eingeschleustes Hauspersonal, das von seinen >Besitzern< privat gehalten wird"), Arbeitslose, Unterstützungsempfänger etc. (ebd.).

(5) Der fünfte Aspekt der postmodernen Metropolis wird von E. W. SOJA (2000, S. 288ff.) als *„The Carceral Archipelago: Governing Space in the Postmetropolis"* umschrieben. Dahinter verbergen sich folgende Beobachtungen: „Die postmoderne Stadt mit all ihrer kaleidoskopischen Komplexität ist zunehmend unregierbar geworden, zumindest in den Grenzen ihrer traditionellen lokalen Regierungsstrukturen. Im Ergebnis ist sie in steigendem Maße eine >befestigte< Stadt geworden: mit ummauerten Grundstücken, die von bewaffnetem Sicher-

heitspersonal beschützt werden; mit über-
deutlichen Hinweisschildern: >Bei wider-
rechtlichem Betreten wird geschossen!<; mit
panoptikumähnlichen Einkaufszentren, die
durch hoch entwickelte Raumüberwa-
chungssysteme gesichert sind; mit elegan-
ten Bürogebäuden, die für Außenstehende
nicht zugänglich sind; mit Nachbarschafts-
wachen, die von gewehrgeschulterten Haus-
eigentümern unterstützt werden; mit einer
Wucherung von Gangs, die ebenso davon
besessen sind, ihr eigenes Revier zu bewa-
chen; mit einer Polizei, die mit neuestem mi-
litärtechnischem Gerät ausgerüstet ist" (E.
W. Soja 1995a, S. 157-158). „Befestigte"
Stadtviertel, die man heute *Gated Communities* nennt, sind ein Kennzeichen vieler Metropolen (und *Global Cities*) - nicht nur in
Industrieländern (vor allem in den USA), teilweise auch bereits in Europa, sondern vor
allem auch in Entwicklungsländern: s. G.
Glasze 2003, 2011, z. B. in England (S.
Blandy 2003), in Frankreich (F. Madoré
2003), im Raum Madrid (R. Wehrhahn 2000a,
2003a, b), etwa auch in Moskau oder St.
Peterburg (R. Rudolph/S. Lentz 1999, R.
Rudolph/K. E. Aksënov 2003), z. B. in Lateinamerika (M. Coy/F. Kraas 2003, M. Coy/
M. Pöhler 2002a, b, G. Mertins 2003, K.
Meyer-Kriesten u. a. 2004, s. auch 11.3.3 in
diesem Band). Zum Problem der „Unregierbarkeit" von Metropolen in Entwicklungsländern vgl. F. Kraas 1997, 2000.
(6) Die sechste Dimension einer postmodernen Stadt ist das, was man nach E. W.
Soja (1995a) als „die Entwicklung einer alternativen SimCity" bezeichnen kann (ebd.,
S. 160). Es geht dabei um „Fantasiewelten"
oder - was man an Hollywood und Disney-
land festmachen kann - um „die Märkte moderner Produktion von Hyperrealität als Unterhaltung und Zeitvertreib" (ebd.). Soja umschreibt dies 2000 (S. 323ff.) mit *„SimCities:
Restructuring the urban imaginary"*; zur

„Disneyfizierung" US-amerikanischer Städte vgl. F. Roost (2000).
Nach E. W. Soja (1995a, S. 153) wurde „die
Globalisierung der Stadt selbst zunehmend
globalisiert. Jede Stadt der Gegenwart ist in
einem bestimmten Maß ebenso eine Weltstadt, wie sie auf gleiche Weise postmodern
ist. Überall wird das Lokale globalisiert und
das Globale lokalisiert, und dies gibt damit
den Anstoß für jene Neologismen, die versuchen, die unverwechselbaren Resultate
der gegenwärtigen Restrukturierungsprozes-
se zu fassen: der Begriff der >**Glokalisierung**<".
Kritisch bleibt anzumerken, dass die sehr
maßgeblich von E. W. Soja, aber auch von
M. J. Dear (2000) - insbesondere am Beispiel von Los Angeles - artikulierte postmoderne Theoretisierung städtischer Entwicklung nicht unbedingt oder nur eingeschränkt auf die Stadtstrukturen anderer
Erdteile oder Kulturkreise übertragen werden kann (G. Wood 2003b, S. 133). „Gerade
vor dem Hintergrund der Debatte über die
wachsende Bedeutung (groß-)kultureller
Differenz, wie sie etwa Huntington (1996)
thematisiert, stellt sich die Frage, ob das im
Wesentlichen an fortgeschrittenen Volkswirtschaften entwickelte „Modell" einer
Postmodernisierung des Städtischen für die
Teile der Erde greift, die dabei sind, sich gegen westliche Einflüsse abzuschotten und
von daher ganz eigene Wege der (städtischen) Entwicklung beschreiten. Und selbst
in den fortgeschrittenen Volkswirtschaften
träfen die Überlegungen nicht generell, sondern eher auf bestimmte Räume in Nordamerika zu, vor allem auf solche, die im Mittelpunkt der Analyse stehen" (ebd., S. 144-
145). Vor diesem Hintergrund ist auch die folgende Gegenüberstellung zentraler Diskussionsstränge und inhaltlicher Aspekte der
modernen versus postmodernen Stadtentwicklung zu bewerten:

12.3.2 Moderne versus postmoderne Stadtentwicklung.

G. WOOD hat in seinen Publikationen zur „Wahrnehmung städtischen Wandels in der Postmoderne" (2003a) bzw. zur „Postmodernen Stadt" (2003b, 2011[2]) ausführlich Bezug genommen auf die jüngeren konzeptionellen Beiträge zur Stadtentwicklung, die sich - ausgehend von der US-amerikanischen Stadt (speziell Los Angeles, s. 12.3.1) - explizit mit Zusammenhängen zwischen „neuer Urbanität" und einer allgemeinen postmodernen Gesellschaftsentwicklung sowie mit der Notwendigkeit einer veränderten Theoretisierung städtischen Wandels beschäftigen (G. WOOD 2003b, S. 133). G. WOOD hat wesentliche Diskussionsstränge der jüngeren Moderne/Postmoderne-Debatte in einer tabellarischen Übersicht mit zentralen, aber auch speziellen Termini zusammengestellt, die in diesem Lehrbuch leicht verändert als Abb. 12.11 wiedergegeben ist. Zur Erläuterung bzw. Interpretation sei auf G. WOOD 2003a, S. 67ff., sowie auf G. WOOD 2003b, S. 133ff., verwiesen. Im Einzelnen ergibt sich, dass die „postmoderne Urbanität oder Stadtentwicklung" sehr facet-

	Moderne	Postmoderne
Stadtstrukturen	• homogene funktionale Bereiche • dominierendes kommerzielles Zentrum • kontinuierlicher Abfall der Lagerenten vom Zentrum	• chaotische multizentrische Strukturen („Heteropolis") • hochgradig spektakuläre Zentren • großräumige durch Armut gekennzeichnete Stadtgebiete (z. B. *inner cities*) • post-suburbane Entwicklungen (z. B. *edge cities, urban entertainment centres*) • abgeschlossene, bewachte Wohnviertel (*gated communities*) • *High-Tech*-Korridore
Architektur	• funktionale Architektur • Massenproduktion • sozialreformerischer Anspruch	• eklektische Architektur • „Stilcollagen" • „Bunker"-Architektur • spielerische, ironische Architektur • Einbezug/Zitat von Stil-Traditionen • hergestellt für spezielle Märkte
Kultur und Gesellschaft	• Klassengesellschaft • hohes Maß an interner Homogenität innerhalb sozialer Gruppen • Arbeit als zentrales gesellschaftliches Integrationsmoment	• hochgradig fragmentierte städtische Gesellschaft(en) • Differenzierung nach Lebensstilen • Gruppenunterscheidungen nach unterschiedlichen Konsummustern • hohes Maß an sozialer Polarisierung • Bedeutung von Symbolen (Planung, Lebensstil- und Konsumorientierung) • Konsum als zentrales soziales Integrationsmoment
Stadtpolitik	• Bereitstellung wichtiger Dienstleistungen durch öffentliche Einrichtungen • Stadtpolitik als Management zur Umverteilung von Ressoucen zu sozialen Zwecken	• marktförmige Bereitstellung v. Dienstleistungen • „Quersubventionierung" von Einrichtungen für die Öffentlichkeit im Rahmen großer Projekte • „Unternehmerische" Stadt: Ressourceneinsatz zum Anlocken von mobilem internationalen Kapital und Investitionen • *public private partnership*
Räumliche Planung	• Planung der Städte als Ganzheiten • Planung des städtischen Raums zu sozialen Zwecken	• planerischer Inkrementalismus • räumliche „Fragmente" (eher aus ästhetischen Motiven als zu sozialen Zwecken geplant)

Quelle: G. Wood 2003, Tab. 8.1, verändert

Abb. 12.11 Übersicht über die zentralen Diskussionsstränge in der Moderne/Postmoderne-Debatte zur Stadtentwicklung nach G. Wood (vereinfacht)

Themen-bereich	Suburbia (Stadt d. Moderne /fordistische Stadt)	Postsuburbia (Stadt d. Postmoderne/ postfordistische Stadt)	Postsozialistische metropolitane Peripherie (postsozialistische Stadt)
Wohnen und Bevölkerung: Wanderungen/sozialräuml. Strukturmuster	*Entwicklungstendenzen*		
	Starkes Bevölkerungs-wachstum d. Peripherie durch Zuwanderungen aus der Kernstadt Selektivität d. Wanderungströme d. Stadt-Umland-Wanderung	„Rückwanderung" status-hoher Bevölkerung in die Kernstadt („*Gentrification*") Zunehmende Segregation und Polarisierung in d. gesamten Stadtregion	Transformation als „nachholende Modernisierung" („*westernization*"), z. T. auch Annäherung an Struktur-muster von Großstädten der „Dritten Welt" Wanderungsgewinne d. Peripherie gegenüber der Kernstadt Zunehmende Segregation u. Polari-sierung in d. gesamten Stadtregion
	Neue Raummuster und räumliche Strukturen		
	Entstehen e. suburbanen Wohlstandsgürtels Sektorale u. ringförmige Raumstrukturen	Zunehmende sozialräumliche Polarisierung: Entstehen v. „*Gated Communities*", Armutsinseln in d. Peripherie „Fragmentierte" Raumstruk-turen	Degradierung d. peripheren Großwohnsiedlungen, Differenzierung der Peripherie; z. T. „nachholende" Suburbanisierung, Entstehen v. „*Gated Communities*" und Armutsinseln in d. Peripherie
Wirtschaft und Beschäftigung: Rolle d. Peripherie in d. intraregion. Arbeitsteilung	*Entwicklungstendenzen*		
	Ausgeprägte funktionale Ab-hängigkeit d. Peripherie v. Zentrum (Hierarchie, Unter-ordnung) Einfache Tätigkeiten u. haushaltsorientierte Dienst-leistungen dominieren in d. Peripherie	Wechselseitige funktionale Abhängigkeit (Netzwerk, nur schwach hierarchisch geordnet) Quantitatives u. qualitatives Arbeitsplatzwachstum d. Peripherie (zunehmend breiteres Spektrum qualifizierter Tätigkeiten)	Ausgeprägte funktionale Abhängigkeit d. Peripherie v. Zentrum (Hierarchie, Unterordnung) „Basarisierung": Entstehung v. Transformationsstrukturen als For-men d. „Übergangs", „nachholende" Entwicklungen führen mit zunehmender politischer u. öko-nomischer Stabilisierung zu Anglei-chungen d. Strukturmuster an westl. Stadtentwicklungsmodelle
	Neue Raummuster und räumliche Strukturen		
	Eher monozentrische Struktur „*Commercial strips*" u. Einkaufs-zentren Disperse Gewerbe-suburbanisierung	Entstehung polyzentrischer Strukturen Nodale u. korridorartige Wachstumsräume (z. B. *High-tech*-Parks, Büroparks, *Edge Cities*, Freizeitparks) Neue Zentren u. Nutzungs-konzentrationen innerhalb d. dispersen Strukturen d. Peripherie	Deindustrialisierung u. Ausbreitung e. investitionsschwachen *Low-level*-Sektors (mit ökonomischer Stabili-sierung) Entstehung v. „*Commercial strips*" u. Einkaufszentren, disperse Gewerbesuburbanisierung

Abb. 12.12 **Theoretische Aussagen zu suburbanen, postsuburbanen und postsozialis-tischen Entwicklungen metropolitaner Peripherien n. J. Burdack 2005,** Fig. 1

tenreich eine Vielzahl stadtstruktureller, ar-chitektonischer, kultureller und gesellschaft-licher sowie stadtpolitischer und raumpla-nerischer Aspekte betrifft.

Bezug nehmend auf den Diskurs über die „Postsuburbia" nach J. ARING (1999) bzw. vor allem auf die „postmoderne Stadtentwick-lung" in Kalifornien nach R. KLING u. a. (1995) hat J. BURDACK (2005, S. 9-10) wichtige **Merk-**

male der Stadtentwicklung in der metro-politanen Peripherie, d. h. von **Post-suburbia**, zusammengefasst, die zugleich „auch relevante Forschungsthemen darstel-len:

• funktionale Anreicherung der städtischen Peripherie, die nicht mehr nur Wohnort und Nahversorgungsbereich ist, sondern auch Arbeitsort, Freizeitort und Bildungsort;

• erweiterte wirtschaftliche Basis, die nicht mehr ausschließlich Arbeitskräfte in haushaltsbezogenen Dienstleistungen und Fertigungsberufen, sondern auch hochwertige Dienstleistungen umfasst und zum Standort der „Wissensökonomie" wird;
• Bildung neuer ökonomischer Pole. Einige empirische Studien (...) unterscheiden bereits eine breite Palette von neuen Strukturen an der Peripherie: *office parks* und *office concentrations*, *mixed-use developments (MXD)*, *sub-cities* und *suburban corridors*. *Edge Cities* werden nach Garreau (1991) als neu gewachsene Zentren mit umfangreichen Büro- und Einzelhandelsflächen und mindestens 24.000 Arbeitsplätzen definiert.
• Interaktionsmuster und Verkehrsströme orientieren sich nicht mehr vordringlich auf die Kernstadt. Interaktionen mit Quell- und Zielorten innerhalb der Peripherie gewinnen immer größere Bedeutung gegenüber zentripetal, auf die Kernstadt ausgerichteten Strömen.
• Entstehung einer heterogenen Bevölkerungsstruktur mit einer Vielzahl von Lebensstilen".

In Abb. 12.12 sind in Anlehnung an J. Burdack (2005) schlagwortartig wichtige **Merkmale der modernen Suburbia und Postsuburbia im Vergleich zur metropolitanen Peripherie der postsozialistischen Stadt** aufgelistet. Diese sind zwar nicht sämtlich empirisch abgesichert, allerdings spiegeln sie gut die jüngeren „theoretischen Diskurse über postmoderne, postfordistische und postsozialistische Stadtentwicklungen" (ebd, S. 10) wider.

Wie die bisherigen Ausführungen in Kap. 12 gezeigt haben, gibt es deutliche Zusammenhänge postmoderner Stadtstrukturen mit Globalisierungseffekten. Letzere sind allerdings im Einzelnen immer zu hinterfragen; hinzu kommt, dass sie - vgl. 12.3.3 - in einem vielfältigen Beziehungsgeflecht auch mit anderen Faktoren stehen.

Für **postmoderne Perspektiven der geographischen Stadtforschung allgemein** stellt L. Basten (2005, S. 25) heraus: „Postmoderne und Postmodernismus nehmen in den aktuellen Theoriedebatten der deutschsprachigen Geographie nicht gerade eine zentrale Stellung ein. Gleichwohl können postmoderne Theorieansätze die heutige Geographie, insbesondere die geographische Stadtforschung, befruchten und voranbringen, unter anderem weil sie neue und andersartige Fragestellungen und Sichtweisen nahelegen."

12.3.3. Die fragmentierte Stadtlandschaft als Resultat aus Globalisierung und anderen Einflussfaktoren.

Ein zentraler Aspekt der jüngeren Stadtentwicklung, der bereits in einer Vielzahl von Arbeiten - über Industrie-, vor allem aber Entwicklungsländer - untersucht worden ist und auch in diesem Lehrbuch mehrfach zur Sprache kommt, ist die stark zugenommene sog. **Fragmentierung der Stadtstruktur**. Wie beispielsweise K. Meyer-Kriesten u. a. (2004) anhand der sozialräumlichen und funktionalen Differenzierungen in Santiago de Chile/Chile und Lima/Peru - stellvertretend für „den Wandel der Stadtstruktur in Lateinamerika" - aufzeigen und mittels eines Übersichtssystems (s. Abb. 12.13) verdeutlichen konnten, sind die neueren Prozesse und Erscheinungsformen, aber vor allem auch Ursachen der fragmentierten Stadtlandschaft sehr komplex. Die Fragmentierung der Stadtstruktur äußert sich z. B. in lateinamerikanischen Metropolen in einer stark angewachsenen und weiter expandierenden Zahl „privatisierter und abgeschotteter Zellen, die vielfach in starker Dualität zueinander stehen", d. h. als ein „kleinräumiges Muster aus „Inseln der Reichen" im „Meer der Armen"", z. B. als exklusive *Shopping Malls*, neue *CBDs*, aber

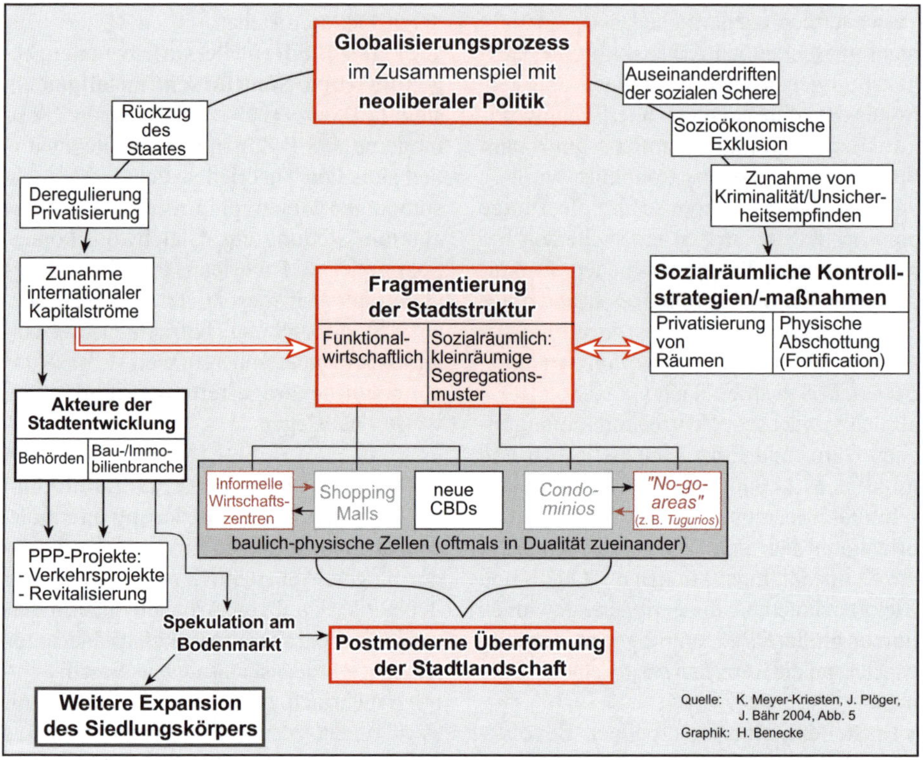

Globalisierungsprozess
im Zusammenspiel mit
neoliberaler Politik

Rückzug
des
Staates

Auseinanderdriften
der sozialen Schere

Sozioökonomische
Exklusion

Deregulierung
Privatisierung

Zunahme von
Kriminalität/Unsicher-
heitsempfinden

Zunahme
internationaler
Kapitalströme

**Fragmentierung
der Stadtstruktur**

| Funktional-wirtschaftlich | Sozialräumlich: kleinräumige Segregations-muster |

Sozialräumliche Kontroll-strategien/-maßnahmen

| Privatisierung von Räumen | Physische Abschottung (Fortification) |

**Akteure der
Stadtentwicklung**

| Behörden | Bau-/Immo-bilienbranche |

| Informelle Wirtschafts-zentren | Shopping Malls | neue CBDs | Condo-minios | "No-go-areas" (z. B. Tugurios) |

baulich-physische Zellen (oftmals in Dualität zueinander)

PPP-Projekte:
- Verkehrsprojekte
- Revitalisierung

Spekulation am
Bodenmarkt

**Postmoderne Überformung
der Stadtlandschaft**

**Weitere Expansion
des Siedlungskörpers**

Quelle: K. Meyer-Kriesten, J. Plöger,
J. Bähr 2004, Abb. 5
Graphik: H. Benecke

**Abb. 12.13 Neuere Prozesse und Erscheinungsformen der lateinamerikanischen
Stadtentwicklung nach K. Meyer-Kriesten u. a. 2004**

vor allem auch als neu geplante abgeschottete oder auch nachträglich abgesperrte Wohnviertel (*Gated Communities*, in Lateinamerika *condominios*, *urbanizaciones cerradas* bzw. *privadas*, *barrios* oder auch *conjuntos* genannt). Diese „baulich-physischen Zellen" sind zugleich Merkmale der **postmodernen Überformung der Stadtlandschaft** (K. Meyer-Kriesten u. a. 2004, S. 31, 35).

Wie Abb. 12.13 verdeutlicht, zählt zu den **Ursachen dieser fragmentierten Stadtstruktur** nicht allein der **Globalisierungsprozess**, sondern zugleich dessen Zusammenspiel mit der jeweiligen **nationalstaatlichen neoliberalen Politik**. So führten die „im Vergleich zu Peru frühere wirtschaftliche Öffnung als Folge der neoliberalen Politik und

der höhere wirtschaftliche Entwicklungsstand von Chile (...) dazu, dass sich die Veränderungen in Santiago nicht nur früher bemerkbar machten, sondern auch bereits eine andere Dimension erreicht haben. Der vergleichsweise geringere Bevölkerungsanteil der Ober- und oberen Mittelschicht hat in Lima die sozialräumliche Stadtstruktur noch nicht so stark aufbrechen können, wie es in Santiago bereits der Fall ist" (K. Meyer-Kriesten u. a. 2004, S. 35); zu Santiago de Chile vgl. M. Lukas/R. Wehrhahn 2013.

Einen großen Einfluss auf die Fragmentierung der Stadtstruktur hat zudem „die Bau- und Immobilienbranche, die - teilweise über Spekulation - sowohl zur postmodernen Überformung der Stadtlandschaft beiträgt als auch die Expansion des Siedlungskörpers vorantreibt. Die Schwäche staatlicher Institutionen erweitert noch deren Aktionsspielraum. Zudem führt die oft sensationslüsterne Medienberichterstattung über Gewalt und Verbrechen dazu, dass die Bevölkerung öffentliche Räume als zunehmend unsicher empfindet. Als Reaktion darauf sind die Kontroll- und Abschottungsmaßnahmen und die Zunahme privaten Wachpersonals in Wohnvierteln und Einrichtungen des Tertiärsektors zu bewerten" (K. MEYER-KRIESTEN u. a. 2004, S. 35).

12.4 Ausblick

Das Kapitel 12 ist einer ganzen Reihe von Fragen nachgegangen, z. B.
• Was bedeutet Globalisierung in Bezug auf Metropolen oder *Megacities*, speziell für globalisierte Städte oder *Global Cities*?
• Wie lässt sich Globalisierung anhand einzelner Indikatoren operationalisieren?
• Unter welchen speziellen Aspekten wurden bislang *Global Cities* untersucht?
• Gibt es theoretische Ansätze zum Verständnis der Beziehungen zwischen Metropolisierung, Megapolisierung und Globalisierung?
• Welche Zusammenhänge bestehen zwischen Globalisierung und postmoderner Stadtentwicklung?
• Wie lässt sich der für die jüngeren Stadtstrukturen wichtige Prozess der Fragmentierung aus dem Zusammenspiel von Globalisierung und anderen wichtigen Einflussfaktoren erklären?

Es hat sich gezeigt, dass viele Ansätze der Untersuchung von Metropolen im Globalisierungsprozess stark ökonomisch bestimmt sind. Bei der Definition und Analyse der (globalen) Funktionen und Beziehungen von *Global Cities* besteht jedoch die Gefahr des ökonomischen Reduktionismus so-

wie eurozentrischer oder pro-westlicher Konstrukte (s. H. NISSEL 2004 u. 12.2.4).

Die **Dimensionen der Globalisierung** sind jedoch viel umfassender, d. h. es müssen kulturelle Aspekte ebenso mit einbezogen werden wie politische, soziale, kommunikationstechnische, ökologische oder etwa arbeitsorganisatorische (vgl. U. BECK 1998[4], G. FUCHS 1998). Gegenüber den ökonomischen Aspekten wurden bislang in Bezug auf Metropolen deutlich weniger die kulturellen und damit im Zusammenhang stehenden sozialen Dimensionen der Globalisierung untersucht bzw. berücksichtigt; zur „Weltstadtkultur" und Multikulturalität, zu global orientierten Berufsmilieus oder Lebensstilen etc. in *Global Cities* vgl. P. NOLLER 1999, zur Rolle von Metropolen in der Weltgesellschaft P. FELDBAUER u. a. 1993, zur Entwicklung der Vergnügungskultur in Metropolen P. NOLTE 2016, zu Beispielen für die kulturelle Globalisierung H. NISSEL 2004 über Mumbai (Bombay) oder C. PFAFFENBACH 2004 über Damaskus.

Die Metropolen der Industrieländer und zum erheblichen Teil auch der weniger entwickelten Staaten haben durch den Globalisierungsprozess nicht nur vielfältige bzw. unterschiedliche neue Funktionen (ökonomisch, kulturell, sozial, politisch etc., s. oben), sondern auch **neue interne Fragmentierungen** erlangt. Diese haben häufig auch eine regionale Dimension (z. B. fragmentierte Stadtstrukturen innerhalb einer *Global City*-Region). Es ist allerding sehr fraglich, ob das gesamte Ausmaß der in Megastädten/*Global City-(Regions)*, vor allem in weniger entwickelten Ländern, feststellbaren internen Fragmentierungen auf Globalisierungseffekte allein zurückzuführen ist. Lässt sich auch so eindeutig eine soziale Spaltung in sog. „Globalisierungsgewinner" und „Globalisierungsverlierer" begründen, wie es jüngst viele Autoren tun?

Weiterführend ist vor allem auch die Einsicht, dass die Städte weltweit einem mehr oder weniger starken Einfluss durch Globalisierung ausgesetzt sind (*Globalizing Cities*, globalisierte „Orte", „Glokalisierung"); dies gilt vor allem für die großen und funktional ranghohen Metropolen und Megastädte.

Kasten 12.9 Literaturauswahl zur Ergänzung und Vertiefung des Kapitels 12

· **Gesamtdarstellungen, Einführungsbeiträge zu Metropolen, Megastädten, *Global Cities*/ Globalisierungsforschung:**
D. Bronger 1997c, 2004, D. Bronger/L. Trettin 2011, P. Feldbauer u. a. 1997 (Gesamtdarstellungen); L. Beckel 2001, A. Borsdorf/M. Coy 2009, G. Fuchs 1998, H. Gebhardt 2002b, U. Gerhard 2004, E. Giese u. a. 2011, H. Häussermann/F. Roost 1998, H. Heineberg 2005a, b, R. Henkel 1998, H.-R. Korff 1996, F. Kraas 2003, 2011, F. Kraas/U. Nitschke 2006, 2008, F. Kraas u. a. 2002, D. Müller-Mahn 2002, C. Parnreiter 2000a, F.-J. Post 2004, W. Taubmann 1996a, K. Zehner 2001b (Einführungen); F. Kraas 1997, 2000, K. Husa/H. Wohlschägl 1999, G. Mertins/F. Kraas 2008 (Regierbarkeit v. Metropolen/Megastädten d. Dritten Welt im Globalisierungsprozess); E. Kross 1997, H. Schrand 1998, 2001, D. Wiktorin 2001b (Geographiedidaktik)
· **Metropolendiskurs in Deutschland/Europäische Metropolregionen:**
L. Basten 2009a, G. Fuchs u. a. 1995, W. Matznetter/R. Musil 2011 (interdisziplinäre Reader); B. Adam u. a. 2005, B. Adam/A. Wacker 2009, BBR 2005b; H. H. Blotevogel 1998a, 1998b, 2000a, 2004, 2005[4]a, 2006, 2010, H. Fassmann 1999, D. Michel 1998, M. Paal 2005, S. Passlick/A. Prossek 2012, K. Volgmann 2013; J. Burdack u. a. 2005, M. Hesse 2010c (metropolitane Peripherien)
· **Zum internationalen Diskurs der Weltstadt-/*Global City*-Forschung:**
P. Hall 1966 (1984[3]) (frühes Werk zur Weltstadtforschung); J. Beaverstock u. a. 2000, J. Friedmann 1995, U. Gerhard 2004, Sir P. Hall 2001, P. Marcuse/R. van Kempen 2000, S. Sassen 1991 (2001[2]), 1994 (1997[2]), 2000, F. Scholz 2000a, b, 2002, 2003a, 2004a, 2010, A. J. Scott 2001, P. J. Taylor 2004, P. J. Taylor/G. Catalano 2002, P. J. Taylor u. a. 2011 (innovative Veröffentlichungen); St. Krätke 1997 (Globalisierung u. Stadtentwicklung in Europa); D. W. Rebitzer 1995 (führende Städte im Weltwirtschaftssystem); P. Noller 1999 (Globalisierung u. Lebensstile); H. J. Kujath/W. Peiker 2014 (internationales Städtesystem/Wissensökonomie); H.-M. Zademach 2014 (globale Finanzsysteme)
· **Megastädte als globale Problemräume und urbane Zukunft:**
F. Kraas 2003, 2008, F. Kraas u. a. 2002, 2014
· **Metropolen/Global Cities und postmoderne Urbanisierung/Stadtentwicklung:**
L. Basten 2005, 2011, M. J. Dear 2000, H. Fröhlich 2003, 2004, R. Kling u. a. 1995, E. W. Soja 1995a, b, 2000, R. Wehrhahn 2000a, 2003b, G. Wood 2003a, b, 2011
· **Beispiele für *Global City*-/Globalisierungs-Studien:**
B. Hahn/M. Zwingenberger 2011 (Bsp. f. Megastädte/*Global Cities*); St. Krätke 2002, 2004, E. Kulke 2003, A. Scharenberg 2000 (Berlin); R. Bördlein 2001, E. W. Schamp 2011 (Frankfurt a. M.); M. Hoyler 2004 (London u. Frankfurt); J. V. Beaverstock u. a. 2003[2], H. Heineberg 2007c, A. D. King 1991, K. Zehner 2011, 2012a, b; V. Selbach/K. Zehner 2016 (London); J. Burdack 2004 (Paris); T. Chilla 2009, B. Wiese 2001 (Brüssel); S. Lentz 1997a, b (Moskau); W. Gamerith 1999, 2000, D. Wiktorin 2001a (New York); B. Hahn 2004 (New York, Chicago, Los Angeles); G. Thieme/H. D. Laux 1996 (Los Angeles); K. Meyer-Kriesten u. a. 2004, R. Wehrhahn 2009 (Lateinamerika, Santiago de Chile, Lima); H.-G. Hofmeister 2003, C. Parnreiter 2003, 2007, R. Wehrhahn 2004 (Lateinamerika, v. a. Mexico City, São Paulo), C. Parnreiter u. a. 2013 (Mexico City u. Johannesburg), T. Reichart 2000 (Bogotá/Kolumbien); M. Seger/F. Palencsar 2003 (Istanbul); A. Escher 2001 (Damaskus, Marrakech), C. Pfaffenbach 2004 (Damaskus); J. Gertel 2002, 2004 (Kairo); F. Scholz 2005 (arab. Golfstaaten, Beispiel Dubai); H. Nissel 1999, 2004 (Bombay/Mumbai), C. Dittrich 2003, 2004 (Bangalore); F. Scholz 2003b (Karachi); F. Scholz u. a. 2001 (Dhaka); F. Kraas 1996, 2000 (Bangkok); S. Kinder 2003, F. Kraas 2001 (Singapur); U. Hohn 2005, H. Poppinga 2015 (Tôkyô); W. Breitung 2003, 2008, W. Breitung/R. Schneider-Sliwa 1997 (Beijing, Hongkong, Shanghai); G. Spreitzhofer 2000 (Jakarta)

13   Städtetourismus und Stadtkultur

Christian Krajewski

Europa hat eine neue Sehenswürdigkeit.
Die Kulturhauptstadt sagt Danke.

Abb. 13.1   Architektonische Alleinstellungsmerkmale klassischer und neuer Städte-tourismus-Destinationen. Rechts: Die Zeche Zollverein/Essen, seit 2001 UNESCO-Weltkulturerbe, zentraler Ankerpunkt der Kulturhauptstadt Europas RUHR.2010. (Foto: RUHR.2010/Jörg Kritzer Photography)

Der **Städtetourismus** hat sich in den letzten zwei Jahrzehnten sowohl in Deutschland als auch in international herausragenden Destinationen (z. B. London, Paris) zu einer immer **bedeutende-ren Tourismusart** entfaltet (13.1.) und damit die Stadtentwicklung und die städtischen Funktionen sowie das Stadtimage erheblich mitgeprägt. Wachstum und Dynamik dieses Marktsegmentes spei-sen sich nicht nur aus einem veränderten Reiseverhalten auf der Nachfrageseite hin zu mehr Kurz- und Erlebnisreisen, sondern auch aus einer immer stärkeren Ausdifferenzierung des touristischen Angebotsspektrums in den Städten. Hinzu kommt die Positionierung neuer Destinationen des Städte-, Kultur- und Eventtourismus, beispielsweise in alten Industrieregionen wie dem Ruhrgebiet (jüngst v. a. mittels des europäischen Kulturhauptstadtjahres RUHR.2010; s. Abb. 13.1, Kap. 13.2.2).

Auch mit Hilfe von *Flagship*-Projekten wie architektonisch spektakulären Museums- oder Opern-häusern versuchen sich Orte im neoliberalen Städtewettbewerb zu behaupten. Solche Bauten stehen exemplarisch für die besondere Bedeutung von (Stadt-)Kultur in der aktuellen Stadtentwick-lung. Kultur bzw. **Kultur- und Kreativwirtschaft** sind heute **als neue Wachstumsmotoren** (13.2) von immer größerer Bedeutung für das Image und die Lebensqualität in (größeren) Städten geworden.

13.1 Städtetourismus oder Tourismus in den Städten

13.1.1 Entwicklung, Arten und Ausprägungen des Städtetourismus. Aufgrund ihrer zentralörtlichen Bedeutung besaßen Städte als Zentren von Handel, Handwerk, Bildung, Politik und Verwaltung bereits seit der Antike eine besondere Anziehungskraft für Reisende. Nach A. STEINECKE (2011, S. 115) kann die Kultur- und Bildungsreise „ *Grand Tour* " junger Adliger seit dem 16. Jh. durch Europa als **Wurzel des neuzeitlichen (Städte-)Tourismus** bezeichnet werden. Zahlreiche Destinationen (Reiseziele) von damals wie beispielweise Paris, Florenz, Rom, Venedig oder Wien gehören auch heute zu den beliebtesten europäischen Städtetourismus-Destinationen. Mit dem Erstarken des Bürgertums und entsprechender Nachahmungen durch die neue ökonomische Elite verlor die „ *Grand Tour* " nach der Französischen Revolution 1789 an Exklusivität und Reiz. Nicht zuletzt aufgrund kürzerer Reisedauer wurde die Wahrnehmung gesellschaftlicher Kontakte durch die Besichtigung von Kulturdenkmalen abgelöst. Stadtbesichtigungen sowie der Besuch von Sehenswürdigkeiten zählen bis heute zu den originären Merkmalen eines kulturorientierten Städtetourismus. Mit dem Aufkommen technischer Neuerungen, insbesondere von Eisenbahn und Dampfschiff, wurden Reisen im 19. Jh. für breitere Bevölkerungskreise erschwinglich. Mit der Organisation einer preisgünstigen Pauschalreise per Eisenbahn nach Leicester durch den Baptistenprediger THOMAS COOK 1841 begann das Zeitalter des Massentourismus. Ein Jahrzehnt später veranstaltete COOK eine organisierte Reise zur ersten Weltausstellung nach London. Weltausstellungen entwickelten sich schnell zu „hochrangigen städtetouristischen Attraktionen, die ein internationales Massenpublikum anzo-gen" (A. STEINECKE 2011, S. 119). Solche **Groß-*Events*** haben auch im 21. Jh. nichts von ihrer Anziehungskraft verloren, weshalb viele Großstädte bis heute auf eine Festivalisierung von Stadtpolitik und Stadtentwicklung setzen, um ihre Wettbewerbsposition zu verbessern (s. 10.3.2).

Spätestens seit Beginn des 20. Jh.s erkannten viele Städte in Deutschland das **Wirtschaftspotential des Tourismus** und betrieben gezielte **Tourismusförderung**, was beispielsweise in der Gründung von Verkehrsvereinen oder der Eröffnung von eigenen Verkehrsämtern zum Ausdruck kam. Gleichwohl dienten Städte bis in die 1960er/1970er Jahre hinein primär als touristische Quellgebiete. Während sich die gesamttouristische Nachfrage in Deutschland von 1960 bis 1975 verdoppelt hat, ist die städtetouristische Nachfrage im gleichen Zeitraum nur um 50 % gestiegen (I. MEYER 1994, S. 20). Seit Mitte der 1970er Jahre entwickelte sich der Städtetourismus allerdings – abgesehen von kürzeren, meist gesamtwirtschaftlich bedingter Stagnationsphasen – sehr dynamisch und erlebt, gemessen an Touristenankünften und -übernachtungen, seit Mitte der 1990er Jahre eine anhaltende Boomphase. Dies hängt insbesondere mit Investitionen zur Aufwertung und Attraktivitätsverbesserung der kulturellen Infrastruktur in den Städten sowie der städtebaulichen Sanierung und Verkehrsberuhigung von Altstadtkernen und der damit verbundenen Attraktivitätssteigerung zusammen (E. JAGNOW/H. WACHOWIAK 2000, S. 109f, A. STEINECKE 2011, S. 122).

Auf der Nachfrageseite hat ein **verändertes Reiseverhalten** dazu geführt, dass sich die Länge des Jahresurlaubs durch zusätzliche Kurzreisen mit Erlebnischarakter reduziert hat. Hinzu kommt, dass durch den gesamtgesellschaftlichen Wandel, der sich beispielsweise durch die „Pluralisierung des

Geschmacks" in der Erlebnisgesellschaft ausdrückt, auch der Freizeit- und Tourismusmarkt immer segmentierter und heterogener geworden ist (s. C. Krajewski u. a. 2006, S. 26). Aufgrund ihrer Multifunktionalität können angebotsseitig gerade Städte diese unterschiedlichsten Besucherinteressen bedienen.

Zu den **Gründen für den Boom des Städtetourismus** zählen weiterhin (vgl. H. Hopfinger 2007, S. 104ff, A. Kagermeier 2008, S. 18f):

• Ein **gewandeltes Verständnis von „Kultur"** (s. 13.2): der Begriff ist aus touristischer Sicht, ausgehend von der klassischen Bildungskultur, die Museen, Theater, Denkmale, Baukultur/Architektur, Kulturveranstaltungen usw. umfasst, um vielfältigste Formen populärer Kultur und Unterhaltung ergänzt worden;

• eine **neue Form der „Eventkultur"**, bestehend aus großen Veranstaltungen (z. B. Fußball-Weltmeisterschaften, Reichstagsverhüllung 1995), kleineren, wiederkehrenden Events (z. B. Stadtfeste, Marathonläufe), Festivals oder auch Sonderausstellungen in Museen („das MoMa in Berlin"), die zur Schärfung von Stadtimage und -attraktivität beitragen. Als Typen lassen sich unterscheiden: Kultur-Events (z. B. Open-Air-Konzerte, Stadtfeste), Sport-Events (z. B. Olympische Spiele), wirtschaftliche (u. a. Messen, Kongresse), gesellschaftliche (z. B. Paraden) und natürliche Events (u. a. Erdbeben, auch *'Dark Tourism'* genannt).

• **„Shopping"**, verstanden als Einkaufserlebnis, erfreut sich nicht nur in gewachsenen, vor allem oberzentralen Innenstädten großer Beliebtheit, sondern insbesondere in neuen Shopping-Centern oder Urban Entertainment Centern wie dem CentrO Oberhausen, die mit ihrem Einkaufs-, Gastronomie-, Unterhaltungs- oder auch *Edutainment*-Angebot die kommerziellen Interessen der Besucher bedienen (s. 7.5.2 u. Abb. 7.15).

• Neben Urban Entertainment Centern zählen zu solchen komplexen, multifunktionalen Freizeitgroßeinrichtungen außerdem Großveranstaltungsarenen, Musical-Theater oder auch Indoor-Skihallen (vgl. C. Krajewski u. a. 2006, S. 26).

Das Vorhandensein **postmoderner Freizeit- und Kultureinrichtungen** gerade in Großstädten trägt wie die Angebotsvielfalt und die damit verknüpfte Multioptionalität (Auswahlmöglichkeiten) für die Konsumenten dazu bei, dass der Städtetourismus heute für den Tourismustypus der Postmoderne schlechthin steht: „Der Städtetourismus in all seiner kulturellen und sonstigen Vielfalt mag damit symbolhaft den Typus des postmodernen Tourismus des 21. Jahrhunderts repräsentieren" (H. Hopfinger 2007, S. 106).

Aufgrund der vielfältigen Erscheinungsformen und komplexen Ausprägungen des Städtetourismus ist dieser eine begrifflich kaum klar zu fassende Tourismusform, „da

---

Kasten 13.1 Definition Städtetourismus

„Städtetourismus umfasst jede erdenkliche Form eines Aufenthalts von nicht-ortsansässigen Menschen, die eine Stadt aus gesellschaftlichem oder privatem Interesse – sei es mit oder ohne Übernachtung – besuchen.
Je nachdem, mit welcher Form des Städtetourimus man sich befasst, können weitere Kriterien zur Abgrenzung des betreffenden Tourismussegments hinzugezogen werden. Zu den wichtigsten Kriterien gehören:
· Dauer des Aufenthalts
· ausgeübte Haupttätigkeit während des Aufenthalts
· Entfernung zum Wohnort
· Reiseziele (In- oder Ausland, Stadtgrößenklasse, Städtetyp etc.)
· Herkunft des Reisenden
· Differenzierung zwischen Stadt als Reiseziel und Reisemotiv
· Unterscheidung zwischen Pauschal- und Individualreisen" (T. Freytag/M. Popp 2009, S. 7)

sich hier die in der Freizeit- und Tourismusforschung bestehenden Schwierigkeiten der klaren Zuordnung nach Dauer und Motiven in besondere Weise stellen" (A. KAGERMEIER 2008, S. 14). Deshalb existiert bis heute **keine allgemeingültige Definition des Städtetourismus**. Vor dem Hintergrund der sich immer stärker ausdifferenzierenden Motivstrukturen und Besucheraktivitäten, der Etablierung neuer Angebote in den Städten sowie der zunehmenden Überschneidung von Freizeit- und Urlaubsaktivitäten im Zuge verbesserter Erreichbarkeitsverhältnisse – zum Beispiel durch *Low Cost Carrier* – hat sich diese Abgrenzungsproblematik in den letzten Jahren weiter verschärft. So werden heute beispielsweise Tagesbesuche in Städten als touristische und nicht mehr als Freizeitaktivität eingestuft (A. KAGERMEIER 2008, S. 14).

Eine Definition des Städtetourismus muss demzufolge sehr allgemein bleiben (Kasten 13.1).

Im Kontext des *„cultural turn"* lässt sich ein weiterer Zugang zum Tourismus-Phänomen aus **konstruktivistischer Perspektive** entwickeln: „Anstatt bei den Reisenden anzusetzen, haben verschiedene Autoren in den letzten Jahren deren touristische Praktiken in den Blick genommen (z. B. J. URRY 2002). Diese Fokussierung erlaubt es, den Tourismus als ein System zu verstehen, innerhalb dessen spezifische Praktiken eine vermittelnde Funktion zwischen den Orten und Schauplätzen einerseits und den Besuchern als touristischen Akteuren andererseits einnehmen" (T. FREYTAG/M. POPP 2009, S. 7).

Wenn man vor diesem Hintergrund überhaupt davon sprechen möchte, so handelt

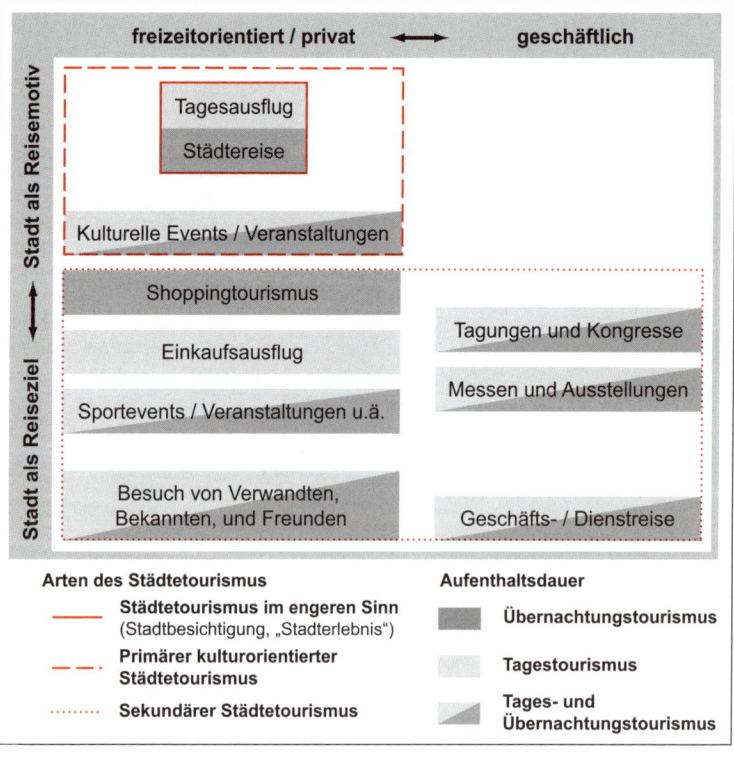

Abb. 13.2 Typologie des Städtetourismus (verändert nach T. Freytag/ M. Popp 2009, Abb. 4, DTV 2006, I. Meyer 1994) Grafik: K. Mölle

es sich bei den typischen **Städtetouristen** um stark **von hybriden Besuchsmotiven gekennzeichnete** Besucher, bei denen sich Kultur- und Bildungsmotive sowie Urlaubs- und Vergnügungsmotive oder auch verschiedene berufliche Motive überlagern (A. KAGERMEIER 2008, S. 16); gleichwohl lassen sich die verschiedenen Formen als Typologie des Städtetourismus zusammenfassen (Abb. 13.2).

Grundsätzlich lässt sich der Städtetourismus zunächst in privat bedingte, freizeitorientierte und beruflich motivierte Reisen gliedern. Beim Städtetourismus im engeren Sinne wird die Stadt aufgrund ihrer städtebaulichen Attraktivität (*„Sightseeing"*) oder ihrer Kunst- und Kulturangebote besucht und besichtigt, was mit oder ohne Übernachtung erfolgen kann. Diese Form, die den Besuch kultureller Veranstaltungen oder Events einschließt, wird auch als **„primärer" oder kulturorientierter Städtetourismus** bezeichnet (DTV 2006, S. 6ff). Unter **„sekundärem" Städtetourismus** versteht man Reisen oder Ausflüge mit anderen Motiven; dieser schließt damit auch geschäftliche Reisen, Verwandten-/Bekanntenbesuche, Shopping-, Gastronomie-, Eventreisen mit ein (Abb. 13.2). Hierbei ist nicht die Stadt selbst das Reisemotiv, sondern es sind die dort verorteten Funktionen wie z. B. Einkaufs-, Veranstaltungs- oder Tagungsorte. In der Praxis gibt es keine klare Abgrenzung zwischen den verschiedenen Formen, da sie nachfrageseitig individuell miteinander kombiniert werden können. Geschäftsreisen werden häufig unter dem Begriff *MICE* zusammengefasst: *Meetings, Incentives, Conferences & Exhibitions.*

Mit der angesprochenen Heterogenisierung und Segmentierung im Städtetourismus hat sich auch die Wahrnehmung der Stadt durch die Touristen weiter ausdifferenziert. Aus der Perspektive der Neuen Kulturgeographie muss konstatiert werden, dass es keine universelle touristische Wahrnehmung geben kann und der individuelle touristische Blick als „sozial konstruiert und im Kontrast zum Alltagsblick" betrachtet werden muss (M. POPP 2009, S. 43). Jüngere, dem *„cultural turn"* folgende Ansätze wie das **Konzept des „touristischen Blicks"** oder *„tourist gaze"* nach J. URRY (2002) bieten eine Möglichkeit zum „besseren Verständnis des Städtetourismus in der Postmoderne" (M. POPP 2009, S. 42)

13.1.2 Städtetourismus in Deutschland. Im deutschen Städtetourismus spielen **Tagesreisen** gegenüber dem Übernachtungstourismus quantitativ die bedeutend größere Rolle: Nach der Grundlagenuntersuchung zum Städte- und Kulturtourismus in Deutschland (DTV 2006, S. 10f) entfallen 87 % der 2,2 Mrd. touristischen Aufenthaltstage in den deutschen Tourismusstädten auf Tagesbesucher und nur 13 % auf Übernachtungsgäste. Tagesausflügler und Tagesgeschäftsreisende tragen zusammen 76 % des Umsatzes im deutschen Städtetourismus bei (Abb. 13.3). Am stärksten profitieren der Einzelhandel (50 %) und die Gastronomie (29 %) vom Städtetourismus, wohingegen die Beherbergungsbetriebe nur 17 % des Umsatzes beisteuern. Mit einem Bruttoumsatz von über 82 Mrd. EUR stellt der Städtetourismus in Deutschland einen wichtigen Wirtschaftsfaktor dar. Aufgrund seines Charakters als Querschnittsbranche profitieren verschiedene Branchen (u. a. Einzelhandel, Zulieferer, Dienstleister, Handwerker) vom Städtetourismus, der unter Einbezug der Beschäftigten in Zulieferbetrieben mit rund 1,5 Mio. Arbeitsplätzen erhebliche Einkommens- und Beschäftigungseffekte erzeugt (DTV 2006, S. 11).

Die bereits angesprochene Multioptionalität und Angebotsvielfalt haben dazu geführt, dass insbesondere die deutschen Großstädte seit den 1990er Jahren vom wach-

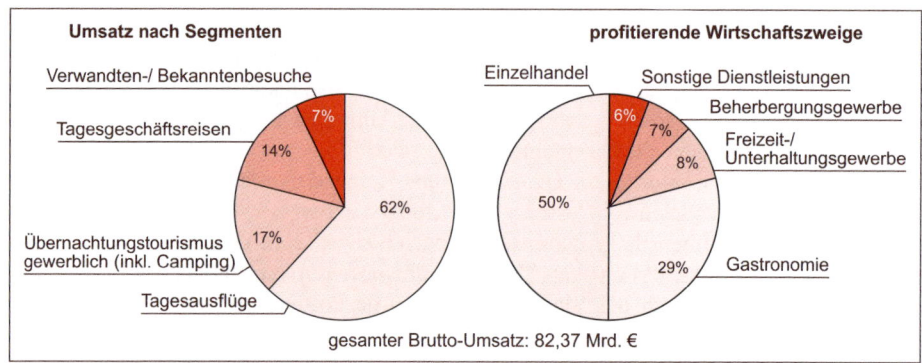

Abb. 13.3 Wirtschaftsfaktor deutscher Städtetourismus (2004) Quelle: DTV 2006, S. 10f

senden Städte- und Kulturtourismusmarkt profitiert haben. Ähnlich der Hierarchie innerhalb des deutschen Städtesystems hat sich - gemessen an der übernachtungstouristischen Nachfrage - ein **Ranking der Städtedestinationen** entwickelt, an dessen Spitze mit deutlichem Abstand die Hauptstadt Berlin vor München, Hamburg, Frankfurt/Main, Köln und anderen Großstädten steht. In Berlin ist der Tourismus mittlerweile zu einem der bedeutendsten Wirtschaftsfaktoren der Stadt geworden (Kasten 13.3). Aber auch einige kleinere, kulturell bedeutende Städte zählen zu den Top 20 der

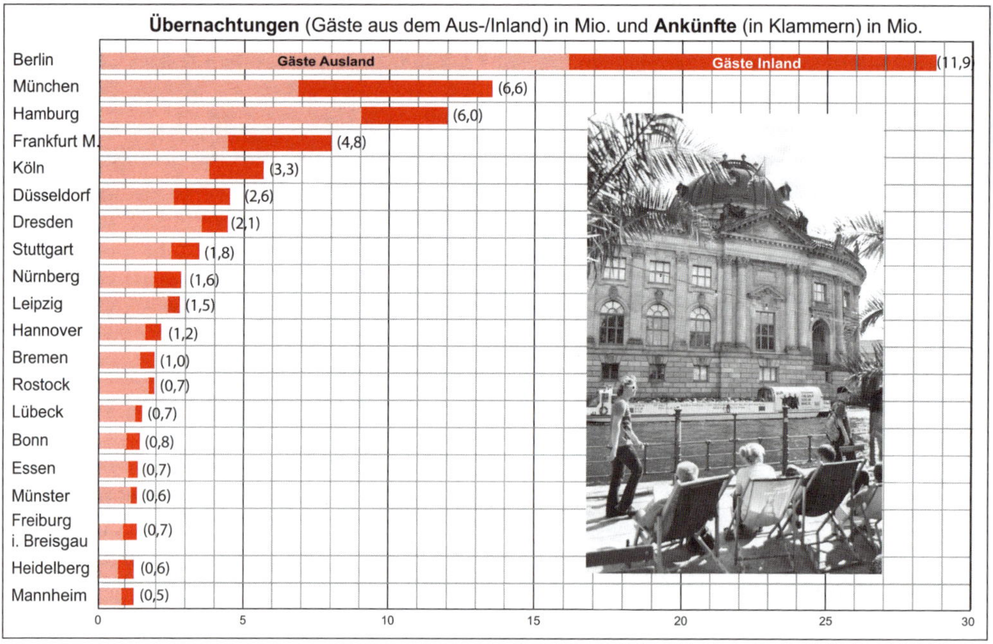

Übernachtungen (Gäste aus dem Aus-/Inland) in Mio. und **Ankünfte** (in Klammern) in Mio.

Stadt	Übernachtungen / Ankünfte
Berlin	(11,9)
München	(6,6)
Hamburg	(6,0)
Frankfurt M.	(4,8)
Köln	(3,3)
Düsseldorf	(2,6)
Dresden	(2,1)
Stuttgart	(1,8)
Nürnberg	(1,6)
Leipzig	(1,5)
Hannover	(1,2)
Bremen	(1,0)
Rostock	(0,7)
Lübeck	(0,7)
Bonn	(0,8)
Essen	(0,7)
Münster	(0,6)
Freiburg i. Breisgau	(0,7)
Heidelberg	(0,6)
Mannheim	(0,5)

Quelle: Statist. Bundesamt 2015　　Grafik: K. Mölle/H. Heineberg, Foto: C. Krajewski 2013

Abb. 13.4 Top 20 Tourismus-Destinationen unter deutschen Großstädten (Übernachtungen und Ankünfte) und das Beispiel Berlin (Museumsinsel)

deutschen Städtereiseziele (Abb. 13.4).

Vor dem Hintergrund eines zunehmenden **internationalen Städtewettbewerbs** nimmt auch die Notwendigkeit zur **Profilbildung und Imageschärfung** zu. Eine konsequente Spezialisierung, „die zumeist auf den vorhandenen infrastrukturellen bzw. architektonischen, kulturellen oder historischen Gegebenheiten der jeweiligen Stadt basiert" (A. STEINECKE 2011, S. 134), ermöglicht hierbei vielen Großstädten eine strategische Profilierung, z. B. als Kunst- und Kulturstadt, als Messestadt, als Stadt mit historischem Schwerpunkt oder als internationale Stadt (Abb. 13.5).

Die 11 führenden deutschen Städtetourismus-Destinationen verfügen auch international über einen hohen Bekanntheitsgrad, was durch ein entsprechendes Auslandmarketing unterstützt wird. Unter dem Slogan *„Diversity has a name"* haben sich die Städte Berlin, Dresden, Düsseldorf, Frankfurt, Hamburg, Hannover, Köln, Leipzig, München, Nürnberg und Stuttgart zur **Marketingkooperation „Magic Cities"** zusammengeschlossen (www.magic-cities.com). Neben den "Magic Cities" gibt es weitere Marketingkooperation unter den großstädtischen Tourismus-Destinationen. Der **Zusammenschluss „Historic Highlights of Germany"** entstand bereits 1977 als „Die historischen Zehn" und wurde 1992 mit dem Fokus Auslandsvermarktung umbenannt. Die heutigen 13 kleineren Großstädte der Vermarktungskooperation „waren und sind herausragend in ihrer Bedeutung für Geschichte, Kultur, Wirtschaft und Wissenschaft in Deutschland" (www.historicgermany.travel). Zwar zählen mit Rostock, Freiburg, Münster und Heidelberg nur vier zu den deutschen Top-20-Städte-Destinationen. Mit Augsburg, Erfurt, Koblenz, Mainz, Potsdam, Regensburg, Trier, Wiesbaden und Würzburg gehörten 2012 aber neben den großen Metropolen „die wichtigsten Vertreter des kulturorientierten Städtetourismus" (A. KAGERMEIER/J. ARLETH 2009, S. 14) dieser Städtekooperation an. Die Themen Architektur, Kunst und Museen, Musik, Literatur und Religion bilden - ergänzt um die Komponente Gastronomie & Kulinarik - den Schwerpunkt der kulturtourismusbezogenen Vermarktungsaktivitäten. Durch die Definition verschiedener Unterthemen (z. B. Architektur-Themen „Gotik", „Barock und Rokoko" oder „Modern und zeitgenössisch", „UNESCO-Weltkulturgüter" oder „Weihnachtsmärkte") erfolgt eine inhaltliche Fokussierung; durch die Verbindung einzelner Städte unter bestimmten Themenrouten (z. B. „Rö-

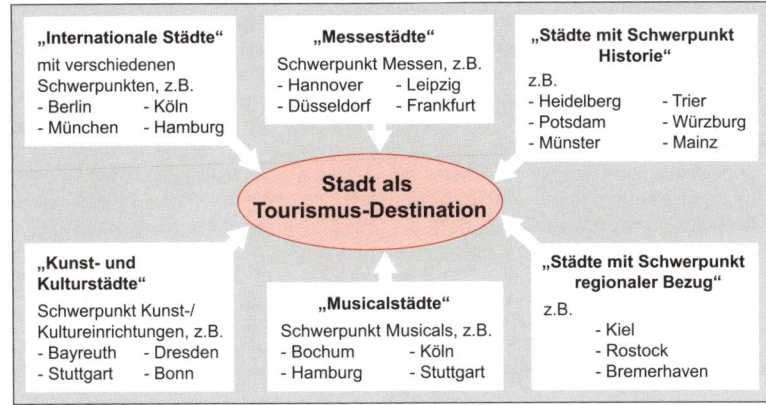

Abb. 13.5 Profilierung und Spezialisierung deutscher Städtetourismus-Destinationen

Quelle: Verändert nach E. Jagnow/ H. Wachowiak 2000, Abb. 1
Grafik: K. Mölle

„Internationale Städte"
mit verschiedenen Schwerpunkten, z.B.
- Berlin - Köln
- München - Hamburg

„Messestädte"
Schwerpunkt Messen, z.B.
- Hannover - Leipzig
- Düsseldorf - Frankfurt

„Städte mit Schwerpunkt Historie"
z.B.
- Heidelberg - Trier
- Potsdam - Würzburg
- Münster - Mainz

Stadt als Tourismus-Destination

„Kunst- und Kulturstädte"
Schwerpunkt Kunst-/ Kultureinrichtungen, z.B.
- Bayreuth - Dresden
- Stuttgart - Bonn

„Musicalstädte"
Schwerpunkt Musicals, z.B.
- Bochum - Köln
- Hamburg - Stuttgart

„Städte mit Schwerpunkt regionaler Bezug"
z.B.
- Kiel
- Rostock
- Bremerhaven

**Kasten 13.2 „Städtetourismus-Hauptstadt" Berlin zwischen bedeutendem Wirtschafts-
faktor und Bürgerprotesten** (nach C. Krajewski 2005/SenWirt 2011)

Seit dem Fall der Berliner Mauer 1989 hat sich die deutsche Hauptstadt zum mit Abstand bedeutendsten Ziel im deutschen Städtetourismus entwickelt. Die Zahl der gewerblichen Übernachtungen in Beherbergungsbetrieben stieg zwischen 1993 und 2011 von 7,5 auf über 22 Millionen (bei
10 Mio. Gästeankünften), hinzu kommen über 26 Mio. Übernachtungen bei Verwandten und Bekannten. Außerdem sind insgesamt 132 Mio. Tagesreisen zu verzeichnen; damit halten sich zusätzlich zu den über 3,4 Mio. Bewohnern täglich durchschnittlich fast 500.000 Besucher in der
Hauptstadt auf. Seit Ende der 1990er Jahre hat sowohl die Zahl der Ankünfte von Privat- als auch
von Geschäftsreisen deutlich zugenommen. Analog zur wiedergewonnenen herausragenden
politischen Bedeutung Berlins wuchs der Stellenwert als Destination für Tagungen, Kongresse
und Messen: Berlin ist heute die Kongressstadt Nummer eins in Deutschland und zählt weltweit zu
den TOP 5 der beliebtesten Kongressdestinationen; ein Viertel aller gewerblichen Übernachtungen entfällt auf das Kongresswesen. Ökonomisch betrachtet haben Übernachtungs- und Tages-
tourismus eine ähnlich große Bedeutung und tragen jeweils zu 50 % zum tourismusbedingten
Gesamtumsatz in Berlin bei. Insgesamt stellt der **Tourismus** heute mit einem Bruttoumsatz von
über 10 Mrd. EUR und einem Beschäftigungsäquivalent von 275.500 Personen (vom Tourismus als
Querschnittsbranche profitieren verschiedenste Wirtschaftsbereiche) **einen der wichtigsten
wachstumsorientierten Wirtschaftszweige** der Spreemetropole dar.

Auch im **europäischen Städtevergleich** konnte Berlin seine Position verbessern, Rom, Madrid und Wien überrunden und **Platz drei** hinter London und Paris einnehmen (Tab. 13.1). Während bis zur Jahrtausendwende vor allem deutsche Touristen zum Boom beitrugen, hat sich der
Anteil ausländischer Übernachtungsgäste seitdem auf 40 % erhöht: Berlin ist als Tourismus-
destination international geworden. Die **Wachstumseffekte** lassen sich besonders auf eine
bessere Erreichbarkeit Berlins mit *Low Cost Carriern* (LCC; zwischen 2003 und 2009
stieg die Zahl der LCC-Passagiere von ca. 3,4 auf 11,1 Millionen, damit ist Berlin der wichtigste
LCC-Standort Kontinentaleuropas), den Ausbau der Bettenkapazitäten (seit 2003 hat sich die
Anzahl der Betriebe auf dem Beherbergungsmarkt um ein Viertel auf 750 erhöht, die Zahl der
Betten mit 111.000 sogar um 38 %) sowie ein verbessertes **touristisches Marketing** (z. B.
Hauptstadtkampagne „be Berlin") und in dessen Folge eine verstärkte Außenwahrnehmung und
Imageverbesserung zurückführen.

Die mediale Vermarktung Berlins als ‚Stadt im Wandel', die sich im Zuge der urbanen Transformation permanent verändert und ständig etwas Neues bietet, hat das vormalige Image der geteilten Stadt mit dem ‚Dauer-Event Berliner Mauer' abgelöst. Dementsprechend sind die Sehenswürdigkeiten Berlins, die spezifische Stadtgeschichte des politischen Zentrums Deutschlands, das
Kulturangebot sowie die besondere Atmosphäre der Stadt die wichtigsten Besuchsmotive für In-
und ausländische Touristen (Abb. 13.6), womit kulturtouristische Gründe bei Privatreisen dominieren.

Durch Umfang, Vielfalt und Lebendigkeit trägt die Berliner ‚Kulturlandschaft' zum unverwechselbaren Profil der Stadt entscheidend bei. Als **größte Theater- und Orchesterstadt Deutschlands** mit 150 Theatern, Konzerthäusern und Kabaretts deckt Berlin das gesamte Spektrum der
Theaterlandschaft von der klassischen Hochkultur über Boulevard und Experimentell bis zur
lebendigen Off-Kultur-Szene ab. Drei Opernhäuser und sieben Symphonieorchester umfasst das
musikalische Bühnenangebot, drei große Theater-Spielstätten bilden die ‚Leuchttürme' des Berliner Schauspiels (Deutsches Theater, Berliner Ensemble, Volksbühne). Mit 180 Museen und Samm-
lungen sowie mehreren Hundert Kunstgalerien gilt Berlin wieder als Kunstmetropole von internationalem Rang und als wichtiger Standort der Gegenwartskunst. Mehr als 21.000 Künstler und rund
80.000 Kreativberufler tragen nicht nur zu Flair, Image und einer lebendigen Stadtkultur bei, sondern unterstreichen auch die Bedeutung der Kultur- und Kreativwirtschaft („Creative City Berlin").
Zu den größten kulturellen Investitionsprojekten in Deutschland gehört die Sanierung der seit 1999
zum UNESCO-Weltkulturerbe zählenden Museumsinsel (Abb. 13.4). Architektonisch spektakulär-
ster Neubau ist das von Daniel Libeskind entworfene, 1999 fertiggestellte Jüdische Museum in
Form eines geborstenen silbernen Davidssterns.   *Fortsetzung: nächste Seite*

Gründe für das Reiseziel Berlin 2008/09

Grafik: K. Mölle

Quelle: ERV, DZT 2008/09

Abb. 13.6 Besuchsmotive für die Städtedestination Berlin (nach SenWirt 2011, S. 12)

Im Zuge der Festivalisierung der Stadtpolitik (s. 10.3.2.) hat die **Bedeutung kultureller Events** zur Attraktivitätssteigerung und Imageaufwertung von Städten deutlich zugenommen. Die Reichstagsverhüllung durch Christo und Jeanne-Claude 1995 sowie große Ausstellungsprojekte wie „Das MOMA in Berlin" (2004) oder „Frida Kahlo" (2010) bewirkten entsprechende **Imagegewinne**. Ähnliches gilt für die Love-Parade (1989-2003), die in der zweiten Hälfte der 1990er Jahre zur weltgrößten Technoparty mit 1,5 Mio. Besuchern (1999) avancierte. Allerdings führt der Fremdenverkehr an touristisch stark frequentierten Orten der Innenstadt auch zu temporären **Überlastungserscheinungen** und Konflikten mit der Wohnbevölkerung, welche die Aufenthalts- und Lebensqualität in der Innenstadt beeinträchtigen. Hierzu zählen zunehmender Reisebusverkehr im Zentrum, Ruhestörungen und mangelnde Sauberkeit, z.B. in Szene-Vierteln wie der Spandauer Vorstadt oder in Teilen von Kreuzberg. Diese werden teilweise verursacht durch die Konzentration von günstigen Hostels für junge Zielgruppen oder zu Ferienwohnungen zweckentfremdete Appartements in Wohnhäusern (die z. B. über das Portal Airbnb vermarktet werden, vgl. A. KAGERMEIER u. a. 2016) und daraus resultierenden Mietpreisanstiegen, was in Anlehnung an den Gentrification-Begriff als ‚Touristification' bezeichnet wird. Aufgabe der Stadtentwicklungspolitik ist daher, wie vom „Tourismuskonzept Berlin" vorgesehen, **Nutzungskonflikte** zu reduzieren und die touristische Entwicklung Berlins mit den Interessen der Wohnbevölkerung in Einklang zu bringen.

merzeit", „Hansestädte", „Deutsche Romantik", „Weinreise" oder „Könige, Herrscher und Paläste") wird ebenfalls eine Verbesserung der Wettbewerbssituation angestrebt. Um insbesondere die Aufenthaltsdauer der meist nur als Tagesgäste auftretenden Ausländer zu erhöhen, werden über die speziellen **Themenrouten** eine Aufenthaltsverlängerung durch Kurzurlaube entlang der

Themenrouten und außerdem eine erhöhte Aufmerksamkeit sowie die Steigerung des Bekanntheitsgrades verfolgt. Neben solchen Kooperationsansätzen gewinnen innovative „Formen der Erlebnis vermittelnden Inszenierung" eine wachsende Bedeutung und können neue Wege zu einem integrierten „Kulturerlebnis Stadt" aufzeigen (ebd., S. 18). So präsentiert beispielsweise die „Rö-

Kasten 13.3   **Tourismus- und Stadtmarketing in Münster/Westfalen im Rahmen eines „Integrierten Stadtentwicklungs- und Stadtmarketings"/**
Abb. 13.7/I   **Der Prinzipalmarkt in Münster, rechts (II): mit Skulpturprojekt 2007**

Im Spannungsfeld zwischen kultur- und eventtouristischen Angeboten einerseits und stärker kommerziell ausgerichteten andererseits bewegen sich viele Städtetourismusdestinationen. So setzt beispielsweise das **westfälische Oberzentrum Münster** seit Implementierung eines „**Integrierten Stadtentwicklungs- und Stadtmarketingprozesses (ISM)**" 2001 im Rahmen des Tourismus- und Stadtmarketings auf ein modernisiertes spezifisches Stadtprofil (B. Spinnen/T. Hauff 2006; s. auch 10.3.4). Bei diesem stellt zwar die nach dem Zweiten Weltkrieg im zum Teil historisierenden Stil wieder aufgebaute Altstadt mit ihrer geschlossenen Häuserkulisse noch immer den zentralen Anziehungspunkt wie das dominierende Alleinstellungsmerkmal dar. Zur **kulturtouristischen Attraktivität** tragen neben dem Stadtbild, den Sehenswürdigkeiten und der urbanen Atmosphäre sowie einem vielfältigen Kulturangebot aber ebenso Events und Erlebnisqualität bei. Open-Air-Events dient die historische Altstadt als Bühne (vgl. C. Krajewski 2008, S. 135ff). Zu den imageträchtigsten Kulturevents in Münster zählt die im Zehn-Jahres-Rhythmus stattfindende Freiluftausstellung von Skulpturen der Gegenwartskunst, bei der zuletzt 2007 rund 40 internationale Künstler ihre Arbeiten präsentierten (s. T. Hauff/C. Krajewski u. a. 2011). Ein Anstieg ausländischer Gäste um mehr als ein Viertel, insgesamt mehr als eine halbe Million Besucher und eine meist positive Berichterstattung über das Kunstfestival in den nationalen und internationalen Medien zeigen, dass solche Kulturevents entsprechende touristische Effekte erzielen und sich als wirksames Instrument von Stadtmarketing und Städtetourismus einsetzen lassen.

Über entsprechende Aktivitäten lässt sich außerdem die Bedeutung des **Shopping-Tourismus** steigern. So haben in Münster Citymanagement und -marketing ebenso wie eine aktive Ansiedlungspolitik im Bereich cityintegrierter Shopping-Center und neuer, attraktiver Einzelhandelsprojekte zu einer Stärkung des innerstädtischen Einzelhandelsstandortes geführt (s. H. Heineberg 2011b). Die Nutzungsmischung aus Einzelhandel, Gastronomie und Freizeitangeboten in Kombination mit der historischen Altstadt trägt ganz maßgeblich zur Attraktivität, zum Profil und zum Image solcher Städte wie Münster bei. Zugleich stärkt die touristische Nachfrage die Stellung des oberzentralen Einzelhandels als herausragenden Wirtschaftsfaktor.

Foto: Presseamt Münster/Tilman Roßmöller   Foto: C. Krajewski

mer-Stadt" Trier (Abb. 8.5) seit mehr als 10 Jahren mit der Veranstaltung „Brot & Spiele" eine populäre Inszenierung des kulturellen Erbes durch aktive Partizipation und emotionale Ansprache der Besucher (vgl. auch das Beispiel Münster in Kasten 13.3).

13.1.3 Städtetourismus in Europa und international.

Gemessen an den Übernachtungszahlen steht die britische Hauptstadt London mit 46 Mio. (davon 36,5 Mio. ausländ. Übernachtungen) an der **Spitze der europäischen Städtedestinationen**, gefolgt von der französischen Hauptstadt Paris mit fast 37 Mio. Übernachtungen (Tab. 13.1). Mit deutlichem Abstand zu London und Paris folgen mit Berlin, Rom und Madrid drei weitere Hauptstädte großer europäischer Länder. Die Verteilung der touristischen Übernachtungen zeigt damit ein ähnliches Muster wie die Hierarchie der nationalen Städtesysteme. Dies erklärt auch, warum die in „stärker zentralistisch organisierten Staaten befindlichen Metropolen London und Paris eine höhere Stellung gegenüber Hauptstädten von Deutschland, Italien und Spanien einnehmen" (T. FREYTAG 2007, S. 58f), die alle über ein polyzentrales Städtesystem verfügen. Im europäischen Städtetourismus haben in den letzten Jahren insbesondere die Destinationen profitiert, die über *Low Cost Airlines* angesteuert werden (T. FREYTAG 2009, S. 25).

Als erfolgreiche Destinationsmanagementstrategie zur **Verbesserung der Wettbewerbsposition** hat sich darüber hinaus die Entwicklung von **Tourismus-Masterplänen** oder der Einsatz ähnlicher Planungsinstrumente erwiesen. Exemplarisch hierfür steht London; die britische Hauptstadt legt nicht nur seit 2006 strategische touristische Handlungskonzepte auf, sondern hat im Kontext festivalisierter Stadtentwicklung verschiedene *Flagship*-Projekte realisiert und neue tou-

Destination	Übernachtungen gesamt	Übernachtungen international
1. London	46,0	36,5
2. Paris	36,9	23,0
3. Berlin	22,4	9,0
4. Rom	22,0	15,2
5. Madrid	16,4	9,1
6. Barcelona	15,5	13,0
7. Prag	13,2	12,5
8. Wien	12,2	9,9
9. München	11,7	5,4
10. Dublin	10,7	k. A.

Tab. 13.1 Top 10 der europäischen Städtetourismusziele in 2011 (Mio. Übernachtungen) Quelle: European City Marketing 2011

ristische Landmarken geschaffen. Hierzu zählen neben der Hafenerneuerung („*Waterfront Redevelopment*", v. a. Canary Wharf seit Ende der 1980er Jahre) insbesondere die Millenium-Projekte (v. a. Millenium Dome, heute O_2-Arena, Tate Modern und Millenium Bridge, London Eye), die weltweit Aufmerksamkeit hervorgerufen und das Image modernisiert haben („*cool Britannia*"), oder auch die Stadterneuerungsprojekte im Nordosten Londons im Kontext der Olympischen Spiele 2012 (B. BRAUN/V. VIEHOFF 2012). Bereits 20 Jahre zuvor verfolgte die katalonische Hauptstadt Barcelona im Kontext der Olympiade 1992 eine erfolgreiche *Waterfront Redevelopment*-Strategie.

Hinsichtlich der Hierarchie des internationalen Städtetourismus gibt es keine verlässlichen Datenquellen; die existierenden deuten aber zumindest einen Fokus des Städtetourismus auf Europa an. Als **international bedeutende Städtetourismusdestinationen** sind insbesondere New York, künstliche Erlebniswelten wie Las Vegas (B. HAHN 2001, M. PRIES 2001), aber mit Dubai auch ein aufstrebendes, urbanes Reiseziel im arabischen Raum zu nennen (H. SCHMIDT 2006, 2009). Zu den übernachtungsintensiveren Destinationen zählen zudem Bangkok, Singapur und Hongkong (vgl. 11.8.4).

13.2 Kultur sowie Kultur- und Kreativwirtschaft - ihre Bedeutung für die Stadtentwicklung

13.2.1 Bedeutungswandel von Kultur für die Stadtentwicklung. Mit dem Boom des Städtetourismus seit den 1990er Jahren ging eine Bedeutungszunahme von Kultur in der Stadtentwicklung einher. Im weit gefassten Begriffsverständnis, wie er beispielsweise in der soziologischen Stadtforschung in der Tradition der Chicagoer Schule der Sozialökologie vertreten wird (z. B. H. HÄUSSERMANN/W. SIEBEL 1987, W. SIEBEL 2015; s. 5.3 in diesem Band), ist der **Kultur- eng mit dem Urbanitätsbegriff verknüpft**: „Verstanden als Urbanität ist die *Kultur der Stadt* im emphatischen wie im empirischen Sinne identisch mit der städtischen Lebensform, die Standards der geistigen und kulturellen Orientierung jenseits sozialer, ökonomischer und politischer Zwänge setzt. Sie bildet den Humus für das Aufblühen der distinkten *Kulturen in der Stadt*, deren Vielfalt an sozialen Welten, moralischen Milieus und kulturellen Szenen" (R. LINDNER 1998, S. 261). Im engeren Sinne kann unter Kultur „die Summe der öffentlich und kommerziell organisierten, freizeitorientierten Angebote kultureller Güter und Dienstleistungen verstanden werden" (ebd., S. 256). Für die amerikanische Soziologin S. ZUKIN (1998, S. 27) ist Kultur „das urbane Produkt schlechthin. Ob man nun die Hochkultur mit Kunstmuseen und historischen Gebäuden meint oder die Alltagskultur der Straße, es sind immer die Städte, in denen Kultur erzeugt, ausgetauscht und wahrgenommen wird."

Im Kontext des sozioökonomischen und soziodemographischen Wandels hat sich er Kulturbegriff in den letzten Jahrzehnten verändert. So unterscheidet bspw. J. DANGSCHAT (1991, S. 128f) drei Phasen: **Bis Ende der 1960er Jahre** gründete demnach der städtische Kulturbetrieb fast ausschließlich auf der Hochkultur mit Theatern, Opern und Museen („**repräsentative Stadtkultur**"). Zahlreiche Standorte von Museums-Ensembles in Deutschland gehen dabei auf herrschaftliche Gründungen im 19. Jh. zurück. Seitdem sind Museumsbauten von hoher architektonischer Qualität nicht nur Demonstration von Kulturbewusstsein der machtvollen Akteure (Staat, Kommune und zunehmend Private) der jeweiligen Epoche, sondern auch „Schlüsselindikatoren für den Stellenwert von Kunst und Kultur, zugleich ein wichtiger Faktor für das Image des Standortes und das Stadtmarketing" (B. WIESE 2008, S. 2). Exemplarisch lassen sich hier die Berliner Museumsinsel, die Münchener „Kunststadt" der Pinakotheken, das Museumsufer in Frankfurt oder auch seit den 1990er Jahren die Bonner Museumsmeile anführen. Für zahlreiche Haupt- und (vormalige) Residenzstädte in Mitteleuropa (z. B. London, Paris) lässt sich Vergleichbares festhalten. So entstand in Wien bereits mit Anlage der südlichen Ringstraße im ausgehenden 19. Jh. unter Einbezug der Hofburg ein herausragendes Kulturviertel mit Oper, Theatern und Museen. „Die Aneinanderreihung wichtiger öffentlicher Gebäude schuf eine Prachtstraße, charakterisiert durch den damals neuen Baustil des Historismus" (H. FASSMANN/G. HATZ 2009, S. 79). Die Spannweite der „historizistischen Architektur der Monumentalbauten" reicht dabei von Neogotik über Neorenaissance bis zum Neobarock (s. 9.2.1). Mit der Fertigstellung des „MuseumsQuartiers", dem hinsichtlich seiner Dimensionierung „größten kulturellen Bauvorhaben Österreichs im 20. Jahrhundert" (G. HATZ 2009, S. 325) und einem der weltweit größten Kulturareale, erfolgte 2001 eine deutliche Expansion des westlichen Bereichs des Kunst- und Kulturviertels der Wiener Alt-

---

Kasten 13.4 Bedeutung von Kultur für die heutige Stadtentwicklungspolitik
(vgl. v. a. J. DANGSCHAT 1991, S. 129f, R. EBERT u. a. 1991, S. 11ff u. G. WOOD 2007, S. 32)

· Kultur kann zunächst Orientierung geben, Sinn stiften und Kommunikation und Begegnung fördern.
· Die Inanspruchnahme von Kultur fördert zudem Kreativität und Innovation.
· Ein lebendiges Kulturleben und eine attraktive kulturelle Infrastruktur tragen zur Schaffung von Urbanität und öffentlicher Begegnung verschiedener sozialer Gruppen mit unterschiedlichen Lebensstilen bei.
· Kulturelle Initiativen können architektonisch-kultgeschichtlich bedeutsame, stadtbildprägende Gebäude bewahren helfen.
· Kultur dient als Mittel zur Imagebildung und -verbesserung sowie zur Identifikationsförderung (Ablösung überkommener Raumbilder, v. a. in altindustrialisierten Städten); damit verbunden wird
· Kultur als symbolische, weithin sichtbare Erneuerungsstrategie eingesetzt (z. B. in Form neuer, spektakulärer Museumsbauten).
· Ein attraktives städtisches Kulturangebot beflügelt außerdem den Städte- und Kulturtourismus (s. 13.1).
· Kultur wird gezielt als „weicher" Standortfaktor der Wirtschaftsförderung und zur Positionierung im (inter)nationalen Städtewettbewerb eingesetzt.
· Kultur wird in der Wissensgesellschaft selbst immer mehr zum endogenen Wirtschaftspotential und bedeutenden Wirtschaftsfaktor (s. 13.2.2),
· zudem kann die Förderung der Stadtkultur zur Aufwertung und Revitalisierung von benachteiligten Stadtquartieren beitragen, in deren Folge allerdings im Kontext der Gentrification Verdrängungseffekte möglich sind (s. 10.4).
· Kultur dient als Strategie zur Verdeckung sozialer Unterschiede und zur Sicherung sozialer Kohäsion; aber ebenso bietet
· Kultur die Möglichkeit ästhetisierender Selbstdarstellung („Stadt als Bühne"), zur Demonstration „distinktiver Lebensstile" und zur Dokumentation sozialer Ungleichheit, wodurch insgesamt betrachtet ein tiefgreifender gesellschaftlicher Wandel zum Ausdruck kommt.

---

stadt (vgl. Abb. 7.5).

Seit Anfang der **1970er Jahre** bildete sich ein komplementärer Gegenpart zur Hochkultur aus, der die freie Kulturszene oder auch Alternativ- und Subkultur umfasst. J. DANGSCHAT (1991, S. 128f) subsummiert diese Einrichtungen wie Bürgerhäuser, Jugendhäuser, Stadtteil- und Kulturzentren oder Kulturkneipen unter dem Begriff der demokratischen, alle Bildungskreise einschließenden „**partizipatorischen Stadtteilkultur**". Mit diesem erweiterten Verständnis wurde „Kultur" zu einem zentralen Faktor der Stadt(teil)entwicklung und Attraktivitätssteigerung von Innenstadtquartieren: „Viele alte Stadtteile erhielten ihre Buntheit, Vielfalt und Lebendigkeit durch ‚alternative' Kultur, deren Träger das Experiment mit Wohn-, Arbeits- und Freizeitformen in den Mittelpunkt ihres Lebensstils stellen" (ebd.).

Nach Überwindung einer tiefen Museumskrise nach Ende des bürgerlichen Zeitalters und einer Neuausrichtung des Museumskonzeptes - einhergehend mit als architektonische Leuchttürme konzipierten Neubauten - vor allem **seit den 1970er Jahren** sind Museen nicht nur als „als Teil des kulturellen Lebens und der Stadtkultur" weiterhin anerkannt (B. WIESE 2008, S. 231), sondern leiteten auch in Deutschland – als **dritte Phase** - eine **Ökonomisierung der Kultur und Stadt(teil)kultur** ein (J. DANGSCHAT 1991, S. 129). „Kultur" wird vor dem Hintergrund eines wachsenden Standort- bzw. Städtewettbewerbs zunehmend als „weicher Standortfaktor" zur Anziehung und Bindung von Unternehmen, Bewohnern und Besuchern („Tourismusfaktor") verstanden und zur Imageverbesserung eingesetzt. Für den Beginn dieser Phase in Deutschland stehen **spektakuläre Museumsbauten** vor allem für moderne Kunst mit postmoderner Architektur wie das Städtische Museum Abteiberg in Mönchengladbach oder die Neue Staatsgalerie in Stuttgart.

Im internationalen Kontext lassen sich als herausragende Beispiele für solche „**Leuchtturmprojekte**", deren Planungen bereits in den 1960er Jahren erfolgten, das **Opernhaus** auf einer der City vorgelagerten Halbinsel **im Hafen von Sydney** nennen, heute *das* Wahrzeichen der Stadt und im weiteren Sinn sogar ganz Australiens, oder das Centre national d'art et de culture Georges Pompidou in Paris. Beide Kulturzentren erfüllen die unterschiedlichsten Rollen: „als Magnet für die städtische Entwicklung, nationales Prestigesymbol und Motor für Kreativität und Innovation" (S. Zukin 2010, S. 52). Das Sydney Opera House entwickelte sich nicht etwa wegen der Konzertveranstaltungen, sondern vielmehr aufgrund der futuristischen Architektur in exponierter Lage zu einer touristischen Attraktion (N. Shoval 2009, S. 30).

Charakteristisch für den beschriebenen Trend, der mit G. Wood (2007, S. 28) auch als „**Kulturalisierung von Stadtentwicklung und Stadtentwicklungspolitik**" bezeichnet werden kann und der sich heute in ganz Europa beobachten lässt, ist eine Stadtentwicklung „im Zeichen großer kultureller Projekte", die nicht nur spektakuläre Museumsbauten oder Konzerthallen umfasst, sondern mit Events und Festivals auch zentrale Elemente der Populärkultur („Festivalisierung") einschließt. Diese dienen einerseits der ökonomischen Entwicklung der Stadt und sollen andererseits ihr sowohl ein positives Image verleihen als auch soziale Kohäsion sicherstellen (ebd.). Der jüngste Wandel des Kulturbegriffes besteht somit in einer stark interessengeleiteten **Instrumentalisierung von Kultur**. Für die anhaltend große **Bedeutung von Kultur für die heutige Stadtent-**

wicklungspolitik lässt sich eine Reihe von z. T. eng verknüpften Eigenschaften, Leistungen und Erklärungsfaktoren anführen (Kasten 13.4).

Während früher das Vorhandensein von Kultureinrichtungen wie Museen als Indikator für die Prosperität einer Region interpretiert werden konnte, fungieren neue Museumsbauten heute häufig als **Anker urbaner Revitalisierung**. Die spektakuläre Bauweise solcher „*Flagship*-**Museen**" bewirkt, dass die Gebäude schon durch ihr bloßes Erscheinen zu einer touristischen Attraktion werden, und führt zu einer neuen Form des kulturellen Konsums, „die auf einer Kombination von Architektur, Kunst und Erlebnis im urbanen Kontext beruht" (N. Shoval 2009, S. 29). „*Flagships*" sind dabei als „dauerhafte Landmarken mit einem besonderen Symbolgehalt" zu verstehen (E. Lenfers 2000, S. 13). In den letzten zwei Jahrzehnten wurden bedeutende Museumsbauten auch außerhalb der traditionellen Museumsstandorte angesiedelt. Dies bewirkte eine Revitalisierung der Umgebung sowie eine räumliche Ausdehnung der „touristischen Stadt". Ein Parade-Beispiel „des in England beliebten Leitbildes der *culture-led regeneration*" (D. Schubert 2010, S. 182) stellt der Umbau eines leerstehenden Kraftwerkes am Südufer der Themse durch die Architekten Herzog & de Meuron zur Tate Modern Galerie für zeitgenössische Kunst dar, die über die Millennium Bridge mit der St. Paul's Cathedral in der City of London verbunden wurde. Solche *Flagship Developments* haben häufig eine wichtige Impuls- und Katalysatorwirkung für Stadterneuerungsprozesse und ziehen aufgrund ihrer kritischen Masse weitere öffentliche und private Investitionen nach sich. Deswegen beschränken sich derartige Revitalisierungsmaßnahmen nicht auf etablierte Kulturstädte, sondern werden als kulturorientierte Erneuerungsstrategie gerade in altindustriellen Räumen auf brachliegenden Industriearealen - häufig in Verbindung mit Imagekampagnen - angewandt. In Großbritannien stellen hierfür Glasgow (*„Glasgow's miles better"*, J. Burdack 1997), Liverpool (*„Livercool"*, K. Zehner 2010) oder Newcastle und Gateshead (*„from coal to culture"*, G. Wood 2007) markante Beispiele dar.

Als bekanntestes Beispiel gilt jedoch die baskische Stadt **Bilbao**, die es mit der Eröffnung einer Filiale des **Guggenheim-Museums** in einem auf einer brachen Industriefläche errichteten, außergewöhnlichen Neubau des Architekten Frank O. Gehry (s. auch Abb. 10.1) geschafft hat, ihren Bekanntheitsgrad deutlich zu erhöhen und positive Imageeffekte zu erzielen. Der Museumsbau gilt mit seiner „organischen, dekonstruktivistischen Choreographie" als „Meilenstein der modernen Architektur" (E. A. Lenfers 2000, S. 45); das Museum zieht als Filiale des Stammhauses in New York jährlich fast 1 Mio. Besucher an und gehört damit zu den 20 besucherstärksten Museen in Europa (Platz 1: Louvre/Paris, ca. 8,5 Mio.). Obwohl der Museumsbau in eine gesamtstädtische Erneuerungsstrategie eingebettet war, steht das Guggenheim-Museum als alleiniges Symbol für den meist als erfolgreich wahrgenommenen Strukturwandel Bilbaos sowie für die **städtebauliche Revitalisierung durch Kultur**. Für diese Erfolgsstrategie hat sich der Begriff **„Bilbao-Effekt"** oder auch **„Guggenheim-Effekt"** etabliert. Gegner dieser Art von „festivalisierter" Stadtpolitik und großflächigen Investitionsprojekten sehen diesen Effekt allerdings eher „als metaphorisches Symbol neoliberaler Stadtentwicklungspolitik" (S. Haarich/B. Plaza 2010, S. 11). Kritisch lässt sich anmerken, dass lokale oder regionale Künstler nicht eingebunden wurden; diese Öffnung nach außen gilt auch hinsichtlich einer stärkeren Orientierung an Touristen als an Bewohner. Die Gefahr soziokultureller Exklusion besteht bei solchen Projekten nicht nur dadurch, dass sich viele Bewohner nicht repräsentiert sehen, sondern auch durch mögliche Verdrängungseffekte im Sinne einer *Gentrification* in benachbarten Stadtquartieren.

13.2.2 Kultur- und Kreativwirtschaft. Mit dem Bedeutungswandel von Kultur sind auch – wie bereits angesprochen – Innovation und Kreativität stärker in den Fokus der Stadtentwicklungspolitik gerückt. Zwar sind Städte traditionell mit den unterschiedlichsten Arten von technologischer, künstlerischer oder sozialer Kreativität und Innovation verknüpft, seit Beginn des 21. Jh.s werden **Kreativität, Kunst und Kultur** jedoch zunehmend **„als Wachstumsmotoren** im Übergang zur wissensbasierten Ökonomie angesehen" (U. Sailer/D. Papenheim 2007, S. 115). Popularisiert wurde der internationale Diskurs um die ökonomische Bedeutung von Kultur- und Kreativwirtschaft insbesondere durch die Werke von Charles Landry *„Creative City"* (2000) und Richard Florida *„Cities and creative class"* (2005). Nach C. Landry (2000) bilden ‚kreative Milieus' bzw. *creative industries* den sozioökonomischen Kern einer *„Creative City"*. Deren Aufgabe ist es demnach, kreatives bzw. kreativwirtschaftliches Potential zu identifizieren und zu fördern, um so die städtischen Ökonomien zu stärken, Image und Wettbewerbsposition zu verbessern, Lebensqualität und Attraktivität zu steigern sowie generell Zukunftsperspektiven für die Stadt zu entwickeln.

Nach dem US-amerikanischen Regionalökonomen R. Florida (2005) stellen regional vorhandenes und aktivierbares Wissen und Kreativität „die zentralen Produktivkräfte" dar. So können Städte und Regionen unter den Bedingungen eines globalen Wettbewerbs wirtschaftlich nur dann erfolgreich sein, wenn es ihnen gelingt, kreative, mobile Hochqualifizierte anzuziehen bzw. zu halten. „Dabei spielen gemäß Florida Faktoren wie ein breites kulturelles Angebot, Toleranz und Offenheit gegenüber neuen Ideen, gegenüber Menschen unterschiedlicher anderer ethnischer Herkunft, mit anderer sexueller Orientierung oder vom Mainstream abweichenden Lebensstilen eine entscheidende Rolle. Städte, in denen die **drei Ts** positiv bewertet werden können (**Technologie** - Umgang mit Technik, **Talent** - gut ausgebildete Menschen durch hochwertige Bildungsinstitutionen, **Toleranz** - kulturelle Vielfalt und Toleranz gegenüber „Anderen"), haben das Potenzial für ein starkes Wirtschaftswachstum" (B. LANGE u. a. 2011, S. 4f). Damit eignet sich das Konzept im Diskurs unternehmerischer bzw. neoliberaler Stadtentwicklung besonders zur politischen Instrumentalisierung, insbesondere wenn Kreativität, Kultur oder Toleranz als „**weiche Standortfaktoren**" im Standortwettbewerb verwertbar gemacht werden sollen.

Unabhängig von der Kritik an den Grundannahmen Floridas und der Frage, inwieweit dieses an US-amerikanischen Metropolen entwickelte Konzept der „drei Ts" überhaupt auf europäische Städte übertragbar ist, haben Städte im deutschsprachigen Raum von Hamburg bis Wien und Zürich auf Kreativität basierende Stadtentwicklungskonzepte oder Studien zur Bedeutung der Kultur- und Kreativwirtschaft erarbeitet. Diese fußen zumeist auf einem sehr ähnlichen Begriffsverständnis. In Deutschland werden die Begriffe **Kultur- und Kreativwirtschaft** häufig synonym verwandt, mitunter aber auch gegeneinander abgegrenzt. Als **Querschnittsbranche** werden unter der Begrifflichkeit alle Wirtschaftsbranchen mit Kulturbezug verstanden: „Unter Kultur- und Kreativwirtschaft werden diejenigen Kultur- und Krea-

tivunternehmen erfasst, welche überwiegend erwerbswirtschaftlich orientiert sind und sich mit der Schaffung, Produktion, Verteilung und/oder medialen Verbreitung von kulturellen/kreativen Gütern und Dienstleistungen befassen" (M. SÖNDERMANN 2012, S. 7f). Zentral ist dabei der erwerbswirtschaftliche Zweck, womit der öffentlich geförderte Kultursektor definitorisch nicht mit erfasst wird (z. B. Theater, öffentlich-rechtliche Rundfunkanstalten), wenngleich natürlich enge Wechselbeziehungen zwischen den Sektoren bestehen. Zu den Kernbranchen der **Kulturwirtschaft** zählen die **neun Teilmärkte** Musikwirtschaft, Buchmarkt, Kunstmarkt, Filmwirtschaft, Rundfunkwirtschaft, Darstellende Kunst, Designwirtschaft, Architekturmarkt und Pressemarkt. Als sog. **Kreativbranchen** werden die **beiden Teilmärkte** Werbewirtschaft und Software-/ Games-Industrie mit einbezogen, so dass die um das Feld Kreativwirtschaft ergänzte Kultur- und Kreativwirtschaft insgesamt elf Teilbranchen umfasst (Abb. 13.8).

Das verbindende Element dieser Wirtschaftsbranche stellt der schöpferische Akt dar, wobei künstlerisch-kulturelle Ideen mit technologischer, innovativer und/oder wissenschaftlicher Kreativität verknüpft werden (ebd.). Gemessen an der Gesamtwirtschaft erreichte die Kultur- und Kreativwirtschaft in Deutschland 2010 einen Anteil der Bruttowertschöpfung am Bruttoinlandsprodukt (BIP) von 2,6 % (ebd., S. 16ff). Die Zahl von ca. 240.000 Unternehmen (Anteil 7,6 % an der Gesamtwirtschaft) zeigt, dass dieser Branchenkomplex durch einen **hohen Anteil an Kleinst- und Kleinunternehmen** gekennzeichnet ist. Mit rund 1 Mio. Erwerbstätigen liegt der Anteil der Kultur- und Kreativwirtschaft an allen Erwerbstätigen in Deutschland bei rund 3 %. Rechnet man den Anteil der geringfügig Tätigen und Beschäftigten hinzu, der in dieser Branche typischerweise

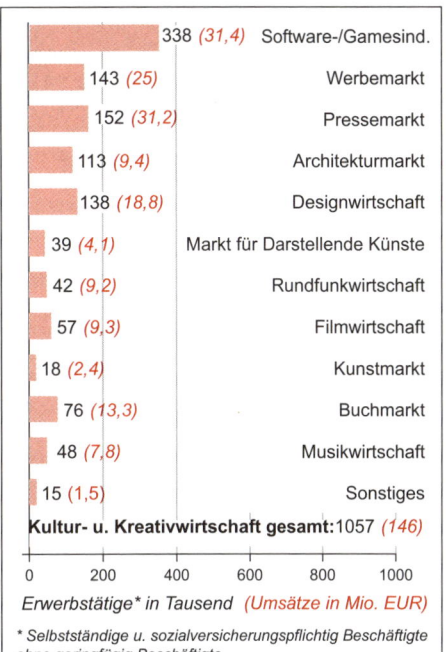

338 *(31,4)*	Software-/Gamesind.
143 *(25)*	Werbemarkt
152 *(31,2)*	Pressemarkt
113 *(9,4)*	Architekturmarkt
138 *(18,8)*	Designwirtschaft
39 *(4,1)*	Markt für Darstellende Künste
42 *(9,2)*	Rundfunkwirtschaft
57 *(9,3)*	Filmwirtschaft
18 *(2,4)*	Kunstmarkt
76 *(13,3)*	Buchmarkt
48 *(7,8)*	Musikwirtschaft
15 *(1,5)*	Sonstiges

Kultur- u. Kreativwirtschaft gesamt: 1057 *(146)*

0   200   400   600   800   1000

Erwerbstätige* in Tausend (Umsätze in Mio. EUR)

* Selbstständige u. sozialversicherungspflichtig Beschäftigte
ohne geringfügig Beschäftigte
Quelle: Monitoring zu ausgewählten wirtschaftlichen Eckdaten der Kultur- und Kreativwirtschaft 2014, Kurzfassung

Grafik: K. Mölle/H. Heineberg

Abb. 13.8 Beschäftigte und Umsätze der Kultur- u. Kreativwirtschaft in Deutschland

sehr hoch ist, liegt der Gesamterwerbstätigenanteil sogar bei 1,7 Mio und rd. 4,3 %.

Wie verschiedene Untersuchungen zeigen, konzentrieren sich die **Standorte der Kreativwirtschaft** insbesondere im urbanen Kontext größerer Städte. Dem *look and feel*, also der symbolbeladenen „Morphologie von Gebäuden, Wasserfronten, Quartieren oder ganzen Städten" (U. SAILER/D. PAPENHEIM 2007, S. 122) kommt dabei eine ebenso große Bedeutung zu wie *urban amenities*, also „urbanen Qualitäten", „die in ihrer systemischen Gesamtwirkung Image, Ausstrahlung, Atmosphäre und Urbanität einer Stadt oder eines städtischen Quartieres konstituieren" (ebd.). Bevorzugt werden häufig „innerstädtische „Szene"-Distrikte, gentri

fizierte und ästhetisierte Altbauquartiere mit einem hohen Lifestylefaktor, aber auch umgebaute Hafen- und Gewerbestandorte mit ihren üppigen Platzreserven, die sich zudem oft an attraktiven Wasserlagen befinden" (M. HESSE 2011, S. 42) und Möglichkeiten zur Nutzung als Loft oder Atelier bieten. Für das Beispiel Zürich haben S. DÖRRY/M. ROSOL (2011) gezeigt, dass sich die Kreativwirtschaftsbranche trotz der im Vergleich mit dem Finanzsektor sehr geringen Bruttowertschöpfung erfolgreich für „Positionierungs- und Stadtimagestrategien" im internationalen Städtewettbewerb verwerten lässt. „Für die Transformation des Stadtquartiers Zürich West vom „Elendsquartier" zum „Boomquartier" (…) spielte die Kreativwirtschaft schließlich eine bedeutende Rolle: die vielgestaltigen Unternehmen und Projekte der Kreativökonomie sorgen für attraktive, „urbane" Standortqualitäten, die sowohl dem (Kultur-)Tourismus als auch der Unternehmensansiedlung zuträglich sind. Insofern kann die Kreativwirtschaft durchaus als wichtige Impulsgeberin für städtische Aufwertungsprozesse postindustrieller Stadt(teil-)entwicklung beurteilt werden" (S. DÖRRY/M. ROSOL 2011, S. 149f).

Auch das Ruhrgebiet setzte im Kontext des europäischen Kulturhauptstadtjahres RUHR.2010 auf die Kreativwirtschaft als ein zentrales „Metropolenkompetenzfeld". Durch entsprechende Clusterstrategien soll der anhaltende Strukturwandel gestaltet werden. Neben der Zeche Zollverein in Essen fungiert dabei das „Dortmunder U" in der Programmarchitektur von RUHR.2010 als „metropolitanes Leitprojekt unter den Kreativ.Quartieren" (STADT DORTMUND/REGIONALVERBAND RUHR 2010, S. 10; vgl. Abb. 13.9). Es bleibt jedoch abzuwarten, inwieweit solche Kreativwirtschaftsstandorte tatsächlich ökonomische Erfolge generieren können.

Kasten 13.5 Erneuerung altindustrieller Räume mit Kultur und Tourismus – das Beispiel der Metropole Ruhr (verändert nach C. Krajewski 2011)

Im Rahmen des seit mehreren Jahrzehnten anhaltenden Strukturwandels wurden im Ruhrgebiet in den letzten zwanzig Jahren die Freizeit-, Tourismus- und Kultursektoren gezielt ausgebaut. So entstanden an früheren Standorten der Montanindustrie „**Kathedralen der Industriekultur**" und Freizeitgesellschaft, mit denen sich die Region als ein attraktives Städte- und Kulturtourismusziel positionieren konnte und die das Ruhrgebiet zu einer herausragenden Schwerpunktregion für postmoderne Freizeit- und Kultureinrichtungen sowie für **künstliche Erlebniswelten** werden ließen (C. Krajewski u. a. 2006). Den herausragendsten Meilenstein der Erneuerungs- aber auch der Regionalisierungsstrategie „Metropole Ruhr" stellte die **Internationale Bauausstellung (IBA) Emscherpark** (1989-1999) dar, deren zentrales Anliegen und verbindendes Thema Wiederaufbau und Neugestaltung der ökologisch und ökonomisch degradierten Landschaft sowie der soziale und kulturelle Umbau im nördlichen Ruhrgebiet (Emscherzone) war. Die verfolgte Planungsstrategie setzte stark auf die Zugkraft spektakulärer, dezentraler „Leuchtturmprojekte". Unter dem IBA-Leitprojekt „Industrie und Tourismus" wurden zahlreiche Relikte der Montanindustrie umgenutzt und zu Stätten musealer Erinnerung entwickelt oder künstlerisch neu inszeniert (z. B. Landschaftspark Duisburg-Nord). Die Industriekultur wurde damit zum regionalen Imageträger und Identifikationssymbol für die neue „Metropole Ruhr" (A. Prossek 2009, S. 56). Bekanntestes Industriedenkmal und Symbol für den Wandel vom Industrie- zum Kultur- und Kreativwirtschaftsstandort ist das seit 2001 zum **UNESCO-Weltkulturerbe** gehörende **Zeche Zollverein** in Essen-Katernberg (Abb. 13.1), die im Jahr 2010 als zentraler Ankerpunkt der „RUHR.2010 - Kulturhauptstadt Europas" fungierte. Die Zeche konnte sich bereits seit einigen Jahren als international bekannter Standort für Design, Kultur und Kunst etablieren. Auf dem Areal sind heute Lehrinstitute, Museen (z. B. das neue Ruhr Museum) und rund 170 meist kreativwirtschaftliche Unternehmen angesiedelt.

Entscheidend für die Auswahl als **Kulturhauptstadt Europas RUHR.2010** - neben Istanbul und dem ungarischen Pecs – war das Konzept der Modernisierung und des Sich-Neu-Erfindens. Mit dem Slogan „**Wandel durch Kultur – Kultur durch Wandel**" wurde ein dementsprechendes Motto gewählt. Das Programm bot 300 Projekte und über 5.500 Veranstaltungen und umfasste folgende Themenfelder: Stadt der Möglichkeiten, Stadt der Künste, Stadt der Kulturen und Stadt der Kreativität.

Zum Kulturhauptstadtjahr 2010 wurde auch ein neues regionales Tourismus-Marketingkonzept umgesetzt, das zur besseren Orientierung in der 53 Kommunen umfassenden Metropole Ruhr **fünf „Erlebnisareale"** definierte, die der thematischen wie räumlichen Bündelung und Themenschwerpunktsetzung dienten. Diese gruppierten sich um sog. Portalstädte als Startpunkte für Städtereisen und reichten vom „Kulturhafen RUHR", dem Erlebnisareal um den Binnenhafen in Duisburg im Westen über Oberhausen („Spektakulär & populär" mit CentrO und Gasometer), Essen mit dem Weltkulturerbe Zeche Zollverein („Kunst und Kreativität") und dem „Festspielplatz RUHR" in Bochum (z. B. Schauspielhaus, Jahrhunderthalle, „Bermuda3eck") bis nach Dortmund im Osten. Dort entsteht auf dem Erlebnisareal „RUHR Kreativ" mit dem Dortmunder U in der früheren Union-Brauerei die „Kreativschmiede des 21. Jahrhunderts" (Ruhr Tourismus GmbH 2011; s. 13.2.3, Abb. 13.9). Da sich die neu definierten Erlebnisareale häufig nicht an existierenden Stadt- oder Kreisgrenzen orientierten, wurden so neue Kooperationsräume geschaffen, die die regionale Identität weiter stärken sollten. Allerdings wurde dieses sinnvolle Konzept nicht stringent weiterverfolgt.

Die Bilanz des Kulturhauptstadtjahrs RUHR.2010 fiel insgesamt recht positiv aus: das Festival konnte einen Rekord von über 10 Mio. Besuchern verzeichnen, womit es in dieser Hinsicht nach Liverpool 2008 eine der erfolgreichsten Kulturhauptstädte Europas überhaupt darstellte (vgl. J. Mittag 2011, S. 46). Wie der britischen Stadt ist es dem Ruhrgebiet gelungen, den Kulturhauptstadtstatus im Sinne des Strukturwandels zu Imagezwecken zu nutzen.

13.2.3 Die „Kulturhauptstadt Europas" ist ein weiteres Beispiel für die Kulturalisierung und Festivalisierung der Stadtentwicklung. Im Jahre 1985 als Initiative zur Förderung der kulturellen Zusammenarbeit in Europa gestartet („Kulturstadt Europas"), entwickelte sich das Event-Konzept – seit 1999 als „Kulturhauptstadt Europas" – zu einer wich-

Seit dem Jahr der Kulturhauptstadt Europas RUHR.2010 entwickelt sich im denkmalgeschützten ehemaligen Gär- und Lagerhochhaus der Dortmunder Union-Brauerei das „Dortmunder U – Zentrum für Kunst und Kreativität". Dieses versteht sich als Kulturzentrum neuen Typs und zugleich als Symbol „des Aufbruchs und des Strukturwandels im Ruhrgebiet". Es verbindet Kunst, Forschung, kulturelle Bildung und Kreativität miteinander. Das Zentrum basiert auf einer Kooperation unterschiedlicher Nutzer im U-Turm-Gebäude: dem Museum Ostwall, dem Hartware MedienKunstVerein, dem Kulturbüro der Stadt Dortmund, der Fachhochschule Dortmund, der Technischen Universität Dortmund, dem european centre for creative economy (ecce) sowie dem Verein Kino im U (STADT DORTMUND u. REGIONALVERBAND RUHR 2010, S. 6).

Abb. 13.9: „Dortmunder U". Foto: Hans Jürgen Landes – Gestaltung: labor b designbüro

tigen EU-Gemeinschaftsaktion, die der jeweiligen Stadt für ein Jahr hohe Aufmerksamkeit verleiht.

Während in den ersten Jahren der Kultur(haupt)stadt-Initiative die Titelträger - klassische Kulturstädte wie Athen, Florenz, Amsterdam, West-Berlin oder Paris - primär vorhandene kulturelle Reichtümer präsentierten, steht die Kulturstadt Glasgow 1990 „bis heute für eine weitgehende Neuinterpretation der Idee" (J. MITTAG 2012, S. 88), da

hier erstmals Aspekte des Städtebaus und der Nachhaltigkeit einbezogen wurden. In der jüngsten Phase haben sich die kulturellen Konzepte weiter ausdifferenziert, allerdings sind Image- und Marketingstrategien ebenso wie die Steigerung des Städtetourismus weiter in den Vordergrund gerückt; die Beispiele Liverpool (2008) sowie Essen und das Ruhrgebiet (2010) stehen diesbezüglich für den Erfolg dieses Konzeptes (s. 13.2.1, Kasten 13.5).

Kasten 13.6 Literaturauswahl zur Ergänzung und Vertiefung des Kapitels 13

· **Entwicklung, Arten und Ausprägungen des Städtetourismus**:
DEUTSCHER TOURISMUSVERBAND 2006, V. EIDLOTH 2010, T. FREYTAG/M. POPP 2009, A. KAGERMEIER 2008, 2016, C. KRAJEWSKI u. a. 2006, I. MEYER 1994, M. POPP 2009, A. STEINECKE 2011, J. URRY 2002.
· **Städtetourismus in Deutschland, in Europa und international**:
B. BRAUN/V. VIEHOFF 2012, T. FREYTAG 2007, 2009, A. KAGERMEIER/J. ARLETH 2009, C. KRAJEWSKI 2008, M. PRIES 2001, H. SCHMIDT 2006, 2009.
· **Bedeutungswandel von Kultur für die Stadtentwicklung**:
J. DANGSCHAT 1991, S. HAARICH/B. PLAZA 2010, G. HATZ 2009, 2011, V. KIRCHBERG/A. GÖSCHEL 1998, E. A. LENFERS 2000, R. LINDNER 1998, U. SAILER/D. PAPENHEIM 2007, G. QUENZEL/G. LOTTERMANN 2009, N. SHOVAL 2009, G. WOOD 2007, K. ZEHNER 2010, S. ZUKIN 1998, 2010, W. SIEBEL 2015.
· **Kultur- und Kreativwirtschaft**:
R. EBERT u. a. 2007, R. FLORIDA 2005, M. HESSE/B. LANGE 2012, K. KUNZMANN 2011, 2013, B. LANGE u. a. 2011, C. LANDRY 2000, J. M. SÖNDERMANN 2012, C. REICHER u. a. 2011, U. SAILER/D. PAPENHEIM 2007.
· **Kulturhauptstadt Europas und das Beispiel der Metropole Ruhr**:
G. BETZ u. a. 2011, B. BUTZIN/H. P. NOLL 2010, S. GÜNTNER 2012, C. KRAJEWSKI 2011, J. MITTAG 2011, 2012; J. MITTAG/K. OERTERS 2009, A. PROSSEK 2009, 2012.

Literatur - im Lehrbuch zitierte Veröffentlichungen und weitere Standardwerke

Abkürzungen im Literaturverzeichnis:

AAAG	Annals of the Association of American Geographers
AAG	Arbeitsgemeinschaft Angewandte Geographie Münster e. V.
Abhn.	Abhandlungen
Acad.	Academy
Akad.	Akademie, Akademisch(e)(r)
Am.	American
Angew.	Angewandte
Ann.	Annals
Arb.	Arbeiten
Arch. Kom.wiss.	Archiv für Kommunalwissenschaft
ARL	Akademie für Raumforschung und Landesplanung
Ass.	Association
BAG	Bundesarbeitsgemeinschaft der Mittel- und Grossbetriebe des Einzelhandels e.V.
BBauBl	Bundesbaublatt
BBR	Bundesamt für Bauwesen und Raumordnung
BBSR	Bundesinstitut für Bau-, Stadt- und Raumforschung
BfLR	Bundesforschungsanstalt für Landeskunde und Raumordnung
Beih.	Beiheft(e)
Beitr.	Beiträge
Ber.	Berichte
BiB	Bundesinstituts für Bevölkerungsforschung
Bl.	Blatt
BMBAU	Bundesminister(ium) für Raumordnung, Bauwesen und Städtebau
BMVBS	Bundesministerium für Verkehr, Bau und Stadtentwicklung
BVBW	Bundesminster(ium) für Verkehr, Bau- und Wohnungswesen
DAL	Deutsche Akademie für Landeskunde
DGT	Deutscher Geographentag
Dept.	Department
Difu	Dt. Inst. für Urbanistik
DISP	Dokumente und Informationen zur Schweizerischen Orts-, Regional und Landesplanung
DSW	Deutsche Stiftung Weltbevölkerung
dt.	deutsch(en)
EMTA	European Metropolitan Transport Authorities
Erde	Die Erde
Erg.-H.	Ergänzungsheft
Festschr.	Festschrift
Forsch.	Forschung(en)
GJ	GeoJournal
Geogr.	Geographie, Geography
geogr.	geographisch, geographical
GeKo	Geogr. Komm. f. Westfalen
Ges.	Gesellschaft
Gesch.	Geschichte
GH	Geographica Helvetica
GHS	Ges. f. Hafen- u. Standortentwickl.
GR	Geographische Rundschau
GU	Geographie im Unterricht
GS	Geographie und Schule
GZ	Geographische Zeitschrift
H.	Heft(e)
Handelsf.	Handelsforschung
Hg.	Herausgeber
histor.	historisch(e)
IfL	Institut für Länderkunde, Leipzig
ILS	Institut für Landes- und Stadtentwicklungsforschung des Landes Nordrhein-Westfalen
Inst.	Institut, Institute
Intern.	Internationale(s)
IzR	Informationen z. Raumentwicklung
J.	Journal
Jb.	Jahrbuch
Komm.	Kommission
Länderk.	Länderkunde
Länderpr.	Länderprofile
Landesf.	Landesforschung
Landesk.	Landeskunde
Landespl.	Landesplanung
LEP	Landesentwicklungsplan
LEPro	Landesentwicklungsprogramm
MASSKS NRW	Ministerium für Arbeit, Soziales undStadtentwicklung, Kultur und Sport des Landes Nordrhein-Westfalen
Mat.	Material(ien)
Math.	Mathematisch(en)
Mitt.	Mitteilungen
MKRO	Ministerkonferenz f. Raumordnung
N. F.	Neue Folge
österr.	österreichisch
PG	Praxis Geographie
PM	Petermanns Geographische Mitt.
Publ.	Publication(s)
Raumentw.	Raumentwicklung
Raumf.	Raumforschung
Raumo.	Raumordnung
Raumpl.	Raumplanung
Rev.	Review(s)
RuR	Raumforschung und Raumordnung
Schr.	Schrift(en)
Schriftenr.	Schriftenreihe
Ser.	Serie, Series
Sci.	Science
Siedlungsf.	Siedlungsforschung, Archäologie - Geschichte - Geographie
Stadtf./Städtef.	Stadtforschung/Städteforschung
Stadtpl.	Stadtplanung
Stud.	Studien, Studies
Studienb.	Studienbuch
TESG	Tijdschrift voor Economische en Sociale Geografie
Theor.	Theoretisch(en)
UN	United Nations
Univ.	Universität
Verhn.	Verhandlungen
Verl.	Verlag(e)
Veröff.	Veröffentlichung(en)
WBG	Wissenschaftl. Buchgesellschaft
westf.	westfälisch
Wiss.	Wissenschaft(en), wissenschaftlich
ZEFAW	Zentrum f. Forsch. z. Arab. Welt,
Zs.	Zeitschrift

• = Lehrbücher/allgemeine Einführungen
in die Stadtgeographie/(Geogr.)Stadtforschung
* = Stadtatlanten

ADAM, B. 1994: Städtenetze. Ein neues Forschungsfeld des Experimentellen Wohnungs- und Sied-
lungsbaus. In: IzR (7/8): 513-520.
ADAM, B. 1997: Städtenetze - ein Forschungsgegenstand und seine praktische Bedeutung. Einführung. In: (IzR) 7: I-V.
ADAM, B. u. ST. FRITZSCHE 2012: The European City
- a Model for Future Urban Development and its
Elements. In: Erde 143 (1-2): 105-127.
ADAM, B. u. J. FUCHS 2012: Projekte in der Stadtentwicklung - Eigenschaften und Handlungsempfehlungen. In: IzR (11/12), S. 563-574.
ADAM, B. u. J. GÖDDECKE-STELLMANN 2002: Metropol-
regionen - Konzepte, Definitionen und Heraus-
forderungen. In: IzR (9:) 513-525.
ADAM, B. u. a. 2005: Metropolregionen als For-
schungsgegenstand. Aktueller Stand, erste Ergeb-
nisse und Perspektiven. In: IzR (7): 417-430.
ADAM, B. u. A. WACKER 2009: Metropolregionen,
Stadtregionen und die Rolle der Peripherie. In:
T. WEITH, H.-J. KUJATH u. A. RAUSCHENBACH (Hg.):
Alles Metropole? Berlin-Brandenburg zwischen
Hauptstadt, Hinterland und Europa. Kassel (Verl.
Uwe Altrock): 11-24 = Planungsrundschau 17.
ADAMS, J. S. 1969: Directional bias in intra-urban
migration. In: Economic Geogr. 45: 302-323.
ADELHOF, K. 2004: Potsdamer Platz - Wohlfühlen
in der Retortenstadt. Das neue Zentrum Berlins
ist ein beliebtes Konsumzentrum. In: PG 34 (9):
24-28.
ALBERS, G. 1974: Modellvorstellungen zur Siedlungs-
struktur in ihrer geschichtlichen Entwicklung.
In: ARL (Hg.): Zur Ordnung der Siedlungsstruktur.
Hannover (Gebr. Jänecke): 1-34 = Veröff. d.
ARL, Forsch.- u. Sitzungsber. 85, Stadtpl. 1.
•ALBERS G. 1992[2] (1988[1]): Stadtplanung. Eine
praxisorientierte Einführung. Darmstadt (WBG)
= Die Geogr., Einführungen.
ALBERS, G. 1996: Städtebau und Utopie im 20. Jahr-
hundert. In: Die alte Stadt 23 (1): 56-67.
ALBERS, G. 1997a: Nachhaltige Stadtentwicklung -
Lippenbekenntnis oder Handlungskonzept? In:
Die alte Stadt 24 (4): 283-293.
ALBERS, G. 1997b: Zur Entwicklung der Stadtpla-
nung in Europa. Begegnungen, Einflüsse, Ver-
flechtungen. Braunschweig (Vieweg) = Bauwelt-
Fundamente 117.
•ALBERS G. u. J. WÉKEL 2011[2]: Stadtplanung. Eine
illustrierte Einführung. Darmstadt (WBG).
•ALLAIN, R. 2004: Morphologie urbaine. Géographie,
aménagement ete architecture de la ville. Paris
(Armand Colin/SEJER).
ALTROCK, U. u. D. SCHUBERT (Hg.) 2004: Wachsende
Stadt. Leitbild - Utopie - Vision? Wiesbaden (VS
Verl. f. Sozialwiss./GWV Fachverl.).
ARCHER, D. 2012: Baan Mankong participatory
slum upgrading in Bangkok. Thailand: Community perceptions of outcomes and security of
tenure. In: Habitat International 36: 178-184.
ARCHER, D. 2013: Baan Mankong participatory
slum upgrading in Bangkok. Thailand: Community perceptions of outcomes and security of
tenure. In: Habitat International 36: 178-184.

ARING, J. 1999: Suburbia - Postsuburbia - Zwischen-
stadt. Die jüngere Wohnsiedlungsentwicklung im
Umland der großen Städte Westdeutschlands und
Folgerungen für die Regionale Planung und Steue-
rung. Hannover (ARL) = ARL, Arbeitsmat. 262.
ARING, J. 2005: Bodenpreise und Raumentwicklung.
In: GR 57 (3): 28-34.
ARING, J. u. I. REUTHER 2008 (Hg.): Regiopolen. Die
kleinen Großstädte in Zeiten der Globalisierung.
Berlin (Jovis).
ARING, J., S. SCHMITZ u. C.-C. WIEGANDT 1995: Nut-
zungsmischung - planerischer Anspruch und ge-
lebte Realität. In: IzR (6/7): 507-523.
ARL (Hg.) 1996: Agglomerationsräume in Deutsch-
land. Ansichten, Einsichten, Aussichten. Hanno-
ver (ARL) = ARL, Forsch. u. Sitzungsber. 199.
ARL (Hg.) 2011: Grundriss der Raumordnung und
Raumentwicklung. Hannover (ARL).
ARL (Hg.) 2017[5]: Handwörterbuch der Stadt- und
Raumentwicklung. völlig neu bearb. Aufl..
Hannover (in Druckvorbereitung).
ASSHEUER, T. 2015: Klimawandel und Resilienz in
Bangladesch. Die Bewältigung von Überschwem-
mungen in den Slums von Dhaka. Stuttgart
(Steiner) = Megacities and Global Change 14.
AUERBACH, E. 1913: Das Gesetz der Bevölkerungs-
konzentration. In: PM 59, 1. Halbbd.: 74-76.
AYDALOT, P. u. A. GARNIER 1985: Périurbanisation et
suburbanisation: des concepts à définir. In: DISP
7 (80/81): 53-55.
BACKHAUS, N. 2009: Globalisierung. Braunschweig
(Westermann) = Das Geogr. Seminar.
BADISCHES LANDESMUSEM KARLSRUHE (Hg.) 1990: Plan-
städte der Neuzeit vom 16. bis zum 18. Jahrhun-
dert. 2 Bde. Karlsruhe (Badisches Landesmus.).
BÄHR, J. 1976: Neuere Entwicklungstendenzen
lateinamerikanischer Großstädte. In: GR 28, H. 4, S.
125-133.
BÄHR, J. 1990: Santiago de Chile: Städtisches Wachs-
tum unter gewandelten politischen und wirtschaftli-
chen Rahmenbedingungen. In: T. HEYDENREICH
(Hg.): Chile. Geschichte, Wirtschaft und Kultur der
Gegenwart. Frankfurt/M. (Vervuert): 227-248 =
Lateinamerika-Stud. 25.
BÄHR, J. 1993: Verstädterung der Erde. In: GR 45
(7-8): 468-472.
BÄHR, J. 2000: Johannesburg - Stadtentwicklung und
struktureller Wandel in der Post-Apartheid-Zeit. In:
H. KARRASCH u. a. (Hg.): Megastädte - Weltstäd-
te (Global Cities). Heidelberg (Heidelberger
Geogr. Ges.): 83-103 = HGG-Journal 15.
•BÄHR, J. 2004[4] (2010[5]) unter Mitarb. v. P. GANS: Be-
völkerungsgeographie. Verteilung und Dynamik der
Bevölkerung in globaler, nationaler und regionaler
Sicht. Stuttgart (Ulmer) = UTB 1249.
BÄHR, J. 2005: Informalisierung der Städte im sub-
saharischen Afrika. In: GR 57 (10): 4-11.
•BÄHR, J. 2010[5] (1997[3]): Bevölkerungsgeographie.
Verteilung und Dynamik der Bevölkerung in globaler, nationaler und regionaler Sicht unter Mitarb.
von P. GANS. Stuttgart (Ulmer) = UTB 1249.
•BÄHR, J. 2011: Einführung in die Urbanisierung.
In: Berlin-Institut für Bevölkerung und Entwick
lung (Hg.):Demographische Analysen, Konzepte, Strategien (www.berlin-institut.org/
fileadmin/user_upload/handbuch_texte/
pdf_Baehr_Einfuehrung_Urbanisierung_
2011.pdf

•BÄHR, J., C. JENTSCH u. W. KULS 1992: Bevölkerungsgeographie. Berlin (de Gruyter) = Lehrbuch d. Allg. Geogr.

BÄHR, J. u. U. JÜRGENS 1993: Die Stadt in der Republik Südafrika. Von der Spät-Apartheid zur Post-Apartheid. In: GR 45 (7-8): 410-419.

•BÄHR, J. u. U. JÜRGENS 2009: Stadtgeographie II. Regionale Stadtgeographie. Braunschweig (Westermann) = Das geogr Seminar.

BÄHR, J., U. JÜRGENS u. S. BOCK 1998: Auflösung der Segregation in der Post-Apartheid-Stadt? - Diskutiert anhand kleinräumiger Wohnungsmarktanalysen im Großraum Johannesburg. In: PM 142 (1): 3-18.

BÄHR, J. u. G. MERTINS 1981: Idealschema der sozialräumlichen Differenzierung lateinamerikanischer Großstädte. In: GZ 69 (1): 1-33.

BÄHR, J. u. G. MERTINS 1995: Die lateinamerikanische Großstadt. Verstädterungsprozesse und Stadtstrukturen. Darmstadt (WBG) = Erträge d. Forsch. 288.

BÄHR, J. u. G. MERTINS 2000: Marginalviertel in Großstädten der Dritten Welt. In: GR 52 (7-8): 19-26.

BÄHR, J. u. K. MEYER-KRIESTEN: Santiago de Chile - eine fragmentierte Stadt? Eine faktorenanalytische Untersuchung der Stadtstruktur in 2002 im Vergleich zu 1970. In: Erdkunde 61 (3): 258-276.

BÄHR, J. u. R. WEHRHAHN 1995: Polarization Reversal in der Entwicklung brasilianischer Metropolen? Eine Analyse anhand demographischer Indikatoren am Beispiel von São Paulo. In: Erdkunde 49 (3): 213-231.

BAG (Hg.) 1995[5]: Standortfragen des Handels. Köln (BAG) = Schriftenr. d. BAG.

BAG (Hg.) 2000: Stadt- und Citymarketing. Handlungsempfehlungen für die Praxis. Berlin (BAG).

BAHLBURG, M. 1975: Stadtregionen 1970. Methode und Ergebnisse. In: RuR 33: 292-294.

BAHRENBERG, G. 1999: Bremen: Stadt - Stadtregion - Regionalstadt. In: Ber. z. dt. Landesk. 73 (2/3): 245-267.

BAHRENBERG, G., E. GIESE, N. MEVENKAMP u. J. NIPPER (Hg.): Statistische Methoden in der Geographie. 2: Multivariate Statistik. Berlin/Stuttgart (Gebr. Borntraeger) = Studienb. d. Geogr.

BAHRENBERG, G., N. MEVENKAMP u. R. MONHEIM 1998: Nutzung und Bewertung von Stadtzentrum und Nebenzentren in Bremen. Bayreuth (Abtl. Angew. Stadtgeogr., Inst. f. Geowiss. d. Univ.) = Arbeitsmat. z. Raumo. u. Raumpl. 180.

BARTELS, D. 1979: Theorien nationaler Siedlungssysteme und Raumordnungspolitik. In: GZ 67: 110-148.

BARTH, H. K. u. K. SCHLIEPHAKE 1998: Saudi Arabien. Gotha (Klett-Perthes) = Perthes Länderpr.

BASTEN, L. 1998: Die Neue Mitte Oberhausen. Ein Grossprojekt der Stadtentwicklung im Spannungsfeld von Politik und Planung. Basel/Boston/Berlin (Birkhäuser) = Stadtf. aktuell 67.

BASTEN, L. 2005: Postmoderner Urbanismus. Gestaltung in der städtischen Peripherie. Münster (List) = Stadtzukünfte 1.

BASTEN, L. (Hg.) 2009a: Metropolregionen - Restrukturierung und Governance. Deutsche und internationale Fallstudien. Dortmund (Rohn) = Metropolis und Region 3.

BASTEN. L. 2009b: Metropolen am Anfang des 21.

Jahrhunderts - eine Einführung. In: L. BASTEN (Hg.): Metropolregionen - Restrukturierung und Governance. Deutsche und internationale Fallstudien. Dortmund (Rohn): 7-20 = Metropolis u. Region 3.

BASTEN. L. 2009c: Überlegungen zur Ästhetik städtischer Alltagskultur. In: GR 61 (7-8): 4-9.

BASTEN, L. (Hg.) 2011: Zwischen Basel, Bochum und Toronto. Einblicke in die Geographie postindustrieller Stadtentwicklungen. Münster (LIT) = Stadtzukünfte 11.

BASTEN, L. u. U. GERHARD 2008: Quo vadis Toronto? Innenstadtumbau, Suburbanisierung und die Suche nach regionaler Steuerung. In: GR 60 (2): 20-28.

BASTEN, L. u. U. GERHARD 2016: Stadt und Urbanität. In: T. FREYTAG, H. GEBHARDT, U. GERHARD u. D. WASTL-WALTER (Hg.): Humangeographie kompakt. Heidelberg (Springer Spektrum): 115-139.

BATHELT. H. u. J. GLÜCKLER 2002 (2003[2], 2012[3]): Wirtschaftsgeographie. Ökonomische Beziehungen in räumlicher Perspektive. Stuttgart (Ulmer) = UTB 8217.

BBR (Hg.) 1999a: Modellvorhaben „Städtenetze". Neue Konzeptionen der interkommunalen Kooperation. Endbericht der Begleitforschung. Bonn (BBR) = Werkstatt: Praxis 3.

BBR (Hg.) 1999: Städte der Zukunft. Auf der Suche nach der Stadt von morgen. Bonn (BBR) = Werkstatt: Praxis 4.

BBR (Hg.) 2000b: Raumordnungsbericht 2000. Bonn (BBR) = Ber. 7.

BBR (Hg.) 2002: Baukultur in Deutschland 1.Statusbericht Langfassung. Bonn (BBR) = Ber. 11.

BBR (Hg.) 2003: Stadtumbau West. Programm & Pilotstädte. Forschungsfeld im Forschungsprogramm Experimenteller Wohnungs- und Städtebau (ExWoSt). Berlin/Oldenburg.

BBR (Hg.) 2004: Suburbia. Bonn (BBR) = Forum Bau + Raum 1.

BBR (Hg.) 2005a: Raumordnungsbericht 2005. Bonn (BBR) = Ber. 21.

BBR (Hg.) 2005b: Metropolregionen. Bonn (BBR) = IzR (1).

BBSR (Hg.) 2011: Kultur- und Kreativwirtschaft in Deutschland. Bonn (BBR).

BBSR (Hg.) 2012a: Raumordnungsbericht 2011. Bonn (BBSR).

BBSR (Hg.) 2012b: Raumabgrenzungen und Raumtypen des BBSR. Bonn (BBSR) = Analysen Bau.Stadt.Raum 6.

BBSR (Hg.) 2014a: Shoppen - in der City? Stuttgart (Steiner) = IzR (1)

BBSR (Hg.) 2014b: Zwischen Erhalt, Aufwertung und Gentrifizierung. Quartiere und Wohnungsbestände im Wandel. Stuttgart (Steiner) = IzR (4)

BBSR (Hg.) 2016: Im Schatten der Reurbanisierung? Suburbane Zukünfte. Stuttgart (Steiner) = IzR (3).

BBSR (Hg.) 2016b: Metropolregionen - Kooperation und Wettbewerb in Deutschland und Europa. Bonn (BBSR) = IzR (5)

BCSD - Bundesvereinigung City- und Stadtmarketing Deutschland e.V. (Hg.) 2011: Positionspapier - Stadtmarketing zwischen Werbung und Strategie. Berlin (Masch.).

BEAVERSTOCK, J. u. a. 2000: World-city network: A

new metageography? In: AAAG 90 (1): 123-134.

BEAVERSTOCK, J. V. u. a. 2003²: The global capacity of a world city. A relational study of London. In: E. KOFMAN u. G. YOUNGS (Ed.): Globalization: Theory and practice. London/New York (Continuum), S. 223-236.

BEAVERSTOCK, J. V. u. a. 1999: A roster of world cities. In: Cities 16 (6): 445-458.

BECK, U. 1998⁴ (1. AUFL. 1997): Was ist Globalisierung? Irrtümer der Globalisierung - Antworten auf Globalisierung. Frankfurt a. M. (Suhrkamp) = Edition Zweite Moderne.

BECKEL, L. (Hg.) 2001: MegaCities. Ein Beitrag der Europäischen Raumfahrtagentur zum besseren Verständnis der globalen Herausforderung. Oberndorf (Laber Druck)

BECKER, C. 2000: Neue Tendenzen bei der Errichtung touristischer Großprojekte in Deutschland. In: GR 52 (2): 28-33.

BECKER, H. 1996: Das System der regionalen Stadtgeographie. In: A. STEINECKE (Hg.): Stadt und Wirtschaftsraum. Berlin (Inst. f. Geogr. d. TU Berlin): 13-25 = Berliner geogr. Stud. 44.

BECKER, H., J. JESSEN u. R. SANDER (Hg.) 1999²: Ohne Leitbild? - Städtebau in Deutschland und Europa. Stuttgart (Krämer Verl.).

BECKMANN, K. 2015: Urbanität durch Dichte? Geschichte und Gegenwart der Großwohnkomplexe der 1970er Jahre. Bielefeld (transcript).

BECKMANN, K. J., M. HESSE, C. HOLZ-RAU u. M. HUNECKE (Hg.) 2006: StadtLeben - Wohnen, Mobilität und Lebensstil. Neue Perspektiven für die Raum- und Verkehrsentwicklung. Wiesbaden (VS Verl. f. Sozialwiss./GWV Fachverl.).

•BELINA, B., M. NAUMANN u. A. STRÜVER (Hg.) 2014: Handbuch Kritische Stadtgeographie. Münster (Westf. Dampfboot).

BENECKE, H. 2007: Immobilien- und Standortgemeinschaft Emsquartier in Rheine. In: www.westfalen-regional.de

BERGMANN, E. u. a. 1996: Nachhaltige Stadtentwicklung. Herausforderungen an einen ressourcenschonenden und umweltverträglichen Städtebau. In: IzR (2/3): 71-97.

BERGMANN, E. u. C.-C. WIEGANDT 1996: Nachhaltige Stadtentwicklung. Herausforderungen an einen ressourcenschonenden und umweltverträglichen Städtebau. In: Standort - Zs. f. angew. Geogr. 20 (2):20-25.

BERRY, B. J. L. 1964: Cities as systems within systems of cities. In: Regional Sci. Ass., Papers 13: 147-163.

BERRY, B. J. L. 1976: The counterurbanization process: urban America since 1970. In: B. J. L. BERRY (Ed.): Urbanization and counterurbanization. Beverly Hills/London (Sage Publ.): 17-30 = Urban Affairs Annual Rev. 11.

BETKER, F. 1992: Ökologische Stadterneuerung. Ein neues Leitbild der Stadtentwicklung? Mit einer Fallstudie zur kommunalen Planung in Saarbrücken. Aachen (Alano-Verl., Rader-Publ.) = Werkber., Lehrstuhl f. Planungstheorie Aachen.

BETZ, G., R. HITZLER u. M. PFADENHAUER (Hg.) 2011: Urbane Events. Wiesbaden (VS Verl. f. Sozialwiss.) = Erlebniswelten.

BEYME, K. VON 1987: Der Wiederaufbau. Architektur und Städtebaupolitik in beiden deutschen Staaten. München/Zürich (Piper).

BEYME, K. VON u. a. (Hg.) 1992: Neue Städte aus Ruinen. Deutscher Städtebau der Nachkriegszeit. München (Prestel-Verl.).

BfLR (Hg.) 1995a: Nutzungsmischung im Städtebau.Bonn (BfLR) = IzR (6/7).

BfLR (Hg.) 1995b: Hauptstadtregionen in Europa. Bonn (BfLR) = IzR (2/3).

BfLR (Hg.) 1996: Städtebaulicher Bericht Nachhaltige Stadtentwicklung. Herausforderungen an einen ressourcenschonenden und umweltverträglichen Städtebau. Bearb. v. E. BERGMANN u. a. Bonn (BfLR).

BfLR (Hg.) 1997: ExWoSt-Informationen zum Forschungsfeld „Städte der Zukunft" Nr. 22.1. Bonn (BfLR).

BINDING, G. u. a. 1977: Kleine Kunstgeschichte des deutschen Fachwerkbaus. Darmstadt (WBG).

BIRK, F., B. GRABOW u. B. HOLLBACH-GRÖMIG (Hg.) 2006: Stadtmarketing - Status quo und Perspektiven. Berlin (Difu) = Difu-Beitr. z. Stadtf. 42.

BIRZER, M., P. H. FEINDT u. E. A. SPINDLER (Hg.) 1997: Nachhaltige Stadtentwicklung. Konzepte und Projekte. Bonn (Economica Verl.).

BISCHOFF, C. A. 2000: Kreuzfahrt- und Ökotourismus in Dominica. Auswirkungen auf die Nutzungsstruktur der Hauptstadt eines karibischen Mikrostaates. Münster (Westf. Wilhelms-Univ., Inst. f. Geogr.) = Münstersche Geogr. Arb. 44.

BISSON, J. u. V. BISSON 2001: Wüstenstädte im funktionsräumlichen Gefüge der Sahara heute. In: GR 53 (6): 18-23.

BLANDY, S. 2003: Gated Communities in England: rules and rhetoric of urban planning. In: GH 58 (4): 314-324.

BLASIUS, J. u. J. S. DANGSCHAT (Hg.) 1990: Gentrification. Die Aufwertung innenstadtnaher Wohnviertel. Frankfurt (Campus) = Beitr. z. empirischen Sozialforsch.

BLENCK, J. 1977: Die Städte Indiens. In: J. BLENCK, D. BRONGER u. H. UHLIG (Hg.): Südasien. Frankfurt/M. (Fischer):145-162 = Fischer Länderk. 2.

BLOTEVOGEL, H. H. 1982: Zur Entwicklung und Struktur des Systems der höchstrangigen Zentren in der Bundesrepublik Deutschland. In: BfLR (Hg.): Entwicklungsprobleme der Agglomerationsräume. Bonn (BfLR): 3-34 = Seminare, Symposien, Arbeitspapiere.

BLOTEVOGEL, H. H. 1983: Das Städtesystem in Nordrhein-Westfalen. In: P. WEBER u. K.-F. SCHREIBER (Hg.): Westfalen und angrenzende Regionen. Festschr. z. 44. DGT in Münster 1983. Teil I. Paderborn (Schöningh): 71-103 = Münstersche Geogr. Arb. 15.

BLOTEVOGEL, H. H. 1986: Aktuelle Entwicklungstendenzen des Systems der Zentralen Orte in Westfalen. In: Erträge geographisch-landeskundlicher Forschung in Westfalen. Festschr. 50 Jahre Geogr. Komm. f. Westfalen. Hg. v. A. MAYR u. K. TEMLITZ. Münster (GeKo): 461-479 = Westf. Geogr. Stud. 42.

BLOTEVOGEL, H. H. 1996a: Zentrale Orte: Zur Karriere und Krise eines Konzepts in der Geographie und Raumplanung. In: Erdkunde 50 (1): 9-25.

BLOTEVOGEL, H. H. 1996b: Zentrale Orte: Zur Karriere und Krise eines Konzepts in der Regionalforschung und Raumordnungspraxis. In: IzR (10) 617-629.

BLOTEVOGEL, H. H. 1996c: Zur Kontroverse um den Stellenwert des Zentrale-Orte-Konzepts in der Raumordnungspolitik heute. In: IzR (10): 647-657.

BLOTEVOGEL, H. H. 1997: Berlin in der Entwicklung des deutschen Städtesystems. In: W. SÜSS u. W. QUAST (Hg.): Berlin. Metropole im Europa der Zukunft. Berlin: 130-136.

BLOTEVOGEL, H. H. 1998a: Metropolen als Motoren der Raumentwicklung und als Gegenstand der Raumordnungspolitik. In: Deutschland in der Welt von morgen. Die Chancen unserer Lebens- und Wirtschaftsräume. Hannover (ARL): 62-70 = Forsch.- u. Sitzungsber. 203.

BLOTEVOGEL, H. H. 1998b: Europäische Metropolregion Rhein-Ruhr. Theoretische, empirische und politische Perspektiven eines neuen raumordnungspolitischen Konzepts. Dortmund (ILS) = IS 135.

BLOTEVOGEL, H. H. 2000a: Gibt es in Deutschland Metropolen? Die Entwicklung des deutschen Städtesystems und das Raumordnungskonzept der „Europäischen Metropolregionen". In: D. MATEJOVSKI (Hg.): Metropolen. Laboratorien der Moderne. Frankfurt a. M. (Campus): 139-167 = Schr. d. Wiss.-zentrums Nordrhein-Westfalen 5.

BLOTEVOGEL, H. H. 2000b: Zentrale Orte in der Diskussion - ein Problemaufriss. In: Zentrale Orte in der Raumordnung - Konzept von gestern oder Instrument mit Zukunft? Dokumentation eines Kolloquiums 2.12.1999 in Hannover. Hg.: ARL u. KOMMUNALVERBAND GROSSRAUMVERBAND HANNOVER. Hannover (Kommunalverband Großraum Hannover): 9-21 = Mat. z. regionalen Entwicklung 7.

BLOTEVOGEL, H. H. 2002a: Städtesystem und Metropolregionen. In: IFL (Hg.): Nationalatlas Bundesrepublik Deutschland. 5: Dörfer und Städte. Mithg.: K. FRIEDRICH u. a. Heidelberg u. a. (Spektrum): 40-43.

BLOTEVOGEL, H. H. (Hg.) 2002b: Fortentwicklung des Zentrale-Orte-Konzepts. Hannover (ARL) = Forsch.- u. Sitzungsber. 217.

BLOTEVOGEL, H. H. (Hg.) 2002c: Empfehlungen zur Weiterentwicklung des Zentrale-Orte-Konzepts. Kurzfassung. In: H. H. BLOTEVOGEL (Hg.): Fortentwicklung des Zentrale-Orte-Konzepts. Hannover (ARL): XIII-XXXVIII = Forsch.- u. Sitzungsber. 217.

BLOTEVOGEL, H. H. 2002d: Deutsche Metropolregionen in der Vernetzung. In: IzR (6/7): 345-351.

BLOTEVOGEL, H. H. 2002e: Evaluierung des Zentrale-Orte-Systems und ihre Auswirkungen auf die Regionalplanung. Empfehlungen zur Weiterentwicklung des Zentrale-Orte-Konzepts. In: ARL (Hg.): Regionalplanung in Baden-Württemberg. Weiterentwicklung der 12 Regionen und ausgewählte Handlungsfelder. Hannover (ARL): 19-40 = Arbeitsmat. d. ARL 290.

BLOTEVOGEL, H. H. 2004: Zentrale Orte und Metropolregionen - zu einigen aktuellen Entwicklungen der Raumordnungspolitik in Deutschland. In: Forum Raumplanung, H.: Österreich. Ges. f. Raumpl. (ÖGR) (2): 32-43.

•BLOTEVOGEL, H. H. 2005⁴a: Metropolregionen. In: ARL (Hg.): Handwörterbuch der Raumordnung. Hannover (ARL): 642-647.

•BLOTEVOGEL, H. H. 2005⁴b : Zentrale Orte. In: ARL (Hg.): Handwörterbuch der Raumordnung. Hannover (ARL): 1307-1315.

BLOTEVOGEL, H. H. 2006: Metropolregion Rhein-Ruhr. In: GR 58 (1): 28-36.

BLOTEVOGEL, H. H. 2010: Raumordnung und Metropolregionen. In: GR 62 (11): 4-12.

BLOTEVOGEL, H. H. u. R. DANIELZYK (2009): Leistungen und Funktionen von Metropolregionen. In: J. KNIELING (Hg.): Metropolregionen. Innovation, Wettbewerb, Handlungsfähigkeit. Hannover (ARL): 22-29 = Forsch.- u. Sitzungber. d. ARL, Metropolregionen u. Raumentwickl. 3.

BLOTEVOGEL, H. H., N. DOHMS, A. GRAEF u. I. SCHICKHOFF 1990: Zentralörtliche Gliederung und Städtesystementwicklung in Nordrhein-Westfalen. Dortmund (Dortmunder Vertrieb v. Bau- u. Planungsliteratur) = Duisburger Geogr. Arb. 7.

BLOTEVOGEL, H. H. u. M. HOMMEL 1980: Struktur und Entwicklung des Städtesystems (Bundesrepublik Deutschland). In: GR 32 (4): 155-164.

BLOTEVOGEL, H. H., M. HOMMEL u. P. SCHÖLLER 1982: The urban system of the Federal Republic of Germany. Leuven (Inst. voor Sociale en Economische Geogr.) = Acta Geographica Lovaniensia 22 (West European Settlement Systems).

BLOTEVOGEL, H. H. u. K. SCHULZE 2009: Zum Problem der Quantifizierung der Metropolfunktionen deutscher Metropolen. In: J. KNIELING (Hg.): Metropolregionen. Innovation, Wettbewerb, Handlungsfähigkeit. Hannover (ARL): 30-58 = Forsch.- u. Sitzungber. d. ARL, Metropolregionen u. Raumentwicklung 3.

BLUMBERG, K. 2003: New Zealand Cities: Planning for Urban Sustainability in a 'Green, Clean' Country? In: C. A. BISCHOFF u. C. KRAJEWSKI (Hg.): Beitr. zur geogr. Stadt- u. Regionalforsch. Festschr. f. HEINZ HEINEBERG. Münster (Westf. Wilhelms-Univ., Inst. f. Geogr.): 155-164 = Münstersche Geogr. Arb. 46.

BMBAU (Hg.) 1983: Stadtbild und Gestaltung. Modellvorhaben Hameln, Stadtbildanalyse und daraus abgeleitete Entwicklungsmaßnahmen für den historischen Altstadtbereich - Empfehlungsmaßnahmen für den historischen Altstadtbereich - Empfehlungen zur Kontinuität und Innovation in der Stadtgestalt. Bonn (BMBau) = Schriftenr. „Stadtentwicklung" 02.033.

BMBAU (Hg.) 1988: Städtebaulicher Bericht Neubausiedlungen der 60er und 70er Jahre. Probleme und Lösungswege. Bonn-Bad Godesberg (BMBAU).

BMBAU (Hg.) 1993: Raumordnungspolitischer Orientierungsrahmen. Leitbilder für die räumliche Entwicklung der Bundesrepublik Deutschland. Bonn (BMBau).

BMBAU (Hg.) 1994a: Raumordnungsbericht 1993. Bonn (BMBau) = Dt. Bundestag, Drucks. 12/2143.

BMBAU (Hg.) 1994b: Stadtökologie. Umweltverträgliches Wohnen und Arbeiten. Bonn (BMBau).

BMBAU (Hg.) 1994c: Städtebauliche Entwicklung großer Neubaugebiete in den fünf neuen Bundesländern und Berlin-Ost. Modellvorhaben des Experimentellen Wohnungs- und Städtebaus. Bearb. v. B. HUNGER u. ST. WESTERMANN, Stadtbüro Hunger, Berlin. Bonn (BMBau).

BMBAU (Hg.) 1995: Raumordnungspolitischer Handlungsrahmen. Beschluß der MKRO in Düsseldorf am 8. März 1995. Bonn (BMBau).

BMBAU (Hg.) 1996: Siedlungsentwicklung und Siedlungspolitik. Nationalbericht Deutschland zur Konferenz HABITAT II. Erarbeitung: BfLR. Bonn

(BfLR).

BMBAU (Hg.) 1998: Nachhaltige Stadtentwicklung. Anforderungen an Städtebau, Wirtschaft und Handel. Bearb.: BfLR u. a. Bonn-Bad Godesberg (BMBau).

BMVBS (Hg.) 2008: Nationale Stadtentwicklungspolitik: Eine Initiative zur Stärkung der Zukunftsfähigkeit deutscher Städte. Berlin (BMVBS).

BMVBS 2009a: Nationale Stadtentwicklungspolitik: Positionen. Berlin (BMVBS).

BMVBS (Hg.) 2009b: Stadtentwicklungsbericht 2008. Neue urbane Lebens- und Handlungsräume. Stadtentwicklung in Deutschland, 1. Bearb.: BBSR im BBR. Bonn/Berlin.

BMVBS (Hg.) 2011: Stadtentwicklung und Image. Städtebauliche Großprojekte in Metropolräumen. Berlin (BMVBS).

BMVBS (Hg.) 2012a: Zukunft der Städtebauförderung. Dokumentationen von zwei Werkstattgesprächen von Bund, Ländern, Kommunen und Verbänden am 30.05. und 16.08.2012 in Berlin. Berlin (BMVBS) = Forsch. 150.

BMVBS (Hg.) 2012b: Städtebauförderung: Ziele, Finanzierung und Mittelverteilung. Berlin (BMVBS).

BMVBS (Hg.) 2012c: 10 Jahre Stadtumbau Ost - Berichte aus der Praxis. Berlin (BMVBS).

BMVBS (Hg.) 2012d: Städtebauförderung. Kommunikationsleitfaden für Bund, Länder und Gemeinden. Bonn (BMVBS).

BMVBS (Hg.) 2012e: Nationale Stadtentwicklungspolitik. Eine Gemeinschaftsinitiative von Bund, Ländern und Gemeinden. Berlin (BMVBS).

BMVBS (Hg.) 2012f: Stadtumbau West. Evaluierung des Bund-Länder-Prorgramms, Berlin (BMVBS).

BMVBS u. LÄNDERMINISTER (Hg.) 2011/2012: Verwaltungsvereinbarung Städtebauförderung 2012 über die Gewährung von Finanzhilfen des Bundes an die Länder nach Artikel 104 b des Grundgesetzes zur Förderung städtebaulicher Maßnahmen (VV Städtebauförderung 2012) v. 16.12.2011/04.04.2012. o. O.

BMVBS, E. LÜTKE DALDRUP u. P. ZLONICKY (Hg.) 2009: Grosse Projekte in deutschen Städten. Stadtwicklung 1990 - 2010. Berlin (Jovis).

BOBEK, H. 1927: Grundfragen der Stadtgeographie. In: Geogr. Anzeiger 28 (7): 213-224.

BOBEK, H. 1948: Stellung und Bedeutung der Sozialgeographie. In: Erdkunde 2 (1-3): 118-125.

BOBEK, H. 1969: Die Theorie der Zentralen Orte im Industriezeitalter. In: 36. DGT Bad Godesberg 1967. Tagungsber. u. wiss. Abhn. Wiesbaden (Steiner): 119-213 = Verhn. d. DGT 36.

BODE, V. 2002: Kriegszerstörung und Wiederaufbau deutscher Städte nach 1945. In: IfL (Hg.): Nationalatlas Bundesrepublik Deutschland 5: Dörfer und Städte. Mithg.: K. FRIEDRICH u. a. Heidelberg u. a. (Spektrum): 88-91.

BODEMANN, U. 2001: HafenCity Hamburg - Anlass, Masterplan, Chancen. In: D. SCHUBERT (Hg.): Hafen- und Uferzonen im Wandel. Analysen und Planungen zur Revitalisierung der Waterfront in Hafenstädten. Berlin (Leue Verl.): 99-117 = edition stadt u. region 3.

BODENSCHATZ, H. u. H. KEGLER 2005⁴ : Stadtumbau. In: ARL (Hg.): Handwörterbuch der Raumordnung. Hannover (ARL): 1092-1096.

BÖLTKEN, F. u. G. STIENS 2002: Siedlungsstruktur und Gebietskategorien. In: IfL (Hg.): Nationalatlas Bundesrepublik Deutschland. 5: Dörfer und Städte. Mithg.: K. FRIEDRICH u. a. Heidelberg/Berlin (Spektrum): 30-31.

BÖRDLEIN, R. 1999: Finanzdienstleistungen in Frankfurt am Main. Ein europäisches Finanzzentrum zwischen Kontinuität und Umbruch. In: Ber. z. dt. Landesk. 73 (1): 67-93.

BÖRDLEIN, R. 2001: Chancen und Probleme einer „Global City": Das Beispiel der Metropolregion Frankfurt/Rhein-Main. In: H. ROGGENTHIN (Hg.): Stadt - der Lebensraum der Zukunft? Gegenwärtige raumbezogene Prozesse in Verdichtungsräumen der Erde. Mainz: 11-22 = Mainzer Kontaktstudium Geogr. 7.

BOLLEREY, F. u. K. HARTMANN 1975a: Wohnen im Revier. 99 Beispiele aus Dortmund. Siedlungen vom Beginn der Industrialisierung bis 1933. Ein Architekturführer mit Strukturdaten. München (Moos) = Dortmunder Architekturh. 1.

BOLLEREY, F. u. K. HARTMANN 1975b: Wohnen im Revier. Siedlungen vom Beginn der Industrialisierung bis 1933. Analyse - Bewertung - Chancen. In: Stadtbauwelt 46: 84-100.

BOPP, J. 2010: Die Architektur der grands ensembles - räumliche und soziale Aspekte einer französischen Großwohnsiedlung der 1960er Jahre. In: Europa Regional 18 (4): 150-162.

BORCHERT, J. u. E. WEBER 1996: Stadtentwicklung und Raumordnung in den Niederlanden. Einflüsse des internationalen Konkurrenzsystems. In: GR 48 (7-8): 400-405.

BORK-HUEFFER, T. 2016: Mediated sense of place: Effects of mediation and mobility on the place perception of German professionals in Singapore. In: New Media & Society (online first, 27.6.2016, DOI: 10.1177/1461444816655611)

BORNEMEIER, B. 2002: Regionale Baustile der Renaissance. In: IfL (Hg.): Nationalatlas Bundesrepublik Deutschland. 6: Bildung und Kultur. Mithg.: A. MAYR u. M. NUTZ. Heidelberg u. a. (Spektrum): 148-149.

BORSDORF, A. 1982: Die lateinamerikanische Großstadt. Zwischenbericht zur Diskussion um ein Modell. In: GR 34 (11): 498-501.

BORSDORF, A. 1994: Die Stadt in Lateinamerika. Kulturelle Identität und urbane Probleme. In: GS 16 (89) 3-12.

BORSDORF, A. 2002: Vor verschlossenen Türen. Wie neu sind die Tore und Mauern in lateinamerikanischen Städten? Eine Einführung. In: GH 57 (4): 238-244.

•BORSDORF, A. u. O. BENDER 2010: Allgemeine Siedlungsgeographie. Wien/Köln/Weimar (Böhlau) = UTB 3396.

BORSDORF, A., J. BÄHR u. M. JANOSCHKA 2002: Die Dynamik stadtstrukturellen Wandels in Lateinamerika im Modell der lateinamerikanischen Stadt. In: GH 57 (4): 300-310.

BORSDORF, A. u. M. COY 2009: Megacities and Global Change: Case studies from Latin America. In: Erde 140 (4): 341-353.

BORSDORF, A. u. R. HIDALGO 2005: Städtebauliche Megaprojekte im Umland lateinamerikanischer Metropolen - eine Antithese zur Stadt? Das Beispiel Santiago de Chile. In: GR 57 (10): 30-38.

BORSDORF, A. u. M. PAAL (Hg.) 2000: Die „alpine Stadt" zwischen lokaler Verankerung und globaler Vernetzung. Beiträge zur regionalen Stadtforschung im Alpenraum. Wien (Verl. d. Öster-

reichischen Akad. d. Wiss.) = ISR-Forschungsber.,
hg. v. Inst. f. Stadt- u. Regionalforsch., 20.
BOSKOFF, A. 1970²: The sociology of urban regions.
New York.
BOUSTEDT, O. 1970²: Stadtregionen. In: ARL (Hg.):
Handwörterbuch der Raumforschung und Raumordnung. Hannover (Gebr. Jänecke): 3207-3237.
BRADE, I. 1998: Die Zeit der Metropolen - auch im
östlichen Europa? St. Petersburg im postindustriellen Zeitalter. In: Zs. f. d. Erdkundeunterr. 50
(3) 150-158.
BRADE, I. (Hg.) 2002: Die Städte Rußlands im Wan-
del. Raumstrukturelle Veränderungen am Ende
des 20. Jahrhunderts. Leipzig (IfL) = Beitr. z.
Regionalen Geogr. 57.
BRADE, I. u. F.-D. GRIMM (Hg.) 1998: Städtesysteme
und Regionalentwicklungen in Mittel- und Osteuropa. - Rußland, Ukraine, Polen -. Leipzig (IfL)
= Beitr. z. Regionalen Geogr. 46.
BRADE, I., G. HERFERT u. K. WIEST 2008: Sozialräumliche Differenzierung in Großstadtregionen des
mittleren und östlichen Europa - ein Überblick.
In: Europa Regional 16 (1): 3-15.
BRADE, I. u. M. SCHULZE 2003: Die russischen Städte
im Umbruch. Gewinner und Verlierer des Trans-
formationsprozesses. In: GR 55 (12): 34-40.
BRAKE, K. 1993: Zentrale und dezentrale Tendenzen im deutschen Städtesystem. In: GR 45 (4): 248-
249.
BRAKE, K. 1994: Dezentrale Konzentration. Zum
Verhältnis von Leitbild und Standorttendenzen.
In: IzR (7/8): 481-488.
BRAKE, K. 1998: Dezentrale Konzentration in Großstadtregionen. Die begrenzten Umsetzungspfade
stadtregionaler Raumordnung. In: RuR 56 (5/6):
343-351.
BRAKE, K. 2001: Neue Akzente der Suburbanisierung.
Suburbaner Raum und Kernstadt: eigene Profile
und neuer Verbund. In: K. BRAKE u. a. (Hg.): Sub-
urbanisierung in Deutschland. Aktuelle Tendenzen.
Opladen (Leske + Budrich): 15-26.
BRAKE, K., R. DANIELZYK u. M. KARSTEN 1999: Dezen-
trale Konzentration - ein Leitbild mit besonderen
Herausforderungen für interkommunale Koopera-
tion. In: Arch. Kom.wiss. 38/I: 89-103.
BRAKE, K., J. S. DANGSCHAT u. G. HERFERT (Hg.)
2001: Suburbanisierung in Deutschland. Aktuelle
Tendenzen. Opladen (Leske + Budrich).
BRAKE, K. u. G. HERFERT (Hg.) 2012: Reurbanisie-
rung. Materialität und Diskurs in Deutschland.
Wiesbaden (Springer VS).
BRAKE, K., W. MÜLLER, J. KNIELING u. Mitarb. (Bearb.)
1996: Städtenetze. Vernetzungspotentiale und
Vernetzungskonzepte. Hg.: BfLR. Bonn (BfLR) =
Mat. z. Raumentw. 76.
BRATZEL, P. 1981: Sozialräumliche Organisation in
einem komplexen Faktorensystem. Dargestellt
am Beispiel der Sozial- und Wirtschaftsraum
struktur von Karlsruhe. Karlsruhe (Geogr. Inst.
d. Univ.) = Karlsruher Manuskripte z. Math. u.
Theor. Wirtschafts- u. Sozialgeogr. 53.
BRAUN, B. 1995: Suburbia in Australien. Funktionaler und struktureller Wandel der Vorstädte australischer Metropolen. In: GR 47 (11): 660-667.
BRAUN, B. 1996: Neue Cities australischer Metropolen. Die Entstehung multifunktionaler Vorort-
zentren als Folge der Suburbanisierung. Bonn
(Dümmlers) = Bonner Geogr. Abhn. 94.

BRAUN, B., R. GROTZ u. A. SCHÜTTEMEYER 2001: Von
der flächenhaften zur verdichteten Stadt: Ansätze der nachhaltigen Stadtentwicklung in Sydney.
In: PM 145 (5): 56-65.
BRAUN, B., F. KRAAS u. A. SCHÜTTEMEYER 2004: Sydney und Singapur: divergierende Entwicklungs-
und Steuerungsstrategien im urbanen Konkurrenz-
gefüge. In: Zs. f. Wirtschaftsgeogr. 48 (3/4): 251-
268.
BRAUN, B. u. C. SCHULZ 2012: Wirtschaftsgeographie. Stuttgart (Ulmer) = UTB 3641 (UTB
basics).
BRAUN, B. u. V. VIEHOFF 2012: London 2012. Olympi-
sche Spiele als nachhaltiger Impulsgeber für die
Stadterneuerung? In: GR 64 (6): 4-11.
BRECKNER, I. 2010: Gentrifizierung im 21. Jahrhun-
dert. In: Aus Politik u. Zeitgesch. 17: 27-32 =
Beilage z. Wochenzeitung Das Parlament.
BREESE, G. 1963: Urban development problems in
India. In: AAAG 63: 253-265.
BREITUNG, W. 2001: Hongkong und der Integrations-
prozess: räumliche Strukturen und planerische
Konzepte in Hongkong. Basel (Wepf) = Basler
Beitr. z. Geogr. 48.
BREITUNG, W. 2003: Hongkong, Shanghai, Peking. Ein
Land, drei Weltstädte. In Geogr. heute 24 (211/
212): 36-45.
BREITUNG, W. 2008: Peking: von der Hauptstadt zur
Weltstadt. In: GR 60 (5): 52-57.
BREITUNG, W. 2014: Raumordnung und Regionalpla-
nung in China. In: GR 66 (4): 12-19.
BREITUNG, W. u. R. SCHNEIDER-SLIWA 1997: Hongkong
vor neuen Herausforderungen. Eine „Global
City" im Wandel. In: GR 49 (7-8): 441-449.
BREUER, H. 1997: Großwohnsiedlungen: von der
Nachbesserung zur Zukunftsfähigkeit. In: IzR
(8/9): 593-606.
BREUER, B. u. E. MÜLLER: Großwohngebiete. In: IfL
(Hg.): Nationalatlas Bundesrepublik Deutschland
5: Dörfer und Städte. Mithg.: K. FRIEDRICH u. a.
Heidelberg u. a. (Spektrum): 130-131.
BREUSTE, J. 1989: Landschaftsökologische Struktur
und Bewertung von Stadtgebieten. In: Geogr. Ber.
131 (2): 105-116.
BREUSTE, J. (Hg.) 1996: Stadtökologie und Stadtent-
wicklung: Das Beispiel Leipzig. Ökologischer Zu-
stand und Strukturwandel einer Großstadt in den
neuen Bundesländern. Berlin. (Analytica Verl. Ges.)
= Angew. Umweltf. 4.
BREUSTE, J. u. I. BREUSTE 2002: Stadtwachstum durch
Vorstädte und Wohnsiedlungen in Halles Süden. In:
K. FRIEDRICH u. M. FRÜHAUF (Hg.): Halle und sein
Umland. Halle (mdv Mitteldt. Verl.): 164-175.
BRIGGS, A. 1963: Victorian cities. London (Oldham).
BRONGER, D. 1989: Die Metropolisierung der Erde. Aus-
maß - Dynamik - Ursachen. In: GS 11, H. 61, S. 2-13.
BRONGER, D. 1996a: Megastädte. In: GR 48, H. 2, S. 74-81.
BRONGER, D. 1996b: Indien. Größte Demokratie der
Welt zwischen Kastenwesen und Armut. Gotha
(Perthes) = Perthes Länderpr.
BRONGER, D. 1997a: Megastädte - Eine Welt? In: GS
19 (110): 2-10.
BRONGER, D. 1997b: Wachstum der Megastädte im
20. Jahrhundert. In: PM 141 (3): 221-224.
BRONGER, D. 1997c: Megastädte - Global Cities. Fünf
Thesen. In: P. FELDBAUER u. a. (Hg.): Mega-Cities.
Die Metropolen des Südens zwischen Globali-
sierung und Fragmentierung. Frankfurt a. M.

(Brandes u. Apsel/Südwind): 37-65 = Histor. Sozialkunde 12.

BRONGER, D. 2001: Suburbanisierungsprozesse in Megastädten: „Erste" Welt - „Dritte" Welt -. Begriffliche und methodische Erfassungsprobleme für einen weltweiten Vergleich. In: GS 23 (129): 2-11.

•BRONGER, D. 2004: Metropolen, Megastädte, Global Cities. Die Metropolisierung der Erde. Darmstadt (WBG).

BRONGER, D. 2005: Marginalsiedlungen in Metropolen: „Erste"Welt -„Fünfte" Welt. Begriffliche und methodische Erfassungsprobleme für einen weltweiten Vergleich. In: GS 27 (157): 2-13.

BRONGER, D. 2006: Metropolisierung und Globalisierung. Die Rolle der Metropole im Globalisierungsprozess. Gedanken zu einem weltweiten Vergleich. In: GS 28 (161): 16-22.

BRONGER, D. (Hg.) 2007: Marginalsiedlungen in Megastädten Asiens. Berlin (LIT) = Asien-Wirtschaft u. Entwicklung 1.

BRONGER, D. 2008: Die Megastädte der Erde zu Beginn des 21. Jahrhunderts. In: GS 30 (175): 41-45.

•BRONGER, D. u. L. TRETTIN 2011: Megastädte - Global Cities HEUTE: Das Zeitalter Asiens? Münster (LIT) = Asien - Wirtschaft u. Entwicklung 5.

BRONGER, D. u. J. WAMSER 2005: Manila. Metropole der extremen Gegensätze. In: GS 27 (157): 5-31.

BRONNY, H. M. 1984: Arbeitersiedlungen im Ruhrgebiet. Münster (Landschaftsverband Westfalen-Lippe) = Westfalen im Bild, R. Das Ruhrgebiet 2.

BRÜHL, H. u. a. 2005: Wohnen in der Innenstadt - eine Renaissance? Berlin (Dt. Inst. f. Urbanistik) = Difu-Beitr. z. Stadtf. 41.

BRUNE, W. 1996: Die Stadtgalerie. Ein Beitrag zur Wiederbelebung der Innenstädte. Frankfurt a. M. (Campus).

BRUNE, W., R. JUNKER u. H. PUMP-UHLMANN (Hg.) 2006: Angriff auf die City. Kritische Texte zur Konzeption, Planung und Wirkung von integrierten und nicht integrierten Shopping-Centern in zentralen Lagen. Düsseldorf (Dorste Sachbuch).

BRUNE, W. u. H. PUMP-UHLMANN 2009: Centro Oberhausen. Die verschobene Stadtmitte. Ein Beispiel verfehlter Stadtplanung. Wiesbaden (IZ Immobilien Zeitung Verl.-ges.).

BRUNS-BERENTELG, J. 2004: Faszination Hafen-City - Modell einer europäischen Innenstadt. Fascination HafenCity - an urban development project of European dimensions. In: C. KIRK (Hg.): Wirtschaftsstandort, Business Location. Hamburg/Schleswig-Holstein. Darmstadt (Europäischer Wirtschaftsverl.): 74-79.

BRUNS-BERENTELG, J. 2005: HafenCity Hamburg. Eine kohärente Realisierungsstrategie als Grundlage für den Entwicklungserfolg. In: BAW Inst. f. regionale Wirtschaftsforsch. GmbH (Hg.): Hafenareale als urbane Investitionsstandorte. Überseestadt und Hafenkante Bremen im internationalen Kontext. Berlin (Regioverl.): 47-58.

BRZENCZEK, K. u. C.-C. WIEGANDT 2009: Zwischen Leuchten und Einfügen - Einzelhandelsarchitektur in Innenstädten. In: GR 61 (7-8): 10-18.

BUCHHOLZ, H. J. 1985: Die DDR und ihre Städte. Wandlungen des Städtesystems der DDR. In: geogr. heute 6 (30): 30-35.

BÜNGER, A., D. SCHILLER u. J. REVILLA DIEZ 2014:

Regionalwirtschaftliche Maßnahmen und Wirkungen der Öffnungspolitik in China. In: GR 66 (4): 4-11.

BULLINGER, D. 2013: Einige Gedanken zur Zukunft der Handelsimmobilie Shopping-Center. In: K. KLEIN (Hg.): Handelsimmobilien. Theoretische Ansätze, empirische Ergebnisse. Mannheim (MetaGIS Infosysteme): 287-315 = Geogr. Handelsf. 19.

BUNNELL, T. u. a. 2013: Urban development in a decentralized Indonesia: Tow success stories? In: Pacific Affairs 86 (4): 857-876.

BUNZEL, A. u. A. SANDER 1999: Städtebauliche Großvorhaben in der Umsetzung (Kurzber.). In: Difu-Ber. (3): 10-11.

BURDACK, J. 1997: Glasgow – von der altindustriellen Stadt zur postindustriellen Metropole? In: Europa Regional 5 (1): 34-45.

BURDACK, J. 2004: Die *Ville de Lumières* und ihre Schatten. Wirtschafts- und sozialräumliche Differenzierungen in der Pariser Metropolregion. In: GR 56 (4): 32-39.

BURDACK, J. 2005: Die metropolitane Peripherie zwischen suburbanen und posturbanen Entwicklungen. Diskurse und Methodik der Untersuchung. In: J. BURDACK u. a. (Hg.): Europäische metropolitane Peripherien. Leipzig (Leibniz-IfL): 8-23 = Beitr. z. Regionalen Geogr. 61.

BURDACK, J. 2007: Kleinstädte im Abseits? Zur Entwicklung mitteldeutscher Kleinstädte nach 1990. In: GR 59 (6): 34-43.

BURDACK, J., G. HERFERT u. R. RUDOPLH (Hg.) 2005: Europäische metropolitane Peripherien. Leipzig (Leibniz-IfL) = Beitr. z. Regionalen Geogr. 61.

BURDACK, J. u. M. HESSE 2006: Reife, Stagnation oder Wende? Perspektiven zu Suburbanisierung, Post-Suburbia und Zwischenstadt: Ein Überblick zum Stand der Forschung. In: Ber. z. dt. Landesk. 80 (4): 381-399.

BURDACK, J. u. A. KRISZAN (Hg.) 2013: Kleinstädte in Mittel- und Osteuropa: Perspektiven und Strategien lokaler Entwicklung. Leipzig (Leibniz-IfL) = forum ifl. 19.

BURGESS, E. W. 1925: The growth of the city: an introduction to a research project. In: R. E. PARK, E. W. BURGESS u. R. D. MCKENZIE (Ed.): The city. Chicago (Univ. of Chicago Press).

BURGESS, E. W. 1929: Urban areas. In: T. V. SMITH u. L. D. WHITE (Ed.): Chicago: an experiment in social science research. Chicago (Univ. of Chicago Press).

BUTZIN, B. 1986: Zentrum und Peripherie im Wandel. Erscheinungsformen und Determinanten der „Counterurbanization" in Nordeuropa und Kanada. Münster (Schöningh) = Münstersche Geogr. Arb. 23.

BUTZIN, B. 2003: „Zukünfte im Ruhrgebiet" – Eine kritische Zwischenbilanz. In: C. A. BISCHOFF u. C. KRAJEWSKI (Hg.): Beiträge zur geographischen Stadt- und Regionalforschung. Festschr. f. HEINZ HEINEBERG. Münster (Westf. Wilhelms-Univ. Inst. f. Geogr.): 57-68 = Münstersche Geogr. Arb. 46.

BUTZIN, B. u. H. P. NOLL 2010: Kulturhauptstadt 2010: Auf dem Weg zur Metropole Ruhr? In: GR 62 (2): 42-47.

BVBW (Hg.) 2005: Baukultur! Informationen – Argumente – Konzepte. Zweiter Bericht zur Baukultur in Deutschland. Berlin & Bonn

(BVBW).

BVBW u. BBR 2002: Stadtumbau Ost, Bundeswettbewerb 2002. Fachdokumentation zum Bundeswettbewerb „Stadtumbau Ost". Expertisen zu städtebaulichen und wohnungswirtschaftlichen Aspekten des Stadtumbaus in den neuen Ländern. Bonn (BBR).

BVBW u. BBR 2003a: Stadtumbau Ost, Bundeswettbewerb 2002. Dokumentation zum Bundeswettbewerb „Stadtumbau Ost" - für lebenswerte Städte und attraktives Wohnen. Bonn (BBR).

BVBW u. BBR 2003b: Stadtumbau Ost, Bundeswettbewerb 2002. Auswertung des Bundeswettbewerbs „Stadtumbau Ost" - für lebenswerte Städte und attraktives Wohnen. Bonn (BBR).

BVBW (Hg.) u. BBR (Bearb.) 2005: Nachhaltige Stadtentwicklung - ein Gemeinschaftswerk. Städtebaulicher Bericht der Bundesregierung 2004. Bonn (BBR).

CABRALES BARAJAS, L. F. u. E. CANOSA ZAMORA 2002: Nuevas formas y viejos valores: urbanizaciones cerradas de lujo en Guadalajara. In: L. F. CABRALES BARAJAS (coord.): Latinoamérica: países abiertos, ciudades cerradas. Guadalajara (Univ. de Guadalajara, Centro Universitario de Ciencias Sociales y Humanidades): 93-116.

CALLIES, H. 2011: Die Stadt in der Antike - Europas Erbe. In: M. GEHLER (Hg.): Die Macht der Städte. Von der Antike bis zur Gegenwart. Hildesheim u. a. (Olms): 45-57 = Histor. Europa-Stud. 4.

•CAPEL, H. 2002: La morfología de las ciudades. I. Sociedad, cultura y paisaje urbano. Barcelona (Ediciones del Serbal) = Collección <La estrella polar> 37.

•CAPEL, H. 2005: La morfología de las ciudades. II. Aedes facere: técnica, cultura y clase social en la construcción de edificios. Barcelona (Ediciones del Serbal) = Collección <La estrella polar> 47.

CAROL, H. 1959: Die Geschäftszentren der Großstadt, dargestellt am Beispiel der Stadt Zürich. In: Ber. z. landesf . u. Landespl. 3, Karlsruhe: 132-144.

•CARTER, H. 1972, 1981[3], 1995[4]: The study of urban geography. London (Arnold).

•CARTER, H. 1983: An introduction to urban historical geography. London (Arnold).

CHAMPION, A. G. 1994: Population change and migration in Britain since 1981: Evidence for continuing deconcentration. In: Environment and Planning A/26: 1501-1520.

CHANG, T. C. u. S. HUANG 2011: Reclaiming the city: Waterfront development in Singapore. In: Urban Stud. 48 (10): 2085-2100.

CHRISTALLER, W. 1933: Die Zentralen Orte in Süddeutschland. Eine ökonomisch-geographische Untersuchung Über die Gesetzmäßigkeit der Verbreitung und Entwicklung der Siedlungen mit städtischen Funktionen. Jena (G. Fischer) (Darmstadt: WBG 1980[3]).

Die Citybildung in Berlin. In: Berliner Wirtschaftsber. 9, 1932 (17): 150-153; (18): 159-162.

•CLAASSEN, K. 2008: Die Stadt. Braunschweig (Westermann u. a.) = Diercke Spezial.

CONZEN, M. P. (Ed.) 2004: M. R. G. Conzen. Thinking about urban form. Papers on urban morphology: 1932-1998. Oxford (Lang).

CONZEN, M. R. G. 1978: Zur Morphologie der englischen Stadt im Industriezeitalter. In: H. JÄGER (Hg.): Probleme des Städtewesens im industriellen

Zeitalter. Köln u. a. (Böhlau): 1-48 = Städtef. A/ 5.

COY, M. 2007: Innenstadtentwicklung und Innenstadterneuerung in São Paulo. In: Passauer Schr. z. Geogr. 23: 57-69.

COY, M. u. F. KRAAS 2003: Probleme der Urbanisierung in den Entwicklungsländern. In: PM 147 (1): 32-41.

COY, M. u. M. PÖHLER 2002a: Gated communities in Latin American megacities: case studies in Brazil and Argentina. In: Environment and Planning, B: Planning and Design 29 (3): 355-370.

COY, M. u. M. PÖHLER 2002b: Condomínios fechados und die Fragmentierung der brasilianischen Stadt. Typen - Akteure - Folgewirkungen. In: GH 57 (4): 262-277.

CROSS, D. F. W. 1990: Counterurbanization in England und Wales. Aldershot (Avebury).

CULLEN, M. S. 1984: Bauwerke der Gründerzeit. Hamburg (HB-Verl.- u. Vertriebsges.) = HB-Bildatlas Spezial 11.

DANGSCHAT, J. S. 1988: Gentrification. Der Wandel innerstadtnaher Wohnviertel. In: J. FRIEDRICHS (Hg.): Soziologische Stadtforschung. Opladen (Leske + Budrich): 272-292 = Kölner Zs. f. Soziologie u. Sozialpsychologie, Sonderh. 29.

DANGSCHAT, J. S. 1991: Vertreibung aus der Stadt durch Kultur? Ursachen der Instrumentalisierung von Kultur und ihre Folgen. In: R. EBERT u. a. (Hg.): Partnerschaften für die Kultur: Chancen und Gefahren für die Stadt. Dortmund (IRPUD):127-149 = Dortmunder Beitr. z. Raumpl. 57.

DANGSCHAT, J. S. 1996: Zur Armutsentwicklung in deutschen Städten. In: ARL (Hg.): Agglomerationsräume in Deutschland. Ansichten, Einsichten, Aussichten. Hannover (ARL): 51-76 = Forsch.- u. Sitzungsber. d. ARL 199.

DANGSCHAT, J. S. (Hg.) 1999: Modernisierte Stadt - gespaltene Gesellschaft. Ursachen von Armut und sozialer Ausgrenzung. Opladen (Leske + Budrich).

DANGSCHAT, J. S. 2005[4]: Lebensstile. In: ARL (Hg.): Handwörterbuch der Raumordnung. Hannover (ARL): 600-602.

DANIELZYK, R. 2003: Die Rolle der Raumforschung bei der Entwicklung und Planung von Stadtregionen. In: C. A. BISCHOFF u. C. KRAJEWSKI (Hg.): Beiträge zur geographischen Stadt- und Regionalforschung. Festschr. f. HEINZ HEINEBERG. Münster (Westf. Wilhelms-Univ. Inst. f. Geogr.): 193-200 = Münstersche Geogr. Arb. 46.

DANIELZYK, R. 2012: Metropolregion Rhein-Ruhr: Zentralitäten und Vernetzungen. In: A. HILL u. A. PROSSEK (Hg.): Metropolis und Region. Aktuelle Herausforderungen für Stadtforschung und Raumplanung. Detmold (Rohn): 51-68 = Metropolis u. Region 8.

DANIELZYK, R., S. LENTZ u. C.-C. WIEGANDT (Hg.) 2014: Suchst du noch oder wohnst du schon? Wohnen in polyzentrischen Stadtregionen. Münster (LIT) = Stadtzukünfte 12.

DANIELZYK, R. u. A. PRIEBS (Hg.) 1996: Städtenetze - Raumordnungspolitisches Handlungsinstrument mit Zukunft? Bonn (Kuron) = Mat. z. Angew. Geogr. 32.

DEAR, M. J. 2000: The postmodern urban condition. Oxford (Blackwell).

DEFFNER, V. u. U. MEISEL (Hg.) 2013: „StadtQuartiere" - Sozialwissenschaftliche, ökonomische und städtebaulich-architektonische Aspekte. Essen (Klartext Verl.).

DEGE, E. 2000: Seoul: von der Metropole zur Metropolregion. In: GR 52 (7/8): 4-10.

DE GEER, S. 1923: Greater Stockholm. A geographical interpretation. In: Geogr. Rev. 13 (4): 497-506.

DEITERS, J. 1976: Christallers Theorie der Zentralen Orte. In: J. ENGEL (Hg.): Von der Erdkunde zur raumwissenschaftlichen Bildung. Theorie und Praxis des Geographieunterrichts. Bad Heilbrunn (J. Klinkhardt): 104-115.

DEITERS, J. 1982: Zentrale Orte. In: L. JANDER, W. SCHRAMKE u. H.-J. WENZEL (Hg.): Metzler Handbuch für den Geographieunterricht. Ein Leitfaden für Praxis und Ausbildung. Stuttgart (Metzlersche Verlagsbuchhdl.): 570-586.

DEITERS, J. 1996a: Ist das Zentrale-Orte-System als Raumordnungskonzept noch zeitgemäß? In: Erdkunde 50 (1): 26-34.

DEITERS, J. 1996b: Die Zentrale-Orte-Konzeption auf dem Prüfstand. Wiederbelebung eines klassischen Raumordnungskonzepts? In: IzR (10): 631-645.

DENECKE, D. 1980: Die historische Dimension der Sozialtopographie am Beispiel südniedersächsischer Städte. In: Ber. z. dt. Landesk. 54:211-252.

DENECKE, D. 1984: Historisch-geographische Stadtforschung: Problemstellungen – Betrachtungsweisen – Perspektiven. In: K. LENZ u. F. SCHOLZ (Hg.): 44. DGT Münster 24. bis 28. Mai 1983. Tagungsber. u. wiss. Abn.. Stuttgart (Steiner): 136-144. = Verhn. d. DGT 44.

•DENECKE, D. 1989: Stadtgeographie als geographische Gesamtdarstellung und komplexe geographische Analyse einer Stadt. In: Die alte Stadt 16 (1): 3-23.

DENECKE, D. 2005: Soziale Strukturen im städtischen Raum: Entwicklung und Stand der sozialtopographischen Stadtgeschichtsforschung. In: K. FEHN u. A. SIMMS (Hg.): Dietrich Denecke. Wege der Historischen Geographie und Kulturlandschaftsforschung. Ausgewählte Beiträge. Stuttgart (Steiner):152-167.

DENZER, V., A. DIETRICH u. H. T. PORADA 2011: Die Hansestädte der Neuzeit - Eine europäische Städtelandschaft als Erinnerungsraum. In: Siedlungsf. 29: 199-218.

DETTMANN, K. 1969: Islamische und westliche Elemente im heutigen Damaskus. In: GR 21 (2): 64-68.

DETTMANN, K. 1980: Städtewesen und Stadtstrukturen im Norden des Industieflandes. Erlangen (Fränkische Geogr. Ges.): 351-393 = Mitt. d. Fränkischen Geogr. Ges. 25/26.

DEUTSCHER INDUSTRIE- UND HANDELSTAG (DIHT) (Hg.) 1985: Attraktive Innenstadt. Maßnahmen zur Stärkung der City. Köln (DIHT).

DEUTSCHER TOURISMUSVERBAND (DTV) 2006: Städte- und Kulturtourismus in Deutschland. Bonn (DTV).

DEZERT, B., A. METTON u. J. STEINBERG 1991: La périurbanisation en France. Paris (Sedes).

DITTMANN, A., E. EHLERS u. R. GRAFE 1990: Traditionelle und moderne Stadt-Umland-Beziehungen im islamischen Orient: Das Beispiel Faiyum (Ägypten). In: Erde 121 (2): 119-134.

DITTRICH, C. 2003: Bangalore: Polarisierung und Fragmentierung in Indiens Hightech-Kapitale. In:

GR 55 (10): 40-45.

DITTRICH, C. 2004: Mythos Bangalore. Indiens Hightech-Metropole und die Globalisierung. In: Geogr. heute (221/222): 50-53.

DITTRICH, C. 2012: Der globalisierte ländliche Raum im Entwicklungskontext. In: GR 64 (9): 4-10.

DÖRFLER, T. 2010: Gentrification in Prenzlauer Berg? Milieuwandel eines Berliner Sozialraums seit 1989. Bielefeld (transkript) = Urban Studies.

DÖRRY, S. u. M. ROSOL 2011: Kreativwirtschaft als Motor der Stadtentwicklung? – Das Beispiel Zürich. In: W. MATZNETTER u. R. MUSIL (Hg.): Europa: Metropolen im Wandel. Wien (Mandelbaum): 123-136.

DÖRRY, S. u. R. MUSIL 2015: Europäische Finanzzentren als strategische Knoten in der Finanzindustrie. London, Luxemburg und Wien. In: GR 67 (2): 10-16.

DOHNKE, J. 2015: Direkte Demokratie als Instrument in stadtpolitischen Konflikten, Das Beispiel Berlin. In: GR 67 (10): 4-9.

DOLLE, J. 2009: Die >Neue Stadt Wulfen<. In: A. PROSSEK u. a. (Hg.): Atlas der Metropole Ruhr. Vielfalt und Wandel des Ruhrgebiets im Kartenbild. Köln (Emons): 138-139.

DRILLING, M. u. O. SCHNUR 2012 (Hg.): Nachhaltige Quartiersentwicklung. Positionen, Praxisbeispiele und Perspektiven. Wiesbaden (VS Verl. f. Sozialwiss.)= VS Research Quartiersforsch.

DROSTE, M. 2007: Bauhaus 1919-1933. Reform und Avantgarde. Köln u.a. (Taschen GmbH).

DT. STÄDTETAG (2011): Positionspapier Integrierte Stadtentwicklungsplanung und Stadtentwicklungsmanagement - Strategien und Instrumente nachhaltiger Stadtentwicklung. Hannover (Download).

DÜRR, H. 1972: Empirische Untersuchungen zum Problem der sozialen Gruppe: der aktionsräumliche Aspekt. In: Bevölkerungs- und Sozialgeographie. DGT in Erlangen 1971. Ergebnisse der Arbeitssitzung 3. Kallmünz/Regensburg (Lassleben): 71-81 = Münchner Stud. z. Sozial- u. Wirtschaftsgeogr. 8.

•DÜWEL, J. u. N. GUTSCHOW 2001: Städtebau in Deutschland im 20. Jahrhundert. Ideen - Projekte - Akteure. Stuttgart (Teubner) = Teubner Studienb. d. Geogr.

DURTH, W. u. N. GUTSCHOW 1993: Träume in Trümmern. Stadtplanung 1940-1950. München (dtv) = dtv-Wiss. 4604.

DYONG, H. 1974: Städtebaurecht. In: W. PEHNT (Hg.): Die Stadt in der Bundesrepublik Deutschland. Stuttgart (Reclam): 361-384.

DZIOMBA, M. u. C. KRAJEWSKI (Hg.) (2012): Die Immobilienwirtschaft als geographisches Berufsfeld. Aktuelle Themen - Methoden - Einsatzbereiche. Münster (AAG) = Arbeitsber. 41.

EATON, R. 2001: Die ideale Stadt. Von der Antike bis zur Gegenwart. Berlin (Nicolaische Verl.buchhg.).

EBERT, R., F. GNAD u. K. R. KUNZMANN (Hg.) 1991: Partnerschaften für die Kultur: Chancen und Gefahren für die Stadt. Dortmund (IRPUD) = Dortmunder Beitr. z. Raumpl. 57.

EBERT, R. u. K. R. KUNZMANN 2007: Kulturwirtschaft, kreative Räume und Stadtentwicklung in Berlin. In: disP 171 (4): 64-79.

EBERT, R., K. R. KUNZMANN u. B. LANGE 2012: Kreativwirtschaftspolitik in Metropolen. Detmold

(Rohn).

ECHTER, P. u. K. MITTAG 1999: Private Wohnungsmodernisierung in Stadterneuerungsgebieten ostdeutscher Städte. In: Difu-Ber. (3): 12-14.

ECKART, F. 2004: Soziologie der Stadt. Bielefeld (transcript).

ECKART, K. u. K. BIRKHOLZ (Hg.) 1999: Berlin-Brandenburg. Raum- und Kommunalentwicklung im Spannungsfeld von Metropolen, Umland und ländlichem Raum. Berlin (Duncker & Humblot) = Schriftenr. d. Ges. f. Deutschlandforsch. 67.

EHI RETAIL INSTITUTE GMBH, Köln (Hg.)(jährl.): shopping-center-report.de (print u. online/kostenpflichtig).

EHLERS, E. 1984: Zur baulichen Entwicklung und Differenzierung der marokkanischen Stadt: Rabat - Marrakesch - Meknes. In: Erde 115: 183-208.

EHLERS, E. 1992: The city of the Islamic Middle East. In: E. EHLERS (Hg.): Modelling the city - cross-cultural perspectives -. Bonn (Dümmlers): 89-107 = Colloquium Geographicum 22.

EHLERS, E. 1993: Die Stadt des Islamischen Orients. Modell und Wirklichkeit. In: GR 45 (1): 32-39.

EHLERS, E. 2006: Stadtgeographie und Megastadt-Forschung. In: P. GANS u. a. (Hg.): Kulturgeographie der Stadt. Kiel (Geogr. Inst. d. Univ.): 51-62 = Kieler Geogr. Schr. 111.

EHLERS, E. 2011: City models in theory and practice: a cross-cultural perspective. In: Urban Morphology 15 (2): 97-119.

EHLERS, E. u. M. MOMENI 1989: Religiöse Stiftungen und Stadtentwicklung. Das Beispiel Taft/Zentralasien. In: Erdkunde 43 (1): 16-26.

EIDGENÖSSISCHES DEPARTEMENT FÜR UMWELT, VERKEHR, ENERGIE UND KOMMUNIKATION UVEK u. a. (Hg.) 2012: Raumkonzept Schweiz. Überarbeitete Fassung 2012. Bern u. a. (www.raumkonzept-schweiz.ch).

EIDLOTH, V.: Europäische Kur- und Badestädte des 19. Jahrhunderts. Ein konsumorientierter Stadttyp. In: Siedlungsf. 28: 157-182.

EICHENAUER, H. 2016: Nachhaltige Stadterneuerung durch Umnutzung innerstädtischer Standort - das Beispiel Siegen. In: R. GROTHUES, K.-H. OTTO u. M. WIENEKE (Hg.) Westfalen Regional 3. Münster (Aschendorff): 98-99. = Städte u. Landschaft in Westfalen 41.

ELIOT HURST, M. 1972/74: A geography of economic behavior. An introduction. North Scituate, Mass. (Duxbury Press) 1972, London (Prentice Hall) 1974.

ELLGER, C. 1996: Der Potsdamer Platz. Neuer Anlauf zu einer Mitte Berlins. In: Geowiss. 14 (3/4): 91-99.

ELSASSER, H., J. VAN WEZEMAEL u. A. ODERMATT 2011: Stadt-, Agglomerations- und Siedlungsentwicklung in der Schweiz. In: L. BASTEN (Hg.): Zwischen Basel, Bochum und Toronto. Einblicke in die Geographie postindustrieller Stadtentwicklungen. Münster (LIT): 189-1209 = Stadtzukünfte11.

ELTGES, M. u. C. HAMANN 2010: Leipzig Charta zur nachhaltigen europäischen Stadt: Wo steht Europa? In: IzR (4): 303-311.

EMTA (EUROPEAN METROPOLITAN TRANSPORT AUTHORITIES) 2020: Einleitung EMTAworkshop 21.10.2002 in Frankfurt a. M. (Download)

•ENDLICHER, W. 2012: Einführung in die Stadtökologie. Stuttgart (Ulmer) = UTB 3640.

ENGLER, P. 2014: Reurbanisierung und Wohnwünsche. Die Bedeutung städtischer Strukturen für die Bevölkerung in der Stadtregion Hamburg. Münster (LIT) = Stadtzukünfte 13.

ENNEN, E. 1975²: Die europäische Stadt des Mittelalters. Göttingen (Vandenhoeck & Ruprecht).

ENNEN, E. 1982: Rheinisches Städtewesen bis 1250. In: Geschichtl. Atlas der Rheinlande, Lfg. 1, hg. v. F. IRSIGLER. Karte, Beih. VI.1. Köln (Rheinland-Verl.).

ENXING, G. 1999: Die Standortwahl höherwertiger unternehmensorientierter Dienstleistungsbetriebe. Dortmund (Dortmunder Vertrieb f. Bau- u. Planungsliteratur) = Duisburger Geogr. Arb. 19.

ESCHER, A. 2001: Globalisierung in den Altstädten von Damaskus und Marrakech? In: H. ROGGENTHIN (Hg.): Stadt – der Lebensraum der Zukunft? Gegenwärtige raumbezogene Prozesse in Verdichtungsräumen der Erde. Mainz (Geogr. Inst. d. Univ.): 23-38. = Mainzer Kontaktstudium Geogr. 7.

ESCHER, A. 2004: Gentrification in den Altstädten des Königreichs Marokko. In: G. MEYER (Hg.): Die Arabische Welt im Spiegel der Kulturgeographie. Mainz (ZEFAW): 154-162 = Veröff. d. ZEFAW 1.

ESCHER, A., S. PETERMANN u. B. CLOS 2001: Gentrification in der Medina von Marrakesch. In: GR 53 (6): 24-31.

ESCHER, A. u. M. SCHEPERS 2008: Revitalizing the medina of Tunis as a national symbol. In: Erdkunde 62 (2): 129-141.

ESCHER, A. u. E. WIRTH unter Mitwirkung v. F. MEYER u. C. PFAFFENBACH 1992: Die Medina von Fes. Geographische Beiträge zu Persistenz und Dynamik, Verfall und Erneuerung einer traditionellen islamischen Stadt in handlungstheoretischer Sicht. Erlangen (Fränkische Geogr. Ges.) = Erlanger Geogr. Arb. 53 (zugleich: Mitt. d. Fränkischen Geogr. Ges. 39).

EUROPEAN CITIES MARKETING 2013 (Ed): European Cities Marketing Benchmarking Report 2012. Dijon (European Cities Marketing).

EVANS, D. 2016: Airborne laser scanning as a method for exploring long-term socioecological dynamics in Cambodia. In J. of Archaeological Sci. (online first, 25.5.2016, im Druck)

FAESEL, M. 2005: Guadalajara/Mexiko. Stadtentwicklung zwischen Kompromiss und Konsolidierung. Fallstudie: Villa de Guadalupe/Zapopan. In: GS 27 (157): 14-19.

FAHR-BECKER, G. 2004: Jugendstil. Königswinter (Könemann).

FALK, B. (Hg.): 1998: Das große Handbuch Shopping-Center. Landsberg/Lech (Verl. Moderne Industrie).

FALK, B., INST. F. GEWERBEZENTREN 2011a: Shopping-Center in Deutschland - Im Westen Viel neues. Aktueller Stand. In: www.shoppingcenters.de.

FALK, B., INST. F. GEWERBEZENTREN 2011b: Begriffsdefinitionen. In: www.shoppingcenters.de.

FALK, B. u. M. T. FALK (Hg.) 2014: Shopping-Center Future. Starnberg (Inst. f. Gewerbezentren, Prof. Dr. Bernd Falk)

FAN, J. u. W. TAUBMANN 2004: Beijing - Chinas Regierungssitz auf dem Weg zur Weltstadt. In: GR 56 (4): 47-54.

FANGOHR, H. 1988: Großwohnsiedlungen in der Diskussion. Am besten alles abreißen? In: GR 40 (11): 26-32.

FARWICK, A. 2001: Segregierte Armut in der Stadt. Ursachen und soziale Folgen der räumlichen Konzentration von Sozialhilfeempfängern. Opladen (Leske + Budrich) = Stadt, Raum u. Ges. 14.

FASSMANN, H. 1996: Die Entwicklung des Siedlungssystems in Österreich 1961-1991. In: Mitt. d. Österr. Geogr. Ges. 138: 17-34.

FASSMANN, H. 1999: Eurometropolen - Gemeinsamkeiten und Unterschiede. In: GR 51 (10): 518-522.

•FASSMANN, H. 2004 (2009²): Stadtgeographie I: Allgemeine Stadtgeographie. Braunschweig (Westermann) = Das Geogr. Seminar.

FASSMANN, H. u. G. HATZ (Hg.) 2002: Wien. Stadtgeographische Exkursionen. Im Auftrag d. Ortsausschusses d. 28. Dt. Schulgeogr.-tages (Wien 2002). Wien (Hölzel).

FASSMANN, H. u. G. HATZ 2009: Die historische Altstadt und die moderne City. In: H. FASSMANN, G. HATZ u. W. MATZNETTER (Hg.): Wien – Städtebauliche Struktur und gesellschaftliche Entwicklungen. Köln u. a. (Böhlau): 39-90.

FASSMANN, H. u. W. MATZNETTER 2005: Stadtentwicklung in Ostmitteleuropa. Konvergenzen, Divergenzen, Transformation. In: GR 57 (10): 52-59.

FAUST, H. 1999: Das Ruhrgebiet - Erneuerung einer europäischen Industrieregion. Impulse für den Strukturwandel durch die Internationale Bauausstellung Emscher Park. In: Europa Regional 7 (2): 10-18.

FEHRING, G. P. u. W. SAGE 1995 (Hg.): Mittelalterarchäologie in Zentraleuropa. Zum Wandel der Aufgaben und Zielsetzungen. Bonn (Rheinland-Verl.) = Zs. f. Archäologie d. Mittelalters, Beih. 9.

FELDBAUER, P., K. HUSA, E. PILZ u. I. STACHER (Hg.) 1997: Mega-Cities. Die Metropolen des Südens zwischen Globalisierung und Fragmentierung. Frankfurt a. M. (Brandes u. Apsel) = Histor. Sozialkunde 12.

FELDBAUER, P.. E. PILZ, D. RÜNZLER u. I. STACHER (Hg.) 1993: Megastädte. Zur Rolle von Metropolen in der Weltgesellschaft. Köln u. a. (Böhlau) = Beitr. z. Histor. Sozialkunde, Beih. 2.

FEZER, F. u. U. MUUSS 1971: Luftbildatlas Baden-Württemberg. München (List)/Neumünster (Wachholtz).

FIELDING, A. J. 1989: Migration and urbanization in Western Europe since 1950. In: The Geogr. J. 155 (1): 60-69.

FIRMAN, T. 2009: The continuity and change in mega-urbanization in Indonisia: A survey of Jakarta-Bandung Region (JBR) development. In: Habitat International 33 (4): 327-339.

FISCHER, C., T. FREYTAG, M. HOYLER u. C. MAGER 2005: Rhein-Main als polyzentrische Metropolregion. Zur Geographie der Standortnetze von wissensintensiven Dienstleistungsunternehmen. In: IzR (7): 439-446.

FISCHER, F. 2004: Careful. You may run out of planet: Ansätze für nachhaltiges Wachstum 'down under' - Sydney und Melbourne. In: U. ALTROCK u. D. SCHUBERT (Hg.): Wachsende Stadt. Leitbild – Utopie – Vision? Wiesbaden (VS Verl. f. Sozialwiss.): 211-236.

FISCHER, K. u. C. PARNREITER 2002: Transformation und neue Formen der Segregation in den Städten Lateinamerikas. In: GH 57 (4): 245-252.

FISCHER, J. u. a. 2008: Städte im demographischen Wandel (...). Wesentliche Strukturen und Trends des demographischen Wandels in den Städten Deutschlands - Diskussionsgrundlage -. In: S. MARETZKE (Hg.): Städte im demographischen Wandel. Wesentliche Strukturen und Trends des demographischen Wandels in den Städten Deutschlands. Wiesbaden (BiB): 7-15 = Mat. z. Bevölkerungswiss. 125.

FLEURE, H. J. 1920: Some types of cities in temperate Europe. In: Geogr. Rev. 10 (6): 357-374.

FLORIDA, R. 2005: Cities and the creative class. New York (Routledge).

FLÜCHTER, W. 1975: Neulandgewinnung und Industrieansiedlung vor den japanischen Küsten. Funktionen, Strukturen und Auswirkungen der Aufschüttungsgebiete (umetate-chi). Paderborn (Schöningh) = Bochumer Geogr. Arb. 21.

FLÜCHTER, W. 1978: Stadtplanung in Japan. Problemhintergrund, gegenwärtiger Stand, kritische Bewertung. Hamburg (Inst. f. Asienkunde) = Mitt. d. Inst. f. Asienkunde Hamburg 97.

FLÜCHTER, W. 1985: Die Bucht von Tokyo. Neulandausbau, Strukturwandel, Raumordnungsprobleme. Wiesbaden (Harrasowitz) = Schr. d. Inst. f. Asienkunde Hamburg 46.

FLÜCHTER, W. 1997a: Megastadt Tokyo. „Monster" oder „Modell"? In: GS 19 (110): 30-38.

FLÜCHTER, W. 1997b: Tôkyô quo vadis? Chancen und Grenzen (?) metropolitanen Wachstums. Duisburg (Inst. f. Ostasienwiss. d. Univ.) = Duisburger Arbeitspapiere Ostasienwiss. 15.

FLÜCHTER, W. 2000: Tôkyô vor dem nächsten Erdbeben. Ballungsrisiken und Stadtplanung im Zeichen des Katastrophenschutzes. In: GR 52 (7-8): 54-61.

FLÜCHTER, W. 2001: "Pendlerhölle" zwischen Last und Lust. Mega-Metropole Tôkyô. In: PG 31 (10): 38-42.

FLÜCHTER, W. 2008: Wachstum und Schrumpfung in Ost- und Südostasien. Herausforderungen des demographischen Wandels im Zeichen des "Gänseflug-Modells"? Japan als Trendsetter neuer urbaner Entwicklungen? In: IzR (8): 485-496.

FLÜCHTER, W. u. P. J. WIJERS 1990: Bodenpreisprobleme im Ballungsraum Tokyo. Raumstrukturen, Ursachen, Wirkungen, Strategien. In: GR 42 (4): 196-206.

FÖBKER, ST. u. G. THIEME 2007: Schrumpfende Städte in Deutschland und in den USA. In: GS 29 (166): 11-19.

FÖRSTER, H. 1986: Urbanisierung, Städtebau und sozialistische Lebensweise. - Ein Diskussionsbeitrag -. In: Wirtschafts- u. sozialwiss. Stud., Johann-Gottfried-Herder-Inst., Marburg, 11:27-51.

FORUM UMWELT & ENTWICKLUNG (Hg.) 1996: Habitat II. Die Weltsiedlungskonferenz Istanbul 1996. Ein Leitfaden. Bonn (BMBau).

FRANCK, J. 2000: Erlebnis- und Konsumwelten: Entertainment Center und kombinierte Freizeit-EinkaufsCenter. In: A. STEINECKE, A.: Erlebnis- und Konsumwelten. München (Oldenburg): 28-43.

FRANK, S. 2012: Reurbanisierung als innere Suburbanisierung? In: A. HILL u. A. PROSSEK (Hg.): Metropolis und Region. Aktuelle Herausforderungen für Stadtforschung und Raumplanung. Detmold (Rohn): 69-80 = Metropolis u. Region 8.

FRANZ, M. u. I. GERSCH (Hg.) 2016: Online-Handel ist Wandel. Mannheim (MetaGIS) = Geogr. Handelsf. 24.

FRANTZ, K. 2001: *Gated Communities* in Metro-Phönix (Arizona). Neuer Trend in der US-amerikanischen Stadtlandschaft. In: GR 53 (1): 12-18.

FRANZ, M. u. J. GEBERT 2008: Reurbanisierung im Ruhrgebiet - neue Städter auf alten Flächen? In: Europa Regional 16 (2): 85-95.

*FRATER, H., G. GLEBE, C. V. LOOZ-CORSWAREM, B. MONTAG, H. SCHNEIDER u. D. WIKTORIN (Hg.) 2004: Der Düsseldorf Atlas. Geschichte und Gegenwart der Landeshauptstadt im Kartenbild. Köln (Emons).

FREIE UND HANSESTADT HAMBURG (Hg.) 1997: Flächennutzungsplan. Erläuterungsbericht. Hamburg (Freie u. Hansestadt Hamburg).

FREUND, B. 2002: Die City - Entwicklung und Trends. In: IfL (Hg.): Nationalatlas Bundesrepublik Deutschland. Bd. 5: Dörfer und Städte. Mithg.: K. FRIEDRICH u. a. Heidelberg u. a. (Spektrum): 132-135.

FREY, O. 2011: Kreative Milieus und ihre Orte: Ist dies planbar? In: C. REICHER u. a. (Hg.): Kreativwirtschaft und Stadt. Konzepte und Handlungsansätze zur Stadtentwicklung. Dortmund (IRPUD): 169-180 = Dortmunder Beitr. z. Raumpl. 138.

FREYTAG, T. 2007: Städtetourismus in europäischen Grossstädten: Eine Hierarchie der Standorte und aktuelle Entwicklungen der Übernachtungszahlen. In: DISP 169 (2): 56-67.

FREYTAG, T. 2009: Low Cost Airlines – Motoren für den europäischen Städtetourismus. In: GR 61 (2): 20-27.

FREYTAG, T. u. A. KAGERMEIER (Hg.): Städtetourismus zwischen Kultur und Kommerz. München (Profil) = Stud. z. Freizeit- u. Tourismusforsch. 1.

FREYTAG, T. u. M. POPP 2009: Der Erfolg des europäischen Städtetourismus. Grundlagen, Entwicklungen, Wirkungen. In: GR 61 (2): 4-11.

FRIEDMANN, H. 1968: Alt-Mannheim im Wandel seiner Physiognomie, Struktur und Funktionen (1606-1965). Bonn-Bad Godesberg (BfLR) = Forsch. z. dt. Landesk. 168.

FRIEDMANN, J. 1966: Regional development policy: a case study of Venezuela. Cambridge/Mass. u. London (The M.I.T Press).

FRIEDMANN, J. 1986: The World City Hypothesis. In: Development and Change 17: 69-83.

FRIEDMANN, J. 1995: Where we stand: a decade of world city research. In: P. L. KNOX u. P. J. TAYLOR (Ed.): World cities in a world-system. Cambridge (Cambridge Univ. Press): 21-47.

FRIEDMANN, J. u. G. WOLFF 1982: World City Formation: An agenda for research and action. In: International J. of Urban and Regional Research 6: 309-344.

FRIEDRICH, K. 2000: Gentrifizierung. Theoretische Ansätze und Anwendung auf Städte in den neuen Ländern. In: GR 52 (7-8): 34-39.

FRIEDRICH, K., S. KNABE u. B. WARNER 2014: Kontinuität und Umbrüche im suburbanen Mosaik Sachsen-Anhalts. Die Zukunft eines Wohnungsmarktsegments im demographischen Wandel. Leipzig (Leibnitz-IfL) = forum ifl (24).

FRIEDRICH, K. u. S. MÜLLER 2000: Halle-Neustadt. Gegenwart und Perspektiven eines ostdeutschen Großwohngebiets im Zeichen kumulativer

Schrumpfungsprozesse. In: Hallesches Jb. Geowiss., Reihe A, 22: 119-129.

•FRIEDRICH, K., B. HAHN u. H. POPP 2002: Dörfer und Städte - eine Einführung. In: IfL (Hg.): Nationalatlas Bundesrepublik Deutschland 5: Dörfer und Städte. Mithg.: K. FRIEDRICH u. a. Heidelberg u. a. (Spektrum): 12-25.

FRIEDRICH, M. 1999: Stadtentwicklung und Planungsprobleme in Brasilien. Cáceres und Rondonópolis/ Mato Grosso: ein Vergleich. Tübingen (Geogr. Inst. d. Univ.) = Tübinger Geogr. Stud. 18.

•FRIEDRICHS, J. 1983[3]: Stadtanalyse. Soziale und räumliche Organisation der Gesellschaft. Opladen (Westdt. Verl.) = WV studium 104.

•FRIEDRICHS, J. 1995: Stadtsoziologie. Opladen (Leske + Budrich).

FRIEDRICHS, J. u. J. BLASIUS 2000: Leben in benachteiligten Wohngebieten. Opladen (Leske + Budrich).

FRIEDRICHS, J. u. R. KECSKES (Hg.) 1996: Gentrification. Theorie und Forschungsergebnisse. Opladen (Leske + Budrich).

FRIEDRICHS, J. u. R. KECSKES 2002: Gentrifizierung. In: IfL (Hg.): Nationalatlas Bundesrepublik Deutschland. 5: Dörfer und Städte. Mithg.: K. FRIEDRICH u. a.. Heidelberg u. a. (Spektrum): 140-141.

FRIELING, H.-D. VON 1980: Räumlich soziale Segregation in Göttingen - Zur Kritik der Sozialökologie. 2 Bde., Kassel (Gesamthochschul- Bibliothek) = Urbs et Regio 19/20.

FRÖHLICH, H. 2003: Learning from Los Angeles - Zur Rolle von Los Angeles in der Diskussion um die postmoderne Stadt. Bayreuth (Univ., Abt. Raumpl.) = Beitr. z. Stadt- u. Regionalpl. 5.

FRÖHLICH, H. 2004: „Learning from Los Angeles": Gedanken zur postmodernen Stadtforschung. In: PM 148 (1): 50-53.

FRÖHLICH, H. 2005: Neuere Entwicklungstendenzen US-amerikanischer Stadtregionen. In: In: F. MEYER u. H. POPP (Hg.): Stadtgeographie für die Schule. Fachliche Grundlagen, Beispiele und Materialien für die Unterrichtsarbeit. Bayreuth (Verl. Naturwiss. Ges. Bayreuth e. V.): 151-178 = Bayreuther Kontaktstudium Geogr. 3.

FUCHS, G. 1998: Globalisierung - (mehr als) Wirtschaft ohne Grenzen. In: PG 49 (7-8): 4-10.

FUCHS, G., B. MOLTMANN u. W. PRIGGE (Hg.) 1995: Mythos Metropole. Frankfurt a. M. (Suhrkamp) = edition suhrkamp 1912, N. F. 912.

FÜRST, F., U. HIMMELSBACH u. P. POTZ 1999: Leitbilder der räumlichen Stadtentwicklung im 20. Jahrhundert - Wege zur Nachhaltigkeit? Dortmund (Inst. f. Raumpl., IRPUD) = Ber. aus d. Inst. f. Raumpl. 41.

FUHRICH, M. u. H. MANNERT 1994: Großwohnsiedlungen - Gestern, Heute, Morgen. In: IzR (9): 567-585.

•GAEBE, W. 1987: Verdichtungsräume. Strukturen und Prozesse in weltweiten Vergleichen. Stuttgart (Teubner) = Teubner Studienb. d. Geogr.

GAEBE, W. 1991: Agglomerationsräume in West- und Osteuropa. In: Agglomerationen in West und Ost. Marburg (Herder-Inst.): 3-21 = Wirtschafts- u. sozialwiss. Ostmitteleuropa-Stud. 16.

GAEBE, W. 1992: Wirtschaftliche Probleme der Städte Schwarzafrikas am Beispiel von Lusaka/Sambia. In: Zs. f. Wirtschaftsgeogr. 36 (1-2): 21-31.

GAEBE, W. 1994: Urbanisierung in Afrika. In: GR 46 (10): 570-576.

•GAEBE, W. 2004: Urbane Räume. Stuttgart (Ulmer)

= UTB 2511.

GAMERITH, W. 1999: Weltmetropole New York City. Wirtschaftlicher Aufstieg und sozialer Infarkt. In: GR 51 (4): 196-202.

GAMERITH, W. 2000: Welthauptstadt New York: *Boom and Bust* auf engem Raum. In: H. KARRASCH u. a. (Hg.): Megastädte - Weltstädte (*Global Cities*). Heidelberg (Heidelberger Geogr. Ges.): 13-32 = HGG-Journal 15.

GANS, P. 1997: Bevölkerungsentwicklung der deutschenGroßstädte (1980-1993). In: J. FRIEDRICHS (Hg.): Die Städte in den 90er Jahren. Demographische, ökonomische und soziale Entwicklungen. Opladen (Westdt. Verl.): 12-36.

GANS, P. 2005: Stadt und Umland: Entwicklungen, Probleme und Gestaltungsmöglichkeiten. In: GR 57 (3): 10-18.

GANS, P. 2006: Herausforderungen des geographischen Wandels für die Entwicklung der Agglomerationen. In: P. GANS u. a.: Kulturgeographie der Stadt. Kiel (Geogr. Inst. d. Univ.): 97-110 = Kieler Geogr. Schr. 111.

•GANS, P., A. PRIEBS u. R. WEHRHAHN (Hg.) 2006: Kulturgeographie der Stadt. Kiel (Geogr. Inst. d. Univ.) = Kieler Geogr. Schr. 111.

GANSER, K. 2011: Was bleibt – was treibt? Mut zum Wandel durch RUHR.2010. In: Kulturpolitische Ges. (Hg.): Kulturpolitische Mitt. 132: 26-28.

GARCÍA-BELLIDO, J. 1995: Das spanische Städtenetz und die hierarchische Gliederung des Raumes. In: IzR (2/3): 221-226.

GARDEMANN, E. u. J. STADELBAUER 2012: Städtesystem und regionale Entwicklung in der Mongolei. Zwischen Persistenz und Transformation. In: GR 64 (12): 34-41.

GARREAU, J. 1991: Edge city. Life on the new frontier. New York (Anchor Books Doubleday).

GARSCHAGEN, M. 2014: Risky change? Vulnerability and adaptation between climate change and transformation dynamics in Can Tho City, Vietnam. Stuttgart (Steiner) = Megastädte und globaler Wandel 15.

GARSCHAGEN, M., J. REVILLA DIEZ, K. N. DANG u. F. KRAAS 2012: Socio-economic development in the Mekong Delta: Between the prospects for progress and the realms of reality. In: F. G. RENAUD u. C. KUENZER (Eds.): The Mekong Delta System. Interdisciplinary Analyses of a River Delta. Heidelberg (Springer): 83-132.

GAST, K.-P. 2000: Le Corbusier. Paris - Chandigarh. Basel u. a. (Birkhäuser).

GATZWEILER, H.-P. 1994: Dezentrale Konzentration. Eine Strategie zur Bewältigung des demographisch bedingten Siedlungsdrucks in Agglomerationsräumen. In: IzR (7/8): 489-501.

GATZWEILER, H.-P. 1996: Siedlungsentwicklung und Siedlungspolitik in Deutschland. Nationalbericht Deutschland zur Konferenz Habitat II. In: RuR 54 (2/3): 129-136.

GATZWEILER, H.-P. 1997: Nachhaltigkeit in der Raumordnung und im Städtebau. Herausforderungen nach Rio und Istanbul. In: Stadt u. Gemeinde 52 (6):126-131.

GATZWEILER, H.-P. 2000a: Bedeutungswandel der Kernstädte. Die Städte dehnen sich weiter räumlich und funktional aus. In: Der Städtetag (1): 13-17.

GATZWEILER, H.-P. 2000b: Auf dem Weg zu einer nachhaltigen Stadtentwicklung. In: PG 30 (11): 4-8.

GATZWEILER, H.-P. u. ST. MARETZKE 2008: Städte im demographischen Wandel - Stadtentwicklung zwischen Sub- und Reurbanisierung, Wachstum und Schrumpfung. In: ST. MARETZKE (Hg.): Städte im demographischen Wandel. Wesentliche Strukturen und Trends des demographischen Wandels in den Städten Deutschlands. Wiesbaden (BiB):17-29 = Mat. z. Bevölkerungswiss. 125.

GATZWEILER, H.-P. u. A. MILBERT 2009: Schrumpfende Städte wachsen und wachsende Städte schrumpfen. In: IzR (9): 557-574.

GATZWEILER, H.-P. u. K. SCHLIEBE 1982: Suburbanisierung von Bevölkerung und Arbeitsplätzen - Stillstand? In: IzR (11/12): 883-913.

GEBESSLER, A. 1996: Freudenstadt - Geschick und Geschichtlichkeit einer Idealstadt. In: Die alte Stadt 23 (1): 46-55.

GEBHARDT, H. 1996a: Zentralitätsforschung - ein "Alter Hut" für die Regionalforschung und Raumordnung heute? In: Erdkunde 50 (1): 1-8.

•GEBHARDT, H. 1996b: Forschungsdefizite und neue Aufgaben der Zentralitätsforschung. In: IzR (10): 691-699.

GEBHARDT, H. 2002a: Neue Lebens- und Konsumstile, Veränderungen des aktionsräumlichen Verhaltens und Konsequenzen für das zentralörtliche System. In: H. BLOTEVOGEL (Hg.): Fortentwicklung des Zentrale-Orte-Konzepts. Hannover (ARL):91-103 = Forschungs- u. Sitzungsber. 217.

GEBHARDT, H. 2002b: Globalisierung. In: Lexikon der Geographie. Hg.: E. BRUNOTTE u. a. Bd. 2. Heidelberg u. a. (Spektrum): 61-63.

•GEBHARDT, H., R. GLASER, U. RADTKE u. P. REUBER (Hg.) 2011²: Geographie. Physische Geographie und Humangeographie. Heidelberg u. a. (Spektrum).

GEBHARDT, H. u. O. KÖGLER 2004: Kulturelles Erbe und aktueller Stadtumbau: das Beispiel Libanon. In: G. MEYER, G. (Hg.): Die Arabische Welt im Spiegel der Kulturgeographie. Mainz (ZEFAW): 102-111 = Veröff. d. ZEFAW 1.

GEBHARDT, H. u. a. 1992: Heimat in der Großstadt. Räumliche Identifikation im Verdichtungsraum und seinem Umland (Beispiel Köln). In: Ber. z. dt. Landesk. 66 (1): 75-144.

GEBHARDT, H. u. G. SCHWEIZER (Hg.) u. Mitarb. v. P. REUBER 1995: Zuhause in der Großstadt. Ortsbindung und räumliche Identifikation im Verdichtungsraum. Köln (Geogr. Inst. d. Univ.) = Kölner Geogr. Arb. 61.

GEISLER, W. 1924: Die deutsche Stadt. Ein Beitrag zur Morphologie der Kulturlandschaft. Stuttgart (Engelhorn) = Forsch. z. dt. Landes- u. Volkskunde XXII (5).

GERHARD, U. 2004: Global Cities - Anmerkungen zu einem aktuellen Forschungsfeld. In: GR 56 (4): 4-10.

GERHARD, U. 2014: Die Bedeutung von „Rasse" und „Klasse" im US-amerikanischen Ghetto. In: GR 66 (2014): 18-24.

GERHARD, U. 2015: Lost in the Hearland? Struktur wandel und wachsende urbane Gleichheiten im US-amerikanischen Rustbelt. In: GR 67 (3): 20-27.

GERHARD, U. u. B. HAHN 2011: Transnationalisierung und Globalisierung in Handel und Konsum. In: H. GEBHARDT u. a. (Hg.): Geographie. Physische Geographie und Humangeographie. 2. Aufl. Heidelberg u. a. (Spektrum):1012-1016.

GERHARD, U. u. U. JÜRGENS 2002: Einkaufszentren - Konkurrenz für die Innenstädte. In: IFL (Hg.): Nationalatlas Bundesrepublik Deutschland. 5: Dörfer und Städte. Mithg.: K. FRIEDRICH u. a. Heidelberg u. a. (Spektrum): 144-147.

GERTEL, J. 2002: Globalisierung und Metropolisierung. Kairos neue Unsicherheiten. In: GR 54 (10): 32-39.

GERTEL, J. 2004: Der Bauch von Kairo: globale Abhängigkeiten - lokale Unsicherheiten. In: G. MEYER, (Hg.): Die Arabische Welt im Spiegel der Kulturgeographie. Mainz (ZEFAW): 146-153 = Veröff. d. ZEFAW 1.

GHS (Hg.) 2000: HafenCity Hamburg. Der Masterplan. Hamburg (GHS) = Arbeitshefte z. HafenCity 4.

GHS (Hg.) 2002: HafenCity Hamburg. Städtebau, Freiraum und Architektur. Hamburg (GHS) = Arbeitshefte z. HafenCity 6.

GIESE, E. 1980: Aufbau, Entwicklung und Genese der islamisch-orientalischen Stadt in Sowjet-Mittelasien.In: Erdkunde 34 (1/4): 46-60.

GIESE, E. 1996: Die Einzelhandelszentralität westdeutscher Großstädte. Ein Beitrag zur Methodik der Zentralitätsmessung. In: Erdkunde 50 (1): 46-69.

GIESE, E. 1999: Bedeutungsverlust innerstädtischer Geschäftszentren in Westdeutschland. In: Ber. z. dt. Landesk. 73 (1): 33-66.

GIESE, E. 2003: Auswirkungen integrierter großflächiger Shopping-Center auf den innerstädtischen Einzelhandel in Mittelstädten Westdeutschlands. In: C. A. BISCHOFF u. C. KRAJEWSKI (Hg.): Beitr. z. geogr. Stadt- u. Regionalforsch. Festschr. f. HEINZ HEINEBERG. Münster (Westf. Wilhelms-Univ., Inst. f. Geogr.): 125-136 = Münstersche Geogr. Arb. 46.

•GIESE, E., I. MOSSIG u. H. SCHRÖDER 2011: Globalisierung der Wirtschaft. Paderborn (Schöningh) = Grundriss Allg. Geogr., UTB 3449.

GLASZE, G. 2003: Bewachte Wohnkomplexe und die „europäische Stadt" - eine Einführung. In: GH 58 (4): 286-292.

GLASZE, G. 2004: Segmentärer Staat - fragmentierte Stadt: neue bewachte Wohnkomplexe im Libanon. In: G. MEYER (Hg.): Die Arabische Welt im Spiegel der Kulturgeographie. Mainz (ZEFAW): 120-127 = Veröff. d. ZEFAW 1.

GLASZE, G. 2011: (Un)Sicherheit und städtische Räume. In: H. GEBHARDT u. a. (Hg.): Geographie. Physische Geographie und Humangeographie. Heidelberg u. a. (Spektrum): 885-893.

GLATTER, J. 2016: Gentrification und gentrifizierte Stadträume in London. In: V. SELBACH u. K. ZEHNER (Hg.): London - Geographien einer Global City. Bielefeld (transcript): 185-200 = Sozial- u. Kulturgeogr. 4.

GLATTER, J. u. W. KILLISCH 2004: Gentrification in innenstadtnahen Wohnquartieren ostdeutscher Städte - das Beispiel der Dresdner Äußeren Neustadt. In: Ber. z. dt. Landesk. 78 (1): 41-54.

GLEBE, G. 1998: Struktur und Segregation statushoher qualifizierter Migranten in Deutschen Großstädten. In: F.-J. KEMPER u. P. GANS (Hg.): Ethnische Minoritäten in Europa und Amerika - Geographische Perspektiven und empirische Fallstudien. Berlin (Geogr. Inst. d. Univ.): 17-32 =

Berliner Geogr. Arb. 86.

GLEBE, G. 2002: Innerstädtische Segregation in deutschen Großstädten. In: IFL (Hg.): Nationalatlas Bundesrepublik Deutschland. 5: Dörfer und Städte. Mithg.: K. FRIEDRICH u. a. Heidelberg u. a. (Spektrum): 142-143.

GNAD, M. 2002: Desegregation und neue Segregation in Johannesburg nach dem Ende der Apartheid. Kiel (Geogr. Inst. d. Univ.) = Kieler Geogr. Schr. 105.

GODERBAUER, E. u. M. KARSTEN 2003: Stadtumbau West - Pilotstädte am Start. In: IzR (10/11): 669-676.

GÖDDECKE-STELLMANN, J. u. T. WAGENER 2010: Die Städtebauförderung - ein wichtiger Begleiter des ostdeutschen Transformationsprozesses. In: IzR (10/11): 745-758.

GÖDERITZ, J., R. RAINER u. H. HOFFMANN 1957: Die gegliederte und aufgelockerte Stadt. Tübingen (Wamuth).

GÖLER, D. u. H. LEHMEIER 2011: Balkanmetropolen. Urbane Entwicklungen in Belgrad, Bukarest und Sofia. In: GR 63 (4). 34-41.

GÖSCHEL, A. 2004: Stadtschrumpfung. Bedingung punktuellen Stadtwachstums. In: U. ALTROCK u. D. SCHUBERT (Hg.): Wachsende Stadt. Leitbild - Utopie - Vision? Wiesbaden (VS Verl. f. Sozialwiss.). 239-249.

GOORMANN, A. 2002: Städte und Regionen des Jugendstils. In: IFL (Hg.): Nationalatlas Bundesrepublik Deutschland. 6: Bildung und Kultur. Mithg.: A. MAYR u. M. NUTZ. Heidelberg/Berlin (Spektrum:152-153.

GORKI, H. F. 1974: Städte und 'Städte' in der Bundesrepublik Deutschland. Ein Beitrag zur Siedlungsklassifikation. In: GZ 62, H. 1, S. 29-52.

GORKI, H. F. u. H. PAPE 1987: Stadtkartographie. 2 Bde. Wien (Deuticke) = Enzyklopädie d. Kartographie III (1), III (2).

GORMSEN, E. 1981: Die Städte im spanischen Amerika. Ein zeit-räumliches Entwicklungsmodell der letzten hundert Jahre. In: Erdkunde 35 (4): 290-303.

GORMSEN, E. 1983: Diskussion. Zu Modellen der Stadtstruktur. In: GR 35 (6): 300.

GORMSEN, E. 1994: Die Stadt in Lateinamerika: Vom kolonialen Ordnungsschema zum Chaos der Megalopolis. In: D. JANIK (Hg.): Die langen Folgen der kurzen Conquista. Auswirkungen der spanischen Kolonisierung Amerikas bis heute. Frankfurt (Vervuert): 9-47.

GORMSEN, E. 1995: Mexiko. Land der Gegensätze und Hoffnungen. Gotha (Klett-Perthes) = Perthes Länderpr.

GORMSEN, E. 1997a: México-Stadt, faszinierende "Monstruopolis". In: GS 19 (110): 20-29.

GORMSEN, E. 1997b: Städtebau im Wandel gesellschaftlicher Leitbilder an Beispielen von der Antike bis zur Gegenwart. In: M. BÜTTNER (Hg.): Geisteshaltung und Stadtgestaltung. Frankfurt a. M. (Lang): 15-52.

GORMSEN, E. u. H. HAUFE 1992: Die Stadt in der Kolonisation Amerikas. In: Ibero-Amerikanisches Inst. u. a. (Hg.): Amerika 1492-1992. Neue Welten - Neue Wirklichkeiten. Braunschweig (Westermann):148-158.

GOTTMANN, J. 1961: Megalopolis. The urbanized north-eastern seaboard of the United States. New York (The Twentieth Century Fund).

GRABOW, B. u. B. HOLLBACH-GRÖMIG 1998: Stadtmarketing - eine kritische Zwischenbilanz. Berlin (Difu) = Difu-Beitr. z. Stadtf. 25.

GRABOW, B. u. B. HOLLBACH-GRÖMIG 2006: Stadtmarketingelemente und Typen von Stadtmarketing. In: F. BIRK u. a. (Hg.): Stadtmarketing - Status quo und Perspektiven. Berlin (Difu): 61-77 = Difu- Beitr. z. Stadtf. 42

GRÄF, H. T. u. K. KELLER (Hg.) 2004: Städtelandschaft, Réseau Urbain, Urban Network. Städte im regionalen Kontext in Spätmittelalter und früher Neuzeit. Köln u. a. (Böhlau) = Städtef. A/62.

GREIVING, S. 2006: Das raumordnerische Konzept der Städteverbünde und seine Umsetzung in der landesplanerischen Praxis. In: RuR 64 (1):5-17.

GROSA, S. 2004: Der Jugendstil von Riga. Spaziergänge durch das Riga der Jugendstilzeit. Riga (Jumava).

GROSSBÖLTING, T. u. R. SCHMIDt (Hg.) 2015: Gedachte Stadt - gebaute Stadt. Urbanität in der deutsch-deutschen Systemkonkurrenz 1945-1990. Köln (Böhlau) = Städtef. A/94

GROTHUES, R. 2006: Lebensverhältnisse und Lebensstile im urbanisierten ländlichen Raum. Analyse anhand ausgewählter Ortsteile im münsterländischen Kreis Steinfurt. Münster (Aschendorff) = Westf. Geogr. Stud. 55.

GROTZ, R. 1987: Jüngere Veränderungen im Innern der Agglomeration Sydney. Ursachen, Prozesse und Folgen des Wandels von Bevölkerungs-, Sozial- und Wohnstrukturen. In: Erdkunde 41 (4): 311-325.

GROTZ, R. 1996: Die Bonner Innenstadt (City). In: E. STIEHL (Hg.): Die Stadt Bonn und ihr Umland. Ein geographischer Exkursionsführer. Bonn (Dümmlers):47-58 = Arb. z. Rhein. Landesk. 66.

GROWE, A. u. A. MÜNTER 2010: Die Renaissance der großen Städte. In: GR 62 (11): 54-59.

GRZYWATZ, B. 1997: Stadt, Verstädterung und Vorortbildung. Zur sozialräumlichen Entwicklung Berlins im 19. Jahrhundert. In: Die alte Stadt 24 (3): 185-221.

GRUBER, K. 1976²: Die Gestalt der deutschen Stadt. Ihr Wandel aus der geistigen Ordnung der Zeit. München (Callwey).

GÜNTHER, H. 2009: Was ist Renaissance? Eine Charakteristik der Architektur zu Beginn der Neuzeit. Darmstadt (WBG).

GÜNTNER, S. 2012: Interkulturalität als Standortfaktor. Ambivalenzen einer (inter-)kulturinstrumentalisierenden Stadtpolitik. In: T. ERNST u. D. HEIMBRÖCKEL (Hg.): Verortungen des Interkulturalität. Die „europäischen Kulturhauptstädte" Luxemburg und die Großregion (2007), das Ruhrgebiet (2010) und Istanbul (2010). Bielefeld (transcript): 39-58.

GÜSSEFELDT, J. 1997: Zentrale Orte - ein Zukunftskonzept für die Raumplanung! In: RuR 55 (4-5): 327-336.

GÜTTLER, H. u. J. WILL 1998: Factory Outlet Center in Europa. In: IzR (2/3): 107-113.

GUTFLEISCH, R. 2007: Sozialräumliche Differenzierung und Typisierung städtischer Räume. Ein Methodenvergleich am Beispiel der Stadt Frankfurt am Main. Frankfurt a. M. (Inst. f. Humangeogr. d. Univ.) = Rhein-Mainische Forsch. 128.

GUTSCHOW, N. 1976: Die japanische Burgstadt. Paderborn (Schöningh) = Bochumer Geogr. Arb. 24.

GUTSCHOW, N. u. H. KREUTZMANN 2012: Handlung schlägt Plan: Stadtentwicklung im Kathmandu-Tal (Nepal). In: GR 64 (4): 42-49.

GUTSCHOW, N. u. J. PIEPER 1983: Indien. Von den Klöstern im Himalaya zu den Tempelstädten Südindiens. Bauformen und Stadtgestalt einer beständigen Tradition. Köln (DuMont Buchverl.) = DuMont Kunst-Reiseführer.

HAARICH, S. u. B. PLAZA 2010: "Das Guggenheim-Museum von Bilbao als Symbol für erfolgreichen Wandel - Legende und Wirklichkeit". In: U. ALT ROCK u. a. (Hg.): Symbolische Orte. Planerische (De-)Konstruktionen. Berlin (Univ. Kassel): 1-17 = Reihe Planungsrundschau 19.

HAASE, C. 1958: Stadtbegriff und Stadtentwicklungsschichten in Westfalen. Überlegungen zu einer Karte der Stadtentstehungsschichten. In: Westf. Forsch. 11, S. 16-32.

HAASE, C. 1984⁴ (1. Aufl. 1964): Die Entstehung der westfälischen Städte. Münster (Aschendorff) = Veröff. d. Provinzialinst. f. Westf. Landes- u. Volksforsch. d. Landschaftsverbandes Westfalen-Lippe, Reihe 1 (11).

HABERLIK, C. 2003²: 50 Klassiker Architektur des 20. Jahrhunderts. Die wichtigsten Bauwerke der Moderne. Hildesheim (Gerstenberg).

HACKENBERG, K., M. LEYSER-DROSTE, A. WESENER u. C.-C. WIEGANDT 2014: Öffentliches Bauen im Spannungsfeld zwischen Governance und Repräsentation: Der baukulturelle Umgang mit Rathäusern in Deutschland. In: Ber. z. dt. Landesk. 88 (1): 39-61.

HACKENBROCH, K. 2007: Stadtumbau mit privaten Kleineigentümern in Ostdeutschland. Analyse der Handlungsoptionen und Entwicklung kommunaler Strategien. Dortmund (Rohn) = Blaue Reihe, Dortmunder Beitr. z. Raumpl. 127.

HÄNSEL, S. u. ST. RETHFELD 2008: Architekturführer Münster. Architectural Guide to Münster. Berlin (Reimer).

HÄUSSERMANN, H. 1995: Von der „sozialistischen" zur „kapitalistischen" Stadt. In: Aus Politik u. Zeitgesch.. Beilage zur Wochenzeitung „Das Parlament" B 12/95: 3-15.

HÄUSSERMANN, H. 1997a: Stadtentwicklung in Ostdeutschland. In: J. FRIEDRICHS (Hg.): Die Städte in den 90er Jahren. Demographische, ökonomische und soziale Entwicklungen. Opladen (Westdt. Verl.): 91-108.

HÄUSSERMANN, H. 1998: Armut und städtische Gesellschaft. In: GR 50 (3): 136-138.

HÄUSSERMANN, H. 2002: Die Stadt als sozialer Raum. In: IfL (Hg.): Nationalatlas Bundesrepublik Deutschland. 5: Dörfer und Städte. Mithg.: K. FRIEDRICH a. Heidelberg u. a. (Spektrum): 30-31.

HÄUSSERMANN, H., A. HOLM u. D. ZUNZER 2002: Stadterneuerung in der Berliner Republik. Modernisierung in Berlin-Prenzlauer Berg. Opladen (Leske + Budrich).

•HÄUSSERMANN, H. u. a. 2008: Stadtpolitik. Frankfurt a. M. (Suhrkamp) = edition suhrkamp 2512.

HÄUSSERMANN, H. u. R. NEEF (Hg.) 1996: Stadtentwicklung in Ostdeutschland. Soziale und räumliche Tendenzen. Opladen (Westdt. Verl.).

HÄUSSERMANN, H. u. F. ROOST 1998: Globalisierung, Global City. In: H. HÄUSSERMANN (Hg.): Großstadt. Soziologische Stichworte. Opladen (Leske +

Budrich): S. 79-91.
•HÄUSSERMANN, H. u. W. SIEBEL 1987: Neue Urbanität. Frankfurt/M. (Suhrkamp) = Edition Suhrkamp 1432, N. F. 432.
HÄUSSERMANN, H. u. W. SIEBEL (Hg.) 1993: Festivalisierung der Stadtpolitik. Stadtentwicklung durch große Projekte. Opladen (Westdt. Verl.) = Leviathan, Zs. f. Sozialwiss., Sonderh. 13.
•HÄUSSERMANN, H. u. W. SIEBEL unter Mitarb. v. J. WURTZBACHER 2004: Stadtsoziologie. Eine Einführung. Frankfurt a. M. (Campus).
HAFENCITY HAMBURG GMBH (Hg.) 2005: HafenCity Hamburg Projekte. Einblicke in die aktuellen Entwicklungen. Hamburg (HafenCity Hamburg).
HAFERBURG, C. 2010: Stadtentwicklung in Südafrika 2010 im Zeichen der Fußballweltmeisterschaft. In: GR 62 (6): 36-66.
HAHN, B. 1992: Winterstädte. Planung für den Winter in kanadischen Großstädten. Augsburg (AV-Verl.) = Beitr. z. Kanadistik, Schr. reihe d. Ges. f. Kanada-Stud., 2.
HAHN, B. 2001: Erlebniseinkauf und Urban Entertainment Centers. Neue Trends im US-amerikanischen Einzelhandel. In: GR 53 (1): 19-25.
HAHN, B. 2002a: Historische Stadttypen und ihr heutiges Erscheinungsbild. In: IFL (Hg.): Nationalatlas Bundesrepublik Deutschland. 5: Dörfer und Städte. Mithg.: K. FRIEDRICH u. a. Heidelberg u. a. (Spektrum): 82-85.
HAHN, B. 2002b: Neuzeitliche Stadtpläne. In: IFL (Hg.): Nationalatlas Bundesrepublik Deutschland 5: Dörfer und Städte. Mithg.: K. FRIEDRICH u. a. Heidelberg u. a. (Spektrum): 86-87.
HAHN, B. 2002c: 50 Jahre Shopping Center in den USA. Evolution und Marktanpassung. Passau (L. I. S. Verl.) = Geogr. Handelsf. 7.
HAHN, B. 2004: New York, Chicago, Los Angeles. In: GR 56 (4): 12-18.
HAHN, B. 2006: Einzelhandel und Stadtentwicklung in den USA. In: P. GANS u. a. (Hg.): Kulturgeographie der Stadt. Kiel (Geogr. Inst. d. Univ.): 297-307 = Kieler Geogr. Schr. 111.
HAHN, B. 2007: Shopping-Center als internationales Phänomen. In: J. WEHRHEIM (Hg.): Shopping Malls. Interdisziplinäre Betrachtungen eines neuen Raumtyps. Wiesbaden (VS Verl. f. Sozialwiss.): 15-33 = Stadt, Raum u. Ges. 24.
HAHN, B. 2008: Calgary - Erfolgsstory einer kanadischen Präriestadt. In: GR 60 (2): 4-11.
HAHN, B. 2011: Shopping Center erobern die Welt. Ein Beitrag zur Globalisierung des Einzelhandels. In: GR 63 (5): 20-27.
HAHN, B. 2014: Die US-amerikanische Stadt im Wandel. Berlin/Heidelberg (Springer).
HAHN, B. 2015: Chicago zwischen Schrumpfung und Wachstum. In: GR 67 (3): 12-19
HAHN, B. u. M. POPP 2006: Handel ohne Grenzen. Die Internationalisierung im Einzelhandel. Entwicklung und Stand der Forschung. In: Ber. z. dt. Landesk. 80 (2): 135-156.
HAHN, B. u. P. PUDEMAT 1998: 20 Jahre Factory Outlet Centers in den USA. Zur Übertragbarkeit der US-amerikanischen Erfahrungen auf die Bundesrepublik Deutschland. In: Arch. Kom.wiss. 37 (2):. 336-353.
HAHN, B. u. M. ZWINGENBERGER (Ed.) 2011: Global Cities - Metropolitan Cultures. A transatlantic perspective. Heidelberg (Winter).

HAHN, H. 1976: Die öffentlichen Hallenschwimmbäder im Fichtelgebirge und im Frankenwald. Erlangen (Staatsexamensarbeit).
HAHN, R. 1991 (Neubearb. d. 1. Aufl. 1981): USA. Stuttgart (Klett) = Klett/Länderpr.
HAHN, R. 2002²: USA. Neue Raumentwicklungen oder eine Neue Regionale Geographie. Gotha/Stuttgart (Klett-Perthes) = Perthes Länderpr.
HAIMANN, R, 2013: Neuerfindung der Fußgängerzone. In: Welt a. Sonntag 29./30.7.2013, S. W1,3.
HALL, P. 1984³: The world cities. London (Weidenfeld and Nicolson) (1. Aufl. 1966); dt. Ausgabe: Weltstädte. München (Kindler) 1966.
HALL, SIR P. 2001: Global City-Regions in the Twenty-first Century. In: A. J. SCOTT (Hg.): Global City-Regions. Trends, Theory, Policy. Oxford (Oxford Univ. Press): 59-77.
•HALL, T. u. H. BARRETT 2012⁴: Urban geography. London (Routledge).
•HAMM, B. 1982: Einführung in die Siedlungssoziologie. München (Beck) = Beck'sche Elementarbücher.
HANNEMANN, C. 2000²: Die Platte. Industrialisierter Wohnungsbau in der DDR. Berlin (Schelzky & Jeep).
HANNEMANN, C. 2003: Schrumpfende Städte in Ostdeutschland - Ursachen und Folgen einer Stadtentwicklung ohne Wirtschaftswachstum. In: Aus Politik u. Zeitgesch. 7.7.2003: 16-23.
HANNEMANN, C. 2004: Marginalisierte Städte. Probleme, Differenzierungen und Chancen ostdeutscher Kleinstädte im Schrumpfungsprozess. Berlin (BWV, Berliner Wiss.-Verl.).
HARDINGHAUS, M. 2004: Zur amerikanischen Entwicklung der Stadt. Frankfurt a. M. (Lang).
HARLANDER, T. (Hg.) 2001: Villa und Eigenheim. Suburbaner Städtebau in Deutschland. Stuttgart/München (Dt. Verl.-Anstalt).
HARRIS, C. D. u. E. L. ULLMAN 1945: The nature of cities. In: Ann. of the Am. Acad. for Political Sci. 242: 7-17.
HARTH, A., G. SCHELLER u. W. TESSIN (Hg.) 2000: Stadt und soziale Ungleichheit. Opladen (Leske + Budrich).
HARTH, A., U. HERLYN, G. SCHELLER u. W. TESSIN 2012: Stadt als lokaler Lebenszusammenhang. Gemeindestudien als Ansatz in der Stadtsoziologie. Wiesbaden (Springer).
HARTMANN, R., H. HITZ, CHR. SCHMITZ u. R. WOLFF (1986): Theorien zur Stadtentwicklung. Oldenburg (Ges. z. Förderung regionalwiss. Erkenntnisse) = Geogr. Hochschulmanuskripte (GHM) 12.
HARTOG, R. 1962: Stadterweiterungen im 19. Jahrhundert. Stuttgart (Kohlhammer) = Schriftenr. d. Vereins z. Pflege kommunalwiss. Aufgaben, Berlin.
HATZ, G. 2007: Struktur und Entwicklungstendenzen der Wiener City. In: I. KRETSCHMER (Hg.): Das Jubiläum der Österreichischen Geographischen Gesellschaft. 150 Jahre (1856-2006). Wien (Österr. Geogr. Ges.): 77-96.
HATZ, G. 2009: Kultur als Instrument der Stadtplanung. In: H. FASSMANN, G. HATZ u. W. MATZNETTER (Hg.): Wien - Städtebauliche Struktur und gesellschaftliche Entwicklungen. Köln u. a. (Böhlau): 299-336.
HATZ, G. 2011: Die Festivalisierung der Stadt. Das Beispiel Wien. In: W. MATZNETTER u. R. MUSIL (Hg.): Europa: Metropolen im Wandel. Wien (Mandelbaum): 279-292.

HATZ, G. u. E. WEINHOLD 2009: Die polyzentrische Stadt: Neue urbane Zentren. In: H. FASSMANN, G. HATZ u. W. MATZNETTER (Hg.): Wien - Städtebauliche Struktur und gesellschaftliche Entwicklungen. Köln u. a. (Böhlau): 337-384.

HATZELHOFFER, L. u. a. 2012: Smart City konkret. Eine Zukunftswerkstatt in Deutschland zwischen Idee und Praxis. Evaluation der T-City Friedrichshafen. Berlin (Jovis).

HATZFELD, U. 1996: Städtebauliche Leitbilder, Verkehrsleitbilder. Praktisch ohne Alternative. In: Ökologisches Wirtschaften 6: 14-16.

HATZFELD, U. 1997: Die Produktion von Erlebnis, Vergnügen und Träumen. Freizeitgroßanlagen als wachsendes Planungsproblem. In: Arch. Kom.-wiss. 36 (II): 282-308.

HATZFELD, U. 2001: Freizeitsuburbanisierung - Löst sich die Freizeit aus der Stadt? In: K. BRAKE u. a. (Hg.): Suburbanisierung in Deutschland. Aktuelle Tendenzen: Opladen (Leske + Budrich): 81-95.

HATZFELD, U. 2008: Stadtentwicklungspolitik - Ein neuer Blick. In: Planerin 6_08: 5-7.

HATZFELD, U. u. W. ROTERS 1998: Zentrum - Peripherie: Was sollen wir wollen oder: Spielen auf Zeit? In: IzR (7/8): 521-535.

HAUFF, T. 1998a: Zukunftsperspektiven der Stadt Münster im Rahmen der nachhaltigen Stadtentwicklung. In: H. HEINEBERG u. K. TEMLITZ (Hg.): Münsterland - Osnabrücker Land/Emsland - Twente. Entwicklungspotentiale und grenzübergreifende Kooperation in europäischer Perspektive. Münster (GeKo), S. 93-116 = Westf. Geogr. Stud. 48.

HAUFF, T. 1998b: Nachhaltiges Münster. Leitlinien zur räumlichen Stadtentwicklungsplanung. In: Bundesbaublatt, hg. v. BMBau, 47 (8): 3-7.

HAUFF, T. 2000: Münster - Mit raumfunktionalen, kommunikativen und orientierungswertgestützten Ansätzen auf dem Weg zur Stadt der Zukunft. In: H. A. KISSEL (Hg.): Nachhaltige Stadt. Beiträge zur urbanen Zukunftssicherung. Berlin (SRL): 79-96 = SRL, Schriftenr. 47.

HAUFF, T. 2003: Braucht Münster ein neues Image? Empirische Befunde zum Selbst- und Fremdbild als Grundlage eines Integrierten Stadtentwicklungs- und Stadtmarketingkonzepts. In: In: C. A. BISCHOFF u. C. KRAJEWSKI (Hg.): Beitr. z. geogr. Stadt- u. Regionalforsch. Festschr. f. HEINZ HEINEBERG. Münster (Westf. Wilhelms-Univ., Inst. f. Geogr.): 43-56 = Münstersche Geogr. Arb. 46.

HAUFF, T. u. H. HEINEBERG (Hg.) 2011: Münster. Stadtentwicklung zwischen Tradition, Herausforderungen und Zukunftsperspektiven. Münster (Aschendorff) = Städte u. Gemeinden in Westfalen 12.

HAUFF, T. u. R. KAHNERT 1999: Modellstadt Münster: Gezielter Einsatz von Modellprojekten zur Weiterentwicklung einer nachhaltigen Stadtpolitik. In: BBR (Hg.): Städte der Zukunft. Auf der Suche nach der Stadt von morgen. Bonn (BBR): 53-66 = Werkstatt: Praxis 4/99.

HAUFF, T., C. KRAJEWSKI, P. NEUMANN u. P. REUBER 2011: "Skulptur Projekte Münster 2007" – ein kulturelles Großereignis im 10-Jahres-Rhythmus: In: T. HAUFF u. H. HEINEBERG (Hg.) 2011: Münster – Stadtentwicklung zwischen Tradition, Herausforderungen und Zukunftsperspektiven. Münster (Aschendorff): 388-393 = Städte u. Gemeinden in Westfalen 12.

HAUFF, T. u. B. SPINNEN 2007: Stadtmarketing in Münster - mehr als Werbung! In: Geogr. Komm. f. Westfalen (Hg.): WESTFALEN REGIONAL. www.lwl.org/westfalen-regional-download/PDF/S122_StadtmarketingMS.pdf.

HAUFF, T., B. SPINNEN u. B. TILLMANN 2007: Marktorientierte Führung für Kommunen. Anspruch, Praxis und Perspektiven eines ganzheitlichen Stadtmarketings. In: M. BRUHN, M. KIRCHGEORG u. J. MEIER (Hg.): Marktorientierte Führung im wirtschaftlichen und gesellschaftlichen Wandel. Festschr. z. 70. Geburtstag v. HERIBERT MEFFERT. Wiesbaden (Gabler): 349-384.

HAUFF, V. (Hg.) 1987: Unsere gemeinsame Zukunft. Der Brundtland-Bericht der Weltkommission für Umwelt und Entwicklung. Greven (Eggenkamp).

HEEG, S. 2003: Städtische Flächenentwicklung vor dem Hintergrund der Immobilienwirtschaft. In: RuR (5): 334-344.

HEEG, S. 2011a: Ökonomischer Strukturwandel und Stadtentwicklung in Europa. In: W. MATZNETTER u. R. MUSIL (Hg.): Europa: Metropolen im Wandel. Wien (Mandelbaum): 83-101.

HEEG, S. 2011b: Frankfurt als Zentrum der Finanz- und Immobilienwirtschaft. In: H. GEBHARDT u. a. (Hg.): Geographie. Physische Geographie und Humangeographie. Heidelberg u. a. (Spektrum): 965-967.

HEEG, S. 2015: Wohnen um jeden Preis: Das Beispiel Frankfurt am Main. In: GR 67 (10): 30-34.

HEEG, S. u. R. PÜTZ 2009: Wohnungs- und Büroimmobilienmärkte unter Stress: Deregulierung, Privatisierung und Ökonomisierung. Frankfurt a. M. (Inst. f. Humangeogr. d. Univ.) = Rhein-Mainische Forsch. 129.

HEIL, K. 1974: Neue Wohnquartiere am Stadtrand. In: W. PEHNT (Hg.): Die Stadt in der Bundesrepublik Deutschland. Stuttgart (Reclam): S. 181-200.

HEILIGENTHAL, R. (1921): Deutscher Städtebau. Heidelberg (Winter).

HEINEBERG, H. 1977: Zentren in West- und Ost-Berlin. Untersuchungen zum Problem der Erfassung und Bewertung großstädtischer funktionaler Zentrenausstattungen in beiden Wirtschafts- und Gesellschaftssystemen Deutschlands. Paderborn (Schöningh) = Bochumer Geogr. Arb., Sonderreihe 9.

HEINEBERG, H. 1979: West-Ost-Vergleich großstädtischer Zentrenausstattungen am Beispiel Berlins. In: GR 31 (11): 434-443 (Wiederabdruck in: GR 61, 2009 (5): 26-30).

•HEINEBERG, H. 1983c: Geographische Aspekte der Urbanisierung: Forschungsstand und Probleme. In: H. J. TEUTEBERG (Hg.): Urbanisierung im 19. und 20. Jahrhundert. Köln u. a. (Böhlau) 35-63 = Städtforsch. A/16.

HEINEBERG, H. 1985: Jüngere Wandlungen in der Zentrenausstattung Berlins im West-Ost-Vergleich. In: B. HOFMEISTER, H.-J. PACHUR, CH. PAPE u. G. REINDKE (Hg.): Berlin, Beiträge zur Geographie eines Großstadtraumes. Festschr. zum 45. DGT 1985 in Berlin. Berlin (Reimer): 415-461.

HEINEBERG, H. 1986: Singapur: vom britischen kolonialen Stützpunkt zum aufstrebenden „chinesischen" Stadtstaat. Eine Zwischenbilanz zum 20. Jahrestag der Republik Singapur. In: Erde 117 (1): 47-67.

HEINEBERG, H. 1987a: Innerstädtische Standortentwicklung ausgewählter quartärer Dienstleistungsgruppen seit dem 19. Jahrhundert anhand der Städte Münster und Dortmund. In: H. HEINEBERG (Hg.): Innerstädtische Differenzierung und Prozesse im 19. und 20. Jahrhundert. Geographische und historische Aspekte. Köln u. a. (Böhlau): 263-306 = Städtef. A/25.

HEINEBERG, H. (Hg.) 1987b: Innerstädtische Differenzierung und Prozesse im 19. und 20. Jahrhundert. Geographische und historische Aspekte. Köln u. a. (Böhlau) = Städtef. A/25.

HEINEBERG, H. 1988a: Die Stadt im westlichen Deutschland. Aspekte innerstädtischer Struktur- und Funktionsveränderungen in der Nachkriegszeit. In: GR 40 (1): 20-28.

•HEINEBERG, H. 1988b: Stadtgeographie: Entwicklung und Forschungsschwerpunkte. In: GR 40 (11): 6-12.

•HEINEBERG, H. 1992: Geographische Stadtforschung statt Stadtgeographie? Zur Stellung der Stadtgeographie im interdisziplinären Rahmen. In: geogr. heute 100: 13-20.

HEINEBERG, H. 1993²: York. Von der römischen Gründung bis zur Gegenwart. Geschichte, räumliche Entwicklung, touristische Bedeutung und Planungsaspekte. In: A. MAYR, F.-C. SCHULTZE-RHONHOFF u. K. TEMLITZ (Hg.): Münster und seine Partnerstädte. Münster (GeKo): 79-119 = Westf. Geogr. Stud. 46.

HEINEBERG, H. 1996: Stadtmodelle und Stadtentwicklungspolitik in Großbritannien - ein Beitrag zum kulturgenetischen Ansatz in der Stadtgeographie. In: A. STEINECKE (Hg.): Stadt und Wirtschaftsraum. Berlin (Inst. f. Geogr. d. TU Berlin): 119-140 = Berliner geogr. Stud. 44.

HEINEBERG, H. 1997²: Großbritannien. Raumstrukturen, Entwicklungsprozesse, Raumplanung. Gotha (Perthes) = Perthes Länderpr.

HEINEBERG, H. 1999: Verstädterung und Stadtentwicklung in Mexiko: Forschungsschwerpunkte aus geographischer Perspektive. In: Lateinamerika. Gesellschaft - Raum - Kooperation. Festschr. f. ACHIM SCHRADER zum 65. Geburtstag. Hg. v. R. ESCHENBURG, H. HEINEBERG u. a.. Frankfurt a. M. (Vervuert): 37-64.

HEINEBERG, H. 2001: Aktuelle Trends der Stadt- und Regionalentwicklung - Pro und contra Nachhaltigkeit unter besonderer Berücksichtigung der Nutzungsmischung. In: A. HÜLSTER u. a. (Hg.): Die Umwelt der Städte. Landsberg (ecomed): 33-59 = Zentrum f. Umweltforsch. (ZUFO) d. Westf. Wilhelms-Univ., Vorträge u. Stud. 11.

HEINEBERG, H. 2004: Städte in Deutschland - zwischen Wachstum und Umbau. In: GR 56 (9): 40-47.

HEINEBERG, H. 2005a: „Metropolen" im Globalisierungsprozess. In: K. ENGELHARD u. K.-H. OTTO (Hg.): Globalisierung. Eine Herausforderung für Entwicklungspolitik und entwicklungspolitische Bildung. Münster (Waxmann): 59-123 = Schr. d. Arbeitsstelle Eine-Welt-Initiative 8.

•HEINEBERG, H. 2005b: Die Erforschung der Stadt - von „lokal" bis „global": In: geogr. heute 26 (236): 2-5.

•HEINEBERG, H. 2006: Geographische Stadtmorphologie in Deutschland im internationalen und interdisziplinären Rahmen. In: P. GANS u. a. (Hg.):

Kulturgeographie der Stadt. Kiel (Geogr. Inst. d. Univ.): 1-33 = Kieler Geogr. Schr. 111.

•HEINEBERG, H. 2007a: German geographical urban morphology in an international and interdisciplinary framework. In: Urban Morphology 11 (1): 5-24.

HEINEBERG, H. 2007b: Der Ruhr-Park in Bochum - Das größte Shopping-Center Deutschlands. In: www. westfalen-regional.de

HEINEBERG, H. 2007c: Die Global City London im Rahmen der Weltwirtschaftsentwicklung. In: Geogr. u. Schule 29 (165): 9-18.

•HEINEBERG, H. 2007³d: Einführung in die Anthropogeographie/Humangeographie. Paderborn u. a. (Schöningh) = Grundriss Allg. Geogr., UTB 2445.

HEINEBERG, H. 2007/aktualis. 2010: Multiplex-Kinos in Westfalen. In: www.westfalen-regional.de

HEINEBERG, H. 2008: Städte in Deutschland zwischen Wachstum, Schrumpfung und Umbau aus geographischer Perspektive. In: A. LAMPEN u. A. OWZAR (Hg.): Schrumpfende Städte in historischer Perspektive. Köln u. a. (Böhlau): 295-324 = Städtef. A/76.

•HEINEBERG, H. 2011²a: Stadtgeographie. Kap. 21.1: Stadtgeographie als „Medley" ihrer Forschungsgeschichte. Kap. 21.2: Stadtstrukturmodelle und die innere Gliederung der Stadt. Kap. 21.3: Ausgewählte kulturgenetische Stadttypen. In: H. GEBHARDT u. a. (Hg.): Geographie. Physische Geographie und Humangeographie. Heidelberg u. a. (Spektrum): 858-879.

HEINEBERG, H. 2011b: Zentral gelegene Stadtbereiche: Altstadt, City, Innenstadt, Citygergänzungsstraßen/gebiet. In: T. HAUFF u. H. HEINEBERG (Hg.): Münster. Stadtentwicklung zwischen Tradition, Herausforderungen und Zukunftsperspektiven. Münster (Aschendorff): 130-133, 135-152 = Städte u. Gemeinden in Westfalen 12.

HEINEBERG, H. 2011c: Münster - vom traditionsreichen „Schreibtisch Westfalens" zur modernen Dienstleistungsmetropole. In: TH. HAUFF u. H. HEINEBERG (Hg.): Münster. Stadtentwicklung zwischen Tradition, Herausforderungen und Zukunftsperspektiven. Münster (Aschendorff): 268-299 = Städte u. Gemeinden in Westfalen 12.

HEINEBERG, H. 2011d: Städtebauliche Leitbilder und Prägung der Stadtgestalt im 20. Jh. In: TH. HAUFF u. H. HEINEBERG (Hg.): Münster. Stadtentwicklung zwischen Tradition, Herausforderungen und Zukunftsperspektiven. Münster (Aschendorff): 70-86 = Städte u. Gemeinden in Westfalen 12.

HEINEBERG, H. 2017a: Stadt. In: ARL (Hg.): Handwörterbuch der Stadt- und Raumentwicklung. 5., völlig neu bearb. Aufl.. Hannover (in Druckvorbereitung).

HEINEBERG, H. 2017b: Stadttypen. In: ARL (Hg.): Handwörterbuch der Stadt- und Raumentwicklung. 5., völlig neu bearb. Aufl.. Hannover (in Druckvorbereitung).

HEINEBERG, H., J. CAMBEROS GARIBI u. C. SCHÄFERS 1993: Verstädterung in Mexiko. Das Beispiel des Bundesstaates Jalisco und des Metropolitangebietes Guadalajara. In: GR 45 (7-8): 400-408.

HEINEBERG, H. u. T. HAUFF 2012: „Westfälische Metropole Münster" - Metropole oder nur westfälisch?In: A. HILL u. A. PROSSEK (Hg.): Metropolis und Region. Aktuelle Herausforderungen für Stadtforschung und Raumplanung. Detmold

(Rohn): 81-128 = Metropolis u. Region 8.

HEINEBERG, H. u. G. HEINRITZ 1983: Konzepte und Defizite der empirischen Bürostandortforschung in der Geographie. In: Beitr. z. empirischen Bürostandortforschung. Kallmünz/Regensburg (Lassleben): 9-28 = Münchener Geogr. H. 50.

HEINEBERG, H., G. HEINRITZ u. N. DE LANGE 1987: Der Dienstleistungssektor in zentralen Standorträumen von Regionalmetropolen - die Beispiele München und Düsseldorf im Vergleich zu den Oberzentren Dortmund und Münster. In: A. MAYR u. P. WEBER (Hg.): 100 Jahre Geographie an der Westfälischen Wilhelms-Universität Münster (1885-1985). Paderborn (Schöningh): 211-249 = Münstersche Geogr. Arb. 26.

HEINEBERG, H. u. N. DE LANGE 1983: Die Cityentwicklung in Münster und Dortmund seit der Vorkriegszeit - unter besonderer Berücksichtigung des Standortverhaltens quartärer Dienstleistungsgruppen. In: P. WEBER u. K.-F. SCHREIBER (Hg.): Westfalen und angrenzende Regionen. Festschr. z. 44. DGT in Münster 1983. Teil 1. Paderborn (Schöningh): 221-285 = Münstersche Geogr. Arb. 15.

HEINEBERG, H. u. A. MAYR 1983: Östliches und mittleres Ruhrgebiet. Entwicklungs- und Strukturzonen unter siedlungs-, wirtschafts-, sozialräumlichen und planerischen Aspekten. In: H. HEINEBERG u. A. MAYR (Hg.): Exkursionen in Westfalen und angrenzenden Regionen. Festschr. zum 44. DGT in Münster 1983. Teil II. Paderborn Schöningh): 119-150 = Münstersche Geogr. Arb. 16.

HEINEBERG, H. u. A. MAYR 1986: Neue Einkaufszentren im Ruhrgebiet. Vergleichende Analysen der Planung, Ausstattung und Inanspruchnahme der 21 größten Shopping-Center. Paderborn (Schöningh) = Münstersche Geogr. Arb. 24.

HEINEBERG, H. u. A. MAYR 1988: Neue Standortgemeinschaften des großflächigen Einzelhandels im polyzentrisch strukturierten Ruhrgebiet. Entwicklung, Bedeutung und Raumwirksamkeit. In: GR 40 (7-8): 28-38.

HEINEBERG, H. u. A. MAYR 1996: Jüngere Shopping-Center-Entwicklung in Deutschland. Beispiele aus dem Rhein-Ruhrgebiet. In: PG 26 (5): 12-16.

HEINEBERG, H. u. C. NEUBAUER 2002: Oberzentrum Dortmund und Oberzentrum Münster: Funktionale Zentrenausstattung der Innenstädte und Standortdezentralisierungen des tertiären und quartären Sektors, aus dem Themenbereich IV Siedlung. Hg.: GEOGR. KOMM. FÜR WESTFALEN. Münster (Aschendorff) = Geogr.-landeskundl. Atlas von Westfalen, IV, Lfg. 11, Doppelblätter 4 u. 5 mit Beiheft.

HEINEBERG, H. u. H.-U. TAPPE 1994: Jüngere Tendenzen der Standortentwicklung des tertiären und quartären Sektors in der Innenstadt des Oberzentrums Münster. Arbeitsmethoden und ausgewählte empirische Ergebnisse des Projektes „Nutzungsanalyse Münster-Innenstadt 1990". In: P. FELIX-HENNINGSEN, H. HEINEBERG u. A. MAYR (Hg.): Untersuchungen zur Landschaftsökologie und Kulturgeographie der Stadt Münster. Münster (Inst. f. Geogr. d. Univ.): 191-224 = Münstersche Geogr. Arb. 36.

HEINRITZ, G. 1977: Einzugsgebiete und zentralörtliche Bereiche - Methodische Probleme der empirischen Zentralitätsforschung. In: Beiträge zur Zentralitätsforschung. Kallmünz/Regensburg (Lassleben): 9-43 = Münchener Geogr. H. 39.

HEINRITZ, G. (Hg.) 1999: Die Analyse von Standorten und Einzugsbereichen. Methodische Grundfragen der geographischen Handelsforschung. Passau (L.I.S.): 45-63 = Geogr. Handelsf. 2.

HEINRITZ, G. 1999: Methodische Probleme von Einzugsbereichsmessungen. In: G. HEINRITZ (Hg.): Die Analyse von Standorten und Einzugsbereichen. Methodische Grundfragen der geographischen Handelsforschung. Passau (L.I.S.): 33-44 = Geogr. Handelsf. 2.

•HEINRITZ, G., K. E. KLEIN u. M. POPP 2003: Geographische Handelsforschung. Berlin/Stuttgart (Borntraeger) = Studienbücher d. Geogr.

HEINRITZ, G. u. E. LICHTENBERGER 1984: Wien und München - Ein stadtgeographischer Vergleich. In: Ber. z. dt. Landesk. 58 (1): 55-95.

HEINRITZ, G. u. M. POPP 2011[2]: Geographische Handelsforschung. In: H. GEBHARDT u. a. (Hg.): Geographie. Physische Geographie und Humangeographie. Heidelberg u. a. (Spektrum):1002-1012.

HEINRITZ, G. u. F. SCHRÖDER 2000: Stadtteilzentren, Ladenzeilen, Ausfallstraßen. Berichte aus den vernachlässigten Geschäftslagen der Städte. Passau (L. I. S.) = Geogr. Handelsf. 4.

*HEINRITZ, G., C.-C. WIEGANDT u. D. WIKTORIN (Hg.) 2003: Der München Atlas. Die Metropole im Spiegel faszinierender Karten. Köln (Emons).

HEINTEL, M. u. G. SPREITZHOFER 2009: Manila als Zentrum der Urbanisierung und Binnenmigration auf den Philippinen. In: GR 61(10): 14-19.

HEINZ, W. R., K. HERMES, P. HÖHMANN, H. KILGERT, P. SCHÖBER u. W. TAUBMANN (1975): Altstadterneuerung Marburg. Vorbereitende Untersuchung im Sanierungsgebiet I. Sozialbericht (Teil 1). Regensburg (Geogr. Inst. d. Univ.) = Regensburger Geogr. Schr. 6.

HEINZE, R. G. 2013: Altengerechtes Wohnen: Aktuelle Situation, Rahmenbedingungen und neue Strukturen. In: IzR (2): 133-146.

HEINZE GMBH 1987: Das Handbuch des Bauherrn. Celle (Heinze).

HELBRECHT, I. 1994: Stadtmarketing. Konturen einer kommunikativen Stadtentwicklungspolitik. Basel (Birkenhäuser) = Stadtf. aktuell 44.

HELBRECHT, I. 1996a: Stadtstrukturen in Kanada und den USA im Vergleich. Die Dialektik von Stadt und Gesellschaft. In: Erdkunde 50 (3): 238-251.

HELBRECHT, I. 1996b: Die Wiederkehr der Innenstädte. Zur Rolle von Kultur, Kapital und Konsum in der Gentrification. In: GZ 84 (1): 1-15.

HELBRECHT, I. 1997: Stadt und Lebensstil. Von der Sozialraumanalyse zur Kulturraumanalyse? In: Erde 128 (1):3-16.

HELBRECHT, I. 2006: Stadtmarketing und die Stadt als Ereignis. Zur strukturellen Bedeutung symbolischer Politik. In: F. BIRK u. a. (Hg.): Stadtmarketing - Status quo und Perspektiven. Berlin (Difu): 263-278 = Difu-Beitr. z. Stadtf. 42.

HELBRECHT, I. u. J. POHL 1995: Pluralisierung der Lebensstile: Neue Herausforderungen für die sozialgeographische Stadtforschung. In: GZ 83:222-237.

HELLER, W. 1973: Zum Begriff der Urbanisierung. In: Neues Archiv f. Niedersachsen 22: 374-382.

HELTEN, M. 2015: Urbaner Raum und Protest in Hamburg. Alte und neue Konfliktlinien. In: GR 67

(10): 10-15.

HENCKEL, D., B. KOLLEK, K. MITTAG u. A. SEIDEL-SCHUL-ZE 2002: Städtetypen in Nordrhein-Westfalen. Gutachten im Auftrag der Enquetekommission „Die Zukunft der Städte in Nordrhein-Westfalen". Endbericht. Berlin (Difu).

•HENGARTNER, TH. 1999: Forschungsfeld Stadt. Zur Geschichte der volkskundlichen Erforschung städtischer Lebensformen. Berlin (Reimer) = Lebensformen. Veröff. d. Inst. f. Volkskunde d. Univ. Hamburg 11.

•HENKEL, G. 2004[4]: Der Ländliche Raum. Gegenwart und Wandlungsprozesse seit dem 19. Jahrhundert in Deutschland. Stuttgart (Teubner) = Teubner Studienb. d. Geogr.

HENKEL, G. 2015[3]: Das Dorf. Landleben in Deutschland - gestern und heute. Darmstadt (WBG).

•HENKEL, R. 1998: Geographische Stadtforschung im Zeitalter der Globalisierung. In: G. RINSCHEDE u. J. GAREIS (Hg.): 26. Dt. Schulgeographentag Regensburg 1998. Tagungsbd. II. Regensburg (Inst. f. Geogr. d. Univ.):11-19 = Regensburger Beitr. z. Didaktik d. Geogr. 5.

•HENNINGER, S. (Hg.) 2011: Stadtökologie. Bausteine des Ökosystems Stadt. Paderborn (Schöningh) = UTB 3559.

HENNINGS, G. u. a. 1980: Dezentralisierung von Metropolen in Entwicklungsländern. Elemente einer Strategie zur Förderung von Entlastungsorten. Dortmund (Inst. f. Raumpl., IRPUD) = Dortmunder Beitr. z. Raumpl. 10.

HENNINGS, G. u. S. MÜLLER (Hg.) 1998: Kunstwelten. Künstliche Erlebniswelten und Planung. Dortmund (Inst. f. Raumpl. d. Univ.) = Dortmunder Beitr. z. Raumpl. 85.

HERFERT, G. 2002: Von der Suburbanisierung zur Reurbanisierung? Polarisierte Entwicklungstrends in Sachsen, Sachsen-Anhalt und Thüringen. In: RuR 60 (5/6): 334-344.

HERFERT, G. 2004a: Die ostdeutsche Schrumpfungslandschaft. Schrumpfende und stabile Regionen, Städte und Wohnquartiere. In: GR 56 (2): 57-62.

HERFERT, G. 2004b: Siedlungsentwicklung. In: DIFU (Hg.): Der Aufbau Ost als Gegenstand der Forschung. Untersuchungsergebnisse seit 1990. Berlin (Difu): 22-37 = Raumo. 11.

HERFERT, G. 2009: Reurbanisierung der Bevölkerung in Ostdeutschland. Ein neuer städtischer Entwicklungspfad? In: GS (182): 25-33.

HERFERT, G. u. M. SCHULZ 2002: Wohnsuburbanisierung in Verdichtungsräumen. In: IFL (Hg.): Nationalatlas Bundesrepublik Deutschland 5: Dörfer und Städte. Mithg.: K. FRIEDRICH u. a. Heidelberg u. a. (Spektrum):124-127.

HERRLE, O., D. IPSEN, S. NEBEL u. H. WEICHLER 2008: Wie Bauern die mega-urbane Landschaft in Südchina prägen. Zur Rolle der „Urban Villages" bei der Entwicklung des Perlflussdeltas. In: GR 60 (11):38-46.

HERMANN, S., U. IMME u. G. MEINLSCHMIDT (1998[2]): Sozialstrukturatlas Berlin 1997. - Eine disaggregierte statistische Sozialraumanalyse -. Hg.: SENATSVERWALTUNG FÜR GESUNDHEIT UND SOZIALES BERLIN. Berlin (Senatsverw. f. Gesundheit u. Soziales)

HERRMANN, H. u. a. (Hg.) 2011: Die Besonderheit des Städtischen. Entwicklungslinien der Stadt(soziologie). Wiesbaden (VS Verl. f. Sozialwiss.) = Stadt, Raum u. Ges.

HERRNLEBEN, H.-G. 1985: Brasilia. 25 Jahre Hauptstadt von Brasilien. In: geogr. heute 6 (33):34-39.

HESSE, J. J. (Hg.) 1989: Kommunalwissenschaften in der Bundesrepublik Deutschland. Baden-Baden (Nomos) = Schr. z. komm. Wiss. u. Praxis 2.

HESSE, M. 2004: Mitten am Rand. Vorstadt, Suburbia, Zwischenstadt. In: Kommune 5: 70-74.

HESSE, M. 2010a: Raum und Zeit: neue Muster aktionsräumlichen Handelns. In: C.-C. WIEGANDT (Hg.): Neue Informations- und Kommunikationstechnologien. = Die alte Stadt 37 (2): 123-134.

HESSE, M. 2010b: Reurbanisierung oder Metropolisierung? - Entwicklungspfade, Kontexte, Interpretationsmuster. In: disP 180:36-46.

HESSE, M. 2010c: Metropolitane Peripherien in Deutschland. Ein empirischer Überblick. In: disP 181 (2): 69-79

HESSE, M. 2011: Räume und Raumstrukturen der Kultur- und Kreativwirtschaft. In: BBSR (Hg.): Kultur- und Kreativwirtschaft in Stadt und Region. Bonn (BBR): 35-51.

HESSE, M. u. R. KALTENBRUNNER 2005: Zerrbild <Zersiedelung>. Anmerkungen zum Gebrauch und zur Dekonstruktion eines Begriffs. In: DISP 160:16-22.

HESSE, M. u. B. LANGE 2012: Paradoxes of the Creative Cities. Contested territories and creative upgrading - the case of Berlin, Germany. In: Erde 143 (4):351-371.

HESSE, M. u. S. SCHMITZ 1998: Stadtentwicklung im Zeichen von "Auflösung" und Nachhaltigkeit. In: IzR (7/8): 435-453.

HESSE, M. u. S. SCHMITZ 2000: Suburbanisierung - Versuch einer Präzisierung von Befunden, Problemsicht, Strategien. In: P. MOSER u. J. BREUSTE (Hg.): Ostdeutsche Stadt-Umland-Regionen unter Suburbanisierungsdruck. Bericht zum Workshop am 4.11.1999 im Umweltzentrum Leipzig-Halle GmbH. Leipzig (UFZ): 26-29 = UFZ-Ber. 14.

HESSE, M. u. B. TROSTORFF 2006: Wohnmilieus - Räumliche Bindung versus Entankerung. In: K. J. BECKMANN u. a. (Hg.): StadtLeben - Wohnen, Mobilität und Lebensstil. Neue Perspektiven für die Raum- und Verkehrsentwicklung. Wiesbaden (VS Verl. f. Sozialwiss.): 187-209.

HESSE, M. u. a. 2016: Suburbia - quo vadis? Mögliche Zukünfte und Handlungsstrategien im den suburbanen Raum. In: BBSR (Hg.): Im Schatten der Reurbanisierung? Suburbias Zukünfte. Stuttgart (Steiner) = IzR (3): 275-287.

HETTNER, A. 1895: Die Lage der menschlichen Ansiedelungen. In: GZ 1 (7): 361-375.

HEWITT, K., J. NIPPER u. M. NUTZ 1993: Städte nach dem Krieg. Aspekte des Wiederaufbaus in Deutschland. In: GR 45 (7-8):438-445.

HILL, A. u. A. PROSSEK (Hg.) 2012: Metropolis und Region. Aktuelle Herausforderungen für Stadtforschung und Raumplanung. Detmold (Rohn) = Metropolis u. Region 8.

HILL, A. u. K. WIEST 2004: Gentrification in ostdeutschen Citygebieten? Theoretische Überlegungen zum empirischen Forschungsstand. In: Ber. z. dt. Landesk. 78 (1): 25-39.

HILLEBRECHT, R. 1962: Städtebau und Stadtentwicklung. In: Arch. f. Kom.wiss. 1: 41-64.

HILLMANN, K.-H. 2007[5]: Wörterbuch der Soziologie. Stuttgart (Kröner)

HÖGER, K. 2007: Brandhubs: Markenzeichen im

Stadtraum. In: IzR (12): 705-718.

HÖGNER, B. 2008: „Typ Berlin". Das Corbusierhaus in Charlottenburg. Hg.: H. E. ROTH. Berlin (Jovis).

HÖHFELD, V. 1995: Türkei. Schwellenland der Gegensätze. Gotha (Perthes) = Perthes Länderpr.

HÖHNE, J. u. K. JAENSCH 1998: Unterschiede und Gemeinsamkeiten der Zentrenentwicklung in den alten und neuen Bundesländern. In: BBR (Hg.): Zentren. Auf dem Weg zur europäischen Innenstadt. Bonn (BBR) = IzR (2/3): 181-189.

HÖLLHUBER, D. 1976: Wahrnehmungswissenschaftliche Konzepte in der Erforschung innerstädtischen Umzugsverhaltens. Karlsruhe (Geogr. Inst.)= Karlsruher Manuskripte z. Math. u. Theor. Wirtschafts- u. Sozialgeogr. 19.

HOEPFNER, W. (Hg.) 1997: Frühe Stadtkulturen. Heidelberg u. a. (Spektrum) = Verständliche Forsch.

HOFFMEYER-ZLOTNIK, J. 1977: Gastarbeiter im Sanierungsgebiet. Das Beispiel Berlin-Kreuzberg. Hamburg (Christians) = Beitr. z. Stadtf. 1.

HOFMEISTER, B. 1971: Stadt und Kulturraum Angloamerika. Braunschweig (Vieweg).

•HOFMEISTER, B. 1982a: Urbanisierung. Prozesse - Raum-zeitliche Varianten - Theorien. In: GS 4 (18): 1-11.

HOFMEISTER, B. 1982b: Die Stadt in Australien und USA. Ein Vergleich ihrer Strukturen. In: Mitt. d. Geogr. Ges. in Hamburg 72: 3-35.

HOFMEISTER, B. 1982c: Die Stadtstruktur im interkulturellen Vergleich. In: GR 34 (11): 482-488.

HOFMEISTER, B. 1984: Der Stadtbegriff des 20. Jahrhunderts aus der Sicht der Geographie. In: Die alte Stadt. 11 (3): 197-213.

HOFMEISTER, B. 1987: Wilhelminischer Ring und Villenkoloniengründung. Sozioökonomische und planerische Hintergründe simultaner städtebaulicher Prozesse im Großraum Berlin 1860 bis 1920. In: H. HEINEBERG (Hg.): Innerstädtische Differenzierung und Prozesse im 19. und 20. Jahrhundert. Geographische und historische Aspekte. Köln u. a. (Böhlau): 105-117 = Städtef. A/25.

HOFMEISTER, B. 1988: Australia and its urban centres. Berlin (Borntraeger) = Urbanisierung d. Erde 6.

•HOFMEISTER, B. 1989: Stadtgeographie. Entwicklungsphasen und wechselnde Forschungsschwerpunkte. In: Die alte Stadt 16 (2-3): 411-420.

HOFMEISTER, B. 1990² (1. Aufl. 1975): Berlin (West). Eine geographische Strukturanalyse der zwölf westlichen Bezirke. Darmstadt (WBG)= Wiss. Länderk. 8 (Bundesrepublik Deutschland u. Berlin (West), I. Berlin (West).

HOFMEISTER, B. 1995: Städtewesen. In: E. LÖFFLER u. R. GROTZ: Australien. Darmstadt (WBG):317-367.

•HOFMEISTER, B. 1996³ (1. Aufl. 1980): Die Stadtstruktur. Ihre Ausprägung in den verschiedenen Kulturräumen der Erde. Darmstadt (WBG) = Erträge d. Forsch. 132.

•HOFMEISTER, B. 1999⁷ (1994⁶): Stadtgeographie. Braunschweig (Westermann) = Das Geogr. Seminar.

HOFMEISTER, B. 2004: The study of urban form in Germany. In: Urban Morphology 8 (1): 3-12.

HOFMEISTER, H.-G. 2003: Mexico-City - Eine Metropole des Südens im globalen Restrukturierungsprozeß. Kassel (univ. press).

HOHN, A. u. U. HOHN 2002: Stadterneuerung. In: IfL (Hg.): Nationalatlas Bundesrepublik Deutschland. 5: Dörfer und Städte. Mithg.: K. FRIEDRICH u. a.

Heidelberg u. a. (Spektrum): 116-119.

HOHN, U. 1990: Deutsche Städte im Luftkrieg - eine Schadensbilanz auf der Basis der Wohnungstotalzerstörungen. In: Erdkunde 44 (4): 268-281.

HOHN, U. 1991: Die Zerstörung deutscher Städte im Zweiten Weltkrieg. Regionale Unterschiede in der Bilanz der Wohnungstotalschäden und Folgen des Luftkrieges unter bevölkerungsgeographischem Aspekt. Dortmund (Dortmunder Vertrieb f. Bau- u. Planungsliteratur) = Duisburger Geogr. Arb. 8.

HOHN, U. 2000: Stadtplanung in Japan. Geschichte - Recht - Praxis - Theorie. Dortmund (Dortmunder Vertrieb f. Bau- u. Planungsliteratur).

HOHN, U. 2001: Von Teleport zu Rainbow Town: Stadterweiterung und Stadtumbau an der Waterfront Tokios zwischen „global" und „lokal", „top down" und „bottom up". In: D. SCHUBERT (Hg.): Hafen- und Uferzonen im Wandel. Analysen und Planungen zur Revitalisierung der Waterfront in Hafenstädten. Berlin (Leue Verl.): 451-482.

HOHN, U. 2002a: Renaissance innerstädtischen Wohnens in Tôkyô. In: GR 54 (6): 4-11.

HOHN, U. 2002b: Stadterneuerung und Stadtumbau in der Megastadt und Global City Tôkyô: Leitbilder, Projekte und Akteure. In: Jb. Stadterneuerung 2002, Beitr. aus Lehre u. Forsch. an deutsch-sprachigen Hochschulen. Berlin: 231-254.

HOHN, U. 2004: Wachstum, Reurbanisierung und selektives Schrumpfen in Tôkyô. In: U. ALTROCK u. D. SCHUBERT (Hg.): Wachsende Stadt. Leitbild - Utopie - Vision? Wiesbaden (VS Verl. f. Sozialwiss.): 165-184.

HOHN, U. 2005: Megastadt und Global City Tôkyô: Aktuelle Trends der Stadtentwicklung und das Entstehen neuer urbaner Räume. In: Vorstand d. Landesverbandes NRW im Verband Dt. Schulgeographen e. V. (Hg.): Schulgeographie. Warum brauchen wir den Erdkundeunterricht? Braunschweig (Westermann): 69-84 = Mitt. d. Landesverbandes NRW im Verband Dt. Schulgeographen e. V., Sonderheft.

HOHN, U. 2009: Zukunft wird gemacht: Urban Renaissance in der Global City Tôkyô. In: L. BASTEN, L. (Hg.): Metropolregionen - Restrukturierung und Governance. Deutsche und internationale Fallstudien. Dortmund (Rohn): 113-147 = Metropolis u. Region 3.

HOHN, U. 2013: Strategischer Stadtumbau in Osaka im Zeichen der Urban Renaissance-Politik. In: GR 65 (3) :38-35.

HOLM, A. 2011: Gentrification in Berlin: Neue Investitionsstrategien und lokale Konflikte. In: H. HERRMANN, u. a. (Hg.): Die Besonderheit des Städtischen. Entwicklungslinien der Stadt(soziologie). Wiesbaden (VS Verl. f. Sozialwiss.): 213-232.

HOLZ, I.-H. 1994: Stadtentwicklungs- und Standorttheorien unter Einbeziehung des Immobilienmarktes. Mannheim (Geogr. Inst. d. Univ.) = Mannheimer Geogr. Arb. 36.

HOLZNER, L. 1972: Sozialsegregation und Wohnviertelsbildung in amerikanischen Städten: dargestellt am Beispiel Milwaukee, Wisconsin. In: Räumliche und zeitliche Bewegungen. Methodische und regionale Beiträge zur Erfassung komplexer Räume. Würzburg (Geogr. Inst.): 153-182 = Würzburger Geogr. Arb. 37.

HOLZNER, L. 1981: Die kultur-genetische Forschungsrichtung in der Stadtgeographie - eine nichtpositivistische Auffassung. In: Erde 112: 173-184.

HOLZNER, L. 1990: Stadtland USA. Die Kulturlandschaft des American Way of Life. In: GR 42 (9): 468-475.

HOLZNER, L. 1996: Stadtland USA: Die Kulturlandschaft des American Way of Life. Gotha (Klett-Perthes) = PM, Erg.-H. 291.

HOPFINGER, H. 2007: Städte- und Shoppingtourismus als postmoderne Wachstumsmaschinen. In: A. GÜNTER u. a. (Hg.): Tourismusforschung in Bayern. Aktuelle sozialwissenschaftliche Beiträge. München (Profil): 103-107.

HOPKINS, A. W. u. J. HOSKIN 1995: Bangkok by design. Architectural diversity in the City of Angels. Bangkok (Post Books).

HOPPMANN, M. u. M. AXTNER 2005: Wie Phönix aus der Asche - Geschäftspassagen und Handel in der City. In: H. SCHMIDT u. a. (Hg.): Der Leipzig Atlas. Köln (Emons): 180-181.

HOREN, B. v. 2005: Hanoi. In: Cities 22 (2): 161-173.

HOTZAN, J. 2004[3]: dtv-Atlas Stadt. Von den ersten Gründungen bis zur modernen Stadtplanung. München (DTV) = dtv-Atlas 3231.

HOWARD, E. 1898: To-morrow! A peaceful path to real reform. London (Swan Sonnenschein).

HOWARD, E. 1902: Garden Cities of to-morrow. London (Swan Sonnenschein).

HOYLER, M. 2004: London und Frankfurt als Weltstädte. Globale Dienstleistungszentren zwischen Kooperation und Wettbewerb. In: GR 56 (4): 26-31.

HOYT, H. 1939: The structure and growth of residential neighborhoods in American cities. Washington (Federal Housing Ass.).

HÜBLER, K.-H. 1999: Genügen die klassischen normativen Siedlungsstrukturkonzepte den Anforderungen in der nachhaltigen Raumentwicklung? In: RuR 57 (4): 241-249.

HÜLS, K. 2016b: Bottrop - InnovationCity Ruhr. In: R. GROTHUES, K.-H. OTTO u. M. WIENEKE (Hg.) Westfalen Regional 3. Münster (Aschendorff): 114-115 = Städte u. Landschaft in Westfalen 41.

HUFFSCHMID, K. u. K. WILDNER (Hg.) 2013: Stadtforschung aus Lateinamerika. Neue Urbane Szenarien: Öffentlichkeit - Territorialität - Imaginarios. Bielefeld (transcript).

HUNGER, B. 1994: Die Bedeutung großer Neubaugebiete in der Wohnungs- und Städtebaupolitik der DDR - historischer Rückblick. In: IzR (9): 595-609.

HUNGER, B. 2003: Wo steht der Stadtumbau Ost - und was kann der Osten davon lernen? In: IzR (10/11): 647-656.

HUNTINGTON, S. P. 1996: Der Kampf der Kulturen. Die Neugestaltung der Weltpolitik im 21. Jahrhundert. München (Europa-Verl.).

HUSA, K. u. H. WOHLSCHLÄGL (Hg.) 1999: Megastädte der Dritten Welt im Globalisierungsprozeß. Mexico City, Jakarta, Bombay - Vergleichende Fallstudien in ausgewählten Kulturkreisen. Wien (Inst. f. Geogr. d. Univ.) = Abhn. z. Geogr. u. Re-gionalforsch. 6.

HUYNH, D. (2015): The misuse of urban planning in Ho Chi Minh City. In: Habitat International 48: 11-19.

ICHX, W. 2002: Los fraccionamientos cerrados en la Zona Metropolitana de Guadalajara. In: L. F. CABRALES BARAJAS (coord.): Latinoamérica: países abiertos, ciudades cerradas. Guadalajara (Universidad de Guadalajara, Centro Universitario de Ciencias Sociales y Humanidades): 117-141.

•IFL (Hg.) 2002: Nationalatlas Bundesrepublik Deutschland. 5: Dörfer und Städte. Mithg.: K. FRIEDRICH u. a. Heidelberg u. a. (Spektrum).

*INST. FÜR VERGLEICHENDE STÄDTEGESCHICHTE (Hg.) (1973ff.): Deutscher Städteatlas. Lfg. I-V, hg. v. H. STOOB; ab Lfg. VI, hg. v. W. EHBRECHT, P. JOHANEK u. J. LAFRENZ, ab 2005: Deutscher Historischer Städteatlas. Münster.

IPSEN, D. 1992: Über den Zeitgeist der Stadterneuerung. In: Die alte Stadt 19: 16-29.

IRSIGLER, F. 1999: Städtelandschaften und kleine Städte. In: H. FLACHENECKER u. R. KIESSLING (Hg.): Städtelandschaften in Altbayern, Franken und Schwaben. München (Beck): 13-38 = ZBLG Beih. 15.

IRSIGLER, F. 2001: Die Stadt im Mittelalter. Aktuelle Forschungstendenzen. In: C.-H. HAUPTMEYER u. J. RUND (Hg.): Goslar und die Stadtgeschichte. Forschungen und Perspektiven 1399-1999. Bielefeld (Verl. f. Regionalgesch.): 57-74, 257-310 (Quellen- u. Literaturverzeichnis = Beitr. z. Gesch. d. Stadt Goslar, Goslaer Fundus, 48.

IRSIGLER, F. 2004: Überlegungen zur Konstruktion und Interpretation mittelalterlicher Stadttypen. In: P. JOHANEK u. F.-J. POST (Hg.): Vielerlei Städte. Der Stadtbegriff. Köln u. a. (Böhlau): 107-119 = Städtef. A/61.

ISARD, W. 1956: Location and space-economy. A general theory relating to industrial location, market areas, land use, trade, and urban structure. New York u. a. (Wiley u. a.).

ISENBERG, G. 1957: Die Ballungsgebiete in der Bundesrepublik Deutschland. Bad Godesberg (Inst. f. Raumf.) = Veröff. d. Inst. f. Raumf., Vorträge 6.

ISENBERG, G. u. B. SCHOLKMANN (Hg.) 1997: Die Befestigung der mittelalterlichen Stadt. Köln u. a. (Böhlau) = Städtef. A/45.

JAGNOW, E. u. H. WACHOWIAK 2000: Städtetourismus zwischen Geschäftsreisen und Events. In: IFL (Hg.): Nationalatlas Bundesrepublik Deutschland 10: Freizeit und Tourismus. Heidelberg (Spektrum): 108-111.

JANOSCHKA, M. 2002a: Stadt der Inseln - Buenos Aires: Abschottung und Fragmentierung als Kennzeichen eines neuen Raummodells. In: Raumpl. 101 (April): 65-70.

JANOSCHKA, M. 2002b: Die Flucht vor Gewalt? Stereotype und Motivationen beim Andrang auf *barrios privados* in Buenos Aires. In: GH 57 (4): 290-299.

*JANSEN, H., G. RITTER, D. WIKTORIN, E. GOHRBANDT u. G. WEISS 2003: Der historische Atlas Köln. 2000 Jahre Stadtgeschichte in Karten und Bildern. Köln (Emons).

JARRIGE, J.-F. u. R. H. MEADOW 1997: Vorläufer der Stadtkultur im Indus-Tal. In: H. HOEPFNER (Hg.): Frühe Stadtkulturen. Heidelberg u. a. (Spektrum): 16-25.

JENNE, A. 2005: Strategisches Controlling im Stadtmarketing für den innerstädtischen Einzelhandel in Klein- und Mittelstädten. Münster (Inst. f. Geogr. d. Univ.) = Münstersche Geogr. Arb. 49.

JENNE, A. 2006: Der Einzelhandel in Grund- und

Mittelzentren. Rahmenbedingungen, Trends und neue Herausforderungen. In: H. HEINEBERG u. A. JENNE (Hg.): Angebots- und Aktzeptanzanalysen des Einzelhandels in Grund- und Mittelzentren. Fallstudien Attendorn, Dorsten, Hilden, Hörstel und Nordhorn. Münster (GeKo): 1-17 = Westf. Geogr. Stud. 53.

JESSEN, J. 1995: Nutzungsmischung im Städtebau. Trends und Gegentrends. In: IzR (6/7): 391-404.

JESSEN, J. 1999: Planung städtebaulicher Nutzungsmischung in Europa. Erfahrungen und Empfehlungen. In: BBR (Hg.): Planung städtebaulicher Nutzungsmischung in Stadterweiterungs- und Stadtumbauvorhaben in Europa. Bonn (BBR): 3-33 = Werkstatt: Praxis 2.

JESSEN, J. 2000: Leitbild kompakte und durchmischte Stadt. In: GR 52 (7-8): 48-50.

JESSEN, J. 2005⁴: Leitbilder der Stadtentwicklung. In: ARL (Hg.): Handwörterbuch der Raumordnung. Hannover (ARL): 602-608.

JESSEN, J. 2010: Identität und Stadtzentren - das Beispiel Berlin. Tübingen (Geogr. Inst.): 117-126 = Tübinger Geogr. Stud 149.

JOHANEK, P. 1994: Landesherrliche Städte - kleine Städte. Umrisse eines europäischen Phänomens. In: J. TREFFEISEN u. K. ANDERMANN (Hg.): Landesherrliche Städte in Südwestdeutschland. Sigmaringen (Thorbecke): 9-25 = Oberrhein. Stud. 12.

JOHANEK, P. 2008 (Hg.): Die Stadt und ihr Rand. Köln u. a. (Böhlau) = Städtef. A/70.

JOHANEK, P. 2012: Europäische Stadtgeschichte. Ausgewählte Beiträge. Hg.: W. FREITAG u. M. SIEKMANN. Köln u. a. (Böhlau) = Städtef. A/86.

JOHANEK, P. u. F.-J. POST (Hg.) 2004: Vielerlei Städte. Der Stadtbegriff. Köln u. a. (Böhlau) = Städtef. A/61.

•JUCHELKA, R., A. KREUS u. N. VON DER RUHREN 2003: Leitbilder der Stadtentwicklung. Köln (Aulis Verl. Deubner) = Unterrichtspraxis SII, Geogr.: Gesellschaftliche Strukturen 15.

JÜRGENS, U. 1994a: Post-sozialistische Transformation der Einzelhandelsstrukturen in Leipzig. In: Erdkunde 48 (4): 302-314.

JÜRGENS, U. 1994b: Saalepark und Sachsenpark. Großflächige Einkaufszentren im Raum Leipzig-Halle. In: GR 46 (9): 516-523.

JÜRGENS, U. 1995: Großflächiger Einzelhandel in den neuen Bundesländern und seine Auswirkungen auf die Lebensfähigkeit der Innenstädte. In: PM 139, (3): 131-142.

JÜRGENS, U. 1998: Einzelhandel in den neuen Bundesländern - die Konkurrenzsituation zwischen Innenstadt und „Grüner Wiese" dargestellt anhand der Entwicklungen in Leipzig, Rostock und Cottbus. Kiel (Geogr. Inst. d. Univ.) = Kieler Geogr. Schr. 98.

JÜRGENS, U. 2005: Informelles Wohnen in Johannesburg. In: GS 27 (157): 20-25.

JÜRGENS, U. 2010: Bevölkerung, Ethnien und Postapartheid in Südafrika. In: Südafrika (Westermann): 10-13 = Diercke 360°.

JÜRGENS, U. u. J. BÄHR 1998: Johannesburg: Stadtgeographische Transformationsprozesse nach dem Ende der Apartheid. Kiel (Geogr. Inst. d. Univ.) = Kieler Arbeitspapiere z. Landesk. u. Raumo. 38.

JÜRGENS, U. u. J. BÄHR 2002: Das Südliche Afrika. Gesellschaftliche Umbrüche zu Beginn des 21.

Jahrhunderts - Zusammenwachsen einer Region im Schatten Südafrikas. Gotha/Stuttgart (Klett-Perthes) = Perthes Regionalprofile.

JÜRGENS, U. u. M. GNAD 2000: Gated communities in Südafrika - Untersuchungen im Großraum Johannesburg. In: Erdkunde 54 (3): 198-207.

JUNKER, R. u. G. KÜHN 1999: Innerstädtische Einkaufszentren. Anforderungen und Integration. Hg.: MASSKS NRW. Düsseldorf (MASSKS).

JURCZEK, P., S. VOLKER u. V. VOGEL 1999: Sächsisch-Bayerisches Städtenetz - ExWoSt-Modellvorhaben zur Kooperation der Städte Bayreuth, Chemnitz, Hof, Plauen und Zwickau. Kronach u. a. (Link) = Kommunal- u. Regionalstud. 29.

JURCZEK, P. u. M. WILDENAUER 2000: Städtenetze - ein neues Instrument der Raumordnung. In: IfL (Hg.): Nationalatlas Bundesrepublik Deutschland 1: Gesellschaft und Staat. Mithg. v. G. HEINRITZ u. a.. Heidelberg u. a. (Spektrum): 70-71.

KABISCH, S., M. BERNT u. A. PETER 2004: Stadtumbau unter Schrumpfungsbedingungen. Eine sozialwissenschaftliche Fallstudie. Wiesbaden (VS Verl. f. Sozialwiss.).

KABISCH, S. u. K. GROSSMANN 2009: Große Siedlungen - große Potenziale. Chancen für ein neues Leitbild für Großwohnsiedlungen im Zuge der klimagerechten Stadtentwicklung. In: GS (182):34-39.

KAGERMEIER, A. 1997: Siedlungsstruktur und Verkehrsmobilität. Eine empirische Untersuchung am Beispiel von Südbayern. Dortmund (Dortmunder Vertrieb f. Bau- u. Planungsliteratur) = Verkehr spezial 3.

KAGERMEIER, A. 2008: Städtetourismus zwischen Kultur und Kommerz. Grundlagen zu einem sich dynamisch entwickelnden touristischen Angebots-segment. In: T. FREYTAG u. A. KAGERMEIER (Hg.): Städtetourismus zwischen Kultur und Kommerz. München/Wien (Profil): 13-24 = Stud. z. Freizeit- u. Tourismusforsch. 1.

KAGERMEIER, A. 2016: Tourismusgeographie. Einführung. Konstanz (UVK-Verl.-Ges.) = UTB 4421.

KAGERMEIER, A. u. J. ARLETH 2009: Potentiale des historischen Erbes. Neue Wege im kulturorientierten Städtetourismus. In: GR 61 (2): 12-19.

KAGERMEIER, A. u. a. 2016 : Mit Auto, Brille, Fon und Drohne. Aspekte neuen Reisens im 21. Jahrhundert. Mannheim (Profil): 67-94 = Stud. z. Freizeit- u. Tourismusforsch. 11.

KAISER, C. u. K. FRIEDRICH 2000: Chancen und Probleme ostdeutscher Stadtzentren in Konkurrenz zu peripheren Standorten. In: Zs. f. Wirtschaftsgeogr. 44 (2): 100-112.

KALTENBRUNNER, R. 2002: Bedeutung und Wandel von Leitbildern". Folgerungen aus der „Metropolisierung" Shanghais 1927-2002. In: RuR 60 (5-6): 393-404.

KALTENBRUNNER, R. 2008: Die Köpfe des Drachen. Kontinuität und Wandel in der Stadt- und Raumentwicklung der VR China. In: IzR (8): 471-483.

KALTENBRUNNER, R. 2009: Baukultur als gesellschaftliches Phänomen und politische Aufgabe. In: GR 61 (7-8): 48-53.

KAMP-MURBÖCK, M. u. C. SCHÄFER 2009: Wie die Prinzipien des Stadtumbaus Einzug in die Praxis halten. Fortschritt und Verstetigung am Beispiel ExWoSt-Stadtumbau West. In: IzR (7): 481-492.

KANITSCHEIDER, S. 2002: *Condominios* und *fraccionamientos cerrados* in Mexiko-Stadt - Sozialräumliche Segregation am Beispiel abgesperrter Wohnviertel. In: GH 57 (4): 253-263.

KAPPAS, M. 2012²: Geographische Informationssysteme (GIS). Braunschweig (Westermann) = Das Geogr. Seminar.

KAPPHAN, A. 2004: Berlin: Stadtentwicklung und Segregation in der Hauptstadt. In: GR 56 (9): 48-52.

KARGER, A. u. F. WERNER 1982: Die sozialistische Stadt. In: GR 34 (11): 519-528.

KARRASCH, H. 2000: Los Angeles - Traumstadt mit Problemen. In: H. KARRASCH u. a. (Hg.): Megastädte - Weltstädte (Global Cities). Heidelberg (Heidelberger Geogr. Ges.):33-58 = HGG-Journal 15.

KEELING, D. J. 1995: Transport and the world city paradigm. In: P. L. KNOX u. P. J. TAYLOR (Ed.): World cities in a world-system. Cambridge (Cambridge Univ. Press): 115-131.

KEIL, A. u. B. WETTERAU 2013: Metropole Ruhr. Landeskundliche Betrachtung eines neuen Ruhrgebiets. Essen (Regionalverband Ruhr).

KEMPER, F.- J. 2006: Metropolen: Merkmale, Konzepte, Perspektiven. In: H.-D. SCHULTZ (Hg.): Metropolitanes & Mediterranes. Beiträge aus der Humangeographie. Berlin (Geogr. Inst. d. Humboldt-Univ.): 1-20 = Berliner Geogr. Arb. 107.

KILCHENMANN, A. u. H.-G. SCHWARZ-VON RAUMER (Hg.) 1999: GIS in der Stadtentwicklung. Methodik und Fallbeispiele. Berlin (Springer).

KILLISCH, W. u. M. SIEDHOFF 2005: Probleme schrumpfender Städte. In: GR 57 (10): 60-67.

KILPPER, G. u. a. 1985: Wohnumfeldverbesserung. Analyse, Planung und Durchführung nach Wohngebietstypen. Wiesbaden (Bauverl.).

KING, A. D. 1990 (Reprint 1991): Global cities. Post-Imperialism and the internationalization of London. London (Routledge) = The Internat. Library of Sociology.

KIRCHBERG, V. 2010: Kreativität und Stadtkultur. Stadtsoziologische Deutungen. In: Jahrbuch StadtRegion 2009/10, Opladen (Leske + Budrich): 19-44.

KIRCHBERG, V. u. A. GÖSCHEL (Hg.) 1998: Kultur in der Stadt. Stadtsoziologische Analysen zur Kultur. Opladen (Leske + Budrich).

KLAGGE, B. 2001: „Armutsghettos" in westdeutschen Städten? Konzeptionelle Überlegungen und empirische Befunde. In: Erde 132 (2): 141-160.

KLAGGE, B. 2005: Armut in westdeutschen Städten. Strukturen und Trends aus stadtteilorientierter Perspektive - eine vergleichende Langzeitstudie der Städte Düsseldorf, Essen, Frankfurt, Hannover und Stuttgart. Stuttgart (Steiner) = Erdkundliches Wissen 137.

KLAGGE, B. u. S. DÖRRY 2015: Geographie der Finanzwirtschaft. In: GR 67 (2): 4-9.

KLATTE, K. 2004: Indische Megastädte im Zeitalter der Globalisierung – das Beispiel Bombay. Münster (Unveröff. Hausarb. f. d. Lehramt Sek.-stufen II/I).

KLEE, A. 2001: Der Raumbezug von Lebensstilen in der Stadt. Ein Diskurs über eine schwierige Beziehung mit empirischen Befunden aus der Stadt Nürnberg. Passau (L. I. S. Verl.) = Münchener Geogr. H. 83.

KLEIN, K. (Hg.) 2013: Handelsimmobilien. Theoretische Ansätze, empirische Ergebnisse. Mannheim (MetaGIS Infosysteme) = Geogr. Handelsf. 19.

KLEMME, M. 2011: Wenn Wachstum zum Dogma

wird. Stadtentwicklung unter Schrumpfungsbedingungen. In: Online-Publikation der Dt. Ges. Demographie e.V., Nr. 1/2011.

KLING, R. u. a. 1995: Postsuburban California: The transformation of postwar Orange County. Los Angeles (Univ. of California Press).

KLINGBEIL, D. 1978: Aktionsräume im Verdichtungsraum. Kallmünz/Regensburg (Lassleben) = Münchener Geogr. H. 41.

KLÖPPER, R. 1995: Stadttypologien. In: ARL (Hg.): Handwörterbuch der Raumordnung. Hannover (ARL): 911-916.

KLUCZKA, G. 1970a: Nordrhein-Westfalen in seiner Gliederung nach zentralörtlichen Bereichen. Eine geographisch-landeskundliche Bestandsaufnahme 1964-1968. Düsseldorf (Wingen) = Landesentwicklung, Schriftenr. d. Ministerpräsidenten d. Landes Nordrhein-Westfalen 27.

KLUCZKA, G. 1970b: Zentrale Orte und zentralörtliche Bereiche mittlerer und höherer Stufe in der Bundesrepublik Deutschland. Bonn-Bad Godesberg (BfLR) = Forsch. z. dt. Landesk. 194.

KLÜTER, H. 1994: Sozialgeographie. Raum als Objekt menschlicher Wahrnehmung und Raum als Element sozialer Kommunikation. Vergleich zweier humangeographischer Ansätze. In: Mitt. d. Österr. Geogr. Ges. 136: 143-178.

KNABE, S. 2008: Entwicklungsperspektiven für Wohngebiete der 1960er Jahre in Ostdeutschland. Ein großstädtisches Wohnungsmarktsegment unter demographischem Anpassungsdruck. Leipzig (DAL) = Forsch. z. dt. Landesk. 256.

KNIELING, J. (Hg.) 2009: Metropolregionen. Innovation, Wettbewerb, Handlungsfähigkeit. Hannover (ARL) = Forsch.- u. Sitzungsber. d. ARL, Metropolregionen u. Raumentw. 3.

•KNOX, P. L. u. S. PINCH 2010⁶: Urban social geography. An introduction. Harlow (Pearson Education Canada).

KOCH, M. u. a. 2001: Ökologische Stadtentwicklung. Innovative Konzepte für Städtebau, Verkehr und Infrastruktur. Stuttgart u. a. (Kohlhammer).

KÖHLER, G. u. B. SCHÄFERS 1986: Leitbilder der Stadtentwicklung in der Bundesrepublik Deutschland. In: Politik u. Zeitgesch., Beilage zu „Das Parlament" B 46-47: 29-39.

KOHLBACHER, J. u. U. REEGER 2006: Die Dynamik ethnischer Wohnviertel in Wien. Eine sozialräumliche Longitudinalanalyse 1981 und 2005. Wien (Österr. Akad. d. Wiss.) = ISR Forsch.-ber. 33.

KOLARS, J. F. u. J. D. NYSTUEN 1974: Human geography. Spatial design in world society. New York (McGraw-Hill Book Co.).

KOLB, A. 1962: Die Geographie und die Kulturerdteile. In: A. LEIDLMAIR (Hg.): HERMANN VON WISSMANN-Festschr. Tübingen (Geogr. Inst. d. Univ.): 42-49.

KOLB, F. 1997: Die Stadt im Antike. In: W. HOEPFNER, W. (Hg.): Frühe Stadtkulturen. Heidelberg u. a. (Spektrum): 72-84.

•KOPP, J. u. B. SCHÄFERS 2010¹⁰: Grundbegriffe der Soziologie. Wiesbaden (VG Verl. f. Sozialwiss.).

KORDA, M. (Hg.) 2005⁵: Städtebau. Technische Grundlagen. Stuttgart u. a. (Teubner).

KORFF, H.-R. 1996: Globalisierung und Megastadt. Ein Phänomen aus soziologischer Perspektive. In: GR 48, H. 2, S. 120-123.

KORFF, R. 1997: Globalisierung der Megastädte. In: P. FELDBAUER u. a. (Hg.): Mega-Cities. Die Metropolen des Südens zwischen Globalisierung und Fragmentierung. Frankfurt a. M. (Brandes u. Apsel/Südwind), S. 21-35 = Histor. Sozialkunde 12.

KOSCHATZKY, K. 1987: Trendwende im sozioökonomischen Entwicklungsprozeß Westmalaysias? Theorie und Realität. Hannover (Geogr. Ges.).

KOVÁCS, Z. u. R. WIESSNER (Hg.) 1997: Prozesse und Perspektiven der Stadtentwicklung in Ostmitteleuropa. Passau (L. I. S.) = Münchener Geogr. H. 76.

KRAAS, F. 1995: Bangkok. Probleme einer Megastadt in den Tropen Südostasiens. Köln (Aulis Verl. Deubner) = Problemräume d. Welt 16.

KRAAS, F. 1996: Bangkok. Ungeplante Megastadtentwicklung durch Wirtschaftsboom und soziokulturelle Persistenzen. In: GR 48 (2): 89-96.

KRAAS, F. 1997: Megastädte: Urbanisierung der Erde und Probleme der Regierbarkeit von Metropolen in Entwicklungsländern. In: U. HOLTZ (Hg.): Probleme der Entwicklungspolitik. Bonn (Bouvier): 139-178 = Cicero-Schr.-reihe 2.

KRAAS, F. 1998: Macau: koloniales Relikt vor der Übergabe an China. In: GR 50 (6): 369-375.

KRAAS, F. 2000: Verlust der Regierbarkeit: Globalisierungsprozesse und die Zunahme sozioökonomischer Disparitäten in Bangkok. In: Lokal verankert – weltweit vernetzt. 52. DGT Hamburg 2.-9. Oktober 1999. Tagungsber. u. wiss. Abhn. Hg.: H. H. BLOTEVOGEL u. a. Stuttgart (Steiner): 285-291.

KRAAS, F. 2002: Angkor und Pagan: Konflikte zwischen Schutz des Weltkulturerbes und Ferntourismus? In: H. KARRASCH u. a. (Hg.): Ferntourismus: Potentiale, Konflikte, Nachhaltigkeitsanspruch. Heidelberg (Heidelberger Geogr. Ges.): 125-149 = HGG-Journal 17.

KRAAS, F. 2003: Megacities as global risk areas. In: PGM 147 (4): 6-15.

KRAAS, F. 2004a: Aktuelle Urbanisierungsprozesse in Südostasien. In: GH 59 (1): 30-43.

KRAAS, F. 2004b: „Model City" Singapur: Visionen und Zukunftsplanungen. In: U. ALTROCK u. D. SCHUBERT (Hg.): Wachsende Stadt. Leitbild – Utopie – Vision? Wiesbaden (VS Verl. f. Sozialwiss./GWV Fachverl.): 198-210.

KRAAS, F. 2005a: Stadtentwicklung und Stadtvisionen in Südostasien. In: GR 57 (10): 68-72.

KRAAS, F. 2005b: Städte in Entwicklungsländern. In: geogr. heute (236): 26.

KRAAS, F. 2005c: Weltweite Verstädterung. In: geogr. heute (236): 27.

KRAAS, F. 2005d: Megastädte. In: geogr. heute (236):28.

KRAAS, F. 2008: Megacities as global risk areas. In: J. M. MARZLUFF u. a. (Eds.): Urban Ecology. An international perspective on the interaction between humans and nature. New York (Springer): 583-596.

KRAAS, F. 2010: Urbanisierung als weltweite Herausforderung. In: Globale Trends 2010. Frieden - Entwicklung - Umwelt. Hg.: T. DEBIEL u. a. Frankfurt a. M. (Fischer Taschenbuch Verl.): 181-199.

KRAAS, F. 2011²: Megastädte. In: H. GEBHARDT u. a. (Hg.): Geographie. Physische Geographie und Humangeographie. Heidelberg/Berlin (Spektrum): 879-885.

KRAAS, F. 2012: Das Hochwasser 2011 in Bangkok. In: GR 64 (1): 58-61.

KRAAS, F. 2016: Ökonomische Transformationen im Delta des Ayeyarwady/Myanmar. In: GR 68 (7/8): 24-29.

KRAAS, F. u. a. 2002: Städte, Metropolen und Megastädte: Dynamische Steuerungszentren und globale Problemräume. In: E. EHLERS u. H. LESER (Hg.): Geographie heute - für die Welt von morgen. Gotha/Stuttgart (Klett-Perthes): 27-35 = Perthes Geogr. Kolleg.

KRAAS, F., H. GAESE, MI MI KYI (Eds.) 2006: Megacity Yangon: Transformation processes and modern developments. Berlin = Southeast Asian Modernities 7.

KRAAS, F. u. U. NITSCHKE 2006: Megastädte als Motoren globalen Wandels. Neue Herausforderungen weltweiter Urbanisierung. In: Megastädte, Internationale Politik 61 (11): 18-28.

KRAAS, F. u. U. NITSCHKE 2008: Megaurbanisierung in Asien. Entwicklungsprozesse und Konsequenzen stadträumlicher Organisation. In: IzR (8): 447-456.

KRAAS, F. u. a. 2010: Yangon/Myanmar: Transformation processes and megaurban developments. In: GR International 6 (2): 26-37.

KRAAS, F. u. T. BORK 2012: Urbanisierung und internationale Migration: Versuch einer Standortbestimmung. In: F. KRAAS u. T. BORK (Hg.): Urbanisierung und internationale Migration. Migrantenökonomien und Migrationspolitik in Städten. Baden-Baden (Nomos): 13-30 = EINE Welt. Texte d. Stiftung Entwicklung u. Frieden 25.

KRAAS, F. u. a. (Hg.) 2014: Megacities. Our global urban future. Berlin u. a. (Springer) = Ser. 'International Year of Planet Earth'.

KRAAS, F. u. a. 2015: Yangon´s Urban Heritage. Reassessing the historic stages of development. In: E. AVRAMI (Ed.): Building the Future: The Role of heritage in the sustainable development of Yangon. World Monuments Fund. New York: 24-31.

KRABBE, W. R. 1989: Die deutsche Stadt im 19. und 20. Jahrhundert. Eine Einführung. Göttingen (Vandenhoeck & Ruprecht).

KRÄTKE, ST. 1995: Stadt, Raum, Ökonomie. Einführung in aktuelle Problemfelder der Stadtökonomie und Wirtschaftsgeographie. Basel (Birkhäuser) = Stadtf. aktuell 53.

KRÄTKE, ST. 1997: Globalisierung und Stadtentwicklung in Europa. In: GZ 85 (H. 2/3): 143-158.

KRÄTKE, ST. 2000: Stärkung und Weiterentwicklung des polyzentrischen Städtesystems in Europa. Schlussfolgerungen aus dem EUREK. In: IzR (3/4): 117-121.

KRÄTKE, ST. 2002: Medienstadt. Urbane Cluster und globale Zentren der Kulturproduktion. Opladen (Leske + Budrich).

KRÄTKE, ST. 2004: Berlin - Stadt im Globalisierungsprozess. In: GR 56 (4): 20-25.

KRÄTKE, ST. 2009: Die Metropolisierung des europäischen Stadtsystems. In: L. BASTEN (Hg.): Metropolregionen - Restrukturierung und Governance. Deutsche und internationale Fallstudien. Dortmund (Rohn): 37-56 = Metropolis u. Region 3.

KRAFFT, T. 1996: Delhi. Von Indraprastha zur Hauptstadt Indiens. In: GR 48 (2): 104-111.

KRAJEWSKI, C. 2003: Die funktionale Aufwertung der Spandauer Vorstadt in Berlin-Mitte - ein zentrumsnahes Stadtquartier im urbanen Transformationsprozess. In: C. A. BISCHOFF u. C. KRAJEWSKI (Hg.): Beitr. z. geogr. Stadt- u. Regional forsch.. Festschr. f. HEINZ HEINEBERG. Münster (Westf. Wilhelms-Univ., Inst. f. Geogr.): 89-106 = Münstersche Geogr. Arb. 46.

KRAJEWSKI, C. 2004: Gentrification in zentrumsnahen Stadtquartieren am Beispiel der Spandauer und der Rosenthaler Vorstadt in Berlin-Mitte. In: W. ENDLICHER u. a. (Hg.): Tagungsband 29. Dt. Schulgeographentag. Zwischen Kiez und Metropole - Zukunftsfähiges Berlin im neuen Europa. Berlin (Geogr. Inst. d. Humboldt-Univ.): 103-107 = Berliner Geogr. Arb. 97.

KRAJEWSKI, C. 2005: Städtetourismus im „Neuen Berlin". In: S. LANDGREBE u. P. SCHNELL (Hg.): Städtetourismus. München (Oldenbourg): 281-296 = Lehr- u. Handbücher z. Tourismus, Verkehr u. Freizeit.

KRAJEWSKI, C. 2006: Urbane Transformationsprozesse in zentrumsnahen Stadtquartieren - Gentrifizierung und innere Differenzierung am Beispiel der Spandauer Vorstadt und der Rosenthaler Vorstadt in Berlin. Münster (Westf. Wilhelms-Univ., Inst. f. Geogr.) = Münstersche Geogr. Arb. 48.

KRAJEWSKI, C. 2008: „LebensArt" in Münster: Kunst, Kultur und Kommerz im Event- und Städtetourismus. In: T. FREYTAG u. A. KAGERMEIER (Hg.): Städtetourismus zwischen Kultur und Kommerz. München/Wien (Profil): 131-146 = Stud. z. Freizeit- u. Tourismusforsch. 1.

KRAJEWSKI, C. 2011: Metropole Ruhr – Wandel durch Kultur & Tourismus? In: W. GRONAU (Hg.): Zukunftsfähiger Tourismus - Innovation und Kooperation. Mannheim (MetaGIS): 155-171 = Stud. z. Freizeit- u. Tourismusforsch. 6.

KRAJEWSKI, C. 2013: Gentrification in Berlin - Innenstadtaufwertung zwischen etablierten „In-Quartieren" und neuen „Kult-Kiezen". In: GR 65 (2): 20-27.

KRAJEWSKI, C. 2015: Arm, sexy und immer teurer - Wohnungsmarktentwicklung und Gentrification in Berlin. In: Standort 19: 77-85.

KRAJEWSKI, C. 2016: Bevölkerungsentwicklung zwischen 2004 und 2014 in Westfalen. In: R. GROTHUES, K.-H. OTTO u. M. WIENEKE (Hg.) Westfalen Regional 3. Münster (Aschendorff): 72-73 = Städte u. Landschaft in Westfalen 41.

KRAJEWSKI, C. u. R. LINDEMANN (Hg.) 2007a : Metropole Hamburg - Projekte zum Leitbild "Wachsende Stadt". Münster (AAG) = Arbeitsber. d. AAG 36.

KRAJEWSKI, C. u. R. LINDEMANN 2007b: Projekte zum Leitbild „Wachsende Stadt" Hamburg. In: C. KRAJEWSKI u. R. LINDEMANN (Hg.): Metropole Hamburg - Projekte zum Leitbild "Wachsende Stadt". Münster (AAG): 1-12 = Arbeitsber. d. AAG 36.

KRAJEWSKI, C., L. NEUBERT, TH. STINN u. M. WEICHBRODT 2011: Vernetzt, interdisziplinär, kommunikativ. Wirtschaftsförderung und Stadtmarketing als Berufsfelder für Geographinnen und Geographen, In: Standort - Zs. f. angew. Geogr. 35: 152-158.

KRAJEWSKI, C. u. P. REUBER 2009: Postmoderne Freizeit- und Erlebnislandschaft. In: A. PROSSEK u. a. (Hg.): Atlas der Metropole Ruhr. Vielfalt und Wandel des Ruhrgebiets im Kartenbild. Köln (Emons):180-183.

KRAJEWSKI, C., P. REUBER u. G. WOLKERSDORFER 2006: Das Ruhrgebiet als postmoderner Freizeitraum. In: GR 58 (1): 20-27.

KRAJEWSKI, C. u. W. SCHUMANN (Hg.) 2006: Berlin - Stadt-Entwicklungen zwischen Kiez und Metropole seit der Wiedervereinigung. Münster (AAG) = Arbeitsber. 37.

KREFT-KETTERMANN, H. 2011: Zusammenarbeit im deutsch-niederländischen Grenzraum. In: T. HAUFF u. H. HEINEBERG (Hg.): Münster. Stadtentwicklung zwischen Tradition, Herausforderungen und Zukunftsperspektiven. Münster (Aschendorff): 438-445 = Städte u. Gemeinden in Westfalen 12.

KREIBICH, V. u. a. 2008: Dar es Salaam - Megacity der Zukunft. Informelle Stadterweiterung und technische Infrastruktur. In: GR 60 (11): 12-19.

KREISEL, W. u. ST. MELZER 2001: Städte des Weltmarktes oder Zentralen des globalen Wirtschaftssystems? In: PG 31 (5): 35-38.

KRESS, S. 1979: Städtebaulich-funktionelle Probleme beim Bauen im hängigen Gelände. In: Architektur der DDR (6): 357-362.

KRETH, R. 1995: Sozialraumanalyse der Stadt Wiesbaden. In: G. MEYER (Hg.) 1995: Das Rhein-Main-Gebiet. Aktuelle Strukturen und Entwicklungsprobleme. Mainz (Geogr. Inst. d. Univ.): 85-92 = Mainzer Kontaktstudium Geogr. 1.

KRINGS, W. 1984: Innenstädte in Belgien. Gestalt, Veränderung, Erhaltung (1860-1978). Bonn (Dümmlers) = Bonner Geogr. Abhn. 68.

KROSS, E. 1975: Städtebauepochen im Geographieunterricht. In: Unterrichtsmodelle zur Stadtgeographie Sekundarstufe 1. Stuttgart (Klett): 40-62 = Der Erdkundeunterr., Sonderh. 2.

KROSS, E. 1992: Die Barriadas von Lima. Stadtwicklungsprozesse in einer lateinamerikanischen Metropole. Paderborn (Schöningh) = Bochumer Geogr. Arb. 55.

KROSS, E. 1997: Globalisierung - Chance und Problem für die Geographiedidaktik. In: A. CONVEY u. H. NOLZEN (Hg.): Geographie und Erziehung. Festschr. f. H. HAUBRICH. München (Lehrstuhl f. Didaktik d. Geogr. d. Univ.): 147-158 = Münchener Stud. z. Didaktik d. Geogr. 10.

KROSS, E. 2003: Die Kartierung von innerstädtischen Geschäftsstraßen im Geographieunterricht. In: C. A. BISCHOFF u. C. KRAJEWSKI (Hg.): Beitr. z. geogr. Stadt- u. Regionalfor sch.. Festschr. f. HEINZ HEINEBERG. Münster (Westf. Wilhelms-Univ., Inst. f. Geogr.): 209-220 = Münstersche Geogr. Arb. 46.

KROSS, E. 2006: Modelle im Geographieunterricht - Das Beispiel der lateinamerikanischen Stadt. In: P. GANS u. a. (Hg.): Kulturgeographie der Stadt. Kiel (Geogr. Inst. d. Univ.): 491-508 = Kieler Geogr. Schr. 111.

KÜHNE, D. 1986: Vielvölkergesellschaft zwischen Dorf und Metropole. Fortentwicklung und neue Wege der Urbanisation in Malaysia (1970-1980). Wiesbaden (Harrassowitz) = Schr. d. Inst. f. Asienkunde 47.

KÜPPERS, R. 1998: Stadtentwicklung in Magdeburg unter dem Druck des Strukturwandels. In: GR 50 (3): 163-169.

KUHN, G. 2008: Changing Shanghai - Wachstumsprozesse zwischen Modernisierung und Erhaltung. In: A. SCHILDT u. D. SCHUBERT (Hg.): Städte zwischen Wachstum und Schrumpfung. Wahrnehmungs- und Umgangsformen in Geschichte und Gegenwart. Dortmund (Rohn): 161-174 = Dortmunder Beitr. z. Raumpl. 129.

KUHN, S. u. M. ZIMMERMANN 1996: Lokale Agenda 21 für zukunftsbeständige Stadtentwicklung. In: IzR (2/3): 153-171.

KUJATH, H. J. 2005: Deutsche Metropolregionen als Knoten in europäischen Netzwerken. In: GR 57 (3): 20-27.

KULKE, E. 1995: Tendenzen des strukturellen und räumlichen Wandels im Dienstleistungssektor. In: PG 25 (12): 4-13.

KULKE, E. 1998a: Einzelhandel und Versorgung. In: E. KULKE (Hg.): Wirtschaftsgeographie Deutschlands. Gotha/Stuttgart (Klett-Perthes): 162-182 = Perthes Geogr. Kolleg.

KULKE, E. 1998b: Unternehmensorientierte Dienstleistungen. In: E. KULKE (Hg.): Wirtschaftsgeographie Deutschlands. Gotha/Stuttgart (Klett-Perthes): 183-198 = Perthes Geogr. Kolleg.

KULKE, E. 2003: Berlin - German Capital and Global City. In: Erde 134 (3): 219-233.

KULKE, E. 2009⁴/2013⁵: Wirtschaftsgeographie. Paderborn u. a. (Schöningh) = Grundriss Allg. Geogr., UTB 2434.

KULKE, E. 2013: „Auferstanden aus Ruinen" - Neue Wirtschaftscluster in Berlin. In: GR 65 (2): 12-19.

KULKE, E. u. J. RAUH (Hg.) 2014: Das Shopping Center Phänomen. Aktuelle Entwicklungen und Wirkungen. Mannheim (MetaGIS) = Geogr. Handelsf. 22.

KULS, W. u. F.-J. KEMPER 1993²: Bevölkerungsgeographie. Eine Einführung. Stuttgart (Teubner) = Teubner Studienb. d. Geogr.

KUNZE, R. u. D. SCHUBERT 2001: Einführung in den Schwerpunkt: Stadtteile mit besonderem Entwicklungsbedarf: Soziale Stadt. In: Jb. Stadterneuerung 2001. Hg.: Arbeitskreis Stadterneuerung an dt.-sprachigen Hochschulen u. a. Berlin (TU Berlin): 81-87.

KUNZMANN, K. R. 1992: Zur Entwicklung der Stadtsysteme in Europa. In: Mitt. d. Österr. Geogr. Ges. 134: 25-50.

KUNZMANN, K. R. 1995: Europäische Städtenetze und die Hauptstadt Berlin. In: IzR (2/3): 127-133.

KUNZMANN, K. R. 2011: Kultur- und Kreativwirtschaft in Metropolregionen: Eine neue Leidenschaft. In: C. REICHER u. a. (Hg.): Kreativwirtschaft und Stadt.Konzepte und Handlungsansätze zur Stadtentwicklung. Dortmund (IRPUD): 161-168 = Dortmunder Beitr. z. Raumpl. 138.

KUNZMANN, K. R. 2013: Das urbane Pentagon von Konsum, Tourismus, Kultur, Wissen und Kreativwirtschaft. In: K. BRAKE u. G. HERFERT (Hg.): Reurbanisierung. Materialität und Diskurs in Deutschland. Wiesbaden (Springer VS): 151-163.

KURON, I. 1997: Stadtmarketing: Chance zur ganzheitlichen Stadtentwicklung. In: H. PFAFF-SCHLEY (Hg.): Stadtmarketing und kommunales Audit: Chance für eine ganzheitliche Stadtentwicklung. Berlin (Springer): 1-13.

KUSCH, A.-K. 2014: Wochenmärkte als integrativer Bestandteil des Stadtmarketings in Groß- und Mittelstädten Westfalens. Münster (GeKo): 6-118 = Westf. Geogr. Stud. 59.

KUTTLER, W. 2013²: Klimatologie. Paderborn u. a. (Schöningh) = Grundriss Allg. Geogr., UTB 3099.

LAFRENZ, J. 1999a: Modellfall Weltkulturerbe Lübeck - Zielsetzungen und Zielkonflikte der Stadtgestaltung. In: K. SCHIPULL (Hg.): Hamburg. Stadt und Hafen – Umland und Küste. 37 geo-

graphische Exkursionen. Hamburg (Inst. f. Geogr. d. Univ.): 531-549.

LAFRENZ, J. 1999b: Zyklentheorie zum Traditionsverständnis präindustrieller Stadtgestalt. In: Siedlungsf. 17: 347-358.

LAMMERT, P. 1987: Die gegliederte und aufgelockerte Stadt vor und nach 1945. Eine Skizze zur Planungsgeschichte. In: Die alte Stadt 14:352-366.

LAMPEN, A. u. A. OWZAR (Hg.) 2008: Schrumpfende Städte in historischer Perspektive. Köln u. a. (Böhlau) = Städtef. A/76.

LANDGREBE, S. u. P. SCHNELL (Hg.) 2005: Städtetourismus. München (Oldenbourg) = Lehr- u. Handbücher zu Tourismus, Verkehr u. Freizeit.

LANDRY, C. 2000: The Creative City: A toolkit for urban innovators. London (Earthscan).

LANG, R. E. 2003: Edgeless cities - Exploring the elusive metropolis. Washington, D. C. (Brookings Institution Press).

LANG, R. E. u. J. B. LEFURGY 2007: Boomburbs - The Rise of America's Accidental Cities. Washington, D. C. (Brookings Institution Press).

LANG, R. E. u. a. 2006: Beyond Edgeless Cities: Office Geography in the New Metropolis. Virginia Tech. February 2006.

LANG, R. E. u. a. 2009: Beyond Edgeless Cities: Office Geography in the New Metropolis. In: Urban Geogr. 30 (7): 726-755.

LANGE, B. 2011: Governance und Netzwerke in der Kreativwirtschaft. In: C. REICHER u. a. (Hg.): Kreativwirtschaft und Stadt. Konzepte und Handlungsansätze zur Stadtentwicklung. Dortmund (IRPUD): 181-190 = Dortmunder Beitr. z. Raumpl. 138.

LANGE, B., A. v. STREIT u. M. HESSE 2011: Kultur- und Kreativwirtschaft in Deutschland. Voraussetzungen, Handlungsstrategien und Governance. In: BBSR (Hg.): Kultur- und Kreativwirtschaft in Stadt und Region. Bonn (BBR): 1-17.

LANGE, N. DE 1980: Städtetypisierung in Nordrhein-Westfalen im raum-zeitlichen Vergleich 1961 und 1970 mit Hilfe multivariater Methoden - eine empirische Städtesystemanalyse. Paderborn (Schöningh) = Münstersche Geogr. Arb. 8.

LANGE, N. DE 1983: Standortverhalten ausgewählter Bürogruppen in Innenstadtgebieten westdeutscher Metropolen. In: Beitr. z. empirischen Bürostandortforschung. Kallmünz/Regensburg (Lassleben): 61-100 = Münchener Geogr. H. 50.

LANGE, N. DE 1989: Standortpersistenz und Standortdynamik von Bürobetrieben in westdeutschen Regionalmetropolen seit Ende des 19. Jahrhunderts. Ein Beitrag zur geographischen Bürostandortforschung. Paderborn (Schöningh) = Münstersche Geogr. Arb. 30.

LANGE, N. DE (Hg.) 2000a: Geoinformationssysteme in der Stadt- und Umweltplanung. Fallbeispiele aus Osnabrück. Osnabrück (Rasch) = Osnabrücker Stud. z. Geogr. 19.

LANGE, N. DE 2000b: Standortanalyse tertiärer Nutzungen in der Innenstadt von Osnabrück. Geoinformationssysteme für Stadtforschung und Stadtplanung. In: N. DE LANGE (Hg.): Geoinformationssysteme in der Stadt- und Umweltplanung. Fallbeispiele aus Osnabrück. Osnabrück (Rasch): 113-132 = Osnabrücker Stud. z. Geogr. 19.

LANGE N. DE 2003: Einsatz von Geoinformationssystemen zur Entscheidungsunterstützung in der

Stadtplanung: Modellierung von Rasterdaten und Oberflächen. In: C. A. BISCHOFF u. C. KRAJEWSKI (Hg.): Beitr. z. geogr. Stadt- u. Regionalforsch. Festschr. f. HEINZ HEINEBERG. Münster (Westf. Wilhelms-Univ. Inst. f. Geogr.): 221-230 = Münstersche Geogr. Arb. 46.

LANGE, N. DE 2013[3]: Geoinformatik in Theorie und Praxis. Berlin u. a. (Springer).

LANGE, N. DE, M. GEIGER, V. HANEWINKEL u. A. POTT 2014: Bevölkerungsgeographie. Paderborn u. a. (Schöningh) = Grundriss Allg. Geogr., UTB 4166.

LANGSENKAMP, M. 2014: Der Einfluss von Online-Shopping auf den stationären städtischen Einzelhandel. Auswirkungen, Zusammenhänge und ökonomische Effekte untersucht am Beispiel des Kreises Paderborn. Münster (GeKo): 125-266. In: Westf. Geogr. Stud. 59.

LAPPO, G. M. u. F. M. HÖNSCH 2000: Urbanisierung Rußlands. Berlin/Stuttgart (Borntraeger) = Urbanisierung d. Erde 9.

LAUSCHMANN, E. 1976[3]: Grundlagen einer Theorie der Regionalpolitik. Hannover (Winzens-Verl.) = Taschenbücher z. Raumpl. 2.

LAUX, H. D. 2012: Deutschland im demographischen Wandel. In: GR 64 (7-8): 38-44.

LE CORBUSIER 1925: Urbanisme. Paris (Éditions Vincent, Fréal); dt. Ausgabe 1929, 1979[2] (als Faksimile-Wiedergabe der franz. Originalausgabe): Städtebau. Stuttgart (Dt. Verl.-Anstalt).

LEE, LIK MENG u. a. 2008: Strategies for urban conservation: A case example of George Town, Penang. In: Habitat International 32 (3): 293-304.

LEISCH, H. 2000: Entwicklungsprobleme der Megastadt Jakarta - staatliche Ohnmacht und private Initiative. In: GR 52 (4): 21-27.

LEISTER, I. 1970: Wachstum und Erneuerung britischer Industriegroßstädte. Wien (Böhlaus Nachf.) = Schr. d. Komm. f. Raumf. d. Österr. Akad. d. Wiss. 2.

LENFERS, E. A. 2000: 'Flagship-Projekte' als Instrument im Strukturwandel von Altindustrieregionen. Genese, Auswirkungen und Erfolgsfaktoren am Beispiel des Guggenheim Museum Bilbao. Dortmund (Fachgebiet Europäische Raumpl.).

LENHART, K. 2001: Berliner Metropoly. Stadtentwicklungspolitik im Berliner Bezirk Mitte nach der Wende. Opladen (Leske + Budrich) = Stadt-f. aktuell 81.

LENTZ, S. 1997a: Cityentwicklung in Moskau – zwischen Transformation und Globalisierung. In: Zs. f. Wirtschaftsgeogr. 41 H. (2-3): 110-122.

LENTZ, S. 1997b: Moskau auf dem Weg zur Global-City? In: Berliner Osteuropa-Info, Informationsdienst d. Osteuropa-Instit. d. FU Berlin, (9): 15-17.

LENTZ, S. 2000: Transformation des Stadtzentrums von Moskau. In: GR 52 (7-8): 11-18.

LÉONARDI, J. 2001: Hemmnisse der nachhaltigen Entwicklung in europäischen Metropolregionen. Münster u. a. (LIT) = Geogr. 10.

LEP NRW, Landesentwicklungsplan Nordrhein-Westfalen, Landesentwicklungsplan – Landesplanungsgesetz. Hg.: Ministerium f. Umwelt, Raumo. u. Landwirtschaft des Landes Nordrhein-Westfalen. Düsseldorf (Min. f. Umwelt, Raumo. u. Landwirtsch. NRW) 1995.

LESER, H. (Hg.) 2011[15]: Diercke Wörterbuch Allgemeine Geographie. Raum - Wirtschaft und Gesellschaft - Umwelt. Braunschweig (Westermann u. a.).

LESER, H. u. K. CONRADIN 2008[2]: Stadtökologie. Berlin/Stuttgart = Hirts Stichwortbücher.

LESSMEIER, R. 2005: Die „sozialistische Stadt" in der ehemaligen DDR und ihre Entwicklung seit der Wende. In: F. MEYER u. H. POPP (Hg.): Stadtgeographie für die Schule. Fachliche Grundlagen, Beispiele und Materialien für die Unterrichtsarbeit. Bayreuth (Verl. Naturwiss. Ges. Bayreuth e. V.): 91-111 = Bayreuther Kontaktstudium Geogr. 3.

LEUPOLD, B. 2002: Berlin - von der geteilten Stadt zur Bundeshauptstadt. In: IFL (Hg.): Nationalatlas Bundesrepublik Deutschland. 5: Dörfer und Städte. Mithg.: K. FRIEDRICH u. a. Heidelberg u. a. (Spektrum): 160-163.

LI, Y. u. P. GAUTHIER 2014: The evolution of residential buildings and urban tissues in Guangzhou, China: morphological and typological perspectives. In Urban Morphology 18 (2): 129-149.

LICHTENBERGER, E. 1972: Die Wiener City. Bauplan und jüngste Entwicklungstendenzen. In: Mitt. d. Österr. Geogr. Ges. (114): 42-85.

LICHTENBERGER, E. 1975: Stadterneuerung in den USA. In: Ber. z. Raumf. u. Raumpl. 19 (6): 3-16.

LICHTENBERGER, E. 1977: Die Wiener Altstadt. Von der mittelalterlichen Bürgerstadt zur City. Wien (Deutike).

LICHTENBERGER, E. 1984: Die Stadtentwicklung in Europa in der ersten Hälfte des 20. Jahrhunderts. In: W. RAUSCH (Hg.): Die Städte Mitteleuropas im 20. Jahrhundert. Linz/Donau (Österr. Arbeitskreis f. Stadtgeschichtsforsch.): 1-40 = Beitr. z. Gesch. d. Städte Mitteleuropas 8.

LICHTENBERGER, E. 1998[2]: Stadtökologie und Sozialgeographie. In: H. SUKOPP u. R. WITTIG (Hg.): Stadtökologie. Stuttgart (Fischer): 13-48.

•LICHTENBERGER, E. 1998[3]: Stadtgeographie. Bd. 1: Begriffe, Konzepte, Modelle, Prozesse. (1. Aufl. 1986b, 2. Aufl. 1991) Stuttgart (Teubner) = Teubner Studienb. d. Geogr.

•LICHTENBERGER, E. 2002 (unveränd. Aufl. 2011): Die Stadt. Von der Polis zur Metropolis. Darmstadt (WBG)

LICHTENBERGER, E., H. FASSMANN u. D. MÜHLGASSNER 1987: Stadtentwicklung und dynamische Faktorialökologie. Wien (Österr. Akad. d. Wiss.) = Beitr. z. Stadt- u. Regionalforsch. 8.

LIEFNER, I. u. L. SCHÄTZL 2012[10]: Theorien der Wirtschaftsgeographie. Paderborn u. a. (Schöningh) = UTB 782.

LIEBMANN, H. u. M. KARSTEN 2009: Stadtumbau Ost und Stadtumbau West: Geschwister mit Eigenarten und Gemeinsamkeiten. In: IzR (7):457-469.

LIENAU, C. 1995[2]: Die Siedlungen des ländlichen Raumes. Braunschweig (Westermann) = Das Geogr. Seminar.

LIENAU, C. 2013: Die griechische Stadt der Gegenwart. Münster: 91-101 = Hellenika, Jb. f. griechische Kultur u. dt.-griechische Beziehungen, N. F. 8.

LIHS, V. 2013: Wohnen im Alter - Bestand und Bedarf altersgerechter Wohnungen. In: IzR (2): 125-131.

LIN, Y., B, DE MEULDER u. S. WANG 2011: From village to metropolis: a case of morphological transformation in Guangzhou, China. In: Urban Morphology 15 (1): 5-20.

LINDEMANN, R. 1990: Counterurbanisierung und Reurbanisierung in Norwegen. In: Norden 7: 171-178.

LINDNER, R. 1998: Stadtkultur. In: H. HÄUSSERMANN (Hg.): Großstadt: Soziologische Stichworte. Opladen (Leske + Buderich): 256-262.

LINN, A. 1999: Nachhaltige Stadtentwicklung. Praxisbeispiele. Dortmund (Inst. f. Landes- u. Stadtentwicklungsforsch. d. Landes Nordrhein-Westfalen) = IS 140.

LÖSCH, A. 1944 (2. Aufl. 1962): Die räumliche Ordnung der Wirtschaft. Jena (G. Fischer).

•LÖTSCHER, L. u. K. KÜHMICHEL 2016a: Vom Haus zur Stadt. Stadtentwicklung sehen - erkennen - verstehen. Handbuch. Berlin (LIT) = Stadtzukünfte 9.

•LÖTSCHER, L. u. K. KÜHMICHEL 2016b: Vom Haus zur Stadt. Stadtentwicklung sehen - erkennen - verstehen. Feldbuch. Berlin (LIT) = Stadtzukünfte 10.

LÖTSCHER, L. u. R. WIESSNER 2008: Zukunftsperspektiven urbaner Brachflächen: Kann weniger mehr sein? In: Ber. z. dt. Landesk. 82 (3): 205-214.

LOHNERT, B. 2005: Stadtwachstum durch informelle Besiedlung in Afrika südlich der Sahara - Ursachen, Probleme, Lösungsansätze. In: F. MEYER u. H. POPP (Hg.): Stadtgeographie für die Schule. Fachliche Grundlagen, Beispiele und Materialien für die Unterrichtsarbeit. Bayreuth (Verl. Naturwiss. Ges. Bayreuth e. V.), S. 203-215 = Bayreuther Kontaktstudium Geogr. 3.

LOHNERT, B. 2010: Bedeutung der Wohnsituation im Entwicklungsprozess von Südafrika. In: GR 62 (6): 44-48.

LOSKE, R. 1996: Neues Wohnen. Zukunftsfähige Stadt. Die „lokale Agenda 21" soll eine global nachhaltige Entwicklung unterstützen. In: Eine Welt Presse, Nord-Süd-Zeitung. Hg.: Dt. Ges. f. d. Vereinten Nationen e. V. 13 (1): 7.

LOSSAU, J., T. FREYTAG u. R. LIPPUNER (Hg.): 2014: Schlüsselbegriffe der Kultur- und Sozialgeographie. Stuttgart (Ulmer) = UTB 3898.

LÜCKE, J. 2016: Baukultur und Orte des Konsums. In: K. GROTHUES, K.-H. OTTO u. M. WIENEKE (Hg.) Westfalen Regional 2. Münster (Aschendorff): 102-103. = Städte u. Landschaft in Westfalen 41.

LÜTKE, P. u. P. WOOD 2016: Das „neue" Suburbia? In: BBSR (Hg.): Im Schatten der Reurbanisierung? Suburbias Zukünfte. Stuttgart (Steiner): 349-360 = IzR 3.

LÜTKE DALDRUP, E. 2001: Die perforierte Stadt. Eine Versuchsanordnung. In: K.-D. KEIM (Hg.): Regenerierung schrumpfender Städte - zur Umbaudebatte in Ostdeutschland. Erkner (IRS): 193-203 = REGIOtransfer 1.

LÜTZELER, R. 2013: Niedergang des sozialen Wohnungsbaus in Japan. Auswirkungen auf die Stadtstruktur am Beispiel Tôkyô. In: GR 65 (3): 36-43.

LUKAS, M u. R. WEHRHAHN 2013: Neoliberale Stadtpolitik in Santiago de Chile. Prozesse, Akteure, Konflikte. In: GR 65 (12): 30-37.

LUPITZ, J. 2005: architekten-portrait HANS BERNHARD REICHOW 1899-1974. In: www.architekten-portrait.de (April 2005, aufgerufen 31.12.12).

LYNCH, K. 1960: The image of the city. Cambridge, Mass. Dt. Übersetzung unter dem Titel: Das Bild der Stadt. Gütersloh (Bertelsmann Fachverl.) 1965. 2. Aufl. (Nachdruck) 1968 = Bauwelt Funda-

mente 16.

MADORÉ, F. 2003: L'essor des ensembles résidentiels clos en France: un phénomène en expansion et aux ressorts multiples. In: GH 58 (4): 325-339.

MAIER, J., R. PAESLER, K. RUPPERT u. F. SCHAFFER 1977: Sozialgeographie. Braunschweig (Westermann) = Das Geogr. Seminar.

MANHART, M. 1977: Die Abgrenzung homogener städtischer Teilgebiete. Eine Clusteranalyse der Baublöcke Hamburgs. Hamburg (Christians) = Beitr. z. Stadtf. 3.

MANSHARD, W. 1977: Die Städte des tropischen Afrika. Berlin (Borntraeger) = Urbanisierung d. Erde 1.

MANSHARD, W. 1992: The cities of tropical Africa - cross-cultural aspects. Descriptive models and recent developments. In: E. EHLERS (Hg.): Modelling the city - cross-cultural perspectives. Bonn (Dümmlers): 76-88 = Colloqium Geographicum 22.

MARCUSE, P. u. R. VAN KEMPEN (Ed.) 2000: Globalizing cities. A new spatial order? Oxford (Blackwell) = Stud. in Urban and Social Change.

MARETZKE, ST. (Hg.) 2008: Städte im demographischen Wandel. Wesentliche Strukturen und Trends des demographischen Wandels in den Städten Deutschlands. Wiesbaden (BiB) = Mat. z. Bevölk.-wiss. 125.

MARTINY, M. 1928: Grundrißgestaltung der deutschen Siedlungen. Gotha = PM (Erg.-H. 107).

MASBERG, I. 1998: Die Umsetzung der Agenda 21 auf kommunaler Ebene. In: RuR 56 (2/3): 90-100.

MATTHEY, L, A. DA CUNHA u. C. MAGER 2011: Soziale Entwicklungen in den Städten. In: R. SCHNEIDER-SLIWA (Hg.): Schweiz. Darmstadt (WBG): 100-105.

MATTISSEK, A. 2008: Die neoliberale Stadt. Diskursive Repräsentationen im Stadtmarketing deutscher Großstädte. Bielefeld (transcript) = transcript urban stud.

MATTISSEK, A., C. PFAFFENBACH u. P. REUBER 2013[2]: Methoden und Techniken der empirischen Humangeographie. Braunschweig (Westermann) = Das Geogr. Seminar.

MATUSCHEWSKI, A. 2005: Revitalisierung innerstädtischer Slums und Ghettos in New York City? Das Beispiel Harlem und South Bronx. In: GR 57 (1): 14-21.

MATZERATH, H. (Hg.) 1984: Städtewachstum und innerstädtische Strukturveränderungen. Aspekte des Urbanisierungsprozesses im 19. und 20. Jahrhundert. Stuttgart (Klett-Cotta) = Gesch. u. Theorie d. Politik, Unterreihe A, 8.

MATZNETTER, W. u. R. MUSIL (Hg.) 2011: Europa: Metropolen im Wandel. Wien (Mandelbaum).

MAYER, O. 2011: Schrumpfende Städte und alternde Gesellschaft in Japan. In: L. BASTEN (Hg.): Zwischen Basel, Bochum und Toronto. Einblicke in die Geographie postindustrieller Stadtentwicklungen. Münster (Lit): 113-142 = Stadtzukünfte 11.

MAYR, A. 1979: Universität und Stadt. Ein stadt-, wirtschafts- und sozialgeographischer Vergleich alter und neuer Hochschulstandorte in der Bundesrepublik Deutschland. Paderborn (Schöningh) = Münstersche Geogr. Arb 1.

MAYR, A. 2003: Leipzig - Persistenz und Wandel eines Oberzentrums in den neuen Bundesländern. In: C. A. BISCHOFF u. C. KRAJEWSKI (Hg.): Beitr. z. geogr. Stadt- u. Regionalforsch. Festschr. für HEINZ HEINEBERG. Münster (Westf. Wilhelms-Univ.,

Inst. f. Geogr.): 107-123 = Münstersche Geogr. Arb. 46.

McGee, T. G. 1971: The urbanization process in the Third World. London (Bell).

McGee, T. G. 1989: Urbanisasi or Kotadesasi: The emergence of new regions of economic integration in Asia. In: L. Ma, A. Noble u. A. Dutt (Eds.): Urbanization in Asia: Spatial dimensions and policy issues. Honolulu (Univ. of Hawaii Press): 93-110.

McGee, T. G. 1991: The Emergence of Desakota Regions in Asia: Expanding a hypothesis. In: N. Ginsburg, B. Koppel u. T. G. McGee (Eds.): The Extended Metropolis: Settlement transition in Asia. Honolulu (Univ. of Hawaii): 3-25.

McGee, T. G. 1995: Metrofitting the emerging megaurban regions of ASEAN: An overview. In: T. G. McGee u. I. M. Robinson (Eds.): The Mega-Urban Regions of Southeast Asia. Vancouver (UBS Press): 3-26.

McGee, T. G. u. I. M. Robinson (Eds.) 1995: The Mega-Urban Regions of Southeast Asia. Vancouver (UBC Press).

Meffert, H. 1989: Städtemarketing - Pflicht oder Kür? In: Symposium Stadtvisionen 2./3. März 1989. Dokumentation. Münster (Arbeitsgemeinschaft Stadtvision): 1-7 u. Anhang.

Megerle, H. E. 2010: Metropolregionen in Südwestdeutschland. In: GR 62 (11): 36-44.

Meinlschmidt, G. u. M. H. Brenner (Hg.) 1999: Sozialstrukturatlas Berlin 1999. - Eine soziale Diagnose für Berlin -. Berlin (Berliner Zentrum Public Health).

Mertins, G. 1984: Marginalsiedlungen in Großstädten der Dritten Welt. In: GR 36 (9): 434-442.

Mertins, G. 1992a: Das Problem der Marginalisierung und seine Ausprägung im (groß-)städtischen Raum der Dritten Welt. In: GS 14 (April): 2-9.

Mertins, G. 1992b: Entstehungsparameter und Strukturmuster der hispanoamerikanischen Stadt. In: W. Reinhard u. P. Waldmann (Hg.): Nord und Süd in Amerika. Gemeinsamkeiten, Gegensätze, Europäischer Hintergrund. Freiburg (Rombach): 176-193.

Mertins, G. 1994: Verstädterungsprobleme in der Dritten Welt. In: PG 24 (1): 4-9.

Mertins, G. 2003: Jüngere sozialräumlich-strukturelle Transformationen in den Metropolen und Megastädten Lateinamerikas. In: PM 147 (4): 46-55.

Mertins, G. u. F. Kraas 2008: Megastädte in Entwicklungsländern. Vulnerabilität, Informalität, Regierund Steuerbarkeit. In: GR 60 (11): 4-10.

Mertins, G. u. U. Müller 2008: Gewalt und Unsicherheit in lateinamerikanischen Megastädten. Auswirkungen auf politische Fragmentierung, sozialräumliche Segregation und Regierbarkeit. In: GR 60 (11): 48-55.

Mertins, G. u. M. Paal 2010: Urban Agglomerations in Latin America: Poor, vulnerable and ungovernable? Case studies from Bogotá and Barranquilla, Colombia. In: GR International 6 (2):4-10.

Meschede, W. 1971: Grenzen, Größenordnung und Intensitätsgefälle kommerziell-zentraler Einzugsgebiete. In: Erdkunde 25 (4): 264-278.

Meschede, W. 1974: Kurzfristige Zentralitätsschwankungen eines großstädtischen Einkaufszentrums

- Ergebnisse von Kundenbefragungen in Bielefeld. In: Erdkunde 28 (3): 207-216.

Meurer, M. 1998: Ansatzpunkte für eine nachhaltige Stadtentwicklung. In: PG 28 (12): 4-9.

Meusburger, P. (Hg.) 1999: Handlungszentrierte Sozialgeographie. Benno Werlens Entwurf in kritischer Diskussion. Stuttgart (Steiner) = Erdkundliches Wissen 130.

Meusburger, P. 2000: Tokio - Die Stadt des Shoguns, der Katastrophen und der Zukunftsvisionen. In: H. Karrasch u. a. (Hg.): Megastädte - Weltstädte (Global Cities). Heidelberg (Heidelberger Geogr. Ges.): 59-81 = HGG-Journal 15.

Meyer, C. 2005: Ein stadtgeographischer Rundgang durch das „alte" Trier und besonderer Berücksichtigung der „jungen" Gestaltung ausgewählter bedeutsamer Plätze. In: C. Becker (Hg.): Grenz-Touren. Exkursionen zwischen Maas, Mosel, Saar und Rhein. Trier (Geogr. Ges.): 27-44 = Trierer Geogr. Stud. 28.

Meyer, C. 2011: Auf den Spuren von Kultur(en) in europäischen Metropolen. In: PG 41 (1): 4-9.

Meyer, F. 2003: Die „islamisch-orientalische Stadt" - noch immer ein eigenständiger kulturgenetischer Stadttyp? In: H. Popp (Hg.): Das Konzept der Kulturerdteile in der Diskussion - das Beispiel Afrikas. Wissenschaftlicher Diskurs - unterrichtliche Relevanz - Anwendung im Erdkundeunterricht. Bayreuth (Verl. Naturwiss. Ges. Bayreuth): 63-88 = Bayreuther Kontaktstudium Geogr. 2.

•Meyer, F. 2005: Urbane Welten und ihre geographische Erforschung: der Versuch eines „state of the art". In: F. Meyer u. H. Popp (Hg.): Stadtgeographie für die Schule. Fachliche Grundlagen, Beispiele und Materialien für die Unterrichtsarbeit. Bayreuth (Verl. Naturwiss. Ges. Bayreuth e. V.): 17-34 = Bayreuther Kontaktstudium Geogr. 3.

Meyer, F. 2008: Aktuelle Stadtentwicklung und "Urban Governance" in Marokko und Tunesien. In: GR 60 (7/8): 34-41.

•Meyer, F. u. H. Popp (Hg.) 2005: Stadtgeographie für die Schule. Fachliche Grundlagen, Beispiele und Materialien für die Unterrichtsarbeit. Bayreuth (Verl. Naturwiss. Ges. Bayreuth e. V.) = Bayreuther Kontaktstudium Geogr. 3.

Meyer, G. 1989: Kairo. Entwicklungsprobleme einer Metropole der Dritten Welt. Köln (Aulis Verl. Deubner) = Problemräume d. Welt 11.

Meyer, G. 1996: Kairo. Wohnungskrise trotz Wohnungsüberfluß. In: GR 48 (2): 97-103.

Meyer, G. 2004a (Hg.): Die Arabische Welt im Spiegel der Kulturgeographie. Mainz (ZEFAW) = Veröff. d. ZEFAW. 1.

Meyer, G. 2004b: Wohnen in der Megastadt Kairo. In: G. Meyer (Hg.): Die Arabische Welt im Spiegel der Kulturgeographie. Mainz (ZEFAW): 129-145 = Veröff. d. ZEFAW 1.

Meyer, G. 2004c: Strukturwandel im Sûq der Altstadt von Kairo. In: G. Meyer (Hg.): Die Arabische Welt im Spiegel der Kulturgeographie. Mainz (ZEFAW): 40-47 = Veröff. d. ZEFAW 1.

Meyer, G. u. R. Pütz 1997: Transformation der Einzelhandelsstandorte in ostdeutschen Großstädten. In: GR 49 (9): 492-498.

Meyer, I. 1994: Städtetourismus. Trier (Geogr. Ges.) = Trierer Tourismus-Bibliographien 6.

Meyer-Kriesten, K. 2004: Aktuelle Entwicklungstendenzen der lateinamerikanischen Stadt am

Beispiel Santiago der Chile. In: E. STRUCK (Hg.): Ökologische und sozioökonomische Probleme in Lateinamerika. Passau (Fach Geogr. d. Univ.): 57-69 = Passauer Kontaktstudium Erdkunde 7.

MEYER-KRIESTEN, K., J. PLÖGER u. J. BÄHR 2004: Wandel der Stadtstrukturen in Lateinamerika. So-zialräumliche und funktionale Ausdifferenzierungen in Santiago de Chile und Lima. In: GR 56 (6): 30-36.

MICHEL, D. 1998: Das Netz der europäischen Metropolregionen in Deutschland. In: RuR 56 (5/6): 362-368.

MILBERT, A. u. G. STURM 2016: Binnenwanderungen in Deutschland zwischen 1975 und 2013. In: IzR (2): 114-144.

MINISTERIUM FÜR LANDESENTWICKLUNG UND VERKEHR DES LANDES SACHSEN-ANHALT (Hg.) 2010: Weniger ist Zukunft. 19 Städte - 19 Themen. Katalog zur gleichnamigen Ausstellung in der Stiftung Bauhaus Dessau 9. April 2010 bis 16. Oktober 2010. Berlin (Jovis).

MISTELBACHER, J. 2005: Urbanisierungsdynamik in Indien: Das Beispiel Delhi. In: GR 57 (10): 20-29.

MITTAG, J. 2011: Die drei Kulturhauptstädte 2010 im Vergleich. In: KULTURPOLITISCHE GES. (Hg.): Kulturpolitische Mitt. 132: 46-49.

MITTAG, J. 2012: ,Kulturhauptstadt Europas'. Eine Idee viele Ziele begrenzter Dialog. Das Programm ,Kulturhauptstadt Europas' und die Kulturhauptstädte des Jahres 2010 in diachroner und synchroner Perspektive. In: T. ERNST u. D. HEIMBRÖCKEL (Hg.): Verortungen der Interkulturalität. Die „europäischen Kulturhauptstädte" Luxemburg und die Großregion (2007), das Ruhrgebiet (2010) und Istanbul (2010). Bielefeld (transcript): 59-92.

MITTAG, J. u. K. OERTERS 2009: Kreativwirtschaft und Kulturhauptstadt: Katalysatoren urbaner Entwicklung in altindustriellen Ballungsregionen? In: G. QUENZEL (Hg.): Entwicklungsfaktor Kultur. Studien zum kulturellen und ökonomischen Potential der europäischen Stadt. Bielefeld (Transkript): 61-94.

MÖLLER, H. 1989: Das deutsche Messe- und Ausstellungswesen. Standortstruktur und räumliche Entwicklung seit dem 19. Jahrhundert. Trier (Zentralausschuß f. dt. Landesk.) = Forsch. z. dt. Landesk. 231.

MÖLLER, I. 1985, 1999²: Hamburg. Stuttgart (Klett) = Länderprofile bzw. Gotha (Klett-Perthes) = Perthes Länderpr.

MÖSSNER, S. 2015: Urban development in Freiburg, Germany - sustainable and neoliberal? In: Erde 146 (2-3): 189-193.

MONHEIM, R. 1980: Fußgängerbereiche und Fußgängerverkehr in Stadtzentren in der Bundesrepublik Deutschland. Bonn (Dümmlers) = Bonner Geogr. Abhn. 64.

MONHEIM, R. 1997a (Hg.): „Autofreie" Innenstädte - Gefahr oder Chance für den Handel? Teil A: Allgemeine Zusammenhänge, Aachen, Lübeck. Teil B: Nürnberg, Lüneburg, Marburg. Bayreuth (Univ., Inst. f. Geowiss., Abtl. Angew. Stadtgeogr.) = Arbeitsmat. z. Raumo. u. Raumpl. 134.

MONHEIM, R. 1997b: Einflüsse von Leitbildern und Lebensstilen auf die Entwicklung der Innenstadt als Einkaufs- und Erlebnisraum. In: Spuren, Wege und Verkehr. Festschr. f. KLAUS AERNI. Bern (Geogr.

Ges. Bern): 171-195 = Jb. d. Geogr. Ges. Bern 60.

MONHEIM, R. 1999: Methodische Gesichtspunkte der Zählung und Befragung von Innenstadtbesuchern. In: G. HEINRITZ (Hg.): Die Analyse von Standorten und Einzugsbereichen. Methodische Grundfragen der geographischen Handelsforschung. Passau (L.I.S.): 65-131 = Geogr. Handelsf. 2.

MONHEIM, R. 2000: Fußgängerbereiche in deutschen Innenstädten. Entwicklungen und Konzepte zwischen Interessen, Leitbildern und Lebensstilen. In: GR 52 (7-8): 40-46.

MONHEIM, R. 2002: Nutzung und Verkehrserschließung von Innenstädten. In: IfL (Hg.): Nationalatlas Bundesrepublik Deutschland 5: Dörfer und Städte. Mithg.: K. FRIEDRICH u. a. Heidelberg u. a. (Spektrum): 132-135.

MONZEL, S. 1995: Kinderfreundliche Wohnumfeldgestaltung!? Eine sozialgeographische Untersuchung als Orientierungshilfe für Politiker und Planer. Zürich (Geogr. Inst. d. Univ.) = Anthropogeogr. 13.

MORLEY, I. 2012: The creation of modern urban form in the Philippines. In: Urban Morphology 16 (1): 5-26.

MORRIS, A. E. J. 1994³ (Reprint 1998): History of urban form. Before the industrial revolution. 1. Aufl. 1972 Harlow (Longman).

MOSER, S. 2010: Putrajaya: Malaysia's new federal administrative capital. Cities 27 (4): 124-139.

MOSSIG, I. u. A. DORENKAMP (2010): Shopping-Malls und Business Improvement Districts als Instrumente zur Belebung innerstädtischer Geschäftszentren. Das Beispiel der Stadt Gießen. Bremen (Inst. f. Geogr. d. Univ.) = Beitr. z. Wirtschaftsgeogr. u. Regionalentwicklung 2.

MOTZKUS, A. H. 2002: Dezentrale Konzentration - Leitbild für eine Region der kurzen Wege? Auf der Suche nach einer verkehrssparsamen Siedlungsstruktur als Beitrag für eine nachhaltige Gestaltung des Mobilitätsgeschehens in der Metropolregion Rhein-Main. Sankt Augustin (Asgard) = Bonner Geogr. Abhn. 107.

MÜLLER, B. 1998: Regionalplanung in den ostdeutschen Ländern. Rahmenbedingungen, Erfahrungen, Weiterentwicklung. In: RuR 56 (5/6): 389-405.

MÜLLER, H.-P. 1995: Lebensstile in Sozial- und Raumstruktur. Einige theoretische Anmerkungen. In: Inst. f. Regionalentwicklung u. Strukturplanung (Hg.): Lebensstile und Raumstrukturen. Zur Analyse und Empirie von Raumveränderungen in der sozialen Raumerfahrung. Berlin (IRS): 9-20 = REGIO, Beitr. d. IRS 8.

MÜLLER, H.-P. u. M. WEIHRICH 1991: Lebensweise und Lebensstil. Zur Soziologie moderner Lebensführung. In: H.-R. VETTER (Hg.): Muster moderner Lebensführung. Ansätze und Perspektiven. München (DJI Verl. Dt. Jugendinst.): 89-129.

MÜLLER-MAHN, D. 2002: Globalisierung: Definitionen und Fragestellungen. In: GR 54 (10): 4-5.

MÜLLER-MAHN, D. 2005: Stadterneuerung und Gentrification in Berlin-Prenzlauer Berg. In: F. MEYER u. H. POPP (Hg.): Stadtgeographie für die Schule. Fachliche Grundlagen, Beispiele und Materialien für die Unterrichtsarbeit. Bayreuth (Verl. Naturwiss. Ges. Bayreuth e. V.): 113-130 = Bayreuther Kontaktstudium Geogr. 3.

MÜLLER-MAHN, D. u. M. ABDELGHANI 2006: Urbani-

sierung in Ägypten. In: GR 58 (11): 12-20.
MURPHY, R. E. 1972: The Central Business District.
London (Longman).
MURPHY, R. E. u. J. E. VANCE 1954: Delimiting the
CBD. In: Economic Geogr. 30: 189-222.
MUSIL, R. 2011: Die Metropolen Europas im Städ-
tesystem des 20. Jahrhunderts. In: W. MATZNETTER
u. R. MUSIL (Hg.): Europa: Metropolen im Wan-
del. Wien (Mandelbaum): 15-38.
MUSTERD, S. u. W. OSTENDORF 1996: Entwicklung und
Raumplanung in der Randstad. Amsterdam und
Den Haag zwischen Staat und Markt. In: GR 48
(7-8): 406-411.
MYRDAL, G. 1959: Ökonomische Theorie und un-
terentwickelte Regionen. Stuttgart (Fischer).
NEIBERGER, C. 2015: E-Commerce: Risiken und
Chancen für den stationären Einzelhandel. In:
GR 67 (11): 30-35.
NEUMANN, P. 1998: KOMM - Kommunikations-
und Orientierungshilfen für Menschen mit Be-
hinderungen. Stolperstellen identifiziert. In:
Forsch.j. d. Westf. Wilhelms-Univ. Münster (1):
35-37.
NEUMANN, P. u. C. BENKE 2003: Genese und Perspek-
tiven von kleinen und mittleren Industriestäd-
ten in Brandenburg. In: C. A. BISCHOFF u. C. KRA-
JEWSKI (Hg.): Beitr. z. geogr. Stadt- u. Regional-
forsch. Festschr. f. HEINZ HEINEBERG. Münster
(Westf. Wilhelms-Univ., Inst. f. Geogr.):
181-192 = Münstersche Geogr. Arb. 46.
NEUMANN, P. u. A. ZEIMETZ (Hg.) 2000: Attraktiv und
barrierefrei. Städte planen und gestalten für Alle.
Münster (AAG) = Arbeitsber. 32.
NIEMANN, S. 1997: Lokale Agenda 21. Neue Ära der
Stadtplanung oder Dokument für die Schublade?
In: Standort - Zs. f. Angew. Geogr. 21 (3): 31-37.
NIEMEIER, G. 1961: Zur typologischen Stellung und
Gliederung der indischen Stadt. In: Geogr., Ge-
schichte, Pädagogik. Festschr. f. WALTHER MAAS.
Göttingen (Goltze): 128-146.
NIPPER, J. u. M. NUTZ (Hg.) unter Mitarb. v. D. WIK-
TORIN 1993: Kriegszerstörung und Wiederaufbau
deutscher Städte. Geographische Studien zu Scha-
densausmaß und Bevölkerungsschutz im Zweiten
Weltkrieg, zu Wiederaufbauideen und Aufbaurea-
lität. Köln (Geogr. Inst. d. Univ.) = Kölner Geogr.
Arb. 57.
NISSEL, H. 1999: Megastadtentwicklung, Globali-
sierung und Migration - Fallstudie Bombay. In:
K. HUSA u. H. WOHLSCHLÄGL (Hg.): Megastädte
der Dritten Welt im Globalisierungsprozeß.
Mexico City, Jakarta, Bombay - Vergleichende
Fallstudien in ausgewählten Kulturkreisen.
Wien (Inst. f. Geogr.), S. 347-432 = Abhn. z.
Geogr. u. Regionalforsch. 6.
NISSEL, H. 2001: Auswirkungen von Globalisierung
und New Economic Policy im urbanen System
Indiens. In: Mitt. d. Österr. Geogr. Ges. 143:63-90.
NISSEL, H. 2004: Mumbai: Megacity im Spannungs-
feld globaler, nationaler und lokaler Interessen.
In: GR 56 (4): 55-60.
NITICHAN PLEUMAROM 1988: Soziale, ökologische und
ästhetische Aspekte der Freiraumplanung in Bang-
kok. Kassel = Urbs et Regio 47.
NOLLER, P. 1999: Globalisierung, Stadträume und Le-
bensstile. Kulturelle und lokale Repräsentatio-
nen des globalen Raums. Opladen (Leske + Budrich).
NOLTE, P. (Hg.) 2016: Die Vergnügungskultur der

Großstadt. Orte - Inszenierungen - Netzwerke
(1880-1930). Köln u. a. (Böhlau) = Städtef. A/
93
NOURSE, H. O.1968: Regional Economics. A study
in the economic structure, stability and growth
of regions. New York (McGraw-Hill Book Co.)
= Economics Handbook Ser.
•NUHN, H. u. M. HESSE 2006: Verkehrsgeographie.
Paderborn u. a. (Schöningh) = Grundriss Allg.
Geogr., UTB 2687.
NUTZ, M. 1998: Stadtentwicklung in Umbruchsitua-
tionen. Wiederaufbau und Wiedervereinigung als
Stressfaktoren der Entwicklung ostdeutscher Mit-
telstädte, ein Raum-Zeit-Vergleich mit West-
deutschland. Stuttgart (Steiner) = Erdkundliches
Wissen 124.
OHNESORGE, K.-W. 1974: Wolfenbüttel. Geographie
einer ehemaligen Residenzstadt. Braunschweig
(Gotze) = Braunschweiger Geogr. Stud. 5.
OLBRICHT, K. 1936: Die Bevölkerungsentwicklung
der Groß- und Mittelstädte der Ostmark. Berlin
(Volk u. Reich) = Zur Wirtschaftsgeogr. d. dt.
Ostens 10.
OOI, G. L. (2004): Future of space. Planning, space
and the city. Singapore (Cavendish Square Publ.).
OOI, G. L. u. Y. C. KOG 1999: Further urbanization:
Impact and implications for Singapore. In: L.
LOW (Ed.): Singapore. Towards a developed status.
Oxford (Oxford Univ. Press): 170-193.
*OPLL, F. 2005: Liste der europäischen Städte-
atlanten. Wien. (www.wien.gv.at/ma08/
dt_leit.htm).
•OSSENBRÜGGE, J. u. A. VOGELPOHL (Hg.) 2014: Theo-
rien in der Raum- und Stadtforschung. Münster
(Westf. Dampfboot).
PAAL, M. 2005: Metropolen im Wettbewerb. Tertiä-
risierung und Dienstleistungsspezialisierung in eu-
ropäischen Agglomerationen. Münster (LIT) =
Forsch.-beitr. z. Stadt- u. Regionalgeogr. 1.
PACIONE, M. 2006: City profile Mumbai. In: Cities
23 (3): 229-238.
PAESLER, R. 1976: Urbanisierung als sozialgeogra-
phischer Prozeß - dargestellt am Beispiel süd-
bayrischer Regionen. Kallmünz/Regensburg
(Lassleben) = Münchner Stud. z. Sozial- u.
Wirtschaftsgeogr. 12.
•PAESLER, R. 2008: Stadtgeographie. Darmstadt
(WBG) = Geowissen kompakt.
PAHL-WEBER, E. 2003: Städte der Zukunft - Baustei-
ne für den Umbau der Stadt. In: IzR (10/11):.
617-634.
PAHL-WEBER, E. 2003: Städte der Zukunft - Baustei-
ne für den Umbau der Stadt. In: IzR (10/11):617.
PARNREITER, C. 2000a: Megastädte oder (nachrangi-
ge) Global Cities? Die Städte der Dritten Welt in
der Weltwirtschaft. In: Lokal verankert – welt
weit vernetzt. 52. DGT Hamburg 2.-9. Okto-
ber 1999. Tagungsber. u. wiss. Abhn.. Hg.: H. H.
BLOTEVOGEL u. a. Stuttgart (Steiner): 267-272.
PARNREITER, C. 2000b: Globalisierung und Megastädte:
Reflexionen am Beispiel Mexico Citys. In: Mitt.
d. Österr. Geogr. Ges. (142): 215-238.
PARNREITER, C. 2003: Entwicklungstendenzen lateinamerikanischer Metropolen im Zeitalter der
Globalisierung. In: Mitt. d. Österr. Geogr. Ges.
(145): 63-94.
PARNREITER, C. 2007: Historische Geographien, ver-
räumlichte Geschichte. Mexico City und das

mexikanische Städtenetz von der Industrialisierung bis zur Globalisierung. Stuttgart (Steiner) = Sozialgeogr. Bibliothek 7.

PARNREITER, C., C. HAFERBURG u. J. OSSENBRÜGGE 2013: Shifting corporate geographies in global cities of the South: Mexico City and Johannesburg as case studies. In: Erde 144 (1): 1-16.

PASSARGE, S. (Hg.) 1930: Stadtlandschaften der Erde. Hamburg (Friederichsen, de Gruyter).

PASSLICK, S. u. A. PROSSEK 2010: Das Raumordnungskonzept der Europäischen Metropolregionen. Eine Erfolgsgeschichte mit ungewissem Ausgang. In: GR 62 (11): 14-21.

•PAULET, J.-P. 2000: Géographie urbaine. Paris (Armand Collin) = Collection U, Géographie.

PAULI, M. 2005: Öffentliche und private Steuerung von Stadtentwicklung in unterschiedlichen Gesellschaftssystemen - Ein Vergleich ost- und westdeutscher Städte. Münster (Lit)/Hannover (Geogr. Ges.) = Hannoversche Geogr. Arb. 58.

PEKÁRY, TH. 1985²: Die Stadt der griechisch-römischen Antike. In: H. STOOB, H. (Hg.): Die Stadt. Gestalt und Wandel bis zum industriellen Zeitalter. Köln u. a. (Böhlau): 81-98 = Städtewesen 1.

PENZLIEN, B. u. J. BRUNS-BERENTELG 2007: HafenCity Hamburg - Qualitative und quantitative Dimensionen des Großprojekts der Innenstadtentwicklung. In: C. KRAJEWSKI u. R. LINDEMANN (Hg.) 2007: Metropole Hamburg - Projekte zum Leitbild "Wachsende Stadt". Münster (AAG): 29-58 = Arbeitsber. d. AAG 36.

PERLIK, M. 2001: Alpenstädte - Zwischen Metropolisation und neuer Eigenständigkeit. Bern (Geogr. Inst. d. Univ.) = Geographica Bernensia, P 38.

PERRY, C. 1929: The neighborhood unit. New York. In: Regional Survey of New York 7.

PERROUX, F. 1952: Entwurf einer Theorie der dominierenden Wirtschaft. In: Zs. f. Nationalökonomie 13:1-24, 242-268.

PESCH, F. 2014: Integration und Urbanität. Zukunftsperspektiven innerstädtischer Einkaufszentren. In: IzR (1): 55-65.

PETERS, G. u. a. 2015: Analyzing Risk and Disaster in Megaurban Systems – Experiences from Mumbai and Jakarta. In: GRF Davos Planet@Risk 3 (1): 107-117.

PETRUS, P. W. 1995: Entwicklungsperspektive der Hauptstadtregion Randstad Holland als wirtschaftliches und kulturelles Städtenetz. In: IzR (2/3): 169-176.

PETZ, U. VON 2008: 100 Jahre Gartenstadt. In: P. JOHANEK (Hg.): Die Stadt und ihr Rand. Köln u. a. (Böhlau): 249-278 = Städte. A/70.

PFAFFENBACH, C. 2004: Damaskus: von der „traditionellen orientalischen Stadt" zur kulturell globalisierten Metropole des Süden. In: G. MEYER (Hg.): Die Arabische Welt im Spiegel der Kulturgeographie. Mainz (ZEFAW): 62-69 = Veröff. d. ZEFAW 1.

PFEIL, E. 1972²: Großstadtforschung. Entwicklung und gegenwärtiger Stand. Hannover (Jänecke).

PFOUTS, R. W. (Ed.) 1960: The technics of urban economic analysis. West Trenton/New Jersey (Chandler-Davis Publishing Co.).

PIRCH, M. 1995: Die Gropiusstadt. In: Topographischer Atlas Berlin. Konzeption u. Bearb.: M. PIRCH u. U. FREITAG. Berlin (Reimer): 124-125.

PITTROFF, R. 2016: Shopping-Center 2015. Noch

mal ein sehr gutes Jahr. Köln (EHI Research Institute) = EHI-Research (weitere Informationen zu beziehen unter pittroff@ehi.org).

PLANITZ, H. 1975⁴: Die deutsche Stadt im Mittelalter. Von der Römerzeit bis zu den Zunftkämpfen. Wien/Köln/Graz (Böhlaus Nachf.).

PLETSCH, A. unter Mitarb. v. H. DONGUS u. H. UTERWEDDE 1997: Frankreich. Darmstadt (WBG) = Wiss. Länderk.

POPIEN, R. 1995: Ortszentrenplanung in Münchens Suburbia - Wie attraktiv sind die „neuen Ortsmitten"? München (L.I.S.) = Münchener Geogr. 73.

POPP, H. 2002: Stadtgründungsphasen und Stadtgröße. In: IfL (Hg.): Nationalatlas Bundesrepublik Deutschland. 5: Dörfer und Städte. Mithg.: K. FRIEDRICH u. a. Heidelberg u. a. (Spektrum): 80-81.

POPP, H. 2003: Kulturwelten, Kulturerdteile, Kulturkreise - Zur Beschäftigung der Geographie mit der Gliederung der Erde auf kultureller Grundlage. Ein Weg in die Krise? In: H. POPP (Hg.): Das Konzept der Kulturerdteile in der Diskussion - das Beispiel Afrikas. Wissenschaftlicher Diskurs - unterrichtliche Relevanz - Anwendung im Erdkundeunterricht. Bayreuth (Verl. Naturwiss. Ges. Bayreuth): 19-42 = Bayreuther Kontaktstudium Geogr. 2.

POPP, H. 2005: Die deutsche Stadt - gibt es die überhaupt (noch)? In: F. MEYER u. H. POPP (Hg.): Stadtgeographie für die Schule. Fachliche Grundlagen, Beispiele und Materialien für die Unterrichtsarbeit. Bayreuth (Verl. Naturwiss. Ges. Bayreuth e. V.): 37-61 = Bayreuther Kontaktstudium Geogr. 3.

POPP, H. 2015: Die Städte Oberfrankens von oben betrachtet. Petersberg (Imhof).

POPP, H. u. K. WIEST 1993: Zur Frage der Standortansprüche staatlicher Ämter. Das Beispiel des Landratsamtes Passau. In: Ber. z. dt. Landesk. 67 (1): 139-167.

POPP, M. 2009: Der touristische Blick im Städtetourismus der Postmoderne. Das Beispiel der italienischen Stadt Florenz. In: GR 61 (2): 42-50.

POPPINGA, H. 2015: Tokio - Die Schaltzentrale Ostasiens? Kampf um globale Bedeutung. In: PG (10): 40-45.

POSCHWATTA, W. 1977: Wohnen in der Innenstadt. Strukturen, neue Entwicklungen, Verhaltensweisen dargestellt am Beispiel der Stadt Augsburg. Augsburg (Kieser) = Augsburger Sozialgeogr. 1.

POSCHWATTA, W. 1978: Verhaltensorientierte Wohnumfelder. Versuch einer Typisierung am Beispiel der Augsburger Innenstadt. In: GR 30: 198-205.

POSENER, J. (Hg.) 1968: Ebenezer Howard. Gartenstädte von morgen. Das Buch und seine Geschichte. Berlin (Ullstein) = Bauwelt Fundamente 21.

POST, F.-J. 2004: Weltsystem - Stadt - Stadtanmerkungen zum Konzept der Global Cities. In: P. JOHANEK u. F.-J. Post (Hg.): Vielerlei Städte. Der Stadt begriff. Köln u. a. (Böhlau): 159-176 = Städte. A/61.

POTTER, R. B. 1992: Urbanization in the Third World. Oxford (Oxford Univ. Press).

POTTER, R. B. 1995: Urbanisation and development in the Carribean. In: Geogr. 80 (4): 334-341.

PRIEBS, A. 1996a: Städtenetze als raumordnungspolitischer Handlungsansatz - Gefährdung oder Stütze des Zentrale-Orte-Systems? In: Erdkunde 50

(1): 35-45.

PRIEBS, A. 1996b: Zentrale Orte und Städtenetze - konkurrierende oder komplementäre Instrumente der Raumordnung? In: IzR (10): 675-690.

PRIEBS, A. (Hg.) 1999a: Zentrale Orte, Einzelhandelsstandorte und neue Zentrenkonzepte in Verdichtungsräumen. Kiel (Geogr. Inst. d. Univ.) = Kieler Arbeitspapiere z. Landesk. u. Raumo. 39.

PRIEBS, A. 1999b: Räumliche Planung und nachhaltige Stadtentwicklung. Lohnt es sich, an den bisherigen Konzepten und Verfahren festzuhalten? In: RuR 57 (4): 249-254.

PRIEBS, A. 2000: Stadt - Stadtregion - Städtenetze. In: GR 52 (7-8): 51-53.

PRIEBS, A. 2003: Vom Stadt-Umland-Gegensatz zur vernetzten Stadtregion. In: Jahrbuch StadtRegion. Opladen (Leske + Budrich): 17-42.

PRIEBS, A. 2006: Der Kopenhagener Fingerplan. Persistenz und Wandel eines stadtregionalen Siedlungskonzeptes über sechs Jahrzehnte. In: P. GANS u. a. (Hg.): Kulturgeographie der Stadt. Kiel (Geogr. Inst. d. Univ.): 205-223 = Kieler Geogr. Schr. 111.

PRIEBS, A. 2007: Der Kopenhagener Fingerplan lebt! Betrachtungen zum 60. Geburtstag eines robusten stadtregionalen Planungskonzepts. In: Raumpl. 135, S. 271-276.

PRIEBS, A. 2008: Der Kopenhagener Fingerplan - Persistenz und Wandel einer planerischen Leitbildes für eine wachsende Stadtregion. In: A. SCHILDT u. D. SCHUBERT (Hg.): Städte zwischen Wachstum und Schrumpfung. Wahrnehmungs- und Umgangsformen in Geschichte und Gegenwart. Dortmund (Rohn): 211-226 = Blaue Reihe, Dortmunder Beitr. z. Raumpl. 129,

PRIEBS, A. 2010: Entwicklung, Stand und Perspektiven stadtregionaler Planungs- und Verwaltungsinstitutionen in Deutschland. In: Die Öffentliche Verwaltung 63 (12): 503-511.

PRIEBS, A. 2011: Die europäische Stadt - von Suburbanisierungsprozessen zu Metropolregionen. In: M. GEHLER (Hg.): Die Macht der Städte. Hildesheim (Olms): 259-284.

PRIEBS, A. 2013: Raumordnung in Deutschland. Braunschweig (Westermann) = Das Geogr. Seminar.

PRIES, M. 2001: Die Wiederentdeckung der Downtown New York, Lower Manhattan. In: GR 53 (1): 26-33.

PRIES, M. 2005: New York City und der 11. September - drei Jahre danach. In: GR 57 (1): 4-12.

PRIES, M. 2006: Vom Hafen zur City - städtebauliche Projekte im Hamburger Hafen. In: GR 58 (6): 22-30.

PRÖPPER, S. u. M. SPANTIG 2002: Barocke Bauwerke - vom Gotteshaus zur Sehenswürdigkeit. In: IfL (Hg.): Nationalatlas Bundesrepublik Deutschland. Bd. 6: Bildung und Kultur. Mithg.: A. MAYR u. M. NUTZ. Heidelberg u. a. (Spektrum): 150-151.

PROSSEK, A. 2009: Bild-Raum Ruhrgebiet. Zur symbolischen Konstruktion der Region. Detmold (Rohn) = Metropolis und Region, 4.

PROSSEK, A. 2012: Berlin, Weimar, Ruhr - die deutschen Europäischen Kulturhauptstädte zwischen Kulturfestival, Stadtentwicklung und Identitätspolitik. In: IzR (11/12): 617-626.

*PROSSEK, A., H. SCHNEIDER, H. A. WESSEL, B. WETTERAU u. D. WIKTORIN (Hg.) 2009: Atlas der Metropole Ruhr. Vielfalt und Wandel des Ruhrgebiets im Kartenbild. Köln (Emons)

PÜTZ, R. 1997: Der Wandel der Standortstruktur im Einzelhandel der neuen Bundesländer. Das Beispiel Dresden. In: G. MEYER (Hg.): Von der Planzur Marktwirtschaft. Wirtschafts- und sozialgeographische Entwicklungsprozesse in den neuen Bundesländern. Mainz (Geogr. Inst. d. Univ.): 37-65 = Mainzer Kontaktstudium Geogr. 3.

PÜTZ, R. 1998: Einzelhandel im Transformationsprozeß. Das Spanungsfeld von lokaler Regulierung und Internationalisierung am Beispiel Polen. Passau (L.I.S.) = Geogr. Handelsf. 1.

PÜTZ, R. (Hg.) 2008: Business Improvement Districts. Ein neues Governance-Modell aus Perspektive von Praxis und Stadtforschung. Passau (L.I.S.) = Geogr. Handelsf. 14.

QUACK, H.-D. u. H. WACHOWIAK (Hg.) 1999: Die Neue Mitte Oberhausen/CentrO. Auswirkungen eines Urban Entertainment Centers auf städtische Versorgungs- und Freizeitstrukturen. Trier (Geogr. Ges.) = Mat. z. Fremdenverkehrsgeogr. 53.

QUENZEL, G. u. A. LOTTERMANN 2009: Kulturelle Produktivität von Städten – ein Zusammenspiel von Kultur, Politik und Ökonomie. In: G. QUENZEL (Hg.): Entwicklungsfaktor Kultur. Studien zum kulturellen und ökonomischen Potential der europäischen Stadt. Bielefeld (Transkript): 11-24.

RADVANYI, J. u. O. VENDINA 2011: Boomtown Moskau: Hauptstadt im städtebaulichen, politischen und sozialen Spannungsfeldern. In: GR 63 (1):12-19.

RAITH, E. 2000: Stadtmorphologie. Annäherungen, Umsetzungen, Aussichten. Wien/New York (Springer).

RATZEL, F. 1903: Die geographische Lage der großen Städte. In: Die Großstadt. Vorträge und Aufsätze zur Städteausstellung. Dresden (v. Zahn/Jaensch): 33-72 = Jb. d. Gehe-Stiftung zu Dresden IX.

REBITZER, D. W. 1995: Internationale Steuerungszentralen. Die führenden Städte im System der Weltwirtschaft. Nürnberg (Wirtschafts- u. sozialgeogr. Inst. d. Univ. Erlangen-Nürnberg) = Nürnberger wirtschafts- u. sozialgeogr. Arb. 49.

REICHART, T. 2000: Bogotá – die kolumbianische Metropole im Sog der Globalisierung. In: Lokal verankert – weltweit vernetzt. 52. DGT Hamburg 2.-9. Oktober 1999. Tagungsber. u. wiss. Abn. Hg.: H. H. BLOTEVOGEL u. a. Stuttgart (Steiner): 292-299.

REICHER, C. u. a. (Hg.) 2011: Kreativwirtschaft und Stadt. Konzepte und Handlungsansätze zur Stadtentwicklung. Dortmund (IRPUD) = Dortmunder Beitr. z. Raumpl. 138

REICHOW, H. B. 1948: Organische Stadtbaukunst von der Großstadt zur Stadtlandschaft. Bd. I. Braunschweig u. a. (Westermann).

REICHOW, H. B. 1959: Die autogerechte Stadt. Ein Weg aus dem Verkehrschaos. Ravensburg (Maier).

REIF, H. 2006: Metropolen. Geschichte, Begriffe, Methoden. Berlin (Center for Metropolitan Stud.), S. 1-21 = CMS Working Paper Ser. 001-2006 (http://www.metropolitanstudies.de)

REINBORN, D. 1996: Städtebau im 19. und 20. Jahrhundert. Stuttgart u. a. (Kohlhammer).

REMY, V. 2006: Die Imagefalle. Identitätsmarketing für Städte und Regionen im Zeichen der soziodemografischen Zeitenwende. Berlin (Graco).

RENAUD, B. u. a. 1998: How the Thai real estate boom undid financial institutions: What can be done now? In: J. WITTE u. S. KOEBERLE (Hg.): Competitiveness and sustainable economic recovery in Thailand. Vol. II: Background papers for the Conference „Thailand's Dynamic Economic Recovery and Competitiveness". Bangkok:103-151.

RENNER, M. 1997: Zum Stand von Stadterneuerung und Stadtumbau. In: IzR (8/9): 529-541.

REUBER, P. 2000: Bangkok, Rangoon und Vientiane - drei südostasiatische Metropolen im Vergleich. In: H. KARRASCH u. a. (Hg.): Megastädte - Weltstädte (Global Cities). Heidelberg (Heidelberger Geogr. Ges.): 137-153 = HGG-Journal 15.

REULECKE, J. 1985: Geschichte der Urbanisierung in Deutschland. Frankfurt/M. (Suhrkamp) = Neue Histor. Bibliothek, edition suhrkamp, N. F. 249.

REUTHER, I. 2003: Learning from the East? Über die Suche nach Leitbildern über den Stadtumbau. In: IzR (10/11): 575-588.

RICHARDSON, H. W. 1980: Polarization Reversal in Developing Countries. In: Papers of the Regional Sci. Ass. 45: 67-85.

RIETDORF, W. (Hg.) 2001: Auslaufmodell Europäische Stadt? Neue Herausforderungen und Fragestellungen am Beginn des 21. Jahrhunderts. Berlin (VWF) = Akad. Abhn. z. Raum- u. Umweltforsch.

RIMMER, P. J. 1998: Transport and telecommunications among world cities. In: F.-C. LO u. Y.-M. YEUNG (Ed.): Globalization and the world large Cities. Tôkyô (UN Univ. Press): 433-470.

RINGEL, F. u. B. WARNER 2015: Wohnen in Sachsen-Anhalt im demographischen Wandel. Wie können Kommunen und Unternehmen auf Ansprüche einer älter werdenden Bewohnerschaft reagieren? In: Europa Regional 22 (1): 46-54.

RINGLI, H. 1997. Das „vernetzte Städtesystem Schweiz". In: Collage special 97: 10-12.

RINSCHEDE, G. 1999: Religionsgeographie. Braunschweig (Westermann) = Das Geogr. Seminar.

RITTENBRUCH, K. 1968: Zur Anwendbarkeit der Exportbasiskonzepte im Rahmen von Regionalstudien. Berlin (Duncker & Humblot) = Schr. z. Regional- u. Verkehrsprobl. in Industrie- u. Entwicklungsländern 4.

RITTER, E.-H. 1998: Metropolen im supranationalen Wettbewerb. In: In: Deutschland in der Welt von morgen. Chancen unserer Lebens- und Wirtschaftsräume. Wiss. Plenarsitzung 1997. Hannover (ARL): 51-54 = Forsch.- u. Sitzungsber. 203.

ROBINSON, J. 2002: Global and world cities: A view from off the map. In: International J. of Urban and Regional Research 26.3: 531-554.

RODENSTEIN, M. 2002: Die vertikale Entwicklung der europäischen Stadt im 20. Jahrhundert. In: Die alte Stadt 29 (4): 261-274.

RODENSTEIN, M. 2003: Hochhäuser als Zukunft der europäischen Stadt? In: Die Zukunft der Städte. Hg.: K. WOLF. Frankfurt a. M. (Inst. f. Kulturgeogr., Stadt- u. Regionalforsch. d. Univ.): 167-179 = Rhein-Mainische Forsch. 124.

ROLFES, M. 2015: Kriminalität, Sicherheit und Raum. Humangeographische Perspektiven der Sicherheits- und Kriminalitätsforschung. Stuttgart (Steiner) = Sozialgeogr. kompakt 3.

ROTHER, K. 2006: Die Bergstädte des Erzgebirges im epochalen Wandel. In: P. GANS u. a. (Hg.):

Kulturgeographie der Stadt. Kiel (Geogr. Inst. d. Univ.): 255-270 = Kieler Geogr. Schr. 111.

ROOST, F. 2000: Die Disneyfizierung der Städte. Großprojekte der Entertainmentindustrie am Beispiel des New Yorker Time Square und der Siedlung Celebration in Florida. Opladen (Leske + Budrich) = Stadt, Raum, Gesellschaft 13.

ROOST, F. 2008: Branding Center. Über den Einfluss globaler Markenkonzerne auf die Innenstädte. Wiesbaden (VS, Verl. f. Sozialwiss.).

ROPPELT, T. 2002: Innerstädtische Viertelbildungen in Mittelstädten. Das Beispiel Bamberg. Bamberg (Inst. f. Geogr. d. Univ.) = Bamberger Geogr, Schr., Sonderfolge, 8.

ROTH, R. (Hg.): Städte im europäischen Raum. Verkehr, Kommunikation und Urbanität im 19. und 20. Jahrhundert. Stuttgart (Steiner) = Beitr. zur Stadtgesch. u. Urbanisierungsforsch. 9.

ROUSSELOT, J. 2002: Ujung Pandang – Makassar: Metropole du Grand Est Indonesie. In: Cahiers d'Outre-Mer 55 (219): 259-278.

RUDOLPH, R. 2001: Stadtzentren russischer Großstädte in der Transformation. St. Petersburg und Je-katerinburg. Leipzig (Inst. f. Länderk.) = Beitr. z. Regionalen Geogr. 54.

RUDOLPH, R. u. K. E. AKSËNOV 2003: St. Petersburg - postsowjetische Auswertung von Stadtquartieren. In. GR 55, H. 12, S. 42-48.

RUDOLPH, R. u. S. LENTZ 1999: Segregationstendenzen in russischen Großstädten: Die Entwicklung elitärer Wohnformen in St. Petersburg und Moskau. In: Europa Regional 7, H. 2, S. 27-40.

RUHR.2010 GmbH 2010: Europäische Kulturhauptstadt RUHR.2010: „Wandel durch Kultur – Kultur durch Wandel. URL: www.essen-fuer-das-ruhrgebiet.ruhr2010.de

RUHR TOURISMUS GMBH (2011): Die Ruhr Tourismus GmbH. URL: www.ruhr-tourismus.de/ruhr-tourismus-gmbh.html

RULAND, R. 2011: Die Rolle des historischen Erbes in der Stadtentwicklung in Deutschland. In: IzR (3/4): 183-191.

RULAND, R. 2014: Einzelhandel in der historischen Stadt - Herausforderungen und Chancen. In: IzR (1): 33-40.

RUPPERT, K. u. F. SCHAFFER 1969: Zur Konzeption der Sozialgeographie. In: GR 21 (6): 205-214.

SABELBERG, E. 1984: Regionale Stadttypen in Italien. Genese und heutige Struktur der toskanischen und sizilianischen Städte an den Beispielen Florenz, Siena, Catania und Agrigent. Wiesbaden (Steiner) = Erdkundliches Wissen 66.

SABELBERG, E. 1986: The „South-Italian City" - a cultural-genetic type of city. In: GJ 13 (1): 59-66.

SACHS, K. 2004: Konversionsflächen als Wohnflächenpotenziale. Das Beispiel Halle (Saale). In: Ber. z. dt. Landesk. 78 (1): 73-95.

SAILER U. u. D. PAPENHEIM 2007: Kreative Unternehmen, Clusterinitiativen und Wirtschaftsentwicklung. Theoretische Diskurse und empirische Befunde aus Offenbach am Main. In: GZ 95 (3):115-137.

SAILER-FLIEGE, U. 1999: Transformationen von Wohnungsmärkten in Ostmitteleuropa. In: PG 29 (9): 10-15.

SANDER, W. 2009: Hamburger HafenCity. Nachhaltige Stadtentwicklung oder doch nur eine konsumorientierte Eventkultur? In: GS (182): 13-24.

SANDFUCHS, K. 2009: Wohnen in der Stadt. Bewohnerstrukturen, Nachbarschaften und Motive der Wohnstandortwahl in innenstadtnahen Neubaugebieten Hannovers. Kiel (Geogr. Inst. d. Univ.) = Kieler Geogr. Schr. 120.

SANDTNER, S. E. 2005: Neuartige residentielle Stadtstrukturmuster vor dem Hintergrund postmoderner Gesellschaftsentwicklungen. Eine geographische Analyse städtischer Raummuster am Beispiel von Basel. Basel (Wepf) = Geogr. Inst. d. Univ. Basel, Basler Beitr. zur Geogr. 50.

SASSEN, S. 1991 (2001²): The Global City. New York, London, Tokyo. Princeton/Oxford (Princeton Univ. Press).

SASSEN, S. 1994: Cities in a world economy. Thousand Oaks (Pine Forge Press). (dt. Übersetzung: Metropolen des Weltmarkts. Die neue Rolle der Global Cities. Frankfurt a. M. (Campus) 1996, 1997²).

SASSEN, S. 2000: Machtbeben. Wohin führt die Globalisierung? Stuttgart (Dt. Verl.-Anstalt).

SATOH, S. 2008: Urban morphology in Japan: researching castle towns. In: Urban Morphology 12 (1): 5-10.

SAUBERZWEIG, D. u. W. LAITENBERGER 1998 (Hg.): Stadt der Zukunft, Zukunft der Stadt. Baden-Baden (Nomos).

•SCARGILL, D. I. 1979: The form of cities. London (Bell & Hyman) = Urban and Social Geogr. Ser.

•SCHÄFERS, B. 2006²: Architektursoziologie. Grundlagen, Epochen, Themen. Wiesbaden (Verl. f. Soialwiss.).

•SCHÄFERS, B. 2010²: Stadtsoziologie. Stadtentwicklung und Theorien - Grundlagen und Praxisfelder. Wiesbaden (Verl. f. Sozialwiss.).

SCHÄTZL, L. 1988⁷, 2001⁸, 2009³: Wirtschaftsgeographie 1. Theorie. Paderborn u. a. (Schöningh) = UTB 782 (Neuaufl. s.: I. LIEFNER/L. SCHÄTZL 2012¹⁰).

SCHAFFER, F. 1968a: Untersuchungen zur sozialgeographischen Situation und regionalen Mobilität in neuen Großwohngebieten am Beispiel Ulm-Eselsberg. Kallmünz/Regensburg (Lassleben) = Münchner Geogr. H. 32.

SCHAFFER, F. 1968b: Prozeßhafte Perspektiven sozialgeographischer Stadtforschung - erläutert am Beispiel von Mobilitätserscheinungen. In: Zum Standort der Sozialgeographie. WOLFGANG HARTKE zum 60. Geburtstag. Kallmünz/Regensburg (Lassleben): 185-207 = Münchner Stud. z. Sozial- u. Wirtschaftsgeogr. 4.

SCHAFFER, F. 1986: Angewandte Stadtgeographie. Projektstudie Augsburg. Trier (Zentralausschuß f. dt. Landesk.) = Forsch. z. dt. Landesk. 226.

SCHAFFER, F. u. K. THIEME (Hg.) 1989: Altstadtsanierung in Augsburg. Grundlagen - Maßnahmen - Wirkungen. Augsburg (Lehrstuhl. f. Sozial- u. Wirtschaftsgeogr. d. Univ.) = Angew. Sozialgeogr., Beitr. 22.

SCHAMP, E. W. 1997: Industrie im Zeitalter der Globalisierung. In: geogr. heute 18 (155): 2-7.

SCHAMP, E. W. 2011: Europas jüngstes Finanzzentrum. Der Aufstieg Frankfurts zur europäischen Finanz-Metropole. In: W. MATZNETTER U. R. MUSIL (Hg.): Europa: Metropolen im Wandel. Wien (Madelbaum): 53-66.

SCHARENBERG, A. (Hg.) 2000: Berlin: Global City oder Konkursmasse? Eine Zwischenbilanz zehn Jahre nach dem Mauerfall. Berlin (Dietz) = Schr. 3, hg.

v. d. Rosa-Luxemburg-Stiftung Gesellschaftsanalyse u. Politische Bildung e. V..

SCHEINER, J. unter Mitarb. v. A. ILLIG u. H. LICHTENBERG 1999: Die Mauer in den Köpfen - und in den Füßen? Wahrnehmungs- und Aktionsraummuster im vereinten Berlin. Hg.: Freie Univ. Berlin, Berlin-Forsch. Berlin (FU Berlin).

SCHEINER, J. 2000: Eine Stadt - zwei Alltagswelten? Ein Beitrag zur Aktionsraumforschung und Wahrnehmungsgeographie im vereinten Berlin. Berlin (Reimer) = Abhn. - Anthropogeogr. Inst. f. Geogr. Wiss., Freie Univ. Berlin, 62.

SCHEINER, J. 2001: Berlin - noch immer geteilt? Untersuchungen zur Mobilität zwischen dem West- und Ostteil der deutschen Hauptstadt. In: GR 53 (3): 17-23.

SCHENK, W. 2004: „Städtelandschaft" als Begriff in der Historischen Geographie und Anthropogeographie. In: H. TH. GRÄF u. K. KELLER: Städtelandschaft, réseau urbain, urban network. Städte im regionalen Kontext in Spätmittelalter und früher Neuzeit. Köln u. a. (Böhlau): 25-45 = Städtef. A/62.

•SCHENK, W. 2011: Historische Geographie. Darmstadt (WBG) = Geowissen kompakt.

SCHILDT, A. u. D. SCHUBERT (Hg.): Städte zwischen Wachstum und Schrumpfung. Wahrnehmungs- und Umgangsformen in Geschichte und Gegenwart. Dortmund (Rohn) = Blaue Reihe, Dortmunder Beitr. z. Raumpl. 129.

SCHINZ, A. 1989: Cities in China. Berlin (Borntraeger) = Urbanisierung d. Erde 7.

SCHLICKEWEI, S., S. SCHÖTER U. J. WALDMÜLLER 2011: Grundlagen der Kreativwirtschaft und Stadtentwicklung. In: C. REICHER u. a. (Hg.): Kreativwirtschaft und Stadt. Konzepte und Handlungsansätze zur Stadtentwicklung. Dortmund (IRPUD): 10-54 = Dortmunder Beitr. z. Raumpl. 138.

SCHLÜTER, O. 1899: Über den Grundriß der Städte. In: Zs. d. Ges. f. Erdkunde zu Berlin 34: 446-462.

SCHMID, H. 2004: Der Wiederaufbau des Beiruter Stadtzentrums: eine politisch-geographische Konfliktforschung. In: G. MEYER (Hg.): Die Arabische Welt im Spiegel der Kulturgeographie. Mainz (ZEFAW):112-119=Veröff. d. ZEFAW 1.

SCHMIDT, H. 2006: Economy of fascination. Dubai and Las Vegas as examples of themed urban landscapes. In: Erdkunde 60 (4): 346-361.

SCHMIDT, H. 2009: Dubai. Aufstrebende Tourismusmetropole am Arabisch-Persischen Golf. In: GR 61 (2): 34-41.

SCHMIDT, H. 1997: Urbane Transformationsprozesse im Spiegel des Bodenmarktes der Stadtregion Leipzig. In: A. MAYR (Hg.): Regionale Transformationsprozesse in Europa. Leipzig: 57-78. = Beitr. z. Regionalen Geogr. 44.

*SCHMIDT, H., G. MAYER u. D. WIKTORIN sowie S. TZSCHASCHEL u. J. BLENCK (Hg.) 2005: Der Leipzig Atlas. Unterwegs in einer weltoffenen Stadt am Knotenpunkt zwischen West- und Osteuropa. Köln (Emons).

SCHMIED, D. 2000: Counterurbanisierung und der ländliche Raum in Großbritannien. In: GR 52 (1): 20-26.

SCHMITZ, S. 1995: Raumstruktur, Verkehr und Umwelt in den USA. In: RuR 53 (2): 112-123.

SCHMITZ, S. 2010: Urbanität 2.0 - Zur Entwicklung

des Städtischen im Zeitalter zunehmender Virtualität. In: C.-C. WIEGANDT (Hg.): Neue Informations- und Kommunikationstechnologien. = Die alte Stadt 37 (2): 110-122.

SCHNEIDER, H. 2016: Stadtentwicklung durch land grabbing? Innerstädtische Nutzungskonflikte in Phnom Penh. GR (2): 10-16.

SCHNEIDER, N. u. A. SPELLERBERG 1999: Lebensstile, Wohnbedürfnisse und räumliche Mobilität. Opladen (Leske + Budrich).

SCHNEIDER-SLIWA, R. 1995: Stadtentwicklung für das 21. Jahrhundert - das Modell Boston. Kommunale Handlungsspielräume, soziale Orientierung, Disparitätenabbau. In: GR 47 (10): 586-593.

SCHNEIDER-SLIWA, R. 1996a: Stadtentwicklungskonzepte in Atlanta. Prototyp für Planungsstrategien in der Ära sozialstaatlichen Rückbaus in den USA. In: GR 48 (5): 318-324.

SCHNEIDER-SLIWA, R. 1996b: Kernstadtverfall und Modelle der Erneuerung in den USA. *Privatism, Public-Private Partnerships,* Revitalisierungspolitik und sozialräumliche Prozessse in Atlanta, Boston und Washington D. C. Berlin (Reimer).

SCHNEIDER-SLIWA, R. 1999: Nordamerikanische Innenstädte der Gegenwart. In: GR 51 (1): 44-51.

SCHNEIDER-SLIWA, R. (Hg.) 2002a: Städte im Umbruch. Neustrukturierung von Berlin, Brüssel, Hanoi, Ho Chi Minh Stadt, Hongkong, Jerusalem, Johannesburg, Moskau, St. Petersburg, Sarajewo und Wien. Berlin (Reimer).

SCHNEIDER-SLIWA, R. 2002b: US-amerikanische Stadt. In: E. BRUNOTTE u. a. (Hg.): Lexikon der Geographie in vier Bänden. Bd. 3. Heidelberg/Berlin (Spektrum): 403-405.

SCHNEIDER-SLIWA, R. 2005: USA. Darmstadt (Wiss. Buchges.) = Geogr.-Gesch.-Wirtschaft-Politik.

SCHNEIDER-SLIWA, R. (Hg.) 2011: Schweiz. Darmstadt (WBG) = Geogr.-Gesch.-Wirtschaft-Politik.

SCHNEIDER-SLIWA, R. 2015[2]: Urban Geography. In: J. D. WRIGHT (Ed.): International Encyclopedia of the Social & Behavioral Sciences 24. Oxford (Elsevier): 800-806.

SCHNEIDER-SLIWA, R., E. GLOOR, R. GONZALEZ, C. GRIEBEL, C. SAALFRANK u. N. SLIWA 2012: Image und Identität von Basler Stadtquartieren.Basel (Schwabe) = Basler Stadt- u. Regionalforsch. 36.

SCHNORE, L. F. 1972: Class and race in cities and suburbs. Chicago (Markham Publishing Co.) = Markham Ser. in Process and Change in American Society.

SCHNUR, O. (Hg.) 2008: Quartiersforschung. Zwischen Theorie und Praxis. Wiesbaden (VS Verl. f. Sozialwiss.) = VS RESEARCH.

SCHNUR, O. 2013: Zwischen Stigma, Subvention und Selbstverantwortung. Ambivalenzen der Quartiersentwicklung in Berlin. In: GR 65 (2):28-36.

•SCHÖLLER, P. 1953: Aufgaben und Probleme der Stadtgeographie. In: Erdkunde 7 (3): 161-184.

SCHÖLLER, P. 1967: Die deutschen Städte. Wiesbaden (Steiner) = Erdkundliches Wissen 17, GZ, Beih.

SCHÖLLER, P. 1968: Binnenwanderung und Städtewachstum in Japan. In: Erdkunde 22 (1): 13-29.

SCHÖLLER, P. 1969: Ein Jahrhundert Stadtentwicklung in Japan. In: Beitr. zur Japanforschung. Bonn (Dümmlers): 13-57 = Colloquium Geographicum 10.

SCHÖLLER, P. 1976: Unterirdischer Zentrenausbau in japanischen Städten. In: Erdkunde 30:108-125.

SCHÖLLER, P. 1978: Japan. In: P. SCHÖLLER, H. DÜRR u. E. DEGE (Hg.): Ostasien. Frankfurt/M. (Fischer): 325-440 = Fischer Länderk. 1.

SCHÖLLER, P. 1983: Einige Erfahrungen und Probleme aus der Sicht weltweiter Urbanisierungsforschung. In: H.J. TEUTEBERG (Hg.): Urbanisierung im 19. und 20. Jahrhundert. Köln u. a. (Böhlau): 591-604 = Städtef. A/16.

SCHÖLLER, P. 1984: Technopolis. Ein Zukunftskonzept japanischer Stadt- und Wirtschaftsplanung. In: GR 36 (3): 94-98.

SCHÖLLER, P. 1985[2]: Die Großstadt des 19. Jahrhunderts - ein Umbruch der Stadtgeschichte. In: H. STOOB (Hg.): Die Stadt. Gestalt und Wandel bis zum industriellen Zeitalter. Köln u. a. (Böhlau): 275-313 = Städtewesen 1.

SCHÖLLER, P. 1987: Stadtumbau und Stadterhaltung in der DDR. In: H. HEINEBERG (Hg.): Innerstädtische Differenzierung und Prozesse im 19. und 20. Jahrhundert. Geographische und historische Aspekte. Köln u. a. (Böhlau). 439-471 (zugleich: Städtepolitik, Stadtumbau und Stadterhaltung in der DDR. Stuttgart (Steiner) 1986 = Erdkundliches Wissen 81).

SCHÖN, K. P. 1996: Agglomerationsräume, Metropolen und Metropolregionen Deutschlands im statistischen Vergleich. In: Agglomerationsräume in Deutschland. Ansichten, Einsichten, Aussichten. Hg.: ARL. Hannover (ARL). 360-396 = Forsch.- u. Sitzungsber. 199.

SCHOLZ, F. 1979: Verstädterung in der Dritten Welt. Der Fall Pakistan. In: W. KREISEL, W. D. SICK u. J. STADELBAUER (Hg.): Siedlungsgeographische Studien. Festschr. f. G. SCHWARZ. Berlin (de Gruyter): 341-385.

SCHOLZ, F. 1994a: Städtische Armut in den Erdölförderländern der Golfregion. "Capital Area" von Oman als Beispiel (Ein Beitrag zur Diskussion über die sozialräumliche Differenzierung der islamisch-orientalischen Stadt). In: GZ 82 (1): 47-62.

SCHOLZ, F. 1994: Funktion und Dynamik von Wochenmärkten im Süden Frankreichs. Uzès (Gard) als Beispiel. Ein Beitrag zur qualitativen Sozialgeographie. In: Erde 125 (1): 15-33.

SCHOLZ, F. 2000a: Globalisierung versus Fragmentierung. Eine sozialwissenschaftliche Herausforderung? In: NORD-SÜD aktuell XIV (2): 255-271.

SCHOLZ, F. 2000b: Perspektiven des „Südens" im Zeitalter der Globalisierung. In: GZ 88 (1):1-20.

SCHOLZ, F. 2002: Die Theorie der „fragmentierenden Entwicklung". In: GR 54 (10): 6-11.

SCHOLZ, F. 2003a: Globalisierung und „neue Armut". In: GR 55 (10): 4-10.

SCHOLZ, F. 2003b: Die Megacity Karachi – ein „globalisierter Ort". In: GR 55 (11): 20-26.

•SCHOLZ, F. 2004a: Geographische Entwicklungsforschung. Methoden und Theorien. Berlin/Stuttgart (Borntraeger) = Studienbücher d. Geogr.

SCHOLZ, F. 2004b: Muscat - Hauptstadt des Sultanats Oman. In: G. MEYER (Hg.): Die Arabische Welt im Spiegel der Kulturgeographie. Mainz (ZEFAW): 70-79 = Veröff. d. ZEFAW 1.

SCHOLZ, F. 2005: Die „kleinen" arabischen Golfstaaten im Globalisierungsprozess - Beispiel Dubai. In: GR 57 (11): 12-20.

•SCHOLZ, F. 2007: Entwicklungsländer. Entwicklung und Unterentwicklung im Prozess der Globalisierung. Braunschweig (Westermann u. a.) = Diercke Spezial.

•SCHOLZ, F. 2010: Globalisierung. Genese - Strukturen - Effekte. Braunschweig (Westermann u. a.) = Diercke Spezial.

SCHOLZ, F., B. FEUCHTE u. K. SCHÄFER 2001: Dhaka/ Bangladesh – Stadtstruktur und Lebensqualität in einem globalisierten Ort. In: GR 53 (12): 56-64.

SCHOTE, H. 2013: Business Improvement Districts - Private Investitionen in gewachsene Einzelhandelslagen: Überblick über BIDs in Deutschland und Erfahrungen aus Hamburg. In: K. KLEIN (Hg.): Handelsimmobilien. Theoretische Ansätze, empirische Ergebnisse. Mannheim (MetaGIS Infosysteme): 249-285 = Geogr. Handelsf. 19.

SCHRAND, H. 1992: Verstädterung in Industrie- und Entwicklungsländern. In: H. KÖCK (Hg.): Städte und Städtesysteme. Köln (Aulis Verl. Deubner): 366-379 = Handbuch d. Geogr.unterricht 4.

SCHRAND, H. 1998: Die Stadt als Lebensraum im Zeitalter der Globalisierung. In: G. RINSCHEDE u. J. GAREIS (Hg.): 26. Dt. Schulgeographentag Regensburg 1998. Tagungsbd. II. Regensburg (Inst. f. Geogr. d. Univ.), S. 11-19 = Regensburger Beitr. z. Didaktik d. Geogr. 5.

SCHRAND, H. 2001: Die Globalisierung der Lebensbezüge als neue Herausforderung für den Geographieunterricht. In: H. ROGGENTHIN (Hg.): Stadt – der Lebensraum der Zukunft? Gegenwärtige raumbezogene Prozesse in Verdichtungsräumen der Erde. Mainz (Geogr. Inst. d. Univ.): 1-10 (= Mainzer Kontaktstudium Geogr. 7).

SCHRETTENBRUNNER, H. 1974: Methoden und Konzepte einer verhaltenswissenschaftlich orientierten Geographie. In: R. FICHTINGER u. a.: Studien zu einer Geographie der Wahrnehmung. Stuttgart (Klett): 64-86 = Der Erdkundeunterricht 19.

SCHROEDER-LANZ, H. 1984: 2000 Jahre Stadtgestalt Trier - eine städtebauliche Bilanz. In: GR 36 (6): 278-287.

SCHUBERT, D. 2001a: Welche „Stadt"? Welcher Stadtbegriff? - Zum Mythos der „europäischen Stadt" und zu notwendigen Klärungen. In: Jb. Stadterneuerung 2001, Beitr. aus Lehre u. Forsch. an deutschsprachigen Hochschulen. Berlin: 49-63.

SCHUBERT, D. 2001b: Shanghai - 'Stadt über dem Meer'. In: J. LAFRENZ (Hg.): Hamburg und seine Partnerstädte. Hamburg (Inst. f. Geogr. d. Univ.): 213-252 = Hamburger Geogr. Stud. 49.

SCHUBERT, D. 2001c (Hg.): Hafen- und Uferzonen im Wandel. Analysen und Planungen zur Revitalisierung der Waterfront in Hafenstädten. Berlin (LeueVerl.) = edition stadt u. region 3.

SCHUBERT, D. 2010: Von der sailor town zu schicken Quais. Transformationsprozesse in Hafenstädten und ihre Rahmenbedingungen. In: K. ZEHNER u. G. WOOD: Großbritannien. Geographien eines europäischen Nachbarn. Heidelberg u. a. (Spektrum): 175-183.

SCHÜTTE, L. 1993: Orte zwischen Stadt und Land - Entwicklung und Rechtsform der „Weichbilde" und „Freiheiten" in Westfalen. In: A. MAYR u. K. TEMLITZ (Hg.): Münsterland und angrenzende Gebiete. Münster (GeKo): 57-73 = Spieker. Landeskundliche Beitr. u. Ber. 36.

SCHÜTTEMEYER, A. 2005: Verdichtete Siedlungsstrukturen in Sydney. Lösungsansätze für eine nachhaltige Stadtentwicklung. St. Augustin

(Asgard) = Bonner Geogr. Abhn. 113.

SCHULER, M. 1985: Periurbanisierung und Definition des statistischen Stadtrandes. Zur Abgrenzung der Agglomerationen in der Schweiz. In: DISP 80/81: 60-64.

SCHULTE, M. 2012: Klimaschutz und Klimaanpassung auf kommunaler Ebene: NRW-Klimakommunen der Zukunft – das Beispiel Bocholt. In: www.westfalen-regional.de.

SCHULZ, M. 1998: Berlin - Abschied von einer geteilten Stadt? In: Europa regional 6 (1): 2-14.

SCHULZ, M. 2000: Das neue Zentrum von Berlin. In: GR 52 (7-8): 27-32.

SCHULZE, K. u. T. TERFRÜCHTE 2010: Keine Metropolregion an Rhein und Ruhr? In: GR 62 (11): 32-35.

SCHUSTER, M. E. 1951: Innstädte und ihre alpenländische Bauweise. München (Callwey).

SCHUSTER, N. 2011: Dortmund kreativ – Kritische Lesarten zum Kreativitätsdiskurs in der Stadtentwicklungspolitik am Beispiel des neue entdeckten Dortmunder „Westend". In: C. REICHER u. a. (Hg.): Kreativwirtschaft und Stadt. Konzepte und Handlungsansätze zur Stadtentwicklung. Dortmund (IRPUD): 213-228 = Dortmunder Beitr. z. Raumpl. 138.

•SCHWARZ, G. 1989[4]: Allgemeine Siedlungsgeographie, Teil 2: Die Städte. Berlin (de Gruyter) = Lehrbuch d. Allg. Geogr. 6.

SCHWEIZER, G. u. W. WINKELHANE 1990: Die Stadt im Islamischen Orient. In: E. EHLERS u. a.: Der Islamische Orient. Grundlagen zur Länderkunde eines Kulturraumes. Köln (Islamische Wiss. Akad. w. Erforsch. d. Wechselbeziehung z. abendländischen Geistesgesch. u. Kultur), S. 196-251 = Stud. z. Islam in interkulturellen Wechselbeziehungen, Islam: Raum - Gesch. - Religion 1.

SCIBBE, P. 2000: Städtenetzwerke - ein neues Organisationskonzept in Raumordnung und Kommunalpolitik. Würzburg (Inst. f. Geogr. d. Univ.) = Würzburger Geogr. Manuskripte 49.

SCOTT, A. J. (Ed.) 2001: Global City-Regions. Trends, theory, policy. Oxford (Oxford Univ. Press).

SEARLE, G. u. B. BRAUN 2012: Neue Trends in Stadtplanung und -entwicklung australischer Großstädte. In: GR 64 (10): 12-19.

SEGER, M. 1975: Strukturelemente der Stadt Teheran und das Modell der modernen orientalischen Stadt.In: Erdkunde 29 (1): 21-38.

SEGER, M. 1979a: Das System der Geschäftsstraßen und die innerstädtische Differenzierung in der orientalischen Stadt. In: Erkunde 33 (2): 113-129.

SEGER, M. 1979b: Zum Dualismus der Struktur orientalischer Städte. Das Beispiel Teheran. In: Mitt. d. Österreich. Geogr. Ges. 121 (I): 129-159.

SEGER, M. 1997: Teheran von Schah zu Schia. Metropolitane Entwicklung unter gegensätzlichen Rahmenbedingungen. In: M. FELDBAUER u. a. (Hg.): Mega-Cities. Die Metropolen des Südens zwischen Globalisierung und Fragmentierung. Frankfurt a. M. (Brandes & Aspel): 233-257 = Historische Sozialkunde 12.

SEGER, M. u. F. PALENCSAR 2003: Istanbul - der Weg zurück zur Weltstadt. In: PM 147 (4): 74-83.

SELBACH, V. u. K. ZEHNER 2016 (Hg.): London - Geographien einer Global City. Bielefeld (transcript) = Sozial- u. Kulturgeogr. 4.

SENATSVERWALTUNG FÜR WIRTSCHAFT, TECHNOLOGIE UND

FRAUEN DES LANDES BERLIN (SenWirt) 2011 (Hg.): Tourismuskonzept Berlin Handlungsrahmen 2011+. Berlin (SenWirt).

SHERIDAN-QUANTZ, E. 1997: „Hier strömt das Geld zusammen". Citybildung und die räumlichen Auswirkungen ausgewählter kapitalkräftiger Wirtschaftszweige in der Innenstadt von Hannover 1820-1920. Hannover (Landeshauptstadt Hannover, Stadtarchiv): 5-33 = Hannoversche Gesch.-blätter, N. F. 51.

SHEVKY, E. u. W. BELL 1955: Social area analysis. In: G. A. THEODORSON (Ed.) 1961: Studies in human ecology. New York (Harper & Row): 226-235. Dt. Fassung: Sozialraumanalyse. In: P. ATTESLANDER u. B. HAMM (Hg.) 1974: Mat. z. Siedlungssoziologie. Köln (Kiepenheuer/Witsch): 125-139 = Neue Wiss. Bibliothek 69.

SHEVKY, E. u. M. WILLIAMS 1949: The social areas of Los Angeles: analysis and typology. Berkeley (Univ. of California Press).

SHOPPINGCENTERS.DE, MOMME TORSTEN FALK in Kooperation mit INSTITUT FÜR GEWERBEZENTREN, PROF. DR. BERND FALK (Hg.), 2011: SHOPPING CENTER REPORT 2011. Starnberg (Shoppingcenters.de/ Inst. f. Gewerbezentren).

•SHORT, J. R. 1984: An introduction to urban geography. London (Routledge & Kegan Paul).

SHOVAL, N. 2009: Das Phänomen der Flagship-Museen. Neuer Trend im internationalen Städtetourismus? In: GR 61 (2): 28-33.

SIEBEL, W. (Hg.) 2004: Die europäische Stadt. Frankfurt a. M. (Suhrkamp) = edition Suhrkamp 2323.

SIEBEL, W. 2015: Die Kultur der Stadt. Berlin (Suhrkamp) = edition suhrkamp 2698.

SIEDENTOP, S., S. KAUSCH, K. EINIG u. J. GÖSSEL 2003: Siedlungsstrukturelle Veränderungen im Umland der Agglomerationsräume. Bonn (BBR) = Forsch. 114.

SIEKMANN, M. 1989: Die Stadt Münster um 1770. Eine räumlich-statistische Darstellung der Bevölkerung, Sozialgruppen und Gebäude. Münster (GeKo) = Siedlung u. Landschaft in Westfalen 18.

SIEVERTS, T. 1999³: Zwischenstadt zwischen Ort und Welt, Raum und Zeit, Stadt und Land. Braunschweig (Vieweg) = Bauwelt-Fundamente 118.

SIEVERTS, T. 2003: Sieben einfache Zugänge zum Begreifen und zum Umfang mit der Zwischenstadt. In: F. OSWALD u. N. SCHÜLLER (Hg.): Neue Urbanität - das Verschmelzen von Stadt und Landschaft. Zürich (eta Verl.)

SIEVERTS, T. u. I. IRION 1994: Neue Städte und Großsiedlungen der Epoche 1950-1975: schon Baugeschichte oder noch aktuell? In: DISP 117: 3-10.

SIMMS, A. 2004: Neue Wege der historisch-geographischen Erforschung von Stadtlandschaften in der anglo-amerikanischen Geographie. In: P. JOHANEK u. F.-J. POST (Hrsg.): Vielerlei Städte. Der Stadtbegriff. Köln u. a. (Böhlau): 53-70 = Städtef. A/61.

SLATER, T. (ED.) 1990: The built form of Western cities. Essays for M. R. G. CONZEN on the occasion of his eightieth birthday. Leicester (Univ. Press).

SÖNDERMANN, M. 2012: Monitoring zu ausgewählten wirtschaftlichen Eckdaten der Kreativwirtschaft in Deutschland 2010. Köln (BMWi).

SOJA, E. W. 1995a: Postmoderne Urbanisierung. Die sechs Restrukturierungen von Los Angeles. In: G. FUCHS, B. MOLTMANN u. W. PRIGGE (Hg.): Mythos Metropole. Frankfurt a. M. (Suhrkamp): 143-164 = edition suhrkamp 1912, N. F. 912.

SOJA, E. W. 1995b: Postmodern urbanization: the six restructurings of Los Angeles. In: S. WATSON u. K. GIBSON (Hg.): Postmodern cities and spaces. Oxford (Blackwell): 125-137.

SOJA, E. W. 2000: Postmetropolis. Critical studies of cities and regions. Oxford (Blackwell).

SOMMERHOFF, G. u. C. WEBER 1999: Mexiko. Geographie, Geschichte, Wirtschaft, Politik. Darmstadt (WBG).

SPANGENBERGER, V. 1996: Städtenetze - der neue interkommunale und raumordnerische Ansatz. In: RuR 54 (5): 313-320.

SPINNEN, B. u. T. HAUFF 2006: Münster - Kommunikation, Kooperation und Strategie - Stadtmarketing als langfristige Arbeit am Stadtprofil. In: F. BIRK u. a. (Hg.): Stadtmarketing - Status quo und Per spektiven. Berlin (Difu): 115-138 = Difu-Beitr. z. Stadtf. 42.

SPREITZHOFER, G. 2000: Jakarta, Megacity im Spannungsfeld globaler Interessen und sozialer Disparitäten. In: Lokal verankert – weltweit vernetzt. 52. DGT Hamburg 2.-9. Oktober 1999. Tagungsber. u.wiss. Abn. Hg.: H. H. BLOTEVOGEL u. a.. Stuttgart (Steiner): 273-278.

STADELBAUER, J. 1994: Das Ende der „sozialistischen Stadt"? Zu einigen Transformationsansätzen in russischen Großstädten. In: Festschr. f. ERDMANN GORMSEN zum 65. Geburtstag. Hg. v. M. DOMRÖS u. W. KLAER. Mainz (Geogr. Inst. d. Univ.): 179-196 = Mainzer Geogr. Stud. 40.

STADELBAUER, J. 1996a: Die Nachfolgestaaten der Sowjetunion. Großraum zwischen Dauer und Wandel. Darmstadt (WBG) = Wiss. Länderk. 41.

STADELBAUER, J. 1996b: Moskau. Post-sozialistische Megastadt im Transformationsprozeß. In: GR 48 (2):113-119.

STADTBAUKULTUR NRW, EUROPÄISCHES HAUS DER STADTKULTUR 2010: Baukultur 2010. Landesinitiative StadtBauKultur NRW. Gelsenkirchen.

STADT DORTMUND u. REGIONALVERBAND RUHR 2010: Dortmunder U. Zentrum für Kunst und Kreativität. Bönen (Kettler).

STADT HAMELN (Hg.) 1983: Hameln Altstadtsanierung. Zwischenbilanz 1983. Hameln (Stadt Hameln).

STANDL, H. 1998: Der post-sozialistische Transformationsprozeß im großstädtischen Einzelhandel Ostmittel- und Osteuropas. Der Versuch einer Typenbildung zum jüngsten Wandel der Innenstadtstrukturen sowie einer modellhaften Darstellung der sie beeinflussenden Determinanten. In: Europa regional 6 (3): 2-15.

STANG, F. 1983: Chandigarh. Idee und Wirklichkeit einer geplanten Stadt in Indien. In: GR 35 (9): 418-424.

STANG, F. 2002: Indien. Darmstadt (WBG)= Wiss. Länderk.

STARK, M. 2015: Southeast Asian urbanism: from early city to Classical state. In: N. YOFFEE (Hg.): The Cambridge World History. Vol. 3: Early Cities in Comparative Perspective, 4000 BCE-1200 CE. Cambridge: 74-92.

STATISTISCHES BUNDESAMT (Hg.) 2014: Statistisches Jahrbuch 2014. Deutschland und Internationales.Wiesbaden (Statist. Bundesamt). Internet:

www.destatis.de

STEGEN, R. 2006: Die Soziale Stadt. Quartiersentwicklung zwischen Städtebauförderung, integrierter Stadtpolitik und Bewohnerinteressen. Berlin u. a. (LIT) = Stadtzukünfte 3.

STEGMANN, B.-A. 1997: Großstadt im Image. Eine wahrnehmungsgeographische Studie zu raumbezogenen Images und zum Imagemarketing in Printmedien am Beispiel Kölns und seiner Stadtviertel. Köln (Geogr. Inst. d. Univ.) = Kölner Geogr. Arb. 68.

STEINECKE, A. (Hg.) 2000: Erlebnis- und Konsumwelten. München (Oldenburg).

STEINECKE, A. 2011: Tourismus. Braunschweig (Westermann) = Das Geogr. Seminar.

STEINFÜHRER, A. 2015: „Landflucht" und „sterbende Städte". Diskurse über räumliche Schrumpfung in Vergangenheit und Gegenwart. In: GR 67 (9): 4-10.

STEUER, H. 2004: Überlegungen zum Stadtbegriff aus der Sicht der Archäologie des Mittelalters. In: P. JOHANEK u. F.-J. POST (Hg.): Vielerlei Städte. Der Stadtbegriff. Köln u. a. (Böhlau): 30-51 = Städtef. A/70.

•STEWIG, R. 1983: Die Stadt in Industrie- und Entwicklungsländern. Paderborn u. a. (Schöningh) = UTB 1247.

STIENS, G. 1994: Veränderte Entwicklungskonzeption für den Raum außerhalb der großen Agglomerationsräume. Von der monozentrisch dezentralen Konzentration zur interurbanen Vernetzung. In: IzR (7/8): 427-443.

STIENS, G. u. D. PICK 1998: Die Zentrale-Orte-Systeme der Bundesländer. Aktuelle Strukturen und Steuerungsfunktionen. In: RuR 56 (5/6):421-434.

STOOB, H. 1956: Kartographische Möglichkeiten zur Darstellung der Stadtentstehung in Mitteleuropa, besonders zwischen 1450 und 1800. In: Historische Raumf. 1. Bremen-Horn (Dorn): 21-76 = ARL, Forsch.- u. Sitzungsber. 6.

STOOB, H. 1970: Forschungen zum Städtewesen in Europa. Bd. I: Räume, Formen und Schichten der mitteleuropäischen Städte. Eine Aufsatzfolge. Köln u. a. (Böhlau).

STOOB, H. (Hg.) 1985²: Die Stadt. Gestalt und Wandel bis zum industriellen Zeitalter. Köln u. a. (Böhlau) = Städtewesen 1.

STOOB, H. 1990: Leistungsverwaltung und Städtebildung zwischen 1840 und 1940. In: H. H. BLOTEVOGEL (Hg.): Kommunale Leistungsverwaltung und Stadtentwicklung vom Vormärz bis zur Weimarer Republik. Köln u. a. (Böhlau): 215-240 = Städtef. A/30.

STRAMBACH, S. 2011²: Unternehmensorientierten Dienstleistungen. In: H. GEBHARDT u. a. (Hg.): Geographie. Physische Geographie und Humangeographie. Heidelberg u. a. (Spektrum): 972-980.

STRASSER, E. 1999: Chandigarh überdenken. Le Corbusiers Ikone moderner Stadtplanung nach 50 Jahren. In: Neue Zürcher Zeitung 5.3.99.

STRAUSS, K. 1999: Städtenetze - Erwartungen und Wirklichkeit aus ökologischer Sicht. In: RuR 57 (4): 284-290.

STRUBELT, W. u. a.1996: Städte und Regionen - Räumliche Folgen des Transformationsprozesses. Opladen (Leske + Budrich) = Ber. z. sozialen u. polit. Wandel in Ostdeutschland 5.

STUBBE, P. 2004: Perspektiven des Stadtumbaus aus der Sicht der ostdeutschen Wohnungswirtschaft. In: vhw Forum Wohneigentum 02/2004, S. 65-68.

STURM, G. u. K. MEYER 2008: Alterung in deutschen Großstädten - internationalisiert. In: ST. MARETZKE (Hg.): Städte im demographischen Wandel. Wesentliche Strukturen und Trends des demographischen Wandels in den Städten Deutschlands. Wiesbaden (BiB): 51-64 = Mat. z. Bevölkerungswiss. 125.

•SUKOPP, H. u. R. WITTIG (Hg.) 1998²: Stadtökologie. Ein Fachbuch für Studium und Praxis. Stuttgart (Fischer).

SUMET JUMSAI 1988: Naga. Cultural origins in Siam and the West Pacific. Oxford (Oxford Univ. Press).

SUNKEL, O. 1972: Transnationale kapitalistische Integration und nationale Desintegration: Der Fall Lateinamerika. In: D. SENGHAAS (Hg.): Imperialismus und strukturelle Gewalt. Frankfurt a. M. (Suhrkamp): 258-315.

TAGSCHERER, U. 2000: Shanghai: Chinas Tor zur Welt - Tor der Welt zu China. In: H. KARRASCH u. a. (Hg.): Megastädte - Weltstädte (Global Cities). Heidelberg (Heidelberger Geogr. Ges.): 119-135 = HGG-Journal 15.

TANG, Y. u. K. R. KUNZMANN 2008: The evolution of spatial planning for Beijing. In: IzR (8): 457-470.

TAUBMANN, W. 1985: Verstädterung in der Dritten Welt. In: geogr. heute 6 (32): 2-9.

TAUBMANN, W. 1992: The Chinese City. In: E. EHLERS (Ed.): Modelling the city - cross-cultural perspectives -. Bonn (Dümmlers): 108-131 = Colloquium Geographicum 22.

TAUBMANN, W. 1993: Die chinesische Stadt. In: GR 45 (7-8): 420-428.

TAUBMANN, W. 1994: Shanghai - Chinas Wirtschaftsmetropole. In: E. GORMSEN u. A. THIMM (Hg.): Megastädte in der Dritten Welt. Mainz (Univ. Mainz): 45-71 = Interdisziplinärer Arbeitskreis Dritte Welt, Veröff. 8.

TAUBMANN, W. 1996a: Weltstädte und Metropolen im Spannungsfeld zwischen „Globalität" und „Lokalität". In: geogr. heute 17 (142): 4-9.

TAUBMANN, W. 1996b: Greater China oder Greater HongKong? In: GR 48 (12): 688-694.

TAUBMANN, W. 1996c: Das Städtesystem in der VR China. Anmerkungen zu alten Problemen und neuen Definitionen. In: A. STEINECKE (Hg.): Stadt und Wirtschaftsraum. Berlin (Inst. f. Geogr. d. TU Berlin): 213-239 = Berliner geogr. Stud. 44.

TAUBMANN, W. 1997: Die geteilte Stadt? Städtische Segregation am Beispiel von Hamburg. In: geogr. heute 18 (156): 38-43.

TAUBMANN, W. 1999: Stadtentwicklung in der VR China - geschlossene und offene Phasen der Urbanisierung. In: RuR 57 (2/3): 182-190.

TAUBMANN, W. 2001: Wirtschaftliches Wachstum und räumliche Disparitäten in der VR China. In: GR 53 (10): 10-17.

TAUTE, I. 2004: Kein Platz - kein Problem? Raumnutzung und Raumordnung in den Niederlanden. In: F. WIELANGA u. I. TAUTE (Hg.): Länderbericht Niederlande. Geschichte - Wirtschaft - Gesellschaft. Bonn (Bundeszentrale f. politische Bildung): 423-485.

TAYLOR, P. J. 2001: Specification of the world city network. In: Geogr. Analysis 33 (2): 181-194.

TAYLOR, P. J. 2004: World city network. A global ur-

ban analysis. London/New York (Routledge).
TAYLOR, P. J. u. G. CATALANO 2002: World city network formation in a space of flows. In: A. MAYR u. a. (Hg.): Stadt und Region. Dynamik von Lebenswelten. Leipzig: 68-76 (= 53. DGT Leipzig 2001, Tagungsber. u. wiss. Abhn.).
TAYLOR, P. J. u. a. (Eds.) (2011): Global Urban Analysis. A survey of cities in globalization. London/New York (Earthscan).
TAYLOR, P. J. u. D. R. F. WALKER 2001: World Cities: A first multivariate analysis of their service complexes. In: Urban Stud. 38 (1): 23-47.
TEUTEBERG, H. J. (Hg.) 1983: Urbanisierung im 19. und 20. Jahrhundert. Historische und geographische Aspekte. Köln u. a. (Böhlau) = Städtef. A/16.
TEUTEBERG, H. J. u. C. WISCHERMANN 1985: Wohnalltag in Deutschland 1850-1914. Münster (Coppenrath) = Stud. z. Gesch. d. Alltags 3.
THIEME, G. u. H. D. LAUX 1996: Los Angeles. Prototyp einer Weltstadt an der Schwelle zum 21. Jahrhundert. In: GR 48, H. 2, S. 82-88.
THONGMALA PHOSIKHAM 2015: Tourists' attitudes towards tourism development and heritage preservation in the world heritage town of Luang Prabang, Lao PDR. = International J. of Business and Social Sci. 6 (8-1): 37-45.
THUMMES, N. 1996: Technopolis - Ein Modell zur Stadt- und Wirtschaftsentwicklung in Japan. In: GS 18, H. 101, S. 35-39.
TIEMANN, M. 1970: Die Baulandpreise und ihre Entwicklung. In: Der Städtetag 11: 562-573.
TOBLER, G. 2002: Agglomerationspolitik in der Schweiz: Auf dem Weg zu einem konkurrenzfähigen Städtesystem. Ziele, Strategien und Maßnahmen der neuen Agglomerationspolitik des Bundes. In: IzR (9): 501-511.
TÖNNIES, G. 1993: Counterurbanisierung als siedlungsstrukturelle Rahmenbedingung für die Entwicklung ländlicher Regionen in Europa. In: Entwicklungsperspektiven für ländliche Räume. Thesen und Strategien zu veränderten Rahmenbedingungen. Hg.: ARL. Hannover (ARL): 337-360 = Arbeitsmat.
TRETTIN, L. u. S. C. CHAKRABORTY 2001: Calcutta/Kolkata - Perspektiven einer indischen Metropole im 21. Jh. In: GR 53 (7/8): 56-63.
ULBERT, H.-J. 2009a: Moderne Freizeitgroßeinrichtungen in Nordrhein-Westfalen - Freizeitmonitoring und geomatische Visualisierung. Hg.: ILS. Dortmund (ILS) = ILS-Forsch. 2/09.
ULBERT, H.-J. 2009b: Freizeitgroßeinrichtungen im Fokus: Forschungsergebnisse zu ausgewählten Einrichtungstypen und dem „Konkretisierungsbeispiel Multiplexkino" in Nordrhein-Westfalen und der Metropolregion Rhein-Ruhr. Dortmund (ILS) = trends 3/09.
ULLMAN, E. L. 1940: A theory of location for cities. In: Am. J. of Sociology 46: 853-864.
UN (Ed.) 1993: World urbanization prospects: The 1992 revision. New York (UN) = Dept. of Economic and Social Information and Policy Analysis ST/ESA/SER.A/136
UN, CENTRE FOR HUMAN SETTLEMENTS (HABITAT) (Ed.) 1996: An urbanizing world: Global report on human settlements. Oxford (Oxford Univ. Press).
UN, DEPT. OF ECONOMIC AND SOCIAL AFFAIRS, POPULA-

TION DIVISION (Ed.) 2011: Urban Population, Development and the Environment 2011. New York (UN) (http://urban_wallchart_2011-web-smaller.pdf)
UN, DEPT. OF ECONOMIC AND SOCIAL AFFAIRS. POPULATION DIVISION (Ed.) 2012, 2015: World Urbanization Prospects. The 2011, 2014 Revision. New York (UN) (http://esa.un.org/unup/Documentation/faq.htm).
VANCE, J. E. 1970: The merchant's world: the geography of wholesaling. Englewood Cliffs (Prentice-Hall).
VOGTHERR, T. 2011: Die Stadt und ihr Recht - Stadtrechte in Nordwestdeutschland. In: M. GEHLER (Hg.): Die Macht der Städte.Von der Antike bis zur Gegenwart. Hildesheim u. a. (Olms): 125-143 = Histor. Europa-Stud. 4..
VOLGMANN, K. 2013: Metropole - Bedeutung des Metropolenbegriffs und Messung von Metropolität im deutschen Städtesystem. Detmold (Rohn) = Metropolis u. Region 10.
VOLL, D. 1983: Von der Wohnlaube zum Hochhaus. Eine geographische Untersuchung über die Entstehung und Struktur des Märkischen Viertels in Berlin (West) bis 1976. Berlin (Reimer) = Abhn. d. Geogr. Inst., Anthropogeogr. 34.
VOLL, D. 1995: Das Märkische Viertel. In: Topographischer Atlas Berlin. Konzeption u. Bearb.: M. PIRCH u. U. FREITAG. Berlin (Reimer): 126-127.
VOLLMAR, R. 1983: Bevölkerungsgeographische und soziale Veränderungen in den USA. In: GR 35 (4): 152-160.
VOLWAHSEN, A. 1968: Indien. Bauten der Hindus, Buddhisten und Jains. München (Hirmer) = Weltkulturen und Baukunst.
VOLWAHSEN, A. 1969: Living architecture: India. Calcutta.
VORLAUFER, K. 1992: Urbanisierung und Stadt-Land-Beziehungen von Migranten in Primat- und Sekundärstädten Afrikas: Dakar/Senegal und Mombasa/Kenia. In: Zs. f. Wirtschaftsgeogr. 36 (1-2): 77-107.
VORLAUFER, K. 2001: Kolonialstädte in Ostafrika. In: H. GRÜNDER u. P. JOHANEK (Hg.): Kolonialstädte. Europäische Enklaven oder Schmelztiegel der Kulturen? Münster (LIT) = Europa-Übersee, Histor. Stud. 9.
VOSS, M. 2011: Münsters baukulturelles Erbe. In: T. HAUFF u. H. HEINEBERG (Hg.) 2011: Münster. Stadtentwicklung zwischen Tradition, Herausforderungen und Zukunftspespektiven. Münster (Aschendorff): 87-95 = Städte u. Gemeinden in Westfalen 12.
WAGER, J. 1995: Cultural landscapes of Angkor Region, Cambodia. A case study of planning for a World Heritage Site - The Zoning and Environmental Management Plan for Angkor (ZEMP). In: B. V. DROSTE u. a. (Eds.): Cultural landscapes of universal value. Components of a global strategy. Jena (Fischer): 139-153.
WAGNER, H.-G. 1996: Die Altstadt von Tunis: Funktionswandel von Handwerk und Handel 1968-1995. In: PM 140 (5+6): 343-365.
WAIBEL, M. 2016: Vietnams Metropolen. Herausforderungen und Lösungsansätze zur Förderung einer nachhaltigen Stadtentwicklung. IN: GR 68 (2): 4-9.
WBGU - Wissenschaftlicher Beirat der Bundesregie-

rung Globale Umweltveränderungen (Hg.) 2016: Der Umzug der Menschheit: Die transformative Kraft der Städte. Berlin (WBGU).

WAIBEL, M. 2009: Ho Chi Minh City - a Mega-Urban Region in the Making. In: GR International Edition 5 (1): 30-38.

WAIBEL, M. 2016: Vietnams Metropolen. Herausforderungen und Lösungsansätze zur Förderung einer nachhaltigen Stadtentwicklung. In: GR 68 (2): 4-9.

WALDHAUSEN-APFELBAUM, J. 1998: Innerstädtische Zentrenstrukturen und ihre Entwicklung. Das Beispiel der Stadt Bonn. Bonn (Dümmlers) = Arb. z. Rhein. Landesk. 68.

WALDHAUSEN-APFELBAUM, J. u. R. GROTZ 1996: Entwicklungstendenzen der innerstädtischen Zentralität. Das Beispiel Bonn. In: Erdkunde 50 (1): 60-75.

WALLRAF, W. 2003: Stadtumbau Ost: Strategien für die Altstadt. In: BVBW (Hg.): Dokumentation 11. Kongress Städtebaulicher Denkmalschutz am 1. und 2. Sept. in Quedlinburg. Berlin/Bonn (IRS Inst. f. Regionalentwickl. u. Strukturplanung).

WAMSER, J. 2005: Bombay (Mumbai). Unvorstellbare Disparitäten in der reichsten Stadt Indiens. In: GS 27 (157): 31-35.

WARMELINK, F. u. K. ZEHNER 1996: Sozialraumanalyse der Großstadt. Ein altes Thema aus neuem Blickwinkel der Angewandten Geographie am Beispiel von Köln. In: Standort - Zs. f. Angew. Geogr. 20 (1): 9-13.

WARREN, P. M. 1997: Minoische Paläste. In: W. HOEPFNER (Hg.): Frühe Stadtkulturen. Heidelberg u. a. (Spektrum): 62-71.

WEBER, P. 2002: Entwicklung der Stadttopographie bis ins 19. Jahrhundert. In: J. WERMERT u. STADTARCHIV OLPE (Hg.): Olpe. Geschichte von Stadt und Land. Bd. 1: Von den Anfängen bis zum Ende des Ersten Weltkrieges. Olpe (Stadt Olpe): 95-130.

WEGNER, M. 1985²: Zur Topographie von Stadtanlagen der Griechischen und Römischen Antike. In: H. STOOB (Hg.) 1985²: Die Stadt. Gestalt und Wandel bis zum industriellen Zeitalter. Köln u. a. (Böhlau): 99-112 = Städtewesen 1.

WEHLING, H.-W. 2006: Aufbau, Wandel und Perspektiven der industriellen Kulturlandschaft des Ruhrgebiets. In: GR 58 (1): 12-19.

WEHLING, H.-W. 2007: Großbritannien. England, Schottland, Wales. Darmstadt (WBG) = WBG-Länderkunden.

WEHLING, H.-W. unter Mitarb. v. M. FRANKE u. K.-H.FRECKMANN 1990: Werks- und Genossenschaftssiedlungen im Ruhrgebiet 1844-1939. 2 Bde. Essen (Klartext).

WEHRHAHN, R. 1993: Ökologische Probleme in lateinamerikanischen Großstädten. In: PM 137 (2): 79-94.

WEHRHAHN, R. 1994: São Paulo: Umweltprobleme einer Megastadt. In: GR 46 (6): 359-366.

WEHRHAHN, R. 1997: Stadtentwicklung von Santos, Brasilien: funktionsräumliche, soziale und ökologische Konflikte einer lateinamerikanischen Secondary City. In: PM 141 (5+6): 343-370.

WEHRHAHN, R. 1998: Urbanisierung und Stadtentwicklung in Brasilien. In: GR 50 (11): 656-663.

WEHRHAHN, R. 2000a: Zur Peripherie postmoderner Metropolen: Periurbanisierung, Fragmentierung und Polarisierung, untersucht am Beispiel Madrid. In: Erdkunde 54 (3): 221-237.

WEHRHAHN, R. 2000b: Megastadt São Paulo - Lebensverhältnisse und Umweltbedingungen. In: H. KARRASCH u. a. (Hg.): Megastädte - Weltstädte (*Global Cities*). Heidelberg (Heidelberger Geogr. Ges.): 105-118 = HGG-Journal 15.

WEHRHAHN, R. 2003a: *Gated communities* in Madrid: Zur Funktion von Mauern im europäischen Kontext. In: GH 58 (4): 302-313.

WEHRHAHN, R. 2003b: Postmetropolis in Spanien? Neue Entwicklungen in Madrid und Barcelona. In: GR 55 (5): 22-28.

WEHRHAHN, R. 2004: Global Cities in Lateinamerika? In: GR 56 (4): 40-46.

WEHRHAHN, R. 2009: Transformation lateinamerikanischer Metropolen zwischen Globalisierung und Urban Governance. In: L. BASTEN (Hg.): Metropolregionen - Restrukturierung und Governance. Deutsche und internationale Fallstudien. Dortmund (Rohn): 95-111 = Metropolis u. Region 3.

WEHRHAHN, R. 2014:Ghettos und Slums: Begriffe, Konzepte, Diskurse. In: GR 66 (5): 4-11.

WEHRHAHN, R. u. J. BÄHR 2001: Industrielle Polarisation und Dekonzentration in São Paulo: sind die Grenzen des Wachstums erreicht? In: Zs. f. Wirtschaftsgeogr. 45 (1): 31-53.

WEHRHAHN, R. u. A. L. BERCHT 2008: Konsequenzen der Weltmarktintegration für die megaurbane Entwicklung in China. Das Beispiel Guangzhou/Perlflussdelta. In: GS 30 (173): 19-27.

WEHRHAHN, R. u. D. HAUBRICH 2010: Megastädte im globalen Süden. Dynamik und Komplexität megaurbaner Räume mit Beispielen aus Lima und Guangzhou. In: GR 62 (10): 30-37.

•WEHRHAHN, R. u. V. SANDNER LE GALL 2011: Bevölkerungsgeographie. Darmstadt (WBG) = Geowissen kompakt.

WEHRHEIM, J. 1999: Gated Communities: Sicherheit und Separation in den USA. In: Raumpl. 87: 248-253.

•WEICHHART, P. 2008: Entwicklungslinien der Sozialgeographie. Von Hans Bobek bis Benno Werlen. tuttgart (Steiner) = Sozialgeogr. kompakt.

WEICHHART, P., H. FASSMANN u. W. HESINA 2005: Zentralität und Raumentwicklung. Wien (Österr. Raumo.-konferenz) = Österr. Raumo.-konferenz (ÖROK), Schriftenr. 167.

WEIGEL, O. u. ST. HEINIG 2007: Entwicklungsstrategien ostdeutscher Großstädte. In: GR 59 (2): 40-47.

WEITH, T., H.-J. KUJATH u. A. RAUSCHENBACH (Hg.): 2009: Alles Metropole? Berlin-Brandenburg zwischen Hauptstadt, Hinterland und Europa. Kassel (Verl. Uwe Altrock) = Planungsrundschau 17.

WELWEI, K.-W. 1996: Die griechische Polis. Entstehung,politische Organisationsform, historische Bedeutung. In: Die alte Stadt 23 (4): 311-331.

WERLEN, B. 1995: Landschaft, Raum und Gesellschaft. Entstehungs- und Entwicklungsgeschichte wissenschaftlicher Sozialgeographie. In: GR 47 (9): 513-522.

WERLEN, B. 1997³: Gesellschaft, Handlung und Raum. Grundlagen handlungstheoretischer Sozialgeographie. Stuttgart (Steiner).

WERLEN, B. 2000: Sozialgeographie. Eine Einführung. Bern (Haupt) = UTB 1911.

WESTERN, J. 1981: Outcast Cape Town. London .

WHITEHAND, J. W. R. 1984: Rebuilding town centres: developers, architects and styles. Birming-

ham (Dept. of Geogr., Univ.) = Univ. of Birmingham, Dept. of Geogr., Occasional Publ. 19.
•WHITEHAND, J. W. R. 1992: The making of the urban landscape. Oxford (Blackwell) = Inst. of British Geographers, Special Publ. Ser. 26.
WHITEHAND, J. W. R. 2001: British urban morphology: the Conzenian tradition. In: Urban Morphology 5 (2): 103-109.
WHITEHAND, J. W. R. 2003: Suburban residential building form: A historico-geographical approach. In: C. A. BISCHOFF u. C. KRAJEWSKI (Hg.): Beitr. z. geogr. Stadt- u. Regionalforsch. Festschr. f. HEINZ HEINEBERG. Münster (Univ., Inst. f. Geogr.): 165-174 = Münstersche Geogr. Arb. 46.
WHITEHAND, J. W. R. 2009: The structure of urban landscapes: strengthening research and practice. In: Urban Morphology 13 (1): 5-27.
•WHITEHAND, J. W. R. 2012: Issues in urban morphology. In: Urban Morphology 16 (1): 55-65.
WHITEHAND, J. W. R. u. P. J. LARKHAM (Eds.) 1992: Urban landscapes. International perspectives. London/New York (Routledge).
WHITEHAND, J. W. R., M. P. CONZEN u. K. GU 2016: Plan analysis of historical cities: a Sino-European comparison. In: Urban Morphology 20 (2): 139-158.
WIEGANDT, C.-C. 1997a: An den Grenzen des Wachstums. Eindrücke zur amerikanischen Stadtentwicklung Mitte der 90er Jahre. Bonn (BfLR) = Arbeitspapiere 3.
WIEGANDT, C.-C. 1997b: Stadtumbau auf Brachflächen - damit es künftig nicht mehr 100 Fußballfelder am Tag einnimmt. In: IzR (8/9): 621-642.
WIEGANDT, C.-C. 2002: Nachhaltige Stadtentwicklung. In: IfL (Hg.): Nationalatlas Bundesrepublik Deutschland 5: Dörfer und Städte. Mithg.: K. FRIEDRICH u. a. Heidelberg u. a. (Spektrum): 114-115.
WIEGANDT, C.-C. 2003: Baukultur geht alle an. In: C. A. BISCHOFF u. C. KRAJEWSKI (Hg.): Beiträge zur geographischen Stadt- und Regionalforschung. Festschr. f. HEINZ HEINEBERG. Münster (Westf. Wilhelms-Univ., Inst. f. Geogr.), S. 201-208 = Münstersche Geogr. Arb. 46.
WIEGANDT, C.-C. 2009: Leitbilder der Stadtentwicklung. In: GS 31 (182): 4-12.
WIEGANDT, C.-C. 2012: Stadtentwicklung in Deutschland. Trends zur Polarisierung. In: GR 64 (7-8): 46-53.
WIEGANDT, C.-C. 2015: Stadtentwicklung in Deutschland. Disparitäten und Polarisierung als aktuelle Themen der Stadtentwicklung. In: PG (3):4-11.
WIENEKE, M. 2012: Die Rolle Westfalens zur Zeit der Hanse. In: www.westfalen-regional.de.
WIESE, B. 1997: Afrika. Ressourcen, Wirtschaft, Entwicklung. Stuttgart (Teubner) = Teubner Studienb. d. Geogr. - Regional 1.
WIESE, B. 1999: Südafrika mit Lesotho und Swasiland. Gotha (Klett-Perthes) = Perthes Länderpr.
WIESE, B. 2001: Brüssel: Belgische Hauptstadt, „Hauptstadt Europas" - auch Weltstadt? In: PG 31 (10): 12-16.
WIESE, B. 2008: Museums-Ensembles und Städtebau in Deutschland - 1815 bis in die Gegenwart. Akteure - Standorte - Stadtgestalt. Sankt Augustin (Asgard) = Bonner Geogr. Abhn. 120.
WIESSNER, R. 1988: Probleme der Stadterneuerung und jüngerer Wohnungsmodernisierung in Alt-

bauquartieren aus sozialgeographischer Sicht. In: GR 40 (11): 18-25.
WIESSNER, R. 1999a: Sozialräumliche Polarisierung in Großstädten. Fallbeispiel Budapest. In: R. PÜTZ (Hg.): Ostmitteleuropa im Umbruch. Wirtschafts- und sozialgeographische Aspekte der Transformation. Mainz (Geogr. Inst. d. Univ.): 85-97 = Mainzer Kontaktstudium d. Geogr. 5.
WIESSNER, R. 1999b: Innerstädtische Disparitäten in Budapest. In: PG 29 (9): 16-21.
WIEST, K. 2001a: Leipzig zwischen Segregation und Integration. In: GR 53 (3): 10-16.
WIEST, K. 2001b: Die Stabilität von Wohngebieten in schrumpfenden Stadtregionen Sachsens - eine Analyse charakteristischer Problemkonstellationen. In: Europa Regional 9 (4): 192-203.
WIEST, K. 2005: Reurbanisierung als Mainstream der ostdeutschen Stadtentwicklung? Wohnungsmarkt und Planungspolitik in sächsischen Großstädten. In: RaumPl. 123, S. 237-242.
WIEST, K. u. S. WÖRMER 2014: Raumbezogene Vorstellungsbilder und die Wahrnehmung von Stadträumen im Kontext der Wohnungssuche - Köln Sulz im Fokus. In: P. ENGLER: Reurbanisierung und Wohnwünsche. Münster (Lit): 73-90 = Stadtzukünfte 13.
WIKTORIN, D. 2001a: New York City - Januskopf einer Global City. In: PG 31 (10): 21-26.
WIKTORIN, D. 2001b: Weltstädte - Stadtwelten. Ein Thema für den Geographieunterricht In: PG 31 (10): 10-11.
WIKTORIN, D. 2007: Stadtregionen in Deutschland - Kennzeichen und Herausforderungen. In: PG 37 (3): 4-7.
*WIKTORIN, D., J. BLENCK, J. NIPPER, M. NUTZ u. K. ZEHNER (Hg.) 2001: Köln. Der historisch-topographische Atlas. Köln (Emons).
WILHELMY, H. u. A. BORSDORF 1984/1985: Die Städte Südamerikas. Teil 1: Wesen und Wandel (1984), Teil 2: Die urbanen Zentren und ihre Regionen (1985). Berlin (Borntraeger) = Urbanisierung d. Erde 3/1 u. 3/2.
WIRTH, E. 1974/1975: Zum Problem des Bazars. Versuch einer Begriffsbestimmung und Theorie des traditionellen Wirtschaftszentrums der orientalisch-islamischen Stadt. In: Der Islam 51 (1974) (2): 203-260; 52 (1975) (1): 6-46.
WIRTH, E. 1975: Die orientalische Stadt. Ein Überblick aufgrund jüngerer Forschungen zur materiellen Kultur. In: Saeculum 26 (1): 45-94.
WIRTH, E. 1982: Die orientalische Stadt. Spezifische Besonderheiten der Städte Nordafrikas und Vorderasiens aus der Sicht der Geographie. In: Forsch. in Erlangen. Vortragsreihen a. Collegium Alexandrinum d. Univ. Erlangen-Nürnberg. Hg.: Förderergemeinschaft d. Collegium Alexandrinum. Erlangen (Höfer & Limmert): 74-79.
WIRTH, E. 1991: Zur Konzeption der islamischen Stadt. Privatheit im islamischen Orient versus Öffentlichkeit in Antike und Okzident. In: Die Welt des Islams 31 (1): 50-92.
WIRTH, E. 2001²: Die orientalische Stadt im islamischen Vorderasien und Nordafrika. - Städtische Bausubstanz und räumliche Ordnung, Wirtschaftsleben und soziale Organisation. 2 Bde. (Text u. Tafeln). Mainz (Philipp von Zabern).
WIRTH, E. 2004a: Der Sûq, das Wirtschaftszentrum der arabischen Stadt. In: G. MEYER (Hg.): Die

Arabische Welt im Spiegel der Kulturgeographie. Mainz (ZEFAW): 32-40 = Veröff. d. ZEFAW 1.

WIRTH, E. 2004b: Religiöse Bauwerke als Meister leistungen islamischer Kunste. In: G. MEYER (Hg.): Die Arabische Welt im Spiegel der Kulturgeo graphie. Mainz (ZEFAW): 54-61 = Veröff. d. ZEFAW 1.

WITTIG, R. u. a. 1998[2]: Die ökologische Gliederung der Stadt. In: H. SUKOPP u. R. WITTIG (Hg.): Stadtökologie. Ein Fachbuch für Studium und Praxis. Stuttgart (Fischer): 316-372.

WITTKAMPF, P. 2016a: Wanderungen 2007-2013 in Westfalen. In: R. GROTHUES, K.-H. OTTO u. M. WIENEKE (Hg.) Westfalen Regional 3. Münster (Aschendorff): 78-79 = Städte u. Landschaft in Westfalen 41.

WITTKAMPF, P. 2016b: Wanderungsbilanzen bei den 18- bis 29-Jährigen in Westfalen. In: R. GROTHUES, K.-H. OTTO u. M. WIENEKE (Hg.) Westfalen Regional 3. Münster (Aschendorff): 80-81 = Städte u. Landschaft in Westfalen 41.

WITTKAMPF, P. 2016c: Der „Tertiäre Wirtschaftssektor" in Westfalen - Grundstrukturen und Entwicklung. In: R. GROTHUES, K.-H. OTTO u. M. WIENEKE (Hg.) Westfalen Regional 3. Münster (Aschendorff): 192-193 = Städte u. Landschaft in Westfalen 41.

WITTKAMPF, P. 2016d: Technologie- und Gründerzentren in Westfalen. In: R. GROTHUES, K.-H. OTTO u. M. WIENEKE (Hg.) Westfalen Regional 3. Münster (Aschendorff): 194-195 = Städte u. Landschaft in Westfalen 41.

WOLF, J. 1996: Nachhaltige Raumentwicklung. Ein Beitrag zu einem neuen Leitbild der Raumordnung. Berlin (Verl. f. Wiss. u. Forsch.) = Akad. Abhn. z. Raum- u. Umweltforsch.

WOLF, K. 2005[4]: Raumbezogenes Verhalten. In: ARL (Hg.): Handwörterbuch der Raumordnung. Hannover (ARL): 845-849.

WOLFRUM, S. u. W. NERDINGER (Hg.) 2008: Multiple City. Stadtkonzepte 1908 - 2008. Berlin (Jovis)

WOOD, G. 2003a: Die Wahrnehmung städtischen Wandels in der Postmoderne. Untersucht am Beispiel der Stadt Oberhausen. Opladen (Leske + Budrich) = Stadtf. aktuell 88.

WOOD, G. 2003b: Die postmoderne Stadt: Neue Formen der Urbanität im Übergang vom zweiten ins dritte Jahrtausend. In: H. GEBHARDT u. a. (Hg.): Kulturgeographie. Aktuelle Ansätze und Entwicklungen. Heidelberg u. a. (Spektrum): 131-147.

WOOD, G. 2007: Erneuerung der Stadt durch „Kultur"? Aktuelle Tendenzen der Stadtentwicklung am Beispiel von Newcastle und Gateshead. In: GR 59 (7/8): 28-35.

WOOD, G. 2011[2]: Die Postmodernisierung der Stadt. In: H. GEBHARDT u. a. (Hg.): Geographie. Physische Geographie und Humangeographie. Heidelberg u. a. (Spektrum): 893-904.

WU, W. u. P. GAUBATZ 2013: The Chinese City. Abingdon/New York (Routledge).

WUTTKE, C. 2012: Die chinesische Stadt im Transformationsprozess. Governanceformen und Mechanismen institutionellen Wandels am Beispiel des Perlflussdeltas. Berlin (edition sigma).

YAP, K.S. 2010: Good urban governance in Southeast Asia. Environment and urbanization In: ASIA 2010 (1): 131-147.

YAP, K.S. u. K. DE WANDELER 2010: Self-help housing in Bangkok. In: Habitat International 34: 332-341.

YAP, K.S. u. MOE THUZAR (Eds.) (2012): Urbanization in Southeast Asia: Issues and impacts. Singapore. (Inst. for Southeast Asian Stud., ISEAS Publishing).

YEOH, B.S.A. u. T. LAM 2016: Immigration and its (dis)contents: The challenges of highly skilled migration in globalizing Singapore. In: American Behavioral Scientist (online, DOI: 10.1177/0002764216632831).

ZADEMACH, H.-M. 2014: Finanzgeographie. Darmstadt (WBG) = Geowissen kompakt.

ZEHNER, K. 1989: Die Klassifikation der innerstädtischen Subzentren in Köln mit Hilfe clusteranalytischer Verfahren. Ein methodischer Beitrag zur intraurbanen Zentralitätsforschung. In: Erdkunde 43 (2): 133-141.

•ZEHNER, K. 2001a: Stadtgeographie. Gotha/Stuttgart (Klett-Perthes) = Perthes GeographieKolleg.

ZEHNER, K. 2001b: Megastädte – Weltstädte – Hauptstädte. In: PG 31 (10): 4-9.

ZEHNER, K. 2010: Von Liverpool zu „Livercool". Strukturwandel und wirtschaftliche Erneuerung einer Weltstadt des 19. Jahrhunderts. In: GR 62 (2): 34-41.

ZEHNER, K. 2011: Von der Hauptstadt des Empire zur Alpha Global City. Die Stadtentwicklung Londons im Zeichen von Globalisierung und Stadtentwicklungspolitik. In: W. MATZNETTER u. R. MUSIL (Hg.): Europa: Metropolen im Wandel. Wien (Mandelbaum): 39-51.

ZEHNER, K. 2012a: Arbeiten und Wohnen in der Global City London. In: DIERCKE 360° (1): 14-17.

ZEHNER, K. 2012b: Londons neue Skyline. Die Auswirkungen von Stadtplanung und Strukturwandel auf die Gestalt des Stadtzentrums. In: Forum Stadt (3): 133-147.

ZEHNER, K. 2016: Canary Wharf und die Isle of Dogs - von der Hafenbrache zum internationalen Finanzplatz. In: V. SELBACH u. K. ZEHNER (Hg.): London - Geographien einer Global City. Bielefeld (transcript): 83-99 = Sozial- u. Kulturgeogr. 4.

ZEHNER, K. u. G. WOOD 2010 (Hg.): Großbritannien, Geographien eines europäischen Nachbarn. Heidelberg (Spektrum).

ZEPP, H. u. J. FLACKE 2002: Stadtökologie oder nachhaltige Siedlungsentwicklung? In: GR 54 (5): 4-10.

ZIEGLER, A. 2004: Deutsche Kurstädte im Wandel. Von dem Anfängen bis zum Idealtyp im 19. Jahrhundert. Frankfurt a. M. (Lang) = Europäische Hochschulschr., Reihe XXX-II Architektur, 16.

ZIMMER, A. 2015: Abwasser und Abfälle - Konflikte in Delhis informellen Siedlungen. In: GR 67 (12): 26-31.

ZIMMER-HEGMANN, R. u. J. FASSELT 2006: Neighbourhood Branding - Ein Ansatz zur Verbesserung des Images von Großwohnsiedlungen. Erste Erfahrungen aus einem INTERREG IIIB-Projekt. In: IzR (3/4): 203-214.

ZUKIN, S. 1998: Städte und die Ökonomie der Symbole. In: V. KIRCHBERG u. A. GÖSCHEL (Hg.) 1998: Kultur in der Stadt. Stadtsoziologische Analysen zur Kultur. Opladen (Leske + Budrich): 27-40.

ZUKIN, S. 2010: Stadtkultur. Auf der Suche nach Authentizität. In: Jahrbuch StadtRegion 2009/10, Opladen (Leske + Budrich): 45-63.

Sachregister - hierarchisch gegliedert, zur thematischen Erschließung des Lehrbuchs

Berücksichtigt sind **Fachbegriffe** im laufenden Text (einschl. Kästen, z. T. auch in Abbn.) sowie in Abbildungs-, Kasten- und Tabellenbezeichnungen.
Leitbegriffe mit weiteren Untergliederungen sind wegen der besseren Orientierung
rot und fett herausgestellt.

A

abendländische Stadt 313
Abfallentsorgung/-wirtschaft 311
Abflussregime (anthropogene, natürliche) 363
Abriss (v. Gebäuden/Wohnungen) 140, 144, 148, 149, 212, 239, 254, 266, 267, 308
Absatzbedingungen/-gebiet/-markt 90, 95, 186, 191, 192, 194
Absolutismus (Städtebau d. A.) 224, 246
Abwanderung 33, 35, 125, 179, 266, 267, 272, 301, 339, 364, 365
Abwasser/-wässer(anlagen/-belastung/-entsorgung) 48, 127, 235, 311, 323, 334, 351, 363, 372
Achse(n-)(-konzept(ion)/-prinzip/-system) 135, 216, 343
Ackerbausiedlung/-bürgerstädte 78, 214
Adlershof (Berlin) 269
Adlige/Adelspalast 213, 298, 323, 406
administrativ(e)(s) (-politisches System) 347
   Einheiten/Grenzen 45, 101, 335, 357
   Einrichtungen/Funktionalbauten 246, 343
   Ordnungsstrukturen/Steuerung 355, 357
affluent-middle/upperclass-Familien 293
Afrikaner 364, 365, 366, 369
afrikanische Städte/Stadttypen 374
agglomération urbaine 56
Agglomeration(s-) 11, 38, 52, 56, 70, 73, 85, 295, 303, 374
   -faktoren/-nachteile/-vorteile/-wirkung 50, 58, 111, 178, 186, 192
   -räume (städtische) 38, 47, 52, 55, 56, 57, 58, 59, 64, 73, 85, 143, 306, 307, 310, 358, 377, 381
      Analyse/Phasenmodell v. A. 56, 76
      in d. BRD/Deutschland 76, 85
   -zentren 109
      in d. Schweiz 76
   m. großräumiger/internationaler Ausstrahlung 72
aglomeración urbana 56
Agrar-/Agrostädte 78
Agrarische Revolution/Agrarreform/-struktur 33, 35, 214, 223
Agrarlandschaften 358
Aircondition 361
Akademie (f. Raumforschung u. Landesplanung) 103, 227
Akkumulation (flexible) 396
Akteure 21, 72, 144, 196, 266, 270, 272, 274, 319, 393, 416
   d. Stadtentwicklung/-gestaltung/-marketing 15, 274, 275, 276, 278, 279, 293, 357, 363
Aktion(s-) 22
   -bereich/-reichweite/-spielraum 94, 171, 403
   -programm 'Agenda 21' 142
   -raum(forschung) 21, 22, 24, 171, 172, 176
   aktionsräuml.(e)(s) Aktivität/Handeln/Verhalten 21, 22, 103, 172, 176
Aktivität(en)(s-) 171, 172, 186, 272, 352, 383
   -feld (tägliches) 171, 173
   -kopplung 94
   gemeinschaftliche A. 172
   raumbezogene/-wirksame A. 21, 173
   stadtrelevante öffentl./private A. 146
   Tag-zu-Tag-/tägliche A. 171, 172, 174
   wohnumfeldbezogene/zu Fuß durchgeführte A. 172
Alemannen 217
Allee 156, 226
Allianzen (in Quartieren) 266
Alltagskultur (d. Straße) 416
alpenländische/Alpen-/alpine Städte 78, 228, 373
Altar d. Bodens/Getreides 343
Altbau/-ten 140, 154, 245, 255, 286, 295
   -gebiet/-quartier/-viertel/-wohnung 20, 46, 52, 115, 139, 148, 238, 250, 255, 257, 260, 266, 279, 280, 286, 421
   -renovierung/-sanierung 141, 212
Altenheime 354
Alter(s-)/Alterung (d. Bevölkerung) 19, 35, 58, 140, 145, 147, 162, 167, 172, 173, 267, 272, 276, 277, 288, 340, 371
   -gerechte(r)(s) Städtebau/Wohnen 146, 277, 362

Alternativkultur 417
Altindustrie(gebiet/-region/-städte) 233, 337, 417
Altlasten 59, 311
Altsiedelland (westdeutsches) 229
Altstadt 42, 55, 138, 151, 153, 154, 155, 156, 173, 183, 196, 218, 219, 228, 229, 233, 277, 299, 301, 312, 313, 314, 315, 316, 318, 323, 326, 327, 328, 329, 350, 353, 354, 362, 374, 414, 416
   -anlage/-bereich (muslimisch, Orient) 233, 301, 312, 313, 323
   -erhaltung/-erneuerung/-sanierung 152, 176, 312, 350
   -kern/-viertel 140, 308, 313, 345, 406
Ambiente (gehobenes städtisches) 295, 361
ambulanter Betrieb/Handel 187, 313
amenity-Einrichtungen 293
amerikanische(r) Architektur/Städte(bau) 174, 282, 284. Siehe
   auch US-amerikanisch(e) Stadt/Städte
Amphitheater 216
Amtsgebäude/-sitz 327, 344
Angebot(e)(s-)(-formen/-mix/-spektrum/-standorte) 20, 58, 90, 93, 102, 121, 187, 191, 197, 198, 205, 290
Angestellte 167, 284
anglo-britische Siedlungsformen (Indien) 327, 374
angloamerikanische Stadt 117, 373
Angsträume 20, 21
Anmutungsqualität 153
Annahmen (restriktive, vereinfachende) 91, 107, 164
Anordnungen (königliche) 297
Ansiedlung(s-) 346
   -druck/-interessen/-politik 33, 265, 389
   illegale/(semi)legale A. 51
Anstrich 226
Anthropogeographie 11, 12, 18, 19
anthropomorpher Stadtplan 132
Antike/antik(e) 314, 315, 318, 375, 406
Antiquitätenstraße 346
Ap(p)art(e)ment(hoch)häuser/-komplexe/-wohnungen 288, 293, 305, 308, 319, 331, 358, 362, 413
Apartheid(-Politik/-Stadt/-Zeit) 364, 365, 366, 367, 368, 369, 370, 371
Aquarium 202
arabisch(e)(r) Raum/Stadt/Welt 318, 373, 374, 415
Arbeit(s-) 19, 44, 53, 58, 137, 143, 144, 155, 171, 241, 245, 360, 371
   -beziehungen/-wege 47, 172
   -einheit (staatliche/städtische) 345, 347
   -formen/-funktionen/-gebiete/-leistungen 53, 121, 132, 361, 417
   -kräfte 33, 49, 107, 239, 353, 401
      (hoch)qualifizierte A. 59, 111, 112, 186
      -wanderungen 111, 353
      billigste, verlässliche, geschickte A. 393, 394
   -losigkeit 33, 140, 162, 166, 167, 256, 260, 266, 267, 279, 286, 310, 355, 371, 397
   -markt 165, 186, 194, 266, 277, 345, 346, 347, 377, 383
   -migranten 360, 355
   -orte/-vororte 43, 47, 400
   -platz/-plätze 28, 36, 43, 44, 48, 49, 53, 56, 57, 58, 59, 118, 124, 128, 145, 148, 171, 172, 180, 197, 254, 256, 260, 264, 269, 284, 285, 288, 290, 330, 345, 348, 397, 400, 401, 409
   -schutz 346
   -standorte/-stätten
      28, 53, 118, 124, 127, 140, 143, 145, 156, 235, 241, 365
   -zählung 78
   -teilung 28, 83, 84, 114, 214
      funktional-räumliche A. 384
      globale/internationale A. 382, 393
      intraregionale A. 400
   -verträge 239
   -welt 330
   auf Straßen 372
   unreine A. 322
Arbeiter/Arbeitende 116, 167, 239, 241, 329, 330, 351, 366

-dörfer 240, 345
-quartier/siedlung/-wohngebiet/-sektor/-zone 51, 114, 115,
117, 128, 240, 241, 242, 279, 345
Architekt/Architektur 12, 130, 132, 138, 139, 153, 180, 201,
214, 217, 225, 230, 234, 236, 240, 242, 243, 246, 269, 285,
305, 324, 351, 355, 356, 361, 400, 405, 407, 411, 412,
416, 417, 418, 419, 420, 421
-führer 24, 230, 242
-soziologie 24
Ark 314
Arkadengänge 351
Armeesiedlung/-unterhalt 327, 351
Amut(s-) 19, 24, 50, 115, 286, 301, 304, 308, 330, 338,
358, 364, 370, 390, 393, 401
-forschung (interdisziplinäre) 19
-gebiete/-viertel 176, 312, 372, 400
-länder 370
Ozean d. A. 393
Arzt(besuche/-praxen(standorte)) 43, 94, 97, 180, 185, 199
Asiaten 365
Asienkrise 356
Asienspiele 349
Assoziationen (Hauptassoziationen d. City) 183
Astrologen 323
Asylsuchende 276
Atelier 421
Atmosphäre e. Stadt 412, 421
Atombomben 338
Atriumhaus 157
Attraktivität(s-) 103, 310, 409, 414
-steigerung (CBD, City, Innenstadt, Stadt) 255, 268, 275,
291, 359, 406, 407, 413, 417, 419
Aufbau
-achsen 135, 137
-gesetz 246
-initiative (private)/-leistung 244, 248
Aufbauten (e. Daches) 154, 308
Aufenthalt(squalität) 138, 145, 151, 180, 202, 413
-beschränkung/-genehmigung 346, 360, 365
Auffangquartiere 51, 286
Auflösung v. Ordnungsmustern/Stadtstrukturen 47, 149, 357, 371
Aufriss 328
-elemente/-formen/-gestaltung/-struktur/-typen 13, 14, 152,
153, 156, 212, 226, 239, 240, 282, 284, 285, 299, 303
-kartierungen 154
Aufschüttung/-spülung 337
Aufwertung (baulich, funktional, sozial, symbol.) 20, 149, 255,
263, 266, 267, 278, 279, 280, 291, 406, 417, 421
Ausbaustädte 233
Ausbildung(s-)(-einrichtung/-system) 81, 167, 185, 189, 288,
293, 349, 367, 389
Ausdehnung(sachsen)(v. Städten) 31, 329
Ausgrabungen 323
Auslagerung(s-)(industrie/v. Funktionen) 194, 392
Ausland(s-) 318
-banken 194, 196, 333
-investitionen/-kapital 111, 346, 349, 355, 395
-vermarktung 411
Ausländer 58, 140, 164, 166, 167, 279, 319, 332, 340
ausländisch(e)(s)
Arbeitskräfte/Bevölkerung 162, 279, 340
Industrieansiedlung/Unternehmen 28, 333, 349
Mächte (Einflüsse)/Repräsentanten 344, 393
Touristen/Übernachtungen 359, 412, 413, 414, 415
Außenbereich (e. Stadt) 339
Außenganghaus 157
Außenhandel(swert) 53, 313
Außenstadt(zentren) 197, 233, 282, 285, 288, 290, 291
Außenwanderung 276, 277
Außenwerke 325
Aussichtspunk 203
Aussichtspunkt 202
Ausstattung(s-) (e. Zentrums/Zentralen Ortes) 80, 96, 97, 177,
178, 199
Ausstellung(shalle) 89, 202, 203, 345, 379, 407, 413, 414
Ausstrahlung(seffekte/-gebiet)/e. Stadt 95, 270, 310, 421
Austauschbeziehungen/-prozesse 44, 80, 110
australische Stadt/Städte 373, 374
Auto 125, 191, 204, 290
-bahn(bau/-knoten/-kreuz/-netz) 130, 202, 239, 290, 307,
308, 337, 338, 341, 355, 379
-mobil(industriestandort/-salon/-werk) 41, 109, 194
-orientierung/-verfügbarkeit 190, 194, 199, 202, 372
-verkehrskonzentration 304

autogerecht(e)(r) Erschließung/Stadt/Städtebau 138, 139,
140, 245
Autoritätsverlust staatl. Institutionen 370
Avenue 284, 326

B

back offices 196, 389
Back-to-back-(Reihen-)Häuser 232, 233
Backhaus 314
Backsteinbau(ten)/-füllung/-gotik 228, 229, 240
backward-linkages 109
Bad/Badehaus/-orte 230, 314, 323
Bäderstädte 230
Bahn 133. *Siehe auch* Eisenbahn, Schnellbahn, U-Bahn
-anschluss/-gelände/-trassen/-verkehr 43, 127, 230, 238,
239, 268, 333, 334, 359, 379, 389
-hof(splatz/-viertel) 97, 128, 130, 134, 196, 234, 235,
237, 329, 389
-Tower (Potsdamer Pl., Berlin) 269
bairisch(e)(r) Siedlungsraum/Städte 228
Balken(werk) 228
Ballung(s-) 59
-gebiete/-kern/-räume/-randzone 55, 59, 84, 94, 150,
249, 250, 331, 334, 377
-probleme/-risiken 335
Band des Bundes 271
Banden (jugendliche, mafiose) 396
Bandstadtelemente/-konzepte 133, 137
Bank(en)/-standorte/-viertel/-wesen 43, 97, 100, 107, 121,
179, 180, 185, 186, 189, 194, 195, 196, 235, 251,
290, 319, 327, 344, 349, 379, 385, 389. *Siehe auch*
Kreditinstitute/-wesen
-zentralen/-zentren (internationale/nationale) 184, 210, 355,
383
offshore banking 392
Barock(bau/-stadt/-städtebau/-stil/-zeit) 127, 154, 213, 225, 226,
228, 229, 230, 235, 296
barriada 301, 373
Barrieren (physische) 173, 365
Barrikadenbau 237
barrio(s) (cerrados/de invasión/pirata) 301, 305, 402
Basisplan (Hauptstadtregion Tôkyô) 339
Bastionssystem 225
Bau-
-abschnitt/-abstände 240, 246, 247
-aktenstudium 155
-alter 154
-arbeiter 346
-bestand (historischer) 116, 155, 229
-block 161, 162, 169, 182, 183, 238, 241, 284, 285
-auf-/-einteilungen/-gliederung 161, 182, 183, 225, 297
-statistik 160, 161
-boom 58, 234, 318, 319, 360
-branche 402
-charakter/-elemente/-ensemble (historisch) 154, 228, 229,
230, 328, 339
-dichte/-verdichtung 28, 46, 144, 179, 180, 235, 356
-entwicklung/-epochen 152, 154, 233, 242, 349
-fachmarkt 190
-flächen (gemischte)/-gebiet/-gelände 127, 133, 157,
158, 246
-fluchtlinien 326
-formen (historische) 156, 233, 240
-genehmigung 48, 205, 301
-gesellschaften 293
-gesetz(buch/-gebung) 48, 53, 137, 145, 156, 250, 254,
256, 275, 339, 340
in Japan 338
-grenzen/-linien 157
-grund(stück) 235, 250, 322
-haus-Architektur 242
-herr 319
-höhenbegrenzung 350
-komplexe/-körper 127, 140, 157, 225, 226, 240
-konferenz d. DDR 247
-kosten 198
-kultur/-kulturelles Erbe 14, 15, 24, 79, 147, 176, 180, 211,
212, 213, 228, 275, 312, 407, 417, 421
-kampagne d. Landes NRW 211
-künstlerische Geschichte 242
-land(erschließung/-umlegung/-preis/-reserve) 123, 235,
245, 250, 251, 264, 295, 339, 360
-leitplan(ung) 157, 158, 159, 242, 250

-lücken(schließung) 146, 156
-massen(zahl) 159, 303
-maßnahmen 155, 301
-material 228
-nutzungsverordnung/-ordnung 157, 158, 226, 235, 238, 250
-perioden 228
-polizeiordnung 43, 127, 235, 238, 242
-recht/-regeln 51, 343. *Siehe auch* Baugesetz(buch/-gebung)
-spekulation 43, 127, 235, 241
-stile (historische/regionale B.) 15, 154, 225, 228, 230,
    315, 346, 416
-stoffe (gesunde/landschaftsgebundene B.) 141, 227, 250
-strukturen/-substanz 50, 149, 155, 156, 212, 254, 278, 286
    ältere/historische B. 140, 151, 212, 284, 308, 340
    degradierte/mangelhafte/provisorische B. 50, 301,
        329, 360
-tätigkeit (private) 244, 328, 338, 345, 376
-ten (Einzel-/parzellensprengende B.) 153, 159, 325, 342
-tradition 240
-typen (historische B.) 152, 154, 155, 239, 247
-unternehmen 235, 319, 347
-vorhaben (volkseigene) 208, 246
-vorschriften 226, 288, 297
-weise 198, 228
    aufgelockerte/flächenextensive/offene B. 116, 157, 199,
        201, 233
    geschlossene/kompakte B. 124, 157, 200
-werke (historische B.) 141, 212, 217, 226, 230, 250
-wesen/-wirtschaft 226, 234
-zonenpläne 242
-zustandskarte 155, 156
Bauern/-haus 228, 351
baulich(e)(r)
-räumliche Mischung/Qualitäten 140, 143, 172
Ab-/Aufwertung 20, 278, 369
Anlagen/Beschaffenheit 156
Entwicklung/Expansion 39, 232
Erhalt authent. Zeugnisse histor. Epochen 359
Gliederung e. Stadt 161, 316
Leistungen/Maßnahmen/Merkmale 295, 304, 351
Mängel/Verfall 156, 206, 257, 284, 286
Nutzung/Ordnung 135, 157, 158, 159
Qualitäten/Strukturen (hochwertige/kompakte) 138, 142, 153,
    231, 285
Verdichtung 308, 338
Bäume 156
bayerische(s) „MAI"/Städte 78, 88
Bazar 313, 314, 316, 318, 323, 328, 400
Beamte(n)(-städte) 224, 227, 327, 344, 351
Bebauung(s-) 46, 47, 129, 142, 224, 237, 238, 241, 242,
    246, 252, 301, 314, 338, 363
-plan(ung) 127, 133, 159, 236, 237, 242, 250, 252
Bedarf(s-) 327, 371
-bereich/-deckung 92, 190
-gruppen(gliederung/-zuordnung) 187, 189, 191
-stufen(gliederung/-zuordnung) 187, 191, 192, 194
Fristigkeit d. B. (kurzfristig, tägl., periodisch) 90, 95, 187,
    190, 205, 208, 329
gehobener/spezialisierter/spezieller B. 95, 96
Bedeutungsüberschuss e. Zentralen Ortes 91, 96
Bedienung(sorganisation) 190, 191
Befestigung(sanlage/-gürtel/-ring/-system/-technik 42, 156,
    213, 218, 221, 224, 225, 229, 296, 397, 398
Befragung(en)/Befragte 100, 101, 103
Begegnungszentren 337
Begrünungsmaßnahmen 255
Behausung (einfache) 359
Beherbergungsgewerbe/-wesen 189, 307, 409, 412
Behinderte 176
Behörde(n)(-zentrum) 100, 101, 194, 295, 379
Bekanntenbesuche 409
Bekanntheitsgrad (weltweiter) 28, 199, 204, 264, 411
Bekleidung(sbranchen/-einkauf/-einzelhandel) 202
Bekleidung(sbranchen/-einkauf/-einzelhandel) 90, 101, 102,
    187, 189, 190, 191, 194, 199, 202
belgische Innenstädte 24
Belichtung 156, 238
beltways 290
Belüftung 156
benachteiligte Stadtbezirke/-quartiere 146, 279
Beratung(s-)(-dienstleistung/-einrichtung) 58, 186
-kommission f. Stadtplanung 340
Bereichsabgrenzung/-gliederung (zentralörtliche) 90, 92, 93,
    95, 96, 97, 100, 101, 102, 172, 178
Bergbau(-gürtel/-revier/-städte) 58, 213, 223, 230, 232,

239, 338, 364, 365, 366, 372
Berlin(er)
-Vereinbarungen 271
Mauer 412
Senat 271
Speckgürtel 266
Beruf(s-) 19
-fahrten/-pendlerverkehr 19, 46, 50, 124, 290, 332, 371
-gliederung/-struktur 50, 186, 288, 291, 324, 383, 401
-milieus (global orientierte)/-situationen 52, 403
-zählung 160
Beschaffung(smarkt) 191, 192
Beschäftigte(n-)/Beschäftigung(s-) 56, 57, 58, 59, 69, 70,
    71, 74, 97, 98, 104, 109, 180, 187, 196, 382, 400,
    409, 412, 420, 421
-pol/-zentren 47, 290
-sektoren (auch informelle) 49, 390
in ländlichen Räumen 49, 71
Beschlüsse von Rio de Janeiro 142, 144
Besiedlung(sdichte) 30, 44, 73, 218, 322, 331
Besitz(er)(-titel/-verhältnisse) 191, 221, 239, 334, 397
Besonnung 156, 238
Besorgungen (Kopplung v. B.) 94
Besteuerung (v. Grundstücken/Häusern) 286, 288
Besuch(er)-(s-)(potenzial/-verkehr/-zentrum) 20, 172, 177, 180,
    199, 264, 274, 279, 284, 407, 408, 409, 412, 413,
    414, 415, 417, 419, 422
-dauer/-interessen/-motive 406, 407, 408, 409, 412, 413, 419
Betelbuden 323
Beton(burgen) 252, 328
Betrieb(e)(s-) 57, 59, 91, 115, 208, 270, 344, 372
-angehörige 239
-ansiedlung/-auslagerung 111, 307, 390
-flächen/-formen/-größen/-typen 186, 187, 191, 194, 198
-inhaber/-leiter 191
-wirtschaftl. Merkmale 187, 191
umweltschonender B. 145
Bevölkerung(s-) 33, 38, 39, 44, 47, 49, 51, 56, 63, 64, 69,
    70, 80, 113, 128, 130, 138, 167, 176, 238, 282, 284,
    288, 291, 303, 311, 320, 329, 356, 361, 365, 371,
    381, 400, 403
-agglomeration 56
-dekonzentration/-dezentralisation/-sierung 39, 41, 46, 310
-dichte/-verdichtung 26, 50, 58, 59, 63, 124, 161, 288, 304,
    316, 321, 322, 323, 329, 331, 369, 376
-entwicklung 33, 35, 46, 48, 49, 52, 56, 57, 58, 59, 69, 70,
    71, 109, 113, 114, 143, 147, 179, 181, 249, 250, 260,
    266, 277, 328, 340, 354, 358, 400
    natürliche B. 28, 35, 39, 57, 276, 310
    v. Groß-/Kern-/Mega-/Mio.-städten
        36, 54, 62, 303, 348, 376
-exurbanisierung 45
-geographie 12, 33
-gruppen 33, 101, 114, 117, 119, 123, 158, 172, 173, 235,
    266, 279, 286, 291, 310, 314, 316, 365, 366
-konzentration 56, 149, 331, 378
-prognose 19
-schichten (ärmere) 293, 301, 338
-struktur 28, 63, 145, 160, 167, 276, 279, 401, 406
-suburbanisierung 43, 44, 58, 185, 265, 284
-verlagerung/-verteilung 45, 50, 58, 92, 114, 158
-zustrom/-zuwanderung 235, 348
v. Stadt- und Gemeindetypen 71
Bewässerungsfeldbau/-land 41, 351
Bewohner 20, 28, 52, 90, 114, 117, 140, 164, 172, 173,
    174, 254, 278, 305, 320, 330, 370, 412, 417, 419
Beziehung(en)(s-) 401
Wohnstandort-Arbeitsplatz-B. 172
zw. Einw. u. Stadt 82
zw. Kulturraum u. Stadt 281
zw. Städten 17, 79, 80, 83
Bezirk 166, 168, 238, 330
Bezugseinheiten/-flächen/-system (räuml.-statist.) 22, 23, 30,
    32, 159, 160, 161, 162, 164, 182
Bibliothek 97, 189, 191, 362, 379
Bildung(s-)(-bedarf/-einrichtungen/-orte) 19, 33, 57, 128, 166,
    167, 173, 189, 269, 310, 337, 354, 355, 363, 400,
    406, 420, 423
-kreise/-kultur 407, 417
-migration/-reise 355
-motive 409
-reise 406
Billiglohnarbeiter/-produktion(sstätten)/-standort 392, 393,
    394, 396
Binnenwanderung (großstadtorientierte) 276, 277, 332

Biotechnologie 355, 390
Bischofssitz/-stadt 55, 78, 178, 217, 376
Bistum 225
Block 156, 271, 284. *Siehe auch* Baublock
-randbebauung/-seiten 161, 241
Boden 116, 121, 215
-(neu)ordnung/-politik 123, 137, 245, 250
-eigentum(smärkte) 121, 123, 129, 143, 235, 356,
357, 360, 378
-haushalt (Veränderungen/Zerstörungen) 311
-management (haushälterisches) 145
-preis(entwicklung/-explosion/-probleme) 15, 59, 111, 115,
116, 121, 122, 123, 143, 150, 179, 180, 250, 251, 271,
290, 319, 334, 339, 340, 348
-recht/-reform 33, 51, 246, 251
-renten(modell) 120, 121, 122, 123, 129, 150, 288
-spekulation 43, 121, 127, 235, 241, 312
-umlegung(sgesetz) 338
-vergiftung/-siegelung/-schmutzung 145, 355, 372
-wert(kurven/-oberfläche) 122, 123, 251, 288, 304
Bogen(gänge/-häuser) 218, 228, 236
Böhmische Brüder 223
Boomburbs 295
Boomquartier 421
Börse 28, 185, 349, 350, 379
Botschaft(sangehörige/-gebäude) 271, 316, 319
Boulevard 43, 127, 130, 237, 301, 352, 353, 376
Bourgoisie (globale) 397
Brach(e)-(flächen/-land/-recycling) 145, 146, 208, 268, 269,
271, 280, 340, 360, 389
Brahmanen 322
Branchen(differenzierung/-gruppen/-zugehörigkeit) 183, 185,
187, 189, 190, 199, 313
-telefonbuchauswertung 184
Brandhubs 274
Brandschutz 338
brasilianische Stadt 373
Breitband-Kabelvernetzungen 80
Brief-Schreiber 323
britisch(e)(r)(s)
Bevölkerung 39
Einfluss/Zeit (in Indien) 325, 327, 329
Garnison/Ostindienkompanie 325, 327, 329
Hauptstadt/Städtesystem 39, 179, 415
Kolonialstädte/-zeit 321, 325, 329, 348, 353, 355, 374
Planungskonzeptionen/Stadtplan.-gesetze 233, 328
Siedlung/Stadt(entwickl.-phasen)/Städtebau 232, 233, 242,
328, 329
Town and Country Planning Act 233
bronzezeitl. Kultur (Kreta) 214
Brücken 360
Brundtland-Kommission 141
Brunnen 323
Bruttoinlands-/-regionalprodukt 53, 356, 420
Bubble Economy 339, 340
Buchmarkt 420
Buddhismus-Zentrum 362
buffer zones 365, 370, 372
buke-chi 337
Bund(es-) 85, 86, 88, 90, 140, 145, 244, 250, 260, 285
-amt f. Bauwesen u. Raumordnung 64, 380
-anstalt f. Arbeit 61
-bank 196
-baugesetz 121, 137, 250, 254
-finanzhilfe/-förderung 148, 268
-forschungsanstalt f. Landeskunde u. Raumordnung 63
-gartenschau 270
-inst. f. Bau-, Stadt- u. Raumforschung 29, 61, 63, 64, 97
-kanzleramt 271
-länder 78, 85, 90, 97, 103, 244, 250, 255, 263, 377. *Siehe
auch* Länder
alte B. 62, 63, 70, 82, 90, 96, 201, 210, 266, 277
neue B. 63, 70, 71, 73, 90, 97, 103, 148, 201, 206,
208, 209, 210, 256, 260, 265, 266, 267, 268, 277
-Länder-Programme 97, 265
-ministerium f. Raumo., Bauwesen u. Städtebau
63, 85, 88, 146
-ministerium f. Verkehr, Bau u. Stadtentwickl. 146
-präsidialamt 271
-raumordnung(sbericht/-gesetz) 59, 72, 96, 250
-regierung 146, 265, 266, 268, 271, 378
-tagswahl 162
-wettbewerb Stadtumbau-Programm 266
Bündnis "Städte der Zukunft" 144

Bungalow(-Wohngebiete) 327, 329
Burg(en)(-bauten/-bezirk) 217, 221, 224, 314, 335, 337
-stadt 78, 335, 336, 337, 338
Bürger(-schaft/-tum) 128, 142, 144, 147, 224, 227, 250, 274,
275, 337, 406
-gemeinde/-stadt 214, 216, 217, 225, 226, 336
-häuser 298, 417
-krieg(sunruhen) 276, 318, 319, 354
-meister 100
-proteste 279, 412
-steig(bewohner) 38, 329, 330, 372, 376, 394
bürgerlich(e)(r)(s)
-kapitalistische Stadtentwicklung 336
Autonomie/Motive/Wohlstand 128, 216, 223
Gebäude 226
Zeitalter 417
Burgess-Modell 114, 116, 117, 336
burische Siedler 364
Büro(s) 185, 186, 264, 284, 308, 385
-ansiedlung/-betriebe 44, 134, 195
-arbeitsplätze (USA) 197, 295, 296
-branchen/-dienstl./-sektor/-tätigkeiten
121, 186, 192, 284, 295
-flächen(-nachfrage/-wachstum) 186, 197, 202, 264, 288,
290, 295, 296, 339, 340, 356, 401
-funktionen 178, 195, 288
-gebäude/-häuser/-komplexe 179, 197, 251, 281, 285, 355,
372, 393, 398
-gebiete/-parks 196, 293, 400
-immobilienmärkte/-mieter 202, 210
-Netzwerke 385
-nutzungen/-raum 16, 143, 196, 269, 285, 331
-städte 195, 197, 358
-standort(-entwicklung/(-de)konzentration) 44, 48, 52, 53,
195, 197, 290, 295, 296
-standortforschung (empirische) 210
-zentren (periphere) 186, 194, 195, 358
business
center/firms/park/services 306, 330, 331, 385, 389
improvement district (BID) 16, 210, 263, 272
Bustee(s)(-Viertel) 328, 394
Bye-law-(Reihen-)-Häuser 232, 233

C

Cafés 130, 131, 202, 264, 362
callampa 301
Cantonments 327, 329, 353
Capitol Complex 132
Carceral Archipelago 397
cardo 216
Census (tracks) 113, 320
Central Business District (CBD) 115, 116, 117, 118, 120, 178,
182, 183, 282, 284, 285, 288, 289, 291, 308, 316, 350,
366, 371, 372, 401
-Abgrenzung(skriterien/-methode) 182, 183
-Expansionsprozess 291
-Indexberechnungen (nach R. E. Murphy/J. E. Vance) 182
-Kern/-Mantel/-Rand 316, 371
-Schwellenwerte 183
-typische/untypische Nutzungen 182, 183
Funktionsverluste/wirtschaftl. Verfall d. CBD 284
Maßnahmen z. Attraktivitätssteigerung d. CBD 285
"weißer" CBD 365, 371
Central City. *Siehe* Kernstadt
Centre national d'art et de culture (Paris) 418
centre(s) (major, minor, prime c.) 385
CentrO Oberhausen 200, 201, 202, 203, 270, 407, 422
Charta
d. Europäischen Städte u. Gemeinden 142, 144
v. Aalborg 142
v. Athen 53, 132, 137, 144, 245, 251, 254
Chemiestandort 41, 355
Chicagoer Schule d. Sozialökologie 18, 113, 287, 289, 416
Chinahandel 349
chinesisch(e)(r)(s)
Küstenbereich 344
Reform- u. Öffnungspolitik/Raumordnung 346, 347, 374
Stadt/Städte(-system) 328, 342, 343, 344, 345, 347, 374
Altstädte 344, 350
Gestaltung/Merkmale/Modell d. chines. St.
342, 343, 344, 345, 346, 347
Groß-/Hauptstadt/Megastädte 348, 349
Kreis-/Landstadt 343, 344
sozialist. Transformation d. chines. St. 344

Zivilisation 344
Choninmachi 336
City(gebiet) 16, 28, 114, 115, 116, 121, 130, 131, 156, 161,
    174, 177, 178, 179, 180, 181, 182, 183, 184, 185,
    186, 187, 191, 194, 201, 208, 209, 210, 238, 251,
    272, 299, 301, 304, 320, 369, 371, 372
    -abgrenzung/-ausdehnung 181, 184
    -ausstattung (funktionale) 16, 180
    -begriff/-definition/-merkmale 178, 179, 180, 181, 183
    -bestimmende Branchen/Dienstl./Funktionen 184, 185
    -bildung(s-)/-entwicklung(sprozess) 16, 24, 52, 121, 177,
    178, 179, 180, 182, 183, 210, 249, 251, 271, 336, 360, 376
    -Ergänzungsgebiet/-einkaufszentren/-straßen 184, 200
    -erneuerung/-erweiterung/-expansion/-verlagerung 13, 115,
    184, 196, 316, 357, 359, 361
    -feste 180
    -gebundenheit v. Funktionen 184, 185
    -gliederung 181
    -integrierter Standort 16
    -kern 182, 183, 184
    -lage 198, 199, 201, 208, 269
    -management/-marketing 272, 279, 414
    -mantel/-nähe/-rand 180, 184, 287, 369
    -nutzung(sanalyse) 210
    -prägende/-typische Branche/Einrichtung/Funktion 181, 184,
    185
    -praxen 185
    -sektor 183
    Attraktivitässteigerung d. C. 46
    center/centre 179, 180
    Ersatz-C. 371
    fractal city 397
    Niedergang/wirtschaftl. Degradierung d. C. 301, 371, 372
    Nord (Hamburg) 186, 195
    of London/of Westminster 178, 179, 194, 195, 197, 389, 418
    West-C. 271
Civic Center 285
Civil Lines 327, 329
Civitas (befestigte) 218
Clubs (exklusive) 327, 328, 354, 396
Cluster 393
    -analyse 20, 79, 104, 166, 169, 176
    -bildung (v. Unternehmen) 390
    wissensbasierte regionale C. 340, 392
College 327, 329
Coloureds 365, 366
commercial blight 284, 369
commercial strips 400
communes multipolarisées (periurbane) 47
community center 198
Company Town 327
condominios (verticales) 308, 402
conjuntos 402
conservation 233
constraints (geogr. Zeit-Distanz-c.) 389
Containerhäfen/-umschlag/-verkehr 341, 350
cordon sanitaire 327
cores 381
corporate
    center/headquarters 285, 290, 295
    communication/culture/design 273
    identity 201, 273, 274
Cosmopolis 397
council housing estates 241
Counterurbanisierung/-urbanization 49, 50, 51, 54, 287
Creative City/class/economy/industries 412, 419, 423
crosstown circumferential traffic 290, 291
cuadras 297
cultural turn 408, 409

D

Dach
    -fenster/-fläche/-formen/-konstruktion 153, 154, 226, 228
    -landschaft (historische) 154
    -nutzungen 132
daily contact space 171
Daimyo 335
Dampfschiff 406
Danchi 337
dänische Hauptstadt/Landesplanung 134, 135
Danwei(-System) 345, 347
Darwinismus 113
Daseinsgrundfunktionen 171, 173. *Siehe auch* Grundfunktionen
Daten 78, 80, 159, 161, 165, 168, 184, 384

-fortschreibung/-verfügbarkeit (in Kommunen) 33, 159, 160
-schutz (Probleme/Restriktionen) 159, 160, 161, 162, 163
-speicherung/-verarbeitung 161
-ströme (im Städtesystem) 161
De-Urbanisierung. *Siehe* Desurbanisierung(s-)
decumanus 216
Degradierung (baulich, infrastrukurell) 308, 330, 369
Deiche 351
Deindustrialisierung(sprozess) 267, 340, 396, 400
Dekonzentration(sprozess) 50, 57, 265, 363
    intraregionale D. (Arbeitspl./Bev./Infrastrukt.) 44, 57, 358
Dekor(elemente) (pflanzliche) 236
Delta(region) 353
Demographie/demographisch(e)(r) 33, 159, 166, 167, 288,
    289, 291, 379, 390
    Melderegister 160
    Primacy 332
    Prozess/Schrumpfung/Wandel/Zuwachs 13, 145, 147, 243,
    265, 267, 268, 276, 277, 280, 312, 340, 378, 416
    Segregation 58
Demonstration(s-)(-züge/d. Staates) 246
Denkmal(-pflege/-schutz(gesetz)) 15, 79, 132, 141, 152, 155,
    212, 213, 234, 235, 254, 255, 257, 339, 362, 406, 407, 422, 423
Densely Inhabited Districts (DIDs) 330, 331, 334
Deökonomisierung 266
Deregulierung(s-)(-politik) 339, 340, 394
desakota (= Einheit v. "town and village") 358
Design(er)(-agenturen/Outlets/-wirtschaft) 204, 389, 390,
    420, 422
Destinationen (Reiseziele) 405, 406, 410, 411, 412,
    413, 414, 415
Destinationsmanagementstrategie 415
Desurbanisierung(sphase) 49, 52, 58, 59
Detribalisierung 52
Deutsch(e)(r)(s)/deutsch(e)(s)
    Bank/Börse 196
    Bundestag/Einheit 271, 377
    Gartenstadtgesellschaft 241
    Grundkarte 152, 161
    Reich/Staaten 73, 215, 234
Developer 278
dezentral(e)
    Entwicklung/Konzentration/Planung 86, 144, 150
    Raum-/Siedlungsstruktur 79
    Standorte 194, 204, 207, 390
Dezentralisation (inter-/intraregional) 50, 111
Dezentralisierung(s-)(-maßnahmen/-prozess) 47, 111, 196,
    197, 284, 337, 339, 345, 348, 397
    d. Einzelhandels 44
    d. Großstadt-/metropolitanen Wachstums 41, 337, 363
    v. Industrie/-Wirtschaft 41, 310
Dhobis 328
Diagonal(straßen)system/-verbindung 237, 238, 284, 301
Diamanten(-funde/-Kartell) 364
Dichte(verteilung) 135, 251, 254, 397
    im Städtebau/Siedlungs-/Städtedichte 63, 70, 71, 142,
    144, 220, 335
Didaktik/didaktisch 120, 278
Dienstleistung(s-) 20, 44, 52, 90, 91, 95, 107, 109, 178, 185,
    186, 190, 260, 291, 357, 363, 366, 409
    -(bedarfs)gruppen/-branchen 184, 189, 192
        citybestimmende/-typische D. 184
    -anbieter/-angebot/-ausstattung 186, 191, 278, 365, 384, 385
    -bereich/-sektor 28, 177, 186, 187, 210, 381, 383, 390
    -betriebe/-einrichtungen/-unternehmen 58, 178, 185, 187,
    191, 197, 198, 208, 269, 345, 371, 379, 383
    -beziehungen/-funktionen 100, 179, 194, 197, 210, 281, 389
    -kernstadt/-metropole 79, 339
    -nutzung 16, 115, 192
    -personal 328
    -städte/-zentren 79, 89, 98, 210, 347, 355
    -standort(e)/-systeme 24, 40, 58, 92, 205, 210, 389
    einfache/niedrig bezahlte D. 95, 383
    gehobene/hochrangige/-spezialisierte/-wertige D. 95, 189,
    197, 199, 210, 307, 310, 379, 401
    haushaltsbezogene/-orientierte D. 400, 401
    kundenorientierte D. 192
    v. freien Berufen/Unternehmen 186
Dinks 287, 397
Diplomatenviertel/diplomat. Vertretung 271
Diskriminierung 51
Disneyfizierung 398
Disparitäten (räumliche, soziale/sozioökonomische) 312, 331, 378
Distanz 116, 121, 124
    -beziehungen/-überwindung/-verflechtungen 169, 172

fußläufige D. 389
Luftlinien-/metrische Distanz 80, 116
ökologische/physische D. 116, 327
soziale D. 119, 327
z. Arbeitsplatz/-stätte 235, 330
Zeitdistanz 80
zw. Wohn- u. Zentralem (Einkaufs-)Ort 92, 103
Distrikt(-hauptstadt/-verwaltung) 173, 325, 327, 375
Docklands (London) 197, 389
Dom(burg) 42, 217, 218
Donaumonarchie 234
Doppelhaus(bauweise/-viertel) 129, 149, 157, 233, 241
Doppelstadt (mittelalterliche) 42, 219, 238
Dorf(gebiet)/dörfl. Siedlung 27, 157, 214, 320, 324, 346
Downtown 174, 179, 282, 285, 286, 287, 288, 290, 291, 293,
    361, 389
    -Aufwertung/-Entwicklung/-Erweiterung 287, 293, 295
    -Nähe/-Ergänzungsgebiet/-Rand 285, 291, 293, 295
Dritte Welt 29, 31, 41, 48, 49, 51, 52, 54, 296, 393, 400, 404
    -Stadt/-Großstädte/-Verstädterung 51, 52, 54, 370, 397, 400
Drogenabhängigkeit 330
Druckwasserversorgung 235
duale Kräfte (yin-yang) 343
duale Stadt 397
Duisburg-Innenhafen(-Projekt) 269
Durchgrünung (d. Bebauung) 233, 241, 254, 267
Durchlüftung 238, 326
Durchmischung (bauliche, gewerbliche, soziale) 53, 231, 235,
    334

E

E-Commerce-Anbieter 187, 190, 210
Ebene 216, 335
    gemeindliche/gesamtstädtische/lokale E. 22, 23, 141, 357
    globale/internationale E. 23, 41, 79, 196, 357
    interregionale/nationale E. 23, 357
    regionale/stadtregionale E. 23, 196, 357
Edge Cities/edge (complexes) 41, 173, 197, 282, 284, 290, 293,
    295, 307, 373, 389, 397, 400, 401
Edgeless Cities 197, 295, 296
Edutainment 407
Eigenheim-/Einfamilienhaus(-bau) 47, 116, 129, 143, 144,
    149, 157, 164, 233, 240, 241, 242, 245, 248, 251, 266,
    277, 286, 288, 334, 337, 338
    -gebiet/-siedlung/-viertel 46, 53, 58, 115, 250, 251
Eigentum(s-)/-tümer 129, 250, 260, 263, 264, 286, 301, 304,
    337
    -besteuerung/-recht 250, 263, 286, 288
    -hoheit/-konzentration/-märkte 226, 378, 383
    -wohnungen 144, 278, 279
Ein-Regionen-Modell 107
Einfluss(-bereich/-gebiet) 95, 296
    moderner/westlicher E. 315
Einfriedungen 156
Eingemeindung 39, 41, 45
Einigungsvertrag(sgesetz) 256, 271
Einkauf(s-) 92, 94, 101, 102, 144, 328, 371, 407
    -beziehungen/-fahrten/-gänge 100, 101, 172, 290
    -einrichtungen/-funktionen 202, 209, 331
    -galerie/-passage 198, 201, 206, 207, 208
    -magneten/-tempel 180
    -orte/-räume/-standorte 103, 104, 210, 409
    -straßen 316, 324, 346
    -tage 103
    -verhalten (schichtenspezifisches) 19, 21, 102, 103, 174
    -verkehr/-wege 93, 290
    -zentrum (neues) 16, 24, 29, 53, 58, 143, 153, 171, 190,
        197, 199, 201, 202, 203, 206, 207, 208, 209, 210, 255,
        265, 293, 301, 306, 308, 313, 316, 355, 358, 372, 396,
        398, 400. Siehe auch Shopping-Center
        (city-/innenstadt-)integriertes E. 16, 180, 200, 201, 202,
        203, 208, 210, 255
Einkommen(s-) 19, 51, 57, 92, 107, 111, 112, 143, 166, 167,
    287, 288, 293, 310, 324, 340, 397, 409
    -differenzierung/-disparitäten/-sektoren 288, 383, 397
    -gruppen/-klassen/-schichten 48, 59, 141, 143, 239, 278,
        279, 286, 287, 288, 315, 319, 341, 359, 372, 396
    -kreislauf/-ströme (nach Exportbasis-Modell) 107
    -steuer(gesetz) 140
Einpersonenhaushalt 28, 52, 58, 101, 162, 163, 165, 167, 287,
    291
Einwanderer/Einwanderung 114, 115, 116, 286, 288
Einwohner 28, 29, 31, 38, 39, 41, 43, 56, 91, 128, 133, 161,
    237, 248, 260, 266, 279, 320, 325, 331, 346,

348, 378. Siehe auch Bevölkerung
    -Arbeitsplatzdichte 42
    -daten/-zahlen (von Städten) 26, 28, 29, 30, 39, 41, 63, 80,
        82, 83, 88, 97, 161, 185, 234, 251, 310, 332, 346,
        347, 350, 351, 353, 362, 378
    -dichte/-konzentration 26, 29, 30, 38, 42, 50, 59, 64, 69,
        130, 288, 332, 378
    -entwicklung 45, 48, 49, 70, 71, 84, 223, 256, 276, 277, 321
    -komitees 347
Einzelhandel(s-) 97, 98, 121, 143, 146, 180, 182, 185, 186,
    191, 205, 208, 209, 210, 272, 275, 284, 285, 313, 409, 414
    (als Leitfunktion) d. Innenstadt 146, 272
    -bedarfsgruppen/-branchen 184, 187, 189, 194, 278
    -betrieb(sformen/-typen) 187, 190, 191, 197, 208
    -dezentralisierung 44
    -einrichtung/-geschäft(sfläche) 104, 178, 179, 187, 189,
        194, 197, 401
    -entwicklung/-funktionen 16, 143, 357
    -großprojekt 204, 414
    -standort(-muster/-struktur/-wahl) 192, 200, 205, 207, 208,
        209, 210, 414
        autokundenorientierte E. 205
        nicht-integrierte/periphere E. 205
    -umsätze 291
    -Unternehmenskonzentrationen 103
    -zentralität 104
    -Zukunftsperspektiven 210
    großflächiger E. 16, 24, 44, 143, 148, 190, 195, 204, 205,
        206, 207, 210, 265, 307
    hierarchische Gliederung d. E. 208, 414
    stationärer E. 313
Einzelhändler (private) 199, 208, 263
Einzugsbereich(s-)/-gebiet(e) 100, 111, 194, 198
    -grenzen/-schwankungen/-veränderungen 102, 103
    -messung (method. Probleme) 104
    lokaler Geschäfts-/Nachbarschaftszentren 169, 198
    regionaler E. 199, 200
    v. S-Bahnhöfen 135
    v. Schulen 169, 247
    v. Städten/Zentralen Orten 85, 102
Eisenbahn 80, 124, 128, 307, 327, 354, 376, 406
    -bau/-damm/-linien/-netz/-trassen
        173, 234, 287, 299, 325, 327, 329, 330, 338, 359, 389
    -städte 78
Eisenerzförderung/-industrie 337, 365
Elbphilharmonie (Hamburg) 264, 270
Elendsquartier/-siedlung/-viertel (illegale) 50, 139, 301, 303,
    330, 360, 397, 421
elsässische Städte 228
elusive cities 295
empirische Beobachtungen/Studien/Untersuchungen 24, 93, 94,
    95, 96, 97, 98, 100, 101, 102, 112, 113, 117, 118,
    155, 157, 159, 166, 174, 382, 383, 384, 391, 401
Energie(-einsparung/-verbrauch) 53, 140, 141, 145, 147, 255
englisch(e)(r)
    (Industrie-)Gemeinden/-städte/-Hafenorte 35, 233, 364
    Garten 130
Ensemble (städtebauliches) 249, 314
Enteignung(srecht) 226, 246, 250
Entertainment Center/-Komplex 285, 331, 390
Entlastung(s-) 86
    -stadt/-zentrum 40, 41, 130, 186, 194, 195, 252
    e. Großstadt/Kernstadt/Metropole 40, 233, 337, 346
Entmischung(sprozess) (funktional, räumlich) 53, 142, 143, 304
Entscheidung(s-)(-funktionen/-prozess/-strukturen) 185, 186,
    256, 266, 285, 379, 380, 381
Entsorgung(seinrichtungen/-leitungen) 137, 245, 301, 330, 355
Enttrümmerungsarbeiten 246
Entwässerungssystem 363
Entwicklung(s-) 256, 310, 321
    -achsen 96, 134, 135, 137
    -gefälle (regionales) 310
    -impulse f. e. Region/Stadt 270
    -konzepte (großer Städte) 135, 391
    -korridore (industrieorientierte) 354
    -länder 13, 15, 28, 29, 34, 35, 36, 38, 39, 40, 48, 50,
        52, 56, 81, 108, 110, 112, 113, 125, 142, 296, 301,
        310, 330, 342, 358, 377, 378, 391, 398, 401
    -maßnahmen (städtebauliche) 254
    -modell f. Hamburg u. sein Umland 134, 135
    -plan(ung) (staatliche) 260, 310, 339
    -politik (nationale, regionale, lokale) 146, 393
    -prozesse (räuml./sozial verträgliche) 86, 281
    -raum/-schwerpunkt 96
    -stand/-stufen (gesellschaftl./wirtschaftl.) 38, 52, 110, 402

-theorien (regionale) 12, 109, 150, 391
-zentren 110
fragmentierende E. 391, 393, 394, 395
nachholende E. 394, 400
ökologisch/sozial/wirtschaftl. verträgl. E. 142
zukunftsbeständige E. 145
Erbe (historisches) 137, 138, 212, 213, 231
Erdbeben 338, 340, 361, 407
Ergänzungsgebiete 61, 64, 65
Zentraler Orte/zentralörtliche E. 93, 95
Erhaltung(s)- 267, 314
-gebiet/-investitionen 238, 286, 339
histor. Altstädte/Bausubstanz/Stadtstrukturen 116, 138, 140,
   155, 156, 254, 260, 265, 267, 353, 359
Erhebung(s-)(-zeitpunkt) 100, 185
Erholung(seinrichtungen/-flächen/-gebiet) 55, 132, 133, 144,
   157, 311, 353, 361, 362
Erlebnis 202, 413, 418
-angebote/-qualität 180, 199, 414
-areale/-infrastruktur/-räume 210, 307, 422
-bäder 202, 205
-gastronomie 200
-gesellschaft 407
-reisen 406
-Shopping (Einkaufserlebnis) 199, 201, 205, 407
-welten (künstliche) 274, 280, 415, 422
Ernährung(ssicherung)/Unterernährung 33, 330, 370
Erneuerung(s-) 212, 280
-bedarf 256, 257, 260, 270
-maßnahmen (funktionale/städtebauliche) 205, 249
-potenzial (endogenes) 340
Eroberung 217, 296, 297
Erreichbarkeit(s-)(-vorteile) 49, 88, 90, 186, 408, 412
mit privatem Pkw/verkehrliche E. 178, 180, 198, 255, 306
Ersatzwohnraumbeschaffung/-wohnungsbau 139, 249, 329
Erscheinungsbild e. Stadt 296
Erschließung(s-) (z. B. entlegener Gebiete) 155, 296
Ersparnisse (externe/interne) 107, 111
Erste Moderne-Konsens 394
Erste Welt 49, 52
Erwachsene (alleinstehende, jüngere) 115, 277
Erwerb(sleben/-personen/-struktur/-tätige) 50, 57, 61, 164,
   166, 167, 251, 420, 421
Erzeugnisse (hochwertige, Nahrungsmittel) 392, 395
Erziehungssystem 349
espaces urbains 47
ethnische Gruppen/Minderheit/Segregation/Struktur 58, 113, 115,
   119, 164, 173, 176, 279, 281, 314, 365, 367, 368, 369,
   371, 372, 397, 420
Ethnoregionalismen 393
EUREGIO 136
Eurocities/-metropolen 76, 377
Eurogate (Duisburger Innenhafen) 269
Europäisch(e)(r)(s)/europäisch(e)(r)(s)
   City 390
   Denkmalschutzjahr 140, 212, 254
   Ebene/Einigung 72, 97, 146, 377
   Finanz-Metropole/-System 196
   Gemeinschaft/Integration 85, 145
   Hauptstädte 415, 416
   Haus d. Stadtkultur 211
   Kommunen 142
   Konferenz 142
   Länder/Staaten 35, 108, 217
   Metropole/Metropol(itan)region 56, 72, 74, 75, 76, 332,
      373, 377, 404
   Raumentwicklung/-ordnung(spolitik) 72, 76, 96, 97, 377
   Stadt/Städte(-bau/-system) 17, 26, 47, 78, 104, 146, 183,
      201, 214, 230, 236, 271, 275, 364, 373, 377, 404, 412, 420
   Städtetourismus 406, 415
   Standortwettbewerb 273
   Stilepochen/Tradition/Vorbilder 214, 344, 352
   Union 86, 146, 147, 148, 379, 385, 423
   Zentralbank 177, 196
Europazentrale 390
eurozentrische Konstrukte 403
Event(-konzept/-management) 272, 274, 379, 406, 407, 414, 422
-kultur/-tourismus/-veranstaltungen 405, 407, 409, 414
Examensarbeiten 16, 101
Exklusion (v. Bev.-teilen) 357
exopolis 397
expanding towns 233
Experimenteller Wohnungs- u. Städtebau (ExWoSt) 88, 144, 145,
   260
Expertenbericht globale Zukunft d. Städte 145

EXPO(-Region) (Hannover) 88, 270, 271
Export 107, 109, 214, 365
-basis(-Konzept/-Modell/-Theorie) 107, 108, 109, 150
-industrie/-produktionszonen 346, 355, 392
-regeln (nationale) 396
-sektor/-spezialisierung 107, 109
Extended Metropolitan Regions (EMR) 357
Exulantenstadt 213, 223, 224, 226
exurban(e)(r)(s) Gebiet/Gemeinde/Raum 43, 46, 290, 293, 295
Exurbanisierung 38, 46, 47, 49, 143, 277, 287, 293
ExWoSt-Forschungsfelder/-Modellvorhaben 88, 145, 260

F

Fabrik(ant) 53, 128, 241, 345
-läden/-verkaufszentren 190, 204
face-to-face(-Kontakte/-Standorte) 194, 389
Facharbeiter 115
Fachgeschäft/-handel 97, 187, 190, 194, 198, 202, 204
Fachmarkt(zentrum) 58, 190, 194, 198, 201, 202, 204, 205,
   206, 207
Fachwerk(-bau(ten)/-fassaden/-strukturen) 154, 228, 229, 240
Osnabrücker Strukturfachwerk 228
Factory Outlet(-Center) 204
Factory-Outlet-(Center) 190, 199, 204, 210
Fahrrad(-verkehr/-wegenetz) 53, 125, 134, 145, 180, 323
-parkhäuser 180
Fahrtkosten/-zeit 92, 94, 319
Faktoren(-analyse/-ladungen/-muster/-werte) 20, 79, 114, 165,
   166, 168, 169
Faktorialökologie 14, 114, 159, 166, 168, 176
Familien 167, 240, 288, 293, 298, 315, 347
Family-Entertainment-Center 199
fang 343
Fantasiewelten 398
Farbige 286, 288
Fassaden(gestaltung/-gliederung/-renovierung) 154, 225, 240,
   246, 255
favelas 301
feng-shui 343
Fenster(formen) 226, 235, 236
Ferien(ort/-wohnung/-zentren/-ziel) 21, 49, 205, 328, 413
Fernhandel(sstädte) 78, 219, 221, 313
Fernseh(en)(-anstalt/-turm 238, 319, 350, 359, 379
Fernwirksamkeit v. Gebäuden 155
Feste 352
Festival(isierung d. Stadtentwicklung/-politik) 270, 274, 280, 406,
   407, 413, 414, 415, 418, 419, 422
Festspielplatz RUHR 422
Festung(s-)(bau/-terrain/-werk) 42, 225, 227, 229, 324
-stadt/-städte 78, 213, 221, 324
Feudal(-herr/-ordnung/-palast/-zeit) 235, 335, 336
Feuergefahr/-wehrsprungtuch 238
Figurenknaggen 228
Filialbetrieb/-geschäft/-unternehmen 104, 349
Film(verleihbetriebe/-wirtschaft) 390, 420
Filtereffekt/filtering 117
Finanz(en)- 72, 108, 275, 330, 383
-basis e. Stadt 129
-dienstleistung/-einrichtung/-funktion 58, 190, 194, 196, 356,
   392, 396
-geschäft/-gesellschaften/-gewerbe 293, 383, 385
-hilfen (d. Bundes) 259, 266
-krise 377
-markt(-Akteure) 196
-metropole 177, 349, 376
-regeln (nationale) 396
-sektor/-system/-wesen 28, 100, 194, 196, 313, 340, 360,
   379, 381, 383, 404, 421
-standorte/-straße/-viertel 194, 350
-transfers/-transaktionen (globale) 196, 395
-wirtschaft/-zentrum/-zentren 28, 194, 195, 196, 210,
   349, 355, 381, 383, 387, 397
Fingerplan für Kopenhagen 134, 135
Firmen 327, 384, 390
-sitz/-vertretung/-verlagerung/-verwaltung 189, 196, 372
Firstlinie 233
Fläche(n) 121, 137, 331, 341
-ansprüche/-bedarf/-verbrauch 45, 53, 58, 137, 145, 186,
   194, 196, 198, 311
-ausdehnung/-entwickl. (v. Wohngebieten) 56, 176, 234, 254,
   311, 357, 365
-bundesstaaten 320
-erhaltung/-erneuerung/-sanierung 139, 238, 254, 284, 286,
   293, 329, 338, 345

-größe (v. Städten) 40, 161
-kategorien in d. Stadtökologie 176
-nachfrager (konkurrierende) 121
-nutzung(s-) 14, 58, 156, 157, 158, 169, 176, 181, 347
　　-konflikte/-kontrolle 338, 355
　　-methoden (empirische) 157
　　-mosaike (unkontrollierte) 355, 357, 358
　　-plan(ung)/-zonen
　　　135, 157, 250, 338, 339, 340, 347, 355, 356
-politik 142
-potenzial/-recycling 143, 256
-staat (zentralisierter) 228
-versiegelung 45, 311
-wachstum 43, 129, 312, 337
　　v. Großstädten/Städten/Stadtregionen 31, 38, 53, 303, 336
Ausgleichsflächen (ökologische) 311
bebaute/-siedelte F. 46, 159, 311
unbebaute/-genutzte/untergenutzte F. 182, 268, 291, 327
v. Stadt- und Gemeindetypen 71
flagship developments/-Projekte 357, 405, 415
Flair 95
Flecken 221
Flexibilisierung (staatl. Handelns/v. Produktion) 74, 377
floating population 346
Flüchtling(sgruppen)/-krise/-stadt) 223, 244, 276, 279, 286, 370
Fluchtlinienbestimmung/-gesetz (preußisches) 238, 338
Flughafen/-verkehr 28, 195, 268, 307, 349, 350, 359, 389
　-bahn 349
Flurkarten 152, 153
Fluss 311, 322, 325, 328, 340, 344, 372
　-insellage/-niederung/-tallage 78
　-ufer(städte) 123, 173, 284
föderale Struktur (BRD) 73
Food-Court 202
Förder(ung)(s-)-
　-maßnahmen/-mittel/-programme (staatl.) 96, 147, 148, 249,
　　266, 275, 279, 329
　kleiner Städte und Gemeinden 90
　königlich-herrschaftliche F. 225
fordistische Industriezonen/Stadt/Urbanisierung 392, 396, 400
Formen(-elemente (Genese)/-kreise (städtebaul.)) 78, 152, 236,
　317, 347
Forschung(s-) 382, 384
　-berichte/-einrichtungen/-zentren 24, 81, 176, 390
　-feld Stadtumbau West 268
　u. Entwicklung(seinrichtungen/-funktionen) 186, 355, 379, 390
Forum 131, 216
forward-linkages 109
fraccionamientos cerrados 306
Fragebögen 100
Fragmentierung/fragmentierte Raum-/Stadtstrukturen 279, 304,
　308, 312, 318, 330, 331, 358, 373, 393, 395, 396, 400,
　401, 402, 403. Siehe auch Entwicklung: fragmentierende E.
　globale F. 391, 393
　soziale/sozialräuml. F. 12, 23, 279, 308, 310, 312, 321,
　　331, 397
Fraktionierung d. städt. Gesellschaft/v. Städten 345
Franken 217
fränkisch(e)(r) Fachwerkbau/Städte 78, 228, 229
französisch(e)
　Gebäude 362
　Hauptstadt 415
　Herrschaft 362
　Revolution 406
Frauen (Berufs-/Erwerbstätige) 164, 288, 393
Frauenkirche (Dresden) 270, 274
free trading area 366, 371
Freiheit(s-) 221, 230
　-statue 264
Freiraum/-flächen 127, 128, 133, 135, 149, 176, 208, 225, 249,
　284, 327, 366
Freistaaten (Bayern, Sachsen) 89
Freitagsmoschee 313
Freizeit 53, 137, 143, 264, 269, 291
　-aktivitäten/-ansprüche 205, 408
　-angebote 143, 331, 414, 416
　-Einkaufs-Center 210
　-einrichtungen 44, 53, 57, 143, 171, 195, 200, 205, 269,
　　277, 305, 354, 362, 407, 422
　-formen/-funktionen 202, 269, 417
　-forschung 408
　-gesellschaft 422
　-gewerbe/-markt 392, 407
　-großanlagen 205, 210, 407

-mobilität/-orientierte Reisen 143, 205, 409
-nutzung 270
-ort/-raum 144, 172, 400
-park 53, 205, 355, 358, 400
-sektor 422
-suburbanisierung 44
-verhalten/-wert 19, 21, 174, 255
-zentrum 202, 330
Fremdenverkehr(s-)/-einrichtungen/-ort 12, 189, 337, 339, 413
Fremdherrschaft 353
Friedhof 314, 324
frühe Neuzeit 127, 217, 227, 229, 376
　frühneuzeitl. Bauformen/-kultur/-strukturen 228, 229
　frühneuzeitl. Stadttypen/Städte(bau) 42, 127, 213, 221,
　　223, 230
frühmittelalterliche Keimzellen/Kerne/Städte 217, 218, 219
Führungsstädte 310
Fundamentalismen 312, 393
Funktion(en)(s-) 18, 52, 58, 127, 137, 184, 241, 317, 383
　-aus-/verlagerung 143, 196
　-bereich (e. Metropole/Zentralen Ortes) 95, 137, 169, 380
　-dichte 271
　-fähigkeit v. Städten 254
　-gemeinschaften 180
　-kartierung 16
　-mischung/-mix 53, 54, 139, 143, 269, 271, 338
　-schwerpunkte/-sektoren 100
　-spezialisierung (im Städtesystem) 78, 83, 84
　-standort (funktionaler St.) 53, 72, 143, 169, 171
　-trennung (räumliche) 132, 137, 241, 245, 254
　-vergesellschaftung (räumliche) 156, 183
　-verluste v. Innenstädten/Städten 265
　-vielfalt (u. a. v. Dienstl.-nutzungen) 192, 271
　e. Raumeinheit/Raumgefüge v. F. 157, 169, 187, 271
　funktionsräumlich(e) (Elemente) 169, 304
　hoch-/höherrangige F. 58, 100, 195, 322
　Horizontalität v. F. 271
　Mehrdeutigkeit d. Begriffs F. 169
funktional(e)(r)(s) 169, 255
　(Stadt-)Viertel 156, 180, 183
　Abhängigkeit/Aufwertung 20, 54, 255, 278, 400
　Ausstattung 177, 178, 199, 278, 285
　Bedeutung einzelner Städte 212
　Betrachtungsweise 18
　Betriebstypen 186
　Differenzierung (d. Stadt) 316, 335, 401
　Elemente/Merkmale 78, 79, 303, 304, 307
　Erneuerungs-/Gestaltungsmaßnahmen 205
　Städte-/Stadttypen/Städtenetz 78, 79, 84, 86, 104
　Stadtgeographie 212
　Stadtgliederung. Siehe Stadtgliederung, funktionale St.
　Suburbanisierung 45
　Überkonzentration 399
　Verflechtung 332
　Verstädterung. Siehe Verstädterung, funktionale V.
　Zentrenausstattung (Merkmale/Typisierung) 177, 178, 185,
　　186, 187, 188, 191, 210, 280
Funktionalismus im Städtebau 53, 137
funktionelle Stadt 137
Fürst(en) 224, 225, 226, 343
　-bischof/-pfalz/-residenz/-staaten 217, 229, 325
　-stadt/-städte 213, 223, 224, 225, 226, 237, 238, 246, 335
Fußgänger 145, 198, 323, 372
　-bereich 16, 151, 172, 180, 182, 204, 205, 255, 263, 265,
　　280, 285
　-stadt 124
　-ströme/-verkehr/-wege 53, 139, 146, 172, 180

G

Galerie 190, 198, 202, 205, 206, 208, 210, 278, 418
Games-Industrie 420
Gangs 398
Garnisonslager/-stadt 78, 213, 224, 327
Garten 227, 361
　-anlage/-flächen 128, 129, 242, 293
　-center 204
　-hofhaus 157
　-kolonie 241
　-stadt 128, 129, 137, 241
　　-ähnliche Bauweise/Bebauung/Durchgrünung
　　　43, 129, 233, 240, 241
　　-beeinflusste Werkskolonie/-siedlung 239, 241
　　-bewegung/-ideal/-konzeption/-stil

43, 128, 129, 137, 144, 241, 242, 251, 254
-dichte 43, 128, 129
-modell. *Siehe* Modell d. Gartenstadt
-umgebene Kleinhaus/-Villensiedlung 241
-vororte 129, 233
Botanischer G. 229
Gassen 180, 284, 313, 322, 350
Gaststätten/Gastronomie(konzepte) 98, 130, 180, 185, 189, 190,
   198, 199, 202, 203, 205, 344, 362, 379, 407, 409, 411, 414
Gasversorgung 408
Gated Communities 13, 24, 285, 287, 305, 306, 308, 310, 329,
   330, 357, 358, 370, 371, 373, 396, 398, 400, 402
gated towers 308
Gateway-Funktionen 340, 379, 380
Gauß-Krügersches Gitternetz 161
GaWC-Gruppe/Study Group (and Network) 385, 386, 388
Gebäude 28, 145, 154, 156, 159, 180, 196, 225, 228, 234,
   238, 255, 325, 343, 344, 345, 356
-abriss/-leerstand 117, 182, 267
-ensemble (historisches) 339
-formen/-gestaltung/-konstruktion 154, 225, 248, 421. *Siehe
   auch* Hausformen
-Grundflächen/-riss 156, 182
-höhe 120, 154, 356
-instandsetzung/-renovierung/-sanierung 20, 143, 144, 254
-nachfrage (Überangebot) 356
-nutzung(s-) 14, 143, 156, 157, 169, 176, 181, 212
   -methoden (empirische) 157
-statistik/-zählung 159, 160, 161
-struktur/-substanz/-zustand 155, 156, 248, 260
-typen (historische) 154, 155, 156, 157, 212
Gebiet(e)(s-) 33, 59, 76, 96, 118, 119, 296
-körperschaften (stadtregionale) 76
-reform (kommunale) 96
-typen (siedlungsstrukturelle). *Siehe* Siedlungsstrukturelle
   Gebietstypen
Geburtenraten/-rückgang/-überschüsse 35, 57, 266, 276, 277
Gefache 228
Gegenreformation 223
gegliederte u. aufgelockerte Stadt 132, 133, 138, 139, 144, 245,
   251
Gehsteig 323
Gemeinbedarf(s-)(-einrichtungen/-flächen) 247
Gemeinde 27, 43, 56, 70, 88, 91, 100, 142, 161, 232, 234,
   241, 242, 244, 250, 256, 260, 291
-aufgaben/-ordnung/-zuständigkeit 27, 234, 250
-ebene/-gebiet/-grenzen 250, 267
-mittel 257
-typisierung (sozio-ökon.) 29, 67, 70, 71, 79, 104
-verbände 61, 70
-zentren 198
gemeindliches Leben 217
Gemeinschaft(seinrichtungen) 19, 132, 171
Gemüsefeldbau (marktnaher) 358
Generalbebauungsplan 248, 249
Generalverkehrsplan 248
Genossenschaftssiedlung/-wesen 129, 240, 241, 242, 360
Gentrification/Gentrifizierung 20, 24, 52, 58, 59, 141, 148, 257,
   278, 279, 280, 287, 291, 295, 308, 357, 397, 400, 413,
   417, 419, 421
Gentrifier 278
Genussmittel(branchen/-sortimente) 189, 190
Geograph 90, 174
Geographie(n)/**geographisch**(e) 74, 91, 103
(Teil-)Gebiete 11, 12, 389
-didaktik 404
Angewandte G. 12
d. Finanzwirtschaft 210
d. Freizeitverhaltens/Tourismus 12
d. Restrukturierung 396
d. tertiären (u. quartären) Sektors 12, 177
deuschsprachige G. 401
im angelsächsischen Raum 20
Informationssysteme (GIS) 20, 24, 210
Stadtforschung 79, 150, 401
verhaltenswissenschaftl. G. 24
geomantische Lehre d. feng-shui 343
geometrisch(e)
Ableitung d. Systems Zentraler Orte 93
Ordnung/Strukturen in Architektur/Städtebau 127, 225, 227,
   240
Phase (im Jugendstil) 236
Gericht(sgebäude) 216, 221, 234, 297
Geschäft(s-) 20, 115, 131, 187, 191, 200, 255, 278, 290, 308,
   314, 316, 327, 329, 344

-bereich (innerstädtischer) 132, 204, 390
-einrichtung/-fläche/-funktion/-lokal/-nutzung 115, 130, 132,
   178, 187, 197, 200, 206, 207, 208, 301, 324
-gebäude 251
-kontakte 186
-lage (zentralste)/-verlagerung 194, 372
-leben/-leute 100, 244
-reisende 409
-stadt 327, 329
-straßen 16, 161, 184, 194, 210, 316, 324, 337
   Untergrund-G. 337
-viertel (zentrales)/-zentrum/-zone 16, 46, 115, 118, 169,
   178, 204, 263, 314, 318, 327, 358
-welt (internationale) 396
Geschichte (dt. Städtewesen/dt. G.) 221, 244, 411
Geschoss 153, 154, 176, 182, 198, 233, 238
-flächen(zahl) 159, 182
-höhe 238, 355
-nutzung 191
-wohnung(sbau) 277, 279, 360
Gesellschaft(s-) 18, 19, 113, 127, 164, 274, 287, 327
-aufbau/-differenzierung/-gruppen/-struktur 159, 164, 288,
   344, 351
-entwicklung (postmoderne) 176, 399
-ideologien (konfuzianische) 343
-system(e) 244, 246, 256, 271
arbeitsteilige G. 322
biotische Ebene d. G. 113
städtische/verstädterte G. 27, 345, 346
gesellschaftlich(e) 407
-organisatorische Abhängigkeiten 80
Aspekte d. Stadtentw. 312, 400
Einheiten in Städten 345
Entwicklung/Gruppierungen (neue)/Integration 72, 147, 256,
   347
Kommunikation/Kontakte 352, 406
Kontrollinstanz 343
Kräfte/Prozesse 142, 165
Polarisierungen/Spannungen 321, 331, 370
Struktur(veränderungen)/Wandel 165, 276, 406, 417
Ziele 143
Gesetz(esreformen) 233, 256, 340, 367
Gesims(formen) 226, 235
Gestalt(ung)(s-)
-elemente/-maßnahmen/-merkmale/-prinzipien 129, 156, 226,
   234, 240, 241, 321, 355
-qualität (histor. Gebäude, öfftl. Räume) 138, 147, 155, 156,
   202
städtebaulich-architektonische G. 198, 205, 225, 240, 346
Gesundheitswesen 90, 166, 167, 311, 354
Gewalt 20, 370, 396, 403
Gewässer(belastung/-netz/-randlagen) 344, 363, 372
Gewerbe 45, 46, 116, 233, 235, 260, 264, 298, 313, 316, 334,
   347, 366, 421
-anlagen/-ansiedlung/-betrieb 40, 116, 135, 242, 251
-flächen/-gebiet/-mischgebiet/-park 46, 58, 143, 156, 157,
   176, 194, 204, 242, 251, 288, 347
-politik 142
-zentrum 313
-zweige (städtische) 325, 383
verarbeitendes G. 186
gewerblich(e)(s)
Entwicklung/Wachstum 53, 376
Leben 219
Nutzung/Tätigkeit/Unternehmen/Wirtschaft 117, 234, 238
Gewinn(maximierung) 92, 93, 319
Ghetto(bildung) 19, 54, 58, 114, 116, 285, 286, 288, 369, 373
Armen-G./urban underclass-G. 286, 308
Farbigen-/Schwarzen-G. 291, 293
Hyper-/Slum-G. 286, 287, 293
Giebel(haus) 154, 155, 229, 236
Gilden (Kaufmannsgilden) 217
Gitter(form/-netzanordnung/-schema/-system) 161, 216, 227, 284
Glasfaserkabel/-Netz 81, 328
Glasgower Gruppe 236
Gliederung(selemente d. Stadt). *Siehe auch* Stadtgliederung
städtischer Räume/v. Städten/Stadtgebieten 14, 18, 47, 78,
   124, 156, 158, 159, 318, 335
Global City/Cities 11, 12, 16, 27, 197, 340, 348, 349, 361,
   374, 375, 378, 380, 383, 385, 390, 391, 396, 398, 403, 404
-Analyse/-Ansatz n. Sassen 382, 383, 391
-Beziehungen/-Funktionen 389
-Debatten/-Diskurs/-Forschung 23, 375, 379, 382, 391, 396
-Hierarchie/-System/-Triade 17, 383, 389
-Konzept/-Klassifikation 383, 384, 386, 390

-Region 350, 389, 403
Acting G. C. 392
Affected G. C. 392
als Steuerungszentralen/-zentren 16, 383
interne Strukturierungen v. G. C. 389
weltweite Verteilung v. G. C. 386
global(e)(r)(s)
  accountancy service centers 385
  advertising service centers 385
  agierende Konzerne/Unternehmen 390, 394
  Arbeitsteilung/Umstrukturierungen 308, 393
  Bourgoisie 397
  Dienstleistungsanbieter 384, 385
  Finanzsystem/-transfers/-zentren 196, 197, 385, 395, 397, 404
  Fragmentierung 391, 393
  Funktionen/Leitungsfunktionen 194, 349
  Handel 393
  Hierarchie (v. Städten) 391
  Integration/integrierte Stadtfragmente 383, 393, 394
  Kapital/Kapitalismus/Markt 376, 382, 393, 394, 395
  Kontrollfunktionen v. Weltstädten 382
  Lebensstil 319
  legal service centres 385
  Medienunternehmen 384
  network connectivity/Netzwerk/Vernetzung 194, 340, 349, 381, 384, 387, 390, 391
  Orte 392, 393
  player 392, 396
  Reichweite 381
  sourcing 393
  Steuerung(sfunktionen/-kompetenzen) 76, 349, 383
  System v. Städten/Metropolen/Zentren/Weltstädten 377, 380, 384, 390, 396
globalisiert(e)(s)
  Kapital 396
  Orte/Städte 392, 393, 394, 395, 403, 404
Globalisierung(sprozess)(s-) 59, 74, 145, 165, 272, 281, 304, 308, 321, 331, 342, 349, 353, 375, 376, 377, 378, 379, 383, 390, 391, 394, 395, 401, 402, 403
  -ansätze/-diskurs/-forschung 385, 386, 391, 404
  -auswirkungen/-dimensionen/-effekte/-einfluss 359, 395, 397, 401, 403, 404
  -gewinner/-verlierer 330, 403
  -schauplätze 385
  d. Kapitals/ökon. Strukturen 165, 384
  d. Lokalen/Stadt(entwickl.) 23, 281, 359, 386, 390, 398
  in Entwicklungsländern 358, 373
  in Europa 404
Globalizing Cities 390, 391, 397, 404
Glokalisierung 398, 404
Gold(funde/-markt/-schmiede) 323, 364, 366
Golfplätze 327
Gotik (Baukultur, Kirche, Rathaus) 79, 224, 226, 229, 234
Götter(sitz) 322, 351
Gouverneurspalast 325
Governance/governing space 275, 356, 397
Graben(dach/-system) 217, 228, 336, 351
Grand Tour 406
Greater London Plan 130
Grenze(e)- 45, 72, 101, 252
  -lage/-raum/-streifen/-verläufe/-zone 73, 78, 103, 173, 220, 221, 271, 348
grey area 367
griechisch(e)(-römische) **Einflüsse/Tradition** 213, 214, 216, 217, 324
  Städte d. Gegenwart 373
  Städte/Stadtkultur in d. Antike 126, 214, 215, 230, 283, 376. *Siehe auch* Antike
Gropiusstadt 252, 280
Großbetriebe/-firmen/-industrie 247, 290, 316, 337
Größenklassen/-ordnung v. Städten/ Zentralen Orten 86, 93
Großhandel 58, 100, 182, 185, 204, 284, 288, 313
  Cash-and-Carry-G. 204
Großmarkt f. Wiederverkäufer 204
Großplattenmontage 247. *Siehe auch* Plattenbau(weise)
Großprojekte. *Siehe* städtebauliche Großprojekte/-vorhaben
Großregion/-reich 296, 323
Großsiedlung 242, 252, 275
Großstadt/-städte 16, 19, 28, 29, 36, 38, 40, 48, 49, 52, 56, 64, 69, 70, 71, 81, 84, 85, 91, 106, 107, 111, 121, 125, 128, 129, 136, 141, 161, 169, 176, 178, 179, 180, 183, 192, 194, 195, 208, 209, 214, 241, 245, 260, 268, 270, 279, 287, 299, 310, 318, 320, 324, 327, 328, 337, 338, 345, 346, 367, 376, 377, 383, 406, 407, 409, 410, 411, 421

-bildung/-entwicklung/-wachstum 127, 129, 242, 279, 310, 331, 333, 337
-city 294, 255
-definitionen in d. Neuzeit 26
-feindlichkeit 127
-kerne 48, 282, 284
-politik (u. a. USA) 285, 293
-rand 52, 199
-region(en) 38, 46, 49, 61, 62, 64, 289
-reize (moderne) 376
-wohnungen 244, 279
-zentrum/-zentren 194, 199
Außen-/Nahbereiche v. G. 84, 311
Großveranstaltung(sarenen/-hallen) 202, 349, 407
Großwohnanlage/-siedlung(s-)/-gebiet 18, 58, 132, 135, 139, 140, 142, 205, 208, 248, 250, 251, 252, 253, 254, 255, 257, 260, 267, 279, 280, 345, 347
  Aufwertung/Nachbesserungen v. G. 257, 267
  bauliche/planerische Mängel d. G. 257, 400
Grünanlagen 229, 247, 305, 319
Grundbesitz (privater)/-eigentumsrecht 137, 245, 246
Gründerjahre/-zeit (Stadtentw.) 141, 234, 235, 237, 242, 271
  -architektur/-gebäude/-quartier/-stil/-viertel 139, 148, 208, 234, 235, 237, 242, 257, 279
  -zentren 208, 210
Grunderwerb (f. öffentliche Zwecke) 250, 364
Grundfläche(n)(-zahl) 159
Grundfunktionen 19, 46, 132
Grundherrschaft 221
Grundriss 216, 225, 303, 314
  -formen/-gestaltung/-muster/-planung/-struktur 13, 14, 41, 127, 129, 152, 153, 155, 212, 216, 220, 225, 226, 227, 229, 237, 239, 240, 282, 303, 314, 318
Grundsteuer 263
Grundstück(s-) 43, 123, 152, 157, 159, 161, 226, 233, 235, 238, 246, 288, 340, 365. *Siehe auch* Parzellen
  -(auf)teilung/-fläche/-parzellierung 159, 161, 212, 237, 264, 308
  -besitzer/-eigentümer 250, 263
  -kosten/-preis/-wert 58, 250, 278, 340
  -nachfrage/-spekulation/-tausch 143, 250, 278, 334
Gründung(s-) 208
  -kerne/-städte 213, 217, 219, 364, 365
  -phasen/-zeit 318, 364, 366
Grundversorgung/-zentrum/grundzentrale Funktionen 70, 96, 97, 98, 145, 205, 208, 255
Grundwasser(mangel) 145, 311
Grüne Wiese 139, 143, 147, 148, 177, 194, 195, 199, 200, 201, 204, 205, 206, 207, 249, 265, 268
Grünflächen/-gürtel/-keile/-zonen 128, 129, 176, 229, 242, 252, 263, 311, 331, 337
Gruppen 18, 21, 114, 116, 173, 286, 318, 344
  -stadt (mittelalterliche) 42, 55, 219, 227
  -zugehörigkeit e. Individuums 172
  soziale G.. *Siehe* soziale Gruppen
Gut/Güter 90, 91, 92, 93, 106, 107
  -angebot/-austausch 80, 92
  -bahnhofsflächen 339
  d. täglichen/kurz-/mittelfristigen Bedarfs 190, 198
  höchster Qualität 392
  Industrie-/Konsum-/Massengüter 390, 395
Gymnasium 46, 133

H

Habitat II(-Konferenz) 142
Hafen 28, 111, 325, 350, 354, 355, 360, 418, 422
  -ausbau/-entwickl./-erneuerung/-modernisierung 337, 338, 353, 354, 361, 415
  -City (Hamburg) 263, 264, 269, 270
  -flächen/-gebiete 123, 215, 268, 339
    brach gefallene H. 264
  -funktionen/-nutzung/-standorte 78, 84, 264, 421
  -ort/-stadt 55, 78, 84, 85, 109, 214, 297, 324, 325, 326, 327, 350, 354, 364, 376
Halle(n) 313, 323, 345
  -bad(einzugsbereiche) 102, 103
Haltepunkt/-stellen(bereiche) 122, 135, 239, 241
Hamburger Dichtemodell 135
Han-Periode 323
Handel(s-) 44, 52, 58, 90, 121, 213, 260, 264, 297, 298, 324, 325, 338, 344, 360, 364. *Siehe auch* Einzelhandel, Großhandel, Zwischenhandel
  -architektur 176, 318
  -artikel(gruppen) 323

-betrieb/-einrichtung/-haus/-unternehmen 58, 191, 196, 198, 208, 209, 269, 297, 349
-beziehungen/-system 108, 214, 380
-flächen/-immobilien 143
-modell d. Siedlungsentwicklung 108
-orte/-siedlungen/-städte/-standorte/-zentren 58, 78, 214, 325, 327, 348, 350, 363, 364, 393, 397, 406
-straße 153, 217, 218, 219
-zählung 98
Handeln 21, 22, 165
aktionsräumliches H. 22
menschliches H./rational handelnde Menschen 22, 92, 94
Händler 322, 323, 336, 372, 397
Handlung(s-) 22, 92, 268
-ansatz (raumordnungspolit.) 85
-felder/-programm/-rahmen 135, 142, 144, 145, 272, 275, 276
-felder/-programme/-rahmen 275
-theoretische(r)(s) Ansatz/Konzept 21, 22
-träger e. Stadt 275
Handwerk(er) 164, 182, 189, 214, 217, 313, 322, 323, 324, 336, 346, 351, 360, 406, 409
Hang(-lage/-rutschungen (Erosionsgefährdung)) 78, 311
Hanse(städte) 55, 78, 79, 104, 223, 229, 230, 264, 413
hanseatisches Bürgertum/Erbe 79, 264
Hara 314
Harappa-Kultur 323
Harijans 328
Hauptgeschäft(sbereich/-bezirk/-straßen/-viertel) 16, 28, 58, 100, 116, 121, 180, 181, 182, 183, 184, 187, 191, 194, 200, 202, 284, 301, 313, 337
Hauptkomponentenanalyse (multivariate) 381
Hauptstadt/-städte 33, 55, 73, 78, 80, 81, 82, 246, 297, 311, 318, 319, 325, 329, 338, 339, 346, 353, 363, 376, 410, 412, 415
-city/-zentrum 249, 271
-effekte/-funktionen 266, 333
-marketing (in Berlin) 412
-planung
in Berlin 243, 271, 280
in Punjab (Indien) 132
in Westeuropa 338
-region(en) 38, 41, 73, 85, 195, 319, 332, 339
Hauptverkehrslinien/-netz/-straßen/-wege 106, 124, 128, 132, 135, 216, 228, 307, 314, 322, 323, 324, 327, 328, 329, 330, 336, 338
Hauptzentrum 58, 178, 184, 254, 389
Haus 128, 154, 162, 240, 288, 301, 328. *Siehe auch* Einfamilienhaus, Hochhaus
-aufstockung/-ausstattung 298, 330, 360
-besetzer/-besitz(er)/-eigentümer 116, 278, 286, 288, 398
-formen 154, 227, 228, 327, 352. *Siehe auch* Gebäudeformen
-gärten 239
-gehilfen/-personal (illegales) 365, 397
-gliederung/-größen 51, 235, 298
-halt(s-)(-strukturen/-typen) 33, 52, 53, 57, 58, 101, 124, 125, 143, 148, 163, 165, 166, 167, 172, 266, 272, 277, 287, 291, 303, 311, 360, 365
-räume 233
-registrierung(ssystem) 345, 346
-müll 311
-nutzung/-typen (historische) 152, 154, 155
-wert 286
Haussmannsche Straßenplanung (Paris) 284, 352
hawker 372
Heer(es-)
-lieferanten 224
-straßen 217
heiliger Berg 322
Heimarbeit(er)/-hütten 393
Heiratssitten 33
Helligkeit (künstliche) 376
Herrscher/Herrschaft(sinteresse/-sicherung/-sitz) 221, 314, 325, 335, 351
Hersteller/-stellung 199, 204
billiger Massengüter 395
hochwertiger Erzeugnisse 395
Herzog(tum) 223
heteropolis 377
High Tech-/High-Tech-/Hightech-/Hochtechnologie 349, 350, 355
-Beschäftigung/-Dienstleistungen 49, 392
-Industrie-/Parks-/Produkte-/Produkt.-zentren 349, 390, 392, 393, 396, 400
-Kapitale-/Korridore 293, 321, 374

Hill Stations 328
Himmel(ssohn (tianzi)) 343
Hindu-(ismus/-stil) 323, 324
-Schriften 322
hinduistisch(e)(r)-
-buddhistische Hochkulturen 351
Epoche/Stadtkonzepte/-planung 322, 323, 324, 328
Hinterhofbehausung 51
Hinterland(gebiet) 95, 111, 112, 348, 394
Hippodamisches Schema/Hippodamos 126, 214, 215, 283
Historic Highlights of Germany 411
historisch(e)(r)(s) 281, 282
-bauliche Alleinstellungsmerkmale 359
-genetische Stadttypen 79
-genetischer Ansatz in d. Stadtforschung 13, 23
-geographische Analysen 212
Baubestand/-formen/-stile/Gebäude 151, 152, 155, 156, 212, 228, 328, 339, 340, 414, 416
Bereich/Innenbereich (Revitalisierung) 149, 156
Erbe in d. Stadtentwicklung 79, 213, 230
Geographie 12
Karten/Pläne 152
Parzellenstruktur 152
Plätze/Straßen 265, 271
Siedlungsformen/-struktur 150, 230
Städte-/Stadttyp(en)/-strukturen 47, 59, 79, 140, 148, 152, 155, 156, 178, 210, 212, 213, 230, 233, 263, 271, 335, 411
Werte/Wurzeln 359
Historismus 236
Hobrecht-Plan 42, 43, 127, 237, 242
Hochhaus 195, 196, 246, 356, 397
-architektur/-bau/-bauten/-bebauung 132, 140, 157, 197, 249, 251, 252, 282, 285, 290, 291, 299, 301, 308, 336, 350, 361, 375
-komplexe/-quartiere/-siedlungen 358, 369, 394
Hochkultur(-räume) 214, 351, 416, 417
Hochschul(e)-/institute (geogr.)/-reife 95, 97, 167, 349
Hofburg (Wien) 416
Hofhäuser/-toiletten 238, 298, 350
Holländer 225
Holzbauweise/-hausgürtel/-viertel 333, 336, 338, 339, 340
Homelands 365, 370
homo oeconomicus-Verhalten 91, 94
Hotel(gebäude-gewerbe/-komplexe/-viertel) 97, 131, 189, 264, 284, 285, 295, 308, 316, 344, 362, 365, 413
Housing Estates 358
Hufeisenform/-siedlung 242
Hugenotten 223
Humangeographie 11, 12, 20
Humankapital (wissensintensives) 340
Humanökologie 113
Hütten 301, 328, 330, 370, 393
-siedlung(en)/-viertel 51, 298, 299, 301, 303, 330
Aus-/Umbauten/Expansion v. H. 48, 394
illegale H./in Entwicklungsländern 301, 330
Konsolidierung v. H. 48
legale/semilegale H. 301
randliche/-städtische H. 38, 48, 51, 125, 303, 311
hygienische Bedingungen 233
Hypercity/hyperurbanization 39, 378
Hypothese(n) 164, 235
konzentrischen Wachstums 114
zirkulärer Verursachung kumul. sozioökon. Prozesse 109

I

Idealschema
d. (islamisch-)orientalischen Stadt 313
d. lateinamerik. (Groß-)Stadt 299, 300, 301, 303, 373
Idealstadt/-vorstellungen v. Stadtkonzeptionen 126, 230, 343, 344
d. 16. u. 17. Jh.s 225
d. älteren Zhou-Dynastie 343
d. Barock 230
d. Renaissance 127, 230
Plan e. chines. Idealstadt/tradition. chines. St. 344
Identifikation (lokale, d. Bürger mit e. Stadt) 21, 24, 275, 417
Identität(sfestigung/-stiftung) (nationale I.) 212, 359, 361
ideologische Orientierungen 354
illegale Landnahme/Siedlungen/Stromversorgung 41, 233, 301, 307, 330, 359, 360, 363, 370
Image 123, 173, 201, 270, 273, 379, 412, 414, 416, 418, 419, 421, 422. *Siehe auch* Stadtidentität/-image
-arbeit/-marketing/-verbesserung 24, 255, 272, 275, 285, 412, 413, 417, 419, 423

-orientierte Stadtentwicklung 27, 243, 272, 274, 280
-rente/-veränderung 123, 279
lokales I./Stadtimage. Siehe Stadtidentität/-image
Immobilien 123, 263, 271, 278, 356, 357
-branche/-dienstleist./-unternehmen/-wirtschaft 12, 22, 28, 176, 319, 356, 362, 383, 396, 402
-kosten/-markt/-preise 180, 277, 291, 293, 357, 360
u. Standortgemeinschaften (ISGs) 272
Import(-substitution) 107, 109, 355, 364
In-Town-Living-Konzept 287
Inanspruchnahme zentraler Funktionen/Orte 97, 100, 177
Indianer/indianisch(e) 296, 298
Hochkultur(reiche)/Siedlungen 296, 297
indisch(e)(r)(s)
Bevölkerung (Inder) 320, 329, 330, 365, 366
Clearance Areas 330
dörfliche Siedlungen 324
Moguln 325
Regierung 327, 329
Stadt/Städte 132, 320, 323, 324, 325, 327, 328, 374
-entstehung/-entwicklung 323, 328, 374
-gliederung (soziale)/-teile 321, 329
-merkmale/-probleme/-strukturen 320, 321, 323, 324, 328
-planung/-umgestaltungen 328
-system 320, 325
altind. theoret. Schriften z. Stadtplanung 323
Großstädte/Hauptstadt/Metropolen/Megastädte 38, 320, 321, 322, 325, 326, 328, 374
Town Improvement Trusts 329
Individualisierung (v. Bewohnern) 163, 165
Individualität (lokale) 340
historischer Stadtkerne/-strukturen 212, 217, 228, 353
Individualverkehr (motorisierter) 45, 94, 137, 143, 144, 145, 180, 194, 284, 311, 312
Individuen 21, 113, 114, 170, 171, 172, 173
Indoor-Skihallen 407
Indus(tal)kultur/-siedlung 214, 323
Industrial Estate/Park 288, 329, 358
Industrialisierung(sgrad/-phasen) 26, 52, 79, 109, 110, 127, 211, 231, 232, 233, 234, 238, 286, 316, 335, 338, 344, 364, 366, 396
d. Bauens 247
Industrie 33, 41, 52, 109, 116, 121, 128, 182, 186, 202, 234, 241, 291, 299, 316, 332, 334, 337, 338, 344, 347, 349, 422
-(Groß-)Städte 35, 41, 59, 78, 79, 233, 235, 237, 240, 242, 267, 286, 364, 365, 376
-achse/-agglomeration 56, 366
-anlage/-ansiedlung/-betrieb/-unternehmen 35, 40, 58, 109, 116, 234, 288, 327, 329, 338, 341, 344, 345, 372
-areal/-fläche/-gebiet/-gelände/-gürtel/-quartier 58, 117, 118, 128, 132, 133, 143, 157, 159, 160, 232, 244, 268, 299, 307, 330, 339, 347, 348, 365, 366, 389
-brache 200, 340, 419
-denkmal 422
-dörfer/-siedlungen 240
-entwicklung 53, 84, 234, 335, 337, 396
-güter/-produktion 307, 311, 378, 390
-kanäle 340
-kultur 422
-länder 29, 34, 35, 36, 38, 44, 57, 59, 112, 113, 142, 358, 377, 378, 391, 398, 401, 403
(hoch entwickelte) westl. I. 41, 49, 194
-metropole/-zentrum 79, 118
-müll 311
-nationen/-staaten 25, 26, 29, 36, 39, 40, 46, 48, 51, 52, 110, 125, 140, 195, 332, 345, 355, 372
-park 288, 307, 396
-region/-revier/-zone 232, 331, 345, 346, 392, 405
-sektor(en)/-struktur/-zweige 58, 109, 117, 239, 287
-standorte 58, 130
-suburbanisierung 44, 48, 307
-verwaltung 185
-zeitalter 217, 231, 233, 242
emittierende I. 231
industriell(e)(r)(s)
Arbeitsplätze 41, 364
Industrielle 240
Kapitalismus 382
Räume 392
Revolution (in Großbritannien) 35, 231, 232, 242
Verstädterung 52
Wachstum 376
Informalität 363

Information(s-) 174, 178
-austausch/-feld/-fluss/-funktion/-kanäle/-strom 80, 173, 186
-technologien/-vernetzung (internationale) 22, 54, 393
Annahme vollständiger I./über wirtschaftl. Erfolg 92
e. Wahrnehmenden 173
informell(e)(r)(s)
Bebauung/Flächenwachstum 48, 357
Beschäftigung/Sektor/Tätigkeiten 330, 370, 371, 372, 383, 389, 390, 392, 393
Siedlung/Viertel/Wohnen 359, 363, 370, 374
Steuerungsinstrument 275
Infrastruktur 44, 45, 48, 57, 108, 129, 147, 252, 260, 330, 334, 355, 358, 369, 370, 372, 383
-ausstattung/-entwickl./-erneuerung/-planung 20, 48, 58, 91, 97, 147, 234, 267, 270, 339, 350, 355, 362, 363, 379
-defizite/-probleme/-überlastung 320, 357, 378
-leistung d. öffentl. Hand 50, 250, 301, 338
-linien/-vernetzung (internationale) 357, 393
infrastrukturelle (Synergie-)Effekte 86
INKAR 76
Inn-Salzach-Städte 77, 228
Innenbereich/-entwicklung v. Städten 142, 146, 254, 339, 343
Innenganghaus 157
Innenhof(-haus/-komplexe) 43, 238, 241, 298, 313, 314, 318
Innenstadt 16, 26, 57, 115, 141, 146, 150, 163, 176, 178, 181, 183, 190, 194, 195, 201, 205, 206, 208, 210, 244, 257, 260, 263, 264, 265, 266, 272, 285, 304, 345, 346, 353, 358, 397, 407, 413
-abgrenzung (Methodik) 16
-aufwertung/-belebung 148, 275, 286
-bereich/-fläche/-gebiet 51, 139, 264, 284, 308, 321, 345, 369
-besucher 104
-entlastung/-entwicklung 195, 233, 256
-gestaltung/-gliederung 16, 271, 417
-lage/-standort 201, 204, 207, 208
-modernisierung/-planung 271, 359
-Nutzungsanalyse 210
-rand-Einkaufszentren 200
-revitalisierung/-stabilisierung/-umstrukturierung 44, 148, 267, 280, 359
-verfall 13
-wohnen 255
Attraktivitätssteigerung d. I. (strukt., symbol.) 148
innerstädtisch(e)(r)(s)
Bereich/Flächen/Gebiet 22, 267, 268, 301, 339
Brachflächen 268
Differenzierung/Gliederung/Nutzung 13, 14, 18, 120, 151, 168, 176, 187, 347
im 19./20. Jh. 242
Entwickl.-potenziale/-ziele 256, 273, 275
Funktionen/Funktionsveränderungen 280
Geschäftsbereich/-zentren 204
Netzwerke 275
Standort(verteilung) 200, 201, 249
Strukturveränderungen/-wandel 242, 280, 346, 355
Verbesserungsziele 273
Verdichtung 38
Wohnbereiche/-quartiere 249
Innovation(en)(s-) 315, 351, 383, 417, 418, 419
-bewegung/-diffusion/-funktionen 80, 112, 379, 380, 381
-city/-zentrum 102, 150, 179, 392
innovative Stadt 147
kulturelle/soziale/wirtschaftl.-techn. I. 278, 315, 379
Insel(n)(-planung) (in d. Stadt) 341, 371
Institut f. Landeskunde 17, 95
Institutionen 240, 370, 381. *Siehe auch* öffentliche Einrichtung/ Institution
gemeinnützige I. 240
Instrumentarien d. dt. Raumordnung/planerische I. 335, 377
Instrumente d. Stadtentwicklungspolitik 270
insulae 216
Inszenierung d. Stadt 274
Integration(sprozess) 279
v. Städten/Metropolen 379, 381, 382
weltweiter polit./wirtschaftl. I. 378, 383
zw. Stadt u. Land 346
Integrierte Stadtentwicklung 146, 272, 275
inter-city relations 384
Interaktion(en)(s-)(-muster/-netz/-ströme/-wege) 25, 27, 80, 81, 186, 401
Interessen(-gemeinschaft)(Bewohner, Einzelhändler) 254, 263, 279
interkultureller Vergleich (v. Stadtstrukturen) 18, 282, 373

international(e)(r)(s)
  Arbeitsteilung 382
  Bauausstellungen (IBA) 132, 270, 274, 280, 422
  Behörden/Dienstleistungen/Institutionen 307, 381
  Beziehungen/Einbindung/-flüsse 281, 349, 355
  Bühne/Ebene 274, 378
  Commerce Centre 349, 375
  Diskurs d. Weltstadt-/Global City-Forschung 381, 404
  Finanzplätze/-zentren 349, 375, 387
  Flugrouten/-verbindungen. *Siehe* Flughafen/-verkehr
  Führungskräfte 361
  Funktionen 72, 349
  Gartenschauen 274
  Geschäftswelt/Handelsunternehmen 349, 396
  Großveranstaltungen 349
  Informations-/Infrastrukturvernetzung 393
  NGOs 379
  Seminar on Urban Form 15
  Städtenetze/-systeme 79, 86, 104, 381, 384, 390, 404, 411
  Verflechtung/Verkehr 28, 379
  Warenangebote 396
Internationalisierung(sprozess) 272, 360, 396
  d. Bevölkerung 279, 390
  d. Einzelhandels/Konsums 210
  d. Kapitals 384
Internet-Netzwerk/-Service 81, 379
Interrelationen zw. Städten 80, 84
intraregionale Dekonzentration/Ebene 44, 50
Invasion(s-) 115, 119, 286, 301
  -phase/-prozess/-Sukzessions-Zyklus 278, 368, 369
  v. Geschäften 114
  v. Leichtindustrie 114
Investition(en)(s-)
      28, 58, 109, 112, 116, 208, 260, 267, 270, 318, 319.
      Siehe auch Auslandsinvestitionen
  -bedarf/-interesse (privates) 238, 256, 270
  -kosten/-ströme/-volumen 108, 111, 319
  -maßnahmen/-offensive/-schub 256, 270, 338, 339, 350, 355
  -standort 371
  Erhaltungs-/Erneuerungsinvestitionen 59, 115
Investment Banking/-Betriebe 196, 290
Investor(en) (inter-/nationale) 144, 202, 208, 264, 265, 271, 293,
      318, 319, 358, 359, 362
islamisch(e)(r)(s)
  -orientalische Stadt 312, 313, 314, 315, 324, 373. *Siehe auch*
      orientalische Stadt
      in Sowjet-Mittelasien 374
      unter westlich-modernem Einfluss 315
  Eroberungen/Herrscher/Staaten 314, 324, 355
  Kulturbereich/-erbe/-kreis 312, 313, 318
  Kunst 313
  Mittelalter 314
  Orient 318
  Stadt(element) 312, 313, 315, 318

J

Jagdrevier (fürstliches) 226
japanisch(e)(r)(s)
  (IT-)Unternehmen 333
  Banken 196
  Bauministerium 338, 339
  demographische Entwickl. 335, 342
  Feudalzeit 335
  Stadt(landschaft)/Städte(system) 331, 333, 334, 335, 336,
      337, 374
  -planung(sgeschichte/-gesetz) 338, 339, 340, 342, 374
  -schrumpfung 342
  -strukturen (traditionelle) 335, 336
  Burgstadt(typ) 335, 336, 337, 374
  Hafen-/Industriestädte 337, 342
  Hauptstadt/Metropolen 332, 340, 341, 342
  New Towns 342
  Wohnungen (gemischter japan.-westl. Stil) 337
Japanzentralen ausländischer Unternehmen 333
Jhuggie(-Cluster) 330
joint-venture-Kooperation 393
jōka-machi 335
Jugend(liche) 58, 172
  -häuser 417
  -KunstTriennale 89
  -stil(architektur/-epoche/-verbreitung) 148, 234, 236, 242
Justizpalast 235

K

Kabarett 412
Kaiser 234, 343
  -palast/-pfalz/-residenz/-stadt 223, 224, 333, 345
  -zeit (römisch, China) 214, 344
Kanadier (modern eingestellte) 101, 102
kanadische Business Improvement Districts/Stadtstr. 263, 373
Kanäle 127, 202, 203, 341, 351, 352
Kanalisation(snetz/-system) 234, 238, 250, 311, 363, 369
Kanalufersiedlung 352
kapholländische Städte 364
Kapital(anlagen/-aufwand/-transfers) 80, 107, 111, 112, 121,
      208, 214, 279, 310, 319, 339, 349, 356, 367, 382, 384,
      395, 396
kapitalistische Staaten/Städte 118, 121, 280
Karawanenstädte 78
Karnevalsumzug 180
Karte(n)(-darstellungen) 152, 161, 173, 187, 191, 215, 304
Kartierung(en) (kognitive) 97, 154, 173
Kasernen 194, 328
Kasino 327
Kastell 216, 217
Kasten(-gliederung/-ordnung/-status/-struktur) 321, 322, 324,
      328, 329
Katalogmethode 97
Katastrophengefährdung/-schutz 214, 338, 339, 340, 355,
      360, 361
Kathedrale 178, 297
katholisch geprägte Räume 226
Käufer(-schichten/-zustrom) 255, 288, 371
Kaufhalle/-haus 180, 187, 190, 194, 198, 199, 201, 202, 206,
      208, 344
Kaufkraft 58, 94, 194, 260, 371
  -abflüsse/-verluste (v. Cities/Innenstädten) 107, 201, 265
  -bindung/-potenzial/-verteilung 58, 199, 275
Kaufleute 43, 217, 218, 219, 344
  königliche K. 217
Kaufmannsgilden/-siedlung 42, 217, 218, 219
Keimzellen (frühmittelalterliche) 42, 213, 217, 218
Keller(geschosswohnung) 154, 233
Kern(e) 56, 118, 120, 316, 336
  -gebiet 38, 61, 157, 159, 330, 381
  -Rand-Verlagerungen/-Wanderung 291, 301
  -stadt/-städte 43, 44, 45, 46, 47, 56, 57, 58, 59, 61, 74,
      84, 85, 135, 140, 143, 205, 256, 265, 286, 287,
      288, 290, 291, 293, 337, 339, 346, 400, 401
  -modell v. R. Schneider-Sliwa 284
Kettenbetriebe 349
Kettenhaus 157
Khane 313
Khlongs (Kanäle) 352, 359, 360
Khmer(stil) 351
Kinder 58, 167, 172, 288, 291, 323
  -arbeit 392, 393
  -garten(wege) 132, 172
  -kriminalität 50
  -tageseinrichtung 97
Kino(-Center)/Multiplexkinos 199, 202, 205, 210, 423
Kirch-(e)(n) 127, 155, 159, 182, 189, 234, 235, 291, 325, 327
  -burg/-orte 217, 364
  -nutzung (veränderte) 212
  -spiel 219
kirchliche Fürsten/Macht 225, 296, 297
Kläreinrichtungen 311
Klassen(gegensätze) 321
Klassizismus 154, 225, 228
  klassizist. Fassadenstruktur/Gebäude 235, 246
Klein(st)betriebe/-gewerbe 208, 316, 346, 364, 372, 393
Kleinhaussiedlung/-siedlungsgebiet 157, 241, 359
Kleinstadt/-zentrum 28, 29, 49, 50, 70, 71, 84, 97, 98, 213,
      220, 221, 228, 230, 244, 250, 254, 260, 268, 277, 295,
      297, 298, 305, 310, 325, 363
Klimaschutz/-wandel 147, 150
Kloster(anlagen/-burgen/-städte) 42, 78, 217, 297, 325, 362
Klubhäuser 331
Kneipen(straße) 278
Knotenpunkte (v. Handels-/Verkehrssystemen) 173, 380, 384, 389
Kohle(n)(-öfen/-monoxid/-wasserstoffe) 311, 372
Kollektivaktionen (spontane) 301
Kolonial-
  -architektur/-bauten (repräsentative) 362
  -epoche/-phase/-status/-zeit 281, 297, 299, 303, 324, 344,
      353, 376
  -gebiete/-gründungen/-raum/-reich 220, 229, 296, 297, 325

-geschichtl. Authentizität/Identität 353
-gesellschaft 325
-herren/-herrschaft/-macht 108, 296, 315, 327, 355, 367
-städte/-zeitliches Stadtzentrum 298, 353, 364, 376
Kolonie(n)(-häuser) 239, 240
Kolonisation(s-) 221
-gebiet/-städte 108, 213, 214, 219, 223
deutsche Ostkolonisation 223
Große Griechische K. 214
Kommandozentralen 392, 393
Kommunal-/kommunal(e)
-grenzen 237
-marketing 280
-planung/-politik(er) 12, 16, 17, 85, 144, 204, 340
-statistik 161
-verwaltung 88, 142
-wissenschaften 12, 24
Entscheidungsträger 256
Gebäude 226
Gebietsreform/Zersplitterung 96, 283
Handlungsfelder/Instrumente/Maßnahmen 144, 255, 272, 279
Kooperationen 86
Kommune 26, 47, 141, 160, 285
Kommunikation(s-) 20, 147, 171, 172, 186, 199, 272, 274, 381, 417
-bereiche/-beziehungen/-feld/-netz 169, 170, 171, 194, 352
-leistungen 186
-ströme/-zentrum 28, 81, 316
-strukturen/-techniken/-technologie 22, 54, 90, 186, 194, 403
kommunistische Untergrundarbeit 354
kompakte (u. durchmischte) Stadt 47, 144, 148, 267, 348
Konferenz(zentrum) d. Vereinten Nationen f. Umwelt u. Entwicklung 142
Konfession 318
Konflikte (ökonomische, soziale) 58, 113, 114, 140, 280, 363, 374
konfuzianische Gesellschaftsideologien/Tempel 343, 344
Kongress(zentren)/-marketing 272, 285, 295, 379, 389, 407, 412
König(shöfe, karolingische)/-palast/-reich 217, 362
Konkurrenz 93, 113, 114, 115, 121, 255, 393
-faktoren/-situation 143, 192, 206, 208
Annahme vollkommener Konkurrenz 92
natürliche/ökonomische K. 113, 119, 349
zw. Gemeinden/Regionen 256, 350
konstruktivistische Perspektive 408
Konsum(enten) 92, 94, 101, 177, 180, 198, 199, 201, 270, 407, 418
-bedürfnisse/-stile/-verhalten 19, 91, 92, 94, 103, 104, 210
-befragungen (am Wohnort) 100
-gruppen 187
-güter (hochwertige) 395
-häufig-/-wertigkeit 187, 194
Mehrfachausrichtung d. K. 94, 101, 103
Kontakt(e) 172
-dichten/-feld/-radius/-raum 170, 171, 172, 173, 174
e. Individuums/face-to-face-K. 172, 194
Kontroll(e)-
-funktionen 379, 380, 381
globale K./v. Global Cities, Metropolen 380, 382, 384, 389
ökonomische K. 84, 186
-instrumente/-kompetenz/-maßnahmen/-macht 338, 355, 383, 403
-zentrum/-zentren 28, 380
Stadt als Ort d. K. 343
Konversationshaus 230
Konversionsflächen 268
Konzentration(s-)(-prozess) 119, 143
-maßnahmen i. tertiären Sektor 249
-punkt f. Aufmärsche, Volksfeste etc. 246
konzentrisch-ringzonale(s) Anordnung/Schema 288, 296, 314
Konzern(hauptverwaltung) 285, 390
Konzert(-häuser/-hallen/-veranstaltungen) 230, 295, 407, 412, 418
Konzessionsgebiete 344
Kooperation(s-)
-formen/-raum (interkommunal, stadtregional) 72, 74, 76, 77, 79, 88, 89, 90
-system d. Einzelhandels 198
zw. Akteuren/Partnergruppen 272, 274, 275
Kopplung(seffekte/-potenziale) 109
v. Arbeiten, Einkaufen u. Freizeit 94, 205, 371
Korruption 370
kosmopolitische Städte 328
Kosmos/kosmisch(e)(s) 343
Ordnung/Prinzip/Vorstellungen 343, 351
Stadt als Abbild d. (geordneten) K. 343
Kosten(distanz) 80, 120

Krankenanstalt/-haus/-station 84, 97, 194, 316, 328, 345, 354
Kreativität (künstl., soziale, technolische, wissenschaftliche) 417, 418, 419, 420, 422, 423
Kreativökonomie/-wirtschaft 405, 412, 419, 420, 421, 422, 423
Kreativquartier 421
Kredit 266, 267, 319
-anstalt für Wiederaufbau 267
-institute/-wesen 98, 108, 196, 210, 235, 290, 313, 360
Kreis(e) 26, 27, 56, 380
-angehörige Stadt 27, 80
-freie (Groß-)Stadt 26, 27, 69, 380
-Hauptstädte 344
-regionen/-typen 64, 69
ländlicher K.. Siehe ländlicher Kreis
städtische K. 64, 69
Krieg(s-) 33, 223, 226, 354
-techniken/-wesen/-zerstörungen 44, 223, 224, 228, 244, 245, 246, 247, 269, 280, 312, 338
Burenkrieg 364
deutsch-/englisch-französische Kriege 234, 325
Dreißigjähriger K. 226
Siebenjähriger K. 229
Weltkrieg. Siehe Weltkrieg
Krieger 322, 336
Kriminalität(s-) 20, 24, 51, 115, 164, 286, 330, 370, 371, 372, 373, 396
-forschung/-geographie (kritische) 20
Kriminalprävention (städtebauliche) 20
Kryptonationalismen 393
Kshatria 322
Kultur/kultur- 18, 56, 89, 128, 179, 236, 264, 272, 339, 379, 381, 390, 397, 405, 407, 411, 416, 417, 418, 419, 420, 422
-(haupt)städte (Europas) 270, 405, 411, 418, 421, 422, 423
-alisierung d. Stadtentwicklung(spolitik) 27, 418, 422
-angebote 409, 412, 417, 420
-areal/-viertel 416
-begriff 416, 418
-bereich/-kreis (islamischer) 312, 313, 318
-betrieb (städtischer) 416
-bewusstsein 416
-denkmale/-erbe (urbanes)/-gut 146, 318, 353, 359, 362, 406
-einrichtungen (öffentliche, private) 57, 95, 189, 246, 269, 379, 407, 418, 422
-element (allochthones) 364
-erbe (urbanes) 353
-erdteil/-ansatz/-konzept) 18, 120, 281, 282, 364, 373, 391
-erlebnis/-events/-veranstaltungen 274, 407, 409, 413, 414, 418, 422
-form (städtische) 28
-gemeinschaft (grenzübergreifende) 79
-genetische Betrachtung/Merkmale/Stadtgeographie 14, 79, 281, 282
-geographie (Neue) 213, 236, 282, 409
-historische Phänomene/Werte 152, 339
-hochhäuser 246
-kneipen 417
-landschaft 412
-leben/-motive 409, 417
-leistung 314, 318
-orientierter Städtetourismus 406, 409, 411
-raum/-räume 18, 25, 56, 78, 79, 120, 156, 211, 281, 282, 297, 318
-spezifische Stadttypen 79
-reise 406
-sektor/-system/-wirtschaft 390, 419, 420, 421, 422, 423
-straßen 346
-system 351
-szenen(viertel) 412, 417
-tourismus(markt) 405, 409, 410, 411, 414, 417, 422
-zentren 28, 89, 118, 227, 349, 417, 418
als Erneuerungsstrategie 417
als Standortfaktor 417
Kulturen in d. Stadt 416
Kulturenraum 350
Ökonomisierung d. K. 417
populäre K. 407, 418
u. Stadt(teil)entwicklung(spolitik) 400, 416, 417, 418
kulturell(e)(r)(s)
-heterogene Bevölkerung 397
-wissenschaftliche Funktionen 29
Bauvorhaben 416
Bedarfsdeckung (d. Bewohner) 28
Bedeutung v. Metropolen/Städten 381, 410
Dienstleistungen/Güter 416, 420

Differenz/Ungleichheit/Unterschiede 101, 397, 398
Ebene/Entwicklung 72, 113
Erbe/Reichtümer 153, 415, 423
Funktion 78, 226, 227
Globalisierung 319, 403
Infrastruktur 406, 417
Innovationen/Konzepte/Potenz/Projekte 227, 379, 418, 423
Konsum 418
Orientierung/Tradition 114, 416
Szenen/Vielfalt 276, 328, 407, 416, 420
Umbau/Zusammenarbeit 422
kumulativer (sozioökon.) (Wachstums-)Prozess 109, 111
Kunden 186, 190, 191, 323
  -befragungen 100
  -dienst/kundenorientierte Dienstl. 190, 192
  -frequenz/-potenzial/-verteilung 58, 194, 198
  -magnet 204
Kunst(-angebote/-festival/-markt) 409, 411, 412, 414, 416,
  418, 419, 420, 422, 423
  -galerien/-museen/-viertel 412, 416
  -metropole/-stadt 411, 412, 416
Künstler/künstlerisch(e)(r)(s) 351, 412, 414, 419, 420, 422
  Austausch/Schaffen/Tradition 226, 227, 236, 351
  Bedeutung v. Straßen/Plätzen 265
Kur(einrichtungen/-häuser/-orte/-parks/-städte) 230
Küsten 325, 362
  -gebiet/-lage/-raum/-region/-zone 78, 223, 268, 331, 332,
  337
  -gewässerbelastung 372
  -promenade 361
  -städte 78, 228, 244, 325, 346, 347, 363

L

Laden/Läden 133, 198, 199, 263, 278, 329, 371
  -abwanderungen/-schließungen 372
  -lage/-raum/-straßen/-zone 132, 255, 313, 329
Lage
  -beziehungen (räumliche) 80
  -faktor/-funktion/-gunst/-situation 216, 228, 269, 297, 355
  -rente 121, 123, 235
  -typen v. Siedlungen/Städten 13, 78
  Brückenlage/-kopf 42, 78, 227
  Buchtenlage 78, 337, 341
  dezentrale L. 185, 186, 194
  Flussinsel-/-tallage 78
  Fördenlage 78
  geogr./topogr. L. 78
  Grenzlage (territoriale) 78, 221
  Hafflage 78
  Halbinsellage 78
  Hanglage 78
  Hochflächen-/-höhenlage 78, 221, 328
  in Hauptgeschäftsstraße (1a-Lage) 180
  innenstadtnahe/innerstädt. L. 264, 359
  Insellage 78
  Kessellage 78
  Konkurrenzlage 84
  Küsten-/Meerlage 78
  Mulden-/Niederungslage 78
  Oberflächenlage 78
  periphere L. 49, 194, 269
  randstädtische L. 199
  Schutzlage 221
  Seenlage 78
  städtebaulich nicht integrierte L. 143, 206, 208, 265
  Streulage 208, 265
  Talstraßenlage 78
  Terrassenlage 78
  Urstromtallage 78
  v. Betrieben 191
  verkehrsgünstige L. 78, 90, 186, 199, 219, 221, 308
Lager 155, 216, 347
  -flächen/-häuser/-komplexe 182, 288, 341, 423
  -städte 216
laissez-faire 319
Land(es-) 33, 55, 59, 80, 320, 322
  -arbeiterhaus 240
  -aufschüttung/-erschließung 282, 363
  -behörden 84
  -besetzung/-nahme (illegale, semi-legale) 48, 301, 360
  -bevölkerung/-flucht 35, 310, 332, 370
  -definition 27
  -entwicklung(splanung/-politik/-programme) 17, 33, 59, 60,
  72, 96, 103, 106, 250, 256, 377

  -flächen (Verfügbarkeit) 293
  -förderung/-mittel 148, 257
  -fürst(entum), fürstl. Gründung/Residenz/Städtebau 94, 127,
  223, 226, 237
  -gemeinde 29, 70, 71, 250
  -grenzen 96, 135
  -hauptstadt 84
  -haus(kolonien/-stil) 43, 54, 239, 242
  -herr/-herrl. Stadtgründung/-politik 26, 220, 221, 223, 230
  -initiative StadtBauKultur NRW 212
  -kreise 64
  -kunde (deutsche) 12, 95, 96
  -metropole 80
  -nutzung(stheorie) (städtische) 116, 121, 334
  -planung(sgesetze) 55, 59, 62, 86, 88, 89, 91, 96, 97, 103,
  104, 135, 200, 250, 256
  -regierung 86
  -vermessungssystem (quadratisches) 283
  -verteilung (systematische) 214
  -zentralbank 196
Länder 260. *Siehe auch* Bundesländer, Staat
  d. Dritten Welt 41
  Entwicklungsländer. *Siehe* Entwicklungsländer
  Industrieländer. *Siehe* Industrieländer
  unterentwickelte/weniger entwickelte L. 312, 379, 395, 403
ländlich(e)(r)(s)
  -periphere(s)(r) Gebiet/Raum 50
  -suburbaner Raum 50
  Bevölkerung/Sozialorganisationen 31, 35, 52, 320
  Funktionen/Struktur 46, 73, 358
  Gebiet/Raum/Region 46, 47, 49, 50, 64, 69, 70, 72, 85, 94,
  143, 239, 276, 310, 320, 345, 346, 363
  Gemeinde/Siedlung(sweise) 25, 27, 39, 47, 49, 52, 251, 346
  Industrie 347
  Kreis 64, 69, 70
  Milieu 46
  Reformen 346
  Urbanisierung 346
  Verhaltensformen/Wirtschafts-/Wohnweisen 52
Landmarken 20, 173, 202, 415
Landschaft(s-)(typen) 351
  -ökologie/-ökologisch(e) 176
  Struktur v. Stadtgebieten 150
  -park 422
  -planung 141
  landschaftlich bevorzugte Gebiete 316
  verlandschaftete Stadt 47
Landwirtschaft(sflächen) 35, 46, 251, 347, 348
  urbanisierte L. 52
laotische Architektur 362
lateinamerikanisch(e)
  Großstadt 20, 51, 176, 299, 301, 311
  funktionale/sozialräuml. Gliederung d. l. G. 299
  Hüttensiedlungen/-viertel 301
  Megastädte/Metropolen 126, 303, 304, 311, 401
  Stadt/Städte 117, 125, 296, 297, 299, 304, 306, 311, 373
  Kolonialstädte 117, 126, 296, 297, 373
Lauben(-gang(haus)) 157, 228, 229
Least Developed Countries 34
Leben(s-)
  -bedingungen/-bereiche 22, 62, 144, 172, 256, 360
  -erwartung 35, 166, 167, 276
  -formen(gruppen) (städtische) 18, 27, 28, 31, 50, 165, 172,
  176, 276, 379, 416
  -führung/-funktionen 19, 172
  -gemeinschaft (grenzübergreifende) 79, 345
  -mittel(branchen/-geschäfte/-sortimente) 90, 187, 189, 190,
  191, 206
  -möglichkeiten/-qualität 33, 140, 142, 145, 149, 339, 357,
  405, 413, 419
  -raum(gestaltung) 27, 274, 311, 320, 393
  -standard 44, 251, 355
  -stil(-forschung, -gruppen, -präferenzen) 19, 20, 24, 52, 53,
  103, 104, 143, 158, 159, 276, 277, 286, 291, 295, 319,
  329, 347, 397, 401, 403, 404, 417, 420
  -unterhalt/-verhältnisse (gleichwertige) 33, 167
  -vorstellungen/-weise/-welt 50, 140, 141, 143, 321, 322, 330
  -zyklus(phasen) 18, 125, 277, 288, 289, 293
  am/auf d. Wasser 352
Leerstände (v. Büroflächen, Gebäuden, Wohnungen) 265, 356, 357
Lehmhütten(siedlung) 328, 329
Leichtindustrie 115
LEIPZIG CHARTA z. nachhaltigen europ. Stadt 146, 147, 150
Leistung(en)(sverwaltung)(e. Stadt) 72, 84, 86, 96, 242, 274
Leisure Valley 132

Leitbild(er) 48, 53, 137, 138, 139, 146, 275
  allgemeines L. d. Raumordnung 88, 145
  autogerechte Stadt 133, 138, 245
  behutsamer Stadtumbau 140
  d. frühen Wiederaufbaus 137, 138
  d. Hauptstadtplanung (USA/Westeuropa) 338
  d. romantischen Re-Agrarisierung d. Gesellschaft 127
  d. Städtebaus 126, 143, 150, 245, 251, 280
    in (West-)Europa 150
    in Deutschland 136, 149, 150
  d. Stadtentwicklung 139, 150
    im westl. Deutschland 136
  d. Stadterhaltung 137
  d. Stadtplanung/Stadtumbaus 136, 147, 148
  d. Stadtpolitik 280
  d. Stadtstruktur 126, 127
  dezentrale Konzentration 86, 135, 150, 342
  erhaltende Stadterneuerung 140
  f. d. Gestaltung urbaner Räume im 21. J. 145
  f. Innenstadtgestaltung 271
  f. räumliche Entwicklung d. BRD 76
  f. Regionalplanung 135
  Funktionalismus im Städtebau 137
  funktionelle Stadt 53
  gegliederte u. aufgelockerte Stadt 137, 245, 251
  historische Stadtentwicklung 230
  kompakte (u. durchmischte) Stadt 144, 148, 267, 342
  nachhaltige Stadt(entwicklung) 53, 141, 146, 148, 150, 267
  Nutzungsmischung (im Städtebau) 53, 150
  ökologische(r) Städtebau/Stadtentwicklung 141, 150
  organischer Städtebau 133
  Rezentrierung 149
  sozialistische L. 256
  Stadt d. kurzen Wege 144
  städtisches L. 273
  Urbanität (durch Dichte) 132, 139
  Verflechtung d. Nutzungsarten 251
  vertikale Stadt 132
  wachsende Stadt 150
Leitfunktion (e. Innenstadt) 146, 183, 249
Leitsätze/-vorstellungen/-ziele 172, 213. *Siehe auch* Leitbild(er)
Less Developed Regions 34
Leuchtreklame 376
Leuchtturmprojekt 264, 269, 418, 422
Liberalisierung (wirtschaftliche) 346, 372, 394
Lifestylefaktor 421
Loft 421
Logistik 307
Löhne/Lohnkosten/-niveau/politik 348, 355
Lokal(e)/lokal(e) 172
  -bezeichnungen 173
  Agenda 21 142, 144
  Identifikation/Identität/Ortsbezogenheit 27, 360
  Kräfte/Verantwortung 282, 360
  Wirtschaft 272
Lokalisierung d. Globalen 398
Loop 114, 115
Love-Parade 413
Low Cost Carrier 408, 412
Low-level-Sektor (investitionsschwacher) 400
Luft
  -bilder/-bildmessung 154, 230
  -schadstoffe/-verschmutzung/-schutz(zonen)
    38, 59, 145, 304, 311, 321, 338, 355, 372
  -verkehr(snetz, globales) 100, 184, 349, 379, 388
luso-indischer Siedlungsstil 324
Lustpark 229
Luxus
  -(spezial)geschäft/-artikel 90, 131, 190
  -modernisierung/-sanierung 141, 279, 295
  -restaurants 396
  -wohnanlagen/-wohnungen 131, 264, 285, 295, 307, 330
Lynchsche Methode 173

M

Machizukuri 339
Macht (militärische, politische, weltliche) 219, 225, 237, 296, 297
  -bereiche (portugiesische, spanische) 296, 297
  -beziehungen/-kompetenz/-strukturen 80, 285, 293, 393
  -zentrum (kirchl., militär., polit.) 28, 226, 297
Magic Cities 411
Magistrale 246, 248
Magnetbetrieb/-einrichtung/-funktion/-mieter 198, 199, 201, 202
mainfränkisch(e) Städte 228

Maisonette-Wohnungen 132
Makler 278
Makroebene 22
Malaria(verbreitung) 325, 330
Mall 199, 201, 202, 203, 306, 327, 329. *Siehe auch* Shopping
  Galerías/Mall
Management(-distrikt/-funktionen/-instrument) 263, 272, 290, 316, 367
manzanas 297
Marginalisierung/Marginalität (Bevölk., soziale) 50, 51, 54, 306, 357, 373
Marginalsiedlung/-viertel 38, 50, 51, 54, 303, 310, 311, 330, 356, 359, 360. *Siehe auch* Hüttensiedlungen
  informelle M. 308, 311
  periphere/randstädtische M. 48, 125, 303, 308, 310
Marina(s)(-Yachthafen) 202, 203, 291, 361
Markenlandschaften (räuml.) 274
Marketingleistungen/-strategien 263, 423
Markgraf 225
Markt 26, 42, 94, 111, 180, 191, 217, 218, 219, 220, 221, 298, 343, 344, 379, 382, 398
  -analysen 12
  -distanz/-gebiet 91, 93, 95, 106, 123, 390
  -interessen/-kräfte/-mechanismus 112, 355
  -modell/-netze 94, 106
    System/Theorie d. M. (n. A. Lösch/W. Isard) 105, 106
  -orientierung deutscher Städte 272, 275
  -plätze/-räume 217, 219, 220, 228, 229, 297, 325, 383
  -preise 370
  -siedlung 42, 217
  -system (weltweites) 384
  -wesen/-wirtschaft 109, 118, 205, 217, 221, 265, 272, 273, 348, 353, 357, 360
  entgrenzter, unkontrollierbarer M. 394, 395
Massen
  -fertigung/-güter/-produkte 125, 392, 394, 395
  -mietshaus/-wohnungsbau 238
  -motorisierung/-verkehrsmittel 334, 360
  -organisation (sozialistische) 246, 249
  -tourismus 337, 406
  -umsiedlungen/-unterkünfte 330, 393
Massivbauweise/-fassaden 154
Maßstab(sebenen) (nationale, räumliche) 23, 29, 177, 304
Masterplan 264, 350
Materialkreise 228
Mauer(n)/-bau/-streifen 214, 271, 306, 314, 343, 344, 370
Mauryas 323
Mausoleen 324
MediaPark Köln 270
Medien(bereich/-nutzung) 19, 272, 349, 378, 379, 390, 414, 423
  -berichterstattung/-präsenz 20, 264, 279, 403
  -Hafen Düsseldorf 243, 269
  -städte (internationale/nationale) 384, 390
  -unternehmen/-wirtschaft 278, 384, 389, 390, 396
Medina 314, 315, 374
medizinische Forschungseinr./Technologie/Versorg. 33, 310, 390
Medizintouristen 362
Meer(esbucht/-lage) 78, 311
  d. Armen/d. Elends 393, 401
Mega(lo)polis(ierung) 29, 36, 38, 54, 214, 283, 304, 375, 378, 403
  nordostamerikan. Megalopolis 185
  Ring-Megalopolis Tôkyô 340
mega-urbane regions/Regionen 348, 357, 358
Megacities-City 29, 331, 403. *Siehe auch* Megastadt/-städte
Megaplexkino. Siehe Kino(-Center)
Megaprojekt 285, 295
Megastadt/-städte 11, 13, 16, 29, 36, 37, 38, 39, 41, 48, 49, 52, 54, 310, 320, 321, 330, 332, 348, 349, 374, 378, 379, 394, 395, 403, 404
  -region 350
  d. Dritten Welt/in Entwicklungsländern 36, 330, 363, 373, 404
  in Industrieländern 36
Mehrfamilienhaus(-Bebauung/-Form) 115, 157, 162, 237, 239, 240, 242, 266
Mehrkern(e)(-Modell/-Theorie v. Harris/Ullman) 118, 119, 120, 124, 288, 289, 291, 299
Mehrzweckhalle 202
Meiji-Restauration 336, 338, 342
Memorandum "Städtische Energien - Zukunftsaufgaben 147
Mennoniten 101, 102
Mental Map(-Forschung) 173, 174, 175, 176
Merchandising 199
Mesoebene 22
mesopotamische Siedlungen (urbane) 214

Messe(gelände/-turm/-zentren) 89, 268, 348, 379, 389, 407, 411, 412
Metacity 378
Methoden(-verbund) 11
  d. Befragung/empirischen Erfassung/Zählung 96, 104
  d. Typisierung 164
  geostatist./quantitativ-analyt. M. 20, 164, 176
Metrex-Netzwerk 72
Metropol(itan)gebiet/-raum/-region(en) 29, 30, 48, 55, 56, 59, 72, 74, 75, 76, 85, 90, 135, 264, 275, 283, 284, 287, 295, 304, 305, 306, 307, 312, 320, 329, 332, 333, 337, 338, 339, 340, 350, 373
  Berlin u. Brandenburger Umland 76
  deutsche M. 269, 377
  europäische M. 56, 72, 74, 75, 76, 377, 404
  in d. Raumordnungspolitik 76
  räumliche Abgrenzungen von M. 74, 75
  Rhein-Main 76, 196
  Rhein-Ruhr 381
metropolarities 397
Metropole(n) 12, 13, 16, 29, 30, 36, 38, 39, 40, 41, 48, 51, 52, 54, 55, 59, 74, 85, 98, 100, 110, 194, 272, 273, 276, 279, 304, 310, 311, 312, 318, 319, 320, 321, 325, 340, 349, 359, 372, 376, 377, 378, 392, 395, 396, 403, 404, 411, 415, 421
  -Debatten/-Diskurs/-Forschung 375, 376, 377, 378, 396, 404
  -entwicklung (Folgen)/-wachstum 310
  -funktionen/-system 377, 379, 380, 403
  -kultur 376, 381
  als Global Cities/im Globalisierungsprozess 74, 375, 376, 403
  Begriff/Definition/Merkmale v. M. 29, 376, 377, 379, 380
  d. "Südens" 308
  Eurometropolen/europäische M. 76, 373
  Großmetropole 36, 322, 328, 404
  in d. Antike 376
  in d. Raumordnungspolitik 76
  in Entwicklungsländern/d. Dritten Welt 363, 391, 398, 404
  in Industrieländern 79, 391, 398, 403
  Integration v. M. in d. globale Städtesystem 379
  Mythos M. 376
  Ruhr 13, 55, 422, 423
Metropolfunktionen/-index(messung) 24, 74, 380
Metropolis 29, 376, 397
  Westphaliae 376
Metropolisierung(s-) 29, 36, 38, 54, 76, 296, 304, 375, 378, 403
  als Entwicklungsproblem 310
  in Europa 373
  in Lateinamerika 373
Metropolitan Area/Region/Statistical Area 29, 43, 360
  in d. USA 283, 296
  Modell d. M. A. Johannesburg 366
metropolitan(e)(s)
  Agglomeration/Ballung/Gebiet/Region 29, 30, 38, 319, 370, 389
  Bevölkerung 36, 378
  Funktionen 381
  Leitprojekt 421
  Peripherien 54, 76, 400, 401, 404
  Wachstum 41
  Zentren 333, 340
Metropolität(sindizes/-messung) 380, 381
Metropolkerne/-standorte 74, 76
MICE 409
Miet-(e)(r-)(s-) 48, 51, 58, 71, 116, 117, 164, 180, 239, 266, 291, 303, 304, 372
  -einkommen/-einnahmen 286
  -fläche 202
  -fluktuation/-gruppen (Verdrängung v. M.) 140, 141
  -haus(bebauung/-viertel) 43, 157, 235, 241, 242, 245, 247, 316, 337
  -kasernen(bebauung/-viertel) 42, 43, 233, 235, 237, 238, 240, 241, 242, 376
  -mix/-parteien/-struktur 198, 199, 238
  -preise/-verträge 69, 70, 239, 277, 278, 348, 357
  -villen 239
  -wohnung(sbau) 235, 247, 251, 252, 278, 286, 288, 339
Migranten/Migration(s-) 50, 51, 57, 165, 176, 279, 319, 346, 363, 370, 396
  -druck/-hintergrund/-richtungen/-ziele 279, 310, 345, 390
  innerstädtische M. 303
  internationale/nationale M. 266, 382, 390, 397
Mikroebene 21, 22, 23, 304
Milieu (innovatives, kreatives, moralisches) 392, 416, 419
Militär(einrichtung/-gründung/-lager/-siedlung) 215, 216, 224,

327, 329, 330, 338, 353
Millenium-Projekte 415
Millionenstädte 29, 36, 183, 311, 320, 328, 331, 332
  in Deutschland 84
  in Entwicklungsländern 36
  in Industrieländern 36
Minderheit(en)(-viertel) 58, 115, 119, 285, 286, 371
Minderstadt 213, 221, 223
Minenfeld 366
Minister f. Stadt- u. Raumentw. 146
Ministerkonferenz f. Raumordnung 62, 72, 88, 97, 98, 103, 377
Minitaxi-Gewerbe 372
minoische Kultur/Paläste 214
Mischling(sbevölkerung) 365, 366
Mischung/-gebiet (baulich, funktional, sozial) 143, 157, 162, 319
Mission/Missionierung 296, 327
Mitte(lpunkt) d. Stadt 200, 219, 316
Mittelalter 40, 153, 154, 155, 213, 217, 218, 221, 223, 227, 229, 318
  -archäologie 54, 230
  christliches/europäisches M. 230, 314, 318, 376
  islamisches M. 314
  Territorien/Terrritorialisierung im M. 221, 230
mittelalterlich(e)(s)
  Befestigung 229, 230
  Bürgerstadt 217
  Erscheinungsbild/Gestaltelemente 156, 216
  frühmittelalterliche Keimzellen 213
  Leben 230
  Stadt(entwicklung/-gründungen/-typen) 26, 42, 213, 217, 218, 219, 220, 221, 223, 224, 227, 230
    in Westfalen 223
  Straßenführung 212, 238
mitteldeutsche Städtegruppen 228
mitteleuropäisch(e)(r)(s) Raum/Städte(system) 40, 211, 217, 221, 230, 237, 242
mittelmeerische Welt 376
Mittelschicht(-haushalte)/-stand 51, 57, 58, 116, 117, 286, 287, 293, 301, 303, 305, 308, 316, 366, 402
  -viertel/-wohngebiet 114, 115, 308, 358
Mittelstadt(zentrum) 28, 29, 49, 50, 68, 69, 70, 71, 84, 88, 96, 97, 98, 194, 199, 205, 244, 250, 254, 255, 260, 268, 277, 297, 298, 310, 311, 312, 363
mittelzentrale Einrichtung/Funktion/Stufe 70, 97
mixed-use developments (MXD) 401
Möbel-/(kauf)haus-/fachmarkt 100, 187, 190, 194, 204, 236
Mobilität(s-)(verhalten) 18, 103, 147, 165, 172, 284, 291, 293, 376, 409
  -steuerung (stadt-/umweltverträgliche M.) 145, 146, 147
modal split 45
Mode(strömungen)-boutiqen 102, 278
Modell(e) 118
  -projekt/-vorhaben (d. Raumordnung) 88, 260
  -regionen 88
  -städte 40, 144, 145
  -vorstellungen 281
    d. Städtebaus 128
    f. (größere) Städte/Stadtregionen 18, 120, 126, 133
    f. Kulturerdteile 120
    klassische M. d. Chicagoer Schule 287
  d. anglo-indischen Stadt 374
  d. Apartheid-Stadt Johannesburg 366
  d. Bevölkerungs-/Beschäftigungsentwicklung in Agglomerationsräumen 57
  d. Beziehungen zw. Bodenrente u. Nutzungsstrukt. 123
  d. britischen Kolonialstadt 374
  d. chinesischen (Groß-)Stadt 347
  d. Entwickl.stufen innerstädtischer Wanderungen 125, 126
  d. Europäische e. orientalischen Stadt 315
  d. funktional-räumlichen Arbeitsteilung 384
  d. Gartenstadt 43, 128, 129, 133, 137, 150
  d. gegliederten u. aufgelockerten Stadt 138
  d. Idealstadt d. älteren Zhou-Dynastie 342
  d. islamisch-orientalischen Stadt 312, 313, 315, 316, 317, 373
  d. konzentrischen Kreise v. E. W. Burgess 298
  d. lateinamerikan. Stadt/Metropolen 299, 304, 305, 310
  d. Metropolitan Area v. Johannesburg 366
  d. Metropolitangebiete im NO d. USA 287
  d. nationalen Desintegration 391
  d. perforierten Stadt 149
  d. Polarization-Reversal-Hypothese 111
  d. Siedlungsdispersion u. Entmischung 142
  d. sozialistischen Stadt 373
  d. Sozialökologie/-raumanalyse 150, 165
  d. sozialräuml. Differenzg. lateinam. Metropolen 309

d. spanisch-amerik. Stadtentwicklung 299, 300, 303
d. Spät-/Postapartheid-Phasen in Südafrika 374
d. Stadt d. Zukunft 128
d. Stadt- u. Verkehrsentwicklung 123
d. Städtebaus zur Siedlungsstruktur 150
d. Stadtentwicklung in d. USA 287
d. Stadtentwicklung u. Verkehrstechnologie 124
d. Stadtentwicklung u. Wanderungsmobilität 125
d. Stadtentwicklung/-struktur 20, 105, 113, 118, 119, 120, 127,
   131, 299, 303
d. Stadtregion 59, 61, 76
d. Suburbanisierung 44
d. Transformation v. Einzelhandelsstandorten
   in Großstädten d. neuen Bundesländer 209
d. transformierten Stadt" 149
d. US-amerikan. Kernstadt/Stadt(regionen) 59, 117, 285, 287,
   289, 291, 292, 293, 295, 373
d. vertikalen/horizontalen Nutzungsdifferenzierung 121
d. Wohnstandortwahl statushoher Bevölkerung 117
d. Zentralen Orte 91, 93, 94
d. zirkul. Verursachg. kumulat. soziöokon. Prozess 109
d. zweipoligen islamischen Stadt 315, 316
e. Bodenwertoberfläche 122
e. Postmodernisierung d. Städtischen 398
e. Verdichtungsgebiets in Südafrika 368, 369
f. d. städtische Nutzungsstruktur 133
globaler Fragmentierung 391, 393
globalisiertes Stadtfragment 394
historische (Ideal-)Stadtmodelle 126, 127
klassische M. d. Chicagoer Schule 113
Leipziger M. d. Stadtumbaus 149
lokaler Fragmentierung n. F. Scholz 392
persönlicher Kommunikationsfelder 170
Phasenmodell d. Counterurbanisierung/Urbanisierung 51
Phasenmodell v. Agglomerationsräumen 76
städtischer Siedlungsstrukturen 143
Stadtland USA (v. L. Holzner) 287, 288, 289
Stufenmodelle e. exportorient. Siedl.struktur 108, 150
typischer Wanderungsvorgänge i. Großstadtbereich 125
US-amerikan. Metropolitangebiete 43, 61, 287
Versorgungsmodell Zentraler Orte 93
Moderne/modern(e)
   Moderne-/Postmoderne-Debatte 394, 399, 400
   postkoloniale M. 355
   Stadt(entwicklung) 315, 397, 398, 399
Modernisierung(s-) 140, 237, 278, 316, 335, 338
   -bedarf/-gebot 256
   -inseln/-konzept (n. globalem Muster) 346, 358
   -theoretische Ansätze 391
   massive/nachholende M. 357, 400
   v. Gebäuden/im Städtebau/v. Städten 249, 254, 350
Moghulresidenz (Altstadt) 324
Monsunzeit 330
Montagebauweise 248
Montanindustrie/-revier 58, 234, 237, 422
monumentale(r) Ausdruck/Heraushebung wichtiger/zentraler
   Gebäude 246, 345, 416
monzen-machi 337
More Developed Regions 34
morphogenetische/-logische Stadtgliederung 156, 158, 176
Moschee 312, 313, 314, 316, 324, 328
Motor d. Stadtentwicklung 180
Motorisierung(sgrad) 134, 139, 251, 284
Motorroller-Rikschas 323
Müll(entsorgung/-kippen/-vermeidung) 48, 145, 284, 311, 372
Multikern-Struktur 110
Multikulturalisierung/-kulturalität/-kulturismus 287, 397, 403
Multiplikatoreffekte 107, 109
Münchener Schule d. dt. Sozialgeographie 18, 31
Museum(sbauten/-konzept/-standorte/-viertel) 28, 95, 97, 189,
   227, 235, 285, 291, 295, 323, 354, 361, 362, 405, 407,
   411, 412, 416, 417, 418, 419, 422, 423
Musik(-produktion/-wirtschaft) 390, 411, 412, 420
Muslim(e)/muslimisch(e)(r) 313, 324
   Epoche/Ideen/Zeit 324
   Gestaltung/Stadtplan 321, 322
   Hauptstadt 324
   Reiche (Kernland) 324
Mutterstadt 213, 217, 219, 376

N

Nachbar 172
   -quartier 314
   -schaft(s-) 128, 196, 219
       -einheit (ummauerte)/-segmente 128, 133, 293, 343
       -hilfe 145
       -konzept/-prinzip/-vereinigung 133, 137, 360
       -laden/-zentrum 133, 187, 198
       -wachen 398
       ethnische/sozial homogene N. 293, 360
   -städte 83, 109
   -wissenschaften 24
Nachfrage(r) 94, 121, 123, 191, 192, 208, 235, 318, 319, 341
nachhaltig(e) 145, 232
   Nutzung/(Raum-)Entwicklung 86, 141, 142, 145, 146, 270
   Stadt(entwicklung) 12, 53, 141, 142, 143, 144, 145, 146,
      147, 148, 150, 267, 271, 272, 280
   Stadterneuerung/Städtebaupolitik 144, 150
Nachhaltigkeit(s-) 104, 374, 423
   -strategie d. EU 146
Nachtbevölkerung(sdichte) 180
Nachverdichtung (urbane) im Bestand 144, 146, 362
Nah(versorgungs-)bereich/-zentrum 96, 97, 263, 400
Naherholung(sfunktion/-gebiet/-verkehr) 28, 337, 340
Nahverkehrsmittel (innerstädt., öffentl.) 122, 135, 137, 235
Nation/Nationalität 234, 286, 314, 318, 362
national(e)(r)(s)
   Bühne/Ebene 146, 274
   Desintegration 391
   Siedlungs-/Städtesystem (planmäßige Entw.) 79, 83, 91
   Stadtentwicklungspolitik 146, 147, 150, 211
Nationalökonomie 107
Native Town 326
Natur(raum) 236
   -katastrophen 33, 361
   -magische Vorstellungen 343
   -potenziale 176
natürliche Events 407
Neben(geschäfts)zentrum/-city 16, 29, 120, 122, 178, 185, 186,
   194, 254, 333
Neighbo(u)rhood (Center) 198, 291
   Branding 275
Neobarock 416
Neogotik 416
Neoklassizismus(stil) 296, 330
neoliberale Deregulierung/(Stadtentwickl.-)Politik 150, 301, 402,
   419, 420
Neoliberalisierung d. Gesellschaft 273
Neologismus 398
Neonreklame 328
Neorenaissance(stil) 235, 416
Neotribalisierung 393
Netz 208
   -konzept/-werk 81, 86, 90, 147, 385, 400
      -Konnektivität/-Linkages 384, 385
      -Ökonomie (flexible) 340, 377
      dynamisches innovatives/kreatives N. 392, 393
      globales/Weltstadt-N. 383, 384, 385
      innerstädtisches N. 275
      sozioökonomisches N. 318
      arbeitsteiliges N. großer Zentren 100
Neubau/-ten 20, 245, 249, 308, 345
   -fläche/-gebiet 248, 249, 252, 257, 260, 280, 285
   -projekt/-tätigkeit 248, 249, 254, 360
   -siedlung (randstädt.)/-wohnungen 115, 217, 218, 245, 249,
      260, 296
Neue Mitte (Oberhausen) 200, 202, 203
Neue Ökonomische Politik 331
Neue Städte 39, 40, 41, 49, 54, 130, 217, 227, 233, 280,
   319, 337, 339
   Entwicklungsphasen/Generationen v. N. S. 39
   in Australien 374
   in d. Bundesrepublik Deutschland 40, 139
   in Frankreich 130
   in Großbritannien 129, 130, 133
   in Indien 132, 374
   in Schweden 130
   in sozialistischen Ländern 41
   in Südostasien/d. VR China 346, 354, 359
Neugründung (v. Betrieben/Unternehmen) 57, 194
Neuland(areale/-flächen/-gewinnung/-projekt) 214, 337, 338, 341,
   363, 374
Neumarkt/Dresden(-Projekt) 270
neuseeländische Städte 374

Neustadt 42, 219, 223, 227, 312, 316
New Territories 348
New Towns 359. *Siehe auch* Neue Städte
   Act 233
Newly Industrializing Countries 378
NGOs (internationale) 379
Nicht-Weiße 164, 366, 367
nichtmetropolitane(s) Bezirke/Gebiet 48, 49
niederländisches Städtenetz (Randstad Holland) 104
Niltal 214
no-entrance/-go-areas 20, 395, 396
nonmetropolitan population growth 49
nordafrikanische Städte 313, 318, 374
nordamerikanische Städte/Stilepochen 119, 344
Notfallvorsorge-Defizite 355
Notunterkünfte (provisorische) 393, 394
Nutzung(s)- 114, 115, 118, 119, 120, 121, 122, 127, 146, 156,
   181, 182, 202, 215, 251, 268, 284, 291, 293
   -abfolge (vertikal)/Änderungen v. N. 58, 120, 254
   -analysen (City/Innenstadt) 210
   -arten/-differenzierung 120, 139, 187, 251, 355
   -auflagen 356
   -darstellung/-kartierung 156, 157, 176, 181, 184
   -dauer/-entwicklung 349, 360
   -dichte/-intensität/-konzentration 57, 116, 400
   -einheiten (peripher gelegene) 118
   -gebiet/-verteilung/-zonen 116, 121, 128, 130, 161
   -konflikte/-konkurrenz 121, 413
   -mischung/-mix/-vielfalt 53, 54, 57, 143, 144, 146, 264, 269,
     271, 279, 347
   -potenzial 15, 142
   -struktur (städtische) 133, 161, 233
   -verdrängung/-lagerung 58, 268
   -vergesellschaftung (räumliche) 156
   ökologisch/ökonomisch nachhaltige N. 86

O

Obdachlose 397
Oberbereich (e. Zentrums) 96, 97
Oberbürgermeister 89, 178
Oberfläche(nabfluss/-lage) 78, 311
Oberschicht 51, 117, 173, 174, 235, 286, 298, 301, 305, 306,
   308, 316, 366, 402
   -sektor/-viertel/-wohngebiet 48, 118, 299, 305, 306, 308,
   316, 358
oberzentrale Einrichtung/Funktion/Stufe 70, 97
Oberzentrum 64, 88, 89, 96, 97, 98, 136, 199, 210,
   255, 407, 414
Objekterneuerung/-sanierung 155, 238, 254
Off-Price-Center 199
öffentlich(e)(r)(s)
   -private Partnerschaft 273
   Akteure 273, 275
   Bauten/Gebäude 128, 130, 214, 215, 216, 229, 234, 237,
     285, 327, 376, 416
   Begegnung (in Straßenräumen) 376
   Dienstleistung(seinricht.)/Verwaltung 100, 104, 179, 180,
     182, 185, 189, 191, 210, 250, 301, 313, 337, 355,
     360, 365
   Eigentum 129, 264
   Entscheidungs-/Kontrollfunktionen 186
   Entsorgung/Infrastruktur 50, 301, 338
   Flächen/Landreserve 267, 284, 328, 360
   Integrationsleistungen/Investitionen 279
   Investitionen 310
   Ordnung/Regulierung 250, 358
   Personennahverkehr. Siehe ÖPNV
   Plätze/Räume/Säle 130, 144, 147, 180, 201, 237, 263, 267,
     308, 325, 396, 403
   Sicherheit/Unsicherheit 250, 403
   Sphäre 347
   Transport/Verkehr(smittel) 125, 134, 172, 234
Öffentlichkeit(sarbeit) 89, 201, 272, 315
office (boom/concentrations/networks) 186, 195, 385, 401
   parks 401
Offiziere (britische) 43, 327
Öffnung(spolitik) (v. Städten, d. VR China) 342, 346, 347, 348, 349
Ökologie (biologische) 113
ökologisch(e)(r)(s) 352
   Aspekte d. Globalisierung 403
   aufgewertete Räume/bevorzugte Gebiete 144, 316
   Ausgleichsflächen 311
   Be-/Überlastung/Probleme 147, 312, 357, 378
   Bewusstsein (d. Bevölkerung) 337

degradierte Landschaft 422
Prozess 378
Stadt(entwickl./-erneuerung/-gliederung)/Städtebau 123, 141,
   142, 150, 176, 212, 255
Umbau (v. Gebäuden/Quartieren) 147
Ökonomie 91, 338, 377
   flexible Netzwerk-Ö. 377
   städtische Ö. 331, 419
   transnational verflochtene Ö. 380
ökonomisch(e)(r)(s) 78, 281, 291, 383
   -geogr. Untersuchung 106
   -politisches System 53
   Aktivitäten (weltweite)/Austausch/Effekte 86, 111, 378, 384
   degradierte Landschaft 422
   Elite 406
   Entscheidungs-/Kontroll-/Steuerungsfunktionen 51, 84
   Entwicklung/Veränderung/Wachstum 145, 212, 256, 270, 337,
     338, 400
   Globalisierung/Pole (neue) 376, 401
   nachhaltige Nutzung 86
   Reduktionismus 388, 403
   Restrukturierung/Strukturwandel/Transformation 277, 304, 340
   Synergieeffekte 86
   System d. Sozialismus (DDR) 249
   Theorie 91
   Tragfähigkeit 92
   Ungleichheit/Zwänge 397, 416
Ökosystem Stadt 12
Ölkrise 339
Olympische Spiele 349, 407, 415
Online-Handel 210
Open-Air-Events/-Konzerte 407, 414
Oper(nhaus) 235, 405, 412, 416, 418
operación sitio 301
ÖPNV(-Netz (städtisches)/-System) 45, 100, 101, 135, 137, 144,
   145, 146, 180, 202, 235, 255, 355, 361, 372, 376, 389
Orchester(stadt) 412
ordenanzas 297
Ordensniederlassungen 296
Ordnung(sraum/-ziele) 86, 135
   räumliche/symmetrische O. 110, 225, 382
Organisation(s-) 101, 182, 379
   -einrichtungen/-netze/-zentren 182, 185, 313, 380, 390
   -form (arbeitsteilig, hierarchisch, kooperativ) 94, 113, 119
organische(r) Städtebau/Stadtbaukunst 133, 138, 139
Orient (alter, islamischer) 312, 314, 318
orientalisch(e)
   -islamische Stadt 312, 313
   Stadt 312, 313, 314, 315, 316, 318, 373. *Siehe auch*
     islamisch-orientalische Stadt
     Idealschema/-typ(us) d. o. St. 315
   Tradition 315
Ornamentikform (epochenspezifische) 154
Ort(e)(s-). *Siehe auch* globaler Ort, globalisierter Ort
   -beiräte/-bezirke/-teile 163
   -gründungen 283
   -statute 233
   -zentrenplanung 24
örtlich(e)(s) Entwicklungspotenzial/Organisationen 39, 142
ostasiatische Stadt 374
ostdeutsch(e) Gemeinden/Städte/Zentren 85, 100, 208, 256, 257,
   265, 266, 267, 277, 279, 280
ostelbisches Binnenland (Städte im o. B.) 228
österreichische Raumordnung/-planung 103
Ostkolonisation/-marken 213, 217
Ottonische Zeit 217
outer city/cities 291, 397
outlet store 199
outsourcing 196
overurbanization 39
Ozon 311

P

Pakistaner 395
pakistanische Stadt 374
Palast(-anlagen/-bauten/-bezirk/-stadt) 214, 314, 318, 322, 324,
   325, 335, 337, 343, 351, 413
Paraden 246, 407
Paradiese 393
Park(anlagen/-flächen/-gelände) 20, 118, 128, 131, 224, 227,
   229, 293, 308, 319, 326, 336, 337, 353, 361, 396
   -haus/-platz/-raum(angebot) 143, 180, 197, 198, 199, 202,
     203, 245, 255, 284, 290, 295, 331
Parlament(sgebäude/-sitz) 235, 271

Partei(-hochhäuser/-zentralen) 246, 249
Partikularismus (territorialer) 227
Partizipation (v. Akteuren) 51, 144, 275, 339, 340
Partner(gruppen)/-schaftl. Ansätze d. Stadtentw. 147, 272, 273
Parzellen- (Parzellierung) 218, 271, 358
  -bebauung 153
  -grenzen/-schnitt/-struktur/-tausch 152, 153, 161, 245
Passagen 46, 180, 190, 198, 201, 205, 255, 265, 361
  Untergrund-P. 337
Passagieraufkommen 359
Passanten(dichte/-ströme) 182, 194
Passstädte 78
Paternalismus (paternalist. orientierte Industrie) 240, 242
Patio-Häuser 298
patriarchalisches Denken v. Unternehmern 239
Patrizier 218
Pendelstrecken/-verkehr/-zeiten 140, 334
Pendler 28, 43, 49, 61, 64, 290
  -(verflechtungs)raum/-zone 59, 61, 64, 65, 114, 115, 116, 123
  -bewegungen (tägl.)/-beziehungen 46, 61, 77, 80
  -verkehr/-wege 61, 64, 116, 293
Pension 167
perforierte (Patchwork-)Stadt 149
Peripher-/peripher(e)(r)(s)
  -räume (nationale) 49, 73
  Städtewachstum 124, 128
  Standort(e)/-entwicklung 16, 46, 53, 195, 205, 206, 210, 284, 290, 306
Peripherie (städtische) 40, 47, 50, 61, 110, 111, 112, 168, 307, 372, 393, 397, 400, 401
  e. Agglomeration/(europ.) Metropole/Stadt(region) 54, 116, 117, 122, 130, 143, 194, 233, 365, 366, 373, 400, 401
  funktionale Abhängigkeit/Aufwertung d. P. 54, 400
  neue (fragmentierte) P./Semi-P. 52, 393
Periurbanisierung/periurban(e)(r)/**périurbain** 46, 47, 54
  Gebiete/Gemeinden/Wohnfunktion/Zonen 46, 47
Perlflussdelta 342
persische Einflüsse 215, 324
Persistenz/persistent(e) (Standorte) 153, 192, 194, 212
personal communication fields 171
Personenverkehr(ströme) 80, 124, 323
persönl. Bedürfnisse/Bewertungen/Erfahrungen etc. 173
Perzeption(sforschung/-geographie) 172, 173, 371
Pestepidemie 326
Petro(l)chemieindustrie/-zentrum 41, 337
Pfalz (Fürstenpfalz) 217
Pfeiler 132
Pferdekarren/-kutschen/-rennbahn 124, 230, 323, 327
Pflegepatienten 362
philanthropisch orientierte Industrielle 240
Philosophen 214
Physiognomie d. Stadt 79, 282, 303. *Siehe auch* Stadtgestalt(ung), Stadtmorphologie
Pilgerzentrum 374
Pilotprojekte/-vorhaben (u. a. Stadtumbau West) 147, 268, 319
Pioniere 278
Pkw 172, 306, 323
  -Erreichbarkeit/-Orientierung 53, 306
  -Stellplätze/-Verkehrsberuhigung 202, 206, 208, 255
Planer 85, 310
Plankategorien 250
Planmäßigkeit v. Städten 229, 241, 323, 328
Planquadrat(-einteilungen/-raster) 161, 162
Planstädte der Neuzeit 230
Plantagenzentren 297
Planung(s-) 19, 39, 40, 48, 128, 133, 135, 141, 143, 152, 192, 225, 237, 247, 264, 275, 285, 323, 328
  -allianzen (lokale) 285, 293
  -bürokratie (zentralisierte P. in Japan) 338
  -gebiet/-hoheit (kommunale) 264, 335
  -instrumentarium/-konzept 43, 135, 248, 338, 357, 362
  -leistungen/-mechanismen/-methoden 257, 285, 356
  -mängel/-probleme 257, 335
  -politik (lokale) 136, 293
  -recht 12, 338
  -region 89
  -strukturen/-system/-typen 135, 256, 269, 270, 271, 276, 285, 293
  -verbände (überkommunale, präfekturale) 335
  -verständnis (klassisches) 148, 149
  -ziele/-zwecke 41, 175, 365
  Anpassungsplanung 338
  Bottom-up-P. 339
  durch (herausragende) Ereignisse/Projekte 270
  strukturelle P. für e. Gesamtstadt/Stadtregion 127

Planwirtschaft (Stadtplanung, sozialistische P.) 265, 342, 345
Planzahlen 248
Planzeichenverordnung 157
Plattenbau(weise)/-ten/-siedlung 132, 140, 148, 247, 248, 249, 252, 260, 266, 267, 345
Platz(anlage/-formen/-gestaltung/-räume) 127, 152, 155, 156, 216, 217, 218, 224, 225, 228, 240, 246, 248, 264, 271, 297, 301, 308, 327, 344, 345, 394
Pluralisierung(sprozess) v. Bewohnern 27, 163, 165
Pol (städtischer) 47
Polarisationsansatz/-theorie (regional, sektoral) 109, 112
Polarisierung(s-) 51, 52, 109, 304, 308, 310, 382, 397, 400
  gesellschaftl./klassenspezifische P. 279, 310, 321, 331, 381, 382
  soziale/sozialräuml. P. 12, 23, 51, 52, 176, 279, 383, 400
  urbaner Ökonomien/wirtschaftl. P. 52, 308
  zw. privaten/öffentl. Sektoren 347
Polarization-Reversal-Hypothese v. Richardson 110, 112
Polis 214
Politik(er) 72, 74, 144, 279, 310, 340, 378, 381, 406
  -wissenschaft 12
  antiurbane P. 354
  nationalstaatl. P. 402
politisch(e)(r)(s) 281, 291
  -administrative Funktionen/Steuerung 29, 357
  -ideologische Gründe 245
  Aspekte d. Globalisierung 403
  Einflussfaktoren/Entscheidungen 51, 74, 107, 416
  Einrichtungen 246
  Entwicklung/Prozess/Stabilisierung 226, 256, 312, 378, 400
  Führung/Steuerungsfunktionen 355, 379
  Funktionen v. Städten 78, 349
  Grundlagen (d. Planung) 271
  Instrumentalisierung 420
  Kernraum (d. Reiches) 228
  Orientierung (kommunist., sozialist., demokrat.) 354
  Reformen 366
  Teilung Berlins/Deutschlands 84, 269, 271
  Vereinigung/Wende (deutsche) 44, 84, 85, 96, 205, 206, 208, 244, 247, 256, 257, 265, 266, 271, 280
  Zentrum e. Landes 349
Polizei(behörde) 327, 330, 398
polnische(s) Städte(system) 104, 373
Polyzentralität 144
polyzentrisch(e)(s)
  (geogr.) Raum-/Siedlungsstrukturen 47, 86, 389, 390, 400
  Ballungsgebiete 94
  Gefüge v. Städten/Städtesystem 85, 146
Pools 293
portugiesisch(e)
  Forts/Stadtgründungen/Städte 297, 325, 353
  Herrschaft in Indien 324
Post-Apartheid/Postapartheid(-phase/-Stadt) 364, 366, 367
Postfordismus 396
  postfordist. Stadt(entwicklung)/Urbanisierung 396, 400, 401
postindustrielle Stadt(teil-)entwicklung 421
Postmetropolis 373, 396, 397
Postmoderne/postmodern(e)(r)(s) 396, 399, 401, 407, 409
  Architektur 418
  Freizeit-/Kultureinrichtungen 407, 422
  Gesellschaftsentwicklung 176, 399
  Metropolen/Metropolisierung 396, 397
  Perspektiven d. geogr. Stadtforsch. 401
  Stadt(entwicklung/-landschaft/-strukturen) 23, 148, 293, 375, 396, 397, 398, 399, 400, 401, 402, 403, 404
  Städtetourismus/Tourismus 407, 409
  Theorieansätze/Theoretisierung städt. Entwickl. 398, 401
  Urbanisierung/Urbanität 148, 375, 376, 396, 397, 399, 400, 404
postsozialistisch(e)
  metropolitane Peripherie 400
  Stadt(entwicklung/-probleme/-strukturen) 256, 373, 400, 401
  Transformation 205
Postsuburbia/post(sub)urbane Entwickl. 54, 397, 400, 401
Potenziale (endogene, lokale, regionale) 86, 270, 363
Potsdamer Platz (Berlin)-Neubebauung 269
Prachtbauten (villen-/palastartige)/-straßen 326, 396, 416
Präfekt/Präfektur(grenze) 237, 332
Preis(e)(-lagen, -niveau, -politik) 187, 190, 191, 204, 371
  f. Grundstücke. *Siehe* Bauland-, Boden-, Grundstückspreis
Presse(-agentur/-arbeit/-markt) 272, 349, 420
Prestigeobjekte/-symbol 274, 359, 418
preußische Fluchtlinien/-Wohnungsbaugesetze 43, 242
Priester 322, 323
Primacy (demographische, funktionale) 29, 39, 52, 53, 54, 332

Primärgruppen 33
Primary Cities 381
Primärzentrum 178
Primatstadt/-städte 38, 81, 82, 85, 110, 310
privat(e)(r)(s)
   Bereich/Besitz/Sphäre 201, 318, 347, 360
   Dienstleistungen/Sektor 179, 185, 301, 313, 360, 403
   Investitionen/Träger 310, 360
   Land 360
Privatgemeinde 287
Privatheit (u. a. im islamischen Orient) 201, 315
Privatisierung(s-)(-strategie) 208, 240, 360, 394
   d. öffentlichen Raums 357
   d. Volkseigentums 271
privatkapitalistische Stadtproduktion 358
Privatsektor/-wirtschaft 84, 100, 142, 191, 193, 205, 257, 319,
   339, 340, 347, 358, 379
Privilegien (wirtschaftliche, zeremonielle) 26, 178, 221
Problem(e) (in Städten) 141, 148, 173
   -bewältigung/-indikatoren 86, 330
   -gebiet/-region 148, 333
Produkt(e) 109, 344, 379, 393
Produktion(s-) 44, 58, 108, 109, 199, 363, 382, 390, 392, 393
   -auslagerung/-standort/-zentrum 106, 107, 381, 383, 393
   -faktoren (mobile)/-kosten/-potenzial 111, 112
   -kreisläufe/-prozesse/-sektoren/-system 74, 76, 382, 383
   -spezialisierung (räumliche) 106
   flexible P. 396
Profanbauten 226
Profilbildung/Profilierung v. Städten 349, 411, 412, 414
Profitmaximierung/-zwang 251
Programmgebiete 265
Projekt(entwickler/-planung/-steuerung) 79, 141, 147, 268, 270,
   274, 319, 357, 358
   -städte 268
Proletariat 397
Promenaden(weg) 229, 291
Prostitution 51, 330
Protestanten 223
Protestbewegung 149
Provinzen 325, 350
Prozessionsstraßen 328
Pseudo-urbanization 52
Public Health Act 233
public relations 389
public-private partnership 275, 285, 293, 295, 357
Publikationszentrum 28
Pull-/Push-Effekte/-Faktoren 33, 364
Punkthaus 157
Putz(felder) 154, 240
Pyramide 351

Q

quartär(e)(r)(-wirtschaftl.) Funktionen/Sektor 58, 177, 180, 185,
   186, 191, 193, 199, 210, 332, 341
   Standorttendenzen d. q. Sektors 177
Quartier(s-) 16, 216, 265, 269, 301, 318, 329, 339, 343, 365,
   393, 416, 417, 419, 421
   -aufwertung/-management 263, 266, 272, 279, 280
   -bezogene Ansätze/Forschung 147
   -struktur/-trennung 318
Quellen(-studium, sekundärstatistische Q.) 100, 101, 155, 159

R

Radial(e)(-system/-schema v. Hauptstraßen) 128, 226
Radverkehr/-wege 139, 146
Rand
   -bereich/-zone 45, 61, 120
      e. Metropole/Verdicht.-raumes/Stadt(region) 251, 254,
      284, 319, 347
      e. Stadtzentrums 249
   -gemeinden/-städte 43, 197
   -Kern-Verlagerungen/-wanderung 291, 301
   -stad Holland 76, 85, 104, 381
Rang
   -folgen/-größen/-ordnung/-plätze 80, 82, 83
      -diagramm/-Kurvenverlauf (idealer) 82, 83
      -gliederung n. Einwohnerzahlen 73
      -Regel (Gleichung) 28, 82, 83
      v. Städten/Städtesystemen 80, 81, 82, 83, 85, 385, 390
   -stufen Zentraler Orte 94
Rassen(-ghetto/-segregation/-konflikte) 19, 286, 289, 364, 365,
   367, 368, 371, 397

Rat(haus) 127, 176, 214, 219, 220, 229, 234, 235, 297
Raub(überfälle) 51
Rauhbeton 132
Raum 18, 56, 80, 90, 92, 118, 208, 282
   -abgrenzungen/-typen d. BBSR 72, 76
   -ansprüche 186
   -aufteilungen (geometrische) 127, 224
   -ausstattung 164
   -beobachtung (Laufende R.) 63
   -bewertung. Siehe Wahrnehmung
   -beziehungen/-bezug 19, 289
   -bilder (kollektive) 175, 417
   -bildung (historische) 155, 248
   -einheiten (funktionale, politisch-administrative) 15, 56, 157,
      169, 171
   -entwicklung(s-) 70, 96
      in Deutschland 377
      in Europa 96, 377
      in Österreich 103
   -erleben 21
   -forschung 55, 59, 74, 91, 377
   -funktionen 156, 289
   -gliederung(en) (v. Stadtgebieten) 161, 335
   -kategorien/-konstrukte 48, 72, 217, 282
   -kontrolle 355
   -konzept Schweiz 56
   -muster (konzentrische, neue) 303, 400
   -nutzungen (städtische) 121
   -ordnung(spolitik) 17, 24, 39, 40, 55, 74, 76, 77, 79, 85,
      88, 89, 91, 96, 103, 104, 106, 256, 377
      d. BRD 62, 72, 76, 144
      d. Bundesländer/Länder 56, 72, 103
      in Österreich 103
      Instrumente/Organisation/Rechtsgrundlagen d. R. 88, 103
      Ziele d. R. 102, 250
   -ordnungsbericht d. BRD 63, 64, 76, 380
   -ordnungsgesetz 145, 339
   -ordnungskonzept/-pläne 76, 97, 103
   -ordnungspolit. Handlungsansatz/-rahmen 72, 76, 85, 377
   -ordnungspolit. Orientierungsrahmen 72, 73, 76, 86, 144
   -ordnungsprobleme 233
   -ordnungsregionen 64
   -planung(srecht) 17, 24, 39, 76, 96, 103, 256, 355, 400
   -struktur(en) 94, 110, 112, 155
      agrarwirtschaftliche R. 122
      ringförmige/sektorale R. 400
      Zentrum-Peripherie-R. 111
   -überwachungssysteme 398
   -vorstellungen/-wahrnehmung 24, 175, 191. Siehe auch
      Wahrnehmung
   -wirtschaft 111
   -wissenschaft 63
   -Zeit-Bezüge 13, 22
   agglomerationsnaher R. 50
   Agglomerationsraum. Siehe Agglomerationsräume (städtische)
   hoch belasteter R. 58
   homogener R. 92, 106
   ländlicher R. Siehe ländlicher Raum
   nicht-urbaner R. 46
   sprachlich geprägter R. 297
   städtebaulich(-architektonisch) geprägter R. 212, 297
   städtischer R. Siehe städtische Räume
   strukturschwacher R. 58
   subkontinentalen Ausmaßes 282, 364
   wachsender/wachstumsstarker R. 58, 59
räumlich(e)(r)(s)
   Disparitäten/Inhomogenitäten 94, 208, 265
   Ebenen 12, 275
   Gleichgewicht 112
   Informationen 175
   Kontakte 174
   Konzentration 111, 178, 179, 180, 194, 195
      v. Dienstleistungs-/Einzelhandelseinr. 178, 179
   Organisation/Realität/Struktur(en) 110, 161, 173, 291, 400
   Teileinheiten e. Stadt 119, 159
   Verteilung
      höherer Zentren/Zentraler Orte 93, 94, 98
      v. Siedlungen/Städten 91, 212
Rauschgiftdelikte/-handel 51, 395
Rechenzentren 196
Recht(s-) 221, 232, 281, 365
   -anwalt(skanzleien)/-beratung 185, 186, 199, 384, 385
   -grundlage (Raumpl., Städtebau) 145, 242, 250, 256, 271
   -instrument/-status/-system/-wesen 90, 242, 250, 348, 349,
      367, 385

-titel e. Stadt 26, 27
-wissenschaft 12
Rechteck(raster/-schema/-system) 132, 215, 224, 226, 237, 238, 284, 343
Recycling 311
Reform(bemühungen/-bewegungen/-vorstellungen) 127, 240
   -politik 342, 346, 347, 348
   bourbonische R. 296
   im Städtebau 127, 150, 240, 241, 242
   in Großbritannien 240
Regierbarkeit (v. Metropolen in Entwickl.-ländern) 38, 397, 404
Regierung(s-) 33, 179, 180, 319, 379
   -beamte (indische) 329
   -city 183
   -einrichtung/-funktionen 179, 182, 185, 316, 389
   -gebäude/-sitz/-standort/-viertel 132, 183, 234, 271, 297
   -metropole 41
   -strukturen (traditionelle lokale) 397
   DDR-R. 271
Region(s-) 64, 86, 96, 111, 226, 229, 270, 272, 367, 370, 371, 393, 397
   -based urbanization 358
   -image 273
   altindustrialisierte R. 267
   Erfahrungsaustausch/Kooperation zw. R. 72
   periphere R. 49, 85, 310
   städtische/städtisch verdichtete R. 44, 64
   sub-/transnationale R. 383
Regional-/regional(e)(s)
   -achsen 135
   -entwicklung 39, 104, 363
   -forschung 109
   -hauptstadt/-metropole 76, 98, 102, 109, 136, 192
   -marketing 272
   -planung 17, 88, 91, 103, 104, 135, 250, 256, 335
   -politik (d. Europ. Gemeinschaft) 85
   -stadt(modell) 139, 363
   -statistik 64
   -wissenschaftler 56
   -zentrale/-zentrum 200, 202, 327, 349, 363, 373
   Disparitäten 363
   Funktion/Potenziale 100
   Geographie 12
   Identität/Imageträger 422
   Städte(system)/Stadttypen 17, 78, 79, 83, 84, 91, 104, 227, 363
   Wachstums- u. Entwickl.-theorien 109, 112
Regionalisierung 147
Regiopole 76
Regulationsmechanismen (lokale) 208
Reich(s-) 219, 228
   -gebiet/-gründung 179, 220
   -hauptstadt/-städte (freie) 225, 237
   -tag 235
Reiche 308, 330, 396, 401
Reichweite(n)(-grenzen) 92, 93, 94
   als Maß d. Zentralität 177
   d. (täglichen) Einkaufs/e. Funktion 17, 103, 172
Reihenhaus(architektur/-bauweise/-typ/-viertel) 149, 157, 233, 239, 241, 242, 305, 327
Reisbau/-händler 323, 351, 353, 358
Reise (Reisende) 406, 407, 408, 409, 412
   -büro/-vermittlung 184, 190
   -dauer/-verhalten 405, 406, 409, 412
   -motive (freizeitorientiert, geschäftl. etc.) 405, 406, 407, 409, 412, 413, 417
   -verkehr/-ziele 406, 407, 411, 413, 415, 422
Reit(er)höfe/-wege 43, 52
Rekonstruktion
   kritische R. 271
   v. Altbaugebieten/histor. Stadtstrukturen 59, 249
Relief 173, 344
Religion(sgemeinschaft) 101, 314, 318, 324, 411
religiös(e) 281
   Bauwerke 313, 318
   beeinflusste Stadttypen/Zentren 104, 351
   Einrichtung/Gemeinschaft/Stiftung 189, 221, 373
Renaissance(-planung/-stadt/-städtebau) 127, 154, 213, 224, 225, 229, 230, 235, 297
   in Deutschland 225, 229, 230
Rendite(erwartungen) 123, 144, 235, 256, 293
Rente(n)/-angebot(sfunktionen) 121, 167
Rentner 101, 172
Repräsentation(saufwand/-bauten) 128, 180, 214, 217, 225, 273, 297, 327, 338, 353, 376

d. Staates 246
research and development (R&D) 389
Resegregationsphase 369
Reservat 364
Resettlement Colonies (in Indien) 330
residential blight 369
residential zone 115. Siehe auch Mittelschicht-Wohngebiet
Residenz(-stadt(entwicklung)) 73, 78, 213, 223, 224, 225, 226, 227, 230, 322, 323, 324, 325, 328, 416
   idealtypische barocke R. 225
   kaiserliche/landesfürstliche R. 94, 338
Resortkomplexe 362
Ressourcen (lokale, natürliche) 86, 107, 111, 147, 275, 276, 355
   -schonender Städtebau 141
Restaurants 131, 264, 284, 362
Restrukturierung(sprozess) 396, 398
Retablen 325
Reurbanisierung(sphase) 52, 54, 59, 280, 340, 341
reverse-Burgess type 117, 298
Revitalisierung(smaßnahmen/-prozess) 156, 205, 291
   brach gefallener Hafenflächen/d. Waterfront 280
   e. histor. Zentrums/Innenstadt 204, 280, 361
Rezentralisierung 197, 397
Rheinschiene 226
rhythmische Phänomene 23
ribbon development 357
Richtpunkte (absolute R. im barocken Städtebau) 225, 226
Ring(e) 116, 123, 220, 289
   -modell (d. Stadtentwickl. v. E. W. Burgess) 114, 115, 116, 117, 118, 120, 121, 159, 285, 287, 288, 289, 299, 336
   -straße 229, 234, 245, 319, 333, 416
   -zentren 339
   ringzonale Anordnung/Merkmale/Muster 288, 289, 291
Rippenstraßen 219
Risiken/Risikovorsorge (urbane) 360
Riten 352
Riverside-Redevelopment-Projekte 339
Rohstoffextraktion (agrare, montane)/-handel 355, 392
Rokoko (süddeutscher) 226, 228
Romanik 226
römisch(e)(r)(s)
   Epoche/nachrömische Zeit 213, 214, 217
   Heerstraßen 216
   Reich 214, 216
   Städte(system)/-bau 126, 213, 214, 215, 216, 217, 230, 413
Rosetten 228
Royal Charter 178
Rückbau(maßnahmen) 148, 266, 267
Rückgratstraßen 219
Rückkoppelungseffekte 109
Rückwanderung 148, 400
Ruhestandsbevölkerung/-wanderung 49
Ruhr Park (Bochum) 199, 200, 202
Rundfunkanstalt/-wirtschaft 28, 420
Ruralisierung (intra-urbane)/Ruralität 50, 52

S

S-Bahn(höfe) 122, 135, 241
Sachsen-Franken-Magistrale 89
Sachsenkaiser 223
Sächsisch-Bayerisches Städtenetz 104
Sackgassen(grundriss/-prinzip/-struktur) 314, 318, 324
Sadr-Bazar 328
Sakralbauten 212, 226
Säkularisierung 165
Säle 131
Samurai(-Klasse/-Wohnhaus) 335, 336
   -machi/-Zone d. Stadt 337
Sanierung(s-) 59, 249, 257, 266, 293, 308, 327, 412
   -bedürftigkeit/-probleme 238, 256
   -brachen/-gebiet/-inseln 19, 115, 237, 238, 257, 295, 358
   -maßnahmen/-politik 140, 156, 248, 254, 257, 285, 293, 329, 357
sanitäre Ausstattung/Bestimmungen 127, 233, 238, 303
Sarigeschäfte 323
Satellitenstadt 43, 111, 114, 122, 252, 337, 346, 348, 351
saudi-arabische Städte 374
Säulen(hallen) 214, 217
Schachbrett(grundriss/-muster/-schema) 214, 217, 283, 284, 297, 353
Schachtanlage 239
Schadensereignisse/-gebiete 338, 361
Schadstoff(e)(-belastung) 53, 311
Schaltstellen (zentrale) 393

Schaufensterdichte 180
Schicht(en)(-begriff/-zugehörigkeit) 19, 43, 116, 117, 159, 304, 306
soziale S. *Siehe* soziale Schichten/Schichtung
Schienenverbindung/-verkehrsmittel 89, 96, 133. *Siehe auch* Bahn, Eisenbahn, Schnellbahn
Schlafstädte 41
Schlafstätten 51
Schleifung v. (Stadt-)Befestigungen 156, 229
schlesische Städte 228, 229
Schloss(anlage/-bau) 127, 224, 225, 226, 227, 229
Schlüsselpersonen 100, 101
Schmuggel 51, 395
Schnellbahn/-zug(-bau, -netz) 135, 310, 338, 341, 349
Schnellstraßen(netz) 284, 310, 319
schottische(s) Industriestädte/-gebiet 233
Schrein(bereich) (buddhist., shintoist.) 336, 337, 362
Schrumpfung(s-)(bedingungen/-prozesse) 146, 147, 149, 260, 266, 268
Schul(e)- 100, 129, 191, 291, 293, 297, 310, 344, 345, 354
-abschluss/-arten/-bildung 19, 97, 133, 164, 167, 185, 288, 316, 328
-bezirke/-einzugsbereich/-wege 161, 169, 172, 247, 283
-orte/-standorte 293, 364
Schussfeld/-waffen (mauerbrechende) 223, 225, 229
Schutz(-funktion/-lage/-schirme) 221, 223, 225, 393
Schwarze 173, 174, 286, 293, 364, 365, 366, 367, 370, 371, 372
Schwarzer Tod 221
Schweizer Städtesystem 104
Schwellenländer 56, 59, 81, 372
Science Center 361
Sea Life Centre 202
Secondary Cities 381
sections (USA) 284
security villages 370
See(n)
-bad/-hafenorte/-städte 49, 230, 284, 365
-lage/-ufer 78, 123
Segmentierung (d. Arbeitsmarktes, Gesellschaft) 19, 347
Segregation(s-) 24, 53, 117, 164, 176, 304, 367, 397, 400
demographische S. 13, 58
funktionale S. 58
Rassensegregation/rassische S. 286, 364, 371
räumliche S. 119
segregierte Stadt 364, 366
soziale S. *Siehe* soziale Segregation
Sehenswürdigkeit 362, 406, 412, 414
Sektor(en) 117, 174, 366, 396
-modell/-schema 288, 289, 299
v. H. Hoyt 117, 118, 119, 123, 159, 287
produktiver/sekundärer S. 58, 307, 344, 348
quartärer S. *Siehe* quartärer Sektor
rassenspezifische S. 365
städtearme/-reiche S. 106, 107
tertiärer S. *Siehe* tertiärer Sektor
sektoral(e)(s)
Anordnung(smuster)/Schema 117, 288, 304
Funktionsspezialisierung 83, 84, 100
Teilzentralität (höherer Zentren) 97, 98, 99, 100
Sekundärkerne (kommerzielle)/-zentren 58, 178, 288
Selbstständigkeit (funktionale) (v. Städten) 219, 241
Selbstversorgerorte/-sorgung (niederrangige) 96, 98
semi-detached house 233
Semiperipherien 381
Service(beschäftigte/-leistungen) 90, 107, 185, 189, 190
Sextourismus 362
Shop-Bereich/-Zeilen 198, 202
Shoppen/Shopping (als Einkaufserlebnis) 361, 407
Shopping Arkade/Galeria/Mall 16, 201, 210, 285, 290, 306, 331, 401
Shopping-Center 48, 118, 177, 186, 190, 197, 199, 200, 202, 204, 205, 206, 207, 208, 255, 284, 285, 288, 290, 295, 358, 373, 407
-Beispiele 153, 199, 200, 201, 202, 203, 206
-Besitzer-/Mieterwechsel 209
-Definitionen 197, 198
-Entwicklung/-Generationen 199, 200, 201, 204, 288
-Erneuerung/-Revitalisierung/-Umbau 202, 203, 210
-Standorttypen 46, 197, 199, 200, 202, 205, 414
großflächige/regionale S.-C. 122, 197, 198, 200, 201, 202
in d. USA/nach US-amerikan. Vorbild 199, 210
Shopping-Reisen/-Tourismus 409, 414
Shudras 322
Sichbilden 19, 144, 171

Sicherheit(sbedürfnis/-forschung/-politik) 20, 224, 315, 318, 319, 355, 363, 370, 371, 393, 397
Sicherholen 19, 171, 241
Sichtbeton/-mauerwerke 132, 154
Sichtbeziehungen (historische) 152, 155, 156
Sichversorgen 19, 171
Siedler(gruppen) 283, 364
Siedlung(s-) 28, 41, 51, 61, 91, 106, 112, 214, 239, 241, 328, 344
-achsen/-bänder 128, 135
-agglomeration 56
-bauvorhaben 254
-dichte/-druck/-verdichtung 50, 62, 63, 140, 144
-dispersion 142, 143
-entwicklung(sprozess) 50, 104, 108, 135, 238, 254
-expansion/-wachstum 46, 135, 142, 143, 196, 334, 338, 378, 403
-finger 135
-fläche 50, 62, 63, 69, 70, 71, 145, 250, 251
-formen (historische) 230, 240
-geographie 18
-geschichte (Kontinuität) 217
-größe 50, 51, 98
-kern (ländlicher) 251
-komplexe (gemeinnützige) 240, 242
-konsolidierung/-konzentration 135, 254, 340
-körper (kompakter) 28
-politik (flächensparende) 146
-rand/-raum 58, 228, 336
-schwerpunkt 144
-soziologie 27
-struktur 61, 64, 73, 76, 86, 108, 150
-entwicklung (Steuerung, zukünftige) 25, 48, 63
-strukturelle Gebiets-/Raumkategorien/-typen 63, 72, 76
-strukturelle Gemeindetypen 63, 70
-strukturelle Kreis-/Regionstypen 29, 63, 64, 66, 69, 70, 71
-system(forschung) 17, 39, 85, 91, 104, 108, 113
-typ (dezentralisierter) 48
-umklassifizierung 39
-verteilung 91
-weisen (ländliche, städtische) 52, 213
informelle S./planlos entstandene S. 297, 360
planvolle S.-anlage 214
teilstädtische S. 39
Sightseeing 409
Silber(erzlager/-schmiede) 223, 323
Silhouettenwirkung 155
Silicon Fen 390
Silpa-Sastra-Plan/-Schriften 323, 324
SimCity 398
Sippen 314
Sklaven (neue) 298, 397
Skyline 290
Slum(bildung/-entwicklung) 38, 50, 51, 54, 58, 115, 116, 285, 286, 288, 299, 303, 330, 359, 394
-bewohner 320
-Cluster/-Ghettos/-Quartiere/-Zone 293, 316, 320, 330
-sanierung (slum clearance) 233, 284, 329, 366
Areas Act (in Indien) 329
Social geography 19
Société du Salon d'Automne 130
Software-Industrie 390, 420
solares 297
Soldaten 224, 327, 328
Sonder-
-angebotspolitik 190
-baufläche/-gebiet/-nutzungsvorhaben 157, 270
-müll 311
-verwaltungszone (Hongkong) 349
-wirtschaftszonen 340, 346, 348
Sony-Center 269
Sortiment(s-) 190, 198
-breite/-dimensionen/-tiefe 187, 190
bedarfsgruppen/-branchenspezifisches S. 190
Souk 313, 314
Souterrain 154
Souveränität (Übertragung) 348
Soweto-Unruhen 366
Sowjetische/sowjetisch(e)(r)(s)
Architektur d. Stalinzeit 246
Besatzungszone (SBZ) 244, 245
Städtebau/-system 104, 246, 373
sozial(e)(r)(s) 46, 272, 281
-geographischer Prozess 31
-kulturelle Komponente 22

-reformerische Vorstellungen 240
-statistisches Profil 162
Absicherung 286, 346
Anomien 51, 303, 330
Anonymität 33
Anpassungsschwierigkeiten 254
Auffangnetze 357
Aufgabe 340
Aufstieg(schancen)/Aufwertung 20, 33, 278
Ausgrenzung 176, 393
Belastung/belastete Bezirke/Gebiete 166, 167, 168, 257
Benachteiligung/benachteil. Bezirke/Stadt 115, 146, 165, 166, 167, 279, 393
Betroffenheit/Degradierung 166, 301
Beziehungen/Bindungen 52, 254
Differenzierung 311
Dimensionen (d. Globalisierung) 390, 403
Disparitäten/Distanz zw. Gruppen 119, 312, 331, 370
Ebene 113
Einrichtungen 189, 248, 354
Entwicklung 72, 355, 361
Fragmentierung/Heterogenität 58, 357, 397
Funktionen 29
Fürsorge 113
Gruppen 18, 19, 53, 100, 101, 119, 158, 162, 172, 173, 176, 310, 397, 417
Indikatoren 159, 164, 166, 380
Infrastruktur 265
Innovationen 379
Interaktionsnetz 27
Klassen/Kontraste 370, 381
Kohäsion 417
Kommunikation 379
Kontext 319
Kontrolle 113, 345
Kosten 382
Leben(sraum) 19, 27, 113, 352
Merkmale 158, 159, 304
Mietwohnungsbau 251, 286, 288
Mischung/Mosaik 143, 162, 397
Netze 345, 360
Phänomene 27
Polarisierung 51, 52, 147
Positionen/Rang 113, 164, 336
Probleme 19, 312, 370
Prozesse 378
Schichten/Schichtung 19, 114, 115, 116, 117, 119, 125, 126, 158, 173, 286, 288, 304, 327
Segregation/Spaltung 117, 119, 158, 159, 286, 288, 371, 403
Stadt 147, 265, 279, 280
Stadtentwicklung(splanung)/-politik 146, 254, 266, 390
Stellung/Strukturen 28, 118, 157, 166, 173, 295, 343
Transformationsprozess/Umbau 278, 422
Umwelt 21
Ungleichheit/Unterschiede 159, 166, 176, 397, 417
Urbanität 52
Utopisten 240
Verfall 284, 286
Verstädterung. Siehe Verstädterung.
Wandel 164, 243, 276, 277, 280
Welten 416
Wohnungsbau 125, 131, 245, 252, 299, 303, 374
Zwänge 416
Sozialform (städtische) 50, 172
Sozialforschung (qualitative) 100
Sozialgefälle 298
Sozialgeographie 12, 18, 19, 24, 50, 174, 175, 289
Münchener Schule d. S. 18, 31, 50
sozialgeogr. Entwicklung/Theoriebildung 18, 94
verhaltenswiss. S. 21
Sozialgeschichte 12
Sozialghetto 252
Sozialgradient 117, 298, 336
Sozialgut 146
Sozialhilfeempfänger 162, 166, 167
Sozialindex 166, 167, 168, 169
sozialistisch(e)(r)(s)
-planwirtschaftlicher tertiärer Sektor 205
Bodenordnung/-politik 246, 249, 251
Gesellschaftsordnung/-system 246
Herrschaft/Staaten 41, 362
Stadt(entwickl.)/-planung/Städte(bau) 41, 127, 140, 141, 246, 247, 271, 280, 282, 342, 345, 349, 373
d. DDR 246

Wohnkomplex/Wohnungsbau(politik) 140, 204, 205, 247, 248, 249, 250
Sozialkontakte 164
Sozialleistungen 58, 266
Sozialökologie 18, 113, 114, 119, 120
Chicagoer Schule d. S. 287
sozialökologische Modelle/Theorien 18, 113, 118, 150
Sozialorganisationen (ländliche) in Städten 52
Sozialqualität 145
Sozialraum/sozialräumlich(e) 27
-analyse 14, 114, 159, 161, 162, 163, 164, 165, 166, 167, 176
-typen (homogene) 165, 169
Ausgrenzung/Differenzierung/Disparitäten 176, 286, 329, 335, 401
Einheiten/Elemente/Gefüge/Merkmale 79, 113, 162, 298, 304, 307
Entmischung/Mischung 304
Fragmentierung 279, 310, 312, 321, 331
Methodik 176
Nivellierung 248
Polarisierung 176, 279, 383, 400
Prozesse (heterogenisierende) 13, 308
Segregation/Spaltung 119, 279, 308, 312, 330, 390
Stadtgliederung 12, 14, 19, 20, 28, 120, 157, 158, 159, 161, 162, 164, 176, 214, 336
Struktur(en)/-muster (d. Stadt) 19, 114, 118, 159, 176, 400, 402
Ungleichgewichte/Unterschiede 53, 266, 345
Sozialschichten 101, 125, 171, 172, 288, 315. Siehe auch soziale Schichten/Schichtung
gehobene/höhere S. 172, 194, 241, 295, 301
untere/unterste S. 51, 172, 298, 299, 303, 304
Sozialstatus 114, 123, 287, 298, 304, 310
Sozialstruktur 19, 33, 62, 113, 159, 161, 162, 166, 167, 168, 278, 328, 397
-atlas 166
Sozialtopographie 161, 162, 176
Sozialwissenschaft(ler) 12, 139
Sozialwohnungen 244, 288
soziokulturell 51, 291
Soziologe/Soziologie 19, 50, 113, 114, 133
soziol. (Stadt-)Forschung 113, 158
sozioökonomisch(e)(r)
Datensätze 165
Differenzierung d. Stadtgebiets 316, 360
Disparitäten/Ungleichheit/Segregation 58, 357, 378, 383
Merkmale/Probleme/Situation 50, 78, 79, 158, 159, 267, 303, 370
Prozesse/Veränderungen/Wandel 304, 416
spanisch(e)(s)
-amerikanische Stadt 303
-sprachige Be-/Einwohner 174, 175
Kolonialgründungen/-stadt/-zeit 297, 298, 303, 325
Grundriss/Idealplan/-typ/Merkmale d. span. K. 297, 298
Politik 296
Städtenetz 104
Stadtplanung 297
Spaziergang/-wege 172, 173
Speichensystem 133
Spekulanten/Spekulation 116, 285, 389, 402
Spezialgeschäft 187, 190, 194, 202, 284
Spezialisierung(sgrad e. Branche) 114, 185
flexible S. d. Ökonomie 377
Spielanlage/-platz 132, 172
Spielbanken 230
Sport(angebote/-anlagen/-arena/-zentren) 53, 97, 285, 295, 319, 327, 354, 362, 379, 389, 407
-fachmarkt 190
Sprach(e)-(gemeinschaften) 279, 314, 318, 397
squatter-Siedlung/-Stadtgebiet 41, 359, 360, 370, 372
Staat(en)(s)- 26, 32, 33, 34, 56, 80, 85, 234, 246, 249, 271, 282, 284, 299, 310, 345, 348, 361, 364, 370, 377, 379, 382, 393, 394, 395, 403
-aufbau (polit.-administrativer) 84
-bildung (spät- o. postkoloniale) 33
-doktrin 365
-eigentum 329
-grenzen 390
-macht 246
-präsident 367
-theoretiker 214
zentralistisch regierte St. 73
staatlich(e)(r)(s)
Eingriffe/Handeln/Entscheidungsfunktionen 186, 342, 377

Gesellschaft 301
Handelsbetrieb 208
Informationsfunktionen 186
Institutionen 240, 403
Kontrollfunktionen 186
Liquiditätskrise 319
Mittel/Steuerungsformen 344, 365, 377
Subvention/Transferleistungen 266, 319
Unabhängigkeit 354
Wohnungsbau 347
Stadt 47, 70. *Siehe auch* Städte
-anlage 132, 221, 315, 372
   kompakte St. 130
   plan-/regelmäßig angelegte St. 219
-archäologie 12, 24, 54, 230
-BauKultur NRW 211
-befestigung 55, 218, 229, 230, 325, 397
-begriff(e) 25, 26, 27, 29, 213, 215, 230
   archäologisch-prähistorischer St. 27
   architekturwiss.-kunstgeschichtl. St. 27
   geographischer St. 27, 28, 54
   geschichtl./histor.(er)(-juristischer) St. 26, 27, 54, 213, 230
   kommunalwissenschaftl. St. 27
   mehrdimensionaler St. 26
   nicht-geographische St. 27
   soziologischer St. 27, 54
   statistisch-administrativer St. 26, 27
   umgangssprachl. St. 26
   verkehrswissenschaftl. St. 27
   volkskundlicher St. 27, 54
   volkswirtschaftl. St. 27
-begrünung 141
-bereich 152, 217, 340, 367
   historisch einheitlich gestalteter St. 152
-bevölkerung/-bewohner 31, 32, 33, 34, 35, 38, 107, 174, 272, 303, 320, 330, 331, 333, 346, 370
-bezirk(s-) 146, 160, 162, 163, 179, 257, 332, 333, 338, 340, 341
   -zentrum 133, 263
-bild(pflege) 173, 176, 212, 226, 255
   -prägende (historische) Gebäude 95, 267
-brände 228
-charaktere 213
-definition(en)
   27, 320, 376, 377, 378, 379, 382, 384, 387, 396, 401, 402.
   Siehe auch Stadtbegriff(e)
-design 273
-entstehung(sepochen/-phasen/-schichten/-stufen) 39, 40, 41, 78, 79, 108, 152, 211, 212, 213, 217, 230
   in Mitteleuropa 54, 215
-entwicklung(s-) 12, 18, 20, 52, 78, 105, 108, 109, 116, 117, 119, 120, 123, 125, 136, 141, 142, 143, 146, 147, 152, 164, 176, 211, 217, 231, 243, 250, 256, 267, 268, 270, 272, 274, 277, 280, 282, 299, 304, 329, 335, 345, 346, 347, 364, 366, 367, 383, 398, 399, 401, 405
   -behörden/-einrichtungen 275, 285, 293
   -bericht d. Bundesregierung 147, 280
   -konzepte/-maßnahmen/-prioritäten 266, 275, 285, 293, 420
   -management 275, 276
   -modell(e) 18, 20, 48, 118, 124, 125, 281, 289, 400
   -planung (integrierte) 19, 149, 233, 254, 255, 275, 276, 357
   -politik (integrierte, nationale) 146, 149, 243, 256, 266, 270, 279, 413, 417, 418, 419
   -theorien 118, 150
   aktuelle Fragen/Probleme/räuml. Trends d. St. 143
   bürgerlich-kapitalistische St. 336
   d. Zwischenkriegszeit 130
   ganzheitliche St. 272
   im internat. Vergleich/Industrie-/Entwickl.-länder 26, 35, 234, 242, 335
   in d. (alten) BRD/Deutschland 136, 137, 244, 250, 280
   in d. DDR 247, 248
   in d. UdSSR 373
   in d. Ukraine 373
   kooperative St. 274
   Moderne/Postmoderne-Debatte z. St. 399
   südl. d. Sahara 374
-erhaltung 13, 46, 79, 141, 149, 152, 153, 156, 212, 213, 233, 254, 255, 280
-erhebung 221
-erneuerung(s-) 13, 41, 146, 156, 176, 212, 213, 232, 233,

248, 254, 274, 275, 280, 339, 374, 418
   -gesetz/-maßnahmen/-programme/-projekte 231, 233, 238, 249, 257, 279, 339, 341, 415
   behutsame/erhaltende St. 140, 141, 249, 254
-erweiterung(en)(s-) 42, 44, 146, 218, 219, 224, 227, 237, 264, 316, 327, 339
   im 19. Jh. 242
   sektorale/sektorförmige St. 299, 303
   zellenförmige St. 303
-existenz(gefährdung) 149
-expansion 44, 48, 194, 251, 349, 357
-fassade (moderne) 33
-feste 407
-fläche 42, 56, 124, 225
-formen (weltweit sich ausbreitende) 47
-forschung 12, 17, 46, 114, 161, 178, 213, 278
   angewandt-geographische S. 14
   deutsche/deutschsprachige St. 377
   Geogr. St. 11, 12, 18, 20, 23, 24, 79, 120, 401
   in Nordafrika/im Vorderen Orient 312
   interdisziplinäre St. 11, 12, 17, 22, 148
   kritische St. 22
   nordamerikanische St. 20
   sozialgeographische St. 13, 14, 18, 19, 20, 24, 172
   sozialwissenschaftl./soziol. S. 20, 27, 158, 416
-fragment (global integriertes/globalisiertes) 393, 394
-funktion(en) 12, 78, 83, 84, 281, 297, 323, 324, 328, 382
-gebiet(s-) 115, 116, 139, 142, 150, 153, 160, 161, 168, 185, 208, 267, 286, 304, 329, 332, 333, 366
-gemeinde 61
-genese 13, 18, 211
-geographie 11, 12, 17, 19, 25, 54, 79, 169, 177, 212, 213, 375, 376, 396, 405
   Allgemeine St. (Forschungsrichtungen) 11, 13, 14, 19, 21
   Angewandte St. 14, 19, 22
   behavioristische St. 21
   deutsche St. (im deutschspr. Raum) 79, 278, 299
   Forschungsansätze/-richtungen d. St. 13, 14, 22, 23
   funktionale St. 14, 15, 16, 24, 94, 212
   handlungsorientierte/-theoret. St. 21, 24
   Historische St. 11, 13, 23, 230
   kritische St. 22, 23
   kulturgenetische St. 14, 17, 18, 23, 24, 114
   morphogenetische St. 13, 14, 23, 24, 78, 152, 212
   quantitative St. 14, 20, 24
   Regionale St. 11, 13
   skandinavische St. 16
   sozialgeogr. orientierte St. 14, 19
   theoretische St. 20
   Untersuchungsschwerpunkte d. S. 23
   verhaltenswissenschaftl. orientierte St. 14, 21, 24
-geschicht(e)(sforschung) 12, 26, 54, 126, 153, 217, 230, 312, 373
-gestalt(ung)(s-forschung) 13, 14, 15, 24, 127, 153, 176, 180, 211, 212, 213, 224, 225, 345, 379
   baukünstlerisch wertvolle St. 228
   feudale/historische St. 230, 345
-gliederung(s-) 18, 251, 314
   -ansätze/-methoden 151
   -modell 289
   aktionsräumliche St. 14, 169, 171, 176
   funktionale St. 14, 28, 120, 137, 156, 158, 169, 214, 251, 314, 336
   funktionsräumliche St. 14, 169, 176
   morphogenetische/-logische St. 152, 156, 212
   nach d. Flächen-/Gebäudenutzung 14, 156, 176
   nach Gewerbe-/Verkehrsflächen 176
   ökologische St. 176
   planungsbezogene St. 14, 176
   räumliche St. 120, 151
   sozialräumliche St. Siehe Sozialraum/sozialräumlich(e) Stadtgliederung
   strukturelle St. 297
   thematische St. 175
   verhaltensorientierte St. 176
   zellenförmige St. 299
-größe(n)(-gliederung/-klassen/-Rangfolgen) 25, 28, 54, 80, 81, 82, 98, 118, 128, 185, 230, 276, 379
-grundriss 127, 152, 153, 242, 298, 318, 344
   Orientierung d. St. nach Himmelsrichtungen 343
   quadratischer/rechteckiger St. 132, 344
-gründung(en)(s-) 40, 42, 219, 220, 223, 230, 296, 354, 365
-haus 228
-hygiene 235
-identität/-image 13, 79, 212, 269, 273, 274, 275, 277, 285,

295, 371, 405, 407, 411, 414, 415, 417, 421
-individualität 337
-kartographie 24
-kern 28, 138, 178, 212, 245, 255, 298, 299, 311, 337, 342
    alter/historischer St.
    137, 148, 155, 210, 212, 228, 233, 245, 281, 347, 351
-klima(wandel) 145, 311
-kommunikation 273
-konzeption(en) d. 19. Jh.s 127
-körper (kompakter, konzentrischer) 127, 153
-kreise 64
-kultur(en) 22, 27, 273, 275, 405, 416, 417
    älteste St. d. Erde/Menschheit 214, 230, 312, 323
    antike griechisch-römische St. 41, 214, 297
-land 282, 291
-Land-Gegensatz 322
-Land-Kontinuum/-Übergangsraum 25, 347
-landschaft(en) 18, 104, 153, 230, 282, 289
-marketing(-ablauf/-prozess/-typen) 12, 22, 27, 210, 243, 272, 273, 274, 275, 279, 280, 359, 414, 416
-mauer/-türme 42, 156, 214, 218, 314, 322, 326, 328, 343, 351
-mitte/-mittelpunkt 117, 118, 178, 200, 271, 272, 297, 345
-modell(e) 18, 113, 114, 117, 118, 120, 137, 281, 287, 293, 299, 304, 305, 306, 307, 312, 374. *Siehe auch* Modell(e)
-monographien 13
-morphologie (geogr.) 13, 14, 15, 24, 47, 176, 242, 297. *Siehe auch* Stadtgeographie, morphogenetische St.
-ökologie 12, 13, 24, 45, 141, 150, 176
-ökonomie 12, 27
-organismus 304
-peripherie 48, 125, 198, 208, 298, 299, 308
-physiognomie 323
-plan(system) 176, 219, 322
-planung(s-) 12, 16, 20, 24, 39, 119, 126, 130, 136, 139, 143, 149, 172, 200, 208, 212, 213, 214, 235, 245, 250, 255, 285, 312, 315, 319, 335, 338, 339
    -gesetze/-politik/-recht 250, 296, 335, 338, 339, 340, 362
    -ideen/-konzepte 323
    Entwicklungsgeschichte d. St. 126
    in Europa/europ. Ländern 242
    Le Corbusiers 132
    stark reglementierte/zentralistische St. 335, 356
-politik 27, 141, 148, 221, 268, 270, 280, 400, 406
    d. DDR 243, 256
    in Deutschland 136, 149, 243, 279
-probleme 279, 281
-quartier 53, 143, 266, 275, 279, 314, 417, 419, 421
    abschließbares St. 314
    internationalisiertes St. 52
-rand 43, 57, 116, 123, 130, 143, 148, 163, 196, 201, 204, 206, 207, 208, 209, 241, 245, 251, 255, 265, 287, 298, 337, 339, 345, 347, 348, 358
-raumgestaltung (grüne, lebensstilorient.) 138, 295
-räumliche Gliederung 20
-recht 26, 27, 40
-region(en)(s-) 12, 22, 23, 43, 45, 46, 47, 53, 55, 61, 62, 83, 84, 85, 86, 120, 123, 125, 127, 130, 136, 140, 143, 191, 206, 207, 227, 251, 260, 266, 277, 287, 291, 310, 336, 337, 377, 400
    -abgrenzung/-gliederung/-konzept (BRD) 59, 61, 76
-regionale
    Gebietskörperschaften/Kooperation 76, 136
    Konzepte/Planungs- u. Verwaltungsinst. 76, 147
-sanierung(s-) 39, 46, 156, 254, 255, 257, 265
-schloss (Berlin) 274
-schrumpfung (in Deutschland) 136, 147, 148, 149, 260, 267, 268, 276, 280
-soziologe/-soziologie 12, 24, 27, 141, 278
-staat 78, 350, 351, 355
-struktur(en) 12, 113, 118, 119, 157, 158, 173, 271, 281, 282, 285, 293, 297, 304, 312, 323, 328, 331, 333, 335, 347, 366, 370, 400, 403
    -modell(e) 18, 113, 114, 128, 131, 281
    alte, hochentwickelte/überlieferte St. 137, 245, 321
    internationale Vergleiche d. St. 165
    v. Erdteilen/Kulturkreisen 398
-teil(e) 19, 52, 53, 115, 119, 123, 135, 136, 139, 146, 161, 162, 173, 174, 175, 191, 206, 207, 208, 219, 251, 276, 286, 295
    -(entwickl.)-politik/-management/-marketing
    266, 269, 272, 275, 279, 417
    -kultur (partizipatorische) 417
-typen (gewachsene, neue, schrumpfende, verfallene) 148, 176, 252, 260, 265, 269, 293, 350, 359

-zentrum 133, 141, 198, 200, 201, 208, 210, 263, 417
-titel(verleihung) 26, 220
-topographie 138, 176
-tor 155, 322, 324, 325
-typ(en) 25, 29, 67, 70, 71, 77, 78, 104, 216
    frühneuzeitl./histor./vorindustrielle St. 79, 211, 213, 221, 223, 230, 298
    funktionale St. 78, 79, 84, 104
    kulturgenetische/-raumspezifische St. 14, 18, 79, 281
    regionale St. (in Deutschland) 78, 104, 213, 227, 230, 281
    statistische S. 28
-umbau(konzepte/-programme/-projekte) 43, 70, 140, 144, 146, 148, 150, 197, 254, 266, 267, 269, 280, 339, 340, 341, 357, 359, 374, 376
    Ost 266, 267
    West 268
-umland 46, 55, 143, 148, 149, 195, 205, 206, 266, 277, 355, 358
    -Beziehung/-Kooperation/-Verflechtung/-Wanderung 76, 104, 275, 276, 358, 373
-verfall 141
    in d. DDR 257
-verkehr 180, 245
-verwaltung 26, 108, 180, 191, 272, 357
-viertel 21, 22, 144, 173, 174, 213, 278, 295, 306, 308, 314, 322
    ausgegrenzte/vernachlässigte St. 146, 286
    funktionale St. 16
    religiös bestimmte St. 314
    sozial bestimmte/benachteiligte St. 146, 279, 298, 314
-wachstum 107, 113, 127, 133, 136, 147, 148, 149, 276, 338, 363
-wirtschaft 107, 108
-zentrum(s-) 26, 29, 114, 115, 116, 117, 121, 122, 124, 128, 130, 178, 184, 185, 194, 195, 197, 208, 237, 247, 249, 255, 265, 284, 285, 287, 298, 314, 316, 319, 322, 332, 333, 353, 366, 375, 397
    -erneuerung/-neuaufbau 248
    in d. DDR (sozialistisches) 246, 249
-zerstörungen 215, 223, 312
    als Bühne 417
    d. Gegenwart nach Le Corbusier 130, 131
Städte 11, 56, 70, 80, 151, 272, 273, 310, 338, 381, 407, 408, 416, 419. *Siehe auch* Stadt
-agglomeration 283
-bänder 139
-bau 12, 24, 43, 53, 126, 128, 133, 137, 172, 211, 235, 240, 271, 423
    -entwicklung/-epochen 126, 154, 217, 230, 247
    -er 47, 139
    -förderung(sgesetz/-programm) 90, 140, 147, 156, 254, 256, 257, 259, 260, 266, 268
    -kongress (internationaler) 137
    -konzepte/-modelle 126, 137, 252
    -orientierung am historischen Erbe 137, 138, 140
    -politik/-recht (Entwicklung) 141, 144, 242, 244
    -qualität 145
    d. 19. Jh.s/Industriezeitalters 127, 242
    d. 20. Jh.s 127, 242
    d. BRD 53, 133, 250, 280
    d. DDR 247, 256
    d. Nachkriegszeit 53, 137
    d. Zwischenkriegszeit 241
    funktionales Gesamtkonzept i. St. 128, 129
    Innovationen d. St. 315
    Methodik d. St. 126
    Sechzehn Grundsätze d. St. 246
    unterirdischer St. 137, 245
-bildung(s-)(-epochen)
    im industriellen Zeitalter 242
    in Mitteleuropa 215, 242
-bund (DIE HANSE) 79, 223, 339
-dichte 228
-dreieck (grenzübergreifendes) 86, 104, 136
-größe(nverteilung) 84, 100, 249
-gründung(en) 219, 221, 223, 335
-gruppen 79, 227, 229
    mittel-/südwestdeutsche St. 228
    regionale St. nach d. Baucharakter 154
-hierarchie 106, 339, 380
    globale/weltweite St. 381
-klassifikationen (funktionale) 78
-kooperation 275, 411
-landschaften 104

-netz(e) 17, 24, 77, 79, 86, 88, 104
  -Diskussion/-Konzept 85
  -Skate-Contest 89
  als raumordnungspolit. Handlungsansatz 85, 90
  aus ökologischer Sicht 104
  d. EXPO-Region 271
  Forschungsfeld/Forum St. 88, 90
  funktionales St. 86
  in d. BRD 85, 87
  inter-/intraregionale St. 86, 88
  internationale 86
  m. bes. Entwickl.-bedarf 90
  normative St. 86
  Sächsisch-Bayerisches St. 89, 90
  strategisches St. 86
  Synergieeffekte v. St. 85
  Zielsetzung d. Bildung v. St. 86
-ordnung 326
-reiseziele. *Siehe* Städtetourismus: -Destinationen
-statistik 19, 161
-system(e) 13, 17, 39, 41, 49, 77, 78, 79, 80, 81, 82, 84,
  104, 109, 110, 146, 212, 297, 373, 404
  -analyse (empirische)/-forschung 17, 24, 78, 79, 80, 84,
    104
  -modelle/-theorien 83, 106
  Aufbau dezentraler St. 354
  d. BRD/neuen Bundesländer/Deutschlands 76, 78, 80, 85,
    104, 268, 272, 377, 410
  Entstehung/Entwicklung e. St. 39, 79, 80, 82, 84
  Grundformen/-muster d. Organisation/Struktur v. St 83, 84,
    104, 415
  hierarchische(r) Aufbau/Gliederung e. St. 80, 83, 84, 85,
    97, 108, 244, 415
  ohne Funktionsspezialisierung 83
-tourismus 12, 22, 89, 153, 405, 406, 407, 409, 410, 412,
  414, 415, 416, 417, 423
  -Definition/-Typologie 407, 408, 409
  -Destinationen 410, 411, 415
  -marketing/-markt 410, 411
  als Wirtschaftsfaktor 410
  in d. Postmoderne 409
  in Deutschland 409, 411, 412, 423
  in Europa/international 415, 423
  primärer/kulturorient. St.-tour. 406, 409, 411
  sekundärer St.-tour. 409
-typisierung 28, 78, 79, 104. *Siehe auch* Gemeinde-
  typisierung, Stadttyp(en)
-umstrukturierung 41
-verbünde 17, 77, 86, 88, 90, 97, 104
-verdichtung 41, 108
-vermehrung/-zahl (Zunahme) 31, 39
-verteilung 84, 106, 212, 217
  in d. alten Bundesländern/BRD 82, 84, 85
-wachstum 31, 52, 124, 260, 268, 277, 320
  d. Industrienationen/i. Industriezeitalter 35, 232
  historisches St. 73
  im 19./20. Jh. 242
  in Entwicklungsländern 36
-wesen
  d. griechisch-röm. Antike 214
  deutsches St. 213, 227, 244
  europäisches St. 78, 213
-wettbewerb (internationaler, neoliberaler) 340, 405, 419
  d. BRD/Deutschlands 44, 78, 229, 234, 236, 251, 268, 272,
    377, 406, 411, 420
  d. DDR 246, 248, 249
  gegründete/-plante St. 41, 229, 230
  gewachsene St. 201, 229
  große/größere St.. *Siehe* Großstadt/-städte
  in Entwicklungsländern 15, 35
städtebaulich(e)(r)(s)
  Attraktivität 409
  Aufgabe/Herausforderung 271, 340
  Bedeutung v. Plätzen/Straßen 265
  Bericht (d. Bundesregierung) 146, 252, 280
  Chaos 339
  Denkmalschutz 79, 213, 230
  Dichte/(Nach-)Verdichtung 145, 251, 260
  Dominanten 246, 249
  Einheiten/Elemente 127, 133
  Ensemble 249
  Entwicklung/Erneuerung(smaßnahmen) 205, 236, 238, 257,
    260
  Formenkreis 78, 227, 228
  Funktionsmischung 53, 54

Gebietstyp 252
Gestaltung(smaßnahmen) 46, 205, 246, 260
Großprojekte/-vorhaben 200, 243, 268, 269, 271, 277, 279,
  340, 359
Integration 15
Komplexe 249
Konzeption/Konzeption 40, 127, 148, 251
Kriminalprävention 20
Leitbilder/-vorstellungen 135, 136, 139, 148, 213
Missstände (Kriterien)/Probleme 156, 256
Modelle/Modellvorhaben 127, 257
Neuplanungen 246
nicht integrierte Lagen 143
Nutzungsgefüge/-mischung 53, 54, 268
Ordnung 128, 250, 256
Planungsprinzipien v. Haussmann 237
Qualität/Substanz 141, 254, 277, 345
Räume 212
Revitalisierungs-/Sanierungsmaßnahmen 156, 205, 257, 406,
  419
Strukturen (kompakte, qualitative Verbess.) 146, 234, 268
Verträge 255
Vorbilder/(Ziel-)Vorstellungen 43, 143, 246, 344
Städter (reiche) 328
städtisch(e)(r)(s)
  -ländliche Räume 49
  Agglomeration(sraum). *Siehe* Agglomeration(s)/-räume
  Ansiedlung/Bebauung/Besiedlung 219, 237
  Einkommen 107
  Einwohner(entwicklung) 321, 345, 359, 361
  Ensembles 153
  Entwicklung 22, 58, 118, 214, 398
  Flächen(nutzung) 157, 212, 365
  Funktionen 12, 46, 214, 360, 405
  Gebiet/Gemeinde 26, 47, 117, 283, 338
  Gesellschaft 345, 346
  Gewerbezweige 325
  Handeln 273
  Infrastruktur 108, 334, 372
  Kultur(form) 323
  Landnutzungslehre 150
  Leben(s-)(form/-weisen) 27, 28, 31, 50, 54, 201, 241
    -stile. *Siehe* Lebensstil(-forschung etc.)
  Nutzungen 121, 251
  Prozesse 22
  Qualitäten 53
  Raum 18, 19, 47, 56, 69, 70, 201, 256, 268, 330, 331, 345
  Reformen 346
  Regeneration 212
  Siedlung(s-) 19, 25, 29, 106, 107, 150, 221
    -entwicklung 12, 238, 254
    -formen/-größen/-strukturen/-weise 27, 41, 106, 143, 213
    -system/-verteilung 80, 85, 106
  Sozialformen 50
  Strukturen 11, 12, 173, 176, 267, 358
  Teilgebiete/-räume (Entwicklung, Typen) 114, 164, 165, 168,
    357
  Umfeld/-welt 174, 367
  Verdichtung(sgebiet/-raum) 52, 331. *Siehe auch*
    Verdichtungsgebiete/-räume
  Verhaltensweisen 31, 50
  Wachstum(s-)(phänomen/-raten) 35, 38, 53, 116, 364
  Wesen/Wirklichkeit 31, 273
  Wirtschaft(sformen/-weisen) 28, 31, 50, 107, 361
  Wohnformen/-weisen 46, 50
  Zentren 35, 110, 118, 214
Städtlein 221
stadtökologisch(e)
  Folgen/Probleme 48, 310
  Projekte 340
Staffelbauordnung/bauliche Staffelung 127, 226
Stalin-Periode/-zeit 246
Ställe 239
Stamm(esrivalitäten) 33, 52
Standardtypen/Standardisierung (Wohnungsbau) 247
ständische Gliederung (d. Bevölkerung) 226
Standort(e) 93, 121, 194, 337
  -agglomeration 190
  -analyse tertiärer Nutzungen mit GIS 210
  -ansprüche (v. Haushalten) 163
  -attraktivität/-bewertung 123, 191
  -bedingungen/-faktoren 177, 191, 192, 194, 208, 340, 349,
    417, 420
    auf Makro-, Meso-, Mikroebenen 79, 192
    d. tertiären (u. quartären) Sektors 177, 191

privatwirtschaftl. Einrichtungen 193
-dekonzentration/-dezentralisierung 16, 53, 194, 199, 204, 205, 390
-dichte/-verdichtungen 106
-dynamik/-entwicklung 16, 192
-erreichbarkeit 194
-förderung 145
-funktion 169
-gemeinschaft 177, 180
-gunst/-qualität/-vorteile 58, 86, 111, 115, 116, 117, 149, 255, 270, 393
-image 416
-konkurrenz (internationale, zw. Megastädten) 72, 205, 348
-konzentration
   d. Industrie 331
   hochrangiger Dienstl./zentraler Einricht. 91, 178
-persistenz (histor. tradierte St.) 16, 192, 194
-präferenz (subjektive) 191, 306
-raum 72, 177, 178
   zentraler/zentralst gelegener St. 16, 116, 121, 178, 179, 180, 194, 195, 251
-schwächen (v. Innenstädten) 206
-struktur(-modelle/-theorien) 16, 106, 112
-theorie(n) (absatzorientierter Betriebe) 91, 150
-veränderung/-lagerung/-schiebung 16, 57, 194, 196
-vergesellschaftungen 183
-wahl/-wettbewerb 21, 191, 192, 273, 377, 417, 420
-zusammenhänge/-zuweisungen 192, 338
   Makro-/Meso-/Mikrostandorte 191
   nicht integrierte St. 208
Stärken-Schwächenanalyse 273
Stationen (Civil & Military Stations) 327
Statistik/statistisch(e). Siehe auch Daten
-demographischer Ansatz 33
-amtliche St. 98, 161, 168, 331
Analysen/Methoden/Verfahren (multivariate) 14, 20, 161, 164, 166, 168, 176
Bezirke/Bezugseinheiten/Gebiete 83, 161, 166, 169
Sozialversicherstenstatistik 98
Veröffentlichungen d. UN 33
Status(-gruppen/-merkmale/-positionen) 20, 117, 124, 158, 278, 287, 291, 400
Staub(belastung)/staubige Straßen 311, 372
stedelijke agglomeratie 56
Steinbau/-ten (repräsentative)/-säule 228, 362
Steinkohlenförderung 365
Steinmetzarbeiten 351
Sterberaten/Sterblichkeit 33, 35, 57, 167, 276, 277, 330
Sternstadtkonzepte (Formen, Modelle, Plätze) 43, 133, 135, 137, 412
Steuer 108, 326, 348
- Abschreibung/-Förderung d. Wohnungsneubaus 140, 265
-aufkommen/-einnahmen/-kraft 58, 148, 260, 266, 293
-berater 185
-paradiese 392
Steuerung(s-)
-formen/-funktionen/-kompetenzen/-prozesse 76, 265, 356, 377, 379
-zentrale/-zentrum 28, 313, 383
   d. Stadtentwicklung 280, 340
Stickoxide 311
Stiftsbereich 153
Stiftung religiöser Gemeinschaft 221, 373
Stilelemente/-epochen/-formen 154, 226
   europ.-amerikan./internationale/westl. St. 328, 346
   historische St. 236
Stilllegung v. Betrieben/Unternehmen 57
Stimmbezirk 161
Stockwerk(szahl) 120, 226, 240, 322, 330, 356
Stoffkreisläufe 145
Strände 337, 362
Straßen 40, 124, 127, 129, 133, 139, 152, 154, 155, 156, 161, 162, 173, 191, 226, 240, 241, 284, 308, 322, 323, 326, 327, 328, 329, 334, 343, 352, 372
-bahn 202, 354
-bau/-planung 127, 143, 226, 234, 237, 242, 250, 338, 354
-blockaden/-sperren 370, 371
-büros 347
-führung/-netz/-systeme/-verlauf 45, 122, 128, 133, 138, 139, 153, 156, 161, 184, 194, 204, 212, 216, 217, 219, 224, 225, 226, 237, 238, 239, 240, 241, 245, 284, 285, 290, 295, 299, 301, 305, 314, 316, 323, 325, 327, 328, 335, 344, 345, 353, 370, 379
   gitterförmiges/orthogonales Str. 127, 215, 282, 283, 301
   historisches/überkommenes Str. 152, 180, 212, 337

-marktanlagen 218
-profil/-raum 153, 156, 213, 228, 255, 376
-verbreiterung 212, 327
-verkehr(s-) 238, 376
   -träger 96
Strategie(gebiete) 270, 285
strategisch(e)(s)
   Allianzen 86
   Rolle größerer Städte 383
Ströme (immaterielle, materielle) 80
Stromleitungen/-versorgung 307, 334, 360, 369
Struktur(en)(-elemente/-merkmale/-wandlungen) 29, 59, 61, 256, 296, 304, 337, 349, 382, 400
-abbau/-krise/-schwächen 100, 265, 266, 267
-konzepte/-modelle (d. Städtebaus) 126, 130
-muster v. Großstädten 400
-relationen zw. Städten 84
Stuck 236
Studierende 20, 278, 333
Stützpunkt 296, 355, 364, 382
sub-cities 401
subcenters (specialized) 389
Subkulturen 52, 278, 417
suburban(e)(r)(s) 43, 305
   Entwicklung/Flächenwachstum 54, 337, 400, 401
   Gemeinde 46, 76
   Lebensweise/Milieu 143, 287
   Raum/Umland/Vorort/Zone 43, 44, 45, 46, 47, 54, 144, 194, 195, 205, 251, 290, 293, 295, 308, 339, 340
   Städtebau/Stadtviertel 144, 242
   Wohlstandsgürtel 400
Suburbanisierung(sphase, -prozesse) 38, 42, 44, 45, 46, 47, 48, 49, 50, 57, 58, 59, 76, 119, 137, 143, 194, 206, 249, 251, 256, 265, 269, 277, 283, 287, 289, 290, 291, 295, 337, 345, 354, 360, 374. Siehe auch Industrie- bzw. Wohnsuburbanisierung
   autoabhängige S. 125
   Bevölkerungssuburbanisierung. Siehe Bevölkerungs-suburbanisierung
   Gewerbesuburbanisierung 44, 206, 265, 400
   nachholende S. (in Ostdeutschland) 44, 206, 265, 400
   tertiäre S. (d. tertiären Sektors) 44, 48, 52, 206, 265
Suburbia/suburb 44, 47, 197, 290, 295, 400, 401
Subvention (staatliche) 319
Subzentren/-zentren 110, 111, 178, 301, 308, 314, 389
Suchraum 174
Südafrikaner 371
südafrikanische Ballungszentren/Metropolen/Städte 364, 365, 366, 367, 368, 369, 370, 372, 374
südasiatische Städte 323, 374
südostasiatisch(e)(s)
   Bevölkerung(sentwickl.)/-migrationen 350
   Governance u. Steuerungsprozesse (Entwickl.-typen) 356
   Hafen-/Handelsstützpunkte 351
   Hauptstädte/Megastädte/Metropolen/Städte(systeme) 351, 352, 353, 354, 355, 356, 357, 358, 359, 362, 374
   kolonialzeitl. Stadtgründungen/-umbau 353
   präkoloniale Palast-/Stadt-/Tempelanlagen 351, 352, 353
   Herrschaftssitze 351
   Kultursysteme v. Angkor/Bagan 351
   ländliche Regionen 350
   Regionalentwicklung (stadtorientierte) 356
   Staaten/Stadtstaaten 350, 351, 355, 360, 363
   Entwicklungspfade nach Unabhängigkeit 354
   Urbanisierung(sprozesse) 350, 355
   Wirtschaft(swachstum) 350, 353, 355
südwestdeutsche Städtegruppen 228
Sukzession(sphase/-prozess/-zyklen) 119, 278, 368, 369
Sümpfe 311
Supermarkt 190, 198
supranational(e) Organisationen/Wirtschaft/Wettbewerb 377, 378, 379
Sûq (lokaler) 313, 314, 318
Sustainable Development 141
Swimming Pools 331
Symbol(e)(-)/Symbolisierung 132, 421
-Funktionen 379, 380
   d. Macht/Staates 237, 246
   früherer feudaler Stadtgestaltung 345
   nationale Symbolwirkung 333
   symbolische Aufwertung 20, 278, 279
   symbolische Bedeutung v. Metropolen 381
System(e) 398
-beziehungen/-elemente in Städtesystemen/zw. Städten 77, 80, 84

zentralörtliche S. *Siehe* zentralörtliche: Systeme/Zentrale Orte
Szene-Distrikte/-Viertel 413, 421

T

Tagesbesuche/-bevölk./-gäste/-reisende/-tourismus 61, 64, 180, 408, 409, 412, 413
Tagungsorte/-stätten/-zentren 271, 337, 409, 412
Tal 221
  -mündungsstädte 78
  -straßenlage 78
Talent 420
Tätigkeiten
  einfache T. 400
  flächenintensive T. 58
  informationsintensive/qualifizierte T. 54, 58, 400
  sekundärwirtschaftl. T. 28
  tertiärwirtschaftl. T. 28, 58
technisch(e)(r)(s) 281
  Beratung/Wissen 113, 186
  Infrastruktur/Neuerungen 133, 230, 406
  Städtebau 127, 235
Technologie (Hoch-T.) 147, 349, 420
  -parks/-zentren 210, 269, 350
Technoparty 413
Technopole/Technopolis-Konzept 374, 396
Teebuden 323
Telefon(-kontakte/-leitungen/-verbindungen) 53, 80, 100, 101, 334
  -methode 100
Telekommunikation(sunternehmen/-zentrum) 28, 349
Teleshopping 190
Tempel 214, 216, 328, 336, 343, 344
  -areal/-bereich/-bezirk/-straßen 322, 336, 337, 356, 362
  -städte 78, 322, 323, 351
Teppichherstellung 395
tera-machi 337
Terraingesellschaft 235
Terrassen 130
  -haus (am Hang) 157
  -lage/-sporn 78, 335
Territorial-/territorial(e)
  -entwicklung in Deutschland 73
  -isierungsprozess (im Mittelalter) 221
  -macht/-planung/-politik 40, 220, 325, 356, 393
  Zentren 78
  Zersplitterung (Deutschlands) 221, 225, 228
Territorium/-en 108, 214, 221, 244, 296, 351
Terror(anschläge) (fundamentalistische) 276, 312, 396
tertiär(e)(r)
  (Wirtschafts-)Sektor 16, 52, 90, 91, 98, 116, 117, 135, 177, 180, 185, 186, 191, 193, 205, 206, 210, 249, 260, 265, 271, 301, 332, 349, 403
    Aufspaltung/Entwickl./Standorttendenzen d. t. S. 177, 185
  -wirtschaftl. Einrichtungen/Funktionen/Nutzungen 91, 116, 121, 177, 341
  Verstädterung. *Siehe* Verstädterung: tertiäre V.
Tertiärisierung 360
Textil(ien)- 187, 189, 204
  -fabrikant/-herstellung/-industrie 241, 338, 394, 395
  -geschäft 187, 323
Theater 28, 95, 97, 130, 132, 184, 189, 191, 199, 202, 216, 227, 234, 285, 295, 354, 376, 407, 412, 416, 420, 422
  -Stadt 412
Themenpark/-routen 358, 411, 413
Theorie(n) 22
  -ansätze/-debatten (aktuelle, postmoderne) 118, 401
  -bildung (sozial-/wirtschaftsgeogr.) 94
  d. fragmentierenden Entwicklung n. F. Scholz 391, 393, 395
  d. konzentrischen Wachstums/Zonen 114, 123
  d. Marktnetze n. A. Lösch 106
  d. sozialen Wandels/Sozialökologie 113, 150, 164
  d. städt. Wandels/Stadtentwickl./-struktur 20, 105, 150, 399
  d. Wachstumspole 109, 150
  d. Zentralen Orte 90, 91, 92, 93, 94, 104, 106
  postmoderner Urbanisierung n. E. W. Soja 396
Thermen 216
Tiefbau (städt.) 235
Tochterstädte 376
Toleranz 420
Topographie/topographische Lage 78, 116, 284, 325
Tor 217, 238, 314, 318, 343. *Siehe auch* Stadttor
torres cerradas 308
toshikeikaku 340
Tourismus/Touristen/touristisch(e) 180, 264, 272, 346, 359, 362, 363, 396, 405, 406, 407, 408, 409, 410, 412, 413,

417, 419, 421. *Siehe auch* Kulturtourismus, Städtetourismus
  -Akteure 408
  -angebote/-attraktion/-attraktivität 361, 405, 406, 414, 418
  -dauer 409, 412
  -destinationen 362, 363, 405, 411, 412
  -dienstleistungen 360
  -einnahmen/-gewerbe/-kapazität 199, 270, 392
  -erschließung/-förderung 362, 406
  -forschung 408
  -marketing/-markt 407, 410, 412, 414, 422
  -Nachfrage/-Quellgebiete 406, 410
  -orte/-städte 362, 409, 418
  -planung (Handlungskonzepte/Praktiken) 408, 413, 415
  -typus d. Postmoderne 407
  -wahrnehmung (touristischer Blick) 409
  Dark Tourism 407
  Wirtschaftspotential d. T. 406
Touristification 413
town(ship) 365, 366, 368, 371
  identity 273
Trabantensiedlung/-stadt 43, 251, 252
trading-down-Effekte 263
Tradition(s-) 240, 339, 359
  -verhaftete Gruppe/-willen d. Bevölkerung 101, 138, 245
  traditionelle Stadtstrukturen/Zentren 201, 336, 344, 389
Träger(schaft) v. Funktionen/Nutzungen 18, 176
Transaktion(sdienstleistung) 185
Transferleistungen (staatliche) 266, 279
Transformation(sprozess/-strukturen) 47, 149, 208, 256, 278, 308, 348, 353, 360, 400, 412, 421
  d. Einzelhandelsentwicklung 208, 265
  in Ostdeutschland 210, 265, 280
  in Südostasien/d. VR China 344, 348, 357, 359
  intrametropolitane T. (Lateinamerika) 308
transnational(e) Unternehmen/verflochtene Ökonomie 28, 379, 380, 381, 392, 394, 396
Transport(-einrichtung/-kosten/-mittel/-system) 92, 116, 117, 123, 124, 134, 186, 347, 348, 352, 359, 381
Transrapid-Anbindung 350
Trauf(e)(haus/-höhe) 43, 154, 155, 225, 271
Treibhaus(gase/-kultur) 52, 145
Trennung
  ländlicher u. städtischer Räume 345
  v. Wohnen u. Arbeitsorten/Gewerbe/Wirtschaft 242, 314, 372
Treppenfriese 228
Treppenhauspodest 238
Treuhandanstalt 208
Trinkwasser(reservoir/-situation) 311, 351
Triumphbogen (römisch) 312
tropisch-afrikanische Stadt 374
Tsunami 361
Türme 224, 351
TV 390

U

U-Bahn(ausbau) 264, 359
Überbevölkerung (agrare) 33, 331
Überflutungen/-schwemmungen 311, 330, 360, 361, 363
Übergangszone 114, 115, 116, 120, 308
Überlastungserscheinungen (urbane) 355, 363
Übernachtung(sangebot/-gäste/-tourismus/-zahlen) 230, 406, 407, 409, 410, 412, 415
Überseehandel/-kolonie 108, 214
Überurbanisierung/-verstädterung 31, 38, 39
ukrainisches Städtesystem 104, 373
Umbau(phase)/-ten 202, 266, 271. *Siehe auch* Stadtumbau
umetatechi 337, 338
Umland 44, 45, 47, 54, 56, 57, 58, 83, 84, 90, 91, 95, 109, 111, 123, 135, 144, 206, 207, 277, 293, 318, 338, 363
  -dichte/-entwicklung 30, 197, 358
  -gemeinde/-kreis/-siedlungen 61, 143, 256, 291, 293
  -methode 100
  -verflechtungen 104
Umlegung(en) 153, 245, 250. *Siehe auch* Baulandumlegung
Ummauerung 327, 345, 397
Umschlag(sflächen/-punkte) 341, 364
Umsiedlung(saktionen) 330, 366
Umstrukturierung(sflächen) (ehem. Häfen) 264, 268, 270
Umverteilung(sprozess) 49
  inter-/intraregionale U. 50
  v. Arbeitsplätzen/Bevölkerung 49
Umwelt 141, 142, 173, 272
  -auflagen (lasche) 396
  -ausschnitt (gewerteter) 173

-belastung/-probleme/-schäden/-zerstörung 28, 48, 142, 256, 304, 310, 311, 312, 334, 337, 340, 345, 363, 372, 373
-gestaltung/-planung/-qualität 28, 145, 272
-rente 123
-schutz/-verträglichkeit 45, 141, 144, 145, 150, 255, 339, 340
-wahrnehmung 173
gebaute/physische/räumliche U. 15, 21, 173, 211
Umzüge (innerstädtische) 57, 125, 174
UN-Weltkonferenz über Menschliche Siedlungen 142
Unabhängigkeit (politische) 132, 328, 329
Unberührbare 328
Unbetretbarkeit v. Vierteln 306
UNESCO-Weltkulturerbe/-güter/-stätten 153, 312, 362, 405, 411, 412, 422
United Nations (UN) 379
Unités d'Habitation (Wohneinheiten) 131, 132
Universität(s-)(-campus/gebäude/-viertel) 84, 113, 132, 183, 189, 235, 269, 288, 329, 347, 354, 379, 384, 423
-city 183
-stadt/-städte 78, 84, 104, 277
Unregierbarkeit (v. Metropolen) i. Entwickl.länder 398
Unruhen/unsichere Stadt 20, 149, 318, 360, 372, 373, 396
Unterhalt v. Städten 326
Unterhaltung(s-) 199, 327, 398
-angebote/-bedarf/-einrichtung/-gewerbe 189, 199, 204, 230, 331, 407
Unterkünfte (einfachste, kleinste) 303, 330, 360
Unternehmen(s-) 28, 58, 269, 319, 349, 379, 384, 390, 393, 417, 421
(-orientierte) Dienstleistungen 100, 186, 379
-beratung 28
-führung (marktorientierte)/-präsentation 272, 274
-Headquarters/-Leitung/-Zentralen 28, 100, 191, 333, 381, 389, 390
globale, inter-/multinationale U. 28, 319, 331, 390, 394
Großunternehmen 100, 390
kleine/mittelgroße U. 396, 420
nationale U. 28, 379
produzierendes U. 186
Unternehmer 239, 240, 295, 355, 372, 397
unternehmerische Stadtentwicklung 420
Unterprivilegierung 51
Unterschicht 43, 51, 57, 115, 235, 286, 299, 303, 305, 308
-siedlung (informelle)/-viertel/-wohngebiet 306, 308, 311, 316
Unterstadt 336
Unterzentrum 98
urban(e)(r)(s) 283, 372
-industrielle(r)(s) Prozess/Hierarchiesystem 111
-schutz/-verträglichkeit 112
Agglomeration 56, 186, 320, 331, 379
amenities 421
blight/decay 372
Branding 274
enterprise zones 285, 293
entertainment center/-Einrichtungen/-Projekte 177, 199, 200, 202, 205, 210, 306, 308, 373, 407
Entwicklung/Prozess 12, 346
Form/Funktionen 316, 397
fringe 355, 359
Hierarchiesystem 111
imaginary 398
Industrieentwicklung 396
landscapes/morphology 15, 104
Multikulturismus 397
networks 85
Ökonomien 308
Organisation 390
population 32
Qualitäten 421
Räume 145, 282
Regimes 285, 293
Renaissance-Politik/-Zonen (Japan) 340, 341
renewal 233, 295
Schwerpunktsetzungen 354
Siedlungen 31
social geography 19, 24
sprawl 43, 54, 129, 339
Stadt-/Teilräume 358
Standortqualitäten 421
Subsysteme/System 358, 374
Umgebung 274
underclass (ghettos) 286, 308
Vielfalt 53, 276
Zentren 210

urbanisation/urbanization/urbanización 31, 33
Urbanisierung(s-) 25, 31, 33, 50, 51, 55, 56, 59, 164, 242, 347, 355, 373, 374
-begriff/-dimensionen/-terminologie 25, 31, 50, 54, 320
-forschung (Ansätze) 25, 33
-phasen(modell)/-prozess 18, 31, 50, 51, 56, 58, 59, 287, 320, 348, 354, 355, 374, 381
fordistische/postfordistische U. 396
ökonomische Grundlagen d. U. 396
soziokulturelle U. 50
Theorie d. U. 54
tourismusgetragene U. 362, 363
Urbanismus 31, 165
Urbanistik 12, 24
Urbanität 31, 50, 52, 53, 54, 139, 147, 254, 255, 362, 416, 417, 421
Ausbreitung (Diffusion) d. U. 31, 50
durch Dichte 140, 251
neue/postmoderne U. 54, 148, 399, 400
urbanizaciones cerradas/privadas 305, 306, 402
Urkunde (königliche) 178
Urlaub(saktivitäten/-motive) 406, 408, 409, 413
Urstromtallage 78
US-amerikanisch(e)(r)
Bundeseinfluss/-gesetze/-politik/-staaten 283, 293
Business Improvement Districts (BIDs) 263
CBDs/Downtown/Hauptgeschäftsbereich 182, 285, 296
census 283
counties 283
Einwohner(-entwicklung/-dichte) 283
Einzelhandel 373
Gemeinden (incorporated) 283
Gesellschaft 282, 291
Innenstädte 296
Kommunen/kommunale Zersplitterung 293
ländliche (rural) Regionen 283
Megalopolis/Metropolen/Metropolitangebiete 197, 283, 295, 420
Militär- u. Entwicklungshilfe 395
Mittelstandsgesellschaft 286
Raumordnungskategorien 283
Stadt/Städte/Verstädterung 20, 116, 117, 182, 282, 283, 284, 285, 286, 287, 288, 291, 293, 294, 296, 368, 373, 398, 399
(histor.) Entwicklung d. US-amerik. St. 82, 116, 139, 282, 287
-land USA/-landschaft 291
-Umland(-Regionen) 107, 283
Hauptstadtplanung 338
Kernstädte 283, 296
ökonomischer Strukturwandel 373
Stadtbegriffe 282
Städtebänder 283
Städtebaugesetze 293
Strukturmodell d. US-amer. Kernstadt 287, 293, 294
Suburbanisierung/suburbaner Raum/suburbs 283
urban renewal 295
urbanized area (urbanisierter Raum)/clusters 283
Verwaltungsbezirke 283
Wohnungsbaugesetze 293
USP: unique selling position 273
Utopisten (soziale)/utopische Entwürfe v. Gesellschaften 240

V

Vaishya 322
Variable(n)(-auswahl/-satz) 159, 164, 165, 166, 168, 278
Varnas 322
Vasallen (höhere)(-staaten) 325, 336
Vaubansches System 225
Vegetation(szerstörung) 156, 363
Veranda 327
Veranstaltung(en)(s-)(-orte) 264, 272, 407, 409, 415, 418
Verbände 100, 185, 189
Verbindungsachsen/-netze 90, 224
Verbraucher(-markt) 58, 190, 198, 204, 205, 311
Verbrechen 403
Verbrennungsstätten d. Hindus 324
Verbundsystem d. Einzelhandels 198
Verdichtung(s-) 43, 55, 62, 64, 143, 251, 254, 333, 339
-ansätze/-merkmale 61, 64, 69
-gebiete 55, 96, 368, 377
-prozess (innerstädtischer) 38, 308
-räume 13, 41, 49, 55, 56, 59, 62, 63, 64, 73, 83, 85, 86, 91, 94, 109, 122, 210, 212, 254, 283, 372, 377

d. BRD/in Deutschland 49, 62, 76, 251
d. ehem. DDR/Ostdeutschlands 63
Entwicklung/Stagnation/Wachstum von V. 39, 49, 59
d. Siedlungs-/Städtesystems 39, 40, 41
d. Wohnbebauung/-gebiete 394
Innenverdichtung 271
städtebauliche/städtische V. 52, 139, 251, 372
Verdienst 20, 234, 293
Verdörflichung d. Städte 52
Verdrängung(seffekte/-prozesse) 196, 295, 359, 393
v. Gewerbebetrieben 209, 251
v. Wohnbev./Wohnungen 179, 251, 278, 279, 355, 357, 360
Vereinigte Ostindische Handelskompanie 364
Vereinigung (politische). Siehe politische Vereinigung (deutsche)
Vereinte Nationen (UN) 33, 142
Verfahren (mathematisch-statistische) 165, 169
Verfall(s-)(erscheinungen) 58, 217, 265, 295, 369
-gebiete (innerstädtische) 114, 249, 293
alter Industriegebiete/wirtschaftl. V. 284, 307
Verflechtung(s-)
-bereich/-merkmale/-raum 17, 58, 59, 61, 88, 317
engerer Verflechtungsraum um Berlin 266
d. Nutzungsarten 251
distanzielle/räumliche/regionale V. 169
funktionale V. 332
internationale V. 379
organisatorische V. 80
räumliche/regionale V. 135
v. Versorgung u. Freizeit 143
v. Wohnen u. Arbeiten 143
Vergnügen/Vergnügung(s-) 205, 409
-angebote/-betriebe/-funktionen/-kultur 115, 230, 376, 389, 403
-parks 53
-verkehr 337
-viertel 337
Vergroßstädterung 38
Verhalten(s-) 21
-annahmen (homo oeconomicus) 91, 94
-formen/-merkmale/-muster/-weisen 19, 50, 52, 164, 316
-orientierte Stadtgliederungen 176
evaluatives V. 19
expressives V. 19
individuelles V. 21
interaktives V. 19
kognitives V. 19
raumbezogenes/-relevantes V. 21, 24, 173, 174
sozialgeographisches V. 291
v. Anbietern/Nachfragern 107
Verkauf(s-)
-art/-methoden 190
-ebenen/-fläche(nangebot)/-stellen(netz) 187, 190, 198, 204, 205, 208
Verkehr(s-) 28, 116, 124, 130, 132, 137, 185, 212, 237, 272, 297, 310, 365
-achsen 196, 204, 389
-ämter 406
-anbindung/-anschluss 198, 204, 348
-arten 130
-aufkommen/-belastung/-dichte/-intensität 28, 38, 58, 179, 180, 290, 378
-band 137
-beruhigung/-entlastung/-erleichterung 46, 135, 141, 180, 255, 308, 326, 406
-beziehungen 100
-bezirk 161
-chaos/-gewimmel/-misere 270, 310, 323
-einrichtungen 345
-entwicklung 53, 147, 234
-erschließung 107, 254
-fläche(n) 63, 69, 70, 71, 143, 176, 252, 340, 389
-flüsse 138
-frequenzkarten (ÖPNV) 101
-funktionen 78, 376
-gründe/-gunst 297, 393
-infrastruktur(ausbau/-lastung) 53, 89, 96, 307, 355, 359
-innovationen 315
-knotenpunkt/-kreuzung 116, 138, 173, 234, 327
-lage 28, 194, 198, 219, 221
-leitlinien/-linien 117, 287, 314
-mittel 124, 125, 255, 328
-punktlage 78
umweltfreundliche/-verträgliche V. 144
-netz(gestaltung)/-planung 57, 92, 135, 139, 285, 314, 352
-prinzip 93
-probleme/-staus 59, 284, 355, 372, 373

-raumerweiterung 245
-sicherheit 148
-städte 78
-stellung (d. City) 180
-ströme 290, 316, 401
-strukturen (autooorientierte) 138
-system 127, 128, 130
weltweites V. 380
-technologie 124, 186
-träger 96
-verbindung/-verbund 108, 122
-vereine 406
-vermeidung 53, 146
-wege(ausbau) 28, 57, 80, 117
-wertigkeit 28
-wissenschaft 12
-zählung 181
-zellen/-zonen 166, 198
öffentlicher Personenverkehr. Siehe ÖPNV
ruhender V. (Flächenbeanspruchung) 180, 194, 284
Verlage 28
Verlagerung (ökonomischer Aktivitäten/v. Betrieben 44, 57, 58, 111, 268, 338, 341
Verländlichung d. Städte 52
Vermarktungskooperation 411
Vermessung 283
Vermietung 51, 286, 301
Vermittlungseinrichtung (d. Reise-/Fremdenverk.) 58, 189
Vermögensverwaltung 196
Vernetzung
globale/weltweite V. 194, 376, 390, 391
innerregionale V. 135
städische V./in Quartieren 17, 85, 86, 266
Versand(haus) 187, 189
Verschönerung v. Städten 326
Versicherung(s-)(dienstl./-einrichtg./-konzern) 28, 100, 107, 121, 179, 185, 186, 189, 194, 251, 290, 383, 389, 396
Versiegelung (mit Auswirkungen) 311, 363
Verslumung(sprozess) 308, 321, 394
Versorgung(s-) 53, 58, 91, 128, 143, 245, 269
-anlagen/-einrichtungen/-infrastruktur 19, 53, 143, 248, 260, 330, 355, 358, 365, 371
-bereiche/-funktionen 53, 88, 91, 96, 97, 98, 132, 133, 178
-leitungen 40, 137, 245, 284
-modell 93
-probleme/-sicherheit 318, 355
-standorte/-strukturen 371, 372
-station 364
-verhalten 101
-zentrum 194, 241, 347
d. Bevölkerung 98, 208, 265, 358
im System Zentraler Orte 104
m. Gütern 93
m. öffentl./sozialen Einrichtungen 248, 301
v. Gebietsteilen/Städten 92, 93, 348
wohnungsnahe V. 208
Verstädterung(s-) 18, 25, 26, 31, 33, 35, 43, 47, 55, 56, 61, 64, 127, 143, 281, 282, 287, 320, 331, 333, 373, 374
-begriff/-terminologie 31, 33, 54
-dimensionen/-merkmale 25, 33, 50, 331
-förderungsgebiet 339
-grad 33, 36, 296, 320, 325, 331
d. Entwicklungsländer 34, 35
d. Industrieländer 34, 35
in d. Staaten d. Erde 32, 34
-kontrollgebiet 339
-phasen/-prozess 18, 33, 125, 147, 296, 301, 303, 304, 310, 366
-probleme 31, 331, 335
-quote 33
-rate 32, 33, 34
-theorie 54
als Detribalisierung 52
als Städteumstrukturierung 41
als Städteverdichtung 39, 54
als Städtewachstum 41
Ausufern d. V./expansive V. 334, 335
demographische V. 33, 34, 35, 36, 39, 54, 320, 331
Dritte Welt-V./in Entwicklungsländern 34, 36, 54, 370
funktionale V. 52, 53, 54
in Deutschland (19. Jh.) 242
internationale Vergleichbarkeit d. V. 26
physiognomische V. 41, 43, 45, 49, 54
soziale V. 50, 54
tertiäre/tertiärwirtschaftliche V. 52

weltweite V. 31, 142
Verteidigungsanlagen/-gründe 223, 336
vertikale Abfolge v. Nutzungen/Stadt 120, 131, 132, 186
Vertriebenenbevölkerung 244, 312
Vertriebszentrale 390
Verwahrlosung 140, 286
Verwaltung(s-) 90, 93, 94, 100, 144, 213, 216, 232, 241, 272,
   323, 363, 406
   -bauten (repräsentative)/-gebäude 235, 246, 326, 354
   -bezirk/-gebiet 61, 161, 169
   -einrichtungen/-funktionen 27, 115, 133, 316, 364, 365
   -grenzen 100, 101
   -metropolen/-orte/-siedlungen/-städte/-zentren 41, 78, 79,
      95, 227, 327, 328, 347, 363, 364
   -wissenschaft 12
Verwandtenbesuche 409
Verwestlichung (verwestlichte Stadt) 281, 312, 315, 316
Verwüstungen 364
Viehhalter 328
Vielformhaus 154
Vielwohnungshaus (freistehendes) 157
Viertel(s-) 280, 316, 367
   -bazar 314
   -bildung (soziale, sozioökonomische) 161, 365, 366
   -verschönerung 263
   d. Armen/statusniedrige V. 304, 308
   d. Reichen/reiche V. 304, 311
   dicht bewohnte/überfüllte V. 244, 326
   funktionale V. 157, 180, 183
   kommerzielle V. 288
   Wohnviertel. Siehe Wohn(en)viertel
viktorianisches Erbe 231
vilas 301
Ville Contemporaine 130
Villen(-kolonie-siedlung/-viertel/-vorort) 43, 54, 128, 194, 239,
   241, 242, 301, 312, 316, 319, 353, 393, 394
Villes Nouvelles 54
virtuelle Realität 54
Visierbrüche in Sichtbeziehungen 156
Vogteirechte 221
Volkseigentum/volkseigene Bauvorhaben 246, 271
Volksfeste 246
Volkskunde 12, 24
Volkswirtschaft (Entfaltung/Entwicklungsprozess) 110, 398
Volkszählung(s-)(-daten/-ergebnisse/-statistik) 61, 78, 79, 113,
   159, 160, 161, 162, 238, 320, 332. Siehe auch Census
Vollgeschoss(fläche) 153, 159
von Thünensches Modell 122
vorderasiatische Städte 313, 318
Vorderbauten/-kragungen 228, 238
Vorkaufsrecht 250
Vorort 43, 44, 57, 114, 116, 194, 251, 287, 288, 290, 334
   -gemeinde/-ring/-zone 44, 46, 47, 116, 239, 284, 287
Vorstadt(gebiete) 330, 334, 397
Vorstellung(en)(sbilder/-raum/-vermögen) 24, 173, 291
   kognitive/subjektive V. 173, 174, 175, 273
   planerische/städtebauliche V. 335, 344
Vulkanismus 214, 361

W

Wachpersonal 403
Wachstum(s-)
   -gebiet/-ort/-pol/-raum/-ring 41, 49, 109, 400
   -prozesse in Deutschland 260
   -theorien (regionale, Wachstumspol.-T.) 12, 109, 150
Waffenhandel 395
Wagentransport m. Tieren 124
Wahl(en)(-daten/-ergebnisse/-statistik/-verhalten) 161, 162, 164,
   367
Wahrnehmung(s-) 19, 21, 173, 269, 371
   (un)bewusste/subjektive W. 173
   -ansatz/-forschung/-geographie 21, 172, 173, 174, 175, 176
   -raum/-viertel 173, 174, 176
   städt. Standorte/Strukturen/Wandels 21, 172, 173, 399, 409
Wahrzeichen (e. Stadt) 173, 264, 418
Waisenhäuser 354
Wälder (verunreinigte) 311
walisische Industriestädte 233
Wall(anlagen) 55, 196, 217, 335
   -fahrtsstädte 78, 312
walled communities 370
Wand(fläche)/Wände 154, 156
Wanderbevölkerung 346
Wanderung(s-) 39, 49, 80, 125, 286, 345. Siehe auch Ab-,

Außen-, Binnen-, Rück-, Zuwanderer, Migration
   -entscheidungen/-verhalten 174, 277
   -gewinn/-rate/-saldo/-verlust 50, 69, 70, 71, 260, 277, 400
   -mobilität/-modelle 125, 126, 276
   -potenzial/-ströme/-vorgänge 35, 125, 400
   Constraints-W. 308
   innerstädtische/intraurbane W. 125, 126, 174, 299, 303
   interregionale W. 44
   Kern-Rand-W. 301
   Land-Industrie-W. 35, 234
   Land-Stadt-W. 35, 126, 232, 234, 310, 345, 376
   Stadt-Land-W. 50
   Stadt-Stadt-W. 126
   Stadt-Umland-W. 400
Waren 178, 190, 194, 199
   -angebot/-gruppen 187, 190, 191, 208, 327, 365, 371, 396
   -haus 97, 100, 180, 187, 189, 190, 198, 201, 202, 205,
      208, 255
   -import/-ströme 80, 109, 316
   -lager/-stapelung 26, 313
   Alt-/Retourw./Letzt-Saison-/Zweite-Wahl-W. 199
   Markenw. 199
   Non-Food-W. 190
Wärmeglocke 311
Wäscherkaste/Waschhaus 132, 328
Washington Konsens 394
Wasser
   -bautechnik/-gräben/-wege 173, 225, 311, 335, 351, 352
   -bürtige Stadt 352
   -entsorgung 311
   -festung 325
   -flächen/-fronten/-lagen 291, 421
   -haushalt/-menge/-qualität 311
   -reservoire/-zapfstellen 303, 353
   -spülklosett 238
   -straßenverkehr/-wege 96, 352
   -turm 234, 235
   -verbrauch/-versorgung 234, 311, 323, 330, 360, 369
   -verschmutzung 355
   -vorkommen/-wirtschaft 145
   Problembereich W. 311
Waterfront(-Bereich/-Flächen) 337, 341, 389
   -Projekte/Redevelopment 264, 269, 291, 339, 340, 415
   Tôkyôs 341
way of life 282
Weg(e) 173, 226
   -protokolle 172
   -verbindungen 180
   -züge 162
   Stadt d. kurzen W. 144, 146
Wehranlagen 218
Weichbild 221, 230
Weihnachtsmärkte 180, 411
Weiße/weiße 289, 293, 364, 365, 366, 368, 371, 372
   (Wohn-)Gebiete/Stadt 364, 365, 366, 370
   Revolution 186
Wellness-Spas/-Zentren 362
Welt 35
   -ausstellung 270, 406
   -bericht über Umwelt u. Entwicklung 141
   -bevölkerung/-gesellschaft 34, 393, 403
   -finanz-/-handelszentrum 194, 383
   -firmen 349
   -konferenz URBAN 21 145
   -krieg 44, 212, 234, 241, 242, 244, 252, 337, 338
   -kulturdenkmale/-erbe/-gut. Siehe UNESCO
   -markt 395
   -metropole 320
   -öffentlichkeit 141
   -reiche (koloniale) 376
   -stadt/-städte 27, 51, 54, 349, 350, 361, 376, 378, 380, 381,
      382, 383, 384, 385, 387, 390
      -forschung 381, 384, 404
      -hierarchie/-klassifizierung/-Rangfolgen 17, 382, 385, 387
      -hypothesen n. J. Friedmann 381, 382
      -kultur 403
      -linkages/-Netzwerk/-system (globales) 382, 383, 385, 397
      -verteilung/-wachstum 382, 385
      funktionaler/kosmopolit. Charakter v. W. 381
   -wirtschaft(ssystem) 28, 376, 378, 382, 383, 404
Wende (politische) 244, 256, 265
Werbeagentur/-aktivität/-gemeinschaft/-wirtschaft 186, 190, 263,
   279, 319, 384, 385, 389, 390, 420
Werftgelände 341

Werk(s-) 239
-hallen 159, 393, 394
-kolonien/-siedlungen 237, 239, 240, 241, 242, 327
-stein 228
Wert(e)(-steigerungsabgaben) 19, 250, 291, 379
Weserrenaissance 151, 225, 228, 229
West End/Westend (Frankfurt, London) 183, 196, 389
West-Ost-Vergleich d. Stadtentwicklung 243
westdeutsche Städte 19, 209, 268, 279
westeuropäische Länder/Städte 51, 117, 373
Westfalenmetropole 136
westfälische(r)(s) Raum/Städte(system) 40, 54, 136, 213, 215, 223
westlich(e)
-moderne(r) Bebauung/Einfluss 316, 400, 403
Merkmale d. Urbanisierung 347
westniederdeutsche Städte/Zone 78, 228
Wettbewerb(s-) 120, 391, 394
-druck/-zwänge 208, 392
-fähigkeit/-funktionen/-vorteile 76, 86, 256, 361, 379, 380
-gesteuertes Weltgeschehen 391
entgrenzter/exzessiver W. 393, 394
globaler/inter-/super-/transnationaler W. 264, 270, 340, 359, 361, 363, 377, 417, 419, 421
zw. Städten (u. Regionen) 272, 275, 406, 411, 413, 415, 417, 419
Wiederaufbau(phase) 44, 140, 141, 212, 215, 244, 245, 274, 338, 374
kriegszerstörter Städte in Deutschland 137, 138, 139, 243, 247, 280
v. Stadtzentren (DDR) 246
Wiedervereinigung (deutsche) 140, 210, 238, 243, 247
Wiener Sezession 236
Wik(bold) 217, 221
Wilhelminischer (Wohn- u. Gewerbe-)Ring/Gürtel 42, 43, 235, 238
Windverhältnisse/Wirbelstürme 311, 361
Wirtschaft(s-) 39, 56, 74, 92, 144, 146, 249, 274, 314, 316, 378, 381, 400, 406, 411
-abteilung/-bereiche/-aktivitäten 143, 186, 316, 347
global vernetzte/internationalisierte W. 28, 390
-bauten 318
-betriebe/-branchen 45, 409, 420, 421
-beziehungen (internationale) 113
-boom/-entfaltung/-entwickl./-wachstum 51, 110, 234, 251, 334, 338, 348, 355, 356, 357, 363, 378, 420
-city 183, 184
-cluster 277
-dekonzentration 310
-faktor 409, 417
-förderung 109, 145, 272, 339, 417
-form (städtische)/-funktionen v. Städten 28, 50, 78
-geographie/-geogr. Theoriebildung 18, 94
-gliederung 185
-kommission (zonale) 244
-kraft (v. Städten/Zonen) 58, 80, 228, 285
-kreislauf/-prozess 185
-landschaft 107
-leben (d. City) 371
-mittel/-schwerpunkte 213, 307
-politik (flexible, neoliberale/Entw.-ziele) 308, 341, 346, 377
-potential (endogenes) 417
-prüfer/-prüfung 185, 186, 385
-qualität 145
-raum (nationaler) 111, 297, 390
-reform 346
-sektor(en) 52, 91, 185, 196, 313, 341, 355, 372
-standorte 145, 383
-struktur 79, 113
d. Städte d. BRD 62, 84
-stufentheoret. Ansatz 110
-system(e) 256, 271, 349
in West u. Ost 244, 348
-theorien 150
-verkehr 143
-weise (städtische, zukünftige) 50, 141
-zentrum (strategisches)/-zentren 89, 226, 332, 390
-zonen 346
-zweige (führende) 256, 383, 412
wirtschaftlich(e)(r)(s)
Ausbeutung 296
Degradierung 301
Entwicklung(sstand)/Prozess 56, 72, 105, 124, 146, 147, 186, 355, 361, 378, 402
weltweite w. E. 383

Erfolge v. Handlungen 92
Erschließung 137, 296
Events 407
Funktionen 29, 46, 221
Interessen 254
Mittelpunkt/Organisationszentrum 313
Öffnung 402
Orientierung (marktwirtsch./zentralverwalt.) 354
Polarisierung 52
Probleme/Rezession/Schrumpfung 268, 340, 370
Rahmenbedingungen/Situation 277, 330
rational handelnder Mensch 92
Reform(politik) 346
Steuerungsfunktionen 379
Strukturabbau/-schwäche/Ungleichgewicht 109, 265, 266
Wissen(s-)(-ökonomie)/-intensive Dienstleistungen 104, 186, 340, 379, 381, 401, 404, 419
-gesellschaft 417
Wissenschaft(s-)/wissenschaftlich(e)(r) 74, 272, 411, 420
-büro/-einrichtungen 269, 272
Beirat d. Bundesreg. Globale Umweltveränderungen 12
raumbezogene W. 377
Wochenendhausgebiet/-ziel 157, 328
Wochenmärkte 210
Wohlhabende(-Enklave) 125, 279, 318, 319
Wohlstand(s-/-entwicklung) 43, 124, 346
-gürtel (suburbaner) 400
Wohn(en)- 19, 44, 46, 53, 58, 127, 132, 137, 143, 144, 146, 155, 157, 171, 172, 238, 241, 245, 251, 260, 264, 266, 286, 293, 314, 334, 338, 400
-altbausubstanz 249, 280
-anlagen 140, 291, 293, 343, 347
bewachte, ummauerte W. 306, 318
-attraktivität 122
-baufläche/-land/-projekte 148, 157, 339
-bebauung 117, 235
-bedarf 145
-bedingungen 46, 231, 240, 267, 360
-bereiche/-bezirke 124, 291, 351, 371
-bevölkerung 47, 61, 115, 119, 157, 164, 179, 180, 251, 279, 289, 291, 340, 355, 413
-block 247
-de 330
-dichte 43, 128, 130, 135, 139, 233, 291, 301, 375, 394
-einheit 132, 139, 240, 244, 247, 248, 251, 269, 286, 303, 356
-exurbanisierung 293
-flächen 143, 160, 214, 215, 345
-formen 50, 129, 157, 233, 239, 252, 269, 277, 417
abgeschottete, bewachte W. 307, 318, 371
-funktion(en) 46, 130, 135, 233, 235, 249, 288, 324, 339, 340
-gebäude 144, 327, 344, 353
-gebiet(s-) 114, 115, 116, 117, 123, 130, 133, 137, 140, 142, 157, 159, 194, 208, 242, 248, 251, 252, 255, 299, 304, 316, 322, 335, 340, 347, 361, 365, 367, 372.
Siehe auch Wohnsiedlung
-erneuerung 275
-typen 340
-Verdichtung 316, 394
-Verslumung 394
Absperrung e. W. 370
armer/niederer Bevölkerungsschichten 338, 393
benachteiligtes/vernachlässigtes W. 176, 249
city-/downtown-nahes W. 295, 371
f. Nicht-Weiße 365
gehobenes, hochrangiges/-wertiges W. 118, 123, 316, 319, 337, 366, 372, 389
Preisniveau e. W. 371
rassenbestimmtes W. 365
übervölkertes W. 396
-Geschäfts-Industrie-Mischzone 299
-haus/-hochhaus 131, 196, 293, 297, 322, 355, 413
-hof 343
-hügel 157
-immobilien (luxuriöse) 318
-infrastruktur 50, 301, 303
-kolonien 327, 329
-komplex(e) 248, 249, 252, 254, 305, 306, 319, 363
-zentren 247
abgeschlossene/bewachte (Luxus-)W. 304, 305, 318, 319
sozialistischer W. 247, 248, 249
-kostensteigerungen 279
-lagen (beste, repräsentative) 196
-maschinen 252

-milieus 24
-niveau 288
-notstandsgebiet 233
-nutzung 45, 121, 143, 184, 271, 370
-ort 400, 407
-parks 330
-platzdichte 28
-präferenzen/-qualität 265, 276, 339
-quartiere 249, 303, 314, 318, 353, 366
    ummauerte W. 345
-raum(bedarf/-beschaffung) 149, 233, 244, 255, 279, 357
-ring 116
-segregation 51, 114, 286, 288, 291, 314, 315
-sektor(en) 288, 301
-siedlung(s-) 40, 43, 129, 139, 239, 241, 251, 327, 329, 334
    d. Armen 301
    geschlossene, bewachte 307
    randstädtische W. 241, 252
-silos (trostlose) 393
-sitte/-tradition 235
-situation 329, 330, 360
-sitz (repräsentativer) 196
-stadt 41, 327, 329
-standort 53, 92, 117, 140, 171, 172, 174, 196, 235
    -präferenzen/-wahl 21, 370
    -typen 76
-stätten 53, 156
-suburbanisierung 44, 76, 206, 265, 290, 293
-trabanten 254
-turm 157, 307
-typen 123
-umfeld/-umgebung 19, 172, 174, 176, 248
    -ansprüche/-präferenzen 172
    -mängel/-probleme 279, 340
    -qualität/-verbesserung
    20, 46, 141, 172, 176, 255, 260, 265, 280, 339
-verhalten/-verhältnisse 21, 33, 242
-viertel 28, 51, 116, 183, 245, 278, 285, 286, 287, 288,
    301, 343, 403
    degradierte W. 51
    geschlossene (bewachte, ummauerte) W. 308, 370, 402
    ringzonal/sektorartig angeordnete W. 287, 303
-vororte 43
-vorstellungen/-weisen 52, 140
-wert/-wünsche/-zufriedenheit 24, 233, 267
-zwecke 308
Wohnung(s-) 57, 121, 124, 143, 172, 182, 238, 248, 251,
    254, 264, 267, 270, 301, 312, 327, 370
-bau 233, 234, 244, 249, 254, 265, 340, 341, 344, 349
    -(Groß-)projekte 340, 341
    -dichte 149
    -förderungs-/modernierungsgesetz 245, 255
    -genossenschaft/-gesellsch./-träger 43, 241, 266
    -gesetze (BRD, preußisches) 242, 244
    -kreditanstalt (staatliche) 338
    -planung/-politik 33, 143, 244
    -serie 70' 247
    -typen 156
    experimenteller W. 144, 260
    industrialisierter/standardisierter W. 247, 280, 345
    ressourcenschonender, kostenreduzierter W. 145
    sozialer W. Siehe sozialer Wohnungsbau
-bestand(serneuerung) 146, 147, 238, 250
-defizite/-mangel(-beseitigung) 247, 368, 370
-einrichtungsbedarf 189
-leerstand 41, 140, 147, 149, 255, 266, 267, 268
-markt/-not/-situation/-suche/-versorgung 43, 59, 127, 131,
    145, 146, 166, 234, 240, 248, 266, 277, 310, 319,
    321, 347, 356, 368, 370, 378
-modernisierung(sgesetz) 140, 255, 267, 280
-neubau (in Innenstädten) 249, 265, 266, 277
-qualität (kartogr. Darstellung, Mängelindex) 156
-rückbau 146, 266
-statistik/-zählung 159, 160, 161, 238
-zerstörungen 244
    geringen Standards 116
    großbürgerl./herrschaftl. W. 235
    Klein-/Kleinstwohnung 116, 238
    zimmerweise Aufteilung v. W. 51
    Zweitwohnungen 123
Wolkenkratzer(bebauung) 130, 131, 282, 284, 285, 301, 330, 375
world city (formation, hierarchy) 381, 382, 385. *Siehe auch*
    Weltstadt/-städte, Global City/Cities
World Financial Centre 389
world-cityness 385

Wüste(n)(-grundstück/-städte) 41, 319, 374

Y

Yamen 344
yin-yang 343, 344
Yuppies 20, 52, 287, 397

Z

Zählbezirk(seinteilung) 161, 331
Zähringer/zähring. Stadtplan 219
Zäune 306, 370
Zeche Zollverein/Essen 405, 421, 422
Zechen(kolonie)(gartenstadtähnliche) 237, 239, 240, 241
Zeichnungen (räuml. Vorstellungsbilder) 173
Zeilenbauweise (offene) 245, 248
Zeit 23, 118
    -budget/-distanz(-constraints) 80, 191, 389
    -geist 138
    -gründe 393
    -Kosten-Maß d. Erreichbarkeit 116
    -vertreib 398
    vorindustrielle Z. 117
Zeitung(sdruckerei) 182, 319
Zellen(-prinzip, räumliches)/Zellularisierung 346, 347
    abgeschottete, geschlossene Z. 345, 401
    privatisierte Z. 401
Zeltdach 202
Zentral(e)(r)/-**zentral**(e)(s)-
    -ausschuss f. dt. Landeskunde 17, 95
    -ort/-stadt 128, 214, 287, 289
    -region 111
    Einrichtg./Funktionen/Gewerbe/Güter 28, 91, 92, 93, 94, 97,
        100, 102, 106, 128, 133, 177, 178, 180, 249
        empir. Erhebungen/Kartierungen/Katalog z. E. 97
    Lage 90, 91, 116, 120, 143, 178, 271, 339
    Orte 17, 77, 88, 91, 92, 93, 94, 95, 96, 102, 134, 177,
        178, 335, 352, 365
        -Hierarchie/-(Ab-)Stufungen 17, 78, 93, 94, 95, 96, 102
        -Konzept (prakt. Bedeutung, in d. Raumordn.) 24, 96, 102,
        103, 104
        -Modell 91, 93, 94, 96, 106
        -Systeme (d. Bundesländer) 91, 104
        Begriff/Bezeichnung/Definition Z. O. 91
        Förderung Z. O. 96
        Funktions-/Verflechtungsbereich e. Z. O. 17, 95, 96
        kooperierende Z. O. 88, 90
        räuml. Anordnung/Verteilung Z. O. 91, 92, 93, 94, 97
        Sonderformen Z. O. 86
        Theorie d. Z. O. 17, 90, 91, 92, 93, 94, 103, 104, 106
    Siedlung 214
    Stadtbereich/-bezirk/-gebiet/-raum 118, 147, 340, 341
    Standort(e)/-räume 120, 121, 134, 135, 179, 194, 195
    Zone e. Stadt 130, 133
Zentralität(s-) 28, 91, 96, 98, 103
    -ballung 322
    -bestimmung/-erhebung/-forschung (empir.) 14, 17, 18, 24,
        79, 90, 91, 94, 95, 97, 98, 101, 103, 104, 177, 178, 212
    -indikatoren 97, 98, 100
    -konzept 106
    -maß/-messung 104, 177
    -politik 104
    -schwankungen 102
    -stufen 88, 93, 97, 98, 99, 100
    absolute/relative Z. 91
    als Bedeutungsüberschuss 91
    disperse Z. 357
    freie Z. (Methoden z. Ermittlung) 100, 101
    gebundene Z. 100
    innerstädtische Z. 14, 104
zentralörtlich(e)(r)(s)
    Ausstattung/Bedeutung/Funktionen 70, 80, 86, 88, 98, 118,
        179, 185
    Bereich(s-) 90, 93, 95, 97
        -abgrenzung/-erfassung 100, 101, 102
        Hexagonalschema e. z. B. 92
        rhythmische Veränderungen e. z. B. 102
    Bindungen (freie)/Ergänzungsgebiete 93, 100
    Gefüge/Gliederung/Grundstufen 95, 96, 97, 322
    Struktur/Systeme/Verflechtungen 17, 77, 83, 90, 91, 93,
        94, 95, 96, 103, 135, 322
        Analyse/empir. Erfassung e. z. S. 95, 96, 97
        hierarchische Gliederung d. z. S. 95, 96, 178

Zentren/-systeme (auch innerstädt.) 16, 65, 84, 88, 91, 94, 96,
    98, 100, 102, 106, 107, 116, 118, 120, 122, 127, 133,
    145, 157, 177, 178, 186, 191, 204, 210, 246, 265, 290,
    312, 316, 340, 355, 389, 390
    -ausrichtungen/-beziehungen 94, 101
    -ausstattung (funktionale) 178, 185. *Siehe auch* funktionale
        Zentrenausstattung
    -entwicklung 91, 210, 275
    -konzepte 210
    -orientierte Infrastruktur 45
    -planung 16, 190
    -stufung 178
    d. globalen Kapitalismus 376
    funktionsteilige Z. 97
    gewachsene Z. 143, 190, 205
    höhere Z. (in d. BRD) 98, 99
    Klassifikation innerstädt. Z. 104
    kleinere, schnell erreichbare Z. 102
    kolonialer Weltreiche 376
    neu gewachsene/neue Z. 400, 401
    teilfunktionale Z. 97
    Terminologie innerstädt. Z. 178
    v. Großstadtregionen 61, 64
Zentrum(s-) 46, 110, 131, 133, 172, 178, 224, 298, 334, 339,
    343, 365, 397, 400
    -identität/-kontinuität 264, 297
    -nahe Bereiche 125
    -Peripherie-Modell/-(Raum-)Struktur 109, 110, 111, 150
    -planung in d. DDR 246
    -struktur (bipolare, polyzentrische) 272
    kompaktes Z. 133
    neues Z. (Berlin) 271
    Stadtzentrum. Siehe Stadtzentrum
    strategisches Z. 28, 390
    wachsendes Z. 264
Zersiedlung 233, 251, 334, 339, 340
Zerstörung(s-) 226. *Siehe auch* Kriegszerstörungen
    sozialer Beziehungen 254
    städtebaul.-architekton. Substanz 254, 345
Zhou-Dynastie 343
Ziegelbauweise/-felder/-stein 240, 301

Zinspolitik (Niedrigzinsen) 279
zirkuläre Veränderungen/Verursachung 109
Zirkulation(sströme/-typen) 108, 290
Zitadelle(n)(-bezirk/-kopfschema) 225, 226, 229, 318, 323, 393
Zivilbeamte/-verwaltung (brit., engl.) 327, 329
Zivilgesellschaft (globalisierungsorientierte) 147, 279, 359
Zona Metropolitana 306
Zone
    e. Stadt(region) 61, 114, 116, 121, 288, 291, 366
    in transition 284. *Siehe auch* Übergangszone
    of better residences 115. *Siehe auch* Mittelschicht-Wohngebiet
    of working-men's home 115. *Siehe auch* Arbeiterwohnzone
Zooviertel (Westberlin) 183
Zuckerbäckerstil (sowjetischer) 345
Zukunft(s-)
    -szenarien d. Siedlungsstruktur 25
    d. Stadt/-regionen (in Deutschland, weltweit) 76, 141, 142, 143,
        144, 145, 147, 148, 266, 280, 419
Zulieferbetriebe/-industrie 109, 409
Zuordnungsfaktor f. Ergänzungsgebiete Zentraler O. 93
Zusammenarbeit. *Siehe auch* Städtenetz(e)
    v. Akteuren 273
    v. Industrie- u. Entwicklungsländern 142
    zw. Bund/Ländern/Kommunen 146, 211
    zw. Gemeinden/Städten 86, 90, 350
    zw. Handlungsträgern e. Stadt 275
Zuwanderer/-ung(s-) 27, 35, 51, 52, 56, 71, 114, 116, 125,
    148, 276, 282, 286, 299, 301, 332, 338, 339, 364, 370,
    394, 400
    arbeitsorientierte Z. 369
    illegale Z. 369
    internationale Z. 397
Zuzug(skontrolle) 20, 57, 162, 301, 330, 365, 367
Zweckverbände (überkommunale, überpräfekturale) 335
Zweifamilienhaus 143, 266
Zwerchhaus 154
Zwergstadt 213, 220
Zwischenhandel 204, 235, 313
Zwischenstadt/zwischenstädt. Ebene/Region/System 23, 45, 46,
    47, 48, 49, 77, 85, 199, 200
Zyklus (Invasions-Sukzessions-Z.), zyklisch 23, 368, 369

Kein Lehrbuch ohne **Danksagungen** ... ,

... dieses habe ich auch in den früheren Auflagen so gehandhabt. Allerdings kann ich hier nicht alle meine Dankesworte an die vielen MitarbeiterInnen, KollegInnen und anderen UnterstützerInnen der ersten vier Auflagen wiederholen; deren frühere vielfache wissenschaftliche Anregungen, zahlreiche (jeweils namentlich gekennzeichnete) kartographische Arbeiten, „Amtshilfen" bei der Beschaffung von Foto-, Kartographie- und Literaturdateien und statistische Daten sowie Abdruckerlaubnisse etc. sind auch wieder in die 5. Aufl. mit eingeflossen. Es sei auf meine früheren Vorworte und Danksagungen (vor allem am Ende der 4. Aufl.) verwiesen. Allen Beteiligten sei an dieser Stelle nochmals ganz herzlich gedankt.

Zum Gelingen dieser überarbeiteten, in vielen Teilen aktualisierten und auch teilweise inhaltlich erweiterten Neuauflage bin ich - in Ergänzung zum Vorwort dieses Lehrbuchs - zu besonderem Dank verpflichtet:
- Frau Prof. Dr. RITA SCHNEIDER-SLIWA für die kollegiale Kooperation und vielfältigen Anregungen im Rahmen meiner Lehraufträge über 'Allgemeine und Regionale Stadtgeographie' am Geographischen Institut (Philosophisch-Naturwissenschaftliche Fakultät) der Universität Basel (zuletzt im Frühjahr 2016).

Für die freundliche Überlassung und Abdruckgenehmigungen von Themakarten, Luftbildern, statistischen Daten sowie Übersendung jüngerer Veröffentlichungen und weitere Unterstützungen danke ich ebenfalls herzlich:
- Frau Dipl. Agrar-Ing. ANTONIA MILBERT vom Bundesinstitut für Bau-, Stadt- u. Raumforschung im Bundesamt für Bauwesen und Raumordnung, Bonn,
- Frau MARIJANA PRTIJA, Marketing Manager, mfi Shopping Center GmbH, Ruhr Park, Bochum,
- Frau SYLVIA VANKOV, Stadt Frankfurt a. M., Stadtvermessungsamt,
- Herrn Prof. Dr. BERND FALK, Institut f. Gewerbezentren, Starnberg,
- Herrn PHILIP MARZ, Marketing Manager, CentrO Oberhausen, CentrO Management GmbH,
- Herrn RAINER PITTROFF, Forschungsbereich Shopping-Center, EHI Retail Institute GmbH, Köln (weitere Informationen sind für Leser dieses Lehrbuchs zu beziehen unter pittroff@ehi.org),
- Herrn DR. ANDREAS STEFANSKY, Akademie für Raumforschung und Landesplanung (ARL), Hannover,
- Herrn ANDRÉ STARK M. A., Presse- u. Öffentlichkeitsarbeit, Stellvertr. Pressesprecher, HafenCity Hamburg GmbH, Hamburg,
- dem Multimedia Services Directorate, General Communications, EUROPEAN CENTRAL BANK, Frankfurt a. M.

Eine themakartographische Ergänzung und fototechnische Arbeiten zu „Südostasiatischen Städten" verdanken wir Frau Dr. REGINE SPOHNER (Geogr. Inst., Univ. Köln).

Diese Neuauflage (wie bereits die vier vorherigen) wurde von mir ganz überwiegend (Seiten 5-504) eigenhändig sowohl hinsichtlich der Textverarbeitung als auch des Layouts (mit einer Reihe neuer oder aktualisierter kartographischer Darstellungen) digital für das Offset-Verfahren druckfertig gestaltet. Daher war die verbesserte Ausstattung meiner IT-Infrastruktur durch meine Söhne Dipl.-Phys. KLAUS HEINEBERG und KRISTIAN HEINEBERG eine große Unterstützung für die Lehrbucherstellung, wofür ich sehr dankbar bin.

Mein Dank gilt auch allen, die sich die Mühe gemacht haben, die vierte, erweiterte Auflage (aber auch bereits frühere) unter www.utb-shop.de als Lesermeinungen zu bewerten, - und dies ganz überwiegend sehr positiv. Besonders ausführlich und anregend erfolgte dies im UTB-Shop durch Prof. Dr. EBERHARD KROSS (Bochum) und Stud.-Dir. i. R. PETER WITTKAMPF (Telgte). Last but not least danke ich posthum dem 2015 leider zu früh verstorbenen Kollegen Prof. Dr. GÜNTER MERTINS (Univ. Marburg) für seine umfangreiche Rezension in einer der führenden geographischen Zeitschriften (ERDKUNDE 2014, Vol. 68, No. 2, S. 152). G. MERTINS hat bereits die vierte Auflage dieses Lehrbuchs als „das stadtgeographische Standardwerk im deutschsprachigen Raum"..., „und das nicht nur für Studierende der Geographie, sondern auch für diejenigen aus benachbarten Disziplinen", gewürdigt. Dieses erhoffe ich mir auch für die vorliegende neue 5. Auflage.

Wie bereits im Vorwort herausgestellt wurde, sind die Verfasser dieses Stadtgeographie-Lehrbuchs für jeden Verbesserungsvorschlag, für eigene Lernerfahrungen und Hinweise zur weiteren Bandgestaltung sehr dankbar, - vor allem dann, wenn (kritische) Würdigungen namentlich und nicht, wie heute im Internet leider zu häufig üblich, anonym veröffentlicht werden.

Univ.-Prof. em. Dr. HEINZ HEINEBERG, im Oktober 2016